执业资格考试丛书

一级注册结构工程师专业考试
历年试题·疑问解答·专题聚焦

（第十三版）

（下册）

张庆芳　杨　开　主编

本册包含：
2003—2008 年地基基础、高层建筑结构、桥梁结构试题；
2016—2022 年整套试题

中国建筑工业出版社

目　录

上　册

<h1 style="text-align:center">下　册</h1>

11 地基基础

11.1 试题

题 1~7

有一底面宽度为 b 的钢筋混凝土条形基础，其埋置深度为 1.2m，取条形基础长度 1m 计算，其上部结构传至基础顶面处的标准组合值：竖向力 F_k、弯矩 M_k。已知计算 G_k（基础自重和基础上土重）采用的加权平均重度 $\gamma_G = 20kN/m^3$，基础及工程地质剖面如图11-1-1所示。

1. 黏性土层①的天然孔隙比 $e_0 = 0.84$，当固结压力为 100kPa 和 200kPa 时，其孔隙比分别为 0.83 和 0.81，试计算压缩系数 a_{1-2} 并判断该黏性土属于下列哪一种压缩性土。

A. 非压缩性土　　　　B. 低压缩性土

C. 中压缩性土　　　　D. 高压缩性土

图 11-1-1

2. 假定 $M_k \neq 0$。试问，图中尺寸 x 满足下列何项关系式时，其基底反力呈矩形均匀分布状态？

A. $x = \dfrac{b}{2} - \dfrac{M_k}{F_k + G_k}$ 　　　　　B. $x = \dfrac{G_k b}{2F_k} - \dfrac{M_k}{F_k}$

C. $x = b - \dfrac{M_k}{F_k}$ 　　　　　D. $x = \dfrac{b}{2} - \dfrac{M_k}{F_k}$

3. 黏性土①的天然孔隙比 $e_0 = 0.84$，液性指数 $I_L = 0.83$。试问，修正后的基底处地基承载力特征值 f_a（kPa），与下列何项数值最为接近？

提示：假定基础宽度 $b < 3m$。

A. 172.4　　　　　　B. 169.8　　　　　　C. 168.9　　　　　　D. 158.5

4. 假定 $f_a = 165kPa$，$F_k = 300kN/m$，$M_k = 150kN \cdot m/m$。当 x 值满足使基底反力呈均匀分布状态时，试问，其基础底面最小宽度 b（m），与下列何项数值最为接近？

A. 2.07　　　　　　B. 2.13　　　　　　C. 2.66　　　　　　D. 2.97

5. 当 $F_k = 300kN/m$，$M_k = 0$，$b = 2.2m$，$x = 1.1m$，验算条形基础翼板抗弯强度时，假定可按永久荷载效应控制的基本组合进行。试问，翼板根部处截面的弯矩设计值 M（kN·m），最接近于下列何项数值？

A. 61.53　　　　　　B. 72.36　　　　　　C. 83.07　　　　　　D. 97.69

6. 当 $F_k = 300kN/m$，$M_k = 0$，$b = 2.2m$，$x = 1.1m$，并已计算出相应于载荷效应标准

组合时基础底面处的平均压力值 $p_k = 160.36$ kPa。已知：黏性土层①的压缩模量 $E_{s1} = 6$ MPa，淤泥质土层②的压缩模量 $E_{s2} = 2$ MPa。试问，淤泥质土层②顶面处的附加压力值 p_z (kPa)，最接近于下列何项数值？

　　A. 63.20　　　　　　　　　　　　　　B. 64.49

　　C. 68.07　　　　　　　　　　　　　　D. 69.47

　　7. 试问，淤泥质土层②顶面处的自重压力值 p_{cz} 和经深度修正后的地基承载力特征值 f_{az}，与以下何组数值最为接近？

　　A. $p_{cz} = 70.6$ kPa，$f_{az} = 141.3$ kPa　　　　　B. $p_{cz} = 73.4$ kPa，$f_{az} = 141.3$ kPa

　　C. $p_{cz} = 70.6$ kPa，$f_{az} = 119.0$ kPa　　　　　D. $p_{cz} = 73.4$ kPa，$f_{az} = 119.0$ kPa

　　题 8　在同一非岩石地基上，建造相同埋置深度、相同基础底面宽度和相同基底附加压力的独立基础和条形基础，其地基最终变形量记作 s_1 和 s_2。试问，下列判断何项正确？

　　A. $s_1 > s_2$　　　　B. $s_1 = s_2$　　　　C. $s_1 < s_2$　　　　D. 不确定

　　题 9～13

　　有一毛石混凝土重力式挡土墙，如图 11-1-2 所示，墙高 5.5m，墙顶宽度为 1.2m，墙底宽度为 2.7m，墙后填土表面水平并与墙齐高，填土的干密度为 1.90t/m³，墙背粗糙，排水良好，土对墙背的摩擦角 $\delta = 10°$，已知主动土压力系数 $K_a = 0.2$，挡土墙埋置深度为 0.5m，土对挡土墙基底的摩擦系数 $\mu = 0.45$。

　　9. 挡土墙后填土的重度 $\gamma = 20$ kN/m³，当填土表面无连续均匀荷载作用，即 $q = 0$ 时，试问，主动土压力 E_a (kN/m) 最接近于下列何项数值？

　　A. 60.50　　　　　　B. 66.55

　　C. 90.75　　　　　　D. 99.83

　　10. 假定填土表面有连续均布荷载 $q = 20$ kPa 作用。试问，由均布荷载作用产生的主动土压力 E_{aq} (kN/m) 最接近于下列何项数值？

　　A. 24.2　　　　　　B. 39.6

　　C. 79.2　　　　　　D. 120.0

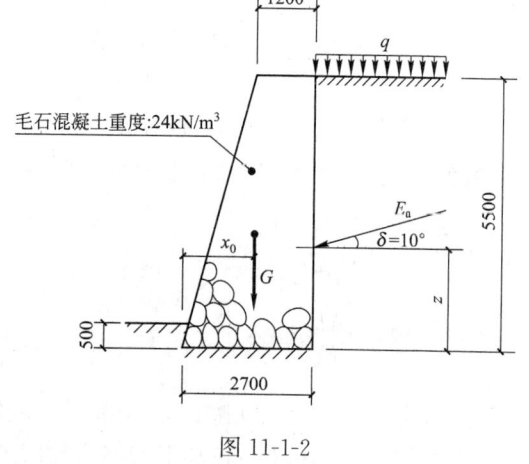

图 11-1-2

　　11. 假定主动土压力 $E_a = 93$ kN/m，作用在距离基底 $z = 2.10$m 处。试问，挡土墙抗滑移稳定性安全系数 k_1，与下列何项数值最为接近？

　　A. 1.25　　　　　B. 1.34　　　　　C. 1.42　　　　　D. 9.73

　　12. 条件同上题，试问，挡土墙抗倾覆稳定性安全系数 k_2，与下列何项数值最为接近？

　　A. 1.50　　　　　B. 2.22　　　　　C. 2.47　　　　　D. 20.12

　　13. 条件同题 11，且假定挡土墙重心离墙趾的水平距离 $x_0 = 1.677$m，挡土墙每延米自重 $G = 257.4$ kN/m，已知每米长挡土墙底面的抵抗矩 $W = 1.215$m³，试问，其基础底面边缘的最大压力 p_{kmax} (kPa)，与下列何项数值最为接近？

　　A. 134.69　　　　　B. 143.76　　　　　C. 157.83　　　　　D. 166.41

题 14～19

某门式刚架单层厂房基础，采用钢筋混凝土独立基础，如图 11-1-3 所示，混凝土短柱截面尺寸为 500mm×500mm，与水平作用方向垂直的基础底边长 $L=1.6$m。相应于荷载效应标准组合时，作用于混凝土短柱顶面上的竖向荷载为 F_k，水平荷载为 H_k。基础采用的混凝土强度等级为 C25；基础底面以上土与基础的加权平均重度为 20kN/m³，其他参数见图 1-2-22。

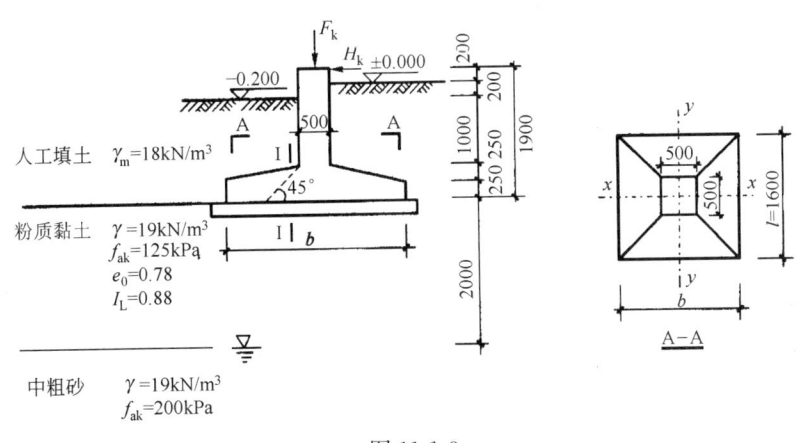

图 11-1-3

14. 试问，基础底面处修正后的地基承载力特征值 f_a（kPa），与下列何项数值最为接近？

　　A. 125　　　　　　B. 143　　　　　　C. 154　　　　　　D. 165

15. 假定 $F_k=200$kN，$H_k=70$kN，基础底面边长 $b=2.4$m。试问，基础底面边缘处的最大压力标准值 p_{kmax}（kPa），与下列何项数值最为接近？

　　A. 140　　　　　　B. 150　　　　　　C. 160　　　　　　D. 170

16. 假定 $b=2.4$m，基础冲切破坏锥体的有效高度 $h_0=450$mm。试问，冲切面（图中虚线处）的冲切承载力（kN），与下列何项数值最为接近？

　　A. 380　　　　　　B. 410　　　　　　C. 420　　　　　　D. 450

17. 假定基础底面边长 $b=2.2$m，若按承载力极限状态下荷载效应的基本组合（永久荷载控制）时，基础底面边缘处的最大基础反力值为 260kPa，已求得冲切验算时取用的部分基础底面积 $A_l=0.609$m²。试问，图中冲切面承受的冲切力设计值（kN），与下列何项数值最为接近？

　　A. 60　　　　　　B. 100　　　　　　C. 130　　　　　　D. 160

18. 假设 $F_k=200$kN，$H_k=50$kN，基底面边长 $b=2.2$m，已求出基底面积 $A=3.52$m²，基底面的抵抗矩 $W=1.29$m³。试问，基础底面边缘处的最大压力标准值 p_{kmax}（kPa），与下列何项数值最为接近？

　　A. 130　　　　　　B. 150　　　　　　C. 160　　　　　　D. 180

19. 假设基底边缘最小地基反力设计值为 20.5kPa，最大地基反力设计值为 219.3kPa，永久荷载控制。基底边长 $b=2.2$m。试问，基础 I－I 剖面处的弯矩设计值（kN·m），应与下列何项数值最为接近？

A. 45　　　　　　B. 55　　　　　　C. 65　　　　　　D. 75

题 20～26

某毛石砌体挡土墙，其剖面尺寸如图 11-1-4 所示。墙背直立，排水良好。墙后填土与墙齐高，其表面倾角为 β，填土表面的均布荷载为 q。

20. 假定填土采用粉质黏土，其重度为 $19kN/m^3$（干密度大于 $1.65t/m^3$），土对挡土墙墙背的摩擦角 $\delta = \frac{1}{2}\varphi$（$\varphi$ 为墙背填土的内摩擦角），填土的表面倾角 $\beta = 10°$，$q = 0$。试问，主动土压力 E_a（kN/m）最接近于下列何项数值？

A. 60　　　　　　B. 62

C. 70　　　　　　D. 74

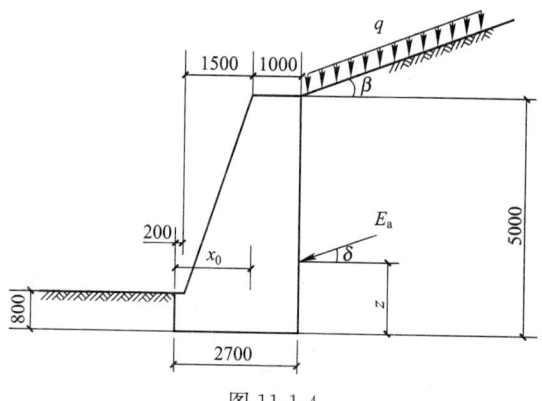

图 11-1-4

21. 假定挡土墙主动土压力 $E_a = 70kN/m$，挡土墙基底的摩擦系数 $\mu = 0.4$，$\delta = 13°$，挡土墙每延米自重 $G = 209.22kN/m$。试问，挡土墙抗滑移稳定性安全系数 k_s（即抵抗滑移与引起滑移的力的比值），最接近于下列何项数值？

A. 1. 29　　　　　　B. 1. 32　　　　　　C. 1. 45　　　　　　D. 1. 56

22. 填土表面的均布荷载为 $q=0$，其他条件同题 21，假定已经求得 $x_0 = 1.68m$。试问，挡土墙抗倾覆稳定性安全系数 k_t（即稳定力矩与倾覆力矩之比），最接近于下列何项数值？

A. 2. 3　　　　　　B. 2. 9　　　　　　C. 3. 5　　　　　　D. 4. 1

23. 假定 $\delta = 0$、$q = 0$、$E_a = 70kN/m$，挡土墙每延米自重 $G = 209.22kN/m$，挡土墙重心与墙趾的水平距离 $x_0 = 1.68m$。试问，挡土墙基底面边缘的最大压力值 p_{kmax}（kPa），最接近于下列何项数值？

A. 117　　　　　　B. 126　　　　　　C. 134　　　　　　D. 154

24. 假定填土采用粗砂，其重度为 $18kN/m^3$，$\delta = 0$，$\beta = 0$，$q = 15kN/m^2$，$K_a = 0.23$。试问，主动土压力 E_a（kN/m）最接近于下列何项数值？

A. 83　　　　　　B. 78　　　　　　C. 72　　　　　　D. 69

25. 假定已计算出墙顶面处的土压力强度 $e_1 = 3.8kN/m$，墙底面处的土压力强度 $e_2 = 27.83kN/m$，主动土压力 $E_a = 79kN/m$。试问，主动土压力作用点距挡土墙底面的高度 z（m），最接近于下列何项数值？

A. 1. 6　　　　　　B. 1. 9　　　　　　C. 2. 2　　　　　　D. 2. 5

26. 对挡土墙的地基承载力验算，除应符合《建筑地基基础设计规范》GB 50007—2011 的 5.2 节的规定外，基底合力偏心距 e 尚应符合下列何项数值才是正确的？

提示：b 为基础宽度。

A. $e \leqslant \dfrac{b}{2}$　　　　B. $e \leqslant \dfrac{b}{3}$　　　　C. $e \leqslant \dfrac{b}{3.5}$　　　　D. $e \leqslant \dfrac{b}{4}$

题 27 已知某工程抗震设防烈度为 7 度，对工程场地曾进行土层剪切波速测量，成果如表 11-1-1 所示。

土层参数　　　　　　　　　　　表 11-1-1

层序	岩土名称	层厚 (m)	层底深度 (m)	土（岩）层平均 剪切波速 (m/s)
1	杂填土	1.20	1.20	116
2	淤泥质黏土	10.50	11.70	135
3	黏土	14.30	26.00	158
4	粉质黏土	3.90	29.90	189
5	粉质黏土混碎石	2.70	32.60	250
6	全风化流纹质凝灰岩	14.60	47.20	365
7	强风化流纹质凝灰岩	4.20	51.40	454
8	中风化流纹质凝灰岩	揭露厚度 11.30	62.70	550

试问，该场地应判别为下列何项场地才是正确的？

A. Ⅰ类场地　　　　　B. Ⅱ类场地　　　　　C. Ⅲ类场地　　　　　D. Ⅳ类场地

题 28　在一般建筑物场地内存在发震断裂时，试问，对于下列何项情况应考虑发震断裂错动对地面建筑的影响，并简述理由。

A. 抗震设防烈度小于 8 度

B. 全新世以前的活动断裂

C. 抗震设防烈度为 8 度，隐伏断裂的土层覆盖厚度大于 60m 时

D. 抗震设防烈度为 9 度，隐伏断裂的土层覆盖厚度为 80m 时

题 29　位于土坡坡顶的钢筋混凝土条形基础，如图 11-1-5 所示，试问，该基础底面外边缘线至稳定土坡坡顶的水平距离 a（m），应不小于下列何项数值？

A. 2.0　　　　　B. 2.5　　　　　C. 3.0　　　　　D. 3.6

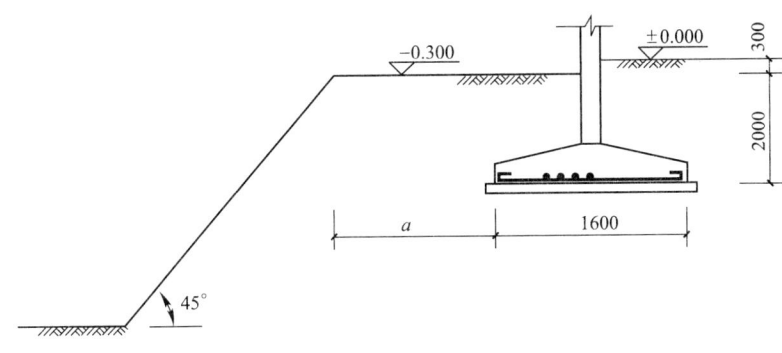

图 11-1-5

题 30　下列关于地基设计的一些主张，其中何项是正确的？

A. 设计等级为甲级的建筑物，应按地基变形设计，其他等级的建筑物可仅作承载力验算

B. 设计等级为甲级、乙级的建筑物，应按地基变形设计，丙级建筑物可仅作承载力验算

C. 设计等级为甲级、乙级的建筑物，在满足承载力计算的前提下，应按地基变形设计；丙级建筑物满足《建筑地基基础设计规范》GB 50007—2011 规定的相关条件时，可仅作承载力验算

D. 所有设计等级的建筑物均应按地基变形设计

题 31～36

某 15 层建筑的梁板式筏基底板，如图 11-1-6 所示。采用 C35 混凝土（$f_t = 1.57$N/mm^2）；筏基底面处相应于荷载效应基本组合的地基土平均净反力设计值 $p_j = 280$kPa。

提示：计算时取 $a_s = 60$mm。

31. 试问，设计时初步估算得到的筏板厚度 h（mm），应与下列何项数值最为接近？

A. 320
B. 360
C. 380
D. 400

32. 假定筏板厚度取 450mm。试问，对图示区格内的筏板作冲切承载力验算时，作用在冲切面上的最大冲切力设计值 F_l（kN），应与下列何项数值最为接近？

A. 5540
B. 6080
C. 6820
D. 7560

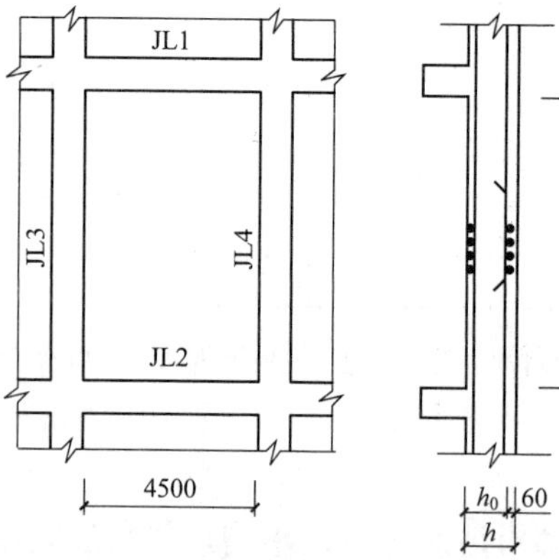

图 11-1-6

33. 筏板厚度同上题。试问，底板的受冲切承载力设计值（kN），应与下列何项数值最为接近？

A. 6500
B. 8335
C. 7420
D. 9010

34. 筏板厚度同题 32。试问，进行筏板斜截面受剪承载力计算时，平行于 JL4 的剪切面上（一侧）的最大剪力设计值 V_s（kN），应与下列何项数值最为接近？

A. 1750
B. 1930
C. 2360
D. 3780

35. 筏板厚度同题 32。试问，平行于 JL4 的最大剪力作用面上（一侧）的斜截面受剪承载力设计值 V（kN），应与下列何项数值最为接近？

A. 2237
B. 2750
C. 3010
D. 3250

36. 假定筏板厚度为 850mm，采用 HRB335 级钢筋（$f_y = 300$ N/mm^2）。已计算出每米宽区格板的长跨支座及跨中的弯矩设计值，均为 $M = 240$kN·m。试问，筏板在长跨方向的底部配筋，采用下列何项才最为合理？

A. Φ12@200 通长筋＋Φ12@200 支座短筋
B. Φ12@100 通长筋
C. Φ12@200 通长筋＋Φ14@200 支座短筋
D. Φ14@100 通长筋

题 37 在进行建筑地基基础设计时，关于所采用的荷载效应最不利组合与相应的抗力限值的下述内容，何项不正确？

A. 按地基承载力确定基础底面积时，传至基础的荷载效应按正常使用极限状态下荷载效应的标准组合，相应抗力采用地基承载力特征值

B. 按单桩承载力确定桩数时，传至承台底面上的荷载效应按正常使用极限状态下荷载效应的标准组合，相应抗力采用单桩承载力特征值

C. 计算地基变形时，传至基础底面上的荷载效应按正常使用极限状态下荷载效应的标准组合，相应限值应为相关规范规定的地基变形允许值

D. 计算基础内力，确定其配筋和验算材料强度时，上部结构传来的荷载效应组合及

相应的基底反力，应按承载能力极限状态下荷载效应的基本组合采用相应的分项系数

题 38 关于重力式挡土墙构造的下述各项内容，其中何项是不正确的？

A. 重力式挡土墙适合于高度小于 8m，地层稳定，开挖土方时不会危及相邻建筑物安全的地段

B. 重力式混凝土挡土墙的墙顶宽度不宜小于 200mm，毛石挡土墙的墙顶宽度不宜小于 400mm

C. 在土质地基中，重力式挡土墙的基础埋置深度不宜小于 0.5m；在软质岩石地基中，重力式挡土墙的基础埋置深度不宜小于 0.3m

D. 重力式挡土墙的伸缩缝间距可取 30～40m

题 39～40

墙下钢筋混凝土条形基础，基础剖面及土层分布如图 11-1-7 所示。每延米长度基础底面处，相应于正常使用极限状态下荷载效应的标准组合的平均压力值为 300kN，土和基础的加权平均重度取 20kN/m³，地基压力扩散角 $\theta = 10°$。

39. 试问，基础底面处土层修正后的天然地基承载力特征值 f_a（kPa），与下列何项数值最为接近？

    A. 160   B. 169   C. 173   D. 190

40. 试问，按地基承载力确定的条形基础宽度 b（mm）最小不应小于下列何值？

    A. 1800   B. 2400   C. 3100   D. 3800

题 41～43

某工程现浇混凝土地下通道，其剖面如图 11-1-8 所示。作用在填土地面上的活荷载 $q = 10kN/m^2$，通道四周填土为砂土，重度为 20kN/m³，静止土压力系数为 $k_0 = 0.5$，地下水位在自然地面以下 10m 处。

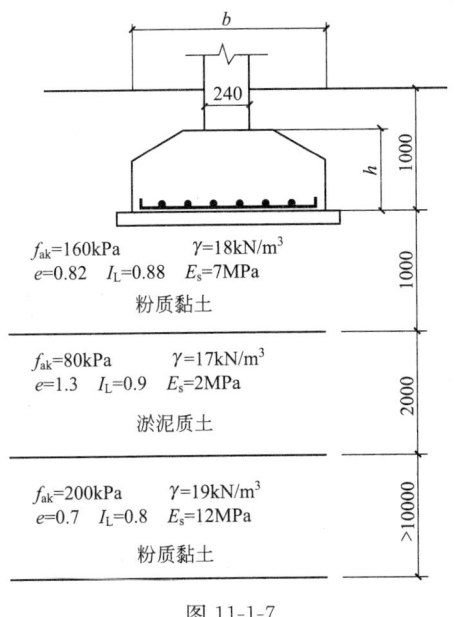

图 11-1-7

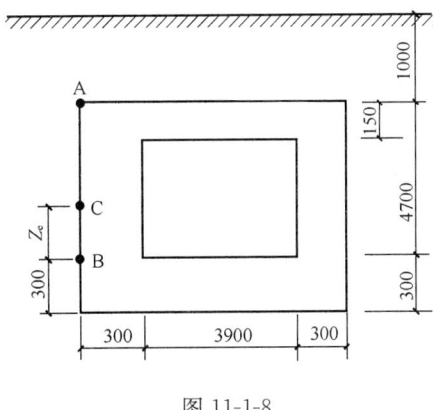

图 11-1-8

41. 试问，作用在通道侧墙顶点（图 11-1-8 中 A 点）处的水平侧压力强度值（kN/m²），与下列何项数值最为接近？

A. 5   B. 10   C. 15   D. 20

42. 假定作用在 A 点处的水平侧压力强度值为 15kN/m²，试问，作用在单位长度（1m）侧墙上的总的土压力（kN），与下列何项数值最为接近？

A. 150   B. 200   C. 250   D. 300

43. 假定作用在单位长度（1m）侧墙上的总的土压力为 $E_a = 180$ kN，其作用点 C 位于 B 点以上 1.8m 处，试问，单位长度（1m）侧墙根部截面（图 11-1-8 中 B 处）的弯矩设计值（kN·m），与下列何项数值最为接近？

提示：顶板对侧墙在 A 点的支座反力近似按 $R_a = \dfrac{E_a z_e^2 \left(3 - \dfrac{z_e}{h}\right)}{2h^2}$ 计算，其中 h 为 A、B 两点间的距离。

A. 160   B. 220   C. 320   D. 430

题 44~47

某安全等级为二级的高层建筑采用混凝土框架-核心筒结构体系，框架柱截面尺寸均为 900mm×900mm，筒体平面尺寸 11.2m×11.6m，如图 11-1-9 所示。基础采用平板式筏基，板厚 1.4m，筏基的混凝土强度等级为 C30。

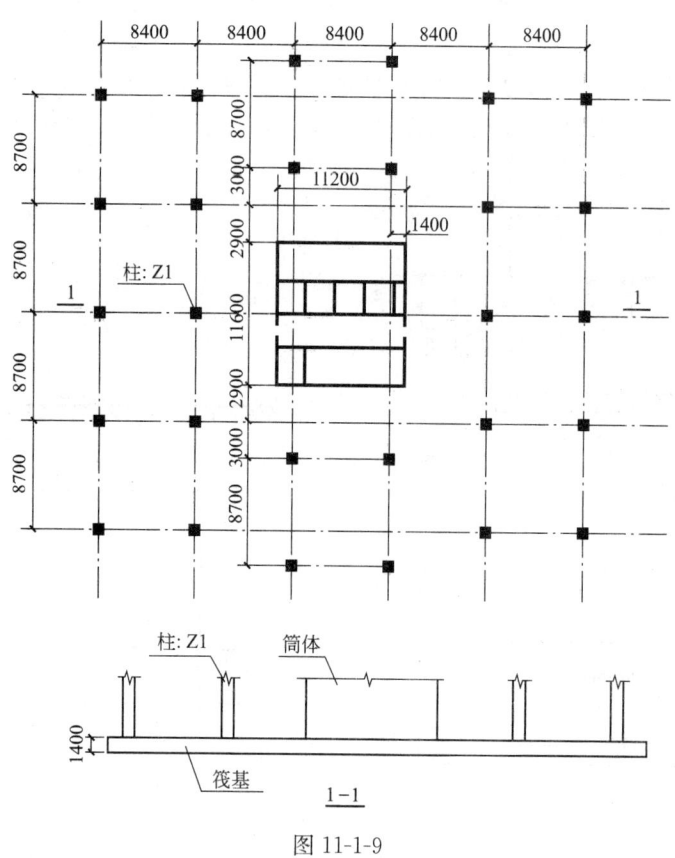

图 11-1-9

提示：计算时取 $h_0 = 1.35m$。

44. 柱传至基础的荷载效应，由永久荷载控制。图中柱 Z1 按荷载效应标准组合的柱轴力为 $F_k = 9000kN$，柱底端弯矩为 $M_k = 150kN \cdot m$。荷载标准组合的地基净反力为 135kPa（已扣除筏基自重）。已求得 $c_1 = c_2 = 2.25m$，$c_{AB} = 1.13m$，$I_s = 11.17m^4$，$\alpha_s = 0.4$。试问，柱 Z1 距离柱边 $h_0/2$ 处的冲切临界截面的最大剪应力 τ_{max}（kPa），最接近于下列何项值？

A. 600　　　　　　　B. 810　　　　　　　C. 1010　　　　　　D. 1110

45. 条件同题 44。试问，柱 Z1 下筏板的受冲切混凝土剪应力设计值（抗力）τ_c（kPa），最接近于下列何项数值？

A. 950　　　　　　　B. 1000　　　　　　C. 1330　　　　　　D. 1520

46. 核心筒传至基础的荷载效应由永久荷载控制。相应于荷载效应标准组合的内筒轴力为 40000kN，荷载标准组合的地基净反力为 135kPa（已扣除筏基自重）。试问，当对筒体下板厚进行受冲切承载力验算时，距内筒外表面 $h_0/2$ 处的受冲切临界截面的最大剪应力 τ_{max}（kPa），最接近于下列何项数值？

提示：不考虑内筒根部弯矩的影响。

A. 191　　　　　　　B. 258　　　　　　　C. 580　　　　　　D. 784

47. 条件同题 46。试问，当对筒体下板厚进行受冲切承载力验算时，内筒下筏板的受冲切混凝土剪应力设计值（抗力）τ_c（kPa），最接近于下列何项数值？

A. 760　　　　　　　B. 800　　　　　　　C. 950　　　　　　D. 1000

题 48～50

某单层地下车库建于岩石地基上，采用岩石锚杆基础。柱网尺寸 8.4m×8.4m，中间柱截面尺寸 600mm×600mm，地下水位位于自然地面以下 1m，图 11-1-10 为中间柱的基础示意图。

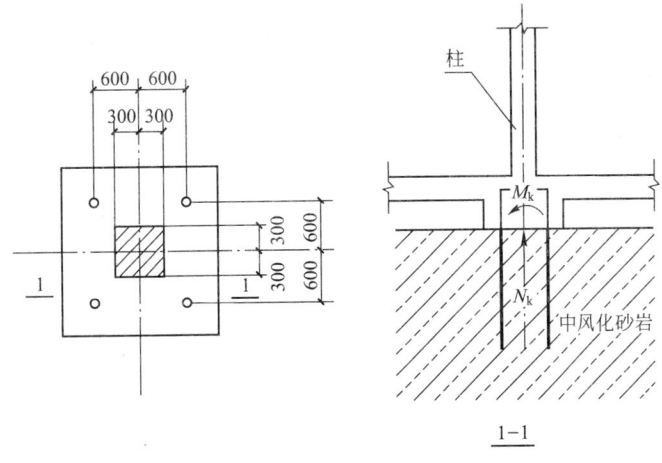

图 11-1-10

48. 相应于荷载效应标准组合时，作用在中间柱承台底面的竖向力总和为 $-500kN$（方向向上，已综合考虑地下水浮力、基础自重及上部结构传至柱基的轴力）；作用在基础底面形心的力矩值 M_{xk}、M_{yk} 均为 $100kN \cdot m$。试问，荷载效应标准组合下，单根锚杆承受的最大拔力值 N_{max}（kN），最接近于下列何项值？

A. 125　　　　　B. 167　　　　　C. 208　　　　　D. 270

49. 若荷载效应标准组合下，单根锚杆承受的最大拔力值 N_{max} 为 170kN，锚杆孔直径 150mm，锚杆采用 HRB335 钢筋，直径 32mm，锚杆孔灌浆采用 M30 水泥砂浆，砂浆与岩石间的粘结强度特征值为 0.42MPa。试问，锚杆有效锚固长度 l（m），应取下列何项数值？

A. 1.0　　　　　B. 1.1　　　　　C. 1.2　　　　　D. 1.3

50. 现场进行了 6 根锚杆抗拔试验，得到的锚杆抗拔极限承载力分别为 420kN、530kN、480kN、479kN、588kN、503kN。试问，单根锚杆抗拔承载力特征值 R_1，最接近于下列何项值？

A. 250

B. 420

C. 500

D. 宜增加试验量且综合各方面因素后确定

题 51　下列关于地基基础设计的主张，其中何项是不正确的？

A. 场地内存在发震断裂时，如抗震设防烈度小于 8 度，可忽略发震断裂错动对地面建筑的影响

B. 对于地基主要受力层范围内不存在软弱黏性土层的砌体房屋，可不进行天然地基及基础的抗震承载力验算

C. 当高耸结构的高度 H_g 不超过 20m 时，基础倾斜的允许值为 0.008

D. 在重力荷载与水平荷载标准值或重力荷载代表值与多遇地震水平荷载标准值共同作用下，高宽比大于 4 的高层建筑，基础底面与地基之间零应力区面积不应超过基础底面面积的 15%

题 52　某建筑场地的土层分布及各土层的剪切波速如图 11-1-11 所示，土层等效剪切波速为 240m/s，试问，该建筑场地的类别应为下列何项所示？

A. Ⅰ₁　　　　　B. Ⅱ　　　　　C. Ⅲ　　　　　D. Ⅳ

题 53　有关桩基主筋配筋长度有下列四种见解，试指出其中那种说法是不全面的。

A. 受水平荷载和弯矩较大的桩，配筋长度应通过计算确定

B. 桩基承台下存在淤泥、淤泥质土或液化土层时，配筋长度应穿过淤泥、淤泥质土或液化土层

C. 坡地岸边的桩、地震区的桩、抗拔桩、嵌岩端承桩应通长配筋

D. 钻孔灌注桩构造钢筋的长度不宜小于桩长的 $\frac{2}{3}$

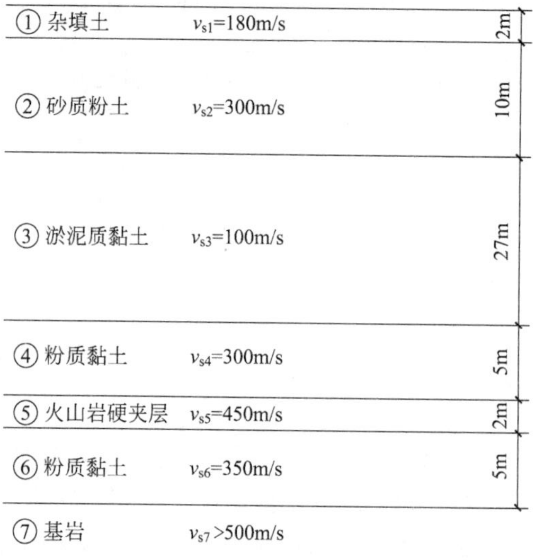

题 54　对于直径为 1.65m 的单柱单桩嵌岩桩，当检测桩底有空洞、破碎带、软弱夹层等不良地质现象时，应在桩底下的下述何种深度（m）范围进行？

A. 3　　　　　B. 5

C. 8　　　　　D. 9

① 杂填土	$v_{s1}=180$m/s	2m
② 砂质粉土	$v_{s2}=300$m/s	10m
③ 淤泥质黏土	$v_{s3}=100$m/s	27m
④ 粉质黏土	$v_{s4}=300$m/s	5m
⑤ 火山岩硬夹层	$v_{s5}=450$m/s	2m
⑥ 粉质黏土	$v_{s6}=350$m/s	5m
⑦ 基岩	$v_{s7}>500$m/s	

图 11-1-11

题 55～59

有一等边三桩承台基础，采用沉管灌注桩，桩径为 426mm，有效桩长为 24m。有关地基各土层分布情况，桩端阻力特征值 q_{pa}、桩侧阻力特征值 q_{sia} 及桩的布置、承台尺寸等如图 11-1-12 所示。

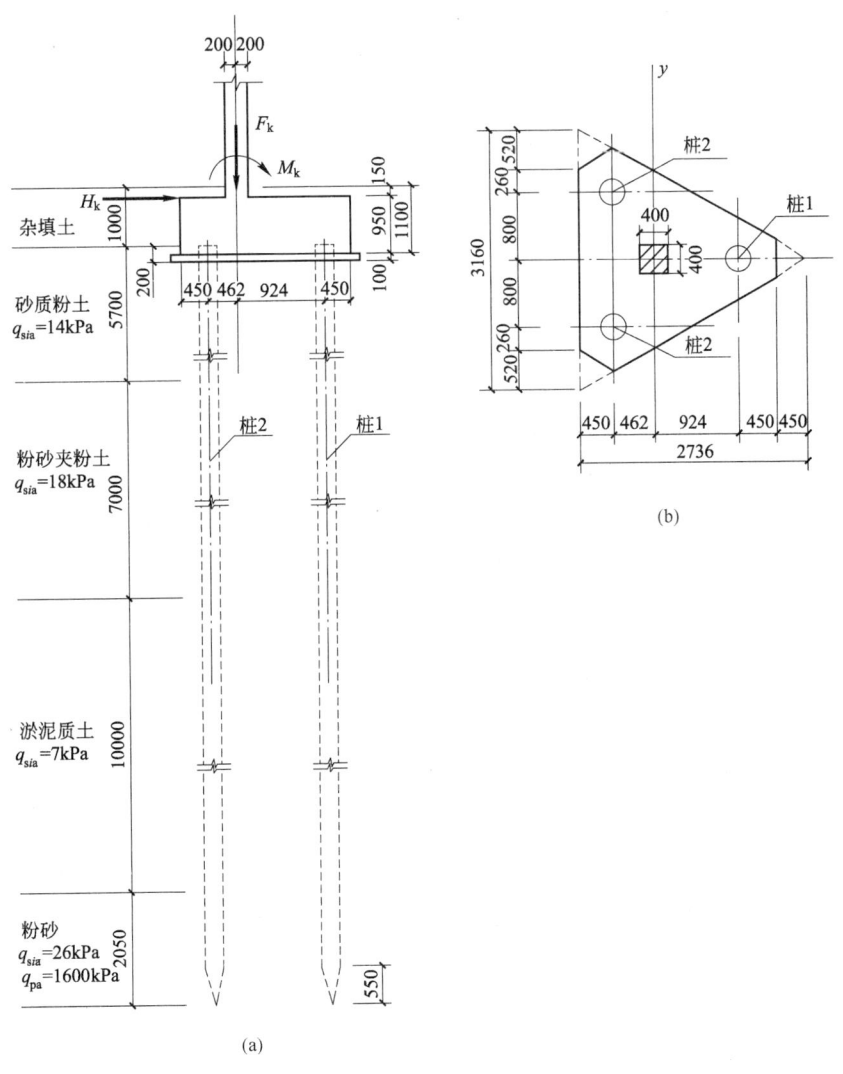

图 11-1-12

（a）基础剖面图；（b）承台俯视图

55. 按照《建筑地基基础设计规范》GB 50007—2011 的规定，在初步设计时，该桩基的单桩竖向承载力特征值 R_a（kN），最接近于下列何项数值？

A. 361　　　　　　B. 645　　　　　　C. 665　　　　　　D. 950

56. 假定钢筋混凝土柱传至承台顶面处的标准组合值为竖向力 $F_k = 1400$kN，力矩 $M_k = 160$kN·m，水平力 $H_k = 45$kN，承台自重和承台上的土重 $G_k = 87.34$kN。在上述一组力的作用下，试问，最大桩顶竖向力 Q_k（kN），最接近于下列何项数值？

A. 590　　　　　　B. 610　　　　　　C. 620　　　　　　D. 640

57. 假定由柱传至承台的荷载效应由永久荷载效应控制，承台自重和承台上的土重 $G_k = 87.34kN$，在标准组合偏心作用下，最大单桩（桩 1）竖向力 $Q_{1k} = 610kN$。试问，由承台形心到承台边缘（两腰）距离范围内板带的弯矩设计值 M_1（$kN \cdot m$），最接近于下列何项数值？

A. 276   B. 336   C. 374   D. 392

58. 已知 $c_2 = 943mm$，$a_{12} = 464mm$，$h_0 = 890mm$，角桩冲跨比 $\lambda_{12} = 0.521$，承台采用 C25 混凝土。试问，承台受桩 1 冲切的承载力（kN），最接近于下列何项数值？

A. 740   B. 890   C. 1050   D. 1170

59. 已知 $b_0 = 2338mm$，$h_0 = 890mm$，剪跨比 $\lambda_x = 0.082$，承台采用 C25 混凝土。试问，承台对底部角桩（桩 2）形成的斜截面受剪承载力（kN），最接近于下列何项数值？

A. 2990   B. 3460   C. 3600   D. 3740

题 60～63

某高层建筑采用满堂布桩的钢筋混凝土桩筏基础及地基的土层分布，如图 11-1-13 所示。桩为摩擦桩，桩距为 $4d$（d 为桩的直径）。由上部荷载（不包括筏板自重）产生的筏板底面处相应于荷载效应准永久组合时的平均压力值为 600kPa，不计其他相邻荷载的影响。筏板基础宽度 $B = 28.8m$，长度 $A = 51.2m$；群桩外缘尺寸的宽度 $b_0 = 28m$，长度 $a_0 = 50.4m$。钢筋混凝土桩有效长度取 36m，即假定桩端计算平面在筏板底面向下 36m 处。

提示：依据《建筑地基基础设计规范》GB 50007—2011 计算。

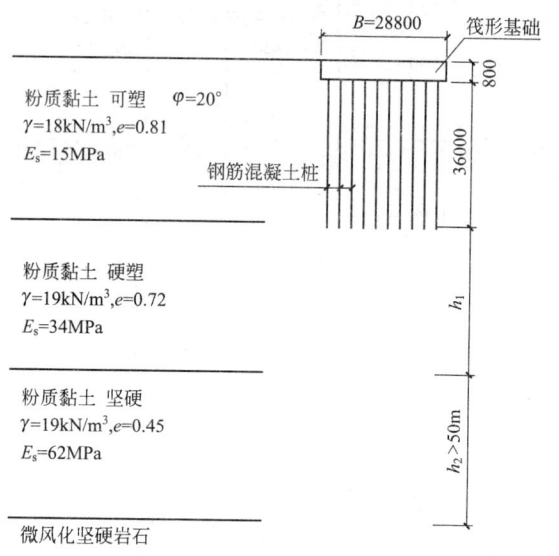

图 11-1-13

60. 假定桩端持力层土层厚度 $h_1 = 40m$，桩间土的内摩擦角 $\varphi = 20°$。试问，计算桩基础中点的地基变形时，其地基变形计算深度（m）应与下列何项数值最为接近？

A. 33   B. 37   C. 40   D. 44

61. 土层条件同上题。当采用实体深基础计算桩基最终沉降量时，试问，实体深基础的支承面积（m^2），应与下列何项数值最为接近？

A. 1411   B. 1588   C. 1729   D. 1945

62. 土层条件同题 60，筏板厚 800mm。采用实体深基础计算桩基最终沉降时，假定实体深基础的支承面积为 $2000m^2$。试问，桩底平面处对应于荷载效应准永久组合时的附加压力（kPa），应与下列何项数值最为接近？

提示：采用实体深基础计算桩基最终沉降时，在实体基础的埋深范围面积内，筏板、桩、土的混合重度（或称平均重度），可近似取 $20kN/m^3$。

A. 460   B. 520   C. 580   D. 700

63. 假定桩端持力层土层厚度 $h_1 = 30m$，在桩底平面实体深基础的支承面积内，对应于荷载效应准永久组合时的附加压力为 700kPa；且在计算变形量时，取 $\psi_s = 0.355$。又已知，矩形面积土层上均布荷载作用下的角点的平均附加应力系数，依次分别为：在持力层顶面处 $\bar{\alpha}_0 = 0.25$，在持力层底面处 $\bar{\alpha}_1 = 0.202$。试问，在通过桩筏基础平面中心点竖线上，该持力层土层的最终变形量（mm），应与下列何项数值最为接近？

A. 93   B. 114   C. 126   D. 177

题 64～68

某框架结构柱基础，由上部结构传至该柱基的荷载标准值：$F_k = 6600\text{kN}$，$M_{xk} = M_{yk} = 900\text{kN·m}$。柱基础独立承台下采用 $400\text{mm} \times 400\text{mm}$ 钢筋混凝土预制桩，桩的平面布置及承台尺寸如图 11-1-14 所示。承台底面埋深 3.0m，柱截面尺寸 $700\text{mm} \times 700\text{mm}$，居承台中心位置。承台用 C40 混凝土，混凝土保护层厚度 50mm，承台及承台以上土的加权平均重度取 20kN/m^3。

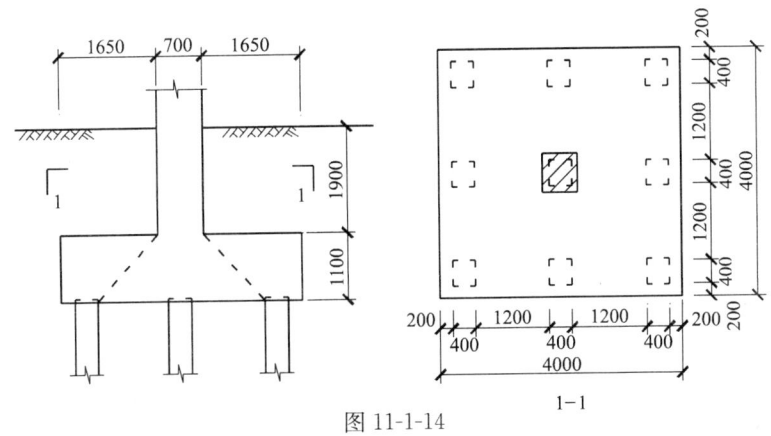

图 11-1-14

64. 试问，满足承载力要求的单桩承载力特征值（kN），最小不应小于下列何值？

A. 740   B. 800   C. 860   D. 930

65. 假定相应荷载效应基本组合由永久荷载控制，试问，柱对承台的冲切力设计值（kN），与下列何项数值最为接近？

A. 5870   B. 7920   C. 6720   D. 9070

66. 验算柱对承台的冲切时，试问，承台的抗冲切设计值（kN），与下列何项数值最为接近？

A. 2150   B. 4290   C. 8220   D. 8580

67. 验算角桩对承台的冲切时，试问，承台的抗冲切设计值（kN），与下列何项数值最为接近？

A. 880   B. 920   C. 1760   D. 1840

68. 试问，承台的斜截面抗剪承载力设计值（kN），与下列何项数值最为接近？

A. 5870   B. 6020   C. 6710   D. 7180

题 69～74

某高层住宅，地基基础设计等级为乙级，基础底面处相应于荷载效应标准组合时的平均压应力为 390kPa，地基土层分布、土层厚度及相关参数如图 11-1-15 所示，采用水泥粉煤灰碎石桩（CFG 桩）复合地基，桩径 400mm。

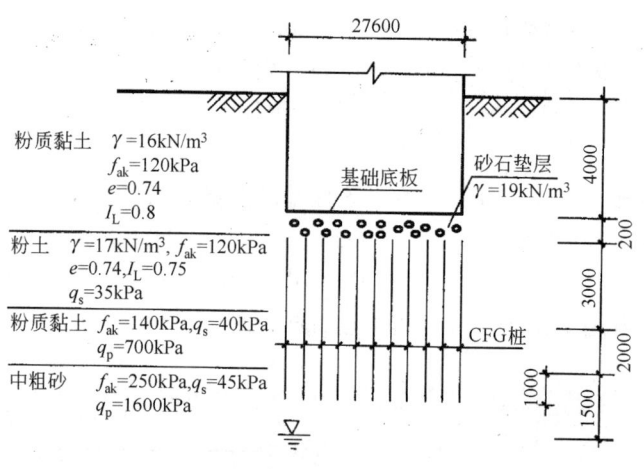

图 11-1-15

69. 试验得到 CFG 单桩竖向极限承载力为 1500kN，试问，单桩竖向承载力特征值 R_a（kN），与下列何项数值最为接近？

A. 700　　　　　　B. 750　　　　　　C. 898　　　　　　D. 926

70. 假定有效桩长为 6m，试问，按《建筑地基处理技术规范》JGJ 79—2012 确定的单桩承载力特征值 R_a（kN），与下列何项数值最为接近？

A. 430　　　　　　B. 490　　　　　　C. 550　　　　　　D. 580

71. 试问，满足承载力要求的复合地基承载力特征值 f_{spk}（kPa），其实测结果最小值应接近于以下何项数值？

A. 248　　　　　　B. 300　　　　　　C. 430　　　　　　D. 335

72. 假定 $R_a = 450$kN，$f_{spk} = 248$kPa，单桩承载力发挥系数 $\lambda = 0.9$，桩间土承载力发挥系数 $\beta = 0.95$。试问，适合于本工程的 CFG 桩面积置换率 m，与下列何项数值最为接近？

提示：采用非挤土成桩工艺，f_{sk} 取天然地基承载力特征。

A. 4.31%　　　　　B. 8.44%　　　　　C. 5.82%　　　　　D. 3.80%

73. 假定 $R_a = 450$kN，单桩承载力发挥系数 $\lambda = 0.9$，且不考虑符合地基承载力的埋深修正，试问，桩体强度 f_{cu}（MPa）应选用下列何项数值最为合理？

A. 10　　　　　　B. 11　　　　　　C. 12　　　　　　D. 13

74. 假定 CFG 桩面积置换率 $m = 5\%$，如图 11-1-16 所示，桩孔按等边三角形均匀布于基底范围。试问，CFG 桩的间距 s（m），与下列何项数值最为接近？

A. 1.5　　　　　　B. 1.7

C. 1.9　　　　　　D. 2.1

题 75 试问，复合地基的承载力特征值应按下述何种方法确定？

A. 桩间土的载荷试验结果

B. 增强体的载荷试验结果

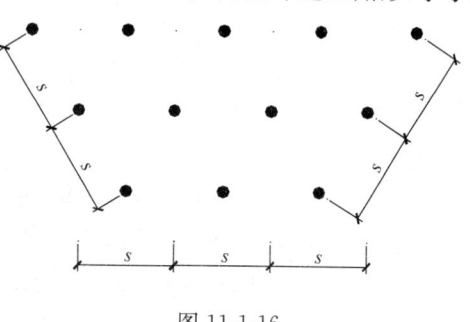

图 11-1-16

C. 复合地基的静载荷试验结果

D. 本场地的工程地质勘查报告

题 76~77

某工程地基条件如图 11-1-17 所示，季节性冻土地基的设计冻深为 0.8m，采用水泥土搅拌法进行地基处理。

76. 已知水泥土搅拌桩的直径为 600mm，有效桩顶面位于地面下 1100mm 处，桩端伸入黏土层 300mm。初步设计时按《建筑地基处理技术规范》JGJ 79—2012 的规定估算，并取桩端阻力发挥系数 $\alpha_p = 0.5$。试问，单桩竖向承载力特征值 R_a（kN），应与下列何项数值最为接近？

A. 85　　　　　B. 106

C. 112　　　　D. 120

77. 采用水泥土搅拌桩处理后的复合地基承载力特征值 $f_{spk} = 100$kPa，桩间土承载力折减系数 $\beta = 0.3$，单桩竖向承载力特征值 $R_a = 105$kN，桩径为 600mm，则面积置换率 m，最接近于下列何项数值？

A. 0.23　　　　B. 0.25

C. 0.27　　　　D. 0.29

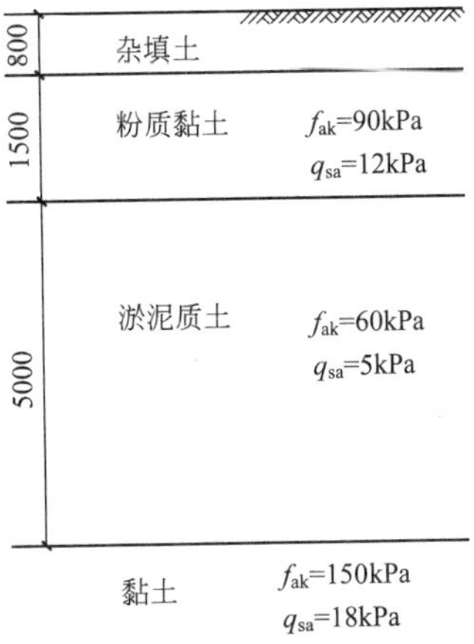

题 78~79

某高层住宅地基基础，设计等级为乙级，采用水泥粉煤灰碎石桩复合地基（施工采用非挤土成桩工艺），基础为整片筏基。长 44.8m，宽 14m，桩径 400mm，桩长 8m，桩孔按等边三角形均匀布置于基底范围内，孔中心距为 1.5m。褥垫层底面处由永久荷载标准值产生的平均压力值为 280kN/m²，由活荷载标准值产生的平均压力值为 100kN/m²，可变荷载的准永久值系数取 0.4。地基土层分布、厚度及相关参数如图 11-1-18 所示。

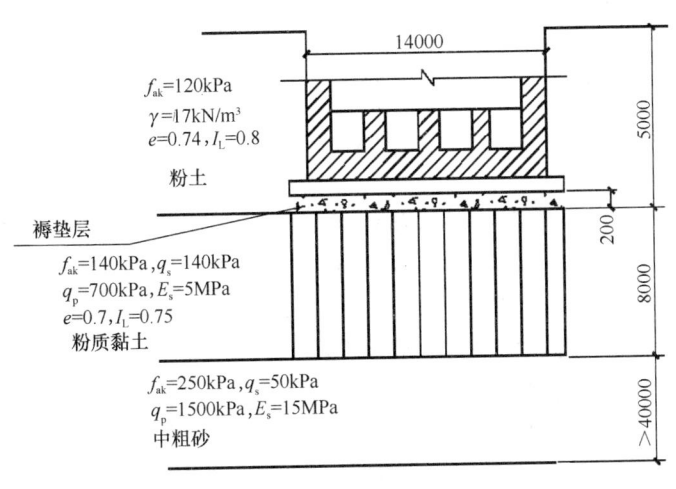

图 11-1-18

78. 假定取单桩承载力特征值 $R_a = 500$ kN，桩间土承载力发挥系数取 $\beta = 0.90$，单桩承载力发挥系数 $\lambda = 0.9$。试问，复合地基的承载力特征值（kPa），与下列何项数值最

图 11-1-17

为接近？

    A. 260   B. 350   C. 390   D. 420

79. 试问，计算地基变形时，对应于所采用的荷载效应，褥垫层底面处的附加压力值（kPa），与下列何项数值最为接近？

    A. 185   B. 235   C. 285   D. 380

题 80～84

某单层单跨工业厂房建于正常固结的黏性土地基上，跨度 27m，长度 84m，采用柱下钢筋混凝土独立基础。厂房基础完工后，室内外均进行填土；厂房投入使用后，室内地面局部范围有大面积堆载，堆载宽度 6.8m，堆载的纵向长度 40m。具体的厂房基础及地基情况、地面荷载大小等如图 11-1-19 所示。

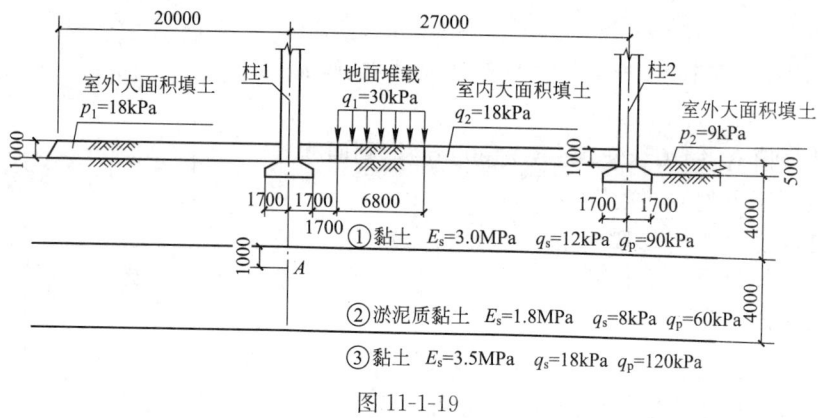

图 11-1-19

80. 地面堆载为 $q_1 = 30$kPa；室内外填土重度均为 $\gamma = 18$kN/m^3。试问，为计算大面积地面荷载对柱 1 的基础产生的附加沉降量，所采用的等效均布地面荷载 q_{eq}（kPa），最接近于下列何项数值？

提示：注意对称荷载，可减少计算量。

    A. 13   B. 16   C. 21   D. 30

81. 条件同上题。若在使用过程中允许调整该厂房的吊车轨道，试问，由地面荷载引起柱 1 基础内侧边缘中点的地基附加沉降允许值 $[s'_g]$（mm），最接近于下列何项数值？

    A. 40   B. 58   C. 72   D. 85

82. 已知地基②层土的天然抗剪强度 τ_{f0} 为 15kPa，三轴固结不排水压缩试验求得的土的内摩擦角 φ_{cu} 为 12°。地面荷载引起的柱基础下方地基中 A 点的附加竖向应力 $\Delta\sigma_z = 12$kPa，地面填土 3 个月时，地基中 A 点土的固结度 U_t 为 50%。试问，地面填土 3 个月时地基中 A 点土体的抗剪强度 τ_{ft}（kPa），最接近于下列何项数值？

提示：按《建筑地基处理技术规范》JGJ 79—2012 作答。

    A. 15.0   B. 16.3   C. 17.6   D. 21.0

83. 拟对地面堆载（$q_1 = 30$kPa）范围内的地基土体采用水泥土搅拌桩地基处理方案。已知水泥搅拌桩的长度为 10m，直径 600mm，桩基进入③层黏土 2m，桩端天然土的承载力折减系数 $\alpha_p = 0.5$。试问，按照周边土计算得到的增强体单桩竖向承载力特征值 R_a（kN），最接近于下列何项数值？

A. 106 B. 127 C. 235 D. 258

84. 条件同上题。若采用粉体搅拌法施工工艺，桩身强度折减系数 $\eta = 0.25$，桩端天然地基土的承载力折减系数 $\alpha_p = 0.5$。并测得水泥土试块在标准养护条件下 90d 龄期的立方体抗压强度平均值 $f_{cu} = 1500kPa$。试问，由桩身材料确定的单桩承载力特征值 R_a（kN），最接近于下列何项数值？

A. 106 B. 127 C. 235 D. 258

11. 2　答案

1. 答案：C

解答过程：依据《建筑地基基础设计规范》GB 50007—2011 的 4.2.6 条判断。

压缩系数 $\qquad a_{1-2}=\dfrac{e_1-e_2}{p_2-p_1}=\dfrac{0.83-0.81}{0.2-0.1}=0.2\mathrm{MPa}^{-1}$

该值在 $0.1\mathrm{MPa}^{-1}$ 和 $0.5\mathrm{MPa}^{-1}$ 之间，为中压缩性土。故选择 C。

2. 答案：D

解答过程：对基础底面重心位置取矩，当力矩为零时，基底反力呈现为均匀分布。于是，可得 $F_k\left(\dfrac{b}{2}-x\right)=M_k$，将其变形，为 $x=\dfrac{b}{2}-\dfrac{M_k}{F_k}$。故选择 D。

点评：本题乍一看难以明白题意，因为，通常情况下，柱子位于基础底面形心轴位置处，只要有弯矩存在，必然基底反力呈现梯形分布。而现在，柱子偏离基础的形心轴，柱子传来的压力和弯矩对基础底面形心轴位置取矩，总的弯矩可能为零。即，本题目想表达的意思，实际上如图 11-2-1 所示。

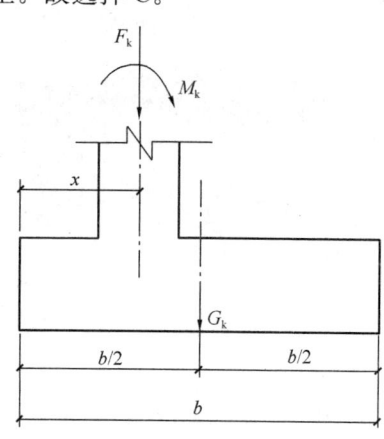

图 11-2-1　基础受力简图

3. 答案：B

解答过程：因黏性土①的天然孔隙比 $e_0=0.84$，液性指数 $I_L=0.83$，均小于 0.85，查《建筑地基基础设计规范》GB 50007—2011 表 5.2.4 知，$\eta_b=0.3$，$\eta_d=1.6$。根据提示，假定 $b<3\mathrm{m}$，则依据 5.2.4 条，取 $b=3\mathrm{m}$。

$$\gamma_m=\frac{17\times0.8+19\times0.4}{0.8+0.4}=17.67\mathrm{kN/m^3}$$

$$
\begin{aligned}
f_a&=f_{ak}+\eta_b\gamma(b-3)+\eta_d\gamma_m(d-0.5)\\
&=150+0.3\times19\times(3-3)+1.6\times17.67\times(0.8+0.4-0.5)\\
&=169.8\mathrm{kPa}
\end{aligned}
$$

故选择 B。

4. 答案：B

解答过程：由于基底反力呈均匀分布状态，故依据《建筑地基基础设计规范》GB 50007—2011 的 5.2.1 条、5.2.2 条，有下式成立：

$$b\geqslant\frac{F_k}{f_a-\gamma_G d}=\frac{300}{165-20\times1.2}=2.13\mathrm{m}$$

故选择 B。

5. 答案：C

解答过程：依据《建筑地基基础设计规范》GB 50007—2011 的 8.2.14 条，可得

$$a_1 = b_1 = 1.1 - \frac{0.3}{2} = 0.95\text{m}$$

$$\begin{aligned}M_\text{I} &= \frac{1}{6}a_1^2\left(2p_{\max} + p - \frac{3G}{A}\right)\\&= \frac{1}{6} \times 0.95^2 \times \left[3 \times \frac{1.35 \times (F_\text{k} + G_\text{k})}{A} - 3 \times \frac{1.35 \times G_\text{k}}{A}\right]\\&= \frac{1}{6} \times 0.95^2 \times \left(3 \times \frac{1.35 \times 300}{2.2 \times 1}\right)\\&= 83.07\text{kN} \cdot \text{m}\end{aligned}$$

故选择 C。

点评：当基地压力为均匀压力时，规范公式（8.2.14）可以简化，如下：

$$M_\text{I} = \frac{1}{6}a_1^2\left(2p_{\max} + p - \frac{3G}{A}\right) = \frac{1}{6}a_1^2\left(3p - \frac{3G}{A}\right) = \frac{1}{2}a_1^2 p_\text{j}$$

这就是《材料力学》中悬臂梁弯矩的计算公式。式中，p_j 按照 $1.35F_\text{k}/A$ 求出，这里，1.35 是永久荷载为主时的分项系数，见规范公式（3.0.6-4）。

6. 答案：D

解答过程：依据《建筑地基基础设计规范》GB 50007—2011 的 5.2.7 条，因 $\frac{E_{\text{s}1}}{E_{\text{s}2}} = \frac{6}{2} = 3$，$\frac{z}{b} = \frac{3-0.4}{2.2} = 1.18 > 0.5$ 取为 0.5，由表 5.2.7 可得 $\theta = 23°$。于是

$$p_z = \frac{b(p_\text{k} - p_\text{c})}{b + 2z\tan\theta} = \frac{2.2 \times [160.36 - (17 \times 0.8 + 19 \times 0.4)]}{2.2 + 2 \times (3 - 0.4) \times \tan23°} = 69.47\text{kPa}$$

故选择 D。

7. 答案：A

解答过程：依据《建筑地基基础设计规范》GB 50007—2011 的 5.2.7 条、5.2.4 条计算 f_az。

查表 5.2.4，淤泥质土，取 $\eta_\text{b} = 0$，$\eta_\text{d} = 1.0$。

$$\gamma_\text{m} = \frac{17 \times 0.8 + 19 \times 3}{0.8 + 3} = 18.58\text{kN/m}^3$$

$$f_\text{az} = f_\text{ak} + \eta_\text{b}\gamma(b - 3) + \eta_\text{b}\gamma_\text{m}(d - 0.5) = 80 + 1.0 \times 18.58 \times (3.8 - 0.5) = 141.3\text{kPa}$$

$$p_\text{cz} = 19 \times 3 + 17 \times 0.8 = 70.6\text{kPa}$$

故选择 A。

8. 答案：C

解答过程：将计算深度范围内的土层分为 n 层，则地基沉降量为

$$s = \sum_{i=1}^{n} s_i = \sum_{i=1}^{n} \frac{\bar{\sigma}_{zi}}{E_{\text{s}i}} h_i$$

式中，$\bar{\sigma}_{zi}$ 为第 i 层土的平均附加应力。

由《建筑地基基础设计规范》GB 50007—2011 的表 K.0.1-1 可知，z/b 相同时，l/b

越大则角点附加应力系数越大，也就是说，在题目给定的情况下，相同 z/b 时条形基础的 α_i 大于独立基础的 α_i，于是，表现为上式中相同深度条形基础的 $\bar{\sigma}_{zi}$ 大于独立基础的 $\bar{\sigma}_{zi}$，最终沉降量前者也必然大于后者。故选择 C。

9. 答案：B

解答过程：依据《建筑地基基础设计规范》GB 50007—2011 的 6.7.3 条，挡土墙高度 $h=5.5\text{m}>5\text{m}$，取 $\psi_a=1.1$。于是

$$E_a=\psi_a\frac{1}{2}\gamma h^2 k_a=1.1\times\frac{1}{2}\times20\times5.5^2\times0.2=66.55\text{kN/m}$$

故选择 B。

点评：主动土压力增大系数 ψ_a 的取值，在 2011 版《建筑地基基础设计规范》中，依据挡土墙高度确定。过去依据"土坡高度"确定，容易引起争议。

10. 答案：A

解答过程：依据《建筑地基基础设计规范》GB 50007—2011 的 6.7.3 条，挡土墙高度 $h=5.5\text{m}>5\text{m}$，取 $\psi_a=1.1$。

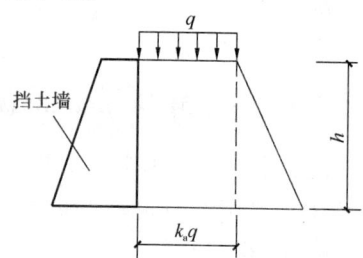

图 11-2-2　均布荷载产生的主动土压力

$$E_{aq}=\psi_a qk_a h=1.1\times20\times0.2\times5.5=24.2\text{kN/m}$$

故选择 A。

若误用如下公式且取 $\psi_a=1.1$，则

$$E_{aq}=\psi_a qk_a h^2=1.1\times20\times0.2\times5.5^2=121\text{kN/m}。$$

点评：注意，本题问的是均布荷载产生的土压力，所以，计算时本质上是求矩形的面积，如图 11-2-2 中虚线以左的部分。虚线右侧的三角形面积为土体产生的主动土压力。

11. 答案：B

解答过程：依据《建筑地基基础设计规范》GB 50007—2011 的 6.7.5 条，按照下式计算：

$$k_1=\frac{(G_n+E_{an})}{E_{at}-G_t}\mu$$

按单位长度考虑，有

$$G=\frac{(1.2+2.7)\times5.5}{2}\times24=257.4\text{kN}$$

$$\alpha_0=0°,\quad\alpha=90°,\quad\delta=10°$$

$$G_n=G\cos\alpha_0=257.4\text{kN},\quad G_t=G\sin\alpha_0=0$$

$$E_{at}=E_a\sin(\alpha-\alpha_0-\delta)=93\times\sin(90°-0-10°)=91.59\text{kN}$$

$$E_{an}=E_a\cos(\alpha-\alpha_0-\delta)=93\times\cos(90°-0-10°)=16.15\text{kN}$$

于是　　　$$k_1=\frac{(G_n+E_{an})}{E_{at}-G_t}\mu=\frac{(257.4+16.15)\times0.45}{91.59-0}=1.34$$

故选择 B。

12. 答案：C

解答过程：依据《建筑地基基础设计规范》GB 50007—2011 的 6.7.5 条，按照下式计算：

$$k_2 = \frac{Gx_0 + E_{az}x_f}{E_{ax}z_f}$$

按单位长度考虑，有

$$Gx_0 = 99 \times \left(\frac{2}{3} \times 1.5\right) + 158.4 \times \left(1.5 + \frac{1.2}{2}\right) = 431.64 \text{kN} \cdot \text{m}$$

$$E_{az} = E_a \cos(\alpha - \delta) = 93 \times \cos(90° - 10°) = 16.15 \text{kN}, \quad x_f = 2.7\text{m}$$

$$E_{ax} = 93 \times \sin(90° - 10°) = 91.59 \text{kN}, \quad z_f = 2.1\text{m}$$

于是

$$k_2 = \frac{Gx_0 + E_{az}x_f}{E_{ax}z_f} = \frac{431.64 + 16.15 \times 2.7}{91.59 \times 2.1} = 2.47$$

选择 C。

13. 答案：D

解答过程：按单位长度考虑，作用于基底的总竖向压力为

$$N = 257.4 + 93\sin10° = 273.5\text{kN}$$

作用于基底形心的弯矩为

$$M = 257.4 \times (1.677 - 2.7/2) + 93 \times \sin10° \times 2.7/2 - 93 \times \cos10° \times 2.1 = -86.43\text{kN} \cdot \text{m}$$

上式中的负号表示弯矩方向为逆时针。

偏心距 $e = \dfrac{M}{N} = \dfrac{86.43}{273.5} = 0.316\text{m} < \dfrac{b}{6} = \dfrac{2.7}{6} = 0.45\text{m}$ 于是，依据《建筑地基基础设计规范》GB 50007—2011 的 5.2.2 条，基底最大压应力为

$$p_{k,max} = \frac{273.5}{2.7} + \frac{86.43}{1.215} = 172.4\text{kPa}$$

故选择 D。

14. 答案：B

解答过程：依据《建筑地基基础设计规范》GB 50007—2011 的表 5.2.4，由于 $e = 0.78 < 0.85$，$I_L = 0.88 > 0.85$，故 $\eta_b = 0$，$\eta_d = 1.0$。于是

$$f_a = f_{ak} + \eta_b \gamma (b-3) + \eta_d \gamma_m (d-0.5) = 125 + 1 \times 18 \times (1.5 - 0.5) = 143\text{kPa}$$

故选择 B。

点评：对于 d 的取值，有人认为，规范 5.2.4 条规定，"当采用独立基础或条形基础时，应从室内地面标高算起"，故应取 $d = 1.9 - 0.2 = 1.7\text{m}$。

笔者认为该观点属于断章取义，不妥，因为，"当采用独立基础或条形基础时，应从室内地面标高算起"的前提条件的是"对于地下室"。详细情况，可参考朱炳寅《建筑结构设计问答及分析》（第二版）。

15. 答案：D

解答过程：依据《建筑地基基础设计规范》GB 50007—2011 的 5.2.2 条，有

$$M_k = 70 \times 1.9 = 133 \text{kN} \cdot \text{m}$$

$$F_k + G_k = 200 + 20 \times 1.6 \times 2.4 \times 1.6 = 322.88 \text{kN}$$

上式中，1.6m 为深度的平均值，（1.5+1.7）/2=1.6m。

今偏心距 $e = \dfrac{M_k}{F_k + G_k} = \dfrac{133}{322.88} = 0.41 \text{m} > \dfrac{b}{6} = \dfrac{2.4}{6} = 0.4 \text{m}$，故应依据公式（5.2.2-4）计算。

$$a = \frac{b}{2} - e = 1.2 - 0.41 = 0.79 \text{m}$$

$$p_{kmax} = \frac{2(F_k + G_k)}{3la} = \frac{2 \times 322.88}{3 \times 1.6 \times 0.79} = 170.7 \text{kPa}$$

故选择 D。

16. 答案：A

解答过程：依据《建筑地基基础设计规范》GB 50007—2011 的公式（8.2.8-1）计算。

$$a + 2h_0 = 500 + 2 \times 450 = 1400 \text{mm} < l = 1600 \text{mm}$$

$$a_m = (a_t + a_t + 2h_0)/2 = a_t + h_0 = 500 + 450 = 950 \text{mm}$$

$$0.7\beta_{hp} f_t a_m h_0 = 0.7 \times 1.0 \times 1.27 \times 950 \times 450 = 380 \text{kN}$$

故选择 A。

17. 答案：C

解答过程：依据《建筑地基基础设计规范》GB 50007—2011 的 8.2.8 条，可得

$$F_l = p_j A_l = (p_{max} - 1.35\gamma_G d) A_l = (260 - 1.35 \times 20 \times 1.6) \times 0.609 = 132.03 \text{kN}$$

上式中，1.6 为深度平均值，（1.7+1.5）/2=1.6m。

故选择 C。

18. 答案：C

解答过程：依据《建筑地基基础设计规范》GB 50007—2011 的 5.2.2 条，有

$$M_k = 50 \times 1.9 = 95 \text{kN} \cdot \text{m}$$

$$F_k + G_k = 200 + 20 \times 3.52 \times 1.6 = 312.64 \text{kN}$$

今偏心距 $e = \dfrac{M_k}{F_k + G_k} = \dfrac{95}{312.64} = 0.303 \text{m} < \dfrac{b}{6} = \dfrac{2.2}{6} = 0.37 \text{m}$，故

$$p_{k,max} = \frac{F_k + G_k}{A} + \frac{M_k}{W} = \frac{312.64}{3.52} + \frac{95}{1.29} = 162 \text{kPa}$$

故选择 C。

19. 答案：C

解答过程：依据《建筑地基基础设计规范》GB 50007—2011 的公式（8.2.11-1）计算。

由于 $a_1 = \dfrac{2.2 - 0.5}{2} = 0.85 \text{m}$，故 Ⅰ-Ⅰ 剖面处的地基反力设计值为

$$p = 20.5 + \frac{219.3 - 20.5}{2.2} \times (2.2 - 0.85) = 142.5 \text{kPa}$$

$$M_{max} = \frac{1}{12}a_1^2 \left[(2l+a')\left(p_{max}+p-\frac{2G}{A}\right) + (p_{max}-p)\, l \right]$$

$$= \frac{1}{12}\times 0.85^2 \times \left[(2\times 1.6+0.5)(219.3+142.5-2\times 1.35\times 20\times 1.6) \right.$$

$$\left. + (219.3-142.5)\times 1.6 \right]$$

$$= 68.75 \text{kN} \cdot \text{m}$$

故选择 C。

20. 答案：C

解答过程：依据《建筑地基基础设计规范》GB 50007—2011 的 L.0.3 条，可知土为 IV 类土；查图 L.0.2d，今 $\alpha=90°$，$\beta=10°$，于是 $k_a=0.26$。

依据规范 6.7.3 条，今挡土墙高度为 5m，取 $\psi_a=1.1$，于是

$$E_a = \psi_a \frac{1}{2}\gamma h^2 k_a = 1.1\times\frac{1}{2}\times 19\times 5^2\times 0.26 = 67.92 \text{kN/m}$$

故选择 C。

若取 $\psi_a=1.0$，则得到最后结果为 61.75kN/m，错选 B。

21. 答案：B

解答过程：依据《建筑地基基础设计规范》GB 50007—2011 的 6.7.5 条，取单位长度 1m 计算。

$$\alpha_0=0, \quad \alpha=90°, \quad \delta=13°$$

$$G_n = G\cos\alpha_0 = 209.22 \text{kN}, \quad G_t = G\sin\alpha_0 = 0$$

$$E_{at} = E_a\sin(\alpha-\alpha_0-\delta) = 70\times\sin(90°-0-13°) = 68.21 \text{kN}$$

$$E_{an} = E_a\cos(\alpha-\alpha_0-\delta) = 70\times\cos(90°-0-13°) = 15.75 \text{kN}$$

$$k_s = \frac{(G_n+E_{an})\,\mu}{E_{at}-G_t} = \frac{(209.22+15.75)\times 0.4}{68.21-0} = 1.32$$

故选择 B。

22. 答案：C

解答过程：依据《建筑地基基础设计规范》GB 50007—2011 的 6.7.5 条，取单位长度 1m 计算。

$$Gx_0 = 209.22\times 1.68 = 351.49 \text{kN} \cdot \text{m}$$

$$E_{az} = E_a\cos(\alpha-\delta) = 70\times\cos(90°-13°) = 15.75 \text{kN}, \quad x_f=2.7\text{m}$$

$$E_{ax} = 70\times\sin(90°-13°) = 68.21 \text{kN}, \quad z_f=5/3=1.67\text{m}$$

$$k_t = \frac{Gx_0+E_{az}x_f}{E_{ax}z_f} = \frac{351.49+15.75\times 2.7}{68.21\times 1.67} = 3.46$$

故选择 C。

23. 答案：A

解答过程：取单位长度 1m 计算。

土压力呈三角形分布，其合力点距离挡土墙底为 $z=5/3=1.67\text{m}$，由此引起的对于底

面重心处的弯矩为 $70 \times 1.67 = 116.7 kN \cdot m$。

土压力与挡土墙自重等效为偏心的基底压力，偏心距为

$$e = \frac{116.7 - 209.22 \times (1.68 - 1.35)}{209.22} = 0.23m < \frac{b}{6} = \frac{2.7}{6} = 0.45m$$

依据《建筑地基基础设计规范》GB 50007—2011 的 5.2.2 条，为

$$p_{k,max} = \frac{209.22}{2.7} + \frac{209.22 \times 0.23}{\frac{1}{6} \times 1 \times 2.7^2} = 117kPa$$

故选择 A。

24. 答案：B

解答过程：取单位长度计算主动土压力。

墙顶面土压力强度为

$$e_1 = qk_a = 15 \times 0.23 = 3.45 kN/m$$

墙底面土压力强度为

$$e_2 = (\gamma h + q) k_a = (18 \times 5 + 15) \times 0.23 = 24.15 kN/m$$

主动土压力为

$$E_a = 1.1 \times \frac{(3.45 + 24.15) \times 5}{2} = 75.9 kN$$

上式中，1.1 为依据《建筑地基基础设计规范》GB 50007—2011 的 6.7.3 条，由于挡土墙高度为 5m 而取用的主动土压力增大系数。

故选择 B。

25. 答案：B

解答过程：按照求梯形截面重心的方法计算。

$$z = \frac{3.8 \times 5 \times \frac{5}{2} + (27.83 - 3.8) \times \frac{5}{2} \times \frac{5}{3}}{79} = 1.87m$$

故选择 B。

26. 答案：D

解答过程：依据《建筑地基基础设计规范》GB 50007—2011 的 6.7.5 条第 4 款，应满足偏心距 $e \leq 0.25$ 倍的基础宽度。故选择 D。

27. 答案：C

解答过程：依据《建筑抗震设计规范》GB 50011—2010 的 4.1.4 条，建筑场地覆盖层厚度应算至第 8 层顶，为 51.4m。依据 4.1.5 条，计算深度应取为 20m。于是

$$t = \sum_{i=1}^{n} (d_i/v_{si}) = \frac{1.2}{116} + \frac{10.50}{135} + \frac{20 - 1.2 - 10.5}{158} = 0.141s$$

$$v_{se} = \frac{d_0}{t} = \frac{20}{0.141} = 142 m/s$$

依据表 4.1.6，覆盖层厚度 51.4m、$v_{se} = 142 m/s$，场地属于Ⅲ类，故选择 C。

点评：计算 t 时采用的总深度应为 d_0，因为只有这样，$v_{se} = d_0/t$ 才有意义。$d_0 = min$

（20m，建筑场地覆盖层厚度）。

28. 答案：D

解答过程：依据《建筑抗震设计规范》GB 50011—2010 的 4.1.7 条第 1 款，抗震设防烈度为 9 度，隐伏断裂的土层覆盖厚度大于 90m 时，才可忽略发震断裂错动对地面建筑的影响，因此，覆盖层为 80m 时应该考虑，选择 D。

29. 答案：D

解答过程：依据《建筑地基基础设计规范》GB 50007—2011 的 5.4.2 条计算。

$$a \geqslant 3.5b - \frac{d}{\tan\beta} = 3.5 \times 1.6 - \frac{2}{\tan 45°} = 3.6\text{m} > 2.5\text{m}$$

故取为 3.6m。选择 D。

30. 答案：C

解答过程：依据《建筑地基基础设计规范》GB 50007—2011 的 3.0.2 条，所有建筑物的地基计算均应满足承载力要求，丙级满足一定条件时可不做变形验算。故选择 C。

31. 答案：D

解答过程：底板厚度应满足计算要求和构造要求。

（1）依据《建筑地基基础设计规范》GB 50007—2011 的 8.4.12 条，假设底板厚度 $< 800\text{mm}$，于是 $\beta_{hp} = 1.0$，依据公式可知

$$h_0 = \frac{(l_{n1} + l_{n2}) - \sqrt{(l_{n1} + l_{n2})^2 - \dfrac{4p_n l_{n1} l_{n2}}{p_n + 0.7\beta_{hp} f_t}}}{4}$$

$$= \frac{(4.5 + 6.0) - \sqrt{(4.5 + 6.0)^2 - \dfrac{4 \times 280 \times 4.5 \times 6}{280 + 0.7 \times 1.0 \times 1570}}}{4}$$

$$= 0.275\text{m} = 275\text{mm}$$

于是 $h = h_0 + a_s = 275 + 60 = 335\text{mm}$，满足原假设要求。

（2）规范 8.4.12 条还规定，底板厚度与最大双向板格的短边净跨之比不应小于 1/14，且板厚不应小于 400mm。今 4500/14 = 321mm < 400mm。

综上，板厚应取为 400mm，选择 D。

32. 答案：A

解答过程：依据《建筑地基基础设计规范》GB 50007—2011 的 8.4.12 条，有

$$h_0 = h - a_s = 450 - 60 = 390\text{mm}$$

$$F_l = (l_{n1} - 2h_0)(l_{n2} - 2h_0) \times p_j$$

$$= (4.5 - 2 \times 0.39)(6.0 - 2 \times 0.39) \times 280 = 5437.2\text{kN}$$

故选择 A。

33. 答案：B

解答过程：依据《建筑地基基础设计规范》GB 50007—2011 的 8.4.12 条计算。

$$0.7\beta_{hp} f_t u_m h_0 = 0.7 \times 1.0 \times 1570 \times (2 \times 4.5 + 2 \times 6.0 - 4 \times 0.39) \times 0.39 = 8332\text{kN}$$

故选择 B。

34. 答案：A

解答过程：依据《建筑地基基础设计规范》GB 50007—2011 的 8.4.12 条和图 8.4.12-2，有

$$V_s = \frac{1}{2}\Big[\,(l_{n2}-l_{n1}) + (l_{n2}-2h_0)\Big]\times\left(\frac{l_{n1}}{2}-h_0\right)p_j$$

$$= \frac{1}{2}\Big[\,(6-4.5) + (6-2\times0.39)\Big]\times\left(\frac{4.5}{2}-0.39\right)\times280$$

$$= 1750\text{kN}$$

故选择 A。

35. 答案：A

解答过程：依据《建筑地基基础设计规范》GB 50007—2011 的 8.4.12 条计算。

$$h_0 = 390\text{mm} < 800\text{mm}，取\ \beta_{hs} = 1.0$$

$0.7\beta_{hs}f_t\,(l_{n2}-2h_0)\,h_0 = 0.7\times1.0\times1.57\times(6000-2\times390)\times390 = 2237.2\times10^3\text{N}$

故选择 A。

36. 答案：D

解答过程：依据《建筑地基基础设计规范》GB 50007—2011 的 8.4.15 条，底板上下贯通钢筋的配筋率不应小于 0.15%，即

$$A_{s\min} = \rho_{\min}bh = 0.15\%\times1000\times850 = 1275\text{mm}^2$$

A、B、C、D 四个选项中，通长筋截面面积分别为 565mm^2、1131mm^2、565mm^2、1539mm^2，因而选项 D 满足要求。

依据 8.2.12 条，按照弯矩值确定所需钢筋截面面积为

$$A_s = \frac{M}{0.9f_yh_0} = \frac{240\times10^6}{0.9\times300\times790} = 1125\text{mm}^2$$

可见，D 选项在支座处满足受力要求。选择 D。

点评：规范中"底板上下贯通钢筋的配筋率不应小于 0.15%"，可通过与旧规范对照加以理解。对照见表 11-2-1。

新旧规范规定对照　　　　　　　　　　　　　　　　　表 11-2-1

2002 规范	2011 规范
平板式筏基柱下板带和跨中板带的底部钢筋应有 1/2～1/3 贯通全跨，且配筋率不应小于 0.15%；顶部钢筋应按计算配筋全部连通	梁板式筏基的底板和基础梁的配筋除满足计算要求外，纵横方向的底部钢筋尚应有不少于 1/3 贯通全跨，顶部钢筋按计算配筋全部连通，底板上下贯通钢筋的配筋率不应小于 0.15%

因此，应理解为：底板上、下贯通钢筋的配筋率均不应小于 0.15%。

另外注意，按照旧版规范作答时，有观点认为，此处按照"倒梁法"，底部纵筋在支座处受拉，在跨中受压，而配筋率针对的是纵向受拉钢筋。如此一来，对于选项 C，Φ12@200 布置每米可提供 565 mm²，Φ14@200 布置每米可提供 769 mm²，支座处可提供的钢筋截面面积为 565＋769＝1334mm²，大于计算所需的 1125 mm²，也大于最小配筋率 0.15% 的要求。

37. 答案：C

解答过程：依据《建筑地基基础设计规范》GB 50007—2011 的 3.0.5 条第 1 款，可

知 A、B 选项正确；依据本条第 2 款可知 C 选项不正确；依据本条第 4 款可知 D 选项正确。

38. 答案：D

解答过程：依据《建筑地基基础设计规范》GB 50007—2011 的 6.7.4 条第 5 款，重力式挡土墙应每隔 10～20m 设置一道伸缩缝，故选项 D 叙述错误。

39. 答案：B

解答过程：依据《建筑地基基础设计规范》GB 50007—2011 表 5.2.4，由于 $e=0.82<0.85$，但 $I_L=0.88>0.85$，可得 $\eta_b=0$，$\eta_d=1.0$。于是

$$f_a=f_{ak}+\eta_b\gamma(b-3)+\eta_d\gamma_m(d-0.5)=160+0+1.0\times18\times(1-0.5)=169\text{kPa}$$

故选择 B。

40. 答案：C

解答过程：依据《建筑地基基础设计规范》GB 50007—2011 的 5.2.4 条，假设宽度 $b<3.0$m，则基础底面承载力特征值为

$$f_a=f_{ak}+\eta_b\gamma(b-3)+\eta_d\gamma_m(d-0.5)=160+1.0\times18\times(1-0.5)=169\text{kPa}$$

由于题目给出的是基底压力值，因此，依据规范 5.2.1 条，有

$$p_k=\frac{F_k+G_k}{A}=\frac{300}{b}\leqslant f_a=169\text{kPa}$$

可得 $b\geqslant1.78$m。

再依据软弱下卧层承载力确定 b 的值。依据规范 5.2.7 条，有

$$p_z+p_{cz}=\frac{b(p_k-p_c)}{b+2z\tan\theta}+\gamma d\leqslant f_{az}$$

$$f_{az}=80+1.0\times18\times(2-0.5)=107\text{kPa}$$

注意，f_{az} 计算式中的 b 没有 $b<3.0$m 这一前提。

代入数值，可得

$$\frac{b\left(\frac{300}{b}-18\right)}{b+2\times1\times\tan10°}+18\times2\leqslant107$$

解方程，得到 $b\geqslant3.09$m。

选择 C，取 $b=3100$mm，可以同时满足 $b\geqslant3.09$m 和 $b\geqslant1.78$m 的要求。

点评：本题给出的已知条件，"每延米长度基础底面处，相应于正常使用极限状态下荷载效应的标准组合的平均压力值为 300kN"，可能会有不同的理解。这里给出的解答是以 $F_k+G_k=300$kN 为前提。笔者认为，如此理解是合适的，原因如下：

依据《建筑地基基础设计规范》GB 50007—2011 的 5.2.2 条可知，F_k 是指"由上部结构传至基础顶面"的竖向力值，关键词是"上部结构"和"基础顶面"，只有这样，在计算"基础底面"的全部应力时，才需要加上"基础自重和基础上的土重 G_k"。现在，题目明确给出的数值是指"基础底面"，所以，认为 $F_k=300$kN 就欠妥当。

至于有些资料，在对基底压力验算时取 $F_k=300$kN，对软弱层验算时取 $p_k=300/b$，则更不妥：因为取 $p_k=300/b$ 相当于认可 $F_k+G_k=300$kN，解答存在自相矛盾。

41. 答案：C

解答过程：A 点处水平侧压力强度为

$$p_a = (q + \gamma h) k_0 = (10 + 20 \times 1.0) \times 0.5 = 15 \text{kN/m}^2$$

故选择 C。

42. 答案：B

解答过程：

侧墙顶点的侧压力强度为

$$p_1 = (q + \gamma h) k_0 = (10 + 20 \times 1) \times 0.5 = 15 \text{kN/m}^2$$

侧墙底部的侧压力强度为

$$p_2 = (q + \gamma h) k_0 = (10 + 20 \times 6) \times 0.5 = 65 \text{kN/m}^2$$

总的土压力为

$$(15 + 65) \times 5/2 = 200 \text{kN}$$

故选择 B。

43. 答案：B

解答过程：依据提示，A 点的支座反力为

$$R_a = \frac{E_a z_e^2 \left(3 - \dfrac{z_e}{h}\right)}{2h^2} = \frac{180 \times 1.8^2 \times \left(3 - \dfrac{1.8}{4.7}\right)}{2 \times 4.7^2} = 34.55 \text{kN}$$

B 点处弯矩标准值为

$$M_{Bk} = 180 \times 1.8 - 34.55 \times 4.7 = 161.615 \text{kN} \cdot \text{m}$$

依据《建筑地基基础设计规范》GB 50007—2011 的 3.0.5 条、3.0.6 条，得到弯矩设计值为 $M_B = 1.35 M_{Bk} = 1.35 \times 161.615 = 218 \text{kN} \cdot \text{m}$。故选择 B。

点评：有观点认为，依据《建筑地基基础设计规范》GB 50007—2011 的 3.0.5 条第 3 款，计算挡土墙土压力时应取分项系数为 1.0，故本题应选择 A。

笔者认为上述观点不妥。规范 3.0.5 第 3 款之所以规定分项系数取 1.0，是由于计算"挡土墙土压力、地基或斜坡稳定及滑坡推力"时，相当于采用"容许应力法"。今题目中计算的是弯矩设计值，按该条第 4 款取分项系数才是合适的。

44. 答案：B

解答过程：依据《建筑地基基础设计规范》GB 50007—2011 的 8.4.7 条，最大剪应力应按照下式计算：

$$\tau_{max} = \frac{F_l}{u_m h_0} + \frac{\alpha_s M_{unb} c_{AB}}{I_s}$$

$$\begin{aligned} F_l &= 1.35 \times [N_k - p_k (h_c + 2h_0) \times (b_c + 2h_0)] \\ &= 1.35 \times [9000 - 135 \times (0.9 + 2 \times 1.35) \times (0.9 + 2 \times 1.35)] \\ &= 9788 \text{kN} \end{aligned}$$

$$u_m = 4 \times (0.9 + 1.35) = 9 \text{m}$$

$$\tau_{max} = \frac{F_l}{u_m h_0} + \frac{\alpha_s M_{unb} c_{AB}}{I_s} = \frac{9788}{9 \times 1.35} + \frac{0.4 \times 1.35 \times 150 \times 1.13}{11.17} = 814 \text{kPa}$$

故选择 B。

45. 答案：A

解答过程：应依据《建筑地基基础设计规范》GB 50011—2011 的 8.4.7 条计算。今

依据 8.2.7 条，有

$$\beta_{hp} = 1 - \frac{1 - 0.9}{2 - 0.8} \times (1.4 - 0.8) = 0.95$$

由于柱长边短边比为 1.0，取 $\beta_s = 2$。于是

$\tau_c = 0.7(0.4 + 1.2/\beta_s)\beta_{hp} f_t = 0.7 \times (0.4 + 1.2/2) \times 0.95 \times 1.43 = 0.951 MPa$

故选择 A。

46. 答案：B

解答过程：依据《建筑地基基础设计规范》GB 50007—2011 的 8.4.8 条，有

$$F_l = 1.35 \times [40000 - (11.2 + 2 \times 1.35) \times (11.6 + 2 \times 1.35) \times 135] = 17774 kN$$

$$u_m = 2 \times (11.2 + 11.6 + 2 \times 1.35) = 51m$$

于是

$$\tau_{max} = \frac{F_l}{u_m h_0} = \frac{17774}{51 \times 1.35} = 258 kPa$$

故选择 B。

47. 答案：A

解答过程：依据《建筑地基基础设计规范》GB 50007—2011 的 8.4.8 条，有

$$\beta_{hp} = 1 - \frac{1 - 0.9}{2 - 0.8} \times (1.4 - 0.8) = 0.95$$

$$\tau_c = 0.7\beta_{hp} f_t / \eta = 0.7 \times 0.95 \times 1.43 / 1.25 = 0.761 MPa = 761 kPa$$

故选择 A。

48. 答案：C

解答过程：依据《建筑地基基础设计规范》GB 50007—2011 的 8.6.2 条，有

$$N_{max} = \frac{F_k + G_k}{n} - \frac{M_{xk} y_i}{\sum y_i^2} - \frac{M_{yk} x_i}{\sum x_i^2}$$

$$= -\frac{500}{4} - \frac{100 \times 10^3 \times 600}{4 \times 600^2} - \frac{100 \times 10^3 \times 600}{4 \times 600^2} = -125 - 41.7 - 41.7 = -208.4 kN$$

负号仅表示力的方向。故选择 C。

49. 答案：D

解答过程：依据《建筑地基基础设计规范》GB 50007—2011 的 8.6.2 条、8.6.3 条，有

$$N_{max} \leqslant 0.8\pi d_1 l f$$

$$l \geqslant \frac{N_{max}}{0.8\pi d_1 f} = \frac{170 \times 10^3}{0.8 \times 3.14 \times 150 \times 0.42} = 1074 mm$$

考虑到 8.6.1 条的构造要求 $l > 40d = 40 \times 32 = 1280 mm$，故选择 D。

若未注意到 $40d$ 的构造要求，会错选 B。

50. 答案：D

解答过程：依据《建筑地基基础设计规范》GB 50007—2011 的 M.0.6 条，由于极差为 588 − 420 = 168 kN，平均值为 (420 + 530 + 480 + 479 + 588 + 503)/6 = 500 kN，今 168 > 500 × 30%，所以，宜增加试验量并分析离差过大的原因，结合工程具体情况确定极限承载力。故选择 D。

51. 答案：D

解答过程：依据《建筑抗震设计规范》GB 50011—2010 的 4.1.7 条第 1 款，A 正确；

依据 4.2.1 条第 2 款，B 正确。依据《建筑地基基础设计规范》GB 50007—2011 表 5.3.4，C 正确；依据《高层建混凝土结构技术规程》JGJ 3—2010 的 12.1.7 条，高宽比大于 4 的高层建筑，基础底面不宜出现零应力区，故 D 错误。

点评：对于本题，有以下几点需要说明：

(1) 本题随规范的修改而有改动。

(2) 原题的选项 B 表达为："对砌体房屋可不进行天然地基及基础的抗震承载力验算"，依据《建筑抗震设计规范》GB 50011—2001 的 4.2.1 条，是正确。新版的《建筑抗震设计规范》对"砌体房屋"增加了限定条件。

(3) 原题的选项 D 表达为："高宽比大于 4 的高层建筑，基础底面与地基之间零应力区面积不应超过基础底面面积的 15%"，依据《高层建混凝土结构技术规程》JGJ 3—2002 的 12.1.6 条判断。新版的《高层建混凝土结构技术规程》对应力产生的条件进行了明确。

52. 答案：B

解答过程：依据《建筑抗震设计规范》GB 50011—2010 的 4.1.4 条第 1 款判断，可知覆盖层厚度应算至⑦基岩顶，同时，应扣除火山岩硬夹层的厚度，故为 $2+10+27+5+2+5-2=49m$。

题目已经给出 $v_{se}=240 \text{ m/s}$，故依据 $150m/s < v_{se} < 250m/s$、覆盖层厚度 49m 在 3m～50m 之间查表 4.1.6，得到为Ⅱ类场地。选择 B。

点评：(1) 查表 4.1.6 时，覆盖层厚度不能取成计算深度 d_0。

(2) 若计算 v_{se} 的取值，将是以下过程：

依据 4.1.5 条，取计算深度 d_0 为 49m（覆盖层厚度）和 20m 的较小者，为 20m。

$$t = \sum_{i=1}^{n} (d_i/v_{si}) = \frac{2}{180} + \frac{10}{300} + \frac{8}{100} = 0.124s$$

$$v_{se} = \frac{d_0}{t} = \frac{20}{0.124} = 157m/s$$

与题目给出的 $v_{se}=240 \text{ m/s}$ 并不一致。

题目中直接给出了 v_{se} 的取值，可以认为是出于简化计算过程的目的。

53. 答案：C

解答过程：依据《建筑地基基础设计规范》GB 50007—2011 的 8.5.3 条第 8 款，A、B、D 均正确，C 项正确的描述为，坡地岸边的桩、8 度及 8 度以上地震区的桩、抗拔桩、嵌岩端承桩应通长配筋。故选择 C。

54. 答案：B

解答过程：依据《建筑地基基础设计规范》GB 50007—2011 的 10.2.13 条，应为桩端以下 3 倍桩径且不小于 5m 范围内，$3d=3\times1.65=4.95m<5m$，取为 5m。故选择 B。

55. 答案：B

解答过程：依据《建筑地基基础设计规范》GB 50007—2011 的 8.5.6 条，应按照下式计算。

$$R_a = q_{pa}A_p + u_p \sum_{i=1}^{n} q_{sia}l_i$$

式中

$$A_p = \frac{3.14 \times 0.426^2}{4} = 0.1425\text{m}^2, \quad u_p = 3.14 \times 0.426 = 1.338\text{m}$$

$$u_p \sum_{i=1}^{n} q_{sia} l_i = 1.338 \times (14 \times 5.5 + 18 \times 7 + 7 \times 10 + 26 \times 1.5) = 417.456\text{kN}$$

于是

$$R_a = q_{pa} A_p + u_p \sum_{i=1}^{n} q_{sia} l_i = 1600 \times 0.1425 + 417.456 = 645.46\text{kN}$$

故选择 B。

点评：在《建筑地基基础设计规范》GB 50007—2011 中，是直接求出单桩的竖向承载力特征值。而使用《建筑桩基技术规范》JGJ 94—2008 时，通常是先求出竖向极限承载力标准值，然后再依据 5.2.2 条除以安全系数 2 转换成竖向承载力特征值。

56. 答案：D

解答过程：依据《建筑地基基础设计规范》GB 50007—2011 的 8.5.4 条计算。

$$M_{yk} = 160 + 45 \times 0.95 = 202.75\text{kN} \cdot \text{m}$$

$$Q_k = \frac{F_k + G_k}{n} + \frac{M_{yk} x_1}{\sum x_i^2} = \frac{1400 + 87.34}{3} + \frac{202.75 \times 0.924}{0.924^2 + 2 \times 0.462^2} = 642.06\text{kN}$$

故选择 D。

点评：依据《建筑桩基技术规范》JGJ 94—2008 的 5.1.1 条，可以得到相同的结果。

57. 答案：C

解答过程：依据《建筑地基基础设计规范》GB 50007—2011 的 8.5.18 条计算。

$$N_{max} = 1.35 \times \left(610 - \frac{87.34}{3}\right) = 784.20\text{kN}$$

上式中，1.35 为依据规范 3.0.6 条所取的分项系数。

$$M_1 = \frac{N_{max}}{3}\left(s - \frac{\sqrt{3}}{4}c\right) = \frac{784.2}{3} \times \left(1.6 - \frac{\sqrt{3}}{4} \times 0.4\right) = 372.96\text{kN} \cdot \text{m}$$

故选择 C。

点评：依据《建筑桩基技术规范》JGJ 94—2008 的 5.9.2 条，可以得到相同的结果（只是公式中的符号略有不同）。

58. 答案：D

解答过程：依据《建筑桩基技术规范》JGJ 94—2008 的 5.9.8 条计算。

$$\beta_{12} = \frac{0.56}{\lambda_{12} + 0.2} = \frac{0.56}{0.521 + 0.2} = 0.777$$

$$\beta_{hp} = 1.0 - \frac{1.0 - 0.9}{2000 - 800} \times (950 - 800) = 0.9875$$

$$\beta_{12}(2c_2 + a_{12})\tan\frac{\theta_2}{2}\beta_{hp} f_t h_0$$

$$= 0.777 \times (2 \times 943 + 464)\tan\frac{60°}{2} \times 0.9875 \times 1.27 \times 890$$

$$= 1177 \times 10^3\text{N}$$

故选择 D。

59. 答案：C

解答过程：依据《建筑地基基础设计规范》GB 50007—2011 的 8.5.21 条计算。

$$\lambda_x = 0.082 < 0.25，取 \lambda_x = 0.25；C25 混凝土，f_t = 1.27MPa$$

$$\beta = \frac{1.75}{\lambda_x + 1.0} = \frac{1.75}{0.25 + 1.0} = 1.4，\quad \beta_{hs} = \left(\frac{800}{h_0}\right)^{1/4} = \left(\frac{800}{890}\right)^{1/4} = 0.974$$

$$\beta_{hs}\beta f_t b_0 h_0 = 0.974 \times 1.4 \times 1.27 \times 2338 \times 890 = 3604 \times 10^3 N$$

故选择 C。

点评：编入本书时，本题和上一题中的已知数据略有改动。参数 c_2、a_{12} 和 b_0 均按 AutoCAD 图形测量得到。圆桩转化为方桩时，采用 0.886 的换算系数。

60. 答案：A

解答过程：依据《建筑地基基础设计规范》GB 50007—2011 的 R.0.3 条，考虑扩散角后实体深基础的宽度为 $b = 28 + 2 \times 36\tan\left(\frac{20°}{4}\right) = 34m$，长度为 $l = 50.4 + 2 \times 36\tan\left(\frac{20°}{4}\right) = 57m$。

依据 5.3.7 条，由于 $b > 8m$，取 $\Delta z = 1.0m$。

四个备选项中，假设 A 选项正确，则查规范表 K.0.1-2 时应取 $l = 57/2 = 28.5m$，$b = 34/2 = 17m$，$l/b = 28.5/17 = 1.7$。$z_n = 33m$，$z_n/b = 33/17 = 1.94$，$z_{n-1}/b = 32/17 = 1.88$。应用内插法，可得 $\overline{\alpha}_n$、$\overline{\alpha}_{n-1}$ 分别为 0.1949、0.1974。于是，33m 深度向上 1m 的变形量与 33m 深度的变形量之比为

$$\frac{33 \times 0.1949 - 32 \times 0.1974}{33 \times 0.1949} = 0.018 < 0.025，$$

满足规范 5.3.7 条的要求。选择 A。

点评：既然 A 选项所得的比值与 0.025 相差比较远，笔者又试算了一些其他数值（仍取 $\Delta z = 1.0m$），结果列于表 11-2-2。

对 60 题解答的试算

表 11-2-2

z_n (m)	30	29	28	27	26	25
$\overline{\alpha}_n$	0.2023	0.2043	0.2068	0.2093	0.2118	0.2143
z_{n-1} (m)	29	28	27	26	25	24
$\overline{\alpha}_{n-1}$	0.2043	0.2068	0.2093	0.2118	0.2143	0.2068
$\dfrac{z_n \overline{\alpha}_n - z_{n-1} \overline{\alpha}_{n-1}}{z_n \overline{\alpha}_n}$	0.024	0.023	0.024	0.026	0.027	0.029

从表中结果看，计算变形深度取 28m 即可满足要求。不过，表中并未一直出现随深度减小而比值增大的现象，与常规想法不符，值得研究。

关于本题，还有以下几点需要注意：

(1)《建筑桩基技术规范》JGJ 94—2008（以下简称《桩规》）在 5.5.6～5.5.9 条的条文说明中指出群桩基础沉降计算方法的缺陷，所指的，正是《建筑地基基础设计规范》附录 R 中的方法。并称，"针对以上问题，本规范给出等效作用分层总和法"。因此，从这个意义上讲，桩基的沉降计算宜按照《桩规》执行。

具体到本题，当按照《桩规》5.5.8 条确定 z_n 时，步骤如下：

等效作用面积为桩承台投影面积。等效作用附加压力取筏板底平均附加压力。

筏板底平均附加压力：$p_0 = 600 + 20 \times 0.8 - 18 \times 0.8 = 601.6$kPa。

假定 $z_n = 33$m，则土的自重应力为 $\sigma_c = 36.8 \times 18 + 33 \times 19 = 1289.4$kPa，$0.2\sigma_c = 257.9$kPa。

查规范表 D.0.1-1 时，应取 $a = 51.2/2 = 25.6$m，$b = 28.8/2 = 14.4$m，$a/b = 25.6/14.4 = 1.78$。$z_n/b = 33/14.4 = 2.29$。近似按照 $a/b = 1.8$ 且 $z_n/b = 2.3$ 查表得到 $\alpha = 0.0985$，于是基底形心垂直向下 $z_n = 33$m 处附加应力系数 $\alpha_n = 4 \times 0.0985 = 0.394$。

于是，$\sigma_z = 0.394 \times 601.6 = 237.0$kPa，$\sigma_z < 0.2\sigma_c$ 成立，选择 A。

如果取 $z_n = 32$m，仍满足应力比要求。$z_n = 31$m 时不满足应力比要求。

（2）由注册中心编写的《全国一级注册结构工程师专业考试历年试题及标准解答》（机械工业出版社，2011年）一书中，取 $\Delta z = 1.0$m，并认为 z_n 与 z_{n-1} 深度处 $\bar{\alpha}$ 近似相等。令

$$\frac{4\dfrac{p_0}{E_{s1}} \cdot \bar{\alpha}}{4\dfrac{p_0}{E_{s1}} \cdot z \cdot \bar{\alpha}} \leqslant 0.025$$

解出 $z \geqslant 40$m，选择 C。

此做法取"z_n 与 z_{n-1} 深度处 $\bar{\alpha}$ 近似相等"，不足之处十分明显，在于，只要单一土层深度足够 40m，则任何情况下取计算深度为 40m 都成立，换句话说，计算深度不会超过 40m。

61. 答案：D

解答过程：依据《建筑地基基础设计规范》GB 50007—2011 的 R.0.3 条和图 R.0.3a，可知

$$a = a_0 + 2l\tan\frac{\varphi}{4} = 50.4 + 2 \times 36\tan\frac{20°}{4} = 56.7\text{m}$$

$$b = b_0 + 2l\tan\frac{\varphi}{4} = 28 + 2 \times 36\tan\frac{20°}{4} = 34.3\text{m}$$

支承面积 $A = ab = 56.7 \times 34.3 = 1945$m²，故选择 D。

若错按照图 R.0.3b 考虑，则会得到 $A = a_0 b_0 = 50.4 \times 28 = 1411$m²，错选 A。

62. 答案：B

解答过程：桩底平面处平均压力值为

$$p = \frac{600 \times 28.8 \times 51.2}{2000} + 20 \times (36 + 0.8) = 1178.4\text{kPa}$$

桩底平面处土的自重压力值为

$$p_c = 18 \times (36 + 0.8) = 662.4\text{kPa}$$

桩底平面处土的附加压力值为

$$p_0 = 1178.4 - 662.4 = 516.0\text{kPa}$$

故选择 B。

点评：周景星等编写的《基础工程》（第三版，清华大学出版社，2016）指出，可以有两个公式计算桩端处的附加压力 p_0：

$$p_0 = \frac{F + G_T}{\left(a_0 + 2l\tan\frac{\varphi}{4}\right)\left(b_0 + 2l\tan\frac{\varphi}{4}\right)} - p_c \tag{11-2-1}$$

$$p_0 = \frac{F+G-p_{c0}ab}{\left(a_0 + 2l\tan\frac{\varphi}{4}\right)\left(b_0 + 2l\tan\frac{\varphi}{4}\right)} \tag{11-2-2}$$

式中：F——对应于作用准永久组合时作用在桩基承台顶面的竖向力；

G_T——在扩散后面积上从桩端平面到设计地面间的承台、桩和土的总重量，可按照 $20kN/m^3$ 计算，水下部分扣除浮力；

a_0、b_0——自最外排桩外缘算起的桩群范围的长度和宽度。

p_c——桩端平面上地基土的自重压力，深度为 $l+d$，l 为桩长，d 为自地面算起的承台底深度；

a、b——为承台的长度和宽度。

G——承台和承台上土的自重，常取为 $20kN/m^3$，水下部分扣除浮力；

p_{c0}——承台底高程处的地基土自重压力，水下部分扣除浮力。

本题解答过程采用的为式（11-2-1）。

若按照式（11-2-2）计算，过程如下：

$$G = 20 \times 28.8 \times 51.2 \times 0.8 = 23593kN, \quad p_{c0} = 18 \times 0.8 = 14.4kPa$$

$$p_0 = \frac{F+G-p_{c0}ab}{\left(a_0 + 2l\tan\frac{\varphi}{4}\right)\left(b_0 + 2l\tan\frac{\varphi}{4}\right)}$$

$$= \frac{600 \times 28.8 \times 51.2 + 23593 - 14.4 \times 28.8 \times 51.2}{2000}$$

$$= 443.5kPa$$

按照式（11-2-1）求得的结果更大，其原因在于：桩长 36m 范围内均按照 $20kN/m^3$ 取值，该值虽然比 $18kN/m^3$ 仅多出 $2kN/m^3$，但是，由于深度为 36m，由此会多出 72kPa，$443.5+72=515.5kPa$，与式（11-2-1）的结果一致。

63. 答案：D

解答过程：依据《建筑地基基础设计规范》GB 50007—2011 的 5.3.5 条，有

$$s = \psi_s s' = \psi_s \sum_{i=1}^{n} \frac{p_0}{E_{si}}(\bar{\alpha}_i z_i - \bar{\alpha}_{i-1} z_{i-1})$$

仅考虑一层的压缩量，于是

$$s = 0.355 \times \frac{700}{34} \times 4 \times (30 \times 0.202 - 0 \times 0.25) = 177mm$$

故选择 D。

点评：60～63 题为 2006 年试题，由于《建筑桩基技术规范》JGJ 94—2008（以下简称《桩规》）中关于沉降的计算规定与《建筑地基基础设计规范》GB 50007—2011（以下简称《地规》）不同，因此，为避免争议，增加了提示，要求按照《地规》答题。

《地规》中桩基的沉降计算规定是在附录 R，按实体深基础依据规范 5.3.5～5.3.8 条计算。其中用到的桩底平面附加应力，一般按考虑了摩擦角的规范图 R.0.3 求出。

《桩规》中的规定比较复杂，体现在：

（1）等效作用面为桩端平面，但附加应力取承台底处而非桩端平面。

（2）等效作用面积为桩承台投影面积，这意味着，在查表确定 $\bar{\alpha}$ 时，z/b 中的 b 依据承台短边宽度取值。

（3）理论解应乘以系数 ψ 与 ψ_e，ψ 与计算深度范围内的 E_s 有关；ψ_e 与桩的布置有关。

64. 答案：C

解答过程：依据《建筑地基基础设计规范》GB 50007—2011 的 8.5.4 条，按照单桩受到的最大力求 R_a。荷载标准组合下单桩最大受力为

$$Q_{kmax}=\frac{F_k+G_k}{n}+\frac{M_{xk}y_1}{\sum y_i^2}+\frac{M_{yk}x_1}{\sum x_i^2}=\frac{6600+20\times4\times4\times3}{9}+\frac{900\times1.6}{6\times1.6^2}\times2=1027.5kN$$

依据规范 8.5.5 条，应有 $Q_{kmax}\leqslant1.2R_a$，于是 $R_a\geqslant Q_{kmax}/1.2=1027.5/1.2=856kN$

依据 8.5.5 条，依据单桩受到的平均力求 R_a。

$$Q_k=\frac{F_k+G_k}{n}=\frac{6600+20\times4\times4\times3}{9}\leqslant R_a$$

解出 $R_a\geqslant840kN$。

综上，应有 $R_a\geqslant856kN$，故选择 C。

故选择 C。

65. 答案：B

解答过程：依据《建筑地基基础设计规范》GB 50007—2011 的 8.5.19 条第 1 款计算。

柱边缘至桩近侧边缘水平距离为 $1200-(700-400)/2=1050mm$，$h_0=1100-50=1050mm$，可见，冲切破坏锥体内只有 1 根桩。该桩净反力设计值为

$$N=1.35\times\frac{F_k}{n}=1.35\times\frac{6600}{9}=990kN$$

于是，冲切力设计值为

$$F_l=1.35F_k-N=1.35\times6600-990=7920kN$$

选择 B。

点评：规范 8.5.19 条中的冲切验算，公式左侧的"N"为桩的竖向力，具有 3 个特点：（1）为对应于作用基本组合的设计值；（2）扣除了其上部承台以及填土自重；（3）按上部结构传来的轴压力和弯矩算出。

66. 答案：D

解答过程：依据《建筑地基基础设计规范》GB 50007—2011 的 8.5.19 条，承台的抗冲切承载力设计值按照下式计算：

$$2[\alpha_{0x}(b_c+a_{0y})+\alpha_{0y}(h_c+a_{0x})]\beta_{hp}f_th_0$$

今 $h_0=1100-50=1050mm$，$b_c=h_c=700mm$，$a_{0x}=a_{0y}=1650-200-400=1050mm>0.25h_0$。

$$\beta_{hp}=1.0-\frac{1-0.9}{2000-800}\times(1100-800)=0.975$$

$$\lambda_{0x}=\lambda_{0y}=\frac{a_{0x}}{h_0}=\frac{1050}{1050}=1.0;\ \alpha_{0x}=\alpha_{0y}=\frac{0.84}{1+0.2}=0.7$$

$$2[\alpha_{0x}(b_c+a_{0y})+\alpha_{0y}(h_c+a_{0x})]\beta_{hp}f_th_0$$
$$=2\times[0.7\times(700+1050)+0.7\times(700+1050)]\times0.975\times1.71\times1050$$
$$=8578\times10^3N$$

故选择 D。

点评：(1) 对于本题，2011 版规范和 2002 版规范的规定只是符号略有差异，计算结果没有不同。

(2) 亦可用《建筑桩基技术规范》JGJ 94—2008 的 5.9.7 条计算，结果相同。

67. 答案：D

解答过程：依据《建筑地基基础设计规范》GB 50007—2011 的 8.5.19 条，承台的抗冲切承载力设计值按照下式计算：

$$\left[\alpha_{1x}\left(c_2+\frac{a_{1y}}{2}\right)+\alpha_{1y}\left(c_1+\frac{a_{1x}}{2}\right)\right]\beta_{hp}f_t h_0$$

今 $h_0=1050\text{mm}$，桩内边缘至柱边缘的距离 $a_{1x}=a_{1y}=1650-200-400=1050\text{mm}=h_0$，满足夹角 45° 要求。

$$\beta_{hp}=1.0-\frac{1-0.9}{2000-800}\times(1100-800)=0.975$$

$$\lambda_{1x}=\lambda_{1y}=\frac{a_{1x}}{h_0}=1, \alpha_{1x}=\alpha_{1y}=\frac{0.56}{1+0.2}=0.467, c_1=c_2=600\text{mm}$$

$$\left[\alpha_{1x}\left(c_2+\frac{a_{1y}}{2}\right)+\alpha_{1y}\left(c_1+\frac{a_{1x}}{2}\right)\right]\beta_{hp}f_t h_0$$

$$=[0.467\times(600+1050/2)+0.467\times(600+1050/2)]\times0.975\times1.71\times1050$$

$$=1839\times10^3\text{N}$$

故选择 D。

点评：(1) 对于本题，2011 版规范和 2002 版规范的规定只是符号略有差异，计算结果没有不同。

(2) 亦可用《建筑桩基技术规范》JGJ 94—2008 的 5.9.8 条计算，结果相同。

68. 答案：A

解答过程：承台斜截面抗剪承载力设计值依据《建筑地基基础设计规范》GB 50007—2011 的 8.5.21 条计算。

今对 x 方向计算如下：

$$h_0=1100-50=1050\text{mm}, \quad a_x=1650-600=1050\text{mm}, \quad \lambda_x=a_x/h_0=1$$

$$\beta=\frac{1.75}{\lambda+1}=\frac{1.75}{1+1}=0.875, \quad b_0=4000\text{mm}, \quad \beta_{hs}=\left(\frac{800}{h_0}\right)^{1/4}=\left(\frac{800}{1050}\right)^{1/4}=0.934$$

$$\beta_{hs}\beta f_t b_0 h_0=0.934\times0.875\times1.71\times4000\times1050=5869.5\times10^3\text{N}$$

对 y 方向也可算得为 5869.5kN。

故选择 A。

69. 答案：B

解答过程：依据《建筑地基处理技术规范》JGJ 79—2012 的 C.0.11 条，单桩的极限承载力除以安全系数 2 得到承载力特征值，故 $R_a=Q/2=1500/2=750\text{kN}$，选择 B。

点评：《建筑地基基础设计规范》GB 50007—2011 的 Q.0.11 条也规定了单桩的极限承载力除以安全系数 2 得到承载力特征值，据此答题亦可。

70. 答案：B

解答过程：依据《建筑地基处理技术规范》JGJ 79—2012 的 7.7.2 条第 6 款，应依据 7.1.5 条给出的公式计算。依据 7.7.2 条第 6 款，桩端阻力发挥系数 $\alpha_p=1.0$。

$$R_{a} = u_{p} \sum_{i=1}^{n} q_{si} l_{pi} + \alpha_{p} q_{p} A_{p}$$

$$= 3.14 \times 0.4 \times (35 \times 3 + 40 \times 2 + 45 \times 1) + 1600 \times \frac{3.14 \times 0.4^{2}}{4}$$

$$= 490 \text{kN}$$

故选择 B。

71. 答案：D

解答过程：依据《建筑地基处理技术规范》JGJ 79—2012 的 3.0.4 条，$\eta_{d} = 1.0$。

由 $f_{sp} = f_{spk} + \eta_{d} \gamma_{m} (d - 0.5) \geqslant p_{k}$ 得到

$$f_{spk} \geqslant p_{k} - \eta_{d} \gamma_{m} (d - 0.5) = 390 - 1.0 \times 16 \times (4.0 - 0.5) = 334 \text{kPa}$$

故选择 D。

72. 答案：A

解答过程：依据《建筑地基处理技术规范》JGJ 79—2012 的 7.7.2 条第 6 款，按 7.1.5 条给出的公式计算，即

$$f_{spk} = \lambda m \frac{R_{a}}{A_{p}} + \beta (1 - m) f_{sk}$$

今 $A_{p} = \dfrac{\pi \times 0.4^{2}}{4} = 0.1256 \text{m}^{2}$；按 7.7.2 条第 6 款，非挤土成桩工艺，$f_{sk}$ 取天然地基承载力特征值，为 $f_{sk} = 120 \text{kPa}$。于是

$$m = \frac{f_{spk} - \beta f_{sk}}{\lambda R_{a} / A_{p} - \beta f_{sk}} = \frac{248 - 0.95 \times 120}{0.9 \times 450 / 0.1256 - 0.95 \times 120} = 0.0431$$

故选择 A。

73. 答案：D

解答过程：依据《建筑地基处理技术规范》JGJ 79—2012 的 7.7.2 条第 6 款，桩身强度应满足 7.1.6 条规定。

$$f_{cu} \geqslant 4 \frac{\lambda R_{a}}{A_{p}} = 4 \times \frac{0.9 \times 450 \times 10^{3}}{0.1256 \times 10^{6}} = 12.9 \text{MPa}$$

故选择 D。

74. 答案：B

解答过程：依据《建筑地基处理技术规范》JGJ 79—2012 的 7.1.5 条第 1 款，置换率的定义式为 $m = d^{2} / d_{e}^{2}$；由于是等边三角形布桩，所以 $d_{e} = 1.05 s$。于是

$$s = \frac{d_{e}}{1.05} = \frac{d}{1.05 \sqrt{m}} = \frac{0.4}{1.05 \sqrt{0.05}} = 1.70 \text{m}$$

故选择 B。

75. 答案：C

解答过程：依据《建筑地基处理技术规范》JGJ 79—2012 的 7.1.5 条可知，复合地基的承载力特征值应采用复合地基的静载荷试验结果。故选择 C。

76. 答案：B

解答过程：依据《建筑地基处理技术规范》JGJ 79—2012 的 7.3.3 条并结合 7.1.5 条，单桩竖向承载力特征值为

$$R_a = u_p \sum_{i=1}^{n} q_{si} l_{pi} + \alpha_p q_p A_p$$

$$= 3.14 \times 0.6 \times (12 \times 1.2 + 5 \times 5 + 18 \times 0.3) + 0.5 \times 150 \times \frac{3.14 \times 0.6^2}{4}$$

$$= 105.65 \text{kN}$$

故选择 B。

77. 答案：A

解答过程：依据《建筑地基处理技术规范》JGJ 79—2012 的 7.3.3 条并结合 7.1.5 条计算。单桩承载力发挥系数 λ 依据 7.3.3 条第 2 款取为 1.0。

$$f_{spk} = \lambda m \frac{R_a}{A_p} + \beta(1-m) f_{sk}$$

$$100 = 1.0 \times m \times \frac{105}{3.14 \times 0.6^2/4} + 0.3 \times (1-m) \times 90$$

解方程得到 $m = 0.21$，故选择 A。

点评：对于本题，注意以下两点：

(1) m 的计算公式可以由 $f_{spk} = \lambda m \dfrac{R_a}{A_p} + \beta(1-m) f_{sk}$ 导出，为

$$m = \frac{f_{spk} - \beta f_{sk}}{\lambda R_a / A_p - \beta f_{sk}}$$

(2) 依据《建筑地基处理技术规范》JGJ 79—2012 的 7.3.3 条第 2 款以及 7.1.5 条，以上公式中的 f_{sk} 为处理后桩间土承载力特征值，宜按当地经验取值，如无经验时，可取天然地基承载力特征值。本题中，有效桩顶面位于粉质黏土层，故取 $f_{sk} = 90 \text{kPa}$。

78. 答案：B

解答过程：依据《建筑地基处理技术规范》JGJ 79—2012 的 7.7.2 条并结合 7.1.5 条计算。公式为

$$f_{spk} = \lambda m \frac{R_a}{A_p} + \beta(1-m) f_{sk}$$

今 $A_p = \dfrac{\pi \times 0.4^2}{4} = 0.1256 \text{m}^2$；$f_{sk}$ 取天然地基承载力特征值，$f_{sk} = 140 \text{kPa}$；按照等边三角形布桩，$d_e = 1.05s$。

$$m = \frac{d^2}{d_e^2} = \frac{400^2}{(1.05 \times 1500)^2} = 0.064$$

$$f_{spk} = \lambda m \frac{R_a}{A_p} + \beta(1-m) f_{sk} = 0.9 \times 0.064 \times \frac{500}{0.1256} + 0.9 \times (1-0.064) \times 140 = 347.2 \text{kPa}$$

故选择 B。

79. 答案：B

解答过程：依据《建筑地基基础设计规范》GB 50007—2011 的 3.0.5 条计算，此时应采用荷载效应的准永久组合。于是，附加压力值为

$$p_0 = 280 + 0.4 \times 100 - 17 \times 5 = 235 \text{kPa}$$

选择 B。

80. 答案：A

解答过程：依据《建筑地基基础设计规范》GB 50007—2011 的 N.0.4 条计算。

应按照 $\dfrac{a}{5b}=\dfrac{40}{5\times 3.4}>1$ 对 β_i 取值。对于柱 1 而言，室内、室外填土对称，因此，只需要考虑堆载的影响。按照 0.5 倍基础宽度分区段后，堆载位于 2～5 段。于是

$$q_{eq}=0.8\times(0.22+0.15+0.10+0.08)\times 30=13.3\text{kPa}$$

故选择 A。

81. 答案：C

解答过程：依据《建筑地基基础设计规范》GB 50007—2011 的 7.5.5 条，今 $a=40\text{m}$，$b=3.4\text{m}$，依据内插法得到

$$\left[s'_g\right]=70+\dfrac{75-70}{4-3}(3.4-3)=72\text{mm}$$

故选择 C。

82. 答案：B

解答过程：依据《建筑地基处理技术规范》JGJ 79—2012 的 5.2.11 条，有

$$\tau_{ft}=\tau_{f0}+\Delta\sigma_z U_t\tan\varphi_{cu}=15+12\times 50\%\times\tan 12°=16.3\text{kPa}$$

故选择 B。

83. 答案：C

解答过程：依据《建筑地基处理技术规范》JGJ 79—2012 的 7.1.5 条计算。

$$
\begin{aligned}
R_a &= u_p\sum_{i=1}^{n}q_{si}l_{pi}+\alpha_p q_p A_p\\
&= 3.14\times 0.6\times(12\times 4+8\times 4+18\times 2)+0.5\times 120\times 282.6\times 10^{-3}\\
&= 235.5\text{kN}
\end{aligned}
$$

选择 C。

84. 答案：A

解答过程：依据《建筑地基处理技术规范》JGJ 79—2012 的 7.3.3 条第 3 款计算。

$$A_p=\dfrac{\pi d^2}{4}=\dfrac{3.14\times 600^2}{4}=282.6\times 10^3\text{mm}^2=282.6\times 10^{-3}\text{m}^2$$

$$R_a=\eta f_{cu}A_p=0.25\times 1500\times 282.6\times 10^{-3}=106.0\text{kN}$$

选择 A。

11.3 疑问解答

【Q11.3.1】《地基规范》第一次印刷本有无勘误？

【A11.3.1】笔者尚未见到正式的勘误。发现的疑似差错如表 11-3-1 所示。

《地基规范》第一次印刷本疑似差错 　　　　表 11-3-1

序号	位　　置	疑似差错	改正后	备　注
1	第 63 页，8.2.1 条第 6 款	"图 8.2.1-2"（两处）	前一个写成"图 8.2.1-2 (a)、(b)"，后一个写成"图 8.2.1-2 (c)"	
2	第 64 页，图 8.2.1-2		上面图从左至右标注为"(a)""(b)"，下面图为"(c)"	
3	第 70 页，图 8.2.8b		尺寸 a_b 的上、下端应分别与 C、D 点对齐	
4	第 71 页，第 1 行	kPa	kN	
5	第 71 页，8.2.9 条	应按下列公式验算柱与基础交接处截面受剪承载力	应按下列公式验算变阶处以及柱与基础交接处截面受剪承载力	否 则，图 8.2.9 (b) 以及图 U.0.2 就没有意义
6	第 77 页，图 8.4.7	1—筏板；2—柱	1—柱；2—筏板	
7	公式 (8.5.6-2) 下一行	kN	kPa	
8	第 97 页，图 8.5.19-2 右侧图	a_{1x}、a_{1y} 的尺寸线边界与线条未对齐		
9	第 98 页，8.5.21 条			个 如《桩规》5.9.10 条分成 3 款表达清楚
10	第 100 页，图 8.6.1	$l > 40d$，d_1——锚杆直径	$l \geqslant 40d$，d_1——锚杆孔直径	图中标注的 d_1 含义与文字不同，依据 2001 版改动
11	第 148 页，图 L.0.1		δ 角的上边界应是挡土墙墙背的法线	规范中两条线不垂直
12	第 157 页，第 2 行和第 4 行	$h_0 + 0.5b_c$	$h_0 + 0.5h_c$	和 c_1 同一方向的尺寸是 h_c
13	第 163 页，图 R.0.3a		a_0、b_0 的标注界限均应从最外排桩的外边缘算起	
14	第 174 页，图 U.0.1	h_{01} 的标注界限下端为承台底	《桩规》图 5.9.10-2	应是抗弯纵筋的重心（合力点）位置
15	第 177 页，对符号解释	$\sum M_{E_p}$ $\sum M_{E_a}$	$\sum M_{E_a}$ $\sum M_{E_p}$	共两处，下角标 p、a 互换
16	第 224 页，对 A_i 的解释	……附加应力面积（m^2）	……附加应力面积（kN/m）	本质为"应力乘以土层厚度"
17	第 297 页，式 (4)	$\dfrac{1.5}{\sqrt{4-a^2}}c_1$	$\dfrac{1.5}{\sqrt{4-\alpha^2}}c_1$	不是英文符号，应是希腊符号
18	第 298 页，第 1 行	$\dfrac{0.75}{\sqrt{4-a^2}}c_1$	$\dfrac{0.75}{\sqrt{4-\alpha^2}}c_1$	不是英文符号，应是希腊符号

【Q11.3.2】结构设计中有强度标准值、设计值，如何理解《地基规范》中的"地基承载力特征值"?

【A11.3.2】《荷载规范》2.1.6 条的术语"标准值"，其英译为 characteristic value/nominal value，并且，其在 3.1.2 条的条文说明中指出，荷载的代表值，"国际上习惯称之为荷载的特征值（characteristic value）"，是依据设计基准期内最大荷载分布的某一分位数，原则上可取荷载的均值、众值或中值。对于有些统计资料不充分的情况，可取公称值（nominal value）作为代表值。荷载规范将两种方式规定的代表值统称为"标准值"。

由《地基规范》2.1.3 条的术语可知，"地基承载力特征值"中的"特征值"，英文为 characteristic value，其条文说明指出，地基设计采用正常使用极限状态这一原则，"特征值"用以表示在发挥正常使用功能时所允许采用的抗力设计值。于是，为了避免标准值与设计值的混淆，规范采用"特征值"这一称谓。

由此可见，"特征值"与"标准值"在本质上是相通的（即"特征值"是对"标准值"的修订），二者同时应用于标准组合。清楚了这一点，将十分有助于理解地基规范中的荷载组合，例如，地基承载力特征值或桩承载力特征值对应于标准组合。

【Q11.3.3】《地基规范》3.0.5 条第 3 款规定："计算挡土墙、地基或滑坡稳定以及基础抗浮稳定时，作用效应应按承载能力极限状态下的基本组合，但其分项系数均为 1.0"，如何理解?

【A11.3.3】笔者认为，应从以下 3 点理解：

（1）依据《工程结构可靠度设计统一标准》GB 50153—2008 的 4.1.1 条，结构或构件丧失稳定属于承载能力极限状态的内容，因此，依据 4.3.2 条，作用组合应采用基本组合、偶然组合或地震组合中的一个，对应于持久设计状况的，就是基本组合。

（2）《建筑结构荷载规范》GB 50009—2012 的 3.2.4 条第 3 款规定，对结构的倾覆、滑移或漂浮验算，分项系数应满足有关的建筑结构设计规范的规定。

（3）《地基规范》此处的规定，相当于使用的是允许应力法，所以，采用分项系数为 1.0。联系到《钢规》，其中针对疲劳计算称采用的是"标准组合"，严格说来是不恰当的，应为"采用基本组合但分项系数均为 1.0"。

【Q11.3.4】《地基规范》4.1.9 条用到"塑性指数"，4.1.10 条、5.2.4 条用到"液性指数"，请介绍这两个概念的含义。

【A11.3.4】对于黏性土，最重要的物理特性不是密实度，而是稠度。所谓稠度，是黏性土在某一含水率时的稀稠程度或软硬程度，用坚硬、可塑和流动等状态来描述。不同状态之间的分界含水率具有重要意义。

（1）液限 w_L（%）。液限是黏性土液态与塑态之间的分界含水率。

（2）塑限 w_p（%）。塑限是黏性土塑态与半固态之间的分界含水率。

（3）塑性指数 I_p。液限与塑限的差值，去掉百分数符号，称为塑性指数，$I_p = (w_L - w_p) \times 100$。

（4）液性指数 I_L。对同一种黏性土，含水率越大土体越软，但是对不同土样无法比较。因此，与相对密度类似，引入液性指数，表示黏性土的天然含水率与塑限的差值和液限与塑限差值之比，即

$$I_L = \frac{w - w_p}{w_L - w_p}$$

【Q11.3.5】《地基规范》4.2.6条指出用压缩系数值a_{1-2}划分土的压缩性，a_{1-2}如何计算？

【A11.3.5】压缩系数值a_{1-2}按照下式计算：

$$a_{1-2} = \frac{e_1 - e_2}{p_2 - p_1}$$

式中，e_1、e_2分别为100kPa、200kPa时的孔隙比。由于评价指标的单位为MPa^{-1}，所以需要注意将p_1、p_2的单位转化为MPa，即二者分别为0.2MPa和0.1MPa。

【Q11.3.6】如何理解《地基规范》5.1.7条的场地冻结深度z_d？

【A11.3.6】场地冻结深度z_d可以理解为"冻深的设计值"，是对"冻深标准值"经过修正之后的值。修正因素包括：土的类别、土的冻胀性以及环境。

【Q11.3.7】如何理解《地基规范》的5.2.2条基础底面压力的计算？

【A11.3.7】宜从以下几个方面把握：

(1) 计算公式的本质，是材料力学中压弯构件求应力公式。

(2) 由于应力要与地基承载力特征值比较，因此，需要考虑荷载效应的标准组合。

(3) 基础自重和基础上的土重$G_k = \gamma_G A d = 20Ad$，即，$\gamma_G$取加权重度为$20\text{kN/m}^3$，$A$为基础底面积；$d$为基础埋深，当室内外高差较大时，取平均值。如果有地下水存在时，则取$G_k = \gamma_G A d - \gamma_w A h_w = 20Ad - 10Ah_w$，$h_w$为基础底面至水位线的距离。

(4) 当基底偏心受压时，按照材料力学公式应有

$$p_{kmin} = \frac{F_k + G_k}{lb} - \frac{(F_k + G_k) \times e}{1/6 \times lb^2} = \frac{F_k + G_k}{lb}\left(1 - \frac{6e}{b}\right)$$

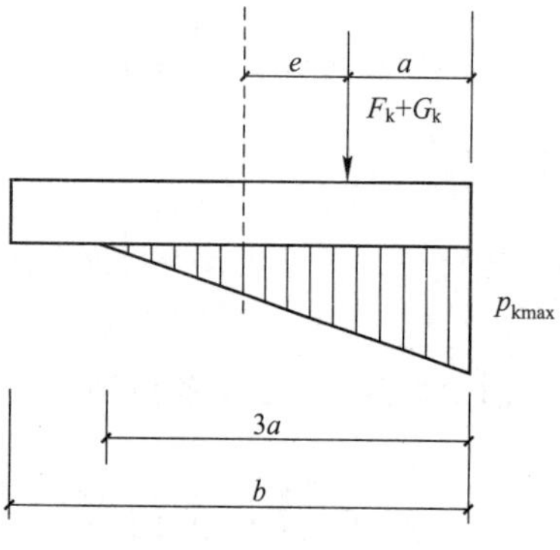

图 11-3-1 偏心荷载（$e > b/6$）下基底压力

若$e > b/6$，则存在拉应力，而这是不可能的（基底与土层之间不会出现拉应力）。按照只出现压应力的情况，如下面的图 11-3-1 所示（亦即规范图5.2.2），列出竖向力的平衡式，为

$$\frac{1}{2}p_{kmax} \times 3a \times l = F_k + G_k$$

即

$$p_{kmax} = \frac{2(F_k + G_k)}{3la}$$

(5) 偏心距e是由于上部结构传来的弯矩引起的，因此，在判断$e > b/6$时，所用的e按照下式求出：

$$e = \frac{M_k}{F_k + G_k}$$

【Q11.3.8】《地基规范》5.2.2条规定，当偏心距$e > b/6$时，取

$$p_{kmax} = \frac{2(F_k + G_k)}{3la}$$

可我计算发现，$e > b/6$时，取

$$p_{kmax} = \frac{F_k + G_k}{A} + \frac{M_k}{W}$$

可得到同样的结果。

例如，$F_k + G_k = 322.88\text{kN}$，$M_k = 133\text{kN} \cdot \text{m}$，$l = 1.6\text{m}$，$b = 2.4\text{m}$，可得

$$e = \frac{M_k}{F_k + G_k} = 0.412m > \frac{b}{6} = 0.4m$$

$$a = b/2 - e = 1.2 - 0.412 = 0.788m$$

$$p_{kmax} = \frac{2(F_k + G_k)}{3la} = \frac{2 \times 322.88}{3 \times 1.6 \times 2.4} = 170.7kPa$$

$$p_{kmax} = \frac{F_k + G_k}{A} + \frac{M_k}{W} = \frac{322.88}{1.6 \times 2.4} + \frac{6 \times 322.88}{1.6 \times 2.4^2} = 170.7kPa$$

如何解释？

【A11.3.8】采用以上给出的尺寸以及 $F_k + G_k$ 数值，可知 $M_k = 129.15kN \cdot m$ 时出现 $p_{kmin} = 0$。

将 M_k 从 120 开始逐渐增大，形成的 M_k - p_{kmax} 曲线如图 11-3-2 所示，其中，"公式 1"指规范公式（5.2.2-2），"公式 2"指规范公式（5.2.2-4）。可见，在较小范围内，二公式所得值相等。

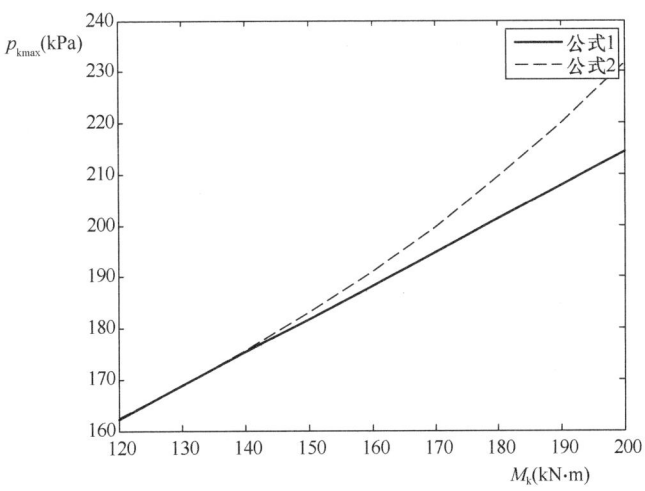

图 11-3-2　两种基底最大应力计算方法的比较

【Q11.3.9】如何理解《地基规范》5.2.4～5.2.5 条确定的地基承载力特征值？

【A11.3.9】确定地基承载力特征值可以有两种方法：

（1）现场载荷试验或其他原位测试方法。用原位试验确定地基承载力时，并没有考虑基础的宽度和埋置深度对承载力的影响，因而，需要修正后才能用于设计。

（2）规范建议的地基承载力公式。这种方法用于偏心距 $e \leqslant 0.033b$，基底压力接近均匀分布时。

以上两种方法分别表现为规范的 5.2.4 条、5.2.5 条。

规范公式（5.2.4）为

$$f_a = f_{ak} + \eta_b \gamma (b - 3) + \eta_d \gamma_m (d - 0.5)$$

使用时需要注意：

（1）式中，b 为基础底面宽度，相当于是短边尺寸。$b < 3m$ 取为 3m，相当于不考虑宽度修正；$b > 6m$ 取为 6m。

（2）γ 取基底以下土的重度，若处于地下水位以下，应采用浮重度，即饱和重度减去

$10kN/m^3$。

（3）γ_m 取基底以上土的加权重度，若有换填，按换填前的土层计算，若处于地下水位以下，应采用浮重度。

（4）查规范表 5.2.4 时，有时需要用到液性指标 I_L，$I_L = \dfrac{w - w_p}{w_L - w_p}$，式中，$w$ 为天然含水量；w_L、w_p 分别为液限和塑限。

（5）规范 5.2.7 条软弱下卧层顶面 f_{az}，也采用该公式计算，但不考虑宽度修正。

（6）《地基处理规范》的 4.2.2 条中，垫层底面处 f_{az} 也采用该公式计算，但不考虑宽度修正。

规范 5.2.5 条规定的地基承载力特征值公式如下：

$$f_a = M_b \gamma b + M_d \gamma_m d + M_c c_k$$

使用时注意：（1）φ_k、c_k 应采用不固结不排水的试验指标。

（2）对于砂土，有 $c_k = 0$。

【Q11.3.10】《地基规范》5.2.7 条软弱下卧层的验算，如何理解？

【A11.3.10】（1）所谓软弱层，是指持力层以下承载力明显低于持力层的土层。

（2）对软弱下卧层顶面进行承载力验算，要求总压力不超过地基承载力，即应满足下式：

$$软弱下卧层顶面处压力（标准组合时）\leqslant f_{az}$$

把左侧拆分成两部分：①附加压力；②软弱下卧层顶面处的自重应力。而前一部分，需要考虑一个扩散作用（以基底处压力作为计算基础，按照"力不变但受力面积变大了"的原则确定，如图 11-3-3 所示）。规范中公式表达为：

$$p_z + p_{cz} \leqslant f_{az}$$

p_{cz} 为软弱下卧层顶面处的自重应力，由前面分析可知，需要按开挖前"原状土"的重度计算。

p_z 根据"基底处附加压力"求出，而基底处附加压力按 $p_k - p_c$ 计算。这里，p_k 为基础底面的压力，在规范的 5.2.2 条规定了其计算公式，所需考虑的荷载包括两部分：①上部结构传来的竖向力（按标准组合取值）；②基础与基础上填土的重量（习惯上，取重度为 $20kN/m^3$ 计算）。p_c 为基础底面处土的自重压力值，按开挖前"原状土"的重度计算。

（3）应用规范公式 5.2.4 确定 f_{az} 时只考虑深度修正，不考虑宽度修正。

【Q11.3.11】《地基规范》的 5.2.7 条用于计算软弱下卧层的承载力验算时，自重应力遇到下列特殊情况如何处理？

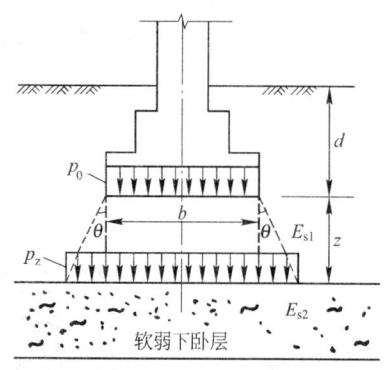

图 11-3-3 软弱下卧层顶面的附加应力

情形 1：柱下独立基础或条形基础（有无防水地板均可），有较深地下室时，软弱下卧层顶的自重应力从哪个标高算起，从室外地坪算起，还是从地下室地坪算起？

情形 2：整体基础筏基下软弱下卧层的承载力验算，有地下室，软弱下卧层顶的自重应力从哪个标高算起？从室外地坪算起，还是从地下室地坪算起？

【A11.3.11】自重应力这一概念，从附加应力的公式理解可能更清楚。

附加应力＝基底应力－自重应力。公式中，自重应力的含义，是长久的重力作用使土体密实后在土体中的某一点的竖向应力。其本质，是历史久远的土体中的竖向应力，是没有人为的扰动，一般不变的应力（也有人称作原始应力）。

考虑到室外地坪（扰动）和天然地坪（未扰动）是不同的，自重应力严格来讲应该计算到天然地坪，而非室外地坪，不过，在没有大规模填土的情况下，二者可以认为"近似"相同。综上，两种情况的自重应力的计算应该从天然地坪（或近似为室外地坪）算起，不能从地下室的地坪算起。对于规范5.2.7条可以把"p_z和p_{cz}"看成一个整体，这样就较易理解。

另外注意，《桩基规范》的5.4.1条，不是严格的自重应力的计算方法，而是预设一些假定后的简化计算。《地基处理规范》的4.2.2条，计算自重应力时应取换填以后材料的重度，与严格意义的自重应力有一定的差别。

【Q11.3.12】《地基规范》公式（6.4.3-1）中，最后一项，$c_n l_n$的单位是 kN/m，不是 kN，如何与前面的项求和？

【A11.3.12】参考规范图6.4.3，在垂直于给出的截面（纸面）方向取单位长度（m），公式（6.4.3-1）就是针对这样的一个块体而言的，$c_n l_n$乘以1m，单位就是kN。

【Q11.3.13】何为"主动土压力"与"被动土压力"？如何计算？朗肯土压力理论与库伦土压力理论是怎样的？

【A11.3.13】土压力可分为以下三种情况：

（1）静止土压力

如图11-3-4(a)所示，挡土墙静止不动时，墙后土体作用在墙背上的土压力称为静止土压力。作用在单位长度挡土墙上静止土压力的合力以E_0（kN/m）表示，静止土压力强度以p_0（kPa）表示。

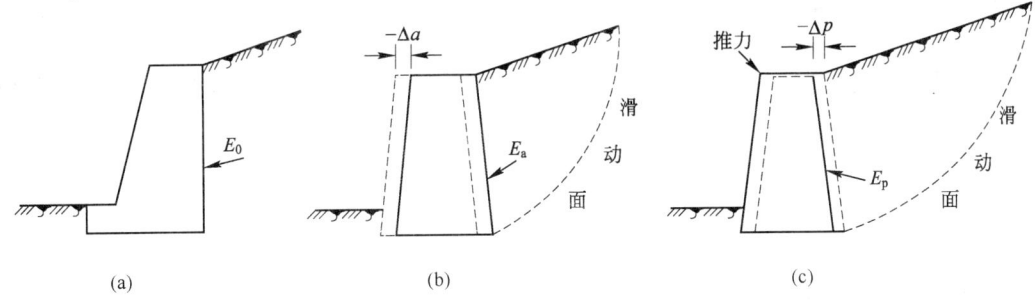

图 11-3-4　挡土墙的三种土压力

（2）主动土压力

挡土墙在土体的推力下前移（图11-3-4b），这时作用在墙后的土压力将由静止土压力逐渐减小，当墙后土体达到极限平衡状态，并出现连续滑动面而使土体下滑时，土压力减至最小值，此时的土压力称作主动土压力。作用在单位长度挡土墙上主动土压力的合力以E_a（kN/m）表示，主动土压力强度以e_a（或者σ_a、p_a，单位kPa）表示。

（3）被动土压力

若挡土墙在外荷载作用下向填土方向移动（图11-3-4c），这时作用在墙后的土压力将由静止土压力逐渐增大，直至墙后土体达到极限平衡状态，并出现连续滑动面，墙后土体将向上挤出隆起，土压力增至最大值，此时的土压力称作被动土压力。作用在单位长度挡土墙上被动土

压力的合力以 E_p (kN/m) 表示，被动土压力强度以 e_p （或者 σ_p、p_p，单位 kPa）表示。

实验研究表明，在挡土墙高度和填土条件相同的条件下，三种土压力有如下关系：

$$E_a < E_0 < E_p$$

关于朗肯土压力理论与库伦土压力理论简述如下。

朗肯土压力理论是根据半空间的应力状态和土的极限平衡条件而得出的。朗肯土压力理论适用于挡土墙的墙背竖直、光滑，墙后填土表面水平的情况（图 11-3-5a）。

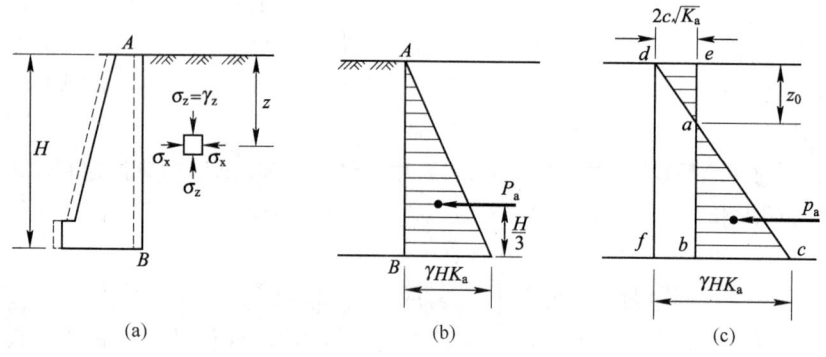

图 11-3-5 朗肯主动土压力

朗肯主动土压力强度计算公式为

$$p_a = \gamma z K_a - 2c\sqrt{K_a}$$

式中，K_a 为主动土压力系数，$K_a = \tan^2\left(45° - \dfrac{\varphi}{2}\right)$，$\varphi$ 为填土的内摩擦角；c 为黏性土的黏聚力，单位 kPa。无黏性土、黏性土的主动土压力强度分布分别如图 11-3-5(b)、图 11-3-5(c) 所示。

朗肯土压力理论多用于挡土桩、板桩、锚桩，以及沉井或刚性桩的土压力计算。

库伦土压力理论是根据滑动土楔体的静力平衡条件来求解土压力的。其研究的对象为：墙背具有倾角；墙背粗糙，墙与土间的摩擦角为 δ；填土为理想散粒体，黏聚力 $c = 0$；填土表面倾斜。

库伦主动土压力强度的计算公式仍写成

$$p_a = \gamma z K_a$$

式中，主动土压力系数 K_a 按照下式计算：

$$K_a = \frac{\cos^2(\varphi - \alpha)}{\cos^2\alpha \cdot \cos(\delta + \alpha)\left[1 + \sqrt{\dfrac{\sin(\delta + \varphi) \cdot \sin(\varphi - \beta)}{\cos(\delta + \alpha) \cdot \cos(\alpha - \beta)}}\right]^2}$$

公式中的角度符号以及土压力分布可参见图 11-3-6。

朗肯土压力理论与库伦土压力理论的比较：

（1）两者在 $\beta = 0$、$\alpha = 0$、$\delta = 0$ 且 $c = 0$ 时，具有相同的结果。

（2）朗肯土压力理论未考虑墙背与填土间的摩擦作用，故主动土压力计算结果偏大。

（3）库伦土压力理论假定填土为砂土，不能直接应用于黏性土。改进的方法，如等效摩擦角法可应用于黏性土。

（4）库伦土压力理论假设破坏面为一平面，但对于黏性土，实际破坏面却是曲面，从而导致计算偏差，但精度可以满足工程需要。在计算被动土压力时，偏差可达 2～3 倍。

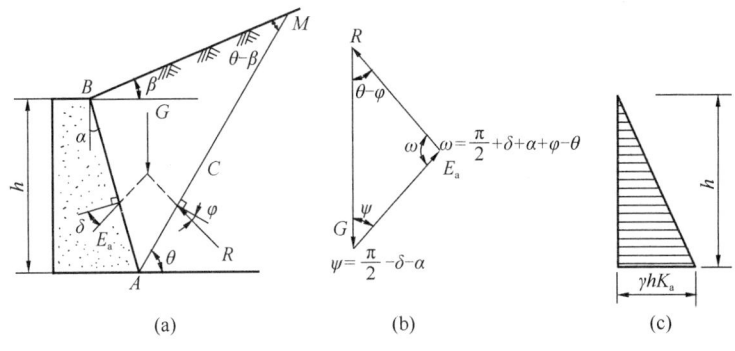

图 11-3-6　库伦主动土压力

【例 11-3-1】 某毛石砌体挡土墙，其剖面尺寸如图 11-3-7 所示。墙背直立，排水良好。墙后填土与墙齐高，其表面倾角为 β，填土表面的均布荷载为 q。假定填土采用粉质黏土，其重度为 19kN/m³（干密度大于 1.65t/m³），土对挡土墙墙背的摩擦角 $\delta = \dfrac{\varphi}{2}$（$\varphi$ 为墙背填土的内摩擦角），填土的表面倾角 $\beta = 10°$。

要求：（1）假定 $q = 0$，计算主动土压力 E_a；

（2）假定 $q = 0$，主动土压力 $E_a = 70$kN/m，土对挡土墙底的摩擦系数 $\mu = 0.4$，$\delta = 13°$，挡土墙自重为 $G = 209.22$ kN/m，验算挡土墙抗滑移的安全性；

（3）已知条件同（2），假定已经求得图中 $x_0 = 1.68$m，验算挡土墙抗倾覆的安全性；

（4）假定 $\delta = 0$，$q = 0$，$E_a = 70$kN/m，挡土墙自重 $G = 209.22$ kN/m，$x_0 = 1.68$m，求基础底面最大压力 p_{max}；

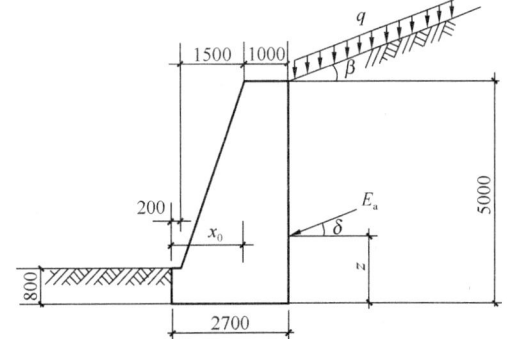

图 11-3-7　例 11-3-1 附图

（5）假定填土改为粗砂，其重度为 18kN/m³，$\delta = 0$，$\beta = 10°$，$q = 15$ kN/m，主动土压力系数 $k_a = 0.23$，求主动土压力 E_a；

（6）假定 $\delta = 0$，已经计算出墙顶面处的土压力强度 $\sigma_1 = 3.8$kPa，墙底面处的土压力强度 $\sigma_2 = 27.83$kPa，主动土压力 $E_a = 79$kN/m。计算 E_a 作用点与挡土墙底面的距离 z。

解：（1）计算主动土压力 E_a

依据《地基规范》附录 L.0.2 条，按照Ⅳ类土查图 L.0.2-4，由 $\alpha = 90°$、$\beta = 10°$得到 $k_a = 0.26$，再依据规范的 6.7.3 条，按每延米计算，可得

$$E_a = \psi_a \frac{1}{2} \gamma h^2 k_a = 1.1/2 \times 19 \times 5^2 \times 0.26 = 67.9 \text{kN}$$

（2）验算抗滑移的安全性

依据《地基规范》的 6.7.5 条进行计算。由于墙背竖直，所以 $\alpha_0 = 0$、$\alpha = 90°$，问题得到简化：

$$\frac{(G + E_{az})\mu}{E_{ax}} = \frac{(209.22 + 70 \times \sin 13°) \times 0.4}{70 \times \cos 13°} = 1.32 > 1.3$$

故抗滑移满足规范要求。

（3）验算挡土墙抗倾覆的安全性

依据《地基规范》的 6.7.5 条进行计算。由于墙背竖直，所以 $\alpha_0 = 0$、$\alpha = 90°$，问题得到简化。

$$\frac{Gx_0 + E_{az}x_f}{E_{ax}z} = \frac{209.22 \times 1.68 + 70\sin 13° \times 2.7}{70\cos 13° \times 5/3} = 3.47 > 1.6$$

故抗倾覆满足规范要求。

（4）计算基础底面最大压力 p_{max}

取挡土墙纵向单位长度（1m）进行计算。依据《地基规范》的公式（5.2.2-2）计算 p_{max} 时，应将压力和弯矩移轴至挡土墙基础底面的形心处。

挡土墙重力和土压力在基底形心位置处形成的弯矩为

$$M = 209.22 \times (1.68 - 2.7/2) - 70 \times 5/3 = -47.62 \text{kN} \cdot \text{m}$$

上式中的"负号"表示弯矩为逆时针方向（与重力对基底形心形成的弯矩反向）。

$$e = \frac{47.62}{209.22} = 0.23\text{m} < \frac{b}{6} = \frac{2.7}{6} = 0.45\text{m}$$

$$p_{max} = \frac{209.22}{2.7 \times 1} + \frac{47.62}{\frac{1}{6} \times 2.7^2} = 117.1\text{kPa}$$

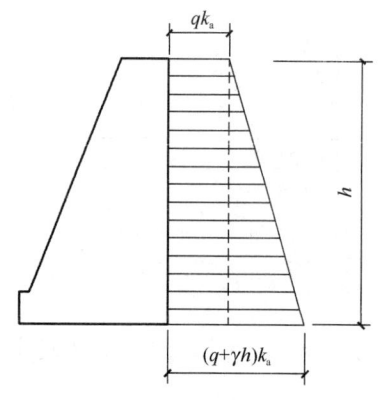

图 11-3-8　挡土墙主动土压力

（5）计算主动土压力 E_a

根据库伦土压力理论与《地基规范》的 6.7.3 条，可得挡土墙土压力分布如图 11-3-8 所示：

按每延米计算，可得

$$E_a = \psi_a(\frac{1}{2}\gamma h^2 k_a + qhk_a)$$

$$= 1.1 \times (\frac{1}{2} \times 18 \times 5^2 \times 0.23 + 15 \times 5 \times 0.23)$$

$$= 75.9\text{kN}$$

（6）计算 E_a 合力点与基底的距离 z

此时，压力强度沿深度的图形为梯形，其重心到底面的距离为

$$z = \frac{\sigma_1 h \times \frac{h}{2} + \frac{(\sigma_2 - \sigma_1)h}{2} \times \frac{h}{3}}{\sigma_1 h + \frac{(\sigma_2 - \sigma_1)h}{2}} = \frac{2\sigma_1 + \sigma_2}{3(\sigma_1 + \sigma_2)}h$$

$$= \frac{2 \times 3.8 + 27.83}{3 \times (3.8 + 27.83)} \times 5 = 1.87\text{m}$$

【Q11.3.14】冲切形成的是破坏锥体，为什么《地基规范》8.2.8 条中的 A_l 仅仅是阴影部分的面积？另外，A_l 应如何计算？

【A11.3.14】为方便说明，今将规范图 8.2.8 示于图 11-3-9。

注意上柱不但传来压力，还有弯矩，因此，规范实际上是对基础最不利的范围进行冲切验算。注意，公式 $p_j A_l \leqslant 0.7\beta_{\mathrm{hp}} f_{\mathrm{t}} a_{\mathrm{m}} h_0$ 中，左侧 A_l 取阴影部分面积是和右侧的 $a_{\mathrm{m}} = \dfrac{a_{\mathrm{t}} + a_{\mathrm{b}}}{2}$ 对应的。

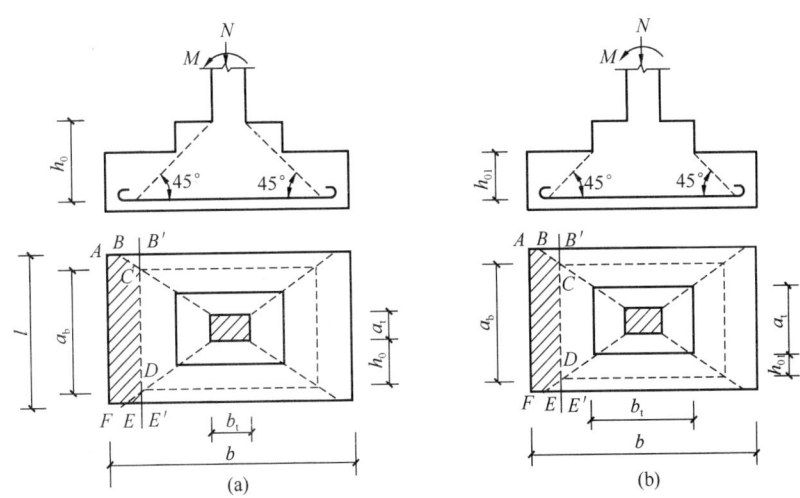

图 11-3-9　计算阶形基础的受冲切承载力截面位置图

对于图 11-3-9(a)，阴影 ABCDEF 的面积 A_l 为

$$A_l = S_{\mathrm{AB'E'F}} - S_{\mathrm{B'BC}} - S_{\mathrm{E'ED}}$$

$$= \left(\frac{b - b_{\mathrm{t}}}{2} - h_0\right) l - \left(\frac{l - a_{\mathrm{t}}}{2} - h_0\right)^2$$

对于图 11-3-9(b)，阴影 ABCDEF 的面积 A_l 为

$$A_l = \left(\frac{b - b_{\mathrm{t}}}{2} - h_{01}\right) l - \left(\frac{l - a_{\mathrm{t}}}{2} - h_{01}\right)^2$$

【Q11.3.15】《地基规范》**8.2.9** 条给出的条件是"当基础底面短边尺寸小于或等于柱宽加两倍基础有效高度时"，应验算柱与基础交接处截面受剪承载力。该条的条文说明指出，本条所说的"短边尺寸"是指"垂直于力矩作用方向的基础底边尺寸"，如何理解？

【A11.3.15】柱子承受的集中力传给基础，是以"力的扩散"方式。如果基础的底面尺寸足够大，按照扩散角为 1：1 形成的破坏面在基底范围内（形成破坏锥体），按照 8.2.8 条计算冲切。如果矩形基础的短边尺寸不足，例如，规范图 8.2.9(a) 中基底尺寸 $l \leqslant a_{\mathrm{t}} + 2h_0$，则形成的是剪切面，此时，依据本条计算抗剪。

通常，"垂直于力矩作用方向的基础底边尺寸"应是"短边"，这是因为，只有这样，截面模量 $W = b^2 l / 6$ 才能在 $b \times l$ 不变的情况下取得更大值而更有抗弯效率，否则，就是不合理的设计。

【Q11.3.16】《地基规范》**8.2.11** 条的公式应如何理解？另外，在计算出弯矩后如何计算配筋数量 A_{s}？

【A11.3.16】(1) 规范给出的公式如下：

$$M_{\mathrm{I}} = \frac{1}{12} a_1^2 \left[(2l + a') \left(p_{\max} + p - \frac{2G}{A}\right) + (p_{\max} - p) \, l \right]$$

$$M_{\text{II}} = \frac{1}{48}(l-a')^2(2b+b')\left(p_{\max}+p_{\min}-\frac{2G}{A}\right)$$

考虑到 $p-\dfrac{G}{A}=p_j$，$p_{\max}-\dfrac{G}{A}=p_{j\max}$，$p_{\min}-\dfrac{G}{A}=p_{j\min}$，这里用下角标"j"表示"净"，对应于扣除基础自重和其上土重后的情况，则上面的公式可变形为

$$M_{\text{I}} = \frac{1}{12}a_1^2\left[(2l+a')(p_{j\max}+p_j)+(p_{j\max}-p_j)\,l\right]$$

$$M_{\text{II}} = \frac{1}{48}(l-a')^2(2b+b')(p_{j\max}+p_{j\min})$$

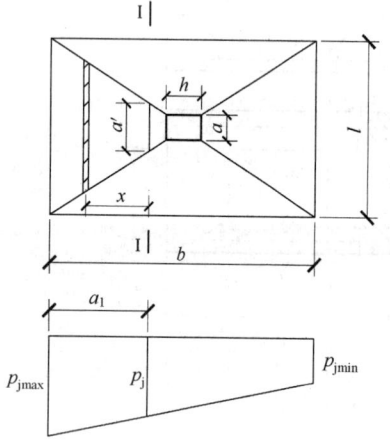

图 11-3-10　独立基础承受弯矩分析图

将规范公式改为按照净反力计算，有时会更加方便。

（2）为了更好理解各个符号的含义以及公式的本质，下面对规范公式进行推导。

单独扩展基础受到基底反力作用，产生类似于"双向板"受力的双向弯曲，分析时，可将基底按如图 11-3-10 所示分成 4 个梯形区域，左右区域因弯矩作用承受非均匀的基底反力，前后区域承受均匀基底反力。

I-I 截面的弯矩，可按下面思路求得：取与 I-I 截面距离为 x 的窄条，其宽度为 $\mathrm{d}x$，则该区域的基底反力的合力为

$$\left(a'+\frac{l-a'}{a_1}x\right)\left(p_j+\frac{p_{j\max}-p_j}{a_1}x\right)\mathrm{d}x$$

这样，对 I-I 截面的弯矩就是

$$\left(a'+\frac{l-a'}{a_1}x\right)\left(p_j+\frac{p_{j\max}-p_j}{a_1}x\right)\cdot x\mathrm{d}x$$

所以，对 $x=0$ 至 a_1 范围积分可得左边区域地基反力对 I-I 截面所形成的弯矩。即

$$\begin{aligned}
M_{\text{I}} &= \int_0^{a_1}\left(a'+\frac{l-a'}{a_1}x\right)\left(p_j+\frac{p_{j\max}-p_j}{a_1}x\right)\cdot x\mathrm{d}x \\
&= \int_0^{a_1}\left(a'p_jx+\frac{l-a'}{a_1}p_jx^2+\frac{(p_{j\max}-p_j)\,a'}{a_1}x^2+\frac{(p_{j\max}-p_j)\,(l-a')}{a_1^2}x^3\right)\mathrm{d}x \\
&= \frac{1}{12}a_1^2\left[p_{j\max}\,(3l+a')+p_j\,(l+a')\right] \\
&= \frac{1}{12}a_1^2\left[(2l+a')\,(p_{j\max}+p_j)+(p_{j\max}-p_j)\,l\right]
\end{aligned}$$

若柱受到的弯矩方向由逆时针变为顺时针，则基底压力左侧为 $p_{j\min}$，右侧为 $p_{j\max}$，若其他条件不变，仍采用以上的符号，则 I-I 截面左侧距离为 x 的窄条（宽度为 $\mathrm{d}x$）对 I-I 截面的弯矩为：

$$\left(a'+\frac{l-a'}{a_1}x\right)\left(p_j-\frac{p_{j\max}-p_j}{b-a_1}x\right)\cdot x\mathrm{d}x$$

对 $x=0$ 至 a_1 范围内积分，得到

$$M_{\text{I}} = \frac{a_1^2}{6}(a'+2l)p_j-\frac{a_1^3}{12}(a'+3l)\frac{p_{j\max}-p_j}{b-a_1}$$

对于规范中的 II-II 截面弯矩，按承受均匀的基底反力 $\dfrac{p_{j\max}+p_{j\min}}{2}$，可采用与上述相同

的原理求解，比较简单，这里不再赘述。

（3）从公式推导过程可见，规范中所说的"任意截面Ⅰ-Ⅰ"是指处于柱左边的、与长度为 b 的基底边垂直的截面，"任意截面Ⅰ-Ⅰ"不能跨越柱子取柱右边的截面。图中的长度 a'，是相对于基底截面而言的，是截面Ⅰ-Ⅰ与斜线截出的长度。显然，截面越靠近柱边缘，弯矩越大，配筋计算所需要的弯矩取 $a'=a$ 计算。

另外还需注意，弯矩的方向改变会造成规范计算公式的不适用，上面的推导就是要加深这样一种认识。不过，通常计算弯矩的目的是配筋，因此，势必要求计算最大弯矩，这样，再来计算与 p_{jmin} 相距 a_1 处截面的弯矩就变得没有意义。

（4）在计算出弯矩之后，按照 8.2.12 条给出的公式进行配筋计算：

$$A_s = \frac{M}{0.9h_0 f_y}$$

【Q11.3.17】《地基规范》的 8.2.14 条，列出了墙下条形基础的受弯配筋计算公式，请问，这个公式是如何得来的？

【A11.3.17】该公式实际上是 8.2.11 条公式的特殊情况。对于墙下条形基础，可以取单位长度 1m 考虑，故相当于对 8.2.14 条公式取 $l = a' = 1$m。可得

$$
\begin{aligned}
M_I &= \frac{1}{12}a_1^2 \left[(2l+a')\left(p_{max}+p-\frac{2G}{A}\right) + (p_{max}-p)l \right] \\
&= \frac{1}{12}a_1^2 \left[(2\times 1+1)\left(p_{max}+p-\frac{2G}{A}\right) + (p_{max}-p)\times 1 \right] \\
&= \frac{1}{12}a_1^2 \left[3p_{max}+3p-\frac{3\times 2G}{A} + p_{max}-p \right] \\
&= \frac{1}{6}a_1^2 \left(2p_{max}+p-\frac{3G}{A} \right)
\end{aligned}
$$

【Q11.3.18】《地基规范》8.4.7 条，距柱边 $h_0/2$ 处冲切临界截面的最大剪应力按照下式计算：

$$\tau_{max} = \frac{F_l}{u_m h_0} + \alpha_s \frac{M_{unb}c_{AB}}{I_s}$$

这里有几个疑问：

（1）不平衡弯矩是如何产生的？

（2）计算 $\bar{x}$ 的公式是如何求出来的？

【A11.3.18】对于问题（1）：

如图 11-3-11 所示，柱根处轴力 N 和筏板冲切临界范围内的地基反力 P 对临界截面重心产生弯矩。由于设计中筏板和上部结构是分别计算的，因此，M_{unb} 尚应还包括柱子根部弯矩 M_c。对于图 11-3-11 的情况，M_{unb} 按照下式计算：

$$M_{unb} = Ne_N - Pe_p + M_c$$

对于内柱，由于对称，冲切临界截面重心处的弯矩即为根部弯矩 M_c。

对于问题（2）：

研究认为，距柱边 $h_0/2$ 处冲切临界截面重心处的不平衡弯矩，一部分通过临界截面周边的弯曲正应力传递，图 11-3-12 中的 T_1、T_2 为拉应力的合力，C_1、C_2 为压应力的合力（想一想，《材料力学》一个梁段承受弯矩时截面上的应力），另一部分通过临界截面上的偏心剪力对临界截面重心产生的弯矩传递（图 11-3-12 中的竖直向箭头表示剪应力）。图中，剪应力形成的效果为绕 z 轴的力矩 $\alpha_s(M_1-M_2)$，正应力形成的效果为绕 z 轴的力矩

$\alpha_m(M_1-M_2)$，存在内外力矩平衡，即

$$\alpha_s(M_1-M_2)+\alpha_m(M_1-M_2)=M_1-M_2$$

可见，α_s、α_m 为分配系数，存在 $\alpha_s+\alpha_m=1$。

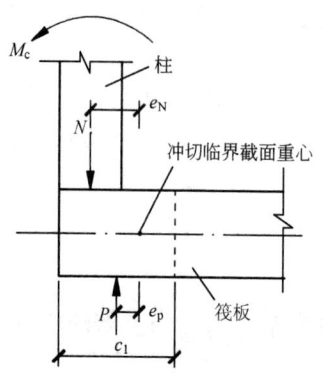

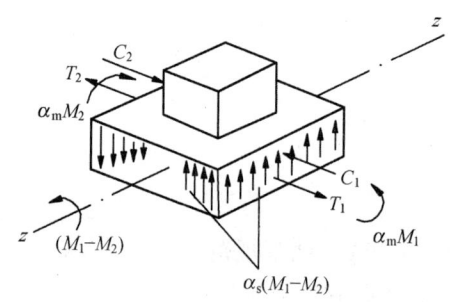

图 11-3-11　不平衡弯矩 M_{unb} 的产生　　　图 11-3-12　不平衡弯矩与剪应力分析简图

对于边柱的情况，冲切临界截面的应力情况如图 11-3-13（a）所示，各部分尺寸如图 11-3-13(b)所示。

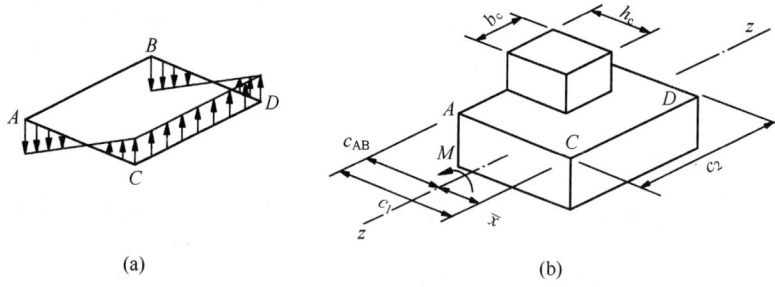

(a)　　　　　　　　　　　(b)

图 11-3-13　边柱的冲切临界截面

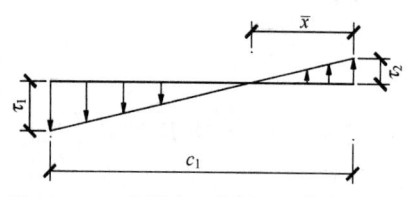

图 11-3-14　边长为 c_1 的侧面上剪应力分布

边长为 c_1 的侧面有剪应力（这样的侧面有两个），且由于弯矩对于这个侧面而言表现为扭转，所以，要用极惯性矩。在这个侧面上，应力分布如图 11-3-14 所示。

右侧边长为 c_2 的侧面，剪应力均为 τ_2。

考虑竖向力的平衡，可以列出下式（为了方便算式表达，不致混淆，今用"x"表示规范图中的"$\bar{x}$"）：

$$\tau_1\times\frac{(c_1-x)}{2}\times2=\tau_2\times\frac{x}{2}\times2+\tau_2\times c_2 \tag{11-3-1}$$

将其化简变形，成为

$$\frac{\tau_1}{\tau_2}=\frac{x+c_2}{(c_1-x)} \tag{11-3-2}$$

由于受扭时，剪应力大小与至旋转中心的距离成正比，τ_1、τ_2 的关系为

$$\frac{\tau_1}{\tau_2} = \frac{(c_1 - x)}{x} \tag{11-3-3}$$

联立式(11-3-2)、式(11-3-3)，得到

$$(c_1 - x)^2 = x(x + c_2)$$

于是可解出

$$x = \frac{c_1^2}{2c_1 + c_2}$$

对于角柱，可用同样的方法分析。

考虑力的平衡，可以列出

$$\tau_1 \times \frac{(c_1 - x)}{2} = \tau_2 \times \frac{x}{2} + \tau_2 \times c_2$$

同样存在 $\dfrac{\tau_1}{\tau_2} = \dfrac{(c_1 - x)}{x}$，于是，可以解出

$$x = \frac{c_1^2}{2c_1 + 2c_2}$$

顺便指出，2002 版规范的图 P.0.2 和图 P.0.3 表达不够确切，即，图 P.0.2 看不出是边柱，图 P.0.3 看不出是角柱，2011 版规范中的插图是正确的。

【Q11.3.19】《地基规范》8.4.10 条的 V_s 如何计算，是否应该取 $P_j A - \sum N_i$（N_i 为柱子的轴力）？

【A11.3.19】 笔者认为可以这样理解：

（1）冲切破坏形成的是"棱锥体"，具有三维的特点（有至少两个破坏面）。《地基规范》中的冲切和《混凝土规范》6.5 节的冲切为同样的力学概念。对照理解会更容易。

（2）剪切破坏形成的是"斜面"，具有二维的特点（只有一个破坏面）。

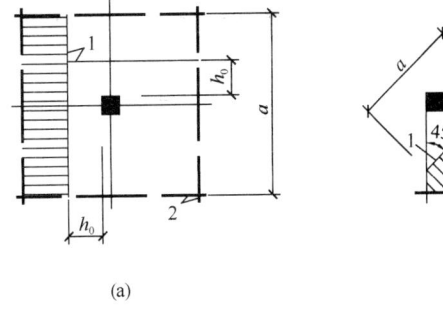

图 11-3-15　筏板验算剪切部位示意
(a) 内柱；(b) 角柱
1—验算剪切部位；2—板格中线

8.4.10 条的 V_s 可参考规范 8.4.10 条条文说明处理，今表示为图 11-3-15，其中，阴影部分地基净反力除以 a 得到 V_s。

【Q11.3.20】《地基规范》公式 **(8.4.12-1)** 和公式 **(8.4.12-2)** 都是计算板厚的公式，区别在哪里？是不是双向板时采用公式 **(8.4.12-2)**？

【A11.3.20】 事实上，公式 (8.4.12-2) 就是由公式 (8.4.12-1) 推出来的，推演如下：

依据规范图 8.4.12-1，得到：

$$F_l = p_n (l_{n1} - 2h_0)(l_{n2} - 2h_0)$$

$$u_m = (l_{n1} + l_{n2} - 2h_0) \times 2$$

以上二式代入公式 (8.4.12-1) 并写成等式形式，为：

$$p_n (l_{n1} - 2h_0)(l_{n2} - 2h_0) = 1.4\beta_{hp} f_t h_0 (l_{n1} + l_{n2} - 2h_0)$$

$$2h_0^2 - (l_{n1} + l_{n2}) h_0 + \frac{p_n l_{n1} l_{n2}}{2p + 1.4\beta_{hp} f_t} = 0$$

解此一元二次方程，得到

$$h_0 = \frac{(l_{n1}+l_{n2}) - \sqrt{(l_{n1}+l_{n2})^2 - \dfrac{4p_n l_{n1} l_{n2}}{p_n + 0.7\beta_{hp} f_t}}}{4}$$

这就是规范的公式（8.4.12-2）。

【Q11.3.21】《地基规范》式（8.5.4-2）是如何得到的？

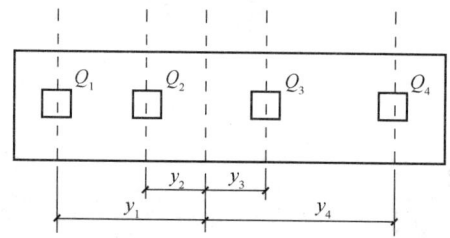

图 11-3-16 承台桩基力与到桩到形心的距离

【A11.3.21】 式（8.5.4-2）是根据承台刚度无穷大的假定，通过力和弯矩在各个单桩上的分配得到的。

竖向力在各个单桩平均分配结果为：$\dfrac{F_k + G_k}{n}$。

弯矩在各个单桩上产生的力，与到桩的形心距离成正比。以 4 桩承台为例，如图 11-3-16 所示，则有

$$\frac{Q_1}{Q_2} = \frac{y_1}{y_2} \qquad \frac{Q_1}{Q_3} = \frac{y_1}{y_3} \qquad \frac{Q_1}{Q_4} = \frac{y_1}{y_4}$$

于是得到

$$M = Q_1 y_1 + Q_2 y_2 + Q_3 y_3 + Q_4 y_4$$

$$= Q_1 y_1 + Q_1 \frac{y_2}{y_1} y_2 + Q_1 \frac{y_3}{y_1} y_3 + Q_1 \frac{y_4}{y_1} y_4$$

$$= Q_1 \left(\frac{y_1^2}{y_1} + \frac{y_2^2}{y_1} + \frac{y_3^2}{y_1} + \frac{y_4^2}{y_1} \right)$$

可以解出

$$Q_1 = \frac{M y_1}{y_1^2 + y_2^2 + y_3^2 + y_4^2} = \frac{M y_1}{\sum y_i^2}$$

同样，对于其他根数的桩基承台也有此式成立。

【Q11.3.22】《地基规范》8.5.18 条，三桩承台的弯矩公式是如何得到的？条文说明中的步骤太简略，看不明白。

【A11.3.22】 先来看等边三桩承台。

等边三桩承台最典型的破坏模式如图 11-3-17 所示，由于柱子（柱子的形心位于三角形

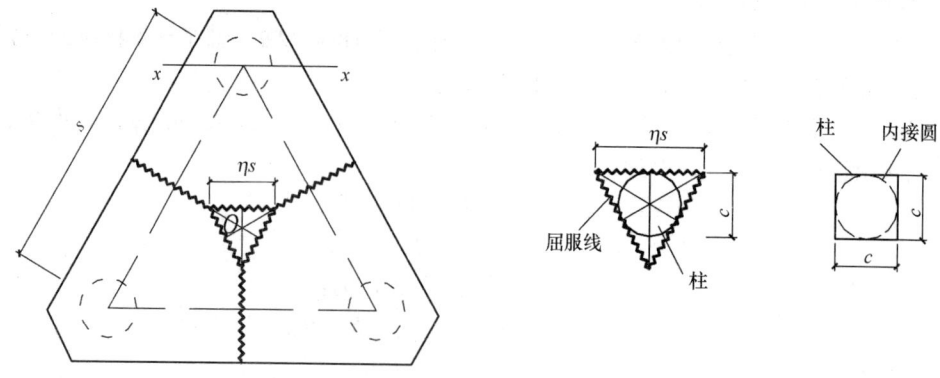

图 11-3-17 等边三桩承台计算示意

的形心处，未示出）截面的约束影响作用，基本上垂直并平分承台三个边的屈服线，进入承台中部后屈服线又围成一个等边三角形。今将内部由屈服线围成的三角形边长记作 ηs。

取出上部的区块进行研究。将柱截面中心（O 点）到承台边缘板带范围内的总弯矩记作 M（与规范中的含义相同），将柱子承受的压力记作 N_c。以平行于底边的 x 轴作为旋转轴，可得外力 N 做的虚功为

$$W = N_c\Big(\frac{2}{3} \times \frac{\sqrt{3}}{2}s - \frac{1}{3} \times \frac{\sqrt{3}}{2}\eta s\Big)\theta = \frac{\sqrt{3}}{6}(2 - \eta)N_c s\theta$$

屈服线上的弯矩投影到旋转轴上，为 $\sqrt{3}M$。利用虚功原理，可得

$$3 \times \sqrt{3}M\theta = \frac{\sqrt{3}}{6}(2 - \eta)N_c s\theta$$

化简后得到

$$M = \frac{(2 - \eta)}{18}N_c s$$

当 $\eta = 0$ 时，可得三条屈服线交汇于三角形形心时的情况，即

$$M = \frac{1}{9}N_c s$$

当与屈服线相切的柱子为圆形直径为 c（或者，柱子为方形，内接圆的直径为 c），此时 ηs 与 c 的关系式为

$$\eta s \times \frac{\sqrt{3}}{2} \times \frac{1}{3} \times 2 = c$$

即 $\eta = \dfrac{\sqrt{3}}{s}c$，代入前述公式，可得

$$M = \frac{N_c}{9}\Big(s - \frac{\sqrt{3}}{2}c\Big)$$

将以上公式中柱子承受的力的 N_c 以桩的受力 $3N_{max}$ 代替，并取 $\eta = 0$ 和柱子尺寸为 c 时的 M 的平均值作为设计公式，这就是《地基规范》的公式（8.5.18-3）。规范规定圆柱时取 $c = 0.886d$，只是一种习惯上的"圆转方"，与公式推导并无关系。

再来看等腰三桩承台。

对于等腰三桩侧承台，典型的破坏模式如图 11-3-18 所示。屈服线首先在长跨的柱中

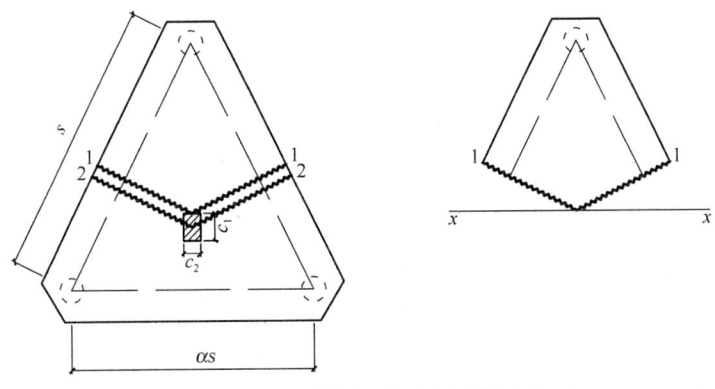

图 11-3-18　等腰三桩承台计算示意

心处和柱边缘处产生，屈服线都基本上垂直等腰承台的两个腰。取 1-1 屈服线以上部分板块作为隔离体，将桩的受力 N_{max} 向 x 轴取矩，得到

$$N_{max}\left(\frac{2}{3}\times\frac{s}{2}\sqrt{4-\alpha^2}-\frac{c_1}{2}\right)=N_{max}\left(\frac{s}{3}\sqrt{4-\alpha^2}-\frac{c_1}{2}\right)$$

1-1 屈服线上两个力矩均为 M，向 x 轴投影后，应与柱形成的弯矩相等，故

$$2\times M\times\frac{\sqrt{4-\alpha^2}}{2}=N_{max}\left(\frac{s}{3}\sqrt{4-\alpha^2}-\frac{c_1}{2}\right)$$

$$M=\frac{N_{max}}{3}\left(s-\frac{1.5c_1}{\sqrt{4-\alpha^2}}\right)$$

对于 2-2 屈服线，受力状况与等边三桩承台时相同，$M=\frac{N_{max}}{3}s$。

取两种情况的平均值，得到 $M=\frac{N_{max}}{3}\left(s-\frac{0.75c_1}{\sqrt{4-\alpha^2}}\right)$，这就是《地基规范》的公式 (8.5.18-4)。

【Q11.3.23】《地基规范》图 8.5.19-2 中，从图上看，似乎按考虑 45°角对 h_0 进行取值更合适，为什么规范取为承台外边缘的有效高度？

【A11.3.23】今将规范图 8.5.19-2 表示为本书的图 11-3-19。

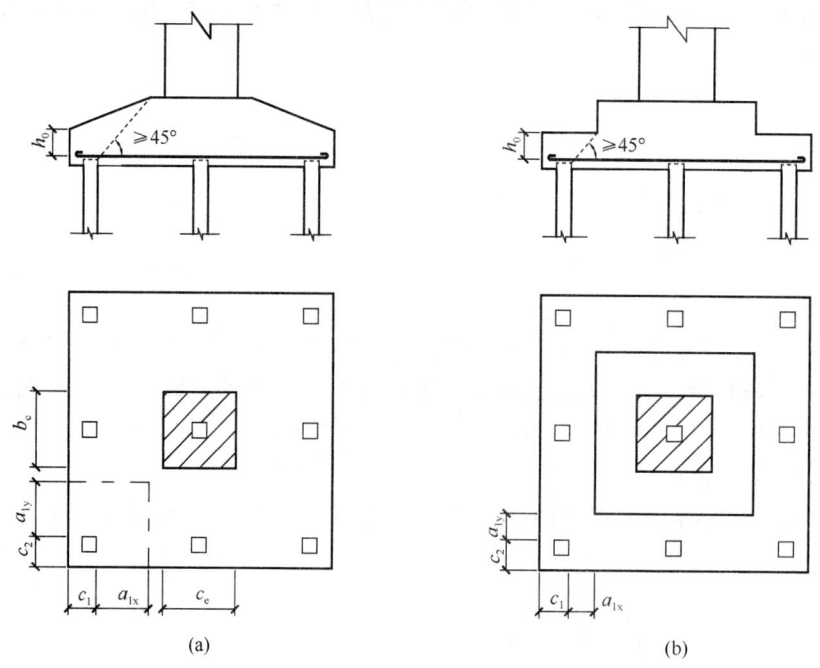

图 11-3-19 矩形承台角桩冲切计算示意

周景星等编写的《基础工程》（第 3 版，清华大学出版社，2016）第 200 页指出，对于图 11-3-19(a) 的情况，冲切倒锥体的锥面高度与冲切锥角有关，一方面由于计算高度较复杂，另一方面多出的 Δh_0 部分的冲切面也不很可靠，所以仍取 h_0 为承台外边缘的有效高度，这样偏于安全。

【Q11.3.24】《地基规范》8.5.19 条中，a_0 取值是否能够大于 h_0？

【A11.3.24】以《地基规范》8.5.19条第1款柱对承台的冲切为例，有两处用到 a_0（具体为 a_{0x}、a_{0y}），即

$$F_l \leqslant 2[a_{0x}(b_c + a_{0y}) + a_{0y}(h_c + a_{0x})]\beta_{hp}f_t h_0$$
$$\lambda_{0x} = a_{0x}/h_0,\ \lambda_{0y} = a_{0y}/h_0$$

在 λ_0 计算时，规范明确指出"当 $a_{0x}(a_{0y}) > h_0$ 时取 $a_{0x}(a_{0y}) = h_0$"。但验算式中的 a_{0x}、a_{0y} 是否如此操作并不明确。

考虑到规范对 F_l 的取值规定为："冲切破坏锥体应采用自柱边或承台变阶处至相应桩顶边缘连线的锥休，锥体与承台底面的夹角不小于45°"，故隐含 $a_{0x}(a_{0y}) > h_0$ 时取 $a_{0x}(a_{0y}) = h_0$。对于此项的取值，有些资料在 a_{0x}（或 a_{0y}）$> h_0$ 时仍直接取 a_{0x}（或 a_{0y}），笔者认为其做法值得商榷。

刘金砺等《建筑桩基技术规范应用手册》第256页指出："当破坏锥体斜截面倾角小于45°时，破坏锥体倾角仍在45°线附近，故规定各项参数（u_m 等）仍按45°计算，即当 $\lambda > 1.0$ 时，取 $\lambda = 1.0$"。此处所说的 u_m 是指计算截面的周长（可参见《混凝土规范》的冲切承载力公式），因此，可支持笔者的观点。

【Q11.3.25】《地基规范》8.5.18条，圆柱等效为方柱时取 $c = 0.886d$，2001版时为 $c = 0.866d$，《桩规》5.9.7条中给出的换算是 $b_c = 0.8d_c$，如何取舍？

【A11.3.25】笔者认为，圆柱换算为方柱，利用的是截面面积相等，于是可知，应有

$$c = \sqrt{\frac{\pi}{4}}d = 0.886d$$

据此可知，2011版《地基规范》所给出的公式是合适的。

考虑到地基情况的复杂性，过分追求数值的精确意义不大，所以，按照《桩规》将方柱的边长近似取为0.8倍圆柱直径，也是可以接受的。

【Q11.3.26】《地基规范》8.5.19条第1款规定了柱对独立承台冲切时的承载力。在解释冲跨比时，要求 $a_{0x}(a_{0y})$ 在 $0.25h_0$ 和 h_0 之间取值，这样，在使用公式(8.5.19-1)时，各个符号的取值都是明确的。而在第2款角桩对承台的冲切，要求 $\lambda_{0x}(\lambda_{0y})$ 在0.25和1.0之间取值，但没有规定 $a_{1x}(a_{1y})$ 或 $a_{11}(a_{12})$ 在 $0.25h_0$ 和 h_0 之间取值，如何理解？

【A11.3.26】笔者认为，可以这样理解：

（1）《地基规范》8.5.19条第1款中，$a_{0x}(a_{0y})$ 的物理含义为柱边或变阶处至桩边的水平距离，但是，为了计算的目的，需要将其在 $0.25h_0$ 和 h_0 之间取值，只有这样做，才能与冲切承载力的试验结果吻合。

（2）在第2款中，规范的确只是解释了 $a_{1x}(a_{1y})$ 或 $a_{11}(a_{12})$ 的物理含义，并未直接给出限值要求，但是，从图8.5.19-2中的"$\geqslant 45°$"可知隐含了这些值应 $\leqslant h_0$。那么，是否要求公式中的 $a_{1x}(a_{1y})$ 或 $a_{11}(a_{12}) \geqslant 0.25h_0$？这可以通过与《桩规》的比较来判断。《桩规》公式（5.9.7-4）、公式（5.9.7-5）与《地基规范》公式（8.5.19-1）对应，但并没有直接对式中的 $a_{0x}(a_{0y})$、$a_{1x}(a_{1y})$ 规定限值，考虑到与《地基规范》的协调统一，笔者认为该处实际上也应遵守在 $0.25h_0$ 和 h_0 之间。从这一点出发，《地基规范》8.5.19条第2款 $a_{1x}(a_{1y})$ 或 $a_{11}(a_{12})$ 应在 $0.25h_0$ 和 h_0 之间取值。

（3）如果认为《地基规范》8.5.19条第2款中 $a_{1x}(a_{1y})$ 或 $a_{11}(a_{12})$ 没有 $\geqslant 0.25h_0$ 的限值要求，则算出的冲切承载力更小，更偏于安全。

【Q11.3.27】《地基规范》附表 G. 0. 2 规定了建筑基底下允许冻土层厚度 h_{max}，今有以下疑问：

（1）与 2002 版相比，冻土类型只有弱冻胀土和冻胀土，没有强冻胀土和特强冻胀土，是不是该表有遗漏？

（2）表下注释 4 指出"计算基底平均压力时取永久作用的标准组合值乘以 0. 9，可以内插"，如何理解？

【A11.3.27】对于问题（1）：

笔者认为，规范此处无误，读者应注意新、旧规范关于基础埋置深度的变化（5.1.7 条、5.1.8 条）：

（1）新规范采用"场地冻结深度"的概念，比原来的"设计冻深"更准确，其中涉及的 h'、Δz，表达也较旧规范准确。

（2）当土层冻胀不严重，属于"不冻胀、弱冻胀、冻胀土"时，埋置深度可以取比"场地冻结深度"较小的值，即，减去 h_{max}，h_{max} 按表 G. 0. 2 取值。

（3）土层为强冻胀土和特强冻胀土时，基础埋置深度宜大于场地冻结深度，相当于取 $h_{max}=0$。

对于问题（2）：

2002 版规范此处为"表中基底平均压力数值为永久荷载标准值乘以 0. 9，可以内插"，于是可知，规范的意思是，"基底平均压力"应是按照不考虑分项系数且只考虑永久作用算出后再乘以 0. 9，据此查表。

【Q11.3.28】《地基规范》附录 K 的第 1 个表格和第 2 个表格有何区别，应该如何使用？

【A11.3.28】《地基规范》表 K. 0. 1-1 得到的是矩形面积上均布荷载作用下角点的附加应力系数 α（也有文献记作 α_c），利用"角点法"计算某点的附加应力时会用到 α。

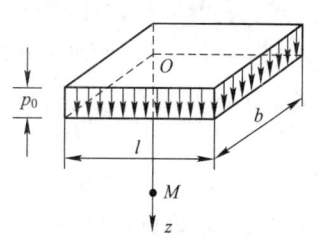

图 11-3-20　M 点的附加应力

如图 11-3-20 所示，O 点以下深度为 z 的 M 点处附加应力为 $\sigma_z=\alpha p_0$，α 由 l/b、z/b 查表 K. 0. 1-1 得到，这里，l、b 分别为矩形的长边与短边。

若求地基中任一点的附加应力时，就需要使用所谓"角点法"。如图 11-3-21 所示，若计算 M' 点下地基的附加应力，可以加几条通过 M' 点的辅助线，将矩形面积分为 n 个矩形，这时，M' 点成为所划分的小矩形的角点，从而可以就每个矩形使用角点时的公式，然后叠加，得到 M' 点的附加应力。

需要注意的是，对于图 11-3-21(c)，应根据矩形 $M'hbe$、$M'ecf$、$M'hag$、$M'gdf$ 分别查表 K. 0. 1-1，得到的附加应力系数分别记作 α_1、α_2、α_3、α_4，叠加时按照 $\alpha=\alpha_1+\alpha_2-\alpha_3-\alpha_4$ 计算。即，所有划分的矩形面积总和应等于原受荷面积。

显然，若计算地基中心下某点的附加应力，可取 $\alpha=4\alpha_1$，α 由 $\dfrac{0.5l}{0.5b}$、$\dfrac{z}{0.5b}$ 查表 K. 0. 1-1 得到，这里，l、b 分别为矩形地基的长边与短边。

《地基规范》表 K. 0. 1-2 得到的是矩形面积上均布荷载作用下角点的平均附加应力系数 $\bar{\alpha}$。z_i 深度处的 $\bar{\alpha}_i$ 实际上是按照下式算出的：

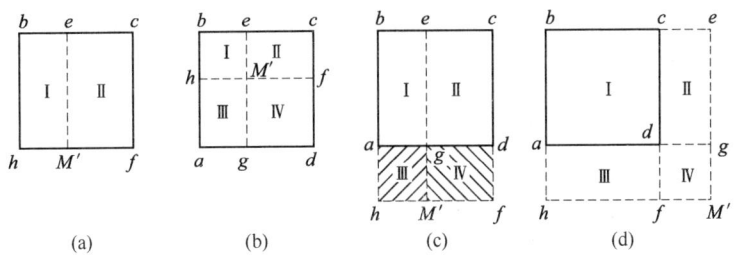

图 11-3-21　应用角点法计算 M' 点下的附加应力

$$\bar{\alpha}_i = \frac{\int_0^{z_i} \alpha_i \, \mathrm{d}z}{z_i}$$

如图 11-3-22 所示，当需要计算阴影部分的面积时，若直接使用 α 曲线，需要积分运算才能完成，比较麻烦。而使用 $\bar{\alpha}$ 值计算则比较简便：因为，$\bar{\alpha}_i p_0 z_i$ 得到的是 cd 线以上部分与 α 曲线围成的面积，$\bar{\alpha}_{i-1} p_0 z_{i-1}$ 是 ef 线以上部分与 α 曲线围成的面积，$\bar{\alpha}_i p_0 z_i - \bar{\alpha}_{i-1} p_0 z_{i-1}$ 就是阴影部分面积。

$\bar{\alpha}_i$ 值多用来计算地基变形量，例如，《地基规范》的公式（5.3.5），为

$$s = \psi_s s' = \psi_s \sum_{i=1}^{n} \frac{p_0}{E_{si}} (\bar{\alpha}_i z_i - \bar{\alpha}_{i-1} z_{i-1})$$

这种计算沉降的方法称作"应力面积法"。

下面以例题说明二者的差别。

【例 11-3-2】分层总和法计算沉降（使用规范表 K.0.1-1）

某厂房为框架结构，柱基底面为正方形，$l \times b = 4\text{m} \times 4\text{m}$，基础埋深 $d = 1.0\text{m}$。上部结构传至基础顶面的中心荷载（准永久组合值）$F = 1440\text{kN}$。地基为粉质黏土，土的天然重度 $\gamma = 16\text{kN/m}^3$，土的天然孔隙比 $e = 0.97$。地下水位深 3.4m，地下水位以下土的饱和重度 $\gamma_{sat} = 18.2\text{kN/m}^3$。如图 11-3-23 所示。土的压缩系数：地下水位以上 $a_1 = 0.30\text{MPa}^{-1}$，地下水位以下 $a_2 = 0.25\text{MPa}^{-1}$。

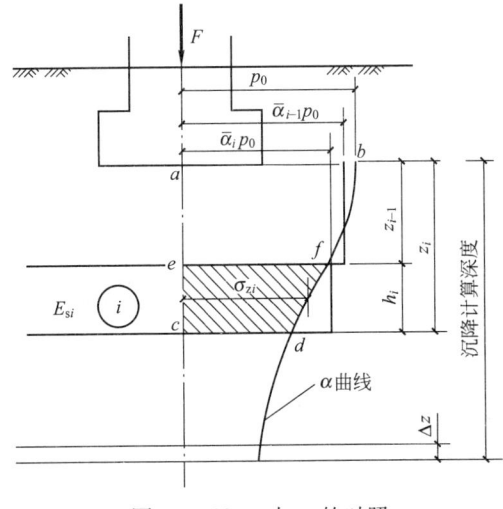

图 11-3-22　α 与 $\bar{\alpha}$ 的对照

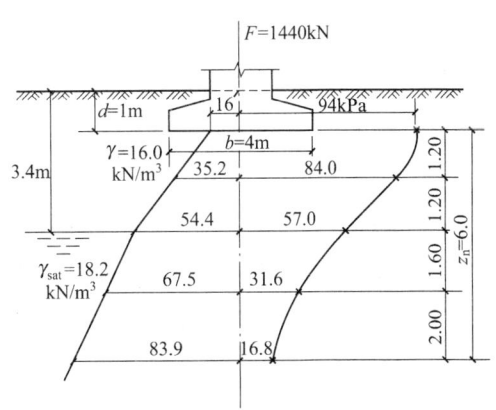

图 11-3-23　分层总和法计算沉降例题

要求：利用分层总和法计算该柱基中点的沉降量。

解：① 计算基底附加应力

设基底以上基础和回填土的平均重度 $\gamma_G = 20 \text{kN/m}^3$，则

$$p = \frac{F}{A} + \gamma_G d = \frac{1440}{4 \times 4} + 20 \times 1 = 110.0 \text{kPa}$$

$$p_0 = p - \gamma d = 110.0 - 16 \times 1.0 = 94.0 \text{kPa}$$

② 计算地基中的附加应力

应用角点法，过柱基中点将底面分成 4 个小块，$l/b = 2/2 = 1.0$，据此查规范表 K.0.1，得到附加应力系数 α_c，从而附加应力为 $\sigma_z = 4\alpha_c p_0$，结果见表 11-3-2 及图 11-3-23。

附加应力的计算   表 11-3-2

深度 z（m）	l/b	z/b	应力系数 α_c	附加应力 $\sigma_z = 4\alpha_c p_0$（kPa）
0	1.0	0	0.2500	94.0
1.2	1.0	0.6	0.2229	84.0
2.4	1.0	1.2	0.1516	57.0
4.0	1.0	2.0	0.0840	31.6
6.0	1.0	3.0	0.0447	16.8

③ 计算地基中的自重应力

基础底面 $\gamma d = 16 \times 1.0 = 16 \text{kPa}$

地下水处 $\gamma d = 16 \times 3.4 = 54.4 \text{kPa}$

基础底面下 z 处 $54.4 + (18.2 - 10) \times (z - 2.4)$

④ 确定受压层深度

通常将受压层深度取为附加应力约等于 0.2 倍自重应力位置（$\sigma_z \approx 0.2\sigma_{cz}$）。今 $z = 6\text{m}$ 时，$\sigma_z = 16.8 \text{kPa}$，$\sigma_{cz} = 54.4 + (18.2 - 10) \times (6 - 2.4) = 83.9 \text{kPa}$，$0.2\sigma_{cz} = 0.2 \times 83.9 = 16.8 \text{kPa}$，满足要求，故将受压层深度取为 $z_n = 6.0\text{m}$。

⑤ 地基沉降计算分层

分层的厚度 h_i 宜不大于 $0.4b = 1.6\text{m}$。今将地下水位以上分为 2 层，每层 1.2m；地下水位以下 1.6m 作为第 3 层。第 3 层以下附加应力已经很小，取 2.0m 作为第 4 层。

⑥ 地基沉降计算

第 i 层沉降量计算公式为 $s_i = \frac{a}{1 + e_1} \bar{\sigma}_{zi} h_i$，计算过程如表 11-3-3 所示。

各土层沉降量计算   表 11-3-3

土层编号	土层厚度 h_i（m）	土的压缩系数 a（MPa^{-1}）	孔隙比 e	平均附加应力 $\bar{\sigma}_z$（kPa）	沉降量 s_i（mm）
1	1.20	0.30	0.97	$\frac{94 + 84}{2} = 89.0$	16.3
2	1.20	0.30	0.97	$\frac{84 + 57}{2} = 70.5$	12.9

土层编号	土层厚度 h_i（m）	土的压缩系数 a（MPa^{-1}）	孔隙比 e	平均附加应力 $\bar{\sigma}_z$（kPa）	沉降量 s_i（mm）
3	1.60	0.25	0.97	$\frac{57+31.6}{2}=44.3$	9.0
4	2.00	0.25	0.97	$\frac{31.6+16.8}{2}=24.2$	6.1

⑦ 柱基中点总沉降量

$$s=\sum_{i=1}^{n} s_i=16.3+12.9+9.0+6.1=44.3\text{mm}$$

【例 11-3-3】 应力面积法计算沉降（使用规范表 K.0.1-2）

某厂房采用柱下单独基础，由立柱传至基础顶面的中心荷载（准永久组合值）$F=$ 1190kN。基础埋深 $d=1.5$m，基底为矩形（$l\times b=4\text{m}\times2\text{m}$）。地基承载力特征值 $f_{ak}=$ 145kPa。其他数据如图 11-3-24 所示。

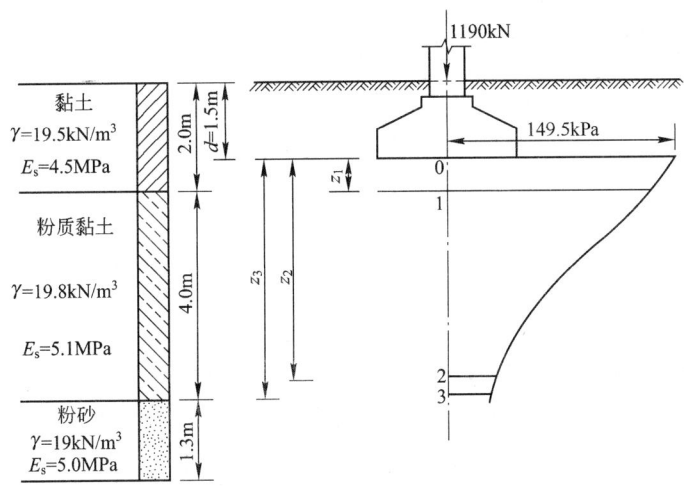

图 11-3-24 应力面积法计算沉降例题

要求：采用应力面积法计算该柱基中点的最终沉降量。

解：① 计算基底附加应力

$$p=\frac{F+G}{A}=\frac{1190+4\times2\times1.5\times20}{4\times2}=178.75\text{kPa}$$

$$p_0=p-\gamma d=178.75-19.5\times1.5=149.5\text{kPa}$$

② 确定地基沉降计算深度

依据规范 5.3.7 条，地基变形计算深度为

$$z_n=b\ (2.5-0.4\ln b)=2\times\ (2.5-0.4\times\ln2)=4.5\text{m}$$

③ 沉降计算

计算过程见表 11-3-4。

沉 降 量 计 算

表 11-3-4

点号	z_i（m）	l/b	z/b	$\bar{\alpha}_i$	$\bar{\alpha}_i z_i$（mm）	$\bar{\alpha}_i z_i - \bar{\alpha}_{i-1} z_{i-1}$（mm）	$\dfrac{p_0}{E_{si}}$	s_i'（mm）	$s'=\sum s_i'$（mm）	$\dfrac{\Delta s_n'}{s'}$
0	0	2.0	0	1.0000	0	—	—	—	—	—
1	0.5	2.0	0.5	0.9872	493.6	493.6	0.033	16.3	—	—
2	4.2	2.0	4.2	0.5276	2215.9	1722.3	0.029	50.0	—	—
3	4.5	2.0	4.5	0.5038	2267.1	51.2	0.029	1.5	67.8	0.022

表 11-3-4 中，深度 4.2m 的来历是：由 $b=2$m，查规范表 5.3.7，得到 $\Delta z=0.3$m，$4.5-0.3=4.2$m。

④ 确定 ψ_s

由于 $\sum A_i = \sum (\bar{\alpha}_i z_i - \bar{\alpha}_{i-1} z_{i-1})$，于是由表 11-3-4 的第 7 列可得

$$\sum A_i = 493.6 + 1722.3 + 51.2 = 2267.1$$

$$\sum \frac{A_i}{E_{si}} = \frac{493.6}{4.5} + \frac{1722.3}{5.1} + \frac{51.2}{5.1} = 457.4$$

$$\overline{E}_s = \frac{\sum A_i}{\sum \dfrac{A_i}{E_{si}}} = \frac{2267.1}{457.4} = 5.0\text{MPa}$$

依据规范表 5.3.5，由于 $p_0 > f_{ak}$，用内插法求 $\overline{E}_s=5.0$MPa 对应的 ψ_s。

$$\psi_s = 1.3 - \frac{1.3-1.0}{7.0-4.0} \times (5.0-4.0) = 1.2$$

⑤ 最终沉降量

$$s = \psi_s s' = 1.2 \times 67.8 = 81.4\text{mm}$$

【Q11.3.29】《地基规范》附录 L 给出了挡土墙主动土压力系数 k_a，其中，图 L.0.2 的第 3 图和第 4 图均指出 $H=5$m，但第 1 图和第 2 图没有指出。另外，L.0.2 条文字指出的条件是"高度小于或等于 5m 的挡土墙"。如何理解？

【A11.3.29】关于附录 L，注意以下几点：

（1）笔者查阅发现，该附录的文字和插图，与 GB 50007—2002 没有差别。再向上追溯到 GBJ 7—89，只是在该规范中各类土的密度以"t/m³"计，其余完全相同。

（2）在《建筑边坡工程技术规范》GB 50330—2013 的 6.2.3 条给出了主动土压力系数的计算公式，与《地基规范》中的公式对照，发现，前者公式方括号内的第一个算式为 $\sin(\alpha+\delta)$ 而后者为 $\sin(\alpha+\beta)$。随后发现《建筑边坡工程技术规范》编制组给出的勘误已修改为与《地基规范》相同。

（3）当 $q=0$ 时，经试算，k_a 随挡土墙高度 h 变化不大，可以忽略。

【Q11.3.30】《地基规范》附录 N 给出了大面积地面荷载作用下地基附加沉降量计算，请给出一个例子说明。

【A11.3.30】下面的例题，来自规范第 254 页，但笔者稍作修改，使之更易理解。

【例 11-3-4】已知：单层工业厂房，跨度 24m，柱基底面边长 $b=3.5$m，基础埋深 1.7m，地基土的压缩模量 $=4000$kPa，堆载纵向长度 $a=60$m。厂房填土在基础完工后填

筑，地面荷载大小和范围如图 11-3-25 所示。

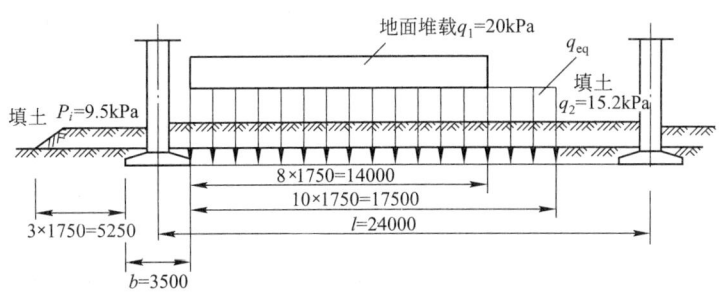

图 11-3-25　大面积地面荷载下沉降算例

要求：计算地面荷载作用下柱基内侧边缘中点的地基附加变形值。

解：依据 N.0.2 条，地面荷载按照均布荷载考虑。纵向取实际堆载长度 60m，横向取 5 倍基础宽度 $5 \times 3.5 = 17.5$m。

地面堆载按 $b/2$ 分段，共 8 个区段，编号分别为 1~8；室内填土按 $b/2$ 分段，编号分别为 1~10；室外填土分为 3 个区段，分别为 1~3，第 3 个区段 p_3 取为 $9.5/2 = 4.8$kPa。

由于地面荷载的纵向长度 $a = 60$m，基础宽度 $b = 3.5$m，$\dfrac{a}{5b} = \dfrac{60}{5 \times 3.5} = 3.4 > 1$，故 β_i 按照附表 N.0.4 第 1 行取值。

等效均布地面荷载计算如表 11-3-5 所示。

等效均布地面荷载 q_{eq} 的计算　　　　　　　　　　表 11-3-5

		0	1	2	3	4	5	6	7	8	9	10
β_i		0.30	0.29	0.22	0.15	0.10	0.08	0.06	0.04	0.03	0.02	0.01
q_i(kPa)	堆载	0	20.0	20.0	20.0	20.0	20.0	20.0	20.0	20.0	0	0
	填土	15.2	15.2	15.2	15.2	15.2	15.2	15.2	15.2	15.2	15.2	15.2
	合计	15.2	35.2	35.2	35.2	35.2	35.2	35.2	35.2	35.2	15.2	15.2
p_i(kPa)	填土	9.5	9.5	9.5	4.8							
$\beta_i q_i - \beta_i p_i$		1.71	7.45	5.65	4.56	3.52	2.82	2.11	1.41	1.06	0.30	0.15
$q_{\mathrm{eq}} = 0.8 \displaystyle\sum_{i=10}^{10} (\beta_i q_i - \beta_i p_i) = 24.59$kPa												

于是，采用"角点法"，应按照 $\dfrac{l}{b} = \dfrac{60/2}{17.5} = 1.7$ 查表 K.0.1-2，得到 $z_i/b = 1.4$、1.6 时分别对应于 $\bar{\alpha}_i = 0.2172$、0.2089。计算由 q_{eq} 引起的变形量过程见表 11-3-6。

q_{eq} 引起的变形量计算　　　　　　　　　　表 11-3-6

z_i (m)	z_i/b	$\bar{\alpha}_i$	$z_i \bar{\alpha}_i$	$z_i \bar{\alpha}_i - z_{i-1} \bar{\alpha}_{i-1}$	$\Delta s_g' = \dfrac{q_{\mathrm{eq}}}{E_s}$ $(z_i \bar{\alpha}_i - z_{i-1} \bar{\alpha}_{i-1})$ (mm)	$s_g' = \displaystyle\sum_{i=1}^{n} \Delta s_g'$ (mm)
0	0		0			
26	1.486	$2 \times 0.2136 = 0.4272$	11.1072	11.1072	68.20	68.20
27	1.543	$2 \times 0.2113 = 0.4226$	11.4102	0.3030	1.86	70.06
28	1.60	$2 \times 0.2089 = 0.4178$	11.6984	0.2882	1.77	71.83

这里，$b=17.5\mathrm{m}$，依据规范表 5.3.7，可取 $\Delta z=1.0\mathrm{m}$，即向上取 1.0m 判断是否满足规范公式（5.3.7）的要求（规范 5.3.7 条的条文说明指出，Δz 是按照 0.3（1+ln$b$）得到的，若据此计算，将是 $\Delta z=0.3$（1+ln17.5）$=1.16\mathrm{m}$，今以规范正文为准）。由 28m 深度向上取 1.0m，该部分的变形量为 1.77mm，1.77/71.83=0.0246＜0.025，可见所取计算深度满足要求。

综上，地面荷载作用下柱基内侧边缘中点的地基附加变形值为 71.83mm。

【Q11.3.31】《地基规范》**P.0.1 条第 2 款规定，当边柱外侧的悬挑长度小于或等于 $(h_0+0.5b_c)$ 时，冲切临界截面可计算至垂直于自由边的板端，如何理解？**

【A11.3.31】《地基规范》附录 P 与《混凝土规范》附录 F 在本质上是相同的，可以对照理解。

《混凝土规范》F.0.4 条规定，当边柱、角柱部位有悬臂板时，临界截面周长可计算至垂直于自由边的板端处，按此计算的临界截面周长应与按中柱计算的临界截面周长相比较，并取二者中的较小值。

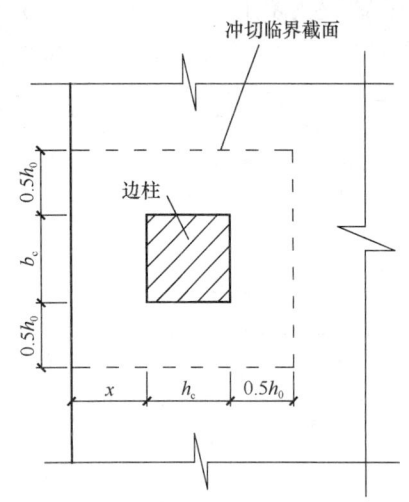

图 11-3-26 边柱的冲切临界截面

今以边柱为例说明，如图 11-3-26 所示，假定边柱外缘至板自由边的距离为 x，则由图示可得临界截面周长

$$u_m = (b_c+h_0)+2(h_c+0.5h_0)+2x$$

若是中柱，临界截面周长为

$$u_m = 2(b_c+h_0)+2(h_c+h_0)$$

令二者相等，得到

$$x = h_0+0.5b_c$$

即，边柱外缘至板自由边的距离 $x>h_0+0.5b_c$ 时，按内柱计算 u_m；当 $x\leqslant h_0+0.5b_c$ 时，则取 $u_m=(b_c+h_0)+2(h_c+0.5h_0)+2x$。

【Q11.3.32】《地基规范》**R.0.3 条规定，计算桩基最终沉降量公式中的附加压力，为桩底平面处的附加压力，实体基础的支承面积按图 R.0.3 采用。可是，图 R.0.3 有 (a)、(b) 两个图，问题是，何时采用 (a) 图，何时采用 (b) 图？**

【A11.3.32】按照实体深基础法计算桩基沉降，关键是求出桩端的附加压力，之后，就可按照分层总和法，即规范的公式（R.0.1）计算最终沉降。

对于规范图 R.0.3(a)，可先求出桩端处在扩散后面积上的压力，减去其自重压力，就是附加压力，公式如下：

$$p_0 = \frac{F+G_T}{\left(a_0+2l\tan\dfrac{\varphi}{4}\right)\left(b_0+2l\tan\dfrac{\varphi}{4}\right)} - p_c \tag{11-3-4}$$

式中：F——对应于作用准永久组合时作用在桩基承台顶面的竖向力；

G_T——在扩散后面积上从桩端平面到设计地面间的承台、桩和土的总重量，可按照

20 kN/m³ 计算，水下部分扣除浮力；

a_0、b_0 —— 自最外排桩外缘算起的桩群范围的长度和宽度；

p_c —— 桩端平面上地基土的自重压力，深度为 $l+d$，l 为桩的入土深度，d 为自地面算起的承台底深度；

φ —— 桩所穿过土层的内摩擦角加权平均值。

周景星等编写的《基础工程》（第 3 版，清华大学出版社，2016）指出，也可以用下式近似计算：

$$p_0 = \frac{F+G-p_{c0}ab}{\left(a_0+2l\tan\dfrac{\varphi}{4}\right)\left(b_0+2l\tan\dfrac{\varphi}{4}\right)} \tag{11-3-5}$$

式中：G —— 承台和承台上土的自重，常取为 20kN/m³，水下部分扣除浮力；

p_{c0} —— 承台底高程处的地基土自重压力，水下部分扣除浮力；

a、b —— 承台的长度和宽度。

可以证明，式（11-3-5）求得的结果较小。试演如下：

令 $a' = a_0 + 2l\tan\dfrac{\varphi}{4}$，$b' = b_0 + 2l\tan\dfrac{\varphi}{4}$，则

$$p_0 = \frac{F+G_T}{(a_0+2l\tan\dfrac{\varphi}{4})(b_0+2l\tan\dfrac{\varphi}{4})} - p_c$$

$$= \frac{F+G_T-p_ca'b'}{a'b'}$$

$$= \frac{F+20\times(l+d)a'b'-\gamma_m(l+d)a'b'}{a'b'}$$

$$= \frac{F+20da'b'-\gamma_mda'b'+(20la'b'-\gamma_mla'b')}{a'b'}$$

如果近似认为该式分子中的括号内为零（实际上一般为正数），同时将分子中的 $a'b'$ 取为 ab，则 $20dab$ 为承台及其上土重，γ_mdab 为承台底处以上土重，这就得到了

$$p_0 = \frac{F+G-p_{c0}ab}{\left(a_0+2l\tan\dfrac{\varphi}{4}\right)\left(b_0+2l\tan\dfrac{\varphi}{4}\right)}$$

采用式（11-3-5）之后，可以理解为：承台底处的附加压力扩散形成了桩端处的附加压力。

对于规范图 R.0.3(b)，则是不考虑应力扩散，按照桩底面积为 a_0b_0 计算桩端附加压力，但需要扣除桩群侧壁摩阻。依据周景星等《基础工程》（第 3 版），这时，附加压力的计算式为

$$p_0 = \frac{N+G-p_{c0}ab-(a_0+b_0)\sum q_{sik}h_i}{a_0b_0}$$

式中，q_{sik} 为桩身穿越的第 i 层土的极限侧阻力标准值；a_0、b_0 的含义同上（即，《地基规范》的标注有误）。

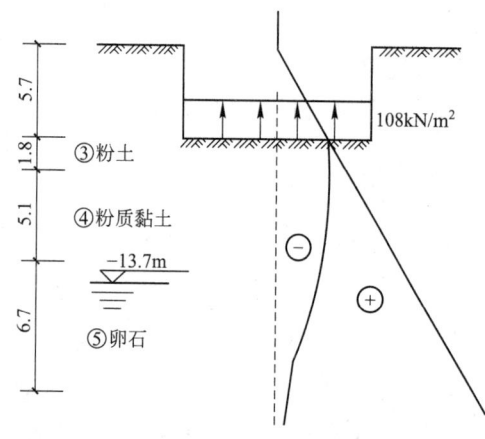

图 11-3-27　回弹计算的算例图

【Q11.3.33】《地基规范》**227** 页 **5.3.10** 条的条文说明中，给出了一个地基回弹变形计算算例，但是我总是读不懂其计算过程，请指教。

【A11.3.33】下面的例题来自规范，但笔者稍作改进。

【例 11-3-5】已知：某工程采用箱形基础，基础平面尺寸 $64.8m \times 12.8m$，基础埋深 $5.7m$，如图 11-3-27 所示。基础底面以下各土层分别在自重压力下做回弹试验，测得回弹模量如表 11-3-7 所示。

基底处土的自重应力为 $108kN/m^2$。粉土、粉质黏土的天然重度分别为 $22.8kN/m^3$、$23.9kN/m^3$。

各土层的回弹模量 表 11-3-7

土层	层厚（m）	回弹模量（MPa）			
		$E_{0\sim0.025}$	$E_{0.025\sim0.05}$	$E_{0.05\sim0.10}$	$E_{0.10\sim0.20}$
③ 粉土	1.8	28.7	30.2	49.1	570
④ 粉质黏土	5.1	12.8	14.1	22.3	280
⑤ 卵石	6.7	100（无试验资料，估算值）			

要求：用分层总和法计算基础中点地基土的回弹变形。

解：参照《地基规范》第 228 页的表格格式，列出计算过程如表 11-3-8 所示。

基础中点地基土的回弹变形计算 表 11-3-8

z_i（m）	$\bar{\alpha}_i$	$z_i\bar{\alpha}_i - z_{i-1}\bar{\alpha}_{i-1}$	$p_z + p_{cz}$（kPa）	E_{ci}（MPa）	$p_c(z_i\bar{\alpha}_i - z_{i-1}\bar{\alpha}_{i-1})/E_{ci}$（mm）
0	1.000	0	0	—	—
1.8	0.9972	1.7950	41	28.7	6.75
2.9	0.9912	1.0795	67	22.3	5.23
3.9	0.9812	0.9522	91	22.3	4.61
4.9	0.9668	0.9106	115	280	0.35
5.9	0.9504	0.8700	139	280	0.34
6.9	0.9308	0.8152	163	280	0.31
					17.59

今对计算过程详细解释如下：

（1）第 1 列数据系按照《地基规范》第 228 页的表格取值。$z_i = 1.8m$ 系取至粉土层的底部。粉质黏土层比较厚，按 1m 深度分层。

（2）第 2 列 $\bar{\alpha}_i$ 系根据《地基规范》表 K.0.1-2 得到。这里，按角点法，取 $l = 64.8/2 = 32.4m$，$b = 12.8/2 = 6.4m$，则 $l/b = 32.4/6.4 = 5.06$。按 $z/b = 1.8/6.4 \approx 0.28$ 且 $l/b \approx 5$

查表，并利用内插法，得到 $\bar{\alpha}=0.2493$，$4\times0.2493=0.9972$。

（3）第 3 列根据第 1 列和第 2 列数值求出。例如，$1.8\times0.9972=1.7950$，$2.9\times0.9912-1.8\times0.9972=1.0795$。

（4）第 4 列，虽然在《地基规范》第 228 页的表格中记作 p_z+p_{cz}，但实际上该列为 z_i 处土的自重压力值。由于规范中未给出土的重度导致本列无法求出。为此，编者反算出了"粉土、粉质黏土的天然重度分别为 22.8 kN/m³、23.9 kN/m³"，并作为已知条件给出。例如，$22.8\times1.8=41.04$kPa。

（5）第 5 列的 E_{ci} 为回弹模量。由于题目给出的回弹模量是与自重压力对应的，故该列的数值应基于第 4 列确定。例如，深度为 0～1.8m 区间，自重压力为 41，取中间位置，为 $41/2=20.5$kPa，查表，粉土、自重压力值 20.5kPa，处于 0～25kPa 区间，$E_c=28.7$MPa；深度为 1.8～2.9m 区间，自重压力平均值 54kPa，粉质黏土、处于 25kPa～50kPa 区间，$E_c=22.3$MPa。

（6）依据前述数值，代入 $p_c=108$kPa，按照公式求出第 6 列数值。

顺便提及，高大钊《土力学与岩土工程师——岩土工程疑难问题答疑笔记整理之一》（人民交通出版社，2008）244 页指出，基坑的回弹变形是由于基坑开挖卸载产生的，而公路工程中的地基土是在车辆荷载作用下重复加卸载产生的回弹变形，二者应采用不同的回弹模量。但是，《地基规范》5.3.9 条规定土的回弹模量 E_{ci} 按《土工试验方法标准》GB/T 50123—1999 确定，而该标准中"回弹模量试验"对应的是《公路土工试验方法》中的方法，这种试验的结果只能适用于公路工程，不能用于基坑回弹量的计算。

【Q11.3.34】如何理解《地基规范》附录 U 给出的阶梯形承台及锥形承台斜截面受剪的截面宽度？

【A11.3.34】对于阶梯形承台，规范 U.0.1 条给出的 A_2-A_2 截面处有效宽度为

$$b_{y0}=\frac{b_{y1}h_{01}+b_{y2}h_{02}}{h_{01}+h_{02}}$$

可以这样理解：验算柱边截面 A_2-A_2 处斜截面受剪承载力时，如图 11-3-28 所示，受剪面为图中的阴影部分，与《混凝土规范》中一致，不考虑纵向钢筋合力点以下部分的贡献，于是可求出抗剪有效截面面积为

$$A_0=b_{y1}h_{01}+b_{y2}h_{02}$$

若以 $h_{01}+h_{02}$ 作为有效截面的高度，则折合成的有效宽度为

$$b_{y0}=\frac{A_0}{h_{01}+h_{02}}=\frac{b_{y1}h_{01}+b_{y2}h_{02}}{h_{01}+h_{02}}$$

对于锥形承台的情况，规范 U.0.2 条规定 A—A 截面处有效宽度为

$$b_{y0}=\left[1-0.5\frac{h_1}{h_0}\left(1-\frac{b_{y2}}{b_{y1}}\right)\right]b_{y1}$$

可以这样理解：此时，受剪面积如图 11-3-29 中阴影部分所示，同样不考虑纵筋合力点以下部分的贡献，于是，有效截面面积为减去两个虚线部分三角形的面积，即

$$A_0=b_{y1}h_0-(b_{y1}-b_{y2})h_1/2$$

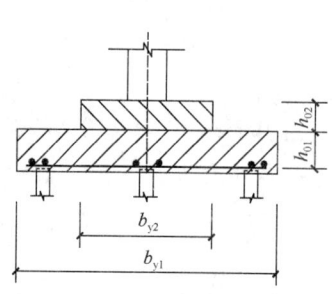 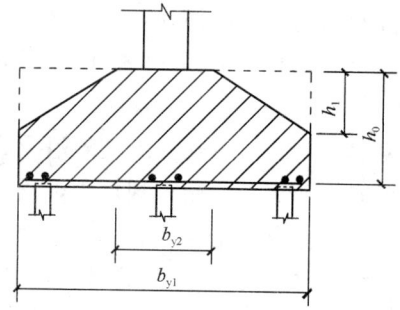

图 11-3-28　阶梯形承台受剪有效宽度计算简图　　图 11-3-29　锥形承台受剪有效宽度计算简图

若以 h_0 作为有效截面的高度，则折合成的有效宽度为

$$b_{y0} = \frac{A_0}{h_0} = \frac{b_{y1}h_0 - (b_{y1} - b_{y2})h_1/2}{h_0}$$

将其变形，就得到规范中的公式。

【Q11.3.35】何谓"有效应力原理"？

【A11.3.35】有效应力原理是太沙基于 1936 年首次用英语论述的，主要内容可归纳为：

（1）饱和土体内任一平面上受到的总应力包含土骨架承受的有效应力和孔隙水承受的孔隙水压力两部分。

（2）土的压缩变形与强度变化都只取决于有效应力的变化。

我们主要关心地基的强度和变形，而它们都取决于有效应力，所以，遇到自重应力通常是指"有效自重应力"，即采用"浮重度" γ'，$\gamma' = \gamma_{sat} - \gamma_w$，$\gamma_{sat}$ 为土层的饱和重度，γ_w 为水的重度。

举例来讲，一个粒径 $d = 1mm$ 的砂粒沉入深海海底，其对海底土层的作用力并非作用于砂粒上的总应力（因为砂粒的四周都承受这个压力），而是砂粒的重力与其浮力之差。

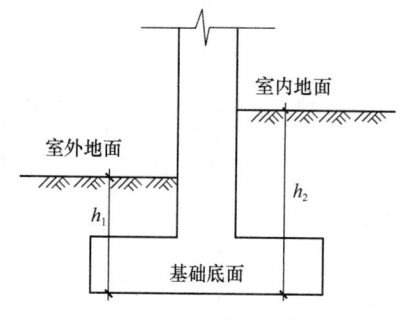

图 11-3-30　基础埋置深度

【Q11.3.36】"基础埋置深度"在规范中经常出现，但是有时又有区别，能否总结一下？

【A11.3.36】（1）《地基规范》的 5.2.2 条计算地基承载力，此时若为独立基础，求算 G_k 所用的基础埋置深度取室内、外地坪高差的中间值，如图 11-3-30 中，就是 $\dfrac{h_1 + h_2}{2}$。因为，G_k 的含义是基础自重和基础上的土重。

（2）《地基规范》的 5.1.1～5.1.6 条，基础埋置深度一般是指取至室外地面，即图的 h_1。此时，主要考虑基础的稳定性，即嵌固的能力。

（3）《地基规范》5.2.4 条计算修正以后的地基承载力特征值，此时采用的埋深主要考虑基础破坏时周围的土体是否能够发挥有利的作用，故区分不同情况：

①在填方整平地区，可自填土地面标高算起，但填土在上部结构施工后完成时，应从

天然地面标高算起；

②对于地下室，当采用箱形基础或筏基时，基础埋置深度自室外地面标高算起；

③对于地下室，采用独立基础或条形基础时，应从室内地面标高算起。

(4)《地基规范》5.3.5 条计算沉降，确定其中的附加应力时需要考虑自重应力，此时埋深取至天然地面，新近的填土一般不考虑。但《桩规》5.4.1 条是一个特例，属于近似情况。

【Q11.3.37】《地基规范》以及《桩规》中说到的软土，如何理解？

【A11.3.37】 依据《地基规范》7.1.1 条可知，由淤泥、淤泥质土、冲填土、杂填土或其他高压缩性土层构成的，应属于软弱土层。关于"软土"的定义，并未给出。

《建筑岩土工程勘察基本术语标准》JGJ 84—92，对软土（soft clay）的解释是：天然含水率大、压缩性高、承载力低，软塑到流塑状态的黏性土。

《岩土工程基本术语标准》GB/T 50279—98 的 3.2.29 条，对软黏土（soft clay）的解释是：天然含水率大，呈软塑到流塑状态，具有压缩性高、强度低等特点的黏土。

《岩土工程勘察规范》GB 50021—2001（2009 年版）的 6.3.1 条规定，天然孔隙比大于或等于 1.0，且天然含水量大于液限的细粒土应判定为软土，包括淤泥、淤泥质土、泥炭、泥炭质土等。该规定是笔者目前见到的最为确切的。

【Q11.3.38】《桩规》有没有勘误？

【A11.3.38】 笔者依据 2009 年 12 月第六次印刷本，给出《桩规》第一版的勘误，见表 11-3-9。

《桩规》第一版的勘误　　　　　　　　　　　　表 11-3-9

页码	原　文	正　确　内　容	备注
22	2 高层建筑平板式和梁板式筏形承台的最小厚度不应小于 400mm，墙下布桩的剪力墙结构筏形承台的最小厚度不应小于 200mm	2 高层建筑平板式和梁板式筏形承台的最小厚度不应小于 400mm，<u>多层建筑</u>墙下布桩筏形承台的最小厚度不应小于 200mm	
24	倒 10 行：联系梁	连系梁	
39	公式 (5.3.8-2)、(5.3.8-3) 中的 d	d_1	共 3 处
53	表 5.5.11 上 1 行：桩距小，桩数多，沉降速率快时取大值	桩距小，桩数多，沉<u>桩</u>速率快时取大值	
61	公式 (5.7.3-1) 下 1 行：考虑地震作用且 $s_a/d \leqslant 6$ 时：	<u>此行应左移两个空格</u>	
61	公式 (5.7.3-2)：η_l	η_l	
61	公式 (5.7.3-4)：η_l	η_l	
61	公式 (5.7.3-7)：R_h	R_{ha}	
66	表 (5.8.4-1) 下注释 3：$l'_0 = l_0 + \psi_l d_l$，$h' = h - \psi_l d_l$	$l'_0 = l_0 + (1 - \psi_l)d_l$，$h' = h - (1 - \psi_l)d_l$	
66	表 (5.8.4-1) 下注释 4	4 当存在 $f_{ak} < 25\text{kPa}$ 的软弱土时，按液化土处理	原来缺失

续表

页码	原　　文	正 确 内 容	备注
71	5.9.2 条第 2 款： 三桩承台的正截面弯距值应符合下列要求：	三桩承台的正截面弯**矩**值应符合下列要求：	
74	图 5.9.7 中的表示柱子截面尺寸的 h_0	h_c	
207	图 G.0.1(b)：$L < a_0 < L/2$ 图 G.0.1(c) 图 G.0.1(d)：$a_0 > L$	图 G.0.1(b)：$L/2 \leqslant a_0 < L$ 图 G.0.1(c)见本书图 11-3-28 图 G.0.1(d)：$a_0 \geqslant L$	
255	倒数第 2 行：G.G. Meyerhof（1998）指出，……	G.G. Meyerhof（<u>1988</u>）指出，……	
259	5.3.8 条：混凝土敞口管桩单桩竖向极限承载力的计算。与实心混凝土预制桩相同的是，桩端阻力由于桩端敞口，类似于钢管桩也存在桩端的土塞效应；不同的是，混凝土管桩壁厚度较钢管桩大得多，计算端阻力时，不能忽略管壁端部提供的端阻力，故分为两部分：一部分为管壁端部的端阻力，另一部分为敞口部分端阻力。对于后者类似于钢管桩的承载机理，考虑桩端土塞效应系数 λ_p，λ_p 随桩端进入持力层的相对深度 h_b/d 而变化（d 为管桩外径），……	混凝土敞口**空心桩**单桩竖向极限承载力的计算。与实心混凝土预制桩相同的是，桩端阻力由于桩端敞口，类似于钢管桩也存在桩端的土塞效应；不同的是，混凝土<u>空心桩</u>壁厚度较钢管桩大得多，计算端阻力时，不能忽略<u>空心桩</u>壁端部提供的端阻力，故分为两部分：一部分为<u>空心桩</u>壁端部的端阻力，另一部分为敞口部分端阻力。对于后者类似于钢管桩的承载机理，考虑桩端土塞效应系数 λ_p，λ_p 随桩端进入持力层的<u>相对深度 h_b/d_1</u> 而变化（<u>d_1 为空心桩内径</u>）	
263	第 6、7 行：ζ_{rp}	ζ_p	共 2 处
264	倒数第 2 行：5.3.11	5.3.12	
265	第 5 行：存在 3.5m 厚非液化覆盖土层时，……	存在 <u>2.5m</u> 厚非液化覆盖土层时，……	
291	倒数第 9 行：$v = 0.4$	$\nu = 0.4$	希腊文误为英文

依据刘金砺等《建筑桩基技术规范应用手册》，规范图 G.0.1(c) 应表达如图 11-3-31 所示。图中，l 为洞口边至柱轴线之间的距离。

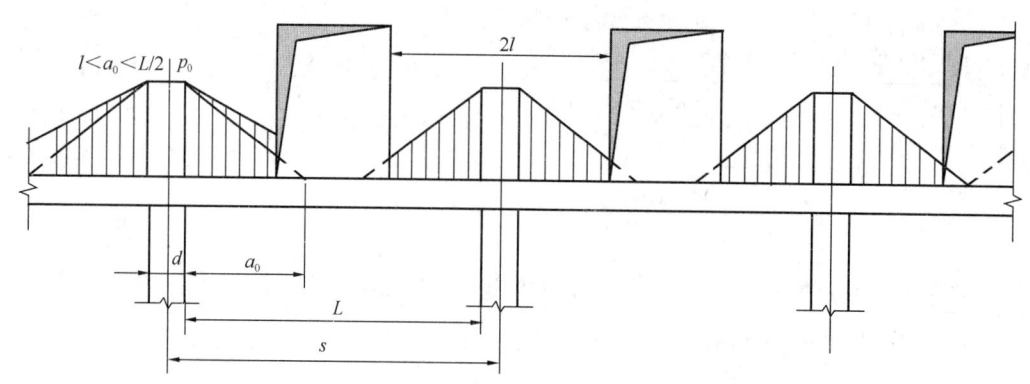

图 11-3-31　规范图 G.0.1(c)

另外，2009 年 12 月第六次印刷本还有一些值得改进之处，见表 11-3-10。

《桩规》第六次印刷本疑似差错 表 11-3-10

页码	原　文	正确内容	备　注
15	3.4.6 条第 2 款：承台和地下室侧墙周围应采用灰土、级配砂石、压实性较好的素土回填，并分层夯实，也可采用素混凝土回填	承台和地下室侧墙周围应采用灰土、级配砂石、压实性较好的素土回填，并分层夯实，也可采用素混凝土或搅拌流动性水泥土回填	依据刘书
22	4.2.1 条第 1 款：对于墙下条形承台梁，桩的外边缘至承台梁边缘的距离不应小于 75mm，承台的最小厚度不应小于 300mm	对于墙下条形承台梁，桩的外边缘至承台梁边缘的距离不应小于 75mm。承台的最小厚度不应小于 300mm	依据刘书
23	4.2.3 条第 3 款：条形承台梁的纵向主筋应符合现行国家标准《混凝土结构设计规范》GB 50010 关于最小配筋率的规定［见图 4.2.3(c)］，主筋直径不应小于 12mm，架立筋直径不应小于 10mm，箍筋直径不应小于 6mm	条形承台梁的纵向主筋应符合现行国家标准《混凝土结构设计规范》GB 50010 关于最小配筋率的规定，主筋直径不应小于 12mm，架立筋直径不应小于 10mm，箍筋直径不应小于 6mm［见图 4.2.3(c)］	依据刘书
29	A——承台计算域面积对于柱下……围成的面积，按条形承台计算……	A——承台计算域面积，对于柱下……围成的面积，按单排桩条形承台计算……	5.2.5 条。依据刘书
31	p_{sk2}——桩端……折减后，再计算 p_{sk}	p_{sk2}——桩端……折减后，再按式(5.3.3-2)、式(5.3.3-3)计算 p_{sk}	5.3.3 条。依据刘书
31	表 5.3.3-2：p_{sk}	p_{sk2}	5.3.3 条。依据刘书
37	第 5 行：对于扩底桩变截面以上 $2d$ 长度范围内不计侧阻力	对于扩底桩的扩大头斜面及变截面以上 $2d$ 长度范围内不计侧阻力	5.3.6 条。刘书未改。
41	表 5.3.10 下注释：干作业钻、挖孔桩，β_p 按表列值乘以小于 1.0 的折减系数。当桩端持力层为黏性土或粉土时，折减系数取 0.6；为砂土或碎石土时，取 0.8	干作业钻、挖孔桩，β_p 按表列值乘以小于 1.0 的折减系数，当桩端持力层为黏性土或粉土时，折减系数取 0.6；为砂土或碎石土时，取 0.8	5.3.10 条。笔者认为，折减系数取 0.6、0.8 的前提是"干作业钻、挖孔桩"。刘书未改。
46	表 5.4.4-2 下注释 3，桩基固结沉降	桩基沉降	依据刘书
57	倒 3 行：$B_c = B\sqrt{A_c}/L$	$B_c = \sqrt{BA_c}/L$	依据刘书
59	公式(5.7.2-1)：N_k	N	依据刘书
60	第 6 行：N_k——在荷载效应标准组合下桩顶的竖向力(kN)	N——在荷载效应基本组合下桩顶的竖向力设计值(kN)	5.7.2 条。依据刘书

页码	原　　文	正确内容	备　　注
62	第 7 行：n_1、n_2——分别为沿水平荷载方向与垂直水平荷载方向每排桩中的桩数	n_1、n_2、n——分别为沿水平荷载方向、垂直水平荷载方向每排桩中的桩数和总桩数	5.7.3 条。依据刘书
63	公式(5.7.5)上 1 行：1 桩的水平变形系数 $\alpha(1/m)$	1 桩的水平变形系数 $\alpha(1/m)$	m 表示单位"米"。刘书未改
80	倒数第 2 行：对于锥形承台应对变阶处及柱边处……	对于锥形承台应对柱边处……	5.9.10 条。刘书未改
82	公式(5.9.13)：$+1.25 f_y \dfrac{A_{sv}}{s} h_0 +$	$+ f_{yv} \dfrac{A_{sv}}{s} h_0 +$	刘书仅将 f_y 改为 f_{yv}，但是，为与 2010 版《混凝土规范》协调，还应把 1.25 改为 1.0
82	公式(5.9.14)：$+ f_y \dfrac{A_{sv}}{s} h_0$	$+ f_{yv} \dfrac{A_{sv}}{s} h_0$	依据刘书
127	倒数第 2 行：当基桩侧面为几种土层组成时，应求得主要影响深度	当基桩侧面为几种土层组成时，应求得主要影响深度 $h_m = 2(d+1)$ 米范围内的 m 值作为计算值（见图 C.0.2）	
256	倒数第 4 行、第 8 行：ψ_p	ψ_p	依据为 5.3.6 条正文
264	倒数第 2 行：5.3.12	5.3.11	
265	第 5 行：3.5	2.5	

注：表中"刘书"系指刘金砺、高文生等编著的《建筑桩基技术规范应用手册》（中国建筑工业出版社，2010）。

【Q11.3.39】《桩规》与其他规范有无不协调之处？

【A11.3.39】笔者发现，有以下内容：

(1)《桩规》表 5.3.12 为土层液化影响折减系数，其中一项是"自地面算起的液化土层深度 d_L"。同样的土层液化影响折减系数，在《抗规》中为表 4.4.3，但被表达为"深度 d_s"，依据 4.3.4 条，d_s 为饱和土标准贯入点深度。

(2)《桩规》5.5.6 条规定的桩基沉降计算方法与《地基规范》附录 R 不同。

(3)《桩规》5.8.5 条，规定考虑轴向力偏心距的影响时，e_i 乘以偏心距增大系数 η，这是对应于 2002 版《混凝土规范》的方法，2010 版已经取消了偏心距增大系数 η。

(4)《桩规》5.9.7 条规定圆柱（圆桩）换算成方柱（方桩）时，取为 0.8 倍直径。《地基规范》8.5.18 条规定圆柱换算成方柱时，取为 0.886 倍直径。

(5)《桩规》公式（5.9.12）计算仅配置箍筋的承台梁斜截面受剪承载力，箍筋项的系数为 1.25，这与 2002 版《混凝土规范》一致，但 2010 版《混凝土规范》已经改为 1.0。同样的问题还出在公式（5.9.13）中。

【Q11.3.40】《桩规》第 5 章为桩基计算，内容不多，但感觉比《混凝土规范》中的难理解，如何学习才好？

【A11.3.40】笔者把这部分内容的脉络总结为图11-3-32。

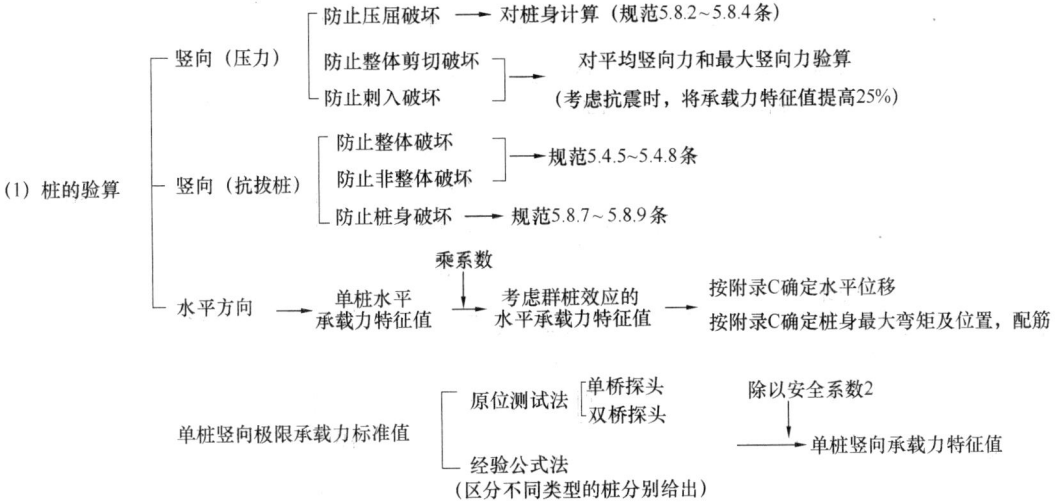

图 11-3-32　桩基计算脉络图

相关条文之间的联系，可以按照下面理解：

(1) 5.1.1条计算出的桩顶作用效应是针对一根桩的，可按照材料力学的公式理解。5.1.2条规定是否考虑地震作用；5.1.3条规定是否考虑承台效应。

(2) 5.2.1条，轴心力作用，验算公式为 $N_k \leqslant R$，容易理解。当按照最大力验算时，将 R 提高20%（因为，不是每根桩轴力都达到最大，故要求有所放松）。考虑地震作用，将 R 提高25%，按最大力验算时，在此基础上再提高20%，就成为 $1.25 \times 1.2 = 1.5$ 倍。

(3) 《桩规》中通常都是先算出极限承载力标准值，再除以2得到特征值，见5.2.2条。

(4) 满足5.2.4条的条件，考虑承台效应。所谓承台效应，就是考虑承台底下面一部分地基面积 A_c 的贡献。$A_c = \dfrac{A - nA_{ps}}{n}$，表明是从属于一根基桩的面积。既然是地基的承载力，所以，考虑地震作用时要乘以 ζ_a，ζ_a 取值见《抗规》表4.2.3。$\zeta_a \eta_c f_{ak} A_c$ 之所以除以1.25，是因为公式（5.2.1-3）中采用的是 $1.25 R$，这样，1.25就抵消了。换句话说，桩的承载力提高25%，土的承载力却是按照《抗规》表4.2.3取值。

(5) 单桩竖向极限承载力标准值，情况不同有不同的估算方法，基本的原则是桩侧阻力加上桩端阻力。

5.3.3条是根据单桥探头静力触探资料确定竖向极限承载力标准值。q_{sk} 由 p_{sk} 根据图5.3.3确定。注意图下的注释4。

5.3.6条所说的"大直径"是指 $d \geqslant 800\text{mm}$。

表 5.3.6-2 中，D 与 d 的区别见规范 19 页图 4.1.3。

5.3.8 条对预应力空心桩的规定，实际上是对于桩端考虑两部分：土塞部分和截面的实体混凝土部分。

5.3.9 条对嵌岩桩的规定，处于土层的部分考虑侧阻力，嵌入岩石部分将侧阻与端阻贡献统一用 ζ_r 表达。

（6）5.3.12 条对液化效应的规定，与《抗规》4.4.3 是一致的。

（7）5.4.1 条，σ_z 虽然被解释为"作用于软弱下卧层顶面的附加应力"，但与《地基规范》公式（5.2.7-3）比较可以发现，前者的分子中没有减去土的自重压力。

（8）5.5.6 条，计算桩基沉降，等效作用附加应力取承台底平均附加压力（见该条文的第 3 行），而仅仅从图 5.5.6 理解，会认为是桩端平面。

【Q11.3.41】《桩规》的 5.2.2 条，明确 R_a 应考虑安全系数，并取安全系数 $K=2$。而在《地基规范》的 8.5.6 条，R_a 的公式与《桩规》中计算 Q_{uk} 的式(5.3.5)非常相似，但没有考虑除以 2。这是为什么？

【A11.3.41】《桩规》5.2.2 条给出的 R_a 计算公式为

$$R_a - \frac{1}{K}Q_{uk}$$

而 Q_{uk} 按照式(5.3.5)计算，为

$$Q_{uk} = Q_{sk} + Q_{pk} = u_p \sum q_{sik} l_i + q_{pk} A_p$$

《地基规范》8.5.6 条给出的 R_a 计算公式为

$$R_a = q_{pa} A_p + u_p \sum q_{sia} l_i$$

注意到，《桩规》中符号的脚标为"k"，《地基规范》中符号的脚标为"a"，说明存在差异。实际上，q_{sik} 表示桩侧第 i 层土的"极限侧阻力标准值"，q_{sia} 表示桩侧第 i 层土的"侧阻力特征值"。《桩规》中的 Q_{uk} 为单桩竖向极限承载力标准值，由《地基规范》Q.0.11 条可知，单桩竖向极限承载力除以 2，为单桩竖向承载力特征值 R_a。

【Q11.3.42】《桩规》中，两处用到距径比 s_a/d，分别是表 5.2.5 和 5.5.9 条，其中的 d，是不是都要把方桩换算成圆桩，公式为 $d=b/0.8$？

【A11.3.42】先来看 5.5.9 条，其中的 s_a/d，在 5.5.10 条给出了公式，如下：
圆形桩　　$s_a/d = \sqrt{A}/(\sqrt{n} \cdot d)$
方形桩　　$s_a/d = 0.886\sqrt{A}/(\sqrt{n} \cdot b)$

以上尽管是针对"布桩不规则"时给出的公式，但可知，方桩需要换算成圆桩，换算公式为 $d = b/0.886$。表 5.2.5 中的 s_a/d，同样按以上处理。

顺便指出，《桩规》5.9.2 条给出方柱边长与圆柱直径的换算关系是 $c = 0.8d$，此处"0.8"并未写成"0.866"，笔者推测，是一种长期习惯。但如此作法带来整本规范的不协调以及与《地基规范》的不一致（2002 版《地基规范》中圆柱与方柱的换算系数写成 0.866，2011 版则是 0.886）。

【Q11.3.43】《桩规》5.2.5 条规定了考虑承台效应的复合基桩竖向承载力特征值 R 计算，其中用到承台计算域面积 A，A 如何计算？

【A11.3.43】根据规范的勘误，A 的解释应为：承台计算域面积，对于柱下独立桩基，A 为承台总面积；对于桩筏基础，A 为柱、墙筏板的 1/2 跨距和悬臂边 2.5 倍筏板厚度所围成的面积；桩集中布置于单片墙下的桩筏基础，取墙两边各 1/2 跨距围成的面积，按单排桩条形承台计算 η_c。

该条的条文说明解释更清楚些，可参考。

【Q11.3.44】如何理解《桩规》的 5.3.3 条？

【A11.3.44】笔者认为可以从以下几个方面理解：

（1）单桩的竖向极限承载力确定方法有多种，本条根据"单桥探头静力触探"的数据资料计算。

（2）单桩竖向极限承载力为桩侧、桩端极限阻力之和。

（3）公式（5.3.3-1）中的 q_{sik} 为第 i 层土的极限侧阻力（单位：kPa），其值，可根据图 5.3.3 取值。图 5.3.3 中的横坐标 p_{sk}，为桩端穿过土层的"比贯入阻力"，该值以静力触探方法得到。

（4）图 5.3.3 中包括 B、C、D 三条折线和直线段 A，之所以用不同的函数，是考虑到土的类别、埋藏深度以及土层厚度方向的排列顺序等因素的影响。

注意折线 D 使用时，若桩端穿过粉土、粉砂、细砂及中砂层底面时，图中得到的 q_{sk} 要乘以折减系数 η_s，见表 5.3.3-4，表中用到的 p_{sk} 为砂土、粉土的比贯入阻力，p_{sl} 为其下软土层的比贯入阻力。$p_{sk}/p_{sl} \leqslant 5$ 时不折减。表 5.3.3-4 中的 p_{sk} 为测得值，仅仅用于确定 q_{sk}，且在公式（5.3.3-2）之前执行，所以，与 p_{sk2} 没有关系。

（5）公式（5.3.3-1）中的 p_{sk} 根据桩端附近土层的比贯入阻力确定。桩端以上（8 倍桩径）、桩端以下（4 倍桩径）土层的比贯入阻力分别记作 p_{sk1} 和 p_{sk2}，当上部的 p_{sk1} 不大于下部的 p_{sk2} 时，将 p_{sk2} 折减之后，取上、下的平均值；当上部的 p_{sk1} 大于下部的 p_{sk2} 时，直接取为二者的较小者。

注意，对于 p_{sk2}，若桩端持力层为密实的砂土层且比贯入阻力超过 20MPa 时，应利用表 5.3.3-2 中的 C 系数折减，而表 5.3.3-2 中的 p_{sk} 应按折减前的 p_{sk2}（即测定的平均值）理解。折减之后才成为"计算用"的 p_{sk2}，用于公式（5.3.3-2）、公式（5.3.3-3）以及公式的判断条件。

【Q11.3.45】《桩规》5.4.1 条规定，对于桩距不超过 $6d$ 的群桩基础，桩端持力层下存在承载力低于桩端持力层承载力 1/3 的软弱下卧层时，可按下列公式验算软弱下卧层的承载力：

$$\sigma_z + \gamma_m z \leqslant f_{az}$$

$$\sigma_z = \frac{(F_k + G_k) - 3/2(A_0 + B_0) \cdot \sum q_{sik} l_i}{(A_0 + 2t \cdot \tan\theta)(B_0 + 2t \cdot \tan\theta)}$$

我想问的是：（1）第二个公式中为何出现了 3/2，是否有误？在 1994 版规范中该系数为 2。

（2）z 该如何取值？按照概念，似乎应取软弱下卧层顶面至地表的距离，但是规范图中（见图 11-3-33）却是软弱下卧层顶面至承台底的距离。

（3）γ_m 又该如何取值呢？是按照软弱下卧层顶面至承台底范围取值吗？

（4）确定 f_{az} 时，应注意哪些问题？

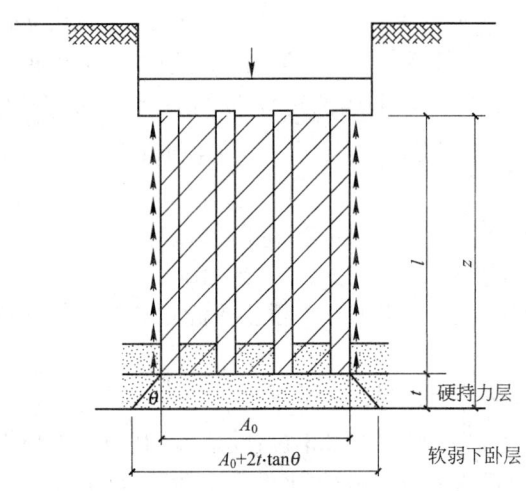

图 11-3-33　软弱下卧层承载力验算

【A11.3.45】问题（1）：公式中的 3/2 无误。根据条文说明可知，其来源是 $\frac{3}{2}(A_0+B_0)=\frac{3}{4}\times[2(A_0+B_0)]$，方括号内为周长，即，$\frac{3}{2}(A_0+B_0)\cdot\sum q_{sik}l_i$ 表示实体基础外表面极限侧阻力的 3/4。

问题（2）：《桩规》5.4.1 条条文说明第 4）项指出，"考虑到承台底面以上的土已挖除且可能和土体脱空，因此修正深度从承台底部计算至软弱土层顶面"。由此可见，规范编写者的本意，是基于脱空现实条件下的简化计算，即，直接把"承台底部到地面"这部分土体视为和上部结构荷载性质相似，不考虑其地基承载力的影响，故上部荷载的重量由 F_k 变为 F_k+G_k。

这样，软弱土层顶部所受到的压力为：①原状土的重力加权平均值 $\gamma_m z$，深度 z 的取值如规范图 5.4.1 所示。②附加压力值，一部分为不利荷载（F_k+G_k），一部分为桩群的最外边缘的侧阻力，二者之和即为公式（5.4.1-2）中的 σ_z。

问题（3）：《建筑桩基技术规范理解与应用》一书 93 页的算例中，将 γ_m 取为软弱下卧层顶面至地表范围内土层重度的加权平均。笔者认为，应取图 11-3-33 中 z 范围内的土层重度加权平均得到 γ_m，这样才能符合"对应"原则（γ_m 与 z 既然相乘，二者所取范围应一致才有意义）。

问题（4）：利用《地基规范》式(5.2.4)计算软弱下卧层承载力特征值 f_{az}，注意只进行深度修正。条文说明对此的解释是，因为下卧层受压区应力分布并非均匀，呈内大外小，因此不应作宽度修正；软弱下卧层多为软弱黏性土，故深度修正系数取 $\eta_d=1.0$。对于计算 f_{az} 时 d 的取值，刘金砺《建筑桩基技术规范应用手册》（中国建筑工业出版社，2010）第 109 页指出，对于地下室中的独立柱下桩基，考虑到承台底面以上土已经挖除，因此下卧层顶面处地基承载力特征值深度修正只算至地下室地面，对于整体桩筏基础深度修正则应算至室外地面。

实际工程持力层以下存在相对软弱土层是常见现象，只有当强度相差过大时才有必要验算。

【Q11.3.46】《桩规》5.4.3 条讲到负摩阻，请介绍其基本原理。

【A11.3.46】之所以引起负摩阻，是因为桩侧土体下沉大于桩的下沉。如图 11-3-34(a) 所示，桩周土与桩截面沉降的差值，随深度增加越来越小，当深度达到 l_n 时，两者无相对位移，此位置称作中性点。中性点以下，桩侧摩阻力向上，称作正摩阻；中性点以上，桩侧摩阻力向下，称作负摩阻。图 11-3-34(b) 显示的是桩周土和桩截面随深度变化的沉降规律。图 11-3-34(c) 为桩侧摩阻力分布曲线。图 11-3-34(d) 中，Q_n 为负摩阻力之和，也称下拉荷载；中性点处，桩身轴力达到最大值（$Q+Q_n$）；Q_s 为正摩阻力；桩端总阻力为 $Q+(Q_n-Q_s)$。

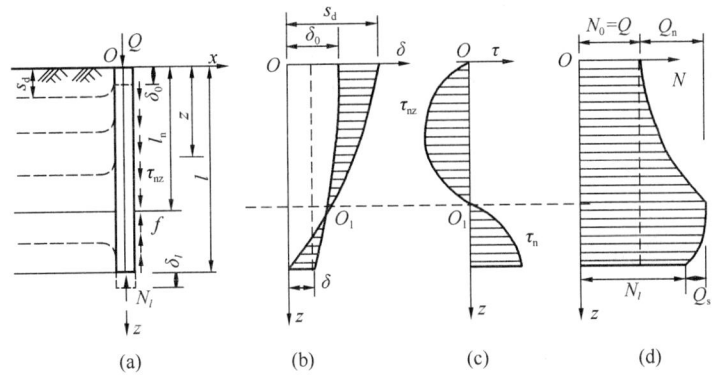

图 11-3-34　单桩的负摩阻力

5.4.2 条规定了何时应考虑负摩阻。

5.4.3 条规定，对于端承桩应考虑负摩阻形成的下拉荷载 Q_g^n，因此，应满足 $N_k + Q_g^n \leqslant R_a$。

Q_g^n 如何计算，在 5.4.4 条作出规定。5.4.4 条第 1 款给出第 i 层土负摩阻标准值（单位为 kPa 或 MPa），这些土层均是位于中性点以上；第 2 款将分布于桩周的摩阻标准值由"面荷载"转化为"集中力"。

R_a 只计中性点以下部分的侧阻力（端承桩还应包括端阻力）。

【例 11-3-6】某端承灌注桩桩径 1.0m，桩长 22m，桩周土性参数如图 11-3-35 所示。地面大面积堆载 $p = 60$kPa，桩周沉降变形土层下限深度 20m。要求按照《建筑桩基技术规范》JGJ 94—2008 计算下拉荷载标准值。

已知：中性点深度 $l_n/l_0 = 0.8$，黏土负摩阻系数 $\xi_n = 0.3$，粉质黏土负摩阻系数 $\xi_n = 0.4$，负摩阻力群桩效应系数 $\eta_n = 1.0$。

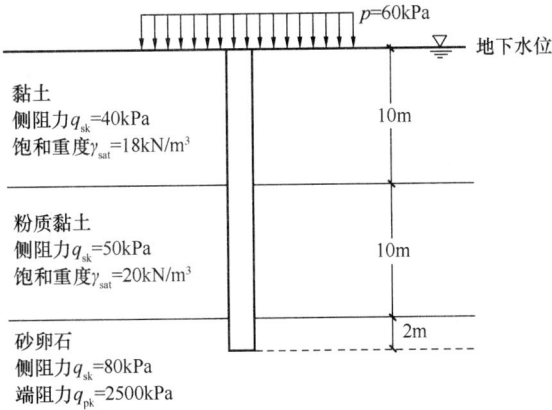

图 11-3-35　桩周土参数

解：$l_n = 0.8l_0 = 0.8 \times 20 = 16$m，因此，只需要对 $0 \sim -16$m 范围内土层计算。

$0 \sim -10$m 区段：

$$\sigma_1' = p + \sum_{e=1}^{i-1} \gamma_e \Delta z_e + \frac{1}{2} \gamma_i \Delta z_i = 60 + \frac{1}{2} \times (18 - 10) \times 10 = 100\text{kPa}$$

$$q_{s1}^n = \xi_n \sigma_1' = 0.3 \times 100 = 30\text{kPa} < q_{sk} = 40\text{kPa}, \text{取} \ q_{s1}^n = 30\text{kPa}$$

−10m~−16m 区段：

$$\sigma'_2 = p + \sum_{e=1}^{i-1} \gamma_e \Delta z_e + \frac{1}{2}\gamma_i \Delta z_i = 60 + (18-10)\times 10 + \frac{1}{2}\times(20-10)\times 6 = 170\text{kPa}$$

$$q_{s2}^{\text{n}} = \xi_n \sigma'_2 = 0.4\times 170 = 68\text{kPa} > q_{sk} = 50\text{kPa}, \text{取}\ q_{s2}^{\text{n}} = 50\text{kPa}$$

下拉荷载：

$$Q_g^{\text{n}} = \eta_n u \sum_{i=1}^{n} q_{si}^{\text{n}} l_i = 1.0\times 3.14\times 1.0\times(10\times 30 + 6\times 50) = 1884\text{kN}$$

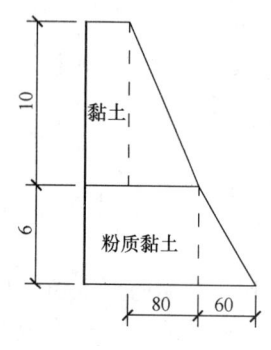

图 11-3-36　例题中的
土压力分布

下面结合本例题说明为什么计算 σ'_i 的公式中第 2 项没有 1/2 而第 3 项出现了 1/2。

对于本例题，16m 范围内土压力分布如图 11-3-36 所示。下拉荷载由侧壁的面积乘以负摩阻力得到，就是图中的面积乘以桩的周长，只不过分成 2 个土层分别计算，而且，图中每个土层的面积视为一个矩形和一个三角形的叠加。

显然，矩形面积对应的就是 σ'_i 公式中的第 2 项乘以该部分桩长，而三角形面积则对应于 σ'_i 公式中的第 3 项乘以该部分桩长。可见，由于三角形求面积有 1/2 才导致 σ'_i 公式第 3 项出现 1/2。

【Q11.3.47】对《桩规》的 5.4.3 条有以下疑问：

(1) 本条注释中说道："本条中基桩的竖向承载力特征值 R_a 只计中性点以下部分的侧阻及端阻值"，对于第 1 款的摩擦型基桩也如此处理吗？

(2) 对于端承型基桩，要求按照摩擦型基桩验算一次，再按照考虑下拉荷载的情况验算一次，若采用相同的 R_a，显然，满足公式 **(5.4.3-2)** 则必然满足公式 **(5.4.3-1)**，为什么规定用公式 **(5.4.3-1)** 验算？

【A11.3.47】此处是在 1994 年《桩规》5.2.15 条的基础上修改而成的，因此，结合此版本理解会更容易。原文如下：

5.2.15　桩周土沉降可能引起桩侧负摩阻力时，应根据工程具体情况考虑负摩阻力对桩基承载力和沉降的影响；当缺乏可参照的工程经验时，可按下列规定验算。

5.2.15.1　对于摩擦基桩取桩身计算中性点以上侧阻力为零，按下式验算基桩承载力：

$$\gamma_0 N \leqslant R \tag{5.2.15-1}$$

5.2.15.2　对于端承型基桩除应满足上式要求外，尚应考虑负摩阻力引起基桩的下拉荷载 Q_g^{n}（根据本规范第 5.2.16 条确定），按下式验算基桩的承载力：

$$\gamma_0 N + 1.27 Q_g^{\text{n}} \leqslant 1.6R \tag{5.2.15-2}$$

5.2.15.3　当土层不均匀或建筑物对不均匀沉降较敏感时，尚应将负摩阻力引起的下拉荷载计入附加荷载验算桩基沉降。

注：本条中的竖向承载力设计值 R 只计中性点以下部分侧阻值及端阻值。

可见，94 版的意思是，对于端承型基桩，按照不考虑下拉荷载验算一次，再按照考虑下拉荷载算一次，两次验算所采用的 R "只计中性点以下部分侧阻值及端阻值"，由于两个验算公式右侧的值不一样，所以，事先并不能知道哪个起控制作用，这在逻辑上是说得通的。

2008 版规范采用了与 1994 版规范相同的叙述方式，若仍按照这样操作，会发现，公式右侧由于是同一个 R_a，公式（5.4.3-2）必然起控制作用。所以，规范表达有误。经查，刘金砺等编著的《建筑桩基技术规范应用手册》一书中编入的规范文本与规范单行本一致。

作为权宜之计，暂时可以这样操作：对于端承型基桩，按照摩擦桩验算一次（不考虑下拉荷载，公式右侧也不计入端阻），再按照端承桩验算一次（左侧计入下拉荷载，右侧计入端阻）。

【Q11.3.48】《桩规》5.5.6 条、5.5.7 条规定了桩基沉降的计算方法，这里有几个疑问：

（1）5.5.6 条中的 p_{0j} 是取桩底的附加压力吗？

（2）为什么 5.5.7 条中的 p_0 是取承台底的附加压力？《地基规范》的 R.0.3 条明确指出应采用桩底平面处的附加压力。

（3）5.5.6 条、5.5.7 条中 z_n 的起算位置均为桩底吗？

【A11.3.48】对于问题（1）：

5.5.6 条中 p_{0j} 的取值，在深度上是取承台底这个位置（见本条的文字表达），但面积却是取桩承台的水平投影（如规范图 5.5.6 中的虚线所示），如果仅仅从图示理解，会产生错误认识。

对于问题（2）：

笔者认为，这属于对同一问题有不同的观点。按照《桩规》5.5.7 条的规定，这里的 p_0 应取承台底的附加压力。《地基规范》R.0.1 条～R.0.3 条是采用实体深基础法计算桩基沉降，用到的附加压力采用桩底平面处的附加压力。

《桩规》的条文说明对此给出了解释，即，《桩规》所采用的是方法（称作"等效作用分层总和法"）是对"实体深基础法"的改进。

对于问题（3）：

5.5.6 条中，桩端为等效作用面，z_n 自桩端（即桩底）起算。5.5.7 条中的 z_n 也是如此处理。

【Q11.3.49】《桩规》5.6.1 条（规范 56 页）中的承台面积控制系数 ξ 如何计算？我找不到公式。

【A11.3.49】笔者认为，该承台面积控制系数 ξ 直接按照 $\xi \geqslant 0.6$ 取值即可，不必计算。

【Q11.3.50】《桩规》5.7.2 第 4 款，单桩水平承载力特征值计算时，用到 W_0，对圆形截面，给出的公式为

$$W_0 = \frac{\pi d}{32} \left[d^2 + 2 \left(\alpha_E - 1 \right) \rho_g d_0^2 \right]$$

不理解该公式是如何得到的。

另外，在本条第 6 款，给出桩身换算截面惯性矩的公式为 $I_0 = W_0 d_0 / 2$，感觉也是比较特殊：因为我们一般都是先算出 I_0 再算 W_0。

【A11.3.50】笔者对该公式进行了推导，如下。

如图 11-3-37(a) 所示的圆形截面，桩直径为 d，纵筋围成的圆形，按外边缘考虑，

直径为 d_0。

计算钢筋引起的惯性矩时，将纵筋等效为"圆环"，分布于直径为 d_0 的圆周上，如图 11-3-37(b) 所示。全部换算截面的惯性矩包括 3 项：(1) $\pi d^2/4$ 圆形面积；(2) 面积为 $-\rho_{\mathrm{g}}\pi d^2/4$ 的圆环；(3) 面积为 $\alpha_{\mathrm{E}}\rho_{\mathrm{g}}\pi d^2/4$ 的圆环。(2)、(3) 项可以合并为面积为 $(\alpha_{\mathrm{E}}-1)\rho_{\mathrm{g}}\pi d^2/4$ 的圆环。

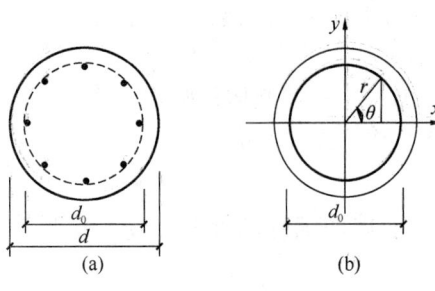

图 11-3-37　圆形桩纵向钢筋的等效

$\pi d^2/4$ 圆形面积对 x 轴引起的惯性矩为 $I_x=\dfrac{\pi d^4}{64}$。下面来看面积为 $(\alpha_{\mathrm{E}}-1)\rho_{\mathrm{g}}\pi d^2/4$ 的圆环对 x 轴引起的惯性矩如何计算。依据图 11-3-37(b) 并利用惯性矩定义可得

$$I_x=\int y^2\,\mathrm{d}A=\int_0^{2\pi}(r\sin\theta)^2\cdot rt\,\mathrm{d}\theta$$

由于 $(\alpha_{\mathrm{E}}-1)\rho_{\mathrm{g}}\pi d^2/4=2\pi rt$，$r=d_0/2$，而且，四个象限情况相同，因此，上式可以改写成

$$I_x=\int_0^{2\pi}\frac{d_0^2}{4}\frac{(\alpha_{\mathrm{E}}-1)\rho_{\mathrm{g}}d^2}{8}=\frac{(\alpha_{\mathrm{E}}-1)\rho_{\mathrm{g}}d^2 d_0^2}{8}\int_0^{\pi/2}\sin^2\theta\,\mathrm{d}\theta$$

而

$$\int_0^{\pi/2}\sin^2\theta\,\mathrm{d}\theta=\int_0^{\pi/2}\frac{1-\cos2\theta}{2}\,\mathrm{d}\theta=\int_0^{\pi}\left(\frac{1}{4}-\frac{\cos\alpha}{4}\right)\mathrm{d}\alpha=\frac{\pi}{4}$$

故面积为 $(\alpha_{\mathrm{E}}-1)\rho_{\mathrm{g}}\pi d^2/4$ 的圆环对 x 轴引起的惯性矩为

$$I_x=\frac{(\alpha_{\mathrm{E}}-1)\rho_{\mathrm{g}}\pi d^2 d_0^2}{32}$$

总的换算截面引起的对 x 轴的惯性矩为

$$I_x=\frac{\pi d^4}{64}+\frac{(\alpha_{\mathrm{E}}-1)\rho_{\mathrm{g}}\pi d^2 d_0^2}{32}=\frac{\pi d^2}{64}\left[d^2+2(\alpha_{\mathrm{E}}-1)\rho_{\mathrm{g}}\pi d_0^2\right]$$

将上式除以 $d/2$ 即为对截面受拉边缘的模量，也就是规范中的公式。

对于方形截面的情况，计算对 x 轴的惯性矩时，仍需要对钢筋进行连续化处理，如图 11-3-38所示。

对上下侧的"钢条"，使用移轴公式，可得

$$I_x=\frac{(\alpha_{\mathrm{E}}-1)\rho_{\mathrm{g}}b^2}{4}\times\left(\frac{b_0^2}{2}\right)\times 2=\frac{(\alpha_{\mathrm{E}}-1)\rho_{\mathrm{g}}b^2 b_0^2}{8}$$

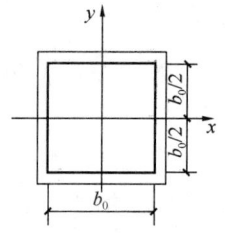

图 11-3-38　方形桩纵向钢筋的等效

对左右侧的"钢条"，则是

$$I_x=\frac{1}{12}\times\frac{(\alpha_{\mathrm{E}}-1)\rho_{\mathrm{g}}b^2}{4b_0}\times b_0^3\times 2=\frac{(\alpha_{\mathrm{E}}-1)\rho_{\mathrm{g}}b^2 b_0^2}{24}$$

故面积为 $(\alpha_E - 1)\rho_g b^2$ 的 "钢条" x 轴引起的惯性矩为

$$I_x = \frac{(\alpha_E - 1)\rho_g b^2 b_0^2}{8} + \frac{(\alpha_E - 1)\rho_g b^2 b_0^2}{24} = \frac{(\alpha_E - 1)\rho_g b^2 b_0^2}{6}$$

总的惯性矩为上式再加上 $b^4/12$。将其除以 $b/2$，就得到规范中的公式。

根据以上分析可知，《桩规》5.7.2 条第 6 款中给出的 $I_0 = W_0 d_0/2$，理论上应是 $I_0 = W_0 d/2$。

【Q11.3.51】《桩规》公式（5.7.3-3）给出了群桩效应的桩相互影响效应系数 η_i 的取值，按下式计算：

$$\eta_i = \frac{\left(\dfrac{s_a}{d}\right)^{0.015n_2 + 0.45}}{0.15n_1 + 0.10n_2 + 1.9}$$

该条条文说明指出，"桩的相互影响随桩距减小，桩数增加而增大…"。可是，从公式看，相互影响系数竟随桩距的增加而增大（s_a/d 越大，η_i 越大），二者似乎矛盾。公式中的系数是不是写颠倒了？

【A11.3.51】所谓"桩相互影响效应系数"可以认为是一个"折减系数"，即，由于桩与桩的相互影响，导致单桩水平承载力降低。

桩的相互影响随桩距减小，桩数增加而增大相互影响大，这种相互影响，简单举例如下：

情况 1 为由 1000kN 降为 300kN，情况 2 为由 1000 降为 700，这时，前者的影响大。而如果用折减系数表示，则分别是 0.3×1000、0.7×1000，即前者的折减系数小。

故，当群桩的 s_a/d 越小，影响越大，折减系数 η_i 应该越小，这是与公式（5.7.3-3）的规律相符的，没有矛盾。

需要注意，规范中经常出现的折减系数，由于以"折减系数×基准值"作为最后结果，因此其含义是折减后剩下多少而不是相对于基准值降低了多少。

【Q11.3.52】《桩规》5.7.5 第 1 款，文字表达为"桩的水平变形系数 α（$1/m$）"，这是什么意思？

【A11.3.52】经分析，"$1/m$"实际上是 α 的单位，因此，斜体的"m"应写成正体，表示"米"。分析过程如下：

该条规规定了水平变形系数的计算公式，为 $\alpha = \sqrt[5]{\dfrac{mb_0}{EI}}$，式中，$m$ 需要按照规范 64 页给出的表 5.7.5 确定，从表中可知，m 这一比例系数是有单位的，为"MN/m^4"。将 b_0 的单位"m"、E 的单位"MN/m^2"以及 I 的单位"m^4"代入该式，得到 α 的单位为"$1/m$"。

可见，使用规范的该公式时，一定要注意各个量值的单位，否则会出错。

【Q11.3.53】《桩规》72 页 5.9.2 条第 2 款提到，短向桩中心距与长向桩中心距之比 α 小于 0.5 时，应按变截面的二桩承台设计。何谓"变截面的二桩承台"？

【A11.3.53】本来为等腰三桩承台，当短向桩中心距与长向桩中心距之比小于 0.5 时，距离近的两根桩视为一根，从而成为"二桩承台"。所谓"变截面"，是说这个"二桩承台"的宽度是变化的（从俯视图可看到，宽度是变化的）。

【Q11.3.54】《桩规》5.9.7 条第 2 款给出了"受柱（墙）冲切"承载力验算公式，即

公式（5.9.7-1），它和第3款规定的公式（5.9.7-4）在使用时有何区别？

【A11.3.54】《桩规》的公式（5.9.7-1）为

$$F_l \leqslant \beta_{hp}\beta_0 u_m f_t h_0$$

这里给出的，是一个"基本公式"，即，避免桩基因受柱（墙）冲切破坏的"原则公式"。公式左边的荷载效应如何取值，公式右侧的结构抗力如何取值，均给出了说明。

只是，该公式右侧的 β_0、u_m 如何计算尚不够具体。

公式（5.9.7-4）以及公式（5.9.7-5）的作用，实际上是对 β_0、u_m 的进一步解释，使之更明确。

公式（5.9.7-4）用于柱下为独立承台的情况，如下：

$$F_l \leqslant 2[\beta_{0x}(b_c + a_{0y}) + \beta_{0y}(h_c + a_{0x})]\beta_{hp}f_t h_0$$

公式（5.9.7-5）用于柱下为阶形承台的情况，用于变阶处，如下：

$$F_l \leqslant 2[\beta_{1x}(b_1 + a_{1y}) + \beta_{1y}(h_1 + a_{1x})]\beta_{hp}f_t h_{10}$$

【Q11.3.55】《桩规》5.9.7条规定，a_{0x}、a_{0y} 分别为 x、y 方向柱边至最近桩边的水平距离，但是，从图5.9.7上看，图中标注的 a_{0y} 并不是最近距离，如何解释？

【A11.3.55】图5.9.7与文字的确存在不协调。只是，从概念上讲，由于柱与第二排、第三排桩距离如此之近，不会形成冲切锥体，因此，并不对该处进行计算。

【Q11.3.56】《桩规》5.9.8条中，对 a_{1x}、a_{1y} 的解释如下：

a_{1x}、a_{1y}——从承台底角桩顶内边缘引45°冲切线与承台顶面相交点至角桩内边缘的水平距离；当柱（墙）边或承台变阶处位于该45°线以内时，则取由柱（墙）边或承台变阶处与桩顶内边缘连线为冲切锥体的锥线。

其中的"45°线以内"，应怎么理解？

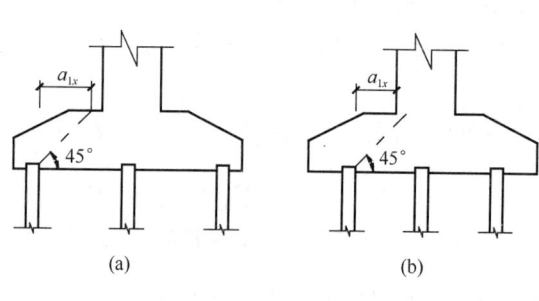

图11-3-39　承台的冲切

【A11.3.56】一般认为，冲切破坏锥体是沿45°斜面，因此，对于图11-3-39（a）的情况，破坏就是沿图中的45°线；而对于图11-3-39（b），由于45°线延伸至柱内部，所以，破坏只能是沿桩顶内侧与柱底的连线，即 a_{1x} 应按图中取值，这就是规范所说的"45°线以内"的情况。

【Q11.3.57】《桩规》5.9.10条与《地基规范》8.5.21条都是对柱下桩基独立承台斜截面承载力的验算，但是二者对 a_x、a_y 的规定却不同，如何理解？规范规定如下。

《桩规》5.9.10条：

a_x、a_y 为柱边（墙边）或承台变阶处至 y、x 方向计算一排桩的桩边的水平距离。

《地基规范》8.5.21条：

a_x、a_y 为柱边或承台变阶处至 x、y 方向计算一排桩的桩边的水平距离。

【A11.3.57】笔者认为，此处的斜截面承载力验算与钢筋混凝土梁的斜截面承载力验算是一样的道理，都是由于集中力作用而考虑了剪跨比的影响，二者对照，就不难理解此处的计算原理并正确取值。

具体到规范的文字表达，是这样的：通常，下角标中出现坐标轴 x、y 时，可能有两种含义，一是表示"绕" x、y 轴，例如，绕 x 轴的回转半径记作 i_x，绕 x 轴的弯矩记作 M_x；二是表示"沿" x、y 轴，例如，沿 x 轴的正应力记作 σ_x。规范此处表示距离，应是取第二种含义，据此可知，《地基规范》的表达合理。

不过，两本规范并未在图示中标注 x、y 轴，而从图上看，两本规范并无差别。这给我们以提示，尽量用图示而不是用文字来表达。

【Q11.3.58】《桩规》3.4.3 条第 1 款以及 5.4.8 条都提到了"大气影响急剧层"，这个概念规范中无解释。如何理解？

【A11.3.58】"大气影响急剧层"的概念在《膨胀土地区建筑技术规范》GB 50112—2013 中有规定。其 5.2.11～5.2.13 条规定如下：

5.2.11 土的湿度系数应根据当地 10 年以上土的含水量变化确定，无资料时，可根据当地有关气象资料按下式计算：

$$\psi_w = 1.152 - 0.726\alpha - 0.00107c$$

式中：α——当地 9 月至次年 2 月的月份蒸发力之和与全年蒸发力之比值（月平均气温小于 0℃ 的月份不统计在内）。我国部分地区蒸发力及降水量的参考值可按本规范附录 H 取值；

c——全年中干燥度大于 1.0 且月平均气温大于 0℃ 月份的蒸发力与降水量差值之总和（mm），干燥度为蒸发力与降水量之比值。

5.2.12 大气影响深度应由各气候区的深层变形观测或含水量观测及地温观测资料确定；无资料时，可按表 5.2.12 采用。

大气影响深度（m）   表 5.2.12

土的湿度系数 ψ_w	大气影响深度 d_a
0.6	5.0
0.7	4.0
0.8	3.5
0.9	3.0

5.2.13 大气影响急剧层深度，可按本规范表 5.2.12 中的大气影响深度值乘以 0.45 采用。

【Q11.3.59】《桩规》5.3.6 条所谓的"大直径桩"，是怎样的情况？

【A11.3.59】从桩规表 5.3.6-2 可知，以直径为 800mm 作为分界，超出该值视为"大直径"，需要对桩的承载力折减。

【Q11.3.60】《桩规》第 269 页（5.4.4 条条文说明）关于负摩阻群桩效应系数的推导过程，如何理解？

【A11.3.60】负摩阻本来是作用于桩的侧壁上的，单位长度上负摩阻为 πdq_s^n，但负摩阻的起因，是桩周土体的重量，是该重量使得桩被下拉，故可以用半径为 r_e 范围内的土体重量来表达，这就是 $\left(\pi r_e^2 - \dfrac{\pi d^2}{4}\right)\gamma_m$。

令 $\pi d q_s^n = \left(\pi r_e^2 - \dfrac{\pi d^2}{4}\right)\gamma_m$，可求得

$$r_e = \sqrt{\dfrac{dq_s^n}{\gamma_m} + \dfrac{d^2}{4}}$$

对于群桩，纵、横向的中心距分别记作 s_{ax}、s_{ay}，从属于一根桩的土体面积近似取为 $s_{ax}s_{ay}$。以各根桩的中心为圆心以 r_e 为半径画圆，可能出现两种情况：（1）圆与圆没有交点，如图 11-3-40(a) 所示，这表明，桩周用来提供重量的土体足够，负摩阻群桩效应不存在；（2）圆与圆有交点，如图 11-3-40(b) 所示，这表明，桩周用来提供重量的土体不够用，于是只能有多少算多少，以 $s_{ax}s_{ay}$ 除以这个圆的面积，得到一个小于 1 的比率，以此乘以单个桩的负摩阻用以考虑群桩效应，这个比率就是 η_n，写成公式形式：

$$\eta_n = \frac{s_{ax}s_{ay}}{\pi r_e^2} = \frac{s_{ax}s_{ay}}{\pi\left(\dfrac{dq_s^n}{\gamma_m} + \dfrac{d^2}{4}\right)} = \frac{s_{ax}s_{ay}}{\pi d\left(\dfrac{q_s^n}{\gamma_m} + \dfrac{d}{4}\right)} \leqslant 1.0$$

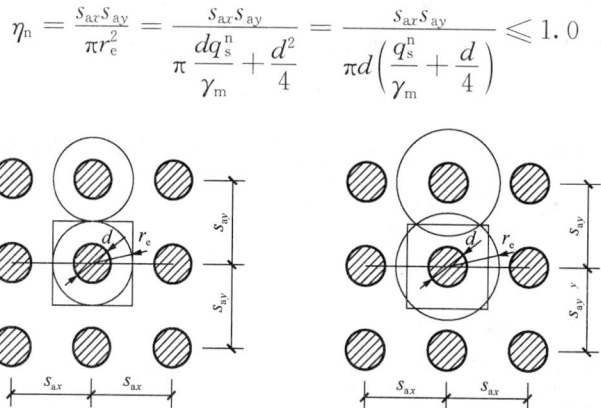

图 11-3-40　负摩阻群桩效应系数计算简图

【Q11.3.61】《地基处理规范》3.0.4 条指出，经处理后的地基，当按地基承载力确定基础底面积及埋深而需要对本规范规定的地基承载力特征值进行修正时，除大面积压实填土地基，基础宽度的地基承载力修正系数应取零，基础埋深的地基承载力修正系数应取 1.0。这是不是说，4.2.2 条中用到的 f_{az} 在利用《地基规范》公式 5.2.4 计算时，应取 $\eta_b = 0$，$\eta_d = 1.0$？我看到有些资料不是这样做的。

【A11.3.61】笔者认为，4.2.2 条中用到的 f_{az} 应取 $\eta_b = 0$，$\eta_d = 1.0$ 计算。

【Q11.3.62】对于换填垫层法，《地基处理规范》的 4.2.1 条规定应满足 $p_z + p_{cz} \leqslant f_{az}$，$p_{cz}$ 解释为 "垫层底面处土的自重压力值"，请问，p_{cz} 应按照换填前的土层计算还是换填后的土层计算？

【A11.3.62】笔者认为，这个问题可按下述理解：

（1）从概念上讲，"自重压力值" 应按照原状土层求得。高大钊《土力学与岩土工程师——岩土工程疑难问题答疑笔记整理之一》（人民交通出版社，2008）280 页在讲到 "自重压力值" 时指出："在附加应力和自重应力相加时，这个自重应力是表示土层的常驻应力，即在工程尚未施工时在该处已经存在的应力，与是否设置地下室没有任何关系，总

是从自然地面算起的"。

在《地基规范》的 5.2.7 条，计算软弱下卧层顶面处的附加压力值时，要用到基础底面的附加压力，即基底处外荷载与基础自重、基础上部土重引起的压力之和，减去基底处土的自重压力，公式表达为 $p_k - p_c$，p_c 按照原状土层的重度求得。

（2）规范此处如果严格按照自重压力的定义操作，会导致一个问题：当换填垫层材料的重度大于原土层重度时，会有额外的附加应力产生，而此部分"额外的附加应力"在公式中又找不到合适的位置添加进去。基于此，周景星等编写的《基础工程》（第 3 版，清华大学出版社，2016）在 232 页指出 p_{cz} 应按照垫层材料及垫层以上回填土料的容重计算。《注册土木工程师（岩土）执业资格考试专业考试复习教程》（第二版，人民交通出版社，2004）的 306 页，对 p_{cz} 的解释是"垫层底面处回填土和垫层的自重压力值"。

（3）需要提及的是，《全国注册岩土工程师专业考试模拟训练题集》（于海峰，华中科技大学出版社，2006）416 页给出的例题 2 以及 417 页给出的例题 3 均按照原状土计算 p_{cz}。但是，在 418 页对例题 3 的解释特别提到"该例题中垫层重度大于地基土重度，计算垫层底面处附加应力时应考虑其影响，另外，如果垫层顶面高于原地面，亦应考虑其附加荷载的影响"。

【Q11.3.63】《建筑地基处理规范》JGJ 79—2012 的 5.2.7 条，堆载预压地基的平均固结度计算时，查表 5.2.7 需要区分"竖向排水固结"和"向内径向排水固结"，二者如何区分？

【A11.3.63】由《地基处理手册（第三版）》（龚晓南）的 P79 知，理想井排水条件固结度计算时，当竖井为等边三角形排列时，一个井的有效排水范围为正六边形柱体，正方形排列时是正方形柱体。为简化起见，上述土柱用等面积的圆柱体来替代。如以圆柱坐标表示，设任意点（r，z）处的孔隙水压力为 u，则固结微分方程为

$$\frac{\partial u}{\partial t} = C_v \left(\frac{\partial^2 u}{\partial r^2} + \frac{1}{r} \cdot \frac{\partial u}{\partial r} + \frac{\partial^2 u}{\partial z^2} \right)$$

当水平向渗透系数 k_h 和竖向渗透系数 k_v 不等时，则上式可改写为

$$\frac{\partial u}{\partial t} = C_v \frac{\partial^2 u}{\partial z^2} + C_h \left(\frac{\partial^2 u}{\partial r^2} + \frac{1}{r} \cdot \frac{\partial u}{\partial r} \right)$$

根据边界条件，直接对于上式进行求解是困难的，A. B. Newman（1931）和 N. Garrillo（1942）已证明可以采用分离变量法求解，即上式可以分解为

$$\frac{\partial u_z}{\partial t} = C_v \frac{\partial^2 u}{\partial z^2}$$

$$\frac{\partial u_r}{\partial t} = C_h \left(\frac{\partial^2 u}{\partial r^2} + \frac{1}{r} \cdot \frac{\partial u}{\partial r} \right)$$

上式为竖向固结和径向固结两个微分方程，可根据边界条件得到竖向排水平均固结度（$\overline{U_z}$）和径向排水平均固结度（$\overline{U_r}$）。总的平均固结度按下式计算：

$$\overline{U_{rz}} = 1 - (1 - \overline{U_z})(1 - \overline{U_r})。$$

规范 5.2.7 条中，总的平均固结度记作 $\overline{U_t}$。通常，考虑竖向和径向两个方向的固结，即查表 5.2.7 的第 4 列。特殊情况，若仅考虑竖向或径向固结会在题目中说明。

【Q11.3.64】《地基处理规范》7.1.5 条给出了面积置换率的公式 $m = d^2/d_e^2$，等效直径 d_e 与桩孔中心距 s 的关系式：三角形布置时 $d_e = 1.05s$；正方形布置时 $d_e = 1.13s$，如何理解？

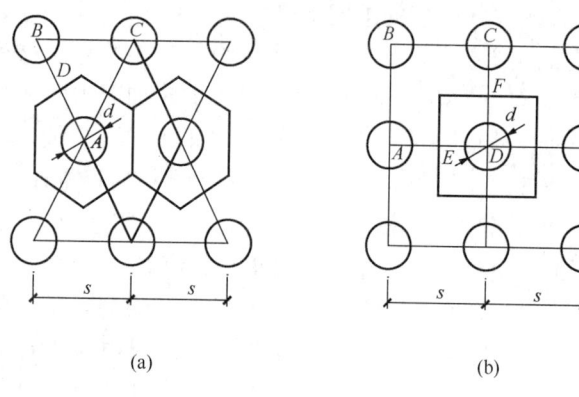

(a)　　　　　　　(b)

图 11-3-41　等效直径计算示意

【A11.3.64】在加固区域内，桩常常按等边三角形或正方形布置，如图 11-3-41 所示。所谓"面积置换率"，是指桩的截面面积与所分担处理的区域面积的比值。

对于图 11-3-41（a）的情况，每根桩所控制的区域为六角形，图中 D 点为 AB 连线的中点，该六边形的边长为 $2 \times \dfrac{s}{2}\tan 30° = \dfrac{\sqrt{3}}{3}s$。于是，该六边形的面积（规范中记作 A_e）为

$$A_e = 6 \times \frac{\dfrac{\sqrt{3}}{3}s \times \dfrac{s}{2}}{2} = \frac{\sqrt{3}}{2}s^2$$

可见，此时，有

$$s = \sqrt{\frac{2A_e}{\sqrt{3}}} = 1.08\sqrt{A_e}$$

由于桩截面一般为圆形，为了方便比较，将上式中的 A_e 表示为等效直径 d_e 的形式，则有

$$d_e = 1.05s$$

对于图 11-3-41(b) 的情况，用类似方法可解出 $s = \sqrt{A_e}$，记作 $d_e = 1.13s$。

需要指出的是，规范 7.9 节规定了多桩型复合地基的承载力特征值，其本质相当于"叠加"，因此，计算桩 1 的面积置换率时，可视为仅有桩 1（无视其他桩）存在。

当按照矩形布桩时，如图 11-3-42 所示，取图中虚线所围成的区域，可求得桩 1、桩 2 的置换率分别为

$$m_1 = \frac{2A_{p1}}{2s_1 \times 2s_2} = \frac{A_{p1}}{2s_1 s_2}$$

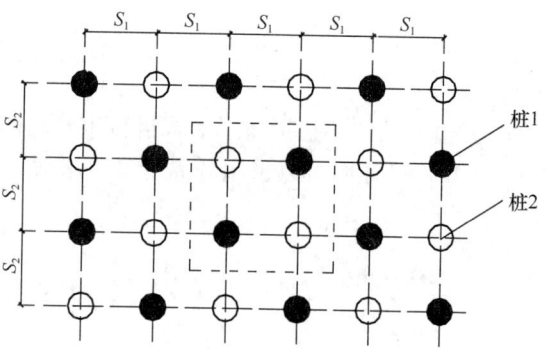

图 11-3-42　多桩型复合地基矩形布桩

$$m_2 = \frac{2A_{p2}}{2s_1 \times 2s_2} = \frac{A_{p2}}{2s_1 s_2}$$

注意，正是因为二者为叠加的关系，故以上计算时并未将分母取为虚线所围成区域的一半（尽管此区域有桩 1 和桩 2 两个类型）。

对于三角形布桩，如图 11-3-43 所示，规范指出，"三角形布桩且 $s_1 = s_2$ 时，$m_1 = \dfrac{A_{p1}}{2s_1^2}$，$m_2 = \dfrac{A_{p2}}{2s_1^2}$" 有误，应为 "三角形布桩且 $s_1 = s_2$ 时，$m_1 = \dfrac{A_{p1}}{s_1^2}$，$m_2 = \dfrac{A_{p2}}{s_1^2}$"，因为，图中虚线围成的面积为 $2s_1^2$，而桩 1、桩 2 均为 2 根。

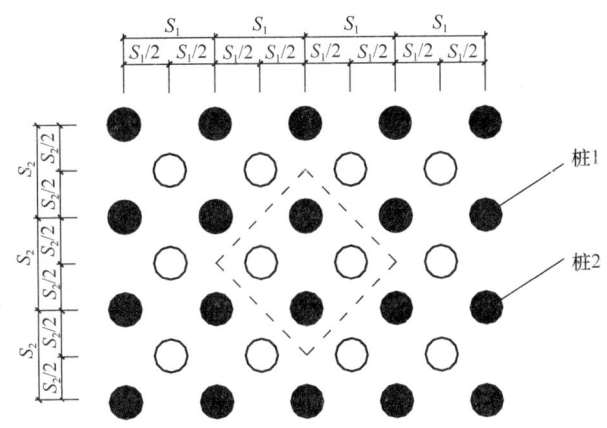

图 11-3-43　多桩型复合地基三角形布桩

【Q11.3.65】《地基处理规范》7.3.3 条第 3 款规定："桩端端阻力特征值，可取桩端土未修正的地基承载力特征值，并应满足式（7.3.3）的要求，应使由桩身材料强度确定的单桩承载力不小于由桩周土和桩端土的抗力所提供的单桩承载力"，似乎不通顺，如何理解？

【A11.3.65】结合 2002 版的《地基处理规范》，笔者认为，第 3 款表达的意思如下：

初步设计时，单桩竖向承载力特征值按照下式估算：

$$R_a = u_p \sum_{i=1}^{n} q_{si} l_{pi} + \alpha_p q_p A_p \tag{11-3-6}$$

式中，α_p 为桩端端阻力发挥系数，可取为 0.4～0.6；q_p 为桩端端阻力特征值，可取为桩端土未修正的地基承载力特征值 f_{ak}。

除此之外，单桩竖向承载力特征值还要按照桩身材料强度由下式算出：

$$R_a = \eta f_{cu} A_p \tag{11-3-7}$$

按式（11-3-7）求得的 R_a 应大于等于按式（11-3-6）求得的 R_a。

【Q11.3.66】《抗规》4.1.4 条是关于建筑场地覆盖层厚度的确定，有以下疑问：

(1) 该条共 4 款，应如何执行？下面的两种执行程序哪一个正确？覆盖层厚度记作 d。

① 先执行第 2 款。假如得到了 d，则不再执行第 1 款，直接执行第 3、4 款；假如未得到 d，则执行第 1 款，最后执行第 3、4 款。

② 同时执行第 1 款和第 2 款，取二者的较大者作为 d，然后执行第 3、4 款。

(2) 假如存在两个以上的中间土层满足第 2 款，那么如何确定场地覆盖层厚度 d？我认为是，场地覆盖层厚度 d 越大对抗震越不利，故取两者的较大者。

(3) "火山岩硬夹层"如何理解？我认为应既是"火山岩"又是"硬夹层"。钱晓倩《土木工程材料》中，把岩石分为岩浆岩（又称火成岩）、沉积岩、变质岩三种，岩浆岩又细分为深成岩、喷出岩、火山岩三种。"硬夹层"如何理解？是不是剪切波速大于 500m/s 才能算做"硬夹层"？

【A11.3.66】对于问题（1）：

首先执行第 2 款，看是否符合这一特殊情况，不符合则按照第 1 款（一般的情况）来考虑。注意，遇到剪切波速大于 500m/s 的情况，要区分这是由土层引起还是由孤石、透镜体引起（孤石、透镜体导致的剪切波速大于 500m/s 不被考虑）。

以上确定的建筑场地覆盖层厚度还要扣除其中的火山岩硬夹层厚度。

对于问题（2）：

不同意您的认识。笔者认为，应从地面向下逐个土层判断，遇到第一个符合条件的就停止。

对于问题（3）：

笔者尚未见到相关的资料。个人理解，这里的"火山岩"应该就是岩浆喷发所形成的"火成岩"。"硬夹层"应该没有剪切波速的要求。

【Q11.3.67】《抗规》4.3.3 第 3 款提到"上覆非液化土层厚度"。假定某土层由 4.3.3 条第 1～3 款判别，还是不能确定该土层是否液化，从而无法得到上覆非液化土层厚度，此时，是不是要根据 4.3.4 条判别？4.3.3 条为初步判断，4.3.4 条为细部判断，根据 4.3.4 条判别 4.3.3 第 3 款的"上覆非液化土层厚度"，又似乎不妥。这种情况如何处理？

【A11.3.67】我认为这里的关键并不是确定"上覆非液化土层厚度"，而是这样的思路：

通过 4.3.3 条初步判别是否液化，若液化，则利用 4.3.4 条、4.3.5 条确定液化等级，从而能够依据液化等级（轻微、中等、严重）采取对应措施。

【Q11.3.68】如何理解《抗规》4.3 节液化土和软土地基？另外，4.3.5 条中，对 W_i 的取值说的好像有点乱，如何理解才正确？

【A11.3.68】笔者认为应从以下几点把握：

（1）液化的概念。场地或地基内的松或较松饱和无黏性土和少黏性土受动力作用，体积有缩小的趋势，若土中水不能及时排出，就表现为孔隙水压力的升高。当孔隙水压力累积到等于土层的上覆压力时，粒间没有有效压力，土丧失抗剪强度，这时若稍微受剪切作用即发生黏滞性流动，称为"液化"。

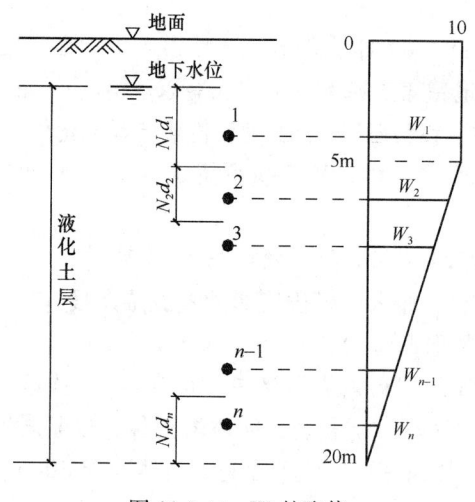

图 11-3-44　W_i 的取值

（2）规范 4.3.2 条规定，存在饱和砂土和粉土（不含黄土）的地基，除 6 度设防外，应进行液化判断。4.3.3 条为初判；4.3.4 条为细判；初判与细判均是针对土层柱状内一点，判定土层液化的危害程度要用 4.3.5 条；4.3.6 条给出抗液化措施；4.3.7、4.3.8 条给出措施的要求；4.3.9 条给出减轻液化影响的原则。

（3）4.3.5 条在计算液化指数时用到 W_i，W_i 为反映第 i 个液化土层层位影响的权函数。规范中 W_i 取值以文字叙述，不够简明，今参照周景星《基础工程》（第 3 版，清华大学出版社，2016）中的图示，将 W_i 的取值表示为图 11-3-44。另外注意，应取层厚中点处对应的权函数值。

下面给出一个计算液化指数的例题以加深理解，该算例来源于《建筑抗震设计规范算例》一书，原书依据 2001 版《抗规》解题，今重新按照 2010 版《抗规》解答。

某高层建筑，地上 24 层地下 2 层，基础埋深 7.0m，设防烈度为 8 度，设计地震分组为第一组，设计基本加速度 0.20g，工程场地近年高水位深度为 2.0m，地层岩性及野外原位测试和室内试验数据见表 11-3-11。

地层分布和标准贯入试验测试值　　　　　　　　表 11-3-11

岩土名称	地层深度(m)	标准贯入点中点深度(m)	标准锤击数 $N_{63.5}$	黏粒含量(%)
粉质黏土	3.0			
砂质粉土	7.5	3.5	7	6
		5.0	8	5
		6.5	8	6
细　砂	12.0	8.5	16	
		10.0	18	
		11.5	19	
粉　砂	19.0	12.5	19	
		14.0	20	
		15.5	21	
		17.5	21	
黏　土	20.0			

要求：(1)判断各土层是否液化；(2)计算液化层最大深度；(3)计算液化指数；(4)判断液化严重程度。

解：依据 2010 版《抗规》的 4.3.4 条解答，计算过程示于表 11-3-12。

土层液化判断与权函数 W_i　　　　　　　　表 11-3-12

层序号	1	2	3	4	5	6	7	8	9	10
d_s	3.5	5.0	6.5	8.5	10.0	11.5	12.5	14.0	15.5	17.5
标准贯入锤击数临界值 N_{cr}	7.34	9.70	10.09	16.20	17.42	18.51	19.17	20.09	20.92	21.94
标准贯入锤击数实测值 $N_{63.5}$	7	8	8	16	18	19	19	20	21	21
是否液化	液化				不液化		液化		不液化	液化
代表土层上界(m)	3.0	4.25	5.75	7.5	—	—	12.0	13.25	—	16.5
代表土层下界(m)	4.25	5.75	7.5	9.25	—	—	13.25	14.75	—	19
代表土层厚度(m)	1.25	1.5	1.75	1.75	—	—	1.25	1.5	—	2.5
代表土层中点深度(m)	3.625	5.0	6.625	8.375	—	—	12.625	14.0	—	17.75
W_i	10	10	8.92	7.75	—	—	4.92	4.00	—	1.50

计算过程说明：

（1）表中 N_{cr} 的计算公式为

$$N_{cr}=N_0\beta\left[\ln(0.6d_s+1.5)-0.1d_w\right]\sqrt{3/\rho_c}$$

式中，8 度(0.20g)，故取 $N_0=12$；地震分组为第一组，故 $\beta=0.8$；$d_w=2.0$。对于砂土，取 $\rho_c=3$。

（2）$N_{63.5}\leqslant N_{cr}$ 时判定为液化。

（3）对于土层 1，其代表土层上界为 3.0m，代表土层下界为 $3.5+(5.0-3.5)/2=$ 4.25m，代表土层厚度为 $4.25-3.0=1.25$m，代表土层中点深度为 $3.0+1.25/2=$ 3.625m。其余土层相应数值可以据此类推。

（4）权函数 W_i 按下式计算：

$$d_s'\leqslant5\ 时，W_i=10；5<d_s'\leqslant20\ 时，W_i=\frac{10}{20-5}\times(20-d_s')=\frac{2\times(20-d_s')}{3}。$$

式中，d_s' 为土层厚度中点的深度。

根据表中"是否液化"一行可见，液化层为地面至黏土层顶面，故液化层最大深度为 19m。

液化指数为

$$I_{lE}=\sum_{i=1}^n\left(1-\frac{N_i}{N_{cri}}\right)d_iW_i$$

$$=\left[\left(1-\frac{7}{7.34}\right)\times1.25\times10\right]+\left[\left(1-\frac{8}{9.70}\right)\times1.5\times10\right]+\left[\left(1-\frac{8}{10.09}\right)\times1.75\times8.92\right]+$$

$$\left[\left(1-\frac{16}{16.20}\right)\times1.75\times7.75\right]+\left[\left(1-\frac{19}{19.17}\right)\times1.25\times4.92\right]+\left[\left(1-\frac{20}{20.09}\right)\times1.5\times4.0\right]+$$

$$\left[\left(1-\frac{21}{21.94}\right)\times2.5\times1.50\right]$$

$$=6.85$$

依据《抗规》的表 4.3.5，$6<I_{lE}=6.85<18$，应判定为中等液化。

【Q11.3.69】《抗规》4.4.2 条第 2 款中提到"可由承台正面填土与桩共同承担水平地震作用"，是指《桩规》5.2.5 条考虑承台效应的复合基桩竖向承载力特征值计算公式?

【A11.3.69】由于是承受水平地震作用，所以，应是依据《桩规》附录 C 计算。

【Q11.3.70】《地基基础》附录 E 给出了 n 组三轴压缩试验结果某一个指标的标准差计算公式，如下：

$$\sigma=\sqrt{\frac{\sum_{i=1}^n\mu_i^2-n\mu^2}{n-1}}$$

然而，在数学上，标准差的计算公式是

$$\sigma=\sqrt{\frac{\sum_{i=1}^n(x_i-\bar{x})^2}{n-1}}$$

如何理解?

【A11.3.70】可以取一组数据来比较。

假定这组数据为 1~10 共 10 个数值，则平均值为 5.5，由《地基规范》给出的公式计算，得到 $\sigma = 3.0277$，用数学上的公式计算，得到 $\sigma = 3.0277$，二者相等。

实际上，可以做以下推导：

$$
\begin{aligned}
\sum_{i=1}^{n} (x_i - \overline{x})^2 &= \sum_{i=1}^{n} (x_i^2 - 2x_i\overline{x} + \overline{x}^2) \\
&= \sum_{i=1}^{n} x_i^2 - 2\sum x_i\overline{x} + n\overline{x}^2 \\
&= \sum_{i=1}^{n} x_i^2 - 2n\overline{x}\,\overline{x} + n\overline{x}^2 \\
&= \sum_{i=1}^{n} x_i^2 - n\,\overline{x}^2
\end{aligned}
$$

可见，两种写法本质上是相同的。

【Q11.3.71】《既有建筑地基基础加固技术规范》JGJ 123—2012 的 5.2.8 条条文说明中的表 2，看不懂，请解释。

【A11.3.71】该表格意在表达新增加的荷载由桩与土共同承担，桩新增加荷载与土新增加的荷载二者的比值，就是"桩土分担荷载比"。

今以表中荷载为"240"一列加以说明。荷载增加 40kN，桩承担其中的 18.5kN，土承担 40－18.5＝21.5kN，桩与土分担的荷载比值为 18.5/21.5＝0.86。

故，现在表中的"桩土分担荷载比（kN）"应为"桩、土分担荷载比"

12 高层建筑结构

12.1 试题

题 1~4

某城市郊区有一 30 层的一般钢筋混凝土高层建筑，如图 12-1-1 所示。地面以上高度为 100m，迎风面宽度为 25m，按 50 年重现期的风压值为 0.50kN/m²，按 100 年重现期的风压值为 0.55kN/m²，风荷载体型系数为 1.3。

1. 假定结构基本自振周期 $T_1 = 1.8s$，试问，当用于承载力设计时，高度 80m 处的风振系数，与下列何项数值最为接近？

A. 1.276   B. 1.315

C. 1.381   D. 1.441

2. 试问，高度 100m 处幕墙的风荷载标准值（kN/m²），与下列何项数值最为接近？

A. 1.60   B. 1.80

C. 1.98   D. 2.50

3. 假定作用于 100m 高度处的风荷载标准值 $w_k = 2.0kN/m^2$，又已知突出屋面小塔楼的风剪力标准值 $\Delta P_n = 500kN$ 及弯矩标准值 $\Delta M_n = 2000kN \cdot m$ 作用于 100m 高度的屋面处。设风压沿高度的变化为倒三角形（地面处为零）。试问，在地面（$z = 0$）处，风荷载产生的倾覆力矩的设计值（kN·m），与下列何项数值最为接近？

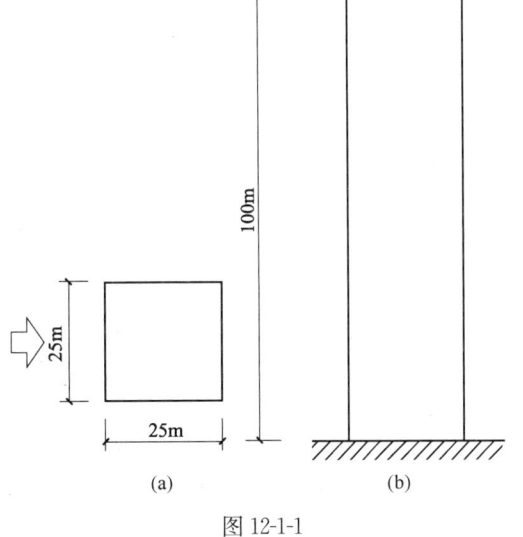

图 12-1-1

(a)建筑平面图；(b)建筑立面图

A. 1.23×10^5 B. 2.19×10^5

C. 3.06×10^5 D. 3.28×10^5

4. 若该建筑物位于高度为 45m 的山坡顶部，如图 12-1-2 所示，试问，建筑顶面 D 处的风压高度变化系数 μ_z，与下列何项数值最为接近？

A. 1.997   B. 2.290

C. 2.351   D. 2.616

题 5~8

某 6 层框架结构，如图 12-1-3 所示。抗震设防烈度为 8 度，设计基本地震加速度为 0.20g，设计地震分组为第二组，场地类别为 Ⅲ类。集中在屋盖和楼盖处的重力荷载代表值

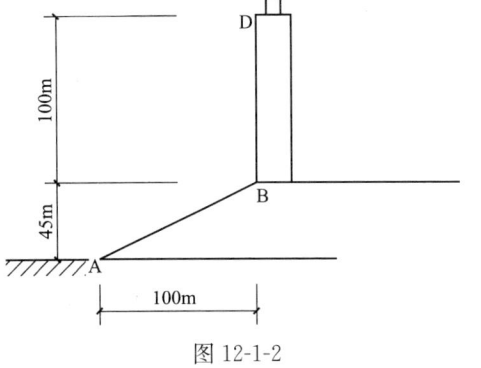

图 12-1-2

为 $G_6 = 4800\text{kN}$，$G_{2\sim5} = 6000\text{kN}$，$G_1 = 7000\text{kN}$。采用底部剪力法计算。

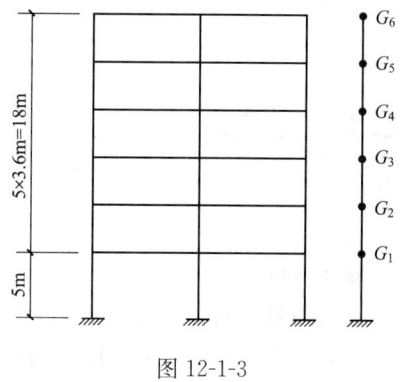

图 12-1-3

5. 假定结构基本自振周期 $T_1 = 0.7\text{s}$，结构阻尼比 $\zeta = 0.05$，试问，结构总水平地震作用标准值 F_{Ek} (kN)，与下列何项数值最为接近？

A. 2492　　　　　　　　B. 3271

C. 3919　　　　　　　　D. 4555

6. 若该框架为钢筋混凝土结构，结构的基本自振周期 $T_1 = 0.8\text{s}$，总水平地震作用标准值 $F_{Ek} = 3475\text{kN}$，试问，作用于顶部附加水平地震作用 ΔF_6 (kN)，与下列何项数值最为接近？

A. 153　　　　　B. 257　　　　　C. 466　　　　　D. 525

7. 若已知总水平地震作用标准值 $F_{Ek} = 3126\text{kN}$，顶部附加水平地震作用 $\Delta F_6 = 256\text{kN}$。试问，作用于 G_5 处的地震作用标准值 F_5 (kN)，与下列何项数值最为接近？

A. 565　　　　　B. 694　　　　　C. 466　　　　　D. 525

8. 若该框架为钢结构，结构的基本自振周期 $T_1 = 1.2\text{s}$，结构阻尼比 $\zeta = 0.035$，其他数据不变。试问，结构总水平地震作用标准值 F_{Ek} (kN)，与下列何项数值最为接近？

A. 2410　　　　　B. 2610　　　　　C. 2840　　　　　D. 3140

题 9~12

某钢筋混凝土高层框架结构，如图 12-1-4 所示，抗震等级为二级，底部一二层梁截面高度为 0.6m，柱截面 0.6m×0.6m。已知在重力荷载和地震作用组合下，内力调整前节点 B 和柱 DB、梁 BC 的弯矩设计值（kN）如图 12-1-4 所示。柱 DB 的轴压比为 0.75。

提示：依据《高层建筑混凝土结构技术规程》JGJ 3—2010 作答。

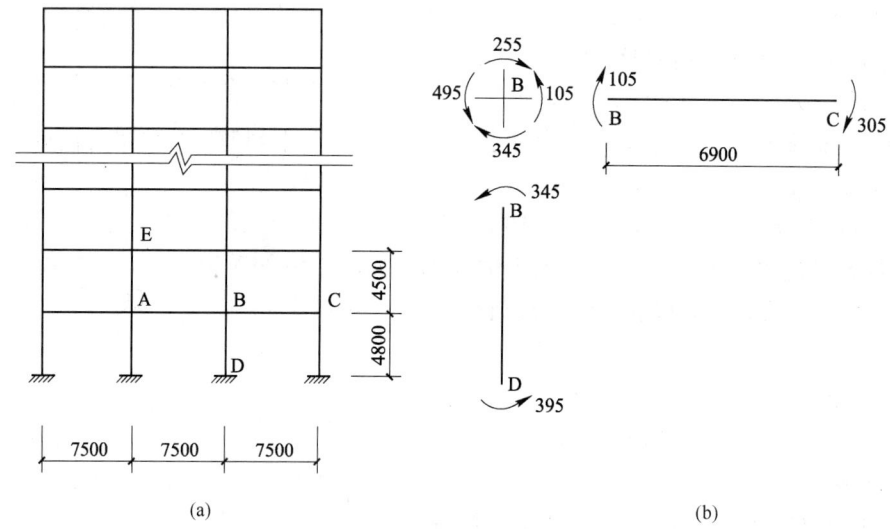

(a)　　　　　　　　　　　　　　　　　　(b)

图 12-1-4

9. 试问，抗震设计时，柱 DB 柱端 B 的弯矩设计值（kN），与下列何项数值最为接近？

A. 345　　　　　B. 360　　　　　C. 414　　　　　D. 518

10. 假定柱 AE 在重力荷载和地震作用组合下，柱上、下端的弯矩设计值分别为 $M_c^t = 298\text{kN} \cdot \text{m}$（↻），$M_c^b = 306\text{kN} \cdot \text{m}$（↻）。试问，抗震设计时，柱 AE 端部截面的剪力设计值（kN），与下列何项数值最为接近？

  A. 161   B. 171   C. 186   D. 201

11. 假定框架梁 BC 在考虑地震作用组合的重力荷载代表值作用下，按简支梁分析的梁端截面剪力设计值 $V_{Gb} = 135\text{kN}$。试问，该框架梁端部截面组合的剪力设计值（kN），与下列何项数值最为接近？

  A. 194   B. 200   C. 206   D. 212

12. 假定框架梁的混凝土强度等级为 C40，梁箍筋采用 HPB300 级钢筋。试问，沿梁全长箍筋的面积配筋百分率 ρ_{sv}（%）的下限值，与下列何项数值最为接近？

  A. 0.177   B. 0.212   C. 0.228   D. 0.244

题 13　某 20 层的钢筋混凝土框架—剪力墙结构，总高为 75m，第 1 层的重力荷载设计值为 7300kN，第 2～19 层为 6500kN，第 20 层为 5100kN。试问，当结构主轴方向的弹性等效侧向刚度（$\times 10^6 \text{kN} \cdot \text{m}^2$）的最低值满足下列何项数值时，在水平作用下，可不考虑重力二阶效应的不利影响？

  A. 1019   B. 1638   C. 1966   D. 2359

题 14　在正常使用条件下的下列结构中，以下何者对于层间最大位移与层高之比限值的要求最严格？

  A. 高度为 70m 的框架结构   B. 高度为 180m 的剪力墙结构

  C. 高度为 160m 的框架核心筒结构   D. 高度为 175m 的筒中筒结构

题 15　某住宅建筑为地下 2 层、地上 26 层的含有部分框支剪力墙的剪力墙结构，总高 95.4m，一层层高为 5.4m，其余各层层高为 3.6m，转换梁顶面标高为 5.400，剪力墙抗震等级为二级。试问，剪力墙的约束边缘构件至少应做到下列何层楼面处为止？

  A. 二层楼面，即标高 5.100 处   B. 三层楼面，即标高 9.000 处

  C. 四层楼面，即标高 12.600 处   D. 五层楼面，即标高 16.200 处

题 16～18

有密集建筑群的城市市区中的某建筑，地上 28 层，地下 1 层，为一般框架-核心筒混凝土高层，抗震设防烈度为 7 级，该建筑质量沿高度比较均匀，平面为切角正三角形，如图 12-1-5 所示。

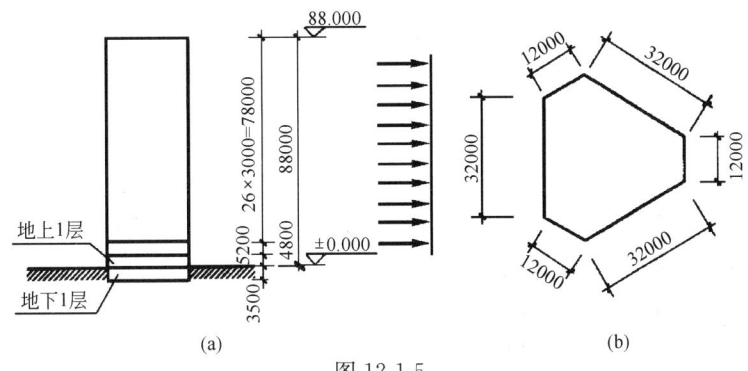

图 12-1-5
(a)建筑立面示意图；(b)建筑平面示意图

16. 风荷载作用方向见图 12-1-5，风荷载 q_k 沿高度呈倒三角分布，$q_k = \sum(\mu_{si}B_i)\beta_z\mu_z w_0$，式中 i 为 6 个风荷载作用面的序号，B 为每个面宽度在风荷载作用方向的投影。试问，$\sum(\mu_{si}B_i)$ 值（m）与下列何值最为接近？

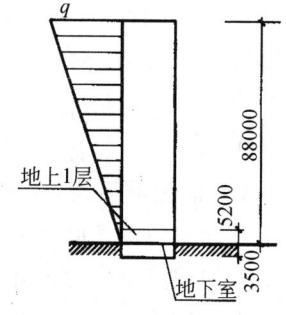

图 12-1-6

提示：按《建筑结构荷载规范》GB 50009—2012 作答。

A. 36.8　　　　　　　　　　B. 42.2

C. 57.2　　　　　　　　　　D. 52.8

17. 假定风荷载沿高度呈倒三角分布，地面处为零，屋顶处风荷载设计值 $q=134.7$kN/m，如图 12-1-6 所示，地下室混凝土剪变模量与折算受剪截面面积乘积 $G_0A_0=19.76\times10^6$kN，地上一层 $G_1A_1=17.176\times10^6$kN。试问，风荷载在该建筑物结构计算模型的嵌固端处产生的倾覆力矩设计值（kN·m），与下列何项数值最为接近？

提示：侧向刚度比可近似按楼层等效剪切刚度比计算。

A. 260779　　　B. 347706　　　C. 368449　　　D. 389708

18. 假定外围框架结构的部分柱在底层不连续，形成带转换层的结构，且该建筑的结构计算模型底部的嵌固端在±0.000 处。试问，剪力墙底部需加强部位的高度（m），与下列何项数值最为接近？

A. 5.2　　　　B. 10　　　　C. 11　　　　D. 13

题 19～21

某 18 层一般现浇钢筋混凝土框架结构，环境类别为一类，抗震等级为二级，框架局部梁柱配筋见图 12-1-7。梁、柱混凝土等级均采用 C30，钢筋采用 HRB335（Φ）、HPB300（Φ）。

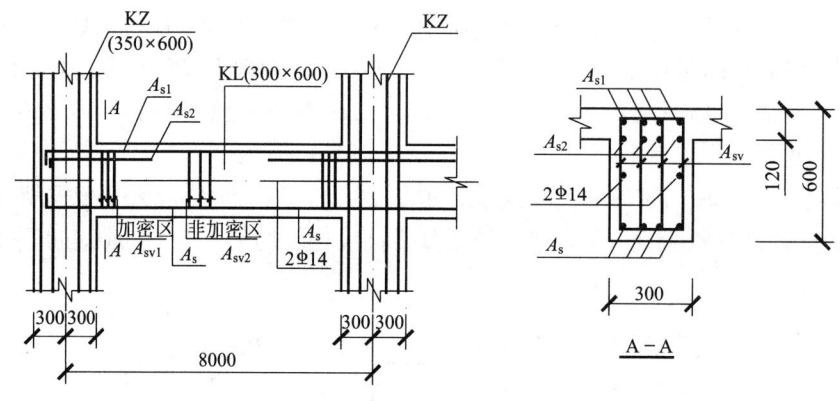

图 12-1-7

19. 关于梁端纵向钢筋的设置，试问，下列何组配筋符合相关规定要求？

提示：不要求验算计入受压筋作用的梁端截面混凝土受压区高度与有效高度之比。

A. $A_{s1}=A_{s2}=4\,\Phi\,25$，$A_s=4\,\Phi\,20$

B. $A_{s1}=A_{s2}=4\,\Phi\,25$，$A_s=4\,\Phi\,18$

C. $A_{s1}=A_{s2}=4\,\Phi\,25$，$A_s=4\,\Phi\,16$

D. $A_{s1}=A_{s2}=4\,\Phi\,28$，$A_s=4\,\Phi\,28$

20. 假设梁端上部纵筋为 8 Φ 25，下部为 4 Φ 25，试问，关于箍筋设置，以下何组最接近规范、规程的要求？

A. $A_{sv1}=4\,\Phi\,10@100$，$A_{sv2}=4\,\Phi\,10@200$

B. $A_{sv1}=4\,\Phi\,10@150$，$A_{sv2}=4\,\Phi\,10@200$

C. $A_{sv1}=4\,\Phi\,8@100$，$A_{sv2}=4\,\Phi\,8@200$

D. $A_{sv1}=4\,\Phi\,8@150$，$A_{sv2}=4\,\Phi\,8@200$

21. 假设该建筑物在Ⅳ类场地，其角柱纵向钢筋配置如图 12-1-8 所示。试问，当该柱考虑地震组合下产生小偏心受拉时，下列在柱中配置的纵向钢筋，何项满足规范、规程的最低要求且最经济？

A. 10 Φ 14　　　　　　　　　　B. 10 Φ 16

C. 10 Φ 18　　　　　　　　　　D. 10 Φ 20

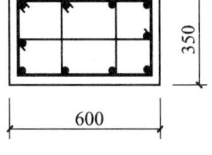

图 12-1-8

题 22～24

某 11 层住宅，钢框架结构，质量、刚度沿高度基本均匀，各层层高如图 12-1-9 所示，抗震设防烈度为 7 度（0.10g），场地类别为Ⅱ类，设计地震分组为第二组。

提示：按《建筑抗震设计规范》GB 50011—2010 答题。

22. 假定已经求得水平地震影响系数 $\alpha_1=0.034$，并已知屋面恒荷载标准值为 4300kN，等效活荷载标准值为 480kN，雪荷载标准值为 160kN；各层楼盖处恒荷载标准值为 4100kN，等效活荷载标准值为 550kN。试问，按底部剪力法得到的结构总水平地震作用标准值 F_{Ek}（kN），与下列何项数值最为接近？

A. 1690　　　　　　　B. 1590

C. 1490　　　　　　　D. 1390

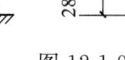

图 12-1-9

23. 假定屋盖和楼盖处重力荷载代表值均为 G，与结构总水平地震作用等效的底部剪力标准值 $F_{Ek}=10000$kN，基本自振周期 $T_1=1.1$s，试问，屋顶总水平地震作用标准值（kN），与下列何项数值最为接近？

A. 3000　　　　　B. 2480　　　　　C. 1600　　　　　D. 1400

24. 假定框架钢材采用 Q345，某梁柱节点构造如图 12-1-10 所示，试问，柱在节点域满足规程要求的腹板最小厚度 t_w（mm），与下列何项数值最为接近？

A. 10　　　　　　　B. 12　　　　　　　C. 16　　　　　　　D. 18

题 25 某 18 层钢筋混凝土框架-剪力墙结构，房屋高度为 58m，7 度设防，丙类建筑，场地Ⅱ类。试问，下列关于框架、剪力墙抗震等级的确定，其中何项正确？

A. 框架三级，剪力墙二级　　　　　B. 框架三级，剪力墙三级

C. 框架二级，剪力墙二级　　　　　D. 无法确定

题 26 钢筋混凝土框架结构，一类环境，抗震等级为二级，混凝土为 C30，中间层中间节点配筋如图 12-1-11 所示。试问，下列何项梁截面纵筋布置符合有关规范、规程的要求？

A. 3 Φ 25　　　　　　　　　　B. 3 Φ 22

C. 3 Φ 20　　　　　　　　　　D. 以上三种均符合要求

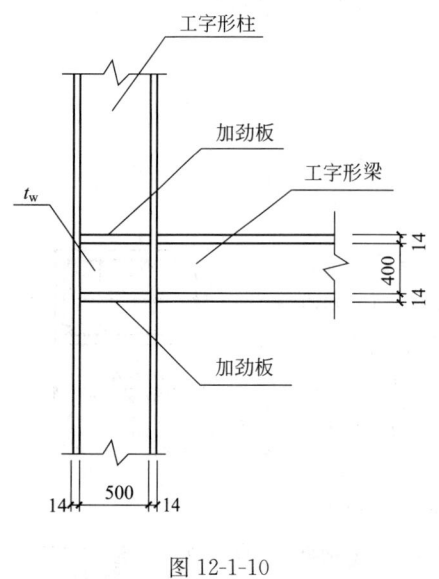

图 12-1-10

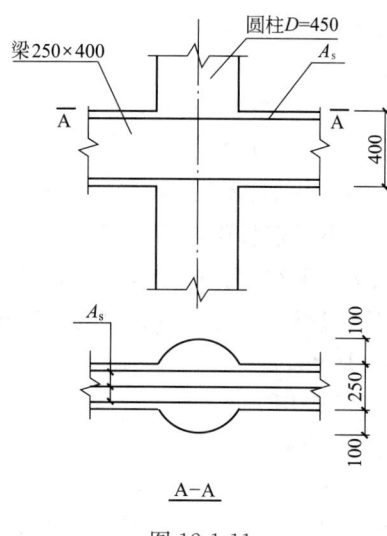

A—A

图 12-1-11

题 27 某钢筋混凝土烟囱,如图 12-1-12 所示,设防烈度为 8 度,设计基本地震加速度为 0.2g,设计地震分组为第一组,场地类别为 Ⅱ 类。试问,对应于烟囱基本自振周期的水平地震影响系数,与下列何项数值最为接近?

A. 0.059   B. 0.051   C. 0.047   D. 0.035

题 28 假设某一字形剪力墙如图 12-1-13 所示,层高 5m,C35 混凝土,顶部作用的垂直荷载设计值 $q=3400$kN/m,试问,满足墙体稳定所需的厚度 t (mm),与下列何项数值最为接近?

A. 250   B. 300   C. 350   D. 400

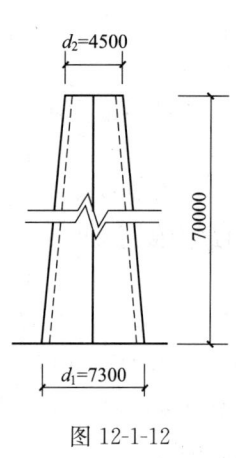

图 12-1-12

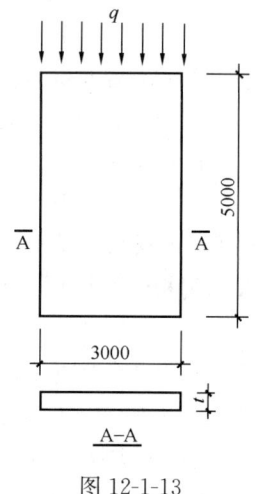

A—A

图 12-1-13

题 29~33

某大底盘单塔楼高层建筑,主楼为钢筋混凝土框架-核心筒,与主楼连为整体的裙楼为混凝土框架结构,如图 12-1-14 所示;本地区抗震设防烈度为 7 度,建筑场地为 Ⅱ 类。

29. 假定裙房的面积、刚度相对于其上部塔楼的面积和刚度较大时,试问,该房屋主楼的高宽比取值,应最接近于下列何项数值?

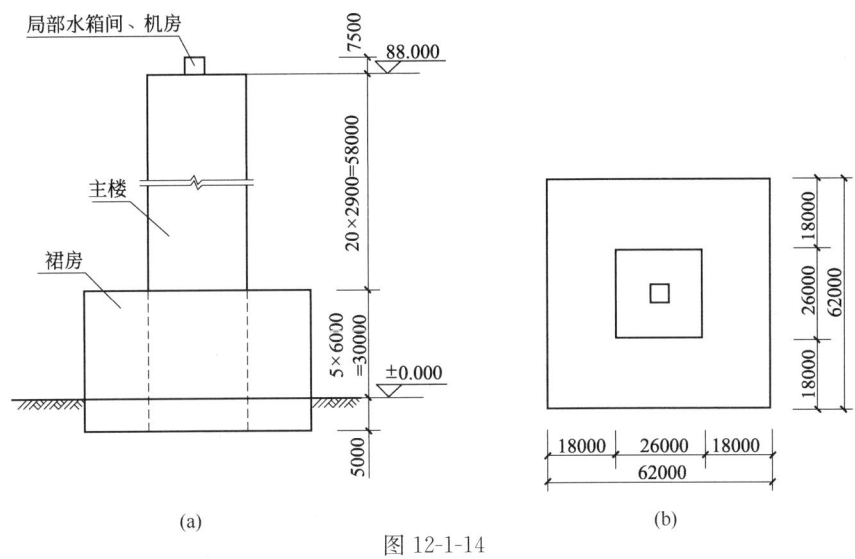

图 12-1-14

(a)建筑立面示意图；(b)建筑平面示意图

A. 1.4　　　　　　B. 2.2　　　　　　C. 3.4　　　　　　D. 3.7

30. 假定该房屋为乙类建筑，试问，裙房框架结构相关范围用于抗震措施的抗震等级，应如下列何项所示？

A. 一级　　　　　B. 二级　　　　　C. 三级　　　　　D. 四级

31. 假定该建筑的抗震设防类别为丙类，第 13 层（标高为 50.3～53.2m）采用的混凝土强度等级为 C30，钢筋采用 HRB335（Φ）及 HPB300（Φ），核心筒角部边缘构件需配置纵向钢筋的范围内配置 12 根等直径的纵向钢筋，如图 12-1-15 所示。试问，下列何项纵向配筋最接近且符合规程中的构造要求？

A. 12 Φ 12　　　　B. 12 Φ 14　　　　C. 12 Φ 16　　　　D. 12 Φ 18

32. 假定该建筑 5 层以上为普通住宅，1～5 层均为商场，其营业面积为 12000m²；裙房为现浇框架，混凝土强度等级为 C35，钢筋采用 HRB400（Φ）及 HPB300（Φ），裙房中的中柱纵向钢筋的配置如图 12-1-16 所示。试问，当等直径纵向钢筋为 12 根时，其配置为下列何项数值时，才满足且最接近规程中对全截面纵筋的构造要求？

提示：该中柱处于主楼的相关范围内。

A. 12 Φ 14　　　　B. 12 Φ 16　　　　C. 12 Φ 18　　　　D. 12 Φ 20

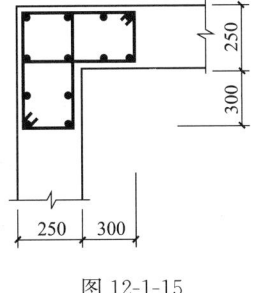

图 12-1-15

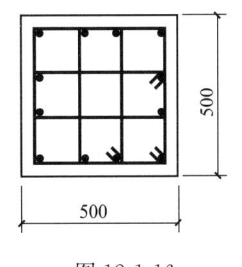

图 12-1-16

33. 条件同上题，柱配筋方式见图 12-1-16。假定柱剪跨比 $\lambda > 2$，柱轴压比为 0.70；

纵向钢筋为 12 Φ 22，混凝土保护层厚度 $c=30$mm。试问，柱加密区配置的复合箍筋直径、间距应为下列何项数值时，才最满足规程中的构造要求？

    A. Φ 8@100   B. Φ 10@100   C. Φ 12@100   D. Φ 14@100

题 34 某框架结构，抗震等级为一级，混凝土强度等级为 C30，钢筋采用 HRB335（Φ）及 HPB300（Φ）。框架梁 $h_0=340$mm，其局部配筋如图 12-1-17 所示。根据梁截面底面和顶面纵向钢筋截面面积的比值及截面受压区高度，试问，下列梁端纵向钢筋的配置何项是正确的？

    A. $A_{s1}=3\Phi 25$，$A_{s2}=2\Phi 25$ B. $A_{s1}=3\Phi 25$，$A_{s2}=2\Phi 20$

    C. $A_{s1}=A_{s2}=3\Phi 22$ D. 前三项均非正确配置

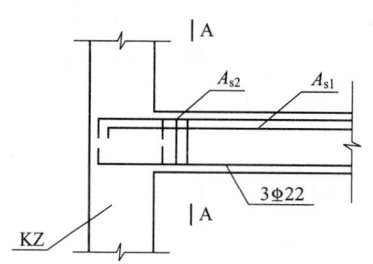 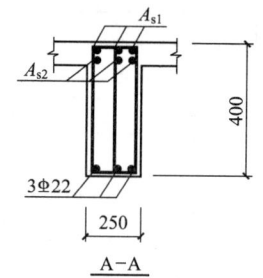

图 12-1-17

题 35～36

某 6 层钢筋混凝土框架结构，其计算简图如图 12-1-18 所示，边跨梁、中间跨梁、边柱及中柱各自的线刚度，依次分别为 i_{b1}、i_{b2}、i_{c1}、i_{c2}（单位为 10^{10}N·mm），且在各层之间不变。

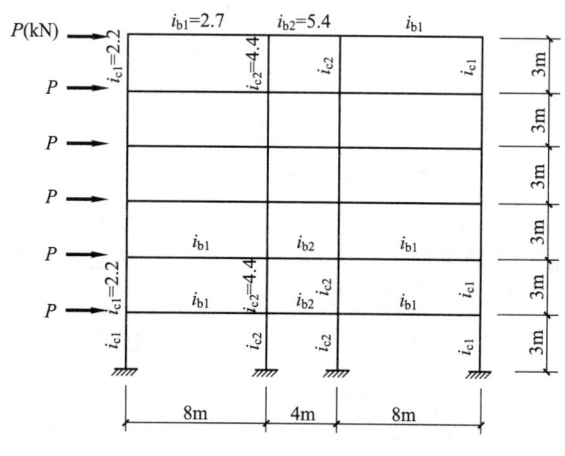

图 12-1-18

35. 采用 D 值法计算在图示水平荷载作用下的框架内力。假定 2 层中柱的侧移刚度（抗推刚度）$D_{2中}=2.108\times\dfrac{12\times 10^7}{h^2}$（单位：kN/mm，$h$ 为楼层层高），且已求出用于确定 2 层边柱侧移刚度 $D_{2边}$ 的刚度修正系数 $\alpha_{2边}=0.38$。试问，第 2 层每个边柱分配的剪力 $V_{边}$（kN），与下列何项数值最为接近？

    A. $0.7P$ B. $1.4P$ C. $1.9P$ D. $2.8P$

36. 用 D 值法计算在水平荷载作用下的框架侧移。假定在图示水平荷载作用下，顶层

的层间相对侧移值 $\Delta_6 = 0.0127P$ (mm)，又已求得底层侧移总刚度 $\sum D_1 = 102.84$ (kN/mm)。试问，在图示水平荷载作用下，顶层（屋顶）的绝对侧移值 δ_6 (mm)，与下列何项数值最为接近？

A. $0.06P$ B. $0.12P$ C. $0.20P$ D. $0.25P$

题 37～41

某地上 16 层商住楼，地下 2 层（未示出），系底层大空间剪力墙结构，如图 12-1-19 所示（仅表示 1/2，另一半对称），2～16 层均布置有剪力墙，其中第①、④、⑦轴线剪力墙落地，第②、③、⑤、⑥轴线为框支剪力墙。该建筑位于 7 度地震区，抗震设防类别丙类，设计基本地震加速度 $0.15g$，场地类别Ⅱ类，结构基本自振周期 1s。混凝土强度等级，底层及地下室为 C50，其他层为 C30；框支柱断面为 800mm×900mm。

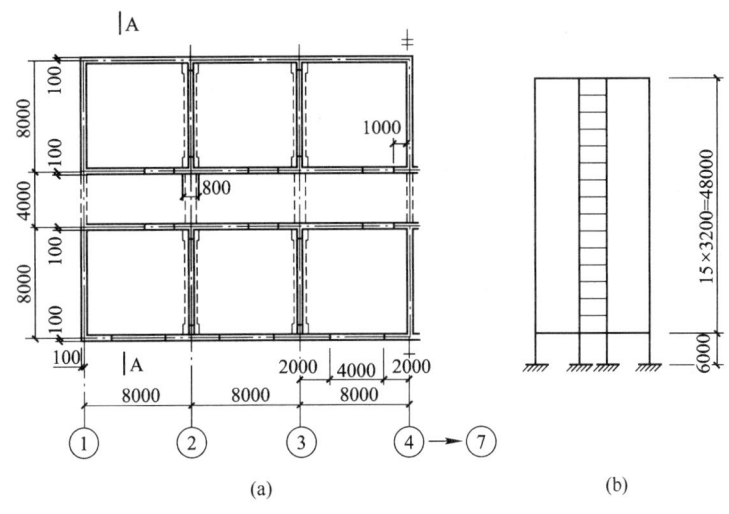

图 12-1-19

（a）二层平面示意图；（b）A-A 剖面示意图

37. 假定承载力满足要求，试判断第④轴线落地剪力墙在第 3 层时墙的最小厚度 b_w (mm)，应为下列何项数值时才能满足《高层建筑混凝土结构技术规程》JGJ 3—2010 的有关要求？

A. 160   B. 180   C. 200   D. 220

38. 假定承载力满足要求，第 1 层各轴线墙厚度相同，第 2 层各轴线横向剪力墙厚度均为 200mm。试问，横向落地剪力墙，在 1 层的最小墙厚 b_w (mm)，应与下列何项数值最为接近？

提示：（1）1 层和 2 层混凝土剪变模量之比 $G_1/G_2 = 1.15$；

（2）$C_1 = 2.5 \left(\dfrac{h_{c1}}{h_1} \right)^2 = 0.056$；

（3）第 2 层全部剪力墙在计算方向（横向）的有效截面面积 $A_{w2} = 22.96 \text{m}^2$。

A. 300   B. 350   C. 400   D. 450

39. 该建筑物底层为薄弱层，1～16 层总重力荷载代表值为 23100kN。假定地震作用分析计算出的对应于水平地震作用标准值的底层地震剪力 $V_{Ek1,j} = 5000\text{kN}$。试问，根据

《高层建筑混凝土结构技术规程》JGJ 3—2010 中有关对整个楼层水平地震剪力最小值的要求，底层全部框支柱承受的地震剪力标准值之和 V_{kc}（kN），应取下列何项数值？

    A. 1008   B. 1120   C. 1152   D. 1275

    40. 框支柱考虑地震作用组合的轴压力设计值 $N=13300$kN，沿柱全高配置复合螺旋箍，直径 12mm，螺距 100mm，肢距 200mm；柱剪跨比 $\lambda > 2$。试问，柱箍筋加密区最小配箍特征值 λ_v，应采用下列何项数值？

    A. 0.15   B. 0.17   C. 0.18   D. 0.20

    41. 假定该建筑的两层地下室采用箱形基础，地下室及地上一层的折算受剪面积之比 $A_0/A_1 = n$，其混凝土强度等级同地上一层。地下室顶板没有较大洞口，可作为上部结构的嵌固部位。试问，方案设计时估算的地下室层高最大高度（m），应与下列何项数值最为接近？

    A. $3n$ B. $3.2n$ C. $3.4n$ D. $3.6n$

    题 42 某高度为 60m 的钢结构住宅楼，按 8 度抗震设防。结构设中心支撑，支撑斜杆钢材采用 Q345（$f_y=325$N/mm²），构件截面如图 12-1-20 所示。试问，满足腹板高厚比要求的腹板厚度 t（mm），应与下列何项数值最为接近？

    提示：按《高层民用建筑钢结构技术规程》JGJ 99—2015 设计。

    A. 26   B. 28   C. 30   D. 32

    题 43 某环形截面砖烟囱，如图 12-1-21 所示，抗震设防烈度为 8 度，设计基本地震加速度为 $0.20g$，设计地震分组为第一组，场地类别为 II 类；假定烟囱的基本自振周期 $T=2$s，其总重力荷载代表值 $G_E=750$kN。试问，多遇地震时，烟囱根部的竖向地震作用标准值 $F_{Ev\acute{o}}$（kN），应与下列何项数值最为接近？

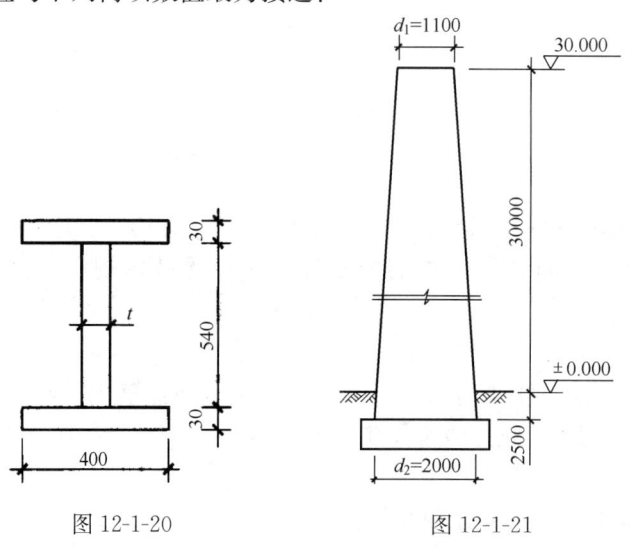

图 12-1-20   图 12-1-21

    A. ±58.5   B. ±78.0   C. ±90.0   D. ±112.5

    题 44 试问，下列一些主张中何项不符合现行国家规范、规程的有关规定或力学计算原理？

    A. 带转换层的高层建筑钢筋混凝土结构，8 度抗震设防且为大跨度时，其转换构件尚应考虑竖向地震的影响

B. 钢筋混凝土高层建筑结构，在水平力作用下，只要结构的弹性等效侧向刚度和重力荷载之间的关系满足一定的限值，可不考虑重力二阶效应的不利影响

C. 高层建筑结构水平力是设计的主要因素。随着高度的增加，一般可认为轴力与高度成正比；水平力产生的弯矩与高度的二次方成正比；水平力产生的侧向顶点位移与高度的三次方成正比

D. 建筑结构抗震设计，不宜将某一部分构件超强，否则可能造成结构的相对薄弱部分

题 45　某框架-剪力墙结构，抗震等级为一级，第四层剪力墙墙厚 250mm，该楼面处墙内设置暗梁（与剪力墙重合的框架梁），剪力墙（包括暗梁）采用 C35 级混凝土（$f_t = 1.57\text{N/mm}^2$），主筋采用 HRB335（$f_y = 300\text{N/mm}^2$）。试问，暗梁截面上、下的纵向钢筋，采用下列何组配置时，才最接近且满足规程中的最低构造要求？

A. 上、下均配 2Φ25　　　B. 上、下均配 2Φ22

C. 上、下均配 2Φ20　　　D. 上、下均配 2Φ18

题 46　抗震等级为二级的框架结构，其节点核心区的尺寸及配筋如图 12-1-22 所示，混凝土强度等级为 C40（$f_c = 19.1\text{N/mm}^2$），主筋及箍筋分别采用 HRB335（$f_y = 300\text{N/mm}^2$）和 HPB300（$f_{yv} = 270\text{N/mm}^2$），纵筋保护层厚 30mm。已知柱的剪跨比大于 2。试问，节点核心区箍筋的配置，如下列何项所示时，才最接近且满足规程中的最低构造要求？

A. Φ10@150　　　B. Φ10@100

C. Φ8@100　　　D. Φ8@75

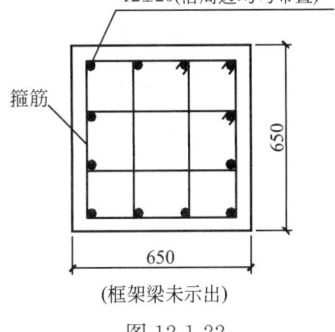

图 12-1-22

题 47～48

某带转换层的框架-核心筒结构，抗震等级为一级；其局部外框架柱不落地，采用转换梁托柱的方式使下层柱距变大，如图 12-1-23 所示。梁、柱混凝土强度等级采用 C40（$f_t = 1.71\text{N/mm}^2$），钢筋采用 HRB335（$f_y = 300\text{N/mm}^2$）。

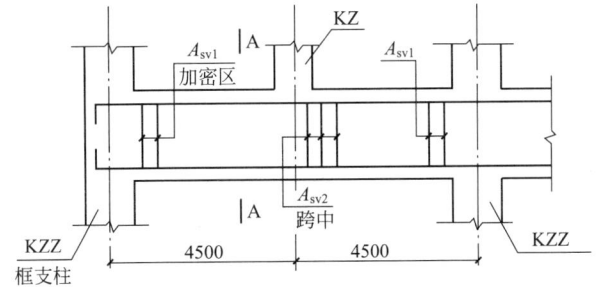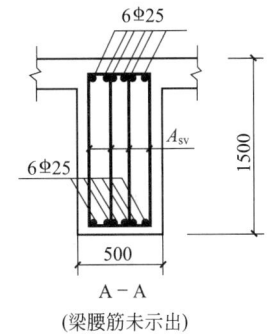

图 12-1-23

47. 试问，下列对转换梁箍筋的不同配置中，其中何项最符合相关规范、规程规定的最低构造要求？

A. $A_{sv1} = 4\,\Phi\,10@100$，$A_{sv2} = 4\,\Phi\,10@200$ B. $A_{sv1} = A_{sv2} = 4\,\Phi\,10@100$

C. $A_{sv1} = 4\,\Phi\,12@100$，$A_{sv2} = 4\,\Phi\,12@200$ D. $A_{sv1} = A_{sv2} = 4\,\Phi\,12@100$

48. 转换梁下框支柱配筋如图 12-1-24 所示，纵向钢筋混凝土保护层厚度 30mm。试问，关于纵向钢筋的配置，下列何项符合有关规范、规程的构造规定？

A. $24\,\Phi\,28$ B. $28\,\Phi\,25$ C. $24\,\Phi\,25$ D. 前三项均符合

题 49～51

某建于非地震区的 20 层框架-剪力墙结构，房屋高度 $H = 70\text{m}$，如图 12-1-25 所示。屋面层重力荷载设计值 $0.8 \times 10^4\text{kN}$，其他楼层的每层重力荷载设计值均为 $1.2 \times 10^4\text{kN}$。倒三角形分布荷载最大标准值 $q = 85\text{kN/m}$；在该荷载作用下，结构顶点质心的弹性水平位移为 u。

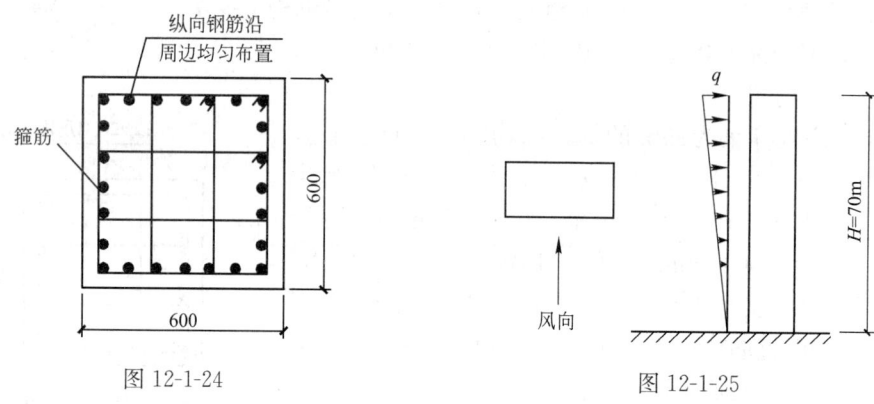

图 12-1-24   图 12-1-25

49. 在水平力作用下，计算该高层建筑结构内力、位移时，试问，其顶点质心的弹性水平位移 u（mm）的最大值为下列何项数值时，才可以不考虑重力二阶效应的不利影响？

A. 50   B. 60   C. 70   D. 80

50. 假定结构纵向主轴方向的弹性等效侧向刚度 $EJ_d = 3.5 \times 10^9\text{kN} \cdot \text{m}^2$，底层某中柱按弹性方法计算但未考虑重力二阶效应的纵向水平剪力标准值为 160kN。试问，按有关规范、规程要求，该柱的纵向水平剪力标准值的取值，应与下列何项数值最为接近？

A. 160kN   B. 180kN   C. 200kN   D. 220kN

51. 假定该结构横向主轴方向的弹性等效侧向刚度 $EJ_d = 2.28 \times 10^9\text{kN} \cdot \text{m}^2$，且 $EJ_d < 2.7H^2 \sum_{i=1}^{n} G_i$；又已知，某楼层未考虑重力二阶效应求得的层间位移与层高之比 $\Delta u/h = 1/850$。若以增大系数法近似考虑重力二阶效应后，新求得的 $\Delta u/h$ 比值，则不能满足规范、规程所规定的限值。如果仅考虑用增大 EJ_d 值的方法来解决，其他参数不变，试问，结构在该主轴方向的 EJ_d 至少需增大到下列何项倍数时，考虑重力二阶效应后该层的 $\Delta u/h$ 比值，才能满足规范、规程的要求？

提示：（1）从结果位移增大系数考虑；

（2）$0.14H^2 \sum_{i=1}^{n} G_i = 2.05 \times 10^8\text{kN} \cdot \text{m}^2$。

A. 1.05   B. 1.20   C. 1.52   D. 2.00

题 52 某钢框架结构房屋，高度为 42m，箱形方柱截面如图 12-1-26 所示；抗震设防

烈度为 8 度；回转半径 $i_x = i_y = 173\text{mm}$，采用 Q345 钢。试问，满足规程长细比要求的最大层高 h（mm），应最接近于下列何项数值？

提示：（1）按《高层民用建筑钢结构技术规程》JGJ 99—2015 设计；

（2）柱子的计算长度取层高。

A. 8500   B. 9900   C. 11400   D. 14000

题 53～58

某 42 层现浇框架-核心筒高层建筑，如图 12-1-27 所示。内筒为钢筋混凝土筒体，外周边为型钢混凝土框架。房屋高度 132m，建筑物的竖向体形比较规则、均匀。该建筑物抗震设防烈度为 7 度，丙类，设计地震分组为第一组，设计基本地震加速度为 $0.10g$，场地类别为 Ⅱ 类。结构的计算基本自振周期 $T_1 = 3.0\text{s}$，周期折减系数取 0.8。

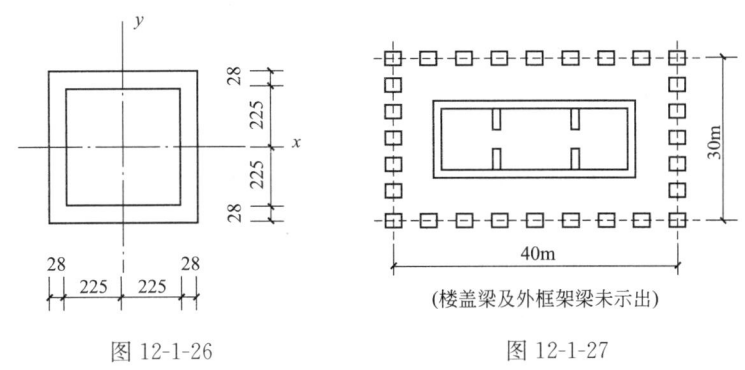

图 12-1-26   图 12-1-27

53. 计算多遇地震作用时，试问，该结构的水平地震作用影响系数，应最接近于下列何项数值？

提示：$\eta_1 = 0.022$，$\eta_2 = 1.069$。

A. 0.018   B. 0.021   C. 0.023   D. 0.025

54. 该建筑物总重力荷载代表值为 $6 \times 10^5 \text{kN}$。抗震设计时，在水平地震作用下，对应于地震作用标准值的结构底部总剪力计算值为 8600kN；对应于地震作用标准值且未经调整的各层框架总剪力中，底层最大，其计算值为 1500kN。试问，抗震设计时，对应于地震作用标准值的底层框架总剪力的取值（kN），应最接近于下列何项数值？

A. 1500   B. 1720   C. 1920   D. 2250

55. 该结构的内筒非底部加强部位四角暗柱如图 12-1-28 所示，抗震设计时，拟采用设置约束边缘构件的方法加强，图中的阴影部分即为暗柱（约束边缘构件）的配筋范围；纵筋采用 HRB335，箍筋采用 HPB300。试问，下列何项最符合相关规范、规程的构造要求？

A. 14 Φ 22，Φ 10@100

B. 14 Φ 20，Φ 10@100

C. 14 Φ 18，Φ 8@100

D. 以上三组均不符合要求

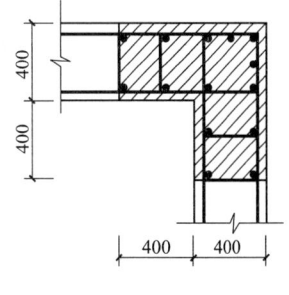

图 12-1-28

56. 外周边框架底层某中柱，截面 $b \times h = 700\text{mm} \times 700\text{mm}$，混凝土强度等级为

C50（f_c＝23.1N/mm²），内置 Q345 型钢（f_a＝295N/mm²），考虑地震作用组合的柱轴向压力设计值 N＝18000kN，剪跨比 λ＝2.5。试问，采用的型钢截面面积的最小值（mm²），应最接近于下列何项数值？

A. 14700   B. 19600   C. 45000   D. 53000

57. 条件同上题。假定柱轴压比 μ_N＝0.6，试问，该柱在箍筋加密区的下列四组配筋（纵向钢筋和箍筋）。其中哪一组满足且最接近相关规范、规程中的最低构造要求？

A. 12 Φ 20，4 Φ 12@100（每向各 4 肢，下同）

B. 12 Φ 22，4 Φ 12@100

C. 12 Φ 20，4 Φ 10@100

D. 12 Φ 22，4 Φ 10@100

58. 核心筒底层某一连梁，如图 12-1-29 所示，连梁截面的有效高度 h_{ob}＝1940mm，筒体部分混凝土强度等级均为 C35（f_c＝16.7N/mm²）。考虑水平地震作用组合的连梁剪力设计值 V_b＝620kN，其左、右端考虑地震作用组合的弯矩设计值分别为 M_b^l＝－1440kN·m，M_b^r＝－400kN·m。在重力荷载代表值作用下，按简支梁计算的梁端截面剪力设计值为 60kN。当连梁中交叉暗撑与水平线的夹角为 37°时，试问，交叉暗撑中计算所需的纵向钢筋，应为下列何项所示？

提示：计算连梁时，取承载力抗震调整系数 γ_{RE}＝0.85。

A. 4 Φ 14   B. 4 Φ 18   C. 4 Φ 20   D. 4 Φ 25

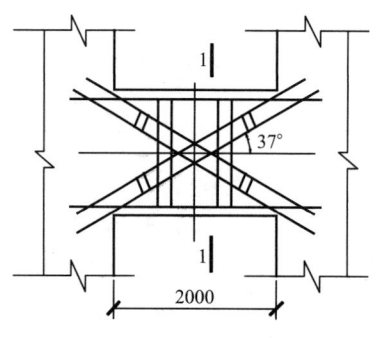 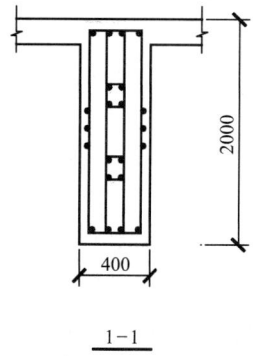

图 12-1-29

题 59 对高层混凝土结构进行地震作用分析时，下列何项说法不正确？

A. 计算单向地震作用时，应考虑偶然偏心影响

B. 采用底部剪力法计算地震作用时，可不考虑质量偶然偏心的不利影响

C. 考虑偶然偏心影响实际计算时，可将每层质心沿主轴同一方向（正向或负向）偏移一定值

D. 计算双向地震作用时，可不考虑质量偶然偏心影响

题 60 某钢筋混凝土框架-剪力墙结构，房屋高度 31m，为乙类建筑，抗震烈度为 6 度，Ⅳ类场地。在规定的水平力作用下，结构底层框架部分承受的地震倾覆力矩大于结构总地震倾覆力矩的 50%。试问，在进行结构地震设计时，下列说法何项是正确的？

A. 框架按四级抗震等级采取抗震措施

B. 框架按三级抗震等级采取抗震措施

C. 框架按二级抗震等级采取抗震措施

D. 框架按一级抗震等级采取抗震措施

题 61～62

某部分框支剪力墙结构，房屋高度 40.6m，地下一层，地上 14 层，首层为转换层，纵横向均有不落地剪力墙。地下室顶板作为上部结构的嵌固部位，抗震设防烈度为 8 度。首层层高 4.2m，混凝土强度等级为 C40（弹性模量 $E_c = 3.25 \times 10^4 \text{N/mm}^2$）；其余各层层高均为 2.8m，混凝土强度等级为 C30（弹性模量 $E_c = 3.00 \times 10^4 \text{N/mm}^2$）。

61. 该结构首层剪力墙的厚度为 300mm，试问，剪力墙底部加强部位的设置高度和首层剪力墙竖向分布钢筋取何值时，才满足《高层建筑混凝土结构技术规程》JGJ 3—2010 的最低要求？

    A. 剪力墙底部加强部位设至 2 层楼板顶（7.0m 标高处），首层剪力墙竖向分布钢筋采用双排 $\phi 10@200$

    B. 剪力墙底部加强部位设至 2 层楼板顶（7.0m 标高处），首层剪力墙竖向分布钢筋采用双排 $\phi 12@200$

    C. 剪力墙底部加强部位设至 3 层楼板顶（9.8m 标高处），首层剪力墙竖向分布钢筋采用双排 $\phi 10@200$

    D. 剪力墙底部加强部位设至 3 层楼板顶（9.8m 标高处），首层剪力墙竖向分布钢筋采用双排 $\phi 12@200$

62. 首层有 7 根截面尺寸为 900mm×900mm 框支柱（全部截面面积 $A_{c1} = 5.67\text{m}^2$），二层横向剪力墙有效面积 $A_{w2} = 16.2\text{m}^2$。试问，满足《高层建筑混凝土结构技术规程》JGJ 3—2010 要求的首层横向落地剪力墙的有效截面面积 A_{w1}（m^2），应与下列何项数值最为接近？

    A. 7.0   B. 10.6   C. 1.4   D. 21.8

题 63～64

某 10 层钢筋混凝土框架-剪力墙结构，如图 12-1-30 所示，质量和刚度沿竖向分布均匀，建筑高度 38.8m，丙类建筑，抗震设防烈度为 8 度，设计基本地震加速度 0.30g，Ⅲ类场地，设计地震分组为第一组，风荷载不控制设计。在规定的水平力作用下，结构底层框架部分承受的地震倾覆力矩小于结构总地震倾覆力矩的 50%。

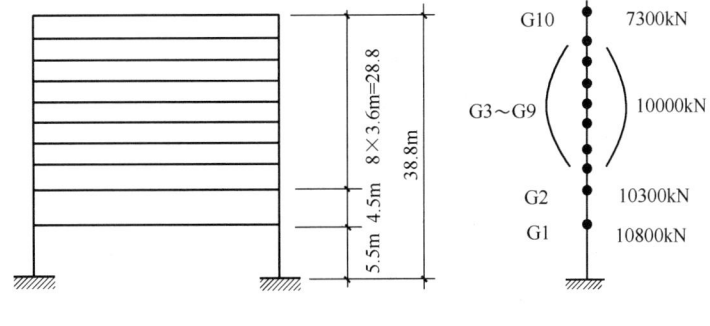

图 12-1-30

63. 各楼层重力荷载代表值如图 12-1-30 所示，$\sum_{i=1}^{10} G_i = 98400\text{kN}$，折减后结构基本自

振周期 $T_1 = 0.885\text{s}$。试问，当近似按底部剪力法计算时，所求得的结构底部总水平地震作用标准值（kN），与下列何项数值最为接近？

A. 7300   B. 8600   C. 11000   D. 13000

64. 中间楼层某柱截面尺寸为 $800\text{mm} \times 800\text{mm}$，混凝土强度等级为 C30。仅配置 $\phi 10$ 井字复合箍筋，$a_s = a'_s = 50\text{mm}$；柱净高 2.9m，弯矩反弯点位于柱高中部。试问，该柱的轴压比限值应与下列何项数值最为接近？

A. 0.70   B. 0.75   C. 0.80   D. 0.85

题 65~66

某 10 层框架结构，框架抗震等级为一级，框架梁、柱混凝土强度等级为 C30（$f_c = 14.3\text{N/mm}^2$）。

65. 某一榀框架，对应于水平地震作用标准值的首层框架柱总剪力 $V_f = 370\text{kN}$，该榀框架首层柱的抗推刚度总和 $\Sigma D_i = 123565\text{kN/m}$，其中柱 C1 的抗推刚度 $D_{c1} = 27506\text{kN/m}$，其反弯点高度 $h_y = 3.8\text{m}$，沿柱高范围没有水平力作用。试问，在水平地震作用下，采用 D 值法计算柱 C1 的柱底弯矩标准值（kN·m），应与下列何项数值最为接近？

A. 220   B. 280   C. 320   D. 380

66. 该框架柱中某柱的截面尺寸为 $650\text{mm} \times 650\text{mm}$，剪跨比为 1.8，节点核心区上柱轴压比 0.45，下柱轴压比 0.60，柱纵筋直径为 28mm，其混凝土保护层厚度为 30mm。节点核心区的箍筋配置如图 12-1-31 所示：采用 HPB300 级钢筋（$f_y = 270\text{N/mm}^2$）。试问，满足规程构造要求的节点核心区箍筋体积配箍率（%）的取值，应与下列何项数值最为接近？

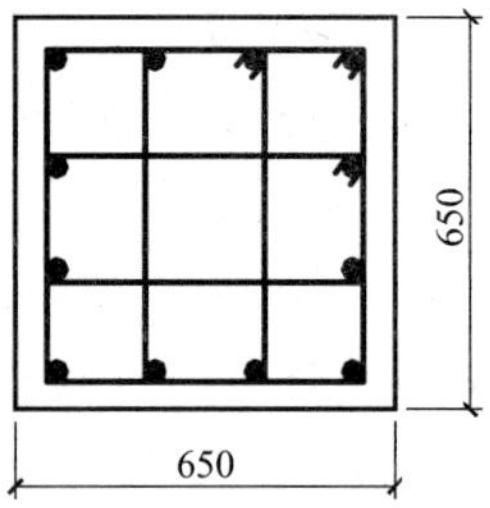

提示：（1）按《高层建筑混凝土结构技术规程》JGJ 3—2010 作答；

图 12-1-31

（2）C35 级混凝土轴心抗压强度设计值 $f_c = 16.7\text{N/mm}^2$。

A. 0.8   B. 1.0   C. 1.1   D. 1.2

题 67~72

某 12 层钢筋混凝土框架-剪力墙结构，房屋高度 48m，抗震设防烈度 8 度，框架等级为二级，剪力墙为一级。混凝土强度等级：梁、板均为 C30，框架柱和剪力墙均为 C40（$f_t = 1.71\text{N/mm}^2$）。

67. 该结构中框架柱数量各层基本不变，对应于水平作用标准值，结构基底总剪力 $V_0 = 14000\text{kN}$，各层框架承担的未经调整的地震总剪力中的最大值 $V_{f,max} = 2100\text{kN}$，某楼层框架承担的未经调整的地震总剪力 $V_f = 1600\text{kN}$，该楼层某根柱调整前的柱底内力标准值：弯矩 $M = \pm283\text{kN·m}$，剪力 $V = \pm74.5\text{kN}$。试问，抗震设计时，在水平地震作用下，该柱应采用的内力标准值与下列何项数值接近？

提示：楼层剪重比满足《高层建筑混凝土结构技术规程》JGJ 3—2010 关于楼层最小地震剪力系数（剪重比）的要求。

A. $M = \pm283\text{kN·m}$，$V = \pm74.5\text{kN}$ B. $M = \pm380\text{kN·m}$，$V = \pm100\text{kN}$

C. $M = \pm500\text{kN·m}$，$V = \pm130\text{kN}$ D. $M = \pm560\text{kN·m}$，$V = \pm150\text{kN}$

68. 该结构中某中柱的梁柱节点如图 12-1-32 所示：梁受压和受拉钢筋合力点到梁边

缘的距离 $a_s = a_s' = 60\text{mm}$，节点左侧梁端弯矩设计值 $M_b^l = 474.3\text{kN·m}$，节点右侧梁端弯矩设计值 $M_b^r = 260.8\text{kN·m}$，节点上、下柱反弯点之间的距离 $H_c = 4150\text{mm}$。试问，该梁柱节点核心区截面沿 X 轴方向的组合剪力设计值（kN），应与下列何项数值最为接近？

A. 330   B. 370   C. 1140   D. 1270

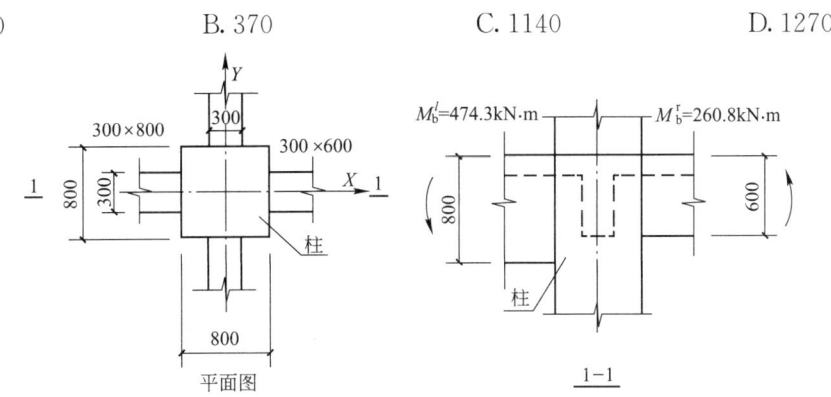

图 12-1-32

69. 该结构首层某双肢剪力墙中的墙肢在同一方向水平地震作用下，内力组合后墙肢 1 出现大偏心受拉，墙肢 2 在水平地震作用下的剪力标准值为 500kN。若墙肢 2 在其他荷载组合下产生的剪力忽略不计，试问，考虑地震作用组合的墙肢 2 首层剪力设计值（kN），应与下列何项数值最为接近？

提示：按《高层建筑混凝土结构技术规程》JGJ 3—2010 作答。

A. 1400   B. 800   C. 1000   D. 1300

70. 该结构中的某矩形截面剪力墙，墙厚 250mm，墙长 $h_w = 6500\text{mm}$，$h_{w0} = 6200\text{mm}$，总高度 48m，无洞口，距首层墙底 $0.5\,h_{w0}$ 处的截面，考虑地震作用组合未按有关规定调整的内力计算值 $M^c = 21600\text{kN·m}$，$V^c = 3240\text{kN}$，考虑地震作用组合并按有关规定进行调整的内力设计值 $V = 5184\text{kN}$，该截面的轴向压力设计值 $N = 3840\text{kN}$。已知剪力墙该截面的剪力设计值小于规程规定的最大限值，水平分布钢筋采用 HPB300 级钢筋（$f_y = 270\text{N/mm}^2$）。试问，根据受剪承载力要求求得的该截面水平分布钢筋 A_{sh}/s（mm²/mm），应与下列何项数值最为接近？

提示：计算所需的 $\gamma_{RE} = 0.85$，$A_w/A = 1.0$，$0.2f_cb_wh_w = 6207.5\text{kN}$。

A. 1.3   B. 2.2   C. 2.6   D. 2.9

71. 条件同上题，箍筋保护层厚度为 15mm，依据《高层建筑混凝土结构技术规程》JGJ 3—2010，约束边缘构件内要求配置的纵向钢筋的最小范围（图中阴影部分）及其箍筋布置如图 12-1-33 所示。试问，图中阴影部分的长度 a_c 和箍筋，应按下列何项选用？

提示：(1) 钢筋 HPB300 级的 $f_y = 270\text{N/mm}^2$，钢筋 HRB335 级的 $f_y = 300\text{N/mm}^2$；

(2) $l_c = 1300\text{mm}$；

(3) 墙肢轴压比>0.3。

A. $a_c = 650\text{mm}$，箍筋 $\phi8@100$（HPB300）

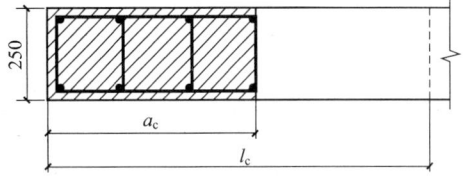

图 12-1-33

B. $a_c = 650mm$，箍筋 $\phi10@100$（HRB335）

C. $a_c = 500mm$，箍筋 $\phi8@100$（HPB300）

D. $a_c = 500mm$，箍筋 $\phi10@100$（HRB335）

72. 该结构中的某连梁截面尺寸为 $300mm \times 700mm$（$h_0 = 665mm$），净跨 $1500mm$。根据作用在梁左、右端的弯矩设计值 M_b^l、M_b^r 和由楼层梁竖向荷载产生的连梁剪力 V_{Gb}，已求得连梁的剪力设计值 $V_b = 421.2kN$。混凝土为 C40（$f_t = 1.71N/mm^2$），梁箍筋采用 HPB300 级钢筋（$f_y = 270N/mm^2$）。取承载力抗震调整系数 $\gamma_{RE} = 0.85$。

已知截面的剪力设计值小于规程的最大限值，其纵向钢筋直径均为 $25mm$，梁端纵向钢筋配筋率小于 2%，试问，连梁双肢箍筋的配置，应按下列何项选用？

A. $\phi8@80$ B. $\phi10@100$ C. $\phi12@100$ D. $\phi14@150$

题 73～75

某部分框支剪力墙结构，房屋高度 $45.9m$，丙类建筑，设防烈度为 7 度，Ⅱ 类场地，第 3 层为转换层，纵横向均有落地剪力墙，地下一层板顶作为结构的嵌固端。

73. 首层某剪力墙肢 W1，墙肢底部截面考虑地震组合后的内力计算值为：弯矩 $2900kN \cdot m$，剪力 $724kN$。试问，剪力墙肢 W1 底部截面的内力设计值 M（$kN \cdot m$）、V（kN），与下列何项数值最为接近？

A. 2900，1160   B. 4350，1160   C. 2900，1050   D. 3650，1050

74. 首层某根框支角柱 C1，对应于地震作用标准值作用下，其柱底轴力 $N_{Ek} = 1100kN$，重力荷载代表值作用下，其柱底轴力标准值 $N_{GE} = 1950kN$。假设框支柱抗震等级为一级，不考虑风荷载，试问，柱 C1 配筋计算时所采用的有地震作用组合的柱底压力设计值（kN），与下列何项数值最为接近？

A. 3770   B. 4485   C. 4845   D. 5665

75. 第 4 层某框支梁上剪力墙墙肢 W2 的厚度为 $200mm$，该框支梁净跨 $l_n = 6m$，框支梁与墙肢 W2 交接面上考虑风荷载、地震作用组合的水平拉应力设计值 $\sigma_{xmax} = 0.97MPa$。试问，在框支梁上 $0.2l_n = 1200mm$ 高度范围内的水平分布筋实际配筋（双排）选择下列何项时，其钢筋面积 A_{sh} 才能满足规程要求且最接近计算结果？

A. $\phi8@200$（$A_s = 604mm^2/1200mm$）   B. $\phi10@200$（$A_s = 942mm^2/1200mm$）

C. $\phi10@150$（$A_s = 1256mm^2/1200mm$）   D. $\phi12@200$（$A_s = 1357mm^2/1200mm$）

题 76 某高层建筑，采用钢框架-钢筋混凝土核心筒结构，设防烈度为 7 度，设计基本地震加速度 $0.15g$，场地特征周期 $0.35s$，考虑非承重墙体刚度的影响予以折减后自振周期 $T = 1.82s$。已经求得 $\eta_1 = 0.022$，$\eta_2 = 1.069$，试问，地震影响系数 α，与下列何项数值最为接近？

A. 0.020   B. 0.022   C. 0.029   D. 0.031

题 77 抗震设防烈度为 7 度的某高层办公楼，采用框架-剪力墙结构，当采用振型分解反应谱法计算时，在单向水平地震作用下某框架柱轴力标准值如表 12-1-1 所示。

地震作用下的框架柱轴力   表 12-1-1

单向水平地震作用方向	框架柱轴力标准值(kN)	
	不进行扭转耦联计算时	进行扭转耦联计算时
x 向	4500	4000
y 向	4800	4200

试问，在考虑双向水平地震的扭转效应中，该框架柱的轴力标准值（kN），与下列何项数值最为接近？

A. 5365　　　　　　B. 5410　　　　　　C. 6100　　　　　　D. 6150

题 78～80

某框架-剪力墙结构，高度 50.1m，地下 2 层，地上 13 层。首层层高 6m，第二层层高 4.5m，其余层高 3.6m。纵横向均有剪力墙，地下一层板顶作为上部结构的嵌固端。该建筑为丙类建筑，抗震设防烈度为 8 度，设计基本地震加速度为 0.20g，Ⅰ类建筑场地。在规定的水平力作用下，结构底层框架部分承受的地震倾覆力矩小于结构总地震倾覆力矩的 50%。各构件的混凝土强度等级均为 C40。

78. 首层某框架中柱剪跨比大于 2，为使该柱截面尺寸尽可能小，试问，根据《高层建筑混凝土结构技术规程》JGJ 3—2010 的规定，对该柱箍筋和附加纵向钢筋的配置形式采取所有相关措施之后，满足规程最低要求的该柱轴压比最大限值，应取下列何项数值？

A. 0.95　　　　　　B. 1.00　　　　　　C. 1.05　　　　　　D. 1.10

79. 位于第 5 层平面中部的某剪力墙端柱截面为 500mm×500mm，假定其抗震等级为二级。端柱纵向钢筋采用 HRB335。考虑地震作用组合后，由考虑地震作用组合小偏心受拉内力设计值计算出的该端柱纵筋总截面面积计算值为最大（1800mm²）。试问，该柱的实际配筋选择下列何项时，才能满足且最接近《高层建筑混凝土结构技术规程》JGJ 3—2010 的最低要求？

A. $4\,\Phi\,16+4\,\Phi\,18$（A_s=1822mm²）　　　　B. $8\,\Phi\,18$（A_s=2036mm²）

C. $4\,\Phi\,20+4\,\Phi\,18$（A_s=2275mm²）　　　　D. $8\,\Phi\,20$（A_s=2513mm²）

80. 与截面为 700mm×700mm 的框架柱相连的某截面为 400mm×600mm 的框架梁，纵筋采用 HRB335 钢筋，箍筋采用 HPB300 钢筋。其梁端上部纵向钢筋系按截面计算配置。假设该框架梁抗震等级为三级。试问，该梁端上部和下部纵向钢筋面积（配筋率）及箍筋按下列何项配置时，才能全部满足《高层建筑混凝土结构技术规程》JGJ 3—2010 的构造要求？

提示：（1）下列各选项纵筋配筋率和箍筋面积配筋率均符合 JGJ 3—2010 第 6.3.5 条第 1 款和第 6.3.2 条第 2 款中最小配筋率要求。

（2）梁纵筋直径均不小于 18mm。

A. 上部纵筋 5680 mm²（ρ=2.70%），下部纵筋 4826 mm²（ρ=2.30%），四肢箍筋 $\Phi\,10@100$

B. 上部纵筋 3695 mm²（ρ=1.76%），下部纵筋 1017 mm²（ρ=0.48%），四肢箍筋 $\Phi\,8@100$

C. 上部纵筋 5180 mm²（ρ=2.47%），下部纵筋 3079 mm²（ρ=1.47%），四肢箍筋 $\Phi\,8@100$

D. 上部纵筋 5180 mm²（ρ=2.47%），下部纵筋 3927 mm²（ρ=1.87%），四肢箍筋 $\Phi\,10@100$

题 81 某 12 层现浇框架-剪力墙结构，抗震设防烈度为 8 度，丙类建筑，设计地震分组为第一组，Ⅱ类场地，建筑物平、立面如图 12-1-34 所示。已知振型分解反应谱法求得的底部剪力为 6000kN，需进行弹性动力时程分析补充计算。现有 4 组实际地震记录加速度时程曲线 P1～P4 和一组人工模拟加速度时程曲线 RP1。各条时程曲线计算所得的结构底部剪力见表 12-1-2。假定实际记录地震波及人工波的平均地震影响系数曲线与振型分解反应谱法所采用的地震影响系数曲线在统计意义上相符，试问，进行弹性动力时程分析时，选用下列哪一组地震波（包括人工波）才最合理？

由时程曲线得到的结构底部剪力 表 12-1-2

时程曲线	P1	P2	P3	P4	RP1
V_0(kN)	5200	3800	4700	5600	4000

A. P1，P2，P3

B. P1，P2，RP1

C. P1，P3，RP1

D. P1，P4，RP1

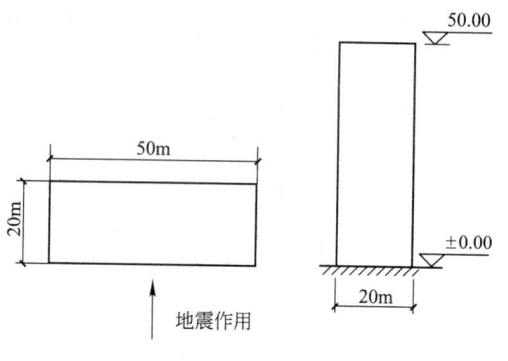

图 12-1-34

题 82 某带转换层的高层建筑，底部大空间层数为 3 层，6 层以下混凝土强度等级相同。转换层下部结构以及上部部分结构采用不同计算模型时，其顶部在单位水平力作用下的侧向位移计算结果（mm）见图 12-1-35。试问，转换层下部与上部结构的等效侧向刚度比 γ_{e2}，与下列何项数值最为接近？

A. 0.84　　　　B. 0.59　　　　C. 0.69　　　　D. 0.74

题 83～84

某型钢混凝土框架-钢筋混凝土核心筒结构，房屋高度 91m，首层层高 4.6m。该建筑为丙类建筑，抗震设防烈度为 8 度，Ⅱ类建筑场地。各构件混凝土强度等级为 C50，纵筋采用 HRB335。

83. 首层核心筒外墙的某一字形墙肢 W1，位于两个高度为 3800mm 的墙洞之间，墙厚 450mm，如图 12-1-36 所示。抗震等级为一级。根据目前已知条件，试问，满足《高层建筑混凝土结构技术规程》JGJ 3—2010 最低构造要求的 W1 墙肢截面高度 h_w（mm）和墙肢的全部纵向钢筋截面面积 A_s（mm²），应最接近于下列何项数值？

A. 1000，3732　　B. 1000，5597　　C. 1200，4197　　D. 1200，5400

84. 首层型钢混凝土框架柱 C1 截面为 800mm×800mm，柱内钢骨为十字形，如图 12-1-37 所示。图中构造筋于每层遇框架梁时截断。柱轴压比 0.650。试问，满足《高层建筑混凝土结构技术规程》JGJ 3—2010 最低要求的 C1 柱内十字形钢骨截面面积（mm²）和纵筋配筋，应最接近于下列何项数值？

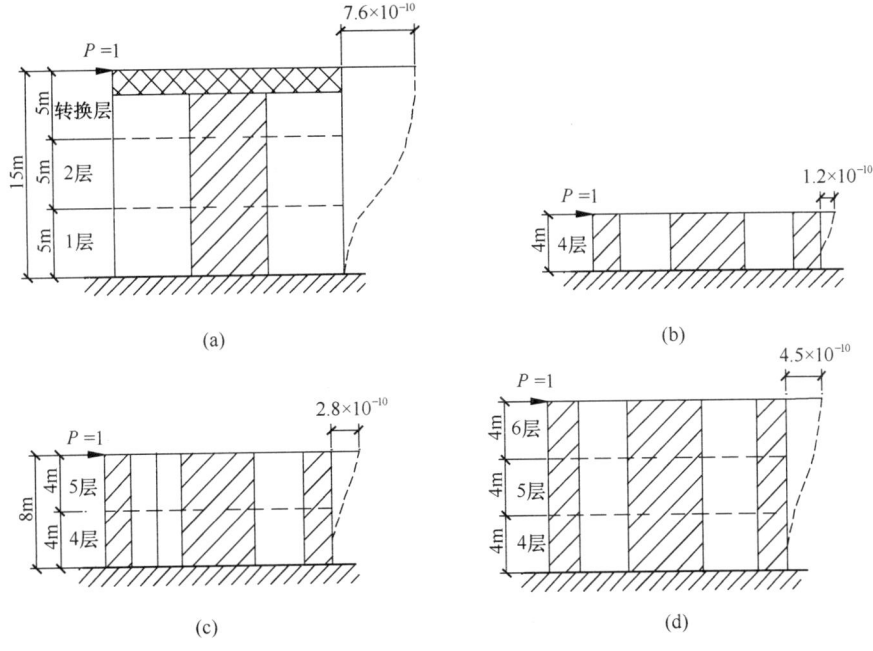

图 12-1-35

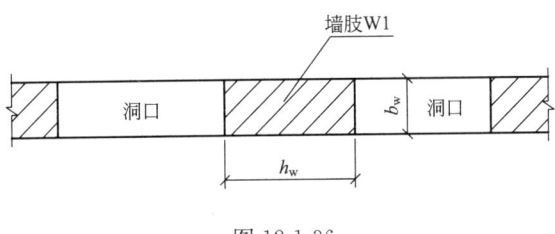

图 12-1-36

A. 26832，$12\Phi22+$（构造筋 $4\Phi14$）

B. 26832，$12\Phi25+$（构造筋 $4\Phi14$）

C. 21660，$12\Phi22+$（构造筋 $4\Phi14$）

D. 21660，$12\Phi25+$（构造筋 $4\Phi14$）

题 85 对于下列的一些论点，根据《高层建筑混凝土结构技术规程》JGJ 3—2010 判断，其中何项是不正确的?

A. 正常使用条件下，限制高层建筑结构层间位移的主要目的之一是保证主结构处于弹性受力状态

B. 验算按弹性方法计算的层间位移角 $\Delta u/h$ 是否满足规程限值要求时，其层间位移计算不考虑偶然偏心影响

C. 对于框架结构，框架柱的轴压比大小，是影响结构薄弱层层间弹塑性位移角限值 $[\theta_p]$ 取值的因素之一

D. 验算弹性层间位移角 $\Delta u/h$ 限值时，第 i 层层间最大位移差 Δu_i 是指第 i 层与第 $i-1$ 层在楼层平面各处位移的最大值之差，即 $\Delta u_i = u_{i,\max} - u_{i-1,\max}$

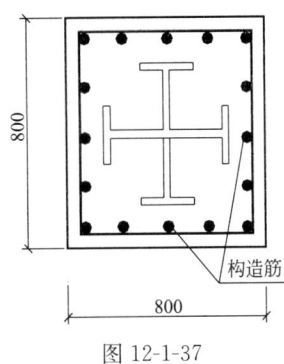

图 12-1-37

题 86 下列关于钢框架-钢筋混凝土核心筒结构设计中的一些问题，其中何项说法是

不正确的？

    A. 水平力主要由核心筒承受

    B. 当框架边柱采用 H 形截面钢柱时，宜将钢柱强轴方向布置在外围框架平面内

    C. 进行加强层水平伸臂桁架内力计算时，应假定加强层楼板的平面内刚度无限大

    D. 当采用外伸桁架加强层时，外伸桁架宜伸入并贯通抗侧力墙体

题 87　某钢筋混凝土圆烟囱，高 80m，烟囱坡度小于 0.02，烟囱 2/3 高度处外径为 1.8m。位于地面粗糙度为 B 类的地区（地面粗糙度系数 $\alpha = 0.15$），当地基本风压 0.4kN/m^2。假定已经求得第一振型对应的临界风速 $v_{cr1} = 29.59m/s$。试问，对该烟囱进行涡激共振验算时，烟囱顶端横风向共振响应等效风荷载 w_{cz1}（kN/m^2），最接近下列何组数值？

    提示：振型系数按照《建筑结构荷载规范》GB 50009—2012 取值。

    A. 1.52   B. 1.75

    C. 2.12   D. 2.85

12.2　答案

1. 答案：D

解答过程：依据《高层建筑混凝土结构技术规程》JGJ 3—2010 的 4.2.2 条及其条文说明，由于该建筑高度＞60m，属于对风荷载比较敏感的高层建筑，基本风压应乘以 1.1，取 $w_0 = 1.1 \times 0.5 = 0.55 \text{kN/m}^2$。

依据《建筑结构荷载规范》GB 50009—2012 的 8.4.3 条～8.4.7 条计算风振系数 β_z。

依据 8.2.1 条，城市郊区地面粗糙度为 B 类；粗糙度 B 类、离底面高度 80m，查表 8.2.1 得到风压高度变化系数 $\mu_z = 1.87$。

$$\rho_z = \frac{10\sqrt{H + 60 e^{-H/60} - 60}}{H} = \frac{10\sqrt{100 + 60 e^{-100/60} - 60}}{100} = 0.716$$

$$\rho_x = \frac{10\sqrt{B + 50 e^{-B/50} - 50}}{B} = \frac{10\sqrt{25 + 50 e^{-25/50} - 50}}{25} = 0.923$$

$$B_z = k H^{a_1} \rho_x \rho_z \frac{\phi_1(z)}{\mu_z} = 0.670 \times 100^{0.187} \times 0.716 \times 0.923 \times \frac{0.74}{1.87} = 0.415$$

上式中，$\phi_1(z)$ 是按照 B 类粗糙度、$z/H = 80/100 = 0.8$ 查表 G.0.3 得到。

$$x_1 = \frac{30 f_1}{\sqrt{k_w w_0}} = \frac{30 \times 1/1.8}{\sqrt{1.0 \times 0.55}} = 22.47$$

$$R = \sqrt{\frac{\pi}{6\zeta_1} \frac{x_1^2}{(1 + x_1^2)^{4/3}}} = \sqrt{\frac{3.14}{6 \times 0.05} \times \frac{22.47^2}{(1 + 22.47^2)^{4/3}}} = 1.145$$

$$\beta_z = 1 + 2 g I_{10} B_z \sqrt{1 + R^2} = 1 + 2 \times 2.5 \times 0.14 \times 0.415 \times \sqrt{1 + 1.145^2} = 1.441$$

求得的 $\beta_z = 1.441$ 满足《工程结构通用规范》GB 55001—2021 的 4.6.5 条要求（规定最小值为 1.2）。

故选择 D。

点评：计算 β_z 时，要不要将基本风压乘以 1.1？有不同观点。

笔者认为，规范的意思是，当房屋高度大于 60m 时，执行类似于编程中的如下命令：$w_0 = 1.1 \times w_0$，即，"将 $1.1 w_0$ 赋值给 w_0"以形成"新的 w_0"，之后遇到的 w_0 均以这个"新的 w_0"代入。

对于本题，以 $w_0 = 0.55 \text{kN/m}^2$ 和 $w_0 = 0.50 \text{kN/m}^2$ 分别计算，得到的 β_z 分别是 1.4415 和 1.4376，后者与前者的比值为 0.9973，二者相差仅仅 0.27%，完全可以忽略。即，表面上看起来较大的分歧实际上并没有想象的那么大的影响。

2. 答案：B

解答过程：依据《建筑结构荷载规范》GB 50009—2012 的 8.1.1 条，围护结构迎风面的风荷载标准值按下式计算

$$w_k = \beta_{gz} \mu_{s1} \mu_z w_0$$

粗糙度 B 类、离地面高度 100m，查表 8.2.1 得到风压高度变化系数 $\mu_z = 2.00$。

粗糙度 B 类、离地面高度 100m，查表 8.6.1 得到阵风系数 $\beta_{gz} = 1.50$。

依据《工程结构通用规范》GB 55001—2021 的 4.6.5 条第 2 款，不应小于 $1 + \dfrac{0.7}{\sqrt{\mu_z}} =$

$1 + \dfrac{0.7}{\sqrt{2.00}} = 1.49$。故取 $\beta_{gz} = 1.50$。

依据 8.3.3 条第 3 款，μ_{s1} 按 8.3.1 条的体型系数的 1.25 倍取值。今按表 8.3.1 的项次 31 得到迎风面 $\mu_s = 0.8$，于是应取 $\mu_{s1} = 0.8 \times 1.25 = 1.0$；再由 8.3.5 条得到内表面体型系数为 -0.2。从而

$$w_k = \beta_{gz} \mu_{s1} \mu_z w_0 = 1.50 \times (1.0 + 0.2) \times 2.00 \times 0.50 = 1.8 \text{ kN/m}^2$$

选择 B。

点评：解题过程中注意两点：

(1) 建筑高度 100m 属于对风荷载比较敏感的高层建筑，此时，其围护结构风荷载的取值，依据《建筑结构荷载规范》GB 50009—2012 的 8.1.2 条的条文说明，基本风压可仍取 50 年重现期。

(2) 外表面体型系数为正，内表面体型系数为负，指向同一个方向，故叠加计算时为绝对值相加。

3. 答案：D

解答过程：依据题意，$z = 0$ 处风荷载产生的倾覆力矩设计值为

$$M = \gamma_w \left(\Delta M_n + \Delta P_n H + \frac{w_k B H}{2} \times \frac{2}{3} H \right)$$

$$= 1.5 \times \left(2000 + 500 \times 100 + \frac{2 \times 25 \times 100}{2} \times \frac{2}{3} \times 100 \right)$$

$$= 3.28 \times 10^5 \text{ kN} \cdot \text{m}$$

故选择 D。

4. 答案：B

解答过程：依据《建筑结构荷载规范》GB 50009—2012 的 8.2.2 条计算修正系数 η。

$\tan \alpha = 45/100 = 0.45 > 0.3$，取 $\tan \alpha = 0.3$。$z/H = 100/45 = 2.22 < 2.5$，取 $z = 100$m。$\kappa = 1.4$。

$$\eta = \left[1 + \kappa \tan \alpha \left(1 - \frac{z}{2.5H} \right) \right]^2 = \left[1 + 1.4 \times 0.3 \times \left(1 - \frac{100}{2.5 \times 45} \right) \right]^2 = 1.10$$

查表 8.2.1，B 类粗糙度、100m，$\mu_z = 2.00$，于是，修正后应为 $2.00 \times 1.10 = 2.20$，选择 B。

点评：解答过程中注意以下两点。

(1) 尽管从规范表 7.2.1 可以查表得到风压高度变化系数 μ_z，但由于建筑物位于 μ_z 需要修正的位置，因此，应以修正后的 μ_z 作答。

(2) 修正系数公式中，对 $\tan\alpha$、z/H 有限值要求。

另外，必须指出，本书给出的解答，是按照主流的认识做出的，即，第一步不考虑山坡查《建筑结构荷载规范》表 8.2.1，采用计算点距离建筑物地面的高度；第二步考虑山坡影响，计算修正系数。最后将得到的两个数值相乘。

笔者注意到，还有不同的观点：张相庭《工程抗风设计计算手册》（中国建筑工业出版社，1998）第 46 页指出，对于建筑物的投影面积远小于山顶或山坡面积情况下，山顶、山坡及悬崖边的建筑物，风压高度变化系数可从山麓算起，即将山作为"特殊建筑物"，位于其上的建筑物相当于该特殊建筑物的上部。据此，规范表 8.2.1 中的"离地面或海平面高度"，对于本题，应取为 $100+45=145\mathrm{m}$，又因为是 B 类粗糙度，从而可得

$$\mu_{\mathrm{z}} = 2.00 + \frac{2.25-2.00}{150-100} \times (145-100) = 2.225$$

再将 μ_{z} 考虑修正，成为 $2.225 \times 1.10 = 2.448$。

5. 答案：C

解答过程：依据《建筑抗震设计规范》GB 50011—2010 的 5.2.1 条，有

$$F_{\mathrm{Ek}} = \alpha_1 G_{\mathrm{eq}}$$

其中 $\qquad G_{\mathrm{eq}} = 0.85 \times (7000 + 4 \times 6000 + 4800) = 30430\mathrm{kN}$

依据《建筑与市政工程抗震通用规范》GB 55002—2021 的 4.2.2 条，8 度（0.2g）、多遇地震，得到 $\alpha_{\max} = 0.16$；多遇地震、Ⅲ类场地、第二组，$T_{\mathrm{g}} = 0.55$。

依据《建筑抗震设计规范》GB 50011—2010 的 5.1.5 条，由于 $T_{\mathrm{g}} < T_1 = 0.7\mathrm{s} < 5T_{\mathrm{g}}$、阻尼比 0.05，故 $\gamma = 0.9$，$\eta_2 = 1.0$ 且 α_1 按下式计算：

$$\alpha_1 = \left(\frac{T_{\mathrm{g}}}{T_1}\right)^{\gamma} \eta_2 \alpha_{\max} = \left(\frac{0.55}{0.7}\right)^{0.9} \times 1.0 \times 0.16 = 0.1288$$

$$F_{\mathrm{Ek}} = \alpha_1 G_{\mathrm{eq}} = 0.1288 \times 30430 = 3919.4\mathrm{kN}$$

故选择 C。

6. 答案：B

解答过程：依据《建筑抗震设计规范》GB 50011—2010 的表 5.2.1 确定 δ_{n}。

由于上题已经得到 $T_{\mathrm{g}} = 0.55\mathrm{s}$，$T_1 = 0.8\mathrm{s} > 1.4 T_{\mathrm{g}} = 1.4 \times 0.55 = 0.77\mathrm{s}$，于是

$$\delta_{\mathrm{n}} = 0.08 T_1 + 0.01 = 0.08 \times 0.8 + 0.01 = 0.074$$

依据公式（5.2.1-3），得到

$$\Delta F_6 = \delta_{\mathrm{n}} F_{\mathrm{Ek}} = 0.074 \times 3475 = 257.15\mathrm{kN}$$

选择 B。

点评：依据《高层建筑混凝土结构技术规程》JGJ 3—2010 的 C.0.1 条计算，可得到相同的结果。

7. 答案：B

解答过程：依据《建筑抗震设计规范》GB 50011—2010 的 5.2.1 条计算。

$$\sum_{j=1}^{6} G_j H_j = 7000 \times 5 + 6000 \times (4 \times 5 + 4 \times 3.6 + 3 \times 3.6 + 2 \times 3.6 + 3.6)$$
$$+ 4800 \times (5+18)$$
$$= 481400\mathrm{kN} \cdot \mathrm{m}$$
$$G_5 H_5 = 6000 \times (5 + 3.6 \times 4) = 116400\mathrm{kN} \cdot \mathrm{m}$$
$$F_5 = \frac{G_5 H_5}{\sum\limits_{j=1}^{6} G_j H_j} F_{\mathrm{Ek}}(1 - \delta_{\mathrm{n}}) = \frac{G_5 H_5}{\sum\limits_{j=1}^{6} G_j H_j}(F_{\mathrm{Ek}} - \Delta F_6)$$
$$= \frac{116400}{481400} \times (3126 - 256) = 694\mathrm{kN}$$

选择 B。

8. 答案：B

解答过程：依据《建筑抗震设计规范》GB 50011—2010 的 5.1.5 条、5.2.1 条计算 F_{Ek}，如下：

$$\gamma = 0.9 + \frac{0.05 - \zeta}{0.3 + 6\zeta} = 0.9 + \frac{0.05 - 0.035}{0.3 + 6 \times 0.035} = 0.9294$$

$$\eta_2 = 1 + \frac{0.05 - \zeta}{0.08 + 1.6\zeta} = 1 + \frac{0.05 - 0.035}{0.08 + 1.6 \times 0.035} = 1.1103$$

由于 $T_1 = 1.2\text{s} > T_g = 0.55\text{s}$，且 $< 5T_g = 5 \times 0.55 = 2.75\text{s}$，所以

$$\alpha_1 = \left(\frac{T_g}{T_1}\right)^{\gamma} \eta_2 \alpha_{max} = \left(\frac{0.55}{1.2}\right)^{0.9294} \times 1.1103 \times 0.16 = 0.0860$$

$$F_{Ek} = \alpha_1 G_{eq} = 0.0860 \times 30430 = 2617\text{kN}$$

选择 B。

9. 答案：D

解答过程：依据《高层建筑混凝土结构技术规程》JGJ 3—2010 的 6.2.1 条计算。

二级抗震、框架结构，$\eta_c = 1.5$。于是

$$\sum M_c = \eta_c \sum M_b = 1.5 \times (495 + 105) = 900\text{kN} \cdot \text{m}$$

节点 B 上、下柱端弯矩按照调整前弯矩值分配，故

$$M_{BD} = \frac{345}{345 + 255} \times 900 = 517.5\text{kN} \cdot \text{m}$$

选择 D。

10. 答案：D

解答过程：依据《高层建筑混凝土结构技术规程》JGJ 3—2010 的 6.2.3 条计算。

二级抗震、框架结构，$\eta_{vc} = 1.3$。于是

$$V = \eta_{vc} \frac{M_c^t + M_c^b}{H_n} = 1.3 \times \frac{298 + 306}{4.5 - 0.6} = 201.3\text{kN}$$

选择 D。

11. 答案：C

解答过程：依据《高层建筑混凝土结构技术规程》JGJ 3—2010 的 6.2.5 条计算。

二级抗震，$\eta_{vb} = 1.2$。由本题图示得到 $M_b^l = 105\text{kN} \cdot \text{m}$，$M_b^r = 305\text{kN} \cdot \text{m}$。于是

$$V = \eta_{vb} \frac{M_b^l + M_b^r}{l_n} + V_{Gb} = 1.2 \times \frac{105 + 305}{7.5 - 0.6} + 135 = 206\text{kN}$$

选择 C。

12. 答案：A

解答过程：依据《高层建筑混凝土结构技术规程》JGJ 3—2010 的 6.3.5 条，二级抗震，沿梁全长箍筋的面积配筋率应满足

$$\rho_{sv} \geqslant 0.28 \frac{f_t}{f_{yv}} = 0.28 \times \frac{1.71}{270} = 0.177\%$$

故选择 A。

13. 答案：C

解答过程：依据《高层建筑混凝土结构技术规程》JGJ 3—2010 的 5.4.1 条第 1 款，

当 $EJ_d \geqslant 2.7 H^2 \sum\limits_{i=1}^{n} G_i$ 时可不考虑二阶效应的不利影响。今 $H=75\text{m}$，$\sum\limits_{i=1}^{n} G_i = 7300 + 6500 \times 18 + 5100 = 129400\text{kN}$。

$$EJ_d \geqslant 2.7 H^2 \sum_{i=1}^{n} G_i = 2.7 \times 75^2 \times 129400 = 1965.3 \times 10^6 \text{kN} \cdot \text{m}^2$$

故选择 C。

14. 答案：D

解答过程：依据《高层建筑混凝土结构技术规程》JGJ 3—2010 的 3.7.3 条规定，$H \leqslant 150\text{m}$ 的高层建筑，$[\Delta u/h]$ 按表 3.7.3 取值；250m 及以上的高层建筑，$[\Delta u/h] = \dfrac{1}{500}$；高度在 150m～250m 之间的按线性插值取用。

选项 A：$H \leqslant 150\text{m}$ 的框架，$[\Delta u/h] = \dfrac{1}{550}$。

选项 B：高度为 180m 的剪力墙，$[\Delta u/h] = \dfrac{1}{1000} + \dfrac{\frac{1}{500} - \frac{1}{1000}}{250 - 150} \times (180 - 150) = \dfrac{1}{769}$。

选项 C：高度为 160m 的框架核心筒，$[\Delta u/h] = \dfrac{1}{800} + \dfrac{\frac{1}{500} - \frac{1}{800}}{250 - 150} \times (160 - 150) = \dfrac{1}{755}$。

选项 D：高度为 175m 的筒中筒，$[\Delta u/h] = \dfrac{1}{1000} + \dfrac{\frac{1}{500} - \frac{1}{1000}}{250 - 150} \times (175 - 150) = \dfrac{1}{800}$。

可见，选项 D 最为严格。

15. 答案：D

解答过程：依据《高层建筑混凝土结构技术规程》JGJ 3—2010 的 10.2.2 条，带转换层的高层建筑结构，剪力墙底部加强部位的高度应从地下室顶板算起，宜取至转换层以上两层且不宜小于房屋高度的 1/10，即，取为 max（5.4+3.6×2，95.4/10）=12.6m。

依据第 7.2.14 条规定，二级抗震设计的剪力墙底部加强部位以及相邻上一层应设置约束边缘构件，因此约束边缘构件应做到 12.6+3.6=16.2m 处，故选择 D。

16. 答案：B

解答过程：依据《建筑结构荷载规范》GB 50009—2012 的表 8.3.1 第 30 项，其各侧面的风荷载体型系数如图 12-2-1（a）所示，于是可得

$\sum (\mu_{si} B_i) = 0.8 \times 32 - 2 \times 0.45 \times 12 \times$

$\qquad \cos60° + 2 \times 0.5 \times 32 \times$

$\qquad \cos60° + 0.5 \times 12$

$\qquad = 42.2\text{m}$

式中，B_i 为各边长在迎风面上的投影长度。

故选择 B。

点评：解答本题时注意以下两点：

（1）风荷载体型系数是以压为正、拉为

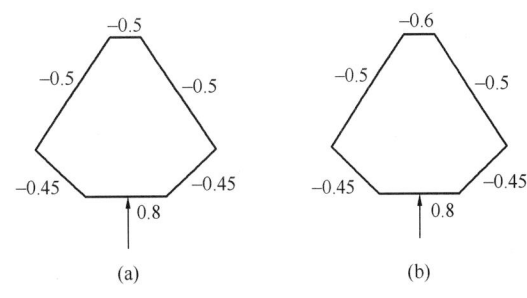

图 12-2-1　风荷载体型系数

负，而在风力的叠加时，应以相同方向相加，相反方向相减。

（2）依据《高层建筑混凝土结构技术规程》JGJ3—2010附录B.0.1条第11款，六角形平面各侧面的风荷载体型系数如图12-2-1（b）所示，背风面的μ_s为-0.6而不是-0.5。对照以前版本，两本规范均存在此差异。

17. 答案：C

解答过程：依据《建筑抗震设计规范》GB 50011—2010的6.1.14条，地上一层与地下一层的侧向刚度比为

$$\frac{\dfrac{G_1A_1}{h_1}}{\dfrac{G_0A_0}{h_0}} = \frac{17.176\times10^6/5.2}{19.76\times10^6/3.5} = 0.59 > 0.5$$

故应以地下室底板作为嵌固端。从而，倾覆力矩为

$$M = 0.5\times qH\left(\frac{2}{3}\times88+3.5\right) = 0.5\times134.7\times88\times\left(\frac{2}{3}\times88+3.5\right)$$
$$= 368449.4\ \text{kN}\cdot\text{m}$$

故选择C。

18. 答案：D

解答过程：依据《高层建筑混凝土结构技术规程》JGJ 3—2010的第10.2.2条，剪力墙底部加强部位应从地下室顶板算起，宜取至转换层以上两层且不宜小于房屋高度的1/10。即

$$H = \max(5.2+4.8+3.0, 88/10) = 13\text{m}$$

故选择D。

19. 答案：A

解答过程：框架梁端部纵筋的要求应满足《高层建筑混凝土结构技术规程》JGJ 3—2010的6.3.2条和6.3.3条的要求，其中6.3.2条已被《混凝土结构通用规范》GB 55008—2021的4.4.8条代替。

依据《混凝土结构通用规范》GB 55008—2021的4.4.8条，抗震设计时，梁端截面的底面和顶面纵向钢筋截面面积的比值，二级时不应小于0.3。

对于选项A：$\dfrac{A_s}{A_{s1}+A_{s2}} = \dfrac{1256}{1964\times2} = 0.32 > 0.3$，满足要求。

对于选项B：$\dfrac{A_s}{A_{s1}+A_{s2}} = \dfrac{1017}{1964\times2} = 0.26 < 0.3$，不满足要求。

C项必然不满足要求，不必计算。

对于选项D：$\dfrac{A_s}{A_{s1}+A_{s2}} = \dfrac{2463}{2463\times2} = 0.5 > 0.3$，满足要求。

以上验算排除了B、C选项。

依据《高层建筑混凝土结构技术规程》JGJ 3—2010的6.3.3条第1款，梁端纵向受拉钢筋的配筋率不宜大于2.5%，不应大于2.75%。

依据《混凝土结构设计规范》GB 50010—2010的8.2.1条，一类环境，要求最外层，

钢筋保护层厚度最小为 20mm。依据 9.2.1 条，各层钢筋之间的净距不应小于 25mm 和 d，d 为钢筋的最大直径。若箍筋直径以 10mm 计，则 A、D 项的配筋率验算如下。

对于选项 A：

$$\frac{A_s}{bh_0} = \frac{1964 \times 2}{300 \times (600 - 20 - 10 - 25 - 25/2)} = 2.46\% < 2.5\%，满足要求$$

对于选项 D：

$$\frac{A_s}{bh_0} = \frac{2463 \times 2}{300 \times (600 - 20 - 10 - 28 - 28/2)} = 3.11\% > 2.75\%，不满足要求$$

故选择 A。

20. 答案：A

解答过程：依据《高层建筑混凝土结构技术规程》JGJ 3—2010 的 6.3.2 条并结合《混凝土结构通用规范》GB 55008—2021 的 4.4.8 条，二级抗震，梁端箍筋加密区最大间距取 $h_b/4$、$8d$、100mm 三者最小者，为 $\min(600/4，8 \times 25，100) = 100$mm。当纵向受拉钢筋的配筋率大于 2% 时，箍筋最小直径应比表中规定增大 2mm。上题已经求得纵筋的配筋率为 2.46% > 2%，故箍筋最小直径应比 8mm 增大 2mm，为 10mm。选择 A。

点评：《高层建筑混凝土结构技术规程》JGJ 3—2010 的 6.3.2 条已被《混凝土结构通用规范》GB 55008—2021 的 4.4.8 条代替，对比发现，前者还规定，当纵向受拉钢筋的配筋率大于 2% 时，箍筋最小直径应比表中规定增大 2mm。今理解为此规定不再是强制性条文但仍执行。

21. 答案：C

解答过程：依据《高层建筑混凝土结构技术规程》JGJ 3—2010 的 6.4.3 条并结合《混凝土结构通用规范》GB 55008—2021 的 4.4.7 条，角柱、二级抗震，按规定表格得到柱纵向钢筋最小配筋率为 0.9%；由于是 HRB335 钢筋，增加 0.1%；由于为建于Ⅳ类场地的高层建筑，再增加 0.1%，最终成为 $(0.9 + 0.1 + 0.1)\% = 1.1\%$。

$$A_{s,\min} = 1.1\% \times 350 \times 600 = 2310 \text{mm}^2$$

今 A、B、C、D 选项对应的截面面积分别为 1539mm²、2011mm²、2545mm²、3142mm²，可见，C 满足要求。

点评：《高层建筑混凝土结构技术规程》JGJ 3—2010 的 6.4.3 条已被《混凝土结构通用规范》GB 55008—2021 的 4.4.7 条代替，对比发现，两者规定无矛盾但前者规定比后者多。故可以理解为前者仍执行但多出来的规定不再是强制性的。

《高层建筑混凝土结构技术规程》的 6.4.4 条第 5 款规定："边柱、角柱及剪力墙端柱考虑地震作用组合产生小偏心受拉时，柱内纵筋总截面面积应比计算值增加 25%"，对此，可能会有不同理解。一般理解为，按最小配筋率求得的纵筋截面面积不必增大（该观点与命题组当年的解答一致）。

22. 答案：D

解答过程：依据《建筑抗震设计规范》GB 50011—2010 的 5.2.1 条以及 5.1.3 条计算。

$$\begin{aligned} F_{Ek} &= \alpha_1 G_{eq} = 0.034 \times 0.85 \times (4300 + 4100 \times 10 + 160 \times 0.5 + 550 \times 10 \times 0.5) \\ &= 1391 \text{kN} \end{aligned}$$

故选择 D。

23. 答案：B

解答过程：依据《建筑与市政工程抗震通用规范》GB 55002—2021 的表 4.2.2-2，多遇地震、Ⅱ类场地、第二组，得到特征周期 $T_g = 0.40s$。

依据《建筑抗震设计规范》GB 50011—2010 的 5.2.1 条计算。

由于 $T_1 = 1.1s > 1.4 T_g = 1.4 \times 0.40 = 0.56s$，$T_g = 0.40s$ 在 0.35s 和 0.55s 之间，故

$$\delta_n = 0.08T_1 + 0.01 = 0.08 \times 1.1 + 0.01 = 0.098$$

$$\Delta F_n = \delta_n F_{Ek} = 0.098 \times 10000 = 980kN$$

$$F_{11} = \frac{G_{11} H_{11}}{\sum_{j=1}^{11} G_j H_j} F_{Ek} (1 - \delta_n) + \Delta F_n$$

$$= \frac{30800G}{\frac{(1+11) \times 2800 \times 11}{2} \times G} \times 10000 \times (1 - 0.098) + 980$$

$$= 2483kN$$

故选择 B。

24. 答案：B

解答过程：依据《建筑抗震设计规范》GB 50011—2010 的 8.2.5 条，考虑节点域腹板稳定所需的腹板厚度为

$$t_w \geqslant (h_{b1} + h_{c1})/90 = (414 + 514)/90 = 10.3mm$$

依据《建筑与市政工程抗震通用规范》GB 55002—2021 的表 5.3.1，7 度、高度 30.8m＜50m，抗震等级为四级。依据《建筑抗震设计规范》的表 8.3.2，工字形截面柱腹板高厚比应满足 $52\sqrt{235/f_{ay}}$，据此可得腹板最小厚度为

$$t_w = \frac{500}{52\sqrt{235/f_{ay}}} = \frac{500}{52\sqrt{235/345}} = 12mm$$

综上，得到腹板最小厚度为 12mm，故选择 B。

点评：《建筑抗震设计规范》中的钢材屈服强度记作 f_{ay}，f_{ay} 的取值与钢材的牌号及板件厚度有关。在《钢结构设计规范》中该符号被记作 f_y。对于经常出现的 $\sqrt{235/f_y}$ 或 $\sqrt{f_y/235}$，通常的做法是，f_y 统一按照≤16mm 时取值，即取为"牌号强度"。

25. 答案：D

解答过程：依据《高层建筑混凝土结构技术规程》JGJ 3—2010 的 8.1.3 条，框架-剪力墙结构，根据在规定的水平力作用下底层框架部分承受的地震倾覆力矩与结构总地震倾覆力矩的比值，确定相应的设计方法。当框架部分承受的地震倾覆力矩大于结构总地震倾覆力矩的 50% 时，其框架部分的抗震等级应按框架结构采用，这时，框架抗震等级为二级，否则，按照框架-剪力墙确定，框架抗震等级为三级。故选择 D。

26. 答案：C

解答过程：依据《高层建筑混凝土结构技术规程》JGJ 3—2010 的 6.3.3 条第 3 款，一、二、三级抗震等级的框架梁内贯通中柱的每根纵向钢筋的直径，对圆形截面柱，不宜大于纵向钢筋所在位置柱截面弦长的 1/20。

今一类环境,对于梁,最外层钢筋保护层厚度最小为 20mm,暂取 $a_s=40$mm,则纵筋在竖向与圆心的距离为 $(250-2\times40)/2=85$mm,而柱截面的半径为 $(250+2\times100)/2=225$mm,于是弦长为 $2\times\sqrt{225^2-85^2}=417$mm,钢筋直径不宜大于 $417/20=20.9$mm。可见 A、B 不满足要求,C 满足要求。

又依据《混凝土结构通用规范》GB 55008—2021 的 4.4.8 条,梁端截面受拉钢筋的配筋率不宜大于 2.5%,今选项 C 为

$$\rho=\frac{A_s}{bh_0}=\frac{942}{250\times(400-40)}=1.05\%<2.5\%$$

满足要求。故选择 C。

27. 答案:A

解答过程:依据《建筑结构荷载规范》GB 50009—2012 的 F.1.2 条计算烟囱自振周期。

烟囱 1/2 高度处水平截面外径 $d=4.5+\dfrac{7.3-4.5}{2}=5.9$m

$$T_1=0.41+0.0010\frac{H^2}{d}=0.41+0.0010\times\frac{70^2}{5.9}=1.24\text{s}$$

依据《烟囱工程技术标准》GB/T 50051—2021 的 5.5.1 条,烟囱阻尼比按 3.1.31 条取值,为 0.04。

依据《建筑抗震设计规范》GB 50011—2010 的 5.1.5 条计算水平地震影响系数。

由表 5.1.4-1 和表 5.1.4-2,得到 $T_g=0.35$s,$\alpha_{\max}=0.16$。又由于 $T_g<T_1=1.24$s$<5T_g=1.75$s,阻尼比 0.04,故 $\gamma=0.9185$,$\eta_2=1.069$。于是

$$\alpha_1=\left(\frac{T_g}{T_1}\right)^\gamma\eta_2\alpha_{\max}=\left(\frac{0.35}{1.24}\right)^{0.9185}\times1.069\times0.16=0.0535$$

故选择 A。

点评:在使用《建筑结构荷载规范》GB 50009—2012 的 F.1.2 条计算烟囱的自振周期时,必须注意,公式 (F.1.2-1) 适用于"砖烟囱",公式 (F.1.2-2) 适用于"钢筋混凝土烟囱",切不可一看到题目中的烟囱高度不超过 60m 就套用公式 (F.1.2-1)。

之所以出现"高度不超过 60m 的砖烟囱",是由于《烟囱工程技术标准》GB/T 50051—2021 的 3.1.12 条规定,高度大于 60m 的烟囱不应采用砖烟囱。

28. 答案:B

解答过程:依据《高层建筑混凝土结构技术规程》JGJ 3—2010 的 D.0.1 条,剪力墙墙肢应满足的稳定性要求为 $q\leqslant\dfrac{E_c t^3}{10l_0^2}$,于是

$$t\geqslant\sqrt[3]{\frac{10ql_0^2}{E_c}}=\sqrt[3]{\frac{10\times3400\times5000^2}{3.15\times10^4}}=300\text{mm}$$

故选择 B。

29. 答案:B

解答过程:依据《高层建筑混凝土结构技术规程》JGJ 3—2010 的 3.3.2 条条文说明,此时应按裙房以上部分考虑,故高宽比为 $58/26=2.23$,选择 B。

30. 答案:A

解答过程：依据《建筑与市政工程抗震通用规范》GB 55002—2021 的 2.3.2 条，重点设防类（乙类），应按本地区抗震设防烈度提高一度确定其抗震措施等级，故这里按 8 度考虑。依据 5.2.1 条，丙类、框架-核心筒、8 度、高度 88m，得到框架与核心筒抗震等级均为一级。

按照框架结构、8 度、高度 30m 查表 5.2.1，得到裙楼本身的抗震等级为一级。

依据《高层建筑混凝土结构技术规程》JGJ 3—2010 的 3.9.6 条，裙楼相关范围应为一级，选择 A。

31. 答案：C

解答过程：依据《建筑与市政工程抗震通用规范》GB 55002—2021 的 2.3.2 条，丙类建筑、建筑场地为Ⅱ类，仍按照 7 度采取抗震措施。查表 5.2.1，框架-核心筒、7 度、高度 88m，得到核心筒部分抗震等级为二级。

依据《高层建筑混凝土结构技术规程》JGJ 3—2010 的 9.1.7 条，筒体墙的底部加强部位高度按第 7 章确定。由 7.1.4 条第 2 款，底部加强部位的高度可取底部二层和墙体总高度 1/10 二者的较大值，很显然第 13 层属于底部加强部位以上。依据 9.2.2 条，角部墙体宜按 7.2.15 条设置约束边缘构件。

依据 7.2.15 条，二级抗震，约束边缘构件内阴影部分竖向钢筋最小配筋率为 1.0％且不小于 6 Φ 16。

依据图 7.2.15（d）确定阴影部分面积，为 $250 \times (250 + 300) \times 2 - 250 \times 250 = 212500mm^2$，$1.0％ \times 212500 = 2125\ mm^2$，该值大于 6φ16 的截面面积 1206mm²。

由此，12 根钢筋时，需要钢筋直径为 $\sqrt{\dfrac{2125 \times 4}{3.14 \times 12}} = 15.0mm$，故选择 C。

点评：需要注意，《高层建筑混凝土结构技术规程》JGJ 3—2010 的 9.2.2 条的第 2 款和第 3 款，均是针对"角部墙体"而言的，即，第 2 款为底部加强部位角部墙体设置约束边缘构件的要求，第 3 款为底部加强部位以上角部墙体的要求，但较早印刷的纸质版缺少"角部墙体"四个字。可以佐证的是朱炳寅《高层建筑混凝土结构技术规程应用与分析》（2017 年 7 月，中国建筑工业出版社）。

32. 答案：C

解答过程：依据《建筑工程抗震设防分类标准》GB 50223—2008 的 6.0.5 条及其条文说明，营业面积 7000m² 以上的商业建筑为大型商场，属于重点设防类，即乙类。

依据《建筑抗震设计规范》GB 50011—2010 的 6.1.3 条，裙房与主楼相连，除应按裙房本身确定抗震等级外，相关范围内不应低于主楼的抗震等级。

依据《建筑与市政工程抗震通用规范》GB 55002—2021 的 2.3.2 条，乙类建筑应提高一度采取抗震措施。这样，7 度区按 8 度考虑。查表 5.2.1，对于裙房，框架结构、8 度、高度 30m，得到抗震等级为一级；对于主体结构，框架-核心筒、8 度、高度 88m，框架与核心筒的抗震等级均为一级。因此，相关范围内的裙房按一级考虑。

查《高层建筑混凝土结构技术规程》JGJ 3—2010 的 6.4.3 条并结合《混凝土结构通用规范》GB 55008—2021 的 4.4.9 条，中柱、一级抗震、框架结构、HRB400 钢筋，最小配筋率为 1.05％。于是所需纵筋最少为 $1.05％ \times 500 \times 500 = 2625mm^2$。

由此，12 根钢筋时，需要钢筋直径为 $\sqrt{\dfrac{2625 \times 4}{3.14 \times 12}} = 16.7\text{mm}$。

若考虑 C 选项，则一侧纵筋截面面积为 1018 mm^2，对应的配筋率为 1018/（500×500）＝0.407％＞0.2％，满足要求。故选择 C。

点评：《高层建筑混凝土结构技术规程》JGJ 3—2010 的 3.9.6 条条文说明指出，处于主楼相关范围的裙房的抗震等级不应低于主楼，处于相关范围以外的裙房根据自身的结构类型确定抗震等级。故增加了提示。

33. 答案：C

解答过程：依据《高层建筑混凝土结构技术规程》JGJ 3—2010 的表 6.4.2，框架结构、一级，柱轴压比限值为 0.65。今题目中柱轴压比为 0.70，超限。可采用表 6.4.2 下的注释 4 的措施，即，沿柱全高采用井字复合箍，箍筋间距不大于 100mm、肢距不大于 200mm、直径不小于 12mm。

当箍筋配置选用 $\phi 12@100$ 时，体积配箍率为

$$\rho_\text{v} = \frac{2 \times 4 \times 113.1 \times (500 - 2 \times 36)}{(500 - 2 \times 42)^2 \times 100} = 2.24\%$$

依据 6.4.7 条，一级、复合箍筋、轴压比 0.70，最小配箍特征值为 0.17，体积配箍率下限值为

$$[\rho_\text{v}] = \lambda_\text{v} \frac{f_\text{c}}{f_\text{yv}} = 0.17 \times \frac{16.7}{270} = 1.05\% < \rho_\text{v} = 2.24\%$$

此时，体积配箍率也满足 6.4.7 条第 2 款规定的不小于 0.8％的规定。故选择 C。

34. 答案：B

解答过程：依据《混凝土结构通用规范》GB 55008—2021 的 4.4.8 条第 3 款，抗震设计时，梁端截面的底面和顶面纵向钢筋截面面积的比值，除按计算确定外，一级不应小于 0.5。

今 3 Φ 25、2 Φ 25、2 Φ 20、3 Φ 22 钢筋截面面积分别为 1473mm^2、982mm^2、628mm^2、1140mm^2，于是：

A 选项，1140/（1473＋982）＜0.5，不满足要求；

B 选项，1140/（1473＋628）＝0.54＞0.5，满足要求；

C 选项，1140/（1140＋1140）＝0.5，满足要求。

又依据 4.4.8 条第 1 款，抗震设计时，计入受压钢筋作用的梁端截面混凝土受压区高度与有效高度之比，一级不应大于 0.25。

B 选项，$\xi = \dfrac{(1473 + 628) \times 300 - 1140 \times 300}{1.0 \times 14.3 \times 250 \times 340} = 0.237 < 0.25$，满足要求；

C 选项，$\xi = \dfrac{(1140 + 1140) \times 300 - 1140 \times 300}{1.0 \times 14.3 \times 250 \times 340} = 0.28$，不满足要求。

故选择 B。

35. 答案：A

解答过程：第 2 层边柱的侧移刚度为

$$D_{2边} = 0.38 \times 2.2 \times \frac{12}{h^2} \times 10^7 = 0.836 \times \frac{12}{h^2} \times 10^7 \text{（kN/mm）}$$

第 2 层每个边柱分配的剪力为

$$V_边 = \frac{0.836 \times \dfrac{12}{h^2} \times 10^7}{2 \times (0.836 + 2.108) \times \dfrac{12}{h^2} \times 10^7} \times 5P = 0.71P \ (kN)$$

故选择 A。

36. 答案：D

解答过程：顶层绝对侧移等于其下各层相对侧移值的累加。

$$\delta_6 = \sum_{i=1}^{6} \Delta_i = \frac{P}{\sum D_6} + \frac{2P}{\sum D_5} + \frac{3P}{\sum D_4} + \frac{4P}{\sum D_3} + \frac{5P}{\sum D_2} + \frac{6P}{\sum D_1} = 15 \times \frac{P}{\sum D_6} + \frac{6P}{\sum D_1}$$

$$= 15 \times 0.0127P + \frac{6P}{102.84} = 0.249P$$

故选择 D。

点评：为什么底层和其他层的抗侧刚度会不同？

D 值法对柱的侧移刚度有修正，即采用下式：

$$D = \alpha \frac{12 i_c}{h^2}$$

式中，侧移刚度修正系数 α 按照表 12-2-1 取值，可见，即使梁、柱的线刚度都相同，底层柱和其他层柱的侧移刚度 D 也会不同。

侧移刚度修正系数 α 表 12-2-1

楼层	简图		K	n
一般层柱	① i_2 i_c h i_4	② i_1 i_2 i_c i_3 i_4	$K = \dfrac{i_1 + i_2 + i_3 + i_4}{2 i_c}$	$a = \dfrac{K}{2 + K}$
底层柱	① i_2 i_c h	② i_1 i_2 i_c	$K = \dfrac{i_1 + i_2}{i_c}$	$\alpha = \dfrac{0.5 + K}{2 + K}$

注：表中①为边柱，②为中柱、边柱情况下，式中 i_1，i_3 取为 0。

37. 答案：C

解答过程：依据《高层建筑混凝土结构技术规程》JGJ 3—2010 的 10.2.2 条，底部加强部位的高度应从地下室顶板算起，宜取至转换层以上两层且不宜小于房屋高度的1/10，今第 3 层位于框支层以上 2 层，故属于底部加强部位。

依据《建筑与市政工程抗震通用规范》GB 55002—2021 的 5.2.1 条，部分框支抗震墙结构、7 度、高度54m，底部加强部位剪力墙抗震等级为二级。

依据《高层建筑混凝土结构技术规程》的 7.2.1 条，二级时，底部加强部位范围内墙体厚度不小于 200mm，故选择 C。

38. 答案：C

解答过程：依据《高层建筑混凝土结构技术规程》JGJ 3—2010 的附录 E.0.1 条，要求

$$\gamma_{e1} = \frac{G_1 A_1}{G_2 A_2} \times \frac{h_2}{h_1} \geqslant 0.5$$

今各参数为

$$G_1/G_2 = 1.15，h_2/h_1 = 3.2/6，A_2 = A_{w2} = 22.96 \text{m}^2$$
$$A_{c1} = 0.8 \times 0.9 \times 16 = 11.52 \text{ mm}^2，C_1 = 0.056，A_1 = A_{w1} + C_1 A_{c1}$$

于是

$$\frac{1.15 \times (A_{w1} + 0.056 \times 11.52)}{22.96} \times \frac{3.2}{6} \geqslant 0.5$$

解出 $A_{w1} \geqslant 18.07 \text{m}^2$。因为 1 层抗震墙有 6 道，每道墙长 8.2m，所以，墙厚至少为 18.07/（6×8.2）＝0.367m，选择 C。

39. 答案：D

解答过程：依据《建筑与市政工程抗震通用规范》GB 55002—2021 的 4.2.3 条，底层承受的水平地震剪力标准值最小为 $\lambda \sum_{j=1}^{16} G_j$。7 度（0.15g）、基本周期 1s，查表得到 $\lambda = 0.024$；由于是薄弱层，还应乘以 1.15。于是

$$\lambda \sum_{j=1}^{16} G_j = 1.15 \times 0.024 \times 23100 = 638 \text{kN}$$

依据《高层建筑混凝土结构技术规程》3.5.8 条，由于是薄弱层，计算分析得到的水平地震剪力标准值应乘以 1.25，成为 $1.25 \times 5000 = 6250 \text{kN} > \lambda \sum_{j=1}^{16} G_j = 638 \text{kN}$，取为 6250kN。

由于框支柱为 16 根，依据 10.2.17 条第 2 款，底层框支柱承受的地震剪力标准值之和应取基底剪力的 20%，故 $V_{kc} = 20\% \times 6250 = 1250 \text{kN}$。选择 D。

点评：题目中给出的 1～16 层总重力荷载代表值为 23100kN 似乎不合实际，理由如下：

依据题目给出的尺寸，折合为 23100/(16×48×20)＝1.5kN/m² ，取钢筋混凝土重度为 25kN/m³，则相当于楼板厚度为 1.5/25＝0.06m＝60mm。况且，重力荷载代表值是自重标准值＋0.5 倍楼面活荷载，所以，若再考虑了 0.5 倍楼面活荷载之后，楼板厚度将不足 60mm。所以说，给出的数值不符合实际。

40. 答案：B

解答过程：依据《建筑与市政工程抗震通用规范》GB 55002—2021 的 2.3.2 条，丙类建筑、Ⅱ类场地，应按设防烈度采取抗震措施。这样，7 度区按 7 度考虑。查表 5.2.1，框支剪力墙结构、7 度、高度 54m＜80m，可得框支框架的抗震等级为二级。

今轴压比为

$$\mu_N = \frac{N}{f_c A} = \frac{13300 \times 10^3}{23.1 \times 800 \times 900} = 0.8$$

依据《高层建筑混凝土结构技术规程》6.4.2 条的注释 4，表中轴压比限值可增加 0.1，即轴压比限值为 0.7+0.1=0.8，满足要求。

由轴压比为 0.8、抗震等级为二级、复合螺旋箍查表 6.4.7，得到配箍特征值 $\lambda_v=$ 0.15。依据 10.2.10 条，转换柱的配箍特征值要在表 6.4.7 数值的基础上再增加 0.02，于是 $\lambda_v=0.15+0.02=0.17$，故选择 B。

41. 答案：A

解答过程：依据《建筑抗震设计规范》GB 50011—2010 的 6.1.14 条，地上一层与地下一层的剪切刚度应满足 $\dfrac{G_1 A_1/h_1}{G_0 A_0/h_0}\leqslant 0.5$。

将 $G_0=G_1$，$A_0/A_1=n$ 代入上式，得到 $h_1/h_0\geqslant 2/n$。由于 $h_1=6m$，故应有 $h_0\leqslant 3n$，选择 A。

42. 答案：A

解答过程：依据《建筑与市政工程抗震通用规范》GB 55002—2021 的 5.3.1 条，丙类建筑、高度 60m、烈度为 8 度，得到钢结构房屋的抗震等级为二级。

依据《高层民用建筑钢结构技术规程》JGJ 99—2015 的表 7.5.3，对于工字形截面的腹板，宽厚比应不大于 $26\sqrt{235/f_y}$，于是，$t\geqslant\dfrac{540}{26\sqrt{235/345}}=25.2mm$，故选择 A。

43. 答案：A

解答过程：依据《烟囱工程技术标准》GB/T 50051—2021 的 5.5.4 条计算烟囱根部的竖向地震作用标准值，其中，α_{vmax} 取水平地震影响系数最大值的 65%。

依据《建筑与市政工程抗震通用规范》GB 55002—2021 的 4.2.2 条可知，多遇地震、8 度（0.2g），得到 $\alpha_{max}=0.16$。

$$F_{Ev0}=\pm 0.75\alpha_{vmax}G_E=\pm 0.75\times 0.65\times 0.16\times 750=\pm 58.5kN$$

故选择 A。

44. 答案：C

解答过程：依据《高层建筑混凝土结构技术规程》JGJ 3—2010 的 10.2.4 条可知 A 正确；由 5.4.1 条可知 B 正确；依据《建筑抗震设计规范》GB 50011—2010 的 3.5.3 条，可知 D 正确。水平力产生的侧向顶点位移与高度 4 次方成正比，故 C 错误。选择 C。

45. 答案：C

解答过程：依据《高层建筑混凝土结构技术规程》JGJ 3—2010 的 8.2.2 条第 3 款，暗梁截面面高度可取墙厚的 2 倍，即 $2\times 250=500mm$；暗梁配筋应符合一般框架梁相应抗震等级的最小配筋要求。

依据《混凝土结构通用规范》GB 55008—2021 的 4.4.8 条，一级抗震，支座位置的纵向受拉钢筋最小配筋率为 0.40% 和 $0.8f_t/f_y$ 的较大者。

$$\rho_{min}=0.8\dfrac{f_t}{f_y}=0.8\times\dfrac{1.57}{300}=0.418\%>0.4\%$$

故最小配筋为 $0.418\%\times 250\times 500=523\ mm^2$。今 A、B、C、D 各选项的钢筋截面面积分别为 $982mm^2$、$760mm^2$、$628mm^2$、$509mm^2$，故选择 C。

46. 答案：A

解答过程：依据《高层建筑混凝土结构技术规程》JGJ 3—2010 的 6.4.10 条，节点核心区箍筋最大间距和最小直径与 6.4.3 条柱箍筋规定相同，而 6.4.3 条已被《混凝土结构通用规范》GB 55008—2021 的 4.4.9 条代替。

查《混凝土结构通用规范》的表 4.4.9-2，二级抗震时箍筋最大间距为 $8d = 8 \times 22 = 176$mm 和 100mm 的较小者，为 100mm，箍筋最小直径为 8mm。注意到，表下还规定，二级框架柱箍筋直径不小于 10mm 且肢距不大于 200 时，除柱根外加密区箍筋最大间距应允许采用 150mm，这样，A 选项也符合要求。

依据《高层建筑混凝土结构技术规程》的 6.4.10 条，二级框架节点核心区 λ_v 不宜小于 0.10，箍筋体积配箍率不宜小于 0.5%。于是

$$[\rho_v] = \lambda_v \frac{f_c}{f_{yv}} = 0.1 \times \frac{19.1}{270} = 0.707\% > 0.5\%, \quad 取 [\rho_v] = 0.707\%$$

对 A、B、C、D 选项的体积配筋率计算如下：

选项 A：$\rho_v = \dfrac{8A_{sv1}l}{A_{cor}s} = \dfrac{8 \times 78.5 \times (590 + 10)}{590 \times 590 \times 150} = 0.722\% > [\rho_v] = 0.707\%$。

选项 B 与 A 相比，ρ_v 更大，可排除。

选项 C：$\rho_v = \dfrac{8 \times 50.3 \times (590 + 8)}{590 \times 590 \times 100} = 0.691\% < [\rho_v] = 0.707\%$。

选项 D：$\rho_v = \dfrac{8 \times 50.3 \times (590 + 8)}{590 \times 590 \times 75} = 0.922\% > [\rho_v] = 0.707\%$。

选项 A 的体积配筋率大于 $[\rho_v]$ 且最接近，故选择 A。

47. 答案：D

解答过程：依据《混凝土结构通用规范》GB 55008—2021 的 4.4.10 条第 2 款，抗震等级为一级的转换梁，加密区箍筋最小面积配筋率为

$$\rho_{sv,min} = 1.2 \frac{f_t}{f_{yv}} = 1.2 \times \frac{1.71}{300} = 0.684\%$$

图中为 4 肢箍，在箍筋间距为 100mm 时，所需单肢箍筋的截面面积为

$$A_{sv1} = \frac{\rho_{sv,min}bs}{4} = \frac{0.684\% \times 500 \times 100}{4} = 85.5 \text{ mm}^2$$

需要钢筋直径至少为 12mm。

由于转换梁上托柱，依据《高层建筑混凝土结构技术规程》JGJ 3—2010 的 10.2.8 条第 7 款，在跨中的 A_{sv2} 也应加密，故选择 D。

48. 答案：C

解答过程：依据《高层建筑混凝土结构技术规程》JGJ 3—2010 的 10.2.10 条，框支柱的纵筋配筋率应符合 6.4.3 条的规定。结合 6.4.3 条和《混凝土结构通用规范》GB 55008—2021 的 4.4.9 条，HRB335 钢筋、一级时，框支柱最小配筋率为 1.2%。依据 10.2.11 条第 7 款，纵筋间距不应小于 80mm，且全部纵筋配筋率不宜大于 4%。

今 A、B、C 选项对应的配筋率分别为 4.10%、3.82%、3.27%，B、C 符合配筋率要求。

对于选项 B，柱截面内配置 28 根纵筋时，每边 8 根，间距为 $\dfrac{600-2\times30-25}{7}=74\text{mm}$，不满足要求。对于选项 C，纵筋间距为 $\dfrac{600-2\times30-25}{6}=86\text{mm}$，满足要求。故选择 C。

49. 答案：B

解答过程：依据《高层建筑混凝土结构技术规程》JGJ 3—2010 的 5.4.1 条，当满足 $EJ_d \geqslant 2.7H^2\sum\limits_{i=1}^{n}G_i$ 时可不考虑二阶效应影响。又依据该条的条文说明，对于倒三角形分布的荷载，$EJ_d = \dfrac{11qH^4}{120u}$。于是

$$u \leqslant \frac{11qH^4}{120\times2.7H^2\sum\limits_{i=1}^{n}G_i} = \frac{11\times85\times70^2}{120\times2.7\times(0.8+19\times1.2)\times10^4} = 0.0599\text{m}$$

故选择 B。

点评：以上计算中，重力取设计值，q 却是取标准值，看起来似乎有些矛盾，其实不然。理由如下：

对于悬臂柱承受倒三角形分布荷载的情况，利用结构力学中的图乘法，可知其顶端位移为 $u = \dfrac{11qH^4}{120EI}$，这里的公式 $EJ_d = \dfrac{11qH^4}{120u}$ 相当于是其变形（由于不是简单的一根柱子，故用等效侧向刚度 EJ_d 代替了抗弯刚度 EI），因此，q 应按标准组合得到。

$EJ_d \geqslant 2.7H^2\sum\limits_{i=1}^{n}G_i$ 是对等效侧向刚度的判断条件，涉及的荷载 G_i 用设计值。

这之后，$\dfrac{11qH^4}{120u} \geqslant 2.7H^2\sum\limits_{i=1}^{n}G_i$ 只是等量代换，不会影响到其他。

50. 答案：A

解答过程：依据《高层建筑混凝土结构技术规程》JGJ 3—2010 的 5.4.1 条计算。

$$2.7H^2\sum\limits_{i=1}^{n}G_i = 2.7\times70^2\times(0.8+19\times1.2)\times10^4$$
$$= 3.12\times10^9\text{kN}\cdot\text{m}^2 < EJ_d = 3.5\times10^9\text{kN}\cdot\text{m}^2$$

故不必考虑二阶效应的影响。选择 A。

51. 答案：A

解答过程：依据《高层建筑混凝土结构技术规程》JGJ 3—2010 的 3.7.3 条，楼层层间最大位移与层高之比，对于框架-剪力墙结构，为 1/800。

依据 5.4.3 条，框架-剪力墙结构考虑重力二阶效应的位移增大系数为

$$F_1 = \frac{1}{1-0.14H^2\sum\limits_{i=1}^{n}G_i/(EJ_d)}$$

令 EJ_d 调整后与调整前的比值为 n，则调整后，未考虑二阶效应的侧移会减小至原来的 $1/n$，成为 $\dfrac{1}{850n}$。于是，就有下式成立

$$\frac{1}{1-0.14H^2\sum_{i=1}^{n}G_i/(n\times EJ_{\mathrm{d}})}\times\frac{1}{850n}\leqslant\frac{1}{800}$$

即

$$\frac{1}{1-2.05\times10^8/(n\times2.28\times10^9)}\times\frac{1}{850n}\leqslant\frac{1}{800}$$

解方程，得到 $n\geqslant1.03$，故选择 A。

点评：若认为刚度调整后未考虑二阶效应的侧移不变，会得到 $n\geqslant1.52$，错选 C。

52. 答案：C

解答过程：依据《建筑与市政工程抗震通用规范》GB 55002—2021 的 5.3.1 条，丙类建筑、高度 42m、烈度 8 度，得到钢结构房屋的抗震等级为三级。

依据《高层民用建筑钢结构技术规程》JGJ 99—2015 的 7.3.9 条，三级时框架柱的长细比应满足 $\leqslant80\sqrt{235/f_{\mathrm{y}}}$，于是，层高 $h\leqslant i_{\mathrm{x}}\times80\sqrt{235/f_{\mathrm{y}}}=173\times80\times\sqrt{235/345}=11422\mathrm{mm}$，故选择 C。

53. 答案：A

解答过程：依据《建筑与市政工程抗震通用规范》GB 55002—2021 的表 4.2.2-1，多遇地震、烈度 7 度，$\alpha_{\max}=0.08$。依据表 4.2.2-2，Ⅱ类场地、第一组，$T_{\mathrm{g}}=0.35\mathrm{s}$。

自振周期应考虑折减系数，故 $T_1=3.0\times0.8=2.4\mathrm{s}$。

依据《高层建筑混凝土结构技术规程》JGJ 3—2010 的 11.3.5 条，混合结构阻尼比可取为 0.04。于是

$$\gamma=0.9+\frac{0.05-0.04}{0.3+6\times0.04}=0.919$$

又由于 $T_1=2.4\mathrm{s}>5T_{\mathrm{g}}=5\times0.35=1.75\mathrm{s}$，所以，依据规程图 4.3.8 有

$$\begin{aligned}\alpha_1&=[0.2^{\gamma}\eta_2-\eta_1(T_1-5T_{\mathrm{g}})]\alpha_{\max}\\&=[0.2^{0.919}\times1.069-0.022\times(2.4-5\times0.35)]\times0.08\\&=0.018\end{aligned}$$

故选择 A。

点评：题目的已知条件中给出了 $\eta_1=0.022$，因此，在不知道混合结构的阻尼比为 0.04 的情况下，可以利用《高层建筑混凝土结构技术规程》JGJ 3—2010 的公式（4.3.8-2）求出对应的阻尼比为 0.04，进而求出计算时需要用到的 γ。

54. 答案：C

解答过程：依据《建筑与市政工程抗震通用规范》GB 55002—2021 的 4.2.3 条，基本周期 2.4s、7 度，可得 $\lambda=0.016$。由于 $0.016\times6\times10^5=9600\mathrm{kN}>8600\mathrm{kN}$，不满足剪重比要求，因此应取底层剪力标准值 $V_0=9600\mathrm{kN}$。

上部楼层地震剪力应相应调整。$9600/8600=1.116$，调整后 $V_{\mathrm{f}}=1500\times1.116=1674\mathrm{kN}$。

再依据《高层建筑混凝土结构技术规程》JGJ 3—2010 的 9.1.11 条，框架部分分配的剪力标准值 $V_{\mathrm{f}}=1674\mathrm{kN}<0.2V_0=0.2\times9600=1920\mathrm{kN}$，框架部分分配的剪力标准值的最大值 $V_{\mathrm{f,max}}=1674\mathrm{kN}>0.1V_0=0.1\times9600=960\mathrm{kN}$，依据第 3 款，应按 $0.2V_0$ 和 $1.5V_{\mathrm{f,max}}$ 的较小者取值。

$$1.5V_{f,\max} = 1.5 \times 1674 = 2511\text{kN} > 0.2V_0 = 1920\text{kN}$$

所以，底层框架总剪力标准值应取 1920kN，选择 C。

55. 答案：D

解答过程：依据《高层建筑混凝土结构技术规程》JGJ 3—2010 的 11.2.4 条，7 度抗震设计时，宜在混凝土筒体四角墙内设置型钢柱，故选择 D。

点评：本题也可以这样解答：

依据《高层建筑混凝土结构技术规程》JGJ 3—2010 的表 11.1.4，型钢混凝土框架-钢筋混凝土核心筒、7 度、>130m，核心筒抗震等级为一级。依据 11.4.18 条第 2 款，对筒体底部加强部位以上墙体，宜按 7.2.15 条设置约束边缘构件。

依据 7.2.15 条第 2 款，一级时剪力墙约束边缘构件阴影部分的纵筋最小配筋率为 1.2%，即最小配筋截面面积为

$$1.2\% \times (400 \times 800 \times 2 - 400 \times 400) = 5760\text{mm}^2$$

14 根钢筋时，所需钢筋直径为 $\sqrt{\dfrac{5760 \times 4}{14 \times 3.14}} = 23\text{mm}$，A、B、C 选项均不满足要求，故选择 D。

56. 答案：D

解答过程：依据《建筑与市政工程抗震通用规范》GB 55002—2021 的 5.4.1 条，型钢混凝土框架-钢筋混凝土核心筒结构、7 度、高度 132m，得到型钢混凝土框架抗震等级为一级。

依据《高层建筑混凝土结构技术规程》JGJ 3—2010 的表 11.4.4，由于剪跨比 $\lambda = 2.5 > 2$、抗震等级为一级，轴压比限值为 0.7。即

$$\mu_N = \frac{N}{f_c A + f_a A_a} = \frac{18000 \times 10^3}{(700 \times 700 - A_a) \times 23.1 + 295 A_a} \leqslant 0.7$$

解方程得到 $A_a \geqslant 52943\text{mm}^2$。

A_a 尚应满足 11.4.5 条第 6 款的最小含钢率要求。今 $\dfrac{52943}{700 \times 700} = 10.8\% > 4\%$，满足要求。故选择 D。

若仅考虑 11.4.5 条的构造要求，则有 $A_a \geqslant 4\% \times 700 \times 700 = 19600\text{mm}^2$，会错选 B。

57. 答案：B

解答过程：依据《高层建筑混凝土结构技术规程》JGJ 3—2010 的 11.4.5 条第 4 款，柱纵筋最小配筋率不宜小于 0.8%。今依据备选项按照配置 12 根纵筋考虑，则

$$\rho = \frac{A_s}{bh} = \frac{12 \times 3.14 \times d^2/4}{700 \times 700} \geqslant 0.8\%$$

解出 $d \geqslant 20.4\text{mm}$，只有 B、D 选项符合要求。

依据表 11.4.6 条，一级抗震时，要求箍筋直径大于等于 12mm，排除 D 选项。

依据 11.4.6 条，对选项 B 验算加密区箍筋体积配箍率如下：

$$[\rho_v] = 0.85\lambda_v \frac{f_c}{f_y} = 0.85 \times 0.15 \times \frac{23.1}{300} = 0.98\%$$

依据《混凝土结构设计规范》GB 50010—2010，取纵筋保护层厚度最小值为 20+12=32mm，则选项 B 实际体积配箍率为

$$\rho_v = \frac{8 \times 113.1 \times (700 - 2 \times 32 + 12)}{(700 - 2 \times 32)^2 \times 100} = 1.45\% > 0.98\%$$

可见，满足要求。选择 B。

58. 答案：D

解答过程：依据《建筑与市政工程抗震通用规范》GB 55002—2021 的 5.4.1 条，型钢混凝土框架-钢筋混凝土核心筒结构、7 度、高度 132m，得到核心筒抗震等级为一级。

依据《高层建筑混凝土结构技术规程》JGJ 3—2010 的 7.2.21 条，连梁承受的剪力为

$$V = \eta_{vb} \frac{M_b^l + M_b^r}{l_n} + V_{Gb} = 1.3 \times \frac{1440}{2.0} + 60 = 996\text{kN} > 620\text{kN}$$

依据 9.3.8 条，交叉暗撑所需钢筋总面积为

$$A_s \geqslant \frac{\gamma_{RE} V_b}{2 f_y \sin \alpha} = \frac{0.85 \times 996 \times 10^3}{2 \times 360 \times \sin 37°} = 1954\text{mm}^2$$

选项 A、B、C、D 对应的钢筋截面面积分别为 615mm^2、1017mm^2、1256mm^2、1964mm^2，可见，D 满足要求。

点评：对于此题的解答，有两点需要说明：

(1)《混凝土结构设计规范》GB 50010—2010 的 11.7.8 条规定，对于配置有对角斜筋的连梁，取 $\eta_{vb}=1.0$。《高规》对此没有特殊规定。

(2) 剪力墙洞口连梁的剪力调整时，按照《混凝土结构设计规范》GB 50010—2010 的 11.7.8 条，对于一级抗震等级，当两端弯矩均为负弯矩时，绝对值较小的弯矩值应取零。《建筑抗震设计规范》6.2.4 条也有相同的规定。2002 年版的《高层建筑混凝土结构技术规程》在 7.2.22 条也有此规定，但 2010 年版却无此规定，条文说明也未提及此处修改的原因。

59. 答案：B

解答过程：依据《高层建筑混凝土结构技术规程》JGJ 3—2010 的 4.3.3 条及其条文说明，可知 A、C、D 的叙述是正确的，B 是不正确的。

60. 答案：C

解答过程：依据《高层建筑混凝土结构技术规程》JGJ 3—2010 的 8.1.3 条，此时，框架部分按框架结构确定抗震等级。依据《建筑与市政工程抗震通用规范》GB 55002—2021 的 2.3.2 条，乙类建筑，应提高一度采取抗震措施，故应按 7 度考虑。查表 5.2.1，框架结构、高度 31m、7 度，抗震等级为二级。故选 C。

61. 答案：D

解答过程：依据《高层建筑混凝土结构技术规程》JGJ 3—2010 的 10.2.2 条，剪力墙底部加强部位高度应从地下室顶板算起，宜取至转换层以上两层且不宜小于房屋高度的 1/10，即，取为 max(4.2+2.8×2=9.8m, 40.6/10=4.06m)=9.8m。

依据《混凝土结构通用规范》GB 55008—2021 的 4.4.7 条第 4 款，部分框支剪力墙结构，剪力墙底部加强部位墙体的竖向分布钢筋最小配筋率不应小于 0.3%，间距不大于 200mm，直径不小于 ϕ8。于是

$$\frac{A_s}{b_w s} = \frac{2 \times 3.14 \times d^2/4}{300 \times 200} \geqslant 0.3\%$$

解出 $d \geqslant 10.7\text{mm}$，故选择 D。

62. 答案：B

解答过程：依据《高层建筑混凝土结构技术规程》JGJ 3—2010 的附录 E.0.1 条，要求

$$\frac{G_1 A_1}{G_2 A_2} \times \frac{h_2}{h_1} \geqslant 0.5$$

式中各值计算如下：

$$A_1 = A_{w1} + C_1 A_{c1} = A_{w1} + 2.5 \left(\frac{h_{c1}}{h_1}\right)^2 A_{c1}$$

$$= A_{w1} + 2.5 \times \left(\frac{0.9}{4.2}\right)^2 \times 5.67 = A_{w1} + 0.6509$$

$$A_2 = A_{w2} + C_2 A_{c2} = 16.2 + 2.5 \left(\frac{0.9}{2.8}\right)^2 \times 0 = 16.2$$

近似取 $G_1/G_2 \approx E_1/E_2 = 3.25/3.0$，于是，有

$$\frac{3.25}{3.0} \times \frac{A_{w1} + 0.6509}{16.2} \times \frac{2.8}{4.2} \geqslant 0.5$$

解出 $A_{w1} \geqslant 10.56\text{m}^2$，故选择 B。

63. 答案：C

解答过程：依据《建筑与市政工程抗震通用规范》GB 55002—2021 的表 4.2.2-1，多遇地震、8 度（0.30g），$\alpha_{max} = 0.24$。依据表 4.2.2-2，多遇地震、Ⅲ类场地、第一组，$T_g = 0.45\text{s}$。

以下依据《建筑抗震设计规范》GB 50011—2011 的 5.1.5 条计算。

因阻尼比 $\zeta = 0.05$，故 $\gamma = 0.9$，$\eta_2 = 1.0$。因为 $T_g < T_1 = 0.7\text{s} < 5T_g$，所以

$$\alpha_1 = \left(\frac{T_g}{T_1}\right)^\gamma \eta_2 \alpha_{max} = \left(\frac{0.45}{0.885}\right)^{0.9} \times 1.0 \times 0.24 = 0.1306$$

$$F_{Ek} = \alpha_1 G_{eq} = 0.1306 \times 0.85 \times 98400 = 10923\text{kN}$$

故选择 C。

64. 答案：A

解答过程：依据《高层建筑混凝土结构技术规程》JGJ 3—2010 的 3.9.2 条，由于是Ⅲ类场地，设计基本地震加速度为 0.3g，所以，应按 9 度考虑抗震构造措施。

依据《建筑与市政工程抗震通用规范》GB 55002—2021 的 5.2.1 条，丙类建筑、框架-剪力墙、9 度设防、高度 38.8m，其框架部分的抗震等级为一级。

今柱子的剪跨比为

$$\lambda = \frac{H_n}{2h_0} = \frac{2900}{2 \times (800 - 50)} = 1.93 < 2$$

查《高层建筑混凝土结构技术规程》JGJ 3—2010 的表 6.4.2，得到轴压比限值为 0.75。再依据表下的注 2，由于剪跨比不大于 2 不小于 1.5，故限值应减小 0.05，从而成为 0.7，选择 A。

65. 答案：C

解答过程：

底层柱 C1 的剪力标准值为

$$V_{c1k} = \frac{D_{c1}}{\sum D_i} V_f = \frac{27506}{123565} \times 370 = 82.36 \text{kN}$$

柱 C1 柱底弯矩标准值为

$$M_{c1k} = V_{c1k} h_y = 82.36 \times 3.8 = 313 \text{kN} \cdot \text{m}$$

故选择 C。

66. 答案：D

解答过程：依据《高层建筑混凝土结构技术规程》JGJ 3—2010 表 6.4.7，一级抗震、普通箍，轴压比为 0.45、0.60 时最小配箍特征值 λ_v 分别为 0.12、0.15。依据 6.4.10 条第 2 款，一级框架按节点核心区的配箍特征值 λ_v 不宜小于 0.12，箍筋体积配箍率不宜小于 0.6%。今剪跨比小于 2，节点核心区的体积配箍率不宜小于核心区上、下柱端体积配箍率的较大者。

取 $\lambda_v = 0.15$ 计算箍筋体积配箍率，为

$$[\rho_v] = \lambda_v \frac{f_c}{f_{yv}} = 0.15 \times \frac{16.7}{270} = 0.93\% > 0.6\%$$

考虑到柱剪跨比 <2，柱端体积配箍率不小于 1.2%，该值 $>0.93\%$，故节点核心区体积配箍率应取为 1.2%，选择 D。

67. 答案：C

解答过程：依据《高层建筑混凝土结构技术规程》JGJ3—2010 的 8.1.4 条第 1 款，抗震设计时，框架剪力墙结构对应于地震作用标准值的各层框架总剪力，对不满足式 (8.1.4) 要求的楼层，其框架总剪力应按 $0.2V_0$ 和 $1.5V_{f,max}$ 二者的较小值采用。

今 $V_f = 1600 \text{kN} < 0.2V_0 = 0.2 \times 14000 = 2800 \text{kN}$，故该楼层该承受的地震作用标准值需要调整，调整后的总剪力为 $V_f = \min(0.2V_0, 1.5V_{f,max}) = 2800 \text{kN}$。

依据规程 8.1.4 条第 2 款，按调整前后总剪力的比值调整每根框架柱的弯矩和剪力。

弯矩标准值为

$$M = \pm 283 \times (2800/1600) = \pm 495 \text{kN} \cdot \text{m}$$

剪力标准值为

$$V = \pm 74.5 \times (2800/1600) = \pm 130 \text{kN}$$

故选择 C。

68. 答案：D

解答过程：依据《高层建筑混凝土结构技术规程》JGJ3—2010 的 6.2.7 条条文说明，节点核心区抗剪应按照《混凝土结构设计规范》计算。

依据《混凝土结构设计规范》GB 50010—2010 的 11.6.2 条计算如下：

$$h_b = (800+600)/2 = 700\text{mm}, \quad h_{b0} = 700-60 = 640\text{mm}$$

$$V_j = \eta_{jb} \frac{\sum M_b}{h_{b0} - a'_s}\left(1 - \frac{h_{b0} - a'_s}{H_c - h_b}\right)$$

$$= 1.2 \times \frac{(474.3 + 260.8) \times 10^3}{640 - 60}\left(1 - \frac{640 - 60}{4150 - 700}\right)$$

$$= 1265\text{kN}$$

上式中，由于是框架剪力墙结构中的框架且为二级，取 $\eta_{jb} = 1.2$。

故选择 D。

69. 答案：A

解答过程：依据《高层建筑混凝土结构技术规程》JGJ 3—2010 的 7.2.4 条，抗震设计的双肢剪力墙，其墙肢不宜出现小偏心受拉；当任一墙肢为偏心受拉时，另一墙肢的弯矩设计值及剪力设计值应乘以增大系数 1.25；又依据 7.2.6 条，剪力墙底部加强部位墙肢截面的剪力设计值应乘以剪力放大系数，一级抗震时为 1.6。依据《建筑与市政工程抗震通用规范》GB 55002—2021 的 4.3.2 条，水平地震作用效应的分项系数为 1.4。故考虑水平地震作用组合的墙肢 2 首层剪力设计值为

$$V = 1.25 \times 1.6 \times 1.4 \times 500 = 1400\text{kN}$$

选择 A。

70. 答案：B

解答过程：依据《高层建筑混凝土结构技术规程》JGJ 3—2010 的 7.2.10 条计算。

由于 $N = 3840\text{kN} < 0.2 f_c b_w h_w = 6207.5\text{kN}$，计算时取 $N = 3840\text{kN}$。

依据公式（7.2.7-4）计算剪力墙剪跨比

$$\lambda = \frac{M^c}{V^c h_{w0}} = \frac{21600}{3240 \times 6.2} = 1.075 < 1.5, \quad \text{取} \lambda = 1.5$$

于是

$$V \leqslant \frac{1}{\gamma_{RE}}\left[\frac{1}{\lambda - 0.5}\left(0.4 f_t b_w h_{w0} + 0.1N\frac{A_w}{A}\right) + 0.8 f_{yh}\frac{A_{sh}}{s}h_{w0}\right]$$

$$5184 \times 10^3 \leqslant \frac{1}{0.85}\left[\frac{1}{1.5 - 0.5}(0.4 \times 1.71 \times 250 \times 6200 + 0.1 \times 3840 \times 10^3) + \right.$$

$$\left. 0.8 \times 270\frac{A_{sh}}{s} \times 6200\right]$$

解得 $\frac{A_{sh}}{s} \geqslant 2.2 \text{ mm}^2/\text{mm}$，故选择 B。

71. 答案：B

解答过程：依据《高层建筑混凝土结构技术规程》JGJ 3—2010 图 7.2.15（a），阴影部分长度应取 $b_w = 250\text{mm}$、$l_c/2 = 1300/2 = 650\text{mm}$ 和 400mm 的较大者，故为 650mm。

查表 7.2.15，一级抗震、8 度、轴压比大于 0.3，得到 $\lambda_v = 0.20$。于是，体积配箍率

应满足

$$\lambda_v \frac{f_c}{f_{yv}} \leqslant \frac{n_1 A_{s1} l_1 + n_2 A_{s2} l_2}{A_{cor} s}$$

计算时，钢筋长度按照算至中心线，所箍面积按照算至箍筋内表面。根据所提供选项，若箍筋直径取为 10mm，间距取为 100mm，则上式成为

$$0.2 \times \frac{19.1}{f_{yv}} \leqslant \frac{4 \times 78.5 \times 210 + 2 \times 78.5 \times 625}{200 \times 615 \times 100}$$

解出 $f_{yv} \geqslant 286 \text{N/mm}^2$。可见，采用 HRB335 钢筋可以满足要求，故选择 B。

72. 答案：B

解答过程：依据《高层建筑混凝土结构技术规程》JGJ3—2010 的 7.2.23 条计算。今连梁跨高比为 $1500/700 = 2.14 < 2.5$，应采用公式（7.2.23-3），即

$$V \leqslant \frac{1}{\gamma_{RE}} (0.38 f_t b_b h_{b0} + 0.9 f_{yv} \frac{A_{sv}}{s} h_{b0})$$

这样，应有

$$\begin{aligned} \frac{A_{sv}}{s} &\geqslant \frac{\gamma_{RE} V_b - 0.38 f_t b_b h_{b0}}{0.9 f_{yv} h_{b0}} \\ &= \frac{0.85 \times 421.2 \times 10^3 - 0.38 \times 1.71 \times 300 \times 665}{0.9 \times 270 \times 665} \\ &= 1.41 \text{mm}^2/\text{mm} \end{aligned}$$

配置双肢箍，间距为 100mm 时，需要单肢截面面积为 $1.41 \times 100/2 = 71 \text{mm}^2$。单根钢筋直径为 10mm 时对应的截面面积为 78.5 mm^2，B 选项可以满足要求且最为接近。

对于选项 A，由于 $\frac{A_{sv}}{s} = \frac{2 \times 50.3}{80} = 1.26 \text{ mm}^2/\text{mm} < 1.41 \text{mm}^2/\text{mm}$，不满足要求。

对于选项 A，即便 A_{sv}/s 满足要求，箍筋直径为 8mm 仍是不满足构造要求，理由是：依据 7.2.27 条，抗震设计时，沿连梁全长箍筋的构造应符合 6.3.2 条框架梁梁端箍筋加密区的构造要求。查表 6.3.2-2，一级时，箍筋最小直径为 10mm。

综上，选择 B。

点评：连梁的跨高比计算时，跨度如何取值，可能各本教材并不一致，例如，郭继武《建筑抗震设计》（第二版）（中国建筑工业出版社，2006）的 273 页，在提到连梁的跨高比时，采用的称谓是"连梁跨高比 l_0/h"，但是对 l_0 的取值未作说明。《混凝土结构设计规范》GB 50010—2002 的 11.7.8 条，较早版本（例如 2002 年第 2 次印刷本）也曾写成"跨高比 $l_0/h > 2.5$ 的连梁"，后来新印刷的版本修改为"跨高比 $l_n/h > 2.5$ 的连梁"。《混凝土结构设计规范》GB 50010—2010 中仅用文字称"跨高比"，未给出公式。《高层建筑混凝土结构技术规程》JGJ 3—2010 的 7.2.24 条、7.2.25 条将连梁跨高比写成 l/h_b，但未对 l 作出解释。

73. 答案：B

解答过程：依据《建筑与市政工程抗震通用规范》GB 55002—2021 的 5.2.1 条，丙类、框支剪力墙结构、7 度、高度 45.9m < 80m，得到底部加强部位剪力墙抗震等级为二级。

依据《高层建筑混凝土结构技术规程》JGJ 3—2010 的 10.2.6 条，由于转换层位于第 3 层，应提高一级，从而抗震等级成为一级。抗震等级为一级时，依据 10.2.18 条，弯矩增大系数 1.5；依据 7.2.6 条，剪力增大系数 1.6。故 $M=1.5\times2900=4350$kN·m，$V=1.6\times724=1158$kN，选择 B。

点评：《高层建筑混凝土结构技术规程》JGJ 3—2010 的 10.2.6 条规定，"对部分框支剪力墙结构，当转换层的位置设置在 3 层及 3 层以上时，其框支柱、剪力墙底部加强部位的抗震等级宜按本规程表 3.9.3 和表 3.9.4 的规定提高一级采用，已为特一级时可不提高"，据此，笔者认为，调整的应是抗震措施的等级（抗震构造措施的等级也随之提高）。

但是，该条的条文说明却是这样表达的："对部分框支剪力墙结构，高位转换对结构抗震不利，因此规定部分框支剪力墙结构转换层的位置设置在 3 层及 3 层以上时，其框支柱、剪力墙底部加强部位的抗震等级宜按本规程表 3.9.3 和表 3.9.4 的规定提高一级采用（已为特一级时可不提高），提高其抗震构造措施"。含义为，仅仅提高抗震构造措施的等级。

条文说明与正文不一致，理应以正文为准，笔者给出的解答基于规范正文。

朱炳寅在《高层建筑混凝土结构技术规程应用与分析》一书的 343 页是如此解释 10.2.6 条的：

……依据条文说明，本条规定中的抗震等级提高可理解为对应于"抗震构造措施的抗震等级"，而对应于"抗震措施的抗震等级"可不提高。也就是只提高与抗震构造措施相关的内容，而与抗震措施相关的如内力调整系数等可不加大。实际工程中，可根据工程的重要性程度，结合抗震性能设计要求确定是对抗震措施的提高，还是仅对抗震构造措施的提高。

74. 答案：C

解答过程：依据《高层建筑混凝土结构技术规程》JGJ 3—2010 的 10.2.11 条第 2 款，一级转换柱由地震作用产生的轴力应乘以增大系数 1.5，故 $N=1.3\times1950+1.4\times1.5\times1100=4845$kN，选择 C。

直接按照 1.2、1.3 的分项系数代入，得到 3770kN，会错选 A。在此基础上乘以 1.5 的系数，会得到 5655kN，错选 D。

75. 答案：B

解答过程：依据《高层建筑混凝土结构技术规程》JGJ 3—2010 公式 10.2.22-3 计算。

$$A_{sh}=0.2l_nb_w\gamma_{RE}\sigma_{xmax}/f_{yh}=1200\times200\times0.85\times0.97/270=733\text{mm}^2$$

再依据 10.2.19 条，底部加强部位墙体，水平和竖向分布钢筋的最小配筋率为 0.3%，即 1200mm 范围内水平分布钢筋最小配筋量为 $0.3\%\times200\times1200=720$mm²。

综合以上，应按 733mm² 布置，选项 B 可以满足要求。

76. 答案：C

解答过程：依据《建筑与市政工程抗震通用规范》GB 55002—2021 的表 4.2.2-1，多遇地震、烈度 7 度（0.15g），得到 $\alpha_{max}=0.24$。

依据《高层建筑混凝土结构技术规程》JGJ 3—2010 的 11.3.5 条，混合结构在多遇地震作用下阻尼比取为 0.04，即 $\zeta=0.04$。于是

$$\gamma=0.9+\frac{0.05-0.04}{0.3+6\times0.04}=0.919$$

又由于 $T_1 = 1.82s > 5T_g = 5 \times 0.35 = 1.75s$，依据规程图 4.3.8 可得

$$\alpha_1 = [0.2^\gamma \eta_2 - \eta_1(T_1 - 5T_g)]\alpha_{max}$$

$$= [0.2^{0.919} \times 1.069 - 0.022 \times (1.82 - 5 \times 0.35)] \times 0.12$$

$$= 0.029$$

故选择 C。

点评：题目的已知条件中给出了 $\eta_1 = 0.022$，因此，在不知道混合结构的阻尼比为 0.04 的情况下，可以利用《高层建筑混凝土结构技术规程》JGJ 3—2010 的公式（4.3.8-2）求出对应的阻尼比为 0.04，进而求出计算时需要用到的 γ。

77. 答案：B

解答过程：依据《高层建筑混凝土结构技术规程》JGJ 3—2010 的 4.3.10 条第 3 款，有

$$\sqrt{4000^2 + (0.85 \times 4200)^2} = 5361kN$$

$$\sqrt{(0.85 \times 4000)^2 + 4200^2} = 5404kN$$

取二者的较大者，为 5404kN，故选择 B。

若误取为较小者，会错选 A。

78. 答案：C

解答过程：依据《建筑与市政工程抗震通用规范》GB 55002—2021 的 2.3.2 条第 5 款，Ⅰ类场地、丙类建筑，按降低一度即 7 度考虑抗震构造措施。

依据《建筑与市政工程抗震通用规范》GB 55002—2021 的表 5.2.1，框架-剪力墙结构、7 度、高度<60m，其框架抗震等级为三级。

查《高层建筑混凝土结构技术规程》的表 6.4.2，轴压比限值为 0.90。采取表下注释 4、5 中措施，限值可提高 0.15，故该柱轴压比最大限值为 0.90+0.15 = 1.05，取为 1.05，故选择 C。

79. 答案：C

解答过程：端柱作为墙的一部分，应满足作为边缘构件的要求。

依据《高层建筑混凝土结构技术规程》JGJ 3—2010 的 7.1.4 条，该楼的 5 层非底部加强部位，也非底部加强部位上一层，因此，依据 7.2.14 条，应设置构造边缘构件。查表 7.2.16，二级时竖向钢筋最小量为 max（$0.006A_c$，$6\phi12$）。依据图 7.2.16，阴影部分面积 $A_c = 500 \times 500 = 250000mm^2$，故竖向钢筋最小量为 max（$0.006 \times 250000$，679）$= 1500mm^2$。

另外，依据规范 6.4.4 条第 5 款，剪力墙端柱小偏心受拉时，纵向钢筋用量比计算值增加 25%，于是，$1.25 \times 1800 = 2250\ mm^2$。

综上，选择 C。

80. 答案：D

解答过程：框架梁的规定在《高层建筑混凝土结构技术规程》JGJ 3—2010 的 6.3.2 条和 6.3.3 条，其中，6.3.2 条已被《混凝土结构通用规范》GB 55008—2021 的 4.4.8 条

代替（但规定一致）。

《混凝土结构通用规范》GB 55008—2021 的 4.4.8 条第 3 款，二级时，底面纵筋截面面积与顶面纵筋截面面积之比应≥0.3，B 选项不满足。

依据《高层建筑混凝土结构技术规程》JGJ 3—2010 的 6.3.2 条第 4 款，梁端纵筋配筋率大于 2% 时，表 6.3.2-2 中箍筋最小直径应增大 2mm，故箍筋最小直径为 10mm，排除 C。

依据 6.3.3 条第 1 款，梁端纵向受拉钢筋的配筋率不宜大于 2.5%，不应大于 2.75%，当梁端受拉钢筋配筋率大于 2.5% 时，受压钢筋的配筋率不应小于受拉钢筋的一半，A 不符合"不宜"的条件，但可以接受。

选项 D 符合 6.3.2 条以及 6.3.3 条的要求，故为最佳答案，选择 D。

81. 答案：D

解答过程：所选地震波曲线应满足《高层建筑混凝土结构技术规程》JGJ 3—2010 的 4.3.5 条第 1 款要求。以振型分解反应谱法所得的 6000kN 为基准计算。

$$6000 \times 65\% = 3900 \text{kN}, \quad 6000 \times 80\% = 4800 \text{kN}$$

P2 对应的 3800kN 不满足要求，排除 A、B 选项。

对于选项 C，由于三条时程曲线所得的平均值 (5200＋4700＋4000)/3＝4633kN＜4800kN，也不满足要求。

故选择 D。

82. 答案：D

解答过程：依据《高层建筑混凝土结构技术规程》JGJ 3—2010 附录 E 的公式 E.0.3 计算。

H_1 取转换层及其下部结构的高度，$H_1 = 15$m，对应的 $\Delta_1 = 7.6 \times 10^{-10}$。$H_2$ 取与 H_1 接近但不大于 H_1 的值，为 12m，对应的 $\Delta_2 = 4.5 \times 10^{-10}$。于是

$$\gamma_{e2} = \frac{\Delta_2 H_1}{\Delta_1 H_2} = \frac{4.5 \times 10^{-10}}{7.6 \times 10^{-10}} \times \frac{15}{12} = 0.74$$

故选择 D。

83. 答案：D

解答过程：依据《高层建筑混凝土结构技术规程》JGJ 3—2010 的 9.1.8 条，对于核心筒外墙，洞间墙截面高度不宜小于 1.2m。又由于洞间墙肢的截面高度与厚度之比为 1200/450＜4，按框架柱进行设计。

按照一级、HRB335 钢筋查表 6.4.3-1，全部纵向受力钢筋最小配筋率为 1.0%，故最小配筋量为 $1.0\% \times 1200 \times 450 = 5400 \text{mm}^2$，选择 D。

点评：对于本题，有观点认为，底层属于底部加强部位，一级时，阴影部分要求全部纵筋的配筋率不小于 1.2% 且不小于 8ϕ16（1608mm²），故应取最小配筋量为 $1.2\% \times 1200 \times 450 = 6480 \text{mm}^2$。

笔者认为不妥。原因如下：

在 2010 版《高层建筑混凝土结构技术规程》中，并非底部加强部位都要设置约束边缘构件，而是只有当底层墙肢底截面轴压比超限时才设置（依据 2002 版《高层建筑混凝

土结构技术规程》，可以直接因为处于底部加强部位而设置约束边缘构件）。若认为此考题是 2008 年考题，增加轴压比条件使之符合设置约束边缘构件的要求，该观点仍然存在问题。因为，约束边缘构件沿墙肢的长度是 l_c，一级时，只有其中的阴影部分才按照配筋率不小于 1.2% 且不小于 8ϕ16 配置纵筋，非阴影部分无此要求，对照算式，1200×450 并非阴影部分面积，所以，这种观点是不妥当的。

84. 答案：B

解答过程：依据《高层建筑混凝土结构技术规程》JGJ 3—2010 的 11.4.5 条第 6 款，型钢混凝土柱的含钢率不宜小于 4%，于是，钢骨最小截面积为 4%×800×800＝25600 mm²。排除选项 C、D。

依据第 4 款，型钢混凝土柱的纵向钢筋配筋率不宜小于 0.8%，且在四角应各配置一根直径不小于 16mm 的纵向钢筋，故最小配筋量为 0.8%×800×800＝5120 mm²。今 12 Φ 22、12 Φ 25 的截面积分别为 4559 mm²、5888 mm²，B 选项符合要求。

点评："纵向钢筋配筋率不宜小于 0.8%"，这里的"纵向钢筋"是否包括构造钢筋？经查，《组合结构设计规范》JGJ 138—2016 的 6.1.3 条是这样规定的："型钢混凝土框架柱……，其全部纵向受力钢筋的配筋率不宜小于 0.8%"，说得更为明确。

通常所说的配筋率应是指受力纵筋而言的。

85. 答案：D

解答过程：依据《高层建筑混凝土结构技术规程》JGJ 3—2010 的 3.7.3 条条文说明，$\Delta u/h$ 指第 i 层与第 $i-1$ 层在楼层平面各处位移差 $\Delta u_i = u_i - u_{i-1}$ 中的最大值，故选项 D 不正确。

86. 答案：C

解答过程：依据《高层建筑混凝土结构技术规程》JGJ 3—2010 的 11.3.6 条，结构内力和位移计算时，设置伸臂桁架的楼层应考虑楼板平面内变形的不利影响，故选项 C 错误。

87. 答案：D

解答过程：依据《烟囱工程技术标准》GB/T 50051—2021 的 5.2.3 条计算。

由于烟囱高度为 80m<200m，依据 5.2.1 条，取计算用的风压为基本风压，即取 w_0 ＝0.4kN/m²。

烟囱顶端风速为

$$v_H = 40\sqrt{\mu_H w_0} = 40\sqrt{1.87 \times 0.4} = 34.6 \text{m/s}$$

上式中，μ_H＝1.87 是按照《建筑结构荷载规范》GB 50009—2012 的表 8.2.1 得到（B 类粗糙度、高度 80m）。

涡激共振荷载范围起点高度为

$$H_1 = H\left(\frac{v_{cr1}}{1.2v_H}\right)^{\frac{1}{\alpha}} = 80 \times \left(\frac{29.59}{1.2 \times 34.6}\right)^{\frac{1}{0.15}} = 8\text{m}$$

涡激共振荷载范围终点高度为

$$H_2 = H\left(\frac{1.3v_{cr1}}{v_H}\right)^{\frac{1}{\alpha}} = 80 \times \left(\frac{1.3 \times 29.59}{34.6}\right)^{\frac{1}{0.15}} = 162\text{m} > 80\text{m}，取为 80m$$

　　查《烟囱工程技术标准》GB/T 50051—2021 的表 5.2.3，$H_1/H=0.1$ 时，$\lambda_1=1.55$；$H_2/H=1$ 时，$\lambda_1=0$，因此，$\lambda_1=1.55-0=1.55$。

$$w_{cz1}=|\lambda_1|\frac{v_{cr1}^2\varphi_{z1}}{12800\zeta_1}=1.55\times\frac{29.59^2\times1}{12800\times0.04}=2.65\text{kN/m}^2$$

　　上式中，阻尼比 $\zeta_1=0.04$ 是由《烟囱工程技术标准》GB/T 50051—2021 的 3.1.31 条得到。

　　故选择 D。

　　点评：《烟囱工程技术标准》GB/T 50051—2021（以下简称《烟标》）的 5.2.2 条和 5.2.3 条规定了何时应验算涡激共振响应以及涡激共振响应等效风荷载的计算，计算公式本质上与《建筑结构荷载规范》GB 50009—2012（以下简称《荷规》）的附录 H 相同。这里注意以下几点：

　　(1)《烟标》公式 $v_H=40\sqrt{\mu_H w_0}$ 中"40"的来历是 $\sqrt{\dfrac{2000}{1.25}}=40$，对应于《荷规》的公式（8.5.3-3）。

　　(2)《烟标》中计算 H_1、H_2 所用的地面粗糙度系数 α 可由《荷规》的条文说明得到，对于 A、C、C、D 类粗糙度，α 分别为 0.12、0.15、0.22、0.30。

　　(3) H_2 是涡激共振荷载范围终点高度，当求得的 $H_2>H$ 时，应取 $H_2=H$，H 为烟囱高度。

　　(4)《烟标》公式 $\lambda_j=\lambda_j(H_1/H)-\lambda_j(H_2/H)$ 的含义是：λ_j 是高度比的函数，计算出 H_1/H 对应的 λ_j，再计算出 H_2/H 对应的 λ_j，两者相减，得到计算 w_{czj} 所用的 λ_j。由于一般是对结构的顶点计算涡激共振（《荷规》中称作"横风向风振"），因此，$H_2/H=1$，这时，$\lambda_j=0$，所以，在《荷规》中 λ_j 直接按照 H_1/H 查表。

12.3 疑问解答

【Q12.3.1】第 1 次印刷的《抗规》（2016 年版）有没有勘误？

【A12.3.1】《抗规》（2016 年版）第一次印刷本的"疑似差错"见表 12-3-1，供参考。

《抗规》疑似差错之处   表 12-3-1

序号	页码	疑似错误	修正内容	备　注
1	5	第 2 行：ϕ	φ	稳定系数的应用见式（8.2.6-1）
2	18	表 4.1.1 不利地段：故河道	古河道	
3	22	表 4.2.3 第 2 行：$f_{ak} \geqslant 300$	$f_{ak} \geqslant 300kPa$	依据为《构筑物抗震设计规范》GB 50191—2012
4	39	公式（5.2.5）：$>$	$\geqslant$	
5	49	表 6.1.2：25	24	依据为 2010 版《混凝土规范》表 11.1.3
6	58	公式（6.2.9-1）右侧、公式（6.2.9-2）右侧	应乘 β_c	依据为 2010 版《混凝土规范》
7	58	公式（6.2.9-3）下 4 行：柱截面高度	柱截面有效高度 h_0	依据为 2010 版《混凝土规范》
8	62	表 6.3.6 下注释 3：上述三种箍筋的最小配箍特征值均应按增大的轴压比由本规范表 6.3.9 确定	删去	依据为 2010 版《高规》、2010 版《混凝土规范》
9	103	第 2 行：$M_{lp} = f W_p$	$M_{lp} = f_{ay} W_p$	此处钢材强度不应用设计值
10	104	公式（8.2.8-3）：f_y	f_{ay}	第 8 章钢材的屈服强度统一用 f_{ay}
11	157	公式（8.2.8-3）：ξ_a	ζ_a	依据第 34 页，阻尼比用 ζ 表达
12	247	H.2.8 条第 1 款：$\sqrt{235/f_y}$	$\sqrt{235/f_{ay}}$	同第 8 章一致
13	247	H.2.8 条第 4 款 2）：支撑杆件的板件宽厚比应符合本规范第 9.2 节的要求		9.2 节并没有此要求
14	268	公式（M.1.2-4）和公式（M.1.3）：$<$	$\leqslant$	
15	294	倒 4 段：另一端为 1.45	另一端为 1.5	
16	306	第 2 段第 2 行：黑色冶金工业标准	黑色冶金行业标准	
17	311	倒 9 行：$S < R/\gamma_{RE}$	$S \leqslant R/\gamma_{RE}$	
18	319	倒 2 段：$f_{ak} < 200$；$f_{ak} > 150$	$f_{ak} < 200kPa$；$f_{ak} > 150kPa$	缺少单位
19	320	第 1、2 行：700m、760m、800m	700m/s、760m/s、800m/s	这些数值表示的是波速

续表

序号	页码	疑似错误	修正内容	备 注
20	322	第5行：避让距离是断层面在地面上的投影	避让距离是到断层面在地面上的投影	
21	370	$\sum M_{cua}^t$；$\sum M_{cua}^b$	M_{cua}^t；M_{cua}^b	
22	373	倒6行：计算实配筋面积 A_s^c	计算钢筋面积 A_s^c	
23	376	倒4行：本规范 6.7.1条1款	本规范 6.7.1条2款	
24	377	倒2行：环形箍筋所承受的剪力	环形箍筋的受剪承载力	
25	414	图19	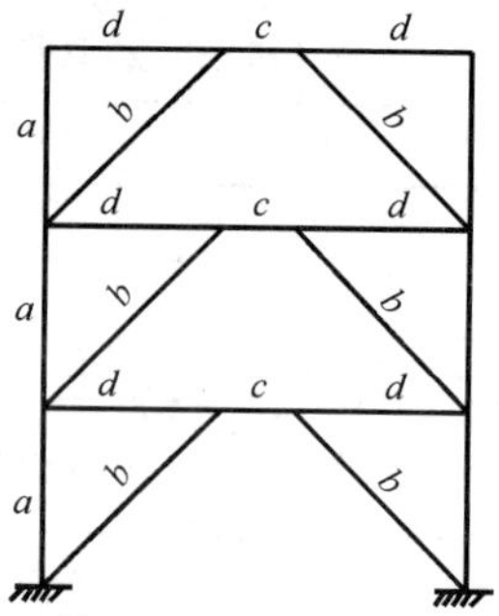	依据为 2008 版《抗规》8.1.6条的条文说明
26	414	倒7行：$N \leqslant 0.9 N_{ysc}/\eta_y$	$N \leqslant 0.9 N_{ysc}/\gamma_{RE}$	
27	445	第12行：横梁截面 A_{br} 满足	横梁截面应满足	A_{br} 为支撑截面面积
28	445	$M_{bp,N} \geqslant \frac{1}{4} S_c \sin\theta (1-0.3\varphi_i)$ $A_{br} f/\gamma_{RE}$	$M_{bp,N}/\gamma_{RE} \geqslant \frac{1}{4} S_c \sin\theta (1-0.3\varphi_i)$ $A_{br} f_y$	效应按 f_y，承载力按 f 并除以 γ_{RE}
29	502	表9，钢结构对应完好状态的层间位移角限值：1/300	1/250	2001 版《抗规》中限值是 1/300，现在是 1/250，见规范表 5.5.1

【Q12.3.2】第 1 次印刷的《高规》有没有勘误？

【A12.3.2】尚未见到官方的勘误。笔者将发现的疑似差错与 2012 年 3 月第四次印刷本对照，见表 12-3-2。

《高规》的疑似差错 表 12-3-2

序号	页码	疑似错误	修改后	是否已修改
1	17	3.6.2条第4款：楼盖的预制板板缝上缘宽度不宜小于40mm	楼盖的预制板板缝上缘宽度不宜大于40mm	未修改
2	21	表3.9.3：框架结构、9度时对应的抗震等级，看起来像是中文数字"一"	短横线"—"（表示不存在）	已修改
3	69	6.4.7条第4款：计算复合箍筋的体积配箍率时，可不扣除重叠部分的箍筋体积	删去	已修改
4	83	公式（7.2.8-10）：β_c 公式（7.2.8-13）：β_c	β_1	未修改
5	83	倒4行：$h_{w0} = h_w - a_s'$	$h_{w0} = h_w - a_s$	未修改
6	90	图7.2.20中没有表示出搭接		未修改
7	95	倒2行：纵向箍筋	纵向钢筋	未修改

续表

序号	页码	疑似错误	修改后	是否已修改
8	102	图 8.2.4 的标注文字，左侧中部"柱上板带"应为"跨中板带"，上侧中部"柱上板带"应为"跨中板带"，上侧中部尺寸线下"A_1"应为"A_2"。		已修改
9	105	9.2.2 条 第 2 款：底部加强部位约束边缘构件 第 3 款：底部加强部位以上宜按本规程	第 2 款：底部加强部位角部墙体约束边缘构件 第 3 款：底部加强部位以上角部墙体宜按本规程	已修改
10	112	图 10.2.8 $\geqslant l_{ab}$（两处）	$\geqslant l_a$（两处）	未修改
11	128	图 11.4.1：箱形截面标注的 h_w		应从翼缘内侧算起
12	131	公式 11.4.6：f_y	f_{yv}	
13	177	E.0.1 条 当转换层设置在 1、2 层时，可近似采用转换层与其相邻上层结构的等效剪切刚度比 γ_{e1} 表示转换层上、下层结构刚度的变化	当转换层设置在 1、2 层时，可近似采用转换层与其相邻上层结构的等效剪切刚度比 γ_{e1} 表示转换层与相邻上层结构刚度的变化	未修改
14	182	公式 F.1.7：$N_{ut} = A_a F_a$	$N_{ut} = A_a f_a$	
15	253	5.1.13 条条文说明第 6 行：本条第 4 款的要求……	本条第 3 款的要求……	未修改
16	264	6.2.1 条条文说明倒 2 行：此时公式（6.2.3-1）	此时公式（6.2.1-1）	未修改
17	343	F.1.4 条文说明第 2 行：$L_0/D \leqslant 50$ 在的范围内	在 $L_0/D \leqslant 50$ 的范围内	未修改

需要注意的是，《高规》6.4.7 条条文说明一直没有改动，仍然显示"本次修订取消了'计算复合箍筋的体积配箍率时，应扣除重叠部分的箍筋体积'的要求"，可能会导致误解。

【Q12.3.3】《高规》、《抗规》、《混凝土规范》有哪些不协调之处？

【A12.3.3】笔者收集到的，见表 12-3-3。

《高规》、《抗规》、《混凝土规范》的不协调内容　　　　　　　表 12-3-3

内容	《高规》	《抗规》	《混凝土规范》	备注
框架柱剪跨比	6.2.6 条，$\lambda = \dfrac{H_n}{2h_0}$	6.2.9 条，$\lambda = \dfrac{H_n}{2h}$	11.4.6 条，$\lambda = \dfrac{H_n}{2h_0}$	一般认为，$\lambda = \dfrac{H_n}{2h_0}$
轴压比限值	表 6.4.2 下注释 4，规定采取相应箍筋措施后，"轴压比限值可增加 0.10"。	表 6.3.6 下注释 3，规定采取相应箍筋措施后，"轴压比限值可增加 0.10，上述三种箍筋的最小配箍特征值应按增大的轴压比由本规范表 6.3.9 确定"。	表 11.4.16 下注释 4，规定采取相应箍筋措施后，"轴压比限值可增加 0.10"。	《抗规》规定容易引起误解

内容	《高规》	《抗规》	《混凝土规范》	备 注
箍筋体积配箍率	不计入重叠部分箍筋体积	6.3.9条文说明,删除了复合箍筋应扣除重叠部分箍筋体积的规定	不计入重叠部分箍筋体积	《抗规》对如何具体操作没有规定
墙与柱的分界点	7.1.7条,当墙肢的截面高度与厚度之比不大于4时,宜按框架柱进行截面设计	6.4.6条,抗震墙的墙肢长度不大于墙厚的3倍时,应按柱的有关要求进行设计	9.4.1条,竖向构件截面长边、短边(厚度)比值大于4时,宜按墙的要求进行设计	《抗规》颁布最早,所以有差别

【Q12.3.4】教材以及各种参考书中均指出,结构抗震采用两阶段设计,第一阶段取小震作用进行截面承载力验算,第二阶段取大震进行弹塑性变形验算。然而,《建筑抗震设防分类标准》中规定,乙、丙、丁类建筑按设防烈度(中震)确定地震作用,二者怎么会不一致呢?

【A12.3.4】可以用下面的思路理解:

(1) 通常认为,我国烈度的概率密度函数符合极值Ⅲ型分布,以公式表达为:

$$f_{\text{Ⅲ}}(I) = \frac{k(\omega - I)}{(\omega - I_{\text{m}})^k} e^{-\left(\frac{\omega - I}{\omega - I_{\text{m}}}\right)^k}$$

式中　I——地震烈度;

　　　k——形状参数,取决于一个地区的地震背景的复杂性,我国经过概率分析,k 可按照表12-3-4确定(见郭继武《建筑抗震设计》第五版第12页);

　　　ω——地震烈度的上限值,取 $\omega = 12$;

　　　I_{m}——众值烈度,即烈度概率密度曲线上峰值所对应的烈度,我国取基本烈度与众值烈度之差为1.55度。

形状系数 k　　　　　　　　　　　　　　　　　　　表 12-3-4

设防烈度	6	7	8	9
k	9.79323	8.33386	6.87128	5.40285

$f_{\text{Ⅲ}}(I)$ 以曲线形式表达,如图12-3-1所示。

地震烈度 I 的分布函数按下式确定:

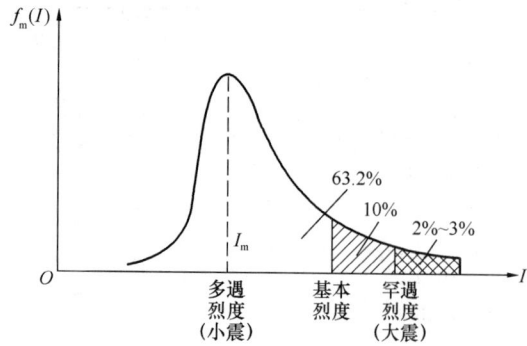

图 12-3-1　地震烈度概率密度函数

$$F_{\text{Ⅲ}}(I) = e^{-\left(\frac{\omega - I}{\omega - I_{\text{m}}}\right)^k}$$

取烈度为众值烈度即 $I = I_{\text{m}}$ 代入上式,可求得 $F_{\text{Ⅲ}}(I) = e^{-1} = 36.8\%$,即,图 12-3-1 中超过多遇地震(小震)的概率为 $1 - 36.8\% = 63.2\%$。

50年超越概率10%的地震作用,称作基本烈度(中震);50年超越概率2%～3%的地震作用,称作罕遇烈度(大震)。

(2) 基本烈度(中震)是设防的依据,大震和小震与基本烈度相联系。表12-3-5给出了这种对应关系（该表可见于《建筑抗震设计规范理解与应用》第二版第 9 页）。

水平地震作用影响系数最大值 表 12-3-5

类别	50 年的超越概率	重现期（年）	水平地震作用影响系数最大值 α_{max}		
			7 度	8 度	9 度
小震	0.632	50	0.08	0.16	0.32
中震	0.10	475	0.23	0.45	0.90
大震	0.03~0.02	约 2000	0.50	0.90	1.40

设地震重现期为 n 年，则在年限 T 内，地震发生的概率 P 近似为泊松分布，存在以下关系式：

$$n = - \frac{T}{\ln(1-P)}$$

例如，有以下式子成立：

$$n = - \frac{T}{\ln(1-P)} = - \frac{50}{\ln(1-0.632)} = 50$$

$$n = - \frac{T}{\ln(1-P)} = - \frac{50}{\ln(1-0.1)} = 475$$

$$n = - \frac{T}{\ln(1-P)} = - \frac{50}{\ln(1-0.02)} = 2475$$

（3）查《抗规》的表 5.1.4-1 可知，多遇地震为 9 度时对应的 α_{max} 为 0.32，这正对应于表 12-3-5 中小震为 9 度时的 α_{max}。由此可见，设计是按照小震进行的。小震时的 α_{max} 相当于中震时的 0.35 倍。

（4）由《中国地震动参数区划图》GB 18306—2015 可以查得全国某个城镇 Ⅱ 类场地的基本地震动峰值加速度，其与抗震设防烈度的关系如表 12-3-6 所示。

抗震设防烈度和 Ⅱ 类场地设计基本地震加速度值的对应关系 表 12-3-6

抗震设防烈度	6 度	7 度		8 度		9 度
Ⅱ 类场地设计基本地震加速度值	0.05g	0.10g	0.15g	0.20g	0.30g	0.40g

烈度 I 与地面运动加速度值 A 存在以下关系：
$$A = 10^{(I\lg2-0.1072)} \, (\text{cm/s}^2)$$

例如，有以下式子成立：

$$10^{(7\lg2-0.1072)} = 100 \text{cm/s}^2$$

$$\frac{10^{(7\lg2-0.1072)}}{10^{(6\lg2-0.1072)}} = 10^{\lg2} = 2 = \frac{0.10}{0.05}$$

$$I = \frac{\lg A + 0.1072}{\lg2} = \frac{\lg150 + 0.1072}{\lg2} = 7.585$$

可见，0.15g 大致相当于 7.6 度，一般称作"7 度半"。

【Q12.3.5】《建筑抗震设防分类标准》中规定，重点设防类，应按高于本地区抗震设防烈度一度的要求加强其抗震措施；特殊设防类，应按高于本地区抗震设防烈度提高一度的要求加强其抗震措施，我看不出两者有何区别，如何理解？

【A12.3.5】重点设防类简称乙类，特殊设防类简称甲类，甲类的要求肯定比乙类的要高。

从文字上看，还是有区别的：特殊设防类，应按高于"本地区抗震设防烈度提高一度"的要求加强其抗震措施，注意笔者添加的引号，引号内文字表示提高一度，而整句的表述则是比提高一度还高。到底要高出多少，需要专门研究。

【Q12.3.6】《抗规》3.2.2 条指出，"设计基本地震加速度为 0.15g 和 0.30g 地区内的建筑，除本规范另有规定外，应分别按抗震设防烈度 7 度和 8 度的要求进行抗震设计"，"另有规定"，指的是哪些?

【A12.3.6】6、7、8、9 度对应的地震加速度分别为 0.05g、0.10g、0.20g、0.40g，这样，0.15g 和 0.30g 就相当于 7 度半和 8 度半。对于 0.15g 和 0.30g 的情况，通常都是按照 7 度和 8 度考虑的，在有些情况下，单独考虑，这时候，规范中将其单独列出或者利用注释加以说明。

《抗规》中需要单独考虑的情况包括：3.3.3 条，场地为Ⅲ、Ⅳ类场地时，提高半度采取抗震构造措施；表 5.1.2-2 时程分析所用地震加速度时程的最大值；表 5.1.4-1 水平地震影响系数最大值；表 5.3.2 竖向地震作用系数；表 7.1.2 房屋的层数和总高度限值；表 8.1.1 钢结构房屋适用的最大高度。

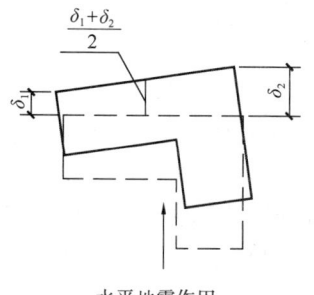

图 12-3-2　平面扭转不规则

【Q12.3.7】如何理解《抗规》表 3.4.3-1 中的扭转不规则?

【A12.3.7】笔者认为，可以从以下几点把握：

（1）如图 12-3-2 所示，楼层在水平地震作用下发生平移和扭转，δ_2 为最大位移，δ_1 为最小位移，$\frac{\delta_1+\delta_2}{2}$ 为平均值。最大位移与平均位移之比（简称"扭转位移比"）越大，表明扭转越严重。

（2）力学分析时，通常采用"楼板刚度无限大"假定。但此处计算扭转位移比时，可按实际情况确定。

（3）采用振型分解反应谱法计算位移时，通常是先算出各荷载的位移，然后再进行组合（用 CQC 法），例如，验算 $\Delta u/h$ 时。但此处计算扭转位移比时，是先算出"规定水平力"然后算出位移，这相当于，先用 CQC 组合方式算出楼层地震剪力，将其等效换算为水平力后再计算位移，注意计算位移时需考虑偶然偏心。即采用"具有偶然偏心的规定水平力"。

（4）依据《高规》3.4.5 条条文说明，规定水平力的换算原则是：每一楼面处的水平力取该楼面上、下两个楼层的地震剪力差的绝对值；连体下一层各塔楼的水平作用力，可由总水平作用力按该层各塔楼的地震剪力大小进行分配计算。

（5）对扭转的限制，规范规定可列成表 12-3-7 的形式。

规范对扭转的限制　　　　　　　　　　　　　　　　表 12-3-7

规范	结构类别	要　　　求	备　注
《抗规》	—	不宜 $\frac{\delta_2}{(\delta_1+\delta_2)/2} > 1.2$，不应 $\frac{\delta_2}{(\delta_1+\delta_2)/2} > 1.5$	—

续表

规范	结构类别	要　　　求	备　注
《高规》 3.4.5 条	A 级高度	不宜 $\dfrac{\delta_2}{(\delta_1+\delta_2)/2}>1.2$，不应 $\dfrac{\delta_2}{(\delta_1+\delta_2)/2}>1.5$	当 $\Delta u/h$ 不大于限值的 40% 时，扭转位移比可放宽至 1.6
		不应 $T_t/T_1>0.9$	
	B 级高度、超过 A 级高度的混合结构、复杂高层	不宜 $\dfrac{\delta_2}{(\delta_1+\delta_2)/2}>1.2$，不应 $\dfrac{\delta_2}{(\delta_1+\delta_2)/2}>1.4$	
		不应 $T_t/T_1>0.85$	

注：T_t 为扭转为主的第一振型周期，T_1 为平动为主的第一振型周期。

所谓"扭转为主"，是指根据振型方向因子来判断。两个平动、一个扭转，若扭转方向因子大于 0.5，认为扭转为主。所谓"第一振型周期"，是指振型周期值最大的那个（通常按照由大到小排列，第一个振型是最容易发生的振型）。T_1 指刚度较弱方向的平动为主的第一振型周期，即，若把平动的第一振型周期记作 T_{1x}、T_{1y}，则 $T_1=\max$（T_{1x}，T_{1y}），因为对于单支点体系，$T=\sqrt{m/k}$，刚度 k 小时周期大。

（6）按照朱炳寅《高层建筑混凝土结构技术规程应用与分析》一书的观点，作为不规则性判别依据的扭转位移比计算时，应采用刚性楼板假定、单向水平地震按 CQC 组合计算规定水平力、考虑偶然偏心，其他计算结果仅作为参考。

【Q12.3.8】何谓侧向刚度？《抗规》表 3.4.3-2 中判别竖向不规则时用到楼层侧刚度如何计算？

【A12.3.8】 所谓"刚度"，是指构件发生单位变形所需要的外力值。所谓"侧向刚度"，《抗规》3.4.3 条条文说明指出，可取地震作用下的层剪力与层间位移之比值，公式表达为 $K_i=V_i/\delta_i$。

建筑设计时，自上至下相邻楼层的侧向刚度变化应规则。《抗规》表 3.4.3-2 对"侧向刚度不规则"有规定。而《高规》3.5.2 条则认为，《抗规》的做法只适用于框架结构，对于非框架结构，因为该指标变化不明显，故需要考虑层高修正，如表 12-3-8 所示。

《高规》中判断竖向规则性时的侧向刚度比　　　　　　表 12-3-8

结构体系	侧向刚度比公式	限　值	备　注
框架结构	$\gamma_1=\dfrac{V_i/\Delta_i}{V_{i+1}/\Delta_{i+1}}$	$\geqslant 0.7$	与《抗规》一致
	$\gamma_1=\dfrac{V_i/\Delta_i}{(V_{i+1}/\Delta_{i+1}+V_{i+2}/\Delta_{i+2}+V_{i+3}/\Delta_{i+3})/3}$	$\geqslant 0.8$	
非框架结构	$\gamma_2=\dfrac{V_i h_i/\Delta_i}{V_{i+1}h_{i+1}/\Delta_{i+1}}$	一般，$\geqslant 0.9$ $h_i/h_{i+1}>1.5$ 时，$\geqslant 1.1$ 嵌固层时，$\geqslant 1.5$	《抗规》未规定

注：1. 为突出刚度的概念，对规范中的公式有变形；

　　2. 表中，V 表示地震剪力标准值；Δ 表示地震作用标准值作用下的层间位移；h 表示层高；i 表示楼层序号。

对于带转换层的情况，《高规》附录 E 规定用如表 12-3-9 所示方法判断侧向刚度的规则性。

《高规》附录 E 中判断竖向规则性时的侧向刚度比   表 12-3-9

转换层的位置	侧向刚度比公式	限　值	备　注
设置在 1、2 层	$\gamma_{e1} = \dfrac{G_1 A_1 / h_1}{G_2 A_2 / h_2}$	宜接近 1 非抗震时，$\geqslant 0.4$ 抗震时，$\geqslant 0.5$	转换层与相邻上一层的等效剪切刚度比
设置在第 2 层以上	$\gamma_1 = \dfrac{V_i / \Delta_i}{V_{i+1} / \Delta_{i+1}}$	$\geqslant 0.6$	转换层与相邻上一层的侧向刚度比
	$\gamma_{e2} = \dfrac{\Delta_2 / H_2}{\Delta_1 / H_1}$	宜接近 1 非抗震时，$\geqslant 0.5$ 抗震时，$\geqslant 0.8$	转换层下部结构与上部结构的等效侧向刚度比

注：1. 为突出刚度的概念，对规范中的公式有变形；

2. 表中，G 表示混凝土剪变模量；Δ 表示地震作用标准值作用下的层间位移；h 表示层高；i 表示楼层序号。

表 12-3-9 中用到的参数 A_1、A_2 按下面公式计算：

$$A_i = A_{w,i} + \sum_j C_{i,j} A_{ci,j} \qquad (i = 1,2)$$

$$C_{i,j} = 2.5\left(\frac{h_{ci,j}}{h_i}\right)^2 \qquad (i = 1,2)$$

式中　　$A_{w,i}$——第 i 层全部剪力墙在计算方向的有效截面面积（不包括翼缘面积）；

$A_{ci,j}$——第 i 层第 j 根柱的截面面积；

h_i——第 i 层的层高；

$h_{ci,j}$——第 i 层第 j 根柱沿计算方向的截面高度；

$C_{i,j}$——第 i 层第 j 根柱截面面积折算系数，当计算值大于 1 时取 1。

《高规》5.4 节规定，"弹性等效侧向刚度"足够大时，可不考虑重力二阶效应。如表 12-3-10 所示。

《高规》中可不考虑重力二阶效应的条件   表 12-3-10

结构体系	侧向刚度比公式	备　注
框架结构	$D_i \geqslant 20 \sum\limits_{j=i}^{n} G_j / h_i$ $(i = 1, 2, \cdots, n)$	$D_i = V_i / \Delta_i$
非框架结构	$EJ_d \geqslant 2.7 H^2 \sum\limits_{i=1}^{n} G_i$	EJ_d 可按倒三角形分布荷载作用下结构顶点位移相等的原则，结构的侧向刚度折算为竖向悬臂受弯构件的等效侧向刚度

注：G 为楼层重力荷载设计值。

"弹性等效侧向刚度" EJ_d 的计算公式在规范条文说明中给出，其推导过程如下：悬臂柱高度为 H，承受倒三角形的分布荷载，最大值为 q，该柱弹性抗弯刚度为 EI。利用"图乘法"可知，其顶点弹性水平位移 u 按下式计算：

$$u = \frac{11}{120 EI} q H^4$$

对于房屋，若已知 H、q、u 三个指标，即可反推出其"抗弯刚度"。因为该值是按房屋顶点位移等效而来，规范中表达为"弹性等效侧向刚度 EJ_d"，将上式变形，得到

$$EJ_d = \frac{11qH^4}{120u}$$

【Q12.3.9】《抗规》**3.4.3 条条文说明中指出："对于结构扭转不规则，按刚性楼盖计算，当最大层间位移与其平均值的比值为 1.2 时，相当于一端为 1.0，另一端为 1.45；当比值为 1.5 时，相当于一端为 1.0，另一端为 3"，如何理解？**

【A12.3.9】如本书图 12-3-2 所示，在水平地震作用下，结构发生平动与转动（水平位移与扭转），某截面从虚线位置移动至实线位置，取具有代表性的 3 个点，其位移量如图中标注。

令最小位移 $\delta_1 = 1$，则当最大层间位移与其平均值的比值为 1.5 时，有

$$\delta_2 = 1.5 \frac{\delta_1 + \delta_2}{2}$$

解出 $\delta_2 = 0.75/(1-0.75) = 3$。这就是条文说明所说的"当比值为 1.5 时，相当于一端为 1.0，另一端为 3"。

但是，取比值为 1.2，得到 $\delta_2 = 0.6/(1-0.6) = 1.5$，与条文说明所说的此时"另一端为 1.45"不符。查 2001 版《抗规》，其 3.4.2 条条文说明也是如此表达。笔者认为，规范此处似一直有印刷错误而未发现。

另外，《高规》3.4.5 条条文说明中说到，扭转位移比为 1.6 时，该楼层的扭转变形已很大，"相当于一段位移为 1，另一端为 4"，说的也是上面的道理（$0.8/(1-0.8) = 4$）。

【Q12.3.10】《抗规》**3.6.3 条条文说明中指出，"混凝土柱考虑多遇地震作用产生的重力二阶效应的内力时，不应与混凝土规范承载力计算时考虑的重力二阶效应重复"，如何理解？**

【A12.3.10】此规定在 2001 版《抗规》的 3.6.3 条条文说明中同样出现。

以 2001 年的语境推理，该规定针对的应是比其早的 1989 版《混凝土规范》，或者，也可以理解为 2002 版（因为，同时期颁布的规范之间要考虑协调）。

经查，1989 版在 4.1.20 条规定了偏心距增大系数，2002 版则是在 7.3.10 条，二者完全相同。以下对 2002 版《混凝土规范》考虑二阶效应的思路进行解读。

（1）7.3.9 条正文指出，偏心受压构件应在正截面受压承载力计算中考虑结构侧移和构件挠曲引起的附加内力。

条文说明指出了这两种二阶效应的具体情况。有侧移框架中，二阶效应主要是指竖向荷载在产生了侧移的框架中引起的附加内力，称作 P-Δ 效应。P-Δ 效应将增大柱端控制截面中的弯矩；无侧移框架中，二阶效应是指轴向压力在产生了挠曲变形的柱段中引起的附加内力，称作 P-δ 效应。P-δ 效应有可能增大柱段中部的弯矩，但除底层柱底外，一般不增大柱端控制截面中的弯矩。进而指出，"我国工程中的各类结构通常按有侧移假定设计，故本规范第 7.3.9 条至第 7.3.12 条主要涉及有侧移假定下的二阶效应问题。对于工程中个别情况下出现的无侧移情况，仍可按第 7.3.10 条的规定对其二阶效应进行计算"。

于是可知，规范后面的规定，是考虑有侧移情况下的 P-Δ 效应。

那么，如何考虑呢？有两种方法，η-l_0 法和二阶效应弹性分析法。从本条正文可知，两种方法都可以用。规范 7.3.10 条～7.3.12 条给出的是 η-l_0 法。

（2）如图 12-3-3 所示，对于任一框架结构，可以按结构力学方法将其分成两个体系，无侧移部分（图 b）和有侧移部分（图 c），考虑 P-Δ 效应，是针对图 c 中的柱端弯矩放大。由于施加于图 c 中的为横向约束的反力，故《混凝土规范》7.3.11 条条文说明中叙述为，P-Δ 效应只增大由水平荷载引起的柱端一阶弯矩 M_h，不增大竖向荷载引起的柱端一阶弯矩 M_v，以公式表达为：

$$M = M_v + \eta_s M_b$$

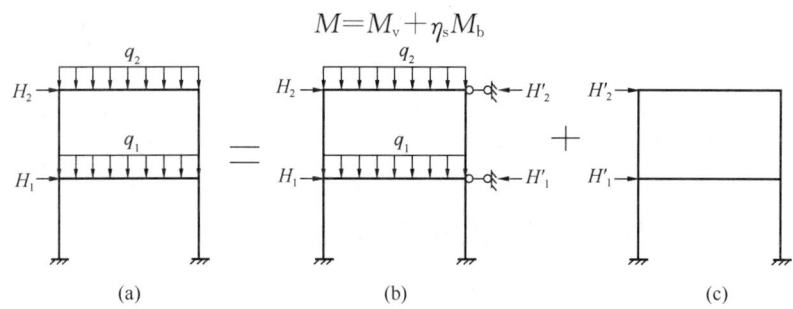

图 12-3-3　有侧移框架结构的计算

（a）实际受力；（b）无侧移框架受力；（c）有侧移框架受力

用 η-l_0 法，实际上是同时增大竖向荷载和水平荷载引起的弯矩，公式表达为：

$$M = \eta (M_v + M_h)$$

（3）η-l_0 中的偏心距增大系数 η，可根据两端简支的轴心受压柱发生挠曲推导得到（详细情况，可见混凝土结构设计原理的教材），这时，所用的柱高为几何长度。若代之以计算长度 l_0，则相当于考虑了侧移。规范的本意，如前所述，是考虑有侧移情况下的 P-Δ 效应。

综上，可以理解 2001 版《抗规》的含义如下：若计算内力时采用了二阶效应弹性分析法，不再重复考虑《混凝土规范》中规定的 η-l_0 法。

2016 版《抗规》有同样的条文说明，应理解为针对同时期的 2015 版《混凝土规范》，或者，延续旧《抗规》忘记修改。

下面看 2015 版《混凝土规范》中是如何考虑二阶效应的。

附录 B 的标题为"近似计算偏压构件侧移二阶效应的增大系数法"，本意为这里规定了 P-Δ 效应如何放大，但需要注意，其中的 B.0.4 条根据条文说明可知同时考虑了 P-Δ 效应和 P-δ 效应，与标题并不完全相符。P-δ 效应则是在 6.2.4 条考虑（注意，此处增大系数 η_{ns} 计算时用 l_c，原来的增大系数 η 计算时用 l_0）。

如此，《抗规》的含义应是，若计算内力时采用了二阶效应弹性分析法，则不再重复考虑《混凝土规范》中附录 B 的规定。

【Q12.3.11】《抗规》3.9.2 条第 3 款中规定，"钢材应有明显的屈服台阶，且伸长率不应小于 20%"，如何理解？

【A12.3.11】笔者认为，规范此处沿袭了 2001 版《抗规》的说法，似乎不妥，因为，按照新的国家标准，此处的"伸长率"应为"断后伸长率"。

依据《金属材料拉伸试验第 1 部分：室温试验方法》GB/T 228.1—2010，相应概念的定义为：

伸长率（percentage elongation）：原始标距的伸长与原始标距（L_0）之比的百分率。

断后伸长率（percentage elongation after fracture）：断后标距的残余伸长（$L_u - L_0$）与

原始标距（L_0）的百分率。

断后伸长率所用符号为 A。对于比例试样，若原始标距不为 $5.65 \sqrt{S_0}$（S_0 为平行长度的原始横截面面积），符号 A 应附以下脚注说明所使用的比例系数，例如，$A_{11.3}$ 表示原始标距（L_0）为 $11.3 \sqrt{S_0}$ 的断后伸长率。对于非比例试样，符号 A 应附以下脚注说明所使用的原始标距，以毫米（mm）表示，例如，A_{80mm} 表示原始标距（L_0）为 80mm 的断后伸长率。

其他形式的伸长率还有断裂总伸长率（记作 A_t）、最大力总伸长率（记作 A_{gt}），最大力非比例伸长率（记作 A_g）。为说明区别，该标准给出了图示，如图 12-3-4 所示。

实际上，在《金属材料室温拉伸试验方法》GB/T 228—2002 中已采用以上概念。《普通碳素结构钢》GB/T 700—2006 和《低合金高强度结构钢》GB/T 1591—2008 中采用断后伸长率 A 度量钢材的延性。《钢筋混凝土用钢第 1 部分：热轧光圆钢筋》GB 1499.1—2008 和《钢筋混凝土用钢第 2 部分：热轧带肋钢筋》GB 1499.2—2007 采用最大力总伸长率 A_{gt} 度量钢筋的延性（《混凝土结构设计规范》中将最大力总伸长率记作 δ_{gt}）。

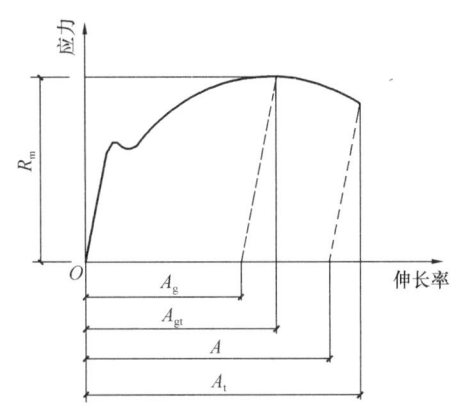

图 12-3-4　伸长率的定义

笔者注意到，《建筑结构用钢板》GB/T 19879—2005 的表 4，对高性能建筑用钢板（符号形如 Q345GJ）给出的是"伸长率 A（％）"要求，并在表下注释 2 指出，"拉伸试样采用系数为 5.65 的比例试样"，对照前述可知，此处的"伸长率"实为"断后伸长率"，从侧面说明，有时"伸长率"可作为"断后伸长率"的简称。表下注释 3 指出"伸长率按有关标准进行换算时，表中伸长率 $A=17\%$ 与 $A_{50mm}=20\%$ 相当"。因此，使用"伸长率"这一指标时应注意试样的取值，否则，会引起混乱。

在 2011 年的中国香港的钢结构设计规范中，规定 $5.65\sqrt{S_0}$ 试样的断后伸长率应不低于 15％。

【Q12.3.12】《抗规》**4.3.3** 条说到地质年代，请问地质年代是如何划分的？

【A12.3.12】 地质年代依据先后顺序，分为太古代、元古代、古生代、中生代、新生代。"代"下面的单位是"纪"，"纪"下面的单位是"世"。为节省篇幅，下面仅给出中生代和新生代的详细划分情况，如表 12-3-11 所示。

中生代和新生代的划分　　　　　　　　　　　　　表 12-3-11

代	纪	世	
新生代	第四纪（Q）	全新世（Q4）	
		更新世	晚（Q3）
			中（Q2）
			早（Q1）
	第三纪（R）	上新世（N2）	
		中新世（N1）	

续表

代	纪	世
中生代	白垩纪（K）	晚白垩世（K2）
		早白垩世（K1）
	侏罗纪（J）	晚侏罗世（J3）
		中侏罗世（J2）
		早侏罗世（J1）
	三叠纪（T）	晚三叠世（T3）
		中三叠世（T2）
		早三叠世（T1）

注：表中排列自上而下越来越久远。

【Q12.3.13】《抗规》5.1.5 条关于地震影响曲线，指出"直线下降段，自 5 倍特征周期至 6s 区段，下降斜率调整系数应取 0.02"，怎么没讲衰减指数 γ 的取值？图中计算公式明明用到了该数值。

【A12.3.13】当自振周期 $T=5T_g$，按照曲线下降段公式可得

$$\alpha=\left(\frac{T_g}{T}\right)^{\gamma}\eta_2\alpha_{\max}=0.2^{\gamma}\eta_2\alpha_{\max}$$

按直线下降段公式，可得

$$\alpha=[\eta_2 0.2^{\gamma}-\eta_1(T-5T_g)]\alpha_{\max}=\eta_2 0.2^{\gamma}\alpha_{\max}$$

可见，直线下降段公式中的衰减指数 γ 与曲线下降段的 γ 为同一个值，即，当结构的阻尼比为 $\zeta=0.05$ 时，$\gamma=0.9$。

【Q12.3.14】《抗规》5.2.3 条中所说，双向水平地震作用的扭转效应，可按下列公式中的较大值确定：

$$S_{Ek}=\sqrt{S_x^2+(0.85S_y)^2}$$

或

$$S_{Ek}=\sqrt{S_y^2+(0.85S_x)^2}$$

是何含义？

【A12.3.14】当结构的质量和刚度明显不对称、不均匀时，应考虑双向水平地震作用和扭转耦联的影响。

根据统计分析，两个方向水平地震加速度的最大值不相等，二者之间的比值约为 1：0.85，而且两个方向的最大值不一定发生在同一时刻，因此，规范规定采用"平方和开方"（SRSS）方法计算两个方向水平地震作用效应的组合。

所谓"双向水平地震作用下的扭转耦联效应"，是指两个正交方向地震作用在每个构件的同一局部坐标方向产生的效应。《抗规》给出的公式(5.2.3-7)、公式(5.2.3-8)可以进一步细化为下列计算公式：

对 x 方向：取 $S_{xEk}=\sqrt{S_{xX}^2+(0.85S_{xY})^2}$ 或 $S_{xEk}=\sqrt{S_{xY}^2+(0.85S_{xX})^2}$ 中的较大者；

对 y 方向：取 $S_{yEk}=\sqrt{S_{yY}^2+(0.85S_{yX})^2}$ 或 $S_{yEk}=\sqrt{S_{yX}^2+(0.85S_{yY})^2}$ 中的较大者。

式中，S_{xX} 为 X 方向地震作用在局部坐标 x 方向引起的效应；S_{xY} 为 Y 方向地震作用在局部坐标 x 方向引起的效应。

若抗侧力构件正交的完全对称结构，Y 方向地震作用在坐标 x 方向产生的地震作用效应为 $S_{xY}=0$，X 方向地震作用在坐标 y 方向产生的地震作用效应为 $S_{yX}=0$，此时，双向地震作用计算将与单向地震作用计算完全相同。因此，对于完全对称的结构，以及不属于扭转不规则的结构，规范不要求进行双向地震作用效应的组合。

【Q12.3.15】不满足剪重比时如何调整剪力？

【A12.3.15】 对于长周期结构，一方面，利用底部剪力法求出的 α_1 偏小，另一方面，振型分解反应谱法也不能作出很好的估计。因此，《抗规》5.2.5 条规定了各楼层水平地震剪力的最小值要求（习惯称作剪重比要求）。

结构基本周期分为 3 种类型：加速度控制区段、速度控制区段和位移控制区段，如图 12-3-5 所示。

当底部总剪力偏小（但与规定的最小值相差不大）而中高楼层满足剪重比要求时，可按结构基本周期的不同而采用 3 种调整方法：

（1）加速度控制区段，各楼层水平地震剪力均乘以增大系数 k：

$$k = [V_{Ek1}]/V_{Ek1}^0$$

$$[V_{Ek1}] = \lambda \sum_{j=1}^{n} G_j$$

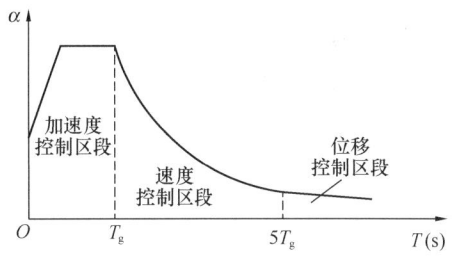

图 12-3-5　结构基本周期的类型

式中，$[V_{Ek1}]$ 为规范规定的首层水平地震剪力最小值；V_{Ek1}^0 为调整前首层水平地震剪力标准值；λ 为查规范表 5.2.5 得到的最小地震剪力系数；G_j 为第 j 楼层的重力荷载代表值。

（2）位移控制区段，先根据首层水平地震剪力求出 $\Delta\lambda_0$，其他第 i 层均在原来基础上增加 $\Delta\lambda_0 G_{Ei}$，公式表达为：

$$\Delta\lambda_0 = \frac{[V_{Ek1}] - V_{Ek1}^0}{\sum_{j=1}^{n} G_j}$$

$$G_{Ei} = \sum_{j=i}^{n} G_j$$

这相当于，底层的剪力系数乘以 $\left(1+\dfrac{\Delta\lambda_0}{\lambda_1}\right)$，其他第 i 楼层的剪力系数乘以 $\left(1+\dfrac{\Delta\lambda_0}{\lambda_i}\right)$，$\lambda_1$、$\lambda_i$ 分别为调整前的第 1 层、第 i 层的剪力系数。

（3）速度控制区段，首层取为规定的水平地震剪力最小值，顶部楼层剪力增加值取以上两种方法的平均值，中间楼层的增加值按线性分布。

【Q12.3.16】《抗规》5.5.2 条规定了何种情况进行弹塑性变形验算，为清楚起见，能否列一个表格表示？

【A12.3.16】 罕遇地震下对薄弱层的弹塑性变形验算，根据程度不同，有"应"和"宜"的区分，如表 12-3-12 所示。

弹塑性变形验算的条件 表 12-3-12

验算类型	结构类型	条 件	
应进行弹塑性变形验算	高大的单层钢筋混凝土柱厂房的横向排架	8 度Ⅲ、Ⅳ类场地	
		9 度	
	钢筋混凝土框架结构和框排架结构	7~9 度，且楼层屈服强度系数小于 0.5	
	建筑结构	高度大于 150m	
	钢筋混凝土结构和钢结构	甲类建筑	
		9 度，且为乙类建筑	
	建筑结构	采用隔震和消能减震设计	
宜进行弹塑性变形验算	高层建筑结构	符合《抗规》表 5.1.2-1 且属于表 3.4.3-2 所列竖向不规则（表 5.1.2-1 为采用时程分析的范围）	
	钢筋混凝土结构和钢结构	乙类建筑	7 度Ⅲ、Ⅳ类场地
			8 度
	板柱-抗震墙结构和底部框架砌体房屋	无条件	
	高层钢结构	高度不大于 150m（高度大于 150m 时应验算弹塑性变形）	
	地下建筑结构及地下空间综合体	不规则	

本条可以与《高规》3.7.4 条对照。

【Q12.3.17】《抗规》5.5.4 条规定了结构薄弱层弹塑性层间位移的简化计算，这里有两个问题：

（1）楼层屈服强度系数 ξ_y 如何计算？

（2）弹塑性层间位移 Δu_p 按照弹性时的 Δu_e 乘以一个放大系数 η_p 得到，如何理解 η_p 的取值步骤？

【A12.3.17】对于问题（1）：

"楼层屈服强度系数"的定义在《抗规》45 页 5.5.2 条的注，为"按钢筋混凝土构件实际配筋和材料强度标准值计算的楼层受剪承载力和按罕遇地震作用标准值计算的楼层弹性地震剪力的比值；对排架柱，指按实际配筋面积、材料强度标准值和轴向力计算的正截面受弯承载力和按罕遇地震作用标准值计算的弹性地震弯矩的比值"。

对于常用的框架柱情况，需要先算出一个柱端实际受弯承载力，计算公式为

$$M_{cyk}^a = f_{yk} A_{sc}^a (h_{c0} - a_s') + 0.5 N_G h_c \left(1 - \frac{N_G}{f_{ck} b_c h_c}\right)$$

式中，下角标"c"表示"柱子"，"a"表示"实际的"，N_G 为对应于重力荷载代表值的柱轴压力（取分项系数 $\gamma_G = 1.0$）。

对计算楼层的所有柱子求和，得到 $\sum M_{cyk}$，$V_y = \sum M_{cyk} / H_n$ 得到楼层屈服剪力，H_n 为楼层柱的净高。$\xi_y = V_y / V_e$，V_e 对应于罕遇地震情况下的层间剪力，可将多遇地震下层间剪力放大得到，放大系数近似取为罕遇与多遇地震影响系数的比值。

对于问题（2）：

结合规范的条文说明，笔者是这样理解的：

当相邻楼层 ξ_y 的比值不小于 0.8 时，视为均匀结构。对于均匀结构，薄弱层取为底层。对于不均匀结构，符合下面公式条件的 i 层视为有薄弱层，取 2～3 处进行弹塑性位移验算。

$$\xi_y(i) < 0.8[\xi_y(i-1) + \xi_y(i+1)]/2 \quad i \neq 1 \text{ 且 } i \neq N$$

$$\xi_y(N) < 0.8\xi_y(N-1) \quad i = N$$

$$\xi_y(1) < 0.8\xi_y(2) \quad i = 1$$

对于均匀结构，η_p 根据规范表 5.5.4 直接查表得到。

对于不均匀结构，η_p 需要在查表所得数值的基础上乘以一个"不均匀增大系数"，该不均匀增大系数的取值方法是：薄弱层与相邻楼层 ξ_y 的比值为 0.8 时取为 1.0，比值为 0.5 时取 1.5，中间情况按照线性插值。

易方民等《建筑抗震设计规范理解与应用》（第二版，中国建筑工业出版社，2011）一书的 101 页给出的计算过程，可以支持本观点。

【Q12.3.18】设防烈度为 8 度（0.20g）、乙类建筑，房屋高度为 38m 的框架结构，满足《抗规》表 6.1.1 中最大适用高度为 40m 的要求。查表 6.1.2 确定抗震等级时，由于是乙类建筑，依据《建筑工程抗震设防分类标准》GB 50223—2008 的 3.0.3 条，应提高 1 度即按照 9 度考虑，可是，表中 9 度时只有 ≤24m 的情况。如何处理？

【A12.3.18】在《抗规》表 6.1.2 中，框架结构、9 度时只有房屋高度 ≤24m 的情况是与表 6.1.1 对应的。

对于提出的问题，《建筑结构抗震规范 GB 50011—2010 统一培训教材》第 82 页指出，此时内力调整不提高，只要求抗震构造措施"高于一级"，大体与《高层建筑混凝土结构技术规程》特一级的构造要求相当。

【Q12.3.19】《抗规》6.1.3 条第 4 款规定如下：

4 当甲乙类建筑按规定提高一度确定其抗震等级而房屋的高度超过本规范表 6.1.2 相应规定的上界时，应采取比一级更有效的抗震构造措施。

《高规》3.9.7 条规定却是：

3.9.7 甲、乙类建筑按本规程第 3.9.1 条提高一度确定抗震措施时，或Ⅲ、Ⅳ类场地且涉及基本地震加速度为 0.15g 和 0.30g 的丙类建筑按本规程第 3.9.2 条提高一度确定抗震构造措施时，如果房屋高度超过提高一度后对应的房屋最大适用高度，则应采取比对应抗震等级更有效的抗震构造措施。

二者似乎不相同，如何理解？

【A12.3.19】笔者认为，此处《高规》的规定，措辞更为准确。

例如，某 6 度区的框架结构房屋，高度为 60m，属于 A 级高度，如果是乙类建筑，则依据《高规》3.9.1 条，将烈度由 6 度提高到 7 度查表 3.9.3，得到抗震等级为二级。7 度时，房屋最大适用高度是 50m，实际高度 60m＞50m，所以，此时应采用比二级更有效的抗震构造措施。

若按照《抗规》，"房屋的高度超过本规范表 6.1.2 相应规定的上界"，这句话可以理解为，房屋高度 60m＞7 度时的上界 50m，但是，"应采取比一级更有效的抗震构造措施"就不妥当。

【Q12.3.20】如何理解"抗震措施"与"抗震构造措施"？

【A12.3.20】《抗规》2.1.10 条指出，抗震措施是指"除地震作用计算和抗力计算以外的抗震设计内容，包括抗震构造措施"。第 2.1.11 条指出，抗震构造措施是"根据抗震概念设计原则，一般不需计算而对结构和非结构各部分所采取的各种细部要求"。

从抗震规范的目录名称看，每章通常分为一般规定、计算要点、抗震构造措施、设计要求等节，在"一般规定"中、除"适用范围"外的内容属于抗震措施；"计算要点"中的地震作用效应（内力和变形）调整的规定也属于抗震措施。"设计要求"中的规定包含有抗震措施和抗震构造措施。

由于抗震措施"包含"抗震构造措施，所以，可以将二者的关系理解为整体与局部的关系。抗震构造措施的等级通常与抗震措施的等级相同，但还可能有微小调整。例如，Ⅰ类场地时，除 6 度外，按降低 1 度查表 6.1.2 确定抗震构造措施（见《抗规》表 6.1.2 下注释 1）；Ⅲ、Ⅳ类场地时，设计基本地震加速度为 0.15g 和 0.30g 的地区，按设防烈度 8 度（0.20g）和 9 度（0.40g）采取抗震构造措施（见《抗规》的 3.3.3 条）。

王亚勇、戴国莹《建筑抗震设计规范疑问解答》（中国建筑工业出版社，2006）第 103 页给出了一个表格，现摘录如下，见表 12-3-13。（编者注：原书当设防烈度为 6 度时，乙类建筑的抗震措施和抗震构造措施均按照 6 度考虑，应是笔误，今依据其 34 页的表格已经改正。）

甲、乙、丙、丁类建筑的抗震措施和抗震构造措施　　　　表 12-3-13

类别	设防烈度	6		7		7 (0.15g)	8		8 (0.30g)	9	
	场地类别	Ⅰ	Ⅱ～Ⅳ	Ⅰ	Ⅱ～Ⅳ	Ⅲ、Ⅳ	Ⅰ	Ⅱ～Ⅳ	Ⅲ、Ⅳ	Ⅰ	Ⅱ～Ⅳ
甲、乙	抗震措施	7	7	8	8	8	9	9	9	9*	9*
	抗震构造措施	6	7	7	8	8*	8	9	9*	9	9*
丙	抗震措施	6	6	7	7	7	8	8	8	9	9
	抗震构造措施	6	6	6	7	8	7	8	9	8	9
丁	抗震措施	6	6	7⁻	7⁻	7⁻	8⁻	8⁻	8⁻	9⁻	9⁻
	抗震构造措施	6	6	6	7⁻	7	7	8⁻	9	8⁻	9⁻

注：8*、9* 表示比 8 度、9 度更高的要求；

7⁻、8⁻、9⁻ 分别表示比 7 度、8 度、9 度适当降低的要求。

【Q12.3.21】关于结构抗震，有 3 个疑问：

(1) 如何理解"抗震等级"？

(2) 规范中经常提到"抗震等级提高一级"，是指"抗震措施"等级提高一级，还是"抗震构造措施"等级提高一级？例如，《高规》10.2.6 条对部分框支剪力墙当转换层在 3 层及以上时，框支柱、剪力墙底部加强部位的抗震等级要提高一级。

(3) 轴压比验算时，应按抗震措施还是抗震构造措施确定抗震等级？

【A12.3.21】对于问题(1)：

如表 12-3-10 所示,"抗震措施"和"抗震构造措施"都对应有"抗震等级",前者适用于"内力调整",而后者适用于"构造措施",可通俗称之为"内力调整的抗震等级"和"构造措施的抗震等级"。

对于问题(2):

若遇"抗震等级提高一级"的规定,表示抗震措施和抗震构造措施均提高一级。

对于问题(3):

《抗规》6.3 节标题为"框架的基本抗震构造措施",此节的 6.3.6 条规定了柱的轴压比限值;6.4 节标题为"抗震墙结构的基本抗震构造措施",此节的 6.4.5 条规定了抗震墙的轴压比限值。可见,"轴压比"属于"抗震构造措施"的内容,故查表时应采用"构造措施的抗震等级"。

特别需要注意,抗震墙的轴压比验算时,取 $N = 1.2 \times (N_G + 0.5 N_Q)$。

【Q12.3.22】**确定抗震等级的完整步骤是怎样的?**

【A12.3.22】建筑物的抗震等级按照以下步骤确定:

(1) 确定本地区的设防烈度。

依据《抗规》附录 A,得到本地区的设防烈度,7 度和 8 度时还需要特别注意基本地震加速度的值:是 7 度(0.10g)还是 7 度(0.15g),是 8 度(0.20g)还是 8 度(0.30g)。

(2) 区分甲、乙、丙、丁类建筑。

依据《建筑工程抗震设防分类标准》GB 50223—2008,建筑工程有 4 个抗震设防类别,如下:

① 特殊设防类:指使用上有特殊设施,涉及国家公共安全的重大建筑工程和地震时可能发生严重次生灾害等特别重大灾害后果,需要进行特殊设防的建筑。简称"甲类"。

② 重点设防类:指地震时使用功能不能中断或需尽快恢复的生命线相关建筑,以及地震时可能导致大量人员伤亡等重大灾害后果,需要提高设防标准的建筑。简称"乙类"。

③ 标准设防类:指大量的除①、②、④款以外按标准要求进行设防的建筑。简称"丙类"。

④ 适度设防类:指使用上人员稀少且震损不致产生次生灾害,允许在一定条件下适度降低要求的建筑。简称"丁类"。

通俗理解,可认为依据其重要性分为甲、乙、丙、丁四类建筑。对于某个建筑物,依据该分类标准确定其归属。

(3) 区分 A 级高度与 B 级高度。

钢筋混凝土高层建筑结构的最大适用高度分为 A 级和 B 级,见《高规》的 3.3.1 条。

《抗规》的表 6.1.1 实际上是 A 级的最大适用高度。需要特别注意表 6.1.1 下注释 6:"乙类建筑可按本地区抗震设防烈度确定其适用的最大高度"。参考《高规》表 3.3.1-1 的注释可知,其含义为:甲类建筑,6、7、8 度时宜按本地区抗震设防烈度提高一度后符合表中数值要求,9 度时应专门研究;乙、丙类建筑则按本地区抗震设防烈度考虑。

(4) 考虑场地条件。

场地分为Ⅰ、Ⅱ、Ⅲ、Ⅳ四类，确定方法在《抗规》的4.1.6条。

（5）依据《抗规》3.3.2条、3.3.3条（或《高规》3.9.1条、3.9.2条），调整或不调整设防标准。

《抗规》3.3.2条：建筑场地为Ⅰ类时，对甲、乙类的建筑应允许仍按本地区抗震设防烈度的要求采取抗震构造措施；对丙类的建筑应允许按本地区抗震设防烈度降低一度的要求采取抗震构造措施，但抗震设防烈度为6度时仍应按本地区抗震设防烈度的要求采取抗震构造措施。

《抗规》3.3.3条：建筑场地为Ⅲ、Ⅳ类时，对设计基本地震加速度为 $0.15g$ 和 $0.30g$ 的地区，除本规范另有规定外，宜分别按抗震设防烈度8度（$0.20g$）和9度（$0.40g$）时各抗震设防类别建筑的要求采取抗震构造措施。

以上这些规定，已经充分体现在本书的表12-3-13中。

（6）A级依据《抗规》表6.1.2、B级依据《高规》表3.9.4确定抗震等级。

特别注意以下的规定：

《抗规》6.1.3条

1　设置少量抗震墙的框架结构，在规定的水平力作用下，底层框架部分所承担的地震倾覆力矩大于结构总地震倾覆力矩的50%时，其框架的抗震等级应按框架结构确定，抗震墙的抗震等级可与其框架的抗震等级相同。

注：底层指计算嵌固端所在的层。

2　裙房与主楼相连，除应按裙房本身确定抗震等级外，相关范围不应低于主楼的抗震等级；主楼结构在裙房顶板对应的相邻上下各一层应适当加强抗震构造措施。裙房与主楼分离时，应按裙房本身确定抗震等级。

3　当地下室顶板作为上部结构的嵌固部位时，地下一层的抗震等级应与上部结构相同，地下一层以下抗震构造措施的抗震等级可逐层降低一级，但不应低于四级。地下室中无上部结构的部分，抗震构造措施的抗震等级可根据具体情况采用三级或四级。

4　当甲乙类建筑按规定提高一度确定其抗震等级而房屋的高度超过本规范表6.1.2相应规定的上界时，应采取比一级更有效的抗震构造措施。

注：本章"一、二、三、四级"即"抗震等级为一、二、三、四级"的简称。

《高规》9.1.11条：对于筒体结构，当框架部分分配的地震剪力标准值的最大值小于结构底部总地震剪力标准值的10%时，……，各层核心筒墙体的地震剪力标准值宜乘以增大系数1.1，但可不大于结构底部总地震剪力标准值，墙体的抗震构造措施应按抗震等级提高一级后采用，已为特一级的可不再提高。

《高规》10.2.6条：对部分框支剪力墙结构，当转换层的位置设置在3层及3层以上时，其框支柱、剪力墙底部加强部位的抗震等级宜按本规程表3.9.3和表3.9.4的规定提高一级采用，已为特一级时可不提高。

《高规》10.3.3条：加强层及其相邻层的框架柱、核心筒剪力墙的抗震等级应提高一级采用，一级应提高至特一级，当抗震等级已经为特一级时应允许不再提高。

《高规》10.4.4条：错层处框架柱抗震等级应提高一级采用，一级应提高至特一级，当抗震等级已经为特一级时应允许不再提高。

《高规》10.5.6条：连接体及与连接体相连的结构构件在连接体高度范围及其上、下层，抗震等级应提高一级采用，一级应提高至特一级，当抗震等级已经为特一级时应允许不再提高。

【Q12.3.23】《抗规》中的"烈度"与"设防烈度"有何区别？例如，表6.1.1中为"烈度"、表6.1.2中为"设防烈度"。另外，内力调整中说到的9度（例如《高规》6.2.4条），指的是哪种情况？抗震构造措施中用到的"烈度"（例如《抗规》表6.4.5-1、表6.4.5-3），指的是哪种情况？

【A12.3.23】（1）对于某地区而言，可以根据《抗规》附录A得到"抗震设防烈度"，这是一个基准，可称作"本地区抗震设防烈度"，以示区别。

对于具体的建筑物而言，需要根据其重要性（是甲、乙、丙、丁的哪一类）调整"抗震设防烈度"后，查表6.1.2得到抗震措施的等级。若要确定抗震构造措施的等级，则还应再考虑场地的因素对上述"烈度"进行调整，以调整之后的烈度查表6.1.2。朱炳寅《建筑抗震设计规范应用与分析》（第二版）将调整后的烈度称作"抗震设防标准"。

（2）在《抗规》第6章中出现的"烈度"，大多是指"本地区抗震设防烈度"。只有表6.1.2既用来确定抗震措施的等级也用来确定抗震构造措施的等级，采用的是调整后的"抗震设防标准"。

（3）朱炳寅《建筑抗震设计规范应用与分析》第一版和第二版均将表6.1.6中的"设防烈度"（字面表达与表6.1.2相同）解释为调整后的"抗震设防标准"，值得商榷。

（4）《抗规》第6章第4节将"一级"区分为"一级（9度）"、"一级（7、8度）"，就是考虑到本地区设防烈度的差别。

【Q12.3.24】《抗规》表6.1.2下的注释1和3.3.2条说的是一回事吗？如果是，为什么此处不增加Ⅲ、Ⅳ类场地当设计基本地震加速度为0.15g、0.3g的说明？如果不是，那就要双重调整？

【A12.3.24】笔者认为可以这样理解：

（1）确定抗震构造措施所应采用的设防烈度，会在本地区设防烈度的基础上作出调整。《抗规》的3.3.2条特别规定了Ⅰ类场地时的情况，可用表12-3-14说明。

Ⅰ类场地时的调整 表12-3-14

项次	建筑场地类别	本地区设防烈度	建筑抗震设防类别	确定抗震构造措施时采用的设防烈度
1	Ⅰ	6、7、8、9度	甲类、乙类	同本地区设防烈度
2	Ⅰ	7、8、9度	丙类	按本地区设防烈度降低一度
3	Ⅰ	6度	丙类	6度

其他类场地时：

Ⅱ类场地，相当于是一种标准情况，丙类不变，甲、乙类按提高一度。

Ⅲ、Ⅳ类场地，甲、乙、丙类建筑，对于7度半（0.15g）、8度半（0.30g）均按提高半度考虑。这里，可以认为甲、乙类的要求实际上还要适当高些。

（2）《抗规》表6.1.2以及其下面的注释，是有适用条件的，即，针对的是丙类建筑。据此可知，其注释1相当于本书表12-3-11的项次2、3。

【Q12.3.25】 对于底部加强部位的高度，规范中有这样几条规定：

（1）《抗规》第6章多层和高层混凝土结构房屋，**6.1.10条第2款**：部分框支抗震墙结构的抗震墙，其底部加强部位的高度，可取框支层加框支层以上两层的高度及落地抗震墙总高度的**1/10**二者的较大者。其他结构的抗震墙，房屋高度大于**24m**时，底部加强部位的高度可取底部两层和墙体总高度的**1/10**二者的较大者；房屋高度不大于**24m**时，底部加强部位可取底部一层。

（2）《高规》第7章剪力墙结构设计，**7.1.4条第2款**：底部加强部位的高度可取底部两层和墙体总高度的**1/10**二者的较大者。

（3）《高规》第10章复杂高层建筑结构设计，**10.2.2条**：带转换层的高层建筑结构，其剪力墙底部加强部位的高度，应从…，宜取至转换层以上两层且不宜小于房屋高度的**1/10**。

以上条文中，"落地抗震墙总高度""墙体总高度"如何确定？另外，如何理解底部加强部位？

【A12.3.25】 笔者认为，应从以下几个方面理解：

（1）"落地抗震墙总高度"、"墙体总高度"，依据朱炳寅《建筑抗震规范应用与分析》223页给出的图示，应是指房屋高度。房屋高度的概念，在《高规》2.1.2条有规定，是指自室外地面算起至房屋主要屋面的高度，不包括突出屋面的电梯机房、水箱、构架等高度。

（2）"底部加强部位"是一个区间，大多数情况下，需要在"底部加强部位以及相邻上一层"设置约束边缘构件。依据《高规》7.2.14条第1款，一、二、三级剪力墙底层墙肢底截面的轴压比超过限值时，以及部分框支剪力墙结构的剪力墙，在底部加强部位以及其上一层布置约束边缘构件。这里，"轴压比超过限值"是2010版规范新加的修饰语，不超过轴压比的情况，则设置构造边缘构件，见《高规》表7.2.16。作为对比，我们可以发现，2002版《高规》7.2.15条曾规定一、二级剪力墙底部加强部位以及其上一层应布置约束边缘构件，不论轴压比如何。这一处的改变必须引起注意。

（3）底部加强部位高度是"从地下室顶板算起"的数值。因此，房屋高度的1/10，只是提供一个数值而已，不能着眼于房屋高度是从室外地面算起而引起认识上的混乱。

（4）底部加强部位作为执行构造措施的一个"区间"，还包括从地下室顶板向下延伸至嵌固端。

【Q12.3.26】 《抗规》**6.2.2**条中的M_{bua}^l、M_{bua}^r如何计算？需要"计入梁受压钢筋和相关楼板钢筋"是什么意思？

【A12.3.26】 众所周知，对于如图12-3-6所示的双筋梁，已知梁截面尺寸与混凝土强度等级以及实际配置的纵向钢筋信息，则可确定

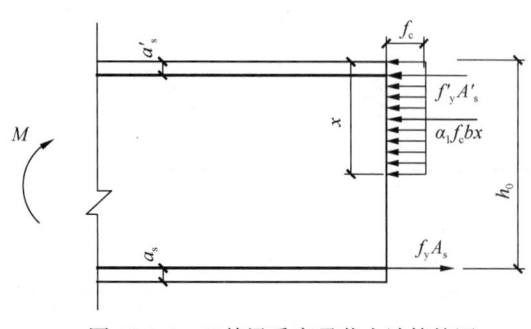

图12-3-6　双筋梁受弯承载力计算简图

该截面可以承受的受弯承载力设计值。

采用以下公式：

$$x = \frac{f_y A_s - f_y' A_s'}{\alpha_1 f_c b} \qquad (12\text{-}3\text{-}1)$$

当 $2a_s' \leqslant x \leqslant \xi_b h_0$ 时：

$$M_u = \alpha_1 f_c b x \left(h_0 - \frac{x}{2}\right) + f_y' A_s'(h_0 - a_s') \qquad (12\text{-}3\text{-}2)$$

当 $x < 2a_s'$ 时：

$$M_u = f_y A_s(h_0 - a_s') \qquad (12\text{-}3\text{-}3)$$

事实上，只要满足 $x \leqslant \xi_b h_0$ 即可保证受拉钢筋 A_s 屈服，因此，不论受压区高度 x 是否满足 $x \geqslant 2a_s'$（满足该条件时才能保证 A_s' 达到屈服），均可以对 A_s' 合力点取矩，写成

$$M_u = f_y A_s(h_0 - a_s') - \alpha_1 f_c b x \left(\frac{x}{2} - a_s'\right) \qquad (12\text{-}3\text{-}4)$$

当 $x \geqslant 2a_s'$ 时式（12-3-4）第二项为正，当 $x < 2a_s'$ 时式（12-3-4）第二项为负。

M_{bua} 下角标的含义是：梁（b）、极限弯矩（u）、按照实际配筋（a），因此，可按照与上述类似的步骤确定，但稍有不同，表现在：

（1）采用钢筋的强度标准值，即应以 f_{yk} 代替 f_y。

（2）由于考虑抗震，因此承载力应除以 γ_{RE}。

（3）由于框架梁端部受压钢筋布置相对较多，因此，求得的受压区高度较小，为此，可将式（12-3-4）忽略第 2 项。

综上，M_{bua} 采用下式确定：

$$M_{bua} = f_{yk} A_s^a (h_0 - a_s') / \gamma_{RE} \qquad (12\text{-}3\text{-}5)$$

式中的 A_s^a 仅为保持与规范符号一致，其含义仍为纵向受拉钢筋的实配截面面积。

M_{bua}^l 与 M_{bua}^r 的上角标仅表示框架梁的左（l）、右（r）端部而已。

式（12-3-5）可在《混规》11.3.2 条的条文说明中找到。

另外需要注意的是，由于框架梁与楼板现浇在一起，因此，板在一定范围对梁的受弯承载力有贡献。《高规》6.2.5 条的条文说明指出，有效翼缘（楼板）宽度可取梁两侧各 6 倍板厚（与《混规》5.2.4 条一致），此范围内的楼板钢筋在计算 M_{bua} 时应计入，如图 12-3-7 所示。

由于式（12-3-5）中的 A_s^a 为纵向受拉钢筋截面面积，因此，图中的楼板钢筋只有在截面承受负弯矩时才能与梁上部钢筋求和后作为 A_s^a 计算 M_{bua}。

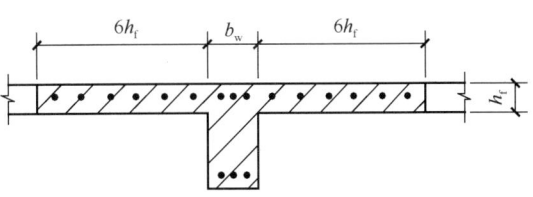

图 12-3-7　楼板相关范围内的钢筋

顺便指出，在 ACI318-19 规范中，6.3.2.1 条规定了 T 形梁的翼缘有效宽度，一侧外伸翼缘的有效范围，内梁与边梁不同，分别为翼缘厚度的 8 倍和 6 倍，如图 12-3-8所示。

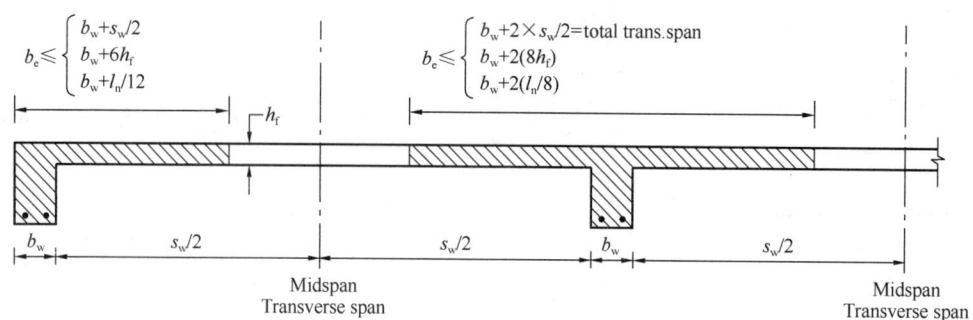

l_n=clear length of beam span(longitudinal span)
s_w=clear transverse span between webs

图 12-3-8　ACI318-19 规范中的 T 形梁有效翼缘宽度

【Q12.3.27】《抗规》6.1.3 条对"底层"的解释为"计算嵌固端所在的层"。6.2.3 条规定对"底层"柱下端截面组合的弯矩设计值调整，其中"底层"的含义，与 6.1.3 条的解释相同吗? 2008 版《抗规》在 6.2.3 条指出"底层是指无地下室的基础以上或地下室以上的首层"。

【A12.3.27】笔者注意到，2016 版《抗规》的 6.2.3 条与 2008 版时一样，规定了底层柱下端截面弯矩设计值的增大系数，但取消了后者对"底层"的解释，这说明，在 2016 版《抗规》中，"底层"这一概念均采用 6.1.3 条的解释。

【Q12.3.28】关于《抗规》的 6.2.5 条，有以下疑问:

(1) M_{cua} 如何计算? 我看到《混凝土规范》的 386 页给出的计算公式如下:

$$M_{cua} = \frac{1}{\gamma_{RE}} \left[0.5 \gamma_{RE} Nh \left(1 - \frac{\gamma_{RE} N}{\alpha_1 f_{ck} bh} \right) + f'_{yk} A'_s (h_0 - a'_s) \right]$$

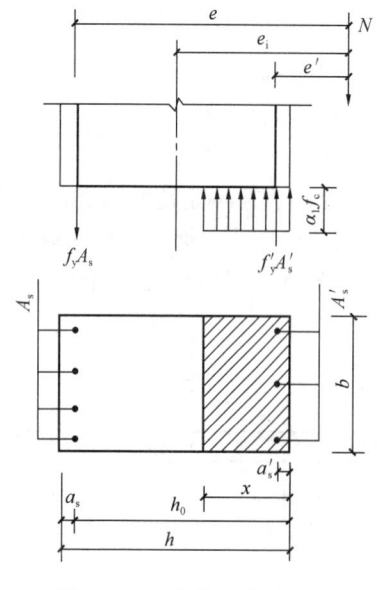

图 12-3-9　大偏心受压时正
截面承载力的计算简图

但是，没有明白其推导过程。

(2) 式 (6.2.5-2) 中的 M^b_{cua}，当为底层柱底截面时，是否要考虑 6.2.3 条的增大系数?

【A12.3.28】对于问题 (1):

《混凝土规范》第 386 页给出了 M_{cua} 的计算公式，并给出了推导过程，只是，由于叙述有瑕疵，较难看懂。今给出分析思路如下:

如图 12-3-9 所示，由于偏心受压柱是与杆端承受轴心压力和弯矩等效的，所以，偏心受压柱的受弯承载力 M_u 实际上是图中的 Ne_i。由于实际中柱按照对称配筋，当满足 $\frac{N}{f_c bh} \leqslant 0.5$ (相当于采用 HRB335 钢筋时，$\frac{N}{f_c bh_0} \leqslant \xi_b = 0.5$) 时，为大偏心受压。

将其变形，得到

$$Ne_i = Ne - N \times 0.5(h_0 - a'_s)$$

将 $Ne = \alpha_1 f_c bx(h_0 - 0.5x) + f'_y A'_s(h_0 - a'_s)$ 代入，可得

$$M_u = \alpha_1 f_c bx(h_0 - 0.5x) + f'_y A'_s(h_0 - a'_s)$$
$$- N \times 0.5(h_0 - a'_s)$$

将 $x = \dfrac{N}{\alpha_1 f_c b}$ 代入，可得

$$M_u = N(h_0 - 0.5x) + f'_y A'_s(h_0 - a'_s) - N \times 0.5(h_0 - a'_s)$$
$$= 0.5Nh_0 + 0.5Na'_s - 0.5xN + f'_y A'_s(h_0 - a'_s)$$
$$= 0.5N(h_0 + a'_s) - 0.5xN + f'_y A'_s(h_0 - a'_s)$$
$$= 0.5Nh(1 - \frac{N}{\alpha_1 f_c bh}) + f'_y A'_s(h_0 - a'_s)$$

考虑抗震，将上式中的 N 取为 $\gamma_{RE} N$，将强度取为标准值，并对最后的计算结果除以 γ_{RE}，这就是《混凝土规范》中的公式了。

在《抗规》的 359 页，也给出了钢筋混凝土梁、柱的正截面受弯实际承载力公式，对于柱，当轴压力满足 $\dfrac{N_G}{f_{ck}b_c h_c} \leqslant 0.5$ 时，为

$$M_{cyk}^a = f_{yk} A_{sc}^a(h_{c0} - a'_s) + 0.5N_G h_c(1 - \frac{N_G}{f_{ck}b_c h_c})$$

将 M_{cyk}^a 除以抗震调整系数 γ_{RE}，就是规范正文中的 M_{cua}。式中下角标"c"表示"柱子"，"a"表示"实际的"，N_G 为对应于重力荷载代表值的柱轴压力设计值。

可见，两种 M_{cua} 计算公式的差别，就是采用 $\gamma_{RE} N$ 还是 N，其他均相同。

《混凝土规范》中采用 $\gamma_{RE} N$；《建筑抗震设计规范理解与应用》（第二版）在第 179～180 页给出的例题中也是采用 $\gamma_{RE} N$。

笔者观点，在 M_{cua} 计算公式中取用 N 从概念上讲更明确，理由是：按照概念，考虑抗震后的构件承载力应取为非抗震时承载力除以 γ_{RE}，若公式中出现 $\gamma_{RE} N$ 而不是 N，岂不是对应于轴压力为 $\gamma_{RE} N$ 时的 M_{cua}？

对于问题（2）：

M_{cua}^b 按照实际配筋截面面积、材料强度标准值和重力荷载代表值产生的轴向压力设计值并考虑承载力抗震调整系数计算得到，属于材料的"抗力"范畴，不是荷载效应，因此，笔者认为，不应该考虑 6.2.3 条的增大系数。

【Q12.3.29】《抗规》6.2.5 条对剪力 V 的解释为："柱端截面组合的剪力设计值；框支柱的剪力设计值尚应符合本规范第 6.2.10 条的规定"，查看 6.2.10 条，是对框支柱最小剪力的规定，并未提设计值，似乎是对组合之前的地震剪力的规定。如何理解？

【A12.3.29】《高规》的 10.2.17 条有相同内容，但表达更清楚，据此可知，《抗规》6.2.10 条中所说的"地震剪力"是"水平地震剪力标准值"。

【Q12.3.30】《抗规》6.2.7 条第 1 款规定："一级抗震墙的底部加强部位以上部位，墙肢的组合弯矩设计值应乘以增大系数，其值可采用 1.2；剪力相应调整"。如何相应调整？规范中没有找到。

可是，《高规》**7.2.5** 条对相同的情况规定剪力增大系数为 **1.3**。

【A12.3.30】与《抗规》此条款相同的规定，还出现在《混凝土规范》的 11.7.1 条。

笔者认为，所谓"剪力相应调整"是指，由于剪力是由弯矩算出的，现在，既然弯矩放大了 1.2 倍，那么，剪力相应的也就放大了。

多层混凝土结构可使用《抗规》或《混凝土规范》，高层建筑使用《高规》，《高规》7.2.5 条的规定更为直接。

【Q12.3.31】《抗规》**6.2.9** 条，对剪跨比 λ 的解释为："**反弯点位于柱高中部的框架柱可按柱净高与 2 倍柱截面高度之比计算**"，如何理解？

【A12.3.31】经查，2001 版《抗规》也是如此表述。

然而，《混凝土规范》、《高规》中却是取"柱截面有效高度"之比。2002 版《混凝土规范》的 11.4.9 条指出，框架柱的反弯点在层高范围内时取 $\lambda = H_n/(2h_0)$；2015 版《混凝土规范》的 11.4.6 条给出的剪跨比公式没有改变。2002 版、2010 版《高规》的 6.2.6 条均规定按柱截面有效高度计算。

教科书中也不完全一致。例如，包世华、张铜生《高层建筑结构设计和计算》（上册，2005 年印刷）249 页给出的剪跨比定义式为 $\lambda = \dfrac{M}{Vh}$，考虑到框架柱反弯点大都接近中点，取 $\lambda = \dfrac{M}{Vh} = \dfrac{H_0}{2h}$，这里用 H_0 表示柱净高。方鄂华等《高层建筑结构设计》（2005 年印刷）154 页给出的剪跨比定义式为 $\lambda = \dfrac{M^c}{V^c h_{c0}}$，式中，$M^c$、$V^c$ 分别表示柱端截面组合的弯矩计算值和组合的剪力计算值，h_{c0} 为计算方向柱截面的有效高度。

【Q12.3.32】关于抗震墙应计入部分翼缘共同工作，《抗规》**6.2.13** 条条文说明引用了 **2001 版**《抗规》的规定，称"**每侧由墙面算起可取相邻抗震墙净间距的一半、至门窗洞口的墙长度及抗震墙总高度的 15% 三者的最小值**"。对此，我的理解如下：

一侧的有效长度＝min（相邻抗震墙净间距的一半，至门窗洞口的墙长度，抗震墙总高度的 15%）

可是，朱炳寅《建筑抗震设计规范应用与分析》一书中给出的图示，却与以上不符，**把"抗震墙总高度的 15%"理解为整个翼墙的有效长度。这是怎么回事？**

【A12.3.32】我们先回顾一下抗震墙翼缘有效宽度取值的来龙去脉。

（1）1989 版《抗规》在 6.2.13 条规定："计算抗震墙的内力和变形时，应考虑相连纵横墙的共同工作；现浇抗震墙的翼缘有效宽度，可采用抗震墙的间距、门窗洞口间的墙宽度、抗震墙厚加两侧各 6 倍翼缘厚度和抗震墙总高的 1/10 四者的最小值"。

（2）2001 版《抗规》在 6.2.13 条第 3 款规定："抗震墙结构、部分框支抗震墙结构、框架-抗震墙结构、筒体结构、板柱-抗震墙结构计算内力和变形时，其抗震墙应计入端部翼墙的共同工作。翼墙的有效长度，每侧由墙面算起可取相邻抗震墙净间距的一半、至门窗洞口的墙长度及抗震墙总高度的 15% 三者的最小值"。

该条的条文说明指出，"对翼墙有效宽度，89 规范规定不大于抗震墙总高度的 1/10，这一规定低估了有效长度，特别是对于较低房屋，本次修订，参考 UBC97 的有关规定，改为抗震墙总高度的 15%"。

（3）2002 版《混规》10.5.3 条规定："在承载力计算中，剪力墙的翼缘计算宽度可取剪力墙的间距、门窗洞口间翼墙的宽度、剪力墙厚度加两侧各 6 倍翼墙厚度、剪力墙墙肢总高度的 1/10 四者中的最小值"。

（4）2015 版《混规》9.4.3 条沿用 2002 版 10.5.3 条的规定，一字未改。

笔者并没有找到 UBC97，因此无从知道该规范的具体规定。不过，从 2001 版《抗规》的条文说明以及规范的延续性看，本意应是由"1/10"调整到"15%"。如果是一侧有效宽度取为"抗震墙总高度的 15%"，显然与 1989 版规范差别太大。所以，笔者倾向于认为 2001 版《抗规》的表达有误。

抗震墙可能两侧都有翼墙也可能只有一侧有翼墙，这时，若不加区分，将后一种情况的翼墙有效宽度也取为"抗震墙总高度的 15%"，显然不合理。合乎力学的做法，是对这种情况取"抗震墙总高度的 15%"的一半。

【Q12.3.33】《抗规》的 6.3.6 条规定了柱的轴压比限值。今有以下疑问：

（1）对于框架-剪力墙结构中的框架柱，在确定轴压比限值时，按表 6.3.6 中的"框架结构"还是"框架-剪力墙"？

（2）表 6.3.6 下的注释 3 指出了三种可以提高轴压比限值的措施，最后指出"上述三种箍筋的最小配箍特征值均应按增大的轴压比由本规范表 6.3.9 确定"，如何理解？是说不再按照实际的轴压比确定 λ_v 吗？

【A12.3.33】笔者对这些问题的理解如下：

问题（1）：依据《抗规》6.1.3 条的条文说明，当底层框架部分所承担的地震倾覆力矩大于结构总地震倾覆力矩的 50% 时，属于框架结构范畴，此时，应按照"框架结构"查表 6.3.6。除此之外的情形，应按照"框架-抗震墙"查表得到轴压比限值。

问题（2）：最小配箍特征值 λ_v 应根据实际的柱轴压比确定，《抗规》的这句话容易引起误解，以为在这种情况下用轴压比限值确定 λ_v。

下面给出笔者对问题（2）的分析。

钢筋混凝土柱的轴压比限值，可以从《抗规》的 6.3.6 条、《高规》的 6.4.2 条和《混凝土规范》的 11.4.16 条找到。逻辑上，3 本规范的规定应该相同，然而，仔细比对，会发现表下的注释有细微的差别，见下面的表 12-3-15（为了强调对比效果，该表格同时给出了新旧版本的描述）。

3 本规范中轴压比限值表格下的注释对比　　　　　　　　　　表 12-3-15

规范	版本	表 下 注 释	
混凝土规范	2002 版	4 沿柱全高采用井字复合箍，且箍筋间距不大于 100mm、肢距不大于 200mm、直径不小于 12mm，或沿柱全高采用复合螺旋箍，且螺距不大于 100mm、肢距不大于 200mm、直径不小于 12mm，或沿柱全高采用连续复合矩形螺旋箍，且螺距不大于 80mm、肢距不大于 200mm、直径不小于 10mm 时，轴压比限值均可按表中数值增加 0.10；<u>上述三种箍筋的配箍特征值 λ_v 均应按增大的轴压比由表 11.4.17 确定</u>	5 当柱截面中部设置由附加纵向钢筋形成的芯柱，且附加纵向钢筋的截面面积不小于柱截面面积的 0.8% 时，柱轴压比限值可增加 0.05。当本项措施 与注 4 的措施共同采用时，柱轴压比限值可比表中数值增加 0.15，<u>但箍筋的配箍特征值仍可按轴压比增加 0.10 的要求确定</u>

规范	版本	表 下 注 释	
混凝土规范	2015 版 (2010 版)	4 沿柱全高采用井字复合箍，且箍筋间距不大于 100mm、肢距不大于 200mm、直径不小于 12mm，或沿柱全高采用复合螺旋箍，且螺距不大于 100mm、肢距不大于 200mm、直径不小于 12mm，或沿柱全高采用连续复合螺旋箍，螺旋净距不大于 80mm、肢距不大于 200mm、直径不小于 10mm，轴压比限值均可按表中数值增加 0.10	5 当柱截面中部由附加纵向钢筋形成的芯柱，且附加纵向钢筋的总截面面积不少于柱截面面积的 0.8% 时，轴压比限值可按表中数值增加 0.05；此项措施与注 4 的措施共同采用时，柱轴压比限值可按表中数值增加 0.15，<u>但箍筋的配箍特征值仍应按轴压比增加 0.10 的要求确定</u>
抗规	2001 版	3 沿柱全高采用井字复合箍且箍筋肢距不大于 200mm、间距不大于 100mm、直径不小于 12mm，或沿柱全高采用复合螺旋箍、螺旋间距不大于 100mm、箍筋肢距不大于 200mm、直径不小于 12mm，或沿柱全高采用连续复合螺旋箍、螺旋净距不大于 80mm、箍筋肢距不大于 200mm、直径不小于 10mm，轴压比限值均可增加 0.10；<u>上述三种箍筋的配箍特征值均应按增大的轴压比由本节表 6.3.12 确定</u>	4 在柱的截面中部附加芯柱，其中另加的纵向钢筋总面积不少于柱截面面积的 0.8%，轴压比限值可增加 0.05；此项措施与注 3 的措施共同采用时，柱轴压比限值可增加 0.15，<u>但箍筋的配箍特征值仍可按轴压比增加 0.10 的要求确定</u>
	2016 版 (2010 版)	3 沿柱全高采用井字复合箍且箍筋肢距不大于 200mm、间距不大于 100mm、直径不小于 12mm，或沿柱全高采用复合螺旋箍、螺旋间距不大于 100mm、箍筋肢距不大于 200mm、直径不小于 12mm，或沿柱全高采用连续复合螺旋箍、螺旋净距不大于 80mm、箍筋肢距不大于 200mm、直径不小于 10mm，轴压比限值均可增加 0.10；<u>上述三种箍筋的最小配箍特征值均应按增大的轴压比由本规范表 6.3.9 确定</u>	4 在柱的截面中部附加芯柱，其中另加的纵向钢筋总面积不小于柱截面面积的 0.8%，柱轴压比限值可增加 0.05。此项措施与注 3 的措施共同采用时，柱轴压比限值可增加 0.15，<u>但箍筋的配箍特征值仍可按轴压比增加 0.10 的要求确定</u>
高规	2002 版	4 当沿柱全高采用井字复合箍，箍筋间距不大于 100mm、肢距不大于 200mm、直径不小于 12mm 时，轴压比限值可增加 0.10；当沿柱全高采用复合螺旋箍，箍筋螺距不大于 100mm、肢距不大于 200mm、直径不小于 12mm 时，轴压比限值可增加 0.10；当沿柱全高采用连续复合螺旋箍，且螺距不大于 80mm、肢距不大于 200mm、直径不小于 10mm 时，轴压比限值可增加 0.10。<u>以上三种配箍类别的含箍特征值应按增大的轴压比由本规范表 6.4.7 确定</u>	5 当柱截面中部设置由附加纵向钢筋形成的芯柱，且附加纵向钢筋的截面面积不小于柱截面面积的 0.8% 时，柱轴压比限值可增加 0.05。当本项措施与注 4 的措施共同采用时，柱轴压比限值可比表中数值增加 0.15，<u>但箍筋的配箍特征值仍可按轴压比增加 0.10 的要求确定</u>

规范	版本	表 下 注 释	
高规	2010版	4 当沿柱全高采用井字复合箍，箍筋间距不大于100mm、肢距不大于200mm、直径不小于12mm，或当沿柱全高采用复合螺旋箍，箍筋螺距不大于100mm、肢距不大于200mm、直径不小于12mm，或当沿柱全高采用连续复合螺旋箍，且螺距不大于80mm、肢距不大于200mm、直径不小于10mm时，轴压比限值可增加0.10	5 当柱截面中部设置由附加纵向钢筋形成的芯柱，且附加纵向钢筋的截面面积不小于柱截面面积的0.8%时，柱轴压比限值可增加0.05。当本项措施与注4的措施共同采用时，柱轴压比限值可比表中数值增加0.15，但箍筋的配箍特征值仍可按轴压比增加0.10的要求确定

可见，2010版《抗规》的编制者对3种"轴压比限值增加0.10"的情况（表现为注释3）有改进，特意在"配箍特征值"的前面添加了修饰语"最小"，显然是经过斟酌的。然而，2010版《混凝土规范》和2010版《高规》的注释4（对应于3种"轴压比限值增加0.10"的情况）却均删去了《抗规》中这句"重要"的话，更为奇怪的是，注释5却一字未改（依旧用"仍"，这在语法上是存在瑕疵的）。

三本规范的条文说明，均没有提到为什么作此改动。

笔者认为，2010版《混凝土规范》和2010版《高规》应是为了避免误解才作出了修正。

今以一个例题说明笔者的观点。

假定：某钢筋混凝土框架结构，抗震等级为二级，梁、柱混凝土强度等级均为C50，其中某柱，剪跨比大于2。若柱的轴压比为0.8，则超出了《混凝土规范》表11.4.16中的限值 $[\mu_N]=0.75$，因为仅仅超出 0.8－0.75＝0.05，因此，可采用表下的注释4措施设置井字复合箍，此时，认为 $[\mu_N]=0.85$，从而满足要求。依据 $\mu_N=0.8$ 查表11.4.17，得到 $\lambda_v=0.17$。

若柱的轴压比为0.87，则同时采取表下注释4、注释5措施后，轴压比限值提高为 0.75＋0.15＝0.90，可以满足，但查表确定 λ_v 时取轴压比为 0.75＋0.10＝0.85。

当 μ_N 不超过表中的限值时，则无须考虑表下面的注释。

笔者的以上观点，可在国家建筑标准设计图集《混凝土结构剪力墙边缘构件和框架柱构造钢筋选用（框架柱）》14G330—2中找到依据，今摘录其中部分，见表12-3-16。

框架结构框架柱柱端箍筋加密区最小配箍特征值 λ_v　　　　表 12-3-16

箍筋形式	抗震等级	柱轴压比								
		≤0.30	0.40	0.50	0.60	0.70	0.75	0.80	0.85	0.90
普通箍、复合箍	二	0.08	0.09	0.11	0.13	0.15	0.16	0.17	0.18	0.18

【Q12.3.34】《抗规》表6.4.5-1中没有提到四级抗震墙，是不是说，四级时和二、三级的最大轴压比相同？

【A12.3.34】当抗震墙的轴压比不大于表6.4.5-1规定的限值时，可以仅仅设置构造边缘构件，若超出，则需要设置约束边缘构件。对于四级抗震墙，只需要设置构造边缘构件，所以，表 6.4.5-1 中没有规定。

【Q12.3.35】关于剪力墙的翼墙，不同规范的表达不相同：

(1)《抗规》表 6.4.5-3 下注释 1："抗震墙的翼墙长度小于其 3 倍厚度或端柱截面边长小于 2 倍墙厚时，按无翼墙、无端柱查表"。

(2)《混凝土规范》表 11.7.18 下注释 1："两侧翼墙长度小于其厚度 3 倍时，视为无翼墙剪力墙"。

(3)《高规》表 7.2.15 下注释 2："剪力墙的翼墙长度小于翼墙厚度的 3 倍或端柱截面边长小于 2 倍墙厚时，按无翼墙、无端柱查表"。

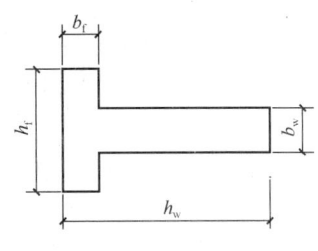

图 12-3-10　剪力墙截面图

若有剪力墙如图 12-3-10 所示，按照《抗规》与《混凝土规范》，似乎是 $h_f < 3b_w$ 时剪力墙视为无翼墙，但是，按照《高规》，却是 $h_f < 3b_f$ 剪力墙视为无翼墙。究竟哪一种理解才正确？

【A12.3.35】朱炳寅《建筑抗震设计规范应用与分析》一书，在 277 页指出《高规》的规定"明显不合理"，应按 $h_f < 3b_w$ 时剪力墙视为无翼墙理解。当翼墙斜交时，按照投影长度判断。

2014 年出版的国家建筑标准设计图集《混凝土结构剪力墙边缘构件和框架柱构造钢筋选用（剪力墙边缘构件、框支柱）》14G330—1 在第 9 页给出的算例，也采用了该观点。对于无效翼墙，按"暗柱"查《高规》表 7.2.15 确定剪力墙的 l_c 及阴影区域面积，但在确定纵筋的最小配筋时，所用到的面积应包含无效翼墙在内。

【Q12.3.36】《抗规》6.7.1 条第 2 款应如何理解？条文摘抄如下：

2　除加强层及其相邻上下层外，按框架-核心筒计算分析的框架部分层地震剪力的最大值不宜小于结构底部总地震剪力的 10%。当小于 10% 时，核心筒墙体的地震剪力应适当提高，边缘构件的抗震构造措施应适当加强；任一层框架部分承担的地震剪力不应小于结构底部总地震剪力的 15%。

【A12.3.36】《高规》的 9.1.11 条对相同内容有规定，再结合《建筑抗震设计规范统一培训教材》，笔者理解如下：

(1) 除加强层及其相邻上下层外，按框架-核心筒计算分析的框架部分各层地震剪力的最大值不宜小于结构底部总地震剪力的 10%，是为了避免外框架太弱。一旦出现这种情况，应采取措施，加强外框架和核心筒。

(2) 采取加强措施之后，任一层框架部分承担的地震剪力不应小于结构底部总地震剪力的 15%。

(3) 本条条文说明指出，此时还要满足 6.2.13 条的规定，摘抄如下：

侧向刚度沿竖向分布基本均匀的框架-抗震墙结构和框架-核心筒结构，任一层框架部分承担的剪力值，不应小于结构底部总地震剪力的 20% 和按框架-抗震墙结构、框架-核心筒结构计算的框架部分各楼层地震剪力中最大值 1.5 倍二者的较小值。

若各楼层中，框架部分地震剪力最大者，为底部总地震剪力 Q 的 10%，依据上述的 6.2.13 条，应调整为 15%Q，这应该是一个下限。与 6.7.1 条中的"任一层框架部分承担的地震剪力不应小于结构底部总地震剪力的 15％" 吻合。

【Q12.3.37】《抗规》6.1.14 条的条文说明中，对 $\sum M_{cua}^{t}$ 的解释是"地上一层柱下端与梁端受弯承载力不同方向实配的正截面抗震受弯承载力所对应弯矩值"，"不同方向"是否应为"同一方向"？

【A12.3.37】笔者认为，规范此处无误。

地下室顶板梁柱节点如图 12-3-11 所示，图中下角标"b"表示梁，"c"表示柱；上角标"b"和"t"分别表示"底端"和"顶端"，"l"和"r"分别表示"左"和"右"。

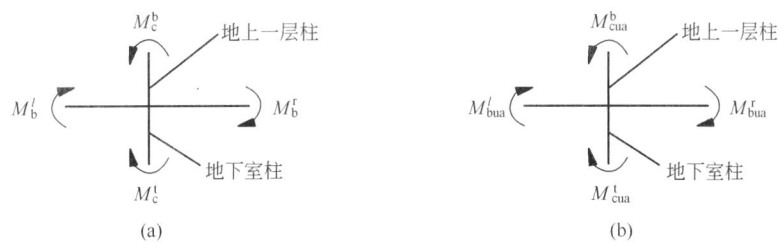

图 12-3-11　地下室顶板梁、柱节点弯矩

对于图 12-3-11（a），按照节点平衡，得到

$$M_{b}^{l}+M_{b}^{r}+M_{c}^{t}=M_{c}^{b}$$

今为了实现首层柱柱底先屈服，对上式予以改进：（1）将式中的弯矩改为实际抗震受弯承载力，所谓"实际"，就是按照实配钢筋和强度标准值计算（柱还要考虑轴力设计值），所谓"抗震"，就是要除以 γ_{RE}；（2）右侧提高为 1.3 倍。

顺便指出，规范该页的 $\sum M_{cua}^{b}$、$\sum M_{cua}^{t}$ 都不应有求和符号"$\sum$"。

【Q12.3.38】《抗规》7.1.2 条条文说明（第 363 页），指出，"室内外高差不大于 0.6 时，房屋高度可比表中数字增加 0.4"，如何理解？

【A12.3.38】根据条文说明可知，表 7.1.2 中给出的房屋总高度限值按"有效数字"控制，即 21.4m 也算作是 21m，这样，当室内外高差不大于 0.6 时，不必执行表下注释 2，按 21.4m 执行表中写成 21m 的限值，即，比表中数字增加 0.4m。当由于使用上的要求而使室内外高差大于 0.6m 时，允许增加量少于 1.0m，高度限值可变成小于 22.0m，但是，增加的不到 1.0m 减去一个大于 0.6 的数字，相当于增加了不到 0.4m。

感谢黑龙江省伊春市林业设计院张培林总工对本观点的探讨和指点。

【Q12.3.39】《抗规》7.2.4 条，规定对底层框架-抗震墙砌体房屋的底层，纵向和横向剪力设计值均应乘以增大系数，"其值应允许在 1.2～1.5 范围内选用"，条文说明指出，按第二层与底层侧移刚度的比例相应地增大底层的地震剪力，"增大系数可依据刚度比用线性插值法近似确定"。但是线性插值也得有两个点才能插值，增大系数在 1.2～1.5 范围内线性插值，那么 1.2 对应的刚度比是多少？1.5 对应的刚度比是多少？

【A12.3.39】对于底层框架-抗震墙砌体房屋，第二层与底层侧移刚度的比例越大，底层纵向和横向剪力设计值所要乘以的增大系数就越大。依据该规范的 7.1.8 条第 3 款，第二层计入构造柱影响的侧向刚度与底层侧向刚度的比值，6、7 度时应在 1.0～2.5 之间，这就相当于，刚度比为 1.0 对应的增大系数是 1.2，刚度比为 2.5 对应的增大系数为 1.5。

【Q12.3.40】《抗规》8.2.1 条规定，"构件截面和连接抗震验算时，非抗震的承载力设计值应除以本规范规定的承载力抗震调整系数"，如何理解？

【A12.3.40】这句话单独来看会引起歧义，但联系上下文可知，和前面章节没有区别，都是将非抗震的承载力设计值除以抗震调整系数 γ_{RE} 作为抗震验算时的承载力。

【Q12.3.41】《抗规》9.2.14 条条文说明中指出，"C 类是指现行《钢结构设计规范》GB 50017 按弹性原则设计腹板时不发生局部屈曲的情况，如双轴对称 H 形截面翼缘需要满足 $b/t \leqslant 15\sqrt{235/f_y}$，受弯构件腹板需满足 $72\sqrt{235/f_y} < h_0/t_w \leqslant 130\sqrt{235/f_y}\cdots\cdots$"然而，在规范中并未见到 $72\sqrt{235/f_y} < h_0/t_w \leqslant 130\sqrt{235/f_y}$ 的要求，如何理解？

【A12.3.41】在 2003 规范中，工字形截面梁的腹板一般通过设置加劲肋来保证局部稳定。

当腹板受纯剪切时，若 $\tau_{cr} \leqslant f_v$ 则不会屈曲，此时要求 $\lambda_s \leqslant 0.8$。不设置加劲肋相当于 $a/h_0 = \infty$，于是

$$\frac{h_0/t_w}{41\sqrt{5.34}}\sqrt{\frac{f_y}{235}} \leqslant 0.8$$

由此求出 $h_0/t_w \leqslant 75.8\sqrt{\dfrac{235}{f_y}}$。

当腹板受纯弯矩作用时，若 $\sigma_{cr} \leqslant f$ 则不会屈曲，此时要求 $\lambda_b \leqslant 0.85$。当翼缘扭转受到约束时，由

$$\frac{h_0/t_w}{177}\sqrt{\frac{f_y}{235}} \leqslant 0.85$$

可以得到 $h_0/t_w \leqslant 150\sqrt{\dfrac{235}{f_y}}$。

当翼缘扭转受到约束时，由

$$\frac{h_0/t_w}{153}\sqrt{\frac{f_y}{235}} \leqslant 0.85$$

可以得到 $h_0/t_w \leqslant 130\sqrt{\dfrac{235}{f_y}}$。

以上求得的 $h_0/t_w \leqslant 130\sqrt{\dfrac{235}{f_y}}$ 即为条文说明中的数值。

之所以 $72\sqrt{235/f_y} < h_0/t_w$，是由于 B 类时的限值为 $h_0/t_w \leqslant 72\sqrt{235/f_y}$（见规范条文说明中的表 8）。

【Q12.3.42】《抗规》12.2.7 条第 2 款指出，隔震层以上结构的抗震措施，当水平向减震系数大于 0.40 时（设置阻尼器时为 0.38）不应降低非隔震时的有关要求。但是，该条的条文说明给出的表格，却是降低半度。二者是否矛盾？

【A12.3.42】《抗规》12.2.7 条条文说明给出的表 8，如表 12-3-17 所示。

水平向减震系数取值 表 12-3-17

本地区设防烈度	水平向减震系数	
（设计基本地震加速度）	$\beta \geqslant 0.40$	$\beta < 0.40$
9 （0.40g）	8 （0.30g）	8 （0.20g）
8 （0.30g）	8 （0.20g）	7 （0.15g）
8 （0.20g）	7 （0.15g）	7 （0.10g）
7 （0.15g）	7 （0.10g）	7 （0.10g）
7 （0.10g）	7 （0.10g）	6 （0.10g）

条文说明的意思如下：

（1）道理上，无论 β 是多少抗震措施都可以降低，但是，降低的幅度不同。$\beta \geqslant 0.40$ 时允许降低半度，$\beta < 0.40$ 时允许降低 1 度，如此，就是表格中数值的来历。

（2）对于 $\beta \geqslant 0.40$ 的情况：9 度（0.40g）降低半度成为 8 度（0.30g），可是，《抗规》中并没有针对 8（0.30g）的具体规定，所以，实际执行时维持 9 度不变；8 度（0.20g）降至 7 度（0.15g）的情况类似，按照 8 度查表。其他情况，都是没有降低。所以，正文中说 $\beta \geqslant 0.40$ 时"不应降低"非隔震时的有关要求。

（3）对于 $\beta < 0.40$ 的情况：8 度（0.30g）降低 1 度成为 7 度（0.15g），前者查表时按照 8 度，后者查表时按照 7 度，所以相当于降低 1 度。7 度（0.15g）降低成为 7 度（0.10g），都是按 7 度查表，相当于没有降低。所以，正文中说降低不超过 1 度。

顺便指出，《高规》"修改说明"的最后一段有如下文字："本条文说明不具备与规范正文同等的法律效力，仅供使用者作为理解和把握条文规定的参考"。这一原则适用于所有的规范。

【Q12.3.43】《抗规》附录 B 所说的"高强混凝土"是指哪些混凝土等级？

【A12.3.43】 不同的时期，对"高强混凝土"包括的范围认识不同。

在"工标网"搜索"高强混凝土"可得到规范标准共 15 本，其中有两本已经作废。今以住房和城乡建设部系统现行的 3 本规范来说明。

《高强混凝土结构技术规程》CECS 104—1999 在"总则"部分的 1.0.2 条指出，高强混凝土为采用水泥、砂、石、高效减水剂等外加剂和粉煤灰、超细矿渣，硅灰等矿物掺合料，以常规工艺配制的 C50～C80 级混凝土。

《高强混凝土应用技术规程》JGJ/T 281—2012 在"术语"部分的 2.1.1 条将高强混凝土解释为"强度等级不低于 C60 的混凝土"。

《高强混凝土强度检测技术规程》JGJ/T 294—2013 的 1.0.2 条规定，"本规程适用于工程结构中强度等级为 C50～C100 的混凝土抗压强度检测"，相当于认为 $\geqslant$C50 时为高强混凝土。

从《混凝土规范》的规定看，无论是 β_1（对应于《抗规》B.0.2 条第 1 段所说的混凝土强度影响系数）还是 α_1（对应于《抗规》B.0.2 条第 2 段所说的混凝土强度影响系数）都是以 C50 作为 1.0，从这个意义上来说，《混凝土规范》是以 C50 作为高强混凝土的分界。

事实上，《抗规》附录 B 的规定，在《混凝土规范》中除一处外均可找到，见表 12-3-18。所以，总体上而言，《抗规》附录 B 无存在的必要。

《抗规》与《混凝土规范》对照　　　　　　　　　　表 12-3-18

《抗规》	《混凝土规范》
B. 0. 3 条第 1 款： 梁端纵向受拉钢筋的配筋率不宜大于 3%（HRB335 级钢筋）和 2.6%（HRB400 级钢筋）。梁端箍筋加密区的箍筋最小直径应比普通混凝土梁箍筋的最小直径增大 2mm	没有此规定。 11.3.7 条仅规定： 梁端纵向受拉钢筋的配筋率不宜大于 2.5%
B. 0. 3 条第 2 款： 柱的轴压比限值宜按下列规定采用：不超过 C60 混凝土的柱可与普通混凝土柱相同，C65～C70 混凝土的柱宜比普通混凝土柱减小 0.05，C75～C80 混凝土的柱宜比普通混凝土柱减小 0.1	表 11.4.16 下注释 2： 当混凝土强度等级为 C65、C70 时，轴压比限值宜按表中数值减小 0.05；混凝土强度等级为 C75、C80 时，轴压比限值宜按表中数值减小 0.1
B. 0. 3 条第 3 款： 当混凝土强度等级大于 C60 时，柱纵向钢筋的最小总配筋率应比普通混凝土柱增大 0.1%	表 11.4.12-1 下注释 3： 当混凝土强度等级为 C60 以上时，应按表中数值增加 0.1 采用
B. 0. 3 条第 4 款： 柱加密区的最小配箍特征值宜按下列规定采用；混凝土强度等级高于 C60 时，箍筋宜采用复合箍、复合螺旋箍或连续复合矩形螺旋箍。 1）轴压比不大于 0.6 时，宜比普通混凝土柱大 0.02； 2）轴压比大于 0.6 时，宜比普通混凝土柱大 0.03	表 11.4.17 下注释 3： 混凝土强度等级高于 C60 时，箍筋宜采用复合箍、复合螺旋箍或连续复合矩形螺旋箍，当轴压比不大于 0.6 时，其加密区的最小配箍特征值宜按表中数值增加 0.02；当轴压比大于 0.6 时，宜按表中数值增加 0.03

【Q12.3.44】《抗规》附录 D 中框架梁柱节点核芯区抗震验算，应注意哪些问题？

【A12.3.44】笔者认为，应注意以下方面：

（1）《高规》中不再列出验算公式。由《高规》6.2.7 条条文说明可知，梁柱节点核芯区的抗震验算应依据《混凝土规范》的 11.6 节。

（2）《抗规》附录 D 以及《混凝土规范》的 11.6 节对此均有规定，但是，《混凝土规范》对顶层节点的剪力计算公式另有规定。笔者认为，《混凝土规范》中的做法是合理的，理由如下：

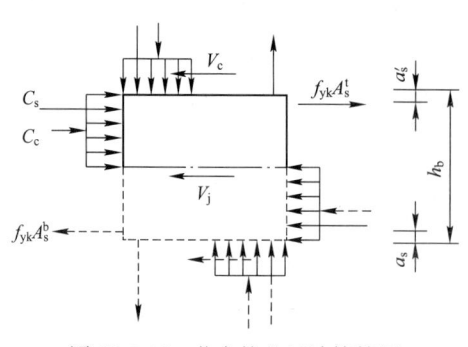

图 12-3-12　节点核芯区计算简图

对于节点，其计算简图如图 12-3-12 所示（该图来源于包世华、张铜生《高层建筑结构设计和计算》上册，稍有改动）。取上半部分为隔离体，利用平衡条件可以得到：

$$V_j = C_s + C_c + f_{yk} A_s^t - V_c$$

式中，C_s、C_c 分别为梁截面上部钢筋的合力和混凝土的合力。由于 $C_s + C_c = f_{yk} A_s^b$，这相当于将"弯矩"转变为"力偶"的情况，因此，该式可以变形成为

$$V_j = \frac{\sum M_{bua}}{h_{b0} - a'_s} - V_c$$

取相邻楼层的上下反弯点之间的部分建立平衡方程，可以得到剪力 $V_c = \dfrac{\sum M_{bua}}{H_c - h_b}$，这里之所以将力臂取为 $H_c - h_b$ 而不是 H_c，笔者理解，是由于节点核芯区 h_b 这个范围相当于刚臂。进而可以得到

$$V_j = \frac{\sum M_{bua}}{h_{b0} - a'_s} - \frac{\sum M_{bua}}{H_c - h_b}$$

这之后还要考虑：①对不同的抗震等级取用不同的调整系数 η_{jb}；②对9度的结构以及一级抗震的框架结构用 $\sum M_{bua}$，其他情况改用 $\sum M_b$。最终形成了《抗规》的公式。

对于节点位于顶层的情况，计算简图中的 V_c 并不存在，这就形成了《混凝土规范》11.6.2条中的公式：

$$V_j = \frac{\eta_{jb}(M_b^l + M_b^r)}{h_{b0} - a'_s} \quad 或者 \quad V_j = 1.15 \frac{M_{bua}^l + M_{bua}^r}{h_{b0} - a'_s}$$

所以，笔者认为《混凝土规范》考虑全面，给出的公式无误。

（3）《抗规》D.1.1条，注意区分"框架"与"框架结构"。该规范的336页条文说明指出，"×级框架"包括框架结构、框架-抗震墙结构、框支层和框架-核心筒、板柱-抗震墙结构中的框架，"×级框架结构"仅指框架结构中的框架。

公式（D.1.1-2）的适用条件"一级框架结构和9度的一级框架"，是指两种情况：①一级框架结构；②9度的一级框架。

（4）《抗规》D.1.2条，规范仅是对 b_b、b_c、h_c 文字解释，今将其用图12-3-13表示（相当于俯视图，与节点相连的另外两个方向的梁未示出）。图中的"剪力方向"就是规范中的"验算方向"。

（5）关于 η_j 的取值，《抗规》给出了一个条件"楼板为现浇、梁柱中线重合、四侧各梁截面宽度不小于该侧柱截面宽度的 $1/2$，且正交方向梁高度不小于框架梁高度的 $3/4$"，满足该条件的通常取 $\eta_j = 1.5$，例外的是，对于

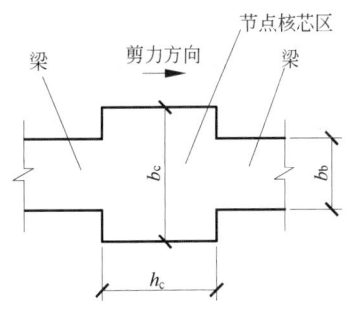

图 12-3-13　节点核芯区抗震
验算时的尺寸

9度设防的情况，用 $\eta_j = 1.25$。不满足条件的，取 $\eta_j = 1.0$。这里一定注意，9度时取 $\eta_j = 1.25$ 是有条件的，不能断章取义。

（6）《抗规》对 A_{svj} 的解释为"核芯区有效验算宽度范围内同一截面验算方向箍筋的总截面面积"，比较拗口，将其定语分为4部分理解：①有效验算宽度范围内，指 b_j 范围；②同一截面，该截面是垂直于"验算方向"的；③验算方向，见图12-3-9中的剪力方向；④箍筋的总截面面积，指圆形截面求和。

（7）节点核芯区的箍筋用量应不低于柱加密区的箍筋用量。所谓的用量，指 $\dfrac{A_{sv}}{bs}$。

【Q12.3.45】关于《抗规》D.2节扁梁框架的梁柱节点，有以下疑问：

（1）D. 2. 2 条规定，对柱宽以内和以外范围分别验算受剪承载力。如何验算？

（2）D. 2. 3 条第 1 款所说的"核芯区有效宽度可取柱宽和梁宽的平均值"，用于柱宽范围以内和还是以外的情况？

【A12.3.45】（1）验算受剪承载力用规范的公式（D.1.4），公式左边的剪力设计值，按照柱宽范围内外的截面面积比例分担。公式右边，对于柱宽以内，取 b_j ＝柱宽，η_j 按照 D. 2. 3 条第 2 款取值；对柱宽以外，取 b_j ＝梁宽－柱宽，η_j ＝1.0。

（2）D. 2. 3 条第 1 款所说的验算，用公式（D.1.3），是将扁梁截面作为一个整体考虑，不区分柱宽以内柱宽以外，只有一个算式。

【Q12.3.46】《抗规》附录 F 为配筋混凝土小型空心砌块抗震墙房屋抗震设计要求，其中的 F.2.3 条规定，抗震承载力调整系数 γ_{RE} ＝0.85，而 F.2.4 条、F.2.5 条中出现的 γ_{RE} 未作说明。请问，F.2.4 条、F.2.5 条中的 γ_{RE} 如何取值，是取为 0.85，还是按表 5.4.2 取 1.0（0.9）？

【A12.3.46】笔者认为，配筋混凝土小型空心砌块抗震墙房屋与正文中的砌体房屋是不同的，属于特殊情况，F.2.4 条、F.2.5 条中的 γ_{RE} 应取为 0.85。

【Q12.3.47】如何理解"软弱层"和"薄弱层"？

【A12.3.47】（1）《高规》3.5.8 条条文说明指出，"刚度变化不符合本规程 3.5.2 条要求的楼层，一般称作软弱层；承载力变化不符合本规程 3.5.3 条要求的楼层，一般可称作薄弱层。为了方便，本规程把软弱层、薄弱层以及抗侧力构件不连续的楼层统称为结构薄弱层"。

（2）《抗规》在表 3.4.3-2 规定了 3 种竖向不规则，分别为：侧向刚度不规则、竖向抗侧力构件不连续和楼层承载力突变，并在条文说明中称上述第 1 种为"有软弱层"，第 3 种为"有薄弱层"，分别如图 12-3-14、图 12-3-15 所示。

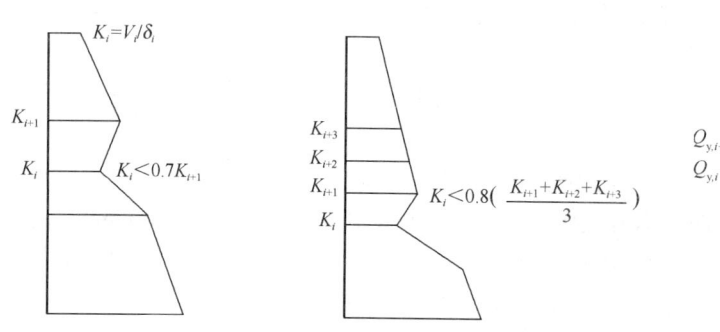

图 12-3-14　沿竖向的侧向刚度不规则（有软弱层）

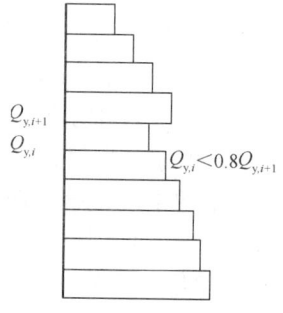

图 12-3-15　竖向抗侧力结构
屈服抗剪非均匀化
（有薄弱层）

可见，软弱层以侧向刚度作为指标区分，而薄弱层以层间受剪承载力作为指标区分。

（3）无论哪一种竖向不规则都会导致该"层"为薄弱部位，从而，形成广义上的薄弱层。在 2016 版《抗规》中，299 页的措辞为"抗震薄弱层（部位）的概念，也是抗震设计中的重要概念，包括……"。另外，5.2.5 条剪重比要求，以及在 5.5.2 条～5.5.5 条所说的结构薄弱层（部位）弹塑性变形验算，应按广义薄弱层理解。

【Q12.3.48】《高规》4.2.2 条关于基本风压的取值，结合条文说明看了几遍，仍然不是很明白。有以下疑问：

（1）本条的条文说明中指出，对"特别重要"的高层建筑，已经通过结构重要性系数 γ_0 体现，那么，设计使用年限为 100 年的高层建筑，风压应如何取，是按 50 年一遇还是 100 年一遇？似乎仍没有说清楚。

（2）本条的条文说明最末一段指出，"对设计使用年限为 50 年和 100 年的高层建筑都是适用的"，如何理解？

【A12.3.48】这里，将 3.8.1 条、4.2.2 条、5.6 节结合在一起来看，会比较清楚。

（1）《高规》3.8.1 条中对 γ_0 的解释为：安全等级为一级的结构构件不应小于 1.1。而在 2001 版《高规》的 4.7.1 条，规定为：安全等级为一级或设计使用年限为 100 年及以上的结构构件，γ_0 不应小于 1.1。之所以改变，原因是作为底层的《工程结构可靠度设计统一标准》GB 50153—2008 已经对此做出了修改，在该标准中，γ_0 按安全等级取值，与设计使用年限无关。

（2）《高规》3.8.1 条中的 S_d 在 5.6 节规定。

5.6.1 条中的 γ_L，规定与《荷规》相同。注意，式中的风荷载效应 S_{wk} 之所以不乘 γ_L，是因为对于风荷载而言，可以直接将其重现期取为设计使用年限（见《荷规》3.2.5 条第 2 款）。

5.6.1 条规定，当永久荷载效应起控制作用时取 $\psi_w = 0.0$，笔者推测，此处沿袭了 2001 版《高规》的规定，因为，当时的 2001 版《荷规》3.2.3 条规定，"当考虑以竖向的永久荷载效应控制的组合时，参与组合的可变荷载仅限于竖向荷载"。但是，我们注意到，2012 版《荷规》的正文已经删去了此规定（只是在条文说明中仍可看到）。

5.6.3 条中的 S_{wk} 要不要考虑取重现期为设计使用年限？在《工程结构可靠度设计统一标准》GB 50153—2008 的 8.2.6 条规定了地震组合，公式（8.2.6-1）如下：

$$S_d = S\left(\sum_{i \geqslant 1} G_{ik} + P + \gamma_1 A_{Ek} + \sum_{j \geqslant 1} \psi_{qj} Q_{jk}\right)$$

从公式看，此处的可变荷载未乘 γ_L，那么，可以推论：风荷载的取值（基本风压），概念上应按 50 年重现期取值。但是，设计中一般对地震组合与非地震组合取相同的风压。

（3）关于《高规》4.2.2 条的条文说明，前面已经解释，根据新的国家标准，γ_0 只与结构重要性有关，与设计使用年限无关；非地震组合，风荷载按照重现期取与设计使用年限相同。这样，若对风荷载敏感（高度大于 60m），计算承载力时考虑将风荷载放大，取基本风压的 1.1 倍，即，设计使用年限为 50 年时，按 50 年重现期的基本风压乘 1.1；设计使用年限为 100 年时，按 100 年重现期的基本风压乘 1.1。

结合《荷规》8.1.2 条及其条文说明可知，这里调整的应是基本风压，即 w_0 的取值。但在实际操作中，为了简便，可能会不调整 w_0 而直接调整风荷载最终的效应。

【Q12.3.49】关于《高规》4.2.3 条，有两个疑问：

（1）这里规定的风荷载体型系数 μ_s，与《荷载规范》7.3 节规定的 μ_s，有何联系？

（2）本条中说到了"高宽比 H/B"，还说到"长宽比 L/B"，这里的"宽"指的是哪个尺寸？

【A12.3.49】关于问题（1）：

《高规》4.2.3 条中规定的 μ_s 实际上是一种"总体型系数"，例如，取 $\mu_s = 1.3$，对应于《荷载规范》中迎风面 0.8（压力）和背风面 −0.5（吸力），0.8+0.5=1.3。

关于问题（2）：

在 B.0.1 条第 2 款给出了背风面的体型系数，公式为

$$\mu_{s2}=-\left(0.48+0.03\frac{H}{L}\right)$$

若以 $H/L=4$ 代入，得到 $\mu_{s2}=-0.6$，于是，迎风面和背风面总的体型系数为 0.8−（−0.6）=1.4。若 $H/L<4$，则得到的总体型系数必然小于 1.4。这样就和 4.2.3 条正文对应：第 3 款规定 H/B 不大于 4 的矩形平面建筑取体型系数为 1.3，第 4 款规定 H/B 大于 4，长宽比 L/B 不大于 1.5 的矩形平面建筑取体型系数为 1.4。

由此推理，可知正文中的高宽比 H/B 中的"宽"（符号为 B）指的是迎风面宽度。长宽比 L/B 中的"宽"指的是迎风面宽度，"长"指的是与风向平行边的长度。

可以支持以上推理的文献为 ASCE 7-16。该规范图 27.3-1 规定，背风面的体型系数与 L/B 有关，L 为与风向平行边的长度，B 为迎风面宽度。取值为：$L/B=0\sim1$ 时取 −0.5，$L/B=2$ 时取 −0.3，$L/B\geqslant4$ 时取 −0.2。可见，L/B 越大，体型系数越小。由此可以理解《高规》中"长宽比 L/B 不大于 1.5"的前提要求。

规范对比发现，《高规》的此公式来源于《建筑结构荷载规范》GBJ 9—87，而 2001 版和 2006 版《建筑结构荷载规范》删去了此公式，在 2012 版中则是用一个表格表达背风面体型系数的取值且与《高规》不同。

【Q12.3.50】《高规》4.3.12 条是对"剪重比"的要求，其中，对于竖向不规则的薄弱层，要求 λ 乘以 1.15 的增大系数。而该规程的 3.5.8 条，对于薄弱层，是将对应于地震作用标准值的剪力乘以 1.25，是不是存在不协调？

【A12.3.50】笔者认为可以这样理解：

（1）对于存在竖向不规则的薄弱层，要求该层的地震水平剪力标准值应乘以 1.25，同时还要满足剪重比的要求，即 $\geqslant1.15\lambda\sum\limits_{j=i}^{n}G_j$，式中 λ 按照表 4.3.12 取值。

（2）2001 版《高规》在 5.1.14 条规定，对于薄弱层，将对应于地震作用标准值的地震剪力乘以 1.15 予以放大。同时，在 3.3.13 条的剪重比要求中，对 λ 乘以 1.15。这种规定，相当于说，薄弱层相对于正常层而言要考虑一个 15% 的水平地震剪力提高。

（3）2010 版《高规》中，对薄弱层的水平地震剪力要求放大，乘以 1.25，而剪重比验算处维持原来的 1.15 倍，似乎不协调。不过，也可以认为，一般情况下，将水平地震剪力放大 1.25 倍，较 2001 版规范的 1.15 倍稍提高，但最小水平地震剪力维持 2001 版的水平。

【Q12.3.51】《高规》5.4.1 条条文说明，给出弹性等效侧向刚度 EJ_d 公式为

$$EJ_d=\frac{11qH^4}{120u}$$

这个公式是如何得来的？

【A12.3.51】这个公式实际上由 $u=\dfrac{11qH^4}{120EI}$ 得来。

如图 12-3-16 所示，对于高度为 H 的悬臂柱，承受倒三角形均布荷载，最大线荷载为 q。欲求得其顶部 O 点侧向位移，则可利用结构力学中的积分法（因为三角形荷载的弯矩不容易画出，这里不用"图乘法"）。

单位力引起的弯矩如图 12-3-16 （b）所示。荷载引起的距离 O 点为 x 处的截面弯矩，见图 12-3-16 （c），为

$$M(x) = \frac{\left(q + q - \frac{q}{H}x\right)x}{2} \times \frac{x\left(q - \frac{q}{H}x + 2q\right)}{3\left(q + q - \frac{q}{H}x\right)}$$

$$= \frac{\left(3q - \frac{q}{H}x\right)x^2}{6}$$

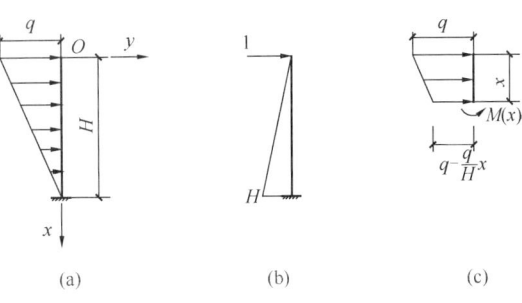

图 12-3-16 悬臂梁承受倒三角形水平荷载

于是，O 点侧向位移为

$$\Delta = \int_0^H \frac{M(x)\overline{M}(x)}{EI} = \int_0^H \frac{\left(3q - \frac{q}{H}x\right)x^2}{6EI}x\,\mathrm{d}x = \frac{11qH^4}{120EI}$$

将本来是求顶点侧向位移的公式变形，写成 $EI = \dfrac{11qH^4}{120u}$，就可以用顶点侧移表示刚度。对于复杂的结构，也可以使用这一思路，《高规》将据此求出的侧向抗弯刚度称作"弹性等效侧向刚度"，记作 EJ_{d}。

使用 EJ_{d} 的计算公式时应注意 q 与 u 的对应，即 u 是由 q 作用引起的。由于 u 通常由标准组合算出，因此，对应的 q 应该是标准组合值。而在《高规》公式（5.4.1）中，楼层重力荷载 G_i、G_j 一定要采用设计值。

【Q12.3.52】《高规》**5.4.4** 条条文说明的最后一段，原文如下：

当结构的设计水平力较小，如计算的楼层剪重比（楼层剪力与其上各层重力荷载代表值之和的比值）小于 0.02 时，结构刚度虽能满足水平位移限限值要求，但有可能不满足本条规定的稳定要求。

这段话应如何理解？

【A12.3.52】笔者发现，这段文字在 2002 版《高规》条文说明中即是如此，而且涉及的条文，2002 版《高规》和 2010 版《高规》均相同。今以框架结构为例说明。

对于框架结构，《高规》3.7.3 条给出的层间位移与层高之比的限值为 $[\Delta u/h] = 1/550$（高度不超过 150m 时）。于是

$$\frac{V_i}{D_i} \leqslant [\Delta u] = \frac{h_i}{550} \tag{12-3-6}$$

式中，V_i 为第 i 楼层的剪力；D_i 为第 i 楼层的抗侧移刚度；h_i 为第 i 楼层的层高。将式（12-3-6）变形，写成抗侧移刚度应满足的条件，可得

$$D_i \geqslant 550\frac{V_i}{h_i} \tag{12-3-7}$$

《高规》5.4.4 条的稳定要求为

$$D_i \geqslant 10\frac{\sum\limits_{j=i}^{n}G_j}{h_i} \tag{12-3-8}$$

满足式（12-3-7）但不满足式（12-3-8）的条件是

$$\frac{V_i}{\sum\limits_{j=i}^{n}G_j} < \frac{10}{550} = 0.018 \approx 0.02$$

可见，剪重比小于 0.02 时，有可能出现水平位移限值满足要求而稳定要求不满足要求。

还有两点需要说明：

（1）条文说明中以文字"楼层剪力与其上各层重力荷载代表值之和的比值"解释剪重比，不够准确，作为分母的"重力荷载代表值之和"不应是"其上各层重力荷载代表值之和"还应包括"本层"，即 $\sum\limits_{j=i}^{n}G_j$，可参照《高规》4.3.12 条公式理解。

（2）《高规》5.4.1 条对 G_j 的解释为"第 j 楼层重力荷载设计值，取 1.2 倍的永久荷载标准值与 1.4 倍的楼面可变荷载标准值的组合值"，与上述推导过程中 G_j 的含义为"第 j 楼层重力荷载代表值"似乎不一致。实际上，此处可以这样理解：如果是地震组合，G_j 表示"第 j 楼层重力荷载代表值"；如果是基本组合，G_j 表示"第 j 楼层重力荷载设计值"。

【Q12.3.53】《高规》5.6.1 条规定了持久状况和短暂状况下的荷载效应组合，对于 ψ_w，规定永久荷载效应起控制作用时取 0.0，似乎与《荷载规范》矛盾，如何理解？

【A12.3.53】《高规》5.6.1 条规定了持久状况和短暂状况下的荷载效应组合，为非抗震时的组合，应与《荷载规范》一致。然而，仔细将《高规》的 2010 版与 2002 版的此处规定对比，发现说法一直未变。再与《荷载规范》对比，发现与 2001 版《荷载规范》一致：后者的 3.2.3 条注释指出"当考虑以竖向的永久荷载效应控制的组合时，参与组合的可变荷载仅限于竖向荷载"。然而，2006 年《荷载规范》局部修订时删去了此规定。2012 年《荷载规范》同样删去了此规定。

综上，《高规》5.6.1 条中的 ψ_w 应依据《荷载规范》8.1.4 条取为 0.6（当作为第一个可变荷载时，取 $\psi_w = 1.0$）。

【Q12.3.54】《高规》表 5.6.4，最下面一栏中，重力荷载、水平荷载、竖向荷载及风荷载组合，对于 60m 以下的 8 度大跨度结构和水平长悬臂结构，风荷载组合是否需要考虑？

【A12.3.54】为表达清楚，今将规范表 5.6.4 中有风荷载参与的组合列出，如表 12-3-19 所示。

地震状况下有风荷载参与时的组合系数 　　　　　　表 12-3-19

参与组合的荷载和作用	γ_G	γ_{Eh}	γ_{Ev}	γ_w	说　明
重力荷载、水平地震作用及风荷载	1.2	1.3	—	1.4	60m 以上的高层建筑考虑
重力荷载、水平地震作用、竖向地震作用及风荷载	1.2	1.3	0.5	1.4	60m 以上的高层建筑，9 度抗震时考虑；水平长悬臂和大跨度结构 7 度（0.15g）、8 度、9 度抗震设计时考虑
	1.2	0.5	1.3	1.4	水平长悬臂和大跨度结构 7 度（0.15g）、8 度、9 度抗震设计时考虑

笔者认为，考虑竖向地震作用的这两个组合，适用条件应是相同的。理由是：

（1）这两个组合的目的，是为了比较水平地震与竖向地震作用哪个更不利，所适用的范围不能不同。

（2）结合《抗规》5.4.1条看，该条给出了地震设计状况的荷载组合，对风荷载组合值系数 ψ_w 的规定为"一般结构取 0.0，风荷载起控制作用的建筑应采用 0.2"，这里，"风荷载起控制作用"与《高规》4.2.2条的"对风荷载敏感"相当，按照《高规》4.2.2条的条文说明，就是指建筑高度大于 60m。$\gamma_{Ev}=1.3$ 的组合有风参与，需要满足建筑高度大于 60m 的要求。

（3）与 2002 版《高规》对比可知，竖向地震作用为主（$\gamma_{Ev}=1.3$）的这种情况是新增的，考虑不周导致出错。

【Q12.3.55】**2002 版《高规》6.2.1条规定，"当反弯点不在柱的层高范围内时，柱端弯矩设计值可直接乘以柱端弯矩增大系数 η_c"，2010 版《高规》6.2.1条删除了此规定，如何理解？**

【A12.3.55】笔者注意到，天津大学王依群博士首先在"中华钢结构论坛"指出 2010 版《高规》此条有遗漏，同时，2010 版《混规》的 11.4.1 条也存在此问题，并认为，当反弯点不在柱的层高范围内时，按照《高规》公式（6.2.1-1）、公式（6.2.1-2）处理不能保证"强柱弱梁"。

笔者理解如下：图 12-3-17（a）为反弯点在层高范围内的情况，由节点 B 处的平衡条件可知，$M_b^r=M_c^b+M_c^t$，注意到

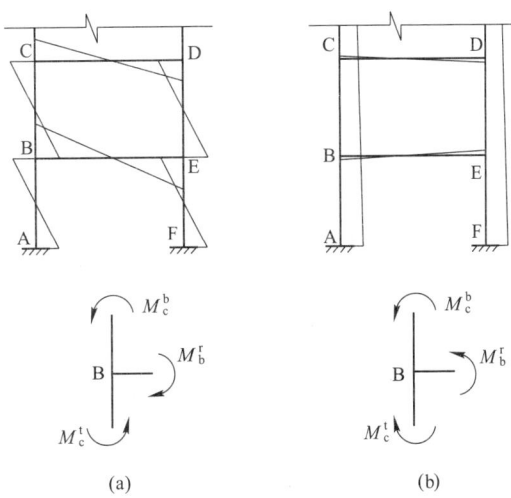

图 12-3-17 柱端弯矩与梁端弯矩

M_c^b、M_c^t 同号，M_b^r 实际上是 M_c^b 与 M_c^t 的绝对值之和，若将 M_b^r 放大之后根据线刚度分配 M_c^b、M_c^t 的值，柱端弯矩肯定是被放大了。图 12-3-17（b）为反弯点不在层高范围内的情况，这时，$M_b^r=M_c^t-M_c^b$。若采用将 M_b^r 放大的方法确定柱端弯矩，未必能起到增大柱端弯矩的效果。

【Q12.3.56】**何谓"角柱"？如何理解《高规》6.2.4条对角柱内力的调整？**

【A12.3.56】所谓"角柱"，就是指位于建筑角部、与柱正交的两个方向各只有一个框架梁与之相连的框架柱。位于建筑平面凸角处的框架柱一般均为角柱，位于凹角处的框架柱，若柱的四边各有一个框架梁与之相连，则不按角柱对待。

角柱承受双向地震作用，扭转效应对内力的影响较大且受力复杂，因此，按照比底层柱还不利考虑，所以，弯矩要在底层柱底截面弯矩放大的基础上，再乘以 1.1。

剪力是在弯矩的基础上算出的，按照 6.2.3 条算出的剪力再乘以 1.1 作为角柱的剪力，而 6.2.3 条中用到的弯矩只能是经过 6.2.1 条、6.2.2 条调整的，不能计入 6.2.4 条规定的增大系数 1.1。

【Q12.3.57】**《高规》6.2.5条规定，框架梁端部截面组合的剪力设计值**

$$V = \eta_{vb} \ (M_b^l + M_b^r) \ /l_a + V_{Gb}$$

式中，M_b^l、M_b^r 分别为梁左、右端逆时针或顺时针方向截面组合的弯矩设计值。当抗震等级为一级且梁两端弯矩均为负弯矩时，绝对值较小一端的弯矩应取为零。

我的问题是：

(1) 这里的"负弯矩"如何理解？

(2) 计算 M_b^l、M_b^r 时已经考虑了地震组合，即已有重力荷载代表值的效应在内了，为什么还要再加上 V_{Gb}？

(3) 作用效应组合有许多种，公式中的 M_b^l、M_b^r 是不是要求为同一个组合？

【A12.3.57】 (1) 事实上，这里弯矩的正负号规定与材料力学中相同，以梁下缘纤维受拉为正，图 12-3-18 中所示的为负弯矩。

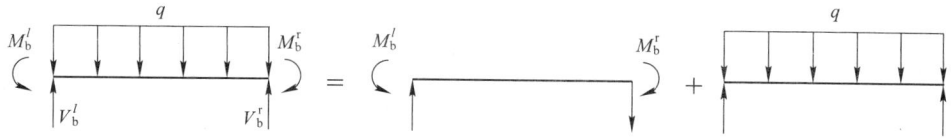

图 12-3-18　框架梁的剪力

图 12-3-18 表示梁的受力可以分解为两种情况的叠加。今梁两端均为负弯矩，令 M_b^l、M_b^r 仅表示数值大小，则由于梁端弯矩引起的剪力为 $\dfrac{M_b^l - M_b^r}{l_n}$，将绝对值较小的弯矩取为零，会导致剪力变大，按此变大的剪力设计会具有更高的安全度。

(2) 在对结构进行内力分析之后，会得到框架梁的杆端内力（轴力、弯矩和剪力），今取出梁 AB 并将内力以坐标轴的正向为正，如图 12-3-19 所示。则可求得

$$V_A = \frac{M_B + M_A}{l_n} + \frac{ql}{2}$$

$$V_B = -\left(\frac{M_B + M_A}{l_n}\right) + \frac{ql}{2}$$

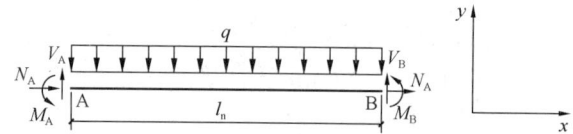

图 12-3-19　框架梁的剪力计算（隔离体）

图中 M_A、M_B 均为正值，故 $V_A > V_B$。式中的 $ql/2$ 就是以简支梁模型求得的支座反力 V_{Gb}。当 M_A、M_B 均为负值时，上述计算 V_A、V_B 的公式不变，仅仅是 V_B 的绝对值较大而已。因此，杆端较大剪力的公式可以写成

$$V = \frac{|M_B + M_A|}{l} + \frac{ql}{2}$$

今以一个简单的示例加以说明。如图 12-3-20 所示的两端固定梁，易知 $M_A = M_B = -\dfrac{ql^2}{12}$，$V_A = \dfrac{ql}{2}$，$V_B = -\dfrac{ql}{2}$，这里，弯矩以杆件截面下缘受拉为正，剪力以使得隔离体顺时针转动为正。可见

$$V = \frac{|M_B + M_A|}{l} + \frac{ql}{2} = 0 + \frac{ql}{2} = \frac{ql}{2}$$

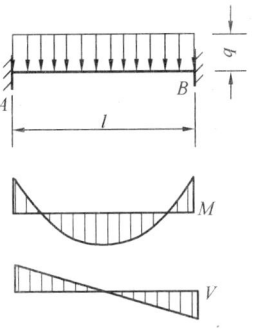

图 12-3-20　两端固定梁的弯矩和剪力

（3）从概念上看，M_b^l、M_b^r 应处于同一种荷载组合。王亚勇、戴国莹主编《建筑抗震设计规范算例》（中国建筑工业出版社，2006）57 页、89 页的算例由于用 SATWE 直接计算出了梁端的剪力标准值，因此，采用效应组合方式直接算出了最不利的梁端剪力而没有"显式"用到 M_b^l、M_b^r。

为加深认识，今举一例说明：

某框架梁，跨长 5.7m，柱宽 500mm，梁截面 $b \times h = 250\text{mm} \times 600\text{mm}$，抗震等级为二级。作用于梁上的重力荷载设计值为 52kN/m。在重力荷载和地震作用组合下，梁左支座柱边弯矩 $M_{\max} = 210\text{kN} \cdot \text{m}$，$-M_{\max} = -420\text{kN} \cdot \text{m}$；梁右支座柱边弯矩 $M_{\max} = 175\text{kN} \cdot \text{m}$，$-M = -360\text{kN} \cdot \text{m}$。梁跨中最大弯矩 $M_{\max} = 180\text{kN} \cdot \text{m}$，梁中最大剪力 $V_{\max} = 230\text{kN}$。

要求：确定配置箍筋时的剪力设计值。

解：依据《高规》6.2.5 条，框架梁剪力设计值按照下式计算

$$V = \eta_{vb} \frac{M_b^l + M_b^r}{l_n} + V_{Gb}$$

计算剪力的本质是梁的受力平衡，即弯矩顺时针、逆时针方向合力为零，由于顺时针、逆时针本身已经考虑了弯矩的符号，同时，剪力的正、负号并不影响配筋，故计算一律取弯矩的绝对值进行。于是

顺时针时　　$M_b^l + M_b^r = 210 + 360 = 570\text{kN} \cdot \text{m}$

逆时针时　　$M_b^l + M_b^r = 420 + 175 = 595\text{kN} \cdot \text{m}$

取二者较大者计算剪力，从而

$$V = \eta_{vb} \frac{M_b^l + M_b^r}{l_n} + V_{Gb} = 1.2 \times \frac{595}{5.7 - 0.5} + \frac{52 \times (5.7 - 0.5)}{2} = 272.5\text{kN}$$

【Q12.3.58】《高规》6.3.2 条第 4 款规定，"当梁端纵向钢筋配筋率大于 2% 时，表中箍筋最小直径应增大 2mm"。这里的"纵向钢筋"，指的是全部纵向钢筋？另外，表 6.3.2-2 下的注释说表中的 d 为纵向钢筋直径，似乎说的也不明白。

【A12.3.58】《高规》的这个规定也可见于《混凝土规范》的 11.3.6 条和《抗规》的 6.3.3 条，应理解为三者是一致的。

无论是《混凝土规范》的 11.3.6 条还是《抗规》的 6.3.3 条，配筋率大于 2% 均明确所指为"梁端纵向受拉钢筋"。

笔者认为，《高规》表 6.3.2-2 中箍筋最大间距用到的 d，应取为梁端全部纵向钢筋直径的最小者。笔者的依据为与此相似的柱的情况：《高规》表 6.4.3-2 柱端箍筋加密区箍筋最大间距中用到"柱纵向钢筋直径"d，依据《抗规》的表 6.3.7-2 下注释，是指"柱纵筋最小直径"。

【Q12.3.59】《高规》图 7.2.15 中有"转角墙"这种形式，可是表 7.2.15 中却没有对

转角墙的规定，如何处理？

【A12.3.59】由《混凝土规范》的表 11.7.18 可知，《高规》的表 7.2.15 中，端柱、翼墙和转角墙应写在一起，即三者的规定是相同的。

【Q12.3.60】《高规》7.2.23 条中，计算连梁的跨高比时，跨度如何取值？

【A12.3.60】《高规》7.2.24 条、7.2.25 条中，连梁跨高比的公式写成 l/h_b，但对 l 没有解释。2002 版的《混凝土规范》11.7.8 条中曾指明连梁跨高比用 l_n/h，即应采用净跨度（注意先期印刷的版本将跨高比写成 l_0/h，有误）。

【Q12.3.61】《高规》8.1.3 条规定，框架-剪力墙结构应按照框架承受的倾覆力矩分类，如何理解？

【A12.3.61】本条可以视为 2002 版《高规》8.1.3 条的细化。

2002 版《高规》的 8.1.3 条曾规定，在基本振型地震作用下，框架部分承受的地震倾覆力矩大于结构总地震倾覆力矩的 50%时，框架部分按照框架结构确定抗震等级。柱轴压比宜按框架结构的规定采用，最大使用高度和高宽比限值比框架结构适当增加。该规定被认为欠妥。例如，高度小于 30m 的框架-剪力墙结构、8 度设防，符合该条件之后，查表得到框架为二级、剪力墙为一级，承担倾覆力矩小的反而抗震等级高，不合适。

按照 2010 版《高规》则不会出现该问题了。同样的情况，查表 3.9.3，会得到框架为一级、抗震墙也为一级。

若将《高规》8.1.3 条列成表格形式，看起来会更清楚，如表 12-3-20 所示。

《高规》8.1.3 条规定的表格表达　　　　　　　　　　　　表 12-3-20

比例	设计时采用类型	最大适用高度	框架部分抗震等级、轴压比
$\dfrac{M_f}{M_0} \leqslant 10\%$	剪力墙	按框架-剪力墙	框架-剪力墙中的框架
$10\% < \dfrac{M_f}{M_0} \leqslant 50\%$	框架-剪力墙	按框架-剪力墙	框架-剪力墙中的框架
$50\% < \dfrac{M_f}{M_0} \leqslant 80\%$	框架-剪力墙	比框架结构适当增加	宜按框架结构
$\dfrac{M_f}{M_0} > 80\%$	框架-剪力墙	宜按框架结构	应按框架结构

注：M_f 为框架承受的倾覆力矩；M_0 为总倾覆力矩。

【Q12.3.62】《高规》8.2.2 条第 5 款指出"边框架柱应符合本规程第 6 章有关框架柱构造配筋规定"，对于框架柱，查表 6.4.3-1 确定纵向受力钢筋最小配筋率时，涉及抗震等级，该抗震等级是按照框架的，还是剪力墙的？

【A12.3.62】边框柱属于剪力墙的一部分，朱炳寅《高层建筑混凝土结构技术规程应用与分析》一书中指出，边框柱的轴压比限值与构造配筋应同时满足规范对框架柱和剪力墙端柱的要求。

【Q12.3.63】当地下室作为上部结构的嵌固端的时候，要求地下室柱每侧纵向钢筋面积不应少于地上一层对应柱每侧纵向钢筋面积的 1.1 倍，请问这里的纵向钢筋是计算配筋还是实际配筋啊？

【A12.3.63】笔者认为，应是下面的做法：

（1）根据受力计算出地上一层柱的每侧纵向钢筋面积，记作 A_{s1_req}。

（2）将地下室柱的每侧纵向钢筋面积的所需值，记作 A_{s0_req}，$A_{s0\_req}=1.1A_{s1\_req}$。

（3）根据 A_{s1_req}、A_{s0_req} 选择钢筋直径与根数，分别得到 A_{s1_ava}、A_{s0_ava}，最后应保证 $A_{s0\_ava}\geqslant1.1A_{s1\_ava}$。

【Q12.3.64】如何总体理解《高规》6.2.1～6.2.5条的内力调整？

【A12.3.64】6.2.1条是"强柱弱梁"的调整，表现为在梁柱节点处，对按照节点弯矩平衡条件算得的柱端部弯矩进行"放大"。不放大的柱包括：顶层柱、轴压比小于0.15的柱、框支梁柱节点。

6.2.2条规定的是对框架结构底层柱底截面的弯矩调整，其他类型结构中的框架，不调整。

6.2.3条是按照"强剪弱弯"对柱的剪力调整。注意公式中使用的柱端弯矩为已经调整过的弯矩，规范中的用语"应符合本规程第6.2.1～6.2.2条的规定"就是这个意思。

6.2.4条是对角柱的内力调整。角柱由于受力复杂，处于更不利的状态，所以在作为通常柱子的基础上，额外再乘以增大系数1.1。

6.2.5条是按照"强剪弱弯"对梁的剪力加以调整。

【Q12.3.65】《高规》公式（6.2.5-2）记作

$$V=\eta_{vb}\frac{M_b^l+M_b^r}{l_n}+V_{Gb}$$

其中，V_{Gb} 在9度时还包括竖向地震作用。请问，竖向地震与重力荷载代表值如何组合？分项系数取1.3、0.5还是1.0？

【A12.3.65】个人认为，应该按照《高规》表5.6.4的项次2取值，即，竖向地震作用的分项系数取1.3。

【Q12.3.66】框架梁中箍筋有加密区和非加密区，计算时有何差别？各自应满足哪些要求？

【A12.3.66】笔者认为，可以这样理解：

（1）箍筋的作用是抵抗剪力，因此，应根据框架梁所受的最大剪力计算。由于沿梁纵向剪力是变化的，故一般取柱边位置按力矩平衡求出该剪力。规范给出的剪力计算公式如下：

$$V=\eta_{vb}\frac{M_b^l+M_b^r}{l_n}+V_{Gb}$$

其中，l_n 体现了柱边位置；$\dfrac{M_b^l+M_b^r}{l_n}+V_{Gb}$ 体现了力矩平衡（见图12-3-18）。

为实现框架梁的延性，应保证"强剪弱弯"，故，公式中出现了对弯矩的放大系数 η_{vb}。

（2）加密区的箍筋用量，按照上述经过"强剪弱弯"调整后的剪力计算。依据《混凝土规范》11.3.4条，所用公式为：

$$\frac{A_{sv}}{s}=\frac{0.85V-0.42f_tb_bh_{b0}}{f_{yv}h_{b0}}$$

（3）非加密区的箍筋用量计算时，无须"强剪弱弯"调整，直接取组合后的剪力，之后，求算 $\dfrac{A_{sv}}{s}$ 所用公式与前者相同。

（4）《高规》6.3.5 条规定了框架梁箍筋的构造要求，其中，对加密区的要求十分明确，毋庸赘言。对于非加密区，注意：①"沿梁全长箍筋的面积配筋率"是针对非加密区的；②非加密区箍筋最大间距不宜大于加密区箍筋间距的 2 倍。

【Q12.3.67】《高规》6.3.3 条第 2 款规定，"沿梁全长顶面和底面应至少各配置两根纵向配筋，一、二级抗震设计时钢筋直径不应小于 14mm，且分别不应少于梁两端顶面和底面纵向受力钢筋中较大截面面积的 1/4"，如何理解？

【A12.3.67】该规定也可见于《混凝土规范》11.3.7 条，文字稍有差异，但含义相同。

依据朱炳寅《建筑结构设计新规范综合应用手册》（第二版）第 165 页的图示，该条文应理解为：顶面通长筋的截面面积不小于两端顶面钢筋截面面积较大者的 1/4，底面通长筋的截面面积不小于两端底面钢筋截面面积较大者的 1/4（本质上，是不小于梁跨中截面下部纵向钢筋截面面积的 1/4）。

【Q12.3.68】《高规》6.4.2 条、6.4.3 条中，"Ⅳ类场地上较高的高层建筑"，如何才算"较高"？

【A12.3.68】依据 6.4.2 条的条文说明，"较高的高层建筑"是指，高于 40m 的框架结构或高于 60m 的其他结构体系的混凝土房屋建筑。

【Q12.3.69】《高规》的表 6.4.7 给出了箍筋加密区配箍特征值 λ_v 的取值，抗震等级为四级时的情况未写入，是否疏漏？另外，二级时，按照表 6.4.2，轴压比限值最大为 0.85，考虑构造措施之后，增加 0.1，最大值成为 0.95，可是，表 6.4.7 中，还有轴压比为 1.05 时的取值，是不是不协调？

【A12.3.69】在 2001 版规范中，柱轴压比限值表格中没有抗震等级为四级的情况，同时，λ_v 取值表格中也没有抗震等级为四级的情况，但规定四级框架柱加密区体积配箍率时不小于 0.4%。同期的《抗规》以及《混凝土规范》规定相同。

2010 版规范中，仅仅是在柱轴压比限值表格中增加了抗震等级为四级的情况，λ_v 取值表格以及体积配箍率限值并没有变化。但对照发现，2010 版《抗规》的表 6.3.9 以及 2010 版《混凝土规范》的表 11.4.17，均将三级和四级时的 λ_v 取为相同值。因此，笔者推测《高规》表 6.4.7 修订时有疏漏，宜与《抗规》一致。

结合《高规》的表 6.4.2 和表 6.4.7 来看，表 6.4.7 对二、三级柱给出轴压比为 1.05 时的 λ_v 仅仅是没有意义，无不良影响。《抗规》《混凝土规范》也都存在此问题。

【Q12.3.70】如何确定底部加强部位的高度？

【A12.3.70】《抗规》和《高规》对底部加强部位的高度与范围都有规定，二者是一致的。其中的关键点包括：

（1）底部加强部位的高度，应从地下室顶板算起。

（2）有转换层的，例如部分框支剪力墙结构的抗震墙，其底部加强部位的高度，可取框支层加框支层以上二层的高度及落地抗震墙总高度的 1/10 二者的较大值。其他结构的抗震墙，房屋高度大于 24m 时，底部加强部位的高度可取底部二层和墙肢总高度的 1/10 二者的较大值（这是《高规》适用的范围）；房屋高度不大于 24m 时，底部加强部位可取底部一层（这一部分不是《高规》的适用范围）。

（3）设计时，对"底部加强部位"往往单独作出特殊规定。这时就要注意，当结构计算嵌固端位于地下一层的底板或以下时，底部加强部位尚宜向下延伸到计算嵌固端（通俗来讲就是，这部分从概念上不属于底部加强部位高度范围，但享受同样的待遇）。

《高规》中其他的结构类型，例如框架-核心筒、钢筋混凝土核心筒等的筒体墙，也都是参照上面执行。

【Q12.3.71】剪力墙约束边缘构件的设置应注意哪些相关内容？

【A12.3.71】今将《抗规》和《高规》关于约束边缘构件与构造边缘构件的规定，列在表12-3-21。

约束边缘构件与构造边缘构件　　　　　　　　　　　　　　　　　　　表 12-3-21

规范	不同之处	相同之处
《抗规》	对 ρ_v 的计算未说明。 图 6.4.5-1 抗震墙的构造边缘构件范围，翼柱时每边伸出≥200mm	（1）对一、二、三级剪力墙，当底层墙肢底截面的轴压比大于规定值时，以及部分框支剪力墙结构的剪力墙，应在底部加强部位及相邻的上一层设置约束边缘构件。不大于规定值时，设构造边缘构件。《抗规》6.4.5 条、《高规》7.2.14 条） （2）约束边缘构件的范围及配筋要求。（《抗规》表 6.4.5-3，《高规》表 7.2.15） （3）构造边缘构件的最小配筋要求。（《抗规》表 6.4.5-2，《高规》表 7.2.16）
《高规》	7.2.15 条，计算 ρ_v 时可计入箍筋、拉筋以及符合构造要求的水平分布钢筋，计入水平分布钢筋的体积配箍率不应大于总体积配箍率的 30%。 对于框架-核心筒结构，适用 9.2.2 条第 2 款：底部加强部位约束边缘构件沿墙肢的长度宜取墙肢截面高度的 1/4，约束边缘构件范围内应主要采用箍筋；底部加强部位以上角部墙体宜按本规程 7.2.15 条规定设置约束边缘构件。 图 7.2.16 剪力墙的构造边缘构件范围，翼柱时每边伸出 300mm	

另外还需注意：

（1）《抗规》表 6.4.5-3、《高规》表 7.2.15 均未指出转角墙时 l_c 的取值，依据《混凝土规范》表 11.7.18 可知，转角墙与翼墙或端柱同样对待。

（2）确定 l_c 的作用在于，在 l_c 范围内，阴影部分按 λ_v 设置箍筋，非阴影部分按 $\lambda_v/2$ 设置箍筋或拉筋。

【Q12.3.72】《高规》6.4.7 条、7.2.15 条都规定了箍筋体积配箍率的要求，若箍筋或拉筋采用 HRB500，这时，公式 $\rho_v \geqslant \lambda_v \dfrac{f_c}{f_{yv}}$ 中的 f_{yv} 是取 435MPa 还是 360MPa？原来的《高规》7.2.16 条曾规定 f_{yv} 超过 360MPa 时取为 360MPa，现在取消了，但是，《混凝土规范》4.2.3 条对 f_{yv} 有限值 360N/mm² 的规定。

【A12.3.72】对此，《混凝土规范》编写组的答复是：箍筋强度设计值在本规范中用符号 f_{yv} 表示。《混凝土规范》4.2.3 条规定了"f_{yv} 应按表中 f_y 的数值采用；当 f_{yv} 用作受剪、受扭、受冲切承载力计算时，其数值大于 360N/mm² 时应取 360N/mm²"。而在除了受剪、受扭、受冲切承载力计算之外的地方使用 f_{yv} 时，可以采用 f_y 的数值。

笔者理解，以上所表达的，就是本处的 f_{yv} 按 f_y 取值。

【Q12.3.73】《高规》7.1.3 条规定，跨高比小于 5 的连梁应按剪力墙一章的规定设计，跨高比不小于 5 的连梁宜按框架梁设计，有何区别？

【A12.3.73】根据剪跨比的不同，连梁按框架梁一章设计或按剪力墙一章设计，笔者将二者的规定列出，见表12-3-22。

《高规》中连梁规定的对比 表 12-3-22

项目	按连梁设计	按框架梁设计	备注
端部剪力	7.2.21 条 $$V = \eta_{vb} \frac{M_b^l + M_b^r}{l_n} + V_{Gb}$$ 9 度时一级剪力墙： $$V = 1.1 \frac{M_{bua}^l + M_{bua}^r}{l_n} + V_{Gb}$$ （未提及两端弯矩为负弯矩的情况）	6.2.5 条 $$V = \eta_{vb} \frac{M_b^l + M_b^r}{l_n} + V_{Gb}$$ 9 度且为一级： $$V = 1.1 \frac{M_{bua}^l + M_{bua}^r}{l_n} + V_{Gb}$$ 一级且两端弯矩均为负弯矩时，绝对值较小弯矩取为零	2002 版，对于连梁，一级且两端弯矩均为负弯矩时，绝对值较小弯矩取为零
截面限制条件	7.2.22 条 (1) 永久、短暂设计状况 $$V \leqslant 0.25\beta_c f_c b_b h_{b0}$$ (2) 地震设计状况 跨高比大于 2.5： $$V \leqslant \frac{1}{\gamma_{RE}}(0.20\beta_c f_c b_b h_{b0})$$ 跨高比不大于 2.5： $$V \leqslant \frac{1}{\gamma_{RE}}(0.15\beta_c f_c b_b h_{b0})$$	6.2.6 条 (1) 永久、短暂设计状况 $$V \leqslant 0.25\beta_c f_c b h_0$$ (2) 地震设计状况 跨高比大于 2.5： $$V \leqslant \frac{1}{\gamma_{RE}}(0.20\beta_c f_c b h_0)$$ 跨高比不大于 2.5： $$V \leqslant \frac{1}{\gamma_{RE}}(0.15\beta_c f_c b h_0)$$	相同
截面承载力	7.2.23 条 (1) 永久、短暂设计状况 $$V \leqslant 0.7 f_t b_b h_{b0} + f_{yv} \frac{A_{sv}}{s} h_{b0}$$ (2) 地震设计状况 跨高比大于 2.5： $$V \leqslant \frac{1}{\gamma_{RE}}\left(0.42 f_t b_b h_{b0} + f_{yv} \frac{A_{sv}}{s} h_{b0}\right)$$ 跨高比不大于 2.5： $$V \leqslant \frac{1}{\gamma_{RE}}(0.38 f_t b_b h_{b0} + 0.9 f_{yv} \frac{A_{sv}}{s} h_{b0})$$	6.2.10 条规定，按《混规》有关规定执行。 《混规》6.3.23 条（非抗震）： $$V \leqslant 0.7 f_t b h_0 + f_{yv} \frac{A_{sv}}{s} h_0$$ 《混规》11.3.4 条，框架梁斜截面受剪承载力： $$V_b = \frac{1}{\gamma_{RE}}\left(0.6\alpha_{cv} f_t b h_0 + f_{yv} \frac{A_{sv}}{s} h_0\right)$$	相同
纵筋最小配筋率	7.2.24 条 (1) 跨高比大于 1.5 按框架梁 (2) 跨高比不大于 1.5 非抗震：0.2% 抗震： $l/h_b \leqslant 0.5$：$\max(0.2\%, 0.45 f_t/f_y)$ $l/h_b > 0.5$：$\max(0.25\%, 0.55 f_t/f_y)$	6.3.2 条	跨高比大于 1.5 时，相同

项目	按连梁设计	按框架梁设计	备注
纵筋最大配筋率	7.2.25 条 非抗震：2.5% 抗震： $l/h_b \leqslant 1.0$ 时，0.6% $1.0 < l/h_b \leqslant 2.0$ 时，1.2% $2.0 < l/h_b \leqslant 2.5$ 时，1.5%	6.3.3 条 抗震设计时，不宜大于 2.5%，不应大于 2.75%	
箍筋构造	7.2.27 条 抗震设计时，沿连梁全长的箍筋按框架梁箍筋加密区要求。 非抗震设计时，箍筋直径≥6mm，间距≤150mm	抗震设计时，梁端箍筋加密区长度、箍筋最大间距、箍筋最小直径，见表 6.3.2-2。 非抗震设计时，见 6.3.4 条	

值得注意的是，《混凝土规范》对连梁的规定较为集中。

【Q12.3.74】《高规》的 7.2.8 条，公式很多，感觉无从下手，请问该如何理解？

【A12.3.74】规范的图 7.2.8 中给出的是 I 形截面，属于更一般的情况。为了便于说明，下面以矩形截面为例。

图 12-3-21 所示为大偏心受压极限状态。位于受压区的分布钢筋因为直径比较细容易压屈，所以不考虑其贡献，认为 $h_{w0} - 1.5x$ 范围内的分布钢筋都达到了屈服。

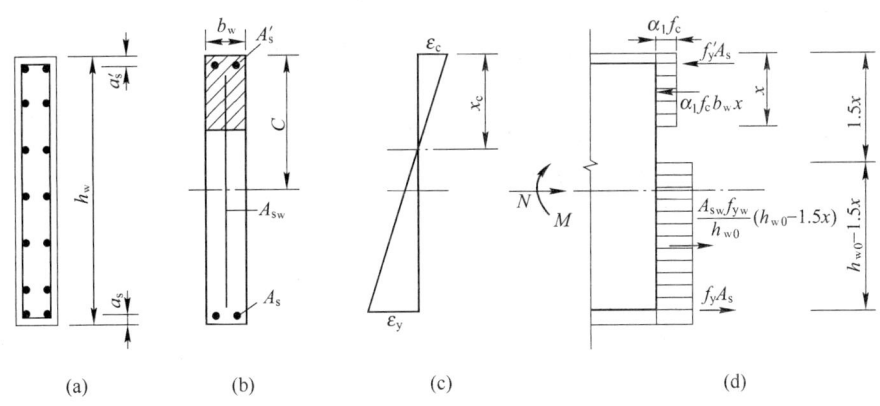

(a)　　　　(b)　　　　(c)　　　　(d)

图 12-3-21　大偏心受压极限状态

于是，由力的平衡，得到

$$N = \alpha_1 f_c b_w x + f'_y A'_s - f_y A_s - (h_{w0} - 1.5x)\frac{A_{sw}}{h_{w0}} f_{yw}$$

对 A_s 合力点取矩，得到

$$N\left(e_0 + h_{w0} - \frac{h_w}{2}\right) = f'_y A'_s (h_{w0} - a'_s) - \frac{1}{2}(h_{w0} - 1.5x)^2 \frac{A_{sw}}{h_{w0}} f_{yw} + \alpha_1 f_c b x\left(h_{w0} - \frac{x}{2}\right)$$

式中，A_{sw} 为剪力墙腹板中竖向分布钢筋的总截面面积；$e_0 = M/N$。

在对称配筋（$A_s = A'_s$）情况下，利用上面的基本方程可得

$$\xi = \frac{x}{h_{w0}} = \frac{N + A_{sw} f_{yw}}{\alpha_1 f_c b_w h_{w0} + 1.5 A_{sw} f_{yw}}$$

若 $\xi \leqslant \xi_b$，即可代入上面的基本公式第 2 式求出所需钢筋截面面积。

小偏心受压时，截面全部或大部分受压，因此，所有分布钢筋不计入其贡献，其极限状态如图 12-3-22 所示。这时，其平衡方程为

$$N = \alpha_1 f_c b_w x + f'_y A'_s - \sigma_s A_s$$

$$N\left(e_0 + h_{w0} - \frac{h_w}{2}\right) = f'_y A'_s (h_{w0} - a'_s) + \alpha_1 f_c b x \left(h_{w0} - \frac{x}{2}\right)$$

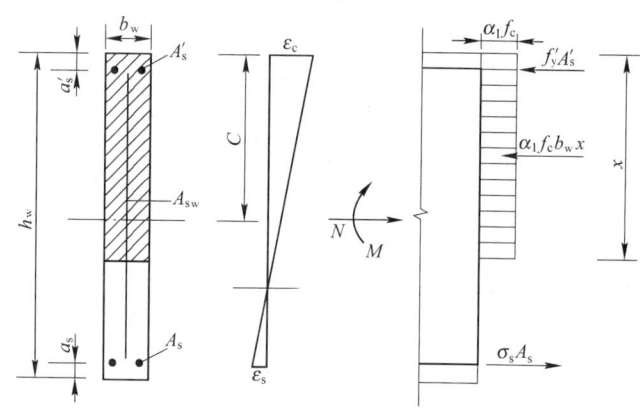

图 12-3-22　小偏心受压极限状态

可见，此时的受力状况与小偏心受压柱相同，因此，计算方法也相同。

【Q12.3.75】《高规》7.2.21 条规定了剪力墙结构中连梁的剪力设计值计算公式，其中用到的 M^l_b、M^r_b，2002 版规范 7.2.22 条曾规定，对一级抗震等级且两端均为负弯矩时，绝对值较小一端的弯矩应取零，2010 版取消了该规定，如何理解？

【A12.3.75】若真的遇到这种情况，建议按照《抗规》6.2.4 条执行，即，对一级抗震等级且两端均为负弯矩时，绝对值较小一端的弯矩应取零。

【Q12.3.76】《高规》8.1.4 条第 1 款，强调 V_f 是"对应于地震作用标准值且未经调整的"各层框架承担的地震总剪力。$V_{f,max}$ 与之类似。现在的问题是，规范 3.5.8 条规定的薄弱层剪力应乘以 1.25 倍的增大系数，要不要事先考虑？

【A12.3.76】注意本条第 3 款规定，采用振型分解反应谱法时，第 1 款的调整是在振型组合之后，且满足最小地震剪力系数（剪重比）前提下进行。那么，采用底部剪力法时，第 1 款中的剪力也应满足剪重比要求。

剪重比要求是在规范的 4.3.12 条。而在进行剪重比的验算时，是需要考虑结构的竖向规则性的：4.3.12 条对 λ 的解释中指出，"对于竖向不规则结构的薄弱层，尚应乘以 1.15 的增大系数"，对应的，用于比较的剪力，就应该考虑 3.5.8 条的 1.25 倍调整。

朱炳寅《高层建筑混凝土结构技术规程应用与分析》可以支持笔者观点。

【Q12.3.77】《高规》10.2.8 条第 8 款指出，"当梁上部配置多排纵向钢筋时，其内排钢筋锚入柱内的长度可适当减小，但水平段长度和弯下段长度之和不应小于钢筋锚固长度 l_a（非抗震设计）或 l_{aE}（抗震设计）"，但是，给出的图 10.2.8 中对应的却是"$\geqslant l_{ab}$"，如何取舍？

【A12.3.77】此处，文字与图示的确不协调，同时，后来印刷的版本也未更正。考虑

到文字和图相比前者更不容易出错，因此，应以文字为准。

16G101-1 图集第 96 页给出的框支梁配筋构造，可以支持以上观点。

【Q12.3.78】《高规》**11.4.4** 条规定了型钢混凝土柱的轴压比计算公式，其中的 f_a 为型钢的抗压强度设计值，该值应查哪一本规范才能得到？

【A12.3.78】 钢结构中，钢材的抗压强度设计值通常取与抗拉强度设计值相等，所以，这里的 f_a 可根据型钢所用的钢材牌号以及截面板件的厚度查《钢标》表 4.4.1 中的 f 得到。

【Q12.3.79】《高规》**A.0.3** 条规定楼盖结构的阻抗有效重量按下式计算：

$$w = \bar{w}BL$$
$$B = CL$$

如何理解 $B = CL$?

【A12.3.79】 为回答此问题，笔者查阅了以下资料：

（1）美国钢结构学会的"设计指南 11"《由于人类活动的楼板振动》（Floor Vibrations Due to Human Activity）；

（2）徐培福等《复杂高层建筑结构设计》（中国建筑工业出版社，2005）；

（3）娄宇等《楼板体系振动舒适度设计》（科学出版社，2012）；

（4）《建筑楼盖结构振动舒适度技术标准》征求意见稿。

以上文献参考的重要文献，ATC 编写的"设计指南 1"《减小楼板振动》（Minimizing Floor Vibration），未找到。

对于行走激励，设计准则为

$$\frac{a_p}{g} = \frac{P_0 \exp(-0.35 f_n)}{\beta W} \leqslant \frac{a_0}{g}$$

式中，a_p/g 为以 g 为单位的估计加速度峰值；a_0/g 为加速度限值；f_n 为楼板结构的自振频率；β 为模态阻尼比；W 为楼板的有效重量。

若仅仅是一片梁，那么，全部的重量均参与振动，W 取为梁的总重量。对于楼板结构，由于结构布置形式以及板刚度和梁刚度等的不同，参与振动的楼板重量会不同，一般用"有效宽度"来表征人行荷载作用下楼板振动的范围。以钢-混凝土组合楼板常用的单向梁式楼板为例，振动有效重量可用下式计算：

$$W = \delta w_{jk} B_j L_j$$
$$B_j = C_j \left(\frac{D_s}{D_j}\right)^{0.25} L_j \leqslant \frac{2}{3} B_w$$

式中 δ ——连续性系数，当次梁跨度方向的楼板连续时 $\delta = 1.5$，其他情况 $\delta = 1.0$；

w_{jk} ——次梁分担的均布荷载标准值；

L_j ——次梁的跨度；

B_j ——次梁楼板体系的有效宽度；

C_j ——次梁楼板体系的边界条件影响系数，沿次梁跨度方向的楼板连续时取 $C_j = 2.0$，否则取 $C_j = 1.0$；

D_s ——单位宽度的楼板惯性矩，$D_s = d_e^3/(12n)$，d_e 为组合楼板的折算厚度，n 为钢与混凝土的弹性模量比值，但混凝土的弹性模量要乘以 1.35，即，$n = E_s/(1.35E_c)$；

D_j——单位宽度的次梁惯性矩，$D_j = I_j/S_j$，I_j 为次梁的惯性矩，S_j 为次梁的间距；

B_w——垂直次梁跨度方向的楼板宽度。

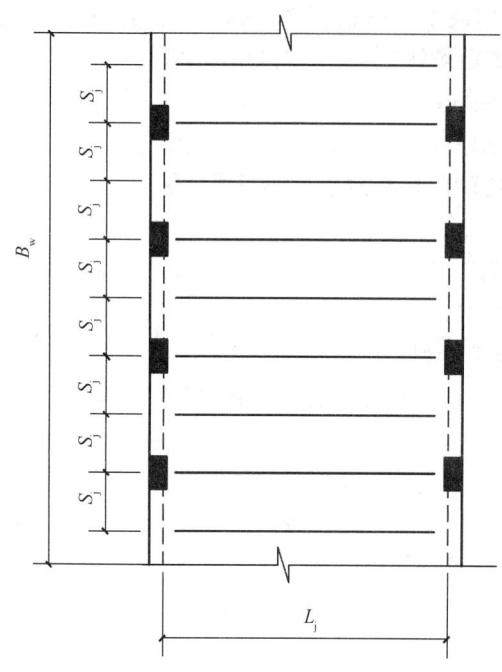

图 12-3-23　单向梁式楼盖振动有效重量计算简图

图 12-3-23 为《建筑楼盖结构振动舒适度技术标准》征求意见稿给出，B_w 的两个边界处疑应为直线。

w_{jk} 本质上是楼盖单位面积上荷载，取为"有效重量"（即，与承载能力计算时取值不同），《高规》取为"恒载和有效分布活荷载之和"，楼层有效分布活荷载：对办公建筑取 0.55kN/m^2，对住宅取 0.3kN/m^2。

取 $D_s = D_j$，则 B_j 的计算式简化为 $B_j = C_j L_j$，对各符号去掉下角标，这就是《高规》的公式（A.0.3-2）。

《复杂高层建筑结构设计》中给出的楼盖阻抗有效质量的分布宽度 B 的计算式为：

$$B = C (D_T/D_L)^{1/4} \times L$$

式中，D_T 为垂直于梁跨度方向楼盖单位宽度有效抗弯刚度；D_L 为平行于梁跨度方向楼盖单位宽度有效抗弯刚度。通常 $D_T = D_L$，故 $B = CL$。该文献未提到 B 的限值。

【Q12.3.80】关于《高规》附录 D，有以下疑问：

(1) 如果是独立墙肢，是否需要按 D.0.4 条验算整体稳定？

(2) D.0.4 条用文字表达的各数值间关系，如何理解？

【A12.3.80】对于问题（1）：

《高规》附录 D 规定的墙体稳定包括两个方面：局部稳定和整体稳定。D.0.1 条～D.0.3 条用于局部稳定验算，D.0.4 条用于整体稳定验算。今将规范公式（D.0.1）列为

$$q \leqslant \frac{E_c t^3}{10 l_0^2}$$

式中，q 为作用于墙顶的等效竖向均布荷载设计值，单位为 N/mm。假定墙的横截面为 $b \times t$，则以"力"的形式表达的验算式可以写成

$$N = qb \leqslant \frac{E_c b t^3}{10 l_0^2}$$

再将 $l_0 = \beta h$、$I = bt^3/12$ 代入上式，可得

$$N \leqslant \frac{1.2 E_c I}{(\beta h)^2}$$

将上式与规范公式（D.0.4）对比可见，当 $\beta = 1$ 时两式相同。

可见，对于独立墙肢（此类墙肢按两边支承板，取 $\beta = 1$），局部稳定验算和整体稳定验算等价，换言之，验算了局部稳定则不必再验算整体稳定。

对于问题（2）：

今以图 12-3-24 所示的 T 形剪力墙为例说明。

当 $\dfrac{h_f}{b_f} < 2$ 或者 $h_f < 800\text{mm}$ 时，应验算剪力墙的整体稳定；

当 $\dfrac{h_w}{b_w} < 2$ 或者 $h_w < 800\text{mm}$ 时，应验算剪力墙的整体稳定。

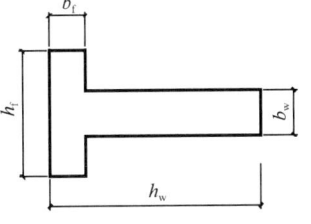

图 12-3-24　T 形剪力墙

【Q12.3.81】《高规》F.1.2 条规定了钢管混凝土单肢柱的轴向受压承载力公式，要求任何情况下均应满足公式 (F.1.2-5)，即 $\varphi_l\varphi_e \leqslant \varphi_0$，式中，$\varphi_0$ 按轴心受压柱考虑的 φ_l 值。把 φ_l 代入，发现变成 $\varphi_e \leqslant 1$，而对照 F.1.3 条，发现总是成立的。如何理解？

【A12.3.81】该条规定，钢管混凝土单肢柱的轴向受压承载力设计值为

$$N_u = \varphi_l\varphi_e N_0$$

其含义是，在轴心受压短柱承载力 N_0 基础上，考虑长细比引起的折减（φ_l）和偏心引起的折减（φ_e）。概念上，应存在

$$N_u = \varphi_l\varphi_e N_0 \leqslant \varphi_0 N_0$$

φ_0 为按轴心受压柱计算时由于长细比而导致的折减系数（φ_l）。

φ_l 由 F.1.4 条得到，由公式求得的 $\varphi_l \leqslant 1$。φ_e 由 F.1.3 条得到，由公式求得的 $\varphi_e \leqslant 1$，因此，从公式得到的 $\varphi_l\varphi_e$ 必然不会大于 φ_l，因此，$\varphi_l\varphi \leqslant \varphi_0$ 的确没有必要写出来。

【Q12.3.82】《高规》F.1.6 条规定了等效长度系数 k 的取值，其中，"β_1 为负值即双曲压弯时，则按反弯点所分割成的高度为 L_2 的子悬臂柱计算"，如何理解？

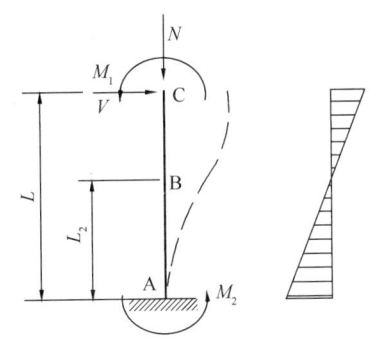

图 12-3-25　悬臂柱双曲压弯

【A12.3.82】对于悬臂柱，当出现了《高规》图 F.1.6 (f) 的情况时，则满足了条件 "β_1 为负值即双曲压弯"，于是，应按照高度为 L_2 的子悬臂柱计算。为方便表达，今将该图表达为本书图 12-3-25。

子悬臂柱在图中记作 AB 柱，此时对于 AB 柱而言，B 端（自由端）弯矩为零，即 $\beta_1 = 0$，代入公式（F.1.6-4）得到

$$k = (1+\beta_1)/2 = (1+0)/2 = 0.5$$

再代入公式（F.1.5）得到等效计算长度为

$$L_e = \mu k L = 2 \times 0.5 \times L_2 = L_2$$

即，对于悬臂柱，当 β_1 为负值时，接下来的步骤始终以子悬臂柱为计算模型。

蔡少怀编写的《钢管混凝土结构的计算与应用》（中国建筑工业出版社，1989）可以支持以上观点。

顺便指出，《高规》F.1.6 条所规定的 k 可以列成表 12-3-23，更便于理解。

等效长度系数 k

表 12-3-23

杆件类型	k 值	备注
轴心受压柱和杆件	$k = 1$	
无侧移框架柱	$k = 0.5 + 0.3\beta + 0.2\beta^2$	$\beta = M_1/M_2$ $\|M_1\| \leqslant \|M_2\|$ 单曲压弯为正，双曲压弯为负

杆件类型		k 值	备注
有侧移框架柱		$k = 1 - 0.625 e_0/r_c \geqslant 0.5$	e_0 为柱两端偏心距较大者 r_c 为核心混凝土横截面的半径
悬臂柱	$\beta_1 \geqslant 0$	$k = (1 + \beta_1)/2$ $k = 1 - 0.625 e_0/r_c \geqslant 0.5$ 取较大者	$\beta_1 = M_1/M_2$ 自由端力矩为 M_1 单曲压弯为正,双曲压弯为负
	$\beta_1 < 0$	$k = 0.5$	取固端至反弯点间子悬臂柱计算

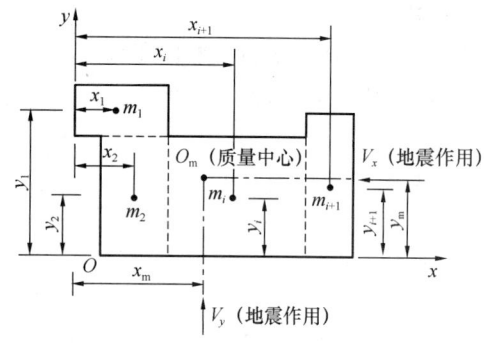

图 12-3-26 质心坐标的确定

【Q12.3.83】高层结构设计中,经常提到的"质心"、"刚心",概念是怎样的?

【A12.3.83】对高层建筑考虑横向的地震作用时,在高度方向上,认为地震水平力作用于"质点",而在该质点所在的水平面上,则是作用于质量中心(简称质心)。质心相当于该水平面上按照质量分布求出的"重心"。可将建筑物面积分为若干单元,认为在每个单元内质量均匀分布,如图 12-3-26 所示,则以 Oxy 作为参照系表示的质心坐标为

$$x_{\mathrm{m}} = \frac{\sum m_i x_i}{\sum m_i} = \frac{\sum W_i x_i}{\sum W_i}$$

$$y_{\mathrm{m}} = \frac{\sum m_i y_i}{\sum m_i} = \frac{\sum W_i y_i}{\sum W_i}$$

式中 m_i 、W_i ——第 i 个面积单元的质量、重量;

        x_i 、y_i ——第 i 个面积单元的中心坐标。

所谓刚心,是指各片抗侧移单元所形成的总体抗侧移刚度的中心。若把各抗侧移单元的抗侧移刚度视为假想面积,则此假想面积的形心就是刚心。抗侧移刚度是指抗侧移单元产生单位层间位移时需要作用的层剪力,也称抗推刚度,公式表达为

$$D_{xk} = \frac{V_{xk}}{\delta_x}$$

$$D_{yi} = \frac{V_{yi}}{\delta_y}$$

式中 V_{xk} ——与 x 轴平行的第 k 片单元的剪力;

        V_{yi} ——与 y 轴平行的第 i 片单元的剪力;

   δ_x 、δ_y ——该结构在 x 方向和 y 方向的层间位移。

【Q12.3.84】《高规》中涉及的内力调整很多,能否总结一下?

【A12.3.84】笔者参考中国中元兴华工程公司《多层及高层钢筋混凝土结构设计技术措施》(中国建筑工业出版社,2006)中的表格,将《高规》(个别内容依据《抗规》)中内力调整的规定总结为下面的表 12-3-24。

抗震设计时梁、柱、墙的内力调整 表 12-3-24

序号	构件	内力	调整内容	说　明
1	框架-剪力墙中的柱、有关梁	V、M	1. 框架总剪力的调整 $V_f \geqslant 0.2V_0$ 时，不调整，否则取 　　$V_f = \min(0.2V_0, 1.5V_{f.max})$ 2. 构件内力调整 按调整前后总剪力的比值，调整每根框架柱和与之相连框架梁的 V、M 标准值，N 不调整	1. 总体调整。 2. 按振型分解反应谱计算地震作用时，调整在振型组合之后进行。 3. 来源：《高规》8.1.4 条
2	板柱-抗震墙中的抗震墙、柱、板带	V、M	1. 板柱总剪力的调整 　　$V_c \geqslant 0.2V_j$ 2. 抗震墙总剪力的调整 　　$V_s \geqslant 1.0V_j$ 3. 构件内力调整 调整后，相应调整每一抗震墙、柱、板带的 V、M 标准值，N 不调整	1. 总体调整。 2. 式中 V_j——结构楼层地震剪力标准值； 　　V_c——调整后楼层板柱部分承担的地震剪力； 　　V_s——调整后楼层抗震墙部分承担的地震剪力。 3. 按振型分解反应谱计算地震作用时，调整在振型组合之后进行。 4. 来源：《高规》8.1.10 条
3	部分框支抗震墙中的框支柱、有关梁	V、M	1. 框支柱总剪力的调整 1）每层框支柱 $n_1 \leqslant 10$，框支层≤2： 　　$V_{cj} = 0.02V_0$ 2）每层框支柱 $n_1 \leqslant 10$，框支层≥3： 　　$V_{cj} = 0.03V_0$ 3）每层框支柱 $n_1 > 10$，框支层≤2： 　　$V_{cj} = 0.2V_0/n_1$ 4）每层框支柱 $n_1 > 10$，框支层≥3： 　　$V_{cj} = 0.3V_0/n_1$ 2. 构件内力调整 调整后，相应调整框支柱 M 标准值，柱端梁（不包括转换梁）V、M 标准值，框支柱 N 标准值不调整	1. 总体调整。 2. 式中 V_{cj}——调整后每根框支柱承担的地震剪力标准值； 　　V_0——底部总剪力。 3. 来源：《高规》10.2.17 条
4	框架结构中的底层柱、转换柱	M	弯矩设计值放大系数： 1. 框架结构底层柱底 一、二、三级分别取 1.7、1.5 和 1.3。 2. 转换柱的上端和底层柱的下端 一、二级分别取 1.5、1.3	1. 局部调整。 2. 来源：《高规》6.2.2 条，10.2.11 条
5	转换柱	N	地震产生的轴力标准值放大系数： 一、二级分别取 1.5、1.2	1. 局部调整。 2. 计算轴压比时，不调整。 3. 来源：《高规》10.2.11 条
6	结构薄弱层有关柱、梁	V	1. 侧向刚度变化、承载力变化、竖向抗侧力构件不满足要求的楼层，对应于地震作用标准值的剪力放大系数 1.25。 2. 以调整后的地震剪力计算构件内力标准值	1. 局部调整。 2. 来源：《高规》3.5.8 条

序号	构件	内力	调整内容	说　明
7	规则结构边榀构件	V	地震作用标准值的剪力放大系数： 1. 平行于地震作用方向的边榀，短边：1.15，长边：1.05；当扭转刚度较小时，周边各构件宜≥1.3。 2. 角部构件同时乘以两个方向的放大系数	1. 局部调整。 2. 仅用于规则结构不进行扭转耦联计算时。 3. 来源：《抗规》5.2.3 条
8	转换构件	M、V、N	地震作用下内力标准值放大系数： 特一、一、二级分别取 1.9、1.6、1.3	1. 构件调整。 2. 7 度（0.15g）以上的大跨度、长悬臂结构尚应考虑竖向地震作用。 3. 来源：《高规》10.2.4 条
9	框架结构中的柱，其他结构中的框架柱	M	柱端弯矩设计值 1. 一级框架结构和 9 度时的框架： $$\sum M_c = 1.2 \sum M_{bua}$$ 2. 其他情况： $$\sum M_c = \eta_c \sum M_b$$ η_c：对框架结构，二、三级分别取 1.5、1.3；对其他结构中的框架，一、二、三、四级分别取 1.4、1.2、1.1 和 1.1	1. 构件调整。 2. 反弯点不在层高范围内的柱，柱端弯矩设计值可直接乘以 η_c。 3. 顶层柱、轴压比＜0.15 的柱，不调整。 4. N 设计值不调整。 5. 来源：《高规》6.2.1 条（《抗规》6.2.2 条）
10	框架柱、框支柱	V	1. 一级框架结构和 9 度时的框架： $$V = 1.2(M_{cua}^t + M_{cua}^b)/H_n$$ 2. 其他情况 $$V = \eta_{vc}(M_c^t + M_c^b)/H_n$$ η_{vc}：对框架结构，二、三级分别取 1.3、1.2；对其他结构中的框架，一、二、三、四级分别取 1.4、1.2、1.1 和 1.1	1. 构件调整。 2. 来源：《高规》6.2.3 条
11	角柱	M、V	设计值放大系数： 特一、一、二、三级：1.1	1. 构件调整。 2. 本调整应在本表序号 1、2、3、4、6 调整之后进行。 3. 来源：《高规》6.2.4 条
12	框架梁、连梁	V	1. 一级框架结构和 9 度时的框架，9 度时一级剪力墙的连梁： $$V = 1.1(M_{bua}^l + M_{bua}^r)/l_n + V_{Gb}$$ 2. 其他情况： $$V = \eta_{vb}(M_b^l + M_b^r)/l_n + V_{Gb}$$ η_{vb} 对一、二、三级分别取 1.3、1.2 和 1.1。四级取 1.0	1. 构件调整。 2. 来源：《高规》6.2.5 条、7.2.21 条
13	抗震墙墙肢	M、V	1. 特一级剪力墙、筒体墙，底部加强部位弯矩设计值乘以 1.1，其他部位 1.3。 2. 双肢抗震墙当一肢为偏心受拉时，另一肢弯矩、剪力设计值应乘以 1.25。 3. 一级剪力墙底部加强部位以上部位：墙肢组合弯矩设计值乘以 1.2，剪力设计值乘以 1.3	1. 构件调整。 2. 来源：《高规》3.10.5 条、7.2.4 条、7.2.5 条

续表

序号	构件	内力	调整内容	说 明
14	部分框支落地剪力墙	M	设计值放大系数： 1. 底部加强部位： 特一、一、二、三级分别取 1.8、1.5、1.3 和 1.1。 2. 其他部位： 一级取 1.2	1. 构件调整。 2. 落地剪力墙不宜出现偏心受拉。 3. 来源：《高规》10.2.18 条
15	抗震墙墙肢及部分框支落地剪力墙	V	设计值放大系数： 1. 底部加强部位： 特一、一、二、三级分别取 1.9、1.6、1.4、1.2。 9 度一级剪力墙： $$V=1.1\frac{M_{wua}}{M_w}V_w$$ 2. 其他部位： 特一级：1.4；一级：1.3 3. 短肢抗震墙： 一、二、三级分别取 1.4、1.2 和 1.1	1. 构件调整。 2. 来源：《高规》7.2.5 条、7.2.6 条、3.10.5 条、7.2.2 条
16	框架梁柱节点	V	1. 一级框架结构和 9 度的一级框架： $$V_j=\frac{1.15\sum M_{bua}}{h_{b0}-a_s'}\left(1-\frac{h_{b0}-a_s'}{H_c-h_b}\right)$$ 2. 其他情况： $$V_j=\frac{\eta_{jb}\sum M_b}{h_{b0}-a_s'}\left(1-\frac{h_{b0}-a_s'}{H_c-h_b}\right)$$ η_{jb}：对框架结构，一、二、三级分别取 1.5、1.35 和 1.2；对其他结构中的框架，一、二、三级分别取 1.35、1.2 和 1.1	1. 局部调整。 2. 来源：《抗规》D.1.1 条

【Q12.3.85】《高规》中对框架内力的调整，有哪些？

【A12.3.85】今借鉴朱炳寅《建筑抗震设计规范应用与分析》（中国建筑工业出版社，2011）第 234 页给出的表 6.2.0-1 的形式，将《高规》中对框架内力的调整列于表 12-3-25。

《高规》中框架内力的调整　　　　　　　　表 12-3-25

结构类型	构件类型	部位	抗震等级	内力调整系数		备注
				弯矩	剪力	
框架结构	框架梁	全部	特一级	1.0	1.2×1.1＝1.32（实配钢筋）	3.10.3 条
			一级		1.1（实配钢筋）	
			二级	1.0	1.2	6.2.5 条
			三级		1.1	

续表

结构类型	构件类型	部位	抗震等级	内力调整系数 弯矩	内力调整系数 剪力	备注
框架结构	框架柱	底层柱柱底截面	特一级	1.2×1.7＝2.04	1.2×1.2＝1.44（实配钢筋）	3.10.2条
			一级	1.7	1.2（实配钢筋）	6.2.2条、6.2.3条，除一级外，剪力计算在弯矩调整后进行
			二级	1.5	1.3	
			三级	1.3	1.2	
			四级	1.2	1.1	
		其他层柱端截面	特一级	1.2×1.2＝1.44（实配钢筋）	1.2×1.2＝1.44（实配钢筋）	3.10.2条
			一级	1.2（实配钢筋）	1.2（实配钢筋）	6.2.1条、6.2.3条、《抗规》6.2.5条，除一级外，弯矩节点处强柱弱梁调整；剪力计算在弯矩调整后进行
			二级	1.5	1.3	
			三级	1.3	1.2	
			四级	1.2	1.1	
部分框支抗震墙结构	转换梁及框架梁	转换梁	特一级	1.9	1.9	10.2.4条，是对水平地震作用计算内力的放大系数
			一级	1.6	1.6	
			二级	1.3	1.3	
		框架梁	同其他结构的框架梁			
	转换柱及框架柱	转换柱上端截面和底层柱柱底	特一级	1.8	1.2×1.4＝1.68	3.10.4条
			一级	1.5	1.4	10.2.11条
			二级	1.3	1.2	
		转换柱的其他部位	特一级	1.2×1.4＝1.68	1.2×1.4＝1.68	3.10.4条
			同其他结构中的框架柱			
		框架柱	同其他结构中的框架柱			
其他结构的框架	框架梁	全部	一级	1.0	1.3	6.2.5条，9度时按实配钢筋，且取剪力增大系数为1.1
			二级		1.2	
			三级		1.1	
	框架柱	底层柱柱底截面	9度	1.0	1.2（实配钢筋）	6.2.1条、6.2.3条
			一级		1.4	
			二级		1.2	
			三、四级		1.1	
		其他层框架柱	9度	1.2（实配钢筋）	1.2（实配钢筋）	6.2.1条、6.2.3条，除一级外，弯矩节点处强柱弱梁调整；剪力计算在弯矩调整后进行
			一级	1.4	1.4	
			二级	1.2	1.2	
			三、四级	1.1	1.1	

对于该表，还有以下几点需要说明：

（1）所用到的公式如下：

框架梁剪力调整公式：$V = \eta_{vb} \dfrac{M_b^l + M_b^r}{l_n} + V_{Gb}$

框架梁剪力按照实配钢筋调整公式：$V = 1.1 \dfrac{M_{bua}^l + M_{bua}^r}{l_n} + V_{Gb}$

框架柱弯矩调整公式：$\Sigma M_c = \eta_c \Sigma M_b$

框架柱弯矩按照实配钢筋调整公式：$\Sigma M_c = 1.2 \Sigma M_{bua}$

框架柱剪力调整公式：$V = \eta_{vc} \dfrac{M_c^t + M_c^b}{H_n}$

框架柱剪力按照实配钢筋调整公式：$V = 1.2 \dfrac{M_{cua}^t + M_{cua}^b}{H_n}$

（2）对于转换梁，轴力也需要调整，依据《高规》10.2.4条，针对水平地震作用产生的内力，特一级、一级、二级的调整系数分别为1.9、1.6、1.3。

（3）转换柱的轴力调整系数，依据《高规》10.2.11条第2款，针对水平地震作用产生的轴力，特一级、一级、二级分别为1.8、1.5、1.2。但计算轴压比时不考虑此项调整。

（4）对于框架结构，依据《高规》3.10.2条第2款，特一级框架柱柱端剪力增大系数 η_{vc} 应增大20%，然而，6.2.3条对于一级框架柱是按照实配钢筋计算剪力设计值，公式为 $V = 1.2 \dfrac{M_{cua}^t + M_{cua}^b}{H_n}$，并未出现 η_{vc}，因而，笔者理解，只可能是将1.2增大20%。

朱炳寅《建筑抗震设计规范应用与分析》一书认为，特一级时剪力相对于一级时的调整系数为 $1.2 \times 1.2 = 1.44$，这种说法可能是基于以下事实：剪力与弯矩的关系式为 $V = \eta_{vc} \dfrac{M_c^t + M_c^b}{H_n}$，由于特一级时弯矩相对于一级要增大20%，相当于 M_c^t、M_c^b 成为一级时的1.2倍，另外 η_{vc} 还要乘以1.2。但是，我们注意到，对于一级的框架结构，《抗规》还规定 $V = 1.2 \dfrac{M_{cua}^t + M_{cua}^b}{H_n}$，式中 M_{cua}^t、M_{cua}^b 根据实配钢筋算出，这样，特一级时剪力表达为 $1.2 \times 1.2 \dfrac{M_{cua}^t + M_{cua}^b}{H_n}$，即，特一级时剪力相对于一级时的调整系数为1.2才恰当。与《抗规》不同，《高规》仅规定按照实配钢筋计算剪力这一种方法，为协调一致，本书表12-3-23中按照实配钢筋的形式表达。

【Q12.3.86】《高规》中对剪力墙内力的调整，有哪些？

【A12.3.86】 今参考朱炳寅《建筑抗震设计规范应用与分析》（中国建筑工业出版社，2011）第236页给出的表6.2.0-2，将《高规》中对剪力墙内力的调整列于表12-3-26。

对于表12-3-26，需要说明的有以下两点：

（1）短肢剪力墙为特一级时，情况比较特殊。依据7.2.2条第3款，对于普通高层结构中的短肢剪力墙，若处于其他部位（非底部加强部位），一级时剪力设计值的增大系数为1.4。3.10.5条第1款，虽然规定了特一级的内力调整情况，但指的是"一般剪力墙"而非"短肢剪力墙"。所以，朱炳寅书中采用了"比一级增大20%"的调整方法，$1.2 \times 1.4 = 1.68$。本书的取值即来源于此。

《高规》中剪力墙内力的调整   表 12-3-26

结构类型	构件类型	部位	抗震等级	内力调整系数及其表达式		规范条文号
				弯矩	剪力	
普通高层结构	一般剪力墙	底部加强部位	特一级	1.1A	1.9B	3.10.5 条
			9 度的一级	1.0A	1.1C	7.2.5 条 7.2.6 条
			一级		1.6B	
			二级	1.0A	1.4B	
			三级		1.2B	
		其他部位	特一级	1.3A	1.4B	3.10.5 条
			一级	1.2A	1.3B	7.2.5 条
			二、三、四级	1.0A	1.0B	
	短肢剪力墙	底部加强部位	同一般剪力墙的底部加强部位			
		其他部位	特一级	同一般剪力墙的其他部位	1.68B*	3.10.5 条
			一级		1.4B	7.2.2 条第 3 款
			二级		1.2B	
			三级		1.1B	
复杂高层结构	落地剪力墙	底部加强部位	特一级	1.8D	1.9B	3.10.5 条
			一级	1.5D	1.6B	10.2.18 条、7.2.6 条
			二级	1.3D	1.4B	
			三级	1.1D	1.2B	
		其他部位	同普通高层结构的一般剪力墙的其他部位			
	短肢剪力墙	所有部位	同普通高层结构的短肢剪力墙			

注：＊朱炳寅《建筑抗震设计规范分析与应用》一书认为，特一级时不宜采用短肢剪力墙，若采用，较一级时放
大 1.2 倍。
    A：墙肢考虑地震作用组合的弯矩计算值；
    B：墙肢考虑地震作用组合的剪力计算值；
    C：按实配钢筋截面积与强度标准值得到的剪力计算值；
    D：墙肢底部截面考虑地震作用组合的弯矩计算值。

（2）朱炳寅书中的弯矩调整，尚有一种是基于"本层墙肢底部截面考虑地震作用组合的弯矩计算值"，经查，其来源是 2002 版《高规》的 7.2.6 条，今依据 2010 版《高规》做了修改。

【Q12.3.87】《高规》中的"偶然偏心"以及扭转的相关内容，可否总结一下？

【A12.3.87】引入"偶然偏心"这一概念将扭转作用放大，是作为一种实用的方法提出的，其原因在于：①对于地震，目前还无法有效考虑地面运动的扭转分量；②结构的实际刚度和质量分布与计算假定值有差异；③在弹塑性反应过程中抗侧力构件刚度退化会引起扭转反应增大。

《高规》4.3.3 条，计算单向地震作用时应考虑偶然偏心的影响。每层质心沿垂直于地震作用方向的偏移值可按下式采用：

$$e_i = \pm 0.05 L_i$$

如图 12-3-27 所示。图中，偏心可能向左也可能向右，故取值可正可负，但不同楼层应按相同方向偏移以考虑最不利情况。另外，无论平面规则还是不规则，都应考虑。

对于楼层平面有局部凸出，按回转半径相等原则转化为无局部凸出的规则平面以确定 L_i。对于图 12-3-28 所示的情况，当 $b/B \leqslant 1/4$ 且 $h/H \leqslant 1/4$ 时，认为属于局部凸出，L_i 按下式确定：

$$L_i = B + \frac{bh}{H}\left(1 + \frac{3b}{B}\right)$$

各种情况下是否考虑偶然偏心，如下：

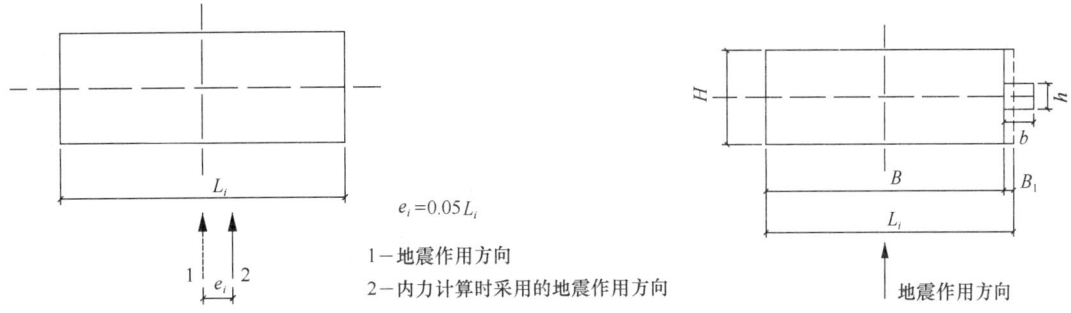

$e_i = 0.05 L_i$

1—地震作用方向
2—内力计算时采用的地震作用方向

图 12-3-27　单向地震作用时的偶然偏心　　　图 12-3-28　有局部凸出时的 L_i

（1）计算扭转位移比用以判断是否扭转不规则时，"规定水平力"应考虑偶然偏心。

（2）计算单向地震作用时，对于高层建筑应考虑偶然偏心，同时考虑扭转耦联。

（3）计算双向地震作用下的效应时，采用《抗规》的公式（5.2.3-7）和公式（5.2.3-8），即

$$S_{Ek} = \sqrt{S_x^2 + (0.85 S_y)^2}$$

$$S_{Ek} = \sqrt{S_y^2 + (0.85 S_x)^2}$$

以上两式取较大者。其中的 S_x、S_y 按不考虑偶然偏心求出，但考虑扭转耦联。

（4）《高规》3.7.3 条验算 $\Delta u/h$ 时可不考虑偶然偏心的影响。

（5）自振周期属于结构本身的固有特征，计算时不考虑偶然偏心。例如，计算 T_t/T_1 之比时（T_t 为扭转为主的第一振型周期，T_1 为平动为主的第一振型周期），见《高规》3.4.5 条条文说明。

【Q12.3.88】《高规》中"连梁刚度折减"的相关内容，可否总结一下？

【A12.3.88】 关于连梁折减，《高规》5.2.1 条条文说明中有较为详细说明，笔者将其梳理，认为可从以下几点把握：

（1）之所以对连梁刚度折减，是由于按照现有的弹性模型计算得到的连梁内力较大，造成配筋困难。

（2）折减后的刚度，为"初始刚度×折减系数"。

（3）基于两个原则考虑其取值：一是不影响承受竖向荷载，二是允许适当开裂。由于后一个原则，设防烈度高时可多折减一些，但应考虑到前一原则，故最小不宜小于 0.5。

规范中指出，6、7 度时可取 0.7，8、9 度时可取 0.5。

（4）连梁跨高比较大（规范用词是"大于 5"），承受重力荷载为主，此时，考虑到上一条中的原则一，应慎重考虑折减或不折减。

（5）计算地震作用效应时，对连梁折减，然后再组合。计算重力荷载、风荷载引起的效应时，不宜考虑连梁刚度折减。

【Q12.3.89】如何在《抗规》附录 A 中快速找到相应的省级行政区？

【A12.3.89】这里，笔者将各省级行政区按照字典排序，如表 12-3-27 所示，根据此表可快速找到省级行政区名称以及其在《抗规》中的页码。

《抗规》附录 A 速查表　　　　　　　　　　表 12-3-27

序号	省级行政区	页码	序号	省级行政区	页码	序号	省级行政区	页码	序号	省级行政区	页码
1	安徽	186	9	贵州	204	17	江苏	183	25	陕西	210
2	北京	172	10	海南	200	18	江西	188	26	上海	183
3	重庆	201	11	河北	172	19	辽宁	178	27	四川	201
4	福建	187	12	河南	192	20	内蒙古	176	28	天津	172
5	甘肃	211	13	黑龙江	181	21	宁夏	214	29	西藏	208
6	港澳台	217	14	湖北	194	22	青海	213	30	新疆	215
7	广东	197	15	湖南	195	23	山东	190	31	云南	206
8	广西	199	16	吉林	180	24	山西	175	32	浙江	185

【Q12.3.90】《高耸结构设计标准》GB 50135—2019 表 4.2.9-2 下的注释 2 如何理解，基本风压该如何与表中数值相联系？

【A12.3.90】该标准 4.2.2 条规定，风振系数按下式求得：

$$\beta_z = 1 + \xi \varepsilon_1 \varepsilon_2$$

式中，ξ 为脉动增大系数，由表 4.2.9-1 确定；ε_1 为风压脉动和风压高度变化的影响系数，由表 4.2.9-2 确定；ε_2 为与振型、结构外形有关的影响系数，由表 4.2.9-3 确定。

表 4.2.9-2 下注释 2 规定，对地面粗糙度 B 类地区可直接代入基本风压，而对 A 类、C 类、D 类地区应按当地的基本风压分别乘以 1.28、0.54、0.26。该注释实际上应该位于表 4.2.9-1 下成为注释 3，用以规定该表中 $w_0 T_1^2$ 这一变量的 w_0 取值。理由是，《建筑结构荷载规范》GB 50009—2001 的 7.4.2 条采用类似的公式确定风振系数 β_z，其中的脉动增大系数 ξ 与 $w_0 T_1^2$ 有关，依据表 7.4.3 下的注释，计算 $w_0 T_1^2$ 时，对地面粗糙度 B 类地区可直接代入基本风压，而对 A 类、C 类、D 类地区应按当地的基本风压分别乘以 1.38、0.62、0.32。原理相同而数字不同，是因为《建筑结构荷载规范》GB 50009—2012 修改了地面粗糙度系数 α 和梯度风高度 H_T，细节可参看本书"专题聚焦"部分的"风荷载"一节。

【Q12.3.91】《烟囱工程技术标准》GB/T 50051—2021 中的抗震设计，与《抗规》中的规定有哪些不同？

【A12.3.91】首先应理清这样的一个逻辑：《抗规》用于常规的抗震设计，若专门规范有特殊的规定，则应按该专门的规范执行。

《烟囱工程技术标准》的 5.5.1 条规定，"本节适用于 6 度～9 度的地震作用计算"，然后在 5.5.2 条给出一个例外：抗震设防烈度为 6 度时，Ⅰ、Ⅱ类场地的砖烟囱，可以不必计入地震作用。

关于竖向地震作用，在 5.5.4 条给出了抗震设防烈度为 7 度~9 度时的竖向地震系数 k_v，意思就是，7 度~9 度时应计算竖向地震作用（《抗规》中计入竖向地震作用的门槛是 8 度）。

今将对比结果列于表 12-3-28。

两本规范有关抗震设计规定的对比 表 12-3-28

	《烟囱工程技术标准》	《抗规》
何时计入水平地震作用	除 6 度且为Ⅰ、Ⅱ类场地的砖烟囱外，均应计入	6 度时不规则建筑、Ⅳ类场地上的高层建筑，7 度以上建筑
何时计入竖向地震作用	7 度~9 度	8 度~9 度
阻尼比	查表 3.1.31	除专门规定外取为 0.05
水平地震作用计算	振型分解反应谱法	底部剪力法，振型分解反应谱法

【Q12.3.92】"通用规范"系列实施后，《抗规》与《高规》中的强制性条文已被废止，这些强制性条文与"通用规范"中的条文是怎样对应的？

【A12.3.92】为便于复习和答题，有必要对此做一总结。《抗规》中的强制性条文一般被《建筑与市政工程抗震通用规范》GB 55002—2021（简称《抗通规》）代替，个别条文被《混凝土结构通用规范》GB 55008—2021（简称《混通规》）代替，如表 12-3-29 所示。《高规》中的强制性条文一般被《抗通规》和《混通规》代替，个别条文被《工程结构通用规范》GB 55001—2021（简称《工通规》）代替，如表 12-3-30 所示。

《抗规》被代替的条文 表 12-3-29

《抗规》条文号	《抗通规》条文号	注释
1.0.2	1.0.2	6 度及以上建筑必须进行抗震设计
1.0.4	—	设防烈度按国家文件确定
3.1.1	—	设防按分类标准
3.3.1	3.1.2	对地震有利、不利地段综合评价
3.3.2	2.3.2	Ⅰ类建筑场地时的烈度调整
3.4.1	5.1.1	建筑形体的规则性要求
3.5.2	2.4.1+2.4.2	结构体系的要求
3.7.1	5.1.12	非结构构件应进行抗震设计
3.7.4	5.1.14	围护墙和隔墙，应估计其对抗震的不利影响
3.9.1	2.4.5	设计文件中应注明对材料和施工质量的要求
3.9.2	《混通规》2.0.2、3.2.3	构造柱、芯柱、圈梁等混凝土强度等级不低于 C25，见《抗通规》5.5.11 条
3.9.4	《混通规》2.0.11	钢筋替代
3.9.6	5.5.11	先砌墙后浇构造柱
4.1.6	3.1.3	确定建筑场地类别

续表

《抗规》条文号	《抗通规》条文号	注释
4.1.8	4.1.1	不利地段对地震动参数放大
4.1.9	3.1.1	场地岩土工程勘察
4.2.2	3.2.1	地基基础抗震验算的原则
4.3.2	3.2.2	饱和砂土和饱和粉土除 6 度外应进行液化判别
4.4.5	3.2.3	液化土和震陷软土中桩的配筋
5.1.1	4.1.2	各类建筑结构的地震作用规定
5.1.3	4.1.3	重力荷载代表值
5.1.4	4.2.2	α_{max} 及 T_g 取值
5.1.6	—	6 度时的截面抗震要求
5.2.5	4.2.3	剪重比要求
5.4.1	4.3.1	地震组合表达式
5.4.2	4.3.2	截面抗震验算表达式及 γ_{RE} 取值
5.4.3	4.3.1	仅竖向地震时 $\gamma_{RE}=1.0$
6.1.2	5.2.1	混凝土房屋的抗震等级
6.3.3	《混通规》4.4.8	框架梁的钢筋配置
6.3.7	《混通规》4.4.9	柱的配筋要求
6.4.3	4.4.7	抗震墙水平和竖向分布钢筋要求
10.1.12	—	8 度 9 度，高大山墙的壁柱应进行平面外截面抗震验算
10.1.15	—	前厅与大厅，大厅与舞台间轴线上的横墙，应符合的要求
12.1.5	5.1.5	《建筑隔震设计标准》GB/T 51408—2021 已实施，《抗规》第 12 章已被代替
12.2.1	5.1.6	
12.2.9	5.1.7、5.1.8、5.1.9、5.1.10	

注：表中仅列出了与混凝土结构有关的条文。

《高规》被代替的强制性条文　　　　表 12-3-30

《高规》条文	《抗通规》条文	注释
3.8.1	4.3.2	基本表达式
3.9.1	2.3.2	甲乙丙类建筑确定抗震措施时的烈度
3.9.3	5.2.1	A 级高度房屋的抗震等级
3.9.4	—	B 级高度房屋的抗震等级
4.2.2	—	对风荷载敏感时基本风压取值
4.3.1	2.3.2	甲乙丙类建筑确定地震作用时的烈度
4.3.2	4.1.2	计入竖向地震的前提，《抗通规》与《混通规》不一致
4.3.12	4.2.3	剪重比要求
4.3.16	—	自振周期折减
5.4.4	—	整体稳定性（对侧移刚度规定最小值）

续表

《高规》条文	《抗通规》条文	注释
5.6.1	《工通规》2.4.6	持久、短暂状况下荷载效应组合
5.6.2	《工通规》3.1.13	分项系数取值
5.6.3	4.3.2	地震状况下荷载效应组合
5.6.4	4.3.2	分项系数取值
6.1.6	—	不采用砌体墙承重
6.3.2	《混通规》4.4.8	框架梁构造要求
6.4.3	《混通规》4.4.9	柱构造要求
7.2.17	《混通规》4.4.7	墙构造要求
8.1.5	—	框架剪力墙设计成双向抗侧力体系，两个主轴布置剪力墙
8.2.1	《混通规》4.4.7	剪力墙分布钢筋要求
9.2.3	—	框架核心筒周边柱间必须设置框架梁
9.3.7	—	外框筒梁和内筒连梁的构造配筋
10.1.2	—	9 度不应采用带转换层结构、带加强层结构、错层结构和连体结构
10.2.7	《混通规》4.4.10	转换梁构造要求
10.2.10	《混通规》4.4.11	转换柱构造要求
10.2.19	《混通规》4.4.7	底部加强部位分布钢筋要求
10.3.3	《混通规》4.4.12	带加强层时的要求
10.4.4	《混通规》4.4.13	错层处框架柱要求
10.5.2	—	不低于 7 度（0.15g），连体结构连接体应考虑竖向地震
10.5.6	《混通规》4.4.14	连接体及与连接体相连构件的要求
11.1.4	5.4.1	混合结构抗震等级

13 桥梁结构

13.1　试题

题 1　某公路桥梁由整体式钢筋混凝土板梁组成，计算跨径 12m，斜交角 30°，总宽度 9m，梁高为 0.7m。在支承处每端各设 3 个支座，其中一端为活动橡胶支座，另一端为固定橡胶支座。平面布置如图 13-1-1。

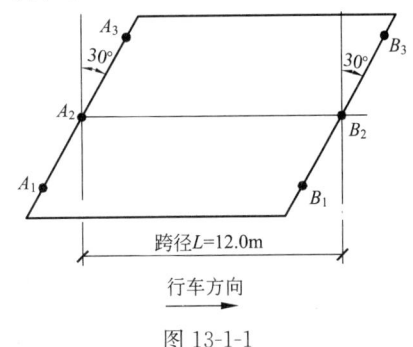

图 13-1-1

试问，在恒荷载（均布荷载）作用下各支座垂直反力的大小，下列何项叙述是正确的？

A. A_2 与 B_2 的反力最大

B. A_2 与 B_2 的反力最小

C. A_1 与 B_3 的反力最大

D. A_3 与 B_1 的反力最大

题 2～7

某公路桥梁由多跨简支梁组成，其总体布置如图 13-1-2 所示。每孔跨径 25m，计算跨径 24m，桥梁总宽 10.5m，行车道宽度 8.0m，两侧各设 1m 宽人行步道，双向行驶两列汽车。

每孔上部结构采用预应力混凝土箱梁，桥墩上设置 4 个支座，支座的横桥向中心距为 4.5m。桥墩支承在基岩上，由混凝土独柱墩身和带悬臂的盖梁组成。

计算荷载：公路-Ⅰ级，人群荷载 3.0kN/m²；混凝土重度按 25 kN/m³ 计算。

2. 若该桥箱梁混凝土强度等级采用 C40，弹性模量 $E_c = 3.25 \times 10^4$ MPa，箱梁跨中横截面面积 $A = 5.3\text{m}^2$，惯性矩 $I_c = 1.5 \text{ m}^4$，试问，公路-Ⅰ级汽车车道荷载的冲击系数 μ 与下列何项数值最为接近？

提示：取重力加速度 $g = 10\text{m/s}^2$。

A. 0.08　　　　　B. 0.18　　　　　C. 0.28　　　　　D. 0.38

3. 假定冲击系数 $\mu = 0.2$，试问，该桥主梁跨中截面在公路-Ⅰ级汽车车道荷载作用下的弯矩标准值 M_{Qk}（kN·m），应与下列何项数值最为接近？

A. 5500　　　　　B. 2750　　　　　C. 6250　　　　　D. 4580

4. 假定冲击系数 $\mu = 0.2$，试问，该桥主梁支点截面在公路-Ⅰ级汽车车道荷载作用下的剪力标准值 V_{Qk}（kN），应与下列何项数值最为接近？

提示：按加载长度取 24m 计算。

A. 1190　　　　　B. 1040　　　　　C. 900　　　　　D. 450

5. 假定该桥主梁支点截面由全部恒荷载产生的剪力标准值 $V_{Gik} = 2000\text{kN}$，汽车车道荷载产生的剪力标准值 $V_{Qik} = 800\text{kN}$（已含冲击系数 $\mu = 0.2$），步道人群产生的剪力标准值 $V_{Qjk} = 150\text{kN}$。试问，在持久状况下按承载能力极限状态计算，该桥主梁支点截面基本组合的剪力设计值 V_{ud}（kN），应与下列何项数值最为接近？

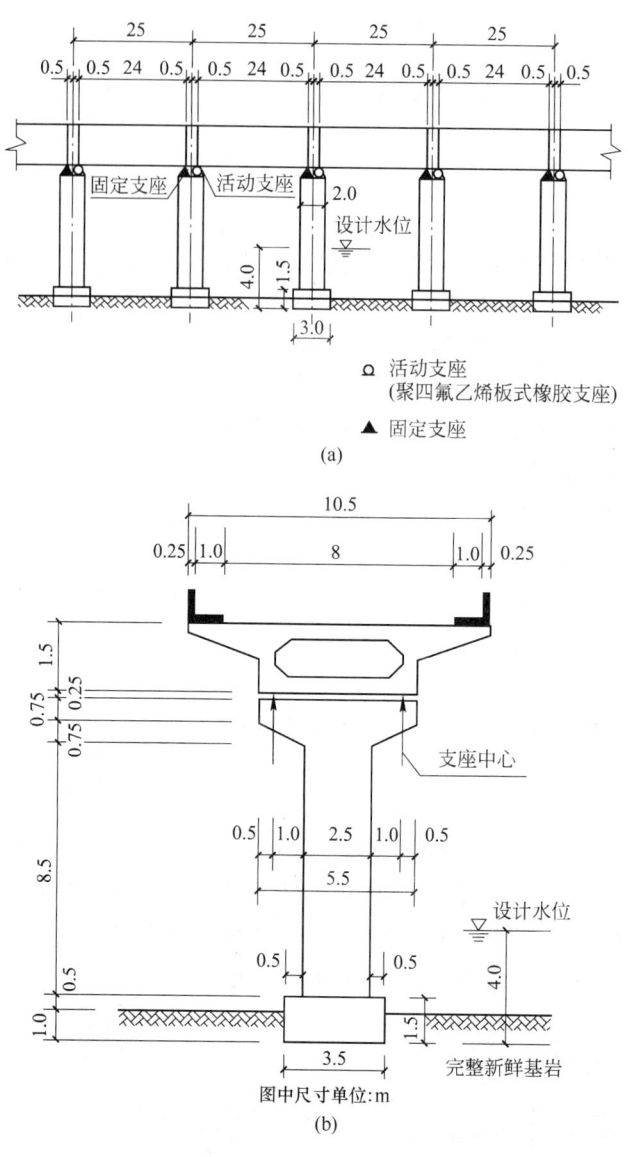

图 13-1-2

（a）立面图；（b）桥墩处横断面图

A. 3730　　　　B. 3690　　　　C. 4060　　　　D. 3920

6. 假定该桥主梁跨中截面由全部恒荷载产生的弯矩标准值 $M_{Gik}=11000\mathrm{kN\cdot m}$，汽车车道荷载产生的弯矩标准值 $M_{Qik}=5000\mathrm{kN\cdot m}$（已含冲击系数 $\mu=0.2$），人群荷载的弯矩标准值 $M_{Qjk}=500\mathrm{kN\cdot m}$。试问，在持久状况下，按正常使用极限状态计算，该桥主梁跨中截面由恒荷载、汽车车道荷载及人群荷载共同作用产生的频遇组合设计值 M_{fd}（$\mathrm{kN\cdot m}$），与下列何项数值最为接近？

提示：按《公路桥涵设计通用规范》JTG D60—2015 计算，不计风荷载、温度及其他可变作用。

A. 14400　　　　　B. 15000　　　　　C. 14120　　　　　D. 16500

7. 预应力混凝土箱梁按全预应力混凝土梁设计，采用后张法施工。运营阶段，该桥主梁跨中截面由永久荷载产生的弯矩标准值 $M_{Gk} = 11000$kN·m，汽车车道荷载产生的弯矩标准值 $M_{Q1k} = 5000$ kN·m（已含冲击系数 $\mu = 0.2$），人群荷载的弯矩标准值 $M_{Q2k} = 500$kN·m。主梁的换算截面特性如下：面积 $A_0 = 5.3\text{m}^2$，惯性矩 $I_0 = 1.5\text{m}^4$，截面重心轴距截面上缘 0.35m，距截面下缘 1.15m，重心轴至预应力钢筋合力点的距离 $e_{p0} = 1.0$m。扣除全部预应力损失后，预应力钢筋的合力为 $N_p = 15000$ kN。试问，按持久状况应力验算时，跨中截面上缘混凝土的最大压应力（MPa），应与下列何项数值最为接近？

提示：忽略净截面与换算截面的差别，按给出的截面特性计算应力。

A. 3.18　　　　　B. 1.43　　　　　C. 1.56　　　　　D. 1.68

题 8　当对某预应力混凝土连续梁进行持久状况下承载能力极限状态计算时，下列关于作用效应是否计入汽车车道荷载冲击系数和预应力次效应的不同意见，其中何项正确，并简述其理由。

A. 二者全计入　　　　　　　　　B. 前者计入，后者不计入

C. 前者不计入，后者计入　　　　D. 二者均不计入

题 9　试问，在下列关于公路桥涵的设计基准期的几种主张，其中何项正确？并简述其理由。

A. 100 年　　　　　B. 80 年　　　　　C. 50 年　　　　　D. 25 年

题 10～14

某一级公路设计行车速度 $v = 100$km/h，双向六车道，汽车荷载采用公路-Ⅰ级。其公路上有一座计算跨径为 40m 的预应力混凝土箱形简支梁桥，采用上、下双幅分离式横断面行驶。混凝土强度等级为 C50。横断面布置如图 13-1-3 所示。

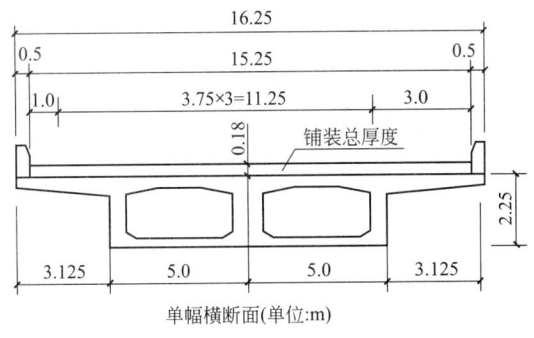

图 13-1-3

10. 试问，该桥在计算汽车设计车道荷载时，其设计车道数应按下列何项取用？

A. 二车道　　　　　B. 三车道　　　　　C. 四车道　　　　　D. 五车道

11. 计算该箱形梁桥汽车车道荷载时，应按横桥向偏载考虑。假定车道荷载冲击系数 $\mu = 0.215$，车道横向折减系数为 0.67，扭转影响对箱形梁内力的不均匀系数 $K = 1.2$，试问，该箱形梁桥跨中断面，由汽车车道荷载产生的弯矩作用标准值（kN·m），应与下列何项数值最为接近？

A. 21000　　　　　B. 21500　　　　　C. 22000　　　　　D. 22500

12. 计算该后张法预应力混凝土简支箱形梁桥的跨中断面时，所采用的有关数值为：$A = 9.6\text{m}^2$，$h = 2.25$m，$I_0 = 7.75\text{m}^4$；中性轴至上翼缘边缘距离为 0.95m，至下翼缘边缘距离为 1.3m；混凝土强度等级为 C50，$E_c = 3.45 \times 10^4$MPa；预应力钢束合力点距下边缘距离为 0.3m。假定在正常使用极限状态频遇组合下，跨中断面弯矩永久作用标准值与可变作用频遇值的组合设计值 $S_{sd} = 85000$kN·m，试问，该箱梁为现浇制作且按全预应力混凝土构件设计

时，跨中断面所需的永久有效最小预压力值（kN），应与下列何项数值最为接近？

提示：估算所需的有效预加力时，可采用全截面特性。

    A. 61000   B. 61500   C. 61700   D. 65600

13. 该箱形梁桥，按正常使用极限状态，由荷载效应频遇组合产生的跨中断面向下的弹性挠度值为72mm。由永久有效预应力产生的向上弹性挠度为60mm。试问，该桥梁跨中断面向上设置的预挠度（mm），应与下列何项数值最为接近？

    A. 向上30   B. 向上20   C. 向上10   D. 向上0

14. 该箱形梁桥按承载能力极限状态设计时，假定跨中断面永久作用弯矩设计值为65000kN·m，由汽车车道荷载产生的弯矩设计值为25000kN·m（已计入冲击系数），其他两种可变荷载产生的弯矩设计值为9600kN·m。试问，该箱形简支梁中，跨中断面基本组合的弯矩设计值 M_{ud}（kN·m），应与下列何项数值最为接近？

    A. 96000   B. 98000   C. 99000   D. 110000

题15 某一级公路上，有一座计算跨径为20m的预应力混凝土简支梁桥，混凝土强度等级为C40。该简支梁由T形梁组成，主梁高度1.25m，梁距2.25m，横梁间距为5.0m；主梁截面有效高度1.15m。按持久状况承载能力极限状态计算时，某根内梁支点截面剪力设计值 $V_d=800$kN。如该主梁支承点截面处满足抗剪截面的要求，试问，腹板的最小宽度（mm），应与下列何项数值最为接近？

    A. 200   B. 220   C. 240   D. 260

题16 某跨越一条650m宽河面的高速公路桥梁，设计方案中其主跨为145m的系杆拱桥，边跨为30m的简支梁桥。试问，该桥梁结构的设计安全等级，应如下列何项所示？

    A. 一级   B. 二级   C. 三级   D. 由业主确定

题17 某桥梁上部结构为三孔钢筋混凝土连续梁，试问，图13-1-4中的四个图形中，哪一个图形是该梁在中支点Z截面的弯矩影响线？

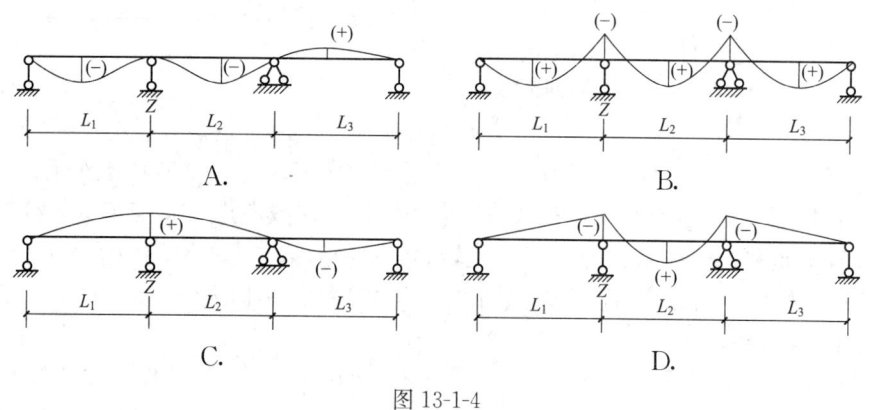

图 13-1-4

题18~24

某城市附近交通繁忙的公路桥梁，其中一联为五孔连续梁桥，其总体布置如图13-1-5所示。每孔跨径40m，桥梁总宽10.5m，行车道宽度为8.0m，双向行驶两列汽车；两侧各设 1m 宽人行步道。上部结构采用预应力混凝土箱梁，桥墩上设置 2 个支座，支座的横桥向中心距为 4.5m。桥墩支承在基岩上，由混凝土独柱墩身和带悬臂的盖梁组成。计算荷载：公路-Ⅰ级，人群荷载 $3.0 kN/m^2$；混凝土重度按 $25 kN/m^3$ 计算。

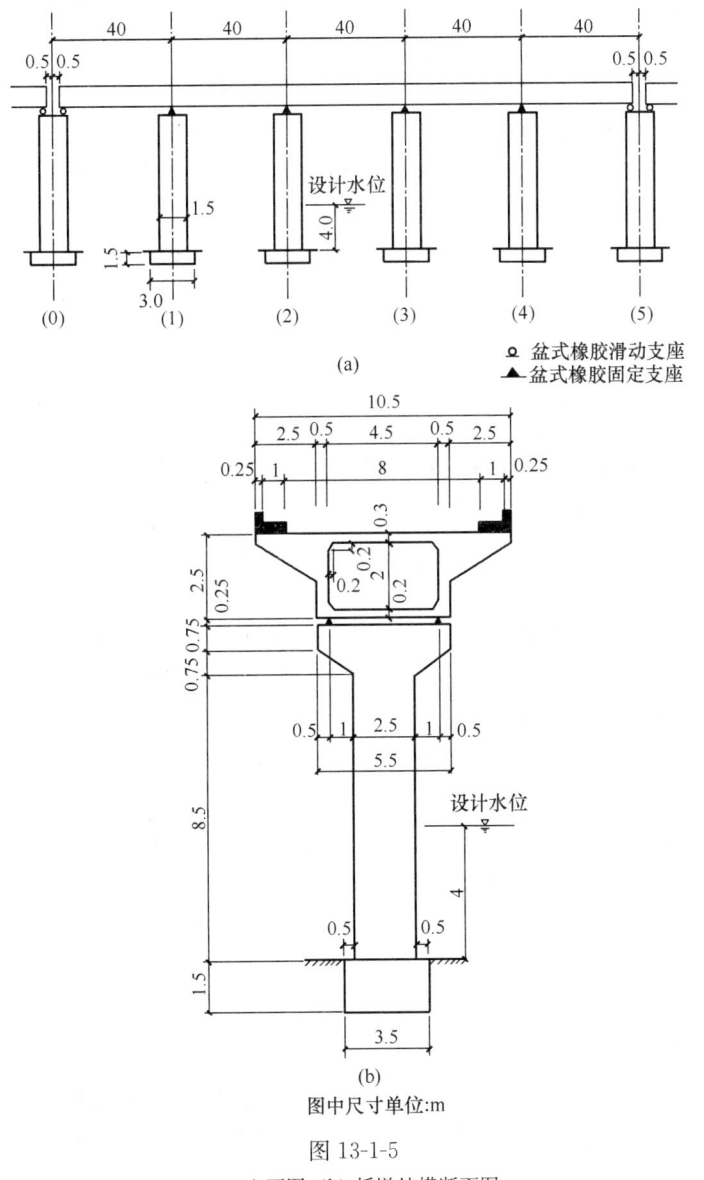

图 13-1-5

(a) 立面图；(b) 桥墩处横断面图

18. 假定该桥墩处主梁支点截面，由全部恒荷载产生的剪力标准值 $V_{恒} = 4400 kN$，汽车荷载产生的剪力标准值 $V_{汽} = 1414 kN$，步道人群荷载产生的剪力标准值 $V_{人} = 138 kN$。已知汽车冲击系数 $\mu = 0.2$。试问，在持久状况下按承载力极限状态计算，主梁支点截面基本组合的剪力设计值 V_{ud}（kN），应与下列何项数值最为接近？

A. 8150   B. 7400   C. 6750   D. 7980

19. 假定在该桥主梁其一跨中最大弯矩截面，由全部恒荷载产生的弯矩标准值 $M_{Gik} =$

43000kN·m，汽车荷载产生的弯矩标准值 $M_{Qjk} = 14700$ kN·m（已计入冲击系数 $\mu = 0.2$），人群荷载产生的弯矩标准值 $M_{Qjk} = 1300$ kN·m，当对该主梁按全预应力混凝土构件设计时，试问，按正常使用极限状态设计进行主梁正截面抗裂验算，所采用的弯矩组合设计值（kN·m）（不计预应力作用），应与下列何项数值最为接近？

A. 52100　　　　　　　　　　　　B. 52800

C. 54600　　　　　　　　　　　　D. 56500

20. 假定在该桥主梁某一跨中截面最大正弯矩标准值 $M_{恒} = 43000$kN·m，$M_{活} = 16000$ kN·m；其主梁截面特性如下：截面面积 $A = 6.50\text{m}^2$，惯性矩 $I = 5.50$ m^4，中性轴至上缘距离 $y_{上} = 1.0$m，中性轴至下缘距离 $y_F = 1.5$m。预应力筋偏心距 $e_p = 1.30$m，且已知预应力筋扣除全部损失后有效预应力 $\sigma_{pe} = 0.5 f_{pk}$，$f_{pk} = 1860$MPa。试问，按全预应力混凝土构件设计时，按预制构件估算该截面预应力筋截面面积（cm^2），与下列何项数值最为接近？

A. 295　　　　　　　　　　　　　B. 3400

C. 340　　　　　　　　　　　　　D. 2950

21. 经计算主梁跨中截面预应力钢绞线截面面积 $A_p = 400$ cm^2，钢绞线张拉控制应力 $\sigma_{con} = 0.70 f_{pk}$，又由计算知预应力损失总值 $\Sigma \sigma_l = 300$MPa，若 $f_{pk} = 1860$MPa，试估算永存预加力（kN），与下列何项数值最为接近？

A. 400800　　　　　　　　　　　B. 40080

C. 52080　　　　　　　　　　　　D. 62480

22. 假定箱形主梁顶板跨径 $l = 500$cm，桥面铺装层厚度 $h = 15$cm，且车辆荷载的后轴车轮作用于该桥箱形主梁顶板的跨径中部时，试问，垂直于顶板跨径方向的车轮荷载分布宽度（cm），与下列何项数值最为接近？

A. 217　　　　　　　　　　　　　B. 333

C. 357　　　　　　　　　　　　　D. 473

23. 若该桥四个桥墩高度均为 10m，且各中墩均采用形状、尺寸相同的盆式橡胶固定支座，两个边墩采用形状、尺寸相同的盆式橡胶滑动支座。当中墩为柔性墩，且不计边墩支座承受的制动力时，试问，其中 1 号墩所承受的制动力标准值（kN），与下列何项数值最为接近？

A. 73　　　　　　　　　　　　　B. 60

C. 165　　　　　　　　　　　　　D. 480

24. 若该桥主梁及墩柱、支座均与题 23 相同，则该桥在四季均匀温度变化升温 +20℃ 的条件下（忽略上部结构垂直力影响），当墩柱采用 C30 混凝土时，其 $E_c = 3.0 \times 10^4$MPa，混凝土线膨胀系数 $\alpha = 1 \times 10^{-5}$，试问，2 号墩所承受的水平温度力标准值（kN），与下列何项数值最为接近？

提示：不考虑墩柱抗弯刚度折减。

A. 25　　　　　　　　　　　　　B. 250

C. 500　　　　　　　　　　　　　D. 750

题 25 对某桥预应力混凝土主梁进行持久状况正常使用极限状态验算时，需分别进行下列验算：（1）抗裂验算；（2）裂缝宽度验算；（3）挠度验算。试问，在这三种验算中，下列关于汽车荷载冲击力是否需要计入验算的不同选择，其中哪项是全部正确的？

　　A. （1）计入，（2）不计入，（3）不计入

　　B. （1）不计入，（2）不计入，（3）不计入

　　C. （1）不计入，（2）计入，（3）计入

　　D. （1）不计入，（2）不计入，（3）计入

　　题 26　某座跨河桥，采用钢筋混凝土上承式无铰拱桥。计算跨度为 120m，假定拱轴线长度为 136m。试问，当验算主拱圈纵向稳定时，相应的计算长度（m），与下列何项数值最为接近？

　　A. 136　　　　　　B. 120　　　　　　C. 73　　　　　　D. 49

　　题 27～28

　　有一座在满堂支架上浇筑的预应力混凝土连续箱梁桥，跨径 60m＋80m＋60m，在两端设置伸缩缝 A 和 B。采用 C40 硅酸盐水泥混凝土。总体布置如图 13-1-6 所示。假定伸缩缝 A 安装时的温度为 $t_0 = 20℃$，桥梁所在地区的最高有效温度值为 34℃，最低有效温度值为 −10℃，大气湿度为 $RH = 55\%$，结构理论厚度 $h = 900mm$，混凝土弹性模量 $E_c = 3.25×10^4 MPa$，混凝土线膨胀系数 $1.0×10^{-5}$，预应力引起的箱梁截面上的法向平均压应力 $\sigma_{pc} = 8MPa$。

　　27. 箱梁混凝土的平均加载龄期为 60 天。试问，混凝土的龄期为 10 年（按 3650 天计）时，由混凝土徐变引起伸缩缝 A 处的伸缩量（mm），与下列何项数值最为接近？

　　A. −55　　　　　　B. −31　　　　　　C. −39　　　　　　D. +24

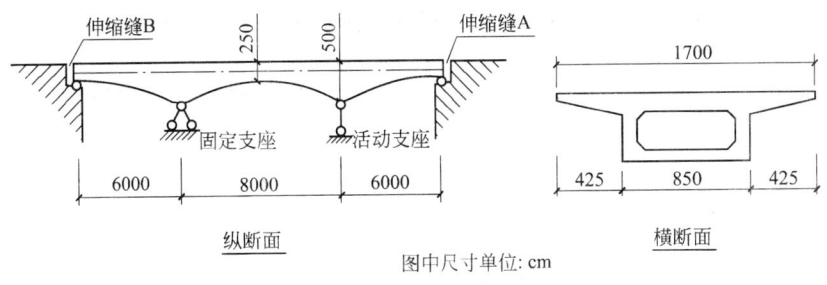

图 13-1-6

　　28. 当不计活荷载、活荷载离心力、制动力、温度梯度、梁体转角、风荷载及墩台不均匀沉降等因素时，并假定由均匀温度变化、混凝土收缩、混凝土徐变引起的梁体在伸缩缝 A 处的伸缩量分别为 +50mm 与 −130mm。综合考虑各种因素其伸缩量的增大系数 β 取 1.3。试问，伸缩缝 A 应设置的伸缩量之和（mm），应为下列何项数值？

　　A. 240　　　　　　B. 120　　　　　　C. 80　　　　　　D. 160

　　题 29　某座跨径为 80m＋120m＋80m，桥宽 17m 的预应力混凝土连续梁桥，采用刚性墩台，梁下设置支座。地震动峰值加速度为 0.10g（地震设计烈度为 7 度）。试判断图 13-1-7 中哪个选项布置的平面约束是正确的？

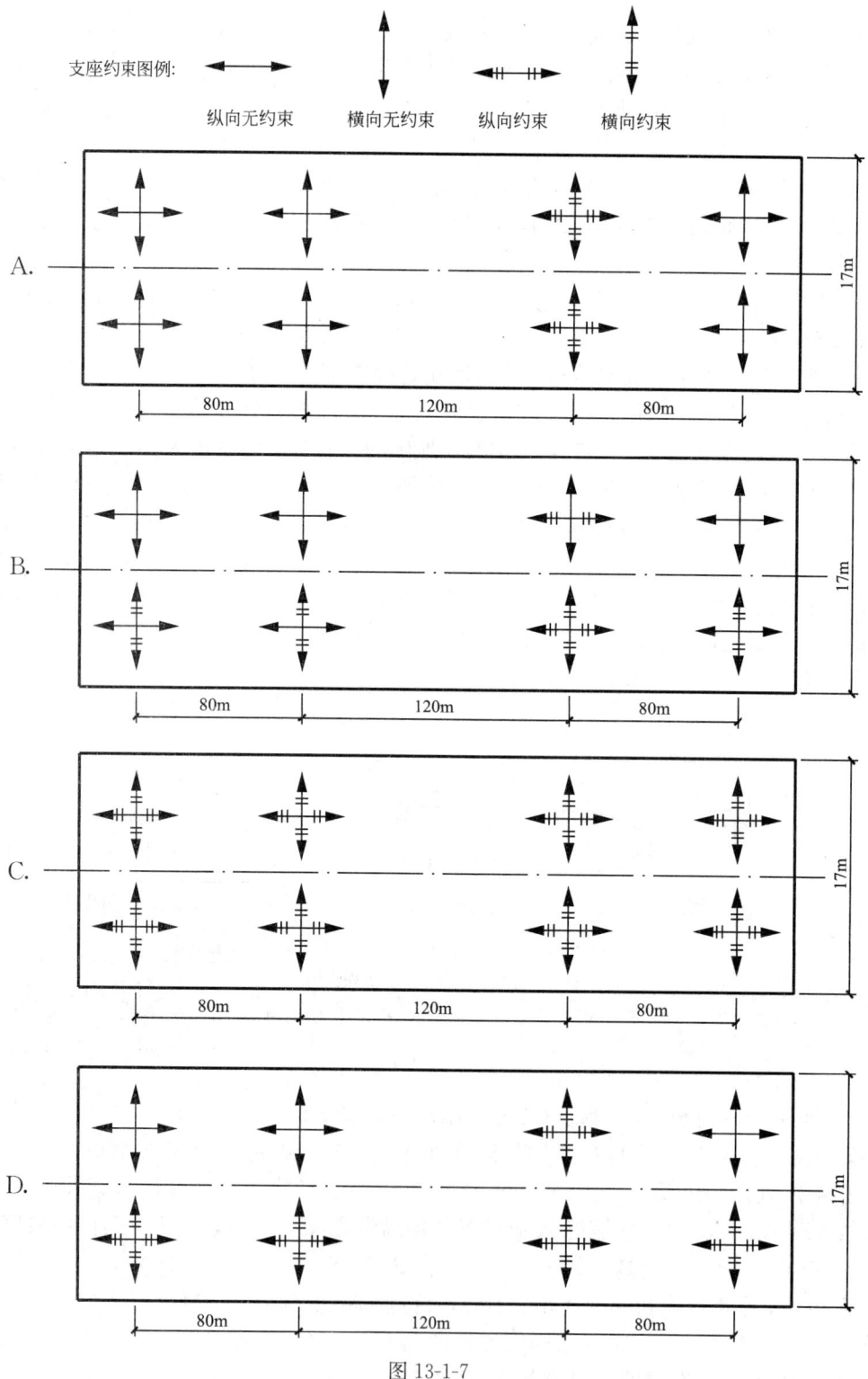

图 13-1-7

题30 公路桥涵设计时，采用的汽车荷载由车道荷载和车辆荷载组成，分别用于计算不同的桥梁构件。现需进行以下几种桥梁构件计算：①主梁整体计算；②主梁桥面板计算；③涵洞计算；④桥台计算。试判定这4种构件计算应采用下列何项汽车荷载模式，才符合JTG D60—2015的要求？

A. ①、③采用车道荷载，②、④采用车辆荷载

B. ①、②采用车道荷载，③、④采用车辆荷载

C. ①采用车道荷载，②、③、④采用车辆荷载

D. ①、②、③、④均采用车道荷载

题31 某公路跨河桥，在设计钢筋混凝土柱式桥墩中永久作用需与以下可变作用进行组合：①汽车荷载；②汽车冲击力；③汽车制动力；④温度作用；⑤支座摩阻力；⑥流水压力；⑦冰压力。试判定，下列4种组合中何项组合符合JTG D60—2015规范的要求？

A. ①＋②＋③＋④＋⑤＋⑥＋⑦＋永久作用

B. ①＋②＋③＋④＋⑤＋⑥＋永久作用

C. ①＋②＋③＋④＋⑤＋永久作用

D. ①＋②＋③＋④＋永久作用

题32 对于某桥上部结构为三孔钢筋混凝土连续梁，试判定在图13-1-8的4个图形中，哪一个图形是该梁在中孔跨中截面a的弯矩影响线？

提示：只需定性地判断。

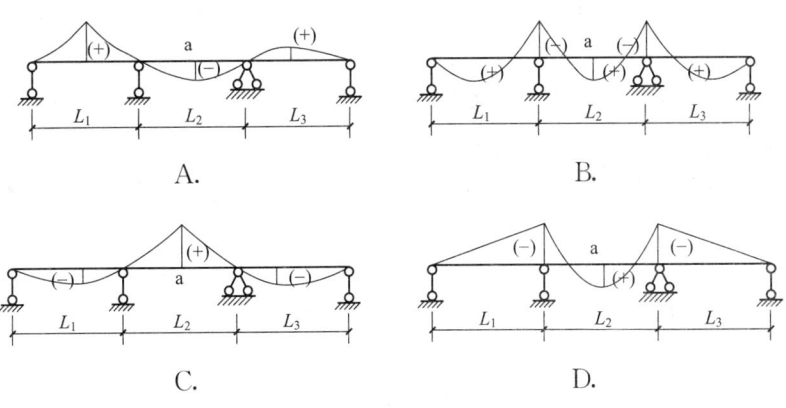

图 13-1-8

题33 某桥主梁高度170cm，桥面铺装层共厚20cm，支座高度（含垫石）15cm，采用埋置式肋板桥台，台背墙厚40cm，台前锥坡坡度1:1.5，布置如图13-1-9。锥坡坡面不能超过台帽与背墙的交点。试问，后背耳墙长度 l（cm），与下列何项数值最为接近？

A. 350   B. 260

C. 230   D. 200

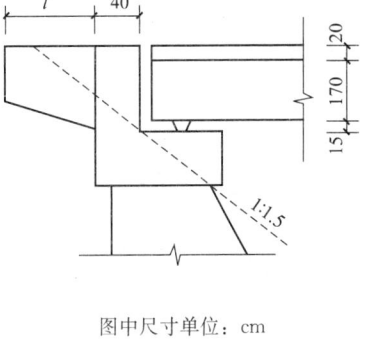

图中尺寸单位：cm

图 13-1-9

13.2 答案

1. 答案：D

解答过程：对于斜板桥，钝角角隅处的反力比正交板变大，而锐角角隅处的反力变小。故选择 D。

点评：依据《公路钢筋混凝土及预应力混凝土桥涵设计规范》JTG 3362—2018 的 4.2.4 条，当整体式斜板桥斜交角不大于 15° 时，可按正交板计算，今为 30°，故应考虑为斜板。

依据徐光辉等《梁桥》（上册），斜交板桥在受力上有如下特征：

（1）除跨径方向的纵向弯矩外，在钝角还产生垂直于钝角平分线的负弯矩，其值随斜交角的增大而增大，但范围不大；

（2）反力分布不均匀。钝角角隅处的反力比正交板大几倍，锐角角隅处的反力变小，甚至会出现负值；

（3）纵向最大弯矩的位置，随斜交角的增大从跨中向钝角部位转移；

（4）斜交板的最大纵向弯矩，一般比与斜跨径相等的正交板要小，而横向弯矩则要大得多；

（5）斜交板的扭矩变化很复杂，沿板的自由边和支承边上都有正负扭矩产生。

2. 答案：C

解答过程：依据《公路桥涵设计通用规范》JTG D60—2015 的 4.3.2 条条文说明计算简支梁桥的自振频率。

$$m_c = G/g = 5.3 \times 25 \times 1000/10 = 13250 \, \text{kg/m}$$
$$E_c I_c = 3.25 \times 10^{10} \times 1.5 = 4.875 \times 10^{10} \, \text{N} \cdot \text{m}^2$$
$$f_1 = \frac{\pi}{2l^2}\sqrt{\frac{E_c I_c}{m_c}} = \frac{3.14}{2 \times 24^2} \times \sqrt{\frac{4.875 \times 10^{10}}{13250}} = 5.228 \, \text{Hz}$$

依据规范的 4.3.2 条第 5 款，有

$$\mu = 0.1767\ln f - 0.0157 = 0.1767 \times \ln 5.228 - 0.0157 = 0.276$$

故选择 C。

3. 答案：C

解答过程：依据《公路桥涵设计通用规范》JTG D60—2015 的 4.3.1 条，公路-Ⅰ级车道荷载的均布荷载标准值 $q_k = 10.5 \, \text{kN/m}$，集中荷载

$$P_k = 2 \times (24 + 130) = 308 \text{kN}$$

考虑到只有一根梁，故内力计算时应乘以设计车道数 2。于是，主梁跨中截面在公路-Ⅰ级车道荷载下的弯矩标准值为

$$M_{Qk} = 2 \times (q_k l_0^2/8 + P_k l_0/4)(1+\mu)$$
$$= 2 \times 1.2 \times (10.5 \times 24^2/8 + 308 \times 24/4)$$

$$=6249.6 \text{kN} \cdot \text{m}$$

故选择 C。

点评：2015 版规范提高了车道荷载中的 P_k 取值（跨径小于等于 5m 时，原为 180kN，今为 270kN），对于本题，跨中弯矩提高了 $(6249.6-5500.8)/5500.8=13.6\%$。

4. 答案：A

解答过程：依据《公路桥涵设计通用规范》JTG D60—2015 的 4.3.1 条，计算剪力，P_k 应乘以 1.2。于是，主梁支点截面在公路-Ⅰ级汽车车道荷载作用下的剪力标准值为

$$\begin{aligned}
V_{Qk} &= 2 \times (q_k l_0/2 + 1.2 \times P_k)(1+\mu) \\
&= 2 \times 1.2 \times (10.5 \times 24/2 + 1.2 \times 308) \\
&= 1189.44 \text{kN}
\end{aligned}$$

故选择 A。

5. 答案：C

解答过程：依据《公路桥涵设计通用规范》JTG D60—2015 的 4.1.5 条以及 1.0.5 条，25m 跨径桥梁属于中桥，安全等级属于一级，$\gamma_0=1.1$。

$$\begin{aligned}
V_{ud} &= \gamma_0 \left(\sum_{i=1}^{m} \gamma_{Gi} V_{Gik} + \gamma_{Q1} \gamma_{L1} V_{Q1k} + \psi_c \sum_{j=2}^{n} \gamma_{Lj} \gamma_{Qj} V_{Qjk} \right) \\
&= 1.1 \times (1.2 \times 2000 + 1.4 \times 800 + 0.75 \times 1.4 \times 150) \\
&= 4045.3 \text{kN}
\end{aligned}$$

故选择 C。

点评：对于本题，有以下几点需要说明：

(1) 计算"组合设计值"要不要乘以 γ_0 是一个令人头疼的问题，这是因为，承载能力极限状态表达式记作 $\gamma_0 S \leqslant R$，这里的 S 一般称为"作用组合的效应设计值"，这种表达与称谓，可见于《建筑结构荷载规范》GB 50009—2012 的 3.2.2 条和《公路钢筋混凝土及预应力混凝土桥涵设计规范》JTG 3362—2018 的 5.1.2 条。在工业与民用建筑中，大多数情况安全等级为二级因而取 $\gamma_0=1.0$，要不要乘以 γ_0 的困惑并不十分突出。而在桥梁设计中，安全等级为一级十分常见，因此，如何称谓显得十分重要。

2015 版《公路桥涵设计通用规范》的 4.1.5 条，将符号 $S_{ud}=\gamma_0 S$ 称作"作用基本组合的效应设计值"，其中计入了 γ_0，与上述的概念不协调。

为此，命题者最好在符号上予以区分，否则，仅仅要求计算"作用组合的效应设计值"，容易引起争议。

(2) 2004 版中，大桥、中桥一般属于二级，2015 版中改为一级。

6. 答案：C

解答过程：依据《公路桥涵设计通用规范》JTG D60—2015 的 4.1.6 条以及 4.1.5 条，应不计汽车荷载的冲击系数 $\mu=0.2$，汽车荷载的频遇值系数为 0.7，人群荷载的准永久值系数为 0.4，则有

$$M_{fd} = M_{Gk} + \psi_{fi}M_{Q1k} + \sum_{j=2}^{n} \psi_{qj}M_{Qjk}$$
$$=11000 + 0.7 \times 5000 / (1+0.2) + 0.4 \times 500$$
$$=14117kN \cdot m$$

故选择 C。

7. 答案：A

解答过程：依据《公路钢筋混凝土及预应力混凝土桥涵设计规范》JTG 3362—2018 的 7.1.1 条，持久状况应力计算时，作用取标准值，汽车荷载应考虑冲击系数。再依据 7.1.2～7.1.3 条，以及 7.1.5 条，计算如下。

使用阶段由荷载标准组合产生的主梁跨中截面上缘的法向应力为（以受压为正，受拉为负）

$$\sigma_{kc} = \frac{M_k}{I}y = \frac{11000 + 5000 + 500}{1.5} \times 0.35 = 3850kN/m^2 = 3.85MPa$$

永久有效预加力产生的主梁跨中截面上缘的法向应力为

$$\sigma_{pt} = \frac{N_p}{A_n} - \frac{N_p e_{pn}}{I_n}y = \frac{15000}{5.3} - \frac{15000 \times 1.0}{1.5} \times 0.35 = -670kN/m^2 = -0.67MPa$$

从而，主梁跨中截面上缘混凝土的法向压应力为 $\sigma_{kc} + \sigma_{pt} = 3.85 - 0.67 = 3.18MPa$。选择 A。

点评：对于预应力混凝土梁，在持久状况下应验算的内容，除承载力能力极限状态、正常使用极限状态外，还有应力验算。依据 7.1.5 条，应对受压区混凝土的最大压应力验算，故将题目修改，要求对截面上缘计算 $\sigma_{kc} + \sigma_{pt}$。

8. 答案：A

解答过程：依据《公路桥涵设计通用规范》JTG D60—2015 的 4.2.2 条，进行预应力混凝土连续梁等超静定结构的承载能力极限状态计算时，应考虑预应力次效应。故选择 A。或者，依据《公路钢筋混凝土及预应力混凝土桥涵设计规范》JTG 3362—2018 的 5.1.2 条及其条文说明，选择 A。

9. 答案：A

解答过程：依据《公路桥涵设计通用规范》JTG D60—2015 的 1.0.3 条，公路桥涵的设计基准期为 100 年，故选择 A。

10. 答案：C

解答过程：由于题目图为单幅，所以，应认为 15.25m 宽度内汽车单向行驶。

依据《公路桥涵设计通用规范》JTG D60—2015 的表 4.3.1-4，单向行驶、桥宽 14.0m ＜ 15.25m ＜ 17.5m，可知设计车道数为 4，故选择 C。

11. 答案：B

解答过程：依据《公路桥涵设计通用规范》JTG D60—2015 的 4.3.1 条，有
$$q_k = 10.5kN/m, P_k = 2 \times (40+130) = 340kN$$

跨中弯矩影响线竖标最大值为 $y = \frac{l}{4} = \frac{40}{4} = 10m$，影响线面积为 $\omega = 40 \times 10/2 = 200m^2$。依据规范表 4.3.1-5，4 车道时横向折减系数 $\xi = 0.67$。

汽车荷载引起的跨中弯矩标准值为

$$M_k = K(1+\mu) \cdot \xi \cdot m(q_k\omega + P_k \cdot y)$$
$$= 1.2 \times (1+0.215) \times 0.67 \times 4 \times (10.5 \times 200 + 340 \times 10)$$
$$= 21491\text{kN} \cdot \text{m}$$

上式中，m 为设计车道数。

故选择 B。

12. 答案：D

解答过程：依据《公路钢筋混凝土及预应力混凝土桥涵设计规范》JTG 3362—2018 的 6.3.1 条第 1 款计算。依据题意，应有

$$\frac{M_s}{W} - 0.80N_{pe}\left(\frac{1}{A} + \frac{e_p}{W}\right) = 0$$

于是

$$N_{pe} = \frac{M_s/W}{0.80\left(\frac{1}{A} + \frac{e_p}{W}\right)} = \frac{85000 \times 1.3/7.75}{0.80 \times (1/9.6 + (1.3-0.3) \times 1.3/7.75)} = 65546\text{kN}$$

故选择 D。

13. 答案：D

解答过程：预拱度应依据《公路钢筋混凝土及预应力混凝土桥涵设计规范》JTG 3362—2018 的 6.5.5 条设置。

今依据 6.5.3 条，挠度长期增长系数为

$$\eta_\theta = 1.45 - \frac{1.45-1.35}{80-40} \times (50-40) = 1.425$$

荷载效应短期组合产生的长期挠度值为 $1.425 \times 72 = 102.6\text{mm}$，预加力引起的长期反拱值为 $2 \times 60 = 120\text{mm}$，后者大于前者，依据规范 6.5.5 条，不必设置预拱度。选择 D。

14. 答案：D

解答过程：依据《公路桥涵设计通用规范》JTG D60—2015 的 4.1.5 条结合 1.0.5 条，跨径为 40m 为大桥，安全等级为一级，$\gamma_0 = 1.1$。

依据公式（4.1.5-2）可得基本组合的弯矩设计值

$$M_{ud} = \gamma_0\left(\sum_{i=1}^{m} M_{Gid} + M_{Q1d} + \sum_{j=2}^{n} M_{Qjd}\right)$$
$$= 1.1 \times (65000 + 25000 + 9600)$$
$$= 109560\text{kN} \cdot \text{m}$$

选择 D。

点评：关于本题，有以下两点需要说明：

（1）2004 版《公路桥涵设计通用规范》中，"作用效应设计值"定义为"作用标准值效应与作用分项系数的乘积"。据此，上述计算过程中"9600"应乘以组合值系数 0.75。

在 2015 版《公路桥涵设计通用规范》中，术语"作用的设计值"解释为"作用的代表值与作用分项系数的乘积"（见 2.1.15 条），而"作用的代表值"可以是"作用的标准值或可变作用的伴随值"（见 2.1.14 条），"可变作用的伴随值"可以是"组合值、频遇值或准永久值"（见 2.1.13 条），正因如此，规范公式（4.1.5-2）与公式（4.1.5-1）等价，

却没有采用 $\psi_c \sum_{j=2}^{n} Q_{jd}$（就此问题曾联系规范组，回复称设计值已经包含了组合值系数，确认公式印刷无误）。

鉴于基本组合中还牵涉到设计使用年限调整系数 γ_L，因此，企图用"设计值"表达的基本组合公式宜删去。建议在 2015 版《公路桥涵设计通用规范》背景下，题目中宜避免给出可能引起不同理解的可变荷载设计值。

（2）2015 版《公路桥涵设计通用规范》中的基本组合、频遇组合、准永久组合等无论是名称还是公式表达均与《工程结构可靠性设计统一标准》GB 50153—2008 一致。

15. 答案：C

解答过程：依据《公路桥涵设计通用规范》JTG D60—2015 的表 4.1.5-1，一级公路上的桥梁安全等级为一级，应取 $\gamma_0 = 1.1$。

依据《公路钢筋混凝土及预应力混凝土桥涵设计规范》JTG 3362—2018 的 5.2.11 条，截面尺寸应满足下式要求：

$$\gamma_0 V_d \leqslant 0.51 \times 10^{-3} \sqrt{f_{cu,k}} b h_0$$

于是

$$b \geqslant \frac{\gamma_0 V_d}{0.51 \times 10^{-3} \sqrt{f_{cu,k}} h_0} = \frac{1.1 \times 800}{0.51 \times 10^{-3} \times \sqrt{40} \times 1150} = 237 \text{mm}$$

选择 C。

点评：用于房建的结构设计规范，例如《混凝土结构设计规范》GB 50010—2010 中，通常将 $\gamma_0 S$ 称作设计值，用一个符号表达。而在《公路钢筋混凝土及预应力混凝土桥涵设计规范》JTG D62—2004 中，表达式中的荷载效应项通常直接写成 $\gamma_0 S$，例如 $\gamma_0 V_d$，V_d 称作组合设计值。如此一来，题目中给出是"剪力设计值为 800kN"应理解为未乘 γ_0 的 V_d。这一点，与《公路桥涵设计通用规范》JTG D60—2004 是一致的，但是，在 2015 版《公路桥涵设计通用规范》中情况有变化。

现在，2018 版《公路钢筋混凝土及预应力混凝土桥涵设计规范》与 2015 版《公路桥涵设计通用规范》中"组合的效应设计值"含义不协调，因此，题目中若以文字形式给出"组合设计值"，则是否已经乘以 γ_0 就成为一个分歧；若以符号表达给出 V_d，则是清楚的。

16. 答案：A

解答过程：依据《公路桥涵设计通用规范》JTG D60—2015 的表 1.0.5，由于桥梁主跨单孔跨度为 145m，故属于大桥；依据表 4.1.5-1，设计安全等级为一级，故选择 A。

点评：在 2004 版《公路桥涵设计通用规范》中，大桥、中桥的安全等级属于一级是有条件的，须位于"高速公路、一级公路、国防公路以及城市附近交通繁忙公路上"。现行规范中没有这个附加条件。

17. 答案：A

解答过程：当单位荷载作用于支座位置时，中支点的弯矩为零，据此可知，A 选项的弯矩影响线正确。

点评：影响线是单位荷载沿结构移动时，某一量值的变化规律，应注意将其与内力图（如弯矩图、剪力图）相区分。

通常，弯矩影响线通常将竖标正值画在上部，这与弯矩图时将正值画在截面受拉一侧不同，本题中，选项 B、D 图中正值画在了下侧，不妥。

关于影响线更详细的知识，见"专题聚焦"。

18. 答案：A

解答过程：依据《公路桥涵设计通用规范》JTG D60—2015 的表 1.0.5 条，由于此桥每孔跨径 40m，故属于大桥。依据 4.1.5 条，安全等级为一级，$\gamma_0 = 1.1$。

$$V_{ud} = \gamma_0 \left(\sum_{i=1}^{m} \gamma_{Gi} V_{Gik} + \gamma_{Q1} \gamma_{L1} V_{Q1k} + \psi_c \sum_{j=2}^{n} \gamma_{Lj} \gamma_{Qj} V_{Qjk} \right)$$
$$= 1.1 \times (1.2 \times 4400 + 1.4 \times 1414 + 0.75 \times 1.4 \times 138)$$
$$= 8145 \text{kN}$$

故选择 A。

点评：为避免争议，今依据《公路桥涵设计通用规范》JTG D60—2015 的概念，将所求项修改为"主梁支点截面基本组合的剪力设计值"，使之明确指向《公路钢筋混凝土及预应力混凝土桥涵设计规范》JTG 3362—2018 中的 $\gamma_0 V_d$ 而非 V_d。

另外，题干中给出"汽车荷载效应的标准值"是否包含了冲击系数也不明确。考虑到教材中习惯将正常使用极限状态计算中用到的不包含冲击力的汽车荷载引起的弯矩写成 $M_{Q1k}/(1+\mu)$，因此，若未明确指出是否包含冲击力，可视为"包含"。

19. 答案：A

解答过程：依据《公路桥涵设计通用规范》JTG D60—2015 的 4.1.6 条，按频遇组合计算：

$$M_{fd} = \sum_{i=1}^{m} M_{Gik} + \psi_{f1} M_{Q1k} + \sum_{j=2}^{n} \psi_{qj} M_{Qjk}$$
$$= 43000 + 0.7 \times 14700/1.2 + 0.4 \times 1300$$
$$= 52095 \text{kN} \cdot \text{m}$$

故选择 A。

点评：2004 版《公路桥涵设计通用规范》中的"短期效应组合"在 2015 版中称作"频遇组合"，而且，该组合的计算表达式也有变化：除主导可变荷载乘以频遇值系数外，其他可变荷载乘以准永久值系数。

20. 答案：C

解答过程：依据《公路钢筋混凝土及预应力混凝土桥涵设计规范》JTG 3362—2018 的 6.3.1 条第 1 款，可得

$$\sigma_{st} - 0.85 \sigma_{pc} = 0$$

即

$$\frac{M_s}{W} - 0.85 N_{pe} \left(\frac{1}{A} + \frac{e_p}{W} \right) = 0$$

解方程得到永存预加力 N_{pe} 为

$$N_{pe} = \frac{M_s/W}{0.85 \left(\dfrac{1}{A} + \dfrac{e_p}{W} \right)}$$

上式中，$M_s = M_{恒} + 0.7 M_{活} = 43000 + 0.7 \times 16000 = 54200 \text{kN} \cdot \text{m}$。于是

$$N_{pe} = \frac{M_s/W}{0.85 \left(\dfrac{1}{A} + \dfrac{e_p}{W} \right)} = \frac{M_s/(I/y_下)}{0.85 \left(\dfrac{1}{A} + \dfrac{e_p}{I/y_下} \right)}$$

$$= \frac{54200 \times 1.5/5.50}{0.85 \times (1/6.5 + 1.3 \times 1.5/5.5)} = 34207 \text{kN}$$

所需预应力钢筋截面面积为

$$A_\text{p} = \frac{N_\text{pe}}{\sigma_\text{pe}} = \frac{34207 \times 10^3}{0.5 \times 1860} = 36782 \text{mm}^2 = 368 \text{cm}^2$$

故选择 C。

点评：估算预应力筋的截面面积，是基于抗裂的原则，因此，应采用规范的 6.3.1 条，截面抗裂边缘应力按荷载的频遇组合求出。

21. 答案：B

解答过程：依据《公路钢筋混凝土及预应力混凝土桥涵设计规范》JTG 3362—2018 的 6.1.6 条，有效预应力为

$$\sigma_\text{pe} = \sigma_\text{con} - \sigma_l = 0.7 f_\text{pk} - \Sigma \sigma_l = 0.7 \times 1860 - 300 = 1002 \text{ MPa}$$

永久有效预加力为

$$N_\text{p} = \sigma_\text{pe} \cdot A_\text{p} = 1002 \times 400 \times 10^2 = 40080000 \text{N} = 40080 \text{kN}$$

故选择 B。

22. 答案：D

解答过程：依据《公路钢筋混凝土及预应力混凝土桥涵设计规范》JTG 3362—2018 的 4.2.3 条第 2 款计算。

依据《公路桥涵设计通用规范》JTG D60—2015 表 4.3.1-3，对于后轮，有 $a_1 = 0.2\text{m}$，$b_1 = 0.6\text{m}$，今 $(a_1 + 2h) + \dfrac{l}{3} = (0.2 + 2 \times 0.15) + \dfrac{5}{3} = 2.17\text{m} < \dfrac{2}{3}l = 3.33\text{m}$，取为 3.33m。由于 $3.33\text{m} > 1.4\text{m}$（$1.4\text{m}$ 为两排后轮之间的中距），可见两排后轮的有效分布宽度有重叠。于是

$$a = (a_1 + 2h) + d + \frac{l}{3} = (0.2 + 2 \times 0.15) + 1.4 + \frac{5}{3}$$

$$= 3.57\text{m} < \frac{2l}{3} + d = \frac{2 \times 5}{3} + 1.4 = 4.73\text{m}$$

故取为 4.73m，选择 D。

23. 答案：A

解答过程：依据《公路桥涵设计通用规范》JTG D60—2015 的 4.3.1 条，车道荷载应取 $q_\text{k} = 10.5\text{kN/m}$，$P_\text{k} = 2 \times (40 + 130) = 340$ kN。

依据规范表 4.3.1-4，行车道宽度 8m，双向行驶，设计车道数为 2，故同向行驶的为 1 个车道。再依据规范 4.3.5 条，200m 一联的制动力标准值为

$$1.2 \times (10.5 \times 200 + 340) \times 10\% = 292.8 \text{kN} > 165 \text{kN}$$

4 个墩均匀承受该制动力，故 1 号墩承受的制动力标准值为 292.8/4 = 73.2kN，选择 A。

点评：解题时注意以下几点：

（1）从图示（注意支座的类型）以及题干文字可知，一联为 5 孔连续梁，因此，计算制动力时应按加载长度为 5×40＝200m 上的总重力求出。

（2）依据 4.3.1 条，P_k 依据跨径确定，所以，本题按照 40m 求出。当连续梁各跨径

不等时，以其中的较大跨径确定。

（3）双车道但同向行驶只有 1 个车道，应考虑横向车道布载系数为 1.2，所得结果与
165kN 比较取较大者。

24. 答案：B

解答过程：（1）2 号墩的抗侧移刚度为

$$k_2 = \frac{3EI}{l^3} = \frac{3 \times 3.0 \times 10^{10} \times 2.5 \times 1.5^3/12}{10^3} = 6.328 \times 10^4 \text{ kN/m}$$

（2）各个墩尺寸相同，各梁跨度相同，结构对称，因此由温度变化引起结构位移的偏
移零点位置为距 2 号墩以右 20m 处位置，则 2 号墩顶产生偏移为

$$\Delta_{t2} = \alpha t x_2 = 1 \times 10^{-5} \times 20 \times 20 \times 10^3 = 4\text{mm}$$

从而 2 号墩所承受的水平温度力标准值为

$$H_{t2} = k_2 \Delta_{t2} = 6.328 \times 10^4 \times 4 \times 10^{-3} = 253\text{kN}$$

故选择 B。

点评：本题的相关知识点如下：

（1）桥墩分为刚性和柔性两种。刚性墩指重力式桥墩。柔性墩的计算模型可视为下端
固定上端铰接的超静定梁，外力（例如温度力和制动力）引起的墩顶位移可视为铰支座的
沉陷，因此，查结构力学表格可知其抗侧移刚度（也称抗推刚度）为 $k = 3EI/l^3$。

（2）温度零点是确定墩顶侧移的依据。如图 13-2-1 所示，温度零点为 0-0 线，其与最
左侧 0 号墩的距离按下式确定：

$$x_{00} = \frac{\sum_{i=0}^{n} i k_i}{\sum_{i=0}^{n} k_i} L$$

式中，i 为墩柱的序号，图中，$i=0$，1，2，3，4；k_i 为序号为 i 的墩柱的抗侧移刚度；L
为桥梁跨径。

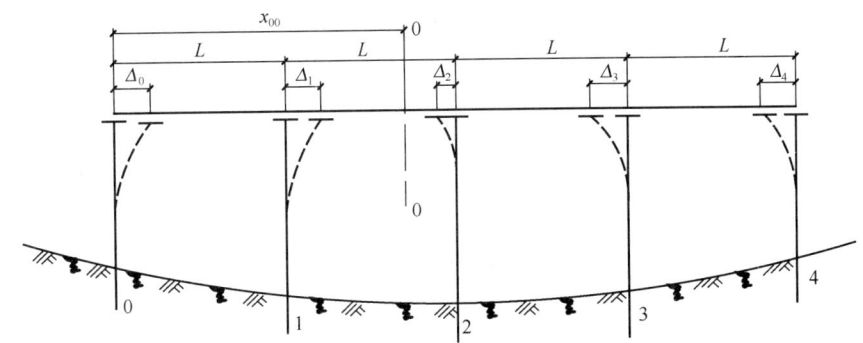

图 13-2-1　确定温度零点的计算模型

对于本题，可用公式计算如下：

$$x_{00} = \frac{0 \times k + 1 \times k + 2 \times k + 3 \times k + 4 \times k + 5 \times k}{k + k + k + k + k + k} \times 40 = \frac{15k}{6k} \times 40 = 100\text{m}$$

即，温度零点距离 0 号墩 100m（距离 2 号墩 20m）。

25. 答案：B

解答过程：根据《公路钢筋混凝土及预应力混凝土桥涵设计规范》JTG 3362—2018 的目录可知，抗裂验算、裂缝宽度验算和挠度验算均属于正常使用极限状态验算。依据《公路桥涵设计通用规范》JTG D60—2015 的 4.1.6 条，对于正常使用极限状态验算，均不计入汽车荷载冲击力。

选择 B。

26. 答案：D

解答过程：依据《公路钢筋混凝土及预应力混凝土桥涵设计规范》JTG 3362—2018 的 4.4.7 条，对于无铰拱桥，计算拱圈纵向稳定时的计算长度采用 $0.36 L_a = 0.36 \times 136 = 48.96\text{m}$，选择 D。

27. 答案：A

解答过程：依据《公路钢筋混凝土及预应力混凝土桥涵设计规范》JTG 3362—2018 的 C.2.3 条计算徐变系数。查表 C.2.2，加载龄期 60d、$RH = 55\%$、理论厚度 $h \geqslant 600\text{mm}$ 时，名义徐变系数为 $\phi_0 = 1.72$。

$$\beta_H = 150\left[1 + \left(1.2\frac{RH}{RH_0}\right)^{18}\right]\frac{h}{h_0} + 250$$
$$= 150[1 + (1.2 \times 0.55)^{18}] \times 9 + 250$$
$$= 1601 > 1500$$

取 $\beta_H = 1500$。

$$\beta_c(t - t_0) = \left(\frac{3650 - 60}{1500 + 3650 - 60}\right)^{0.3} = 0.901$$

$$\phi(t_u, t_0) = \phi_0 \cdot \beta_c(t - t_0) = 1.72 \times 0.901 = 1.55$$

再依据 8.8.2 条第 3 款，徐变引起的缩短量为

$$\Delta l_c^- = \frac{\sigma_{pc}}{E_c}\phi(t_u, t_0)l = \frac{8}{3.25 \times 10^4} \times 1.55 \times 140 \times 10^3 = 53.4\text{mm}$$

故选择 A。

28. 答案：A

解答过程：依据《公路钢筋混凝土及预应力混凝土桥涵设计规范》JTG 3362—2018 的 8.8.2 条，应设置的伸缩量之和为

$$C \geqslant \beta(\Delta l^+ + \Delta l^-) = 1.3 \times (50 + 130) = 234\text{mm}$$

故选择 A。

29. 答案：B

解答过程：对于连续梁桥，同一个桥墩的两个支座中，只能其中一个支座在横向有约束，故选择 B。

30. 答案：C

解答过程：依据《公路桥涵设计通用规范》JTG D60—2015 的 4.3.1 条条文说明，主梁桥面板计算属于局部加载，应采用车辆荷载，故选择 C。

31. 答案：D

解答过程：依据《公路桥涵设计通用规范》JTG D60—2015 的表 4.1.4，汽车制动力不与流水压力、冰压力、支座摩阻力组合，故选择 D。

32. 答案：C

解答过程：单位力作用于支座位置时，引起跨中截面 a 的弯矩为零，故 B、D 错误。结构关于截面 a 对称，影响线也应关于截面 a 对称，故选择 C。

33. 答案：A

解答过程：依据《公路桥涵设计通用规范》JTG D60—2015 的 3.5.4 条，有

$$l \geqslant 75 + 1.5 \times (170 + 15 + 20) - 40 = 342.5 \text{cm}$$

选择 A。

点评：对于桥台的构造，未学习过《桥梁工程》者可能毫无头绪，今给出一个 U 形桥台的实例图，如图 13-2-2 所示，帮助理解《公路桥涵设计通用规范》JTG D60—2015 的 3.5.4 条。

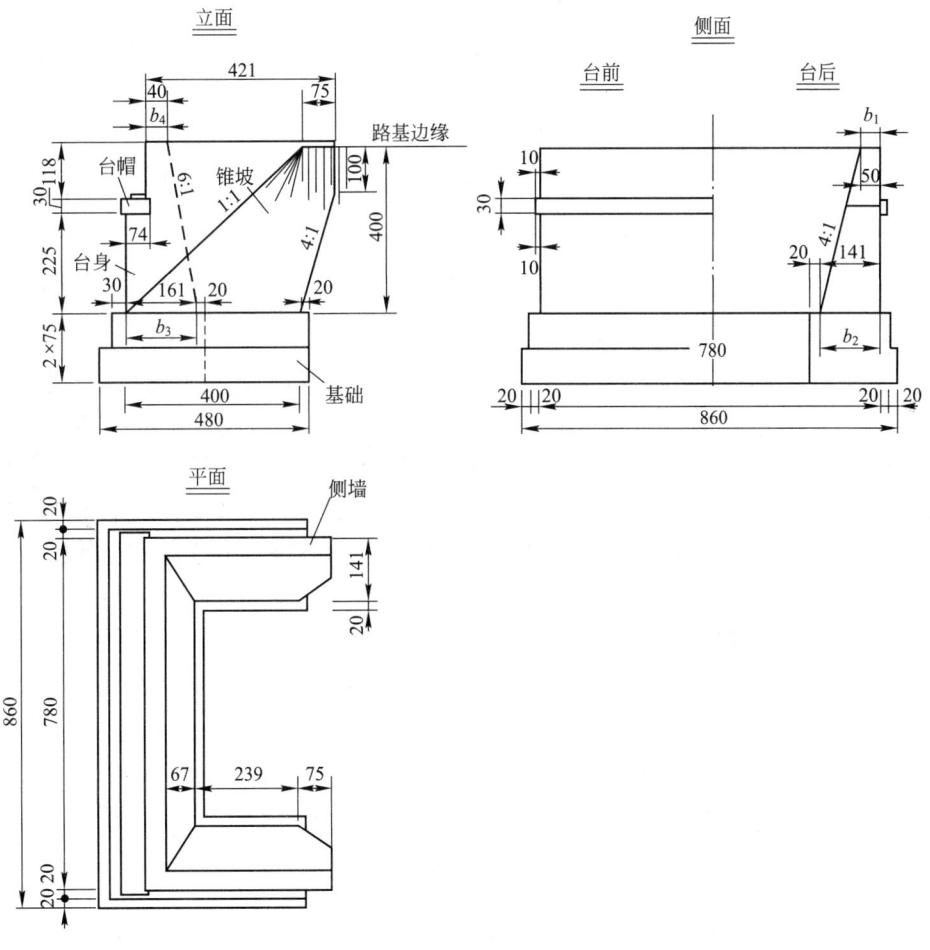

尺寸单位：cm

图 13-2-2　U 形桥台实例

13.3　疑问解答

【Q13.3.1】2015 版《公路通用规范》有无勘误？

【A13.3.1】笔者发现第一次印刷本中存在疑似差错，如表 13-3-1 所示。

《公路通用规范》第一次印刷本疑似差错　　　　　　表 13-3-1

序号	页码	疑似错误	正确内容	备注
1	27	4.3.1 条第 6 款： ……按图 4.3.1-3 所示布置车道荷载进行计算	……按图 4.3.1-3 所示布置车辆荷载进行计算	车辆荷载与汽车实体类似，考虑轮距、轴距
2	28	图 4.3.1-3 中 1.8m 的左右尺寸线应与车轮中心线对齐		
3	28	表 4.3.1-4： $6.0 \leqslant W < 14.0$	$7.0 \leqslant W < 14.0$	2004 版曾出现此差错，后来有勘误

至于公式（4.1.5-2）是否漏印了组合值系数 ψ_c，笔者认为，一直以来，"设计值等于标准值乘以分项系数"的概念深入人心，例如，《公路通用规范》JTG D60—2004 的 2.0.11 条规定，作用效应设计值是指"作用标准值效应与分项系数的乘积"，《公路混凝土规范》JTG D62—2004 的 2.1.10 条对作用设计值的定义为"作用标准值乘以分项系数后的值"，据此，公式（4.1.5-2）中的 Q_{jd} 一项的确应乘以组合值系数 ψ_c。但是，2015 版《公路通用规范》在 2.1.15 条将"作用的设计值"定义为"作用的代表值与作用分项系数的乘积"，而"作用的代表值"可以是"组合值"，这样，设计值就可以是已经考虑了组合值系数后的值。这一概念是与《荷载规范》一致的。据此，公式（4.1.5-2）中没有出现组合值系数 ψ_c 是合理的。

【Q13.3.2】2018 版《公路混凝土规范》有没有勘误？

【A13.3.2】人民交通出版社曾给出了第一次印刷本的勘误，如表 13-3-2 所示。

《公路混凝土规范》第一次印刷本勘误　　　　　　表 13-3-2

序号	页码	位置	误	正
1	5	第 8 行	W_{fk}	W_{cr}
2	9	表 3.2.2-2	光面螺旋肋	光面 螺旋肋
3	25	图 5.2.3	a）$x \leqslant h_f$ 按矩形截面计算 b）$x > h_f$ 按 T 形截面计算	a）$x \leqslant h'_f$ 按矩形截面计算 b）$x > h'_f$ 按 T 形截面计算
4	25	倒数第 10 行	或配有普通钢筋和预应力钢筋且，预应力钢筋受拉时	或配有普通钢筋和预应力钢筋且预应力钢筋受拉时

序号	页码	位置	误	正
5	31	图 5.2.13c)	V_{shf}	V_{sbf}
6	35	倒数第 7 行	$h_{0=h-a}$	$h_0 = h - a$
7	79	图 2.2.2b)	P_b	P_d
8	125	图 3.3.3-2	$h_t,\ 0.5h_t,\ h_t\cos\theta_s$	$h_a,\ 0.5h_a,\ h_a\cos\theta_s$
9	127	式（C.2.1-5）		分母中 0.1 后应有"＋"号
10	131	式（E.0.2-1）		方括号内第 2 项，$0.01k_F$ 应为 $0.01k_F^2$
11	140	倒数第 3 行		"]"应放在"负"后
12	147	式（3-1）		括号内 σ_{fl50} 应为 δ_{fl50}
13	147	式（3-5）		删去分子中的"）"
14	158	图 4-7	c	l_c
15	164	倒 1 行	式（4-11）	式（4-17）
16	165	第 1 行		M_{1pt}^0 后应是"＋"
17	167	第 4 行	π	π^2
18	167	图 4-11		
19	190	倒 4 行	$h0$	h_0
20	210	倒 5 行	图 8-3a)	图 8-4a)
21	210	倒 4 行	图 8-3b)	图 8-4b)
22	211	图 8-5	a	改为希文"α"，共 2 处
23	221	倒 4 行	3.1.8 条	3.1.6 条
24	224	图 8-17	I_a	l_a
25	236	图 9-4a)	$T_{\text{h,d}},\ T_{\text{k,d}}$	$T_{\text{b,d}},\ T_{\text{s,d}}$
26	236	图 9-4b)	$T_{\text{b,4}}$	$T_{\text{Nb,d}}$
27	253	图 D-1c	φ	ϕ
28	253	式（D-3） 式（D-4） 式（D-5）	ϕ_y	$\phi \cdot y$
29	253～254	式（D-4）～ 式（D-18）	a_c	α_c（即，英文改为希文）
30	260	图 G-1	I_f	l_f

除以上差错，笔者发现的疑似差错如表 13-3-3 所示。

《公路混凝土规范》第一次印刷本疑似差错　　　　　　表 13-3-3

序号	页码	疑似错误	正确内容	备注
1	15	图 4.3.4b_{m6} 下方的 b_4	b_6	
2	56	倒 2 行：u	μ	应是"希腊文"
3	58	第 5 行：Ⅰ级松弛（普通松弛），$\zeta=1.0$		应删去，因为，现行国家标准中的钢丝、钢绞线均属于低松弛

序号	页码	疑似错误	正确内容	备注
4	88	公式（8.5.5-2）、（8.5.5-3）中的 a	α	应是"希腊文"
5	95	倒 13 行：$\Delta l_{\overline{b}}$	$\Delta l_{\overline{b}}^{+}$	
6	105	9.3.7 条第 2 行：每腹板	每侧腹板	
7	138	图 G.0.2：G	σ	纵坐标
8	195	倒 12 行：抛弧线	抛物线	
9	207	第 7 行：a_{cc}^{t}	σ_{cc}^{t}	表示"应力"，共 2 处
10	218	公式（8-5）：bh_0	$b_s h_0$	

【Q13.3.3】净跨径、计算跨径、标准跨径、桥梁总长、桥梁全长这些概念是怎样定义的？

【A13.3.3】净跨径：对于梁式桥，为设计水位上相邻两个桥墩（或桥台）之间的净距（图 13-3-1a 中的 l_0）；对于拱式桥，为每孔拱跨两个拱脚截面最低点之间的水平距离（图 13-3-1b 中的 l_0）。

计算跨径：对于具有支座的桥梁，是指桥跨结构相邻两个支座中心的距离（图 13-3-1a 中的 l）；对于拱式桥，为两个相邻拱脚截面形心点之间的水平距离（图 13-3-1b 中的 l）。

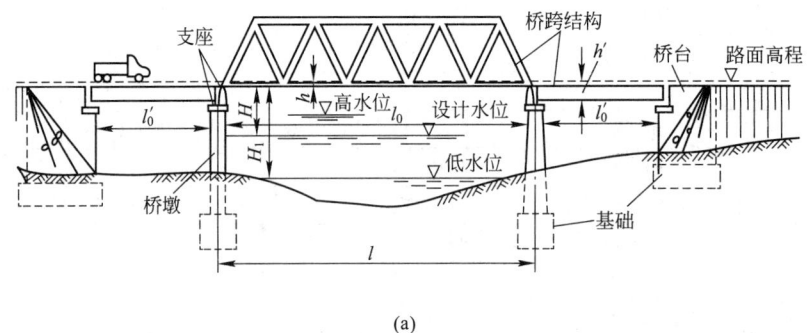

(a)

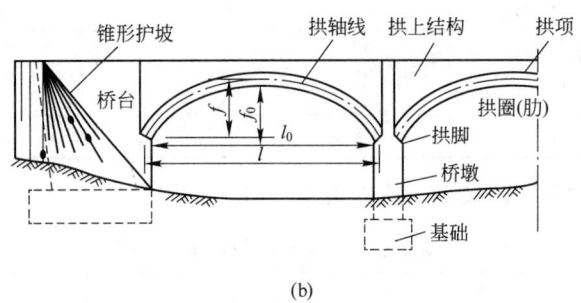

(b)

图 13-3-1　桥梁的跨度

标准跨径：对于梁式桥、板式桥，是指两桥墩中线之间桥中心线长度或桥墩中线至桥台背前缘的距离；对于拱式桥与涵洞，指净跨径。

桥梁总长：指两桥台台背前缘间的距离，即《公路通用规范》1.0.5 条所说的多孔跨径总长。

桥梁全长简称桥长，是桥梁两端两个桥台的侧墙或八字墙后端点之间的距离，见《公路通用规范》3.3.5条。典型的 U 形桥台见图 13-3-2。

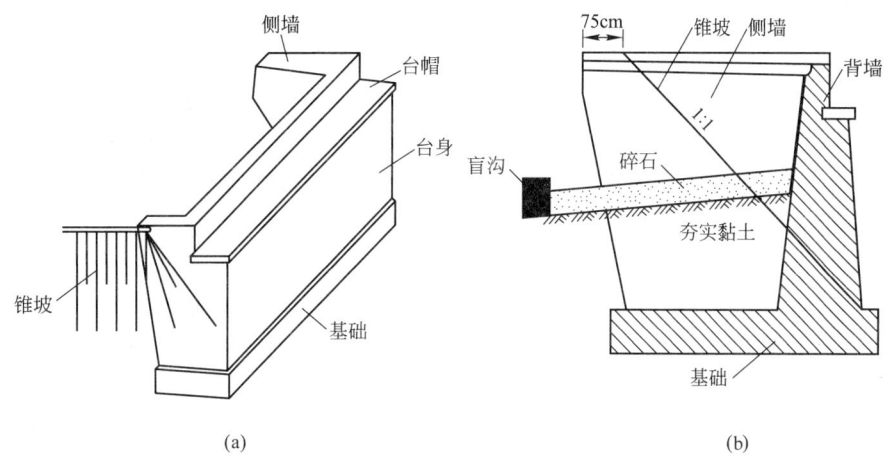

图 13-3-2　U 形桥台

【Q13.3.4】 何谓"雉墙"？

【A13.3.4】 桥台中的背墙也称作"雉墙"，可参看本书的图 13-3-2。

【Q13.3.5】支承上部梁的墩帽、台帽，顺桥向宽度如何确定？

【A13.3.5】 如图 13-3-3 所示，墩帽顺桥向宽度应满足

$$b \geqslant f + \frac{a}{2} + \frac{a'}{2} + 2c_1 + 2c_2$$
$$f = e_0 + e_1 + e_1'$$

式中 f ——相邻两跨支座间的中心距；

a、a' ——支座垫板的顺桥向宽度；

c_1 ——顺桥向支座垫板至墩身边缘的最小距离；

c_2 ——檐口宽度，5～10cm；

e_0 ——伸缩缝宽度，中小桥为 2～5cm；大跨径桥梁可按温度变化及施工放样、安装构件可能的误差等确定；

e_1、e_1' ——桥跨结构过支座中心线的长度。

对于台帽（如图 13-3-4 所示），其顺桥向宽度应满足

$$b \geqslant \frac{a}{2} + e_1 + \frac{e_0}{2} + c_1 + c_2$$

【Q13.3.6】《公通规》表 4.3.1-1 中的公路等级是如何划分的？

【A13.3.6】 依据《公路工程技术标准》JTGB 01—2014 的 3.1.1 条，公路分为高速公路、一级公路、二级公路、三级公路及四级公路等五个技术等级。

高速公路为专供汽车分方向、分车道行驶，全部控制出入的多车道公路。高速公路的年平均日设计交通量宜在 15000 辆小客车以上。

一级公路为供汽车分方向、分车道行驶，可根据需要控制出入的多车道公路。一级公路的年平均日设计交通量宜在 15000 辆小客车以上。

二级公路为供汽车行驶的双车道公路。二级公路的年平均日设计交通量宜为 5000～

15000 辆小客车。

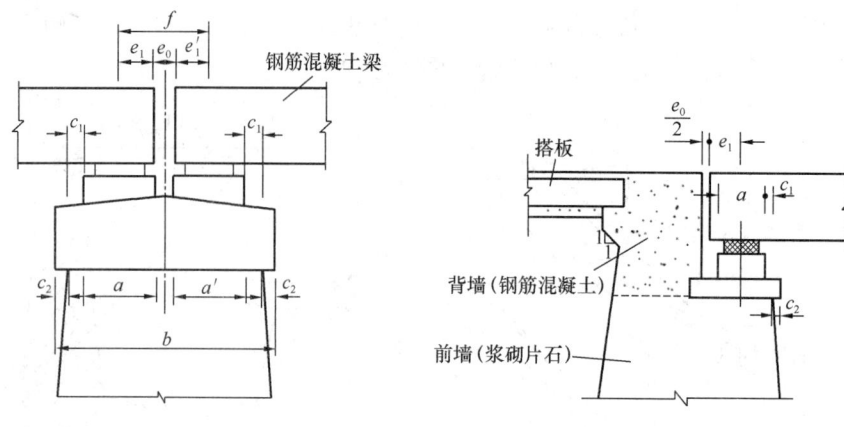

图 13-3-3　墩帽的顺桥向尺寸　　　　图 13-3-4　台帽的顺桥向尺寸

三级公路为供汽车、非汽车交通混合行驶的双车道公路。三级公路的年平均日设计交通量宜为 2000～6000 辆小客车。

四级公路为供汽车、非汽车交通混合行驶的双车道或单车道公路。双车道四级公路年平均日设计交通量宜在 2000 辆小客车以下；单车道四级公路年平均日设计交通量宜在 400 辆小客车以下。

【Q13.3.7】依据《公路通用规范》的 4.3.1 条规定，对 P_k 应如何理解？

【A13.3.7】笔者结合规范的条文说明以及《公路桥梁设计规范答疑汇编》（人民交通出版社，2009），有以下认识：

（1）新规范抛弃了原来的车队荷载而采用车道荷载这一"虚拟荷载"，要保证其与原规范的连续性（公路-Ⅰ级相当于汽车-超 20 级，公路-Ⅱ级相当于汽车-20 级），这时，单纯的 q_k 不能完成此目的，因此，规范用 P_k 来加以修正。

（2）对于多跨不等跨连续梁桥，P_k 按最大跨径确定。

（3）计算主梁的剪力或支座反力时，P_k 应乘以 1.2 的系数。

（4）计算汽车制动力时，P_k 不乘 1.2 的系数。

（5）计算盖梁、墩台、基础的内力时需要用到支座反力，这里的支座反力计算时，P_k 应乘以 1.2 的系数。

【Q13.3.8】对《公路通用规范》的 4.3.1 条，有以下疑问：

（1）"车道荷载"与"车辆荷载"容易混淆，应如何区分？

（2）如何理解"局部加载"？

（3）表 4.3.1-5 规定了横向车道布载系数，在计算荷载横向分布系数时，要不要考虑多车道折减？

【A13.3.8】对于问题（1）：

"车道荷载"相当于 89 年规范中的"车队荷载"（例如，89 规范中的"汽车-20 级"，相当于车队包含一辆 30t 的重车和辆数不限的 20t 标准车），只不过更加概念化，表现为均布荷载和一个集中荷载。由于是车队，所以，更强调的是沿桥的纵向布置。横向的布置，要依据"车辆荷载"中的尺寸（主要是单车轮距和两车辆之间的轮距）。

"车辆荷载"相当于一辆车的概念化，也就是具体规定出一辆车的轴距、轮距、外形尺寸、车轮着地尺寸等。

对于问题（2）：

规范 4.3.1 条的条文说明指出，车道荷载不能解决局部加载、跨径较小的涵洞、桥台和挡土墙土压力等的问题，因为这时使用车道荷载会产生与原规范相差较大的结果，应采用车辆荷载。

"局部加载"是指对桥梁上局部区域的加载。例如，对横梁设计时主要考虑桥梁横向荷载的布置，这时就是局部加载，需要用到车辆荷载。

对于问题（3）：

计算横向分布系数时，应依据规范表 4.3.1-4 按照桥面宽度确定设计车道数并加以布置。考虑到实际中多车并排行驶的概率较小，故对多车道荷载予以折减，这就是规范表 4.3.1-5 的本意。又由于一个设计车道时会有特殊情况，故按不利情况考虑将车道荷载予以提高 20%（正是这个原因，原来的"折减系数"改称"布载系数"）。由于计算荷载横向分布系数时已计及多车道折减，因此，下一步计算梁的内力时不再折减。

注意，仅仅当设计车道数为 1 时，才取布载系数为 1.2。

【Q13.3.9】在计算梁的跨中弯矩设计值时，要不要乘以车道数？

【A13.3.9】当桥梁在横向由多根主梁组成时，由于主梁间有相互联系而共同承受车辆荷载，故要考虑荷载的横向分布系数。而在计算横向分布系数，已经按照设计车道数布置轮压，所以，在计算梁的跨中弯矩设计值时，不再乘以车道数。

当桥梁在横向只有一根时，该主梁将承受全部的车道荷载，此时，横向分布系数就是设计车道数。

【Q13.3.10】《公路通用规范》4.3.5 条对汽车荷载制动力进行了规定，应如何理解？

【A13.3.10】笔者认为，宜从以下两个方面理解：

（1）注意关键词"同向行驶""不计冲击力"。当由桥面净宽确定为上下行 2 车道时，同向行驶为 1 个车道。

（2）公路-Ⅰ级时，"一个设计车道的制动力标准值最小取值为 165kN"这一规定在 2015 版规范中没有变化，但是注意到，在表 4.3.1-5，一个设计车道时横向车道布载系数为 1.2（2004 版时无规定，默认为 1.0），因此，制动力的计算公式应写成：

同向一个车道时　　$F_{bk} = \max[1.2 \times (q_k l + P_k) \times 10\%, 165]$

同向多个车道时　　$F_{bk} = \max[\eta(q_k l + P_k) \times 10\%, 165\eta]$

式中，q_k 按照跨径依据规范 4.3.1 条取值；η 为调整系数，同向行驶 2 个车道时，$\eta = 2$；同向行驶 3 个车道时，$\eta = 3 \times 0.78 = 2.34$；同向行驶 4 个车道时，$\eta = 4 \times 0.67 = 2.68$。

公路-Ⅱ级时，以上公式中的 165 改为 90 即可。

【Q13.3.11】如何理解《公路混凝土规范》4.2.3 条规定的荷载分布宽度？

【A13.3.11】如图 13-3-5 所示，从左至右为板的跨径方向，a_1、b_1 为车轮着地尺寸，a_1、b_1 的值可由《公路通用规范》表 4.3.1-2 查得。对于汽车的中、后轮，$a_1 = 0.2$m，$b_1 = 0.6$m。轮压表现为集中力，在铺装层按照 45° 角扩散，这样，就有 $a_2 = a_1 + 2h$，$b_2 = b_1 + 2h$。于是，集中荷载就转变为面荷载。

由于单向板通常按照单位宽度计算内力值，因此，在跨径方向可取荷载分布宽

度 $b=b_2$，而垂直于跨径方向由于距离荷载越远弯矩越小，如图 13-3-6 所示，因此，需要将荷载取在某一范围内，认为在此范围(数值为 a)内均匀分布，a 的取值如图 13-3-7 所示。

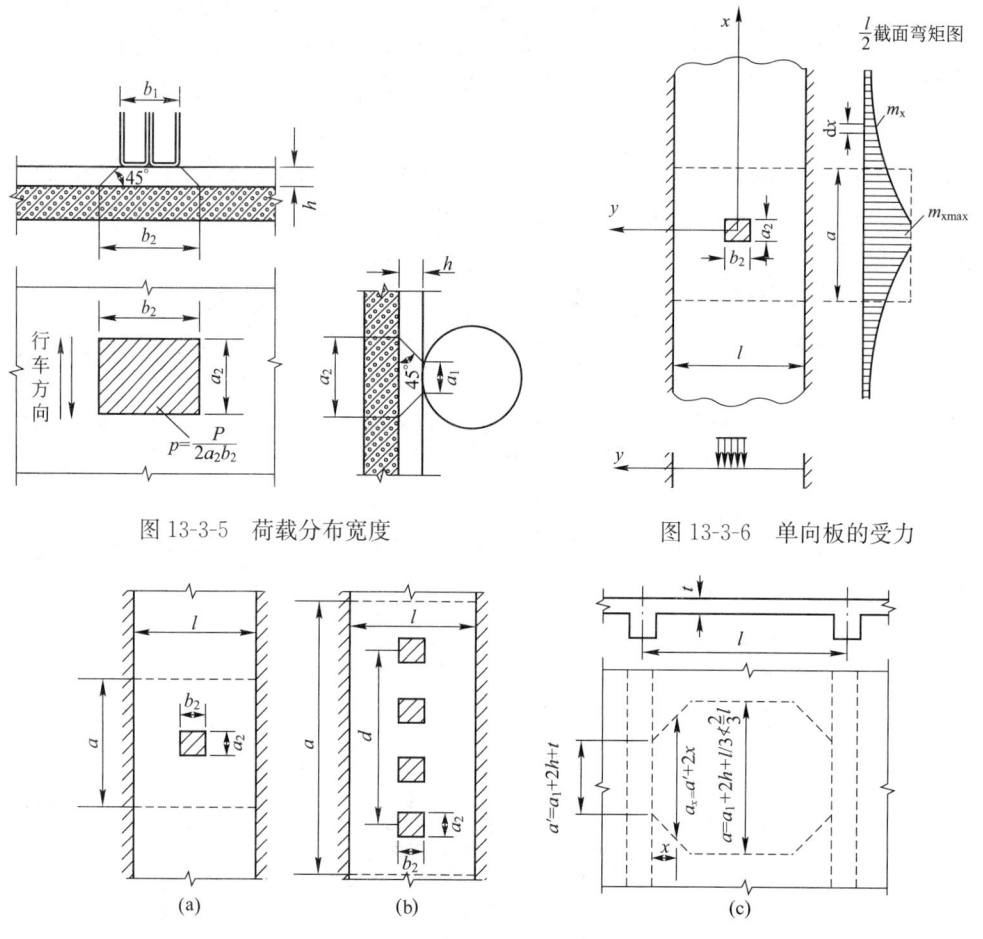

图 13-3-5　荷载分布宽度　　　　　　图 13-3-6　单向板的受力

图 13-3-7　车轮荷载有效分布宽度

单个车轮在板的跨径中部时(图 13-3-7a)

$$a=(a_1+2h)+\frac{l}{3}\geqslant\frac{2l}{3}$$

多个相同车轮在板的跨径中部，当单个车轮按照上式计算的荷载分布宽度有重叠时(图 13-3-7b)

$$a=(a_1+2h)+d+\frac{l}{3}\geqslant\frac{2l}{3}+d$$

车轮在板的支承处时(图 13-3-7c 中记作 a')

$$a=(a_1+2h)+t$$

车轮在板的支承处附近，距离支点的距离为 x 时(图 13-3-7c)

$$a_x=(a_1+2h)+t+2x$$

但不大于车轮在板的跨径中部的分布宽度。

912

顺便指出，由于汽车车轮有左、右之分，轴重为 P，左、右轮压为 $P/2$，故上述 $a_2 \times b_2$ 范围内的面荷载为 $p = \dfrac{P/2}{a_2 b_2} = \dfrac{P}{2a_2 b_2}$。

【Q13.3.12】《公路混凝土规范》4.5.1 条规定，公路桥涵混凝土结构及构件的设计使用年限应符合《公路工程技术标准》JTG B01—2014 的规定，具体是怎样规定的？

【A13.3.12】同样的规定，可参看《公路桥涵设计通用规范》JTG D60—2015 的 1.0.4 条。

【Q13.3.13】利用《公路混凝土规范》对受弯构件斜截面抗剪承载力复核，与《混凝土规范》的差别在哪里？

【A13.3.13】下面以简支梁承受正弯矩为例，说明《公路混凝土规范》的做法特点。

（1）依据 5.2.9 条，在斜截面受压端（为斜裂缝上端），应满足 $\gamma_0 V_d \leqslant V_u$。这一点与《混凝土规范》不同。

（2）规范 5.2.8 条给出抗剪承载力计算位置，与《混凝土规范》规定相同，均是指斜裂缝下端位置。

（3）由于（1）、（2）所指位置不是同一点，因此，需要有一个转化的方法。规范 5.2.10 条给出了斜截面的水平投影长度 C 计算式。

（4）但是，水平投影长度 C 计算式中用到的 M_d、V_d 是指斜截面受压端对应的数值而不是规范 5.2.8 条所规定位置的数值，因此，理论上需要"试算"得到斜截面受压端位置，才能使用 $\gamma_0 V_d \leqslant V_u$。

（5）为了简化计算，常用的做法是，将规范 5.2.8 条给出的位置向跨中方向取 h_0，作为斜截面受压端位置。由此可得到斜截面的水平投影长度 C，据此确定与斜裂缝相交的纵筋、箍筋和弯起钢筋，算出该范围内 $\sum A_{sb}$、P、ρ_{sv}，从而可得到 V_u，进而判断 $\gamma_0 V_d \leqslant V_u$。

【Q13.3.14】对于预应力混凝土构件，净截面特性和换算截面特性是怎么回事？

【A13.3.14】（1）净截面特性是指 A_n 和 I_n，换算截面特性是指 A_0 和 I_0，这里，脚标"n"表示净截面，"0"表示换算截面，A 和 I 则分别表示面积和惯性矩。

（2）对于后张法构件，由于有预留的孔道，所以，在孔道压浆预应力筋和混凝土粘结之后采用换算截面，之前用净截面。这样，净截面其实是扣除孔道之后的换算截面（预应力筋布置在孔洞之中，故不计入），于是，净截面面积按照下式计算：

$$A_n = A_c + \alpha_{Es} A_s = (A - A_h - A_s) + \alpha_{Es} A_s$$
$$= A - A_h + (\alpha_{Es} - 1)A_s$$

式中，A_h 为孔道面积。

换算截面面积 A_0 则是在 A_n 的基础上考虑 A_p，即

$$A_0 = A_n + \alpha_{Ep} A_p = A - A_h + (\alpha_{Es} - 1)A_s + \alpha_{Ep} A_p$$

这样一来，计算 A_0 尚需要知道 A_h。事实上，后张法构件和先张法构件在使用阶段没有差别，其换算截面面积计算也应该是相同的，可以按照下式计算：

$$A_0 = A_c + \alpha_{Es} A_s + \alpha_{Ep} A_p = A - A_p + (\alpha_{Es} - 1)A_s + \alpha_{Ep} A_p$$

可见，以上两个 A_0 计算公式的差别只是 A_p 与 A_h 的差别，而 A_p 与 A_h 近似相等。使用

后者计算更方便，而且，可以和应力计算时的全截面换算截面概念相一致。

【Q13.3.15】预应力混凝土梁正截面承载力计算时，有 3 个问题：

(1) 为什么会在受压区布置预应力钢筋 A'_p？

(2) σ'_p0 应该如何理解？

(3) A'_p 的应力为何是 $f'_\text{pd} - \sigma'_\text{p0}$？我看到在《混凝土规范》中 A'_p 的应力是 $\sigma'_\text{p0} - f'_\text{pd}$。

【A13.3.15】对于问题（1）：

如果在受拉区布置的 A_p 过多，张拉 A_p 时可能会导致受压区（所谓受压区是指在使用荷载作用下受压）产生较大的拉应力而使混凝土开裂，故而，需要在受压区布置 A'_p。从承载力角度看，A'_p 会使受弯承载力降低。

对于问题（2）：

为说明 σ'_p0，先解释一下 σ_p0，二者的区别只在于 σ_p0 是对于 A_p 而言的，位于受拉区。而解释 σ_p0，从预应力混凝土轴心受拉构件入手比较容易。如下：

对于先张法构件，完成两批预应力损失之后承受外荷载之前为初始状态，此时，预应力钢筋的有效预应力为 $\sigma_\text{pe} = \sigma_\text{con} - \sigma_l - \alpha_\text{E}\sigma_\text{pc}$，而混凝土则受压，应力为 σ_pc。若承受一逐渐增大的轴心拉力，则某时刻必然会使混凝土的应力为零（称作"消压"），混凝土的应力由 σ_pc 变为零，变化量为 σ_pc。相应地，预应力钢筋应力（拉应力）则会在原来基础上增大 $\alpha_\text{E}\sigma_\text{pc}$，成为 $\sigma_\text{p0} = \sigma_\text{con} - \sigma_l$。

对于后张法构件，初始时刻，预应力钢筋的有效预应力为 $\sigma_\text{pe} = \sigma_\text{con} - \sigma_l$，混凝土受压，应力为 σ_pc。消压时，预应力钢筋应力会在原来基础上增大 $\alpha_\text{E}\sigma_\text{pc}$，于是成为 $\sigma_\text{p0} = \sigma_\text{con} - \sigma_l + \alpha_\text{E}\sigma_\text{pc}$。

如果为预应力混凝土受弯构件，情况与上面类似，只不过，截面上混凝土的应力会因位置不同而不同，因此，需要指明一个位置然后才能谈应力的变化，这个位置取在预应力钢筋合力点处，可保证钢筋应力与混凝土应力之间只差一个 α_E 倍。

必须指出，以上对 σ_p0 的分析是基于《混凝土规范》的（该规范中，6 项预应力损失中不包括混凝土弹性压缩引起的损失），由于《公路混凝土规范》中将混凝土弹性压缩引起的损失记作 σ_{l4}，$\sigma_{l4} = \alpha_\text{E}\sigma_\text{pc}$，故按照该规范的规定，先张法时，应是 $\sigma_\text{p0} = \sigma_\text{con} - \sigma_l + \sigma_{l4}$，这相当于将 σ_l 中包含的 σ_{l4} 减去后再加上；对于后张法构件，仍为 $\sigma_\text{con} - \sigma_l + \alpha_\text{E}\sigma_\text{pc}$。

对于问题（3）：

受荷前，由于预加力，A'_p 重心处混凝土已经产生的压缩变形，为 $\varepsilon'_\text{pc} = \sigma'_\text{pc}/E_\text{c}$。荷载作用后，受压区混凝土进一步受到压缩，直至受压边缘的应变达到抗压极限变形 $\varepsilon_\text{cu} = 0.0033$，混凝土被压碎。此时，一般认为 A'_p 重心处混凝土的压应变为 0.002。这样，从加荷到最后破坏，A'_p 重心处混凝土的压缩变形增量为（$0.002 - \varepsilon'_\text{pc}$）。由于粘结，$A'_\text{p}$ 受到同样大小的压缩，钢筋中的预应力降低为 $(0.002 - \varepsilon'_\text{pc})E_\text{p}$。若以压为正，拉为负，则受压预应力钢筋 A'_p 的最终应力为

$$-(\sigma'_\text{con} - \sigma'_l) + (0.002 - \varepsilon'_\text{pc})E_\text{p}$$

将 $\varepsilon'_\text{pc} = \sigma'_\text{pc}/E_\text{c}$、$\alpha_\text{Ep} = E_\text{p}/E_\text{c}$ 代入上式，并按钢筋抗压强度取值定义，取 $f'_\text{pd} = 0.002E_\text{p}$，则上式可以变形为

$$f'_\text{pd} - [\sigma'_\text{con} - \sigma'_l + \alpha_\text{Ep}\sigma'_\text{pc}] = f'_\text{pd} - \sigma'_\text{p0}$$

对先张法构件来说，$\alpha_{Ep}\sigma'_{pc}$ 相当于弹性压缩损失 σ'_{l4}。

由于以上推导过程中应力以压为正拉为负，故当受压区 A'_p 的合力在图中画为指向截面的压力时，其取值为 $(f'_{pd} - \sigma'_{p0})A'_p$，这就是《公路混凝土规范》图 5.2.2 的表达方式。相反，如果将 A'_p 的合力在图中画为背向截面，即以拉为正，则取值应为 $(\sigma'_{p0} - f'_{pd})A'_p$，这就是《混凝土规范》图 6.2.10 的表达方式。

【Q13.3.16】《公路混凝土规范》表 6.1.8 下注释 2 规定，σ_{pe} 与表值不同时，其预应力传递长度应根据表值按比例增减。如何增减？

【A13.3.16】今举例说明。

1×7 钢绞线，$\sigma_{pe} = 1000\text{MPa}$，C40 混凝土时，查表可知 $l_{tr} = 67d$。由于 σ_{pe} 从端部至 l_{tr} 之间按直线变化，故，若 $\sigma_{pe} = 920\text{MPa}$，其他条件不变，则对应的 l_{tr} 为

$$l_{tr} = \frac{920}{1000/(67d)} = \frac{920}{1000} \times 67d = 62d$$

【Q13.3.17】《公路混凝土规范》6.3.1 条规定，全预应力混凝土构件应满足 $\sigma_{st} - 0.85\sigma_{pc} \leq 0$（对于预制构件）或 $\sigma_{st} - 0.80\sigma_{pc} \leq 0$（对于非预制构件），该规定似乎与 6.1.2 条矛盾，因为，6.1.2 条规定，在作用频遇组合下控制的正截面受拉边缘不允许出现拉应力。如何理解？

【A13.3.17】全预应力混凝土构件可以通俗描述为在正常使用情况下截面不应出现拉应力。这里的"正常使用情况"涉及荷载组合，一般理解为"荷载标准组合"，于是，可以看到，《混凝土规范》的 7.1.1 条规定，一级裂缝控制等级时要求 $\sigma_{ck} - \sigma_{pc} \leq 0$，其含义为，预应力混凝土梁截面的抗裂验算边缘由荷载标准组合引起的拉应力小于等于预加力引起的压应力，即截面不出现拉应力。

在《公路混凝土规范》中，实际上也要达到这样的一个要求，只不过，由于其采用的是"频遇组合"而非"标准组合"，导致荷载引起的拉应力 σ_{st} 比 σ_{ck} 小，故相应地将 σ_{pc} 也折减，结果成为 $\sigma_{st} - 0.85\sigma_{pc} \leq 0$。其他更详细解释，见《公路混凝土规范》6.3.1 条的条文说明。

6.1.2 条规定的是一个原则，将 6.3.1 条的公式用一句话来表达清楚的确比较困难。

【Q13.3.18】在《公路混凝土规范》的 6.5.2 条"受弯构件的刚度计算"中，有如下的疑惑：

(1)"开裂截面换算截面"与"全截面换算截面"如何理解？

(2)开裂截面换算截面惯性矩 I_{cr}、全截面换算截面惯性矩 I_0 如何计算？

(3)在计算混凝土塑性影响系数 γ 时，$\gamma = \dfrac{2S_0}{W_0}$，$S_0$ 取全截面换算截面重心轴以上（或以下）部分面积对换算截面重心轴的面积矩，"以上"还是"以下"到底如何选择？

【A13.3.18】(1)用材料力学的方法对钢筋混凝土构件进行应力计算，其前提条件之一是，截面应为单一材料，因此，通常将钢筋"换算"成混凝土，形成"换算截面"。其具体方法是：将钢筋截面面积乘以 α_E（α_E 为钢筋和混凝土的弹性模量之比），并放置在钢筋重心处。

换算截面有开裂截面换算截面与全截面换算截面之分，二者的区别是，前者不考虑受拉区混凝土的贡献。今以矩形截面为例说明，如图 13-3-8 所示，(b) 图为开裂截面换算截

面，(c) 图为全截面换算截面。计算截面特性时只考虑阴影部分。

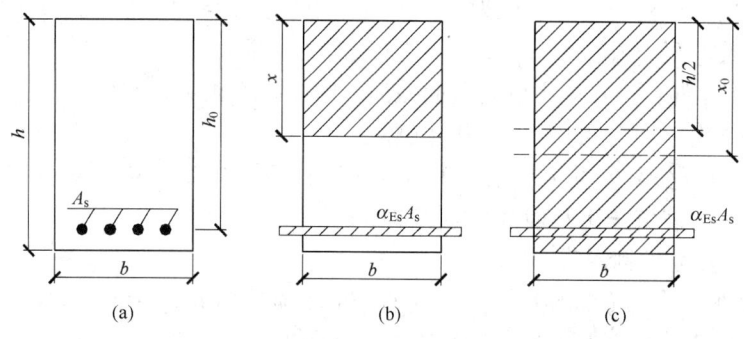

图 13-3-8　换算截面

(2) 现以矩形截面为例说明 I_{cr}、I_0 的计算方法。

如图 13-3-8 所示，I_{cr} 依据图 (b) 的开裂截面换算截面算出，I_0 依据图 (c) 的全截面换算截面算出。

对于开裂截面换算截面，利用求截面形心的方法求受压区高度 x，可得

$$x = \frac{\frac{1}{2}bx^2 + \alpha_{Es}A_sh_0}{bx + \alpha_{Es}A_s}$$

于是解出

$$x = \frac{\alpha_{Es}A_s}{b}\left[\sqrt{1 + \frac{2bh_0}{\alpha_{Es}A_s}} - 1\right]$$

从而

$$I_{cr} = \frac{1}{3}bx^3 + \alpha_{Es}A_s(h_0 - x)^2$$

对于全截面换算截面，利用求截面形心的方法求受压区高度 x_0，可得

$$x_0 = \frac{\frac{1}{2}bh^2 + (\alpha_{Es} - 1)A_sh_0}{bh + (\alpha_{Es} - 1)A_s}$$

式中之所以出现 $\alpha_{Es} - 1$ 是由于要减去钢筋所占用的混凝土截面面积 A_s。

从而

$$I_0 = \frac{1}{12}bh^3 + bh\left(\frac{h}{2} - x_0\right)^2 - A_s(h_0 - x_0)^2 + \alpha_{Es}A_s(h_0 - x_0)^2$$

上式中前两项为混凝土对自身轴的惯性矩和移轴公式，第 3 项为钢筋占用混凝土位置导致的减少量。

对于 T 形截面，当考虑开裂截面换算截面时，中和轴可能位于翼缘或者腹板内。可先假定中和轴位于翼缘内，从而可按照上述的矩形截面计算方法求得 x 值，若 $x \leqslant h'_f$，表明假定正确，计算所得 x 值可以接受；若 $x > h'_f$，表明假定错误，需要按中和轴位于腹板内重新计算 x。于是有

$$x = \frac{\frac{1}{2}bx^2 + (b'_f - b)h'_f \times h'_f/2 + \alpha_{Es}A_sh_0}{bx + (b'_f - b)h'_f + \alpha_{Es}A_s}$$

求解得到

$$x = \sqrt{A^2 + B} - A$$

$$A = \frac{\alpha_{Es} A_s + (b_f' - b) h_f'}{b}, \quad B = \frac{2\alpha_{Es} A_s h_0 + (b_f' - b) h_f'^2}{b}$$

T 形截面考虑全截面换算截面时，中和轴按照求解截面重心的原理得到，即

$$x_0 = \frac{bh \times h/2 + (b_f' - b) h_f' \times h_f'/2 + (\alpha_{Es} - 1) A_s \times h_0}{bh + (b_f' - b) h_f' + (\alpha_{Es} - 1) A_s}$$

（3）对于弹塑性材料组成的梁，例如钢梁，截面塑性抵抗矩为截面重心轴以上、以下部分面积对重心轴的面积矩之和，而且，可以证明，该两部分的面积矩相等。因此，这里计算 S_0 时取换算截面重心轴以上部分可以，以下部分也可以，数值是相等的。

【Q13.3.19】《公路通用规范》的 4.2.2 条规定，预加力在结构进行正常使用极限状态设计和使用阶段构件应力计算时，应作为永久作用计算其主效应和次效应，并计入相应阶段的预应力损失，但不计由于预加力偏心距增大引起的附加效应。那么，《公路混凝土规范》的 6.5.3 条以及 6.5.5 条第 2 款中的"荷载频遇组合"是否包含预加力？

【A13.3.19】笔者认为，《公路混凝土规范》的 6.5.3 条以及 6.5.5 条第 2 款中的"荷载频遇组合"不包含预加力。理由如下：

依据 1985 版的《公路钢筋混凝土及预应力混凝土桥涵设计规范》，当短期使用荷载（结构自重、预加力和静活载）作用下的最大竖向挠度大于 $l/1600$ 时，应设置预拱度。若小于零，显然不设置，这时，对应于预加力引起的反拱大于结构自重和静活载共同作用的挠度。故 2018 版的《公路混凝土规范》6.5.5 条第 2 款中的"荷载频遇组合"必然不包括预加力。作为同一个概念，规范 6.5.3 条也不包括。

支持此观点的文献有：张树仁、黄侨《结构设计原理》（第三版），叶见曙《结构设计原理》（第五版）。

【Q13.3.20】《混凝土规范》表 3.2.2 下注 3 明确指出，对预应力混凝土构件，可将计算所得的挠度值减去预加力产生的反拱值；在《公路混凝土规范》中，对于预应力混凝土梁，挠度验算时，是否要减去预加力引起的反拱？

【A13.3.20】2004 版《公路混凝土规范》表达不甚明确，或许会有此疑问。在 2018 版《公路混凝土规范》的 6.5.3 条，规范明确指出验算用的最大挠度是由"汽车荷载（不计冲击力）和人群荷载频遇组合"引起，因此，与预加力引起的反拱无关。在预拱度设置时才会用到预加力引起的反拱。

【Q13.3.21】如何计算预加力引起的反拱值？

【A13.3.21】依据《公路混凝土规范》的 6.5.4 条，计算预加力引起的反拱时按照刚度为 $E_c I_0$ 计算，然后考虑长期挠度增长系数为 2.0。理论上讲，这里的 E_c 是对应于传力锚固时的值：因为随着龄期增长混凝土的强度提高，而传力锚固时的强度会比预应力混凝土梁的设计强度要低，相应的 E_c 值也就低。

有了刚度还需要知道弯矩才能反拱。由于各截面预应力筋布置不同，预应力损失又不相等，因此，通常采用的一个简化做法是，取 $l/4$ 截面处预加力引起的弯矩作为沿全跨的弯矩，据此按照"图乘法"计算。如图 13-3-9 所示，可得预加力引起的跨中长期挠度值为

$$f_p = \eta_\theta \times \frac{2 \times \left(\frac{1}{2} \times \frac{l}{4} \times \frac{l}{2}\right)M}{E_c I_0} = \eta_\theta \times \frac{l^2 M}{8 E_c I_0}$$

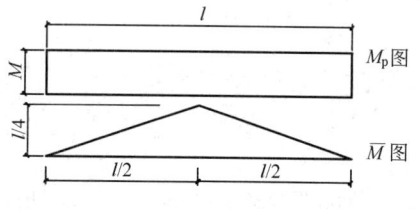

图 13-3-9　图乘法计算跨中挠度

式中，η_θ 应取为 2.0。

【Q13.3.22】如何理解《公路混凝土规范》的 **7.1.4 条？计算应力的公式所依据的中和轴似乎与图 7.1.4 中的中和轴不协调。**

【A13.3.22】当为弹性材料时，计算压弯构件的应力可采用叠加法，如图 13-3-10 所示。图中以压为正。

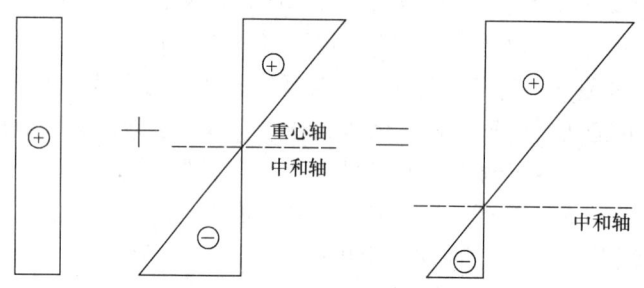

图 13-3-10　压弯构件截面应力的叠加原理

现在，规范图 7.1.4 中给出的中和轴可以认为是偏心压力 N_{p0} 作用下的中和轴，而偏心压力与压弯构件是等效的。所以，与图 13-3-10 对比可知，该中和轴不是用于弯矩计算时的中和轴。

规范 7.1.4 条的计算步骤为：

（1）按规范附录 G 求出在偏心压力 N_{p0} 作用下的受压区高度 x。

（2）以阴影范围的混凝土作为开裂截面（注意还应包括所有的钢筋），确定 A_{cr}。

（3）以阴影范围的混凝土作为开裂截面（注意还应包括所有的钢筋），先确定开裂截面的重心轴，再以此重心轴作为受弯计算时的中和轴确定 I_{cr}。

（4）代入公式计算。

【Q13.3.23】如何理解《公路混凝土规范》的 **7.2.6 条？**

【A13.3.23】可以从以下几个方面理解：

（1）对于钢筋混凝土梁，若采用换算截面，以开裂截面换算截面惯性矩 I_{cr} 和换算截面面积矩 S_0 代替上式中的对应量，则得到可用于计算钢筋混凝土梁的剪应力公式如下：

$$\tau = \frac{V S_0}{I_{cr} b}$$

式中　V——荷载标准值产生的剪力；

　　　I_{cr}——开裂截面换算截面惯性矩；

　　　S_0——所求应力之水平纤维以上（或以下）部分换算面积对开裂截面换算截面重心轴的面积矩；

　　　b——所求应力之水平纤维处的截面宽度。

以上公式计算比较烦琐，通常，直接采用以下简便公式求得截面的最大剪应力 τ_0：

$$\tau_0 = \frac{V}{bz}$$

式中，z 为内力臂，可近似地取下列数值：单筋矩形梁，$z = 7/8h_0$；双筋矩形梁，$z = 0.9h_0$；T 形梁，$z = 0.92h_0$ 或 $z = h_0 - h'_{\mathrm{f}}/2$。

（2）钢筋混凝土梁的主拉应力在截面中和轴处达到最大值，此处，正应力等于零，只有剪应力，故主拉应力等于剪应力，写成公式形式，为

$$\sigma_{\mathrm{tp}} = \sigma_{\mathrm{cp}} = \tau_0 = \frac{V}{bz}$$

（3）由于主拉应力与主压应力及最大剪应力在数值相等，且混凝土的抗拉强度最低，所以，在钢筋混凝土结构中只验算主拉应力，不必验算主压应力和剪应力。这样，钢筋混凝土受弯构件短暂状况的斜截面应力验算，成为计算中性轴处的主拉应力 σ_{tp}，并应符合下列规定：

$$\sigma_{\mathrm{tp}}^{\mathrm{t}} = \frac{V_{\mathrm{k}}^{\mathrm{t}}}{bz} \leqslant f'_{\mathrm{tk}}$$

上式就是《公路混凝土》规范的公式（7.2.5）。公式（7.2.6）也以主拉应力的形式表达，规定 $\sigma_{\mathrm{tp}}^{\mathrm{t}} \leqslant 0.25 f'_{\mathrm{tk}}$ 时由于剪应力很小，可以仅按构造要求配置抗剪钢筋。

（4）假定一个简支梁承受均布荷载，则其半跨的剪力图可以画出。再假定其截面宽度 b 和计算高度 h_0 不变，则 bz 不变，将纵坐标除以 bz 得到截面最大剪应力的分布，这就是规范图 7.2.6 的三角形，今表示为图 13-3-11。

（5）根据构造要求，选定箍筋的牌号、直径、间距后，则可用下式求出箍筋承受的主拉应力（剪应力）值：

$$\tau_{\mathrm{v}}^{\mathrm{t}} = \frac{nA_{\mathrm{svl}}[\sigma_{\mathrm{s}}^{\mathrm{t}}]}{bS_{\mathrm{v}}}$$

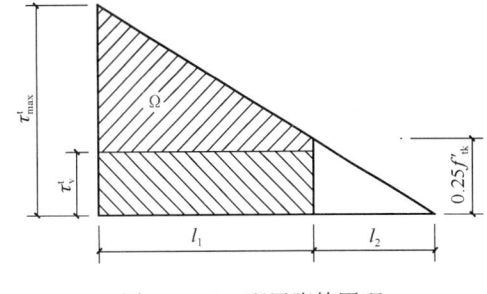

图 13-3-11　配置腹筋原理

在剪应力图中以 $\tau_{\mathrm{v}}^{\mathrm{t}}$ 作为竖标画一条水平线，如图 13-3-11 所示，则该水平线上方阴影部分为弯起钢筋需要承担的剪应力，将这部分的面积记作 Ω。于是，该范围内所需要的总的弯起钢筋截面面积为

$$A_{\mathrm{sb}} \geqslant \frac{b\Omega}{[\sigma_{\mathrm{s}}^{\mathrm{t}}]\sqrt{2}}$$

式中　$\tau_{\mathrm{v}}^{\mathrm{t}}$——由箍筋承担的主拉应力（剪应力）值；

n——同一截面内箍筋的肢数；

$[\sigma_{\mathrm{s}}^{\mathrm{t}}]$——短暂状况时钢筋应力的限值，取 $[\sigma_{\mathrm{s}}^{\mathrm{t}}] = 0.75 f_{\mathrm{sk}}$；

A_{svl}——单肢箍筋的截面面积；

S_{v}——箍筋的间距；

b——矩形截面宽度，T 形和工形截面的腹板宽度；

A_{sb}——弯起钢筋的总截面面积;

Ω——相应于由弯起钢筋承受的剪应力图的面积。

以上计算的弯起钢筋应按与梁纵轴线成 45°角弯起。

确定 A_{sb} 的公式中之所以除以 $\sqrt{2}$，是由于在梁的中性轴上，尽管主拉应力与剪应力数值相等，但是因主拉应力与梁的轴线呈 45 度夹角，如图 13-3-12 所示，当按照剪应力图计算主拉应力的合力时，应将长度方向尺寸乘以 $\sin 45°$，即除以 $\sqrt{2}$。

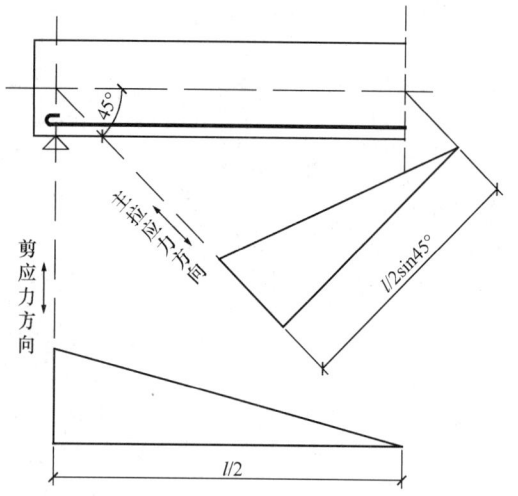

图 13-3-12 梁中剪应力与主拉应力的关系

【Q13.3.24】《公路混凝土规范》8.7 节，有不少参数需要依据《公路桥梁板式橡胶支座》JT/T 4 取值，具体是如何规定的?

【A13.3.24】这些参数，在 2004 版《公路混凝土规范》中是给出的。2018 版《公路混凝土规范》中没有给出，但在 2019 年 9 月 1 日实施的《公路桥梁板式橡胶支座》JT/T 4—2019 中给出了，如下:

（1）支座使用阶段的平均压应力限值 $\sigma_c = 10.0$MPa。

（2）常温下橡胶抗剪弹性模量 $G = 1.0$MPa。

（3）橡胶支座的抗压弹性模量 E_e 和支座形状系数 S 应按下列公式计算:

$$E_e = 5.4GS^2$$

矩形支座
$$S = \frac{l_{0a} + l_{0b}}{2t_1(l_{0a} + l_{0b})}$$

圆形支座
$$S = \frac{d_0}{4t_1}$$

式中　l_{0a}、l_{0b}——矩形支座加劲钢板短边、长边尺寸;

d_0——圆形支座钢板直径;

t_1——支座中间层单层橡胶厚度。

支座形状系数 S 应在 $5 \leqslant S \leqslant 12$ 范围内采用。

（4）支座橡胶弹性体体积模量 $E_b = 2000$MPa。

（5）普通橡胶支座与混凝土接触时，摩擦系数 $\mu = 0.3$;与钢板接触时，摩擦系数为 $\mu = 0.2$。有实测资料时也可按实测资料采用。

（6）支座剪切角 α 的限值，当不计制动力时应 $\tan\alpha \leqslant 0.5$;当计入制动力时应 $\tan\alpha \leqslant 0.7$。

【Q13.3.25】《公路混凝土规范》的 9.3.13 条对承受弯剪扭构件的箍筋配筋率进行了规定，ρ_{sv} 依据第 29 页的公式，为

$$\rho_{sv} = \frac{A_{sv}}{s_v b}$$

对于箱形截面，式中的 b 如何取值?

【A13.3.25】规范图 5.5.1 给出了箱形受扭构件的截面尺寸，b 标注为外轮廓的宽度，此值用于计算 β_a、W_t。公式（5.5.3-1）～公式（5.5.4-3）中的 b 与受剪有关，故对于箱形截面取为腹板总宽度。即，针对 ρ_{sv} 中的 b，箱形截面时如何取值，规范并没有明确。

为此，笔者查阅了相关文献，获得的信息如下：

（1）国内 2015 版《混凝土规范》，在 9.2.10 条规定了弯剪扭构件的箍筋配箍率要求，ρ_{sv} 不应小于 $0.28 f_t / f_{yv}$。结合 2002 版《混凝土规范》的 10.2.12 条，$\rho_{sv} = A_{sv} / (bs)$ 中的 b 取为 b_h，即箱形截面外轮廓的宽度。10.2.12 条条文说明指出，"对箱形截面构件，偏安全地采用了与实心截面构件相同的构造要求"。

（2）美国混凝土规范 ACI318-2014 的 9.6.4.2 条，所用指标为 b_w，在没有另外说明的情况下，对于箱形截面，b_w 取为腹板总厚度。

（3）美国 2017 版 AASHTO 规范，结合 5.7.2.5 条和 5.7.2.8 条，其中的 b_v，对于箱形截面，取为腹板总厚度。

（4）欧洲混凝土规范 EC2，按照公式 9.4，b_w 为腹板的宽度，没有对箱形截面另外说明。

【Q13.3.26】**《公路混凝土规范》附录 G 所规定的"考虑反向摩擦之后的预应力损失简化计算"应该如何理解? 尤其是 G.0.3 条看不明白呀。**

【A13.3.26】摩阻力总是与运动方向相反，这样，在钢筋回缩时，摩阻力就会对预应力钢筋产生拉力，称作"反向摩擦"。于是，有以下认识：

（1）张拉端回缩量最大，向内会越来越小，在某一点回缩量为零，张拉端至回缩量为零点间的距离就是钢筋回缩影响长度，记作 l_f。

（2）考虑反向摩擦后，在梁长 l 范围内，钢筋的总回缩量必然为 $\sum \Delta l$，即，等于锚具压缩变形量。

（3）l_f 与梁长 l 的关系可能有两种情况：$l_f \leqslant l$ 和 $l_f > l$，分别如图 13-3-13（a）、（b）所示。

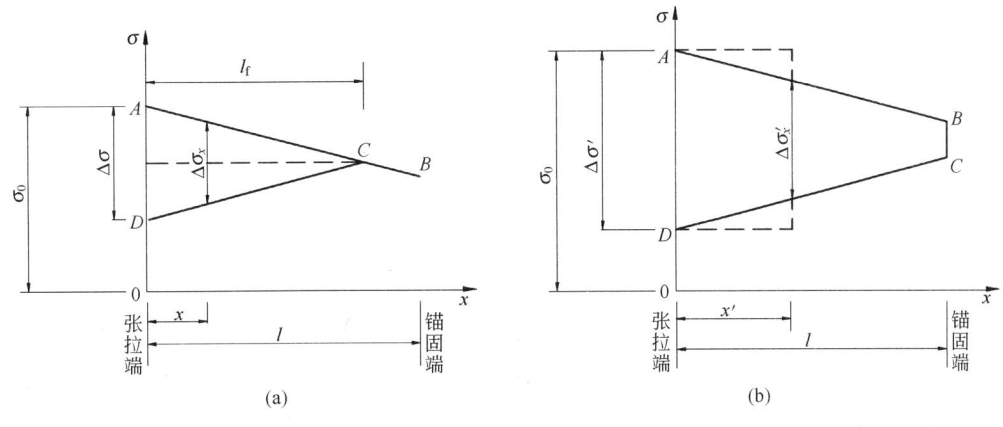

图 13-3-13　考虑反向摩擦后的 σ_{l2} 计算简图

图中的 AB 线为正摩阻线，其斜率记作 $-\Delta \sigma_d$，有 $\Delta \sigma_d = \sigma_{l1,x=l}/l$，反摩阻线为 DC 线，其斜率为 $\Delta \sigma_d$。

（4）显然，考虑反向摩擦后，在梁长 l 范围内，钢筋的总回缩量为 $\sum \Delta l$。因此，对于

图 13-3-13（a），应有三角形 ACD 的面积除以 E_p 等于 $\sum \Delta l$；对于图 13-3-13（b），则应有梯形 $ABCD$ 的面积除以 E_p 等于 $\sum \Delta l$。

注意，规范图 D.0.2 中的 σ_l，其下角标 "l" 表示 $x=l$ 处，并不表示 "损失"。

对于规范的 G.0.3 条，写成如下形式，可能更容易理解：

两端张拉时（分次张拉或同时张拉），反摩阻损失影响长度可能会有重叠。此时，重叠范围内某截面预应力钢筋的应力（扣除正摩阻和反摩阻损失后的应力）可按照下述方法计算：将一端作为张拉端、另一端锚固，计算此截面位置的预应力钢筋的应力；再将张拉端与锚固端交换位置，同样计算此截面位置的预应力钢筋的应力，取以上二者的较大者。

【Q13.3.27】《公路混凝土规范》附录 C 规定了混凝土收缩应变与徐变系数随时间变化的计算方法，看了几遍都没有明白，请指教。

【A13.3.27】笔者认为应从以下几个方面把握：

（1）混凝土的收缩应变随时间而变化，$\varepsilon_{cs}(t, t_s)$ 表示 t_s 时刻至 t 时刻的收缩应变。t_s 对应于收缩开始时刻（可取 $3\sim 7d$），t 对应于计算点时刻。若是考虑收缩影响，则把开始受到收缩影响的时刻记作 t_0，自 t_0 至 t 完成的收缩应变值等于 $\varepsilon_{cs}(t, t_s)-\varepsilon_{cs}(t_0, t_s)$。将其画在时间轴上表达更清楚，如图 13-3-14 所示。也就是说，计算收缩应变值应统一从收缩开始时刻起算。

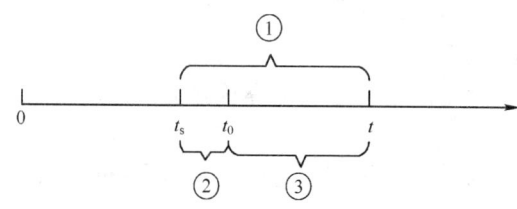

图 13-3-14　收缩应变计算的时间轴

（2）$\varepsilon_{cs}(t, t_s)$、$\beta_s(t-t_s)$、$\varepsilon_s(f_{cm})$ 与高等数学中的 $f(x)$ 类似，都是表示函数。

（3）《公路混凝土规范》第 126 页给出 $RH_0=100\%$、$t_1=1d$、$f_{cm0}=10MPa$ 等，是出于代入公式（C.1.1-1）时量纲的考虑以及对公式数值的修正。例如，$t_1=1d$ 仅仅为了使 $(t-t_s)/t_1$ 无量纲。

（4）公式（C.2.1-5）有误，应为：

$$\beta(t_0)=\frac{1}{0.1+(t_0/t_1)^{0.2}}$$

（5）从 F.1.1 条给出的公式可知，ε_{cs0} 的取值与混凝土强度等级有关。对于 C20～C50，可求得当 $RH=55\%$ 时，ε_{cs0} 分别为 0.6331、0.5815、0.5298、0.4781，单位为 10^{-3}。现在，作为近似，规范对 C20～C50 混凝土统一取 ε_{cs0} 为表 F.1.2 给出数值。当混凝土强度等级为 C50 以上时，才考虑将表中数值乘以 $\sqrt{32.4/f_{ck}}$。

（6）对于徐变系数 $\phi(t, t_0)$，规范同样给出了计算公式和表格，道理与上述类似。

（7）C.2.3 条的 "注" 中，"t_0' 为 90d 以外计算所需的加载龄期"，所指有些不明。笔者认为应这样理解：假如实际加载时龄期为 100d，查表 C.2.2 无法得到 ϕ_0，因而应按照公式（F.2.1）计算。由于 $\phi_0=\phi_{RH}\beta(f_{cm})\beta(t_0)$，$\phi_{RH}$、$\beta(f_{cm})$ 都与 t_0 无关，因此，不同 t_0 时刻对应的 ϕ_0 比值，就等于对应的 $\beta(t_0)$ 比值，规范中记作 $\beta(t_0')/\beta(t_0)$。可取 t_0 为表中给出的加载龄期，例如取 $t_0=90d$，t_0' 当然是取 100d，这就是所谓的 "90d 以外计算所需的加载龄期"。

【Q13.3.28】《公路混凝土规范》的预应力混凝土部分，总觉得 N_{p0} 的含义似乎不是太明确，其 **6.4.4** 条说先张法和后张法时的 N_{p0} 均按照先张法的公式计算，更令人摸不着头脑呀！如何理解？

【A13.3.28】无论是在《公路混凝土规范》还是《混凝土规范》中，N_{p0} 都有两种含义：（1）先张法时预应力钢筋与非预应力钢筋的合力；（2）预应力钢筋重心水平处混凝土法相应力等于零时预应力钢筋与非预应力钢筋的合力。

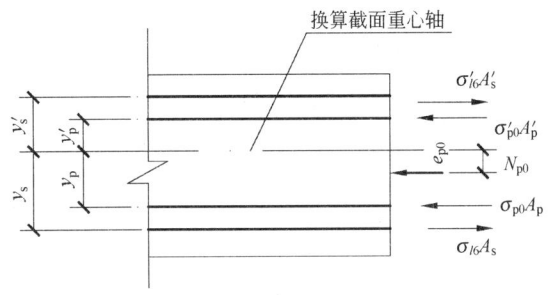

图 13-3-15　先张法时预应力钢筋与非预应力钢筋的合力

对于含义 1，是指完成两批预应力损失后，混凝土构件受到的预压力，是预压力钢筋与非预压力钢筋的合力，对于预应力受弯构件，N_{p0} 为偏心压力，如图 13-3-15 所示，其大小按照下式计算：

$$N_{p0}=\sigma_{p0}A_p+\sigma'_{p0}A'_p-\sigma_{l6}A_s-\sigma'_{l6}A'_s$$

N_{p0} 相对于重心轴的偏心距，可按照求重心的方法得到：对重心位置取矩，$\sigma_{p0}A_py_p$ 与 $\sigma'_{l6}A'_sy'_s$ 为顺时针，$\sigma_{p0}A_py_p$ 与 $\sigma'_{l6}A'_sy'_s$ 为逆时针，故

$$e_{p0}=\frac{\sigma_{p0}A_py_p+\sigma'_{l6}A'_sy'_s-\sigma'_{p0}A'_py'_p-\sigma_{l6}A_sy_s}{N_{p0}}$$

对于含义 2，其本质上指当预应力钢筋重心水平处混凝土法相应力等于零时（消压时）所需的外拉力值，由于作用力与反作用力相等，故称其为"预应力钢筋与非预应力钢筋的合力"。

对于先张法，以轴心受拉构件为例，当外部的轴心拉力增大到完成第二批损失之后的预应力钢筋与非预应力钢筋的合力大小时，会消压，是故若将第 1 种含义的值记作 N_p，则会有 $N_{p0}=N_p$，干脆就记作一个符号 N_{p0}。

对于后张法，情况会有差别，也就是说 $N_{p0}\neq N_p$，但是当写成以 σ_{p0} 表达的形式时，发现与先张法时的公式形式一模一样，故后张法时计算 N_{p0} 也采用先张法时的公式。

【Q13.3.29】《公路混凝土规范》**6.3.1** 条第 **1** 款的公式，与 **7.1.5** 条第 **1** 款的公式相似，应用范围有何区别？从条文来看，一个是用于持久状况，一个是用于抗裂验算，但还是不懂。

【A13.3.29】6.3.1 条第 1 款，是针对预应力混凝土受弯构件的抗裂验算，属于正常使用极限状态，计算时要采用频遇组合（脚标为"s"）或者准永久组合（脚标为"l"）。

7.1.5 条第 1 款也是针对预应力受弯混凝土构件的，但属于"应力验算"。《公路混凝土规范》7.1.1 条的条文说明指出，"构件应力计算实质上是构件的强度计算，是对构件承载力计算的补充。计算时作用（或荷载）取其标准值，汽车荷载应计入冲击系数，预加应力效应应考虑在内，所有荷载分项系数均取为 1.0"。

【Q13.3.30】如何掌握《公路混凝土规范》中的预应力混凝土梁计算？

【A13.3.30】预应力混凝土梁计算稍微复杂，可以从以下几个方面来把握：

（1）预应力损失的估算

预应力损失共包括 6 项，具体规定见规范 6.2 节。

（2）持久状况承载能力极限状态计算

包括正截面承载力和斜截面承载力。

① 正截面受弯承载力

此时依据规范的 5.2.2 条、5.2.3 条计算。注意规范图 5.2.2 中预应力钢筋布置在非预应力钢筋的内侧。适用条件是为了保证平衡方程在数学上是成立的。

适用条件 $x \leqslant \xi_b h_0$ 用以保证对 A_p、A_s 的应力取 f_{py}、f_y 是正确的，所以，这里的 ξ_b 应是按照预应力筋和非预应力筋计算所得结果的较小值。

当 $f'_{pd} - \sigma'_{p0}$ 为正时，表明 A'_p、A'_s 均受压，所以按照合力考虑，此时应满足 $x \geqslant 2a'$，a' 是 A'_p、A'_s 合力作用点至受压边缘的距离；若 $f'_{pd} - \sigma'_{p0}$ 为负时，A'_p 受拉而 A'_s 受压，因此就需要分开考虑 A'_p、A'_s 的受力，而 $x \geqslant 2a'_s$ 可以保证破坏时 A'_s 达到屈服。A'_p 根本不存在时，显然也需要满足 $x \geqslant 2a'_s$。

使用条件不满足时，应使用规范的 5.2.4 条。

② 斜截面受剪承载力

应对规范规定的截面进行验算。注意规范 5.2.8 条规定的截面为斜裂缝的下端位置，而不是 5.2.9 条所指的"受压端"剪力。

③ 斜截面受弯承载力

通常并不计算，而采用构造措施保证。见规范 5.2.14 条的最后一句。

（3）持久状况正常使用极限状态计算

分为抗裂和挠度计算。

由于预应力混凝土梁分成了全预应力、部分预应力 A 类和部分预应力 B 类，因此，全预应力、部分预应力 A 类时按照规范 6.3.1 条计算正截面与斜截面抗裂，部分预应力 B 类则是应保证裂缝宽度不大于容许值。

挠度验算时注意验算时左端不减去预加力引起的反拱，这是与《混凝土规范》的不同之处。

（4）持久状况和短暂状况的应力计算

持久状况的应力验算要求在规范的 7.1.5 条（针对的是正截面）和 7.1.6 条（针对的是斜截面）。

短暂状况的应力验算见规范 7.2.7、7.2.8 条。

【Q13.3.31】如何理解《公路混凝土规范》条文说明表 4-1？

【A13.3.31】倾覆验算需要对特征状态 1、特征状态 2 分别验算。

对特征状态 1 进行验算，用以判断支座是否受压，对所有支座都应验算。

$R_{Qki,11}$ 这一行，支座 1-1、支座 3-1、支座 5-1 支反力为负（即，方向向上，表现为失效），且支座 1-1 的支反力绝对值最大。

$R_{Qki,31}$ 行以及 $R_{Qki,51}$ 行可以此类推。

$1.0R_{Gki} + 1.4R_{Qki,11}$ 这一行，对于支座 1-1，$1.0 \times 657 + 1.4 \times (-335) = 188$，其余列以此类推。这些数值均为正，表示受压。

对 $1.0R_{Gki} + 1.4R_{Qki,51}$、$1.0R_{Gki} + 1.4R_{Qki,31}$ 进行类似计算。

以上得到的结果均为正，特征状态 1 稳定验算通过。

对特征状态 2 进行验算，仅仅针对双支座。

$\sum R_{Gki}l_i$ 行，对于支座 1-1，$657\times4=2628$。其余列类推。

$\sum R_{Qki,11}l_i$ 行，对于支座 1-1，$-335\times4=-1340$，表中写成绝对值 1340。其余列类推。

对于支座 1-1 最不利的情况，可得

$$\sum R_{Gki}l_i=2628+6433+2628=11689$$

$$\sum R_{Qki,11}l_i=1340+980+228=2548$$

$$\sum R_{Gki}l_i\,/\,(\sum R_{Qki,11}l_i)=11689/2548=4.59>2.50$$

满足要求。

同理，对 $\sum R_{Gki}l_i\,/\,(\sum R_{Qki,31}l_i)$、$\sum R_{Gki}l_i\,/\,(\sum R_{Qki,51}l_i)$ 计算，均满足要求。

【Q13.3.32】《城市桥梁设计规范》CJJ 11—2011 中的汽车荷载是怎样确定的？

【A13.3.32】首先必须注意，《城市桥梁设计规范》现行版本为 2019 年版。城市桥梁设计采用的汽车荷载分为车道荷载和车辆荷载。

车道荷载分为"城-A 级"和"城-B 级"，分别与"公路-Ⅰ级"、"公路-Ⅱ级"一致。

车辆荷载分为"城-A 级"和"城-B 级"，"城-B 级"车辆荷载的各项指标与《公路通用规范》中相同。"城-A 级"的轮压、尺寸等指标，如图 13-3-16 所示。

当车辆荷载横向布置时，做法同《公路通用规范》。

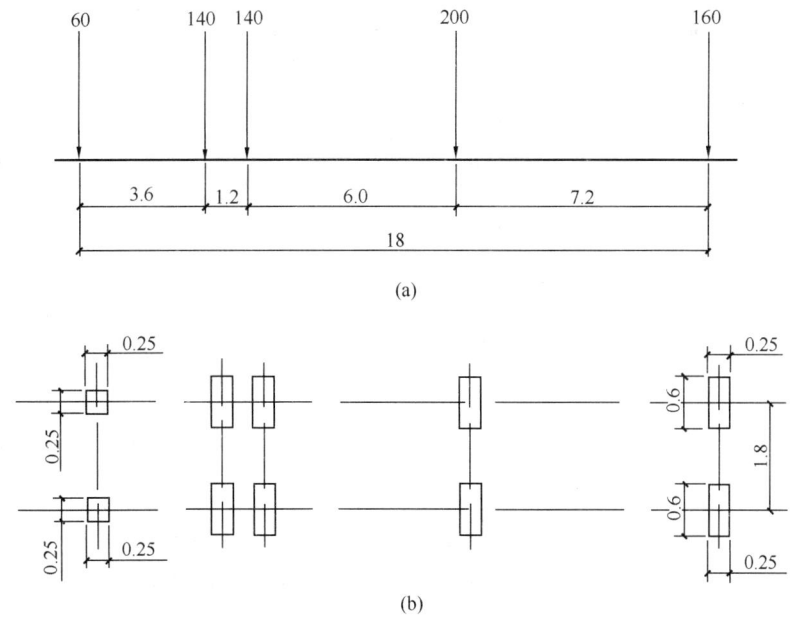

(a)

(b)

图 13-3-16　城-A 级车辆荷载立面、平面布置

（尺寸单位：m；荷载单位：kN）

（a）立面布置；（b）平面布置

汽车荷载一般应根据表 13-3-4 选用，但同时应符合下列规定：

汽车荷载等级的选用   表 13-3-4

城市道路等级	快速路	主干路	次干路	支路
设计汽车荷载等级	城-A级或城-B级	城-A级	城-A级或城-B级	城-B级

（1）快速路、次干路上如重型车辆行驶频繁时，设计汽车荷载应选用城-A级汽车荷载。

（2）小城市的支路上如重型车辆较少时，设计汽车荷载采用城-B级车道荷载的效应乘以 0.8 的折减系数，车辆荷载的效应乘以 0.7 的折减系数。

（3）小型车专用道路，设计汽车荷载采用城-B级车道荷载的效应乘以 0.6 的折减系数，车辆荷载的效应乘以 0.5 的折减系数。

【Q13.3.33】《城市桥梁抗震设计规范》CJJ 166—2011 中是如何考虑抗震的？

【A13.3.33】城市桥梁根据结构形式、在城市交通网络中位置的重要性以及承担的交通量，分为甲、乙、丙、丁四类，见表 13-3-5。

城市桥梁抗震设防分类   表 13-3-5

桥梁抗震设防分类	桥 梁 类 型
甲	悬索桥、斜拉桥以及大跨度拱桥
乙	除甲类桥梁以外的交通网络中枢纽位置的桥梁和城市快速路上的桥梁
丙	城市主干路和轨道交通桥梁
丁	除甲、乙和丙三类桥梁以外的其他桥梁

采用两级抗震设防，在 E1 和 E2 地震作用下，各类城市桥梁的抗震设防标准应符合表 13-3-6 的规定。

城市桥梁抗震设防标准   表 13-3-6

桥梁抗震设防分类	E1 地震作用		E2 地震作用	
	震后使用要求	损伤状态	震后使用要求	损伤状态
甲	立即使用	结构总体反应在弹性范围，基本无损伤	不需修复或经简单修复可继续使用	可发生局部轻微损伤
乙	立即使用	结构总体反应在弹性范围，基本无损伤	经抢修可恢复使用，永久性修复后恢复正常运营功能	有限损伤
丙	立即使用	结构总体反应在弹性范围，基本无损伤	经临时加固，可供紧急救援车辆使用	不产生严重的结构损伤
丁	立即使用	结构总体反应在弹性范围，基本无损伤		不致倒塌

表中，E1 和 E2，对于甲类桥梁，分别对应重现期为 475 年和 2500 年的地震作用。对于乙、丙、丁类桥梁，需要根据现行《中国地震动参数区划图》查得的地震动峰值加速

度（注意，虽然《中国地震动参数区划图》GB/T 17742—2015 附录 E 规定，当为非 II 类场地时，地震动峰值加速度有一个调整，这里，不考虑此调整，如此做法与《建筑抗震设计规范》2016 版相同），乘以调整系数 C_i。C_i 的取值如表 13-3-7 所示。

各类桥梁 E1 和 E2 地震调整系数 C_i

表 13-3-7

桥梁抗震设防分类	E1 地震作用				E2 地震作用			
	6 度	7 度	8 度	9 度	6 度	7 度	8 度	9 度
乙	0.61	0.61	0.61	0.61	—	2.2 (2.05)	2.0 (1.7)	1.55
丙	0.46	0.46	0.46	0.46	—	2.2 (2.05)	2.0 (1.7)	1.55
丁	0.35	0.35	0.35	0.35	—	—	—	—

注：括号内数值对应于 7 度（0.15g）和 8 度（0.30g）。

表中数字的来历介绍如下：

对于 E1 地震作用，按照条文说明，是以丁类为基准值，丙类、乙类分别取为基准值的 1.3 倍和 1.7 倍，现在丁类取 0.35，于是丙类、乙类分别是 $0.35 \times 1.3 = 0.455$，$0.35 \times 1.7 = 0.595$，与表中数值稍有差异。丁类为什么取 0.35？这是因为丁类是按照多遇地震（50 年超越概率为 63%，或者说重现期为 50 年）取值的。查《公路桥梁抗震设计规范》3.1.3 条条文说明给出的表 3-1 可知，若取重现期为 475 年（即设防烈度）时为 1.0，则 50 年重现期为 0.34，《城市桥梁抗震设计规范》取为 0.35，稍有差异。这里注意，《城市桥梁抗震设计规范》3.2.2 条条文说明中将多遇地震的重现期写成"重现期 63 年"，有误，应是 50 年超越概率为 63%（或重现期为 50 年）。

对于 E2 地震作用，按照条文说明，乙、丙类直接采用《建筑抗震设计规范》中的罕遇地震。今结合《建筑抗震设计规范》的 3.10.3 条和 5.1.4 条，可得水平地震影响系数最大值如表 13-3-8 所示。

水平地震影响系数最大值

表 13-3-8

地震影响	7 度	8 度	9 度
设防地震	0.23 (0.34)	0.45 (0.68)	0.90
罕遇地震	0.50 (0.72)	0.90 (1.20)	1.40

于是，以设防地震时的地震作用作为基准值 1.0，则 7 度时罕遇地震的地震作用为 $0.50/0.23 = 2.2$。这就是表 13-3-7 中 E2 地震作用 7 度那一列数值 2.2 的来历。其他数值可类推。

乙、丙和丁类桥梁的抗震设计方法根据桥梁场地地震基本烈度和桥梁结构抗震设防分类，分为 A、B 和 C 三类，按表 13-3-9 选用。

桥梁抗震设计方法选用

表 13-3-9

地震基本烈度	乙	丙	丁
6 度	B	C	C
7 度、8 度和 9 度地区	A	A	B

表中，A、B 和 C 三类设计方法的含义是：

A 类：应进行 E1 和 E2 地震作用下的抗震分析和抗震验算，并应满足本章 3.4 节桥梁抗震体系以及相关构造和抗震措施的要求；

B 类：应进行 E1 地震作用下的抗震分析和抗震验算，并应满足相关构造和抗震措施的要求；

C 类：应满足相关构造和抗震措施的要求，不需进行抗震分析和抗震验算。

桥梁抗震分析计算采用反应谱方法还是时程法，依据表 13-3-10 确定。

桥梁抗震分析方法　　　　　　　　　　　表 13-3-10

地震作用	采用 A 类抗震设计方法		采用 B 类抗震设计方法	
	规则	非规则	规则	非规则
E1 地震作用	SM/MM	MM/TH	SM/MM	MM/TH
E2 地震作用	SM/MM	MM/TH	—	—

注：TH 为线性或非线性时程计算方法；SM 为单振型反应谱法；MM 为多振型反应谱法。

表 13-3-10 中所指的"规则"桥梁，其规定在规范的 6.1.2 条，是指简支梁以及本书表 13-3-11 所限定范围内的桥梁。

桥梁规则性的定义　　　　　　　　　　　表 13-3-11

参　　数	参　数　值				
单跨最大跨径	$\leqslant 90\mathrm{m}$				
墩高	$\leqslant 30\mathrm{m}$				
单墩长细比	大于 2.5 且小于 10				
跨数	2	3	4	5	6
曲线桥梁圆心角 φ 及半径 R	单跨 $\varphi<30°$ 且一联累计 $\varphi<90°$，同时曲梁半径 $R\geqslant 20B_0$（B_0 为桥宽）				
跨与跨间最大跨长比	3	2	2	1.5	1.5
轴压比	<0.3				
任意两桥墩间最大刚度比	—	4	4	3	2
下部结构类型	桥墩为单柱墩、双柱框架墩、多柱排架墩				
地基条件	不易液化、侧向滑移或不易冲刷的场地，远离断层				

对于表 13-3-11，需要注意以下几点：

（1）跨数 3 对应于跨与跨间最大跨长比为 2，任意两桥墩间最大刚度比为 4，即，该表格存在竖向对齐。

（2）跨与跨间最大跨长比，是指，多跨时各跨的跨度可以不等，但是，单跨最大跨度 L_{max} 与最小跨度 L_{min} 之比不能太大，从表中看，3 跨时，$L_{max}/L_{min}\leqslant 2$ 为规则。

在 E1 或 E2 地震作用下，一般应建立桥梁的空间动力计算模型进行分析，对于规则桥梁，可简化为单自由度体系，按规范 6.5 节的方法计算。

地震基本烈度为 6 度及以上地区的城市桥梁，必须进行抗震设计。各类城市桥梁的抗震措施，应符合下列要求：

（1）甲类桥梁抗震措施，当地震基本烈度为 6～8 度时，应符合本地区地震基本烈度提高一度的要求；当为 9 度时，应符合比 9 度更高的要求。

（2）乙类和丙类桥梁抗震措施，一般情况下，当地震基本烈度为 6～8 度时，应符合本地区地震基本烈度提高一度的要求；当为 9 度时，应符合比 9 度更高的要求。

（3）丁类桥梁抗震措施均应符合本地区地震基本烈度的要求。

【Q13.3.34】《公路桥梁抗震设计规范》JTG/T 2231—01—2020 中设计加速度反应谱 $S(T)$ 有哪些变化？

【A13.3.34】《公路桥梁抗震设计规范》规定，设计加速度反应谱按下式确定：

$$S(T)=\begin{cases} S_{max}(0.6T/T_0+0.4) & T\leqslant T_0 \\ S_{max} & T_0<T\leqslant T_g \\ S_{max}(T_g/T) & T_g<T\leqslant 10 \\ S_{max}=2.5C_iC_sC_dA \end{cases}$$

式中，T 为周期；T_0 为反应谱上升段最大周期，取 0.1s；T_g 为特征周期；S_{max} 为设计加速度反应谱最大值；A 为水平向基本地震动峰值加速度。T_g、A 均根据桥梁所在地区按《中国地震动参数区划图》GB 18306—2015 取值，由于给出的峰值加速度是基于 Ⅱ 类场地的，所以，要进行调整。C_i、C_s、C_d 等是对地震动峰值加速度的调整。

对于非 Ⅱ 类场地，特征周期 T_g 的调整见表 13-3-12。该表格实质上来自《中国地震动参数区划图》GB 18306—2015 的表 1。

特征周期 T_g 的调整　　　　　　　　　　表 13-3-12

区划图上的特征周期（s）	场地类别				
	Ⅰ₀	Ⅰ₁	Ⅱ	Ⅲ	Ⅳ
0.35	0.20	0.25	0.35	0.45	0.65
0.40	0.25	0.30	0.40	0.55	0.75
0.45	0.30	0.35	0.45	0.65	0.90

A 为水平向基本地震动峰值加速度，按表 13-3-13 取值。该值本质上是 Ⅱ 类场地时的峰值加速度。Ⅵ、Ⅶ、Ⅷ、Ⅸ 分别表示 6、7、8、9 度。该表也见于《建筑与市政工程抗震通用规范》GB 55002—2021 的 2.2.2 条。

水平向基本地震动峰值加速度 A　　　　　　表 13-3-13

抗震设防烈度	Ⅵ	Ⅶ	Ⅷ	Ⅸ
A	0.05g	0.10（0.15）g	0.20（0.30）g	0.40g

C_i 为结构重要性系数，按表 13-3-14 取值。注意该表与《城市桥梁抗震设计规范》CJJ 166—2011 的规定不同。表 13-3-14 中，对于 A 类桥梁的 E1 地震作用取 $C_i=1.0$，是以 475 年重现期的地震为基准；0.34 对应的是 50 年重现期的地震；1.7 对应的是 2000 年重现期的地震。

结构重要性系数 C_i
表 13-3-14

桥梁抗震设防类别	E1 地震作用	E2 地震作用
A类	1.0	1.7
B类	0.43 (0.5)	1.3 (1.7)
C类	0.34	1.0
D类	0.23	—

注：高速公路和一级公路上的 B 类大桥、特大桥，取括号内值。

C_s 为场地系数，分为水平向（地震）场地系数和竖向（地震）场地系数。水平向（地震）场地系数见表 13-3-15，该表取自《中国地震动参数区划图》GB 18306—2015 的表 E.1，只不过改以设防烈度为"行"，以场地类别为"列"。注意表中，Ⅱ类场地时均为1.00，其他场地要做调整。

场地系数 C_s
表 13-3-15

场地类别	Ⅵ	Ⅶ		Ⅷ		Ⅸ
	0.05g	0.10g	0.15g	0.20 g	0.30g	0.40g
Ⅰ$_0$	0.72	0.74	0.75	0.76	0.85	0.9
Ⅰ$_1$	0.80	0.82	0.83	0.85	0.95	1.00
Ⅱ	1.00	1.00	1.00	1.00	1.00	1.00
Ⅲ	1.30	1.25	1.15	1.00	1.00	1.00
Ⅳ	1.25	1.20	1.10	1.00	0.95	0.90

C_d 为阻尼调整系数，对于结构阻尼比 $\xi \neq 0.05$ 的情况，C_d 按下式确定：

$$C_d = 1 + \frac{0.05 - \xi}{0.08 + 1.6\xi} \geqslant 0.55$$

14   2016 年试题与解答

14.1 2016 年试题

题 1~3

某办公楼为现浇混凝土框架结构，设计使用年限 50 年，安全等级为二级。其二层局部平面图、主次梁节点示意图和次梁 L-1 的计算简图如图 14-1-1 所示，混凝土强度等级 C35，钢筋均采用 HRB400。

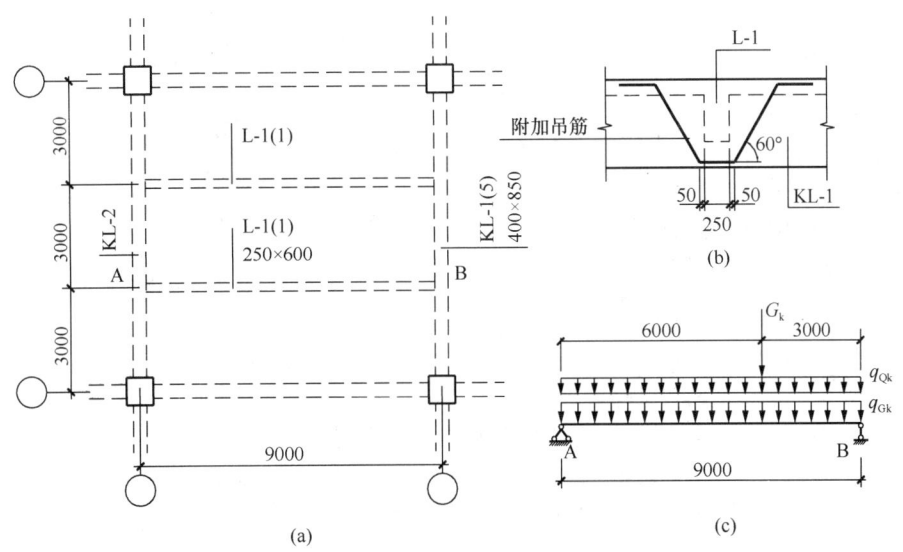

图 14-1-1 题 1~3 图
(a) 局部平面图；(b) 主次梁节点示意图；(c) L-1 计算简图

1. 假定，次梁上的永久均布荷载标准值 q_{Gk}＝18kN/m（包括自重），可变均布荷载标准值 q_{Qk}＝6kN/m，永久集中荷载标准值 G_k＝30kN，可变荷载组合值系数 0.7。试问，当不考虑楼面活载折减系数时，次梁 L-1 传给主梁 KL-1 的集中荷载设计值 F（kN），与下列何项数值最为接近？

A. 130   B. 140   C. 155   D. 170

2. 假定，次梁 L-1 传给主梁 KL-1 的集中荷载设计值 F＝220kN，且该集中荷载全部由附加吊筋承担。试问，附加吊筋的配置选用下列何项最为合适？

A. 2 Φ 16   B. 2 Φ 18   C. 2 Φ 20   D. 2 Φ 22

3. 假定，次梁 L-1 跨中下部纵向受力钢筋按计算所需的截面面积为 2480mm²，实配 6 Φ 25。试问，L-1 支座上部的纵向钢筋，至少应采用下列何项配置？

提示：梁顶钢筋在主梁内满足锚固要求。

A. 2 Φ 14   B. 2 Φ 16   C. 2 Φ 20   D. 2 Φ 22

题 4 某预制钢筋混凝土实心板，长×宽×厚＝6000mm×500mm×300mm，四角各设有 1 个吊环，吊环均采用 HPB300 钢筋，可靠锚入混凝土中并绑扎在钢筋骨架上。试问，吊环钢筋的直径（mm），至少应采用下列何项数值？

提示：（1）钢筋混凝土的自重按 25kN/m³ 计算；

（2）吊环和吊绳均与预制板面垂直。

A. 8　　　　　　B. 10　　　　　　C. 12　　　　　　D. 14

题 5　某工地有一批直径 6mm 的盘卷钢筋，钢筋牌号 HRB400。钢筋调直后应进行重量偏差检验，每批抽取 3 个试件。假定，3 个试件的长度之和为 2m。试问，这 3 个试件的实际重量之和的最小容许值（g）与下列何项数值最为接近？

提示：按《混凝土结构工程施工质量验收规范》GB 50204—2015 作答。

A. 409　　　　　　B. 422　　　　　　C. 444　　　　　　D. 468

题 6　某刚架计算简图如图 14-1-2 所示，安全等级为二级。其中竖杆 CD 为钢筋混凝土构件，截面尺寸 400mm×400mm，混凝土强度等级为 C40，纵向钢筋采用 HRB400，对称配筋，$a_s = a_s' = 40$mm。假定，集中荷载设计值 $P = 160$kN，构件自重忽略不计。

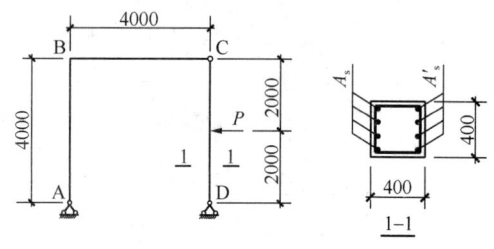

图 14-1-2　题 6 图

试问，按承载能力极限状态计算时（不考虑抗震），在刚架平面内竖杆 CD 最不利截面的单侧纵筋截面面积 A_s（mm²），与下列何项数值最为接近？

A. 1250　　　　　　B. 1350　　　　　　C. 1500　　　　　　D. 1600

题 7　某民用建筑的楼层钢筋混凝土吊柱，设计使用年限为 50 年，环境类别为二 a 类，安全等级为二级。吊柱截面为 400mm×400mm，按轴心受拉构件设计。混凝土强度等级 C40，柱内仅配置纵向钢筋和外围箍筋。永久荷载作用下的轴向拉力标准值 $N_{Gk} = 400$kN（已计入自重），可变荷载作用下的轴向拉力标准值 $N_{Qk} = 200$kN，准永久值系数取 0.5。假定，纵向钢筋采用 HRB400，钢筋等效直径 $d_{eq} = 25$mm，最外层纵向钢筋的保护层厚度 $c_s = 40$mm。

试问，在满足最大裂缝宽度限值的前提下，吊柱内全部纵向钢筋截面面积 A_s（mm²），至少应选用下列何项数值？

提示：裂缝间纵向受拉钢筋应变不均匀系数为 0.6029。

A. 2200　　　　　　B. 2600　　　　　　C. 3500　　　　　　D. 4200

题 8～11

某民用房屋，结构设计使用年限为 50 年，安全等级为二级。二层楼面上有一带悬臂段的预制钢筋混凝土等截面梁，其计算简图和梁截面如图 14-1-3 所示，不考虑抗震设计。梁的混凝土强度等级为 C40，纵筋和箍筋均采用 HRB400，$a_s = 60$mm。未配置弯起钢筋，不考虑纵向受压钢筋作用。

8. 假定，作用在梁上的永久荷载标准值 $q_{Gk} = 25$kN/m（包括自重），可变荷载标准值 $q_{Qk} = 10$kN/m，组合值系数 0.7。试问，AB 跨的跨中最大正弯矩设计值 M_{max}（kN·m），与下列何项数值最为接近？

提示：梁上可变荷载的分项系数取 1.5，永久荷载的分项系数均取 1.3。

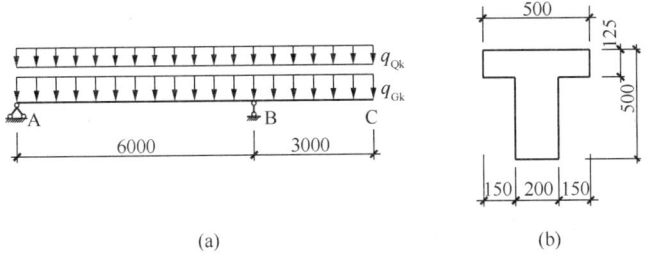

图 14-1-3 题 8～11 图

A. 110　　　　　B. 140　　　　　C. 160　　　　　D. 170

9. 假定，支座 B 处的最大弯矩设计值 $M=200$kN·m。试问，按承载能力极限状态计算，支座 B 处的梁纵向受拉钢筋截面面积 A_s（mm^2），与下列何项数值最为接近？

提示：$\xi_b=0.518$。

A. 1550　　　　B. 1750　　　　C. 1850　　　　D. 2050

10. 假定，支座 A 的最大反力设计值 $R_A=180$kN。试问，按斜截面承载力计算，支座 A 边缘处梁截面的箍筋配置，至少应选用下列何项？

提示：不考虑支座宽度的影响。

A. ϕ 6@200(2)　　B. ϕ 8@200(2)　　C. ϕ 10@200(2)　　D. ϕ 12@200(2)

11. 假定，不考虑支座宽度等因素的影响，实际悬臂长度可按计算简图取用。试问，当使用上对挠度有较高要求时，C 点向下的挠度限值（mm），与下列何项数值最为接近？

提示：未采取预先起拱措施。

A. 12　　　　　B. 15　　　　　C. 24　　　　　D. 30

题 12～14

某 7 度（0.10g）地区多层重点设防类民用建筑，采用现浇钢筋混凝土框架结构，建筑平、立面均规则，框架的抗震等级为二级。框架柱的混凝土强度等级均为 C40，钢筋采用 HRB400，$a_s=a_s'=50$mm。

12. 假定，底层某角柱截面为 700mm×700mm，柱底截面考虑水平地震作用组合的、未经调整的弯矩设计值为 900kN·m，相应的轴压力设计值为 3000kN。柱纵筋采用对称配筋，相对界限受压区高度 $\xi_b=0.518$，不需要考虑二阶效应。试问，按单偏压构件计算，该角柱满足柱底正截面承载能力要求的单侧纵筋截面面积 A_s（mm^2），与下列何项数值最为接近？

提示：不需要验算最小配筋率。

A. 1300　　　　B. 1800　　　　C. 2200　　　　D. 2900

13. 假定，底层某边柱为大偏心受压构件，截面 900mm×900mm。试问，该柱满足构造要求的纵向钢筋最小总面积（mm^2），与下列何项数值最为接近？

A. 6500　　　　B. 6900　　　　C. 7300　　　　D. 7700

14. 假定，某中间层的中柱 KZ-6 的净高为 3.5m，截面和配筋如图 14-1-4 所示，其柱底考虑地震作用组合的轴向压力设计值为 4840kN，柱的反弯点位于柱净高中点处。试问，该柱箍筋加密区的体积配箍率 ρ_v 与规范规定的最小体积配箍率 ρ_{vmin} 的比值 ρ_v/ρ_{vmin}，与下列何项数值最为接近？

提示：箍筋的保护层厚度取 27mm，不考虑重叠部分的箍筋面积。

A. 1.2   B. 1.4

C. 1.6   D. 1.8

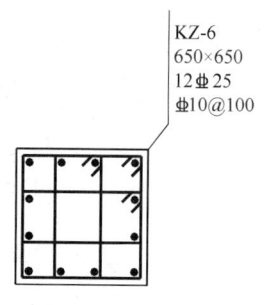

KZ-6
650×650
12Φ25
Φ10@100

图 14-1-4 题 14 图

题 15～16

某三跨混凝土叠合板，其施工流程如下：

（1）铺设预制板（预制板下不设支撑）；

（2）以预制板作为模板铺设钢筋、灌缝并在预制板面现浇混凝土叠合层；

（3）待叠合层混凝土完全达到设计强度形成单向连续板后，进行建筑面层等装饰施工。

最终形成的叠合板如图 14-1-5 所示，其结构构造满足叠合板和装配整体式楼盖的各项规定。

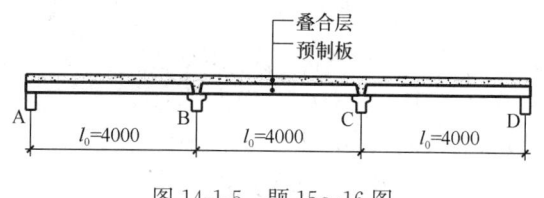

图 14-1-5 题 15～16 图

假定，永久荷载标准值为：（1）预制板自重 $g_{k1} = 3kN/m^2$，（2）叠合层总荷载 $g_{k2} = 1.25kN/m^2$，（3）建筑装饰总荷载 $g_{k3} = 1.6kN/m^2$；可变荷载标准值为：（1）施工荷载 $q_{k1} = 2kN/m^2$，（2）使用阶段活载 $q_{k2} = 4kN/m^2$。沿预制板长度方向计算跨度 l_0 取图示支座中到中的距离，永久荷载分项系数取 1.3，可变荷载分项系数取 1.5。

15. 试问，验算第一阶段（后浇的叠合层混凝土达到强度设计值之前的阶段）预制板的正截面受弯承载力时，其每米板宽的弯矩设计值 M（kN·m），与下列何项数值最为接近？

A. 10   B. 13   C. 17   D. 20

16. 试问，当不考虑支座宽度的影响，验算第二阶段（叠合层混凝土完全达到强度设计值形成连续板之后的阶段）叠合板的正截面受弯承载力时，支座 B 处的每米板宽负弯矩设计值 M（kN·m），与下列何项数值最为接近？

提示：本题仅考虑荷载满布的情况，不必考虑荷载的不利分布。等跨梁在满布荷载作用下，支座 B 的负弯矩计算公式如图 14-1-6 所示。

A. 9   B. 13

C. 16   D. 20

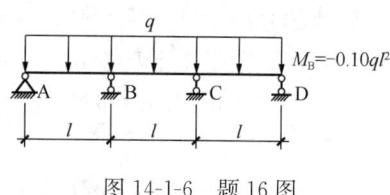

图 14-1-6 题 16 图

题 17～23

某冷轧车间单层钢结构主厂房，设有两台重量为 25t 的重级工作制（A6）软钩吊车。吊车梁系统布置见图 14-1-7，吊车梁钢材为 Q345。

17. 假定，非采暖车间，最低日平均室外计算温度为 −7.2℃。试问，焊接吊车梁钢材选用下列何种质量等级最为经济合理？

提示：最低日平均室外计算温度为吊车梁工作温度。

A. Q345A   B. Q345B   C. Q345C   D. Q345D

18. 吊车资料见表 14-1-1。试问，不计吊车梁自重仅考虑最大轮压作用时，在图 14-1-

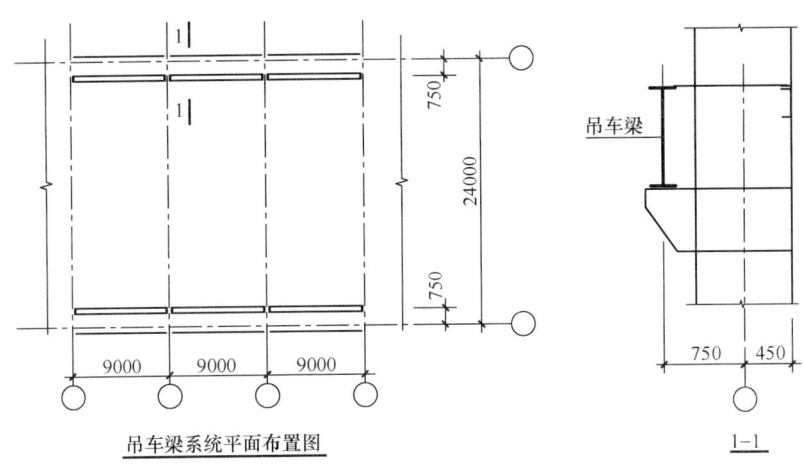

吊车梁系统平面布置图

1-1

图 14-1-7　题 17～23 图

8 所示的轮压布置下，吊车梁在 C 点处的竖向弯矩标准值（kN·m）以及在 C 点处的较大剪力标准值（kN，指绝对值较大者），与下列何项数值最为接近？

A. 430，35　　　　　B. 430，140　　　　　C. 635，60　　　　　D. 635，120

吊　车　资　料　　　　　　　　　　　　表 14-1-1

吊车起重量 Q（t）	吊车跨度 L_k	台数	工作制	吊钩类别	吊车简图	最大轮压 $P_{k,max}$	小车重 g（t）	吊车总重 G（t）	轨道型号
25	22.5	2	重级	软钩	参见图 14-1-8	178	9.7	21.49	38kg/m

19. 吊车梁截面见图 14-1-9，截面几何特性见表 14-1-2。假定，吊车梁最大竖向弯矩设计值为 1200kN·m，相应水平向弯矩设计值为 100kN·m。试问，在计算吊车梁抗弯强度时，其计算值（N/mm²）与下列何项数值最为接近？

提示：吊车梁截面等级不低于 S4 级。

A. 150　　　　　B. 165　　　　　C. 230　　　　　D. 240

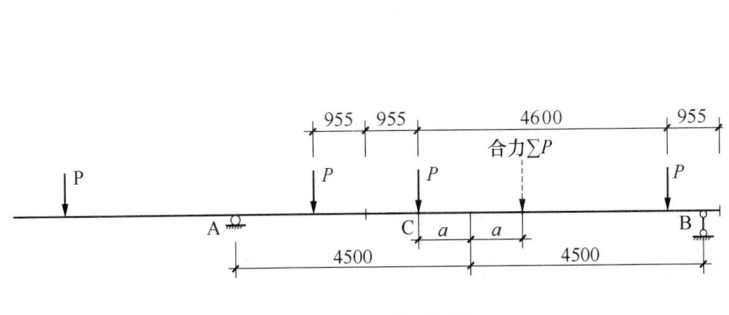

图 14-1-8　题 18 图

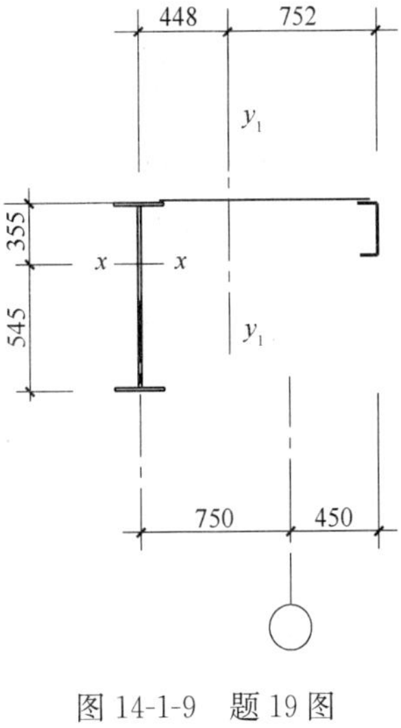

图 14-1-9　题 19 图

吊车梁截面几何特性　　　　　　　　　　　　　　表 14-1-2

吊车梁对 x 轴毛截面模量 （mm³）		吊车梁对 x 轴净截面模量 （mm³）		吊车梁制动结构对 y_1 轴 净截面模量（mm³）
$W_x^{上}$	$W_x^{下}$	$W_{nx}^{上}$	$W_{nx}^{下}$	$W_{ny1}^{左}$
8202×10^3	5362×10^3	8085×10^3	5266×10^3	6866×10^3

20. 假定，吊车梁腹板采用－900×10 截面。试问，采用下列何种措施最为合理？

A. 设置横向加劲肋，并计算腹板的稳定性

B. 设置纵向加劲肋

C. 加大腹板厚度

D. 可考虑腹板屈曲后强度，按《钢结构设计标准》GB 50017—2017 第 6.4 节的规定
计算抗弯和抗剪承载力

21. 假定，厂房位于 8 度区，采用轻屋面，屋面支撑布置见图 14-1-10，支撑采用 Q235。
试问，屋面支撑采用表 14-1-3 中何种截面最为合理（满足规范要求且用钢量最低）？

截面及其回转半径　　　　　　　　　　　　表 14-1-3

截面	回转半径 i_x（mm）	回转半径 i_y（mm）	回转半径 i_v（mm）
L70×5	21.6	21.6	13.9
L110×7	34.1	34.1	22.0
2L63×5	19.4	28.2	
2L90×6	27.9	39.1	

A. L70×5　　　B. L110×7　　　C. 2L63×5　　　D. 2L90×6

22. 假定，厂房位于 8 度区，吊车肢下柱柱间支撑采用 2L90×6，Q235 钢，截面面积
A＝2128mm²。试问，根据《建筑抗震设计规范》GB 50011—2010 的规定，图 14-1-11 中
柱间支撑与节点板最小连接焊缝长度 l（mm），与下列何项数值最为接近？

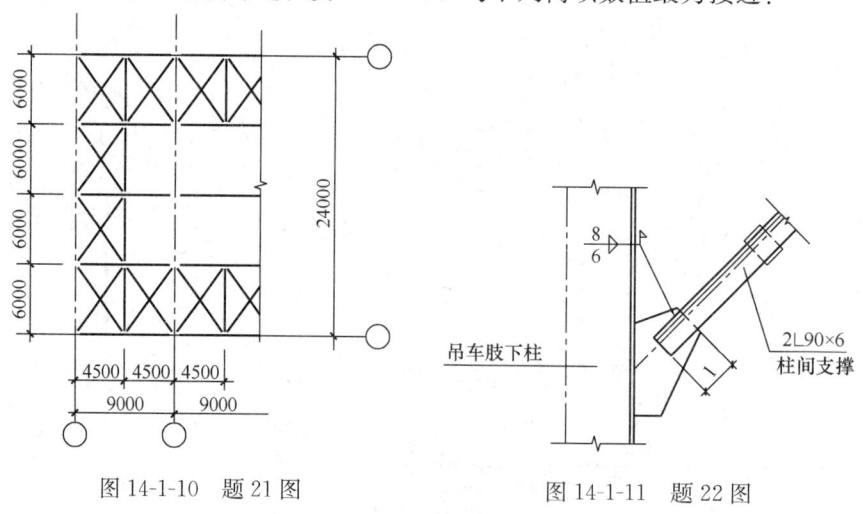

图 14-1-10　题 21 图　　　　　　图 14-1-11　题 22 图

提示：（1）焊条采用 E43 型，焊接时采用绕焊，即焊缝计算长度可取标示尺寸；

（2）不考虑焊缝强度折减；角焊缝极限强度 f_u^f＝240N/mm²；

（3）肢背处内力按总内力的 70％计算。

A. 90　　　　　　B. 135　　　　　　C. 160　　　　　　D. 235

23. 假定，厂房位于 8 度区，采用轻屋面，梁、柱均采用 Q235 钢材，且板件宽厚比均符合《钢结构设计标准》GB 50017—2017 中 S4 级时的板件宽厚比限值要求，但不符合《建筑抗震设计规范》GB 50011—2010 表 8.3.2 的要求，其中，梁翼缘板件宽厚比为 13。试问，在进行构件强度和稳定的抗震承载力计算时，应满足以下何项地震作用要求？

A. 满足多遇地震的要求，但应采用有效截面

B. 满足多遇地震下的要求

C. 满足 1.5 倍多遇地震下的要求

D. 满足 2 倍多遇地震下的要求

题 24～30

某 9 层钢结构办公建筑，房屋高度 34.9m，抗震设防烈度为 8 度，布置如图 14-1-12 所示，所有连接均采用刚接。支撑框架为强支撑框架，各层均满足刚性平面假定。框架梁柱采用 Q345。框架梁采用焊接截面，除跨度为 10m 的框架梁截面采用 H700×200×12×

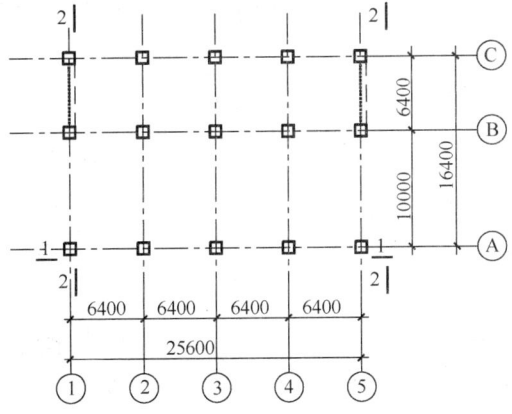

框架柱及柱间支撑布置平面图

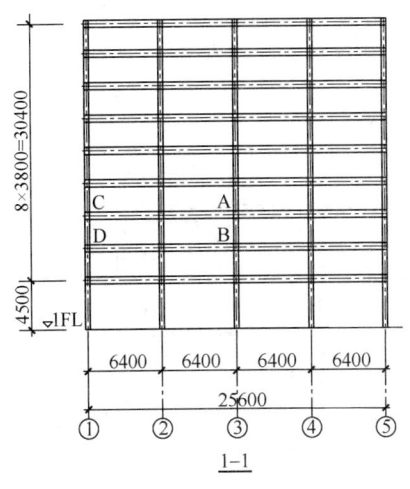

1—1

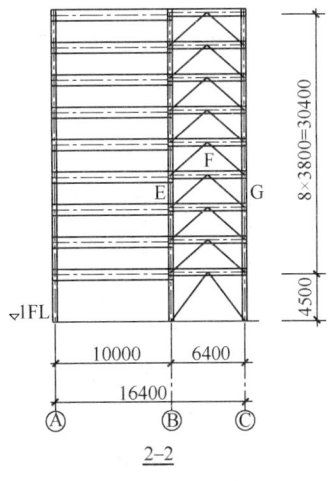

2—2

图 14-1-12　题 24～30 图

22 外，其他框架梁截面均采用 H500×200×12×16，柱采用焊接箱形截面 B500×22。梁、柱截面特性如表 14-1-4 所示。

梁、柱的截面特性　　　　　　　　　　　　　　表 14-1-4

截面	面积 A (mm^2)	惯性矩 I_x (mm^4)	回转半径 i_x (mm)	弹性截面模量 W_x (mm^3)	塑性截面模量 W_{px} (mm^3)
H500×200×12×16	12016	$4.77×10^8$	199	$1.91×10^6$	$2.21×10^6$
H700×200×12×22	16672	$1.29×10^9$	279	$3.70×10^6$	$4.27×10^6$
B500×22	42064	$1.61×10^9$	195	$6.42×10^6$	

24. 试问，当按剖面 1-1（Ⓐ轴框架）计算稳定性时，框架柱 AB 平面外的计算长度系数，与下列何项数值最为接近？

A. 0.89　　　　B. 0.95　　　　C. 1.80　　　　D. 2.59

25. 假定，剖面 1-1 中的框架柱 CD 在Ⓐ轴框架平面内计算长度系数取为 2.4，平面外计算长度系数取为 1.0，试问，当按公式 $\dfrac{N}{\varphi_x A}+\dfrac{\beta_{mx}M_x}{\gamma_x W_{1x}(1-0.8N/N'_{Ex})}+\eta\dfrac{\beta_{ty}M_y}{\varphi_{by}W_y}\leq f$ 进行平面内（M_x 方向）稳定性计算时，N'_{Ex} 的计算值（N）与下列何项数值最为接近？

A. $2.40×10^7$　　　B. $3.50×10^7$　　　C. $1.40×10^8$　　　D. $2.20×10^8$

26. 假定，地震作用下剖面图 1-1 中 B 处框架梁 H500×200×12×16 弯矩设计值最大值为 $M_{x,左}=M_{x,右}=163.9$kN·m。试问，当按照公式 $\psi(M_{pb1}+M_{pb1})/V_p\leq\dfrac{4}{3}f_{yv}$ 验算梁柱节点域屈服承载力时，该公式左侧计算值（N/mm²）与下列何项数值最为接近？

提示：按《建筑抗震设计规范》GB 50011—2010（2016 年版）作答。

A. 36　　　　B. 80　　　　C. 100　　　　D. 165

27. 假定，次梁采用 H350×175×7×11，底模采用压型钢板，$h_e=76$mm，混凝土楼板总厚为 130mm，采用钢与混凝土组合梁设计，沿梁跨度方向焊钉间距约为 350mm。试问，焊钉直径、总高度、垂直于梁轴线方向间距三项指标选用下列何项最为合适？

A. 13mm、100mm、90mm　　　　　B. 16mm、110mm、90mm

C. 16mm、115mm、125mm　　　　　D. 19mm、120mm、125mm

28. 假定，结构满足强柱弱梁要求，对于如图 14-1-13 所示的栓焊连接，连接 1 和连接 2，下列说法何项正确？

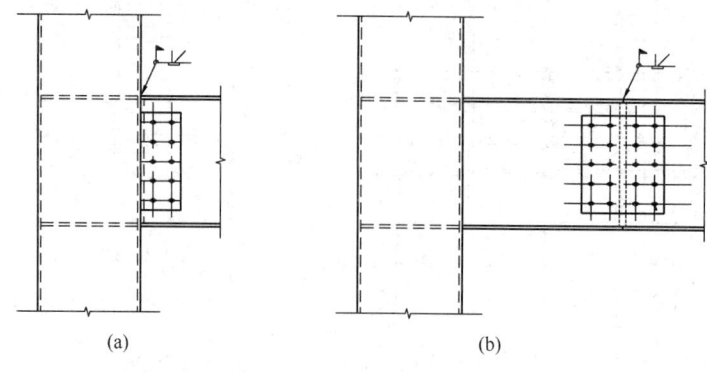

(a)　　　　　　　　　　　　　(b)

图 14-1-13　题 28 图
(a) 连接 1 示意图；(b) 连接 2 示意图

A. 满足规范最低设计要求时，连接 1 比连接 2 极限承载力要求高

B. 满足规范最低设计要求时，连接 1 比连接 2 极限承载力要求低

C. 满足规范最低设计要求时，连接 1 与连接 2 极限承载力要求相同

D. 梁柱连接按内力计算，与承载力无关

29. 假定，支撑均采用 Q235，截面采用 $\phi 299 \times 10$ 焊接钢管，截面面积为 9079mm²，回转半径为 102mm。当框架梁 EG 按不计入支撑支点作用的梁，验算重力荷载和支撑屈曲时不平衡力作用下的承载力时，试问，受压支撑提供的竖向力计算值（kN），与下列何项最为接近？

A. 430   B. 550   C. 1400   D. 1650

30. 以下为关于钢梁开孔的描述：

Ⅰ. 框架梁腹板不允许开孔；

Ⅱ. 距梁端相当于梁高范围的框架腹板不允许开孔；

Ⅲ. 次梁腹板不允许开孔；

Ⅳ. 所有腹板开孔的洞均应补强。

试问，上述说法有几项正确？

A. 1   B. 2   C. 3   D. 4

题 31～33

某砖混结构多功能餐厅，上下层墙体厚度相同，层高相同，采用 MU20 混凝土普通砖和 Mb10 专用砌筑砂浆砌筑，施工质量为 B 级，结构安全等级二级，现有一截面尺寸为 300mm×800mm 钢筋混凝土梁，支承于尺寸为 370mm×1350mm 的一字形截面墙垛上，梁下拟设置预制钢筋混凝土垫块，垫块尺寸为 $a_b=370$mm，$b_b=740$mm，$t_b=240$mm，如图 14-1-14 所示。

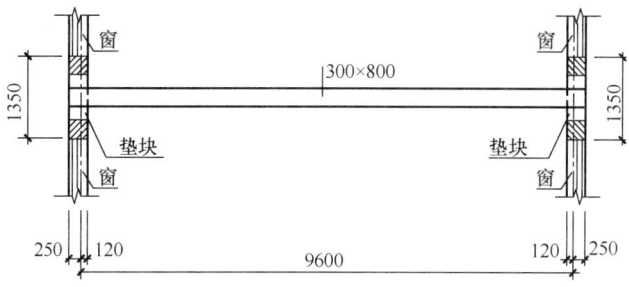

梁平面布置简图

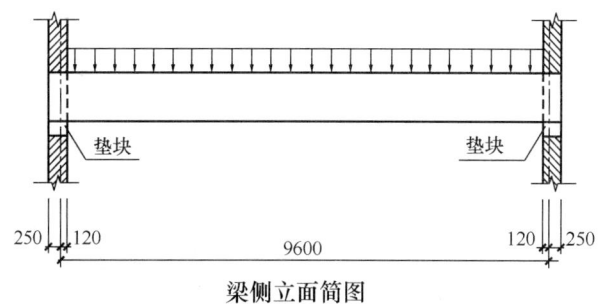

梁侧立面简图

图 14-1-14　题 31～33 图

提示：计算跨度按 $l=9.6$m 考虑。

31. 试问，垫块外砌体面积的有利影响系数 γ_1，与下列何项数值最为接近？

　　A. 1.00　　　　　B. 1.05　　　　　C. 1.30　　　　　D. 1.35

32. 进行刚性方案房屋的静力计算时，假定，梁的荷载设计值（含自重）为 48.9kN/m，梁上下层墙体的线性刚度相同。试问，由梁端约束引起的下层墙体顶部弯矩设计值（kN·m），与下列何项数值最为接近？

　　A. 25　　　　　B. 40　　　　　C. 75　　　　　D. 375

33. 假定，梁的荷载设计值（含自重）为 38.6kN/m，上层墙体传来的轴向荷载设计值为 320kN。试问，垫块上梁端有效支承长度 a_0（mm），与下列何项数值最为接近？

　　A. 60　　　　　B. 90　　　　　C. 100　　　　　D. 110

题 34　无筋砌体结构房屋的静力计算，下列关于房屋空间工作性能的表述何项不妥？

A. 房屋的空间工作性能与楼（屋）盖的刚度有关

B. 房屋的空间工作性能与刚性横墙的间距有关

C. 房屋的空间工作性能与伸缩缝处是否设置刚性双墙无关

D. 房屋的空间工作性能与建筑物的层数关系不大

题 35　某抗震设防烈度 7 度（0.10g）总层数为 6 层的房屋，采用底层框架-抗震墙砌体结构，某一榀框支墙梁剖面简图如图 14-1-15 所示，墙体采用 240mm 厚烧结普通砖、混合砂浆砌筑，托梁截面尺寸为 300mm×700mm。试问，按《建筑抗震设计规范》GB 50011—2010 要求，该榀框支墙梁二层过渡层墙体内，设置的构造柱最少数量（个），与下列何项数值最为接近？

　　A. 9　　　　　B. 7　　　　　C. 5　　　　　D. 3

题 36～38

某建筑局部结构布置如图 14-1-16 所示，按刚性方案计算，二层层高 3.6m，墙体厚度均为 240mm，采用 MU10 烧结普通砖，M10 混合砂浆砌筑，已知墙 A 承受重力荷载代表值 518kN，由梁端偏心荷载引起的偏心距 $e=35$mm，施工质量控制等级为 B 级。

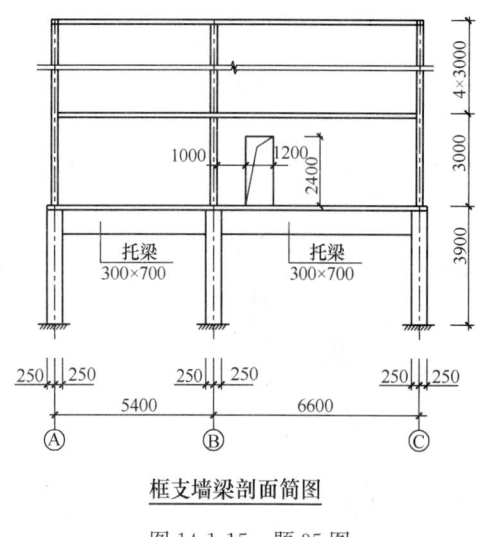

框支墙梁剖面简图

图 14-1-15　题 35 图

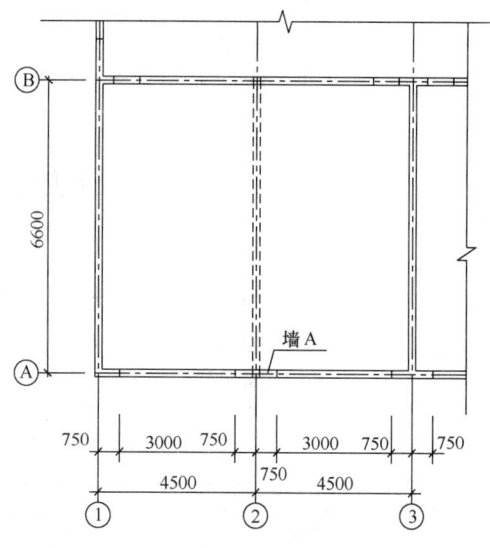

图 14-1-16　题 36～38 图

36. 试问，墙 A 沿阶梯形截面破坏的抗震抗剪强度设计值 f_{vE}（N/mm²），与下列何项数值最为接近？

A. 0.26　　　　B. 0.27　　　　C. 0.28　　　　D. 0.30

37. 假定，外墙窗洞 3000mm×2100mm，窗洞底距楼面 900mm，试问，二层Ⓐ轴墙体的高厚比验算与下列何项最为接近？

A. 15.0＜22.1　　B. 15.0＜19.1　　C. 18.0＜19.1　　D. 18.0＜22.1

38. 假定，二层墙 A 配置有直径 4mm 冷拔低碳钢丝网片，方格网孔尺寸为 80mm，其抗拉强度设计值为 550MPa，竖向间距为 180mm，试问，该网状配筋砌体的抗压强度设计值 f_n（MPa），与下列何项数值最为接近？

A. 1.89　　　　B. 2.35　　　　C. 2.50　　　　D. 2.70

题 39～40

某配筋砌块砌体剪力墙结构房屋，标准层有一配置足够水平钢筋、100%全灌芯的配筋砌块砌体受压构件，采用 MU15 级混凝土小型空心砌块，Mb10 级专用砌筑砂浆砌筑，灌孔混凝土强度等级为 Cb30，采用 HRB400 钢筋。截面尺寸、竖向配筋如图 14-1-17 所示。

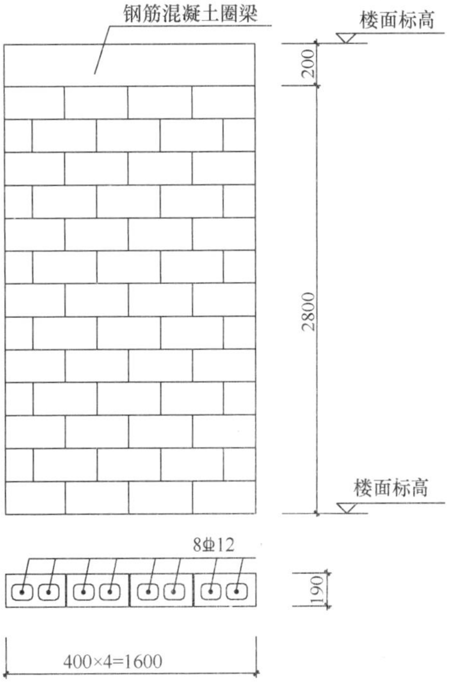

39. 假定，该剪力墙为轴心受压构件。试问，该构件的稳定系数 φ_{0g} 与下列何项数值最为接近？

A. 1.00　　　　B. 0.80

C. 0.75　　　　D. 0.65

40. 假定，该构件处于大偏心界限受压状态，且取 a_s=100mm，试问，该配筋砌块砌体剪力墙受拉钢筋屈服的数量（根），与下列何项数值最为接近？

A. 1　　　　B. 2

C. 3　　　　D. 4

图 14-1-17　题 39～40 图

题 41　某设计使用年限为 50 年的木结构办公建筑中，有一轴心受压柱，两端铰接，使用未经切削的东北落叶松原木，计算高度为 3.9m，中央截面直径 180mm，回转半径为 45mm，中部有一通过圆心贯穿整个截面的缺口。试问，该杆件的稳定承载力（kN），与下列何项数值最为接近？

A. 100　　　　B. 120　　　　C. 140　　　　D. 160

题 42　关于木结构设计的下列说法，其中何项正确？

A. 设计桁架上弦杆时，不允许用 I_b 胶合木结构板材

B. 制作木构件时，受拉构件的连接板木材含水率不应大于 25%

C. 承重结构方木材质标准对各材质等级中的髓心均不做限制规定

D. "破心下料"的制作方法可以有效减小木材因干缩引起的开裂，但规范不建议大量使用

题 43~45

截面尺寸为 500mm×500mm 的框架柱，采用钢筋混凝土扩展基础，混凝土强度等级 C30。基础底面形状为矩形，平面尺寸 4m×2.5m。结构重要性系数 $\gamma_0=1.0$。荷载效应标准组合时，上部结构传来的竖向压力 $F_k=1750$kN，弯矩及剪力忽略不计，荷载效应由永久作用控制。基础平面及地勘剖面如图 14-1-18 所示。

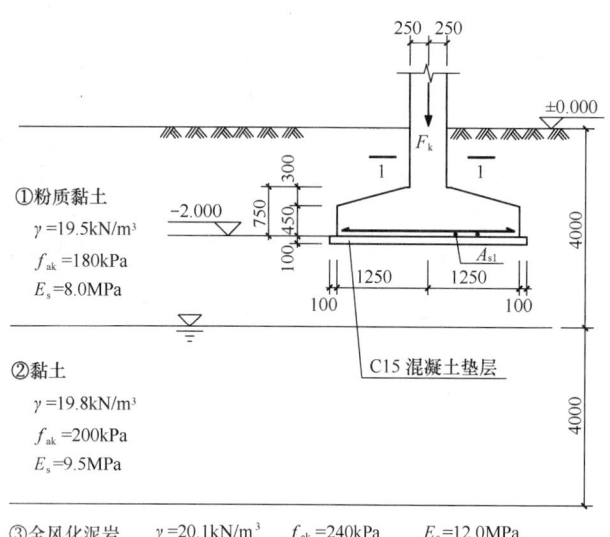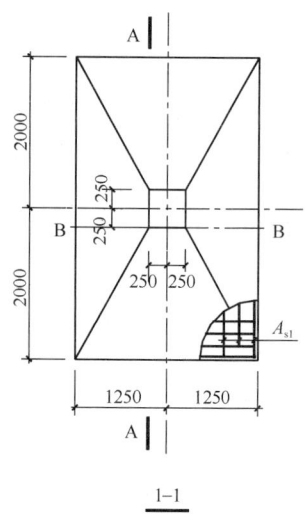

图 14-1-18 题 43~45 图

43. 试问，B-B 剖面处基础的弯矩设计值（kN·m），与下列何项数值最为接近？

提示：基础自重和其上土重的加权平均重度按 20kN/m³ 取用。

A. 900   B. 660   C. 550   D. 500

44. 试问，在柱与基础的交接处，冲切破坏锥体最不利一侧斜截面的受冲切承载力（kN），与下列何项数值最为接近？

提示：基础有效高度 $h_0=700$mm。

A. 850   B. 750   C. 650   D. 550

45. 假定，荷载效应准永久组合时，基底的平均附加压力值 $p_0=160$kPa，地区沉降经验系数 $\psi_s=0.58$，基础沉降计算深度算至第③层顶面。试问，按照《建筑地基基础设计规范》GB 50007—2011 的规定，当不考虑邻近基础的影响时，该基础中心点的最终沉降量计算值 s（mm），与下列何项数值最为接近？

提示：$\overline{\alpha}$ 的取值见表 14-1-5。

A. 20   B. 25   C. 30   D. 35

矩形面积上均布荷载作用下角点平均附加应力系数 $\overline{\alpha}$ 表 14-1-5

z/b	l/b 1.2	1.6	2.0
0	0.2500	0.2500	0.2500
1.6	0.2006	0.2079	0.2113
4.8	0.1036	0.1136	0.1204

题 46～48

某多层框架结构,拟采用一柱一桩人工挖孔桩基础 ZJ-1,桩身内径 $d=1.0$m,护壁采用振捣密实的混凝土,厚度为 150mm,以⑤层硬塑性黏土为桩端持力层,基础剖面及地基土层相关参数见图 14-1-19(图中,E_s 为土的自重压力至土的自重压力与附加压力之和的压力段的压缩模量)。

提示:根据《建筑桩基技术规范》JGJ 94—2008 作答;粉质黏土可按黏土考虑。

46. 试问,根据土的物理指标与承载力参数的经验关系,确定单桩极限承载力标准值时,该人工挖孔桩能提供的极限桩侧阻力标准值(kN),与下述何项数值最为接近?

提示:桩周周长按护壁外直径计算。

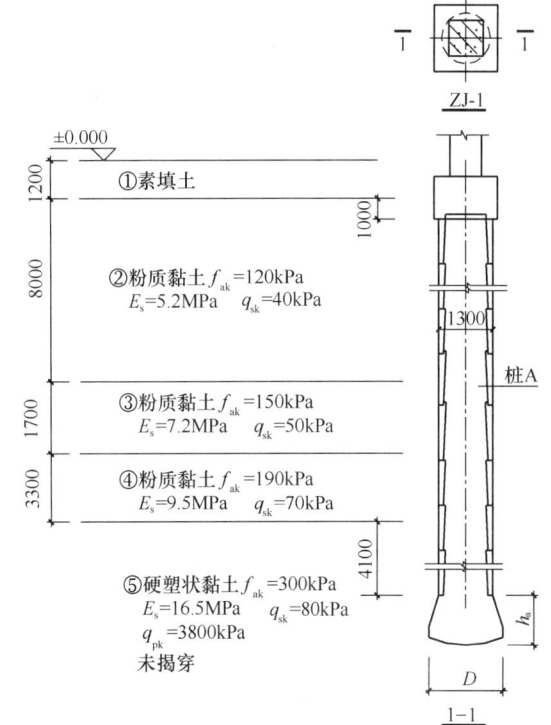

图 14-1-19 题 46～48 图

A. 2050   B. 2300   C. 2650   D. 3000

47. 假定,桩 A 的桩端扩大头直径 $D=1.6$m,试问,当根据土的物理指标与承载力参数之间的经验关系确定单桩极限承载力标准值时,该桩提供的桩端承载力特征值(kN),与下列何项数值最为接近?

A. 3000   B. 3200   C. 3500   D. 3750

48. 假定,桩 A 采用直径为 1.5m,有效桩长为 15m 的等截面旋挖桩。在荷载效应准永久组合作用下,桩顶附加荷载为 4000kN。不计桩身压缩变形,不考虑相邻桩的影响,承台底地基土不分担荷载。试问,当基桩的总桩端阻力与桩顶荷载之比 $\alpha_j=0.6$ 时,基桩的桩身中心轴线上、桩端平面以下 3.0m 厚压缩层(按一层考虑)产生的沉降量 s(mm),与下列何项数值最为接近?

提示:(1)根据《建筑桩基技术规范》JGJ 94—2008 作答;

(2)沉降计算经验系数 $\psi=0.45$,$I_{p,11}=15.575$,$I_{s,11}=2.599$。

A. 10.0   B. 12.5   C. 15.0   D. 17.5

题 49～51

某建筑地基,如图 14-1-20 所示,拟采用以④层圆砾为桩端持力层的高压旋喷桩进行地基处理,高压旋喷桩直径 $d=600$mm,正方形均匀布桩,桩间土承载力发挥系数和单桩承载力发挥系数分别为 0.8 和 1.0,桩端阻力发挥系数为 0.6。

提示:根据《建筑地基处理技术规范》JGJ 79—2012 作答。

49. 假定,③层粉细砂和④层圆砾土中的桩体标准试块(边长为 150mm 的立方体)

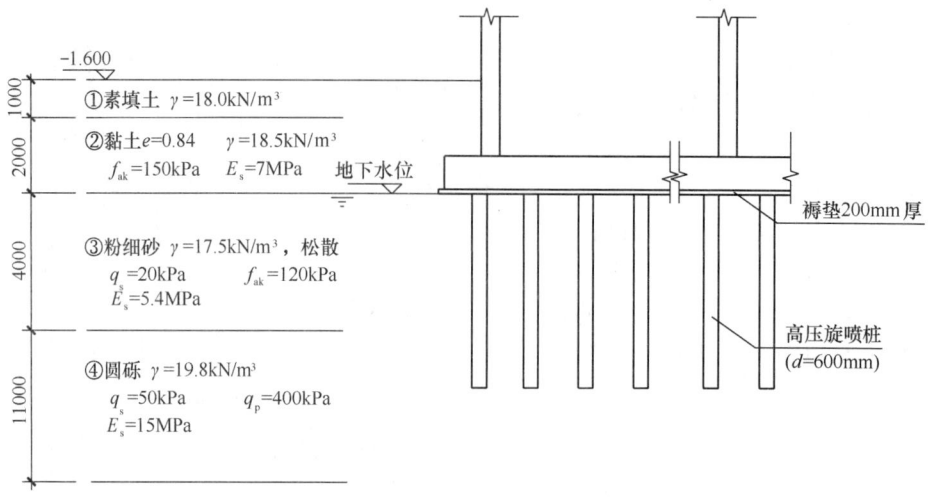

图 14-1-20 题 49~51 图

标准养护 28d 的立方体抗压强度平均值分别为 5.6MPa 和 8.4MPa。高压旋喷桩的承载力特征值由桩身强度控制,处理后桩间土③层粉细砂的地基承载力特征值为 120kPa,根据地基变形验算要求,需将③层粉细砂的压缩模量提高至不低于 10.0MPa,试问,地基处理所需的最小面积置换率 m,与下列何项数值最为接近?

    A. 0.06   B. 0.08   C. 0.10   D. 0.12

    50. 假定,高压旋喷桩进入④层圆砾的深度为 2.4m,试问,根据土体强度指标确定的单桩竖向承载力特征值(kN),与下列何项数值最为接近?

    A. 400   B. 450   C. 500   D. 550

    51. 方案阶段,假定,考虑采用以④层圆砾为桩端持力层的振动沉管碎石桩(直径 800mm)进行地基处理,正方形均匀布桩,桩间距为 2.4m,桩土应力比 $n=2.8$,处理后③粉细砂层桩间土的地基承载力特征值为 170kPa。试问,按上述要求处理后的复合地基承载力特征值(kPa),与下列何项数值最为接近?

    A. 195   B. 210   C. 225   D. 240

题 52~54

某框架结构商业建筑,采用柱下扩展基础,基础埋深 1.5m,基础持力层为中风化凝灰岩。边柱截面为 1.0m×1.0m,基础底面形状为正方形,边长 $a=1.8$m,该柱下基础剖面及地基情况如图 14-1-21 所示。地下水位在地表下 1.5m 处。基础及基底以上填土的加权平均重度为 20kN/m³。

    52. 假定,持力层 6 个岩样的饱和单轴抗压强度试验值如表 14-1-6 所示,试验按《建筑地基基础设计规范》GB 50007—2011 的规定进行,变异系数 $\delta=0.142$。试问,根据试验数据统计分析得到的岩石饱和单轴抗压强度标准值(MPa),与下列何项数值最为接近?

    A. 9   B. 10   C. 11   D. 12

试样抗压强度结果   表 14-1-6

试样编号	1	2	3	4	5	6
单轴抗压强度(MPa)	10.7	11.3	14.8	10.8	12.4	14.1

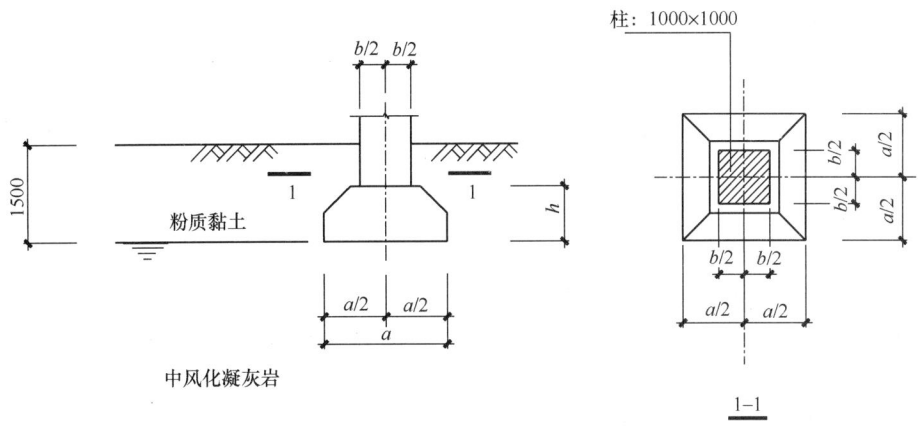

图 14-1-21　题 52～54 图

53. 假定，持力层岩石饱和单轴抗压强度标准值为 10MPa，岩体纵波波速为 600m/s，岩块纵波波速为 650m/s。试问，不考虑施工因素引起的强度折减及建筑物使用后岩石风化作用的继续时，根据岩石饱和单轴抗压强度计算得到的持力层地基承载力特征值（kPa），与下列何项数值最为接近？

A. 2000　　　　　　B. 3000　　　　　　C. 4000　　　　　　D. 5000

54. 假定，$\gamma_0 = 1.0$，荷载效应标准组合时，上部结构柱传至基础顶面处的竖向力 $F_k = 10000$kN，作用于基础底面的弯矩 $M_{xk} = 500$kN·m，$M_{yk} = 0$kN·m。试问，荷载效应标准组合时，作用于基础底面的最大压力（kPa），与下列何项数值最为接近？

A. 3100　　　　　　B. 3600　　　　　　C. 4100　　　　　　D. 4600

题 55　关于既有建筑地基基础设计有下列主张，其中何项不正确？

A. 当场地地基无软弱下卧层时，测定的既有建筑基础再增加荷载时，变形模量的试验压板尺寸不宜小于 2.0m²

B. 在低层或建筑荷载不大的既有建筑地基基础加固设计中，应进行地基承载力验算和地基变形计算

C. 测定地下水位以上的既有建筑地基的承载力时，应使试验土层处于干燥状态，试验板的面积宜取 0.25～0.50m²

D. 基础补强注浆加固适用于因不均匀沉降、冻胀或其他原因引起的基础裂损的加固

题 56　某工程所处的环境为海风环境，地下水、土具有弱腐蚀性。试问，下列关于桩身裂缝控制的观点中，何项是不正确的？

A. 采用预应力混凝土桩作为抗拔桩时，裂缝控制等级为二级

B. 采用预应力混凝土桩作为抗拔桩时，裂缝宽度限值为 0mm

C. 采用钻孔灌注桩作为抗拔桩时，裂缝宽度限值为 0.2mm

D. 采用钻孔灌注桩作为抗拔桩时，裂缝控制等级为三级

题 57　下列关于高层混凝土结构计算的叙述，其中何项是不正确的？

A. 8 度区 A 级高度的乙类建筑可采用板柱-剪力墙结构，整体计算时平板无梁楼盖应考虑板面外刚度影响，其面外刚度可按有限元方法计算或近似将柱上板带等效为

框架梁计算

B. 复杂高层建筑结构在进行重力荷载作用效应分析时，应考虑施工过程的影响，施工过程的模拟可根据实际施工方案采用适当的方法考虑

C. 房屋高度较高的高层建筑应考虑非荷载效应的不利影响，外墙宜采用各类建筑幕墙

D. 对于框架-剪力墙结构，楼梯构件与主体结构整体连接时，不计入楼梯构件对地震作用及其效应的影响

题 58　某现浇钢筋混凝土剪力墙结构，房屋高度 180m，基本自振周期为 4.5s，抗震设防类别为标准设防类，安全等级二级。假定，结构抗震性能设计时，抗震性能目标为 C 级，下列关于该结构设计的叙述，其中何项相对准确？

A. 结构在设防烈度地震作用下，允许采用等效弹性方法计算剪力墙的组合内力，底部加强部位剪力墙受剪承载力应满足屈服承载力设计要求

B. 结构在罕遇地震作用下，允许部分竖向构件及大部分耗能构件屈服，但竖向构件的受剪截面应满足截面限制条件

C. 结构在多遇地震标准值作用下的楼层弹性层间位移角限值为 1/1000，罕遇地震作用下层间弹塑性位移角限值为 1/120

D. 结构弹塑性分析可采用静力弹塑性分析方法或弹塑性时程分析方法，弹塑性时程分析宜采用双向或三向地震输入

题 59~62

某 10 层现浇钢筋混凝土剪力墙结构住宅，如图 14-1-22 所示，各层层高均为 4m，房屋高度为 40.3m。抗震设防烈度为 9 度，设计基本地震加速度为 0.40g，设计地震分组为第三组，建筑场地类别为 Ⅱ 类，安全等级二级。

提示：按《高层建筑混凝土结构技术规程》JGJ 3—2010 作答。

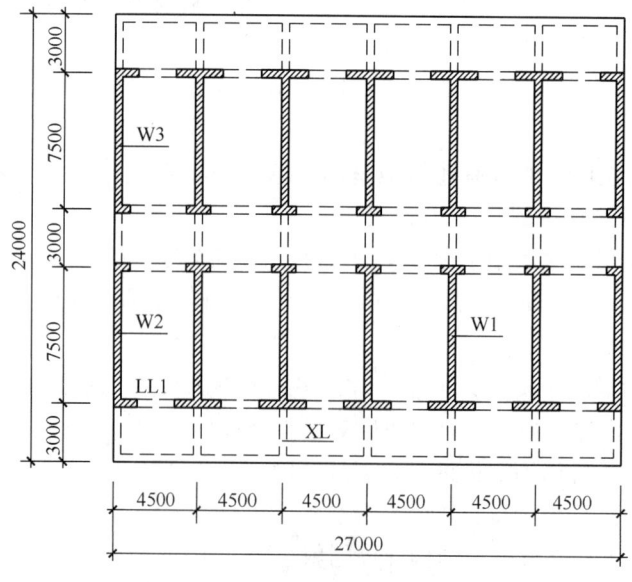

图 14-1-22　题 59~62 图

59. 假定，结构基本自振周期 $T_1 = 0.6s$，各楼层重力荷载代表值均为 $14.5kN/m^2$，墙肢 W1 承受的重力荷载代表值比例为 8.3%。试问，墙肢 W1 底层由竖向地震产生的轴力 N_{Evk}（kN），与下列何项数值最为接近？

    A. 1250   B. 1550   C. 1650   D. 1850

60. 假定，对悬臂梁 XL 根部进行截面设计时，应考虑重力荷载效应及竖向地震作用效应，在永久荷载作用下梁端负弯矩标准值 $M_{Gk} = 263kN \cdot m$，按等效均布活荷载计算的梁端负弯矩标准值 $M_{Qk} = 54kN \cdot m$。试问，进行悬臂梁截面配筋设计时，起控制作用的梁端负弯矩设计值（kN·m），与下列何项数值最为接近？

    A. 325   B. 355   C. 385   D. 460

61. 假定，第 3 层的双肢剪力墙 W2 及 W3 在同一方向地震作用下，内力组合后墙肢 W2 出现大偏心受拉，墙肢 W3 在水平地震作用下剪力标准值 $V_{Ek} = 1400kN$，风荷载作用下 $V_{wk} = 120kN$。试问，考虑地震作用组合的墙肢 W3 在第 3 层的剪力设计值（kN），与下列何项数值最为接近？

    提示：忽略重力荷载及竖向地震作用下剪力墙承受的剪力。

    A. 1900   B. 2300   C. 2700   D. 3200

62. 假定，第 8 层的连梁 LL1，截面为 $300mm \times 1000mm$，混凝土强度等级为 C35，净跨 $l_n = 2000mm$，$h_0 = 965mm$，在重力荷载代表值作用下按简支梁计算的梁端截面剪力设计值 $V_{Gb} = 60kN$，连梁采用 HRB400 钢筋，顶面和底面实配纵筋面积均为 $1256mm^2$，$a_s = a'_s = 35mm$。试问，连梁 LL1 两端截面的剪力设计值 V（kN），与下列何项数值最为接近？

    A. 750   B. 690   C. 580   D. 520

题 63～67

某地上 35 层的现浇钢筋混凝土框架-核心筒公寓，质量和刚度沿高度分布均匀，如图 14-1-23 所示，房屋高度为 150m。基本风压 $w_0 = 0.65kN/m^2$，地面粗糙度为 A 类。抗震设防烈度为 7 度，设计基本地震加速度为 $0.10g$，设计地震分组为第一组，建筑场地类别

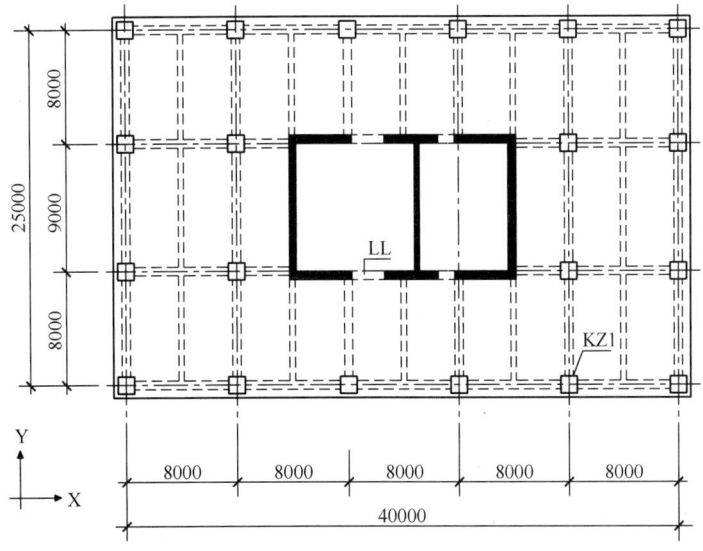

图 14-1-23 题 63～67 图

为 Ⅱ 类，抗震设防类别为标准设防类，安全等级二级。

63. 假定，结构基本自振周期 $T_1=4.0$s（Y 向平动），$T_2=3.5$s（X 向平动），各楼层考虑偶然偏心的最大扭转位移比为 1.18，结构总恒载标准值为 6.0×10^5kN，按等效均布活荷载计算的总楼面活荷载标准值为 8.0×10^4kN。试问，多遇水平地震作用计算时，按最小剪重比控制对应于水平地震作用标准值的 Y 向底部剪力（kN），不应小于下列何项数值？

A. 7700　　　　　B. 8400　　　　　C. 9500　　　　　D. 10500

64. 假定，某层框架柱 KZ1 采用 C60 混凝土，HRB400 钢筋，截面及钢筋构造如图 14-1-24 所示。剪跨比 $\lambda=1.8$。试问，框架柱 KZ1 考虑构造措施的轴压比限值，不宜超过下列何项数值？

A. 0.7　　　　　B. 0.75

C. 0.8　　　　　D. 0.85

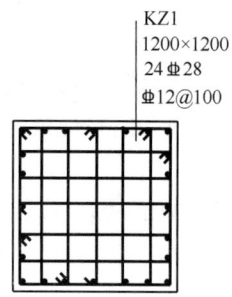

KZ1
1200×1200
24 ⌀28
⌀12@100

65. 假定，某层核心筒耗能连梁 LL（500mm×900mm），混凝土强度等级 C40，风荷载作用下剪力 $V_{wk}=220$kN，在设防烈度地震作用下剪力 $V_{Ehk}=1200$kN，钢筋采用 HRB400，连梁截面有效高度 $h_{b0}=850$mm，跨高比为 2.2。试问，设防烈度地震作用下，该连梁进行抗震性能设计时，下列何项箍筋配置符合第 2 性能水准的要求且配筋最小？

图 14-1-24　题 64 图

提示：（1）忽略重力荷载及竖向地震作用下连梁的剪力。

（2）按《高层建筑混凝土结构技术规程》JGJ 3—2010 作答。

A. ⌀10@100（4）　　　　　　　　B. ⌀12@100（4）

C. ⌀14@100（4）　　　　　　　　D. ⌀16@100（4）

66. 进行结构方案比较时，将该结构的外框架改为钢框架。假定，修改后的结构基本自振周期 $T_1=4.7$s（Y 向平动），修改后的结构阻尼比取 0.04。试问，在进行风荷载作用下的舒适度计算时，修改后 Y 向结构顶点顺风向风振加速度的脉动系数 η_a，与下列何项数值最为接近？

提示：按《建筑结构荷载规范》GB 50009—2012 作答。

A. 1.6　　　　　B. 1.9　　　　　C. 2.2　　　　　D. 2.5

67. 假定，该建筑位于山区山坡上，如图 14-1-25 所示。试问，该结构顶部风压高度变化系数 μ_z，与下列何项数值最为接近？

A. 6.1　　　　　B. 4.1

C. 3.3　　　　　D. 2.5

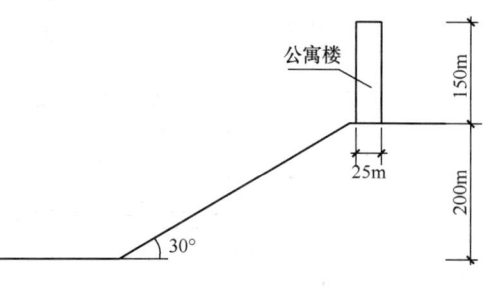

公寓楼

25m

30°

150m

200m

图 14-1-25　题 67 图

题 68　某 A 级高度钢筋混凝土高层建筑，采用框架-剪力墙结构，部分楼层初步计算的 X 向地震剪力、楼层抗侧力结构的层间受剪承载力及多遇地震标准值作用下的层间位移如表 14-1-7 所示。试问，根据《高层建筑混凝土结构技术规程》JGJ 3—2010 的有关规定，仅就 14 层（中部楼层）与相邻层 X

向计算数据进行比较与判定，下列关于第 14 层的判别表述何项正确？

A. 侧向刚度比满足要求，层间受剪承载力比满足要求

B. 侧向刚度比不满足要求，层间受剪承载力比满足要求

C. 侧向刚度比满足要求，层间受剪承载力比不满足要求

D. 侧向刚度比不满足要求，层间受剪承载力比不满足要求

第 13～15 层指标　　　　　　　　　　　　　表 14-1-7

楼层	层高 (mm)	地震剪力标准值 (kN)	层间位移 (mm)	楼层抗侧力结构的层间受剪承载力 (kN)
15	3900	4000	3.32	160000
14	6000	4300	5.48	132000
13	3900	4500	3.38	166000

题 69　某型钢混凝土框架-钢筋混凝土核心筒结构，层高为 4.2m，中部楼层型钢混凝土柱（非转换柱）配筋示意如图 14-1-26 所示。假定，柱抗震等级为一级，考虑地震作用组合的柱轴压力设计值 $N = 30000$kN，钢筋采用 HRB400，型钢采用 Q345B，钢板厚度 30mm（$f_a = 295$N/mm^2），型钢截面面积 $A_a = 61500$mm^2，混凝土强度等级为 C50，剪跨比 $\lambda = 1.6$。试问，从轴压比、型钢含钢率、纵筋配筋率及箍筋配箍率 4 项规定来判断，该柱有几项不符合《高层建筑混凝土结构技术规程》JGJ 3—2010 的抗震构造要求？

提示：箍筋保护层厚度取 20mm，箍筋配箍率计算时扣除箍筋重叠部分。

A. 1　　　　　　B. 2　　　　　　C. 3　　　　　　D. 4

题 70　某高层钢筋混凝土剪力墙结构住宅，地上 25 层，地下 1 层，嵌固部位为地下室顶板，房屋高度 75.3m，建筑层高均为 3m。抗震设防烈度为 7 度（0.15g），设计地震分组第一组，丙类建筑，建筑场地类别为 Ⅲ 类。第 5 层某墙肢配筋如图 14-1-27 所示，墙肢轴压比为 0.35。试问，边缘构件 JZ1 纵筋 A_s（mm^2）取下列何项才能满足规范、规程的最低抗震构造要求？

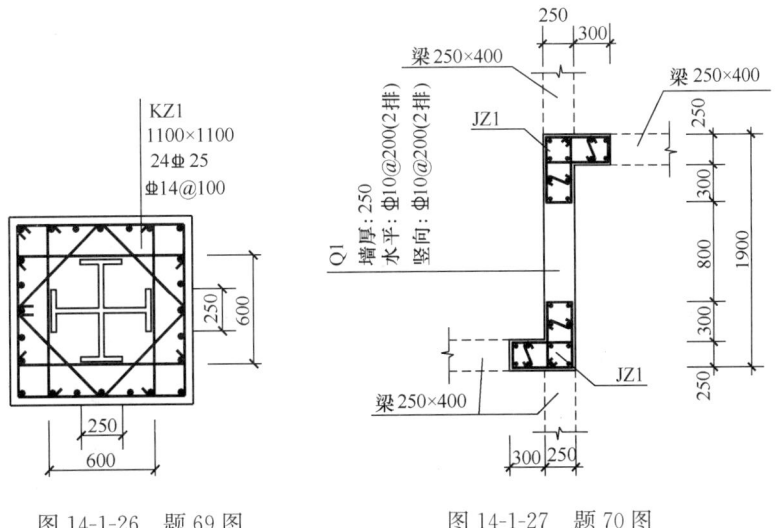

图 14-1-26　题 69 图　　　　　图 14-1-27　题 70 图

A. 12 Φ 14　　　　　B. 12 Φ 16　　　　　C. 12 Φ 18　　　　　D. 12 Φ 20

题 71　某高层办公楼，采用现浇钢筋混凝土框架结构，顶层为多功能厅，层高 5m，取消部分柱，形成顶层空旷房间，其下部结构刚度、质量沿竖向分布均匀。假定，该结构顶层框架抗震等级为一级，柱截面为 500mm×500mm，轴压比为 0.20，混凝土强度等级 C30，纵筋直径为 Φ 25，箍筋采用 HRB400 普通复合箍筋（体积配筋率满足规范要求）。通过静力弹塑性分析发现顶层为薄弱部位，在预估的罕遇地震作用下，层间弹塑性位移为120mm。试问，仅从满足层间位移限值方面考虑，下列对顶层框架柱的四种调整方案中哪种方案既满足规范、规程的最低要求且经济合理？

提示：依据《建筑抗震设计规范》GB 50011—2010（2016 年版）作答。

A. 箍筋加密区 4 Φ 8@100，非加密区 4 Φ 8@100
B. 箍筋加密区 4 Φ 10@100，非加密区 4 Φ 10@200
C. 箍筋加密区 4 Φ 10@100，非加密区 4 Φ 10@100
D. 箍筋加密区 4 Φ 12@100，非加密区 4 Φ 12@100

题 72　关于高层混凝土结构抗连续倒塌设计的观点，下列何项符合《高层建筑混凝土结构技术规程》JGJ 3—2010 的要求？

A. 采用在关键结构构件的表面附加侧向偶然作用的方法验算结构的抗倒塌能力时，侧向偶然作用只作用在该构件表面
B. 抗连续倒塌设计时，活荷载应采用准永久值，不考虑竖向荷载动力放大系数
C. 抗连续倒塌设计时，地震作用应采用标准值，不考虑竖向荷载动力放大系数
D. 安全等级为一级的高层建筑结构应采用拆除构件的方法进行抗连续倒塌设计

题 73　某公路上的一座跨河桥，其结构为钢筋混凝土上承式无铰拱桥，计算跨径为100m。假定，拱轴线长度 L_a 为 115m，忽略截面变化。试问，当验算该桥的主拱圈纵向稳定时，相应的计算长度（m）与下列何项数值最为接近？

A. 36　　　　　　B. 42　　　　　　C. 100　　　　　　D. 115

题 74　某公路上一座预应力混凝土连续箱形梁桥，采用满堂支架现浇工艺，总体布置如图 14-1-28 所示，跨径布置为 70m＋100m＋70m，在连续梁两端各设置伸缩装置一道（A 和 B）。梁体混凝土强度等级为 C50（硅酸盐水泥）。假定，桥址处年平均相对湿度 R_H 为 75%，结构理论厚度 $h=600$mm，混凝土弹性模量 $E_c=3.45×10^4$MPa，混凝土轴心抗压强度标准值 $f_{ck}=32.4$MPa，混凝土线膨胀系数为 $1.0×10^{-5}$，预应力引起的箱梁截面重心处的法向平均压应力 9MPa，箱梁混凝土的平均加载龄期为 60 天。试问，混凝土的龄期为 10 年（按 3650 天）时，由于混凝土徐变导致伸缩装置 A 处的伸缩量（mm），与下列何项数值最为接近？

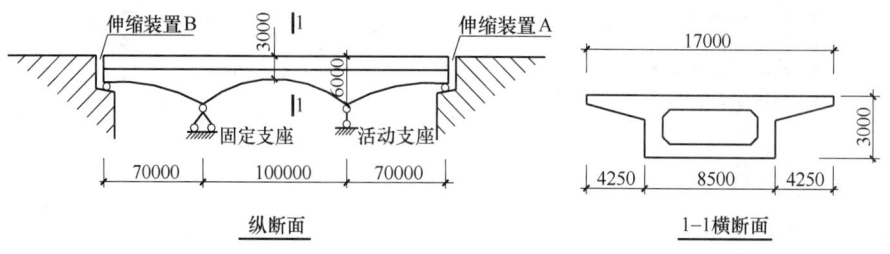

图 14-1-28　题 74 图

A. 25   B. 35   C. 40   D. 55

题 75 某公路桥梁桥台立面布置如图 14-1-29 所示，主梁高度 2000mm，桥面铺装层厚度为 200mm，支座高度（含垫石）200mm，采用埋置式肋板桥台，台背墙厚 450mm，台前锥坡坡度为 1：1.5，锥坡坡面通过台帽与背墙的交点 A。试问，台背耳墙最小长度 l（mm）与下列何项数值最为接近？

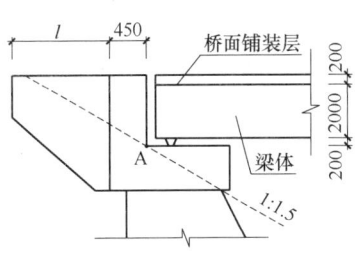

图 14-1-29　题 75 图

A. 4000   B. 3600

C. 2700   D. 2400

题 76 某公路上的一座单跨 30m 的跨线桥梁，车辆单向行驶，设计荷载（作用）为公路-Ⅰ级，桥面宽度为 13m，且与路基宽度相同。桥台为等厚度的 U 形结构，桥台计算高度 5.0m，基础为双排 1.2m 的钻孔灌注桩。当计算该桥桥台台背土压力时，汽车在台后土体破坏棱体上的作用可换算成等代均布土层厚度计算。试问，该换算土层厚度（m）与下列何项数值最为接近？

提示：（1）台背竖直、路基水平，土壤内摩擦角 30°，假定台后土体破坏棱体的上口长度 $l_0 = 3.0$m，土的重度 $\gamma = 18$kN/m³；

（2）不考虑汽车荷载效应的多车道横向折减。

A. 0.9   B. 1.0   C. 1.2   D. 1.4

题 77 某公路跨径为 30m 的跨线桥，采用预应力混凝土 T 形梁，混凝土强度等级为 C40。假定，某中梁由预加力产生的跨中反拱值 $f_p = 150$mm（已扣除全部预应力损失并考虑了长期增长系数 2.0），按荷载频遇组合求得的挠度值 $f_s = 80$mm。试问，该梁预拱度（mm）取下列何项数值最为合理？

A. 0   B. 30   C. 59   D. 98

题 78 对某桥梁预应力混凝土主梁进行持久状况下正常使用极限状态验算时，需分别进行下列验算：①抗裂验算，②裂缝宽度验算，③挠度验算。试问，在这三种验算中，汽车荷载（作用）冲击力如何考虑，下列何项最为合理？

提示：只需定性地判断。

A. ①计入、②不计入、③不计入   B. ①不计入、②不计入、③不计入

C. ①不计入、②计入、③计入   D. ①不计入、②不计入、③计入

题 79 某桥为一座预应力混凝土箱梁桥。假定，主梁的结构基频 $f = 4.5$Hz，试问，在计算其悬臂板的内力时，作用于悬臂板上的汽车作用的冲击系数 μ 应取下列何项数值？

A. 0.45   B. 0.30   C. 0.25   D. 0.05

题 80 对于公路混凝土桥梁，在计算以下构件时：①主梁整体，②主梁桥面板，③桥台，④涵洞，应采用下列何项汽车荷载（作用）模式，才符合《公路桥涵设计通用规范》JTG D60—2015 的规定？

A. ①、②、③、④均采用车道荷载（作用）

B. ①采用车道荷载（作用），②、③、④采用车辆荷载（作用）

C. ①、②采用车道荷载（作用），③、④采用车辆荷载（作用）

D. ①、③采用车道荷载（作用），②、④采用车辆荷载（作用）

14.2   2016 年试题解答

2016 年试题答案

题号	1	2	3	4	5	6	7	8	9	10
答案	D	A	C	B	A	C	C	B	A	B
题号	11	12	13	14	15	16	17	18	19	20
答案	C	D	B	C	C	B	C	D	C	A
题号	21	22	23	24	25	26	27	28	29	30
答案	A	C	D	B	B	C	A	A	A	A
题号	31	32	33	34	35	36	37	38	39	40
答案	B	B	C	C	B	D	B	B	B	B
题号	41	42	43	44	45	46	47	48	49	50
答案	D	D	B	A	C	C	B	C	C	B
题号	51	52	53	54	55	56	57	58	59	60
答案	A	C	D	B	C	A	D	B	D	D
题号	61	62	63	64	65	66	67	68	69	70
答案	D	A	C	C	B	B	B	B	A	C
题号	71	72	73	74	75	76	77	78	79	80
答案	C	A	B	D	A	C	A	B	B	B

1. 答案：D

解答过程：按照 L-1 梁计算简图求算 B 支座处的反力设计值。

$$1.3 \times (18 \times 9/2 + 30 \times 6/9) + 1.5 \times (6 \times 9/2) = 171.8 \text{kN}$$

选择 D。

2. 答案：A

解答过程：依据《混凝土结构设计规范》GB 50010—2010 的 9.2.11 条计算。

所需附加吊筋总的截面面积为

$$A_s = \frac{220 \times 10^3}{360 \times \sin 60°} = 706 \text{mm}^2$$

2 根附加吊筋提供 4 个截面，所以，所需的一个截面面积为 706/4＝176.5mm²，直径为 16mm 时可提供 201.1mm²，故选择 A。

3. 答案：C

解答过程：依据《混凝土结构设计规范》GB 50010—2010 的 9.2.6 条，当梁端按简支计算但实际受到部分约束时，应在支座区上部布置纵向构造钢筋，其截面面积，不应小于跨中纵向钢筋计算所需截面面积的 1/4 且不少于 2 根。因此，应不少于 2480/4＝

620mm^2。当采用 2$\oplus$20 时，可提供截面面积 628mm^2，满足要求。选择 C。

4. 答案：B

解答过程：按 3 个吊环计算，故所需一个吊环的截面面积为

$$\frac{6 \times 0.5 \times 0.3 \times 25 \times 10^3}{6 \times 65} = 57.7\text{mm}^2$$

所需钢筋直径 10mm，可提供 $78.5\ \text{mm}^2$，选择 B。

5. 答案：A

解答过程：3 个试件的理论重量为 $28.3 \times 2000 \times 7.85 \times 10^{-3} = 444.31\text{g}$。

依据《混凝土结构工程施工质量验收规范》GB 50204—2015 的表 5.3.4，允许偏差为 -8%，因此，重量最小容许值为 $0.92 \times 444.31 = 409\text{g}$。选择 A。

点评：依据《钢筋混凝土用热轧带肋钢筋》GB 1499.2—2007，直径 6~12mm 时允许重量偏差为 $\pm7\%$。

6. 答案：C

解答过程：取上部结构为隔离体，对 A 点取矩，可得 CD 杆所受拉力为

$$N = 160 \times 2/4 = 80\text{kN}$$

CD 杆所受的弯矩最大值为 $160 \times 4/4 = 160\text{kN} \cdot \text{m}$。

依据《混凝土结构设计规范》GB 50010—2010 公式（6.2.23-2）计算。

$$e' = e_0 + \frac{h}{2} - a_s' = 160 \times 10^3/80 + 200 - 40 = 2160\text{mm}$$

$$A_s = \frac{Ne'}{f_y(h - a_s - a_s')} = \frac{80 \times 10^3 \times 2160}{360 \times (400 - 80)} = 1500\text{mm}^2$$

选择 C。

点评：本题为偏心受拉构件配筋问题。由于 $e_0 = 160 \times 10^3/80 = 2000\text{mm} > h/2 - a_s = 200 - 40 = 160\text{mm}$，为大偏心受拉。由于对称配筋，依据《混凝土结构设计规范》的 6.2.23 条第 3 款，不论大、小偏心受拉情况，均可按公式（6.2.23-2）计算，故形成以上解答过程。

若依据 6.2.23 条第 2 款计算，会如何呢？试演如下：

由于对称配筋，公式（6.2.23-3）简化为 $x = -\dfrac{N}{\alpha_1 f_c b}$，必然小于零。于是，应取 $x = 2a_s'$，并对受压钢筋合力点取矩，于是可得

$$A_s = \frac{Ne'}{f_y(h - a_s - a_s')}$$

可见，此时为依据公式（6.2.23-2）计算。

7. 答案：C

解答过程：纵筋配置应满足承载力和裂缝限值两个要求。

（1）承载力要求

$$A_s \geq \frac{N}{f_y} = \frac{(1.3 \times 400 + 1.5 \times 200) \times 10^3}{360} = 2278\text{mm}^2$$

（2）裂缝限值要求

吊柱所受的拉力设计值（按准永久组合）为

$$N_q = 400 + 0.5 \times 200 = 500\text{kN}$$

依据《混凝土结构设计规范》GB 50010—2010 的表 3.4.5，裂缝最大宽度限值为 0.20mm。依据 7.1.2 条，可得

$$0.20 = w_{max} = \alpha_{cr}\psi\frac{\sigma_{sq}}{E_s}\left(1.9c_s + 0.08\frac{d_{eq}}{\rho_{te}}\right)$$

即

$$0.2 = 2.7 \times 0.6029 \times \frac{500 \times 10^3/A_s}{2.0 \times 10^5}\left(1.9 \times 40 + 0.08 \times \frac{25}{A_s/400^2}\right)$$

解方程，得到 $A_s = 3440\text{mm}^2$。据此截面面积得到的 $\rho_{te} > 0.01$，所以，计算结果可以接受。

选择 C。

点评：解方程的操作步骤如下：

$$0.2 = \frac{4.07}{A_s}\left(76 + \frac{3.2 \times 10^5}{A_s}\right)$$

$$0.2 = \frac{309.32}{A_s} + \frac{13.024 \times 10^5}{A_s^2}$$

$$0.2A_s^2 - 309.32A_s - 13.024 \times 10^5 = 0$$

$$A_s = \frac{309.32 + \sqrt{309.32^2 + 4 \times 0.2 \times 13.024 \times 10^5}}{2 \times 0.2} = 3440\text{mm}^2$$

8. 答案：B

解答过程：AB 跨跨中弯矩影响线如图 14-2-1 所示。

AB 跨跨中弯矩设计值为

$$M = 6 \times 1.5/2 \times (1.3 \times 25 + 1.5 \times 10) - 3 \times 1.5/2 \times (1.3 \times 25) = 140.6\text{kN} \cdot \text{m}$$

选择 B。

点评：还可以采用以下解法：

如图 14-2-2 所示，AB 跨跨中弯矩可以按照叠加法求得。

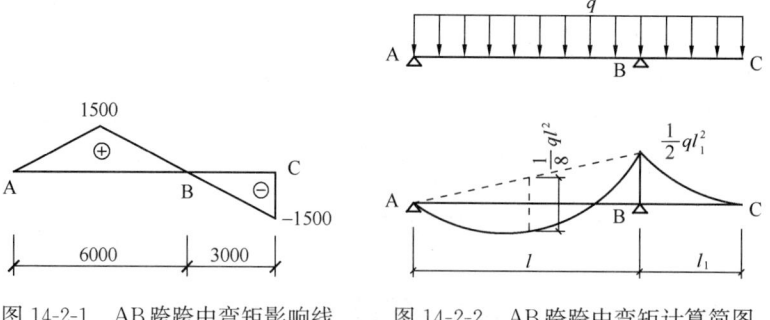

图 14-2-1　AB 跨跨中弯矩影响线　　图 14-2-2　AB 跨跨中弯矩计算简图

AB 跨采用均布荷载设计值 $q = 1.3 \times 25 + 1.5 \times 10 = 47.5\text{kN/m}$。

BC 跨采用均布荷载设计值 $q_1 = 1.3 \times 25 = 32.5\text{kN/m}$。

AB 跨跨中弯矩设计值为

$$M = \frac{1}{4}q_1 l_1^2 - \frac{1}{8}ql^2 = \frac{1}{4} \times 32.5 \times 3^2 - \frac{1}{8} \times 47.5 \times 6^2 = -140.6\text{kN} \cdot \text{m}$$

此处求得的弯矩为负值，表示在弯矩图中处于基准线以下，由于梁的弯矩是以下缘受拉为正，所以，该结果与解答过程中求得的140.6kN·m无差别。

另外需要注意的是，命题组给出的解答，将"跨中"理解为"跨间"，首先求出 A 点的支反力 R_A，然后利用"弯矩最大处剪力为零"这一原则，求出该截面与 A 点距离，进而求得最大弯矩。即

$$R_A = \frac{\frac{1}{2} \times 47.5 \times 6^2 - \frac{1}{2} \times 32.5 \times 3^2}{6} = 118.1\text{kN}$$

令弯矩最大截面与 A 点距离为 x，则有

$$118.1 - 47.5x = 0$$

解出 $x = 2.49\text{m}$。该截面的弯矩设计值为

$$118.1 \times 2.49 - \frac{47.5 \times 2.49^2}{2} = 146.8\text{kN·m}$$

此值比 140.6 高出 4.4%。

9. 答案：A

解答过程：由于支座 B 处为负弯矩，因此，应按矩形截面计算。

$$h_0 = h - a_s = 500 - 60 = 440\text{mm}$$

$$x = h_0 - \sqrt{h_0^2 - \frac{2M}{\alpha_1 f_c b}}$$

$$= 440 - \sqrt{440^2 - \frac{2 \times 200 \times 10^6}{1.0 \times 19.1 \times 200}} = 142\text{mm}$$

由于 $x \leq \xi_b h_0 = 0.518 \times 440 = 228\text{mm}$，故可按适筋梁计算。

$$A_s = \frac{\alpha_1 f_c bx}{f_y} = \frac{1.0 \times 19.1 \times 200 \times 142}{360} = 1507\text{mm}^2$$

C40 混凝土，HRB400 时，最小配筋率为 0.00214，纵筋最小配筋量为 $0.00214 \times [200 \times 500 + (500 - 200) \times 125] = 294\text{mm}^2$。满足要求，选择 A。

10. 答案：B

解答过程：依据《混凝土结构设计规范》GB 50010—2010 的 6.3.4 条计算。

$$\frac{A_{sv}}{s} = \frac{V - 0.7f_t bh_0}{f_{yv}h_0} = \frac{180 \times 10^3 - 0.7 \times 1.71 \times 200 \times 440}{360 \times 440} = 0.471\text{mm}^2/\text{mm}$$

依据 9.2.9 条，箍筋最大间距为 200mm。

按照最小配箍率要求，有

$$\frac{A_{sv}}{s} \geq \frac{0.24f_t}{f_{yv}}b = \frac{0.24 \times 1.71}{360} \times 200 = 0.228\text{mm}^2/\text{mm}$$

因此，受力要求控制设计。

当间距为 200mm 时，需要钢筋截面面积 94.2mm²，双肢Φ8 可满足要求。

选择 B。

11. 答案：C

解答过程：依据《混凝土结构设计规范》GB 50010—2010 的 3.4.3 条，对于悬臂构件，取 $l_0 = 2 \times 3 = 6\text{m}$，由于 $l_0 < 7\text{m}$ 且对挠度有较高要求，挠度限值为 $l_0/250 = 6000/250 = 24\text{mm}$。

选择 C。

点评：规范表 3.4.3 下的注释 1 指出，"计算悬臂构件的挠度限值时，其计算跨度 l_0 按实际悬臂长度的 2 倍取用"，对此有两种观点：

(1) 仅对表中"挠度限值"一列涉及的 l_0 取为 2 倍实际悬臂长度，而对区间范围的判断，例如，"当 $l_0 < 7\text{m}$ 时"涉及的 l_0 取实际长度。

(2) 取 l_0 等于 2 倍实际悬臂长度后查表。

本题解答与命题组一致。

12. 答案：D

解答过程：依据《建筑抗震设计规范》GB 5001—2010 的 6.2.3 条，二级框架结构的底层柱下端截面，弯矩乘以增大系数 1.5；依据 6.2.6 条，由于是角柱，再乘以 1.1。于是，配筋设计时采用的弯矩值为 $900 \times 1.5 \times 1.1 = 1485\text{kN} \cdot \text{m}$。

轴压比为 $\dfrac{3000 \times 10^3}{19.1 \times 700^2} = 0.321 > 0.15$，依据《混凝土结构设计规范》GB 50010—2010 的表 11.1.6，$\gamma_{RE} = 0.8$。

$$x = \frac{\gamma_{RE}N}{\alpha_1 f_c b} = \frac{0.8 \times 3000 \times 10^3}{1 \times 19.1 \times 700} = 180\text{mm} < \xi_b h_0 = 0.518 \times 650 = 337\text{mm}$$

可按照大偏心受压计算，且满足 $x > 2a'_s = 2 \times 50 = 100\text{mm}$ 的适用条件。

$$e_0 = \frac{M}{N} = \frac{1485 \times 10^6}{3000 \times 10^3} = 495\text{mm}$$

$$e_i = e_0 + e_a = 495 + 23 = 518\text{mm}$$

$$e = e_i + \frac{h}{2} - a_s = 518 + \frac{700}{2} - 50 = 818\text{mm}$$

$$A_s = A'_s = \frac{\gamma_{RE}Ne - \alpha_1 f_c bx(h_0 - x/2)}{f'_y(h_0 - a'_s)}$$

$$= \frac{0.8 \times 3000 \times 10^3 \times 818 - 1 \times 19.1 \times 700 \times 180 \times (650 - 180/2)}{360 \times (650 - 50)}$$

$$= 2850\text{mm}^2$$

选择 D。

13. 答案：B

解答过程：依据《混凝土结构通用规范》GB 55008—2021 的 4.4.9 条，抗震等级二级、边柱、框架结构、HRB400 钢筋、C40 混凝土，最小总配筋率为 0.85%。$0.85\% \times 900 \times 900 = 6885\text{mm}^2$，选择 B。

14. 答案：C

解答过程：实际的体积配箍率为

$$\rho_v = \frac{8 \times (650 - 2 \times 27 - 10) \times 78.5}{(650 - 2 \times 27 - 2 \times 10)^2 \times 100} = 0.0111$$

柱轴压比为

$$\mu_N = \frac{4840 \times 10^3}{19.1 \times 650^2} = 0.60$$

依据《混凝土结构设计规范》GB 50010—2010 的 11.4.17 条，体积配箍率最小值为

$$\rho_{vmin} = \lambda_v \frac{f_c}{f_{yv}} = 0.13 \times \frac{19.1}{360} = 0.680\% > 0.6\%$$

$$\rho_v / \rho_{vmin} = 1.11\% / 0.68\% = 1.63$$

选择 C。

15. 答案：C

解答过程：依据《混凝土结构设计规范》GB 50010—2010 的 H.0.1 条确定应包含哪些荷载。

$$M = \frac{1.3 \times (3 + 1.25) \times 4^2}{8} + \frac{1.5 \times 2 \times 4^2}{8} = 17.05 \text{kN} \cdot \text{m}$$

选择 C。

16. 答案：B

解答过程：依据《混凝土结构设计规范》GB 50010—2010 的 H.0.2 条，对叠合构件负弯矩区段，不考虑第一阶段恒载引起的弯矩。

$$M = -0.10 \times 1.3 \times 1.6 \times 4^2 - 0.10 \times 1.5 \times 4 \times 4^2 = -12.9 \text{kN} \cdot \text{m}$$

选择 B。

点评：对于叠合梁，由于第一阶段时计算模型为简支，故不存在负弯矩区。第二阶段施加的荷载才会产生负弯矩。

17. 答案：C

解答过程：重级工作制吊车梁需要验算疲劳。

依据《钢结构设计标准》GB 50017—2017 的 4.3.3 条，工作温度 −7.2℃，Q345 钢材不应低于 C 级，故选择 C。

18. 答案：D

解答过程：依据《钢结构设计手册》，可得

$$a = \frac{a_2 - a_1}{6} = \frac{4600 - 955 \times 2}{6} = 448.3 \text{mm}$$

C 点处最大弯矩为

$$M_{max}^c = \frac{\sum P \left(\frac{l}{2} - a\right)^2}{l} - P a_1 = \frac{178 \times 3 \times (4500 - 448.3)^2}{9000} - 178 \times 955 \times 2$$

$$= 634.1 \times 10^3 \text{ N} \cdot \text{mm}$$

对应于 C 点处的剪力为

$$V^c = \frac{\sum P \left(\frac{l}{2} - a\right)}{l} - P = \frac{178 \times 3 \times (4500 - 448.3)}{9000} - 178 = 62.4 \text{kN}$$

由于 C 点处剪力有突变，以上求出的是 C 点左侧的剪力，C 点右侧的剪力为 62.4 − 178 = −115.6kN，可知，绝对值较大者为 115.6kN。选择 D。

点评：本题也可以不用《钢结构设计手册》的公式而直接用给出的计算简图计算，过程如下：

3 个轮压合力点与 AB 跨内左数第一个轮压之间的距离，可仿照纵向钢筋合力点的算法求出，为

$$\frac{P \times (955 \times 2) + P \times (955 \times 2 + 4600)}{3P} = 2806.7 \text{mm}$$

从而可求出题目图中 a 的值为

$$a = (2806.7 - 955 \times 2)/2 = 448.4 \text{mm}$$

根据几何关系可求出最右侧轮压与 B 支座的距离为

$$4500 + 448.4 - 4600 = 348.4 \text{mm}$$

A 点处支座反力为

$$R_A = \frac{178 \times (6858.4 + 4948.4 + 348.4)}{9000} = 240.4 \text{kN}$$

于是，C 点处弯矩为

$$240.4 \times (4500 - 448.4) - 178 \times 955 \times 2 = 634.0 \times 10^3 \text{ N} \cdot \text{mm}$$

在题目图示轮压布置时，C 点右侧剪力为 $240.4 - 178 - 178 = -115.6 \text{kN}$。

19. 答案：C

解答过程：由于重级工作制吊车需要验算疲劳，依据《钢结构设计标准》GB 50017—2017 的 6.1.2 条，塑性发展系数取为 1.0。

对吊车梁上翼缘计算：

$$\frac{M_x}{W_{nx}^{\pm}} + \frac{M_y}{W_{ny}} = \frac{1200 \times 10^6}{8085 \times 10^3} + \frac{100 \times 10^6}{6866 \times 10^3} = 163.0 \text{N/mm}^2$$

对吊车梁下翼缘计算：

$$\frac{M_x}{W_{nx}^{\mp}} = \frac{1200 \times 10^6}{5266 \times 10^3} = 227.9 \text{N/mm}^2$$

选择 C。

点评：吊车梁制动结构对 y_1 轴净截面模量是如何求得的？

取吊车梁的上翼缘、连接板和槽钢这三部分组成截面，先求出形心轴位置，再利用移轴公式求出惯性矩，进而求出针对上翼缘左端点处的截面模量，这就是题目给出的 $W_{ny1}^{\text{左}}$ 的来历。

20. 答案：A

解答过程：吊车梁承受动力荷载，依据《钢结构设计标准》GB 50017—2017 的 6.3.1 条，不考虑屈曲后强度，排除 D 选项。

腹板高厚比 $900/10 = 90 > 80\sqrt{235/f_y}$，依据 6.3.1 条以及 6.3.2 条第 2 款，应配置横向加劲肋，并计算腹板的稳定性。选择 A。

21. 答案：A

解答过程：依据《建筑抗震设计规范》GB 50011—2010 的 9.2.12 条第 5 款，设置交叉支撑时，支撑的长细比限值可取为 350。

依据《钢结构设计标准》GB 50017—2017 的 7.4.7 条，计算交叉杆件平面外的长细比时，采用与角钢肢边平行轴的回转半径。对于 L70×5，支撑的长细比为 $\frac{\sqrt{4500^2 + 6000^2}}{21.6}$ $= 347 < 350$，满足要求。选择 A。

22. 答案：C

解答过程：依据《建筑抗震设计规范》GB 50011—2010 的 9.2.11 条第 4 款计算。

肢背处焊缝：

$$l = \frac{2128 \times 235 \times 1.2 \times 70\%}{0.7 \times 8 \times 2 \times 240} = 156.3\text{mm}$$

肢尖处焊缝：

$$l = \frac{2128 \times 235 \times 1.2 \times 30\%}{0.7 \times 6 \times 2 \times 240} = 89.3\text{mm}$$

选择 C。

点评：规范 9.2.11 条第 4 款的含义，可与 8.2.8 条第 4 款对照，按公式（8.2.8-3）理解，即，连接的极限承载力应不小于构件塑性承载力的 1.2 倍，塑性承载力对于拉杆而言就是屈服承载力。

23. 答案：D

解答过程：依据《建筑抗震设计规范》GB 50011—2010 的 9.2.14 条及其条文说明，此时，应满足 2 倍多遇地震下的要求，故选择 D。

24. 答案：B

解答过程：依据《钢结构设计标准》GB 50017—2017 的附录 E 计算。

考虑与 1-1 垂直的平面，A 点处横梁线刚度与柱线刚度之比为

$$k_1 = \frac{\sum I_{x,b}/l_b}{\sum I_{x,c}/l_c} = \frac{1.29 \times 10^9/(10 \times 10^3)}{2 \times 1.61 \times 10^9/3800} = 0.152$$

上式分母中，"2" 表示与 A 点相连的柱子共有 2 个（上、下各一个）。

B 点处，$k_2 = k_1 = 0.152$。

查表 E.0.1，用内插法得到 $\mu = 0.945$。选择 B。

25. 答案：B

解答过程：依据《钢结构设计标准》GB 50017—2017 的 8.2.1 条计算。

$$N'_{Ex} = \frac{\pi^2 EI}{1.1 l_{0x}^2} = \frac{3.14^2 \times 206 \times 10^3 \times 1.61 \times 10^9}{1.1 \times (2.4 \times 3800)^2} = 3.57 \times 10^7 \text{ N}$$

选择 B。

点评：按照以上公式计算稍简便。也可以按照规范公式计算如下：

$$N'_{Ex} = \frac{\pi^2 EA}{1.1 \lambda_x^2} = \frac{3.14^2 \times 206 \times 10^3 \times 42064}{1.1 \times (2.4 \times 3800/195)^2} = 3.57 \times 10^7 \text{N}$$

26. 答案：C

解答过程：依据 2016 年版《建筑抗震设计规范》GB 50011—2010 的 8.2.5 条计算。

$$M_{pb1} = 2.21 \times 10^6 \times 345 = 762.45 \times 10^6 \text{ N} \cdot \text{mm}$$

$$V_p = 1.8 h_{b1} h_{c1} t_w = 1.8 \times (500 - 16) \times (500 - 22) \times 22 = 9.16 \times 10^6 \text{ mm}^3$$

抗震等级为三级，$\varphi = 0.6$。

$$\frac{\varphi(M_{pb1} + M_{pb2})}{V_p} = \frac{0.6 \times (2 \times 762.45 \times 10^6)}{9.16 \times 10^6} = 99.88\text{N/mm}^2$$

选择 C。

27. 答案：B

解答过程：依据《钢结构设计标准》GB 50017—2017 的 14.7.4 条第 2 款，连接件顶面混凝土保护层厚度不应小于 15mm，排除 D 选项。

依据 14.7.5 条第 4 款，用压型钢板做底模时，焊钉杆直径不宜大于 19mm，焊钉高度

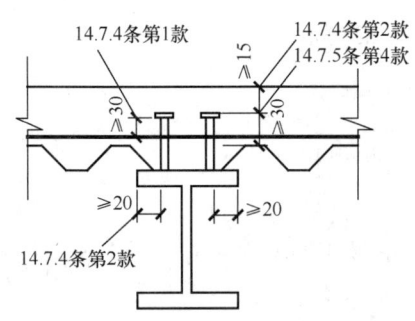

图 14-2-3　钢混组合梁的构造要求

应大于等于 $h_e+30=106\text{mm}$。排除 A 选项。

依据14.7.4 条第 2 款，连接件的外侧边缘与钢梁翼缘边缘之间的距离不应小于 20mm，如图 14-2-3所示。今对于 C 选项，$(175-125-16)/2=17\text{mm}<20\text{mm}$，不满足要求。

选择 B。

28. 答案：A

解答过程：依据 2016 年版《建筑抗震设计规范》GB 50011—2010 的 8.2.8 条，$M_u^j \geqslant \eta_j M_p$，再由表 8.2.8 可知，梁柱连接时的 η_j 大于构件拼接时，故连接 1 的极限承载力要求高，选择 A。

29. 答案：A

解答过程：依据《高层民用建筑钢结构技术规程》JGJ 99—2015 的 7.5.6 条第 2 款，支撑的受压屈曲承载力为 $0.3\varphi A f_y$。

支撑的长细比 $\lambda=\dfrac{\sqrt{3200^2+3800^2}}{102}=49$。焊接钢管对 x、y 轴均为 b 类，$\varphi=0.861$。

$$0.3\varphi A f_y = 0.3 \times 0.861 \times 9079 \times 235 = 551 \times 10^3 \text{N}$$

该力的竖向分力为

$$551 \times \frac{3800}{\sqrt{3200^2+3800^2}} = 421\text{kN}$$

选择 A。

点评：《建筑抗震设计规范》GB 50011—2010 的 8.2.6 条第 2 款也有同样的规定，但不如《高层民用建筑钢结构技术规程》JGJ 99—2015 表达清楚。

30. 答案：A

解答过程：依据《高层民用建筑钢结构技术规程》JGJ 99—2015 的 8.5.6 条，当管道穿过钢梁时，腹板中的孔口应予补强，故 Ⅰ、Ⅲ、Ⅳ 不正确；该条还规定，不应在距梁端相当于梁高范围内设孔，故 Ⅱ 正确。选择 A。

31. 答案：B

解答过程：依据《砌体结构设计规范》GB 50003—2011 的 5.2.5 条以及 5.2.2 条、5.2.3 条计算。

由于 $740+2\times370=1480\text{mm}>1350\text{mm}$，取为 1350mm。

$$\gamma=1+0.35\sqrt{\frac{A_0}{A_l}-1}=1+0.35\sqrt{\frac{1350\times370}{740\times370}-1}=1.318<2.0$$

$$\gamma_1=0.8\gamma=0.8\times1.318=1.05>1.0$$

选择 B。

32. 答案：B

解答过程：依据《砌体结构设计规范》GB 50003—2011 的 4.2.5 条第 4 款计算。

按梁两端固结计算梁端弯矩为

$$\frac{ql^2}{12}=\frac{48.9\times9.6^2}{12}=375.552\text{kN}\cdot\text{m}$$

修正系数为

$$\gamma = 0.2\sqrt{\frac{a}{h}} = 0.2$$

375.552×0.2＝75kN・m，按上下层刚度分配，下层分得 1/2，75/2＝37.5kN・m。选择 B。

33. 答案：C

解答过程：依据《砌体结构设计规范》GB 50003—2011 的 5.2.5 条计算。

$$\sigma_0 = \frac{320 \times 10^3}{370 \times 1350} = 0.641\text{N/mm}^2$$

σ_0/f＝0.641/2.67＝0.240，内插法得到 δ_1＝5.76。

$$a_0 = \delta_1 \sqrt{h_c/f} = 5.76\sqrt{800/2.67} = 100\text{mm}$$

选择 C。

34. 答案：C

解答过程：依据《砌体结构设计规范》GB 50003—2011 的 4.2.1 条注释 3，伸缩缝处无横墙的房屋按弹性方案考虑，故 C 项错误，选择 C。

35. 答案：B

解答过程：依据《建筑抗震设计规范》GB 50011—2010 的 7.5.2 条对过渡层的构造柱进行设置。

依据 7.5.2 条第 2 款，在底部框架柱对应位置处设置构造柱，共 3 个；依据第 5 款，洞口尺寸为 1200mm×2400mm，在洞口两侧设置构造柱，2 个；依据 7.5.2 条第 2 款，墙体内构造柱间距不宜大于层高，故增设 2 个。共 7 个，选择 B。

36. 答案：D

解答过程：依据《砌体结构通用规范》GB 55007—2021 的 3.4.2 条计算。

$$\sigma_0 = 518 \times 10^3/(1500 \times 240) = 1.44\text{N/mm}^2$$

查《砌体结构设计规范》GB 50003—2011 的表 3.2.2，f_v＝0.17N/mm^2。σ_0/f_v＝1.44/0.17＝8.5，内插法可得 ζ_N＝1.775。

$$f_{vE} = \zeta_N f_v = 1.775 \times 0.17 = 0.30\text{N/mm}^2$$

选择 D。

37. 答案：B

解答过程：由于横墙间距为 9m＞2H＝7.2m，依据《砌体结构设计规范》GB 50003—2011 的 5.1.3 条，计算高度取为 H_0＝1.0H＝3.6m。于是，依据 6.1.1 条，按照构造要求的高厚比为

$$\beta = \frac{H_0}{h} = \frac{3600}{240} = 15$$

承重墙，μ_1＝1.0。

μ_2 依据 6.1.4 条确定。窗洞高度 2.1m，小于墙高的 4/5（2.88m），且大于墙高的 1/5。

$$\mu_2 = 1 - 0.4 \times 6/9 = 0.733 > 0.7$$

查表 6.1.1，无筋砌体、M10 砂浆，允许高厚比 $[\beta]$＝26。

$$\mu_1\mu_2[\beta] = 1.0 \times 0.73 \times 26 = 19.1$$

选择 B。

38. 答案：B

解答过程：查表，MU10 烧结普通砖、M10 混合砂浆，$f=1.89$ MPa。墙 A 截面面积 $1.5\times0.24=0.36\mathrm{m}^2>0.2\ \mathrm{m}^2$，强度不需要调整。

依据《砌体结构设计规范》GB 50003—2011 的 8.1.2 条计算。

$$\rho=\frac{(a+b)A_{\mathrm{s}}}{abs_{\mathrm{n}}}=\frac{2\times80\times3.14\times4^2/4}{80\times80\times180}=0.1744\%$$

令 $f_{\mathrm{y}}>320\mathrm{MPa}$，取为 320MPa。

$$\begin{aligned}f_{\mathrm{n}}&=f+2(1-\frac{2e}{y})\rho f_{\mathrm{y}}\\&=1.89+2\times\left(1-\frac{2\times35}{120}\right)\times0.1744\%\times320\\&=2.36\mathrm{MPa}\end{aligned}$$

选择 B。

39. 答案：B

解答过程：依据《砌体结构设计规范》GB 50003—2011 的 9.2.2 条计算。

配筋砌块砌体构件的计算高度取为层高，为 3000mm。

$$\varphi_{0\mathrm{g}}=\frac{1}{1+0.001\beta^2}=\frac{1}{1+0.001\times(3000/190)^2}=0.82$$

选择 B。

40. 答案：B

解答过程：依据《砌体结构设计规范》GB 50003—2011 的 9.2.4 条第 1 款，HRB400 钢筋，$\xi_{\mathrm{b}}=0.52$。

受压区高度 $x=\xi_{\mathrm{b}}h_0=0.52\times(1600-100)=780\mathrm{mm}$

依据规范图 9.2.4（a），分布竖向钢筋屈服的范围为 $h_0-1.5x=1500-1.5\times780=330\mathrm{mm}$。从边缘算起的总的范围为 $100+330=430\mathrm{mm}$，结合题目给出的图示，该范围内有 2 根钢筋。选择 B。

41. 答案：D

解答过程：依据《木结构设计标准》GB 50005—2017 的 4.3.1 条，东北落叶松强度等级为 TC17B，$f_{\mathrm{c}}=15\mathrm{N/mm}^2$。依据 4.3.2 条，原木未经切削，受压强度设计值调整系数为 1.15。依据 4.3.9 条，设计使用年限为 50 年，强度调整系数为 1.0。

依据 4.3.18 条，验算稳定时，取中央截面。

$$A_0=0.9A=0.9\times\frac{\pi d^2}{4}=0.9\times\frac{\pi\times180^2}{4}\ \mathrm{mm}^2$$

依据 5.1.4 条确定稳定系数：

$$\lambda=\frac{l_0}{i}=\frac{3900}{45}=86.67>75,\ \varphi=\frac{2996}{\lambda^2}=\frac{2996}{86.67^2}=0.40$$

依据 5.1.2 条第 2 款：

$$\varphi f_{\mathrm{c}}A_0=0.4\times(15\times1.15)\times(0.9\times\frac{\pi\times180^2}{4})=158\times10^3\mathrm{N}$$

选择 D。

42. 答案：D

解答过程：依据《木结构设计标准》GB 50005—2017 的 3.1.13 条条文说明第 3 款，选项 D 正确。

点评：按照 2003 版《木结构设计规范》的表 3.1.8，与桁架上弦杆匹配的是 $\mathrm{II_b}$，故 A 项有误，在 2017 版标准中没有此规定；依据 3.1.12 条，此时含水率不应大于 18%，故 B 项有误；依据表 A.1.1，对于 $\mathrm{I_a}$ 材质等级，髓心应避开受剪面，故 C 项有误。

43. 答案：B

解答过程：依据《建筑地基基础设计规范》GB 50007—2011 的 8.2.11 条计算指定截面处的弯矩值。

由于只有轴力作用，故以净反力表示时，有 $p_{j\max}=p_j$，此时，公式（8.2.11-1）变形为

$$M_{\mathrm{I}}=\frac{1}{12}a_1^2\left[(2l+a')\times 2p_j\right]$$

以 $a_1=2-0.25=1.75\mathrm{m}$，$l=2.5\mathrm{m}$，$a'=0.5\mathrm{m}$，$p_j=\dfrac{1.35F_k}{A}=\dfrac{1.35\times1750}{4\times2.5}=236.25\mathrm{kPa}$ 代入，可得 $M_{\mathrm{I}}=663.2\mathrm{kN\cdot m}$。

选择 B。

点评：规范 8.2.11 条，当采用净反力求算指定截面的弯矩时，公式为

$$M_{\mathrm{I}}=\frac{1}{12}a_1^2\left[(2l+a')(p_{j\max}+p_j)+(p_{j\max}-p_j)l\right]$$
$$M_{\mathrm{II}}=\frac{1}{48}(l-a')^2(2b+b')(p_{j\max}+p_{j\min})$$

上式中的净反力按照荷载基本组合求出。

如果 $a'=l$，上式进一步变形为

$$M_{\mathrm{I}}=\frac{1}{2}a_1^2lp_j$$

因为 lp_j 成为线荷载，所以，上式为悬臂梁的弯矩公式。

44. 答案：A

解答过程：依据《建筑地基基础设计规范》GB 50007—2011 的 8.2.8 条计算。

$$0.7\beta_{\mathrm{hp}}f_t a_m h_0=0.7\times1.0\times1.43\times(500+700)\times700=840840\mathrm{N}$$

选择 A。

45. 答案：C

解答过程：计算沉降时，中心点可以采用分块计算，即，将基底分为对称的 4 块进行计算，计算过程如表 14-2-1 所示。

沉　降　计　算　　　　　　表 14-2-1

z_i (m)	l/b	z_i/b	$\bar{\alpha_i}$	$\bar{\alpha_i}z_i$	$\bar{\alpha_i}z_i-\bar{\alpha_{i-1}}z_{i-1}$	E_{si} (MPa)
0	1.6	0	0.2500	0	0.4158	8
2	1.6	1.6	0.2079	0.4158		
6	1.6	4.8	0.1136	0.6816	0.2658	9.5

表中 $l=\dfrac{4}{2}=2\mathrm{m}$，$b=\dfrac{2.5}{2}=1.25\mathrm{m}$。

依据《建筑地基基础设计规范》GB 50007—2011 的 5.3.5 条计算。

$$s = \psi_s \sum_{i=1}^{n} \frac{p_0}{E_{si}} (\overline{\alpha_i z_i} - \overline{\alpha_{i-1} z_{i-1}})$$

$$= 0.58 \times 160 \times \left[\left(\frac{0.4158}{8} + \frac{0.2658}{9.5} \right) \times 4 \right] = 29.7 \text{mm}$$

选择 C。

46. 答案：C

解答过程：依据《建筑桩基技术规范》JGJ 94—2008 的表 5.3.6-2，可得

$$\psi_{si} = (0.8/d)^{1/5} = (0.8/1.3)^{1/5} = 0.907$$

依据 5.3.6 条计算。

$$u \sum \psi_{si} q_{sk} l_i = 3.14 \times 1.3 \times 0.907 \times (7 \times 40 + 1.7 \times 50 + 3.3 \times 70 + 1.5 \times 80)$$

$$= 2651 \text{kN}$$

上式中，依据规范，已将第⑤层深度扣除 2 倍直径，即，$4.1 - 2 \times 1.3 = 1.5$m。

选择 C。

47. 答案：B

解答过程：依据《建筑桩基技术规范》JGJ 94—2008 的表 5.3.6-2，可得

$$\psi_p = (0.8/D)^{1/4} = (0.8/1.6)^{1/4} = 0.841$$

依据 5.3.5 条计算桩端承载力标准值：

$$Q_{pk} = \psi_p q_{pk} A_p$$

$$= 0.841 \times 3800 \times \frac{\pi \times 1.6^2}{4} = 6426 \text{kN}$$

桩端承载力特征值为 $6426/2 = 3213$kN，选择 B。

48. 答案：C

解答过程：依据《建筑桩基技术规范》JGJ 94—2008 的 5.5.14 条第 1 款计算。

$$\sigma_{zi} = \sum_{j=1}^{m} \frac{Q_j}{l_j^2} [\alpha_j I_{p,ij} + (1 - \alpha_j) I_{s,ij}]$$

$$= \frac{4000}{15^2} \times [0.6 \times 15.575 + (1 - 0.6) \times 2.599]$$

$$= 184.6 \text{kPa}$$

$$s = \psi \sum_{i=1}^{n} \frac{\sigma_{zi}}{E_{si}} \Delta z_i$$

$$= 0.45 \times \frac{184.6}{16.5 \times 10^3} \times 3 \times 10^3 = 15.1 \text{mm}$$

选择 C。

49. 答案：C

解答过程：依据《建筑地基处理技术规范》JGJ 79—2012 的 7.1.7 条，可得

$$\zeta = \frac{f_{spk}}{f_{ak}} = \frac{f_{spk}}{120} = \frac{10}{5.4}$$

求解得到所需的 $f_{spk} = 222.2$kPa。

依据 7.1.6 条，可得

$$R_a = \frac{A_p f_{cu}}{4\lambda} = \frac{3.14 \times 0.6^2/4 \times 5.6 \times 10^6}{4 \times 1} = 395.64 \times 10^3 \text{N}$$

依据 7.1.5 条第 2 款，可得

$$222.2 = 1.0 \times m \times \frac{395.64}{3.14 \times 0.6^2/4} + 0.8 \times (1-m) \times 120$$

解出 $m = 0.0967$，选择 C。

50. 答案：B

解答过程：依据《建筑地基处理技术规范》JGJ 79—2012 的 7.1.5 条第 3 款计算。

$$R_a = u_p \sum_{i=1}^{n} q_{si} l_{pi} + \alpha_p q_p A_p$$
$$= \pi \times 0.6 \times (20 \times 4 + 50 \times 2.4) + 0.6 \times \frac{\pi \times 0.6^2}{4} \times 400$$
$$= 445 \text{kN}$$

选择 B。

51. 答案：A

解答过程：依据《建筑地基处理技术规范》JGJ 79—2012 的 7.1.5 条第 1 款计算。

正方形布桩，则

$$m = \frac{d^2}{d_e^2} = \frac{0.8^2}{(1.13 \times 2.4)^2} = 0.087$$
$$f_{spk} = [1 + m(n-1)] f_{sk}$$
$$= [1 + 0.087 \times (2.8-1)] \times 170$$
$$= 197 \text{kPa}$$

选择 A。

52. 答案：C

解答过程：依据《建筑地基基础设计规范》GB 50007—2011 的 J.0.4 条计算。6 个试样的平均值为 12.35MPa。

$$\psi = 1 - \left(\frac{1.704}{\sqrt{n}} + \frac{4.678}{n^2}\right)\delta$$
$$= 1 - \left(\frac{1.704}{\sqrt{6}} + \frac{4.678}{6^2}\right) \times 0.142$$
$$= 0.8827$$
$$f_{rk} = \psi f_{rm} = 0.8827 \times 12.35 = 10.9 \text{MPa}$$

选择 C。

53. 答案：D

解答过程：依据《建筑地基基础设计规范》GB 50007—2011 的 4.1.4 条，完整性指数为

$$\left(\frac{600}{650}\right)^2 = 0.852 > 0.75$$

故岩体完整程度划分为"完整"。

依据 5.2.6 条，"完整"岩体取 $\psi_r = 0.5$，于是

$$f_a = \psi_r f_{rk} = 0.5 \times 10 = 5 \text{MPa} = 5000 \text{kPa}$$

选择 D。

54. 答案：B

解答过程：依据《建筑地基基础设计规范》GB 50007—2011 的 5.2.2 条第 2 款计算。

$$e = \frac{M_k}{F_k + G_k} = \frac{500}{10000 + 1.8 \times 1.8 \times 20 \times 1.5}$$

$$= 0.0495\text{m} < \frac{1.8}{6} = 0.3\text{m}$$

$$p_{k,\max} = \frac{F_k + G_k}{A}\left(1 + \frac{6e}{b}\right)$$

$$= \frac{10000 + 1.8^2 \times 20 \times 1.5}{1.8^2} \times \left(1 + \frac{6 \times 0.0495}{1.8}\right) = 3631\text{kPa}$$

选择 B。

55. 答案：C

解答过程：依据《建筑地基基础设计规范》GB 50007—2011 的附录 C.0.1 条和 D.0.2 条，C 不正确，故选 C。

点评：考试所用的规范增加了《既有建筑地基基础加固技术规范》JGJ 123—2012，从题目可以知道，应用此规范更为方便。

依据附录 B.0.1 条和 B.0.2 条，A 正确。

依据 3.0.4 条第 1 款和第 2 款，B 正确。

依据附录 A.0.1 条和 A.0.2 条，C 错误。

依据 11.2.1 条，D 正确。

56. 答案：A

解答过程：依据《混凝土结构设计规范》GB 50010—2010 的表 3.5.2，海风环境的环境类别为"三 a"。依据《建筑桩基技术规范》JGJ 94—2008 的 3.5.3 条，地下水、土具有弱腐蚀性非强、中腐蚀性，不考虑提高。故预应力混凝土桩裂缝控制等级为一级。A 错误。选择 A。

57. 答案：D

解答过程：依据《高层建筑混凝土结构技术规程》JGJ 3—2010 的 6.1.4 条，当钢筋混凝土楼梯与主体结构整体连接时，应考虑楼梯对地震作用及其效应的影响，故 D 项叙述错误，选择 D。

点评：依据规范表 3.3.1-1 及其下面的注释可知，甲类建筑宜按本地区设防烈度提高 1 度查表，因此，若是甲类建筑、设防烈度为 8 度，则不应采用板柱-剪力墙结构。现在，A 选项中所述为乙类建筑，应按本地区设防烈度查表，所以，设防烈度为 8 度时可以采用。依据 3.9.1 条，乙类建筑应按本地区设防烈度提高 1 度加强抗震措施，查表 3.9.3，板柱-剪力墙结构、9 度，对应的抗震等级是"——"。这种情况，内力调整按照一级，抗震构造措施"高于一级"相当于特一级。再依据 5.3.3 条以及条文说明，平板无梁楼盖应考虑板面外刚度影响，其面外刚度可按有限元方法计算或近似将柱上板带等效为框架梁计算。故 A 选项正确。

58. 答案：B

解答过程：依据《高层建筑混凝土结构技术规程》JGJ 3—2010 的 3.11.1 条，抗震性能目标为 C 级时，多遇地震、设防地震、罕遇地震对应的抗震性能水准分别是 1、3、4。

对于 A 选项，设防地震、第 3 性能水准，依据 3.11.3 条第 3 款，受剪承载力宜符合式（3.11.3-1）的规定，即弹性设计要求。故 A 项错误。

对于 B 选项，罕遇地震、第 4 性能水准，依据 3.11.3 条第 4 款，部分竖向构件一级大部分耗能构件进入屈服阶段，但钢筋混凝土竖向构件的受剪承载力应符合式（3.11.3-4）的规定，即截面限制条件。故 B 项正确。

对于 C 选项，多遇地震、第 1 性能水准，依据 3.11.3 条第 1 款，应满足弹性设计要求，其承载力和变形应符合该规程的有关规定。依据 3.7.3 条，剪力墙、高度 180m，弹性层间位移角限值，应在 1/1000 和 1/500 之间内插，故 C 项中所说"在多遇地震标准值作用下的楼层弹性层间位移角限值为 1/1000"有误，即，C 项错误。

对于 D 选项，依据 3.11.4 条，高度超过 200mm，应采用弹塑性时程分析；高度不超过 150m 可采用静力弹塑性分析，条文说明指出，高度在 150～200m 的基本自振周期大于 4s 或特别不规则以及高度 200m 以上的房屋，应采用弹塑性时程分析，故 D 项错误。

选择 B。

点评：《高层建筑混凝土结构技术规程》JGJ 3—2010 中关于性能化设计的要求，可以归纳为表 14-2-2。

性能化设计的要求 表 14-2-2

抗震性能水准	计算分析方法	设计要求	备注
1	弹性	多遇地震：构件承载力以及结构弹性层间位移应符合《高规》要求	满足 3.7.4 条的要求时，仍应符合 3.7.5 条的要求
		设防地震：构件抗震承载力应满足： $\gamma_G S_{GE} + \gamma_{Eh} S_{Ehk}^* + \gamma_{Ev} S_{Evk}^* \leqslant R_d/\gamma_{RE}$	公式的左侧，与多遇地震时不同
2	弹性	设防地震或罕遇地震： （1）耗能构件正截面承载力应满足（屈服承载力）： $S_{GE} + S_{Ehk}^* + 0.4 S_{Evk}^* \leqslant R_k$ （2）耗能构件受剪承载力、关键构件及普通竖向构件抗震承载力宜满足： $\gamma_G S_{GE} + \gamma_{Eh} S_{Ehk}^* + \gamma_{Ev} S_{Evk}^* \leqslant R_d/\gamma_{RE}$	对耗能构件正截面承载力要求放松
3	弹塑性	设防地震或罕遇地震： （1）关键构件及普通竖向构件正截面承载力应满足（屈服承载力）： $S_{GE} + S_{Ehk}^* + 0.4 S_{Evk}^* \leqslant R_k$ （2）水平长悬臂结构和大跨度结构中的关键构件正截面承载力应满足（屈服承载力）： $S_{GE} + S_{Ehk}^* + 0.4 S_{Evk}^* \leqslant R_k$ $S_{GE} + 0.4 S_{Ehk}^* + S_{Evk}^* \leqslant R_k$ （3）耗能构件受剪承载力应满足： $S_{GE} + S_{Ehk}^* + 0.4 S_{Evk}^* \leqslant R_k$ （4）非耗能构件，受剪承载力宜满足： $\gamma_G S_{GE} + \gamma_{Eh} S_{Ehk}^* + \gamma_{Ev} S_{Evk}^* \leqslant R_d/\gamma_{RE}$ 罕遇地震下薄弱部位的层间位移角应符合表 3.7.5	允许采用等效弹性方法，计算中适当增加阻尼比（增加值一般不大于 0.02）并考虑连梁刚度折减（折减系数一般不小于 0.3）

续表

抗震性能水准	计算分析方法	设计要求	备注
4	弹塑性	设防地震或罕遇地震	(1) 关键构件抗震承载力应满足（屈服承载力）： $$S_{GE} + S_{Ehk}^* + 0.4S_{Evk}^* \leqslant R_k$$ (2) 水平长悬臂结构和大跨度结构中的关键构件： 正截面承载力应满足： $$S_{GE} + S_{Ehk}^* + 0.4S_{Evk}^* \leqslant R_k$$ $$S_{GE} + 0.4S_{Ehk}^* + S_{Evk}^* \leqslant R_k$$ 受剪承载力应满足： $$S_{GE} + S_{Ehk}^* + 0.4S_{Evk}^* \leqslant R_k$$ (3) 部分竖向构件以及大部分耗能构件屈服。 (4) 钢筋混凝土竖向构件，受剪应满足截面限制条件： $$V_{GE} + V_{Ek}^* \leqslant 0.15 f_{ck} bh_0$$ (5) 钢-混凝土组合剪力墙受剪截面应满足： $$(V_{GE} + V_{Ek}^*) - (0.25 f_{ak} A_a + 0.5 f_{spk} A_{sp}) \leqslant 0.15 f_{ck} bh_0$$ 罕遇地震下薄弱部位的层间位移角应符合表 3.7.5	
5	弹塑性	罕遇地震	(1) 关键构件抗震承载力宜满足（屈服承载力）： $$S_{GE} + S_{Ehk}^* + 0.4S_{Evk}^* \leqslant R_k$$ (2) 竖向构件：同一楼层的竖向构件不宜全部屈服。 钢筋混凝土构件，应满足截面限制条件： $$V_{GE} + V_{Ek}^* \leqslant 0.15 f_{ck} bh_0$$ 钢-混凝土组合剪力墙受剪截面应满足： $$(V_{GE} + V_{Ek}^*) - (0.25 f_{ak} A_a + 0.5 f_{spk} A_{sp}) \leqslant 0.15 f_{ck} bh_0$$ (3) 耗能构件：允许部分耗能构件发生比较严重的破坏。 罕遇地震下薄弱部位的层间位移角应符合表 3.7.5	

注：构件内力均不考虑与抗震等级有关的增大系数。

弹塑性分析方法的选用应符合表 14-2-3 的规定（见《高规》3.11.4 条）。

弹塑性分析方法的选用   表 14-2-3

高度 H	分析方法	备注
$H \leqslant 150$m	静力弹塑性分析	
150m$< H \leqslant 200$m	静力弹塑性分析或弹塑性时程分析	基本自振周期大于 4s 或特别不规则的，采用弹塑性时程分析
200m$< H \leqslant 300$m	弹塑性时程分析	
$H > 300$m	弹塑性时程分析	应有两个独立的计算，进行校核

注：弹塑性时程分析宜采用双向地震输入；对竖向地震作用敏感的结构，宜采用三向地震输入。

59. 答案：D

解答过程：依据《高层建筑混凝土结构技术规程》JGJ 3—2010 的 4.3.13 条计算。

$$F_{Evk} = \alpha_{vmax} G_{eq} = 0.65 \alpha_{max} \times 0.75 G_e$$

查表，$\alpha_{max} = 0.32$。$G_e = 10 \times 14.5 \times 24 \times 27 = 93960 kN$。代入上式，求得 F_{Evk} $= 14658 kN$。

按比例分配之后乘以 1.5：$14658 \times 8.3\% \times 1.5 = 1825 kN$。选择 D。

点评：注意，4.3.15 条虽然规定了竖向地震作用标准值的最小值，但是，是有前提条件的，适用于大跨度结构、悬挑结构、转换结构、连体结构的连接体。本题要求计算的墙肢 W1，不在上述范围。

60. 答案：D

解答过程：依据《高层建筑混凝土结构技术规程》JGJ 3—2010 的 4.3.15 条计算竖向地震作用，再进行荷载效应组合。

$$1.3 \times (263 + 0.5 \times 54) + 1.4 \times 0.2 \times (263 + 0.5 \times 54) = 458.2 kN \cdot m$$

以上为地震设计状况。

对于持久设计状况和短暂设计状况时，效应组合值为

$$1.3 \times 263 + 1.5 \times 54 = 422.9 kN \cdot m$$

将地震设计状况下的效应乘以 $\gamma_{RE} = 1.0$（仅考虑竖向地震作用），将持久设计状况下的效应乘以 $\gamma_0 = 1.0$，然后比较，得到 $1.0 \times 458.2 > 1.0 \times 22.9$，因此，应取 458.2kNm 作为弯矩设计值进行配筋计算。

选择 D。

点评：《高层建筑混凝土结构技术规程》JGJ 3—2010 的 5.6.5 条规定，"抗震设计时，应同时按本规程第 5.6.1 条和 5.6.3 条的规定进行荷载和地震作用组合的效应计算"，其含义为，抗震设计时，不仅应满足抗震的一系列要求，还应满足非抗震时的规范规定。这样，对于一个不涉及内力调整的构件，相当于取以下两者的较大者进行配筋设计：

(1) 持久状况按荷载基本组合得到的内力组合设计值乘以结构重要性系数；

(2) 地震状况下地震组合得到的内力设计值乘以抗震调整系数。

值得注意的是，上述第（2）项仅仅是一个"中间量"，并不符合严格意义上的"设计值"概念，但是考试时习惯上称作"设计值"。

61. 答案：D

解答过程：依据《高层建筑混凝土结构技术规程》JGJ 3—2010 表 5.6.4，60m 以上的高层建筑风荷载才参与组合。今高度为 40.3m，不考虑风。另外，提示已经指出，忽略重力荷载及竖向地震作用下剪力墙承受的剪力，故只考虑水平地震作用。

依据 7.2.4 条，墙肢的剪力设计值应乘以增大系数 1.25，于是得到 $1.25 \times 1.4 \times 1400 = 2450 kN$。

依据 7.1.4 条，底部加强部位的高度可取底部两层和墙体总高度的 1/10 二者的较大者，因此，第 3 层不是底部加强部位。

依据表 3.9.3，9 度、剪力墙结构，抗震等级为一级。依据 7.2.5 条，剪力增大系数为 1.3，$1.3 \times 2450 = 3185 kN$。选择 D。

62. 答案：A

解答过程：依据《高层建筑混凝土结构技术规程》JGJ 3—2010 的 7.2.21 条计算。

依据 6.2.5 条条文说明，可得

$$M_{bua}^l = M_{bua}^r = 400 \times 1256 \times (965 - 35)/0.75 = 623.0 \times 10^6 \text{N} \cdot \text{mm}$$

$$V = 1.1 \frac{M_{bua}^l + M_{bua}^r}{l_n} + V_{Gb} = 1.1 \times \frac{2 \times 623}{2} + 60 = 745.3 \text{kN}$$

选择 A。

点评：设防烈度为 9 度时应考虑竖向地震的作用，但题目中未给出相关信息。

63. 答案：C

解答过程：依据《建筑与市政工程抗震通用规范》GB 55002—2021 的 4.2.3 条，7 度 (0.10g)，基本周期 4.0s，内插法可得 $\lambda = 0.0147$。

$$0.0147 \times (6.0 \times 10^5 + 0.5 \times 8.0 \times 10^4) = 9408 \text{kN}$$

选择 C。

64. 答案：C

解答过程：依据《高层建筑混凝土结构技术规程》JGJ 3—2010 的 3.3.1 条，框架核心筒、7 度，A 级最大高度为 130m，今房屋高度 150m，属于 B 级高度。

查表 3.9.4，7 度、框架核心筒结构，框架的抗震等级为一级。查表 6.4.2，轴压比限值为 0.75。由于剪跨比在 1.5～2 之间，减小 0.05。由于沿柱全高的箍筋配置符合表下注释 4，增加 0.10。最终，轴压比限值为 0.75−0.05+0.10=0.80，选择 C。

点评：2018 年一级专业考试第 11 题，与此题类似，要求按照抗震构造措施确定框架柱的最大轴压力设计值。命题组给出的解答，从两个方面考虑：①根据柱箍筋的特征由轴压比限值表格得到可达到的轴压比最大值，由此得到可承受的轴力；②根据框架柱实际的箍筋配置求出 ρ_v，再求出 λ_v，查表得到对应的轴压比，由此得到可承受的轴力。最后取以上两个方面的较小者。

65. 答案：B

解答过程：依据《高层建筑混凝土结构技术规程》JGJ 3—2010 的 3.11.2 条第 2 款，耗能构件的受剪承载力宜符合式（3.11.3-1）的规定。因此，剪力设计值为

$$V = 1.4 \times 1200 = 1680 \text{kN}$$

再依据 7.2.23 条计算。

$$\frac{A_{sv}}{s} = \frac{0.85 \times 1680 \times 10^3 - 0.38 \times 1.71 \times 500 \times 850}{0.9 \times 360 \times 850} = 4.18 \text{mm}^2/\text{mm}$$

当箍筋间距采用 100mm 时，需要箍筋截面面积 418mm²，4 根 Φ12 可提供 452 mm²，满足要求。选择 B。

点评：关于本题，有以下几点需要说明：

(1) 性能化设计的内容在《建筑抗震设计规范》与《高层建筑混凝土结构技术规程》中均有规定但有差异，故编入本书时指定了依据哪本规范作答。

(2)《高层建筑混凝土结构技术规程》中，第 2 性能水准，分为 3 种情况：

关键构件及普通竖向构件宜符合公式（3.11.3-1）。

耗能构件的受剪承载力宜符合公式（3.11.3-1）。

耗能构件的正截面承载力应符合公式（3.11.3-2）。

(3) 有观点指出，依据规程 7.2.22 条，连梁截面应满足：

$$V \leqslant \frac{1}{\gamma_{RE}}(0.15\beta_c f_c b_b h_{b0}) = \frac{1}{0.85}(0.15 \times 1 \times 19.1 \times 500 \times 850) = 1432.5 \times 10^3 \text{N}$$

此时，由于剪力设计值为 1560kN，故不满足要求。

第 2 性能水准是否需要满足受剪截面要求，规程中似乎并不明确。

66. 答案：B

解答过程：依据《建筑结构荷载规范》GB 50009—2012 的 J.1.2 条以及 8.4.4 条计算。

$$x_1 = \frac{30f_1}{\sqrt{k_w w_0}} = \frac{30/4.7}{\sqrt{1.28 \times 0.65}} = 7.0 > 5$$

查表 J.1.2 得到 $\eta_a = 1.90$。选择 B。

点评：关于舒适度验算，《高层建筑混凝土结构技术规程》3.7.6 条的要求为：在 10 年一遇风荷载标准值作用下，结构顶点的顺风向和横风向振动最大加速度不得超过限值。而"振动最大加速度"的计算方法要求依据《高层民用建筑钢结构技术规程》执行。2015 年版的《高层民用建筑钢结构技术规程》3.5.5 条又把计算方法指向《建筑结构荷载规范》。另外注意，舒适度验算时采用的阻尼比与承载力计算时不同，规范规定，钢结构宜取 0.01～0.015，混凝土结构宜取 0.02，混合结构宜取 0.01～0.02。题目中给出阻尼比 0.04，不恰当。

67. 答案：B

解答过程：依据《建筑结构荷载规范》GB 50009—2012 的表 8.2.1，粗糙度 A 类、高度 150m，$\mu_z = 2.46$。

由于 $\tan 30° = 0.577 > 0.3$，取为 0.3。

$$\eta_{zB} = \left[1 + \kappa \tan\alpha \left(1 - \frac{z}{2.5H}\right)\right]^2 = \left[1 + 1.4 \times 0.3 \times \left(1 - \frac{150}{2.5 \times 200}\right)\right]^2 = 1.67$$

修正后为 $\mu_z = 1.67 \times 2.46 = 4.1$，选择 B。

68. 答案：B

解答过程：依据《高层建筑混凝土结构技术规程》JGJ 3—2010 的 3.5.2 条，第 14 层与其相邻上层的侧向刚度比为

$$\gamma_2 = \frac{V_{14}/\Delta_{14} \times h_{14}}{V_{15}/\Delta_{15} \times h_{15}} = \frac{4300/5.48 \times 6000}{4000/3.32 \times 3900} = 1.00$$

由于 6000/3900＝1.54，要求比值不宜小于 1.1，今不满足要求。

依据 3.5.3 条，与相邻上一层的受剪承载力相比，不宜小于 80%，不应小于 65%，今 132000/160000＝82.5%，故满足要求。

选择 B。

69. 答案：A

解答过程：依据《高层建筑混凝土结构技术规程》JGJ 3—2010 的 11.4 节进行各项判断。

（1）验算轴压比

型钢混凝土柱的抗震等级为一级，剪跨比不大于 2，依据 11.4.4 条，轴压比限值为 0.70−0.05＝0.65。

实际轴压比为

$$\frac{N}{f_c A_c + f_a A_a} = \frac{30000 \times 10^3}{23.1 \times (1100^2 - 61500) + 295 \times 61500} = 0.67 > 0.65$$

轴压比不满足要求。

（2）验算型钢含钢率

依据 11.4.5 条第 6 款，型钢含钢率不宜小于 4%。实际型钢含钢率为 $\frac{61500}{1100^2} = 5.08\%$ $> 4\%$，满足要求。

（3）验算纵筋最小配筋率

依据 11.4.5 条第 4 款，纵筋最小配筋率不宜小于 0.8%。实际配筋率为 $\frac{24 \times 3.14 \times 25^2 / 4}{1100^2} = 0.97\% > 0.8\%$，满足要求。

（4）验算箍筋体积配箍率

依据 11.4.6 条第 4 款验算箍筋体积配箍率。

柱轴压比已经求得为 0.67，一级、普通复合箍、轴压比 0.67，查表 6.4.7 得到 $\lambda_v = 0.16$。

$$[\rho_v] = 0.85 \lambda_v \frac{f_c}{f_{yv}} = 0.85 \times 0.16 \times \frac{23.1}{360} = 0.87\% < 1.0\%$$

取 $[\rho_v] = 1.0\%$。

实际的箍筋体积配箍率（未考虑斜向箍筋）为

$$\rho_v = \frac{(1100 - 2 \times 20 - 14) \times 8 \times 153.9}{(1100 - 2 \times 20 - 2 \times 14)^2 \times 100} = 1.21\% > [\rho_v] = 1.0\%$$

箍筋体积配箍率满足要求。

综上，4 项中只有一项不满足要求，选择 A。

点评：以上各项判断是独立的，故在验算体积配箍率时以轴压比满足限值作为前提。另外注意，斜向箍筋的体积是可以计入的，只不过计算稍微麻烦。

70. 答案：C

解答过程：依据《高层建筑混凝土结构技术规程》JGJ 3—2010 解题。

（1）判断是否短肢剪力墙

依据 7.1.8 条，由于墙肢截面高厚比 1900/250＝7.6，在 4～8 之间，因此属于短肢剪力墙。

（2）确定抗震构造措施等级

依据 3.9.2 条，7 度（0.15g）、Ⅲ类场地，按 8 度考虑抗震构造措施。查《建筑与市政工程抗震通用规范》GB 55002—2021 的表 5.2.1，8 度、高度小于 80m、剪力墙结构，抗震等级为二级。

（3）判断是否底部加强部位

依据 7.1.4 条，底部加强部位的高度取为底部 2 层和墙体总高度的 1/10 二者较大者，为 7.53m，因此，底部加强部位取为 3 层高度。第 5 层属于非底部加强部位。

（4）配置纵筋

依据 7.2.2 条，短肢剪力墙按照全部纵筋的配筋率控制。非底部加强部位、二级，配筋率不宜小于 1.0%。今在阴影部分之外 800mm 范围内按照间距为 200mm 已经配置了

$6 \Phi 10$，截面面积为 471mm^2。

令一个阴影部分应配置的纵筋截面面积为 A_s，则应满足

$$\frac{2A_s + 471}{(1900 + 2 \times 300) \times 250} \geq 1.0\%$$

解出 $A_s = 2890\text{mm}^2$。

$2890/12 = 241\text{mm}^2$，$\Phi 18$ 可提供 254.5mm^2，选择 C。

71. 答案：C

解答过程：依据《建筑抗震设计规范》GB 50011—2010（2016 年版）的表 5.5.5，钢筋混凝土框架结构，$[\theta_p] = 1/50$。今

$$\frac{\Delta u_p}{[\theta_p] h} = \frac{120}{1/50 \times 5000} = 1.2$$

表明，作为限值的 $[\theta_p] h$ 应提高 20% 以上才能满足层间弹塑性位移角限值要求。这可以通过将规范 6.3.9 条规定的体积配箍率大 30% 实现。因此可排除 B 选项。

查表 6.3.9，一级、普通复合箍、轴压比 0.2，$\lambda_v = 0.10$。大 30%，可得 $\lambda_v = 0.13$。于是，最小体积配箍率为

$$[\rho_v] = \lambda_v \frac{f_c}{f_{yv}} = 0.13 \times \frac{16.7}{360} = 0.603\%$$

对于一级框架柱，构造要求 $[\rho_v] \geq 0.8\%$，因此，也应提高 30%，即不低于 $1.3 \times 0.8\% = 1.04\%$。

依据 6.3.7 条，一级时，柱箍筋加密区箍筋最小直径为 10mm，排除 A。

对选项 C 验算：当箍筋加密区采用 $4 \Phi 10@100$ 时，实际的体积配箍率为（箍筋保护层厚度取为 20mm）

$$\rho_v = \frac{(500 - 2 \times 20 - 10) \times 628}{(500 - 2 \times 20 - 2 \times 10)^2 \times 100} = 1.45\%$$

满足要求。

选择 C。

点评：本题之所以给出提示，是因为现行《建筑抗震设计规范》和《高层建筑混凝土结构技术规程》的规定不协调。前者的 5.5.5 条规定"当柱子全高的箍筋构造比本规范第 6.3.9 条规定的体积配箍率大 30% 时，可提高 20%"；后者的 3.7.5 条规定"当柱子全高的箍筋构造采用比本规程中框架柱箍筋最小特征值大 30% 时，可提高 20%"。

72. 答案：A

解答过程：依据《高层建筑混凝土结构技术规程》JGJ 3—2010 的 3.12.1 条，D 错误。

依据 3.12.4 条，抗连续倒塌设计时，当构件直接与被拆除竖向构件相连时，竖向荷载动力放大系数取 2.0，故 B、C 错误。

选择 A。

73. 答案：B

解答过程：依据《公路钢筋混凝土及预应力混凝土桥涵设计规范》JTG 3362—2018 的 4.4.7 条，无铰拱时取计算长度为 $0.36L_a = 41.4\text{m}$，选择 B。

74. 答案：D

解答过程：依据《公路钢筋混凝土及预应力混凝土桥涵设计规范》JTG 3362—2018 的表 C.2.2，加载龄期 60d、$RH = 75\%$、理论厚度 $h = 600$mm 时，名义徐变系数为 $\phi_0 = 1.39$。代入公式计算时，取 $RH = 80\%$。

$$\beta_H = 150\left[1 + \left(1.2\frac{RH}{RH_0}\right)^{18}\right]\frac{h}{h_0} + 250$$

$$= 150\left[1 + (1.2 \times 0.8)^{18}\right] \times 6 + 250$$

$$= 1582 > 1500$$

取 $\beta_H = 1500$。

$$\beta_c(t - t_0) = \left(\frac{3650 - 60}{1500 + 3650 - 60}\right)^{0.3} = 0.901$$

$$\phi(t_u, t_0) = \phi_0 \cdot \beta_c(t - t_0) = 1.39 \times 0.901 = 1.25$$

再依据 8.8.2 条第 3 款，徐变引起的缩短量为：

$$\Delta l_c^- = \frac{\sigma_{pc}}{E_c}\phi(t_u, t_0)l = \frac{9}{3.45 \times 10^4} \times 1.25 \times 170 \times 10^3 = 55.4\text{mm}$$

选择 D。

75. 答案：A

解答过程：依据《公路桥涵设计通用规范》JTG D60—2015 的 3.5.4 条，有

$$l \geqslant 750 + 1.5 \times (2000 + 2 \times 200) - 450 = 3900\text{mm}$$

选择 A。

76. 答案：C

解答过程：依据《公路桥涵设计通用规范》JTG D60—2015 的 4.3.4 条计算。

查 4.3.1 条，3m 范围可布置两个后轴，总重力为 $140 \times 2 = 280$kN。13m 宽度单向行驶，车道数为 3，故总重力为 $280 \times 3 = 840$kN。今提示不折减，取 $\Sigma G = 840$kN。

$$h = \frac{\Sigma G}{Bl_0\gamma} = \frac{840}{13 \times 3.0 \times 18} = 1.2\text{m}$$

选择 C。

77. 答案：A

解答过程：依据《公路钢筋混凝土及预应力混凝土桥涵设计规范》JTG 3362—2018 的 6.5.3 条，C40 混凝土时挠度长期增长系数为 1.45。

由于 $150 > 80 \times 1.45$，依据 6.5.5 条，可不设预拱度，故选择 A。

78. 答案：B

解答过程：依据《公路钢筋混凝土及预应力混凝土桥涵设计规范》JTG 3362—2018 的 6.1.1 条，对抗裂验算、裂缝宽度验算和挠度验算，作用组合中汽车荷载不计入汽车冲击作用，选择 B。

点评：也可以这样答题：

抗裂验算、裂缝宽度验算和挠度验算属于正常使用极限状态验算，依据《公路桥涵设计通用规范》JTG D60—2015 的 4.1.6 条，汽车荷载不计入汽车冲击力，选择 B。

79. 答案：B

解答过程：依据《公路桥涵设计通用规范》JTG D60—2015 的 4.3.2 条第 6 款，选

择 B。

80. 答案：B

解答过程：依据《公路桥涵设计通用规范》JTG D60—2015 的 4.3.1 条第 2 款，选项 B 正确。

点评：事实上，桥台计算时，作用力包括竖向荷载（主要来源于汽车荷载）和横向荷载（来源于侧向土压力）。前者计算时按支座反力得到，由于属于"剪力效应"，车道荷载中的集中荷载 P_k 应乘以 1.2（见 4.3.1 条）；后者计算时应将破坏棱体范围内的车辆荷载等效为土层厚度（见 4.3.4 条）。

15 2017 年试题与解答

15.1　2017 年试题

题 1~4

某五层钢筋混凝土框架结构办公楼，房屋高度 25.45m。抗震设防烈度 8 度（0.20g），设防类别为丙类，设计地震分组为第二组，场地类别 Ⅱ 类，混凝土强度等级 C30。该结构平面和竖向均规则。

1. 按振型分解反应谱法进行多遇地震下的结构整体计算时，输入的部分参数摘录如下：①特征周期 $T_g=0.4s$；②框架抗震等级为二级；③结构的阻尼比 $\zeta=0.05$；④水平地震影响系数最大值 $\alpha_{max}=0.24$。试问，以上参数输入正确的选项为下列何项？

A. ①②③　　　B. ①③　　　C. ②④　　　D. ①③④

2. 假定，采用底部剪力法计算时，集中于顶层的重力荷载代表值 $G_5=3200kN$，集中于其他各楼层的结构和构配件自重标准值（永久荷载）和按等效均布荷载计算的楼面活荷载标准值（可变荷载）见表 15-1-1。试问，结构等效总重力荷载 G_{eq}（kN），与下列何项数值最为接近？

提示：该办公楼内无藏书库、档案库。

各楼层荷载标准值　　　　表 15-1-1

楼层	1	2	3	4
永久荷载（kN）	3600	3000	3000	3000
可变荷载（kN）	760	680	680	680

A. 14600　　　B. 14900　　　C. 17200　　　D. 18600

3. 假定，该结构的基本周期为 0.8s，对应于水平地震作用标准值的各楼层地震剪力、重力荷载代表值和楼层的侧向刚度见表 15-1-2。

试问，水平地震剪力不满足规范最小地震剪力要求的楼层为下列何项？

各楼层的指标　　　　表 15-1-2

楼层	1	2	3	4	5
楼层地震剪力 V_{Eki}（kN）	450	390	320	240	140
楼层重力荷载代表值 G_j（kN）	3900	3300	3300	3300	3200
楼层的侧向刚度 K_i（kN/m）	6.5×10^4	7.0×10^4	7.5×10^4	7.5×10^4	7.5×10^4

A. 所有楼层　　B. 第 1、2、3 层　　C. 第 1、2 层　　D. 第 1 层

4. 假定，各楼层的地震剪力和楼层的侧向刚度如表 15-1-2 所示，试问，当仅考虑剪切变形影响时，本建筑物在水平地震作用下的楼顶总位移 Δ（mm），与下列何项数值最为接近？

A. 14　　　B. 18　　　C. 22　　　D. 26

题 5 以下关于采用时程分析法进行多遇地震补充计算的说法，何项不妥？

A. 特别不规则的建筑，应采用时程分析的方法进行多遇地震下的补充计算

B. 采用七组时程曲线进行时程分析时，应按建筑场地类别和设计地震分组选用不少于五组实际强震记录的加速度时程曲线

C. 每条时程曲线计算所得结构各楼层剪力不应小于振型分解反应谱法计算结果的 65%

D. 多条时程曲线计算所得结构底部剪力的平均值不应小于振型分解反应谱法计算结果的 80%

题 6~9

某民用建筑普通房屋中的钢筋混凝土 T 形截面独立梁，安全等级为二级，荷载简图及截面尺寸如图 15-1-1 所示。梁上作用有均布永久荷载标准值 g_k、均布可变荷载标准值 q_k、集中永久荷载标准值 G_k、集中可变荷载标准值 Q_k。混凝土强度等级为 C30，梁纵向钢筋采用 HRB400，箍筋采用 HPB300。纵向受力钢筋的保护层厚度 $c_s = 30\text{mm}$，$a_s = 70\text{mm}$，$a_s' = 40\text{mm}$，$\xi_b = 0.518$。

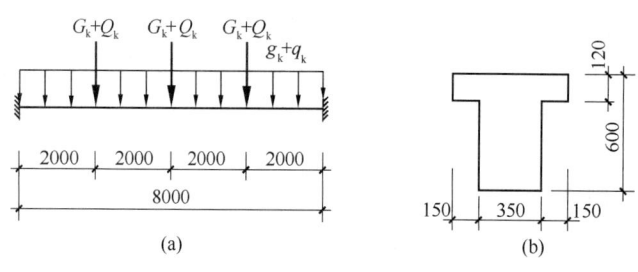

图 15-1-1

(a) 荷载简图；(b) 梁截面尺寸

6. 假定，该梁跨中顶部受压纵筋为 4Φ20，底部受拉纵筋为 10Φ25（双排）。试问，当考虑受压钢筋的作用时，该梁跨中截面能承受的最大弯矩设计值 M（kN·m），与下列何项数值最为接近？

A. 580   B. 740   C. 820   D. 890

7. 假定，$g_k = q_k = 7\text{kN/m}$，$G_k = Q_k = 70\text{kN}$。当采用四肢箍且箍筋间距为 150mm 时，试问，该梁支座截面斜截面抗剪所需箍筋的单肢截面面积（mm²），与下列何项数值最为接近？

提示：按永久荷载可变荷载的分项系数分别取 1.3、1.5 计算，可变荷载的组合值系数取 1.0。

A. 45   B. 60   C. 68   D. 120

8. 假定，该梁支座截面按荷载效应组合的最大弯矩设计值 $M = 490\text{kN·m}$。试问，在不考虑受压钢筋作用的情况下，按承载能力极限状态设计时，该梁支座截面纵向受拉钢筋的截面面积 A_s（mm²），与下列何项数值最为接近？

A. 2780   B. 3120   C. 3320   D. 3980

9. 假定，该梁支座截面纵向受拉钢筋配置为 8Φ25，按荷载准永久组合计算的梁纵向受拉钢筋的应力 $\sigma_s = 220\text{N/mm}^2$。试问，该梁支座处按荷载准永久组合并考虑长期作用影响的最大裂缝宽度 w_{max}（mm），与下列何项数值最为接近？

A. 0.21 B. 0.24 C. 0.27 D. 0.30

题 10～12

某二层地下车库，安全等级为二级，抗震设防烈度为 8 度（0.20g），建筑场地类别为 Ⅱ 类，抗震设防类别为丙类，采用现浇钢筋混凝土板柱-抗震墙结构。某中柱顶板节点如图 15-1-2 所示，柱网 8.4m×8.4m，柱截面 600mm×600mm，板厚 250mm，设 1.6m×1.6m×0.15m 的托板，$a_s = a'_s = 45$mm。

10. 假定，板面均布荷载设计值为 15kN/m²（含板自重），当忽略托板自重和板柱节点不平衡弯矩的影响时，试问，当仅考虑竖向荷载作用时，该板柱节点柱边缘处的冲切反力设计值 F_l（kN），与下列何项数值最为接近？

A. 950 B. 1000
C. 1030 D. 1090

11. 假定，该板柱节点混凝土强度等级为 C35，板中未配置抗冲切钢筋。试问，当仅考虑竖向荷载作用时，该板柱节点柱边缘处的受冲切承载力设计值 $[F_l]$（kN），与下列何项数值最为接近？

A. 860 B. 1180
C. 1490 D. 1560

12. 试问，该板柱节点的柱纵向钢筋直径最大值 d（mm），不宜大于下列何项数值？

A. 20 B. 22 C. 25 D. 28

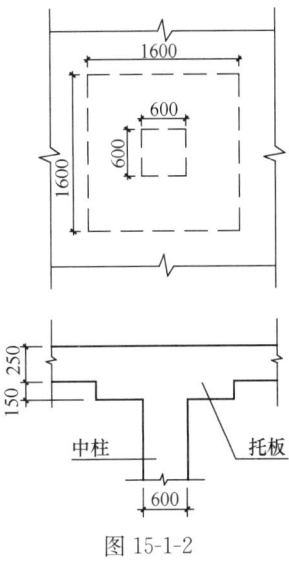

图 15-1-2

题 13 拟在 8 度地震区新建一栋二层钢筋混凝土框架结构临时性建筑，以下何项不妥？

A. 结构的设计使用年限为 5 年，结构重要性系数不应小于 0.90

B. 受力钢筋的保护层厚度可小于《混凝土结构设计规范》GB 50010—2010 第 8.2 节的要求

C. 可不考虑地震作用

D. 进行承载能力极限状态验算时，楼面和屋面活荷载可乘以 0.9 的调整系数

题 14～16

某钢筋混凝土框架结构办公楼，抗震等级为二级，框架梁的混凝土强度等级为 C35，梁纵向钢筋及箍筋均采用 HRB400。取某边榀框架（C 点处为框架角柱）的一段框架梁，梁截面：$b×h=400$mm×900mm，受力钢筋的保护层厚度 $c_s=30$mm，梁上线荷载标准值分布图、简化的弯矩标准值见图 15-1-3，其中框架梁净跨 $l_n=8.4$m。假定，永久荷载标准值 $g_k=83$kN/m，等效均布可变荷载标准值 $q_k=55$kN/m。

14. 试问，考虑地震作用组合时，BC 段框架梁端截面组合的剪力设计值 V（kN），与下列何项数值最为接近？

A. 670 B. 740 C. 810 D. 880

15. 考虑地震作用组合时，假定 BC 段框架梁 B 端截面组合的剪力设计值为 320kN，纵向钢筋直径 $d=25$mm，梁端纵向受拉钢筋配筋率 $\rho=1.80\%$，$a_s=70$mm，试问，该截

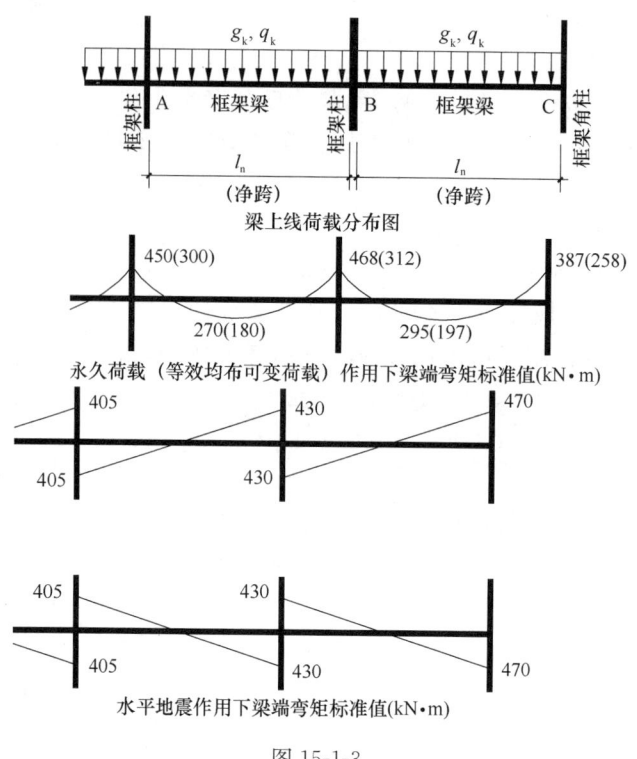

梁上线荷载分布图

永久荷载（等效均布可变荷载）作用下梁端弯矩标准值(kN·m)

水平地震作用下梁端弯矩标准值(kN·m)

图 15-1-3

面抗剪箍筋采用下列何项配置最为合理？

　　A. Φ8@150（4）　　　B. Φ10@150（4）　　　C. Φ8@100（4）　　　D. Φ10@100（4）

　　16. 假定，多遇地震下的弹性计算结果如下：框架节点 C 处，柱轴压比为 0.5，上柱柱底弯矩与下柱柱顶弯矩大小与方向均相同。试问，框架节点 C 处，上柱柱底截面考虑水平地震作用组合的弯矩设计值 M_c（kN·m），与下列何项数值最为接近？

　　A. 810　　　　　　B. 920　　　　　　C. 1020　　　　　　D. 1100

　　题 17～23

　　某商厦增建钢结构入口大堂，其屋面结构布置如图 15-1-4 所示，新增钢结构依附于商厦的主体结构。钢材采用 Q235B 钢，钢柱 GZ-1 和钢梁 GL-1 均采用热轧 H 型钢 H446×199×8×12 制作，其截面特性为：$r=13mm$，$A=8297mm^2$，$I_x=28100×10^4\,mm^4$，$I_y=1580×10^4\,mm^4$，$i_x=184mm$，$i_y=43.6mm$，$W_x=1260×10^3\,mm^3$，$W_y=159×10^3\,mm^3$。钢柱高 15m，上、下端均为铰接，弱轴方向 5m 和 10m 处各设一道系杆 XG。

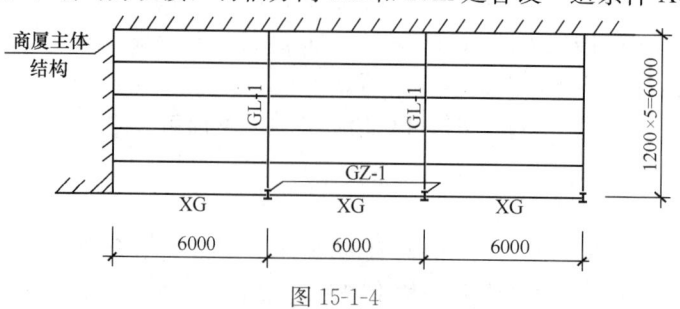

图 15-1-4

17. 假定，钢梁 GL-1 按简支梁计算，计算简图如图 15-1-5 所示，永久荷载设计值 $G=55$kN，可变荷载设计值 $Q=15$kN。试问，对钢梁 GL-1 进行抗弯强度验算时，验算式左侧求得的数值（N/mm²），与下列何项最为接近？

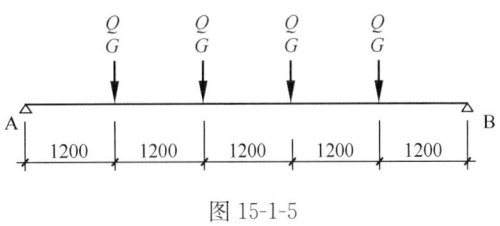

图 15-1-5

提示：不计钢梁的自重。

A. 170   B. 180   C. 190   D. 200

18. 假定，钢柱 GZ-1 轴心压力设计值 $N=330$kN。试问，对该钢柱进行整体稳定性验算时，公式左侧求得的数值，与下列何项最为接近？

A. 0.233   B. 0.302   C. 0.399   D. 0.465

19. 假定，钢柱 GZ-1 主平面内的弯矩设计值 $M_x=88.0$kN·m。试问，对该钢柱进行平面内稳定性验算时，验算式左侧第二项求得的数值，与下列何项最为接近？

提示：$\dfrac{N}{N'_{Ex}}=0.135$，$\beta_{mx}=1.0$，$\gamma_x=1.05$。

A. 0.347   B. 0.419   C. 0.488   D. 0.558

20. 设计条件同题 19。试问，对钢柱 GZ-1 进行弯矩作用平面外稳定性验算时，验算式左侧第二项求得的数值，与下列何项最为接近？

提示：等效弯矩系数 $\beta_{tx}=1.0$，截面影响系数 $\eta=1.0$。

A. 0.326   B. 0.422   C. 0.465   D. 0.512

21. 假定，系杆 XG 采用钢管制作。试问，该系杆选用下列何种截面的钢管最为经济？

A. $\phi76\times5$ 钢管（$i=2.52$cm）   B. $\phi83\times5$ 钢管（$i=2.76$cm）

C. $\phi95\times5$ 钢管（$i=3.19$cm）   D. $\phi102\times5$ 钢管（$i=3.43$cm）

22. 假定，次梁和主梁连接采用 8.8 级 M16 高强度螺栓摩擦型连接（标准孔），接触面采用抛丸处理，连接节点如图 15-1-6 所示，考虑连接偏心的影响后，次梁剪力设计值 $V=38.6$kN。试问，连接所需的高强度螺栓个数应为下列何项数值？

提示：按《钢结构设计标准》GB 50017—2017 作答。

A. 2   B. 3   C. 4   D. 5

23. 假定，构造不能保证钢梁 GL-1 上翼缘平面外稳定。试问，在计算钢梁 GL-1 整体稳定时，其允许的最大弯矩设计值 M_x（kN·m），与下列何项数值最为接近？

提示：梁整体稳定的等效临界弯矩系数 $\beta_b=0.83$。

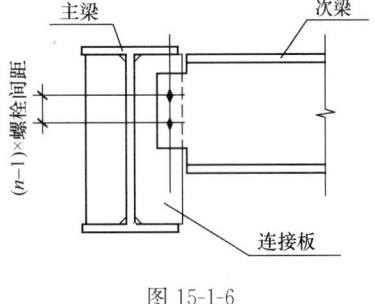

图 15-1-6

A. 185   B. 200

C. 215   D. 230

题 24 假定，钢梁按内力需求拼接，翼缘承受全部弯矩，钢梁截面采用焊接 H 型钢 H450×200×8×12，连接接头处弯矩设计值 $M=210$kN·m，采用摩擦型高强度螺栓连接（标准孔），如图 15-1-7 所示。所用钢材为

Q235B。试问，将连接处翼缘板视为轴心受拉构件进行净截面和毛截面强度验算时，以下何组数据是正确的？

A. 120N/mm² ＜ 259 N/mm²；150N/mm² ＜ 215 N/mm²

B. 120N/mm² ＜ 215 N/mm²；150N/mm² ＜ 215 N/mm²

C. 219N/mm² ＜ 215 N/mm²；200N/mm² ＜ 259 N/mm²

D. 219N/mm² ＜ 259 N/mm²；200N/mm² ＜ 215 N/mm²

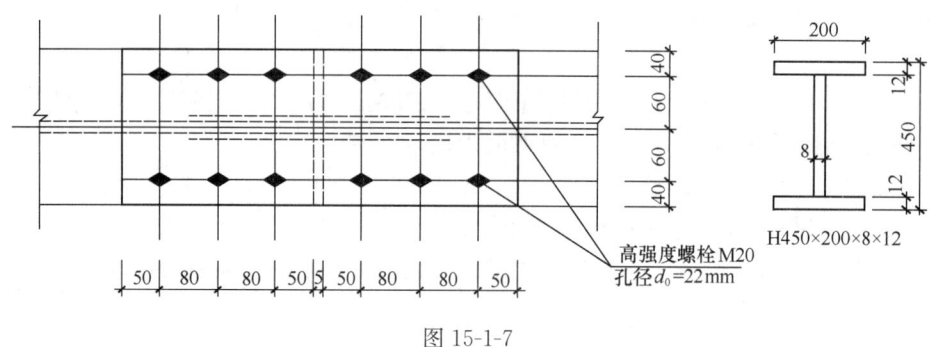

图 15-1-7

题 25　某 H 型钢框架柱，截面为 HW350×350×12×19，r＝13mm，采用 Q390 钢制作。试问，当应力梯度 α_0 ＝0.83 时，该截面的等级应为以下何项？

A. S1　　　　　B. S2　　　　　C. S3　　　　　D. S4

题 26～27

某桁架结构，如图 15-1-8 所示。桁架上弦杆、腹杆及下弦杆均采用热轧无缝钢管，桁架腹杆与桁架上、下弦杆直接焊接连接；钢材均采用 Q235B 钢，手工焊接使用 E43 型焊条。

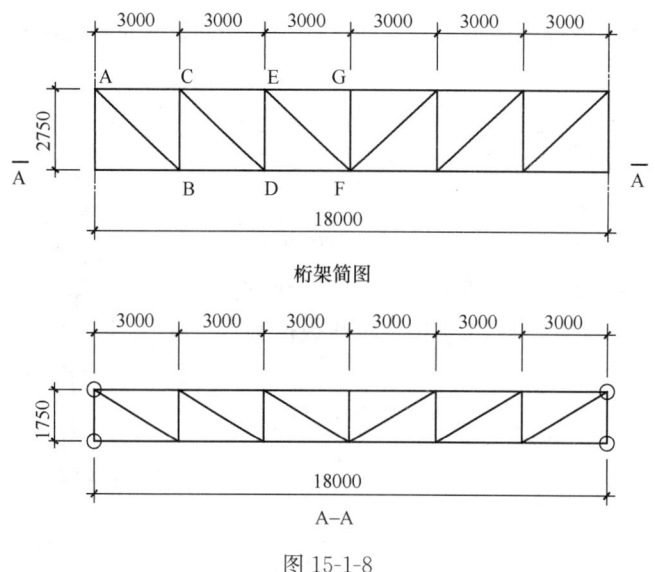

图 15-1-8

26. 桁架腹杆与上弦杆在节点 C 处的连接如图 15-1-9 所示。上弦杆主管贯通，腹杆支管非全搭接，主管规格为 φ140×6，支管 CB、CD 规格均为 φ89×4.5，杆 CD 与上弦主管轴线的

交角为 $\theta_t = 42.51°$。假定，节点 C 处受压支管 CB 的承载力设计值 $N_{cK} = 125\mathrm{kN}$。试问，受拉支管 CD 的承载力设计值 N_{tK}（kN），与下列何项数值最为接近？

A. 110   B. 185

C. 175   D. 165

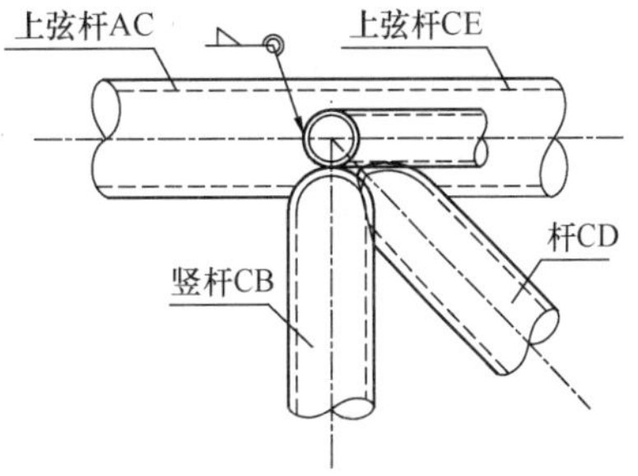

27. 设计条件及节点构造同题 26。假定，支管 CB 与上弦主管间用角焊缝连接，焊缝全周连续焊接并平滑过渡，焊脚尺寸 $h_f = 6\mathrm{mm}$。试问，该焊缝的承载力设计值（kN），与下列何项数值最为接近？

提示：正面角焊缝的强度设计值增大系数 $\beta_f = 1.0$。

A. 190   B. 180   C. 170   D. 160

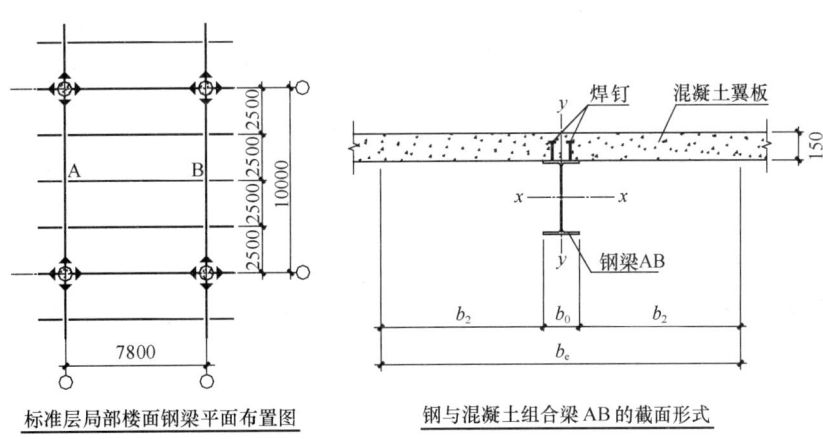

图 15-1-9

题 28～29

某综合楼标准层楼面采用钢与混凝土组合结构。钢梁 AB 与混凝土楼板通过抗剪连接件（焊钉）形成钢与混凝土组合梁，焊钉在钢梁上按双列布置，其有效截面形式如图 15-1-10 所示。楼板的混凝土强度等级为 C30，板厚 $h = 150\mathrm{mm}$，钢材采用 Q235B 钢。

标准层局部楼面钢梁平面布置图   钢与混凝土组合梁 AB 的截面形式

图 15-1-10

28. 假定，组合楼盖施工时设置了可靠的临时支撑，梁 AB 按单跨简支组合梁计算，钢梁采用热轧 H 型钢 H400×200×8×13，截面面积 $A = 8337\ \mathrm{mm^2}$。试问，梁 AB 按考虑全截面塑性发展进行组合梁的强度计算时，完全抗剪连接的最大抗弯承载力设计值 M（kN·m），与下列何项数值最为接近？

提示：塑性中和轴在混凝土翼板内。

A. 380   B. 440   C. 510   D. 580

29. 假定，圆柱头焊钉材料的性能等级为 ML15，焊钉钉杆截面面积 $A_s = 190\ \mathrm{mm^2}$，其余条件同题 28。试问，梁 AB 按完全抗剪连接设计时，其全跨需要的最少焊钉总数 n_f（个），与下列何项数值最为接近？

提示：钢梁与混凝土翼板交界面的纵向剪力 V_s 按钢梁的截面面积和设计强度确定。

A. 38   B. 68   C. 76   D. 98

题 30 试问，某主平面内受弯的实腹构件，当其截面上有螺栓孔时，下列何项计算应考虑螺栓孔引起的截面削弱？

　　A. 构件的变形计算

　　B. 构件的整体稳定性计算

　　C. 高强度螺栓摩擦型连接的构件抗剪强度计算

　　D. 构件的抗弯强度计算

题 31　关于砌体结构设计的以下论述：

　　Ⅰ. 计算混凝土多孔砖砌体构件轴心受压承载力时，不考虑砌体孔洞率的影响；

　　Ⅱ. 通过提高块体的强度等级可以提高墙、柱的允许高厚比；

　　Ⅲ. 单排孔混凝土砌块对孔砌筑灌孔砌体抗压强度设计值，除与砌体及灌孔材料强度有关外，还与砌体灌孔率和砌块孔洞率指标密切相关；

　　Ⅳ. 施工阶段砂浆尚未硬化砌体的强度和稳定性，可按设计砂浆强度 0.2 倍选取砌体强度进行验算。

　　试问，针对以上论述正确性的判断，下列何项正确？

　　A. Ⅰ、Ⅱ正确　　　　B. Ⅰ、Ⅲ正确　　　　C. Ⅱ、Ⅲ正确　　　　D. Ⅱ、Ⅳ正确

题 32～37

某多层无筋砌体结构房屋，结构平面布置如图 15-1-11 所示，首层层高 3.6m，其他各层层高均为 3.3m，内外墙均对轴线居中，窗洞口高度均为 1800mm，窗台高度均为 900mm。

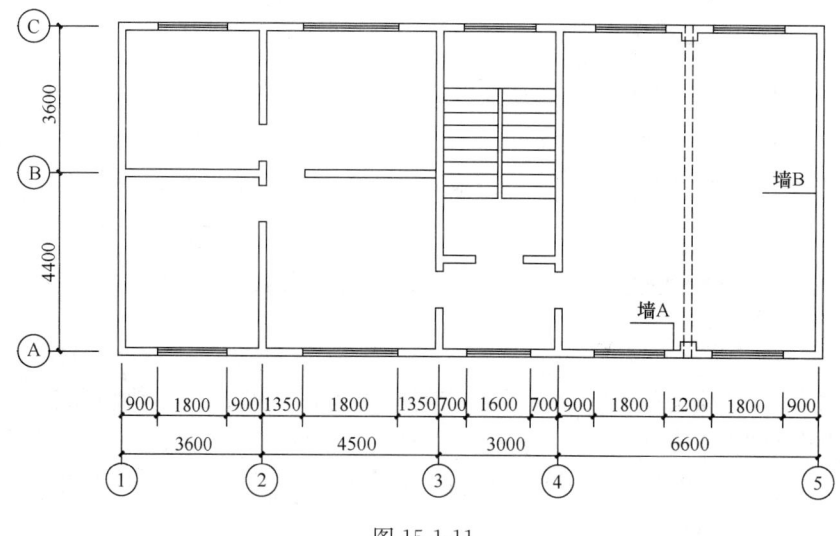

图 15-1-11

32. 假定，该建筑采用 190mm 厚单排孔混凝土小型空心砌块砌体结构，砌块强度等级采用 MU15 级，砂浆采用 Mb10 级，墙 A 截面如图 15-1-12 所示，承受荷载的偏心距 $e=44.46$mm。试问，第二层该墙垛非抗震受压承载力（kN），与下列何项数值最为接近？

　　提示：$I=3.16\times10^9$mm^4，$A=3.06\times10^5$mm^2。

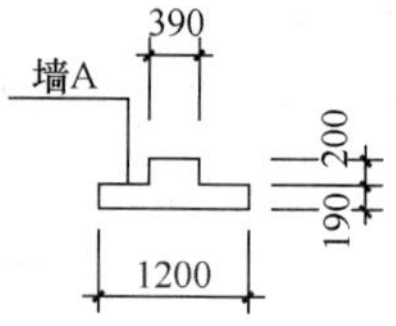

　　A. 425　　　　　　　　B. 525

　　C. 625　　　　　　　　D. 725

图 15-1-12

33. 假定，本工程建筑抗震设防类别为乙类，抗震设防烈度为 7 度（0.10g），各层墙体上下连续且洞口对齐，采用混凝土小型空心砌块砌筑。试问，按照该结构方案可以建设房屋的最多层数，与下列何项数值最为接近？

A. 7　　　　　　　B. 6　　　　　　　C. 5　　　　　　　D. 4

34. 假定，该建筑总层数 3 层，抗震设防类别为丙类，抗震设防烈度 7 度（0.10g），采用 240mm 厚普通砖砌筑。试问，该建筑按照抗震构造措施要求，最少需要设置的构造柱数量（根），与下列何项数值最为接近？

A. 14　　　　　　B. 18　　　　　　C. 20　　　　　　D. 22

35. 假定，该建筑采用 190mm 厚混凝土小型空心砌块砌体结构，刚性方案，室内外高差 0.3m，基础顶面埋置较深，一楼地面可以看作刚性地坪。试问，墙 B 首层的高厚比与下列何项数值最为接近？

A. 18　　　　　　B. 20　　　　　　C. 22　　　　　　D. 24

36. 假定，该建筑采用夹心墙复合保温且采用混凝土小型空心砌块砌体，内叶墙厚度 190mm，夹心层厚度 120mm，外叶墙厚度 90mm，块材强度等级均满足要求。试问，墙 B 的每延米受压计算有效面积（m^2）和计算高厚比的有效厚度（mm），与下列何项数值最为接近？

A. 0.19，190　　　B. 0.28，210　　　C. 0.19，210　　　D. 0.28，280

37. 假定，该建筑采用单排孔混凝土小型空心砌块砌体，砌块强度等级采用 MU15 级，砂浆采用 Mb15 级，一层墙 A 作为楼盖梁的支座，截面如图 15-1-13 所示，梁的支承长度为 390mm，截面为 250mm×500mm（宽×高），墙 A 上设有 390mm×390mm×190mm（长×宽×高）钢筋混凝土垫块。假定，对于垫块已经求得 $e/h=0.075$。试问，该梁下砌体局部受压承载力（kN），与下列何项数值最为接近？

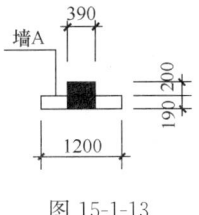

图 15-1-13

A. 400　　　　　　B. 450　　　　　　C. 500　　　　　　D. 550

题 38　两端设构造柱的蒸压灰砂普通砖砌体墙，采用强度等级 MU20 砖和 Ms10 专用砂浆砌筑，墙体为 3.6m×3.3m×240mm（长×高×厚），墙体对应于重力荷载代表值的平均压应力 $\sigma_0=0.84$MPa，墙体灰缝内配置有双向间距为 50mm×50mm 钢筋网片，钢筋直径 4mm，钢筋抗拉强度设计值 270N/mm^2，钢筋网片竖向间距为 300mm，竖向截面总水平钢筋面积为 691mm^2。试问，该墙体的截面抗震受剪承载力（kN），与下列何项数值最为接近？

A. 160　　　　　　B. 180　　　　　　C. 200　　　　　　D. 220

题 39　某多层砌体结构房屋，在楼层设有梁式悬挑阳台，支承墙体厚度 240mm，悬挑梁截面尺寸 240mm×400mm（宽×高），梁端部集中荷载设计值 $P=12$kN，梁上均布荷载设计值 $q_1=21$kN/m，如图 15-1-14 所示。墙体面密度标准值为 5.36kN/m^2，各层楼面在本层墙上产生的永久荷载标准值为 $q_2=11.2$kN/m。

试问，下部挑梁的最大倾覆弯矩设计值（kN·m）和抗倾覆弯矩设计值（kN·m），与下列何项数值最为接近？

提示：不考虑梁自重。

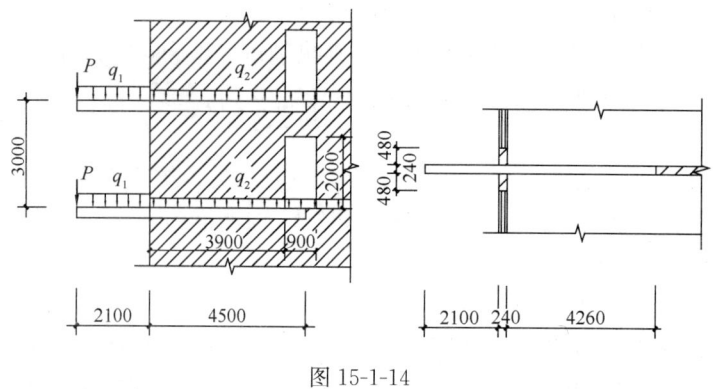

图 15-1-14

A. 80，160   B. 80，200   C. 90，160   D. 90，200

题 40   关于砌体结构房屋设计的下列论述：

Ⅰ. 混凝土实心砖砌体砌筑时，块体产品的龄期不应小于 14d；

Ⅱ. 南方地区某工程，层高 5.1m 采用装配整体式钢筋混凝土屋盖的烧结普通砖砌体结构单层房屋，屋盖有保温层时的伸缩缝间距可取为 65m；

Ⅲ. 配筋砌块砌体剪力墙沿竖向和水平方向的构造钢筋配筋率均不应少于 0.10%；

Ⅳ. 采用装配式有檩体系钢筋混凝土屋盖是减轻墙体裂缝的有效措施之一。

试问，针对以上论述正确性的判断，下列何项正确？

A. Ⅰ、Ⅲ正确   B. Ⅰ、Ⅳ正确   C. Ⅱ、Ⅲ正确   D. Ⅱ、Ⅳ正确

题 41～42

一屋面下撑式木屋架，形状及尺寸如图 15-1-15 所示，两端铰支于下部结构上。假定，该屋架的空间稳定措施满足规范要求。P 为传至屋架节点处的集中恒荷载，屋架处于正常使用环境，设计使用年限为 50 年，安全等级为二级。材料为未经切削的东北落叶松（TC17B）。

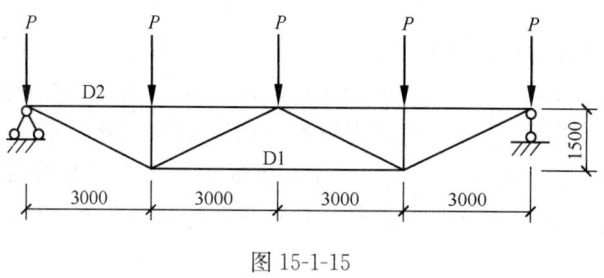

图 15-1-15

41. 假定，杆件 D1 采用截面标注直径为 120mm 原木。试问，当不计杆件自重，按恒荷载进行强度验算时，能承担的节点荷载设计值 P（kN），与下列何项数值最为接近？

A. 17   B. 19   C. 21   D. 23

42. 假定，杆件 D2 拟采用标注直径 $d=100$mm 的原木。试问，当按照强度验算且不计杆件自重时，该杆件所能承受的最大轴压力设计值（kN），与下列何项数值最为接近？

提示：不考虑施工和维修时的短暂情况。

A. 118   B. 124   C. 130   D. 136

题 43～45

某多层砌体房屋，采用钢筋混凝土条形基础。基础剖面及土层分布如图 15-1-16 所示。基础及以上土的加权平均重度为 20kN/m³。

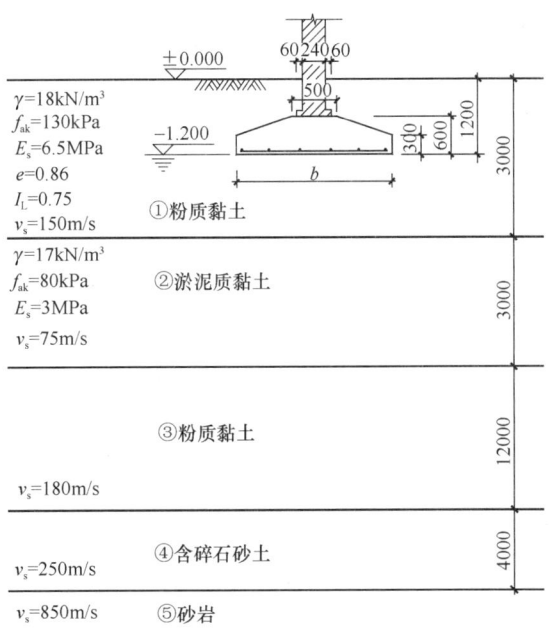

图 15-1-16

43. 假定，基础底面处相应于荷载效应标准组合的平均竖向力为 300kN/m，①层粉质黏土地基压力扩散角 $\theta=14°$。试问，按地基承载力确定的条形基础最小宽度 b（mm），与下述何项数值最为接近？

A. 2200　　　　B. 2500　　　　C. 2800　　　　D. 3100

44. 假定，基础宽度 $b=2.8m$，基础有效高度 $h_0=550mm$。在荷载效应基本组合下，传给基础顶面的竖向力 $F=364kN/m$，基础的混凝土强度等级为 C25，受力钢筋采用 HPB300。试问，基础受力钢筋采用下列何项配置最为合理？

A. Φ 12@200　　　B. Φ 12@140　　　C. Φ 14@150　　　D. Φ 14@100

45. 假定，场地各土层的实测剪切波速 v_s 如图 15-1-16 所示。试问，根据《建筑抗震设计规范》GB 50011—2010，该建筑场地的类别应为下列何项？

A. Ⅰ　　　　B. Ⅱ　　　　C. Ⅲ　　　　D. Ⅳ

题 46～49

某公共建筑地基基础设计等级为乙级，其联合柱下桩基采用边长为 400mm 预制方桩，承台及其上土的加权平均重度为 20kN/m³。柱及承台下桩的布置、地下水位、地基土层分布及相关参数如图 15-1-17 所示。该工程抗震设防烈度为 7 度，设计地震分组为第三组，设计基本地震加速度值为 0.15g。

46. 假定，②层细砂在地震作用下存在液化的可能，需进一步进行判别。该层土厚度中点的标准贯入锤击数实测平均值 $N=11$。试问，按《建筑桩基技术规范》JGJ 94—2008 的有关规定，基桩的竖向受压抗震承载力特征值（kN），与下列何项数值最为接近？

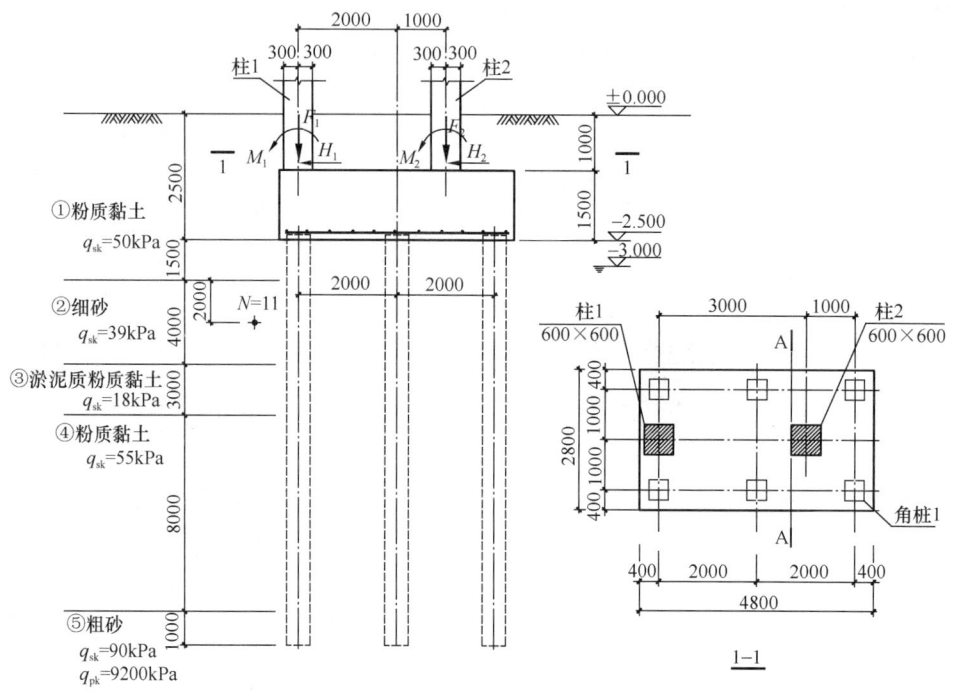

图 15-1-17

提示：⑤层粗砂不液化。

A. 1300   B. 1600   C. 1700   D. 2600

47. 该建筑物属于对水平位移不敏感建筑。单桩水平静载试验表明，地面处水平位移为 10mm，所对应的水平荷载为 32kN。假定，作用于承台顶面的弯矩较小，承台侧向土水平抗力效应系数 $\eta_l = 1.27$，桩顶约束效应系数 $\eta_r = 2.05$。试问，当验算地震作用桩基的水平承载力时，沿承台长方向，群桩基础的基桩水平承载力特征值 R_h（kN），与下列何项数值最为接近？

提示：（1）按《建筑桩基技术规范》JGJ 94—2008 作答；

（2）s_a/d 计算中，d 可取为方桩的边长。$n_1 = 3$，$n_2 = 2$。

A. 60   B. 75   C. 90   D. 105

48. 假定，在荷载效应标准组合下，柱 1 传给承台顶面的荷载为：$M_1 = 205$kN·m，$F_1 = 2900$kN，$H_1 = 50$kN，柱 2 传给承台顶面的荷载为：$M_2 = 360$kN·m，$F_2 = 4000$kN，$H_2 = 80$kN。荷载效应由永久荷载效应控制。试问，承台在柱 2 柱边 A-A 截面的弯矩设计值 M（kN·m），与下列何项数值最为接近？

A. 1400   B. 2000   C. 3600   D. 4400

49. 假定，承台的混凝土强度等级为 C30，承台的有效高度 $h_0 = 1400$mm。试问，承台受角桩 1 冲切的承载力设计值（kN），与下列何项数值最为接近？

A. 3200   B. 3600   C. 4000   D. 4400

题 50～52

某三跨单层工业厂房，采用柱顶铰接的排架结构，纵向柱距为 12m，厂房每跨均设有桥式吊车，且在使用期间轨道没有条件调整。在初步设计阶段，基础拟采用浅基础。场地地下水位标高为－1.5m。厂房的横剖面、场地土分层情况如图 15-1-18 所示。

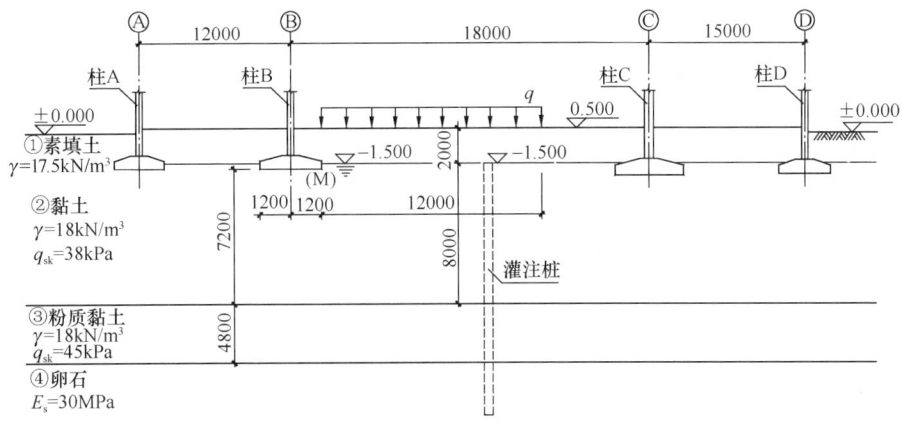

图 15-1-18

50. 假定，②层黏土压缩系数 $a_{1-2}=0.51\text{MPa}^{-1}$。初步确定柱基础的尺寸时，计算得到柱 A、B、C、D 基础底面中心的最终地基变形量分别为：$s_A=50\text{mm}$、$s_B=90\text{mm}$、$s_C=120\text{mm}$、$s_D=85\text{mm}$。试问，根据《建筑地基基础设计规范》GB 50007—2012 的规定，关于地基变形的计算结果，下列何项的说法是正确的？

A. 3 跨都不满足规范要求　　　　　　B. A-B 跨满足规范要求

C. B-C、C-D 跨满足规范要求　　　　D. 3 跨都满足规范要求

51. 假定，根据生产要求，在 B-C 跨有大面积的堆载。对堆载进行换算，作用在基础底面标高的等效荷载 $q_{eq}=45\text{kPa}$，堆载宽度为 12m，纵向长度为 24mm。如图 15-1-19 所示。②层黏土相应于土的自重压力至土的自重压力与附加压力之和的压力段的 $E_s=4.8\text{MPa}$，③层粉质黏土相应于土的自重压力至土的自重压力与附加压力之和的压力段的 $E_s=7.5\text{MPa}$。

试问，当沉降计算经验系数 $\psi_s=1$，对②层及③层土，大面积堆载对柱 B 基础底面内侧中心 M 的附加沉降值 s_M（mm），与下列何项数值最为接近？

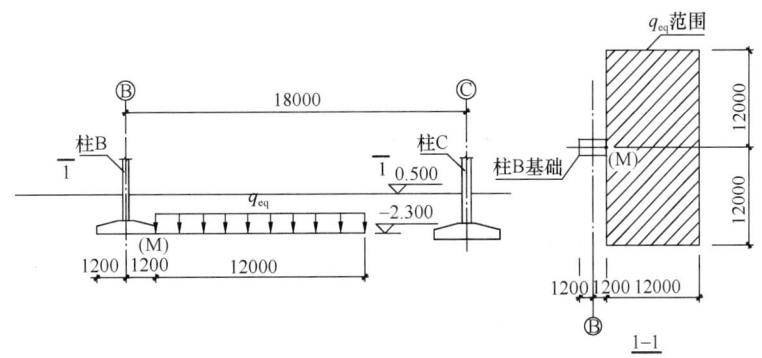

图 15-1-19

A. 25　　　　　　B. 35　　　　　　C. 45　　　　　　D. 60

52. 假定，在 B-C 跨有对沉降要求严格的设备，采用直径为 600mm 的钻孔灌注桩桩

基础，持力层为④卵石层。作用在 B-C 跨地坪上的大面积堆载为 45kPa，堆载使桩周土层对桩基产生负摩阻力，中性点位于③层粉质黏土内。②层黏土的负摩阻力系数 $\xi_{n1} = 0.27$。试问，单桩桩周②层黏土的负摩阻力标准值（kPa），与下列何项数值最为接近？

A. 25   B. 30   C. 35   D. 40

题 53～54

某多层住宅，采用筏板基础，基底尺寸为 24m×50m，地基基础设计等级为乙级。地基处理采用水泥粉煤灰碎石桩（CFG 桩）和水泥土搅拌桩两种桩型的复合地基，CFG 桩和水泥土搅拌桩的桩径均采用 500mm。桩的布置、地基土层分布、土层厚度及相关参数如图 15-1-20 所示。

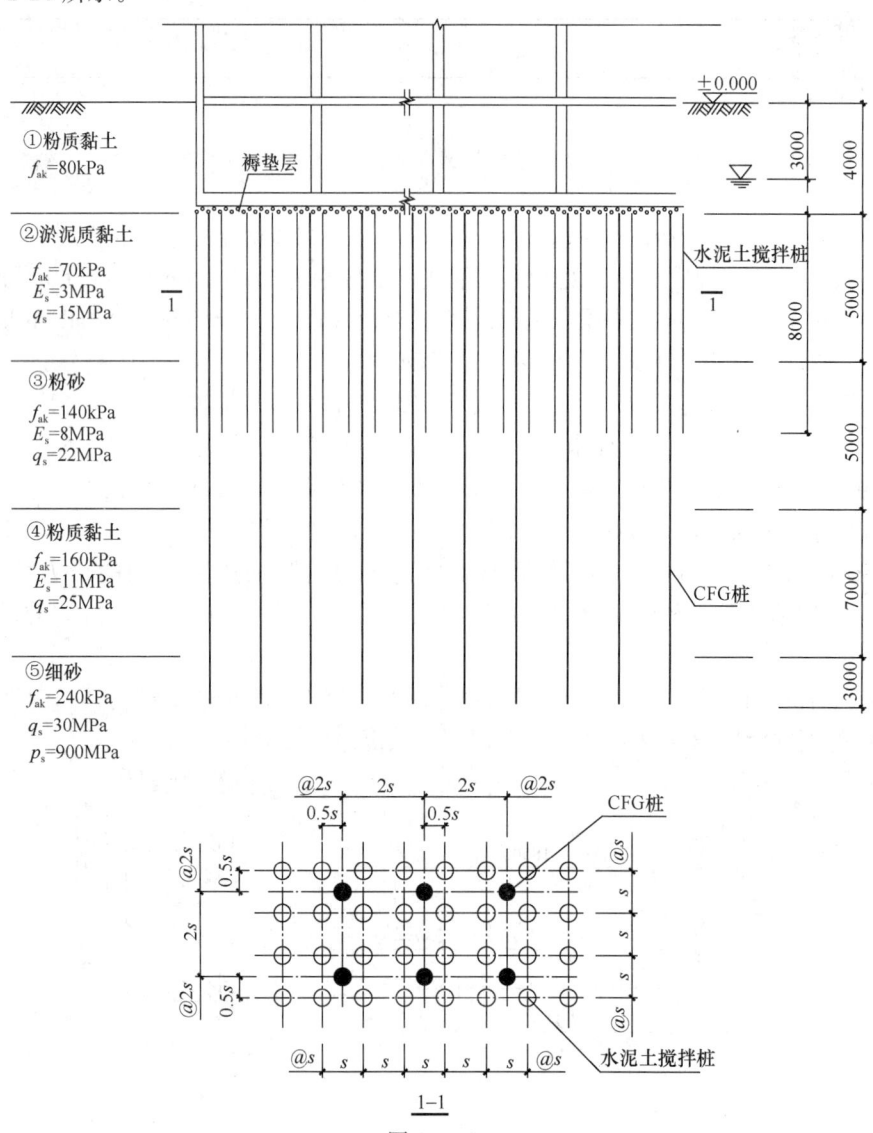

图 15-1-20

53. 假定，CFG 桩的单桩承载力特征值 $R_{a1} = 680$kN，单桩承载力发挥系数 $\lambda_1 = 0.9$；水泥土搅拌桩单桩的承载力特征值为 $R_{a2} = 90$kN，单桩承载力发挥系数 $\lambda_2 = 1$；桩间土承

载力发挥系数 $\beta=0.9$；处理后桩间土的承载力特征值可取天然地基承载力特征值。基础底面以上土的加权平均重度 $\gamma_m=17kN/m^3$。试问，初步设计时，当设计要求经深度修正后的②层淤泥质黏土复合地基承载力特征值不小于 $300kPa$，复合地基中桩的最大间距 s（m），与下列何项数值最为接近？

A. 0.9　　　　　　B. 1.0　　　　　　C. 1.1　　　　　　D. 1.2

54. 假定，基础底面处多桩型复合地基的承载力特征值 $f_{spk}=252kPa$。当对基础进行地基变形计算时，试问，第②层淤泥质黏土层的复合压缩模量 E_s（MPa），与下列何项数值最为接近？

A. 11　　　　　　B. 15　　　　　　C. 18　　　　　　D. 20

题 55 砌体结构纵墙等距离布置了8个沉降观测点，测点布置、砌体纵墙可能出现裂缝的形态等如图 15-1-21 所示。各点的沉降量见表 15-1-3。

各观测点沉降量　　　　　　　　　　　　　　表 15-1-3

观测点	1	2	3	4	5	6	7	8
沉降量（mm）	102.2	116.4	130.8	157.3	177.5	180.6	190.9	210.5

试问，根据沉降量的分布规律，砌体结构纵墙最可能出现的裂缝形态，为图 15-1-21 中的何项？

A. 图（b）　　　　B. 图（c）　　　　C. 图（d）　　　　D. 图（e）

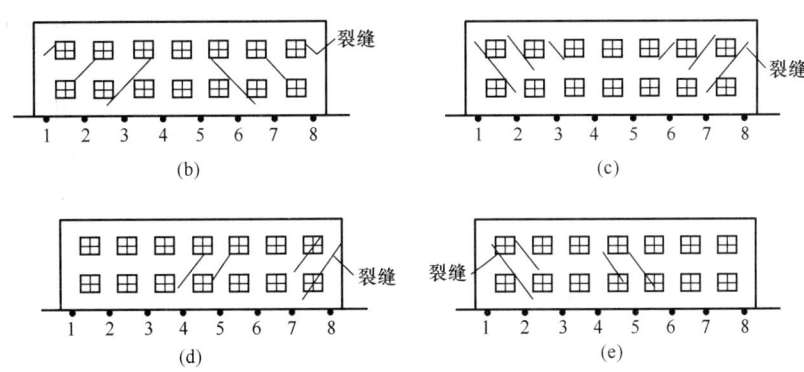

图 15-1-21

（a）测点布置；（b）～（e）可能的裂缝分布

题 56 关于建筑边坡有下列主张：

Ⅰ. 边坡塌滑区内有重要建筑物、稳定性较差的边坡工程，其设计及施工应进行专门论证；

Ⅱ. 计算锚杆面积，传至锚杆的作用效应应采用荷载效应基本组合；

Ⅲ．对安全等级为一级的临时边坡，边坡稳定安全系数应不小于 1.20；

Ⅳ．采用重力式挡墙时，土质边坡高度不宜大于 10m。

试问，依据《建筑边坡工程技术规范》GB 50330—2013 的有关规定，针对上述主张的判断，下列何项正确？

A. Ⅰ、Ⅱ、Ⅳ 正确　　　B. Ⅰ、Ⅳ 正确　　　C. Ⅰ、Ⅱ 正确　　　D. Ⅰ、Ⅱ、Ⅲ 正确

题 57　下列四项观点：

Ⅰ．验算高位转换层刚度条件时，采用剪弯刚度比；判断软弱层时，采用等效剪切刚度比；

Ⅱ．当计算的最大层间位移角小于规范限值一定程度时，楼层的扭转位移比限值允许适当放松，但不应大于 1.6；

Ⅲ．高度 200m 的框架-核心筒结构，楼层层间最大位移与层高之比的限值应为 1/650；

Ⅳ．基本周期为 5.2s 的竖向不规则结构，8 度（0.30g）设防，多遇地震水平地震作用计算时，薄弱层的剪重比不应小于 0.0414。

试问，依据《高层建筑混凝土结构技术规程》JGJ 3—2010，针对上述观点准确性的判断，下列何项正确？

A. Ⅰ、Ⅱ 准确　　　B. Ⅱ、Ⅳ 准确　　　C. Ⅱ、Ⅲ 准确　　　D. Ⅲ、Ⅳ 准确

题 58　高层混凝土框架结构抗震设计时，地下室顶板作为上部结构嵌固部位，下列关于地下室及相邻上部结构的设计观点，哪一项相对准确？

A. 地下一层与首层侧向刚度比值不宜小于 2，侧向刚度比值取楼层剪力与层间位移比值、等效剪切刚度比值之较大者

B. 首层作为上部结构底部嵌固层，其侧向刚度与地上二层的侧向刚度比值不宜小于 1.5

C. 主楼下部地下室顶板梁抗震构造措施的抗震等级可比上部框架梁低一级，但梁端顶面和底面的纵向钢筋应比计算值增大 10%

D. 主楼下部地下一层柱每侧的纵向钢筋面积除应符合计算要求外，不应少于地上一层对应柱每侧纵向钢筋面积的 1.1 倍

题 59　某 28 层钢筋混凝土框架-剪力墙高层建筑，普通办公楼，如图 15-1-22 所示，槽形平面，房屋高度 100m，质量和刚度沿竖向分布均匀，50 年重现期的基本风压为 0.6kN/m²，地面粗糙度为 B 类。

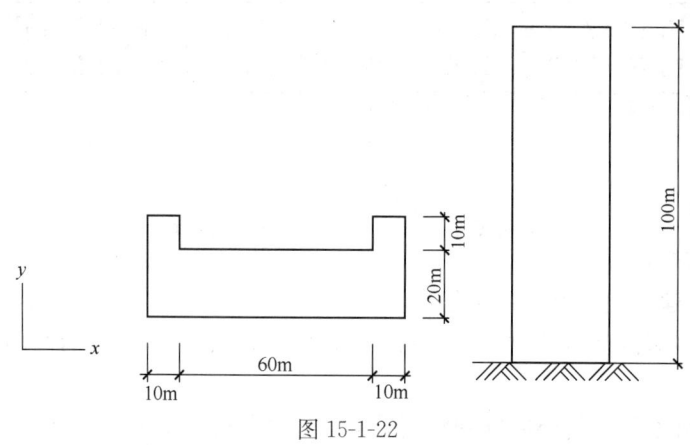

图 15-1-22

假定，风荷载沿竖向呈倒三角形分布，地面（±0.000）处为 0，高度 100m 处风振系数取 1.50，试问，估算的 ±0.000 处沿 y 方向风荷载作用下的倾覆弯矩标准值（kN·m），与下列何项数值最为接近？

A. 637000   B. 660000   C. 700000   D. 726000

题 60 某现浇钢筋混凝土框架结构办公楼，抗震等级为一级，某一框架梁局部平面如图 15-1-23 所示。梁截面 350mm×600mm，$h_0=540mm$，$a_s'=40mm$，混凝土强度等级 C30，纵筋采用 HRB400 钢筋。该梁在各效应下截面 A（梁顶）弯矩标准值分别为：

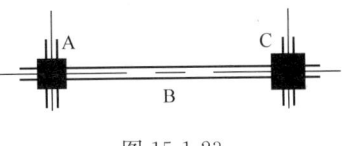

图 15-1-23

恒荷载：$M_A=-400kN·m$；活荷载：$M_A=-215kN·m$；水平地震作用：$M_A=-224kN·m$。

假定，A 截面处梁底纵筋面积按梁顶纵筋面积的二分之一配置，试问，为满足梁端 A（顶面）极限承载力要求，梁端弯矩调幅系数至少应取下列何项数值？

A. 0.80   B. 0.85

C. 0.90   D. 1.00

题 61 某办公楼，采用现浇钢筋混凝土框架-剪力墙结构，房屋高度 73m，地上 18 层，1～17 层刚度、质量沿竖向分布均匀，18 层为多功能厅，仅框架部分升至屋顶，顶层框架结构抗震等级为一级。剖面如图 15-1-24 所示，顶层梁高 600mm。抗震设防烈度为 8 度（0.20g），丙类建筑，进行结构多遇地震分析时，顶层中某边柱，经振型分解反应谱法及三组加速度弹性时程分析补充计算，18 层楼层剪力、相应构件的内力及按实配钢筋对应的弯矩值见表 15-1-4，表中内力为考虑地震作用组合，按弹性分析未经调整的组合设计值，弯矩均为顺时针方向。

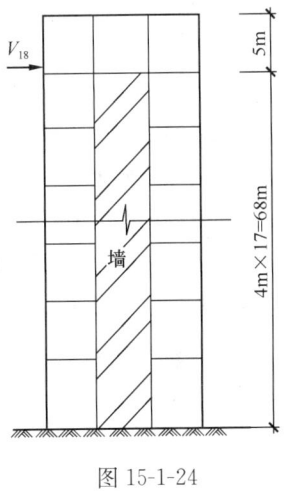

图 15-1-24

不同分析方法所得结果   表 15-1-4

分析方法	M_c^t、M_c^b (kN·m)	M_{cua}^t、M_{cua}^b (kN·m)	V_c^t (kN)	M_{bua} (kN·m)	V_{18} (kN)
振型分解反应谱	350	450	220	350	2000
时程分析法平均值	340	420	210	320	1800
时程分析法最大值	450	550	250	380	2400

试问，该柱进行本层截面配筋设计时所采用的弯矩设计值 M（kN·m）、剪力设计值 V（kN），与下列何项数值最为接近？

A. 350；220   B. 450；250   C. 340；210   D. 420；300

题 62～63

某现浇钢筋混凝土部分框支剪力墙结构，其中底层框支框架及上部墙体如图 15-1-25 所示，抗震等级为一级。框支柱截面为 1000mm×1000mm，上部墙体厚度 250mm，混凝土强度等级C40，钢筋采用HRB400。

提示：墙体施工缝处抗滑移能力满足要求。

62. 假定，进行有限元应力分析校核时发现，框支梁上部一层墙体水平及竖向分布钢筋均大于整体模型计算结果。由应力分析得知，框支柱边1200mm范围内墙体考虑风荷载、地震作用组合的平均压应力设计值为25N/mm²，框支梁与墙体交接面上考虑风荷载、地震作用组合的水平拉应力设计值为2.5N/mm²。

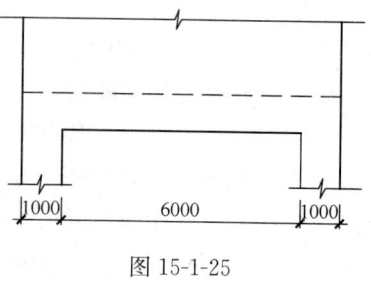

图15-1-25

试问，该层墙体的水平分布筋及竖向分布筋，宜采用下列何项配置才能满足《高层建筑混凝土结构技术规程》JGJ 3—2010的最低构造要求？

A. 2Φ10@200；2Φ10@200
B. 2Φ12@200；2Φ12@200
C. 2Φ12@200；2Φ14@200
D. 2Φ14@200；2Φ14@200

63. 假定，进行有限元应力分析校核时发现，框支梁上部一层墙体在柱顶范围竖向钢筋大于整体模型计算结果，由应力分析得知，柱顶范围墙体考虑风荷载、地震作用组合的平均压应力设计值为32N/mm²。框支柱纵筋配置40Φ28，沿四周均布，如图15-1-26所示。

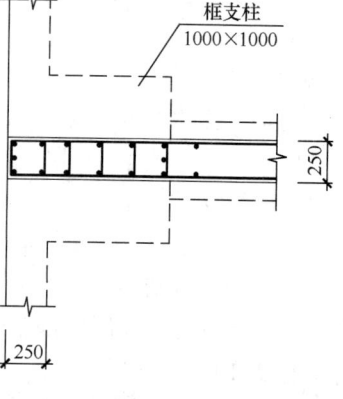

试问，框支梁方向框支柱顶范围墙体的纵向配筋采用下列何项配置，才能满足《高层建筑混凝土结构技术规程》JGJ 3—2010的最低构造要求？

A. 12Φ18
B. 12Φ20
C. 8Φ18+6Φ28
D. 8Φ20+6Φ28

题64～67

图15-1-26

某现浇钢筋混凝土大底盘双塔结构，地上37层，地下2层，如图15-1-27所示。大底盘5层均为商场（乙类建筑），高度23.5m，塔楼为部分框支剪力墙结构，转换层设在5层顶板处，塔楼之间为长度36m（4跨）的框架结构。6～37层为住宅（丙类建筑），层高3.0m，剪力墙结构。抗震设防烈度为6度，Ⅲ类建筑场地，混凝土强度等级为C40。分析表明地下一层顶板（±0.000处）可作为上部结构嵌固部位。

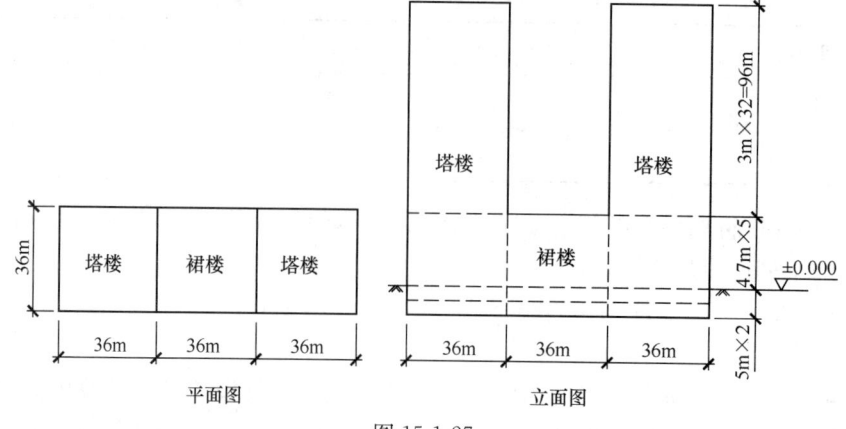

图15-1-27

64. 针对上述结构，关于剪力墙抗震等级的确定有 4 个观点，如表 15-1-5 所示。试问，哪一个观点符合《高层建筑混凝土结构技术规程》JGJ 3—2010 的规定？

A. 观点 1   B. 观点 2   C. 观点 3   D. 观点 4

剪力墙的抗震等级   表 15-1-5

观点	1		2		3		4	
抗震等级分类	抗震措施	抗震构造措施	抗震措施	抗震构造措施	抗震措施	抗震构造措施	抗震措施	抗震构造措施
地下二层	二级	二级	—	一级	—	二级	—	一级
1 至 5 层	一级	特一级	特一级	特一级	一级	一级	一级	特一级
7 层	二级	一级	一级	一级	二级	一级	三级	三级
20 层	三级	三级	三级	三级	三级	三级	三级	三级

65. 针对上述结构，关于 1～5 层框架、框支框架的抗震等级确定有 4 个观点，如表 15-1-6 所示。试问，哪一个观点符合《高层建筑混凝土结构技术规程》JGJ 3—2010 的规定？

A. 观点 1   B. 观点 2   C. 观点 3   D. 观点 4

1～5 层框架、框支框架抗震等级   表 15-1-6

观点	1		2		3		4	
抗震等级分类	抗震措施	抗震构造措施	抗震措施	抗震构造措施	抗震措施	抗震构造措施	抗震措施	抗震构造措施
框架	一级	一级	二级	二级	二级	二级	二级	二级
框支框架梁	一级	特一级	一级	一级	一级	特一级	一级	一级
框支框架柱	一级	特一级	特一级	特一级	一级	特一级	一级	特一级

66. 假定，分别以多塔整体模型和分塔模型对该结构进行计算，得到的平动为主的第一自振周期 T_x、T_y、扭转耦联振动周期 T_t 如表 15-1-7 所示。试问，对结构扭转不规则判断时，扭转为主的第一自振周期 T_t 与平动为主的第一自振周期 T_1 之比值，与下列何项数值最为接近？

A. 0.7   B. 0.8   C. 0.9   D. 1.0

两种模型的计算结果   表 15-1-7

计算模型	多塔整体模型			分塔模型		
计算中设置	不考虑偶然偏心	考虑偶然偏心	扭转方向因子	不考虑偶然偏心	考虑偶然偏心	扭转方向因子
T_x (s)	1.4	1.6	—	1.9	2.3	—
T_y (s)	1.7	1.8	—	2.1	2.6	—
T_{t1} (s)	1.2	1.8	0.6	1.7	2.1	0.6
T_{t2} (s)	1.0	1.2	0.7	1.5	1.8	0.7

67. 假定，裙楼右侧沿塔楼边设防震缝与塔楼分开（1～5层），左侧与塔楼整体连接。防震缝两侧结构在进行控制扭转位移比计算分析时，有4种计算模型，如图15-1-28所示。如果不考虑地下室对上部结构的影响，试问，采用下列哪一组计算模型，最符合《高层建筑混凝土结构技术规程》JGJ 3—2010的要求？

 A. 模型1；模型3　　　　　　　　B. 模型2；模型3

 C. 模型1；模型2；模型4　　　　　D. 模型2；模型3；模型4

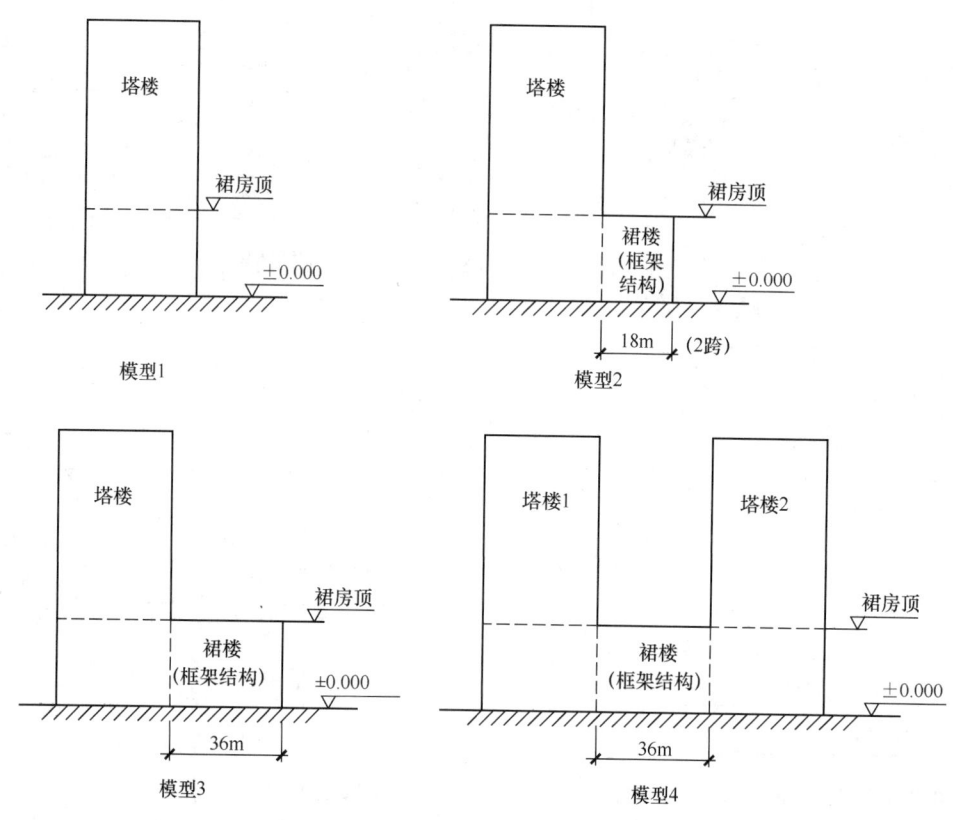

图 15-1-28

题 68～72

某38层现浇钢筋混凝土框架-核心筒结构，普通办公楼，如图15-1-29所示，房屋高度为160m，1～4层层高6.0m，5～38层层高4.0m。抗震设防烈度为7度（0.10g），抗震设防类别为标准设防类，无薄弱层。

68. 假定，该结构进行方案比较时，刚重比大于1.4，小于2.7。由初步方案分析得知，多遇地震标准值作用下，y方向按弹性方法计算未考虑重力二阶效应的层间最大水平位移在中部楼层，为5mm。试估算，满足规范对y方向楼层位移限值要求的结构最小刚重比，与下列何项数值最为接近？

 A. 2.7　　　　　　B. 2.5　　　　　　C. 2.0　　　　　　D. 1.4

69. 假定，楼盖结构方案调整后，重力荷载代表值为$1×10^6$kN，底部地震总剪力标准值为12500kN，基本周期为4.3s。多遇地震标准值作用下，y向框架部分分配的剪力与结

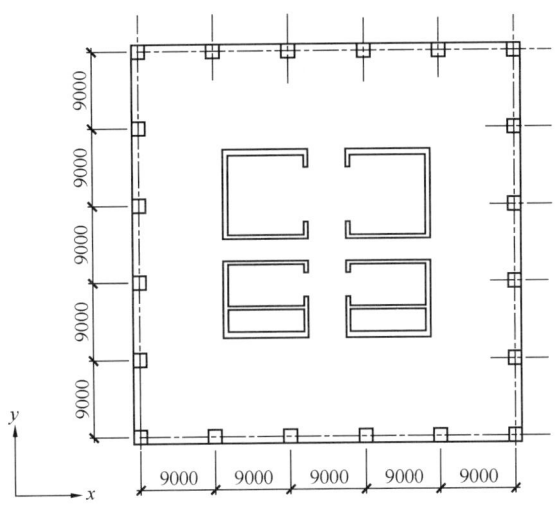

图 15-1-29

构总剪力比例如图 15-1-30 所示。对应于地震作用标准值，y 向框架部分按侧向刚度分配且未经调整的楼层地震剪力标准值：首层 $V = 600$kN；各层最大值 $V_{f,max} = 2000$kN。试问，抗震设计时，首层 y 向框架部分按侧向刚度分配的楼层地震剪力标准值（kN），与下列何项数值最为接近？

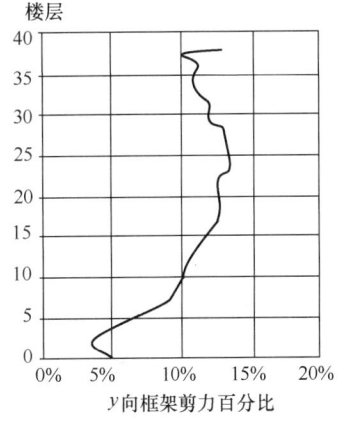

图 15-1-30

A. 2500　　　　　　　B. 2800

C. 3000　　　　　　　D. 3300

70. 假定，多遇地震标准值作用下，x 向框架部分分配的剪力与结构总剪力比例如图 15-1-31 所示。第 3 层核心筒墙肢 W1，在 x 向水平地震作用下剪力标准值 $V_{Ehk} = 2200$kN，在 x 向风荷载作用下剪力 $V_{wk} = 1600$kN。试问，该墙肢的剪力设计值 V（kN），与下列何项数值最为接近？

提示：忽略墙肢在重力荷载代表值下及竖向地震作用下的剪力。

A. 6200　　　　　B. 5800　　　　　C. 5300　　　　　D. 4600

71. 假定，多遇地震标准值作用下，x 向框架部分分配的剪力与结构总剪力比例如图 15-1-31 所示（同上题）。首层核心筒墙肢 W2 轴压比 0.4。该墙肢及框架柱混凝土强度等级 C60，钢筋采用 HRB400，试问，在进行抗震设计时，下列关于该墙肢及框架柱的抗震构造措施，其中何项不符合《高层建筑混凝土结构技术规程》JGJ 3—2010 的要求？

A. 墙体水平分布筋配筋率不应小于 0.4%

B. 约束边缘构件纵向钢筋构造配筋率不应小于 1.4%

C. 框架角柱纵向钢筋配筋率不应小于 1.15%

D. 约束边缘构件箍筋体积配箍率不应小于 1.6%

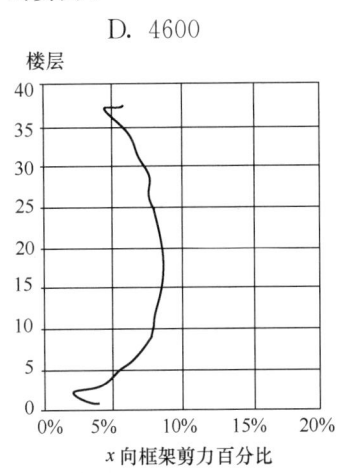

图 15-1-31

72. 假定，主体结构抗震性能目标定为 C 级，抗震性能设计时，在设防烈度地震作用下，主要构件的抗震性能指标有下列 4 组，如表 15-1-8～表 15-1-11 所示。试问，设防烈度地震作用下构件抗震性能设计时，采用哪一组符合《高层建筑混凝土结构技术规程》JGJ 3—2010 的基本要求？

注：构件承载力满足弹性设计要求简称"弹性"；满足屈服承载力要求简称"不屈服"。

结构主要构件的抗震性能指标（备选项 A） 表 15-1-8

结构构件		抗震性能指标
核心筒墙肢	抗弯	底部加强部位：不屈服
		一般楼层：不屈服
	抗剪	底部加强部位：弹性
		一般楼层：不屈服
核心筒连梁		允许进入塑性，抗剪不屈服
外框梁		允许进入塑性，抗剪不屈服

结构主要构件的抗震性能指标（备选项 B） 表 15-1-9

结构构件		抗震性能指标
核心筒墙肢	抗弯	底部加强部位：不屈服
		一般楼层：不屈服
	抗剪	底部加强部位：弹性
		一般楼层：弹性
核心筒连梁		允许进入塑性，抗剪不屈服
外框梁		允许进入塑性，抗剪不屈服

结构主要构件的抗震性能指标（备选项 C） 表 15-1-10

结构构件		抗震性能指标
核心筒墙肢	抗弯	底部加强部位：不屈服
		一般楼层：不屈服
	抗剪	底部加强部位：弹性
		一般楼层：不屈服
核心筒连梁		抗弯、抗剪不屈服
外框梁		抗弯、抗剪不屈服

结构主要构件的抗震性能指标（备选项 D） 表 15-1-11

结构构件		抗震性能指标
核心筒墙肢	抗弯	底部加强部位：不屈服
		一般楼层：不屈服
	抗剪	底部加强部位：弹性
		一般楼层：弹性
核心筒连梁		抗弯、抗剪不屈服
外框梁		抗弯、抗剪不屈服

题 73　某标准跨径 3×30m 预应力混凝土连续箱梁桥，当作为一级公路上的桥梁时，试问，其主体结构的设计使用年限不应低于多少年？

A. 30　　　　　　　　B. 50　　　　　　　　C. 100　　　　　　　　D. 120

题 74　某一级公路的跨河桥，跨越河道特点为河床稳定、河道顺直、河床纵向比降较小，拟采用 25m 简支 T 梁，共 50 孔。试问，其桥涵设计洪水频率最低可采用下列何项标准？

A. 1/300　　　　　　B. 1/100　　　　　　C. 1/50　　　　　　D. 1/25

题 75　某高速公路立交匝道桥为一孔 25.8m 预应力混凝土现浇简支箱梁，桥梁全宽 9m，桥面宽 8m，梁计算跨径 25m，冲击系数 0.222，不计偏载系数，梁自重及桥面铺装等恒荷载作用按 154.3kN/m 计，如图 15-1-32 所示。

试问，桥梁跨中截面基本组合的弯矩设计值（kN·m），与下列何项数值最为接近？

A. 23900　　　　　　B. 24400　　　　　　C. 25120　　　　　　D. 26290

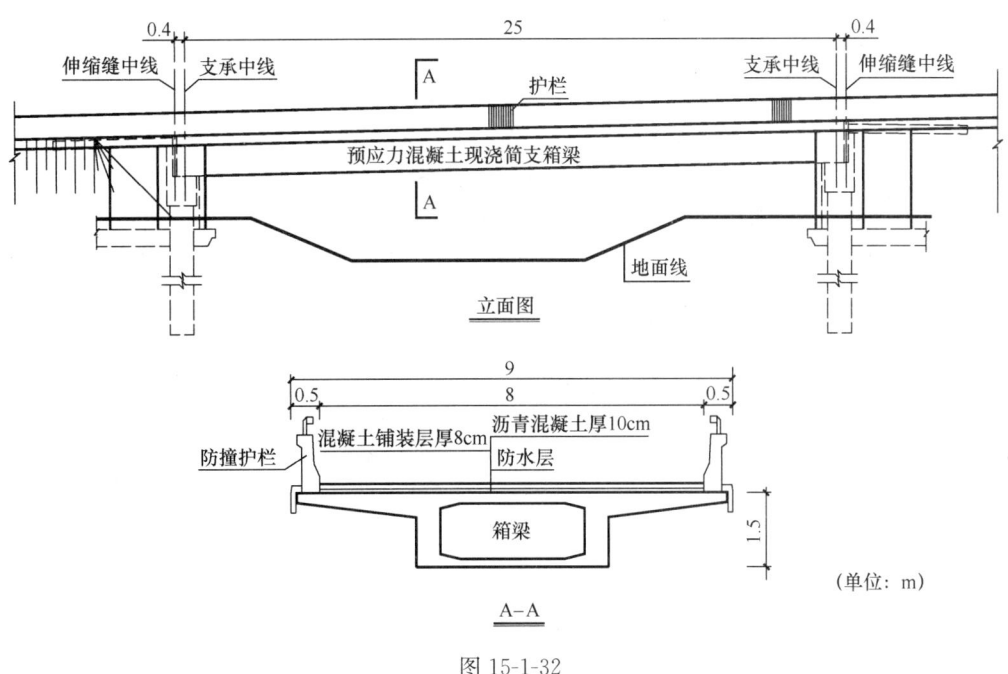

图 15-1-32

题 76　某梁梁底设一个矩形板式橡胶支座，支座尺寸为纵桥向 0.45m，横桥向 0.7m，剪切模量 G_e＝1.0MPa，支座有效承压面积 A_e＝0.3036m²，橡胶层总厚度 t_e＝0.089m，形状系数 S＝11.2；与梁、墩相接的支座顶、底面水平，在常温下运营，由结构自重与汽车荷载标准值（已计入冲击系数）引起的支座反力为 2500kN，上部结构梁沿纵向梁端转角为 0.003rad，试问，验证支座竖向平均压缩变形时，符合下列哪种情况？

提示：支座抗压弹性模量 E_e＝5.4$G_e S^2$；橡胶弹性体体积模量 E_b＝2000MPa。

A. 支座会脱空、不致影响稳定　　　　　　B. 支座会脱空、影响稳定

C. 支座不会脱空、不致影响稳定　　　　　D. 支座不会脱空、影响稳定

题 77　某预应力混凝土弯箱梁中沿中腹板的一根钢束，如图 15-1-33 所示 A 点至 B 点，A 为张拉端，B 为连续梁跨中截面，预应力孔道为预埋塑料波纹管。假定，管道每米

局部偏差对摩擦的影响系数 $k=0.0015$，预应力钢绞线与管道壁的摩擦系数 $\mu=0.17$，预应力束锚下的张拉控制应力 $\sigma_{con}=1302$MPa，由 A 至 B 点预应力钢束在梁内竖弯转角共 5 处，转角 1 为 0.0873rad，转角 2～5 均为 0.2094rad，A、B 点所夹圆心角为 0.2964rad，钢束长度以 36.442m 计。

试问，计算截面 B 处的后张预应力束与管道壁之间摩擦引起的预应力损失值（MPa），与下列何项数值最为接近？

A. 190 B. 250 C. 260 D. 300

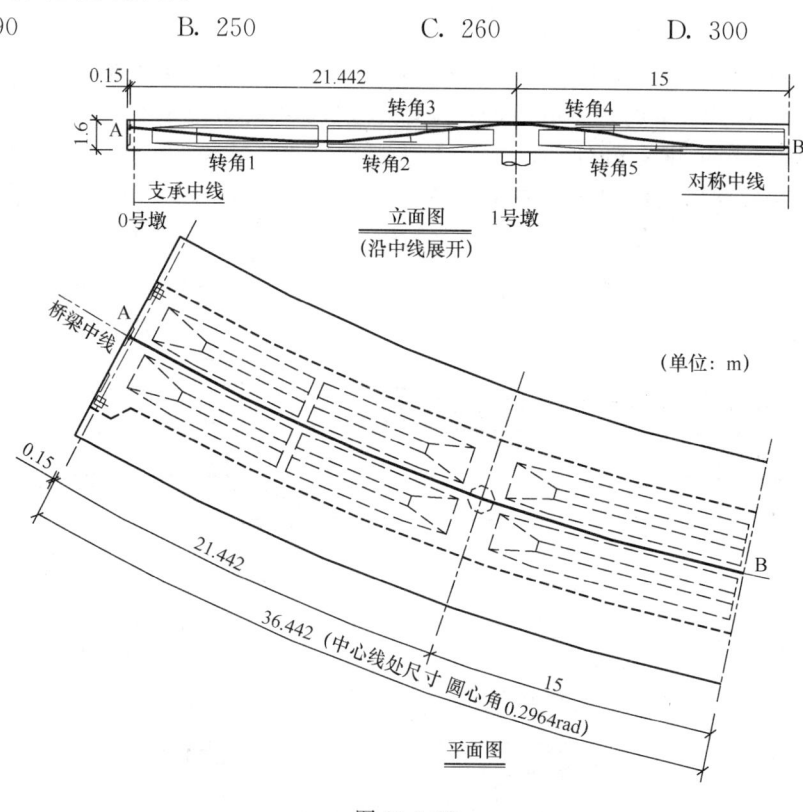

图 15-1-33

题 78 某预应力混凝土梁，混凝土强度等级为 C50，梁腹板宽度 0.5m，在支承区域按持久状况进行设计时，由作用标准值和预应力产生的主拉应力为 2.5MPa（受拉为正）。假定箍筋采用 HPB300，试问，下列各箍筋配置方案哪个更为合理？

提示：给出的选项均满足斜截面抗剪承载力要求。

A. 4 肢 ϕ12@100 B. 4 肢 ϕ14@150

C. 2 肢 ϕ16@100 D. 6 肢 ϕ14@150

题 79 某城市桥梁，为丙类桥梁。中墩柱采用直径 1.5m 圆形截面，混凝土强度等级 C40（轴心抗压强度设计值 $f_{cd}=18.4$MPa，圆柱体抗压强度值 $f_c'=31.6$MPa），柱高 8m，桥区位于抗震设防烈度 7 度区，拟采用螺旋箍筋，假定，最不利组合轴向压力为 9000kN，箍筋抗拉强度设计值为 $f_{yh}=330$MPa，纵向钢筋净保护层 50mm，纵向钢筋配筋率 $\rho_t=1\%$，螺旋箍筋螺距 100mm。

试问，墩柱潜在塑性铰区域的加密箍筋最小体积含箍率，与下列何项数值最为接近？

提示：按《建筑与市政工程抗震通用规范》GB 55002—2021 作答。

A. 0.004   B. 0.005   C. 0.006   D. 0.008

题 80 桥涵结构或其构件应按承载能力极限状态和正常使用极限状态进行设计，试问，下列哪些验算内容属于承载能力极限状态设计?

①不适于继续承载的变形；②结构倾覆；③强度破坏；④满足正常使用的开裂；⑤撞击；⑥地震

A.①+②+③

B. ①+②+③+④

C.①+②+③+④+⑤

D. ①+②+③+⑤+⑥

15.2　2017 年试题解答

题号	1	2	3	4	5	6	7	8	9	10
答案	B	A	C	C	C	C	C	C	B	C
题号	11	12	13	14	15	16	17	18	19	20
答案	C	C	B	C	C	D	C	C	A	B
题号	21	22	23	24	25	26	27	28	29	30
答案	C	A	A	D	B	A	A	D	B	D
题号	31	32	33	34	35	36	37	38	39	40
答案	B	C	D	B	C	C	D	D	A	D
题号	41	42	43	44	45	46	47	48	49	50
答案	C	A	B	C	C	B	C	B	A	C
题号	51	52	53	54	55	56	57	58	59	60
答案	C	B	C	A	C	B	B	D	D	B
题号	61	62	63	64	65	66	67	68	69	70
答案	D	D	C	B	B	B	A	B	B	A
题号	71	72	73	74	75	76	77	78	79	80
答案	D	B	C	B	D	C	C	A	C	D

1. 答案：B

解答过程：依据《建筑抗震设计规范》GB 50011—2010 的 5.1.5 条，结构的阻尼比 $\zeta=0.05$，③正确。

查《建筑与市政工程抗震通用规范》GB 55002—2021 的表 4.2.2-2，场地类别Ⅱ类、地震分组为第二组，可得 $T_g=0.4s$，①正确。

查《建筑与市政工程抗震通用规范》GB 55002—2021 的表 5.2.1，丙类、框架结构、8 度（0.20g）、高度 25.45m，可得抗震等级为一级，②错误。

选择 B。

2. 答案：A

解答过程：依据《建筑抗震设计规范》GB 50011—2010 的 5.2.1 条计算。

$$G_{eq} = 0.85 \times [3200 + 3600 + 3 \times 3000 + 0.5 \times (760 + 3 \times 680)] = 14620kN$$

选择 A。

3. 答案：C

解答过程：依据《建筑抗震设计规范》GB 50011—2010 的 3.4.3 条判断。

第 1 层与第 2 层侧向刚度之比为 $6.5 \times 10^4 / 7.0 \times 10^4 > 70\%$，且与其上 3 层侧向刚度平均值之比为

$$\frac{6.5 \times 10^4}{(7.0 + 2 \times 7.5)/3 \times 10^4} = 0.89 > 80\%$$

故第 1 层的侧向刚度满足要求。

第 2 层的侧向刚度也满足要求。

依据《建筑与市政工程抗震通用规范》GB 55002—2021 的 4.2.3 条，基本周期 0.8s、8 度（0.20g），楼层最小地震剪力系数为 0.032。

对于第 1 层，$0.032 \times (3900 + 3 \times 3300 + 3200) = 544 \text{kN} > 450 \text{kN}$，故第 1 层不满足规范要求。

对于第 2 层，$0.032 \times (3 \times 3300 + 3200) = 419 \text{kN} > 390 \text{kN}$，故第 2 层不满足规范要求。

对于第 3 层，$0.032 \times (2 \times 3300 + 3200) = 313 \text{kN} < 320 \text{kN}$，故第 3 层满足规范要求。

选择 C。

4. 答案：C

解答过程：楼顶总位移为

$$\Delta = \frac{450}{6.5 \times 10^4} + \frac{390}{7.0 \times 10^4} + \frac{320 + 240 + 140}{7.5 \times 10^4} = 21.8 \times 10^{-3} \text{m} = 21.8 \text{mm}$$

选择 C。

点评：第 3 题得到的结论是存在地震剪力不满足剪重比的情况，那么，本题计算时是否应首先调整地震剪力标准值？

必须注意到，第 3 题有已知条件为基本周期为 0.8s，本题未提到该条件，那么，最小地震剪力系数取为何值是不知道的。因此，只能假设给出的地震剪力标准值满足剪重比要求。事实上，只要最小地震剪力系数不大于 0.0265，就能全部满足要求，由于剪力系数可以在 0.024~0.032 间插值，所以，并非不可能。

5. 答案：C

解答过程：依据《建筑抗震设计规范》GB 50011—2010 的 5.1.2 条，C 错误，应为，每条时程曲线计算所得结构底部剪力不应小于振型分解反应谱法计算结果的 65%。

选择 C。

6. 答案：C

解答过程：4 Φ 20 截面面积为 1256mm²；10 Φ 25 截面面积为 4909mm²。

假设中和轴在翼缘内，则

$$x = \frac{f_y A_s - f'_y A'_s}{\alpha_1 f_c b}$$

$$= \frac{360 \times 4909 - 360 \times 1256}{14.3 \times 650}$$

$$= 141 \text{mm}$$

由于该值大于 $h'_f = 120$mm，因此，中和轴在腹板内。重新计算受压区高度为

$$x = \frac{f'_y A_s - f'_y A'_s - \alpha_1 f_c (b'_f - b) h'_f}{\alpha_1 f_c b}$$

$$= \frac{360 \times 4909 - 360 \times 1256 - 14.3 \times 300 \times 120}{14.3 \times 350}$$

$$= 160\text{mm}$$

该值 $< \xi_b h_0 = 0.518 \times 530 = 275$mm 且 $> 2a'_s$，表明数据可用。

$$M_u = \alpha_1 f_c b x (h_0 - x/2) + \alpha_1 f_c (b'_f - b) h'_f (h_0 - h'_f/2) + f'_y A'_s (h_0 - a'_s)$$

$$= 14.3 \times 350 \times 160 \times (530 - 160/2) + 14.3 \times 300 \times 120 \times (530 - 120/2)$$

$$\quad + 360 \times 1256 \times (530 - 40)$$

$$= 824 \times 10^6 \text{N} \cdot \text{mm}$$

选择 C。

7. 答案：C

解答过程：集中荷载在支座位置引起的剪力设计值为

$$(1.3 \times 70 + 1.5 \times 70) \times 3/2 = 294\text{kN}$$

均布荷载在支座位置引起的剪力设计值为

$$(1.3 \times 7 + 1.5 \times 7) \times 8/2 = 78.4\text{kN}$$

总剪力设计值为 372.4kN，且集中荷载贡献超过 75%。

$a/h_0 = 2000/530 = 3.77 > 3$，取 $\lambda = 3$。

$$\frac{A_{sv}}{s} = \frac{V - \frac{1.75}{\lambda + 1} f_t b h_0}{f_{yv} h_0}$$

$$= \frac{372.4 \times 10^3 - \frac{1.75}{3 + 1} \times 1.43 \times 350 \times 530}{270 \times 530}$$

$$= 1.79\text{mm}^2/\text{mm}$$

4 肢箍且箍筋间距为 150mm 时，单肢截面面积应不少于 $1.79 \times 150/4 = 67.1\text{mm}^2$。

选择 C。

8. 答案：C

解答过程：支座截面为负弯矩，因此，按照矩形截面计算。

$$x = h_0 - \sqrt{h_0^2 - \frac{2M}{\alpha_1 f_c b}}$$

$$= 530 - \sqrt{530^2 - \frac{2 \times 490 \times 10^6}{14.3 \times 350}}$$

$$= 238\text{mm}$$

由于 $x \le \xi_b h_0 = 0.518 \times 530 = 275$mm，故

$$A_s = \frac{\alpha_1 f_c b x}{f_y} = \frac{14.3 \times 350 \times 238}{360}$$

$$= 3309\text{mm}^2$$

选择 C。

9. 答案：B

解答过程：依据《混凝土结构设计规范》GB 50010—2010 的 7.1.2 条计算。

$$\rho_{te} = \frac{A_s}{A_{te}} = \frac{3927}{0.5 \times 350 \times 600 + 300 \times 120} = 0.028 > 0.01$$

取 $\rho_{te} = 0.028$ 进行下面计算。

$$\psi = 1.1 - 0.65 \frac{f_{tk}}{\rho_{te}\sigma_{sq}} = 1.1 - 0.65 \times \frac{2.01}{0.028 \times 220} = 0.888$$

ψ 在 0.2 和 1.0 之间，取 $\psi = 0.888$ 进行下面计算。

$$w_{max} = \alpha_{cr}\psi \frac{\sigma_{sq}}{E_s}\left(1.9c_s + 0.08\frac{d_{eq}}{\rho_{te}}\right)$$
$$= 1.9 \times 0.888 \times 220/(2.0 \times 10^5) \times (1.9 \times 30 + 0.08 \times 25/0.028)$$
$$= 0.24mm$$

选择 B。

10. 答案：C

解答过程：依据《混凝土结构设计规范》GB 50010—2010 的 6.5.1 条计算。

$$F_l = 8.4^2 \times 15 - (0.355 \times 2 + 0.6)^2 \times 15 = 1033kN$$

选择 C。

点评：依据《建筑抗震设计规范》GB 50011—2010 的 14.2.1 条第 2 款，8 度 (0.20g) Ⅰ、Ⅱ类场地时，不超过二层、体型规则的中小跨度丙类地下建筑，可不进行地震作用计算。故本题和第 11 题只需要按照非抗震进行计算即可。

11. 答案：C

解答过程：依据《混凝土结构设计规范》GB 50010—2010 的 6.5.1 条计算。

$$h_0 = 355mm, \quad u_m = 4 \times (600 + 355) = 3820mm$$

$$\eta_1 = 0.4 + \frac{1.2}{\beta_s} = 0.4 + \frac{1.2}{2} = 1.0$$

$$\eta_2 = 0.5 + \frac{\alpha_s h_0}{4u_m} = 0.5 + \frac{40 \times 355}{4 \times 3820} = 1.43$$

取 $\eta = 1.0$。

$$0.7\beta_h f_t \eta u_m h_0 = 0.7 \times 1.0 \times 1.57 \times 1.0 \times 3820 \times 355 = 1490 \times 10^3 N$$

选择 C。

点评：《混凝土结构设计规范》9.1.12 条规定，板柱节点可设置托板，并规定，托板厚度不小于 $h/4$，且托板在两个方向上的尺寸不小于同方向柱截面宽度与 $4h$ 之和，h 为板的厚度。此时，可能发生的冲切破坏如图 15-2-1 所示。

第 10 题和第 11 题，已经对图 15-2-1（a）进行了验算，下面针对图 15-2-1（b）的情况进行验算。

$$F_l = 8.4^2 \times 15 - (0.205 \times 2 + 1.6)^2 \times 15 = 997.8kN$$

$$h_0 = 205mm, \quad u_m = 4 \times (1600 + 205) = 7220mm$$

$$\eta_1 = 0.4 + \frac{1.2}{\beta_s} = 0.4 + \frac{1.2}{2} = 1.0$$

$$\eta_2 = 0.5 + \frac{\alpha_s h_0}{4u_m} = 0.5 + \frac{40 \times 205}{4 \times 7220} = 0.784$$

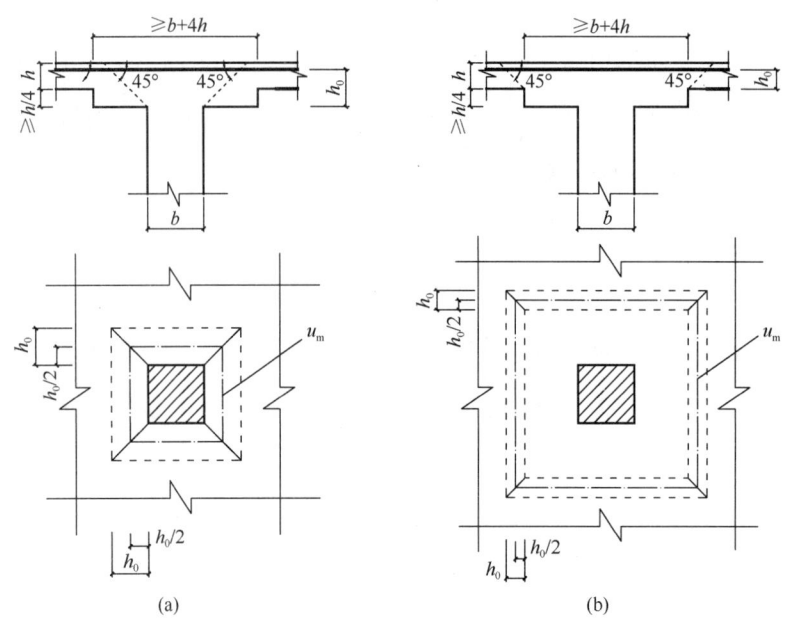

图 15-2-1　有托板时的冲切破坏

取 $\eta = 0.784$。

$$0.7\beta_h f_t \eta u_m h_0 = 0.7 \times 1.0 \times 1.57 \times 0.784 \times 7220 \times 205 = 1275 \times 10^3 \text{N}$$

12. 答案：C

解答过程：依据《建筑抗震设计规范》GB 50011—2010 的 6.6.2 条第 3 款，8 度时，托板或柱帽根部的厚度不宜小于柱纵筋直径的 16 倍。因此，本题，柱纵向钢筋直径最大值为 400/16＝25mm，选择 C。

13. 答案：B

解答过程：依据《建筑结构可靠性设计统一标准》GB 50068—2018 的 3.2.1 条条文说明，临时性建筑安全等级为三级，依据表 8.2.8，三级时 γ_0 不小于 0.9，A 正确。

依据《建筑抗震设防分类标准》GB 50223—2008 的 2.0.2、2.0.3 条文说明，临时性建筑可不设防，故 C 正确。

依据《建筑结构荷载规范》GB 50009—2012 的表 3.2.5，D 正确。

选择 B。

点评：选项 B 涉及《混凝土结构设计规范》，可以从以下角度理解：

(1) 从 8.2.1 条的条文说明可知，确定混凝土保护层厚度时更多是基于耐久性的考虑。

(2) 当纵向受力钢筋的保护层厚度很小时，在拉力作用下构件侧边可能发生"劈裂破坏"，为此，8.2.1 条第 1 款规定受力钢筋的保护层厚度不应小于钢筋的公称直径（规范第 337 页条文说明将原因称之为"保证握裹层混凝土对受力钢筋的锚固"，是对同一问题的不同表述）。这属于为保证钢筋在破坏时达到屈服而采取的构造措施。

(3) 即使是临时性建筑，也应保证受力要求，故受力钢筋的保护层厚度也要满足要求。

14. 答案：C

解答过程：以下计算，梁端弯矩以下缘受拉为正。

BC 梁左端组合的弯矩设计值为

$$-1.3 \times (468 + 0.5 \times 312) - 1.4 \times 430 = -1413.2 \text{kN} \cdot \text{m}$$

BC 梁右端组合的弯矩设计值为

$$-1.3 \times (387 + 0.5 \times 258) + 1.4 \times 470 = -12.8 \text{kN} \cdot \text{m}$$

依据《建筑抗震设计规范》GB 50011—2010 的 6.2.4 条计算。

$$V = \eta_{vb} \frac{M_b^l + M_b^r}{l_n} + V_{Gb}$$

$$= 1.2 \times \frac{1413.2 - 12.8}{8.4} + 1.3 \times \frac{(83 + 0.5 \times 55) \times 8.4}{2}$$

$$= 803.4 \text{kN}$$

选择 C。

点评：本题解答时注意以下几点：

(1) 图中括号内的数值，表示等效均布可变荷载作用下的弯矩值。

(2) 梁的弯矩图，默认画在受拉一侧。应对弯矩设定某一个方向为正，才能组合。可以取杆件端部截面下缘受拉为正，也可以针对杆端而言弯矩顺时针旋转为正。

(3) 地震作用方向为从左至右时，梁左端弯矩表现为下缘受拉，右端弯矩为上缘受拉。确定 M_b^l、M_b^r 时，二者应为同一个工况下的值，例如，以上解答过程采用的是地震作用方向从右至左工况。

(4) 由弯矩求剪力的本质是取隔离体建立平衡得到，M_b^l 与 M_b^r 同为顺时针或者同为逆时针二者才是真正的"加"的关系。本题解答过程中 $M_b^l = -1413.2 \text{kN} \cdot \text{m}$，$M_b^r = -12.8 \text{kN} \cdot \text{m}$，计算简图如图 15-2-2 所示，所以，求剪力时采用 (1413.2−12.8)。

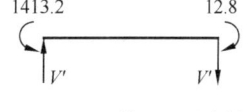

图 15-2-2 第 14 题计算
剪力时的原理图

(5) 之所以解答过程中只写出了一种工况（地震作用方向从右至左，对应题图中的最后一个弯矩图），是因为已经事先判断出该工况起控制作用。判断方法是：今在重力荷载代表值作用下，梁左端弯矩比右端弯矩大，因此，下一步取地震作用下的弯矩时，左端弯矩若能是同方向则为同号相加，必然起控制作用。

15. 答案：C

解答过程：依据《混凝土结构设计规范》GB 50010—2010 的 11.3.6 条，二级，梁端纵向受拉钢筋配筋率小于 2%，加密区箍筋最大间距为 min（8×25，900/4，100）= 100mm，箍筋最小直径为 8mm。排除 A、B。

依据 11.3.4 条计算。

$$\frac{A_{sv}}{s} = \frac{\gamma_{RE} V - 0.42 f_t b h_0}{f_{yv} h_0}$$

$$= \frac{0.85 \times 320 \times 10^3 - 0.42 \times 1.57 \times 400 \times 830}{360 \times 830}$$

$$= 0.178 \text{mm}^2/\text{mm}$$

当间距为 100mm 时，所需箍筋截面面积为 17.8mm^2。

选择 C。

16. 答案：D

解答过程：依据《建筑抗震设计规范》GB 50011—2010 的 6.2.2 条，上柱柱底的弯矩应调整为

$$1.5 \times \frac{1.3 \times (387 + 0.5 \times 258) + 1.4 \times 470}{2} = 996.6 \text{kN} \cdot \text{m}$$

上式中之所以除以 2，是由于上下柱要平分 ΣM_b。

由于是角柱，再依据 6.2.6 条乘以 1.1，得 $996.6 \times 1.1 = 1096 \text{kN} \cdot \text{m}$。

选择 D。

17. 答案：C

解答过程：依据影响线计算跨中弯矩。

$$M_x = \left[\left(\frac{1.2}{3} + \frac{2.4}{3} \right) \times \frac{6}{4} \times 2 \right] \times (55 + 15) = 252 \text{kN} \cdot \text{m}$$

上式方括号内为影响线竖标之和。

依据《钢结构设计标准》GB 50017—2017 的 6.1.1 条验算强度。

依据表 3.5.1，受弯构件，该截面的宽厚比等级为 S1。查表 8.1.1，$\gamma_x = 1.05$。

$$\frac{M_x}{\gamma_x W_{nx}} = \frac{252 \times 10^6}{1.05 \times 1260 \times 10^3} = 190 \text{N/mm}^2$$

选择 C。

点评：简支梁最大弯矩也可以按照本书附录 3 表格给出的公式计算。

简支梁承受 $n-1$ 个等距布置的集中荷载，本题 $n=5$，故最大弯矩为

$$M_{\max} = \frac{5^2 - 1}{8 \times 5} \times (55 + 15) \times 6 = 252 \text{kN} \cdot \text{m}$$

18. 答案：C

解答过程：长细比分别为

$$\lambda_x = \frac{l_{0x}}{i_x} = \frac{15000}{184} = 81.5$$

$$\lambda_y = \frac{l_{0y}}{i_y} = \frac{5000}{43.6} = 114.7$$

查《钢结构设计标准》GB 50017—2017 的表 7.2.1-1，$b/h < 0.8$，截面对 x 轴属于 a 类，对 y 轴属于 b 类。按 $\lambda_y = 115$，Q235 钢材、b 类查表，$\varphi = 0.464$。

由于截面板件宽厚比符合 7.3.1 条的局部稳定要求，故采用全截面特性验算整体稳定。

$$\frac{N}{\varphi A f} = \frac{330 \times 10^3}{0.464 \times 8297 \times 215} = 0.399$$

选择 C。

19. 答案：A

解答过程：依据《钢结构设计标准》GB 50017—2017 的 8.1.1 计算。

$$\frac{\beta_{mx} M_x}{\gamma_x W_{1x} (1 - 0.8 N/N'_{Ex}) f}$$

$$= \frac{1.0 \times 88 \times 10^6}{1.05 \times 1260 \times 10^3 \times (1 - 0.8 \times 0.135) \times 215}$$

$$= 0.347$$

选择 A。

点评：对于压弯构件，截面等级划分时需要用到应力梯度，而题目中未给出该值，故编入时在提示中增加 $\gamma_x = 1.05$。

20. 答案：B

解答过程：前已求得 $\lambda_y = 114.7$

依据《钢结构设计标准》GB 50017—2017 的 C.0.5 条计算 φ_b。

$$\varphi_b = 1.07 - \frac{\lambda_y^2}{44000} \frac{f_y}{235} = 1.07 - \frac{114.7^2}{44000} = 0.77$$

$$\eta \frac{\beta_{tx} M_x}{\varphi_b W_{1x} f} = 1.0 \times \frac{1.0 \times 88 \times 10^6}{0.77 \times 1260 \times 10^3 \times 215} = 0.422$$

选择 B。

21. 答案：C

解答过程：依据《钢结构设计标准》GB 50017—2017 的 7.4.6 条，容许长细比为 200。回转半径至少为 6000/200＝30mm，选择 C。

22. 答案：A

解答过程：依据《钢结构设计标准》GB 50017—2017 的 11.4.2 条计算。

单个螺栓的抗剪承载力设计值为

$$N_v^b = 0.9 k n_f \mu P = 0.9 \times 1 \times 1 \times 0.40 \times 80 = 28.8 \text{kN}$$

所需螺栓数为 38.6/28.8＝1.3，选用 2 个。

选择 A。

23. 答案：A

解答过程：依据《钢结构设计标准》GB 50017—2017 的 C.0.1 条计算梁的稳定系数。

$$\lambda_y = \frac{l_{0y}}{i_y} = \frac{6000}{43.6} = 137.6$$

$$\varphi_b = \beta_b \frac{4320}{\lambda_y^2} \frac{Ah}{W_x} \left(\sqrt{1 + \left(\frac{\lambda_y t_1}{4.4h} \right)^2} + \eta_b \right) \frac{235}{f_y}$$

$$= 0.83 \times \frac{4320}{137.6^2} \frac{8297 \times 446}{1260 \times 10^3} \left(\sqrt{1 + \left(\frac{137.6 \times 12}{4.4 \times 446} \right)^2} + 0 \right) \frac{235}{235}$$

$$= 0.727$$

$$\varphi_b' = 1.07 - \frac{0.282}{0.727} = 0.682$$

$$M_x \leqslant \varphi_b W_x f = 0.682 \times 1260 \times 10^3 \times 215 = 185 \times 10^6 \text{N} \cdot \text{mm}$$

选择 A。

点评：解答时注意以下几点：

(1) 本题是对主梁 GL-1 计算，并非次梁，该主梁端部与柱的连接未示出，一般为刚性连接，并非上题的那种连接方式。

(2) 所谓"构造不能保证钢梁 GL-1 上翼缘平面外稳定"，暗示次梁不能作为主梁的侧向支承，因为，如果次梁可以作为该梁的侧向支承，由于次梁的间距仅为 1.2m，主梁的整体稳定性将不必验算。

（3）对《钢结构设计标准》GB 50017—2017 表 C.0.1 项次 8 的含义解释如下。

如图 15-2-3 所示，钢梁跨中有 2 个等间距布置的侧向支承点，集中荷载作用于上翼缘。此时，取 $\beta_b = 1.20$，计算 λ_y 时取 $l_1 = l/3$，验算用的弯矩取 $M = Pl/3$。

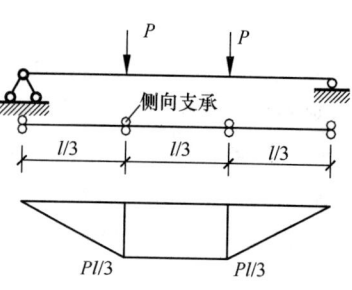

图 15-2-3 跨间有侧向支承的计算简图

24. 答案：D

解答过程：将弯矩等效成力偶，得到翼缘板受到的轴心力为

$$N = \frac{M}{h} = \frac{210 \times 10^3}{450 - 12} = 479.5\text{kN}$$

依据《钢结构设计标准》GB 50017—2017 的 7.1.1 条计算。

按净截面计算：

$$\left(1 - 0.5\frac{n_1}{n}\right)\frac{N}{A_n} = \left(1 - 0.5 \times \frac{2}{6}\right) \times \frac{479.5 \times 10^3}{(200 - 2 \times 24) \times 12}$$
$$= 219\text{N/mm}^2 < 0.7f_u = 0.7 \times 370 = 259\text{N/mm}^2$$

按毛截面计算：

$$\frac{N}{A} = \frac{479.5 \times 10^3}{200 \times 12} = 200\text{N/mm}^2 < f = 215\text{N/mm}^2$$

选择 D。

25. 答案：B

解答过程：依据《钢结构设计标准》GB 50017—2017 的表 3.5.1 确定。

对于翼缘：$\dfrac{b}{t} = \dfrac{(350 - 12 - 2 \times 13)/2}{19} = 8.2$。

对于腹板：$\dfrac{h_0}{t_w} = \dfrac{350 - 2 \times 19 - 2 \times 13}{12} = 23.8$。

$11\varepsilon_k = 11\sqrt{235/390} = 8.5$，故翼缘属于 S2 级。

$(33 + 13\alpha_0^{1.3})\varepsilon_k = (33 + 13 \times 0.83^{1.3})\sqrt{235/390} = 33.5$，故腹板属于 S1 级。

整个截面属于 S2，选择 B。

26. 答案：A

解答的过程：依据《钢结构设计标准》GB 50017—2017 的 13.3.2 条第 4 款，平面 K 形搭接，由于 CB 杆与 CD 杆两支管规格相同，有 $A_t = A_c$，且 ψ_q 取值相同，因此作为平面 K 形节点的受拉支管，$N_{tK} = N_{cK} = 125\text{kN}$。

由于为空间桁架，节点 C 处形成的是两个 K 形，故依据 13.3.3 条第 2 款，支管为非全搭接型，空间调整系数为 0.9，$125 \times 0.9 = 112.5\text{kN}$，选择 A。

点评：本题解答时注意以下几点：

（1）2003 版《钢结构设计规范》的 10.3.3 条规定，平面 K 形节点中受拉支管的承载力按受压支管的承载力求出，为

$$N_{tK}^{pj} = \frac{\sin\theta_c}{\sin\theta_t} N_{cK}^{pj}$$

空间 KK 形节点，支管承载力等于平面 K 形节点时的 0.9 倍。

据此，得到本题的结果为

$$\frac{\sin 90°}{\sin 42.51°} \times 125 \times 0.9 = 166.5 \text{kN}$$

以上，不区分支管为"有间隙"还是"搭接"。

依据 2017 版《钢结构设计标准》13.3.2 条第 3 款，平面 K 形间隙节点，受压、受拉支管的承载力与 2003 版平面 K 形节点时相同；平面 K 形搭接节点，受拉、受压支管二者的承载力公式基本相同，注意截面面积和 ψ_q 可能会有差别。依据 13.3.3 条第 2 款，空间 KK 形节点的支管承载力仍为平面 K 形支管承载力乘以调整系数，但该系数要区分"非全搭接"与"全搭接"的差别。

（2）对 N_{cK} 计算公式中的 ψ_q 说明如下：

$$\psi_q = \beta^{\eta_{ov}} \gamma \tau^{0.8 - \eta_{ov}}$$

式中，$\beta = \dfrac{D_i}{D}$，为支管与主管的外径比；$\eta_{ov} = q/p \times 100\%$，为搭接率（图示见标准的第 147 页），应满足 $25\% \leqslant \eta_{ov} \leqslant 100\%$；$\gamma = D/(2t)$；$\tau = \dfrac{t_i}{t}$。

27. 答案：A

解答过程：依据《钢结构设计标准》GB 50017—2017 的 13.3.9 条第 1 款计算。

由于 $D_i/D = 89/140 = 0.64 < 0.65$，因此

$$l_w = (3.25 \times 89 - 0.025 \times 140)\left(\frac{0.534}{\sin 90°} + 0.466\right) = 286 \text{mm}$$

焊缝承载力设计值为

$$0.7 \times 6 \times 286 \times 160 = 192.2 \times 10^3 \text{N}$$

选择 A。

28. 答案：D

解答过程：依据《钢结构设计标准》GB 50017—2017 的 14.1.2 条确定 b_e。

组合梁跨度的 1/6：$7800/6 = 1300$mm，实际净距的一半：$(2500 - 200)/2 = 1150$mm。

以上二者较小者为 1150mm。

$$b_e = 200 + 2 \times 1150 = 2500 \text{mm}$$

依据 14.2.1 条第 1 款，可得

$$x = \frac{Af}{b_e f_c} = \frac{8337 \times 215}{2500 \times 14.3} = 50 \text{mm}$$

$$M \leqslant b_e x f_c y = 2500 \times 50 \times 14.3 \times (200 + 150 - 50/2) = 581 \times 10^6 \text{N} \cdot \text{mm}$$

选择 D。

点评：本题的解答注意两点：

（1）在确定 b_e 时，2003 版《钢结构设计规范》曾规定 b_1（或 b_2）不大于翼板厚度 6 倍，2017 版《钢结构设计标准》取消了此规定。

（2）2017 版《钢结构设计标准》在规定 b_1（或 b_2）取值时指出，"当塑性中和轴位于混凝土板内时"，各取梁等效跨径 l_e 的 1/6。《组合结构设计规范》JGJ 138—2016 的 12.1.1 条无此前提条件。

29. 答案：B

解答过程：依据《钢结构设计标准》GB 50017—2017 的 14.3.1 条计算。

$$N_v^c = 0.43A_s\sqrt{E_c f_c} = 0.43 \times 190 \times \sqrt{30000 \times 14.3} = 53.5 \times 10^3 \text{N}$$

该值 $> 0.7A_s f_u = 0.7 \times 190 \times 400 = 53.2 \times 10^3$N，取 $N_v^c = 53.2$kN。

全梁分为两个剪跨，每个剪跨区段内需要的栓钉数为

$$\frac{8337 \times 215}{53.2 \times 10^3} = 33.7，取 34 个$$

全梁共需设置 $34 \times 2 = 68$ 个，选择 B。

点评：关于此处 f_u 如何取值，需要说明如下：

（1）2003 版《钢结构设计规范》时，N_v^c 的限值记作 $0.7A_s \gamma f$，取 $\gamma f = 360$N/mm^2，相当于 $0.7A_s \frac{f_u}{f_y} \frac{f_y}{\gamma_R} = 0.7A_s \frac{f_u}{\gamma_R}$。2017 版《钢结构设计标准》改为 $0.7A_s f_u$。可见，后者取值变大了。

（2）查现行国家标准《电弧螺柱焊用圆柱头焊钉》GB/T 10433—2002 可知，焊钉的材料只有 ML15 和 ML12A1，且均有 $\sigma_b \geqslant 400$MPa。此时，取其极限抗拉强度设计值，要不要将 400MPa 除以抗力分项系数？今以 Q235 钢材为例研究。《钢结构设计标准》GB 50017—2017 表 4.4.1 给出 Q235 钢材的 $f_u = 370$N/mm^2，查《碳素结构钢》GB/T 700—2006，Q235 钢材的抗拉强度为 $R_m = 370 \sim 500$N/mm^2，可见，作为设计指标，f_u 取为抗拉强度的下限且无需考虑抗力分项系数。

（3）《组合结构设计规范》JGJ 138—2016 的 3.1.14 条将 N_v^c 的限值记作 $0.7A_s f_{at}$，规定 $f_{at} = 360$N/mm^2。查该条的条文说明可知，该取值来源于 2003 版《钢结构设计规范》，因此，该规定已被代替。该规范的 12.2.7 条规定了同样的限值 $0.7A_s f_{at}$，在该条的条文说明指出，"根据现行国家标准《电弧螺柱焊用圆柱头焊钉》GB/T 10433 的相关规定，圆柱头焊钉的极限强度设计值 f_{at} 不得小于 400MPa"。

30. 答案：D

解答过程：依据《钢结构设计标准》GB 50017—2017 的 6.1.1 条，选择 D。

31. 答案：B

解答过程：依据《砌体结构设计规范》GB 50003—2011 的表 6.1.1 可知，通过提高块体的强度等级不能提高墙、柱的允许高厚比，故 Ⅱ 错误。选择 B。

32. 答案：C

解答过程：依据《砌体结构设计规范》GB 50003—2011 的表 3.2.1-4，$f = 4.02$N/mm^2。T 形截面，乘以 0.85，于是 $f = 3.42$N/mm^2。

$$h_T = 3.5i = 3.5\sqrt{\frac{3.16 \times 10^9}{3.06 \times 10^5}} = 356 \text{mm}$$

墙高 $H = 3.3$m，相邻横墙间距 $s = 6.6$m，$s/H = 2$，故 $H_0 = 0.4s + 0.2H = 0.4 \times 6.6 + 0.2 \times 3.3 = 3.3$m。

$$\beta = \gamma_\beta \frac{H_0}{h} = 1.1 \times \frac{3300}{356} = 10.2$$

$$e/h_T = 44.46/356 = 0.125$$

近似按照 $\beta=10$，$e/h_T=0.125$，砂浆 Mb10，查表 D.0.1-1，得到 $\varphi=0.60$。

于是，依据 5.1.1 条，受压承载力设计值为

$$\varphi A f = 0.60\times3.06\times10^5\times3.42=628\times10^3\text{N}$$

选择 C。

33. 答案：D

解答过程：依据《建筑抗震设计规范》GB 50011—2010 的表 7.1.2，小砌块、7 度 (0.10g)，限值为 7 层。由于为乙类建筑，减少 1 层，成为 6 层。又由于按照题目给出的房间布置，开间大于 4.2m 的房间面积占比为 $(6.6+4.5)/17.7=62.7\%>40\%$，属于横墙较少，因此，再减少 1 层，成为 5 层。

由于为层数和房屋高度双控，因此，还应判别此时房屋的总高度。

当按照题目给出的单层层高布置 5 层时，房屋总高度为 $3.6+4\times3.3=16.8\text{m}$，大于规范的总高度限值 15m，因此，只能降低为 4 层，这时，总高度为 13.5m，满足要求，故选择 D。

34. 答案：B

解答过程：依据《建筑抗震设计规范》GB 50011—2010 的表 7.1.2，丙类、7 度、240mm 厚普通砖，限值为总高 21m、7 层。

今实际为 3 层，但由于开间大于 4.2m 的房间占比为 $62.7\%>40\%$，应按增加 1 层查表 7.3.1。

根据表 7.3.1 共设置构造柱 16 个。在梁下设置构造柱 2 个。共设置构造柱 18 个，如图 15-2-4 所示（圆圈处表示设置构造柱的位置）。

选择 B。

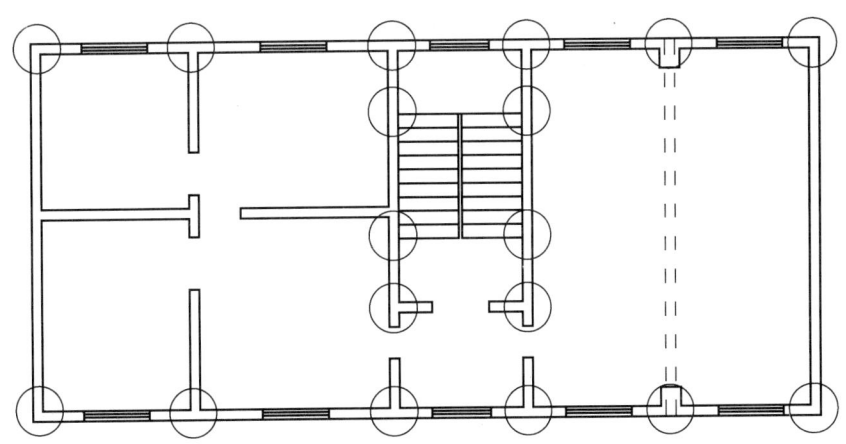

图 15-2-4 构造柱的设置

35. 答案：C

解答过程：依据《砌体结构设计规范》GB 50003—2011 的 5.1.3 条，墙 B 的几何高度取为 $3.6+0.3+0.5=4.4\text{m}$。

计算高度为

$$H_0 = 0.4s+0.2H=0.4\times8+0.2\times4.4=4.08\text{m}$$

$$\beta = \frac{H_0}{h} = \frac{4.08}{0.19} = 21.5$$

选择 C。

36. 答案：C

解答过程：依据《砌体结构设计规范》GB 50003—2011 的 6.4.3 条，计算高厚比的有效厚度为：$\sqrt{190^2 + 90^2} = 210\text{mm}$。

有效面积，应取承重墙的面积，$1 \times 0.19 = 0.19\text{m}^2$。

选择 C。

37. 答案：D

解答过程：查《砌体结构设计规范》GB 50003—2011 的表 3.2.1-4，$f = 4.61\text{N/mm}^2$。T 形截面，表中的 f 应乘以 0.85，于是 $f = 3.92\text{N/mm}^2$。

依据 $\beta \leqslant 3$、$e/h = 0.075$、砂浆 Mb15，查表 D.0.1-1，得到 $\varphi = 0.94$。

$$A_\text{b} = a_\text{b} b_\text{b} = 390 \times 390 = 152100\text{mm}^2$$

未灌孔，$\gamma = 1.0$，$\gamma_1 = 0.8\gamma$，将 γ_1 取为最小值 1.0。

$$\varphi \gamma_1 f A_\text{b} = 0.94 \times 1.0 \times 3.92 \times 152100 = 560 \times 10^3 \text{N}$$

选择 D。

点评：题目有改动。原考题中给出提示 $e/h_\text{T} = 0.075$，不妥。因为，梁下设置垫块时，局部受压承载力计算中确定 φ 时应采用 e/h，其中，e 为上部墙传来的压力和梁传来的压力二者合力的偏心距，h 为垫块在偏心方向的尺寸。

38. 答案：D

解答过程：依据《砌体结构设计规范》GB 50003—2011 的表 3.2.2，由于采用专用砂浆，故按表下注释 2，按砂浆强度 $\geqslant$M10 的烧结普通砖取抗剪强度，因此，$f_\text{v} = 0.17\text{MPa}$。

$\sigma_0/f_\text{v} = 0.84/0.17 = 4.94$，近似按照 $\sigma_0/f_\text{v} = 5.0$ 查《砌体结构通用规范》GB 55007—2021 的表 3.4.2，得到 $\zeta_\text{N} = 1.47$。

$$f_\text{vE} = \zeta_\text{N} f_\text{v} = 1.47 \times 0.17 = 0.25\text{MPa}$$

依据《砌体结构设计规范》的 10.2.2 条第 2 款计算受剪承载力。

配筋率：$691/(3300 \times 240) = 0.08\%$。墙体高宽比 $3.3/3.6 = 0.92$，$\zeta_\text{s} = 0.145$。则

$$\frac{1}{\gamma_\text{RE}}(f_\text{vE}A + \zeta_\text{s} f_\text{yh} A_\text{sh}) = \frac{1}{0.9}(0.25 \times 3600 \times 240 + 0.145 \times 270 \times 691) = 270 \times 10^3 \text{N}$$

选择 D。

39. 答案：A

解答过程：依据《砌体结构设计规范》GB 50003—2011 的 7.4.2 条确定 x_0。

$$l_1 = 4500\text{mm} > 2.2 h_\text{b} = 2.2 \times 400 = 880\text{mm}$$

$$x_0 = 0.3 h_\text{b} = 0.3 \times 400 = 120\text{mm}$$

由于 $x_0 < 0.13 l_1 = 0.13 \times 4500 = 585\text{mm}$，取 $x_0 = 120\text{mm}$。

倾覆力矩设计值为

$$M_\text{ov} = 12 \times (2.1 + 0.12) + 21 \times 2.1 \times (1.05 + 0.12) = 78.24\text{kN} \cdot \text{m}$$

抗倾覆力矩设计值为

墙体的贡献为

$$3.9 \times 2.6 \times 5.36 \times (3.9/2 - 0.12) = 99.5 \text{kN} \cdot \text{m}$$

楼面永久荷载的贡献为

$$11.2 \times 4.5 \times (4.5/2 - 0.12) = 107.4 \text{kN} \cdot \text{m}$$

$$0.8 \times (99.5 + 107.4) = 166 \text{kN} \cdot \text{m}$$

选择 A。

40. 答案：D

解答过程：依据《砌体结构设计规范》GB 50003—2011 的表 6.5.1，装配整体式钢筋混凝土结构屋盖，有保温层时，伸缩缝最大间距为 50m，依据表下注释 3，层高大于 5m 的烧结普通砖单层房屋，表中数值乘以 1.3，$1.3 \times 50 = 65$m，故 Ⅱ 正确。排除 A、B 选项。

依据 9.4.8 条第 5 款，配筋砌块砌体剪力墙沿竖向和水平方向的构造钢筋配筋率均不应少于 0.07%，故 Ⅲ 不正确。

选择 D。

点评：依据《砌体结构工程施工质量验收规范》的 5.1.3 条，混凝土多孔砖、混凝土实心砖、蒸压灰砂砖、蒸压粉煤灰砖等块体砌筑时，产品龄期不应小于 28d，故 Ⅰ 不正确；6.5.2 条第 3 款，采用装配式有檩体系钢筋混凝土屋盖是减轻墙体裂缝的有效措施之一，故 Ⅳ 正确。

41. 答案：C

解答过程：取隔离体如图 15-2-5 所示，则对上弦轴力与腹杆轴力的交点取矩，得到

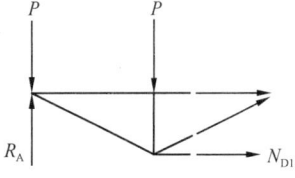

$$1.5 N_{D1} + 6P + 3P = 2.5P \times 6$$

解出 $N_{D1} = 4P$。

图 15-2-5　取隔离体后的计算简图

依据《木结构设计标准》GB 50005—2017 的表 4.3.1-3，得 TC17B 的 $f_t = 9.5 \text{N/mm}^2$。设计使用年限为 50 年，强度调整系数为 1.0。依据 4.3.9 条，按恒荷载验算，调整系数为 0.8，调整后 $f_t = 0.8 \times 9.5 = 7.6 \text{N/mm}^2$。

杆件 D1 作为拉杆的承载力设计值为

$$f_t A_n = 7.6 \times \frac{3.14 \times 120^2}{4} = 85.9 \times 10^3 \text{N}$$

安全等级为二级，$\gamma_0 = 1.0$。于是，$P = 85.9/4 = 21.5 \text{kN}$，选择 C。

42. 答案：A

解答过程：依据《木结构设计标准》GB 50005—2017 的表 4.3.1-3，得 TC17B 的 $f_c = 15 \text{N/mm}^2$。设计使用年限为 50 年，强度调整系数为 1.0。依据 4.3.2 条，原木未经切削，顺纹抗压强度提高 15%。依据 4.3.9 条，仅有恒荷载，强度设计值应乘以 0.8。于是，取 $f_c = 1.15 \times 0.8 \times 15 = 13.8 \text{N/mm}^2$。

杆件 D2 作为压杆按照强度计算的承载力为

$$f_c A_n = 13.8 \times \frac{3.14 \times 100^2}{4} = 108.3 \times 10^3 \text{N}$$

以上直接按照原木的小头取截面面积。

选择 A。

点评：命题组给出的解答，未考虑因为恒荷载验算导致强度乘以 0.8，最后结果为 135.4 kN，选择 D。

43. 答案：B

解答过程：依据《建筑地基基础设计规范》GB 50007—2011 第 5.2.2 条，并取基础单位长度为 1m 进行计算。

$$p_k = \frac{F_k + G_k}{A}$$

$$p_k = \frac{300}{b}$$

依据 5.2.4 条，第①层为粉质黏土 $e = 0.86 \geqslant 0.85$，查表 5.2.4 得 $\eta_b = 0, \eta_d = 1.0$。

$$f_a = f_{ak} + \eta_b \gamma(b-3) + \eta_d \gamma_m (d-0.5)$$
$$= 130 + 0 + 1.0 \times 18 \times (1.2 - 0.5)$$
$$= 142.6 \text{kPa}$$

由 $p_k = f_a$ 解方程，得到 $b = 2.10$m。

依据 5.2.7 条，对软弱下卧层进行验算。

$$\gamma_m = \frac{18 \times 1.2 + (18-10) \times 1.8}{3} = 12 \text{kN/m}^3$$

$$f_{az} = f_{ak} + \eta_d \gamma_m (d-0.5)$$
$$= 80 + 1.0 \times 12 \times (3-0.5) = 110 \text{kPa}$$

以上，为软弱下卧层顶面处的地基承载力特征值。

$$p_z + p_{cz} = f_{az}$$

$$\frac{b(p_k - p_c)}{b + 2z\tan\theta} + p_{cz} = f_{az}$$

$$\frac{b \times (300/b - 1.2 \times 18)}{b + 2 \times 1.8 \times \tan 14°} + (18 \times 1.2 + 8 \times 1.8) = 110$$

解方程得到 $b = 2.44$m。

取以上两者较大者，即 b 至少为 2.44m 才能满足要求，选择 B。

点评：注意，题目中给出的是基础底面的竖向力，相当于 $F_k + G_k$。

44. 答案：C

解答过程：取基本组合计算基底净反力：

今放脚等于 1/4 砖长，因此，计算位置取为墙的侧边。

$$M = \frac{1}{2}qa^2 = \frac{1}{2} \times \frac{364}{2.8} \times \left(\frac{2.8}{2} - \frac{0.24}{2}\right)^2 = 106.5 \text{kN} \cdot \text{m}$$

依据《建筑地基基础设计规范》GB 50007—2011 第 8.2.12 条计算。

$$A_s = \frac{M}{0.9 f_y h_0} = \frac{106.5 \times 10^6}{0.9 \times 270 \times 550} = 797 \text{mm}^2$$

依据 8.2.1 条第 3 款，扩展基础受力钢筋最小配筋率为 0.15%，因此得到每延米最小配筋量为

$$0.15\% \times 1000 \times 550 = 825 \text{mm}^2$$

备选答案每延米钢筋面积分别为：565、808、1026、1539，单位为 mm²，故选择 C。

点评：在地基基础中，由最小配筋率确定所需的最小纵筋截面面积，是 $\rho_{\min}bh_0$ 还是 $\rho_{\min}bh$？

笔者注意到，《混凝土结构设计规范》仅在 74 版规范中规定最小纵筋截面面积按 $\rho_{\min}bh_0$ 确定，自 89 版开始，一直按公式 $\rho_{\min}bh$。不过，由于配筋率的定义式为 $\rho = \dfrac{A_s}{bh_0}$，公路行业规范《公路钢筋混凝土及预应力混凝土桥涵设计规范》按 $\rho_{\min}bh_0$ 取值。《建筑地基基础设计规范》GB 50007—2011 的 8.2.12 条规定，计算最小配筋率时，对阶形或锥形基础截面，可将其截面折算成矩形截面，截面的折算宽度和截面的有效高度，按附录 U 计算。据此可知，此处是取为 $\rho_{\min}bh_0$，这也是地基基础类教科书的做法。

基于以上原因，笔者解答按 $\rho_{\min}bh_0$ 处理。需要注意的是，当年命题组给出的解答过程，最小配筋截面面积按 $0.15\% \times 1000 \times 600 = 900\text{mm}^2$ 求得，这是考虑到与《混凝土结构设计规范》的统一。如此处理不影响最后仍选择 C。

45. 答案：C

解答过程：依据《建筑抗震设计规范》GB 50011—2010 的 4.1.4 条，场地土的覆盖层厚度为：$d = 3 + 3 + 12 + 4 = 22\text{m}$。

依据 4.1.5 条，$d_0 = 22\text{m} > 20\text{m}$，取 $d_0 = 20\text{m}$。

$$v_{se} = \frac{d_0}{t} = \frac{20}{\left(\dfrac{3}{150} + \dfrac{3}{75} + \dfrac{12}{180} + \dfrac{2}{250}\right)} = 148.5\text{m/s}$$

由覆盖层厚度 22m，$v_{se} = 148.5\text{m/s}$，查《建筑与市政工程抗震通用规范》GB 55002—2021 的表 3.1.3，场地类别为Ⅲ类。

选择 C。

46. 答案：B

解答过程：依据《建筑抗震设计规范》GB 50011—2010 的 4.3.4 条计算。

$$N_0 = 10, \quad \beta = 1.05, \quad d_s = 1.5 + 2.5 + 2 = 6\text{m}$$

$$\begin{aligned}
N_{cr} &= N_0\beta[\ln(0.6d_s + 1.5) - 0.1d_w]\sqrt{3/\rho_c} \\
&= 10 \times 1.05[\ln(0.6 \times 6 + 1.5) - 0.1 \times 3]\sqrt{3/3} \\
&= 13.96
\end{aligned}$$

依据《建筑桩基技术规范》JGJ 94—2008 的 5.3.12 条，$\lambda = \dfrac{N}{N_{cr}} = \dfrac{11}{13.96} = 0.788$，$d_L = 4\text{m}$，查表 5.3.12 条，$\psi_l = 1/3$。依据 5.3.5 条，有

$$\begin{aligned}
Q_{uk} &= u\sum q_{sik}l_i + q_{pk}A_p \\
&= 0.4 \times 4 \times \left(50 \times 1.5 + 39 \times 4 \times \frac{1}{3} + 18 \times 3 + 55 \times 8 + 90 \times 1\right) \\
&\quad + 0.4 \times 0.4 \times 9200 \\
&= 2612.8\text{kN}
\end{aligned}$$

考虑抗震，承载力特征值应乘以 1.25，因此得到 $1.25 \times 2612.8/2 = 1633\text{kN}$。

选择 B。

47. 答案：C

解答过程：依据《建筑桩基技术规范》JGJ 94—2008 的 5.7.2 条第 2 款和第 7 款，

可得

$$R_{\mathrm{ha}} = 32 \times 75\% \times 1.25 = 30\mathrm{kN}$$

依据 5.7.3 条计算。

$$\eta_i = \frac{\left(\dfrac{s_{\mathrm{a}}}{d}\right)^{0.015n_2+0.45}}{0.15n_1+0.10n_2+1.9} = \frac{\left(\dfrac{2}{0.4}\right)^{0.015\times2+0.45}}{0.15\times3+0.10\times2+1.9} = 0.849$$

$$R_{\mathrm{h}} = \eta_{\mathrm{h}}R_{\mathrm{ha}} = (\eta_i\eta_{\mathrm{r}} + \eta_l)R_{\mathrm{ha}} = (0.849 \times 2.05 + 1.27) \times 30 = 90.31\mathrm{kN}$$

选择 C。

48. 答案：B

解答过程：依据《建筑桩基技术规范》JGJ 94—2008 的 5.9.2 条计算。

柱 1 和柱 2 在基桩群的形心处产生的弯矩与压力设计值为

$$M = 1.35 \times (205 + 50 \times 1.5 + 2 \times 2900 + 360 + 80 \times 1.5 - 1 \times 4000) = 3456\mathrm{kN \cdot m}$$

$$N = 1.35 \times (2900 + 4000) = 9315\mathrm{kN}$$

由此引起的各排基桩的反力设计值为

$$N_1 = \frac{9315}{6} + \frac{3456 \times 2}{4 \times 2^2} = 1552.5 + 432 = 1984.5\mathrm{kN}$$

$$N_2 = 1552.5\mathrm{kN}$$

在 A—A 截面引起的弯矩设计值为

$$1984.5 \times 2 \times (3 - 0.3) + 1552.5 \times 2 \times (1 - 0.3) - 1.35$$
$$\times [205 + 2900 \times (3 - 0.3) + 50 \times 1.5]$$
$$= 1941.3\mathrm{kN \cdot m}$$

选择 B。

点评：由于 A—A 截面右侧桩数比较少，因此，取右侧为隔离体计算，会减小计算量。

$$N_1 = \frac{9315}{6} + \frac{3456 \times 2}{4 \times 2^2} = 1552.5 + 432 = 1984.5\mathrm{kN}$$

$$N_2 = 1552.5\mathrm{kN}$$

$$N_3 = \frac{9315}{6} - \frac{3456 \times 2}{4 \times 2^2} = 1552.5 - 432 = 1120.5\mathrm{kN}$$

A—A 截面处引起的弯矩设计值为

$$1120.5 \times 2 \times 1.3 + 1.35 \times (360 - 4000 \times 0.3 + 80 \times 1.5) = 1941.3\mathrm{kN \cdot m}$$

选择 B。

49. 答案：A

解答过程：依据《建筑桩基技术规范》JGJ 94—2008 的 5.9.8 条计算。

$$a_{1x} = a_{1y} = 500\mathrm{mm}, \quad \beta_{\mathrm{hp}} = 1.0 - \frac{1.0 - 0.9}{2000 - 800} \times (1500 - 800) = 0.942$$

$$\lambda_{1x} = \lambda_{1y} = \frac{a_{1x}}{h_0} = \frac{500}{1400} = 0.357, \text{ 在 } 0.25\sim1.0 \text{ 之间}$$

$$[\beta_{1x}(c_2 + a_{1y}/2) + \beta_{1y}(c_1 + a_{1x}/2)]\beta_{\mathrm{hp}}f_{\mathrm{t}}h_0$$
$$= \left[\frac{0.56}{0.357 + 0.2} \times (600 + \frac{500}{2}) \times 2\right] \times 0.942 \times 1.43 \times 1400$$
$$= 3223\mathrm{kN}$$

选择 A。

50. 答案：C

解答过程：依据《建筑地基基础设计规范》GB 50007—2012 的表 5.3.4，工业厂房中的柱基要满足 3 个方面的要求：（1）单个柱基的沉降量；（2）相邻柱基的沉降差；（3）沉降造成的吊车轨面倾斜。

单个柱基的沉降量验算：

依据 4.2.6 条，$a_{1-2} = 0.51\ \mathrm{MPa^{-1}}$ 属于高压缩性土。由表 5.3.4 项次 3 可知柱基允许沉降量为 200mm，今 A、B、C、D 基础底面的沉降最大为 120mm，故均满足此要求。

相邻柱基的沉降差验算：

由表 5.3.4 项次 2 可知，对于高压缩性土，基础不均匀沉降时不产生预加应力，沉降差应不超过 $0.005\,l$。

沉降造成的吊车轨面倾斜验算：

由于题目只给出了横向排列的各柱基沉降量，故仅验算横向倾斜。要求倾斜不超过 0.003，即，沉降差不超过 $0.003\,l$。

可见，与沉降差要求不超过 $0.005\,l$ 相比，这里的沉降差不超过 $0.003\,l$ 起控制作用。

AB 跨沉降差：$90-50 > 0.003 \times 12000$；

BC 跨沉降差：$120-90 \leqslant 0.003 \times 18000$；

CD 跨沉降差：$120-85 \leqslant 0.003 \times 15000$。

故只有 AB 跨不满足规范要求。

选择 C。

点评：《建筑地基基础设计规范》GB 50007—2012 的表 5.3.4 只对柱距为 6m 的情况给出了柱基沉降量要求，今题目中柱距为 12m，认为仍应满足此要求。

选择 C。

51. 答案：C

解答过程：依据《建筑地基基础设计规范》GB 50007—2012 附录 N，由于 5 倍基础宽度为 12m，与实际的横向堆载长度相等，实际堆载纵向长度为 24m，因此，应按照宽度为 12m，长度为 24m 的地面荷载计算。

查表 K.0.1-2 确定 $\bar{\alpha}$。

今 $l/b = 12/12 = 1$，对于②层土底部，$z/b = 7.2/12 = 0.6$，因此 $\bar{\alpha}_1 = 0.2423$。

今 $l/b = 12/12 = 1$，对于③层土底部：$z/b = 12/12 = 1$，因此 $\bar{\alpha}_2 = 0.2252$。

考虑纵向的中部，按照角点法，应将上述 $\bar{\alpha}$ 乘以 2 使用，即

$$\bar{\alpha}_1 = 0.4846,\ \bar{\alpha}_2 = 0.4504$$

$$s = \psi_s \sum_{i=1}^{n} \frac{p_0}{E_{si}}(z_i \bar{\alpha}_i - z_{i-1} \bar{\alpha}_{i-1})$$

$$= 1.0 \times 45 \times \left(\frac{0.4846 \times 7.2 - 0}{4.8} + \frac{0.4504 \times 12 - 0.4846 \times 7.2}{7.5} \right)$$

$$= 44.2\mathrm{mm}$$

选择 C。

52. 答案：B

解答过程：依据《建筑桩基技术规范》JGJ 94—2008 的 5.4.4 条计算。此单桩可视为群桩外围桩，$\sigma'_{\gamma i}$ 自地面算起。对于第②层土，负摩阻标准值为

$$q_{s2}^n = \xi_{n2}\sigma'_2 = \xi_{n2}(p + \sigma'_{\gamma i}) = 0.27 \times \left(45 + 17.5 \times 2 + \frac{1}{2} \times 8 \times 8\right) = 30\text{kPa} < 38\text{kPa}$$

选择 B。

53. 答案：C

解答过程：依据《建筑地基处理技术规范》JGJ 79—2012 的 3.0.4 条，复合地基只考虑深度修正，且修正系数取为 1.0。因此，要求 CFG 桩应达到的承载力特征值为

$$300 - 1 \times 17 \times (4 - 0.5) = 240.5\text{kPa}$$

依据 7.9.7 条和 7.9.6 条，CFG 桩的面积置换率为

$$m_1 = \frac{A_{p1}}{(2s)^2}$$

水泥土搅拌桩面积置换率为

$$m_2 = \frac{A_{p2}}{s^2}$$

$$
\begin{aligned}
f_{ak} &= m_1 \frac{\lambda_1 R_{a1}}{A_{p1}} + m_2 \frac{\lambda_2 R_{a2}}{A_{p2}} + \beta(1 - m_1 - m_2)f_{sk} \\
&= \frac{\lambda_1 R_{a1}}{4s^2} + \frac{\lambda_2 R_{a2}}{s^2} + \beta\left(1 - \frac{A_{p1}}{4s^2} - \frac{A_{p2}}{s^2}\right)f_{sk} \\
&= \frac{0.9 \times 680}{4s^2} + \frac{1 \times 90}{s^2} + 0.9 \times \left(1 - \frac{3.14 \times 0.25^2}{4s^2} - \frac{3.14 \times 0.25^2}{s^2}\right) \times 70 \\
&= 63 + \frac{227.5}{s^2}
\end{aligned}
$$

$$240.5 = 63 + \frac{227.5}{s^2}$$

解出 $s = 1.13\text{m}$。

选择 C。

54. 答案：A

解答过程：依据《建筑地基处理技术规范》JGJ 79—2012 的 7.1.7 条计算。

由于

$$\zeta = \frac{f_{spk}}{f_s} = \frac{E_{spk}}{E_s}$$

于是可得

$$\zeta = \frac{252}{70} = \frac{E_{spk}}{3}$$

解出 $E_{spk} = 10.8\text{MPa}$，选择 A。

55. 答案：C

解答过程：依据题意从观测点 1 到观测点 8 沉降依次增大，故测点 1 最小，测点 8 最大，根据沉降引起的拉力方向可以判定图（c）的裂缝形式符合要求。

选择 C。

56. 答案：B

解答过程：依据《建筑边坡工程技术规范》GB 50330—2013 的 11.1.2 条，Ⅳ正确，由 8.2.2 条，计算锚杆面积荷载应为标准值，Ⅱ不正确，故选 B。

57. 答案：B

解答过程：《高层建筑混凝土结构技术规程》JGJ 3—2010 的 E.0.3 条高位转换所采用的"等效侧向刚度比"，也称作"剪弯刚度比"。依据该规程的 3.5.8 条条文说明，不满足 3.5.2 条的，称作软弱层。3.5.2 条判断软弱层的条件，称作"侧向刚度比"。Ⅰ错误。

依据 3.4.5 条的注释，Ⅱ正确。

依据 3.7.3 条，框架-核心筒结构，$[\Delta u/h]$ 的取值，150m 时为 1/800，250m 时为 1/500，插值可得 200m 时为 1/615，Ⅲ错误。

依据 4.3.12 条，$0.036 \times 1.15 = 0.0414$，Ⅳ正确。

选择 B。

58. 答案：D

解答过程：依据《高层建筑混凝土结构技术规程》JGJ 3—2010 的 5.3.7 条及条文说明，此处的"侧向刚度比"按附录 E.0.1 条公式计算，称作"等效剪切刚度比"，A 错误。

依据 3.5.2 条，对于非框架结构的框架-剪力墙结构等，若是结构底部嵌固层，经层高修正的侧向刚度比不宜小于 1.5，B 错误。

依据 3.9.5 条，当地下室顶板作为上部结构嵌固部位时，地下一层相关范围的抗震等级按上部结构采用，C 错误。

依据 12.2.1 条第 3 款，D 正确。

选择 D。

59. 答案：D

解答过程：依据《高层建筑混凝土结构技术规程》JGJ 3—2010 的 4.2.2 条，高度超 60m，基本风压要乘 1.1，$1.1 \times 0.6 = 0.66 \text{kN/m}^2$。

依据《建筑结构荷载规范》GB 50009—2012 的 8.2.1 条，B 类粗糙度、高度 100m，$\mu_z = 2.0$。

查《高层建筑混凝土结构技术规程》JGJ 3—2010 的附录 B 可知，对于题目中建筑，沿 $+y$ 方向体型系数与宽度乘积为

$$0.8 \times 80 + 0.6 \times 10 + 0.6 \times 10 + 0.5 \times 60 = 106 \text{m}$$

沿 $-y$ 方向体型系数与宽度乘积为

$$0.8 \times 10 + 0.8 \times 10 + 0.9 \times 60 + 0.5 \times 80 = 110 \text{m}$$

可见，沿 $-y$ 方向控制。

简化为倒三角形分布的线荷载，则顶部的荷载标准值为

$$q_k = 1.5 \times 2.0 \times 110 \times 0.66 = 217.8 \text{kN/m}$$

引起的倾覆力矩标准值为

$$217.8 \times 100/2 \times (2/3 \times 100) = 726000 \text{kN} \cdot \text{m}$$

选择 D。

点评：倾覆，属于承载能力极限状态的范畴，故将基本风压乘以 1.1。

60. 答案：B

解答过程：弯矩为负弯矩，截面上部受拉，底部受压。依据《高层建筑混凝土结构技

术规程》JGJ 3—2010 的 6.3.2 条，要求 $x/h_0 \leqslant 0.25$。底部受压纵筋有最小量的构造要求。现在，题目中要求，梁底纵筋面积按梁顶纵筋面积的二分之一配置，是一级时的要求。

$$\frac{x}{h_0} = \frac{f_y A_s - f'_y A_s}{\alpha_1 f_c b h_0}$$

$$\frac{x}{540} = \frac{360 \times 0.5 A_s}{1.0 \times 14.3 \times 350 \times 540} = 0.25$$

可解出 $A_s = 3754 \text{mm}^2$，$x = 135 \text{mm}$。

此时配筋率 $3754/(350 \times 540) = 2\% < 2.75\%$，满足 6.3.3 条的要求。

该梁可承受的最大弯矩为

$M_u = 14.3 \times 350 \times 135 \times (540 - 135/2) + 0.5 \times 3752 \times 360 \times (540 - 40) = 657 \text{kN} \cdot \text{m}$

调幅之后用于配筋的弯矩为

$$M = 1.3 \times (400 + 0.5 \times 215) \times \beta + 1.3 \times 224 = 659.75\beta + 313.6$$

要求 $M \leqslant \dfrac{M_u}{\gamma_{RE}}$，即

$$659.75\beta + 313.6 \leqslant \frac{657}{0.75}$$

解得 $\beta \leqslant 0.85$。该值在 5.2.3 条要求的 0.8~0.9 之间。

选择 B。

61. 答案：D

解答过程：顶层框架结构为一级，依据《高层建筑混凝土结构技术规程》JGJ 3—2010 的 6.2.3 条，柱端截面剪力应由下式确定：

$$V = 1.2 \frac{M^t_{cua} + M^b_{cua}}{H_n}$$

依据 4.3.5 条第 4 款，当取三组时程曲线计算时，结构地震作用效应宜取时程法计算结果的包络值与振型分解反应谱法计算结果的较大值。今 18 层剪力应取 2400kN 和 2000kN 的较大者，为 2400kN，并据此对反应谱法的结果予以调整。

依据振型分解反应谱法求得的 M^t_{cua}、M^b_{cua} 均为 450kN·m，今按照与剪力相同倍数调整，$450 \times 2400/2000 = 540 \text{kN} \cdot \text{m}$。

于是

$$V = 1.2 \frac{M^t_{cua} + M^b_{cua}}{H_n} = \frac{1.2 \times (540 + 540)}{5 - 0.6} = 295 \text{kN}$$

选择 D。

点评：以上给出的解答过程与命题组相同，但有疑问：

(1) 题目表中给出的计算结果，用振型分解法和时程分析法得到的柱端弯矩 M^t_c、M^b_c 数值不同可以理解，M^t_{cua}、M^b_{cua} 也可以理解为由于求出的轴压力 N 不同而导致其有变化，但是，M_{bua} 的计算公式如下：

$$M_{bua} = \frac{1}{\gamma_{RE}} f_{yk} A^a_s (h_0 - a'_s)$$

即，M_{bua} 按照实配钢筋求得，应不随振型分解法或时程分析法而变化。

(2)《高规》4.3.5 条关于时程分析法的取值要求仅针对地震作用效应，因此，一个合乎逻辑的步骤应是，求出地震作用下的剪力继而求出柱端弯矩之后，再与重力荷载代表

值引起的弯矩、风荷载引起的弯矩（如果有的话）组合，得到组合弯矩，经过"强柱弱梁"调整得到的弯矩用来设计纵筋。设计箍筋用的剪力则还需经过"强剪弱弯"调整。

解答过程中，以"组合的剪力"作为时程分析法和振型分解法比较的基准，之后直接对"组合的弯矩"放大，在概念上存在瑕疵。

62. 答案：D

解答过程：依据《高层建筑混凝土结构技术规程》JGJ 3—2010 的 10.2.22 条第 3 款计算水平分布钢筋。

$$A_{sw} = 0.2l_n b_w \sigma_{xmax}/f_{yh}$$
$$= 0.2 \times 6000 \times 250 \times 0.85 \times 2.5/360$$
$$= 1771 \text{mm}^2$$

上式中，0.85 为 γ_{EE}。

以上为 1200mm 范围内布置的钢筋截面面积。每米宽度内要求提供 1476mm^2。查表，$2 \Phi 14@200$ 每米宽度可提供 $769 \times 2 = 1538$mm^2，满足要求。

框支柱上部一层墙体属于底部加强部位，依据《混凝土结构通用规范》GB 55008—2021 的 4.4.7 条第 4 款，水平分布钢筋的最小配筋率抗震时不应小于 0.3%，1200mm 范围内需要布置 $1200 \times 250 \times 0.3\% = 900$mm^2。按受力计算值大于构造配筋。

选择 D。

点评：由于根据水平分布钢筋得到应采用 $2 \Phi 14@200$，此时已经可以作出选择，故未计算竖向分布钢筋。

63. 答案：C

解答过程：依据《高层建筑混凝土结构技术规程》JGJ 3—2010 的 10.2.22 条第 3 款计算。

$$A_{sw} = h_c b_w (\sigma_{01} - f_c)/f_y$$
$$= 1000 \times 250 \times (32 \times 0.85 - 19.1)/360$$
$$= 5625 \text{mm}^2$$

考虑到该墙在水平向 h_c 范围内相当于约束边缘构件的阴影部分，因此，需要满足最小配筋率要求。抗震等级一级，竖向钢筋最小配筋率为 1.2%。

$$1.2\% \times 1000 \times 250 = 3000 \text{mm}^2 < 5625 \text{mm}^2$$

故可按截面面积为 5625mm^2 配置钢筋。

A、B、C、D 选项提供的钢筋截面面积分别为 3054、3770、5730、6208，单位为 mm^2，C、D 满足要求。

C、D 项均包含下部柱伸入的 $6 \Phi 28$，且 C 项已经满足钢筋截面面积要求，故选择 C。

64. 答案：B

解答过程：依据《高层建筑混凝土结构技术规程》JGJ 3—2010 的 3.9.5 条，当地下室顶板作为上部结构的嵌固端时，地下一层以下仅考虑抗震构造措施的等级，故排除选项 A。

今对 1～5 层的抗震等级判别如下。

转换层设在 5 层顶板，依据《高层建筑混凝土结构技术规程》JGJ 3—2010 的 10.2.2 条，7 地下室顶板至 7 层属于底部加强部位。因此，1～5 层按底部加强部位考虑。

依据《建筑与市政工程抗震通用规范》GB 55002—2021 的 2.3.2 条，乙类，应提高一度即按 7 度采取抗震措施。查表 5.2.1，部分框支剪力墙结构、7 度、高度＞80m，底部加强区剪力墙为一级，非底部加强区剪力墙为二级。

依据《高层建筑混凝土结构技术规程》JGJ 3—2010 的 10.2.6 条，3 层及以上转换，框支柱、剪力墙底部加强部位的抗震等级提高一级。1～5 层由于属于底部加强部位，抗震措施由一级提高为特一级，抗震构造措施也随之成为特一级。

观点 2 正确，选择 B。

点评：今对观点 2 中的其他内容解释如下：

依据《高层建筑混凝土结构技术规程》JGJ 3—2010 的 3.9.5 条，当地下室顶板作为上部结构的嵌固端时，地下一层相关范围的抗震等级应按上部结构采用，地下一层以下抗震构造措施的等级逐层降低一级，故，地下一层抗震措施等级为特一级，地下二层抗震构造措施等级为一级。

第 7 层虽然属于底部加强部位。但 6～37 层为住宅，属于丙类，故按照 6 度查《建筑与市政工程抗震通用规范》GB 55002—2021 的表 5.2.1，这样，得到底部加强部位剪力墙的抗震等级为二级。由于转换层设在 5 层顶板，抗震等级还要提高一级，从而成为一级。

第 20 层属于非底部加强部位，按照 6 度查《建筑与市政工程抗震通用规范》GB 55002—2021 的表 5.2.1，抗震等级为三级。

65. 答案：B

解答过程：查《建筑与市政工程抗震通用规范》GB 55002—2021 的表 5.2.1，部分框支剪力墙结构、7 度、高度＞80m，框支框架的抗震等级是一级。

依据《高层建筑混凝土结构技术规程》JGJ 3—2010 的 10.2.6 条，3 层及以上转换，框支柱、剪力墙底部加强部位的抗震等级提高一级。于是，框支柱的抗震措施和抗震构造措施均为特一级。

选择 B。

66. 答案：B

解答过程：依据《高层建筑混凝土结构技术规程》JGJ 3—2010 的 3.4.5 条条文说明，周期比计算时，可直接计算结构的固有自振特性，不必附加偶然偏心。

依据 10.6.3 条第 4 款，按照多塔整体和单塔分别计算扭转为主的第一周期与平动为主的第一周期的比值。

对于整体：$T_t/T_1 = 1.2/1.7 = 0.7$。

对于单塔：$T_t/T_1 = 1.7/2.1 = 0.81$。

取较大值，故选择 B。

67. 答案：A

解答过程：分缝后，不再是多塔结构。右侧按照模型 1 计算，左侧按照模型 3 计算。

选择 A。

68. 答案：B

解答过程：此处所谓"刚重比"，是指 $\dfrac{EJ_d}{H^2 \sum G_i}$。

依据《高层建筑混凝土结构技术规程》JGJ 3—2010 的 3.7.3 条，利用插值可得层间位移角限值为 1/755，故位移限值为 $\Delta u = 4000/755 = 5.3$mm。二阶效应最大可放大 $5.3/5 = 1.06$ 倍。

利用公式（5.4.3-3）计算。

$$F_1 = \frac{1}{1 - 0.14 \times H^2 \sum G_i / (EJ_d)} \leqslant 1.06$$

解出 $\dfrac{EJ_d}{H^2 \sum G_i} \geqslant 2.47$。

选择 B。

69. 答案：B

解答过程：依据《建筑与市政工程抗震通用规范》GB 55002—2021 的 4.2.3 条，基本周期 4.3s，插值得到剪重比最小为 0.0139。于是，底部总地震剪力标准值，最小应为 $0.0139 \times 106 = 13900$kN。

该值大于计算分析得到的 12500kN，故应取为 13900kN。

根据给出的图示可知，应按照《高层建筑混凝土结构技术规程》JGJ 3—2010 的 9.1.11 条第 3 款调整。

框架部分的楼层地震剪力标准值：

$$\min(0.2V_0,\ 1.5V_{f,max}) = \min\left(0.2 \times 13900,\ 1.5 \times 2000 \times \frac{13900}{12500}\right) = 2780\text{kN}$$

上式中，V_0 调整后，$V_{f,max}$ 同比例调整。

选择 B。

点评：对于剪重比不符合要求的情况，《建筑抗震设计规范》5.2.5 条条文说明规定了 3 种调整方法，分别对应于基本周期处于加速度区、速度区和位移区。对于本题，由于是首层，无论哪种调整方法均相同。

70. 答案：A

解答过程：依据《高层建筑混凝土结构技术规程》JGJ 3—2010 的 7.1.4 条，底部加强部位的高度取为 $160/10 = 16$m，第 3 层是底部加强区。

依据 9.1.11 条第 2 款，各层核心筒墙体地震剪力标准值宜乘以增大系数 1.1，于是可得组合后的剪力设计值为

$$1.4 \times 1.1 \times 2200 + 1.5 \times 0.2 \times 1600 = 3868\text{kN}$$

依据表 3.9.4，B 级高度、框架-核心筒、7 度，筒体的抗震等级为一级。

依据 7.2.6 条，底部加强部位、一级，剪力增大系数为 1.6，于是得到 $1.6 \times 3868 = 6189$kN，选择 A。

71. 答案：D

解答过程：依据《高层建筑混凝土结构技术规程》JGJ 3—2010 的 9.1.11 条第 2 款，墙体的抗震构造措施提高一级。

依据 3.9.4 条，B 级高度、框架-核心筒、7 度，筒体、框架的抗震等级均为一级。墙体的抗震构造措施提高一级成为特一级。

依据 3.10.5 条，A、B 正确。

依据《混凝土结构通用规范》GB 55008—2021 的 4.4.9 条，钢筋采用 HRB400，一级框架角柱纵向钢筋配筋百分率不应小于 $1.1 + 0.05 = 1.15$，C 正确。

依据 7.2.15 条，一级（7 度）、轴压比为 0.4＞0.3，可得 $λ_v$＝0.2。依据 3.10.5 条第 3 款，特一级时 $λ_v$ 增大 20％。于是，要求的最小体积配箍率为 0.2×1.2×27.5/360＝0.0183，D 错误。

选择 D。

72. 答案：B

解答过程：依据《高层建筑混凝土结构技术规程》JGJ 3—2010 的表 3.11.1，性能目标为 C、设防地震，应为第 3 性能水准。

关键构件及普通竖向构件正截面承载力应符合式（3.11.3-2），结合条文说明可知，其含义为满足屈服承载力，本题中简称"不屈服"。受剪承载力符合式（3.11.3-1），也就是受剪弹性。排除 A、C。

核心筒连梁和外框梁为耗能构件，进入屈服阶段，即进入塑性，但受剪承载力应符合式（3.11.3-2）的要求，也就是抗剪不屈服。

选择 B。

73. 答案：C

解答过程：依据《公路桥涵设计通用规范》JTG D60—2015 的 1.0.5 条，该桥属于中桥，依据 1.0.4 条，其主体结构的设计使用年限不低于 100 年，选择 C。

74. 答案：B

解答过程：依据《公路桥涵设计通用规范》JTG D60—2015 的 1.0.5 条，依据多孔跨径总长，该桥属于特大桥，依据单孔跨径，该桥属于中桥。依据 3.2.9 条第 3 款，对于由多孔中小跨径桥梁组成的特大桥，其设计洪水频率可采用大桥标准，依据表 3.2.9，一级公路、大桥时为 1/100，选择 B。

75. 答案：D

解答过程：依据《公路桥涵设计通用规范》JTG D60—2015 的表 4.3.1-2，可得

$$P_k = 2 \times (25 + 130) = 310kN$$

匝道桥，根据桥面宽度，设计车道数可以为 2，于是，可得主梁跨中截面在公路-Ⅰ级车道荷载下的弯矩标准值为

$$M_{Qk} = 2 \times (q_k l_0^2/8 + P_k l_0/4)(1 + μ) = 2 \times (10.5 \times 25^2/8 + 310 \times 25/4) \times 1.222$$
$$= 6740kN \cdot m$$

位于高速公路的桥梁，安全等级为一级。

跨中截面基本组合的弯矩设计值为

$$M_{ud} = 1.1 \times (1.2 \times 154.3 \times 25^2/8 + 1.4 \times 6740) = 26292kN \cdot m$$

选择 D。

76. 答案：C

解答过程：依据《公路钢筋混凝土及预应力混凝土桥涵设计规范》JTG 3362—2018 的 8.7.3 条第 3 款，计算支座竖向平均压缩变形。

$$E_e = 5.4 \times 1 \times 11.2^2 = 677.4MPa$$

$$δ_{c,m} = \frac{2500 \times 10^3 \times 89}{0.3036 \times 10^6 \times 677.4} + \frac{2500 \times 10^3 \times 89}{0.3036 \times 10^6 \times 2000} = 1.45mm$$

由于 $\delta_{c,m} > \theta \cdot \dfrac{l_a}{2} = 0.003 \times \dfrac{450}{2}$，因此，支座不会脱空。选择 C。

77. 答案：C

解答过程：依据《公路钢筋混凝土及预应力混凝土桥涵设计规范》JTG 3362—2018 的 6.2.2 条条文说明，按广义曲线分段后求和计算。

$$\theta = \sqrt{0.0873^2 + \left(\frac{0.2964}{5}\right)^2} + 4\sqrt{0.2094^2 + \left(\frac{0.2964}{5}\right)^2} = 0.9760\,\text{rad}$$

$$\mu\theta + kx = 0.17 \times 0.9760 + 0.0015 \times 36.442 = 0.2206$$

$$\sigma_{l1} = \sigma_{con}\left[1 - e^{-(\mu\theta + kx)}\right] = 1302 \times (1 - e^{-0.2206}) = 257.7\,\text{MPa}$$

选择 C。

点评：在 2004 版规范中未提及预应力筋为空间曲线时如何计算转角 θ。当时可以有两种做法：（1）取为平面和立面转角的平方和再开方；（2）取为平面和立面转角直接相加。

若按照方法（1）计算，则得到 $\theta = 0.9712$，$\sigma_{l1} = 256.9\,\text{MPa}$；若按照方法（2）计算，则得到 $\theta = 1.2213$，$\sigma_{l1} = 300.4\,\text{MPa}$。显然，方法（2）求得的预应力损失最大，偏于保守。命题组当年采用的是方法（2）。

78. 答案：A

解答过程：依据《公路钢筋混凝土及预应力混凝土桥涵设计规范》JTG 3362—2018 的 7.1.6 条，由于 $\sigma_{tp} = 2.5\,\text{MPa} > 0.5f_{tk} = 0.5 \times 2.65 = 1.33\,\text{MPa}$，因此，箍筋间距应满足

$$s_v \leqslant \frac{f_{sk}A_{sv}}{\sigma_{tp}b}$$

将其变形，写成

$$\frac{A_{sv}}{s_v} \geqslant \frac{\sigma_{tp}b}{f_{sk}} = \frac{2.5 \times 500}{300} = 4.17\,\text{mm}^2/\text{mm}$$

A、B、C、D 各选项的 $\dfrac{A_{sv}}{s_v}$ 值为：4.52、4.11、4.02、6.16，单位为 mm^2/mm，A 符合要求，选择 A。

点评：由于规范更新，本题将箍筋改为取 HPB300。

当年的原题给出已知条件 $f_{sk} = 180\,\text{MPa}$，同时在选项中的钢筋符号为"Φ"。这时，由钢筋符号可知为 HRB335 钢筋，与 $f_{sk} = 180\,\text{MPa}$ 不协调。

79. 答案：C

解答过程：依据《建筑与市政工程抗震通用规范》GB 55008—2021 的 6.1.5 条计算。

轴压比为

$$\eta_k = \frac{9000 \times 10^3}{\dfrac{3.14 \times 1500^2}{4} \times 18.4} = 0.277$$

C40 混凝土，$f_{ck} = 26.8\,\text{MPa}$。箍筋抗拉强度设计值为 $f_{yh} = 330\,\text{MPa}$ 时，标准值为 400MPa。7 度区，墩柱潜在塑性铰区域内加密箍筋的最小体积含箍率（圆形截面）为

$$\rho_{s,min} = \left[0.14\eta_k + 5.84(\eta_k - 0.1)(\rho_t - 0.01) + 0.028\right]\frac{f_{cd}}{f_{yh}}$$

$$= \left[0.14 \times 0.277 + 0.028 \right] \times \frac{18.4}{330}$$

$$= 0.0057 > 0.004$$

故取为 0.0057，选择 C。

80. 答案：D

解答过程：依据《公路桥涵设计通用规范》JTG D60—2015 的 3.1.3 条、3.1.4 条以及条文说明，D 正确。

16　2018 年试题与解答

16.1 2018 年试题

题 1~3

某办公楼为现浇混凝土框架结构，混凝土强度等级 C35，纵向钢筋采用 HRB400，箍筋采用 HPB300。其二层（中间楼层）的局部平面图和次梁 L-1 的计算简图如图 16-1-1 所示，其中 KZ-1 为角柱，KZ-2 为边柱。假定，次梁 L-1 计算时 $a_s = 80\text{mm}$，$a'_s = 40\text{mm}$。楼面永久荷载和楼面活荷载为均布荷载，楼面均布永久荷载标准值 $q_{Gk} = 7\text{kN/m}^2$（已包括次梁、楼板等构件自重，L-1 荷载计算时不必再考虑梁自重），楼面均布活荷载的组合值系数 0.7，不考虑楼面活荷载的折减系数。

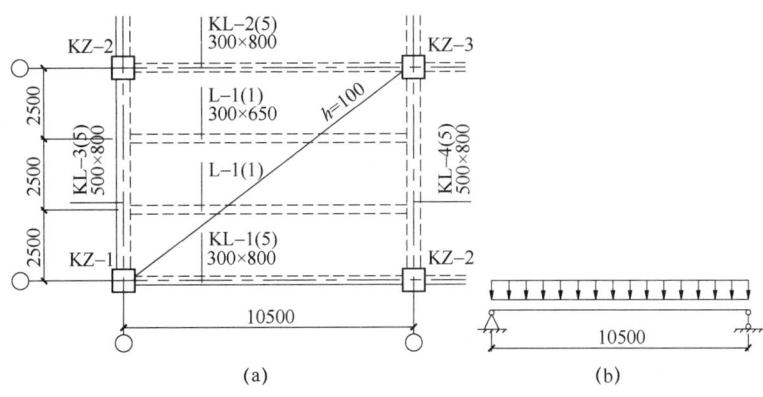

图 16-1-1 题 1~3 图
(a) 局部平面图；(b) L-1 计算简图

1. 假定，楼面均布活荷载标准值 $q_{Qk} = 2.5\text{kN/m}^2$，准永久值系数 0.5。不考虑受压钢筋的作用，构件浇筑时未预先起拱。试问，当使用上对次梁 L-1 的挠度有较高要求时，为满足受弯构件挠度要求，次梁 L-1 的短期刚度 B_s（$\times 10^{14}\text{N} \cdot \text{mm}^2$），与下列何项数值最为接近？

提示：简支梁的弹性挠度计算公式：$\Delta = \dfrac{5ql^4}{384EI}$。

A. 1.25   B. 2.50   C. 2.75   D. 3.00

2. 假定，不考虑楼板作为翼缘对梁的影响，充分考虑 L-1 梁顶面受压钢筋 3 Φ 25 的作用，试问，按次梁 L-1 的受弯承载力计算，楼面允许最大活荷载标准值（kN/m^2），与下列何项数值最为接近？

A. 26.0   B. 21.5   C. 17.0   D. 11.5

3. 假定，框架的抗震等级为二级，构件的环境类别为一类，KL-3 梁上部纵向钢筋 Φ28 采用二并筋的布置方式，箍筋 Φ 12@100/200，其梁上部钢筋布置和端节点梁钢筋弯

折锚固的示意图如图 16-1-2 所示。试问，梁
侧面箍筋保护层厚度 c（mm）的最小值和梁
纵筋所需的锚固水平段长度 l（mm）的最小
值，与下列何项数值最为接近？

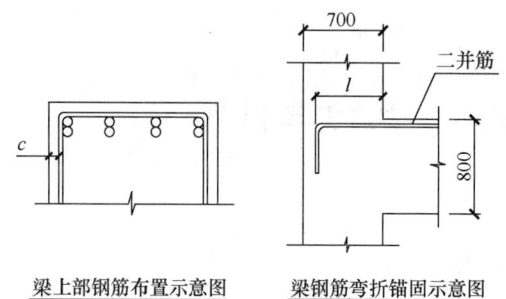

　A. 28，590　　　　　B. 28，640
　C. 35，590　　　　　D. 35，640

梁上部钢筋布置示意图　　梁钢筋弯折锚固示意图

图 16-1-2　题 3 图

题 4　新疆乌鲁木齐市内的某二层办公
楼，附带一层高的入口门厅，其平面和剖面
如图 16-1-3 所示。门厅屋面采用轻质屋盖结
构。试问，门厅屋面邻近主楼处的最大雪荷
载标准值 s_k（kN/m²），与下列何项数值最为接近？

　A. 0. 9　　　　　B. 1. 0　　　　　C. 2. 0　　　　　D. 3. 5

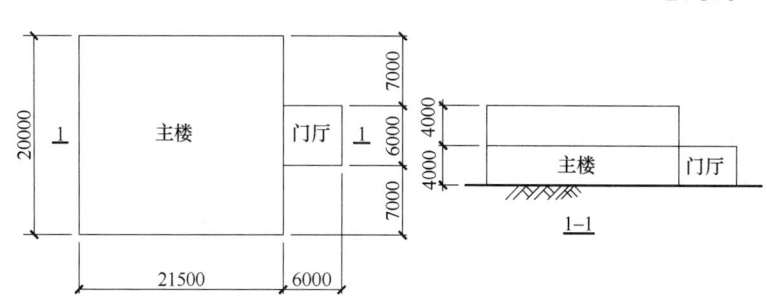

图 16-1-3　题 4 图

题 5　某海岛临海建筑，为封闭式矩形平面房屋，外墙采用单层幕墙，其平面和立面
如图 16-1-4 所示，P 点位于墙面 AD 上，距海平面高度 15m。假定，基本风压 $w_0 =$
1. 3kN/m²，墙面 AD 的围护构件直接承受风荷载。试问，在图示风向情况下，当计算墙
面 AD 围护构件风荷载时，P 点处垂直于墙面的风荷载标准值的绝对值 w_k（kN/m²），与
下列何项数值最为接近？

　提示：（1）按《建筑结构荷载规范》GB 50009—2012 及《工程结构通用规范》GB
55001—2021 作答，海岛的修正系数 $\eta = 1. 0$；

　（2）需同时考虑建筑物墙面的内外压力。

　A. 2. 9　　　　　B. 3. 5　　　　　C. 4. 1　　　　　D. 4. 7

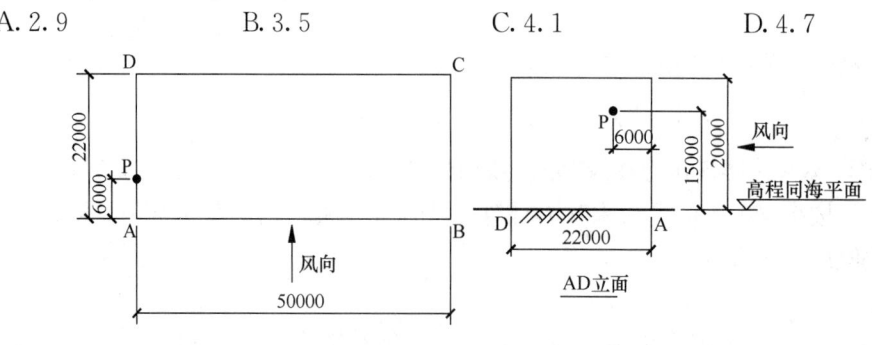

图 16-1-4　题 5 图

题 6 某普通钢筋混凝土轴心受压圆柱，直径 600mm，混凝土强度等级 C35，纵向钢筋和箍筋均采用 HRB400。纵向受力钢筋 14 Φ 22，沿周边均匀布置，配置螺旋式箍筋Φ 8 @70，箍筋保护层厚度 22mm。假定，圆柱的计算长度 l_0 = 7.15m，试问，不考虑抗震时，该柱的轴心受压承载力设计值（kN），与下列何项数值最为接近？

A. 4500   B. 5100   C. 5500   D. 5900

题 7 下列关于混凝土结构工程施工质量验收方面的说法，何项正确？

A. 基础中纵向受力钢筋保护层厚度的合格点率应达到 90% 及以上，且不得有超过 ±15mm 的尺寸偏差

B. 属于同一工程项目的多个单位工程，对同一厂家生产的同批材料、构配件、器具及半成品，可统一划分检验批进行验收

C. 爬升式模板工程、工具式模板工程及高大模板支架工程应编制施工方案，其中只有高大模板支架工程应按有关规定进行技术论证

D. 当后张有粘结预应力筋曲线孔道波峰和波谷的高差大于 300mm，且采用普通灌浆工艺时，应在孔道波谷设置排气孔

题 8 某外挑三角架，计算简图如图 16-1-5 所示。其中横杆 AB 为等截面普通混凝土构件，截面尺寸 300mm×400mm，混凝土强度等级为 C35，纵向钢筋和箍筋均采用 HRB400，全跨范围内纵筋和箍筋的配置不变，未配置弯起钢筋，$a_s = a'_s = 40$mm。

假定，不计 BC 杆自重，均布荷载设计值 $q = 70$kN/m（含 AB 杆自重）。试问，按斜截面受剪承载力计算（不考虑抗震），横杆 AB 在 A 支座边缘处的最小箍筋配置，与下列何项最为接近？

提示：满足计算要求即可，不需要复核最小配箍率和构造要求。

A. Φ 6@200（2）   B. Φ 8@200（2）   C. Φ 10@200（2）   D. Φ 12@200（2）

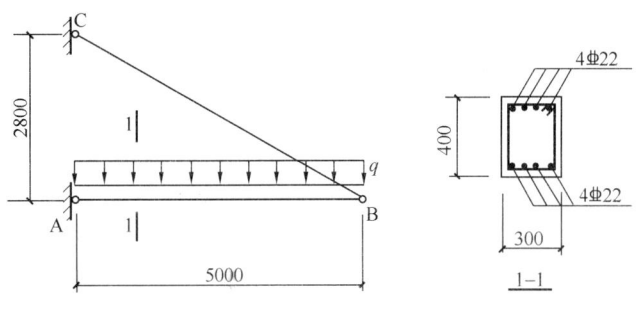

图 16-1-5　题 8 图

题 9～10

某悬挑斜梁为等截面普通混凝土独立梁，计算简图如图 16-1-6 所示。斜梁截面尺寸 400mm×600mm（不考虑梁侧面钢筋的作用），混凝土强度等级为 C35，纵向钢筋采用 HRB400，梁底实配纵筋 4 Φ 14，$a'_s = 40$mm，$a_s = 70$mm，$\xi_b = 0.518$。梁端永久荷载标准值 $G_k = 80$kN，可变荷载标准值 $Q_k = 70$kN，不考虑构件自重。

9. 假定，永久荷载和可变荷载的分项系数分别为 1.3、1.5。试问，按承载能力极限状态计算（不考虑抗震），计入纵向受压钢筋作用，悬挑斜梁最不利截面的梁面纵向受力钢筋截面面积 A_s（mm²），与下列何项数值最为接近？

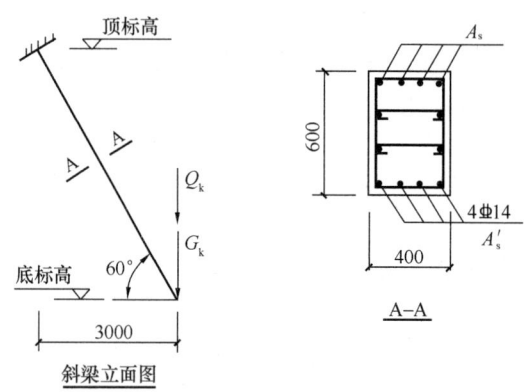

图 16-1-6   题 9~10 图

提示：不需要验算最小配筋率。

A. 3500   B. 3700   C. 3900   D. 4100

10. 假定，梁顶实配纵筋 8 ⊈ 28，可变荷载的准永久值系数 0.7。试问，验算梁顶面最大裂缝宽度时，梁顶面纵向钢筋应力 σ_s（N/mm²），与下列何项数值最为接近？

A. 90   B. 115   C. 140   D. 170

题 11   某办公楼，为钢筋混凝土框架-剪力墙结构，纵向钢筋采用 HRB400，箍筋采用 HPB300，框架抗震等级为二级。假定，底层某中柱 KZ-1，混凝土强度等级 C60，剪跨比为 2.8，截面和配筋如图 16-1-7 所示。箍筋采用井字复合箍（重叠部分不重复计算），箍筋肢距约为 180mm，箍筋的保护层厚度 22mm。试问，该柱按抗震构造措施确定的最大轴压力设计值 N（kN），与下列何项数值最为接近？

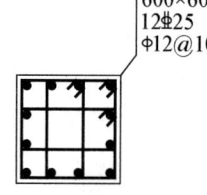

KZ-1
600×600
12⊈25
Φ12@100

图 16-1-7

A. 7900   B. 8400

C. 8900   D. 9400

题 12~13

某普通钢筋混凝土刚架（不考虑抗震设计），计算简图如图 16-1-8 所示。其中竖杆 CD 截面尺寸 600mm×600mm，混凝土强度等级为 C35，纵向钢筋采用 HRB400，对称配筋，$a_s = a'_s = 80$mm，$\xi_b = 0.518$。

提示：不考虑各构件自重，不需要验算最小配筋率。

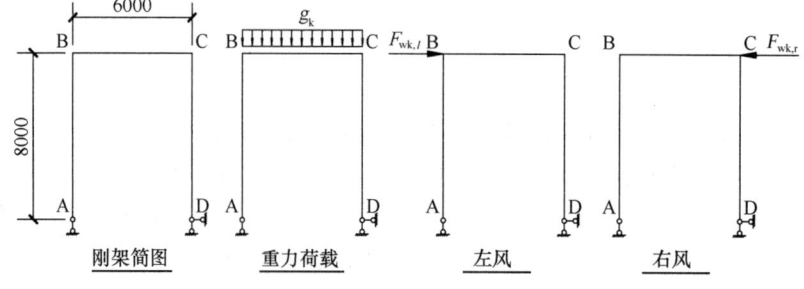

图 16-1-8   题 12~13 图

12. 在图 16-1-8 所示荷载作用下，假定，重力荷载标准值 $g_k = 145$kN/m，左风、右风

荷载标准值 $F_{\text{wk},l} = F_{\text{wk},r} = 90\text{kN}$。试问，按正截面承载能力极限状态计算时，竖杆CD最不利截面的最不利荷载组合：轴力设计值的绝对值（kN），相应的弯矩设计值的绝对值（kN·m），与下列何项数值最为接近？

提示：按重力荷载分项系数1.3，风荷载分项系数1.5计算。

A. 390，720   B. 750，720

C. 390，1100   D. 750，1100

13. 假定，CD杆最不利截面的最不利荷载组合为：$N = 260\text{kN}$，$M = 800\text{kN·m}$。试问，不考虑二阶效应，按承载能力极限状态计算，对称配筋，计入纵向受压钢筋作用，竖杆CD最不利截面的单侧纵向受力钢筋截面面积 A_s（mm^2），与下列何项数值最为接近？

A. 3700   B. 4050

C. 4400   D. 4750

题14 某建筑中的幕墙连接件与楼面混凝土梁上的预埋件刚性连接。预埋件由锚板和对称配置的直锚筋组成，如图16-1-9所示。假定，混凝土强度等级为C35，直锚筋为 $6 \oplus 12$（HRB400），已采取防止锚板弯曲变形的措施（$\alpha_b = 1.0$），锚筋的边距均满足规范要求。连接件端部承受幕墙传来的集中力 F 的作用，力的作用点和作用方向如图16-1-9所示。试问，当不考虑抗震时，该预埋件可以承受的最大集中力设计值 F（kN），与下列何项数值最为接近？

提示：（1）预埋件承载力由锚筋面积控制；

（2）幕墙连接件的重量忽略不计。

A. 40   B. 50   C. 60   D. 70

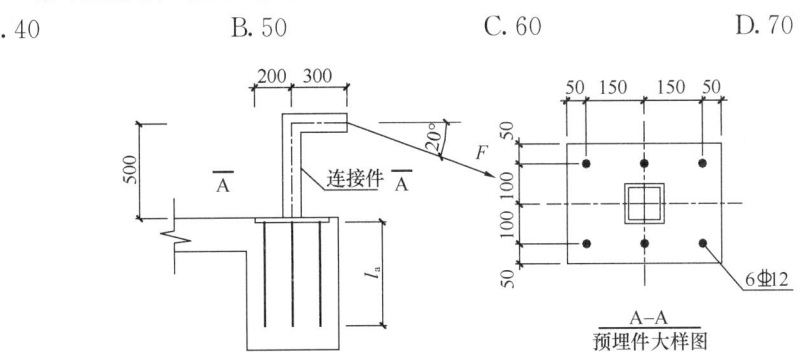

图 16-1-9 题 14 图

题 15～16

某现浇钢筋混凝土框架-剪力墙结构高层办公楼，抗震设防烈度为 8 度（0.20g），场地类别为 Ⅱ 类，抗震等级：框架二级、剪力墙一级，混凝土强度等级：框架柱及剪力墙 C50，框架梁及楼板 C35，纵向钢筋及箍筋均采用 HRB400（$\oplus$）。

15. 假定，某框架中柱 KZ1 剪跨比大于 2，配筋如图 16-1-10所示。试问，图中 KZ1 有几处违反规范的抗震构造要求，并简述理由。

提示：KZ1 的箍筋体积配箍率及轴压比均满足规范

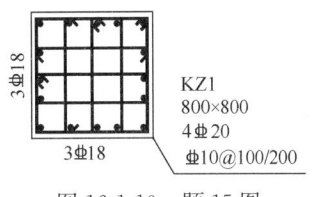

图 16-1-10 题 15 图

要求。

　　A. 无违反　　　　B. 有 1 处

　　C. 有 2 处　　　　D. 有 3 处

　　16. 假定，某剪力墙的墙肢截面高度均为 $h_w =$ 7900mm，其约束边缘构件 YBZ1 配筋如图 16-1-11 所示，该墙肢底截面的轴压比为 0.4。试问，图中 YBZ1 有几处违反规范的抗震构造要求，并简述理由。

　　提示：YBZ1 阴影区和非阴影区的箍筋和拉筋体积配箍率满足规范要求。

　　A. 无违反　　　　B. 有 1 处

　　C. 有 2 处　　　　D. 有 3 处

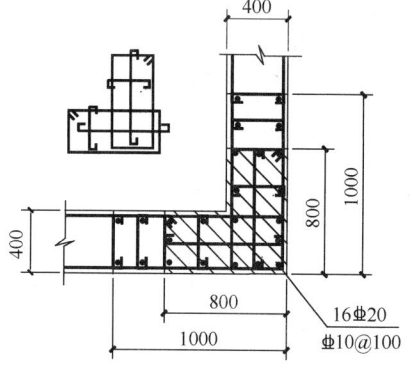

图 16-1-11　题 16 图

题 17~22

　　某非抗震设计的单层钢结构平台，钢材均为 Q235B，梁柱均采用轧制 H 型钢，X 向采用梁柱刚接的框架结构，Y 向采用梁柱铰接的支撑结构，平台满铺 $t = 6mm$ 的花纹钢板，见图 16-1-12。假定，平台自重（含梁自重）折算为 1kN/m² （标准值），活荷载为 4kN/m² （标准值），梁均采用 H300×150×6.5×9，柱均采用 H250×250×9×14，梁、柱的截面特性见表 16-1-1。所有截面均无削弱，不考虑楼板对梁的影响。

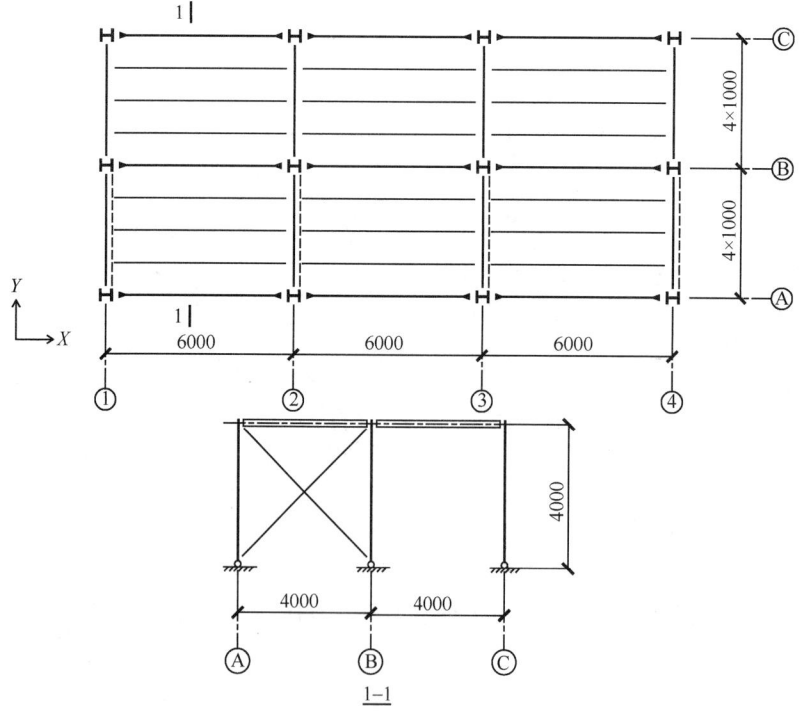

图 16-1-12　题 17~22 图

构件的截面特性 表 16-1-1

截面规格	面积 A （cm^2）	惯性矩 I_x （cm^4）	回转半径 i_x （cm）	惯性矩 I_y （cm^4）	回转半径 i_y （cm）	弹性截面模量 W_x （cm^3）
H300×150×6.5×9	46.78	7210	12.4	508	3.29	481
H250×250×9×14	91.43	10700	10.8	3650	6.31	860

注：以上截面，翼缘与腹板之间的倒角半径为 13mm。

17. 假定，荷载传递路径为板传递至次梁，次梁传递至主梁。试问，在设计弯矩作用下，②轴主梁正应力计算值（N/mm^2），与下列何项数值最为接近？

    A. 173   B. 90   C. 120   D. 162

18. 假定，内力计算采用一阶弹性分析，柱脚铰接，取 $K_2=0$。试问，②轴柱 X 向平面内计算长度系数，与下列何项数值最为接近？

    A. 0.9   B. 1.0   C. 2.4   D. 2.7

19. 假定，某框架柱轴心压力设计值为 163.2kN，X 向弯矩设计值为 $M_x=20.4kN \cdot m$，Y 向计算长度系数取为 1。试问，对该框架柱按照规范验算其弯矩作用平面外稳定性时，公式左侧所得数值，与下列何项最为接近？

    提示：所考虑构件段无横向荷载作用。

    A. 0.093   B. 0.194   C. 0.279   D. 0.372

20. 假定，柱脚竖向压力设计值为 163.2kN，水平反力设计值为 30kN。试问，关于图 16-1-13 柱脚，下列何项说法符合《钢结构设计标准》GB 50017—2017 的规定？

    A. 柱与底板必须采用熔透焊缝

    B. 底板下必须设抗剪键承受水平反力

    C. 必须设置预埋件与底板焊接

    D. 可以通过底板与混凝土基础间的摩擦传递水平反力

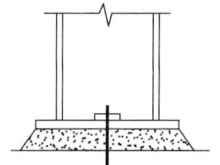

图 16-1-13 题 20 图

21. 由于生产需要增加集中荷载，集中荷载作用点如图 16-1-14 所示，故梁下增设三根两端铰接的轴心受压柱，其中，边柱（Ⓐ、Ⓒ轴）轴心压力设计值为 100kN，中柱（Ⓑ轴）轴心压力设计值为 200kN。假定，Y 向为强支撑框架，Ⓑ轴框架柱总轴心压力设计值

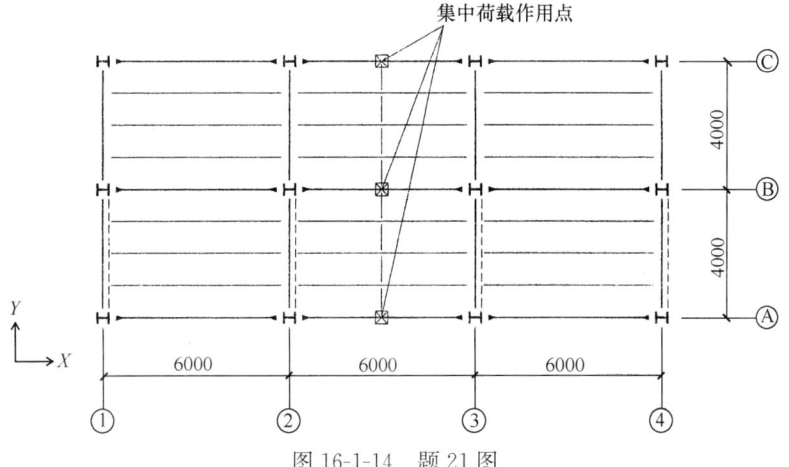

集中荷载作用点

图 16-1-14 题 21 图

为 486.9kN，Ⓐ、Ⓒ轴框架柱总轴心压力设计值均为 243.5kN。试问，与原结构相比，关于框架柱的计算长度，下列何项说法最接近《钢结构设计标准》GB 50017—2017 的规定？

　　A. 框架柱 X 向计算长度增大系数为 1.2

　　B. 框架柱 X 向、Y 向计算长度不变

　　C. 框架柱 X 向及 Y 向计算长度增大系数均为 1.2

　　D. 框架柱 Y 向计算长度增大系数为 1.2

　　22. 假定，以用钢量最低作为目标，题 21 中的轴心受压铰接柱采用下列何种截面最为合理？

　　A. 轧制 H 形截面　　　　　　　　　B. 钢管截面

　　C. 焊接 H 形截面　　　　　　　　　D. 焊接十字形截面

题 23　关于正应力幅常幅疲劳计算，下列何项说法正确？

　　A. 应力变化的循环次数越多，容许应力幅越小；构件和连接的类别序数越大，容许应力幅越大

　　B. 应力变化的循环次数越多，容许应力幅越大；构件和连接的类别序数越大，容许应力幅越小

　　C. 应力变化的循环次数越少，容许应力幅越小；构件和连接的类别序数越大，容许应力幅越大

　　D. 应力变化的循环次数越少，容许应力幅越大；构件和连接的类别序数越大，容许应力幅越小

题 24～27

　　某 4 层钢结构商业建筑，层高 5m，房屋高度 20m，抗震设防烈度 8 度，X 方向采用框架结构，Y 方向采用框架-中心支撑结构，楼面采用 150mm 厚 C30 混凝土楼板，钢梁顶采用抗剪栓钉与楼板连接，如图 16-1-15 所示。框架梁柱采用 Q345，各框架柱截面均相同，内力计算采用一阶弹性分析。

　　24. 假定，框架柱每层几何长度为 5m，Y 方向满足强支撑框架要求。试问，关于框架柱计算长度，下列何项符合《钢结构设计标准》GB 50017—2017 的规定？

　　A. X 方向计算长度大于 5m，Y 方向计算长度不大于 5m

　　B. X 方向计算长度不大于 5m，Y 方向计算长度大于 5m

　　C. X、Y 方向计算长度均可取为 5m

　　D. X、Y 方向计算长度均大于 5m

　　25. 试问，抗震设计时，以下关于梁柱刚性连接的说法，何项符合规范规定？

　　A. 假定，框架梁柱均采用 H 形截面，当满足《钢结构设计标准》GB 50017—2017 第 12.3.4 条规定时，采用柱贯通型的 H 形柱在梁翼缘对应处可不设置横向加劲肋

　　B. 进行梁与柱刚性连接的极限承载力验算时，焊接的连接系数大于螺栓连接

　　C. 柱在梁翼缘上下各 500mm 的范围内，柱翼缘与柱腹板间的连接焊缝应采用全熔透坡口焊缝

　　D. 进行柱节点域屈服承载力验算时，节点域要求与梁内力设计值有关

　　26. 假定，次梁采用 Q345，截面采用工字形，考虑全截面塑性发展进行组合梁的强度计算，上翼缘为受压区。试问，上翼缘最大的板件宽厚比，与下列何项数值最为接近？

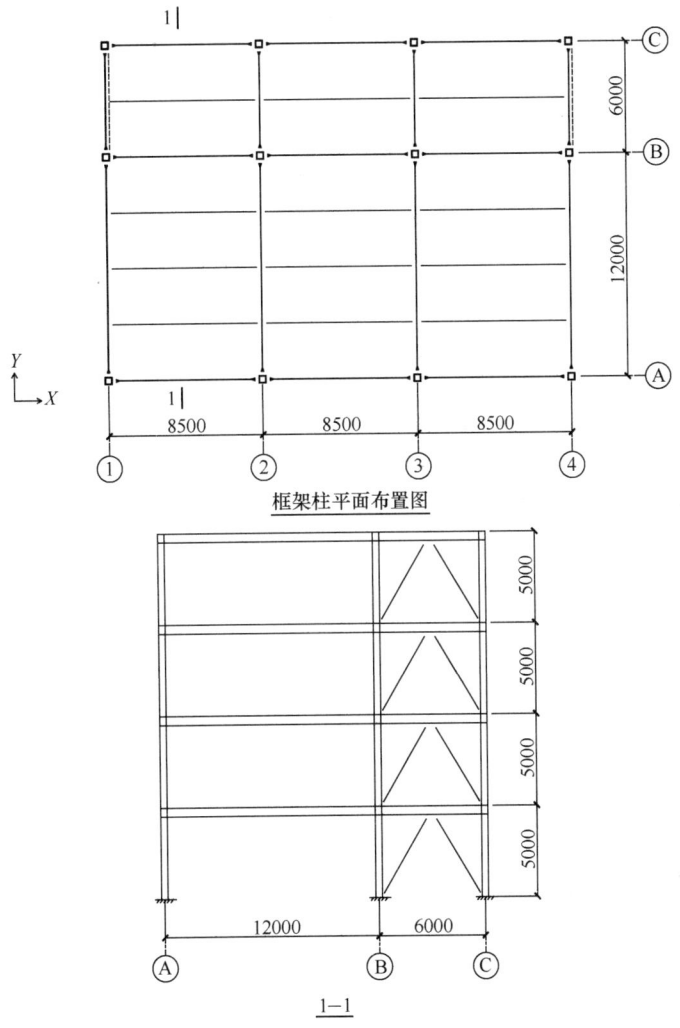

框架柱平面布置图

图 16-1-15 题 24～27 图

提示：梁顶的抗剪连接件不满足《钢结构设计标准》GB 50017—2017 的 14.1.6 条规定。

  A. 15   B. 13   C. 9   D. 7.4

27. 假定，不按抗震设计考虑，柱间支撑采用交叉支撑，支撑两杆截面相同并在交叉点处均不中断并相互连接，支撑杆件一杆受拉，一杆受压。试问，关于受压支撑杆，下列何种说法错误？

  A. 平面内计算长度取节点中心至交叉点间距离

  B. 平面外计算长度不大于桁架节点间距离的 $\sqrt{0.5}$ 倍

  C. 平面外计算长度等于桁架节点中心间的距离

  D. 平面外计算长度与另一杆的内力大小有关

题 28 关于钢管连接节点，下列何项说法符合《钢结构设计标准》GB 50017—2017 的规定？

A. 支管沿周边与主管相焊，焊缝承载力不应小于节点承载力

B. 支管沿周边与主管相焊，节点承载力不应小于焊缝承载力

C. 焊缝承载力必须等于节点承载力

D. 支管轴心内力设计值不应大于节点承载力设计值和焊缝承载力设计值，至于焊缝承载力，大于或小于节点承载力均可

题 29   假定，某一般建筑的屋面支撑采用按拉杆设计的交叉支撑，截面采用单角钢，两杆截面相同且在交叉点处均不中断并相互连接，支撑节间横向和纵向尺寸均为 6m，支撑截面由构造确定。试问，采用下列何项支撑截面最为合理（截面特性见表 16-1-2）？

截面的几何特性   表 16-1-2

截面名称	面积 A（cm^2）	回转半径 i_x（cm）	回转半径 i_{x0}（cm）	回转半径 i_{y0}（cm）
∟ 56×5	5.415	1.72	2.17	1.10
∟ 70×5	6.875	2.16	2.73	1.39
∟ 90×6	10.637	2.79	3.51	1.84
∟ 110×7	15.196	3.41	4.30	2.20

A. ∟ 56×5   B. ∟ 70×5   C. ∟ 90×6   D. ∟ 110×7

题 30   某非抗震设计的钢柱采用焊接工字形截面 H900×350×10×20，钢材采用 Q235 钢。假定，该钢柱作为轴心受压构件，两方向长细比的较大者为 55。试问，依据《钢结构设计标准》GB 50017—2017，在计算该钢柱的强度和稳定性时，其截面面积（mm^2）应采用下列何项数值？

提示：计算截面无削弱。

A. 8650   B. 14630   C. 18920   D. 22610

题 31～34

非抗震设计时，某顶层两跨连续墙梁，支承在下层的砌体墙上，如图 16-1-16 所示。墙体厚度为 240mm，墙梁洞口居墙梁跨中布置，洞口尺寸为 $b×h$（mm×mm）。托梁截面尺寸为 240mm×500mm。使用阶段墙梁上的荷载分别为托梁顶面的荷载设计值 Q_1 和墙梁顶面的荷载设计值 Q_2。GZ1 为墙体中设置的钢筋混凝土构造柱，墙梁的构造措施满足规范要求。

31. 试问，最大洞口尺寸 $b×h$（mm×mm），与下列何项数值最为接近？

A. 1200×2200   B. 1300×2300

C. 1400×2400   D. 1500×2400

32. 假定，洞口尺寸 $b×h$ = 1000mm×2000mm，试问，考虑墙梁组合作用的托梁跨中截面弯矩系数 α_M，与下列何项数值最为接近？

A. 0.09   B. 0.15   C. 0.22   D. 0.27

33. 假定，Q_1 = 30kN/m，Q_2 = 90kN/m，试问，托梁跨中轴心拉力设计值 N_{bt}（kN），与下列何项数值最为接近？

提示：两跨连续梁在均布荷载作用下跨中弯矩的效应系数为 0.07。

A. 50   B. 100   C. 150   D. 200

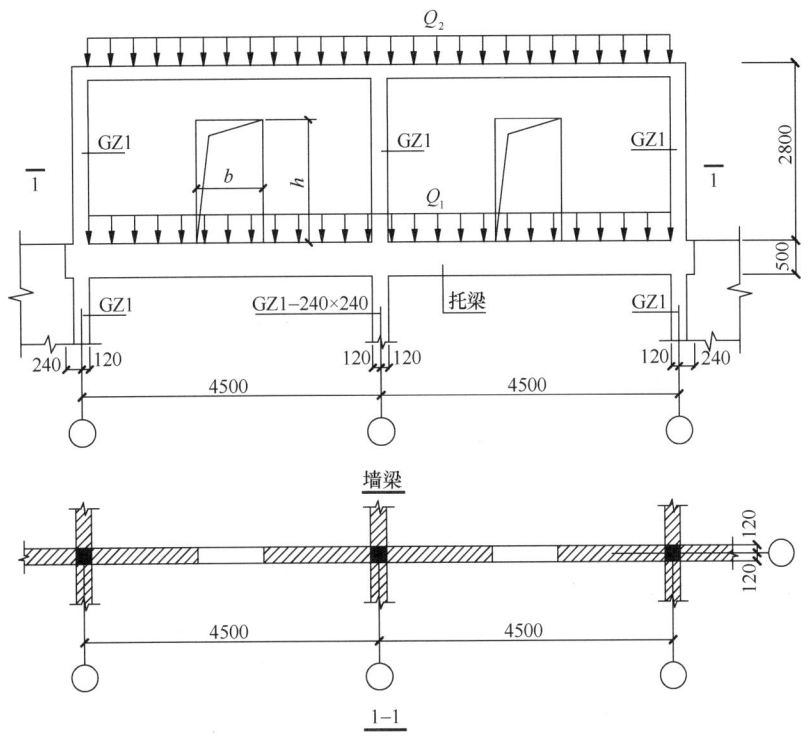

图 16-1-16 题 31～34 图

34. 关于本题的墙梁设计，试问，下列说法中何项正确？

Ⅰ. 对使用阶段墙体的受剪承载力、托梁支座上部砌体局部受压承载力，可不必验算；

Ⅱ. 墙梁洞口上方可设置钢筋砖过梁，其底面砂浆层处的钢筋伸入支座砌体内的长度不应小于 240mm；

Ⅲ. 托梁上部通长布置的纵向钢筋面积为跨中下部纵向钢筋面积的 50%；

Ⅳ. 墙体采用 MU15 级蒸压粉煤灰普通砖、Ms7.5 级专用砌筑砂浆砌筑，在不加设临时支撑的情况下，每天砌筑高度不超过 1.5m。

A. Ⅰ、Ⅱ正确　　　　　　　　　　B. Ⅰ、Ⅲ正确

C. Ⅱ、Ⅲ正确　　　　　　　　　　D. Ⅱ、Ⅳ正确

题 35～38

某单层砌体结构房屋中一矩形截面柱（$b \times h$），其柱下独立基础如图 16-1-17 所示，柱居基础平面中。结构的设计使用年限为 50 年，砌体施工质量控制等级为 B 级。

35. 假定，柱截面尺寸为 370mm×490mm，柱底轴压力设计值 $N = 270$kN，基础采用 MU60 级毛石和水泥砂浆砌筑。试问，由基础局部受压控制时，砌筑基础采用的砂浆最低强度等级，与下列何项数值最为接近？

提示：不考虑强度设计值调整系数 γ_a 的影响。

A. 0　　　　　　　　　　　　　　B. M2.5

C. M5　　　　　　　　　　　　　D. M7.5

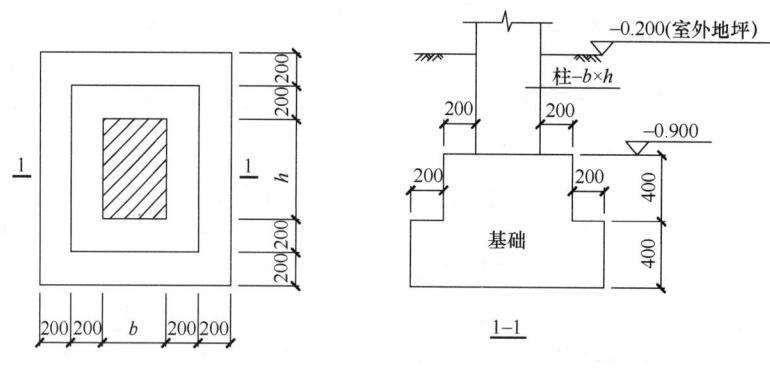

图 16-1-17   题 35～38 图

36. 假定,基础所处环境类别为 3 类。试问,关于独立柱在地面以下部分砌体材料的要求,下列何项正确?

Ⅰ. 采用 MU15 级混凝土砌块、Mb10 级砌筑砂浆砌筑,但须采用 Cb20 级混凝土预先灌实

Ⅱ. 采用 MU25 级混凝土普通砖、M15 级水泥砂浆砌筑

Ⅲ. 采用 MU25 级蒸压灰砂普通砖、M15 级水泥砂浆砌筑

Ⅳ. 采用 MU20 级实心砖、M10 级水泥砂浆砌筑

A. Ⅰ、Ⅱ正确   B. Ⅰ、Ⅲ正确

C. Ⅰ、Ⅳ正确   D. Ⅱ、Ⅳ正确

37. 假定,柱采用砖砌体与钢筋混凝土面层的组合砌体,砌体采用 MU15 级烧结普通砖、M10 级砂浆砌筑。混凝土采用 C20($f_c = 9.6$MPa),纵向受力钢筋采用 HPB300,对称配筋,单侧配筋面积为 $730mm^2$。其截面如图 16-1-18 所示。若柱计算高度 $H_0 = 6.4$m。组合砖砌体的构造措施满足规范要求。试问,该柱截面的轴心受压承载力设计值(kN),与下列何项数值最为接近?

提示:不考虑砌体强度调整系数 γ_a 的影响。

A. 1700   B. 1400

C. 1000   D. 900

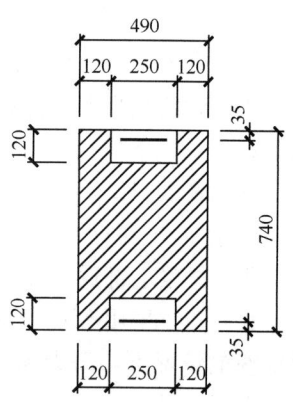

图 16-1-18   题 37 图

38. 假定,柱采用配筋灌孔混凝土砌块砌体,钢筋采用 HPB300,砌体的抗压强度设计值 $f_g = 4.0$ MPa,截面如图 16-1-19 所示,柱计算高度 $H_0 = 6.4$m,配筋砌块砌体的构造措施满足规范要求。试问,该柱截面的轴心受压承载力设计值(kN),与下列何项数值最为接近?

提示:不考虑砌体强度调整系数 γ_a 的影响。

A. 700   B. 800

C. 900   D. 1000

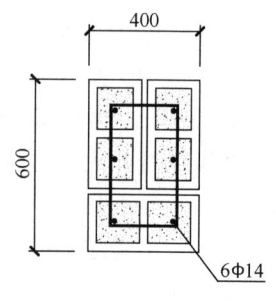

图 16-1-19   题 38 图

题 39～40

一正方形截面木柱，木柱截面尺寸为 200mm×200mm，选用东北落叶松 TC17B 制作，正常环境下设计使用年限为 50 年。计算简图如图 16-1-20 所示。上、下支座节点处设有防止其侧向位移和侧倾的侧向支撑。

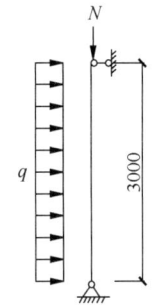

图 16-1-20　题 39～40 图

39. 假定，侧向荷载设计值 $q=1.2$kN/m。试问，当按强度验算时，其轴向压力设计值 N（kN）的最大值，与下列何项数值最为接近？

提示：（1）不考虑构件自重；

（2）构件初始偏心距 $e_0=0$。

A. 400　　　　　　　　B. 500

C. 600　　　　　　　　D. 700

40. 假定，侧向荷载设计值 $q=0$。试问，当按稳定验算时，其轴向压力设计值 N（kN）的最大值，与下列何项数值最为接近？

提示：不考虑构件自重。

A. 450　　　　　　B. 550　　　　　　C. 650　　　　　　D. 750

题 41～45

某地下水池采用钢筋混凝土结构，平面尺寸 6m×12m，基坑支护采用直径 600mm 钻孔灌注桩结合一道钢筋混凝土内支撑联合挡土，地下结构平面、剖面及土层分布如图 16-1-21 所示，土的饱和重度按天然重度采用。

提示：不考虑主动土压力增大系数。

41. 假定，坑外地下水位稳定在地面以下 1.5m，粉质黏土处于正常固结状态，勘察报告提供的粉质黏土抗剪强度指标见表 16-1-3，地面超载 q 为 20kPa。试问，基坑施工以较快的速度开挖至水池底部标高后，作用于围护桩底端的主动土压力强度（kPa），与下列何项数值最为接近？

粉质黏土的抗剪强度指标　　　　　　　　　　　　　　　　表 16-1-3

抗剪强度指标	三轴不固结不排水试验		土的有效自重应力下预固结的三轴不固结不排水试验		三轴固结不排水试验	
	c（kPa）	φ（°）	c（kPa）	φ（°）	c（kPa）	φ（°）
粉质黏土	22	5	10	15	5	20

提示：（1）主动土压力按朗肯土压力理论计算，$p_a=(q+\sum \gamma_i h_i)k_a-2c\sqrt{k_a}$，水土合算；

（2）按《建筑地基基础设计规范》GB 50007—2011 作答。

A. 80　　　　　　B. 100　　　　　　C. 120　　　　　　D. 140

42. 假定，坑底以下淤泥质黏土的回弹模量为 10MPa。试问，根据《建筑地基基础设计规范》GB 50007—2011，基坑开挖至底部后，坑底中心部位由淤泥质黏土层回弹产生的变形量 s_c（mm），与下述何项数值最为接近？

提示：（1）坑底以下的淤泥质黏土层按一层计算，计算时不考虑工程桩及周边围护桩的有利作用；

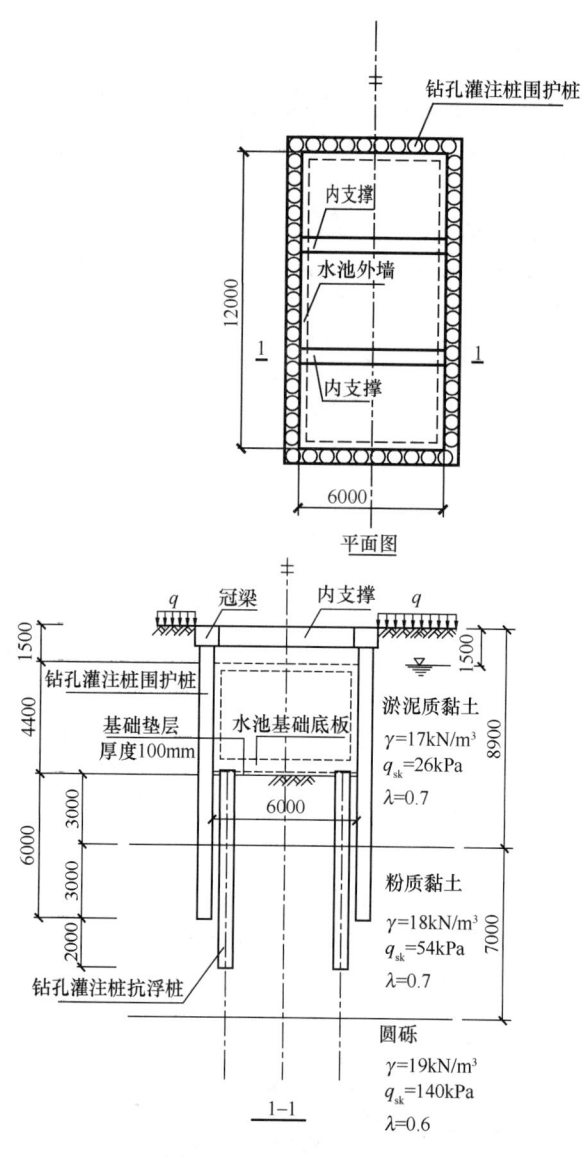

图 16-1-21   题 41～45 图

（2）回弹量计算的经验系数 ψ_c 取 1.0。

A. 8   B. 16   C. 25   D. 40

43. 假定，地下结构顶板施工完成后，降水工作停止，水池自重 G_k 为 1600kN，设计拟采用直径 600mm 钻孔灌注桩作为抗浮桩，各层地基土的承载力参数及抗拔系数 λ 见图 16-1-22。试问，为满足地下结构抗浮，按群桩呈非整体破坏考虑，需要布置的抗拔桩最少数量（根），与下列何项数值最为接近？

提示：（1）桩的重度取 25kN/m³；

（2）不考虑围护桩的作用。

A. 4   B. 5   C. 7   D. 10

44. 假定，在作用效应标准组合下，作用于单根围护桩的最大弯矩为 260kN·m，作用于内支撑的最大轴力为 2500kN。试问，分别采用简化规则对围护桩和内支撑构件进行强度验算时，围护桩的弯矩设计值（kN·m）和内支撑构件的轴力设计值（kN），分别取下列何项数值最为合理？

提示：根据《建筑地基基础设计规范》GB 50007—2011 作答。

A. 260，2500　　　　B. 260，3125　　　　C. 350，3375　　　　D. 325，3375

45. 假定，粉质黏土为不透水层，圆砾层赋存承压水，承压水水头在地面以下 4m。试问，基坑开挖至基底后，基坑底抗承压水渗流稳定安全系数，与下列何项数值最为接近？

A. 0.9　　　　　　B. 1.1　　　　　　C. 1.3　　　　　　D. 1.5

题 46～48

某多层办公楼拟建造于大面积填土地基上，采用钢筋混凝土筏形基础；填土厚度 7.2m，采用强夯地基处理措施。建筑基础、土层分布及地下水位等如图 16-1-22 所示。该工程抗震设防烈度为 7 度，设计基本地震加速度为 0.15g，设计地震分组为第三组。

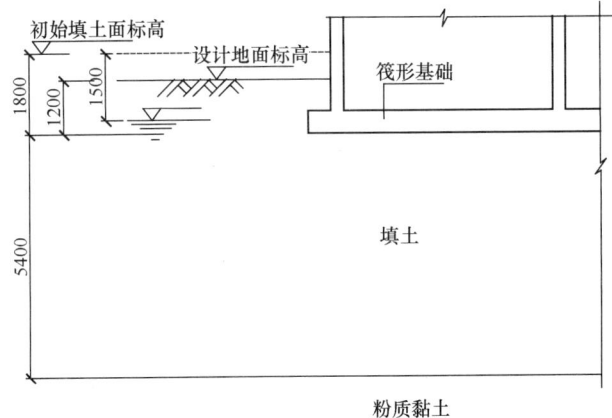

图 16-1-22　题 46～48 图

46. 设计要求对填土整个深度范围内进行有效加固处理，强夯前勘察查明填土的物理指标见表 16-1-4。

填土的物理指标　　　　　　　　　　　　　　　　表 16-1-4

含水量	土的重度	孔隙比	塑性指数	水平渗透	不同粒径的含量（%）					
w_0 (%)	γ (kN/m³)	e_0 (%)	I_P (%)	K_h (cm/s)	>20 mm	20～0.5 mm	0.5～0.25 mm	0.25～ 0.075 mm	0.075～ 0.005 mm	<0.005 mm
27.0	19.04	0.765	7.5	5.40×10^{-4}	0.0	0.0	5.0	18.0	69.5	7.5

试问，按《建筑地基处理技术规范》JGJ 79—2012 预估的最小单击夯击能 E（kN·m），与下列何项数值最为接近？

A. 3000　　　　　B. 4000　　　　　C. 5000　　　　　D. 6000

47. 假定，填土为砂土，强夯前勘察查明地面以下 3.6m 处土体标准贯入锤击数为 5

击，砂土经初步判别认为需进一步进行液化判别。试问，根据《建筑地基处理技术规范》JGJ 79—2012，强夯处理范围每边超出基础外缘的最小处理宽度（m），与下列何项数值最为接近？

A. 2   B. 3   C. 4   D. 5

48. 假定，填土为粉土，本工程强夯处理后间隔一定时间进行地基承载力检验。试问，下列关于间隔时间（d）和平板静载荷试验压板面积（m²）的选项中，何项较为合理？

A. 10，1.0   B. 10，2.0   C. 20，1.0   D. 20，2.0

题 49～50

某框架结构柱下设置两桩承台，工程桩采用先张法预应力混凝土管桩，桩径 500mm；桩基施工完成后，由于建筑加层，柱竖向力增加，设计采用锚杆静压桩基础加固方案。基础横剖面、场地土分层情况如图 16-1-23 所示。

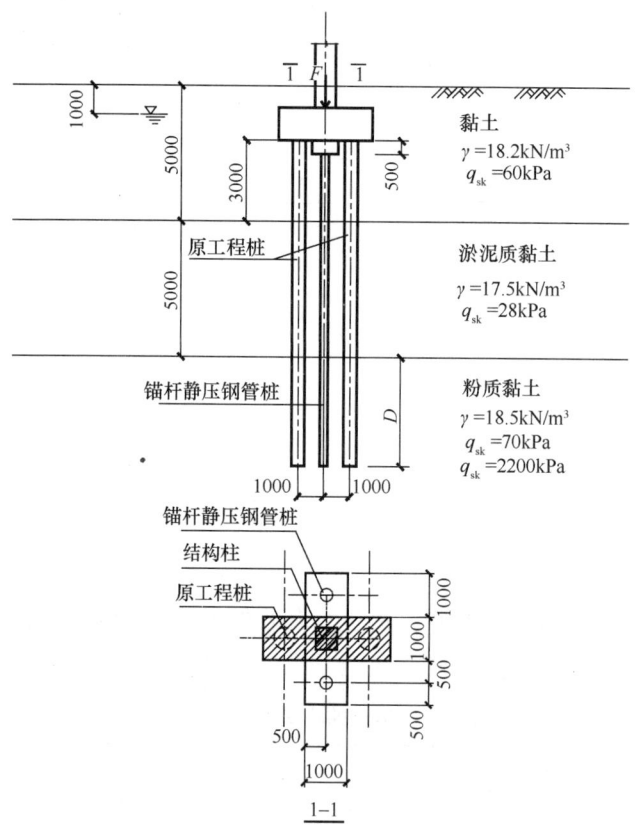

图 16-1-23   题 49～50 图

49. 假定，锚杆静压桩采用敞口钢管桩，桩直径 250mm，桩端进入粉质黏土层 $D=4\text{m}$。试问，根据《建筑桩基技术规范》JGJ 94—2008，根据土的物理指标与承载力参数之间的经验关系，确定的钢管桩单桩竖向极限承载力标准值（kN），与下列何项数值最为接近？

A. 420   B. 480   C. 540   D. 600

50. 上部结构施工过程中，该加固部位的结构自重荷载变化如表 16-1-5 所示。假定，锚杆静压钢管桩单桩承载力特征值为 300kN，压桩力系数取 2.0，最大压桩力即为设计最终压桩力。试问，为满足两根锚杆静压桩的同时正常施工和结构安全，上部结构需完成施工的最小层数，与下列何项数值最为接近？

上部结构施工完成的层数	1	2	3	4	5	6
加固部位结构自重荷载（kN）	500	800	1050	1300	1550	1700

加固部位的结构自重荷载变化 　　　表 16-1-5

提示：（1）本题按《既有建筑地基基础加固技术规范》JGJ 123—2012 作答；

（2）不考虑工程桩的抗拔作用。

A. 3　　　　　　　B. 4　　　　　　　C. 5　　　　　　　D. 6

题 51～53

某框架结构柱基础，作用标准组合下，由上部结构传至该柱基竖向力 $F=6000kN$，由风荷载控制的力矩 $M_x=M_y=1000kN \cdot m$。柱基础独立承台下采用 400mm×400mm 钢筋混凝土预制桩，桩的平面布置及承台尺寸如图 16-1-24 所示。承台底面埋深 3.0m，柱截面尺寸为 700mm×700mm，居承台中心位置。承台采用 C40 混凝土，$a_s=65mm$。承台及承台以上土的加权平均重度取 $20kN/m^3$。

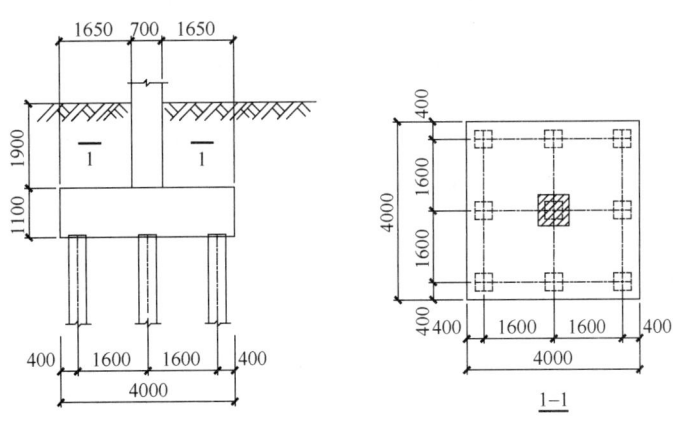

图 16-1-24　题 51～53 图

51. 试问，满足承载力要求的单桩承载力特征值最小值（kN），与下列何项数值最为接近？

A. 700　　　　　　B. 770　　　　　　C. 820　　　　　　D. 1000

52. 假定，荷载效应基本组合由永久荷载控制，试问，柱对承台的冲切力设计值（kN），与下列何项数值最为接近？

A. 5300　　　　　　B. 7200　　　　　　C. 8300　　　　　　D. 9500

53. 验算角桩对承台的冲切时，试问，承台的抗冲切承载力设计值（kN），与下列何项数值最为接近？

A. 800　　　　　　B. 1000　　　　　　C. 1500　　　　　　D. 1800

题 54～55

某高层框架-核心筒结构办公用房，地上 22 层，大屋面高度 96.8m，结构平面尺寸见

图 16-1-25。拟采用端承型桩基础，采用直径 800mm 混凝土灌注桩，桩端进入中风化片麻岩（$f_{rk}=10MPa$）。

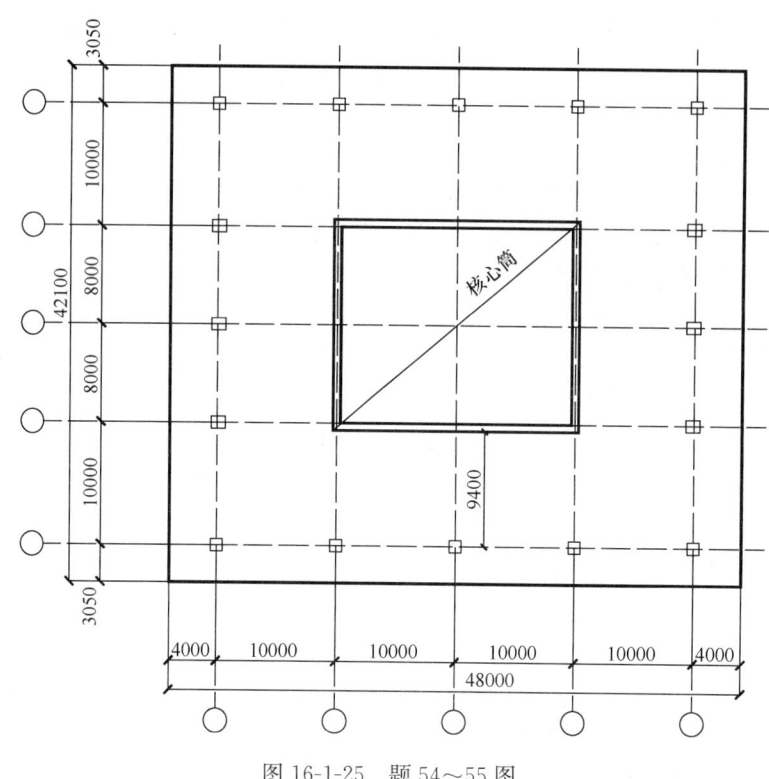

图 16-1-25   题 54～55 图

54. 相邻建筑勘察资料表明，该地区地基土层分布较均匀平坦。试问，根据《建筑桩基技术规范》JGJ 94—2008，详细勘察时勘探孔（个）及控制性勘探孔（个）的最少数量，下列何项最为合理？

A. 9，3   B. 6，3   C. 12，4   D. 4，2

55. 试问，下列选项中的成桩施工方法，何项不适宜用于本工程？

A. 正循环钻成孔灌注桩   B. 反循环钻成孔灌注桩
C. 潜水钻成孔灌注桩   D. 旋挖成孔灌注桩

题 56   某建筑物地基基础设计等级为乙级，采用两桩和三桩承台基础，桩长约 30m，三根试桩的竖向抗压静载试验结果如图 16-1-26 所示，试桩 3 加载至 4000kN，24h 后变形尚未稳定。试问，桩的竖向抗压承载力特征值（kN），取下列何项数值最为合理？

A. 1750   B. 2000   C. 3500   D. 8000

题 57   假定，某 6 层新建钢筋混凝土框架结构，房屋高度 36m，建成后拟由重载仓库（丙类）改变用途作为人流密集的大型商场，商场营业面积 10000m²，抗震设防烈度为 7 度，设计基本地震加速度为 0.10g，结构设计针对建筑功能的变化及抗震设计的要求提出了以下主体结构加固改造方案：

Ⅰ. 按《抗规》性能 3 的要求进行抗震性能化设计，维持框架结构体系，框架构件承载力按 8 度抗震要求复核，对不满足的构件进行加固补强以提高承载力。

Ⅱ. 在楼梯间等位置增设剪力墙，形成框架-剪力墙结构体系，框架部分不加固，剪力墙承担倾覆弯矩为结构总地震倾覆弯矩的 40%。

Ⅲ. 在结构中增加消能部件，提高结构抗震性能，使消能减震结构的地震影响系数为原结构地震影响系数的 40%，同时对不满足的构件进行加固。

试问，针对以上结构方案的可行性，下列何项判断正确？

A. Ⅰ、Ⅱ可行，Ⅲ不可行　　　　B. Ⅰ、Ⅲ可行，Ⅱ不可行

C. Ⅱ、Ⅲ可行，Ⅰ不可行　　　　D. Ⅰ、Ⅱ、Ⅲ均可行

题 58 下列四项观点：

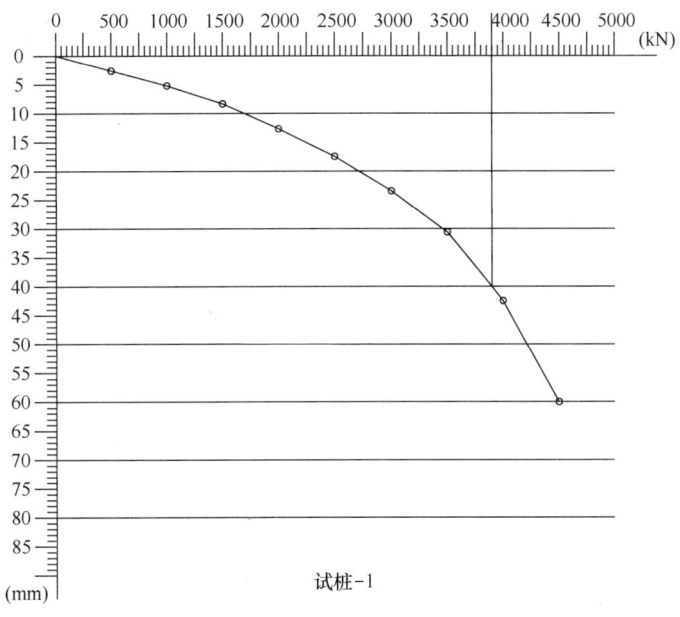

试桩-1

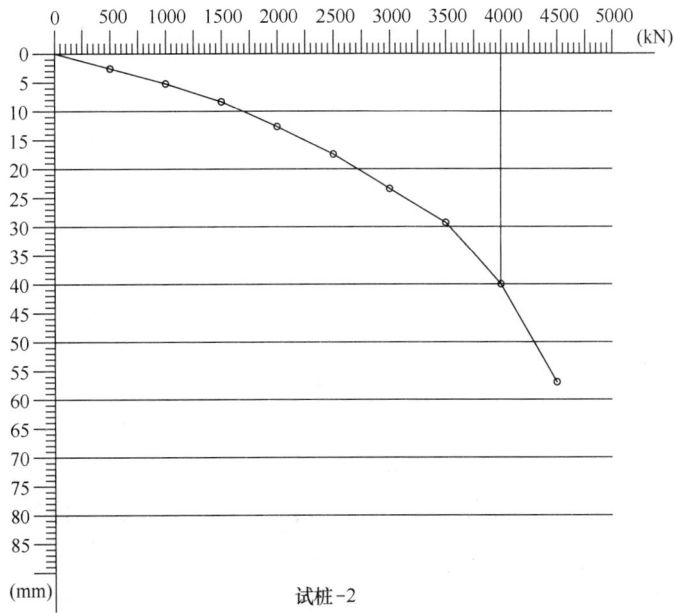

试桩-2

图 16-1-26　题 56 图（一）

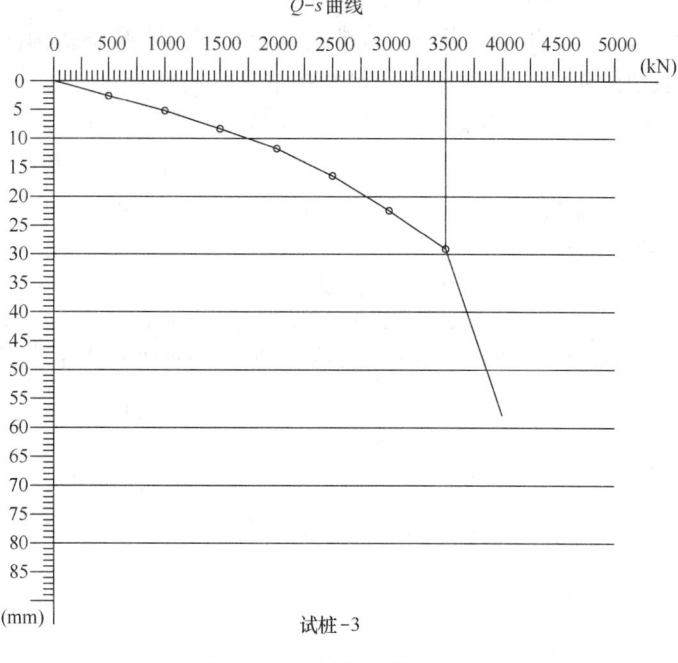

图 16-1-26　题 56 图（二）

Ⅰ. 有端柱型钢混凝土剪力墙，其截面刚度可按端柱中混凝土截面面积加上型钢按弹性模量比折算的等效混凝土面积计算其抗弯刚度和轴向刚度；墙的抗剪刚度可不计入型钢影响。

Ⅱ. 型钢混凝土框架-钢筋混凝土剪力墙结构，当楼盖梁采用型钢混凝土梁时，结构在多遇地震作用下的结构阻尼比可取为 0.05。

Ⅲ. 不考虑地震作用组合的型钢混凝土柱可采用埋入式柱脚，也可采用非埋入式柱脚。

Ⅳ. 结构局部部位为钢板混凝土剪力墙的竖向规则剪力墙结构在 7 度区的最大适用高度为 120m。

试问，依据《组合结构设计规范》JGJ 138—2016，针对上述观点准确性的判断，下列何项正确？

A. Ⅰ、Ⅳ准确　　　　　　　　　　B. Ⅱ、Ⅲ准确

C. Ⅰ、Ⅱ准确　　　　　　　　　　D. Ⅲ、Ⅳ准确

题 59～62

某 31 层普通办公楼，采用现浇钢筋混凝土框架-核心筒结构，标准层平面如图 16-1-27 所示，首层层高 6m，其余各层层高 3.8m，结构高度 120m。基本风压 $w_0 = 0.80 \text{kN/m}^2$，地面粗糙度为 C 类。抗震设防烈度为 8 度（0.20g），标准设防类建筑，设计地震分组第一组，建筑场地类别为 Ⅱ 类，安全等级二级。

59. 围护结构为玻璃幕墙，试问，当风向沿 X 轴，计算办公区室外幕墙骨架结构承载力时，100m 高度 A 点处的风荷载标准值 w_k（kN/m^2），与下列何项数值最为接近？

提示：（1）幕墙骨架结构非直接承受风荷载，从属面积为 25m^2；（2）按《建筑结构荷载规范》GB 50009—2012 及《工程结构通用规范》GB 55001—2021 作答。

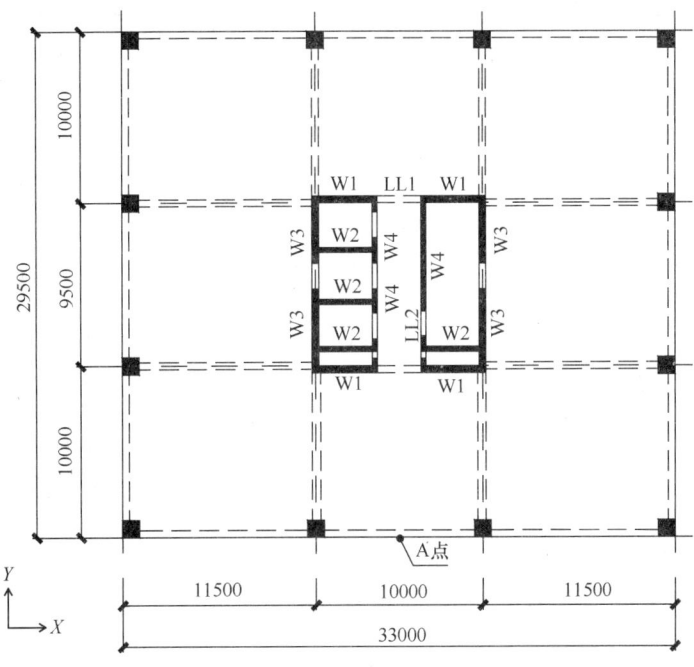

图 16-1-27 题 59～62 图

A．1.5   B．2.0   C．2.5   D．3.0

60．在初步设计阶段，发现需要采取措施才能满足规范对 Y 向层间位移角、层受剪承载力的要求。假定，增加墙厚后均能满足上述要求，如果 W1、W2、W3、W4 分别增加相同的厚度，不考虑钢筋变化的影响。试问，下列四组增加墙厚的组合方案，哪一组分别对减小层间位移角、增大层受剪承载力更有效？

A．W2，W1   B．W3，W4

C．W1，W4   D．W1，W3

61．假定，结构按连梁刚度不折减计算时，某层连梁 LL1 在 8 度（0.20g）水平地震作用下梁端负弯矩标准值 $M_{Ehk} = -660 \mathrm{kN \cdot m}$，在 7 度（0.10g）水平地震作用下梁端负弯矩标准值 $M_{Ehk} = -330 \mathrm{kN \cdot m}$，风荷载作用下梁端负弯矩标准值 $M_{wk} = -400 \mathrm{kN \cdot m}$。试问，对弹性计算的连梁弯矩 M 进行调幅后，连梁的弯矩设计值 M'（kN·m），不应小于下列何项数值？

提示：忽略重力荷载及竖向地震作用产生的梁端弯矩。

A．−490   B．−560   C．−600   D．−770

62．假定，某层连梁 LL1 截面 350mm×750mm，混凝土强度等级 C45，钢筋为 HRB400，对称配筋，$a_s = a'_s = 60 \mathrm{mm}$，净跨 $l_n = 3000 \mathrm{mm}$。试问，下列连梁 LL1 的纵向受力钢筋及箍筋配置，何项满足规范构造要求且最经济？

A．6 Φ 22；Φ 10@150 （4）   B．6 Φ 25；Φ 10@100 （4）

C．6 Φ 22；Φ 12@150 （4）   D．6 Φ 25；Φ 12@100 （4）

题 63～64

某 11 层住宅，采用现浇钢筋混凝土异形柱框架-剪力墙结构，房屋高度 33m，剖面如

图 16-1-28 所示，抗震设防烈度 7 度 (0.10g)，场地类别Ⅱ类，异形柱混凝土强度等级 C35，纵筋、箍筋采用 HRB400。框架梁截面均为 200mm×500mm。框架部分承受的地震倾覆力矩为结构总地震倾覆力矩的 20%。

63. 假定，异形柱 KZ1 在二层的柱底轴向压力设计值 $N=2700$kN，KZ1 采用面积相同的 L 形、T 形、十字形截面均不影响建筑使用要求（各截面尺寸如图 16-1-29 所示），异形柱肢端设置暗柱，剪跨比均不大于 2。试问，下列何项截面可满足二层 KZ1 的轴压比要求？

A. 各截面均满足要求

B. T 形及十字形截面满足要求，L 形截面不满足要求

C. 仅十字形截面满足要求

D. 各截面均不满足要求

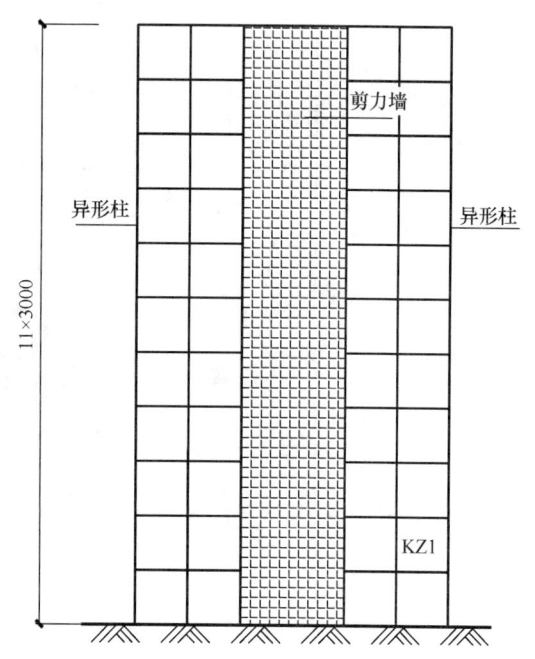

图 16-1-28   题 63~64 图

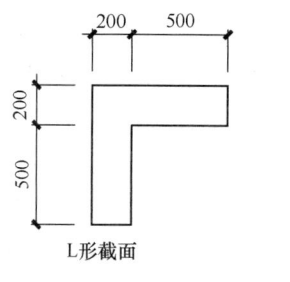

L形截面

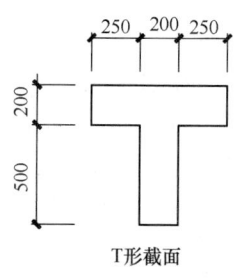

T形截面

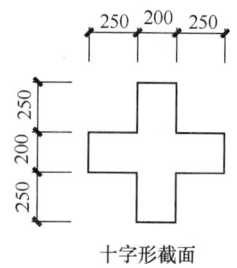

十字形截面

图 16-1-29   题 63 图

64. 异形柱 KZ2 截面如图 16-1-30 所示，截面面积 2.2×10^5mm²，该柱三层轴压比为 0.4，箍筋为 Φ 10@100。假定，Y 方向该柱的剪跨比 λ 为 2.2，$h_{c0}=565$mm。试问，该柱 Y 方向斜截面有地震作用组合的受剪承载力（kN），与下列何项数值最为接近？

A. 430   B. 455

C. 510   D. 555

题 65~67

某 40m 高层钢框架结构办公楼（无库房），剖面如图 16-1-31 所示，各层层高 4m，钢框架梁采用 H500×250×12×16（全塑性截面模量 $W_p=2.6\times10^6$mm³，$A=13808$mm²），钢材采用 Q345，抗震设防烈度为 7 度 (0.10g)，

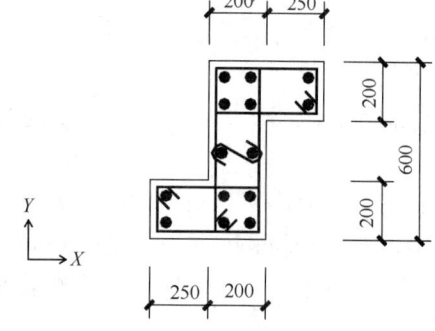

图 16-1-30   题 64 图

设计地震分组第一组，建筑场地类别为Ⅲ类，安全等级二级。

提示：按《高层民用建筑钢结构技术规程》JGJ 99—2015 作答。

65. 假定，结构质量、刚度沿高度基本均匀，相应于结构基本自振周期的水平地震影响系数值为 0.038，各层楼（屋）盖处永久荷载标准值为 5300kN，等效活荷载标准值为 800kN（上人屋面兼作其他用途），顶层重力荷载代表值为 5700kN。试问，多遇地震标准值作用下，满足结构整体稳定要求且按弹性方法计算的首层最大层间位移（mm），与下列何项数值最为接近？

A. 12   B. 18
C. 20   D. 24

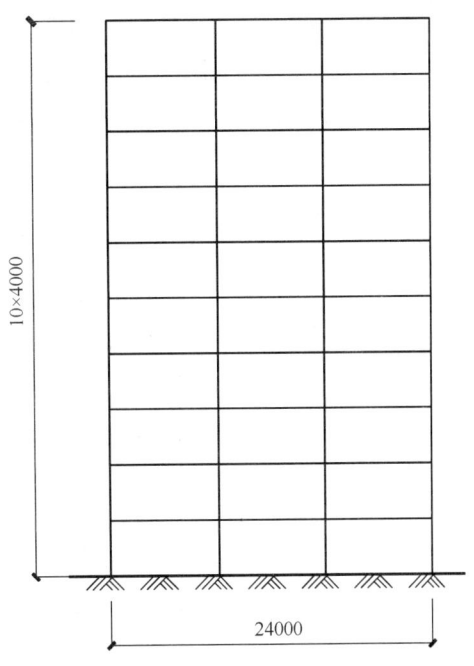

图 16-1-31　题 65～67 图

66. 假定，某层框架柱采用工字形截面柱，翼缘中心间距离为 580mm，腹板净高 540mm。试问，中柱在节点域不采用其他加强方式时，满足规程要求的腹板最小厚度 t_w（mm），与下列何项数值最为接近？

提示：（1）腹板满足宽厚比限值要求；

（2）节点域的抗剪承载力满足弹性设计要求。

A. 14   B. 18   C. 20   D. 22

67. 为改善结构抗震性能，在框架结构中布置偏心支撑，偏心支撑布置如图 16-1-32 所示。假定，消能梁段轴力设计值 $N = 100$kN，剪力设计值 $V = 450$kN。试问，消能梁段净长 a 的最大值（m），与下列何项数值最为接近？

提示：消能梁段塑性净截面模量 $W_{np} = W_p$。

A. 0.8   B. 1.1
C. 1.3   D. 1.5

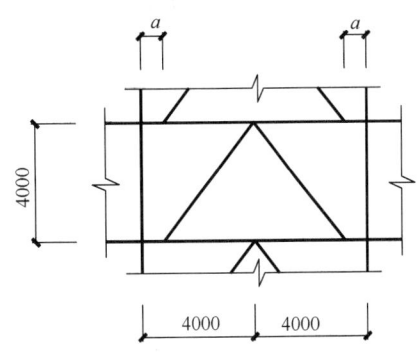

图 16-1-32　题 67 图

题 68～70

某 25 层部分框支剪力墙结构住宅，剖面如图 16-1-33 所示，首层及二层层高 5.5m，其余各层层高 3m，房屋高度 80m。抗震设防烈度为 8 度（0.20g），设计地震分组第一组，建筑场地类别为Ⅱ类，标准设防类建筑，安全等级为二级。

68. 假定，首层一字形独立墙肢 W1 考虑地震组合且未按有关规定调整的一组不利内力计算值 $M_w = 15000$kN·m，$V_w = 2300$kN，剪力墙截面有效高度 $h_{w0} = 4200$mm，混凝土强度等级 C35。试问，满足规范剪力墙截面名义剪应力限值的最小墙肢厚度 b（mm），与下列何项数值最为接近？

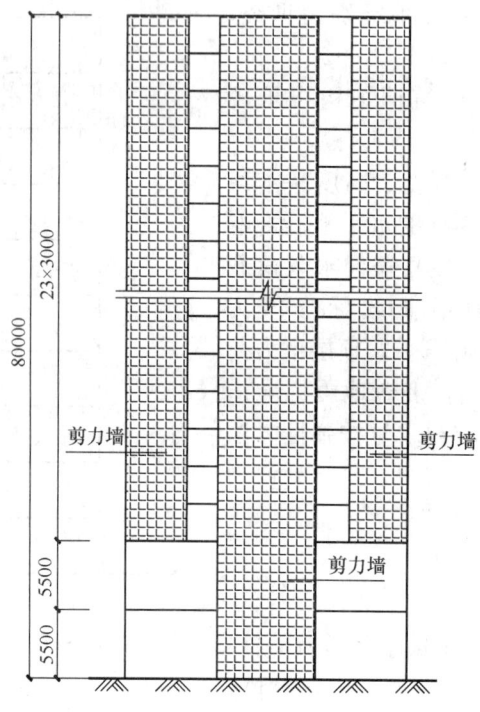

图 16-1-33 题 68～70 图

提示：按《高层建筑混凝土结构技术规程》JGJ 3—2010 作答。

    A. 250   B. 300   C. 350   D. 400

    69. 假定，5 层墙肢 W2 如图 16-1-34 所示，混凝土强度等级 C35，钢筋采用 HRB400，墙肢轴压比为 0.42，试问，墙肢左端边缘构件（BZ1）阴影部分纵向钢筋配置，下列何项满足相关规范的构造要求且最经济？

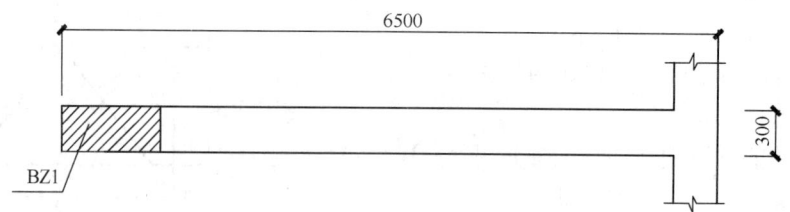

图 16-1-34 题 69 图

    A. 10 Φ 14   B. 10 Φ 16   C. 10 Φ 18   D. 10 Φ 20

    70. 假定，2 层某框支中柱 KZZ1 在 Y 向地震作用下剪力标准值 $V_{Ek}=620$kN，Y 向风作用下剪力标准值 $V_{wk}=150$kN，按规范调整后的柱上下端顺时针方向截面组合的弯矩设计值 $M_c^t=1070$kN·m，$M_c^b=1200$kN·m，框支梁截面均为 800mm×2000mm。试问，该框支柱 Y 向剪力设计值（kN），与下列何项数值最为接近？

    A. 800   B. 850   C. 910   D. 1250

题 71～72

    某现浇钢筋混凝土双塔连体结构，塔楼为办公楼，A 塔和 B 塔地上 31 层，房屋高度

130m，21～23 层连体，连体与主体结构采用刚性连接，地下 2 层，如图 16-1-35 所示。抗震设防烈度为 6 度，设计地震分组第一组，建筑场地类别为Ⅱ类，安全等级为二级。塔楼均为框架-核心筒结构，分析表明地下一层顶板（±0.000 处）可作为上部结构嵌固部位。

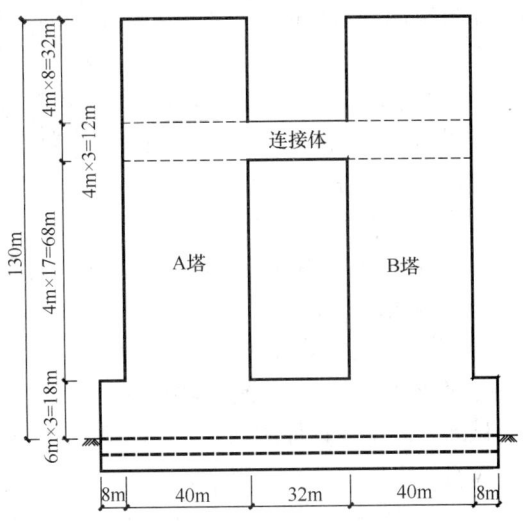

71. 假定，A 塔经常使用人数为 3700 人，B 塔（含连体）经常使用人数为 3900 人，A 塔楼周边框架柱 KZ1 与连接体相连。试问，KZ1 第 23 层的抗震等级为下列何项？

    A. 一级   B. 二级

    C. 三级   D. 四级

图 16-1-35 题 71～72 图

72. 假定，某层 KZ2 为钢管混凝土柱，考虑地震组合的轴力设计值 $N=34000$kN，混凝土强度等级 C60（$f_c=27.5$N/mm^2），钢管直径 $D=950$mm，采用 Q345B（$f_y=345$N/mm^2，$f_a=310$N/mm^2）钢材。试问，钢管壁厚 t（mm）为下列何项数值时，才能满足钢管混凝土柱承载力及构造要求且最经济？

提示：（1）钢管混凝土柱承载力折减系数 $\varphi_l=1$，$\varphi_e=0.83$，$\varphi_l\varphi_e<\varphi_0$；

（2）按《高层建筑混凝土结构技术规程》JGJ 3—2010 作答。

    A. 8   B. 10   C. 12   D. 14

题 73　城市中某主干路上的一座桥梁，设计车速 60km/h，一侧设置人行道，另一侧设置防撞护栏，采用 3×40m 连续箱梁桥结构形式。桥址处地震基本烈度 8 度。该桥拟按照如下原则进行设计：

① 桥梁结构的设计基准期 100 年。

② 桥梁结构的设计使用年限 50 年。

③ 汽车荷载等级城-A 级。

④ 人行道板的人群荷载按 5kPa 取值。

⑤ 地震动峰值加速度 0.15g。

⑥ 污水管线在人行道内随桥敷设。

试问，以上设计原则何项不符合现行规范或标准？

    A. ①②④⑥   B. ②③④⑥   C. ②④⑤⑥   D. ②③④⑤

题 74　高速公路上某一跨 20m 简支箱梁，计算跨径 19.4m，汽车荷载按单向双车道设计。试问，该简支梁支点处汽车荷载产生的剪力标准值（kN），与下列何项数值最为接近？

    A. 930   B. 920   C. 465   D. 460

题 75　某公路立交桥中的一单车道匝道弯桥，设计行车速度为 40km/h，平曲线半径为 65m。为计算桥梁下部结构和桥梁总体稳定的需要，需要计算汽车荷载引起的离心力。假定，该匝道桥车辆荷载标准值为 550 kN，汽车荷载冲击系数为 0.15。试问，该匝道桥的汽车荷载离心力标准值（kN），与下列何项数值最为接近？

A. 108　　　　　　　B. 118　　　　　　　C. 128　　　　　　　D. 148

题 76　某滨海地区的一级公路上需要修建一座跨越海水滩涂的桥梁。桥梁宽度 38m，桥跨布置为 48m+80m+48m 的预应力混凝土连续箱梁，主梁采用三向预应力设计，纵桥向、横桥向用预应力钢绞线。下部结构墩柱为钢筋混凝土构件。

拟按下列原则进行设计：

① 竖向腹板采用预应力钢筋，沿纵桥向布置间距为 1000mm。

② 主梁采用装配式。

③ 桥梁墩柱的最大裂缝宽度不大于 0.2mm。

④ 桥梁墩柱混凝土强度等级采用 C30。

试问，以上设计原则何项不符合现行规范或标准？

A. ①②　　　　　　　B. ②③④　　　　　　C. ①③④　　　　　　D. ②③

题 77　某一级公路上的一座预应力混凝土梁桥，其结构安全等级为一级。经计算知：该梁的跨中截面弯矩标准值为：梁自重弯矩 2500 kN·m；汽车作用弯矩（含冲击力）1800 kN·m；人群作用弯矩 200 kN·m。试问，该梁跨中作用效应基本组合的弯矩设计值（kN·m），与下列何项数值最为接近？

A. 6400　　　　　　　B. 6300　　　　　　　C. 5800　　　　　　　D. 5700

题 78　某桥梁中一个支座压力标准值（由结构自重标准值和汽车荷载标准值（计入冲击系数）引起的支座反力）为 2000kN，选用矩形板式橡胶支座，矩形支座加劲钢板长短边尺寸选用 500mm×400mm。

试问，矩形板式橡胶支座中间单层橡胶层厚度（mm）为下列何项时，才能满足规范的要求？

提示：（1）矩形橡胶支座形状系数 $S = \dfrac{l_{0a}l_{0b}}{2t_{es}(l_{0a}+l_{0b})}$，$l_{0a}$、$l_{0b}$ 分别为矩形支座加劲钢板的短边和长边尺寸；t_{es} 为支座中间单层橡胶层厚度；

（2）应满足 $5 \leqslant S \leqslant 12$。

A. 11　　　　　　　B. 8　　　　　　　C. 6　　　　　　　D. 5

题 79　某矩形钢筋混凝土梁，截面宽度 1600mm，高度 1800mm。配置 HRB400 纵向受拉钢筋 16 ⌀ 28，按间距 100mm 单层布置，受拉钢筋重心距离梁底为 60mm。经计算，该构件的跨中截面弯矩标准值为：自重引起的弯矩 1500kN·m；汽车作用引起的弯矩（不含冲击力）1000kN·m。

试问，该构件的跨中截面最大裂缝宽度（mm），与下列何项数值最为接近？

A. 0.05　　　　　　　B. 0.08　　　　　　　C. 0.12　　　　　　　D. 0.14

题 80　某高速公路上一座 50m+80m+50m 预应力混凝土连续梁桥，其所处地区场地土类别为Ⅲ类，地震基本烈度为 7 度，设计基本地震动峰值加速度 0.10g。结构的阻尼比 $\xi=0.05$。当计算该桥梁 E1 地震作用时，试问，该桥梁抗震设计中水平向设计加速度反应谱最大值 S_{max}，与下列何项数值最为接近？

A. 0.156g　　　　　　B. 0.126g　　　　　　C. 0.135g　　　　　　D. 0.141g

16.2　2018 年试题解答

2018 年试题答案

题号	1	2	3	4	5	6	7	8	9	10
答案	B	D	C	D	D	C	A	A	D	D
题号	11	12	13	14	15	16	17	18	19	20
答案	A	C	D	A	C	C	A	C	B	D
题号	21	22	23	24	25	26	27	28	29	30
答案	A	B	D	A	C	C	C	A	B	C
题号	31	32	33	34	35	36	37	38	39	40
答案	B	C	B	B	D	D	B	C	C	A
题号	41	42	43	44	45	46	47	48	49	50
答案	C	B	C	D	D	C	D	D	C	B
题号	51	52	53	54	55	56	57	58	59	60
答案	C	B	D	A	C	A	B	A	B	D
题号	61	62	63	64	65	66	67	68	69	70
答案	C	B	C	A	B	B	B	B	B	C
题号	71	72	73	74	75	76	77	78	79	80
答案	B	C	C	B	C	B	B	A	D	A

1. 答案：B

解答过程：依据《混凝土结构设计规范》GB 50010—2010 的 3.4.3 条，对于普通钢筋混凝土梁，计算挠度时采用荷载准永久组合。

$$q_q = 7 \times 2.5 + 0.5 \times 2.5 \times 2.5 = 20.6 \text{kN/m}$$

不考虑受压钢筋作用，$\rho' = 0$，依据 7.2.5 条，取 $\theta = 2$。依据表 3.4.3，挠度限值为 $l/400$。

$$\frac{5q_q l^4}{384B} = \frac{5 \times 20.6 \times (10.5 \times 10^3)^4}{384 \times B_s/2} \leqslant \frac{10.5 \times 10^3}{400}$$

解出 $B_s \geqslant 2.484 \times 10^{14} \text{N} \cdot \text{mm}^2$。

选择 B。

点评：今按照《工程结构通用规范》GB 55001—2021 对题目改动，修改后，楼面均布活荷载标准值 $q_{Qk} = 2.5 \text{kN/m}^2$，准永久值系数为 0.5。

2. 答案：D

解答过程：当 $x = \xi_b h_0$ 时，梁的受弯承载力最大。

$$M_{max} = \alpha_1 f_c bx \left(h_0 - \frac{x}{2} \right) + f'_y A'_s (h_0 - a'_s)$$

$$= 16.7 \times 300 \times 0.518 \times 570 \times (570 - 0.518 \times 570/2) + 360 \times 1473 \times (570 - 40)$$

$$= 905.8 \times 10^6 \text{N} \cdot \text{mm}$$

可承受的均布荷载设计值（线荷载）为

$$q = \frac{8M_{max}}{l^2} = \frac{8 \times 905.8}{10.5^2} = 65.73 \text{kN/m}$$

$$(1.3 \times 7 + 1.5 \times q_k) \times 2.5 = 65.73$$

解出 $q_k = 11.46 \text{kN/m}^2$，选择 D。

3. 答案：C

解答过程：依据《混凝土结构设计规范》GB 50010—2010 的 4.2.7 条条文说明，2 根钢筋相并，等效直径为 $d_e = 1.41 \times 28 = 39.5 \text{mm}$。

依据 11.6.7 条，要求

$$l \geqslant 0.4 l_{abE} = 0.4 \times 1.15 \times 0.14 \times 360/1.57 \times 39.5 = 583 \text{mm}$$

根据最小长度 l，选择 A 或者 C。

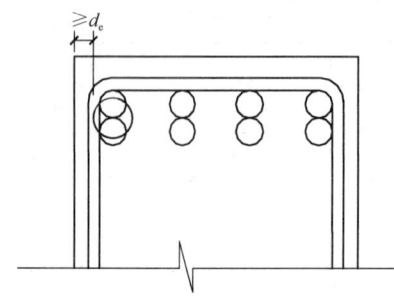

图 16-2-1　并筋的布置

依据 8.2.1 条对保护层厚度进行判断。

纵筋直径为 28mm，等效直径近似取为 40mm，依据 8.2.1 条第 1 款，要求的纵筋保护层厚度如图 16-2-1 所示。即，以钢筋重心为基准，其至截面边缘的距离不小于 $40 + 40/2 = 60 \text{mm}$。对于左侧面的箍筋保护层厚度而言，应不小于 $60 - 28/2 - 12 = 34 \text{mm}$。选择 C。

点评：对于本题，解答时需要注意：

（1）锚固长度，设计中要求 $l \geqslant 0.4 l_{abE}$ 且钢筋要伸至柱另一侧钢筋的内侧然后向下弯曲，本题要求确定锚固水平段最小长度，故仅计算了 $0.4 l_{abE}$。该解答过程与命题组一致。

（2）并筋时的保护层厚度如何确定，这里参考了中国有色工程有限公司编写的《混凝土结构构造手册》（第五版，中国建筑工业出版社，2016 年）。该书第 70 页指出，计算并筋的间距及混凝土保护层时均以并筋钢筋的重心作为等效直径的圆心，并给出了二并筋和三并筋的图示。需要指出的是，其给出的二并筋图示有疏漏，未正确标注。

4. 答案：D

解答过程：依据《建筑结构荷载规范》GB 50009—2012 的 7.1.2 条及其条文说明，轻质屋盖属于对雪荷载敏感，雪压应取 100 年重现期。查表 E.5，乌鲁木齐、100 年一遇，$s_0 = 1.0 \text{kN/m}^2$。

依据表 7.2.1 项次 8，可得

$$\mu_{r,m} = \frac{b_1 + b_2}{2h} = \frac{21.5 + 6}{2 \times 4} = 3.44$$

满足 $2.0 \leqslant \mu_{r,m} \leqslant 4.0$ 的要求。

$$s_{k,max} = \mu_{r,m} s_0 = 3.44 \times 1.0 = 3.44 \text{kN/m}^2$$

选择 D。

点评：对于本题，积雪分布系数的分布如图 16-2-2 所示。图中，对于低屋面，由于 $a = 2h = 2 \times 4 = 8\text{m}$，$b_2 = 6\text{m} < a = 8\text{m}$，故外边缘的 μ_r 需要根据线性变化求出，为 1.61。

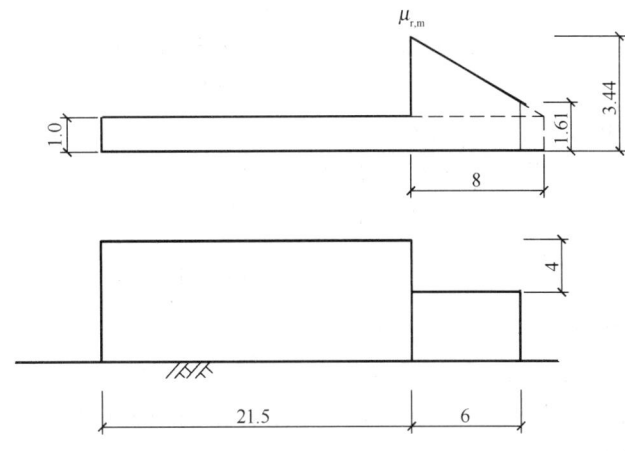

图 16-2-2　积雪分布系数（尺寸单位：m）

规范中 $4\text{m} < a < 8\text{m}$ 宜写成 $4\text{m} \leqslant a \leqslant 8\text{m}$，即，不小于 4m 不大于 8m。

此处之所以出现三角形分布的雪荷载是由于风引起的雪堆积，《门式刚架轻型房屋钢结构技术规范》中有类似的更具体的规定。

5. 答案：D

解答过程：（1）依据《建筑结构荷载规范》GB 50009—2012 的 8.2.1 条，临海建筑，地面粗糙度为 A 类。查表 8.2.1，高度 15m、A 类，$\mu_z = 1.42$，海岛修正系数为 1.0，最终取 $\mu_z = 1.42$。

（2）依据表 8.3.3 确定围护构件的局部体型系数 μ_{sl}（外表面）。
$$E = \min(2H, B) = \min(2 \times 20, 50) = 40\text{m}$$
$E/5 = 8\text{m} > 6\text{m}$，故 P 点在 S_a 范围内。于是，P 点处取 $\mu_{sl} = -1.4$。

（3）依据 8.3.5 条，建筑物内部局部体型系数取为 0.2，于是，内外体型系数之和为 1.6。

（4）阵风系数依据表 8.6.1 得到，高度 15m、A 类，$\beta_{gz} = 1.57$。

依据《工程结构通用规范》GB 55001—2021 的 4.6.5 条，对于围护结构，考虑风荷载脉动的放大系数不应小于 $1 + \dfrac{0.7}{\sqrt{\mu_z}} = 1 + \dfrac{0.7}{\sqrt{1.42}} = 1.59 > 1.57$。故取 $\beta_{gz} = 1.59$。

（5）依据表 8.1.1 条确定 w_k。
$$w_k = \beta_{gz}\mu_{sl}\mu_z w_0 = 1.59 \times 1.6 \times 1.42 \times 1.3 = 4.70\text{kN/m}^2$$

选择 D。

点评：对于封闭式房屋，内部局部体型系数可取 +0.2 或 -0.2，视外部表面风压情况而定，实际上是取"包络"。例如，外部局部体型系数为 +1.0，表示风压力指向墙面，这时，内部局部体型系数取为 -0.2，风压背离墙面，则由于力的方向一致，为绝对值相加，净风压系数为 1 - (-0.2) = 1.2；若取为 +0.2，净风压系数 1 - 0.2 = 0.8。两者比较，显然前者属于更不利情况，设计中应采用。

6. 答案：C

解答过程：（1）判断是否可按螺栓箍筋柱计算

依据《混凝土结构设计规范》GB 50010—2010 的 9.3.2 条第 6 款，考虑间接钢筋的作用时，箍筋间距不应大于 80mm 及 $d_{cor}/5$，且不宜小于 40mm。今

$$d_{cor} = 600 - 2 \times 8 - 2 \times 22 = 540\text{mm}$$

箍筋实际间距 70mm，满足各项要求。

按 6.2.16 条注释 2 判断是否计入间接钢筋影响。

$l_0/d = 7150/600 = 11.9 < 12$，满足条件。

$$A_{ss0} = \frac{\pi d_{cor} A_{ss1}}{s} = \frac{3.14 \times 540 \times 50.3}{70} = 1218\text{mm}^2 < 14 \times 380.1 \times 25\% = 1330\text{mm}^2$$

不满足条件，故只能按照普通箍筋柱计算。

（2）按普通箍筋柱确定轴心受压承载力

纵筋截面面积 $A'_s = 14 \times 380.1 = 5321$ mm²，柱的截面面积 $A = 3.14 \times 600^2/4 = 282600$mm²，配筋率为 $A'_s/A = 1.88\% < 3\%$。按 $l_0/d = 12$ 查表，得到 $\varphi = 0.92$。

$$0.9\varphi(f_c A + f'_y A'_s)$$
$$= 0.9 \times 0.92 \times (16.7 \times 282600 + 360 \times 5321)$$
$$= 5494 \times 10^3 \text{N}$$

选择 C。

7. 答案：A

解答过程：依据《混凝土结构工程施工质量验收规范》GB 50204—2015 的 5.5.3 条（注意不是表 5.5.3）的第一段，A 正确。选择 A。

点评：依据 3.0.8 条，属于同一工程项目的同期施工的多个单位工程，对同一厂家生产的同批材料、构配件、器具及半成品，可统一划分检验批进行验收，选项 B 缺少前提条件，有误。

依据 4.1.1 条，爬升式模板工程、工具式模板工程及高大模板支架工程的施工方案，应按有关规定进行技术论证，故 C 选项有误。

当后张有粘结预应力筋曲线孔道波峰和波谷的高差大于 300mm，且采用普通灌浆工艺时，应在孔道波峰设置排气孔，故 D 选项有误。

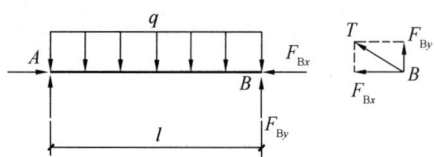

图 16-2-3 题 8 的计算简图

8. 答案：A

解答过程：如图 16-2-3 所示，取出 AB 杆为隔离体，杆端铰接点处只有沿 x 轴和 y 轴的反力。

对 A 点取矩，可得

$$F_{By} = \frac{ql^2/2}{l} = \frac{70 \times 5^2/2}{5} = 175\text{kN}$$

F_{Bx} 和 F_{By} 的合力，为沿 CB 杆的拉力。于是可求出

$$F_{Bx} = \frac{5}{2.8} F_{By} = \frac{5}{2.8} \times 175 = 312.5\text{kN}$$

F_{Bx} 对 AB 杆形成压力，同时，在 AB 杆跨间会产生弯矩。于是可知，AB 杆为压弯构

件，F_{By} 为 AB 杆的最大剪力。

依据《混凝土结构设计规范》GB 50010—2010 的 6.3.12 条按压弯构件确定箍筋配置。

$0.3f_cA = 0.3 \times 16.7 \times 300 \times 400 = 601.2 \times 10^3 \text{N} > N = 312.5 \text{kN}$，取 $N = 312.5 \text{kN}$ 计算。

$$\frac{A_{sv}}{s} = \frac{V - \dfrac{1.75}{\lambda+1}f_tbh_0 - 0.07N}{f_{yv}h_0}$$

$$= \frac{175 \times 10^3 - \dfrac{1.75}{1.5+1} \times 1.57 \times 300 \times 360 - 0.07 \times 312.5 \times 10^3}{360 \times 360}$$

$$= 0.2657 \text{mm}^2/\text{mm}$$

当双肢箍间距为 200mm 时，所需单肢截面面积为 $0.2657 \times 200/2 = 26.57 \text{ mm}^2$。

箍筋直径 6mm 可满足要求。选择 A。

点评：AB 杆为压弯构件，虽然其斜截面承载力验算公式与梁时类似，但是，其本质上是"柱"。对于柱内的箍筋，有构造要求（在规范 9.3.2 条）但没有最小配箍率要求。

9. 答案：D

解答过程：悬挑斜梁根部弯矩设计值为

$$(1.3 \times 80 + 1.5 \times 70) \times 3 = 627 \text{kN} \cdot \text{m}$$

悬挑斜梁所受轴拉力设计值为

$$(1.3 \times 80 + 1.5 \times 70)\cos 30° = 181 \text{kN}$$

按偏心受拉构件确定斜梁的纵向受力钢筋。

$$e_0 = \frac{M}{N} = \frac{627 \times 10^6}{181 \times 10^3} = 3464 \text{mm} > 0.5h - a_s，大偏心受拉$$

梁底实配纵筋为 $A'_s = 616 \text{ mm}^2$。

对受拉钢筋合力点取矩，建立平衡方程为

$$Ne = \alpha_1 f_c bx(h_0 - x/2) + f'_y A'_s(h_0 - a'_s)$$

式中，$e = e_0 - 0.5h + a_s = 3464 - 300 + 70 = 3234 \text{mm}$。

$$x = h_0 - \sqrt{h_0^2 - \frac{2[Ne - f'_y A'_s(h_0 - a'_s)]}{\alpha_1 f_c b}}$$

$$= 530 - \sqrt{530^2 - \frac{2[181 \times 10^3 \times 3234 - 360 \times 616 \times (530 - 40)]}{16.7 \times 400}}$$

$$= 158 \text{mm}$$

该值满足 $2a'_s \leqslant x \leqslant \xi_b h_0$。

$$A_s = \frac{N + \alpha_1 f_c bx + f'_y A'_s}{f_y}$$

$$= \frac{181 \times 10^3 + 16.7 \times 400 \times 158 + 360 \times 616}{360}$$

$$= 4051 \text{mm}^2$$

选择 D。

点评：（1）计算悬挑斜梁根部弯矩时，直接用"力乘以力臂"计算即可，很直接，没有必要将力分解。若执意分解后计算，则计算过程为：

竖向力设计值为

$$F = (1.3 \times 80 + 1.5 \times 70) = 209 \text{kN}$$

悬挑斜梁根部弯矩为

$$M = F \sin 30° \times \frac{3}{\cos 60°} = 3F = 627 \text{kN} \cdot \text{m}$$

（2）大偏心受拉时的配筋计算，与大偏心受压类似，只不过，前者所使用的弯矩不考虑对端部弯矩放大（$P\text{-}\delta$ 效应）。

10. 答案：D

解答过程：依据《混凝土结构设计规范》GB 50010—2010 的 7.1.4 条计算钢筋应力。

按准永久组合得到的弯矩为

$$M_\text{q} = (80 + 0.7 \times 70) \times 3 = 387 \text{kN} \cdot \text{m}$$

按准永久组合得到的轴向拉力为

$$N_\text{q} = (80 + 0.7 \times 70) \cos 30° = 111.72 \text{kN}$$

于是

$$e_0 = \frac{M_\text{q}}{N_\text{q}} = \frac{387 \times 10^6}{111.72 \times 10^3} = 3464 \text{mm}$$

$$e' = e_0 + 0.5h - a'_\text{s} = 3464 + 300 - 40 = 3724 \text{mm}$$

$$\sigma_\text{sq} = \frac{N_\text{q} e'}{A_\text{s}(h_0 - a'_\text{s})} = \frac{111.72 \times 10^3 \times 3724}{4926 \times (530 - 40)} = 172 \text{N/mm}^2$$

选择 D。

11. 答案：A

解答过程：该框架柱的实际体积配箍率为

$$\rho_\text{v} = \frac{(600 - 22 \times 2 - 12) \times 8 \times 113.1}{(600 - 22 \times 2 - 12 \times 2)^2 \times 100} = 1.739\%$$

依据《混凝土结构设计规范》GB 50010—2010 的 11.4.17 条，对应的 λ_v 为

$$\lambda_\text{v} = \rho_\text{v} \frac{f_\text{yv}}{f_\text{c}} = 0.01739 \times \frac{270}{27.5} = 0.17$$

查表 11.4.17，二级、复合箍，$\lambda_\text{v} = 0.17$ 对应于轴压比为 0.8。

依据表 11.4.16 确定轴压比限值。框架剪力墙、抗震等级二级，轴压比限值为 0.85。由于箍筋满足注释 4 要求，轴压比限值成为 $0.85 + 0.1 = 0.95$。

由于 $0.8 < 0.95$，因此，该柱轴压比上限只能达到 0.8。此时，可承受的最大压力设计值为

$$[N] = 0.8 \times 27.5 \times 600^2 = 7920 \times 10^3 \text{N}$$

选择 A。

点评：根据箍筋的特征（间距、肢距、直径等）得到的轴压比限值，可视为"粗算"，如果进一步考虑了箍筋强度、混凝土强度以及体积配箍率，查表得到可承受的轴压比，可视为"细算"（从计算过程上看，属于"反算"）。2016 年 64 题要求计算轴压比限值，原理与本题类似，但是，鉴于"轴压比限值"作为一个概念只属于粗算的范畴（即，规范表 11.4.17 中的轴压比并非"轴压比限值"概念），因此，并未按照这里"反算"。

12. 答案：C

解答过程：竖向力引起的支座反力设计值为 $1.3 \times 145 \times 6/2 = 565.5$kN。

左风引起的 D 支座处的压力设计值为 $1.5 \times 90 \times 8/6 = 180$kN。

右风引起的 D 支座处的拉力设计值为 $1.5 \times 90 \times 8/6 = 180$kN。

左风（右风）引起的 CD 杆的 C 点处的弯矩设计值为 $1.5 \times 90 \times 8 = 1080$kN·m。

今以压为正拉为负，则

重力荷载＋左风组合：$N = 565.5 + 180 = 745.5$kN，$M = 1080$kN·m。

重力荷载＋右风组合：$N = 565.5 - 180 = 385.5$kN，$M = 1080$kN·m。

偏心受压柱对称配筋时，若 $x = \dfrac{N}{\alpha_1 f_c b} \leqslant \xi_b h_0$ 为大偏心受压，弯矩相等时，轴力越小越不利。今

$$x = \frac{N}{\alpha_1 f_c b} = \frac{745.5 \times 10^3}{1.0 \times 16.7 \times 600} = 74\text{mm} < \xi_b h_0 = 0.518 \times (600 - 80) = 269\text{mm}$$

故 $N = 385.5$kN，$M = 1080$kN·m 为最不利组合。

选择 C。

点评：注意题目中左侧竖杆下端仅有竖向的约束，因此，在竖向均布荷载作用下引起的内力只有横梁的弯矩和竖杆的轴力，如图 16-2-4（a）所示。当两个竖杆的下端均有水平和竖向约束时，才会引起竖杆的弯矩，如图 16-2-4（b）所示。

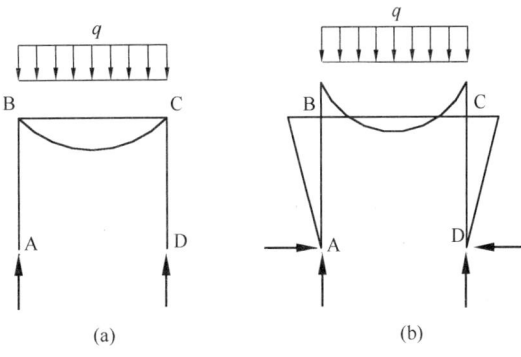

图 16-2-4 不同杆端约束条件下的内力

13. 答案：D

解答过程：假定为大偏心受压，确定混凝土受压区高度。

$$x = \frac{N}{\alpha_1 f_c b} = \frac{260 \times 10^3}{1.0 \times 16.7 \times 600} = 26\text{mm}$$

今 $x < \xi_b h_0$，的确为大偏心受压，但 $x < 2a'_s = 2 \times 80 = 160$mm，故应取 $x = 2a'_s$ 并对 A'_s 合力点取矩计算。

$$e_0 = \frac{M}{N} = \frac{800 \times 10^6}{260 \times 10^3} = 3077\text{mm}$$

$$e_i = e_0 + e_a = 3077 + 20 = 3097\text{mm}$$

$$e'_s = 3097 - 600/2 + 80 = 2877\text{mm}$$

所需纵向受力钢筋截面面积为

$$A_s = A'_s = \frac{Ne'_s}{f'_y(h_0 - a'_s)} = \frac{260 \times 10^3 \times 2877}{360 \times (520 - 80)} = 4722\text{mm}^2$$

此钢筋用量也满足最小配筋率的要求。故选择 D。

14. 答案：A

解答过程：根据题图，预埋件受力状态为：

受剪 $V = F\cos 20^\circ = 0.94F$；

受压 $N = F\sin 20^\circ = 0.342F$；

受弯 $M = F\cos 20° \times 500 + F\sin 20° \times 300 = 572.6F$。

此时，依据《混凝土结构设计规范》GB 50010—2010 的 9.7.2 条，应满足

$$A_s \geqslant \frac{V - 0.3N}{\alpha_r \alpha_v f_y} + \frac{M - 0.4Nz}{1.3\alpha_r \alpha_b f_y z} \tag{1}$$

$$A_s \geqslant \frac{M - 0.4Nz}{0.4\alpha_r \alpha_b f_y z} \tag{2}$$

式中参数计算如下：

$\alpha_r = 0.9$（三层）；$\alpha_b = 1.0$（题目给出）；$f_y = 300 \text{N/mm}^2$；$z = 300\text{mm}$。

$$\alpha_v = (4.0 - 0.08d)\sqrt{\frac{f_c}{f_y}} = (4.0 - 0.08 \times 12)\sqrt{\frac{16.7}{300}} = 0.717，取为 0.7$$

$$M = 572.6F > 0.4Nz = 0.4 \times 0.342F \times 300 = 41.04F$$

将参数代入式（1）得到

$$679 \geqslant \frac{0.94F - 0.3 \times 0.342F}{0.9 \times 0.7 \times 300} + \frac{572.6F - 41.04F}{1.3 \times 0.9 \times 1.0 \times 300 \times 300}$$

解出 $F \leqslant 71.6 \times 10^3 \text{N}$。

将参数代入式（2）得到

$$679 \geqslant \frac{572.6F - 41.04F}{0.4 \times 0.9 \times 1.0 \times 300 \times 300}$$

解出 $F \leqslant 41.4 \times 10^3 \text{N}$。

综上，选择 A。

点评：由于提示给出"预埋件承载力由锚栓面积控制"，故无需考虑"法向压力设计值不应大于 $0.5f_c A$"这一限制条件。

实际上，由

$$N = 0.342F \leqslant 0.5f_c A$$

$$0.342F \leqslant 0.5 \times 16.7 \times 300 \times 400$$

可得 $F \leqslant 2929.8\text{kN}$，比 $F \leqslant 41.4\text{kN}$ 宽松得多，说明锚板面积的确不控制设计。

15. 答案：C

解答过程：依据《混凝土结构通用规范》GB 55008—2021 的 4.4.9 条，框架剪力墙、中柱、二级、HRB400 纵筋，柱中全部纵筋的最小配筋率为 0.75%，$0.75\% \times 800 \times 800 = 4800 \text{mm}^2$。

实际配置的钢筋截面面积为 $4 \times 314.2 + 12 \times 254.5 = 4311 \text{mm}^2$。不满足要求。

依据《混凝土结构设计规范》GB 50010—2010 的 11.4.18 条，非加密区，二级时箍筋间距不应大于 $10d = 180\text{mm}$，今图中为 200mm，不满足要求。

有 2 处违反规定，故选择 C。

点评：也可以依照《建筑抗震设计规范》GB 50011—2010 表 6.3.7-1 得到柱中全部纵筋的最小配筋率为 0.75%；依据 6.3.9 条第 4 款 2），非加密区二级时柱箍筋间距不应大于 $10d$。

16. 答案：C

解答过程：依据《混凝土结构设计规范》GB 50010—2010 的 11.7.18 条第 1 款，一级、8 度、轴压比大于 0.3，对于转角墙，$l_c \geqslant 0.15h_w = 0.15 \times 7900 = 1185\text{mm} > 1000\text{mm}$，

表明，图中约束边缘构件的长度不满足要求。

依据该条第 2 款，一级时，阴影部分纵筋配筋率最小为 1.2%，1.2%×（800×400＋400×400）＝5760mm²＞16×314＝5024mm²，表明，图中纵筋不满足最小配筋率要求。

有 2 处违反规定，故选择 C。

点评：也可以在《建筑抗震设计规范》GB 50011—2010 表 6.4.5-3 找到 l_c 的取值和纵筋配筋率的要求。

17. 答案：A

解答过程：次梁传来的集中力设计值为

$$F = 6 \times 1 \times (1.3 \times 1 + 1.5 \times 4) = 43.8 \text{kN}$$

主梁跨度 4m，由于次梁集中力引起的跨中最大弯矩，按照影响线方法计算，为

$$M = 43.8 \times \left(\frac{4}{4} + \frac{2}{4} \times 2 \right) = 87.6 \text{kN} \cdot \text{m}$$

依据《钢结构设计标准》GB 50017—2017 表 3.5.1 判断截面等级。

腹板：$\dfrac{h_0}{t_w} = \dfrac{300 - 2 \times 9 - 2 \times 13}{6.5} = 39.4$，属于 S1。

翼缘：$\dfrac{b}{t_f} = \dfrac{(150 - 6.5 - 2 \times 13)/2}{9} = 6.5$，属于 S1。

故截面属于 S1 级。依据 6.1.2 条，可取塑性发展系数 $\gamma_x = 1.05$。

$$\sigma = \frac{87.6 \times 10^6}{1.05 \times 481 \times 10^3} = 173.4 \text{N/mm}^2$$

选择 A。

18. 答案：C

解答过程：依据《钢结构设计标准》GB 50017—2017 的 E.0.2 条计算。

$$K_1 = \frac{7210/6 \times 2}{10700/4} = 0.90$$

用内插法，可得

$$\mu = 2.64 - \frac{2.64 - 2.33}{1 - 0.5}(0.90 - 0.5) = 2.39$$

选择 C。

19. 答案：B

解答过程：依据《钢结构设计标准》GB 50017—2017 的 8.2.1 条计算。

$$\lambda_y = l_{0y}/i_y = 4000/63.1 = 63$$

查表 7.2.1-1，由于 $b/h = 250/250 = 1 > 0.8$ 且为 Q235 钢材，对 y 轴属于 c 类。查表，$\varphi_y = 0.689$。

$$\varphi_b = 1.07 - \frac{\lambda_y^2}{44000} \frac{f_y}{235} = 1.07 - \frac{63^2}{44000} = 0.980$$

$$\beta_{tx} = 0.65 + 0.35 \frac{M_2}{M_1} = 0.65$$

柱截面为热轧 H 型钢，H250×250×9×14，$r = 13$mm。

腹板：$\dfrac{h_0}{t_w} = \dfrac{250 - 2 \times 14 - 2 \times 13}{9} = 21.8$。

翼缘：$\dfrac{b}{t_{\mathrm{f}}} = \dfrac{(250-9-2\times13)/2}{14} = 7.7$。

即使按照 $\alpha_0 = 0$，截面仍满足 S3 要求，由 3.5.1 条定义可知，压弯构件 $0 < \alpha_0 < 2$，故此压弯构件的截面等级必不低于 S3。取全截面进行计算。

$$\frac{N}{\varphi_y Af} + \eta\frac{\beta_{\mathrm{tx}}M_x}{\varphi_{\mathrm{b}}W_{1x}f}$$

$$= \frac{163.2\times10^3}{0.689\times9143\times215} + 1.0\times\frac{0.65\times20.4\times10^6}{0.98\times860\times10^3\times215}$$

$$= 0.194$$

选择 B。

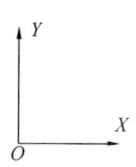
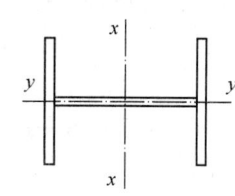

图 16-2-5　坐标轴的关系

点评：解答本题时注意：

（1）所谓 "X 向弯矩设计值 M_x"，是指，在 XOZ 平面内求得的弯矩记作 M_x，从而可判断出整体坐标系与局部坐标系的关系如图 16-2-5 所示。

（2）对于框架柱而言，"框架柱 X 向"，就是指 XOZ 平面，这是弯矩作用平面，于是可理解所要求计算的"弯矩作用平面外"。

（3）关于端弯矩，本题缺少条件，只能利用上一题的，柱底铰接，故 $M_2 = 0$。但又和大题干的梁柱刚接的框架结构不一致。

20. 答案：D

解答过程：依据《钢结构设计标准》GB 50017—2017 的 12.7.4 条，可通过底板与混凝土基础之间的摩擦力或设置抗剪键承受水平力。

摩擦系数取 0.4，可抵抗的水平力为

$$163.2\times0.4 = 64.92\mathrm{kN} > 30\mathrm{kN}$$

仅靠摩擦力即可满足要求。选择 D。

21. 答案：A

解答过程：依据《钢结构设计标准》GB 50017—2017 的 8.3.1 条，设有摇摆柱时，框架柱的计算长度系数应乘以放大系数 η。

$$\eta = \sqrt{1 + \frac{200 + 2\times100}{486.9 + 2\times243.5}} = 1.19$$

该系数针对有侧移框架柱，故表现为题目中框架柱在 X 方向的计算长度系数乘以 1.19，Y 方向由于是强支撑，故计算长度系数不放大。

选择 A。

22. 答案：B

解答过程：当该柱绕两个主轴的稳定承载力相等时，用钢量最少。据此，应选两个方向回转半径相等者，选择 B。

23. 答案：D

解答过程：依据《钢结构设计标准》GB 50017—2017 的条文说明 172 页的图 46，可知 D 正确。选择 D。

24. 答案：A

解答过程：由于 Y 向为强支撑无侧移，查《钢结构设计标准》GB 50017—2017 的表 E.0.1 可知计算长度系数不大于 1.0，故框架柱在 Y 向的计算长度不大于其几何长度 5m。而在 X 向框架柱的计算长度会大于几何长度 5m（计算长度系数查表 E.0.2），选择 A。

25. 答案：C

解答过程：依据《建筑抗震设计规范》GB 50011—2010 的 8.3.6 条，选择 C。

点评：对其他说法判别如下：

依据《钢结构设计标准》GB 50017—2017 的 12.3.4 条，满足该条要求后的确不需要设置水平加劲肋，但其属于非抗震的要求。依据《建筑抗震设计规范》GB 50011—2010 的 8.3.4 条第 3 款 2），柱在梁翼缘对应位置应设置横向加劲肋，将其作为一个构造要求，故 A 不正确。

依据《建筑抗震设计规范》GB 50011—2010 表 8.2.8，B 不正确。

依据《建筑抗震设计规范》GB 50011—2010 公式（8.2.5-3），节点域的屈服承载力与梁的全塑性受弯承载力有关，与梁的内力设计值无关，D 不正确。

依据《钢结构设计标准》GB 50017—2017 的 17.3.7 条，在梁翼缘上下各 600mm 的节点范围内，柱翼缘与柱腹板间或箱形柱壁板间的连接焊缝应采用全熔透焊缝。依据《高层民用建筑钢结构技术规程》JGJ 99—2015 的 8.4.2 条，当梁与柱刚性连接时，在框架梁翼缘的上、下 500mm 范围内，应采用全熔透焊缝；柱宽度大于 600mm 时，应在框架梁翼缘的上、下 600mm 范围内采用全熔透焊缝。这两款规定与《建筑抗震设计规范》GB 50011—2010 的 8.3.6 条不完全相同，故本题要求按照抗震设计时解答。

26. 答案：C

解答过程：依据《钢结构设计标准》GB 50017—2017 的 14.1.6 条，并结合 10.1.5 条，截面应采用 S2 级。

依据表 3.5.1，应有 $b/t \leqslant 11\varepsilon_k = 9.1$，选择 C。

点评：关于本题，有以下几点需要说明：

（1）2018 年考试时要求按照 2003 版《钢结构设计规范》解答，解答过程为：依据 11.1.6 条，组合梁中钢梁的受压区，其板件的宽厚比应满足 9.1.4 条的要求，即翼缘应满足 $b/t \leqslant 9\sqrt{235/f_y} = 7.4$，故选择 D。

按照 2003 版规范解答，是没有争议的。

（2）依据《钢结构设计标准》GB 50017—2017（以下简称《钢标》）的 14.1.6 条，按照全截面达到塑性确定承载力的组合梁，其钢梁受压区的板件宽厚比应符合塑性设计的相关规定。同时规定，当连接件满足一定要求时，组合梁受压上翼缘即使不符合塑性设计要求的宽厚比限值，仍可采用塑性方法设计。"连接件满足要求后可放松对受压翼缘的要求"，这是 2017 标准新增的内容，故编入本题时对原题稍有改动，增加了提示，将连接件的这项内容排除。

（3）即便做了以上修改，对本题解答仍有争议，焦点在于：14.1.6 条所说的"塑性设计时的要求"，是表达不清的。因为，若按照 2003 版规范的思路，查第 10 章塑性设计与弯矩调幅设计，10.1.5 条规定，采用塑性及弯矩调幅设计的构件，形成塑性铰并发生塑性转动的截面要求等级为 S1 级，最后形成塑性铰的截面，板件等级不低于 S2 级。现在的问题是，次梁按照两端铰接模型，若在跨中形成塑性铰，那么，该塑性铰既是第一个也是最后一个，此时应满足哪个要求？

（4）实际上，这里的关键是要区分荷载效应时的"塑性分析"和构件抗力的"塑性设计"。

钢混组合梁按照全截面塑性确定组合梁的承载力，是从抗力角度看，钢梁必须具有足够的延性才能达到全截面塑性，《钢标》14.1.6 条的表达有些含糊不清，应明确规定钢梁受压区板件等级应为 S1 或 S2，才不至于导致迷惑。

进行"塑性分析"是有条件的：①钢材必须具备足够的延性；②截面板件不能发生局部屈曲，即，对截面等级有要求；③构件不能发生侧扭失稳，即，侧向无支长度必须足够短；④必须是超静定结构。

本题是简支梁，不具备塑性分析的条件，只要截面等级达到 S2（受压翼缘和腹板的等级均达到 S2），即可按照第 14 章确定承载力。

27. 答案：C

解答过程：依据《钢结构设计标准》GB 50017—2017 的 7.4.2 条，A 正确。

依据本条 3），N_0 最大等于 N，据此得到该压杆的平面外计算长度不大于 $\sqrt{0.5l}$，B 正确。

依据本条 3）可知与另一杆内力有关，D 正确。

选择 C。

28. 答案：A

解答过程：依据《钢结构设计标准》GB 50017—2017 的 13.3.8 条，选择 A。

29. 答案：B

解答过程：依据《钢结构设计标准》GB 50017—2017 的 7.4.7 条，$[\lambda]=400$。

所需回转半径为 $\dfrac{6000\times\sqrt{2}}{400}=21\text{mm}$，该回转半径为平行于肢边轴，故∟70×5 满足要求。

选择 B。

30. 答案：C

解答过程：依据《钢结构设计标准》GB 50017—2017 的 7.3.1 条验算板件宽厚比。

对于受压翼缘，有

$$\frac{b}{t_\mathrm{f}}=\frac{(350-10)/2}{20}=8.5<(10+0.1\lambda)\varepsilon_\mathrm{k}=(10+0.1\times55)=15.5$$

对于腹板，有

$$\frac{h_0}{t_\mathrm{w}}=\frac{900-2\times20}{10}=86>(25+0.5\lambda)\varepsilon_\mathrm{k}=(25+0.5\times55)=52.5$$

腹板不满足局部稳定要求，故依据 7.3.4 条确定 ρ。

$$\lambda_\mathrm{n,p}=\frac{h_0/t_\mathrm{w}}{56.2\varepsilon_\mathrm{k}}=\frac{86}{56.2}=1.530$$

$$\rho=\frac{1}{\lambda_\mathrm{n,p}}\left(1-\frac{0.19}{\lambda_\mathrm{n,p}}\right)=\frac{1}{1.53}\left(1-\frac{0.19}{1.53}\right)=0.572$$

由于 $\lambda>52\varepsilon_\mathrm{k}$，$\rho$ 有最小值，即

$$\rho_\mathrm{min}=(29\varepsilon_\mathrm{k}+0.25\lambda)t_\mathrm{w}/h_0=(29\times1.0+0.25\times55)\times10/860=0.497$$

$$A_e = 0.572 \times 860 \times 10 + 2 \times 350 \times 20 = 18919 \text{mm}^2$$

选择 C。

31. 答案：B

解答过程：依据《砌体结构设计规范》GB 50003—2011 的表 7.3.2 确定洞口的宽度 b_h 和高度 h_h。

承重墙梁，要求 $b_h / l_0 \leqslant 0.3$。连续墙梁的 l_0，依据 7.3.3 条取为 $l_0 = \min (1.1 l_n, l_c) = \min (1.1 \times 4260, 4500) = 4500 \text{mm}$。于是可得 $b_h \leqslant 0.3 l_0 = 0.3 \times 4500 = 1350 \text{mm}$。

承重墙梁，要求 $h_h \leqslant 5 h_w / 6$ 且 $h_w - h_h \geqslant 0.4 \text{m}$。于是，$h_h \leqslant 5 \times 2800 / 6 = 2333 \text{mm}$ 且 $h_h \leqslant 2800 - 400 = 2400 \text{mm}$。

选择 B。

32. 答案：C

解答过程：依据《砌体结构设计规范》GB 50003—2011 的 7.3.6 条计算。

$$\alpha_M = \psi_M \left(2.7 \frac{h_b}{l_{0i}} - 0.08 \right)$$

式中，参数计算如下：

$h_b = 500 \text{mm}$；各跨相等，上题已经求出 $l_{0i} = 4500 \text{mm}$。

$$a_i = \frac{4500 - 1000}{2} = 1750 \text{mm} > 0.35 l_{0i} = 0.35 \times 4500 = 1575 \text{mm}，取 a_i = 1575 \text{mm}$$

$$\psi_M = 3.8 - 8.0 \frac{a_i}{l_{0i}} = 3.8 - 8.0 \times \frac{1575}{4500} = 1.0$$

于是

$$\alpha_M = \psi_M \left(2.7 \frac{h_b}{l_{0i}} - 0.08 \right) = 1.0 \times \left(2.7 \times \frac{500}{4500} - 0.08 \right) = 0.22$$

选择 C。

点评：实际上，规范规定 $a_i > 0.35 l_{0i}$ 时取 $a_i = 0.35 l_{0i}$ 是为了保证 $\psi_M \geqslant 1.0$。因此，不把 a_i 与 $0.35 l_{0i}$ 比较，直接计算 ψ_M，当 $\psi_M < 1.0$ 时取 $\psi_M = 1.0$ 亦可。

33. 答案：B

解答过程：依据《砌体结构设计规范》GB 50003—2011 的 7.3.6 条计算。

$$N_{bt} = \eta_N \frac{M_2}{H_0}$$

式中，参数计算如下：

$$M_2 = 0.07 \times 90 \times 4500^2 = 127.6 \times 10^6 \text{N} \cdot \text{mm}$$
$$H_0 = h_w + 0.5 H_b = 2800 + 0.5 \times 500 = 3050 \text{mm}$$
$$\eta_N = 0.8 + 2.6 \frac{h_w}{l_{0i}} = 0.8 + 2.6 \times \frac{2800}{4500} = 2.42$$

于是

$$N_{bt} = \eta_N \frac{M_2}{H_0} = 2.42 \times \frac{127.6}{3.05} = 101.2 \text{kN}$$

选择 B。

34. 答案：B

解答过程：由于墙梁支座处墙体中设置上、下贯通的落地混凝土构造柱，且截面不小于 240mm×240mm，依据《砌体结构设计规范》GB 50003—2011 的 7.3.9 条，可不验算墙梁的墙体受剪承载力，依据 7.3.10 条，可不验算托梁支座上部砌体局部受压承载力。Ⅰ正确。排除 C、D 选项。

依据 7.3.12 条第 5 款，墙梁洞口上方应设置混凝土过梁，Ⅱ错误，排除 A 选项。

选择 B。

点评：对其他说法判别如下：

依据《砌体结构设计规范》GB 50003—2011 的 7.3.12 条第 12 款，Ⅲ正确。

依据《砌体结构设计规范》GB 50003—2011 的 7.3.12 条第 2 款，计算高度范围内墙体的砂浆强度等级不应低于 M10，Ⅳ错误。

35. 答案：D

解答过程：依据《砌体结构设计规范》GB 50003—2011 的 5.2.2 条，可得

$$\gamma = 1 + 0.35\sqrt{\frac{A_0}{A_l} - 1} = 1 + 0.35\sqrt{\frac{(370 + 400) \times (490 + 400)}{370 \times 490} - 1} = 1.58 < 2.5$$

依据 5.2.1 条，可得

$$f \geqslant \frac{N_l}{\gamma A_l} = \frac{270 \times 10^3}{1.58 \times 370 \times 490} = 0.94 \text{N/mm}^2$$

查表 3.2.1-7，至少为 M7.5。

选择 D。

36. 答案：D

解答过程：依据《砌体结构设计规范》GB 50003—2011 的 4.3.5 条第 2 款判断。

环境类别为 3 类时，不应采用蒸压灰砂普通砖，Ⅲ错误。

环境类别为 3 类，采用实心砖时，强度等级不应低于 MU20，水泥砂浆的强度等级不应低于 M10，Ⅳ正确。

环境类别为 3 类，采用混凝土砌块时，强度等级不应低于 MU15，灌孔混凝土的强度等级不应低于 Cb30，砂浆的强度等级不应低于 Mb10，Ⅰ错误。

选择 D。

37. 答案：B

解答过程：依据《砌体结构设计规范》GB 50003—2011 的 8.2.3 条计算。

$$\beta = \gamma_\beta \frac{H_0}{h} = 1.0 \times \frac{6400}{490} = 13$$

$$\rho = \frac{A'_s}{bh} = \frac{2 \times 730}{490 \times 740} = 0.40\%$$

查表 8.2.3，得到 $\varphi_{com} = 0.855$。

$$A_c = 250 \times 120 \times 2 = \text{mm}^2, A = 490 \times 740 - 6 \times 10^4 = 3.026 \times 10^5 \text{mm}^2$$

$$\varphi_{com}(fA + f_cA_c + \eta_s f'_y A'_s)$$

$$= 0.855 \times (2.31 \times 3.026 \times 10^5 + 9.6 \times 6 \times 10^4 + 1.0 \times 270 \times 730 \times 2)$$

$$= 1425 \times 10^3 \text{N}$$

选择 B。

38. 答案：C

解答过程：依据《砌体结构设计规范》GB 50003—2011 的 9.2.2 条计算。

$$\beta = \gamma_\beta \frac{H_0}{h} = 1.0 \times \frac{6400}{400} = 16$$

$$\varphi_{0g} = \frac{1}{1+0.001\beta^2} = \frac{1}{1+0.001 \times 16^2} = 0.796$$

$$\varphi_{0g}(f_g A + 0.8 f'_y A'_s)$$
$$= 0.796 \times (4.0 \times 400 \times 600 + 0.8 \times 270 \times 6 \times 153.9)$$
$$= 923 \times 10^3 \text{N}$$

选择 C。

39. 答案：C

解答过程：依据《木结构设计标准》GB 50005—2017 表 4.3.1-3 得到 $f_m = 17 \text{N/mm}^2$，$f_c = 15 \text{N/mm}^2$。由于短边尺寸大于 150mm，依据 4.3.2 条第 2 款，强度提高 10%，于是 $f_m = 1.1 \times 17 = 18.7 \text{N/mm}^2$，$f_c = 1.1 \times 15 = 16.5 \text{N/mm}^2$。

依据 5.3.2 条对压弯构件的强度进行验算，应满足

$$\frac{N}{A_n f_c} + \frac{M_0 + N e_0}{W_n f_m} \leqslant 1$$

式中参数计算如下：

$$A_n = 200 \times 200 = 4 \times 10^4 \text{ mm}^2$$

$$M_0 + N e_0 = 1.2 \times 3^2 / 8 = 1.35 \text{kN} \cdot \text{m}$$

$$W_n = 200 \times 200^2 / 6 = 1.33 \times 10^6 \text{ mm}^3$$

于是

$$\frac{N}{4 \times 10^4 \times 16.5} + \frac{1.35 \times 10^6}{1.33 \times 10^6 \times 18.7} \leqslant 1$$

解出 $N \leqslant 624 \times 10^3 \text{N}$。选择 C。

40. 答案：A

解答过程：依据《木结构设计标准》GB 50005—2017 的 5.1.2 条进行验算，公式为

$$\frac{N}{\varphi A_0} \leqslant f_c$$

矩形截面，有

$$i_{min} = \frac{b}{\sqrt{12}} = \frac{200}{\sqrt{12}} = 57.7 \text{mm}$$

$$\lambda = \frac{l_0}{i} = \frac{3000}{57.7} = 52.0$$

TC17，$\lambda < 75$，稳定系数为

$$\varphi = \frac{1}{1+\lambda^2/6384} = \frac{1}{1+52^2/6384} = 0.702$$

$$\frac{N}{0.702 \times 200^2} \leqslant 16.5$$

解出 $N \leqslant 463 \times 10^3 \text{N}$。选择 A。

41. 答案：C

解答过程：依据《建筑地基基础设计规范》GB 50007—2011 的 9.1.6 条第 2 款，对正常固结的饱和黏性土应采用在土的有效自重应力下预固结的三轴不固结不排水抗剪强度

1075

指标，于是，取 $c = 10\text{kPa}$，$\varphi = 15°$。

$$k_a = \tan^2\left(45° - \frac{\varphi}{2}\right) = \tan^2\left(45° - \frac{15°}{2}\right) = 0.589$$

$$p_a = (q + \sum \gamma_i h_i) k_a - 2c\sqrt{k_a}$$

$$= (20 + 17 \times 8.9 + 18 \times 3) \times 0.589 - 2 \times 10 \times \sqrt{0.589}$$

$$= 117\text{kPa}$$

选择 C。

42. 答案：B

解答过程：依据《建筑地基基础设计规范》GB 50007—2011 的 5.3.10 条计算。

$$s_c = \psi_c \sum_{i=1}^{n} \frac{p_c}{E_{ci}}(z_i\bar{\alpha}_i - z_{i-1}\bar{\alpha}_{i-1})$$

式中参数计算如下：

$$p_c = 17 \times 1.5 + (17-10) \times 4.4 = 56.3\text{kPa}$$

确定 $\bar{\alpha}$ 时，$z = 3\text{m}$，$b = 6/2 = 3\text{m}$，$l = 12/2 = 6\text{m}$。仅考虑一层土，查表 K.0.1-2，$\bar{\alpha}_1 = 0.2340$。

$$s_c = 1.0 \times \frac{56.3 \times 10^3}{10 \times 10^6} \times 3 \times (4 \times 0.234) = 15.8\text{mm}$$

选择 B。

43. 答案：C

解答过程：依据《建筑桩基技术规范》JGJ 94—2008 的 5.4.5 条确定抗拔桩的承载力。

$$T_{uk} = \sum \lambda_i q_{sik} u_i l_i = 3.14 \times 0.6 \times (0.7 \times 26 \times 3.1 + 0.7 \times 54 \times 5) = 462.4\text{kN}$$

$$G_p = 3.14 \times 0.3^2 \times (0.1 + 3 + 3 + 2) \times (25 - 10) = 34.3\text{kN}$$

$$T_{uk}/2 + G_p = 462.4/2 + 34.3 = 265.5\text{kN}$$

水池受到的浮力为其所排水的重量，即

$$(4.4 - 0.1) \times 6 \times 12 \times 10 = 3096\text{kN}$$

依据《建筑地基基础设计规范》GB 50007—2011 的 5.4.3 条，抗浮安全系数取 1.05。设需要抗拔桩 n 根，则应满足

$$\frac{265.5 \times n + 1600}{3096} \geqslant 1.05$$

解出 $n \geqslant 6.2$，至少为 7 根。选择 C。

44. 答案：D

解答过程：依据《建筑地基基础设计规范》GB 50007—2011 的 9.4.1 条，基坑支护结构设计时，基本组合采用 $S_d = 1.25S_k$，对于轴向受力为主的构件，可简化为 $S_d = 1.35S_k$。

对于围护桩，有

$$S_d = 1.25 \times 260 = 325\text{kN} \cdot \text{m}$$

对于支撑构件，有

$$S_d = 1.35 \times 2500 = 3375\text{kN}$$

选择 D。

45. 答案：D

解答过程：依据《建筑地基基础设计规范》GB 50007—2011 的 W.0.1 条计算。

圆砾层顶面处（即承压水层顶面）土体自重为

$$17 \times 3 + 18 \times 7 = 177\text{kPa}$$

承压水形成的上托力为

$$10 \times (8.9 + 7 - 4) = 119\text{kPa}$$

渗流稳定安全系数为 177/119＝1.49，选择 D。

46. 答案：C

解答过程：依据《建筑地基处理技术规范》JGJ 79—2012 表 6.3.3-1 预估最小单击夯击能。

依据《建筑地基基础设计规范》GB 50007—2011 的 4.1.11 条，由于塑性指数 $I_p = 7.5 < 10$ 且粒径大于 0.075 的颗粒含量不超过全重 50%（题中表格 5%＋18%＝23%），应判断为粉土。

粉土、有效加固深度为 7.2m，查表 6.3.3-1 可得预估最小单击夯击能为 5000kN·m，选择 C。

47. 答案：D

解答过程：依据《建筑抗震设计规范》GB 50011—2010 的 4.3.4 条进行液化判断。

$$N_{cr} = N_0 \beta [\ln(0.6d_s + 1.5) - 0.1d_w] \sqrt{3/\rho_c}$$
$$= 10 \times 1.05 \times [\ln(0.6 \times 3.6 + 1.5) - 0.1 \times 1.5]$$
$$= 12.0$$

实际锤击数为 5＜N_{cr}，应判断为液化。

依据《建筑地基处理技术规范》JGJ 79—2012 的 6.3.3 条第 6 款，对可液化地基，处理范围每边超出不少于 5m，选择 D。

48. 答案：D

解答过程：依据《建筑地基处理技术规范》JGJ 79—2012 的 6.3.14 条，粉土地基，强夯间隔时间宜为 14～28d。

依据 A.0.2 条，处理后地基静载试验，对夯实地基，压板面积不宜小于 2.0m²。

选择 D。

49. 答案：C

解答过程：依据《建筑桩基技术规范》JGJ 94—2008 的 5.3.7 条计算。

$$h_b/d = 4000/250 = 16 > 5, \lambda_p = 0.8$$

$Q_{uk} = u \sum q_{sik} l_i + \lambda_p q_{pk} A_p$
$$= 3.14 \times 0.25 \times (60 \times 2.5 + 28 \times 5 + 70 \times 4) + 0.8 \times 2200 \times 3.14 \times 0.25^2/4$$
$$= 534\text{kN}$$

选择 C。

50. 答案：B

解答过程：依据《既有建筑地基基础加固技术规范》JGJ 123—2012 的 11.4.3 条第 7 款，2 个锚杆静压桩最终压桩力为 2×2×300＝1200kN。

依据 11.4.2 条第 2 款，施工时压桩力不得大于该加固部分的结构自重荷载。根据题目中的表格，完成层数为 4 时满足要求，选择 B。

点评：锚杆静压桩是锚杆和静压桩结合形成的桩基施工工艺。它通过在基础上埋设锚杆固定压桩架，以既有建筑的自重荷载作为压桩反力，用千斤顶将桩段从基础中预留或开凿的压桩孔内逐段压入土中，再将桩与基础连接在一起，从而达到提高基础承载力和控制沉降的目的。

51. 答案：C

解答过程：依据《建筑桩基技术规范》JGJ 94—2008 的 5.1.1 条确定桩的受力。

轴心竖向力作用下，有

$$N_{kmax} = \frac{F_k + G_k}{n} = \frac{6000 + 3 \times 4 \times 4 \times 20}{9} = 773kN$$

偏心竖向力作用下，有

$$N_{kmax} = \frac{F_k + G_k}{n} + \frac{M_x y_1}{\sum y_i^2} + \frac{M_y x_1}{\sum x_i^2}$$

$$= \frac{6000 + 3 \times 4 \times 4 \times 20}{9} + \frac{1000 \times 1.6}{6 \times 1.6^2} + \frac{1000 \times 1.6}{6 \times 1.6^2}$$

$$= 982kN$$

依据 5.2.1 条验算桩基竖向承载力。

轴心竖向力作用下，要求承载力特征值 $R \geqslant 773kN$。

偏心竖向力作用下，要求承载力特征值 $R \geqslant 982/1.2 = 818kN$

取包络，选择 C。

点评：桩基竖向承载力计算需考虑轴心竖向力和偏心竖向力两种作用，并取包络设计，当弯矩较小时，存在轴心竖向力控制的情况。此外，桩基设计时，对于钢筋混凝土轴心受压桩，还需考虑正截面受压承载力的计算。

52. 答案：B

解答过程：依据《建筑桩基技术规范》JGJ 94—2008 的 5.9.7 条计算。

冲切破坏锥体内只有一根桩，于是

$$\sum Q_i = 1.35 \times \frac{6000}{9} = 900kN$$

$$F_l = F - \sum Q_i = 1.35 \times 6000 - 900 = 7200kN$$

选择 B。

53. 答案：D

解答过程：依据《建筑桩基技术规范》JGJ 94—2008 的 5.9.8 条计算。

$$\beta_{hp} = 1 - \frac{0.1}{2000 - 800} \times (1100 - 800) = 0.975$$

$$a_{1y} = a_{1x} = 1600 - 200 - 350 = 1050mm$$

$$\lambda_{1x} = \lambda_{1y} = \frac{a_{1y}}{h_0} = \frac{1050}{1035} > 1.0, \ \text{取为} \ 1.0$$

$$\beta_{1x} = \beta_{1y} = \frac{0.56}{\lambda_{1y} + 0.2} = 0.467$$

$$[\beta_{1x}(c_2 + a_{1y}/2) + \beta_{1y}(c_1 + a_{1x}/2)]\beta_{hp} f_t h_0$$

$$= [0.467 \times (600 + 1035/2) \times 2] \times 0.975 \times 1.71 \times 1035 \times 10^{-3}$$
$$= 1801 \text{kN}$$

选择 D。

点评：计算冲切承载力时，需要对 $0.25 \leqslant \lambda_{1x} \leqslant 1.0$ "反算"，即，应满足 $0.25h_0 \leqslant a_{1x} \leqslant 1.0h_0$，$a_{1y}$ 也是一样。

54. 答案：A

解答过程：依据《建筑桩基技术规范》JGJ 94—2008 表 3.1.2，该建筑属于甲级。

依据 3.2.2 条第 1 款，对于端承型桩，勘探点间距宜为 $12 \sim 24$m，据此，42.1m $\times$ 48m 范围至少设置 9 个勘探点。依据本条第 2 款，$1/3 \sim 1/2$ 的勘探孔为控制性孔，故控制性孔最少为 3 个。选择 A。

55. 答案：C

解答过程：依据《建筑地基基础设计规范》GB 50007—2011 表 4.1.3，$f_{rk} = 10$MPa 属于软岩。依据《建筑桩基技术规范》JGJ 94—2008 表 A.0.1，软质岩石不宜采用潜水钻成孔灌注桩。选择 C。

56. 答案：A

解答过程：依据《建筑地基基础设计规范》GB 50007—2011 的 Q.0.10 和 Q.0.11 确定。

三根试桩的竖向极限承载力为 3900kN、4000kN 和 3500kN，极差小于平均值的 30%，结果有效。由于桩数不大于 3，所以取最小值 3500kN 竖向极限承载力。

竖向承载力特征值为 $3500/2 = 1750$kN。选择 A。

57. 答案：B

解答过程：依据《建筑与市政工程抗震通用规范》GB 55002—2021 的 5.2.1 条，丙类、框架结构、房屋高度 36m、7 度，抗震等级为二级。

改变用途后，商场营业面积 10000m²，依据《建筑工程抗震设防分类标准》GB 50223—2008，设防等级为乙类。

依据《建筑与市政工程抗震通用规范》GB 55002—2021 的 2.3.2 条，乙类，按抗震设防烈度提高一度采取抗震措施，即调整为 8 度。重新查《建筑与市政工程抗震通用规范》GB 55002—2021 的表 5.2.1，得到此时的抗震措施等级为一级。

对方案 Ⅱ 判断如下：

依据《高层建筑混凝土结构技术规程》JGJ 3—2010 的 8.1.3 条第 3 款，此时框架部分的抗震等级宜按框架结构采用。此时，框架部分的抗震等级为一级，而原结构为二级，不可行。选择 B。

点评：对于方案 Ⅲ，依据《建筑抗震设计规范》GB 50011—2010 的 12.3.8 条及其条文说明，当消能减震的地震影响系数不到非消能减震的 50% 时，抗震构造要求可降低一度，于是抗震构造措施等级成为二级，方案可行。

对于方案 Ⅰ，依据《建筑抗震设计规范》GB 50011—2010 的表 M.1.1-3，由于现在"框架构件承载力按 8 度抗震要求复核"，属于"构件的承载力高于多遇地震提高一度的要求"，故构造抗震等级可按降低一度且不低于 6 度采用，从而成为二级，因此可行。

58. 答案：A

解答过程：依据《组合结构设计规范》JGJ 138—2016 的 4.3.4 条，Ⅰ准确。依据 4.3.5 条，Ⅳ准确。选择 A。

点评：对于观点Ⅱ：依据 4.3.6 条，组合结构在多遇地震作用下的结构阻尼比可取为 0.04，高度超过 200m 时可取为 0.03；当楼盖梁采用型钢混凝土梁时，阻尼比相应增大 0.01。故观点Ⅱ不准确。

对于观点Ⅲ：依据 6.5.1 条，不考虑地震作用组合的型钢混凝土柱可采用埋入式柱脚，也可采用非埋入式柱脚，但偏心受拉柱应采用埋入式的柱脚。故观点Ⅲ不准确。

59. 答案：B

解答过程：依据《建筑结构荷载规范》GB 50009—2012 的 8.1.2 条及其条文说明，虽然对风荷载敏感（高度大于 60m），但是为围护结构，取基本风压为 0.80kN/m²。

依据表 8.3.3，A 点处外表面局部体型系数为 −1.0。依据 8.3.4 条，由于幕墙骨架属于非直接承受风荷载，因此，应考虑按从属面积折减。从属面积 25m²、墙面，折减系数为 0.8。

依据 8.3.5 条，内表面局部体型系数为 +0.2。

依据表 8.2.1，可得 $\mu_z = 1.50$。依据表 8.6.1，可得 $\beta_{gz} = 1.69$。

依据《工程结构通用规范》GB 55001—2021 的 4.6.5 条，对于围护结构，考虑风荷载脉动的放大系数不应小于 $1 + \frac{0.7}{\sqrt{\mu_z}} = 1 + \frac{0.7}{\sqrt{1.5}} = 1.57 < 1.69$。故取 $\beta_{gz} = 1.69$。

$$w_k = \beta_{gz}\mu_{sl}\mu_z w_0 = 1.69 \times (1 \times 0.8 + 0.2) \times 1.5 \times 0.8 = 2.03\text{kN/m}^2$$

选择 B。

点评：必须指出，以上解答过程与命题组给出的解答过程不同，命题组认为，折减是对应于内外压力合力的折减，即采用下式计算：

$$w_k = \beta_{gz}\mu_{sl}\mu_z w_0 = 1.69 \times (1 + 0.2) \times 0.8 \times 1.5 \times 0.8 = 1.98\text{kN/m}^2$$

仍选择 B。

尽管差距不大，但作为一个概念，笔者认为，折减应是对外表面的局部体型系数折减，理由如下：

（1）从规范的行文逻辑看，局部体型系数按照从属面积折减是放在内部压力局部体型系数之前规定的，因此，不构成对内部压力局部体型系数的约束。如果仅从字面上理解，认为"局部体型系数 μ_{sl} 可按构件的从属面积"没有专门提到"外部"，这是不符合对规范理解的惯例的。

查阅《建筑结构荷载规范》的 2006 局部修订版可知，当时，按照从属面积对 μ_{sl} 折减的规定以"注释"的形式放在 7.3.3 条的最后，而该条同时规定了外表面和内表面的局部体型系数。按照这种编排形式理解条文，应是对"外表面和内表面 μ_{sl} 的代数差"折减。命题组的观点应是基于此。

（2）依据美国《房屋和其他结构最小设计荷载》ASCE 7-16，对于围护结构，外压系数与有效受风面积（effective wind area，定义在该规范的第 246 页）有关。例如，图 30.3-1 中规定了高度 $h \leqslant 18.3\text{m}$ 对于封闭式、部分封闭式房屋墙面围护构件外压系数 GC_p 的取值，当有效受风面积大于 0.9m² 时，需要折减。内压系数 GC_{pi} 见该规范 271 页表 26.13-1，区分是封闭式、部分封闭式、部分敞开式还是敞开式，取确定的值。封闭式内

压系数 GC_{pi} 取为 ± 0.18。

（3）欧洲规范 EN 1991-1-4：2005 的 7.2.1 条规定，外压系数 C_{pe} 与受荷面积 A 有关，$C_{pe,1}$ 用于局部受荷面积小于等于 $1m^2$ 的单元，$C_{pe,10}$ 用于整体。当 $1m^2 < A < 10m^2$ 时，C_{pe} 按下式计算：

$$C_{pe} = C_{pe,1} - (C_{pe,1} - C_{pe,10}) \log_{10} A$$

（4）澳大利亚/新西兰规范《结构设计作用 第 2 部分 风作用》5.4 节规定了封闭式矩形房屋外压的取值，其中 5.4.2 条规定，当从属面积 $A \leqslant 10m^2$ 时 $K_a = 1.0$；当 $A = 25m^2$ 时 $K_a = 0.9$；当 $A \geqslant 100m^2$ 时 $K_a = 0.8$。当 A 为中间数值时，线性内插确定 K_a。

60. 答案：D

解答过程：框架-核心筒的侧向刚度主要由核心筒提供，核心筒主要是弯曲变形，因此，提高其抗弯刚度可减小层间位移角。当增加面积时，越靠近边缘越有效，因此，现在想增加 Y 向的刚度，增加边缘的 W1 的墙厚最有效。

依据《高层建筑混凝土结构技术规程》JGJ 3—2010 的公式（7.2.10-2），增加 A_w 最有效，即增加 W3 的墙厚。

选择 D。

61. 答案：C

解答过程：依据《高层建筑混凝土结构技术规程》JGJ 3—2010 的 7.2.26 条条文说明，8 度时，调幅后的弯矩不小于调幅前按刚度不折减计算的弯矩的 50%。因此，按 8 度调幅后得到

$$(-1.4 \times 660 - 0.2 \times 1.5 \times 400) \times 0.5 = -522 kN \cdot m$$

同时，不宜低于按设防烈度低一度的地震作用组合所得的弯矩值，此值为

$$-1.4 \times 330 - 0.2 \times 1.5 \times 400 = -582 kN \cdot m$$

还不应小于风荷载作用下的连梁弯矩，此值为

$$-1.5 \times 400 = -600 kN \cdot m$$

考虑到负号仅仅表示方向，故调整后的弯矩取为 $-600 kN \cdot m$。选择 C。

点评：连梁的调幅与框架梁不同。依据《高层建筑混凝土结构技术规程》JGJ 3—2010 的 5.2.3 条，框架梁仅对竖向荷载引起的弯矩进行调整。

62. 答案：B

解答过程：（1）确定连梁的抗震等级。

依据《高层建筑混凝土结构技术规程》JGJ 3—2010 的 3.3.1 条，丙类、框架核心筒、8 度（0.20g）、120m 高度时属于 B 类。

查表 3.9.4，筒体为特一级，即，连梁抗震等级也为特一级。

依据 3.10.5 条第 5 款，特一级连梁的要求同一级。

（2）连梁跨高比为 3000/750 = 4 < 5，依据 7.1.3 条，按第 7 章设计。

（3）对箍筋进行判断。

依据 9.2.4 条，核心筒连梁的构造设计应符合 9.3.7 条和 9.3.8 条规定。

9.3.7 条规定，抗震设计时，连梁箍筋直径不应小于 10mm；箍筋间距沿梁长不变且不应大于 100mm。

B、D 选项比较，仅箍筋直径不同，考虑到箍筋直径取 10mm 即可，从经济性考虑，

选择 B。

点评：对连梁箍筋的设计要求，命题组依据的是 7.2.27 条以及表 6.3.2-1，不如 9.2.4 条更恰当。

对该连梁的其他指标判断如下：

（1）最小配筋率

依据 7.2.24 条，抗震设计时，跨高比大于 1.5 的连梁，纵筋最小配筋率可按框架梁的要求采用。

依据表 6.3.2-1，一级、支座处，$\rho_{\min} = \max(0.004, 0.8 f_t / f_y) = 0.4\%$，则

$$\rho_{\min} bh = 0.004 \times 350 \times 750 = 1050 \mathrm{mm}^2$$

6 Φ 22 可以满足要求。

（2）最大配筋率

依据 7.2.25 条的条文说明，跨高比超过 2.5 的连梁，其最大配筋率限值可按一般框架梁采用，即不宜大于 2.5%。

$$\rho_{\max} bh_0 = 2.5\% \times 350 \times (750 - 60) = 6038 \mathrm{mm}^2$$

6 Φ 25 的截面面积为 2945mm²，均满足要求。

63. 答案：C

解答过程：依据《混凝土异形柱结构技术规程》JGJ 149—2017 表 3.3.1，抗震等级为二级。

依据表 6.2.2，框架-剪力墙结构、二级，L 形、T 形、十字形截面的轴压比限值分别为 0.55、0.60、0.65。依据表下注释 1，剪跨比不大于 2，以上限值可减小 0.05。由于肢端设置暗柱，L 形增大 0.05，T 形、十字形增大 0.1（二级抗震）。于是，L 形、T 形、十字形截面的轴压比限值最终为 0.55、0.65、0.70。

题目中 3 个截面的截面面积均为（500＋500＋200）×200＝240000mm²。

根据轴压比限值求出可承受的压力设计值，公式为 $[\mu_N] f_c A$，分别得到：2204、2605、2806，单位为 kN，可见，仅十字形截面满足要求。

选择 C。

64. 答案：A

解答过程：依据《混凝土异形柱结构技术规程》JGJ 149—2017 的 5.2.1 条和 5.2.2 条计算。

（1）截面限制条件

$$V_c \leqslant \frac{1}{\gamma_{RE}} (0.20 f_c b_c h_{c0}) = \frac{1}{0.85} \times (0.2 \times 16.7 \times 200 \times 565) = 444 \times 10^3 \mathrm{N}$$

（2）根据配筋确定受剪承载力

$$0.3 f_c A = 0.3 \times 16.7 \times 2.2 \times 10^5 = 1102.2 \times 10^3 < N = 0.4 f_c A$$

$$V_c = \frac{1}{\gamma_{RE}} \left(\frac{1.05}{\lambda + 1} f_t b_c h_{c0} + f_{yv} \frac{A_{sv}}{s} h_{c0} + 0.056 N \right)$$

$$= \frac{1}{0.85} \times \left(\frac{1.05}{2.2 + 1} \times 1.57 \times 200 \times 565 + 360 \times \frac{157}{100} \times 565 + 0.056 \times 1102.2 \times 10^3 \right)$$

$$= 516.8 \times 10^3 \mathrm{N}$$

取二者的较小者，为 444kN，选择 A。

点评：本题问的是受剪承载力，计算结果为 444kN，选择 430kN 为满足且最为接近的选项（承载力不得大于 444kN），若仅从数值角度考虑最为接近的，则应选择 B 选项 455kN。

65. 答案：B

解答过程：依据《高层民用建筑钢结构技术规程》JGJ 99—2015 的 6.1.7 条，对于钢框架结构，整体稳定性应满足

$$D_i \geqslant 5 \sum_{j=i}^{n} G_j / h_i$$

对于首层，抗侧刚度应满足

$$D_1 \geqslant 5 \times 10 \times (1.3 \times 5300 + 1.5 \times 800)/4 = 101125 \text{kN/m}$$

总水平地震作用标准值为

$$F_{Ek} = \alpha_1 G_{eq} = 0.038 \times 0.85 \times (9 \times 5300 + 9 \times 0.5 \times 800 + 5700) = 1841 \text{kN}$$

首层地震剪力标准值 $V_1 = F_{Ek} = 1841 \text{kN}$，引起的层间侧移为

$$\Delta_1 = V_1 / D_1 = 1841/101125 = 18.2 \times 10^{-3} \text{m} = 18.2 \text{mm}$$

选择 B。

点评：对于本题解答，有两点需要说明。

(1) 按照《高层民用建筑钢结构技术规程》的 5.4.1 条，G_j 计入永久荷载荷载和"楼面可变荷载"，未提到计入"屋面可变荷载"。从概念上看，G_j 本质是重力，不计入屋面可变荷载似乎没有道理。今给出的解答与当年命题组的解答相同，计入了屋面可变荷载。

(2) 根据《工程结构通用规范》GB 55001—2021 的规定，将确定 G_j 所用的分项系数 1.2、1.4 分别代之以 1.3、1.5。

66. 答案：B

解答过程：依据《高层民用建筑钢结构技术规程》JGJ 99—2015 的 7.3.8 条计算。

依据《建筑与市政工程抗震通用规范》GB 55002—2021 的 5.3.1 条，高度小于 50m、7 度，抗震等级为四级。故 $\psi = 0.75$。

注意到有 3 个选项数值大于 16，故假定腹板厚度大于 16mm，从而取 $f_y = 335 \text{N/mm}^2$。钢梁的塑性受弯承载力设计值计算时，按题目已给出的翼缘厚度 16mm 得到 $f = 305 \text{N/mm}^2$。

$$M_{pb1} = W_p f = 2.6 \times 10^6 \times 305 = 793 \times 10^6 \text{N} \cdot \text{mm}$$

$$M_{pb2} = M_{pb1} = 793 \times 10^6 \text{N} \cdot \text{mm}$$

$$V_p = 484 \times 580 \times t_p = 280720 t_p$$

$$\psi \frac{M_{pb1} + M_{pb2}}{V_p} \leqslant \frac{4}{3} f_{yv}$$

$$0.75 \times \frac{793 \times 10^6 + 793 \times 10^6}{280720 t_p} \leqslant \frac{4}{3} \times 0.58 \times 335$$

解出 $t_p \geqslant 16.4 \text{mm}$，与原假定一致。

选择 B。

67. 答案：B

解答过程：依据《高层民用建筑钢结构技术规程》JGJ 99—2015 的 8.8.3 条计算。

$$N = 100\text{kN} < 0.16Af = 0.16 \times 13808 \times 305 = 673.8 \times 10^3 \text{N}$$

故应满足

$$a \leqslant 1.6 M_{lp}/V_l$$

式中参数计算如下：

$$V_l = 0.58 A_w f_y = 0.58 \times (500 - 2 \times 16) \times 12 \times 345 = 1123.8 \times 10^3 \text{N}$$

$$M_{lp} = f W_{np} = 305 \times 2.6 \times 10^6 = 793 \times 10^6 \text{N} \cdot \text{mm}$$

于是

$$a \leqslant 1.6 \times \frac{793 \times 10^6}{1123.8 \times 10^3} = 1129\text{mm}$$

选择 B。

点评：全塑性受弯承载力如何计算？

在《建筑抗震设计规范》GB 50011—2010 的 8.2.7 条，给出了消能梁段的全塑性受弯承载力，公式为 $M_{lp} = f W_p$。笔者认为该公式有误。鉴于《高层民用建筑钢结构技术规程》JGJ 99—2015 在 7.6.3 条以相同的原理给出公式 $M_{lp} = f W_{np}$，故解答过程依据规范执行，经比较，和命题组做法一致。

实际上，全塑性受弯承载力应按照 $W_p f_y$ 求出。据此，66 题计算过程如下：

$$M_{pb2} = M_{pb1} = W_p f_y = 2.6 \times 10^6 \times f_y$$

$$0.75 \times \frac{2 \times 2.6 \times 10^6 f_y}{280720 t_p} \leqslant \frac{4}{3} \times 0.58 \times f_y$$

解出 $t_p \geqslant 18.0\text{mm}$。

67 题计算过程如下：

$$a \leqslant 1.6 \frac{M_{lp}}{V_l} = 1.6 \times \frac{2.6 \times 10^6 f_y}{0.58 \times (500 - 2 \times 16) \times 12 f_y} = 1277\text{mm}$$

68. 答案：B

解答过程：依据《高层建筑混凝土结构技术规程》JGJ 3—2010 的 7.2.7 条计算。

$$\lambda = \frac{M^c}{V^c h_{w0}} = \frac{15000 \times 10^6}{2300 \times 10^3 \times 4200} = 1.55 < 2.5$$

依据《建筑与市政工程抗震通用规范》GB 55002—2021 的表 5.2.1，丙类、框支剪力墙、8 度（0.20g）、高度 80m，底部加强区剪力墙的抗震等级为一级。依据《高层建筑混凝土结构技术规程》JGJ 3—2010 的 10.2.18 条，对其剪力调整后，$V = 1.6 \times 2300 = 3680\text{kN}$。

要求满足

$$V \leqslant \frac{1}{\gamma_{RE}}(0.15\beta_c f_c b_w h_{w0})$$

$$3680 \times 10^3 \leqslant \frac{1}{0.85} \times 0.15 \times 1.0 \times 16.7 \times b_w \times 4200$$

解出 $b_w \geqslant 297\text{mm}$，选择 B。

69. 答案：B

解答过程：依据《高层建筑混凝土结构技术规程》JGJ 3—2010 的 10.2.2 条，底部加强部位取至转换层以上两层，第 5 层属于底部加强部位相邻上一层，因此，依据 7.2.14 条，应设置约束边缘构件。

依据表 3.9.3，第 5 层（非底部加强部位）剪力墙抗震等级为二级。

按照该墙体自身的抗震等级和轴压比查表 7.2.15，二级、轴压比大于 0.4，对于暗柱，$l_c = 0.20 h_w = 0.2 \times 6500 = 1300\text{mm}$。依据图 7.2.15，阴影部分面积为 $650 \times 300 = 195000\text{mm}^2$。二级、阴影部分竖向钢筋配筋率不小于 1.0%，$1.0\% \times 195000 = 1950\text{mm}^2$。按 10 根钢筋考虑，单根截面面积不应小于 195mm^2，直径 16mm 时可满足要求。选择 B。

70. 答案：C

解答过程：《建筑与市政工程抗震通用规范》GB 55002—2021 的 5.2.1 条，丙类、框支剪力墙、8 度（$0.20g$）、高度 80m，得到框支框架的抗震等级为一级。

依据《高层建筑混凝土结构技术规程》JGJ 3—2010 的 6.2.3 条进行强剪弱弯调整。

$$V = \eta_{vc}(M_c^t + M_c^b)/H_n = 1.4 \times (1200 + 1070)/(5.5 - 2) = 908\text{kN}$$

按照荷载组合求得的剪力设计值为

$$V = 1.4 \times 620 + 1.5 \times 0.2 \times 150 = 913\text{kN}$$

取两者较大者，为 913kN。选择 C。

71. 答案：B

解答过程：双塔视为同一个结构单元，经常使用人数为 $3700 + 3900 = 7600$ 人，依据《建筑工程抗震设防分类标准》GB 50223—2008 的 6.0.11 条，高层建筑中，当结构单元内经常使用人数超过 8000 人时，抗震设防类别宜划为重点设防类。今不足 8000 人，故本建筑设防类别为丙类。

依据《建筑与市政工程抗震通用规范》GB 55002—2021 的 5.2.1 条，框架核心筒结构、6 度、高度 130m，得到框架部分的抗震等级为三级。

依据《高层建筑混凝土结构技术规程》JGJ 3—2010 的 10.5.6 条，与连接体相连的结构构件在连接体高度范围及其上、下层，抗震等级应提高一级，故成为二级。

选择 B。

72. 答案：C

解答过程：依据《高层建筑混凝土结构技术规程》JGJ 3—2010 的 11.4.9 条，D/t 宜在 $(20 \sim 100)\sqrt{235/f_y}$ 之间。$D = 950\text{mm}$，$f_y = 345\text{N/mm}^2$，从而求得 t 在 12~58mm 之间。C、D 满足要求。

依据 F.1.1 条和 F.1.2 条，可得

$$N_0 \geqslant \frac{\gamma_{RE} N}{\varphi_l \varphi_e} = \frac{0.8 \times 34000}{1 \times 0.83} = 32771\text{kN}$$

今取钢管壁厚 $t = 12\text{mm}$，试算 N_0 是否可达到要求。

$$\theta = \frac{A_a f_a}{A_c f_c} = \frac{\pi \times (950^2 - 926^2)/4 \times 310}{\pi \times 926^2/4 \times 27.5} = 0.59 < [\theta] = 1.56$$

$$N_0 = 0.9 A_c f_c (1 + \alpha\theta)$$
$$= 0.9 \times 3.14 \times 926^2/4 \times 27.5 \times (1 + 1.8 \times 0.59)$$
$$= 34352.3 \times 10^3 \text{N} > 32771\text{kN}$$

满足要求。选择 C。

73. 答案：C

解答过程：依据《城市桥梁抗震设计规范》CJJ 166—2011 表 1.0.3，8 度时，地震动峰值加速度可以是 0.20g 或 0.30g，故⑤不正确。排除 A、B。

依据《城市桥梁设计规范》CJJ 11—2011 表 10.0.3，主干路，汽车荷载采用城-A 级，故③正确。排除 D。

选择 C。

点评：关于地震动峰值加速度的观点⑤最容易判断其错误，于是排除了 A、B。剩下的，只要对③、⑥进行判断即可做出选择，这就是以上解答过程的思路。

需要注意，现行《城市桥梁设计规范》为 2019 年局部修订版。

其他各项判别如下：

依据《城市桥梁设计规范》CJJ 11—2011 的 3.0.8 条，①正确。

依据《城市桥梁设计规范》CJJ 11—2011 表 3.0.9，中桥、重要小桥的设计使用年限为 50 年，今桥梁总长 3×40＝120m，依据表 3.0.2，属于大桥，故②错误。

依据《城市桥梁设计规范》CJJ 11—2011 的 10.0.5 条第 1 款，此时按 5kPa 和 1.5kN 的竖向集中力作用在一块构件上，取不利者，故④不正确。

依据《城市桥梁设计规范》CJJ 11—2011 的 3.0.19 条，不得在桥上敷设污水管，故⑥不正确。

74. 答案：B

解答过程：依据《公路桥涵设计通用规范》JTG D60—2015 的计算。

$$P_k = 2 \times (19.4 + 130) = 298.8 \text{kN}$$

1 个车道时，支座位置处的剪力标准值为

$$1.2 \times 298.8 + 10.5 \times (19.4 \times 1/2) = 460.41 \text{kN}$$

2 个车道时，支座位置处的剪力标准值为

$$2 \times 1.0 \times 460.41 = 920.82 \text{kN}$$

上式中，1.0 为横向布载系数。

选择 B。

75. 答案：C

解答过程：依据《公路桥涵设计通用规范》JTG D60—2015 的 4.3.3 条计算。

$$c = \frac{v^2}{127R} = \frac{40^2}{127 \times 65} = 0.194$$
$$0.194 \times 550 \times 1.2 = 128 \text{kN}$$

上式中，1.2 为单车道时的横向布载系数。

选择 C。

76. 答案：B

解答过程：依据《公路钢筋混凝土及预应力混凝土桥涵设计规范》JTG 3362—2018 的 9.4.1 条，预应力混凝土梁当设置竖向预应力钢筋时，其纵向间距宜为 500～1000mm，①正确。

依据 4.1.5 条第 4 款，装配式预应力混凝土组合箱梁桥的跨径不大于 40m，今跨径超出此限值，故②不正确。

依据 4.5.3 条，Ⅲ类环境、100 年，混凝土等级不低于 C35，故④不正确。

依据表 6.4.2，最大裂缝宽度为 0.15mm 或 0.10mm，故③不正确。

选择 B。

点评：因为规范更新，海水环境，采用钢绞线的 B 类预应力混凝土构件，不再是"禁止使用"，故对原题中观点②有修改。

77. 答案：B

解答过程：依据《公路桥涵设计通用规范》JTG D60—2015 的表 4.1.5-1，安全等级为一级，取 $\gamma_0 = 1.1$。

$$M_{ud} = 1.1 \times (1.2 \times 250 + 1.4 \times 1800 + 1.4 \times 0.75 \times 200) = 6303 \text{kN} \cdot \text{m}$$

选择 B。

78. 答案：A

解答过程：要求橡胶支座的形状系数满足

$$5 \leqslant S = \frac{l_{0a} l_{0b}}{2t_{es}(l_{0a} + l_{0b})} \leqslant 12$$

将 $l_{0a} = 500 \text{mm}$、$l_{0b} = 400 \text{mm}$ 代入，解出 $9.3 \text{mm} \leqslant t_{es} \leqslant 22.0 \text{mm}$，选择 A。

点评：2004 版《公路钢筋混凝土及预应力混凝土桥涵设计规范》对板式橡胶支座形状系数有规定，2018 版中规定应符合国家标准《公路桥梁板式橡胶支座》的要求。该标准的 2019 版在 5.4.7 条规定了形状系数 S 的计算公式并规定应在 5～12 范围内（相当于 2004 规范的公式移动到了该标准）。为此，编入本书时增加了提示。

79. 答案：D

解答过程：依据《公路钢筋混凝土及预应力混凝土桥涵设计规范》JTG 3362—2018 的 6.4.3 条计算。

$$W_{cr} = C_1 C_2 C_3 \frac{\sigma_{ss}}{E_s} \left(\frac{c+d}{0.36 + 1.7\rho_{te}} \right)$$

对式中各参数计算如下：

带肋钢筋，$C_1 = 1.0$；梁式受弯构件，$C_3 = 1.0$。

$$M_s = 1500 + 0.7 \times 1000 = 2200 \text{kN} \cdot \text{m}$$
$$M_l = 1500 + 0.4 \times 1000 = 1900 \text{kN} \cdot \text{m}$$
$$C_2 = 1 + 0.5 \times 1900/2200 = 1.432$$
$$\sigma_{ss} = \frac{M_s}{0.87 A_s h_0} = \frac{2200 \times 10^6}{0.87 \times 9853 \times 1740} = 147.5 \text{MPa}$$
$$E_s = 2.0 \times 10^5 \text{MPa}; \quad c = 60 - 28/2 = 46 \text{mm}; \quad d = 28 \text{mm}$$
$$A_{te} = 2 \times 60 \times 1600 = 1.92 \times 10^5 \text{mm}^2$$
$$0.01 < \rho_{te} = \frac{A_s}{A_{te}} = \frac{9853}{1.92 \times 10^5} = 0.0513 < 0.1$$
$$W_{cr} = C_1 C_2 C_3 \frac{\sigma_{ss}}{E_s} \left(\frac{c+d}{0.36 + 1.7\rho_{te}} \right)$$
$$= 1.0 \times 1.432 \times 1.0 \times \frac{147.5}{2.0 \times 10^5} \left(\frac{46 + 28}{0.36 + 1.7 \times 0.0513} \right)$$
$$= 0.17 \text{mm}$$

选择 D。

点评：实际上，规范公式写成下面的形式更为清楚。

$$W_{cr} = C_1 C_2 C_3 \frac{\sigma_{ss}}{E_s} \left(\frac{c_s + d_e}{0.36 + 1.7\rho_{te}} \right)$$

另外，为适应新规范，本题有改动。

80. 答案：A

解答过程：依据《公路桥梁抗震设计规范》JTG/T 2231-01—2020 的 5.2.2 条计算。

依据表 3.1.1，跨径不超 150m、高速公路上桥梁，设防类别属于 B 类。

依据表 3.1.3-2，B 类、高速公路、大桥，$C_i = 0.5$。

依据表 5.2.2-1，Ⅲ类场地、7 度（0.10g），水平向场地系数 $C_s = 1.25$。

依据 5.2.4 条，$C_d = 1.0$。

$$S_{max} = 2.5 C_i C_s C_d A = 2.5 \times 0.5 \times 1.25 \times 1.0 \times 0.10g = 0.156g$$

选择 A。

点评：S_{max} 的单位同峰值加速度 A 的单位，故编入本书时，相对于原题目增加了单位。

17 2019 年试题与解答

17.1　2019 年试题

题 1～7

7 度（0.15g）地区某小学的单层体育馆（屋面相对标高 7.000m），屋面用作屋顶花园，覆土（重度 18kN/m³，厚度 600mm）兼做保温层。结构设计使用年限 50 年，场地类别Ⅱ类，双向均设置适量的抗震墙，形成现浇钢筋混凝土框架-抗震墙结构，结构平面布置如图 17-1-1 所示，纵向钢筋 HRB500，箍筋 HRB400。

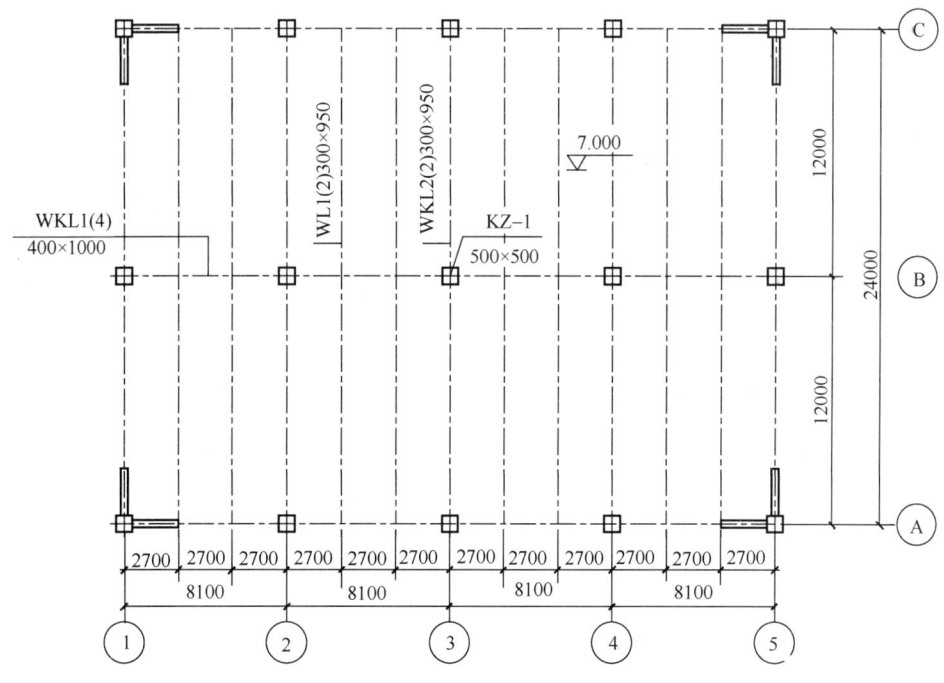

图 17-1-1　题 1～7 图

1. 关于结构的抗震等级，下列何项正确？

A. 抗震墙一级，框架二级　　　　　　　B. 抗震墙二级，框架二级

C. 抗震墙二级，框架三级　　　　　　　D. 抗震墙三级，框架四级

2. 假定屋面结构永久荷载（含梁板自重、抹灰、防水，但不包含覆土自重）标准值为 7.0kN/m²，柱自重忽略不计。试问，荷载标准组合下按负荷从属面积估算的 KZ1 的轴力 N_k（kN），与下列何项数值最为接近？

提示：（1）活荷载折减系数取为 1.0；

（2）活荷载不考虑积水、积灰、机电设备以及花圃土石等其他荷载。

A. 2950　　　　　　B. 2650　　　　　　C. 2350　　　　　　D. 2050

3. 假定，不考虑活荷载的不利布置，WL1（2）由竖向荷载控制设计且该工况下经弹

性内力分析得到的标准组合下支座及跨度中点弯矩如图 17-1-2 所示，该梁按考虑塑形内力重分布分析方法设计。试问，当支座弯矩调幅幅度为 15％ 时，标准组合下梁跨度中点的弯矩（kN·m），与下列何项数值最为接近？

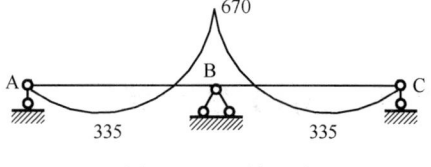

图 17-1-2　题 3 图

  A. 480　　　　　　　　B. 435

  C. 390　　　　　　　　D. 345

  4. 柱 KZ1 为普通钢筋混凝土构件，假定，不考虑地震设计状况时，KZ1 可近似作为轴心受压构件设计，C40 混凝土，截面配筋如图 17-1-3 所示，计算长度 8m。试问，KZ1 的轴心受压承载力设计值（kN），与下列何项数值最为接近？

  A. 6300　　　　　　　　B. 5600

  C. 4900　　　　　　　　D. 4200

  5. KZ1 柱下独立基础如图 17-1-4 所示，采用 C30 混凝土，试问，KZ 处基础顶面的局部受压承载力设计值（kN），与下列何项数值最为接近？

  提示：（1）基础顶面区域未设置间接钢筋，且不考虑柱纵筋的有利影响；

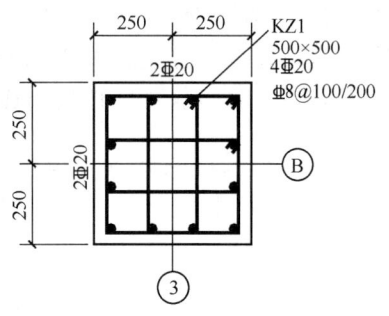

图 17-1-3　题 4 图

  （2）仅考虑 KZ1 的轴力作用，且轴力在受压面上均匀分布。

  A. 7000　　　　B. 8500　　　　C. 10000　　　　D. 11500

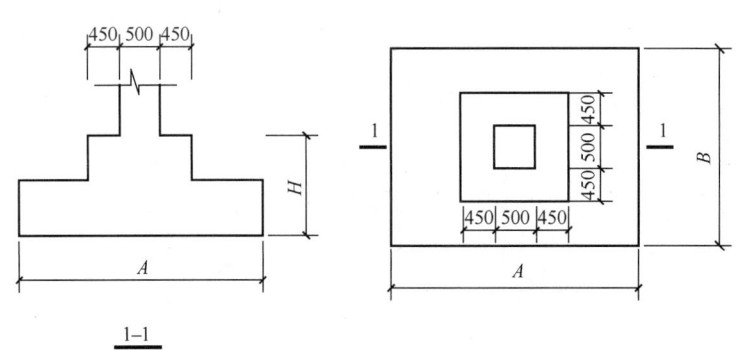

图 17-1-4　题 5 图

  6. 假定，框架梁 WKL1（4）为普通混凝土构件，混凝土强度等级为 C40，箍筋为 $\Phi 8$ @100（4），未设置弯起钢筋，梁截面有效高度 $h_0 = 930mm$。试问，不考虑地震设计状况时，在轴线③支座边缘处，该梁的斜截面抗剪承载力设计值（kN），与下列何项数值最为接近？

  提示：WKL1 不是独立梁。

  A. 1000　　　　B. 1100　　　　C. 1200　　　　D. 1300

  7. 假定，荷载基本组合下，次梁 WL1（2）传至主梁的集中力设计值为 850kN，WKL1（4）在次梁两侧各 400mm 范围内共布置 8 道 $\Phi 8$ 的 4 肢附加箍筋。试问，在 WKL1（4）的次梁位置计算所需的附加吊筋，与下列何项最为接近？

提示：（1）附加吊筋与梁轴线夹角为 $60°$；

（2）$\gamma_0 = 1.0$。

A. $2 \oplus 18$ B. $2 \oplus 20$ C. $2 \oplus 22$ D. $2 \oplus 25$

题 8～9

某简支斜置普通钢筋混凝土独立梁，计算简图如图 17-1-5 所示，构件安全等级为二级。假定，截面尺寸 $b \times h = 300\text{mm} \times 700\text{mm}$，C30 混凝土，HRB400 钢筋。永久均布荷载设计值为 g（含自重），可变荷载设计值为集中力 F。

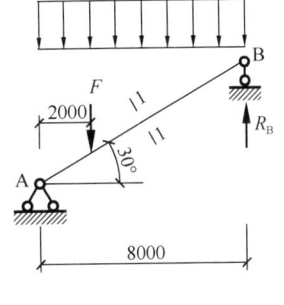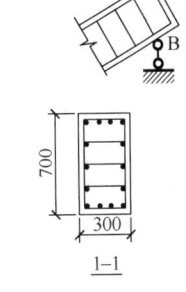

8. 假定，$g = 40\text{kN/m}$（含自重），$F = 400\text{kN}$。试问，梁跨中弯矩设计值（$kN \cdot m$），与下列何项数值最为接近？

A. 900   B. 840   C. 780   D. 720

图 17-1-5 题 8～9 图

9. 假定，荷载基本组合下，B 支座的支座反力设计值 $R_B = 428\text{kN}$（其中，集中力 F 产生的反力设计值为 160kN），梁支座截面有效高度 $h_0 = 630\text{mm}$。试问，不考虑地震作用，按斜截面抗剪计算，下列支座 B 边缘处梁截面的箍筋配置，何项最为经济合理？

A. $\oplus 18@150$（2）   B. $\oplus 10@150$（2）   C. $\oplus 10@120$（2）   D. $\oplus 10@100$（2）

题 10 某 $\ulcorner$ 形普通钢筋混凝土构件，安全等级为二级，计算简图如图 17-1-6 所示，梁、柱截面均为 $400\text{mm} \times 600\text{mm}$，混凝土强度等级为 C40，钢筋采用 HRB400，$a_s = a_s' = 50\text{mm}$，$\xi_b = 0.518$。假定，不考虑地震设计状况，自重忽略不计。集中荷载设计值 $P = 224\text{kN}$，柱 AB 采用对称配筋。试问，按正截面承载力计算得出的柱 AB 单边受力钢筋 A_s（mm^2），与下列何项数值最为接近？

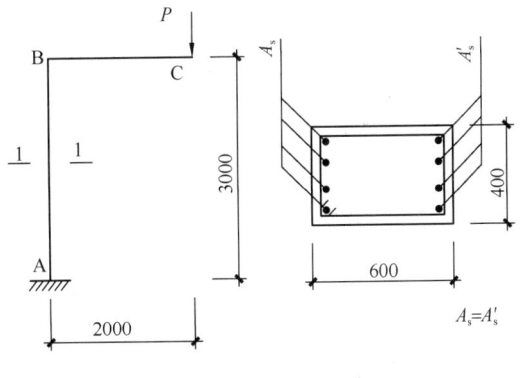

图 17-1-6 题 10 图

提示：（1）不考虑二阶效应；

（2）不必验算平面外承载力和稳定。

A. 2550   B. 2450   C. 2350   D. 2250

题 11 下列关于钢筋混凝土结构工程施工和质量验收的论述，何项不正确？

A. 混凝土结构工程采用的材料、构配件、器具及半成品应按进场批次进行检验。属于同一工程项目且同期施工的多个单位工程，对同一厂家的同批材料、构配件、器具及半成品，可统一划分检验批进行验收

B. 模板及支架应根据安装、使用和拆除工况进行设计，并应满足承载力、刚度及整体稳固性要求

C. 当纵向受力钢筋采用机械连接接头或焊接接头时，同一连接区段内纵向受力钢筋的接头面积百分率应符合设计要求；当设计无具体要求时，不直接承受动力荷载

的构件，受拉钢筋接头面积百分率不宜大于 50％，受压钢筋接头面积百分率不受限制

D. 成型钢筋进场时，任何情况下都必须抽取试件作屈服强度、抗拉强度、伸长率和重量偏差检验，检验结果应符合国家现行规范、规程要求

题 12 在 7 度（0.15g），III 类场地上的某钢筋混凝土框架结构，其设计、施工均按现行规范进行。现根据功能要求，需要在框架柱间新增一根框架梁，新增梁的钢筋采用植筋技术。所植钢筋Φ 18（HRB400），设计要求充分利用钢筋抗拉强度。框架柱混凝土强度等级为 C40，植筋采用快固型胶粘剂（A 级胶），其粘结性能通过了耐长期应力作用能力检验。假定，植筋间距、边距分别为 150mm 和 100mm，$\alpha_{spt} = 1.0$，$\psi_N = 1.265$。试问，植筋锚固深度（mm）最小值与下列何项数值最为接近？

A. 540   B. 480   C. 420   D. 360

题 13 假定，在某医院屋顶停机坪设计中，直升机质量按 3215kg 计算。试问，当直升机非正常着陆时，其对屋面构件的竖向等效撞击力设计值 P（kN），与下列何项数值最为接近？

A. 170   B. 200   C. 230   D. 260

题 14 某先张法预应力混凝土环形截面轴心受拉构件，裂缝控制等级为一级。混凝土强度等级为 C60，环形外径 700mm，壁厚 110mm，环形截面面积 $A = 203889\text{mm}^2$，纵筋采用螺旋肋消除应力钢丝，纵筋总面积 $A_p = 1781\text{mm}^2$。假定，扣除全部预应力损失后混凝土的预应力为 $\sigma_{pc} = 6.84\text{MPa}$（全截面均匀受压）。试问，为满足裂缝控制要求，按荷载标准组合计算的构件最大轴拉力值 N_k（kN），与下列何项数值最为接近？

提示：环形截面内无孔道和凹槽。

A. 1350   B. 1400   C. 1450   D. 1500

题 15~16

某雨篷如图 17-1-7 所示，XL-1 为层间悬挑梁，不考虑地震设计状况，截面尺寸为 $b \times h = 350\text{mm} \times 650\text{mm}$，悬挑长度 L_1（从 KZ-1 柱边起算），雨篷的净悬挑长度为 L_2。所有构件均为普通钢筋混凝土构件，设计使用年限为 50 年，安全等级为二级。混凝土强度等级为 C35，纵筋采用 HRB400，箍筋采用 HPB300。

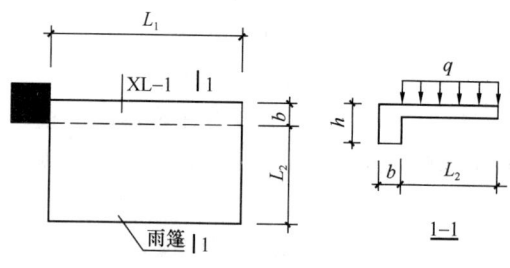

图 17-1-7 题 15~16 图

15. 假定，$L_1 = 3\text{m}$，$L_2 = 1.5\text{m}$，仅雨篷板上的均布荷载设计值为 $q = 6\text{kN/m}^2$（含自重）会对梁产生扭矩。试问，XL-1 的扭矩图和支座处的扭矩设计值，应为图 17-1-8 中哪个？

提示：板对梁的扭矩算至梁中心线。

A. 图（a）   B. 图（b）
C. 图（c）   D. 图（d）

16. 假定，荷载效应基本组合下，悬挑梁 XL-1 支座边缘处的弯矩设计值 $M = 150\text{kN} \cdot \text{m}$，

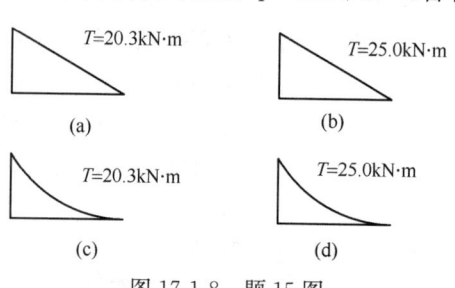

图 17-1-8 题 15 图

剪力设计值 $V=100$kN，扭矩设计值为 $T=85$kN・m。按矩形截面计算，$h_0=600$mm，箍筋间距 $s=100$mm，受扭的纵向普通钢筋与箍筋的配筋强度比值 $\zeta=1.7$。试问，按承载力极限状态设计，XL-1 支座边缘处的箍筋配置采用下列何项最经济合理？

提示：（1）满足规范规定的截面限制条件，且不必验算最小配箍率；

（2）截面受扭塑性抵抗矩 $W_t=32.67\times10^6$ mm³，截面核心面积 $A_{cor}=162.4\times10^3$ mm²。

A. Φ8@100（2）　　　B. Φ10@100（2）　　　C. Φ12@100（2）　　　D. Φ14@100（2）

题 17～21

某焊接工字形等截面简支梁跨度为 12m，钢材采用 Q235，结构的重要性系数取 1.0。荷载基本组合下，简支梁的均布荷载设计值（含自重）$q=95$kN/m。梁截面尺寸及特性如图 17-1-9 所示。截面无栓（钉）削弱。

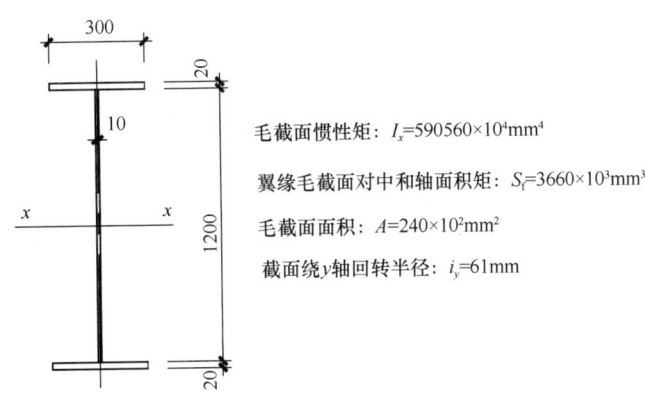

毛截面惯性矩：$I_x=590560\times10^4$mm⁴

翼缘毛截面对中和轴面积矩：$S_f=3660\times10^3$mm³

毛截面面积：$A=240\times10^2$mm²

截面绕 y 轴回转半径：$i_y=61$mm

图 17-1-9　题 17～21 图

17. 试问，对梁跨中截面进行抗弯强度计算时，其正应力设计值（N/mm²）与下列何项数值最为接近？

A. 200　　　　　　B. 190　　　　　　C. 180　　　　　　D. 170

18. 假定，简支梁翼缘与腹板的双面角焊缝尺寸 $h_f=8$mm，梁焊件间隙 $b\leqslant1.5$mm。试问，进行焊接截面工字形翼缘与腹板的焊接连接强度设计时，在最大剪力作用下，该角焊缝的连接应力与角焊缝强度设计值之比，与下列何项数值最为接近？

A. 0.2　　　　　　B. 0.3　　　　　　C. 0.4　　　　　　D. 0.5

19. 假定，简支梁在两端及距离两端 $l/4$ 处有可靠的侧向支撑（l 为简支梁跨度）。试问，作为在主平面内受弯的构件，进行整体稳定性计算时，梁的整体稳定性系数 φ_b 与下列何项数值最为接近？

提示：取梁整体稳定等效弯矩系数 $\beta_b=1.20$。

A. 0.52　　　　　　B. 0.65　　　　　　C. 0.80　　　　　　D. 0.91

20. 假定，简支梁截面的正引力和剪应力均较大，其基本组合弯矩设计值为 1282kN・m，剪力设计值为 1296kN。为防止腹板发生剪切屈曲，已按规定设置了横向加劲肋。试问，该截面梁腹板计算高度边缘处的折算应力（N/mm²），与下列何项数值最为接近？

A. 145　　　　　　B. 170　　　　　　C. 190　　　　　　D. 205

21. 假定，简支梁承受均布荷载标准值为 $q_k=90$kN/m，不考虑起拱因素。试问，简支梁的最大挠度与其跨度之比值，与下列何项数值最为接近？

A. 1/300   B. 1/400   C. 1/500   D. 1/600

题 22~25

某单层钢结构平台布置如图 17-1-10 所示，不进行抗震设计，且不承受动力荷载，结构的重要性系数取 1.0。横向（Y 向）结构为框架结构，纵向（X 向）设置支撑保证侧向稳定。所有构件均采用 Q235，且钢材各项指标均满足塑性设计要求，截面板件宽厚比等级为 S1。

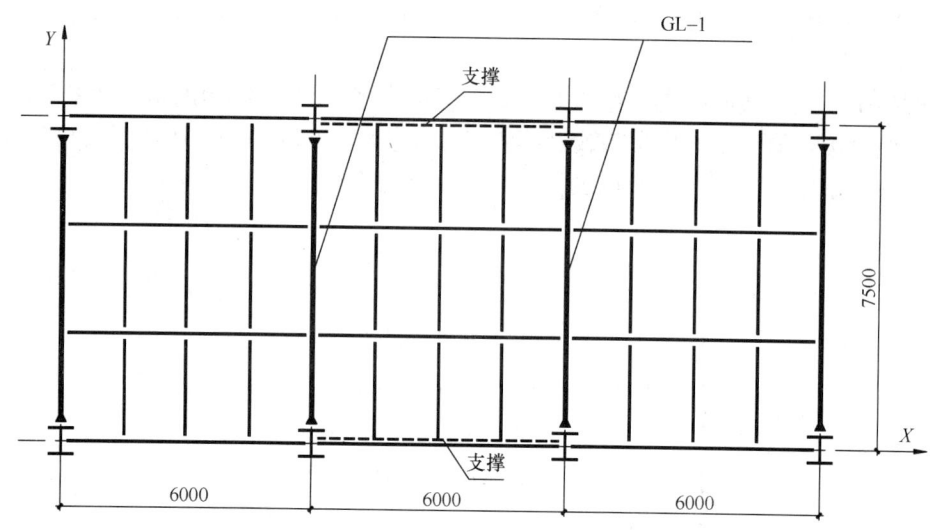

图 17-1-10　题 22~25 图

22. 框架梁 GL-1 采用焊接工字形截面 H500×250×12×16，按塑性设计。试问，该框架梁塑性铰部位的受弯承载力设计值（kN·m）与下列何项数值最为接近？

提示：（1）不考虑轴力对框架梁的影响；

（2）框架梁剪力 $V < 0.5 h_w t_w f_v$；

（3）计算截面无栓钉削弱。

A. 440   B. 500   C. 550   D. 600

23. 设计条件同题 22。假定，框架梁 GL-1 最大剪力设计值 $V = 650$kN，进行受弯构件塑性铰部位的剪切强度计算时，梁截面剪应力与抗剪强度设计值之比，与下列何项数值最为接近？

A. 0.93   B. 0.83   C. 0.73   D. 0.62

24. 设计条件同题 22。假定，框架梁 GL-1 上翼缘有楼板与钢梁可靠连接，通过设置加劲肋保障两端塑性铰的发展。试问，加劲肋的最大间距（mm）与下列何项数值最为接近？

A. 900   B. 1000   C. 1100   D. 1200

25. 设计条件同题 22。假定，框架梁 GL-1 在跨内某拼接接头处基本组合的最大弯矩设计值为 250kN·m。试问，该连接能传递的弯矩设计值（kN·m），至少应为下列何项数值？

提示：截面模量 $W_x = 2285 \times 10^3 \text{mm}^3$。

A. 250   B. 275   C. 305   D. 350

题 26～30

某钢结构建筑采用框架结构体系，框架简图如图 17-1-11 所示。结构位于 8 度（$0.20g$）抗震设防区，抗震设防类别为丙类。框架柱采用焊接箱形截面，框架梁采用焊接工字形截面，梁柱钢材均采用 Q345，框架结构总高度 $H=50\text{m}$。

提示：要求按《钢结构设计标准》GB 50017—2017 作答。

26. 在钢结构抗震性能化设计中，假定，塑性耗能区承载性能等级采用性能 7。试问，下列关于构件性能系数的描述，何项不符合《钢结构设计标准》GB 50017—2017 中有关钢结构构件性能系数的相关规定？

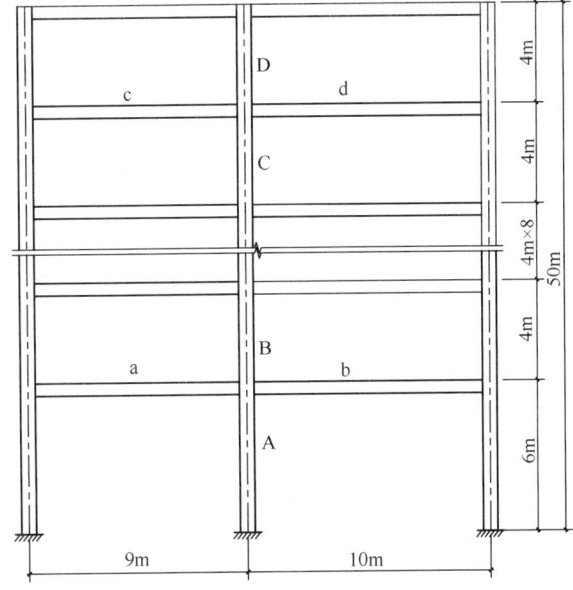

图 17-1-11 题 26～30 图

A. 框架柱 A 的性能系数宜高于框架梁 a、b 的性能系数

B. 框架柱 A 的性能系数不应低于框架柱 C、D 的性能系数

C. 当该框架底层设置偏心支撑后，框架柱 A 的性能系数可以低于框架梁 a、b 的性能系数

D. 框架梁 a、b 和框架梁 c、d 可有不同的性能系数

27. 在塑性耗能区的连接计算中，假定，框架柱柱底承载力极限状态最大组合弯矩设计值为 M，考虑轴力影响时，柱的塑性受弯承载力为 M_{pc}。试问，采用外包式柱脚时，柱脚与基础的连接极限承载力，应按下列何项取值？

A. $1.0M$ B. $1.2M$ C. $1.0M_{pc}$ D. $1.2M_{pc}$

28. 假定，梁柱节点采用梁端加强的方法来保证塑性铰外移。试问，采用下述哪些措施等级符合《钢结构设计标准》GB 50017—2017 的规定？

Ⅰ. 上、下翼缘加盖板；   Ⅱ. 加宽翼缘板且满足宽厚比规定；

Ⅲ. 增加翼缘板厚度；   Ⅳ. 增加腹板厚度。

A. Ⅰ、Ⅱ、Ⅲ   B. Ⅰ、Ⅱ、Ⅳ   C. Ⅱ、Ⅲ、Ⅳ   D. Ⅰ、Ⅲ、Ⅳ

29. 假定，框架梁截面为 HA700×400×12×24，今弹性截面模量表示为 W，塑性截面模量表示为 W_p。试问，计算框架梁的性能系数时，该构件塑性耗能区截面模量 W_E，应按下列何项取值？

A. $1.05W_p$ B. $1.05W$ C. $1.0W_p$ D. $1.0W$

30. 假设，该框架增加一层至 $H=54\text{m}$。试问，进行抗震性能化时，框架梁塑性耗能区（梁端）截面板件宽厚比，采用下列何项等级最为合适？

A. S1   B. S2   C. S3   D. S4

题 31 多层砌体房屋抗震设计时，关于建筑布置和结构体系有以下论述：

Ⅰ.应优先采用砌体墙和混凝土墙混合承重的结构体系。

Ⅱ.房屋平面轮廓凹凸尺寸,不应超过典型尺寸的50%。当超过典型尺寸的25%时,房屋转角处应采取加强措施。

Ⅲ.楼板局部大洞口的尺寸未超过楼板宽度30%时,可在墙体两侧同时开洞。

Ⅳ.不应在房屋转角处设置转角窗。

试问,针对以上论述准确性的判断,下列何项正确?

A.Ⅰ、Ⅲ　　　　　B.Ⅱ、Ⅳ　　　　　C.Ⅱ、Ⅲ　　　　　D.Ⅰ、Ⅳ

题 32～34

某8度(0.20g)抗震设防的底层框架-抗震墙砌体房屋,如图 17-1-12 所示。房屋共有 4 层,一层的框架和抗震墙均采用钢筋混凝土结构,二、三、四层承重墙为厚度 240mm 的多孔砖砌体,楼、屋面板均为钢筋混凝土现浇板。抗震设防类别为丙类,其结构布置和抗震构造措施均符合规范要求。

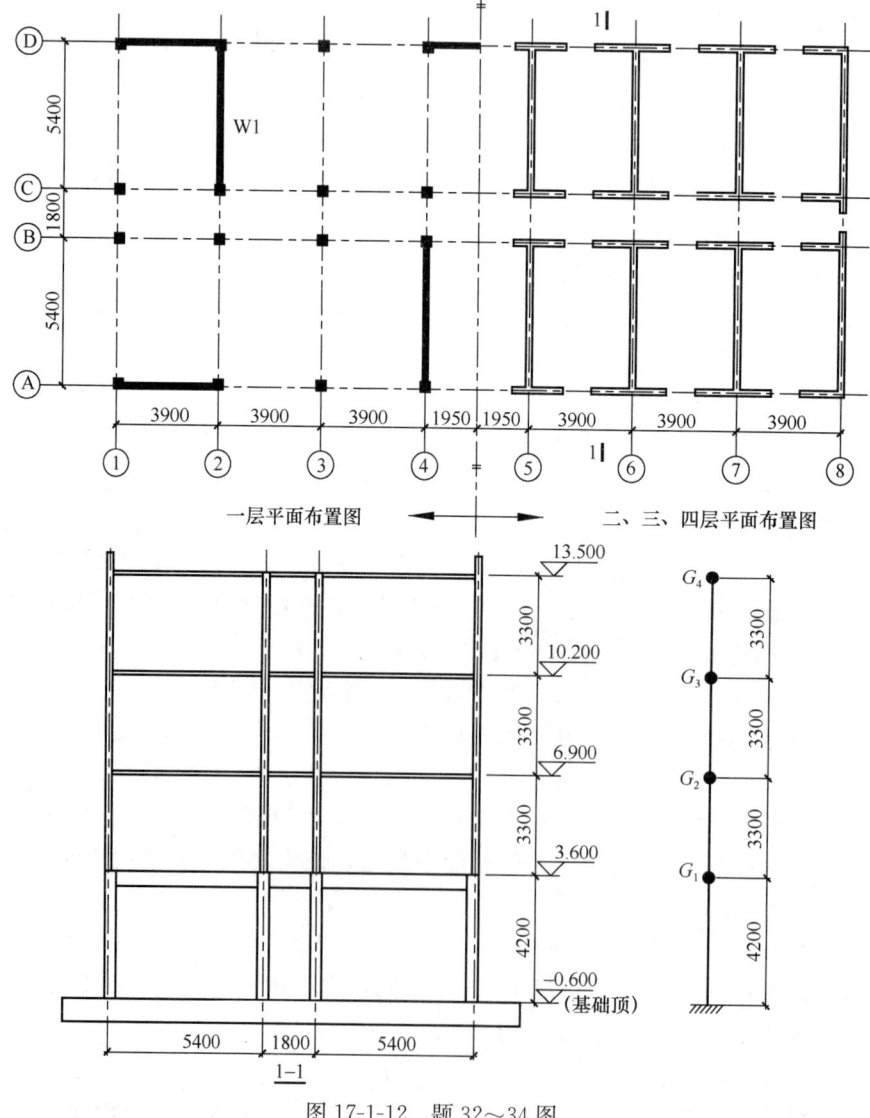

一层平面布置图 ←→ 二、三、四层平面布置图

图 17-1-12　题 32～34 图

32. 本工程采用底部剪力法进行水平地震作用计算，假设重力荷载代表值 $G_1 = 5200\text{kN}$，$G_2 = G_3 = 6000\text{kN}$，$G_4 = 4500\text{kN}$，其底层地震剪力设计值增大系数 $\eta_{EH} = 1.5$。试问，底层的地震剪力设计值 V_1（kN），与下列何项数值最为接近？

A. 6200   B. 3840   C. 4430   D. 5760

33. 对房屋进行横向地震作用分析时，假设底层结构横向总侧向刚度（即全部框架及抗震墙）为 K_1，其中框架总侧向刚度 $\sum K_c = 0.28K_1$，抗震墙总侧向刚度 $\sum K_w = 0.72K_1$，底层剪力设计值 $V_1 = 6000\text{kN}$。若抗震墙 W_1 的横向侧向刚度 $K_{w1} = 0.18K_1$。试问，W_1 承担的地震剪力设计值 V_{w1}（kN），与下列何项数值最为接近？

A. 1100   B. 1300   C. 1500   D. 1700

34. 条件同题 33。试问，框架部分承担的剪力设计值 $\sum V_c$（kN），与下列何项数值最为接近？

A. 3400   B. 2800   C. 2200   D. 1700

题 35～36

某单层单跨砌体承重的无吊车厂房，如图 17-1-13 所示。采用装配式无檩体系钢筋混凝土屋盖，厂房柱的高度 $H = 5.6\text{m}$。砌体采用 MU20 级混凝土多孔砖，Mb10 级专用砂浆砌筑，砌体施工质量控制等级为 B 级。其结构布置和构造措施均符合规范要求。

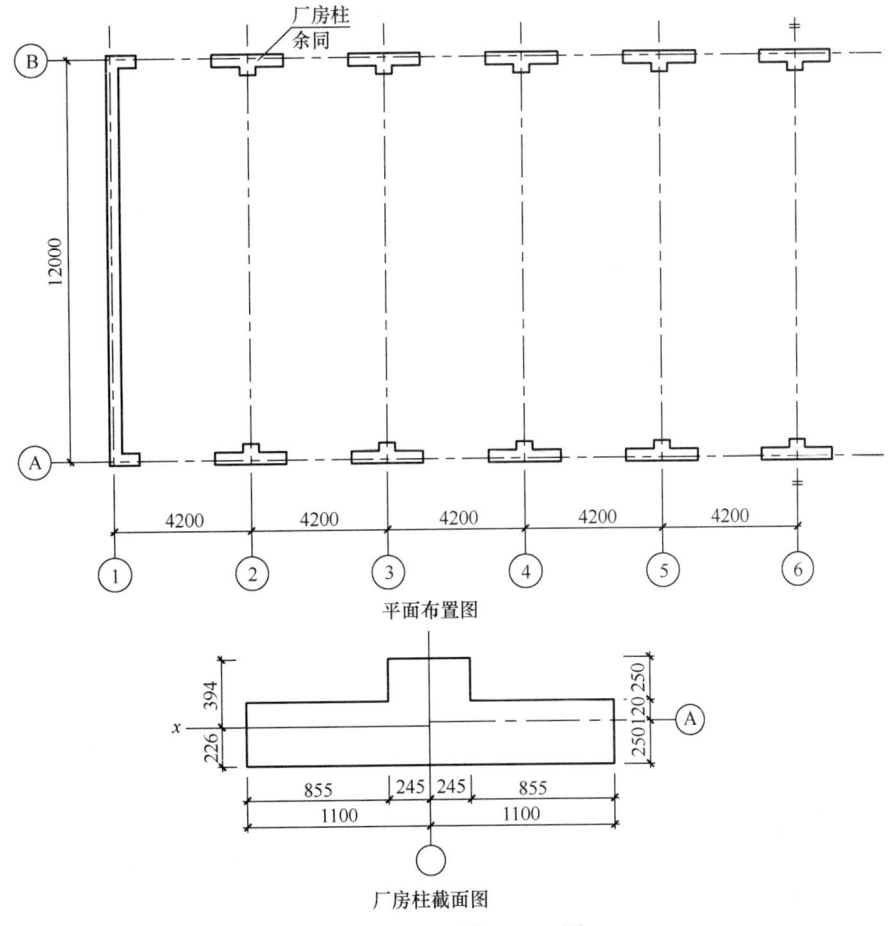

平面布置图

厂房柱截面图

图 17-1-13 题 35～36 图

提示：厂房柱的截面面积 $A=0.9365\times10^6$ mm^2，绕形心轴 x 的回转半径 $i=147$ mm。

35. 试问，按构造要求进行高厚比验算时，排架方向的厂房柱的高厚比，与下列何项数值最为接近？

A1.11　　　　　B.13　　　　　C.15　　　　　D.17

36. 假设，房屋静力计算方案为弹性方案，厂房柱柱底截面绕 x 轴的弯矩设计值 $M=52$ kN·m，轴向压力设计值为 404kN，截面重心到轴向力所在偏心方向截面边缘距离 $y=394$ mm。试问，厂房柱的受压承载力设计值（kN），与下列何项数值最为接近？

A.630　　　　　B.680　　　　　C.730　　　　　D.780

题 37～38

某房屋窗间墙长 1600mm，厚 370mm，有一 250mm×500mm 的钢筋混凝土楼面梁支承在墙上，梁端实际支承长度为 250mm，如图 17-1-14 所示。窗间墙采用 MU15 级烧结普通砖、M10 混合砂浆砌筑。砌体施工质量控制等级为 B 级。

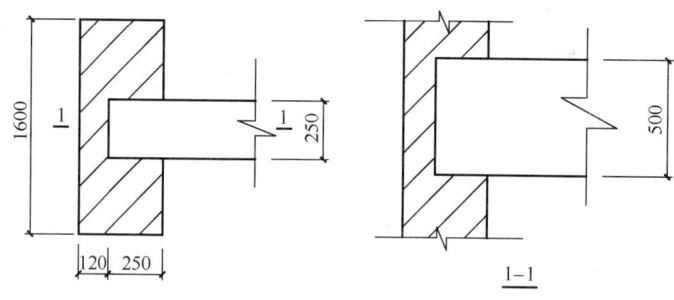

图 17-1-14　题 37～38 图

37. 试问，梁端支承处砌体的局部受压承载力设计值（kN）与下列何项数值最为接近？

A.120　　　　　B.140　　　　　C.160　　　　　D.180

38. 假设，窗间墙在重力荷载代表值作用下的轴向力 $N=604$ kN。试问，该窗间墙的抗震受剪承载力设计值 $f_{vE}A/\gamma_{RE}$（kN），与下列何项数值最为接近？

A.140　　　　　B.160　　　　　C.180　　　　　D.200

题 39～40

某露天环境的木屋架，采用云南松 TC13A 制作，计算简图如图 17-1-15 所示，其空间稳定性满足《木结构设计标准》GB 50005—2017 的规定。P 为檩条（与屋架上弦锚固）传至屋架的节点荷载。设计使用年限为 5 年，结构重要性系数 $\gamma_0=1.0$。

39. 假设，杆件 D1 采用截面为正方形的方木，在恒载和活载共同作用下 $P=20$ kN（设计值）。试问，当按此工况进行强度验算时，其最小截面边长（mm），与下列何项数值最为接近？

提示：强度验算不考虑构件自重。

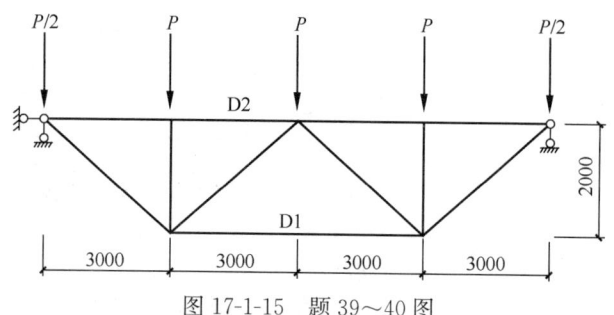

图 17-1-15　题 39～40 图

A. 70   B. 85   C. 100   D. 110

40. 假设，杆件 D2 采用截面为正方形的方木，试问，满足长细比要求最小截面边长 (mm)，与下列何项数值最为接近?

A. 90   B. 100   C. 110   D. 120

题 41～42

某土质建筑边坡采用毛石混凝土重力式挡墙支护，挡土墙墙背竖直，如图 17-1-16 所示，墙高为 6.5m，墙顶宽度为 1.5m，墙体宽度为 3m，挡土墙毛石混凝土重度为 $24kN/m^3$，墙后填土表面水平且与墙齐高，填土对墙背的摩擦角 $\delta = 0°$，排水良好，挡土墙基底水平，底部埋置深度为 0.5m，地下水位在挡墙底部以下 0.5m。

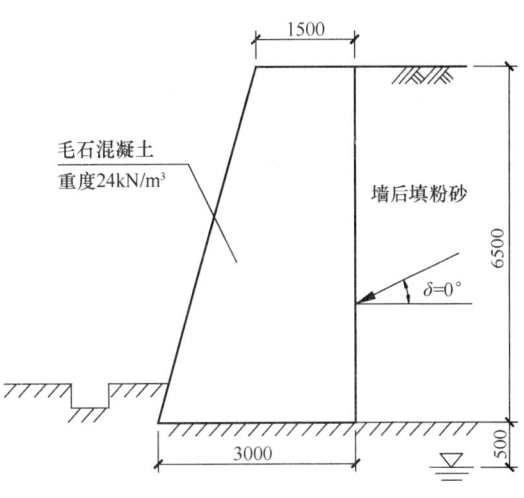

图 17-1-16 题 41～42 图

提示：(1) 不考虑墙前被动土压力的有利作用，不考虑地震;

(2) 不考虑地面荷载影响;

(3) $\gamma_0 = 1.0$。

41. 假定，墙后填土重度 $20kN/m^3$，主动土压力系数 $k_a = 0.22$，土与墙基底摩擦系数 $\mu = 0.45$。试问，挡土墙抗滑稳定系数 k_1，与下列何项数值最为接近?

A. 1. 35   B. 1. 45   C. 1. 55   D. 1. 65

42. 假定，作用于挡墙的主动土压力 $E_a = 112kN$，试问，基底最大压力 p_{kmax} (kN/m^2)，与下列何项数值最为接近?

A. 170   B. 180   C. 190   D. 200

题 43～45

某工程采用真空预压法处理地基，排水竖井采用塑料排水带，等边三角形布置，穿透 20m 软土层，上覆砂垫层厚度为 1m。满足竖井预压构造措施和地质设计要求，瞬时抽真空并保持膜下真空度 90kPa，地基处理剖面图及土层分布如图 17-1-17 所示。

43. 设计采用塑料排水带宽度 100mm，厚度 6mm，试问，当井径比 $n = 20$ 时，塑料排水带布置间距 l (mm)，与下列何项数值最为接近?

A. 1200   B. 1300   C. 1400   D. 1500

44. 假定，涂抹影响及井阻影响较小，忽略不计，井径比 $n = 20$，竖井的有效排水直径 $d_e = 1470mm$，当仅考虑抽真空荷载下径向排水固结时，试问，60 天竖井径向排水固结度 $\bar{U}_r$，(%) 与下列何项数值最为接近?

提示：(1) 不考虑涂抹及井阻影响时，$F = F_n = \ln(n) - \dfrac{3}{4}$;

(2) $\bar{U}_r = 1 - e^{-\frac{8c_h}{Fd_e^2}t}$。

A. 80   B. 85   C. 90   D. 95

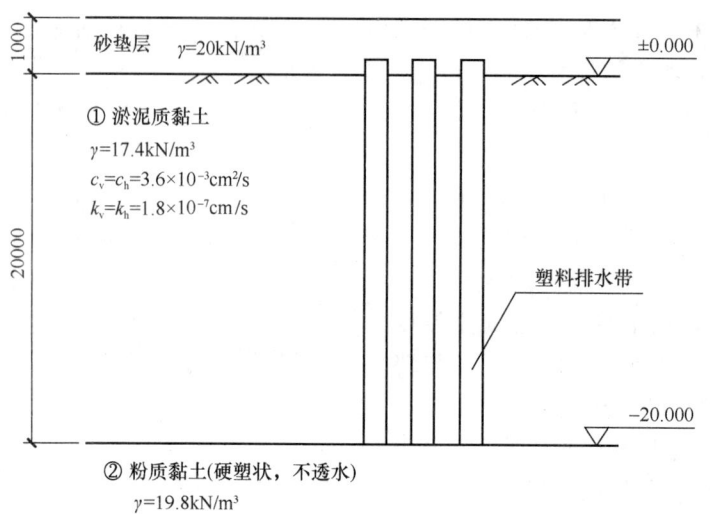

图 17-1-17　题 43～45 图

45. 假定，不考虑砂垫层本身的压缩变形，试问，预压荷载下地基最终竖向变形量（mm），应为以下何项数值？

提示：（1）沉降经验系数取 1.2；

（2）$\dfrac{e_0 - e_1}{1 + e_0} = \dfrac{p_0 k_v}{c_v \gamma_w}$；

（3）变形计算深度取至标高 −20.000m 处。

A. 300　　　　　　　B. 800　　　　　　　C. 1300　　　　　　D. 1800

题 46～48

有一六桩承台基础，采用先张法预应力混凝土管桩，外径 500mm，壁厚 100mm，C80 混凝土，无桩尖。有关地基各土层、桩端土极限端阻力标准值 q_{pk}、桩侧土极限摩阻力标准值 q_{sik} 及桩布置、承台尺寸如图 17-1-18 所示。假定，荷载效应的基本组合由永久荷载控制，承台及其上土的平均重度取 22kN/m³。

提示：荷载组合按简化原则；$\gamma_0 = 1.0$。

46. 试问，按照《建筑桩基技术规范》JGJ 94—2008，根据土的物理指标与承载力参数之间的经验关系计算的单桩竖向承载力特征值 R_a（kN），与下列何项数值最为接近？

A. 800　　　　　　　B. 1000　　　　　　C. 1500　　　　　　D. 2000

47. 假定，相应于作用的标准组合时，上部结构柱传至承台顶面中心的作用标准值 N_k =5200kN，$M_{kx} = 0$，$M_{ky} = 560$kN·m。试问，承台 2-2 截面（柱边）处剪力设计值（kN），与下列何项数值最为接近？

A. 2550　　　　　　B. 2650　　　　　　C. 2750　　　　　　D. 2850

48. 假定，不考虑地震作用，承台顶面中心弯矩标准值 $M_{kx} = 0$，最大单桩反力设计值为 1180kN，承台采用 C35 混凝土（$f_t = 1.57$N/mm²），HRB400 钢筋（$f_y = 360$N/mm²），$h_0 = 1000$mm。试问，下列承台长向受力主筋配置方案哪个合理？

A. Φ20@100　　　　B. Φ22@100　　　　C. Φ22@150　　　　D. Φ25@100

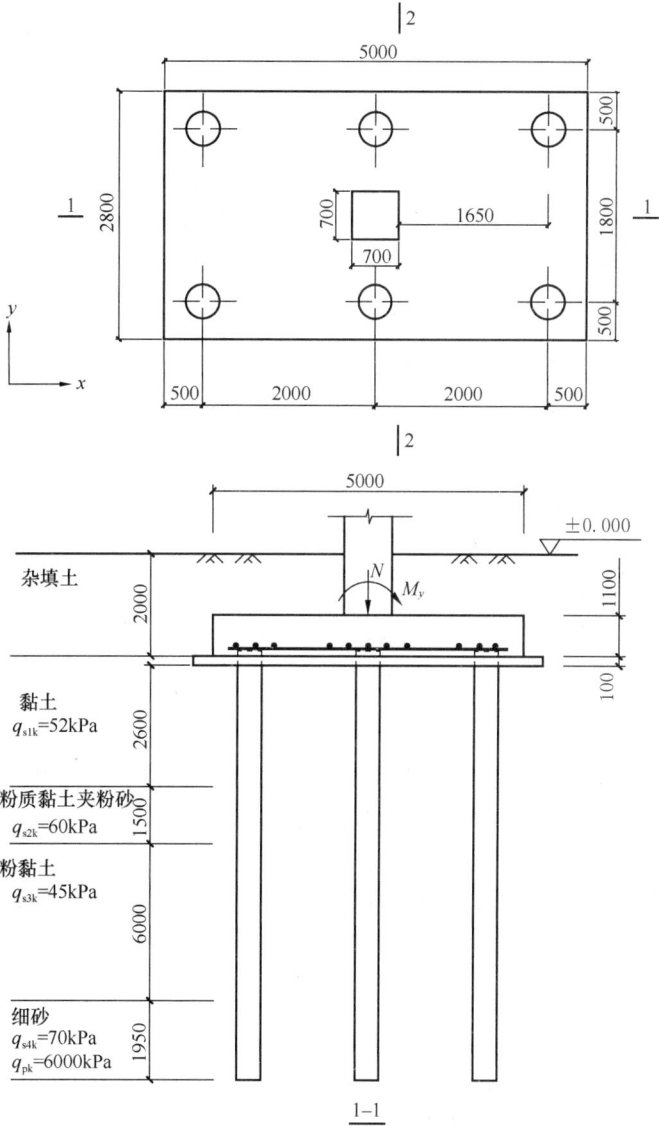

图 17-1-18 题 46～48 图

题 49 某工程采用钢管桩基础，钢材为 Q345B（$f'_y = 305\text{N/mm}^2$，$E = 206 \times 10^3 \text{N/mm}^2$），外径 $d = 950\text{mm}$，锤击沉桩，试问，满足打桩时桩身不出现局部压屈的最小钢管壁厚（mm），与下列何项数值最为接近？

A. 7   B. 8   C. 9   D. 10

题 50～51

某 8 度设防地区建筑，不设地下室，水下成孔混凝土灌注桩，桩径 800mm，C40 混凝土，桩长 30m，桩底端进入强风化片麻岩，桩基按位于腐蚀环境设计。独立桩承台，承台间设置连系梁。桩基础及土层剖面如图 17-1-19 所示。

50. 假定，桩顶固接，桩身配筋率为 0.7%，抗弯刚度 $4.33 \times 10^5 \text{kN} \cdot \text{m}^2$，桩侧土水平抗力系数的比例系数 $m = 4\text{MN/m}^4$，桩水平承载力由水平位移控制，允许位移为 10mm。

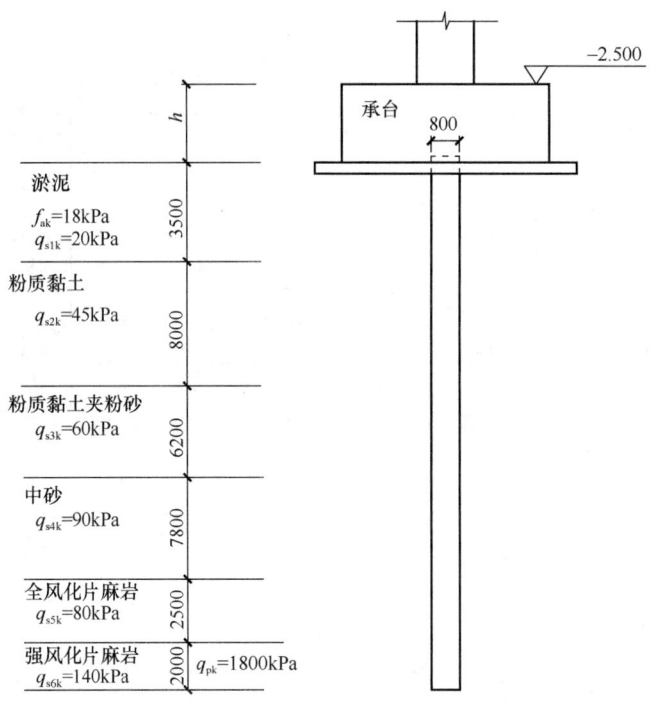

图 17-1-19 题 50～51 图

试问，初步设计按《建筑桩基技术规范》JGJ 94—2008 估算的考虑地震作用组合的桩基单桩水平承载力特征值（kN），与下列何项数值最为接近？

A. 161　　　　　　B. 201　　　　　　C. 270　　　　　　D. 330

51. 试问，图 17-1-20 所示工程桩结构中，有几处不满足《建筑地基基础设计规范》GB 50007—2011 及《建筑桩基技术规范》JGJ 94—2008 的构造要求？

A. 1　　　　　　B. 2　　　　　　C. 3　　　　　　D. ≥4

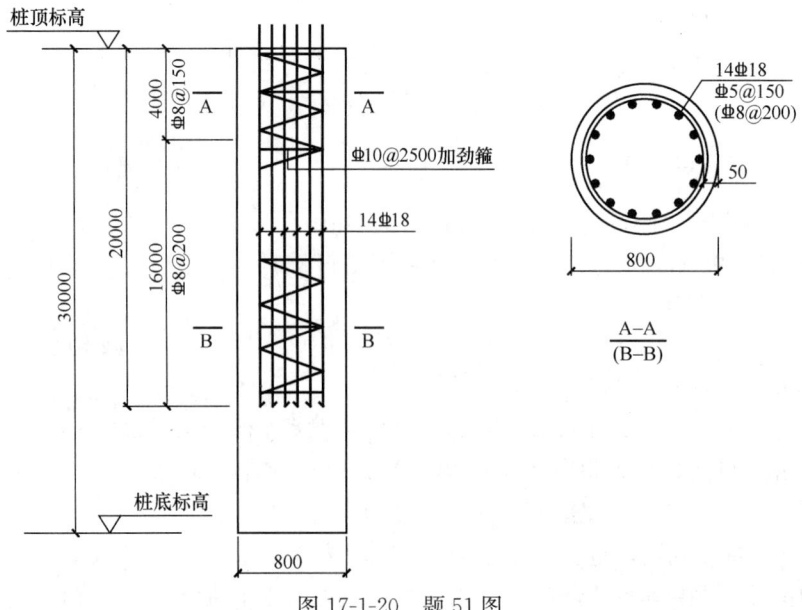

图 17-1-20 题 51 图

题 52 某抗震等级为一级的 6 层框架结构，采用直径 600mm 混凝土灌注桩基础，无地下室，试问，图 17-1-21 中有几处不符合《建筑地基基础设计规范》GB 50007—2011 及《建筑桩基技术规范》JGJ 94—2008 的构造要求？

A. 1   B. 2   C. 3   D. ≥4

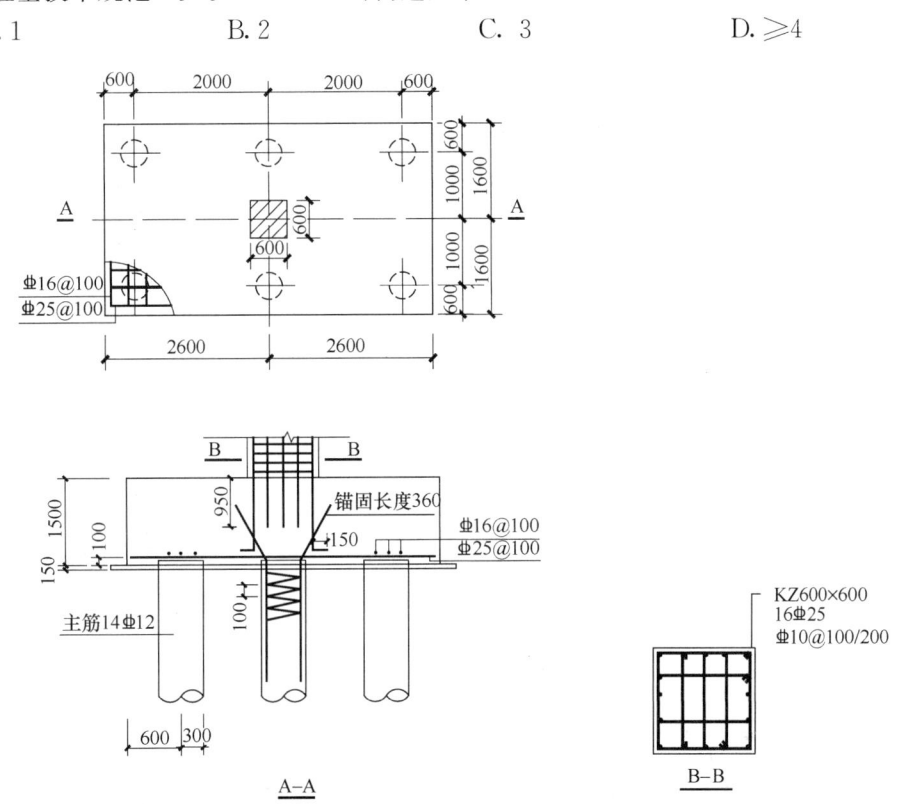

图 17-1-21 题 52 图

题 53～55

某安全等级为二级的高层建筑采用钢筋混凝土框架结构，柱截面尺寸 900mm×900mm，如图 17-1-22 所示。柱采用平板式筏基，板厚 1.4m，均匀地基。荷载效应由永久荷载控制。

提示：计算时取 $h_0 = 1.34$m；荷载组合按简化规则。

53. 如图 17-1-23 所示，假设，中柱 KZ1 柱底按荷载标准组合得到的柱轴力 $F_{1k} = 9000$kN，柱底端弯矩 $M_{1kr} = 0$，$M_{1ky} = 150$kN·m。荷载标准组合基底净反力 135kPa（已扣除筏基及其上土重）。已知，$I_s = 11.17$m^4，$\alpha_s = 0.4$，试问，KZ1 柱边 $h_0/2$ 处的筏板冲切临界截面的最大剪应力设计值 τ_{max}（kPa），与下列何项数值最为接近？

A. 600   B. 800   C. 1000   D. 1200

54. 假设，柱 KZ2 按标准组合的柱底轴力 $F_k = 7000$kN，其他条件同上题，试问，冲切验算时，作用在 KZ2 下的冲切力设计值 F_l（kN），与下列何项数值最为接近？

A. 7800   B. 8200   C. 8600   D. 9000

55. 在作用的准永久组合下，当结构竖向荷载重心与筏板形心不重合时，试问，根据《建筑地基基础设计规范》GB 50007—2011，荷载重心左右侧偏离筏板形心的距离限值（m），与下列何项数值最为接近？

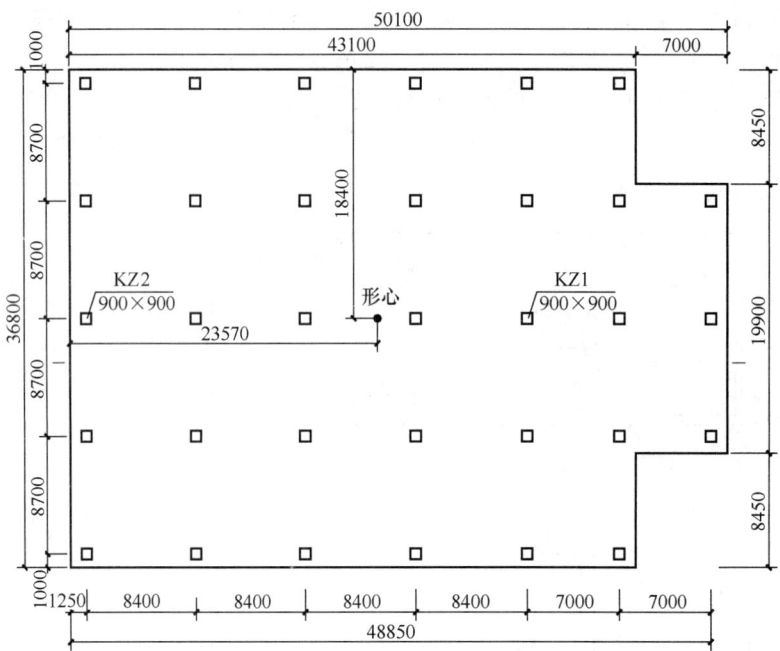

图 17-1-22 题 53~55 图

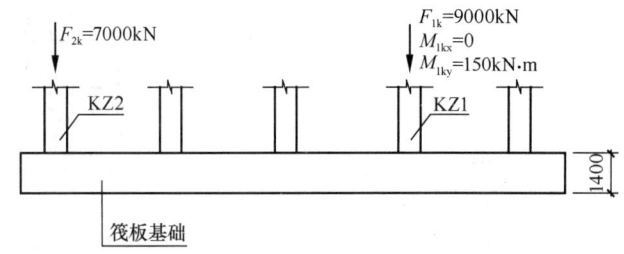

图 17-1-23 题 53 图

A. 0.710，0.580   B. 0.800，0.580

C. 0.800，0.710   D. 0.880，0.690

题 56 下列关于 CFG 桩复合地基质量检验方法的叙述，何项符合《建筑地基处理技术规范》JGJ 79—2012 的要求？

Ⅰ. 应采用静载检验处理后地基承载力

Ⅱ. 应采用静载检验复合地基承载力

Ⅲ. 应进行静载试验检验单桩承载力

Ⅳ. 应采用静力触探试验检验处理后地基质量

Ⅴ. 应采用动力触探试验检验处理后地基质量

Ⅵ. 应检验桩身强度

Ⅶ. 应进行低应变动力试验检验桩身完整性

Ⅷ. 应采用钻芯检验成桩质量

A. Ⅰ、Ⅲ、Ⅳ、Ⅶ   B. Ⅰ、Ⅲ、Ⅵ、Ⅶ

C. Ⅱ、Ⅲ、Ⅵ、Ⅶ   D. Ⅱ、Ⅲ、Ⅴ、Ⅶ

题 57 下列关于高层民用建筑抗震的观点，何项与规范不一致？

A. 高层混凝土框架-剪力墙结构，剪力墙有端柱时，墙体在楼盖处宜设暗梁

B. 高层钢框架-支撑结构，支撑框架所承担地震剪力不应小于总地震剪力的 75%

C. 高层混凝土结构，位移比计算应采用规定水平地震作用，且考虑偶然偏心影响，楼层层间最大位移与层高之比应采用地震作用标准值，可不考虑偶然偏心

D. 重点设防类高层建筑应按高于本地区抗震设防一度的要求提高其抗震措施，但抗震设防烈度为 9 度时应适当提高；适度设防类，允许比本地区抗震设防烈度的要求适当降低，但其抗震措施 6 度时不应降低

题 58 下列关于高层建筑结构的观点，何项最为准确？

A. 对于超长钢筋混凝土结构，温度作用计算时，地下部分与地上部分结构应考虑不同的"温升""温降"作用

B. 高度超过 60m 的高层建筑，结构设计时基本风压应增大 10%

C. 复杂高层建筑结构应采用弹性时程分析法进行补充计算，关键构件的内力、配筋应与反应谱法的计算结果进行比较，取较大者

D. 抗震设防烈度为 8 度（0.30g）基本周期 3s 的竖向不规则结构的薄弱层，多遇地震下水平地震作用计算时，薄弱层的最小水平地震剪力系数不应小于 0.048

题 59 处于 7 度区的丙类高层建筑，多遇水平地震标准值作用时，需控制弹性层间位移角，比较下列三种结构体系的弹性层间位移角限值 $[\Delta u/h]$：

体系 1，房屋高度为 180m 的钢筋混凝土框架-核心筒结构；

体系 2，房屋高度为 50m 的钢筋混凝土框架结构；

体系 3，房屋高度为 120m 的钢框架-屈曲约束支撑结构。

试问，以上三种结构体系的 $[\Delta u/h]$ 之比，与下列何项数值最为接近？

A. 1：1.45：2.71   B. 1：1.2：1.36

C. 1：1.04：1.36   D. 1：1.23：2.71

题 60～61

某平面为矩形的 24 层现浇钢筋混凝土部分框支剪力墙结构，房屋总高度为 75.00m，一层为框支层，转换层楼板局部大开洞，如图 17-1-24 所示，其余楼板均连续。所在地区设防烈度为 8 度（0.20g），丙类建筑，安全等级为二级。转换层混凝土强度等级为 C40，钢筋采用 HRB400（Φ）。

60. 假定，⑤轴落地剪力墙处，由不落地剪力墙传来的按刚性楼板计算的楼板组合剪力设计值 $V_f = 1400$kN，KZL1、KZL2 穿过 5 轴墙的纵筋 $A_s = 4200$mm²，转换楼板配筋验算宽度按 $b_f = 5600$mm，板面、板底配筋相同，且均穿过周边墙梁。试问，该转换楼板厚度 t_f（mm）及板底最小配筋应为下列何项数值，才能满足规范、规程的最低抗震要求？

提示：（1）框支层楼板按构造配筋时，满足竖向承载力和水平平面内抗弯要求；

（2）核算转换层楼板的截面时，板宽 $b_f = 6300$mm，忽略梁截面。

A. $t_f = 180$mm，Φ12@200   B. $t_f = 200$mm，Φ12@200

C. $t_f = 220$mm，Φ12@200   D. $t_f = 250$mm，Φ14@200

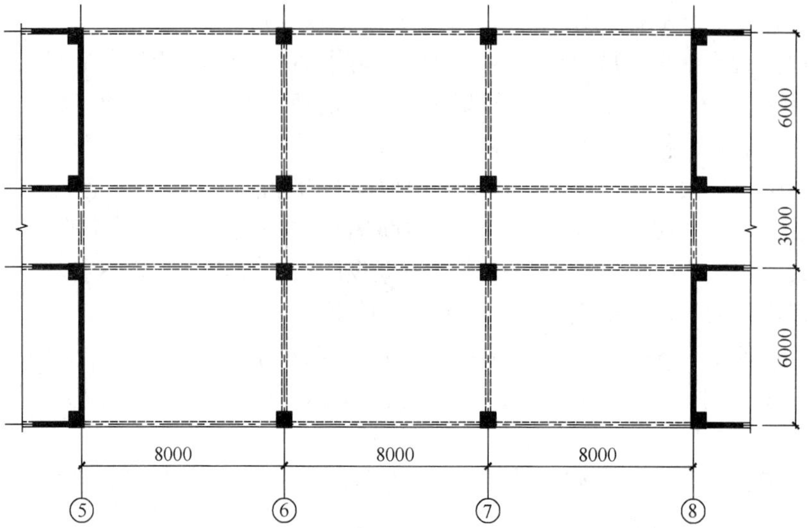

一层平面布置图

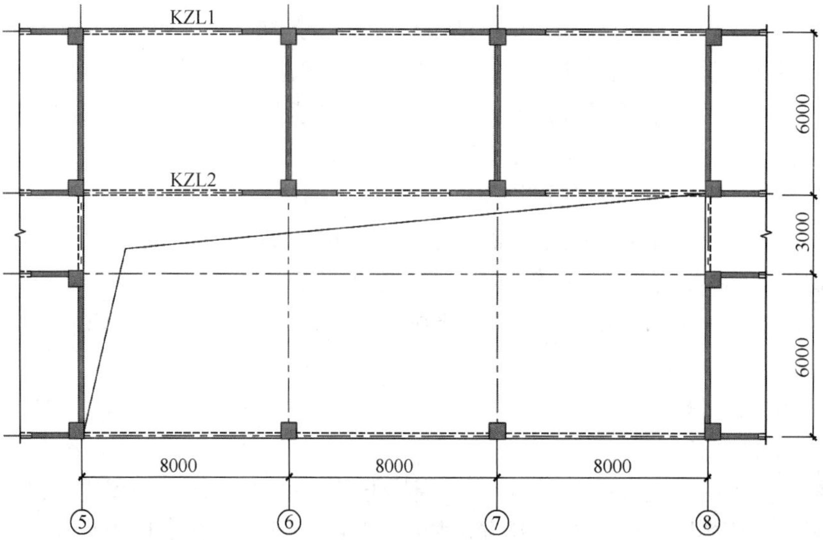

二层平面布置图

图 17-1-24　题 60～61 图

61. 假定,底层某一落地剪力墙如图 17-1-25 所示(配筋为示意,端柱内周边均匀布置),抗震等级为一级,抗震承载力计算时,考虑地震作用组合的墙肢组合内力计算值(未经调整)为 $M=3.9\times10^4$ kN·m,$V=3.2\times10^3$ kN,$N=1.6\times10^4$ kN(压力),$\lambda=1.9$。试问,该剪力墙底部截面水平向分布筋应按下列何项布置,才能满足规范、规程的最低抗震要求?

提示:$A_w/A\approx1$,$h_{w0}=6300$mm,$0.15\beta_c f_c b_w h_{w0}/\gamma_{RE}=6.37\times10^6$ N,$0.2f_c b_w h_w$ $=7563600$N。

A. 2 ⊈ 10@200　　　B. 2 ⊈ 12@200　　　C. 2 ⊈ 14@200　　　D. 2 ⊈ 16@200

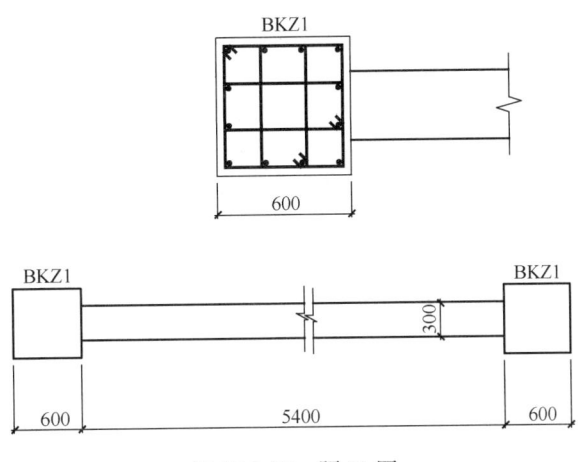

图 17-1-25　题 61 图

题 62　某拟建 12 层办公楼采用钢支撑-混凝土框架结构，房屋高度为 43.3m，框架柱截面 700mm×700mm，混凝土强度等级为 C50。抗震设防烈度为 7 度，丙类建筑，Ⅱ类场地。进行方案比较时，有四种支撑布置方案，假定，多遇地震作用下起控制作用的主要计算结果见表 17-1-1。

各方案在多遇地震作用下的主要计算结果　　　　　表 17-1-1

方案序号	M_{xF}/M（%）	M_{yF}/M（%）	N（kN）	N_G（kN）
A	51	52	8300	7300
B	46	48	8000	7200
C	52	51	8250	7250
D	42	43	7800	7600

各符号含义如下：

M_F——底层框架部分按刚度分配的地震倾覆力矩；

M——底层总地震倾覆力矩；

N——底层混凝土框架柱考虑地震作用组合作用的最大轴压力设计值；

N_G——底层钢支撑柱考虑地震作用组合作用的最大轴压力设计值。

假定，刚度、支撑间距等其他方面均满足规范要求，如果仅从支撑布置及柱抗震构造方面考虑，试问，下列哪种方案最为合理？

提示：（1）按《建筑抗震设计规范》GB 50011—2010（2016 年版）作答；

（2）柱不采取提高轴压比限值措施。

A. 方案 A　　　　　B. 方案 B　　　　　C. 方案 C　　　　　D. 方案 D

题 63　某拟建 10 层普通办公楼，现浇钢筋混凝土框架-剪力墙结构，质量和刚度沿高度分布比较均匀，房屋高度为 36.4m，一层地下室，地下室顶板为上部嵌固部位，采用桩基础。本地区抗震设防烈度为 8 度（0.20g），设计地震分组为第一组，丙类建筑，Ⅲ类场地。已知总重力荷载代表值在 146000 ～166000kN 之间。

初步设计时，有四种结构布置方案（x 向起控制作用），各方案在多遇地震作用下按振型分解反应谱法的主要计算结果见表 17-1-2。

<table>
<tr><th colspan="5">各方案采用振型分解反应谱法的主要计算结果　　　　　表 17-1-2</th></tr>
<tr><td>计算指标</td><td>方案 A</td><td>方案 B</td><td>方案 C</td><td>方案 D</td></tr>
<tr><td>T_x (s)</td><td>0.85</td><td>0.85</td><td>0.86</td><td>0.86</td></tr>
<tr><td>F_{Ekx} (kN)</td><td>8200</td><td>8500</td><td>12000</td><td>10200</td></tr>
<tr><td>λ_x</td><td>0.050</td><td>0.052</td><td>0.076</td><td>0.075</td></tr>
</table>

各符号含义如下：

T_x——结构第一自振周期；

F_{Ekx}——总水平地震作用剪力标准值；

λ_x——水平地震剪力系数。

假定，从结构剪重比及总重力荷载合理性考虑，上述只有一个比较合理，试问是哪个方案？

提示：按底部剪力法判断。

A. 方案 A　　　　　B. 方案 B　　　　　C. 方案 C　　　　　D. 方案 D

题 64～65

某 7 层民用现浇钢筋混凝土框架结构，如图 17-1-26 所示，层高均为 4.0m，结构竖向层刚度无突变，楼层屈服强度系数 ξ_y 分布均匀，安全等级为二级。设防烈度为 8 度 (0.20g)，丙类建筑，Ⅱ类场地。

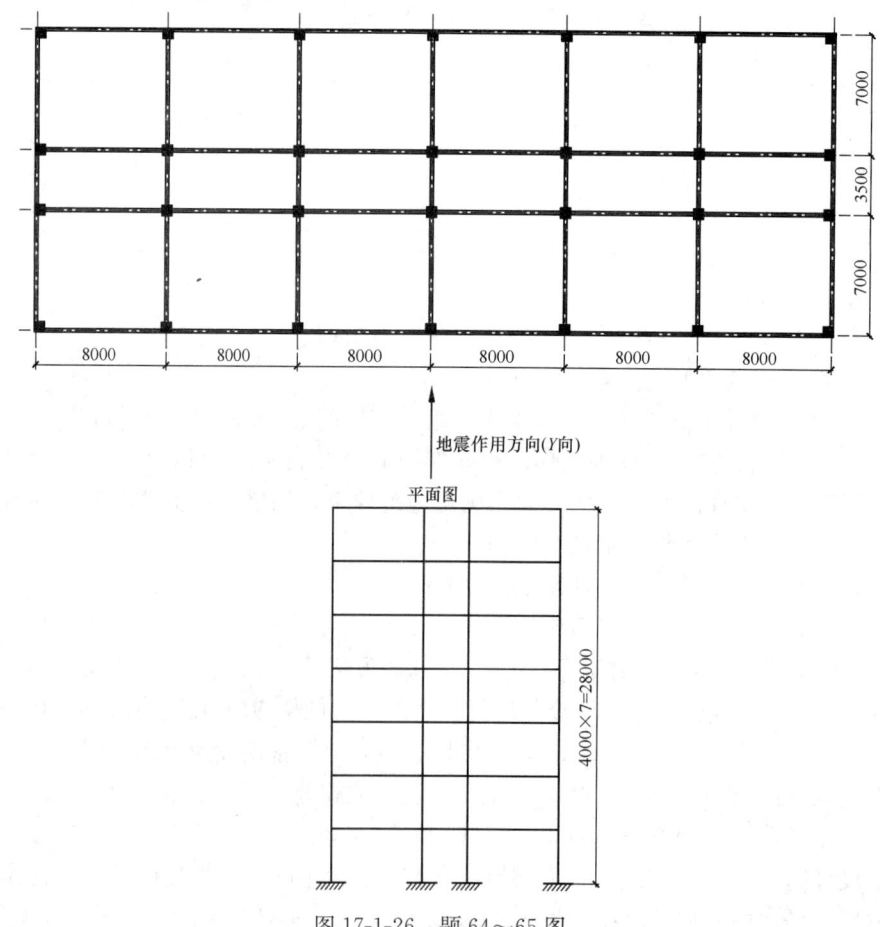

图 17-1-26　题 64～65 图

64. 假定，该结构中部某一框架梁局部平面如图 17-1-27 所示，框架梁截面 350mm×700mm，$h_0=640$mm，$a'_s=40$mm，混凝土强度等级为 C40，纵筋采用 HRB500（Φ），梁端 A 底部配筋为顶部一半（顶部纵筋 $A_s=4920$mm^2）。针对梁端 A 的配筋，试问，计入受压钢筋作用的梁端抗震受弯承载力设计值（kN·m），与下列何项数值最为接近？

提示：（1）梁抗弯承载力按 $M=M_1+M_2$；

（2）梁按实际配筋计算的受压区高度与抗震要求的最大受压区高度相等。

A. 1241　　　　　　B. 1600　　　　　　C. 1820　　　　　　D. 2400

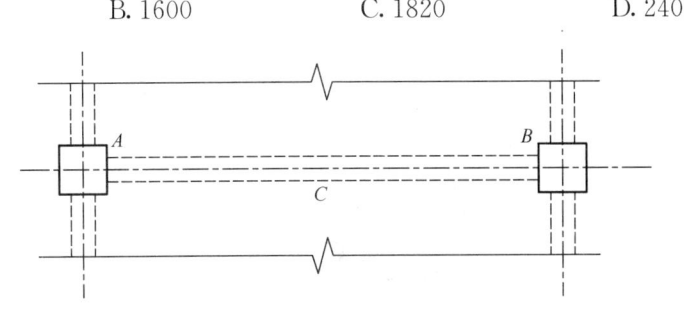

图 17-1-27　题 64 图

65. 假定，Y 向多遇地震作用下首层地震剪力标准值 $V_0=9000$kN（边柱 14 根，中柱 14 根），罕遇地震地震作用下首层弹性地震剪力标准值 $V=50000$kN。框架柱按实配钢筋和混凝土强度标准值计算的受剪承载力：每根边柱 $V_{cua1}=780$kN，中柱 $V_{cua2}=950$kN。关于结构弹塑性变形验算，有下列 4 种观点：

Ⅰ. 不必进行弹塑性变形验算；

Ⅱ. 增大框架柱实配钢筋使 V_{cua1} 和 V_{cua2} 增加 5% 后，可不进行弹塑性变形验算；

Ⅲ. 可采用简化方法计算，弹塑性层间位移增大系数取 1.83；

Ⅳ. 可采用静力弹塑性分析方法或弹塑性时程分析法进行弹塑性变形验算。

试问，上述观点是否符合《高层建筑混凝土结构技术规程》JGJ 3—2010 的要求？

A. Ⅰ不符合，Ⅱ、Ⅲ、Ⅳ符合

B. Ⅰ、Ⅱ符合，Ⅲ、Ⅳ不符合

C. Ⅰ、Ⅱ不符合，Ⅲ、Ⅳ符合

D. Ⅰ符合，Ⅱ、Ⅲ、Ⅳ不符合

题 66～68

某高层办公楼，地上 33 层，如图 17-1-28 所示，房屋高度为 128.0m。内筒采用钢筋混凝土核心筒，外围为钢框架，钢框架柱距：1～5 层为 9.0m，6～33 层为 4.5m，5 层设转换桁架。设防烈度为 7 度（0.10g），设计地震分组为第一组，丙类建筑，Ⅲ类场地。地下一层顶板（±0.000 处）作为上部结构嵌固部位。

提示："抗震措施等级"指抗震计算中内力调整；"抗震构造措施等级"指构造措施抗震等级。

66. 针对上述结构，钢筋混凝土核心筒地下二层和第 20 层的抗震等级有 4 个观点，如表 17-1-3 所示。试问，哪个观点符合《建筑与市政工程抗震通用规范》GB 55002—2021 的最低要求？

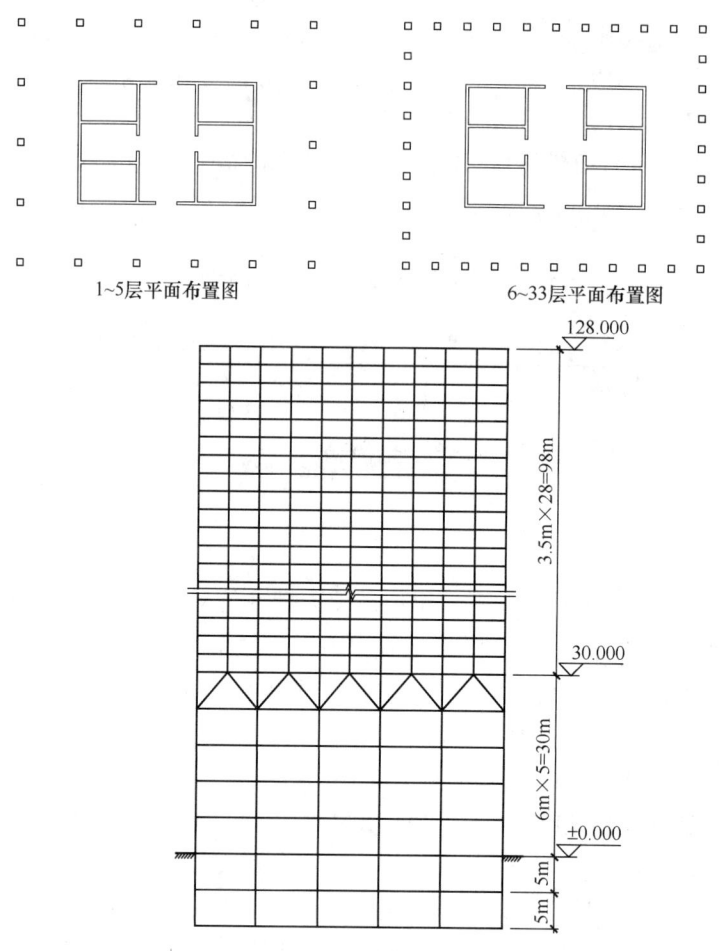

1~5层平面布置图　　　　　　6~33层平面布置图

图 17-1-28　题 66~68 图

关于核心筒抗震等级的观点

表 17-1-3

位置	观点 1		观点 2		观点 3		观点 4	
	抗震措施等级	抗震构造措施等级	抗震措施等级	抗震构造措施等级	抗震措施等级	抗震构造措施等级	抗震措施等级	抗震构造措施等级
地下二层	不计算地震作用	一级	不计算地震作用	三级	不计算地震作用	二级	二级	二级
第20层	特一级	特一级	二级	二级	一级	一级	二级	二级

A. 观点 1　　　　B. 观点 2　　　　C. 观点 3　　　　D. 观点 4

67. 针对上述结构，外围钢框架的抗震等级有 4 个观点，如表 17-1-4 所示。试问，哪个观点符合《建筑与市政工程抗震通用规范》GB 55002—2021 的最低要求？

关于外围钢框架抗震等级的观点　　　　表 17-1-4

位置	观点 1		观点 2		观点 3		观点 4	
	抗震措施等级	抗震构造措施等级	抗震措施等级	抗震构造措施等级	抗震措施等级	抗震构造措施等级	抗震措施等级	抗震构造措施等级
1~5 层	三级	三级	二级	二级	二级	三级	二级	二级
6~33 层	三级	三级	三级	三级	二级	三级	二级	二级

A. 观点 1　　　　　　　　　　　　B. 观点 2

C. 观点 3　　　　　　　　　　　　D. 观点 4

68. 因方案调整，取消 5 层转换桁架，6~33 层钢框架柱距由 4.5m 改为 9.0m，与 1~5 层贯通，结构沿竖向刚度分布均匀、扭转效应不明显、无薄弱层。假定，重力荷载代表值为 1.0×10^6 kN，底部对应于 Y 向水平地震作用标准值的剪力为 12800kN，基本周期 4.0s。多遇地震标准值作用下，Y 向框架按侧向刚度分配且未经调整的楼层地震剪力标准值：首层 $V_{f1} = 900$ kN，各层最大值 $V_{f,max} = 2000$ kN。试问，抗震设计时，首层 Y 向框架部分的楼层地震剪力标准值（kN），与下列何项数值最为接近？

假定：各层剪力调整系数均按底层剪力调整系数取值。

A. 900　　　　　　　　　　　　　　B. 2560

C. 2940　　　　　　　　　　　　　　D. 3450

题 69　某 8 层钢结构民用建筑，采用钢框架-中心支撑体系（有侧移，无摇摆柱），房屋高度为 33.0m，外围局部高大空间，其中某榀钢框架如图 17-1-29 所示。8 度（0.20g），乙类建筑，Ⅱ类场地，钢材采用 Q345（强度按 $f_y = 345$ N/mm²），结构内力采用一阶线弹性分析，框架柱 KZA 与柱顶框架梁 KLB 的承载力满足 2 倍多遇地震作用组合下的内力要求。

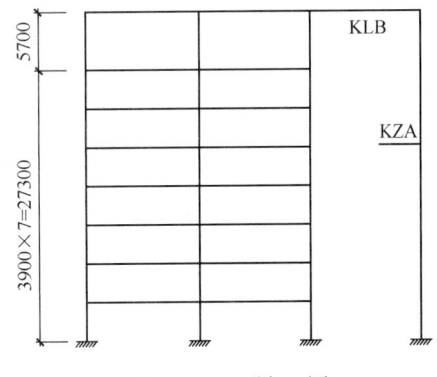

图 17-1-29　题 69 图

假定，框架柱 KZA 在 xy 平面外及相关构造满足规范要求，在 xy 平面内 KZA 的线刚度 i_c 与框架梁 KLB 的线刚度 i_b 相等。试问，框架柱

KZA 在 xy 平面内的回转半径 r_c（mm）最小为下列何值才能满足长细比的要求？

提示：（1）按《高层民用建筑钢结构技术规程》JGJ 99—2015 作答；

（2）不考虑 KLB 轴力影响；

（3）长细比 $\lambda = \mu H / r_c$。

A. 610　　　　　　B. 625　　　　　　C. 870　　　　　　D. 1010

题 70~72

某 26 层钢结构办公楼，采用钢框架-支撑体系，如图 17-1-30 所示，抗震设防烈度为 8 度（0.20g），丙类建筑，第一组，Ⅲ类场地，安全等级均为二级，钢材采用 Q345，为了简化计算，钢材强度指标均按 $f = 305$ N/mm²，$f_y = 345$ N/mm²。

提示：按《高层民用建筑钢结构技术规程》JGJ 99—2015 作答。

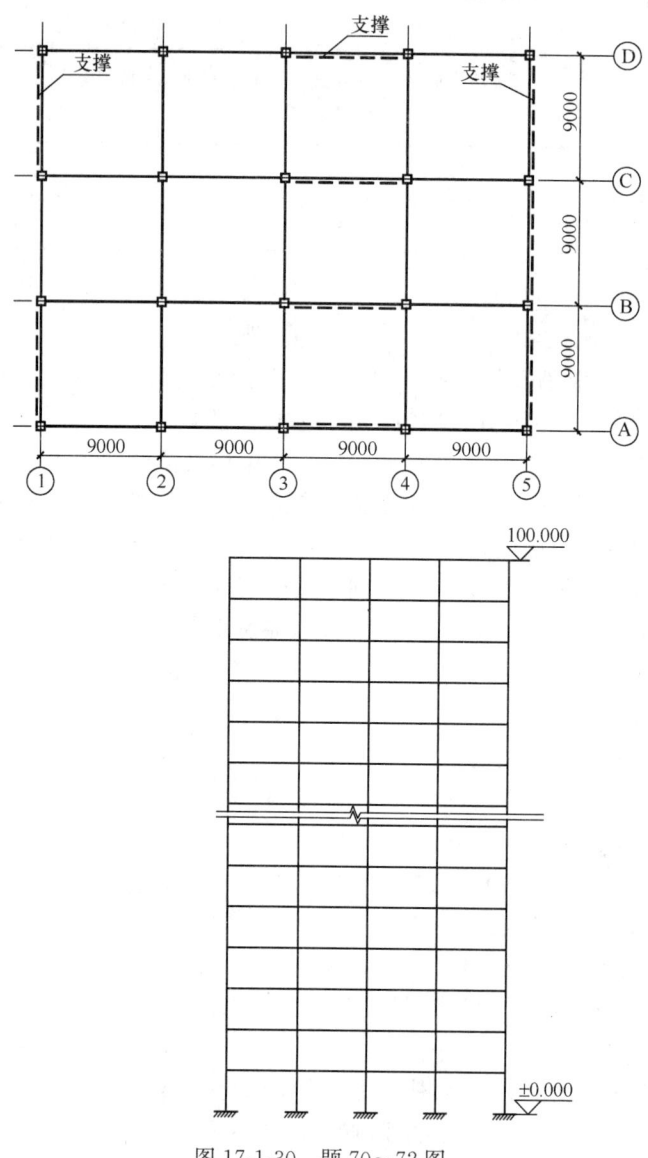

图 17-1-30　题 70~72 图

70. 假定，① 轴第 12 层支撑的形状如图 17-1-31所示，框架梁截面为 H600×300×12×20，$W_{np}=4.42×10^6 mm^3$。已知消能梁段的剪力设计值为 $V=1190kN$，对应于消能梁段剪力设计值 V 的支撑组合轴力计算值 $N_{br,com}=2000kN$，支撑斜杆采用 H 型钢，抗震等级为二级，且满足承载力及其他构造要求。试问，支撑斜杆轴力设计值 N_{br}（kN）最小应取下列何值，才能满足规范要求？

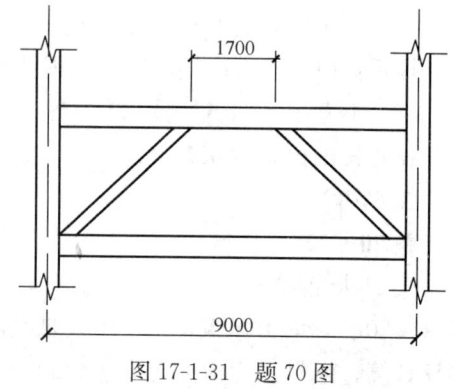

图 17-1-31　题 70 图

A. 2940   B. 3170   C. 3350   D. 3470

71. 中部楼层某框架中柱 KZA 如图 17-1-32 所示，楼层的受剪承载力与上一楼层基本相同，所有框架梁均为等截面梁，承载力及位移计算所需的柱左、右梁断面均为 H600×300×14×24，$W_{pb}=5.21×10^6 \text{mm}^3$，上、下柱断面相同，均为箱形截面。假定，柱 KZA 抗震等级为一级，轴力设计值为 8500kN，2 倍多遇地震作用下，组合轴力设计值为 12000kN，结构的二阶效应系数小于 0.1，$\varphi=0.6$。

试问，框架柱 KZA 截面尺寸最小取下列何值才能满足规范关于"强柱弱梁"的抗震要求？

A. $550×550×24×24$（$A_c=50496\text{mm}^2$，$W_{pc}=9.97×10^6\text{mm}^3$）

B. $550×550×26×26$（$A_c=58464\text{mm}^2$，$W_{pc}=1.115×10^7\text{mm}^3$）

C. $550×550×28×28$（$A_c=62400\text{mm}^2$，$W_{pc}=1.22×10^7\text{mm}^3$）

D. $550×550×30×30$（$A_c=66304\text{mm}^2$，$W_{pc}=1.40×10^7\text{mm}^3$）

图 17-1-32 题 71 图

72. Ⓑ轴第 20 层消能梁段的腹板加劲肋设置如图 17-1-33 所示，假定，消能梁段净长 $a=1700\text{mm}$，截面为 H600×300×12×20（$0.15Af=839\text{kN}$，$W_{np}=4.42×10^6\text{mm}^3$），轴压力设计值为 $N=800\text{kN}$，支撑采用 H 型钢。试问，上述四种消能梁段的腹板加劲肋设置图，哪一种符合规范的最低构造要求？

提示：该消能段不计轴力影响的受剪力承载力为 $V_l=1345\text{kN}$。

A. 图（a）   B. 图（b）   C. 图（c）   D. 图（d）

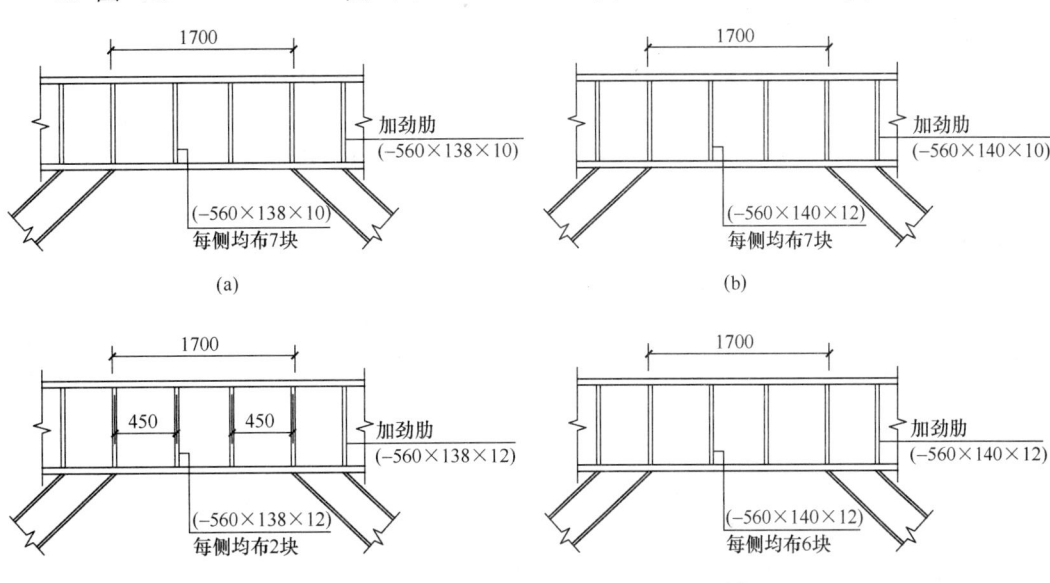

图 17-1-33 题 72 图

题 73   某城市主干路上一座跨线桥，跨径组合为 30m＋40m＋30m 预应力混凝土连续箱梁桥，桥区地震基本烈度为 7 度，地震动峰值加速度为 0.15g。在确定设计技术标准时，试问，以下有几条符合规范要求？

① 桥梁抗震设防为丙类，抗震设防标准为 E1 地震作用下，震后可立即使用，结构总体反应在弹性范围内，基本无损伤；在 E2 地震作用下，经抢修可恢复使用，永久性修复后恢复正常运营能力，构件有限损伤；

② 桥梁抗震措施采用符合本地区地震基本烈度要求；

③ 地震调整系数 C_i 值在 E1 和 E2 作用下分别为 0.46、2.2；

④ 地震设计方法分类采用 A 类，进行 E1 和 E2 作用下的抗震分析和验算。

A. 1   B. 2   C. 3   D. 4

题 74   某桥处于气温区域寒冷地区，当地历年最高日平均温度 34℃，历年最低日平均温度－10℃，历年最高温度 46℃，历年最低温度为－21℃，该桥为正在建设的 3×50m 墩梁固接的刚构式公路钢桥，施工中采用中跨跨中嵌补段完成全桥合拢。假定，该桥预计合拢时的温度在 15～20℃ 之间，计算结构均匀温度作用效应时，温度升高和降低（℃），与下列何项数值最为接近？

A. 14，23   B. 19，30   C. 31，41   D. 26，36

题 75   某一级公路上一座直线预应力混凝土现浇连续箱梁桥，其中每腹板布置预应力钢绞线 6 根，沿腹板竖向布置三排，沿腹板水平横向布置两列，采用外径为 90mm 的金属波纹管。试问，按后张法预应力钢束布置构造要求，腹板合理宽度（mm）与下列何项数值最为接近？

A. 300   B. 310   C. 325   D. 333

题 76   在设计某座城市过街人行天桥时，在天桥两端部按需求每端分别设置 1∶2.5 人行梯道和 1∶4 考虑兼顾自行车推行坡道的人行梯道，全桥共 2 个 1∶2.5 人行梯道和 2 个 1∶4 人行梯道。其中自行车推行方式采用梯道两侧布置推行坡道。假定人行梯道的净宽均为 1.8m，一条自行车推行坡道宽为 0.4m，在不考虑设计年限内高峰小时流量及通行能力计算时，试问，天桥主桥桥面最大净宽设计值（m），与下列何项数值最为接近？

A. 3.0   B. 3.7   C. 4.3   D. 4.7

题 77～80

某高速公路上一座预应力混凝土连续箱梁桥，跨径为 35m＋45m＋35m，混凝土强度等级为 C30，桥梁邻近城镇居住区，需要设置声屏障，如图 17-1-34 所示，不计挂板尺寸，主梁悬臂板跨径为 1880mm，悬臂板根部厚度为 350mm。设计既需要考虑风荷载、汽车撞击效应，又需分别对防撞护栏根部和主梁悬臂板根部进行极限承载力和正常使用性能分析。

77. 主梁悬臂板上，横桥向车辆荷载后轴（重轴）的车轮，按规范布置如图 17-1-34 所示。每组轮着地宽度（横桥向）为 600mm，长度（纵桥向）为 200mm，假设桥面铺装层厚度为 150mm。平行于悬臂板跨径方向（横桥向）的车轮着地尺寸外缘，通过铺装层 45° 分布线外边线至主梁腹板外边缘的距离为 l_c＝1250mm。试问，垂直于悬臂板跨径的车轮荷载分布宽度（mm），与下列何项数值最为接近？

A. 3000   B. 3100   C. 4300   D. 4400

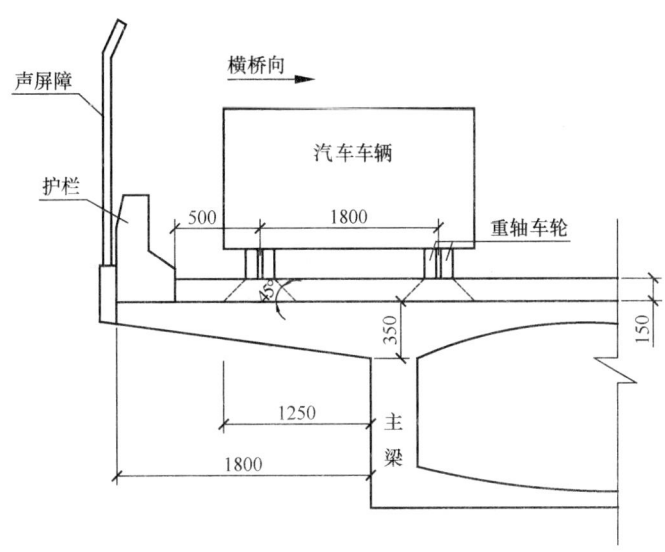

图 17-1-34   题 77～80 图

78. 在进行主梁悬臂根部抗弯极限承载力状态设计时，假定已知如下各作用在主梁悬臂根部的每延米弯矩作用标准值：悬臂板自重、铺装、声屏障和护栏引起的弯矩作用标准值为45kN·m，按 10 年一遇风速（W1 风作用水平）计算的声屏障风荷载引起的弯矩作用标准值为 21kN·m，按 100 年一遇风速（W2 风作用水平）计算的声屏障风荷载引起的弯矩作用标准值为 30kN·m，汽车车辆荷载（含冲击力）引起的弯矩作用标准值为 32kN·m，试问，主梁悬臂板根部弯矩在不考虑汽车撞击下的承载能力极限状态基本组合效应设计值（kN·m），与下列何项数值最为接近？

A. 123   B. 136   C. 148   D. 153

79. 考虑汽车撞击力下的主梁悬臂根部抗弯承载力性能设计时，假定，已知汽车撞击力引起的每延米弯矩作用标准值为126kN·m，其他条件同上题，试问，主梁悬臂根部每延米弯矩承载能力极限状态偶然组合的效应设计值（kN·m），与下列何项数值最为接近？

A. 184   B. 206   C. 216   D. 227

80. 设计主梁悬臂根部顶层每延米布置一排 20 Φ 16，钢筋截面面积共计 4022mm²，钢筋中心至悬臂板顶面距离为40mm。假定当正常使用极限状态，主梁悬臂根部每延米作用频遇组合弯矩值为200kN·m，采用受弯构件在开裂截面状态下的受拉纵向钢筋应力计算公式计算，试问，钢筋应力值（MPa）与下列何项数值最为接近？

A. 184   B. 180   C. 190   D. 194

17.2　2019 年试题解答

2019 年试题答案

题号	1	2	3	4	5	6	7	8	9	10
答案	C	D	C	C	B	B	A	D	B	D
题号	11	12	13	14	15	16	17	18	19	20
答案	D	C	A	C	B	C	C	A	D	C
题号	21	22	23	24	25	26	27	28	29	30
答案	D	B	A	B	B	C	D	A	C	A
题号	31	32	33	34	35	36	37	38	39	40
答案	B	A	C	A	B	C	A	B	B	A
题号	41	42	43	44	45	46	47	48	49	50
答案	C	D	B	D	C	B	A	B	D	D
题号	51	52	53	54	55	56	57	58	59	60
答案	D	D	B	D	C	C	B	A	D	B
题号	61	62	63	64	65	66	67	68	69	70
答案	D	B	C	B	A	B	D	C	A	D
题号	71	72	73	74	75	76	77	78	79	80
答案	B	D	A	C	C	B	D	C	A	A

1. 答案：C

解答过程：依据《建筑工程抗震设防分类标准》GB 50223—2008 的 6.0.8 条及其条文说明，小学的教学用房（包括体育馆）的设防类别应予以提高，故为重点设防类（乙类）。

依据《建筑与市政工程抗震通用规范》GB 55002—2021 的 2.3.2 条，乙类，应按本地区抗震设防烈度提高 1 度确定其抗震措施。查表 5.2.1，框架-抗震墙结构、8 度、高度 7m，得到抗震等级为：抗震墙二级，框架三级。

选择 C。

2. 答案：D

解答过程：屋面永久荷载标准值：$7.0+18\times0.6=17.8\text{kN/m}^2$。

依据《工程结构通用规范》GB 55001—2021 的表 4.2.8，屋顶花园，屋面均布活荷载

为 $3.0kN/m^2$。

柱 KZ1 的从属面积为 $8.1m \times 12m$，荷载标准组合下的轴力为

$$N_k = (17.8 + 3) \times 8.1 \times 12 = 2021.76kN$$

选择 D。

3. 答案：C

解答过程：利用叠加原理，可得跨中弯矩为

$$M_k = 670 \times (1 - 15\%)/2 - (670/2 + 335) = -385.25kN \cdot m$$

选择 C。

4. 答案：C

解答过程：依据《混凝土结构设计规范》GB 50010—2010 的 6.2.15 条计算。

$l_0/b = 8/0.5 = 16$，查表 6.2.15 得到 $\varphi = 0.87$。

12 Φ 20，纵向钢筋截面面积为 $12 \times 314.2 = 3770mm^2$，配筋率 $3770/(500 \times 500) = 1.51\% < 3\%$。

依据《混凝土结构设计规范》GB 50010—2010 的 4.2.3 条，对轴心受压构件，当采用 HRB500 钢筋时，钢筋的抗压强度设计值 f'_y 应取为 $400N/mm^2$。

$0.9\varphi(f_c A + f'_y A'_s) = 0.9 \times 0.87 \times (19.1 \times 500 \times 500 + 400 \times 3770) = 4920 \times 10^3 N$

选择 C。

5. 答案：B

解答过程：依据《混凝土结构设计规范》GB 50010—2010 的 D.5.1 条计算。

$$\beta_l = \sqrt{\frac{A_b}{A_l}} = \sqrt{\frac{1400^2}{500^2}} = 2.8$$

$$\omega \beta_l f_{cc} A_l = 1.0 \times 2.8 \times (0.85 \times 14.3) \times 500 \times 500 = 8509 \times 10^3 N$$

选择 B。

6. 答案：B

解答过程：依据《混凝土结构设计规范》GB 50010—2010 的 6.3.4 条计算。

$$V_u = 0.7 f_t b h_0 + f_{yv} \frac{A_{sv}}{s} h_0$$

$$= 0.7 \times 1.71 \times 400 \times 930 + 360 \times \frac{4 \times 50.3}{100} \times 930$$

$$= 1118.9 \times 10^3 N$$

验算截面限制条件：

当 $\dfrac{h_w}{b} = \dfrac{930}{400} < 4$ 时，应满足

$$V \leq 0.25 \beta_c f_c b h_0 = 0.25 \times 1.0 \times 19.1 \times 400 \times 930 = 1776.3 \times 10^3 N$$

受剪承载力为以上两者较小者，选择 B。

7. 答案：A

解答过程：依据《混凝土结构设计规范》GB 50010—2010 的 9.2.11 条计算。

$$A_{sv} = \frac{850 \times 10^3 - 360 \times 4 \times 8 \times 50.3}{360 \times \sin 60°} = 868mm^2$$

2 根吊筋提供 4 个截面面积，$868/4 = 217\text{mm}^2$，$\Phi 18$ 可提供截面面积 $254.5\text{mm}^2 > 217\text{mm}^2$，选择 A。

8. 答案：D

解答过程：

（1）g 引起的梁跨中弯矩设计值

$$M_1 = \frac{gl^2}{8} = \frac{40 \times 8^2}{8} = 320\text{kN} \cdot \text{m}$$

（2）F 引起的梁跨中弯矩设计值

B 支座的反力设计值为

$$R_\text{B} = \frac{400 \times 2}{8} = 100\text{kN}$$

取跨中以右为隔离体，求得梁跨中弯矩设计值为

$$M_2 = 100 \times 4 = 400\text{kN} \cdot \text{m}$$

（3）叠加

$$M = 320 + 400 = 720\text{kN} \cdot \text{m}$$

选择 D。

9. 答案：B

解答过程：截面上的剪力为 $428 \times \cos 30° = 371\text{kN}$，轴力为 $428 \times \sin 30° = 214\text{kN}$（拉力），按照偏心受拉构件计算其斜截面承载力。

依据《混凝土结构设计规范》GB 50010—2010 的 6.3.14 条计算。

由于 $160/428 = 0.37 < 75\%$，取 $\lambda = 1.5$。

$$\frac{1.75}{\lambda + 1} f_\text{t} b h_0 - 0.2N = \frac{1.75}{1.5 + 1} \times 1.43 \times 300 \times 630 - 0.2 \times 214 \times 10^3 = 146.389 \times 10^3 \text{N} > 0$$

$$\frac{A_\text{sv}}{s} \geqslant \frac{V - \left(\dfrac{1.75}{\lambda + 1} f_\text{t} b h_0 - 0.2N\right)}{f_\text{yv} h_0} = \frac{371 \times 10^3 - 146.389 \times 10^3}{360 \times 630} = 0.99\text{mm}^2/\text{mm}$$

A、B、C、D 各选项的 $\dfrac{A_\text{sv}}{s}$ 分别为 $2 \times 254.5/150 = 3.39$、$2 \times 78.5/150 = 1.047$、$2 \times 78.5/120 = 1.308$、$2 \times 78.5/100 = 1.57$，单位为 mm^2/mm，B 项可以满足要求。

依据 9.2.9 条对 B 项验算最小配箍率。

$$\rho_\text{sv} = \frac{A_\text{sv}}{bs} = \frac{78.5 \times 2}{300 \times 150} = 0.35\% > 0.24\frac{f_\text{t}}{f_\text{yv}} = 0.24 \times \frac{1.43}{360} = 0.095\%，满足要求$$

点评：本题解答时注意：（1）对于偏心受拉构件，公式（6.3.14）中的 λ 依据 6.3.12 条取值。本题根据 6.3.12 条第 2 款，由于属于非集中荷载情况，故取 $\lambda = 1.5$。此时相当于 $\dfrac{1.75}{\lambda + 1} = \dfrac{1.75}{1.5 + 1} = 0.7$，得到的 0.7 与均布荷载时直接取 $\alpha_\text{cv} = 0.7$ 相同。

（2）利用公式（6.3.14）计算时，变形为下式会更方便理解：

$$V \leqslant \left(\frac{1.75}{\lambda + 1} f_\text{t} b h_0 - 0.2N\right) + f_\text{yv} \frac{A_\text{sv}}{s} h_0$$

这时，括号内表示混凝土的抗剪贡献，可记作 V_c，V_c 的最小值为零，该规则与美国混凝土规范 ACI 318-19 的 22.5.5.1 条一致，这也是规范所说的"当公式（6.3.14）右边

的计算值小于 $f_{yv}\dfrac{A_{sv}}{s}h_0$ 时，应取等于 $f_{yv}\dfrac{A_{sv}}{s}h_0$"。若求得括号内的值小于零，取其为零的同时，提高箍筋配箍率，使 $\dfrac{A_{sv}}{bs}\geqslant 0.36\dfrac{f_t}{f_{yv}}$（一般情况最小配箍率为 $0.24f_t/f_{yv}$），这就是规范所说的"$f_{yv}\dfrac{A_{sv}}{s}h_0$ 值不应小于 $0.36f_t bh_0$"

10. 答案：D

解答过程：杆件所受压力 $N=224$kN；弯矩 $M=224\times2=448$kN·m。

混凝土受压区高度为

$$x=\frac{N}{\alpha_1 f_c b}=\frac{224\times10^3}{1.0\times19.1\times400}=29\text{mm}$$

$x<\xi_b h_0$，但 $x<2a'_s=2\times50=100$mm，因此，应取 $x=2a'_s$ 并对受压纵筋合力点取矩。

不考虑二阶效应，因此，$e_0=2000$mm。

$$e_i=e_0+e_a=2000+20=2020\text{mm}$$
$$e'=e_i-0.5h+a'_s=2020-0.5\times600+50=1770\text{mm}$$

对称配筋时所需纵向钢筋截面面积为

$$A'_s=A_s=\frac{Ne'}{f_y(h_0-a'_s)}=\frac{224\times10^3\times1770}{360\times(550-50)}=2203\text{mm}^2$$

此钢筋用量也满足最小配筋率的要求。

故选择 D。

11. 答案：D

解答过程：依据《混凝土结构工程施工质量验收规范》GB 50204—2015 的 3.0.8 条，A 正确。

依据 4.1.2 条，B 正确。

依据 5.4.6 条，C 正确。

依据 5.2.1 条，还应做弯曲性能检验，故 D 不正确。

选择 D。

12. 答案：C

解答过程：依据《混凝土结构加固设计规范》GB 50367—2013 的 15.2.2 条～15.2.5 条计算。

$$l_s=0.2\alpha_{spt}df_y/f_{bd}=0.2\times1.0\times18\times360/(5\times0.8)=324\text{mm}$$
$$l_d\geqslant\psi_N\psi_{ae}l_s=1.265\times1.0\times324=410\text{mm}$$

选择 C。

13. 答案：A

解答过程：依据《建筑结构荷载规范》GB 50009—2012 的 10.3.3 条计算。

$$P_k=C\sqrt{m}=3\sqrt{3215}=170\text{kN}$$

依据 10.1.3 条，偶然荷载的设计值直接取用标准值。故选择 A。

14. 答案：C

解答过程：依据《混凝土结构设计规范》GB 50010—2010 的 7.1.1 条，裂缝控制等

级为一级，应满足

$$\sigma_{ck} - \sigma_{pc} \leqslant 0$$

式中，σ_{ck} 依据 7.1.5 条求出，为 $\sigma_{ck} = \dfrac{N_k}{A_0}$，依据 10.1.6 条，$A_0$ 为换算面积，包括净截面面积以及全部纵向预应力筋截面面积换算成混凝土的截面面积。

$$A_0 = A + \left(\frac{E_p}{E_c} - 1\right)A_p = 203889 + \left(\frac{2.05 \times 10^5}{3.60 \times 10^4} - 1\right) \times 1781 = 2.12 \times 10^5 \, \text{mm}^2$$

于是可得

$$N_k \leqslant A_0 \sigma_{pc} = 2.12 \times 10^5 \times 6.84 = 14.5 \times 10^5 \, \text{N}$$

选择 C。

15. 答案：B

解答过程：q 引起的沿梁纵向单位长度的均匀扭矩为

$$6 \times 1.5 \times (1.5/2 + 0.5 \times 0.35) = 8.325 \, \text{kN} \cdot \text{m}$$

单位长度的均匀扭矩，引起沿梁纵向的扭矩分布，与均布竖向荷载引起的剪力分布相同，故为三角形。

此均匀扭矩引起的端部扭矩为 $8.325 \times 3 = 24.975 \, \text{kN} \cdot \text{m}$。

选择 B。

16. 答案：C

解答过程：（1）判断是否可以简化

依据《混凝土结构设计规范》GB 50010—2010 的 6.4.12 条判断。

由于 $V - 0.35 f_t b h_0 = 100 \times 10^3 - 0.35 \times 1.57 \times 350 \times 600 < 0$，因此，可仅计算纯扭构件的受扭承载力。

（2）按纯扭构件确定抗扭箍筋

$$\frac{A_{st1}}{s} = \frac{T - 0.35 f_t W_t}{1.2\sqrt{\zeta} f_{yv} A_{cor}} = \frac{85 \times 10^6 - 0.35 \times 1.57 \times 32.67 \times 10^6}{1.2\sqrt{1.7} \times 270 \times 162.4 \times 10^3} = 0.977 \, \text{mm}^2/\text{mm}$$

$s = 100 \, \text{mm}$，故 $A_{st1} = 97.7 \, \text{mm}^2$。$\Phi 12$ 可提供截面面积 $113.1 \, \text{mm}^2$，满足要求。

选择 C。

17. 答案：C

解答过程：依据《钢结构设计标准》GB 50017—2017 表 3.5.1 判断截面等级。

翼缘自由外伸宽度与厚度之比为

$$b/t_f = (300 - 10)/2/20 = 7.25 < 9\varepsilon_k = 9$$

翼缘属于 S1 级。

腹板的高厚比为

$$h_0/t_w = 1200/10 = 120 < 124\varepsilon_k = 124$$

腹板属于 S4 级。

整个截面属于 S4 级，依据 6.1.1 条，取全截面有效且 $\gamma_x = 1.0$。

$$\frac{M_x}{\gamma_x W_{nx}} = \frac{95 \times 12^2/8 \times 10^6}{1.0 \times 590560 \times 10^4/620} = 180 \, \text{N/mm}^2$$

选择 C。

18. 答案：A

解答过程：支座处最大剪力设计值为

$$V = 95 \times 12/2 = 570 \text{kN}$$

依据《钢结构设计标准》GB 50017—2017 的 11.2.7 条计算。

$$\tau_f = \frac{1}{2h_e} \frac{VS_f}{I} = \frac{570 \times 10^3 \times (20 \times 300 \times 610)}{2 \times 0.7 \times 8 \times 590560 \times 10^4} = 31.5 \text{N/mm}^2$$

依据表 4.4.5，角焊缝强度设计值 $f_f^w = 160 \text{N/mm}^2$，31.5/160=0.20，选择 A。

点评：解答本题时注意以下两点：

(1) 标准第 11.2.7 条实际上是取单位长度计算，剪应力沿梁的纵向。

(2) 此处是角焊缝不是对接焊缝，尽管按照以下计算过程得到的最终结果与选项 A 仍十分接近。

$$\tau = \frac{VS_f}{It_w} = \frac{570 \times 10^3 \times (20 \times 300 \times 610)}{590560 \times 10^4 \times 10} = 35.2 \text{N/mm}^2$$

$$35.2//160 = 0.22$$

19. 答案：D

解答过程：依据《钢结构设计标准》GB 50017—2017 的公式（C.0.1-1）计算 φ_b。

取中间段作为研究对象，侧向支撑点之间的距离为 6m。

$$\lambda_y = \frac{l_{0y}}{i_y} = \frac{6000}{61} = 98.4$$

$$\varphi_b = \beta_b \frac{4320}{\lambda_y^2} \frac{Ah}{W_x} \left(\sqrt{1 + \left(\frac{\lambda_y t_1}{4.4h} \right)^2} + \eta_b \right) \varepsilon_k^2$$

$$= 1.20 \times \frac{4320}{98.4^2} \frac{24000 \times 1240}{590560 \times 10^4 / 620} \sqrt{1 + \left(\frac{98.4 \times 20}{4.4 \times 1240} \right)^2}$$

$$= 1.78 > 0.6$$

因此，应用 φ_b' 代替 φ_b。

$$\varphi_b' = 1.07 - 0.282/\varphi_b = 1.07 - 0.282/1.78 = 0.91$$

选择 D。

点评：注意，在跨间的 2 个位置处设置了侧向支撑，并非按照 $l/4$ 间距设置了 3 个。

20. 答案：C

解答过程：依据《钢结构设计标准》GB 50017—2017 的 6.1.5 条计算。

$$\sigma = \frac{M}{I_n} y_1 = \frac{1282 \times 10^6}{590560 \times 10^4} \times 600 = 130.2 \text{N/mm}^2$$

$$\tau = \frac{VS_f}{It_w} = \frac{1296 \times 10^3 \times (20 \times 300 \times 610)}{590560 \times 10^4 \times 10} = 80.3 \text{N/mm}^2$$

$$\sqrt{\sigma^2 + \sigma_c^2 - \sigma\sigma_c + 3\tau^2} = \sqrt{130.2^2 + 3 \times 80.3^2} = 191 \text{N/mm}^2$$

选择 C。

21. 答案：D

解答过程：跨中挠度值为

$$v = \frac{5q_k l^4}{384EI} = \frac{5 \times 90 \times 12000^4}{384 \times 206 \times 10^3 \times 590560 \times 10^4} = 20.0 \text{mm}$$

挠跨比 20/12000=1/600，选择 D。

22. 答案：B

解答过程：依据《钢结构设计标准》GB 50017—2017 的 10.3.4 条计算。

$$W_{\text{npx}} = \frac{1}{4} \times 12 \times (500 - 2 \times 16)^2 + 2 \times 250 \times 16 \times (250 - 8) = 2.59 \times 10^6 \text{mm}^3$$

塑性铰部位的受弯承载力设计值为

$$0.9 W_{\text{npx}} f = 0.9 \times 2.59 \times 10^6 \times 215 = 501 \text{kN} \cdot \text{m}$$

选择 B。

点评：解答过程中注意以下几点：

(1) 依据 10.3.4 条可知，较大的轴压力和剪力会降低塑性受弯承载力，故提示中给出不考虑轴力和 $V < 0.5 h_{\text{w}} t_{\text{w}} f_{\text{v}}$。由于这里强度验算采用净截面，故提示给出截面无削弱。

(2) 依据 10.3.1 条的条文说明，塑性受弯承载力设计值按 $\gamma_x W_{\text{nx}} f$ 求出，于是

$$I_x = \frac{1}{12} \times 250 \times 500^3 - \frac{1}{12} \times (250 - 12) \times (500 - 2 \times 16)^3 = 5.712 \times 10^8 \text{mm}^4$$

$$W_x = 5.712 \times 10^8 / 250 = 2.285 \times 10^6 \text{mm}^3$$

$$\gamma_x W_{\text{nx}} f = 1.05 \times 2.285 \times 10^6 \times 215 = 516 \text{kN} \cdot \text{m}$$

查《钢结构设计手册》（第四版，中国建筑工业出版社，2019 年）第 14 章，对于钢梁，仅给出弯曲强度应满足 $M_x \leqslant \gamma_x W_{\text{nx}} f$；对于压弯构件，未提到 $M_x \leqslant 0.9 W_{\text{npx}} f$。

今依据《钢结构设计标准》GB 50017—2017 的正文答题。

顺便指出，对于 $V > 0.5 h_{\text{w}} t_{\text{w}} f_{\text{v}}$ 的情况，《钢结构设计手册》第 1251 页给出折减后的腹板正应力为

$$f \sqrt{1 - \left(\frac{V}{h_{\text{w}} t_{\text{w}} f_{\text{v}}} \right)^2}$$

而按照《钢结构设计标准》GB 50017—2017 的 10.3.4 条第 2 款，应为

$$\left[1 - \left(\frac{2V}{h_{\text{w}} t_{\text{w}} f_{\text{v}}} - 1 \right)^2 \right] f$$

23. 答案：A

解答过程：依据《钢结构设计标准》GB 50017—2017 的 10.3.2 条计算。

$$\frac{V / (h_{\text{w}} t_{\text{w}})}{f_{\text{v}}} = \frac{650 \times 10^3 / 12 / (500 - 2 \times 16)}{125} = 0.926$$

选择 A。

24. 答案：B

解答过程：依据《钢结构设计标准》GB 50017—2017 的 10.4.3 条，应布置间距不大于 2 倍梁高的加劲肋，即间距为 $2 \times 500 = 1000 \text{mm}$，选择 B。

25. 答案：B

解答过程：依据《钢结构设计标准》GB 50017—2017 的 10.4.5 条，至少应能传递该处最大弯矩设计值的 1.1 倍，且不得低于 $0.5 \gamma_x W_x f$。

$$1.1 \times 250 = 275 \text{kN} \cdot \text{m}$$

$$0.5 \times 1.05 \times 2285 \times 10^3 \times 215 = 257 \times 10^6 \text{N} \cdot \text{mm}$$

选择 B。

26. 答案：C

解答过程：依据《钢结构设计标准》GB 50017—2017 的 17.1.5 条第 4 款，C 错误，选择 C。

点评：对其他各项判断如下：

依据《钢结构设计标准》GB 50017—2017 的 17.1.5 条第 2 款，A 正确；

依据 17.1.5 条第 5 款及其条文说明，底层框架柱为关键构件，关键构件的性能系数不应低于一般构件，B 正确；

依据 17.1.5 条第 1 款，D 正确。

27. 答案：D

解答过程：查《钢结构设计标准》GB 50017—2017 表 17.2.9，柱脚与基础的连接极限承载力计算时，应采用考虑轴力影响时柱的塑性受弯承载力，外包式柱脚时，连接系数为 1.2，选择 D。

28. 答案：A

解答过程：依据《钢结构设计标准》GB 50017—2017 的 17.3.9 条，Ⅳ 不正确，选择 A。

29. 答案：C

解答过程：依据《钢结构设计标准》GB 50017—2017 表 3.5.1 判断截面等级。

翼缘自由外伸宽度与厚度之比为

$$9\sqrt{235/345} = 7.425 < b/t_{\mathrm{f}} = (400-12)/2/24 = 8.1 < 11\sqrt{235/345} = 9.1$$

翼缘属于 S2 级。

腹板的高厚比为

$$65\sqrt{235/345} = 53.625 < h_0/t_{\mathrm{w}} = (700-2\times24)/12 = 54.3 < 72\sqrt{235/345} = 59.4$$

腹板属于 S2 级。

依据表 17.2.2-2，此时应取 $W_{\mathrm{E}} = W_{\mathrm{p}}$，选择 C。

30. 答案：A

解答过程：依据《钢结构设计标准》GB 50017—2017 表 17.1.4-1，8 度、高度 54m，塑性耗能区承载性能等级为性能 7。查表 17.1.4-2，丙类、性能 7，构件最低延性等级为 Ⅰ 级。查表 17.3.4-1，Ⅰ 级时，板件宽厚比最低等级为 S1，选择 A。

31. 答案：B

解答过程：依据《建筑抗震设计规范》GB 50011—2010 的 7.1.7 条第 1 款，Ⅰ 错误，排除 A、D。依据第 2 款 2)，Ⅱ 正确。依据第 5 款，Ⅳ 正确。选择 B。

点评：依据第 2 款 3)，可知 Ⅲ 错误。

32. 答案：A

解答过程：依据《建筑抗震设计规范》GB 50011—2010 的 5.2.1 条，对于多层砌体房屋，$\alpha_1 = \alpha_{\max}$。由 5.1.4 条，8 度（0.20g）、多遇地震时，$\alpha_{\max} = 0.16$。于是

$$G_{\mathrm{eq}} = 0.85 \times (5200+2\times6000+4500) = 18445\mathrm{kN}$$

$$F_{\mathrm{Ek}} = \alpha_1 G_{\mathrm{eq}} = 0.16\times18445 = 2951.2\mathrm{kN}$$

考虑放大系数后，底层的地震剪力设计值为

$$V_1 = 1.5\times1.4\times2951.2 = 6198\mathrm{kN}$$

选择 A。

33. 答案：C

解答过程：依据《建筑抗震设计规范》GB 50011—2010 的 7.2.4 条，横向地震剪力全部由抗震墙承受。

抗震墙 W_1 承担的地震剪力设计值为

$$V_{w1} = 0.18/0.72 \times 6000 = 1500\text{kN}$$

选择 C。

34. 答案：A

解答过程：依据《建筑抗震设计规范》GB 50011—2010 的 7.2.5 条计算。

框架部分承担的剪力设计值为

$$\sum V_c = 0.28/(0.28 + 0.72 \times 0.3) \times 6000 = 3387\text{kN}$$

选择 A。

35. 答案：B

解答过程：依据《砌体结构设计规范》GB 50003—2011 的 4.2.1 条，装配式无檩体系钢筋混凝土屋盖、横墙间距为 $2 \times 5 \times 4.2 = 42\text{m}$，属于刚弹性方案。

依据 5.1.3 条，单跨、刚弹性方案，柱在排架方向的计算长度 $H_0 = 1.2H = 1.2 \times 5.6 = 6.72\text{m}$。

$$h_T = 3.5 \times 147 = 514.5\text{mm}$$

$$\beta = \frac{H_0}{h_T} = \frac{6720}{514.5} = 13.1$$

选择 B。

36. 答案：C

解答过程：依据《砌体结构设计规范》GB 50003—2011 的 5.1.3 条，单跨、弹性方案，柱在排架方向的计算长度 $H_0 = 1.5H = 1.5 \times 5.6 = 8.4\text{m}$。

$e = 52/404 = 0.129\text{m} < 0.6y = 0.6 \times 0.394 = 0.2364$，满足规范 5.1.5 条的要求。

$$h_T = 3.5 \times 147 = 514.5\text{mm}$$

$$\beta = \gamma_\beta \frac{H_0}{h_T} = 1.1 \times \frac{8400}{514.5} = 18$$

$$\frac{e}{h_T} = \frac{52 \times 10^3/404}{514.5} = 0.25$$

查表 D.0.1-1，得到系数 $\varphi = 0.29$。

混凝土多孔砖 MU20，Mb10 级砂浆，$f = 2.67\text{MPa}$。

截面面积 $A = 0.9365\text{m}^2 > 0.3\text{m}^2$，不必考虑《砌体结构通用规范》GB 55007—2021 的 3.4.1 条的由于小面积导致的强度调整。

$$\varphi A f = 0.29 \times 0.9365 \times 10^6 \times 2.67 = 725.1 \times 10^3 \text{N}$$

选择 C。

37. 答案：A

解答过程：（1）确定 f

查《砌体结构设计规范》GB 50003—2011 表 3.2.1-1，MU15 级烧结普通砖、M10 砂浆，$f = 2.31\text{N/mm}^2$。施工质量 B 级，强度不调整。

（2）确定 γ

依据 5.2.2 条和 5.2.3 条计算。

梁端有效支承长度为

$$a_0 = 10\sqrt{\frac{h_c}{f}} = 10\sqrt{\frac{500}{2.31}} = 147\text{mm}$$

a_0 小于实际支承长度 250mm，取 $a_0 = 147$mm。

$$A_l = a_0 b = 147 \times 250 = 36750\text{mm}^2$$

$$A_0 = (b + 2h)h = (250 + 2 \times 370) \times 370 = 366300\text{mm}^2$$

$$\gamma = 1 + 0.35\sqrt{\frac{A_0}{A_l} - 1} = 2.05$$

由于属于规范图 5.2.2（b）情况，γ 最大为 2，故取 $\gamma = 2$。

（3）确定局部受压承载力

取应力图形的完整性系数 $\eta = 0.7$。

$$\eta\gamma f A_l = 0.7 \times 2 \times 2.31 \times 36750 = 118850\text{N}$$

选择 A。

38. 答案：B

解答过程：依据《砌体结构设计规范》GB 50003—2011 的 10.2.1 条和 10.2.2 条计算。

$$\sigma_0 = 604 \times 10^3 / (1600 \times 370) = 1.02\text{MPa}$$

查表 3.2.2，$f_v = 0.17$MPa。由于施工质量为 B 级，强度不调整。

由 $\sigma_0 / f_v = 1.02 / 0.17 = 6$ 查《砌体结构通用规范》GB 55007—2021 的表 3.4.2，插值得到 $\zeta_N = 1.56$。

$$f_{vE} = \zeta_N f_v = 1.56 \times 0.17 = 0.2652\text{MPa}$$

$$f_{vE} A / \gamma_{RE} = 0.2652 \times 1600 \times 370 / 1.0 = 157 \times 10^3\text{N}$$

选择 B。

39. 答案：B

解答过程：依据《木结构设计标准》GB 50005—2017 的 4.3.1 条 3 款，TC13A，$f_t = 8.5$N/mm^2。依据表 4.3.9-1，露天环境，强度调整系数为 0.9；依据表 4.3.9-2，设计使用年限 5 年，强度调整系数为 1.1。最终取 $f_t = 8.5 \times 0.9 \times 1.1 = 8.4$N/mm^2。

支座反力为 $2P = 40$kN。取隔离体如图 17-2-1 所示，对 C 点取矩，可得

$$40 \times 6 - 10 \times 6 - 20 \times 3 - N_{D1} \times 2 = 0$$

求得 $N_{D1} = 60$kN。

令边长为 a，则

$$\frac{N_{D1}}{a^2} \leqslant f_t$$

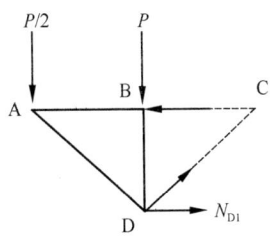

图 17-2-1 题 39 的计算简图

$$a \geqslant \sqrt{\frac{N_{D1}}{f_t}} = \sqrt{\frac{60 \times 10^3}{8.4}} = 85\text{mm}$$

故选择 B。

40. 答案：A

解答过程：依据《木结构设计标准》GB 50005—2017 表 4.3.17，作为轴心受压构件的桁架弦杆，长细比限值为 120。

正方形截面的回转半径为

$$i = \sqrt{\frac{I}{A}} = \sqrt{\frac{a^4/12}{a^2}} = \frac{a}{\sqrt{12}}$$

$$\frac{3000}{a/\sqrt{12}} \leqslant 120$$

求得 $a \geqslant 87\text{mm}$。选择 A。

41. 答案：C

解答过程：依据《建筑地基基础设计规范》GB 50007—2011 的 6.7.5 条，按照下式计算：

$$k_1 = \frac{(G_n + E_{an})\mu}{E_{at} - G_t}$$

按单位长度考虑，有

$$G = \frac{(1.5+3) \times 6.5}{2} \times 24 = 351\text{kN}$$

$$E_a = \psi_a \frac{1}{2} \gamma h^2 k_a = 1.1/2 \times 20 \times 6.5^2 \times 0.22 = 102.2\text{kN}$$

$\alpha_0 = 0$，$\alpha = 90°$，$\delta = 0°$，则

$$G_n = G\cos\alpha_0 = 351\text{kN}$$

$$G_t = G\sin\alpha_0 = 0\text{kN}$$

$$E_{at} = E_a\sin(\alpha - \alpha_0 - \delta) = 102.2 \times \sin(90° - 0° - 0°) = 102.2\text{kN}$$

$$E_{an} = E_a\cos(\alpha - \alpha_0 - \delta) = 102.2 \times \cos(90° - 0° - 0°) = 0\text{kN}$$

于是

$$k_1 = \frac{(G_n + E_{an})\mu}{E_{at} - G_t} = \frac{(351+0) \times 0.45}{102.2 - 0} = 1.55$$

故选择 C。

点评：由于规范给出的公式针对的是通用情况，故计算起来比较麻烦，实际上，题目中所示的挡土墙是一种常见情况，抗滑验算公式可以简化为

$$\frac{(G + E_a\sin\delta)\mu}{E_a\cos\delta} \geqslant 1.3$$

若进一步 $\delta = 0$，则可简化为更简单的形式

$$\frac{G\mu}{E_a} \geqslant 1.3$$

可见，若直接用上式计算本题，将大大节省时间。

42. 答案：D

解答过程：挡土墙重力 $G = 351\text{kN}$，重心至基底形心的距离为

$$x_0 = 1.5 - \frac{1.5 \times 6.5 \times 1.5/2 + 1.5 \times 6.5/2 \times (1.5/3 + 1.5)}{1.5 \times 6.5 + 1.5 \times 6.5/2} = 0.333\text{m}$$

挡土墙的重力（上题已经求出为 351kN）和墙后土压力在基底形心位置处形成的弯矩为

$$M = 351 \times 0.333 - 112 \times 6.5/3 = -125.8 \text{kN} \cdot \text{m}$$

上式中的"负号"表示弯矩为逆时针方向（与重力对基底形心形成的弯矩反向）。

由于

$$e = \frac{125.8}{351} = 0.358\text{m} < \frac{b}{6} = \frac{3}{6} = 0.5\text{m}$$

因此

$$p_{\max} = \frac{351}{3 \times 1} + \frac{125.8}{\frac{1}{6} \times 3^2} = 201\text{kPa}$$

选择 D。

43. 答案：B

解答过程：依据《建筑地基处理技术规范》JGJ 79—2012 的 5.2.3 条～5.2.5 条计算。

$$d_{\text{p}} = \frac{2(b + \delta)}{\pi} = \frac{2(100 + 6)}{3.14} = 67.5\text{mm}$$

对于塑料排水带，等边三角形布置，有

$$n = \frac{d_{\text{e}}}{d_{\text{p}}} = \frac{1.05 \times l}{67.5} = 20$$

解出 $l = 1286$mm，选择 B。

44. 答案：D

解答过程：依据《建筑地基处理技术规范》JGJ 79—2012 的 5.2.8 条计算。

$$F = F_{\text{n}} = \ln(n) - \frac{3}{4} = \ln(20) - \frac{3}{4} = 2.25$$

$$-\frac{8c_{\text{h}}}{Fd_{\text{e}}^2}t = -\frac{8 \times 3.6 \times 10^{-3}}{2.25 \times 147^2} \times 60 \times 24 \times 3600 = -3.07$$

$$\overline{U}_{\text{r}} = 1 - \text{e}^{\frac{8c_{\text{h}}}{Fd_{\text{e}}^2}t} = 1 - \text{e}^{-3.07} = 0.95$$

选择 D。

点评：本题解答过程中注意：

(1) 题目中给出了 $\overline{U}_{\text{r}}$ 公式中的所有参数，计算的关键是将参数的"单位"统一。现在，F 无量纲，c_{h} 的单位为 cm^2/s，d_{e} 的单位为 mm，t 的单位为"天"，因此，宜将长度单位统一为 cm，时间的单位统一为 s。

(2) 由于指数为 $-\frac{8c_{\text{h}}}{Fd_{\text{e}}^2}t$，比较长，按计算器容易出错，故单独作为一个步骤求出为宜。尤其注意前面的负号。

45. 答案：C

解答过程：依据《建筑地基处理技术规范》JGJ 79—2012 的 5.2.12 条计算。以 m 作为长度单位，水的重度取为 10kN/m^3。

依据提示中给出的公式计算。

$$\xi \frac{e_0 - e_1}{1 + e_0}h = \xi \frac{p_0 k_{\text{v}}}{c_{\text{v}} \gamma_{\text{w}}}h$$

$$= \xi \frac{k_v}{c_v} \frac{p_0}{\gamma_w} h$$

$$= 1.2 \times \frac{1.8 \times 10^{-7} \times 10^{-2}}{3.6 \times 10^{-3} \times 10^{-4}} \times \frac{90+20}{10} \times 20$$

$$= 1.32 \text{m}$$

选择 C。

点评：本题解答过程中注意：

（1）由于为真空和堆载联合预压，因此，提示给出的公式中 p_0 应包括两项，即 $90+1 \times 20 = 110 \text{kPa}$。

（2）公式 $\xi \frac{p_0 k_v}{c_v \gamma_w} h$ 中的参数，"单位" 也要统一。可以将其变形写成

$$\xi \frac{k_v}{c_v} \frac{p_0}{\gamma_w} h$$

此时，由于 p_0 的单位用 $\text{kPa} = \text{kN/m}^2$，$\gamma_w$ 的单位用 kN/m^3，h 用 m，因此，宜将 k_v 和 c_v 中涉及的长度单位用 m 表达，这样，最终得到的数值单位为 m。

46. 答案：B

解答过程：依据《建筑桩基技术规范》JGJ 94—2008 的 5.3.8 条计算。

空心桩内径 $d_1 = 0.5 - 2 \times 0.1 = 0.3 \text{m}$；桩端进入持力层深度 $h_b = 1.950 \text{m}$；由于 $h_b/d_1 = 1950/300 > 5$，取 $\lambda_p = 0.8$。

$$A_j = \frac{3.14 \times (0.5^2 - 0.3^2)}{4} = 0.13 \text{m}^2, \quad A_{p1} = \frac{3.14 \times 0.3^2}{4} = 0.07 \text{m}^2$$

$$Q_{uk} = u \sum q_{sik} l_i + q_{pk}(A_j + \lambda_p A_{p1})$$

$$= 3.14 \times 0.5 \times (52 \times 2.6 + 60 \times 1.5 + 45 \times 6 + 70 \times 1.95) + 6000 \times (0.13 + 0.8 \times 0.07)$$

$$= 2108 \text{kN}$$

根据 5.2.2 条，$R_a = Q_{uk}/2 = 1054 \text{kN}$。选择 B。

47. 答案：A

解答过程：依据《建筑桩基技术规范》JGJ 94—2008 的 5.1.1 条计算，最右侧的两根桩受力最大，为

$$N_{max} = 1.35 \times \left(\frac{5200}{6} + \frac{560 \times 2}{4 \times 2^2} \right) = 1265 \text{kN}$$

依据 5.9.10 条，不计承台及其上土自重，2-2 截面（柱边）处剪力设计值为 $2 \times 1265 = 2530 \text{kN}$，选择 A。

48. 答案：B

解答过程：依据《建筑桩基技术规范》JGJ 94—2008 的 5.9.2 条计算柱边弯矩设计值。

不计承台以及其上土重的桩顶净反力为

$$1180 - 1.35 \times 22 \times 5 \times 2.8 \times 2/6 = 1041.4 \text{kN}$$

$$M_y = 2 \times 1041.4 \times 1.65 = 3436.62 \text{kN} \cdot \text{m}$$

依据 5.9.2 条，受弯承载力和配筋可按《混凝土结构设计规范》GB 50010—2010 计算。

$$x = h_0 - \sqrt{h_0^2 - \frac{2M}{\alpha_1 f_c b}}$$

$$= 1000 - \sqrt{1000^2 - \frac{2 \times 3436.62 \times 10^6}{1.0 \times 16.7 \times 2800}}$$

$$= 76.4 \text{mm}$$

由于 $x \leqslant \xi_b h_0 = 0.518 \times 1000 = 518 \text{mm}$，故

$$A_s = \frac{\alpha_1 f_c b x}{f_y} = \frac{1.0 \times 16.7 \times 2800 \times 76.4}{360} = 9924 \text{mm}^2$$

要求每米宽度需提供截面面积 $9924/28 = 3544 \text{mm}^2$。$\Phi 22@100$ 时每米宽度可提供截面面积 3801mm^2，满足要求且最经济。选择 B。

点评：周景星等《基础工程》（第 3 版）第 205 页给出的例题，按照《建筑地基基础设计规范》GB 50007—2011 的 8.2.12 条给出的公式计算所需钢筋截面面积，据此，为

$$A_s = \frac{M_y}{0.9 f_y h_0} = \frac{3436.62 \times 10^6}{0.9 \times 360 \times 1000} = 10607 \text{mm}^2$$

要求每米宽度需提供钢筋截面面积 $10607/2.8 = 3788 \text{mm}^2$。仍选择 B。

49. 答案：D

解答过程：依据《建筑桩基技术规范》JGJ 94—2008 的 5.8.6 条计算。由于 $d = 950 \text{mm} > 900 \text{mm}$，应满足

$$\frac{t}{d} \geqslant \frac{f'_y}{0.388E} = \frac{305}{0.388 \times 206 \times 10^3} = 3.8 \times 10^{-3}$$

$$\frac{t}{d} \geqslant \sqrt{\frac{f'_y}{14.5E}} = \sqrt{\frac{305}{14.5 \times 206 \times 10^3}} = 0.010$$

从而 $t \geqslant 0.010d = 0.01 \times 950 = 9.5 \text{mm}$，选择 D。

50. 答案：D

解答过程：依据《建筑桩基技术规范》JGJ 94—2008 的 5.7.2 条，单桩水平承载力特征值按下式计算：

$$R_{ha} = 0.75 \frac{\alpha^3 EI}{\nu_x} \chi_{0a}$$

依据 5.7.5 条计算 α。

$$\alpha = \sqrt[5]{\frac{mb_0}{EI}} = \sqrt[5]{\frac{4 \times 10^6 \times 1.53}{4.33 \times 10^5 \times 10^3}} = 0.427/\text{m}$$

上式计算时，将力的单位取为 N，长度单位取为 m。

$$\alpha h = 0.427 \times 30 = 12.8 > 4$$

查表 5.7.2，依据注释 2，按 $\alpha h = 4$。于是得到 $\nu_x = 0.940$。

$$R_{ha} = 0.75 \frac{\alpha^3 EI}{\nu_x} \chi_{0a} = 0.75 \times \frac{0.427^3 \times 4.33 \times 10^5}{0.940} \times 0.010 = 269 \text{kN}$$

上式计算时，将力的单位取为 kN，长度单位取为 m。

地震作用下，承载力放大 1.25 倍，成为 $269 \times 1.25 = 336 \text{kN}$。选择 D。

点评：单桩的水平承载力可以由桩身强度或水平位移控制。依据规程 5.7.2 条 2～5
款得到的水平承载力特征值，考虑地震作用时，可放大 1.25 倍；依据第 6 款得到的水平
承载力特征值不放大。但是，依据抗震设计的规则，似乎没有理由不放大。经查，1998
版的《建筑桩基技术规范》对所有的水平承载力特征值均放大。

51. 答案：D

解答过程：依据《建筑桩基技术规范》JGJ 94—2008 的 4.1.1 条第 1 款，桩身纵筋配
筋率为

$$\rho = \frac{14 \times 254.5}{3.14 \times 800^2 / 4} = 0.7\% > 0.65\%$$

满足要求。

依据《建筑桩基技术规范》JGJ 94—2008 的 4.1.1 条第 4 款，桩顶以下 $5d$ 范围内的
箍筋应加密，间距不应大于 100mm。今题目中为 150mm，不满足要求。

依据《建筑桩基技术规范》JGJ 94—2008 的 4.1.1 条第 4 款，钢筋笼长度超过 4m
时，应每隔 2m 设一道直径不小于 12mm 的焊接加劲箍筋，今题目中为加劲箍筋无论是直
径还是间距，均不满足要求。

依据《建筑桩基技术规范》JGJ 94—2008 的 4.1.1 条第 3 款，主筋净间距不应小于
60mm。今纵筋间距为 3.14×（800−2×50−18)/14=153mm，净距为 153−18=135mm，
满足要求。

依据《建筑地基基础设计规范》GB 50007—2011 的 8.5.3 条第 8 款 3)，8 度及 8 度以
上地震区的桩，应通长配筋，今题目不满足要求。

依据《建筑地基基础设计规范》GB 50007—2011 的 8.5.3 条第 11 款，腐蚀环境中的
灌注桩，主筋保护层厚度不应小于 55mm，今题目中为 50mm，不满足要求。

以上已有 4 项不满足要求，选择 D。

52. 答案：D

解答过程：依据《建筑桩基技术规范》JGJ 94—2008 的 4.2.3 条第 1 款，钢筋锚固长
度自边桩内侧（当为圆桩时，将其直径乘以 0.8 等效为方桩）算起，不应小于 35 d_g（d_g
为钢筋直径），当不满足时应将钢筋向上弯折。今承台钢筋的锚固长度为（600+0.8×300
−保护层厚度）=（840mm−保护层厚度）<35 d_g=35×25=875mm，故应向上弯折，
图中钢筋不满足此项要求。

依据 4.2.3 条第 1 款，柱下独立桩基承台的最小配筋率不应小于 0.15%，今对Φ16@
100 验算配筋率，为

$$\rho = 201/100/1500 = 0.134\% < 0.15\%$$

不满足要求。

依据 4.2.4 条，桩顶纵筋锚入承台内的锚固长度不宜小于 35d=35×12=420mm，今
为 360mm，不满足要求。

依据 4.2.5 条第 2 款和第 3 款，多桩承台，柱纵筋锚入承台不小于 35 倍纵筋直径，
抗震等级为一级时，乘以 1.15。25×35×1.15=1006mm，题目中部分中部纵筋不满足
要求。

以上已有 4 项不满足要求，选择 D。

点评：《建筑桩基技术规范》JGJ 94—2008 的 4.1.1 条第 1 款规定，当桩身直径为 300～2000mm 时，灌注桩配筋率可取 0.65%～0.2%（小直径桩取高值），而在《建筑地基基础设计规范》GB 50007—2011 的 8.5.3 条第 7 款规定，灌注桩最小配筋率不宜小于 0.2%～0.65%（小直径桩取高值），可见，二者有差别。现在，桩身纵筋配筋率为

$$\rho = \frac{14 \times 113}{3.14 \times 600^2/4} = 0.56\%$$

不好判断，故解答过程中未列入。

53. 答案：B

解答过程：依据《建筑地基基础设计规范》GB 50007—2011 的 8.4.7 条计算。

内柱，F_l 取轴力设计值减去筏板冲切破坏锥体内的基底净反力设计值（基本组合时）。

冲切破坏范围的面积为 $(1.34 \times 2 + 0.9)^2 = 12.82 \text{m}^2$。

$$F_l = 1.35 \times (9000 - 135 \times 12.82) = 9814 \text{kN}$$

$$u_m = 4 \times (1.34 + 0.9) = 8.96 \text{m}$$

依据附录 P，对于内柱，有

$$c_{AB} = c_1/2 = (1.34 + 0.9)/2 = 1.12 \text{m}$$

$$\tau_{max} = \frac{F_l}{u_m h_0} + a_s \frac{M_{unb} c_{AB}}{I_s} = \frac{9814}{8.96 \times 1.34} + 0.4 \times \frac{1.35 \times 150 \times 1.12}{11.17} = 826 \text{kPa}$$

选择 B。

54. 答案：D

解答过程：依据《建筑地基基础设计规范》GB 50007—2011 的 8.4.7 条，KZ2 为边柱，F_l 取轴力设计值减去筏板冲切临界范围内的基底净反力设计值（基本组合时）。冲切验算时，对于边柱，F_l 还应乘以 1.1。

依据附录 P.0.1 条第 2 款，外伸式筏板，边柱外侧的悬挑长度为 $1.25 - 0.45 = 0.8 \text{m}$，小于 $(h_0 + 0.5b_c) = 1.34 + 0.5 \times 0.9 = 1.8 \text{m}$，冲切临界截面可计算至垂直于自由边的板端。冲切临界截面的范围如图 17-2-2 所示。

于是，可得冲切临界范围的面积为

$(1.34 + 0.9) \times (1.34/2 + 0.45 + 1.25) = 5.31 \text{m}^2$

$F_l = 1.1 \times 1.35 \times (7000 - 135 \times 5.31) = 9330 \text{kN}$

选择 D。

点评：这里需要注意，在《混凝土结构设计规范》GB 50010—2010 中，6.5.1 条规定，板柱节点，F_l 取层间轴力差值减去冲切破坏锥体范围板所承受的荷载（必要时考虑节点不平衡弯矩后用 $F_{l,eq}$）；6.5.5 条，阶形基础时，取 $F_l = p_s A$，A 是冲切破坏锥体以外的一个多边形面积。《建筑地基基础设计规范》GB 50007—2011 中，阶形基础时 F_l 的规定与《混凝土结构设计规范》GB 50010—2010 相同。但是，对于平板式筏基，需要区分是内柱还是角柱和边柱，前者采用正常的处理方法，后

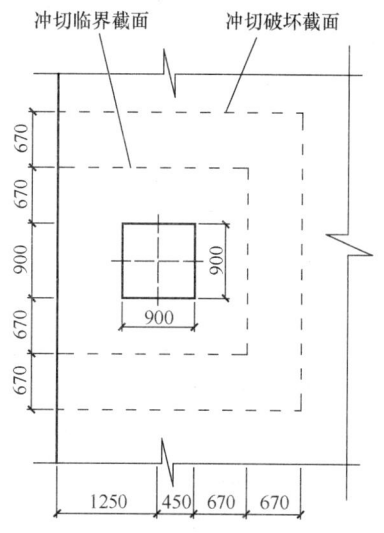

图 17-2-2 筏板计算简图

者（角柱和边柱）F_l 取轴力减去冲切临界截面范围的基底净反力。

55. 答案：C

解答过程：依据《建筑地基基础设计规范》GB 50007—2011 的 8.4.2 条，准永久组合下，偏心距应满足

$$e \leqslant \frac{0.1W}{A}$$

计算惯性矩时，将筏板分成 4 块，如图 17-2-3 所示，则绕 y 轴的惯性矩为

$$I_y = \frac{1}{3} \times 36.8 \times 23.57^3 + \frac{1}{3} \times 19.9 \times (50.1-23.57)^3 +$$

$$2 \times \frac{1}{3} \times 8.45 \times (50.1-23.57-7)^3$$

$$= 326449 \text{m}^4$$

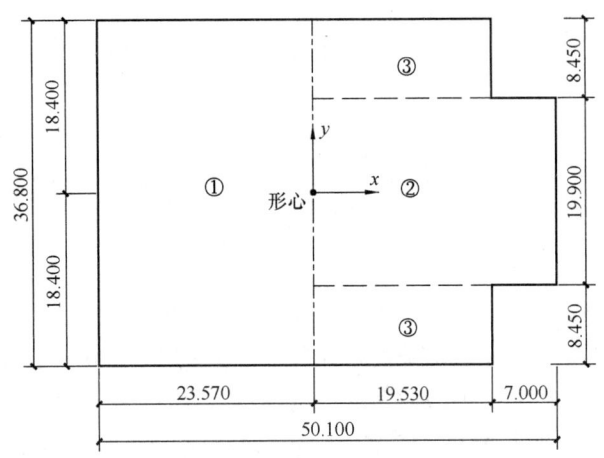

图 17-2-3　筏板计算简图

底面积为

$$A = 36.8 \times 50.1 - 2 \times 8.45 \times 7 = 1725 \text{m}^2$$

对于 y 轴左侧，有

$$e \leqslant \frac{0.1W}{A} = \frac{0.1 \times 326449/23.57}{1725} = 0.803 \text{m}$$

对于 y 轴右侧，有

$$e \leqslant \frac{0.1W}{A} = \frac{0.1 \times 326449/(50.1-23.57)}{1725} = 0.713 \text{m}$$

选择 C。

点评：以上计算过程采用了矩形截面绕截面边缘的惯性矩计算公式。如图 17-2-4 所示，利用移轴公式可得

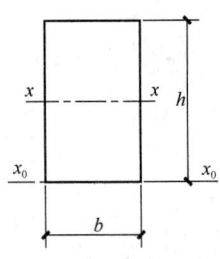

图 17-2-4　惯性矩
计算简图

$$I_{x0} = I_x + A \times \left(\frac{h}{2}\right)^2 = \frac{1}{12}bh^3 + bh\frac{h^2}{4} = \frac{bh^3}{3}$$

56. 答案：C

解答过程：依据《建筑地基处理技术规范》JGJ 79—2012 的 7.7.4 条第 2 款，Ⅱ、Ⅲ 正确。依据第 4 款，Ⅶ 正确。依据第 1 款，需要检查桩体试块抗压强度，故Ⅵ正确。选

择 C。

点评：关于处理后地基的检验内容和检验方法，在《建筑地基处理技术规范》JGJ 79—2012 的 10.1.1 条的条文说明也有类似内容。

57. 答案：B

解答过程：依据《高层建筑混凝土结构技术规程》JGJ 3—2010 的 8.1.2 条和 8.2.2 条，框架-剪力墙结构，剪力墙有端柱，宜设置框架梁与端柱形成框架，整体组成带边框剪力墙，故墙体在楼盖处宜设置暗梁，A 选项说法正确。

依据《高层民用建筑钢结构技术规程》JGJ 99—2015 的 6.2.6 条及其条文说明，钢框架-支撑结构的框架部分按刚度分配计算得到的地震层剪力应调整至不小于结构总地震剪力的 25% 和框架部分计算最大层剪力 1.8 倍两者的较小值，这是为了保证框架的二道防线作用，并非支撑框架承担总地震剪力的 1−25%=75%，B 选项说法错误。

依据《高层建筑混凝土结构技术规程》JGJ 3—2010 的 3.4.5 条可知，位移比计算应采用规定水平地震力，且考虑偶然偏心影响；依据 3.7.3 条，验算 $\Delta u/h$ 时采用风或多遇地震标准值，本条注释指出不考虑偶然偏心影响。C 选项说法正确。

依据《建筑工程抗震设防分类标准》GB 50223—2008 的 3.0.3 条，D 选项说法正确。

故选择 B。

58. 答案：A

解答过程：依据《高层建筑混凝土结构技术规程》JGJ 3—2010 的 4.2.2 条及其条文说明，高度超过 60m 的高层建筑属于对风荷载敏感，承载力设计时按基本风压的 1.1 倍采用，计算位移时不需要放大。B 错误。

《高层建筑混凝土结构技术规程》JGJ 3—2010 的 4.3.4 条、4.3.5 条及其相应的条文说明，复杂高层建筑应采用弹性时程分析法补充计算，补充计算主要指对计算的底部剪力、楼层剪力和层间位移进行比较，当时程分析结果大于振型分解反应谱法分析结果时，相关部位的构件内力和配筋作相应的调整。这里的调整，并非是弹性时程分析法的配筋结果和反应谱法比较后取大者。C 错误。

依据《建筑与市政工程抗震通用规范》GB 55002—2021 的 4.2.3 条，8 度（0.3g）基本周期 3s 的竖向不规则结构的薄弱层，多遇地震下水平地震作用计算时，薄弱层的最小水平地震剪力系数尚应乘以 1.15 的增大系数，即 0.048×1.15=0.0552。D 错误。

排除 B、C、D 后，选择 A。

点评：《混凝土结构设计规范》GB 50010—2010 的 8.1.1 条规定了钢筋混凝土结构伸缩缝的最大间距，一般情况下房屋长度不应超过该限值，房屋长度超长时应考虑超长结构的水平向温度作用。混凝土结构设计时，应考虑房屋的环境温度、使用温度和结构的初始温度，考虑混凝土后期收缩的当量温差、混凝土的收缩徐变及混凝土弹性刚度的退化等诸多因素。

依据《建筑结构荷载规范》GB 50009—2012 的 9.3.1 条与 9.3.2 条及其条文说明，以结构的初始温度（合拢温度）为基准，结构的温度作用效应要考虑温升和温降两种工况。对有围护结构的室内结构，结构最高平均温度和最低平均温度一般可依据室内和室外的环境温度按热工学的原理确定；对地下室与地下结构的室外温度，一般应考虑离地表面深度的影响。当离地表面深度超过 10m 时，土体基本为恒温，等于年平均温度。A 正确。

59. 答案：D

解答过程：依据《高层建筑混凝土结构技术规程》JGJ 3—2010 的 3.7.3 条，对于房屋高度为 180m 的钢筋混凝土框架-核心筒结构，$[\Delta u/h]$ 需要进行插值：150m 时 $[\Delta u/h]=$ $1/800,250m$ 时 $[\Delta u/h]=1/500$，插值得到 180m 时 $[\Delta u/h]=1/678$。

房屋高度为 50m 的钢筋混凝土框架结构，查表 3.7.3 得到 $[\Delta u/h]=1/550$。

依据《高层民用建筑钢结构技术规程》JGJ 99—2015 的 3.5.2 条，房屋高度为 120m 的钢筋混凝土框架-屈曲约束支撑结构 $[\Delta u/h]=1/250$。

以上三种结构体系的 $[\Delta u/h]$ 之比为 $1/678 \colon 1/550 \colon 1/250 = 1 \colon 1.23 \colon 2.712$，故选择 D。

60. 答案：B

解答过程：依据《高层建筑混凝土结构技术规程》JGJ 3—2010 的 10.2.24 条，截面剪力设计值应满足

$$V_f \leqslant \frac{1}{\gamma_{RE}}(0.1\beta_c f_c b_f t_f)$$

$$2.0 \times 1400 \times 10^3 \leqslant 1/0.85 \times 0.1 \times 1.0 \times 19.1 \times 6300 \times t_f$$

解得 $t_f \geqslant 198mm$。板厚为 200mm 可以满足要求。

$$V_f \leqslant \frac{1}{\gamma_{RE}}(f_y A_s)$$

$$2.0 \times 1400 \times 10^3 \leqslant 1/0.85 \times 360 \times A_s$$

解得 $A_s \geqslant 6611mm^2$，该 A_s 包括梁、板顶和板底全部钢筋。

按间距为 200mm 布置板底钢筋时，所需单根钢筋截面面积为

$$\frac{6611 - 4200}{5600} \times 200 \times \frac{1}{2} = 43mm^2$$

上式中之所以除以 2，是因为钢筋为双层布置。选项中，钢筋直径为 12mm 即可满足要求。

依据 10.2.23 条，且每层每方向的配筋率不宜小于 0.25%。当板厚为 200mm 时，$\Phi 12@200$ 的配筋率为 $113.1/200/200 = 0.28\%$，满足要求。

故选择 B。

61. 答案：D

解答过程：依据《高层建筑混凝土结构技术规程》JGJ 3—2010 的 7.1.4 条，底层为底部加强部位。依据 7.2.6 条，底部加强部位剪力墙的剪力增大系数可取 1.6，于是

$$V = 1.6 \times 3.2 \times 10^3 = 5.12 \times 10^3 kN$$

依据 7.2.7 条，$\lambda = 1.9 < 2.5$，$V = 5.12 \times 10^3$ kN $< 0.15\beta_c f_c b_w h_{w0}/\gamma_{RE} = 6.37 \times 10^3$ kN，满足要求。

依据 7.2.10 条计算受剪承载力。

由于 $N = 1.6 \times 10^4 kN > 0.2 f_c b_w h_w = 7563.6kN$，计算时取 $N = 7563.6kN$。

$1.5 < \lambda = 1.9 < 2.2$，计算时取 $\lambda = 1.9$。

于是

$$V \leqslant \frac{1}{\gamma_{RE}}\left[\frac{1}{\lambda - 0.5}\left(0.4 f_t b_w h_{w0} + 0.1N\frac{A_w}{A}\right) + 0.8 f_{yh}\frac{A_{sh}}{s}h_{w0}\right]$$

$$5.12 \times 10^3 \times 10^3 \leqslant \frac{1}{0.85} \left[\frac{1}{1.9 - 0.5} (0.4 \times 1.71 \times 300 \times 6300 + 0.1 \times 7563.6 \times 10^3) + 0.8 \times 360 \times \frac{A_{sh}}{s} \times 6300 \right]$$

解得 $\frac{A_{sh}}{s} \geqslant 1.59 \text{mm}^2/\text{mm}$。

墙厚 300mm，双排配筋。间距为 200mm 时，所需单根钢筋的截面面积为 $1.59 \times 200/2 = 159\text{mm}^2$，$\Phi 16$ 可提供截面面积 201.1mm^2，满足要求。$\Phi 14$ 可提供截面面积 153.9mm^2，不满足要求。选择 D。

62. 答案：B

解答过程：依据《建筑抗震设计规范》GB 50011—2010 的 G.1.3 条，底层钢支撑框架按刚度分配的地震倾覆力矩应大于结构总地震倾覆力矩的 50%，A、C 选项框架部分按刚度分配的地震倾覆力矩大于 50%，即钢支撑框架按刚度分配的地震倾覆力矩小于 50%，故 A、C 不满足要求。

依据 G.1.2 条，钢支撑框架部分应比本规范第 8.1.3 条和第 6.1.2 条框架结构的规定提高一个等级，故钢支撑柱按照本规范第 6.1.2 条框架结构的规定提高一个等级。依据 6.1.1 条，房屋高度为 43.3m < 50m，满足适用高度。依据 6.1.2 条，7 度，43.3m > 24m，框架结构抗震等级为二级，钢支撑柱提高一个等级，为一级。

依据 6.3.6 条，一级、框架结构，$[\mu_N] = 0.65$，于是，钢支撑柱应满足

$$\frac{N_G}{23.1 \times 700^2} \leqslant 0.65$$

解出 $N_G \leqslant 7357\text{kN}$。B、D 选项中，B 选项 $N_G = 7200\text{kN}$ 满足要求，故选择 B。

63. 答案：C

解答过程：依据《高层建筑混凝土结构技术规程》JGJ 3—2010 的 4.3.7 条，8 度 (0.20g)、多遇地震，可得 $\alpha_{max} = 0.16$。第一组、III 类场地，可得 $T_g = 0.45\text{s}$。

依据 4.3.8 条，由第一自振周期计算 α。$T = 0.85\text{s}$ 和 $T = 0.86\text{s}$ 均居于 T_g 和 $5T_g = 2.25\text{s}$ 之间。

$T = 0.85\text{s}$ 时：$\alpha = \left(\frac{T_g}{T} \right)^\gamma \eta_2 \alpha_{max} = \left(\frac{0.45}{0.85} \right)^{0.9} \times 1.0 \times 0.16 = 0.09$。

$T = 0.86\text{s}$ 时：$\alpha = \left(\frac{T_g}{T} \right)^\gamma \eta_2 \alpha_{max} = \left(\frac{0.45}{0.86} \right)^{0.9} \times 1.0 \times 0.16 = 0.09$。

依据 C.0.1 条，可得

$F_{Ek} = \alpha_1 G_{eq} = \alpha_1 \times 0.85 \times G_E = 0.09 \times 0.85 \times (146000 \sim 166000) = 11169 \sim 12699\text{kN}$

方案 A 和方案 B，$F_{Ekx} < F_{Ek}$，方案不合理；方案 C 和方案 D，$F_{Ekx} > F_{Ek}$，方案合理。

依据 4.3.12 条，可得

$$G = \frac{F_{Ekx}}{\lambda_x}$$

对 C、D 方案计算如下：

$$G_C = 12000/0.076 = 157895\text{kN}$$

$$G_D = 10200/0.075 = 136000\text{kN}$$

方案 D 总重力荷载代表值不在 $146000 \sim 166000\text{kN}$ 之间，不符合已知条件。

故选择 C。

64. 答案：B

解答过程：依据《建筑与市政工程抗震通用规范》GB 55002—2021 的 5.2.1 条，框架结构、8 度、高度 28m，得到框架的抗震等级为一级。

依据《混凝土结构通用规范》GB 55008—2021 的 4.4.8 条，计入受压钢筋作用的梁端截面混凝土受压区高度与有效高度之比值，为

$$\frac{x}{h_0} = \frac{f_y A_s - f'_y A'_s}{\alpha_1 f_c b h_0} = \frac{435 \times 4920 \times 0.5}{19.1 \times 350 \times 640} = 0.25$$

满足一级时不应大于 0.25 的要求。

依据《混凝土结构设计规范》GB 50010—2010 表 11.1.6，受弯构件，$\gamma_{RE} = 0.75$。

$x = 0.25 \times 640 = 160mm > 2 a'_s = 80mm$，满足适筋梁的条件。

$$M_u = \frac{1}{\gamma_{RE}} \left[\alpha_1 f_c b x \left(h_0 - \frac{x}{2} \right) + f'_y A'_s (h_0 - a'_s) \right]$$

$$= 1/0.75 \times [19.1 \times 350 \times 160 \times (640 - 160/2) + 435 \times 4920/2 \times (640 - 40)]$$

$$= 1654.7 \times 10^6 N \cdot mm$$

故选择 B。

65. 答案：A

解答过程：依据《高层建筑混凝土结构技术规程》JGJ 3—2010 的 3.7.4 条，楼层屈服强度系数为按构件实际配筋和材料强度标准值计算的楼层受剪承载力与按罕遇地震作用计算的楼层弹性地震剪力的比值，于是，对于首层，屈服强度系数为

$$\xi_y = \frac{14 \times 780 + 14 \times 950}{50000} = 0.484 < 0.5$$

符合该条第 1 款 1) 的条件，应进行弹塑性变形验算，故观点 Ⅰ 不符合规范要求。

增大框架柱实配钢筋使 V_{cua1} 和 V_{cua2} 增加 5% 后，首层屈服强度系数为

$$\xi_y = \frac{(14 \times 780 + 14 \times 950) \times 1.05}{50000} = 0.509 > 0.5$$

此时，依据 3.7.4 条，8 度（0.20g）的框架结构，结构竖向层刚度无突变，丙类建筑，可不进行弹塑性变形验算，故观点 Ⅱ 符合规范要求。

故选择 A。

点评：对其他观点判断如下：

弹塑性位移可采用简化计算方法，$\Delta u_p = \eta_p \Delta u_e$，由于 ξ_y 分布均匀，故按照表 5.5.3 确定 η_p，$\xi_y = 0.484$ 时，插值得 $\eta_p = 1.83$，故观点 Ⅲ 符合规范要求。

依据 5.5.2 条，不超过 12 层且层侧向刚度无突变的框架结构可采用简化计算法，采用静力弹塑性分析方法或弹塑性时程分析法计算更精确，故观点 Ⅳ 符合规范要求。

66. 答案：B

解答过程：依据《高层建筑混凝土结构技术规程》JGJ 3—2010 的 3.9.5 条及其条文说明，当地下室顶板作为上部结构的嵌固端时，地下一层相关范围的抗震等级应按上部结构采用，地下一层以下不要求计算地震作用，地下一层以下抗震构造措施的等级可逐层降低，故排除观点 4。

依据《建筑与市政工程抗震通用规范》GB 55002—2021 的表 5.4.1，丙类、钢框架-

钢筋混凝土核心筒结构、7 度、128m，钢筋混凝土核心筒抗震等级为二级。地下一层的抗震等级不降低，地下二层抗震构造措施的等级降低一级成为三级。

故观点 2 正确，选择 B。

点评：本题解答时注意：

（1）对比《高层建筑混凝土结构技术规程》JGJ 3—2010 的表 11.1.4 和《建筑与市政工程抗震通用规范》GB 55002—2021 的表 5.4.1 可知，对于钢框架-钢筋混凝土核心筒结构，二者规定有差异。按照前者，7 度、128m 时，钢筋混凝土核心筒抗震等级为一级。鉴于《高层建筑混凝土结构技术规程》JGJ 3—2010 的 11.1.4 条作为强制性条文已经废止，为此，编入本题时要求依据《建筑与市政工程抗震通用规范》GB 55002—2021 答题，并同时修改了选项。

（2）钢框架-钢筋混凝土核心筒结构不是部分框支剪力墙结构，故不必执行《高层建筑混凝土结构技术规程》10.2.6 条高位转换时底部加强部位墙体抗震等级需提高的规定。

67. 答案：D

解答过程：依据《建筑与市政工程抗震通用规范》GB 55002—2021 的表 5.4.1，丙类、钢框架-钢筋混凝土核心筒结构、7 度、128m，钢框架抗震等级为二级。外围钢框架的抗震等级无其他调整，故无论楼层位置，抗震措施等级和抗震构造措施等级均为二级。

故选择 D。

点评：依据《高层建筑混凝土结构技术规程》JGJ 3—2010 的 11.1.4 条，外围钢框架的抗震措施等级和抗震构造措施等级均为三级，选择 A。

68. 答案：C

解答过程：依据《建筑与市政工程抗震通用规范》GB 55002—2021 的 4.2.3 条，7 度（0.10g），基本周期 4.0s，无薄弱层，经插值得到楼层最小地震剪力系数为 0.01467。于是，Y 方向底部最小剪力为

$$0.01467 \times 1.0 \times 10^6 = 14670\text{kN} > 12800\text{kN}$$

故 Y 向水平地震作用标准值的剪力应调整为 14670kN，调整系数为 14679/12800 = 1.146。

由于各层剪力调整系数均按底层剪力调整系数取值，故满足剪重比的首层 $V_{\text{f1}} = 900 \times 1.146 = 1031.4\text{kN}$，各层最大值 $V_{\text{f,max}} = 2000 \times 1.146 = 2292\text{kN}$。

依据《高层建筑混凝土结构技术规程》JGJ 3—2010 的 11.1.6 条、9.1.11 条，由于

$$10\% < V_{\text{f,max}}/V_0 = 2292/14679 = 15.6\%$$

故

$$V_{\text{f}} = \min(0.2V_0,\ 1.5V_{\text{f,max}}) = \min(0.2 \times 14679,\ 1.5 \times 2292) = 2939\text{kN}$$

选择 C。

69. 答案：A

解答过程：依据《高层民用建筑钢结构技术规程》JGJ 99—2015 的 7.3.2 条计算。柱下端刚接，$K_2 = 10$，由于在 xy 平面内 KZA 的线刚度 i_c 与框架梁 KLB 的线刚度 i_b 相等，故 $K_1 = 1$。

$$\mu = \sqrt{\frac{7.5K_1K_2 + 4(K_1 + K_2) + 1.6}{7.5K_1K_2 + K_1 + K_2}}$$

$$=\sqrt{\frac{7.5\times1\times10+4(1+10)+1.6}{7.5\times1\times10+1+10}}$$

$$=1.184$$

乙类，提高一度采取抗震措施。按 9 度、高度 33m 查《建筑抗震设计规范》GB 50011—2010 表8.1.3，得到抗震等级为二级。依据该表下注释2，由于框架柱 KZA 与柱顶框架梁 KLB 的承载力满足 2 倍多遇地震作用组合下的内力要求，降低一度确定抗震等级，为三级。

依据《高层民用建筑钢结构技术规程》JGJ 99—2015 的 7.3.9 条，三级时框架柱的长细比不应大于 $80\sqrt{235/f_y}=80\sqrt{235/345}=66$，则

$$\lambda=\frac{\mu H}{r_c}=\frac{1.184\times33000}{r_c}\leqslant66$$

解出 $r_c\geqslant592$mm。选择 A。

70. 答案：D

解答过程：依据《高层民用建筑钢结构技术规程》JGJ 99—2015 的 7.6.5 条计算。

$$V_l=0.58A_wf_y=0.58\times(600-2\times20)\times12\times345=1344.7\times10^3\text{N}$$

$$V_l=2M_{lp}/a=2\times305\times4.42\times10^6/1700=1586\times10^3\text{N}$$

取以上二者较大者计算。

$$N_{br}=\eta_{br}\frac{V_l}{V}N_{br,com}=1.3\times\frac{1586}{1190}\times2000=3465\text{kN}$$

选择 D。

71. 答案：B

解答过程：依据《高层民用建筑钢结构技术规程》JGJ 99—2015 的 7.3.3 条第 1 款，判断 A、B、C、D 选项是否需要满足强柱弱梁。

柱轴压比不超过 0.4 时，可不满足强柱弱梁的要求，由 $\mu_N=\frac{N}{fA_c}\leqslant0.4$，得到

$$A_c\geqslant\frac{8500\times10^3}{305\times0.4}=69672\text{mm}^2$$

上式中，按题目要求取 $f=305$N/mm^2。可见，四个选项均不满足要求。

柱轴力符合 $N_2\leqslant\varphi A_cf$ 时，可不满足强柱弱梁的要求，即

$$A_c\geqslant\frac{N_2}{\varphi f}=\frac{12000\times10^3}{0.6\times305}=65573\text{mm}^2$$

上式中，按题目要求取 $f=305$N/mm^2。可见，D 符合要求，排除 D。

等截面梁与柱连接时，钢框架柱的强柱弱梁需满足

$$\sum W_{pc}(f_{yc}-\frac{N}{A_c})\geqslant\sum\eta f_{yb}W_{pb}$$

$$\sum\eta f_{yb}W_{pb}=2\times1.15\times345\times5.21\times10^6=4134\times10^6\text{N}\cdot\text{mm}$$

对选项 A 截面试算：

$$\sum W_{pc}\left(f_{yc}-\frac{N}{A_c}\right)=2\times9.97\times10^6\times\left(345-\frac{8500\times10^3}{50496}\right)$$

$$=3523\times10^6\text{N}\cdot\text{mm}<4134\times10^6\text{N}\cdot\text{mm}$$

不满足要求。

对选项 B 截面试算：

$$\Sigma W_{\mathrm{pc}}\left(f_{\mathrm{yc}}-\frac{N}{A_c}\right)=2\times1.115\times10^{7}\times\left(345-\frac{8500\times10^{3}}{58464}\right)$$

$$=4451\times10^{6}\mathrm{N\cdot mm}>4134\times10^{6}\mathrm{N\cdot mm}$$

满足要求，且截面最小。

选择 B。

72. 答案：D

解答过程：依据《高层民用建筑钢结构技术规程》JGJ 99—2015 的 8.8.5 条第 1 款，消能梁段与支撑连接处，加劲肋宽度至少为 $b_{\mathrm{f}}/2-t_{\mathrm{w}}=300/2-12=138\mathrm{mm}$，厚度不应小于 $\max\left(0.75t_{\mathrm{w}},10\right)=\max\left(0.75\times12,10\right)=10\mathrm{mm}$。四个选项均满足要求。

依据 8.8.5 条第 6 款，对于中间加劲肋，加劲肋宽度至少为 $b_{\mathrm{f}}/2-t_{\mathrm{w}}=300/2-12=138\mathrm{mm}$，厚度不应小于 $\max\left(t_{\mathrm{w}},10\right)=\max\left(12,10\right)=12\mathrm{mm}$。A 选项不满足要求。

下面判断消能梁段 a 所处的区间。

$$M_{l\mathrm{p}}=fW_{\mathrm{np}}=305\times4.42\times10^{6}=1348.1\times10^{6}\mathrm{N\cdot mm}$$

$$M_{l\mathrm{p}}/V_{l}=1348.1/1345=1.0$$

现在，$a=1.7\mathrm{m}$ 在 $1.6\,M_{l\mathrm{p}}/V_{l}$ 和 $2.6\,M_{l\mathrm{p}}/V_{l}$ 之间，中间加劲肋间距按线性内插。

$a=1.6M_{l\mathrm{p}}/V_{l}$，对应的加劲肋间距为 $30t_{\mathrm{w}}-h/5=30\times12-600/5=240\mathrm{mm}$。

$a=2.6M_{l\mathrm{p}}/V_{l}$，对应的加劲肋间距为 $52t_{\mathrm{w}}-h/5=52\times12-600/5=504\mathrm{mm}$。

$a=1.7\mathrm{m}$ 时，加劲肋间距不应大于 $240+\dfrac{504-240}{2.6-1.6}\times(1.7-1.6)=266\mathrm{mm}$。

$n=1700/266-1=5.39$，故 1700mm 范围内部至少布置 6 个加劲肋。

选择 D。

点评：必须指出，以上按照规范答题并非作者的本意而仅仅是为了遵守考试的规则。

依据美国钢结构抗震规范 AISC 341—2016 的 F3.5b.3 条，此处确定消能梁段长度 a 时用到的 $M_{l\mathrm{p}}$ 应采用 $M_{l\mathrm{p}}=f_{\mathrm{y}}W_{\mathrm{np}}$，这样，与 $M_{l\mathrm{p}}/V_{l}$ 中取 $V_{l}=0.58f_{\mathrm{y}}A_{\mathrm{w}}$ 对应，二者均为取强度标准值计算屈服承载力。同样道理，《高层民用建筑钢结构技术规程》JGJ 99—2015 公式（7.6.3-1）中 $M_{l\mathrm{p}}$ 也应写作 $M_{l\mathrm{p}}=f_{\mathrm{y}}W_{\mathrm{np}}$ 而不是 $M_{l\mathrm{p}}=fW_{\mathrm{np}}$。7.6.2 条中给出的公式 $V\leqslant\phi V_{l}$（或 $V\leqslant\phi V_{lc}$），式中 ϕ 的意义为 "抗力分项系数的倒数"（1/1.111＝0.9），以与 V_{l}（或 V_{lc}）中采用了 "强度标准值" 对应。

73. 答案：A

解答过程：依据《城市桥梁抗震设计规范》CJJ 166—2011 表 3.1.1，抗震分类属于丙类。

依据表 3.1.2，①错误。

依据 3.1.4 条，丙类桥梁，应将本地区基本烈度提高一度，②错误。

依据表 3.2.2，丙类桥梁，7 度（0.15g）在 E1 地震作用下 $C_i=0.46$，在 E2 地震作用下 $C_i=2.05$，③错误。

依据表 3.3.3，丙类 7 度区，设计方法为 A 类，又依据 3.3.2 条，A 类方法应进行 E1 和 E2 作用下的抗震分析和验算，④正确。

只有一项正确，故选择 A。

74. 答案：C

解答过程：依据《公路桥涵设计通用规范》JTG D60—2015 的 4.3.12 条条文说明，应以结构合拢时的温度为起点，计算最高和最低有效温度的作用效应。对于钢结构，可取当地历年最高温度和最低温度。于是可得：

温度升高：$46-15=31℃$。

温度降低：$20-(-21)=41℃$。

选择 C。

75. 答案：C

解答过程：依据《公路钢筋混凝土及预应力混凝土桥涵设计规范》JTG 3362—2018 的 9.1.1 条第 2 款，保护层厚度不小于管道直径的 1/2。依据 9.4.9 条第 1 款，管道的净距取 $\max(40mm，0.6D)$，D 为管道的直径，今 $D=90mm$。因此，腹板最小厚度为

$$b_{min}=2×90+90/2×2+0.6×90=324mm$$

选择 C。

76. 答案：B

解答过程：依据《城市人行天桥与人行地道技术规范》CJJ 69—95 的 2.2.2 条，每端梯道净宽之和应大于桥面净宽 1.2 倍以上。

人行梯道净宽为 1.8m，两侧有自行车推行的梯道净宽为 $1.8+2×0.4=2.6m$。于是，桥梁净宽最大为 $(2.6+1.8)/1.2=3.67m$，选择 B。

77. 答案：D

解答过程：依据《公路钢筋混凝土及预应力混凝土桥涵设计规范》JTG 3362—2018 的 4.2.5 条计算。

$$a=(a_1+2h)+2l_c=200+2×150+2×1250=3000mm$$

依据《公路桥涵设计通用规范》JTG D60—2015 的图 4.3.1-2，车辆后轴之间的距离为 1.4m，故车辆后轴轮压的分布宽度为 $3+1.4=4.4m$，选择 D。

点评：本题可能会有争议，因为，题目所问，与《公路钢筋混凝土及预应力混凝土桥涵设计规范》JTG 3362—2018 的 4.2.5 条前提条件相同。考虑到确定 a 的目的是为了后续的内力计算，因此，取为后轴总的分布宽度更为恰当。

78. 答案：C

解答过程：依据《公路桥涵设计通用规范》JTG D60—2015 的 4.1.5 条计算。

高速公路上的桥梁，设计安全等级为一级，$\gamma_0=1.1$。车辆荷载的分项系数取 1.8。

以车辆荷载作为主导荷载时，依据《公路桥梁抗风设计规范》JTG/T 3360—01—2018 的 3.3.2 条第 2 款，风速按 W1 风作用水平选取，且取风荷载的分项系数为 1.1，组合值系数为 1.0。

$$M_{ud}=1.1×(1.2×45+1.8×32+1.0×1.1×21)=148kN·m$$

依据 3.3.2 条第 2 款，风荷载作为主导荷载时，汽车荷载不参与组合，显然此组合不控制设计。

选择 C。

点评：今依据《公路桥梁抗风设计规范》JTG/T 3360—01—2018 对题目有改动。

《公路桥梁抗风设计规范》JTG/T 3360—01—2018 规定，桥梁抗风设计按 W1 风作用水平和 W2 风作用水平确定。W1 风作用水平取用重现期为 10 年的风速（且不大于 25m/s），W2 风作用水平取用重现期为 100 年的风速。并规定：

按承载能力极限状态设计时（基本组合中），若风荷载不是主要可变作用，风荷载按 W1 风作用水平确定，且取风荷载的分项系数为 1.1，组合值系数为 1.0。

按承载能力极限状态设计时（基本组合中），若风荷载作为主要可变作用，取 W2 风作用水平并取其分项系数为 1.4，汽车荷载不参与荷载组合。

按正常使用极限状态设计时，风速按 W1 风作用水平选取，风荷载的频遇值系数和准永久值系数均取 1.0。

79. 答案：A

解答过程：依据《公路桥涵设计通用规范》JTG D60—2015 的 4.1.5 条计算。

依据《公路桥梁抗撞设计规范》JTG/T 3360—02—2020 的 4.3.2 条，撞击时不考虑风荷载，汽车荷载按准永久值采用。

$$45+126+0.4\times32=183.8\text{kN}\cdot\text{m}$$

选择 A。

点评：关于本题，需要注意：

(1) 原题中给出的 126kN·m 称作"汽车撞击力"引起的"弯矩作用标准值"。实际上，《公路桥涵设计通用规范》JTG D60—2015 的 4.1.5 条给出的偶然组合中，直接采用偶然作用的设计值 A_d。而且，4.4.3 条规定了对于桥梁结构的汽车撞击力，给出的是"汽车撞击力设计值"。查《建筑结构荷载规范》GB 50009—2012，10.1.3 条规定，偶然荷载的荷载设计值可直接取用按本章规定的方法确定的偶然荷载标准值。美国国家公路和运输协会（AASHTO）编写的《公路桥梁设计规范》（2020 年版）中，极端事件 I（extreme I）为地震组合；极端事件 II（extreme II）为偶然组合，汽车撞击力（或船撞击力）的荷载系数均取 1.0，按我国规范理解即为"设计值取为标准值"。

(2) 依据《公路桥梁抗撞设计规范》JTG/T 3360—02—2020 的 4.3.2 条，撞击时的偶然组合不计入风荷载。条文说明指出，"本条给出了撞击作用偶然组合需要考虑的作用。明确了温度作用等不参与撞击组合，是对现行《公路桥涵设计通用规范》JTG D60 的补充。船撞作用属于偶然作用，根据《公路桥涵设计通用规范》JTG D60 的规定，偶然组合各类作用的分项系数统一取 1.0，参与组合的主要可变作用取其频遇值或准永久值，这里规定参与船撞组合时汽车荷载取其准永久值。美国《公路桥梁设计规范》中，船撞组合考虑了 0.55 倍的汽车荷载，与本条规定类似。"经查，AASHTO 编写的《公路桥梁设计规范》（无论是 2017 年版还是 2020 年版）表 3.4.1-1 中汽车荷载（代号为 LL）的分项系数取 0.50 不是 0.55。

80. 答案：A

解答过程：依据《公路钢筋混凝土及预应力混凝土桥涵设计规范》JTG 3362—2018 的 6.4.4 条计算。

$$\sigma_\text{ss}=\frac{M_\text{s}}{0.87A_\text{s}h_0}=\frac{200\times10^6}{0.87\times4022\times(350-40)}=184.4\text{MPa}$$

选择 A。

18 2020 年试题与解答

18.1　2020 年试题

题 1　某钢筋混凝土刚架，如图 18-1-1 所示，安全等级为二级。AB 杆为钢筋混凝土构件，截面尺寸 400mm×800mm，对称配筋；混凝土强度等级 C30，HRB400 钢筋，$a_s = a'_s = 70mm$，不考虑地震作用，不考虑自重，不考虑重力二阶效应，不考虑截面腹部钢筋；假定，集中力设计值 $P=150kN$，试问，AB 杆受力状态及 1-1 截面一侧的最小配筋面积（mm^2），与下列何项最为接近？

A. 偏压，1700　　　B. 偏压，2150　　　C. 偏拉，1700　　　D. 偏拉，2150

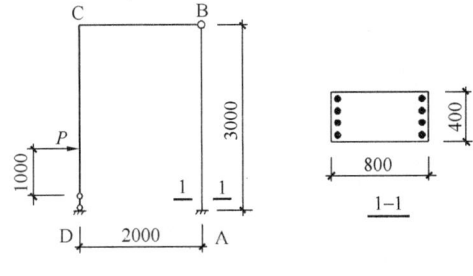

图 18-1-1　题 1 图

题 2　某钢筋混凝土墙体为偏心受压构件，如图 18-1-2 所示，截面 200mm×1800mm，混凝土强度等级 C30，HRB400 钢筋，安全等级为二级，不考虑地震作用，墙底截面形心处的内力设计值为：$M=1710kN \cdot m$，$N=1800kN$，$V=690kN$。取 $a_s = a'_s = 40mm$。

试问，按斜截面受剪承载力计算的墙底截面处的水平分布钢筋的最小值 A_{sh}/s_v（mm^2/mm），与下列何项数值最为接近？

提示：（1）A_{sh} 为同一截面的水平筋全部面积；

（2）满足受剪限制条件；

（3）剪跨比按 $M/(Vh_0)$ 计算。

A. 0.4　　　B. 0.5　　　C. 0.6　　　D. 0.7

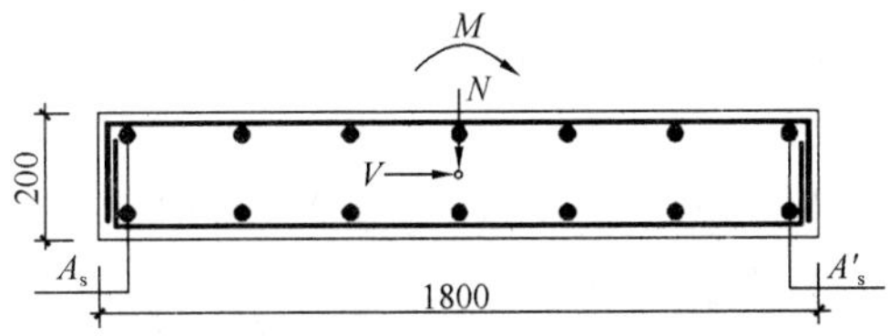

图 18-1-2　题 2 图

题 3　某三跨连续深梁，如图 18-1-3 所示，安全等级为二级。采用 C30 混凝土，HRB400 钢筋，不考虑地震作用。矩形截面，$b×h=200mm×1800mm$。

试问，B 支座边缘受剪截面控制条件的最大剪力设计值（kN），与下列何项数值最为接近？

提示：按《混凝土结构设计规范》GB 50010—2010（2015 年版）作答。

A. 510　　　　　B. 610　　　　　C. 710　　　　　D. 810

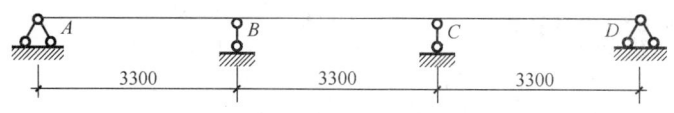

图 18-1-3　题 3 图

题 4　某钢筋混凝土牛腿，如图 18-1-4 所示，安全等级为二级，宽度 $b=400\text{mm}$，$a_s=40\text{mm}$。采用 C30 混凝土，HRB400 钢筋。已知内力设计值：$F_h=115\text{kN}$，$F_v=420\text{kN}$。不考虑地震作用。试问，牛腿顶部所需纵向钢筋截面面积最小值（mm^2），与下列何项数值最为接近？

提示：截面尺寸满足要求。

A. 650　　　　　B. 850　　　　　C. 1050　　　　　D. 1250

题 5　某外立面造型为悬挑板，如图 18-1-5 所示，混凝土强度等级 C30，钢筋 HPB300，$a_s=30\text{mm}$，挑板根部弯矩设计值为 $M=0.2\text{kN}\cdot\text{m/m}$。试问，按次要构件设计，按全截面计算的纵筋最小配筋率（%），与下列何项数值最为接近？

A. 0.12　　　　　B. 0.15　　　　　C. 0.2　　　　　D. 0.24

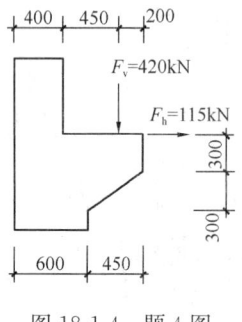　　　　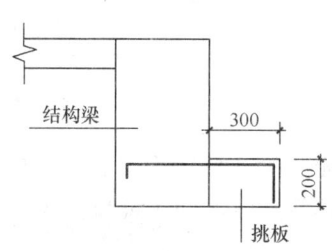

图 18-1-4　题 4 图　　　　图 18-1-5　题 5 图

题 6　某简支梁为室内正常环境，安全等级为二级，截面尺寸 300mm×600mm，混凝土强度等级 C35（$f_{c0}=16.7\text{N/mm}^2$），梁底纵向钢筋 5 $\oplus$ 25（$f_{y0}=360\text{N/mm}^2$，$A_{s0}=2454\text{mm}^2$）。梁底粘钢板加固，设计使用年限 30 年，不考虑地震作用，加固前正截面承载力设计值为 399kN·m，$a_s=60\text{mm}$，粘钢加固的钢板总宽度 200mm，钢板抗拉强度设计值 $f_{sp}=305\text{N/mm}^2$，钢板端部可靠锚固，不考虑二次受力影响。试问，加固后可获得最大正截面承载力设计值（kN·m），与下列何项数值最为接近？

提示：（1）$\xi_b=0.518$；

（2）不考虑受压钢筋、腰筋作用；加固后满足受剪承载力要求；

（3）不考虑钢板厚度的限制；

（4）按《混凝土结构加固设计规范》GB 50367—2013 作答。

A. 480　　　　　B. 520　　　　　C. 560　　　　　D. 600

题 7～8

后张法有粘结预应力的混凝土等截面悬挑梁，安全等级为二级，不考虑地震作用；混凝土强度等级 C40，计算简图如图 18-1-6 所示，端部锚固区设置普通钢垫板和间接钢筋。

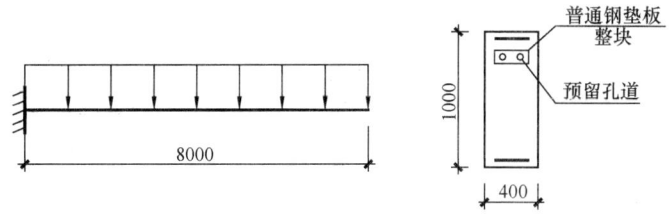

图 18-1-6 题 7～8 图

7. 假定预留两个孔道，每个配 6 Φ^s15.2 预应力钢绞线，$f_{ptk} = 1860\text{N/mm}^2$，施工时所有钢绞线同时张拉，张拉控制应力 $\sigma_{con} = 0.7 f_{ptk}$，钢垫板有足够的强度和刚度。试问，锚固区进行局部受压计算，钢垫板下的局部总压力（kN），与下列何项数值最为接近？

提示：Φ^s15.2 的截面面积为 140mm^2。

A. 2250　　　　　B. 2650　　　　　C. 3150　　　　　D. 3650

8. 此梁要求不出现裂缝，支座处标准组合时弯矩为 $M_k = 860\text{kN·m}$，准永久组合时弯矩为 $M_q = 810\text{kN·m}$，换算截面惯性矩 $I_0 = 4.115 \times 10^{10}\text{mm}^4$。试问，梁由竖向荷载引起的最大竖向位移值 f（mm），与下列何项数值最为接近？

提示：悬挑梁由均布荷载引起的端部位移 $f = \dfrac{M l_0^2}{4EI}$。

A. 24　　　　　B. 28　　　　　C. 12　　　　　D. 14

题 9 某钢筋混凝土雨篷梁，如图 18-1-7 所示，两端与柱刚接，安全等级为二级，不考虑地震作用。混凝土强度等级为 C30，箍筋为 HPB300。梁截面尺寸为 $b \times h = 200\text{mm} \times 400\text{mm}$，$h_0 = 360\text{mm}$，截面核心部位截面面积 $A_{cor} = 47600\text{mm}^2$，截面受扭塑性抵抗矩 $W_t = 6.667 \times 10^6\text{mm}^3$，受扭纵向钢筋与箍筋的配筋强度比 $\zeta = 1.2$，雨篷梁

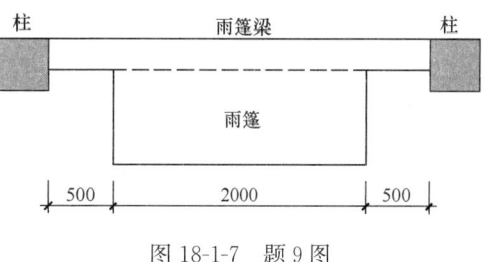

图 18-1-7 题 9 图

支座边内力设计值为：$M = 12\text{kN·m}$，$V = 27\text{kN}$，$T = 11\text{kN·m}$。试问，梁支座截面满足承载力时，其最小箍筋配置与下列何项最为接近？

提示：（1）不需验算限制条件和最小配筋率；

（2）无集中荷载作用，不考虑轴力的影响。

A. $\Phi 6@150$（2）　　B. $\Phi 8@150$（2）　　C. $\Phi 10@150$（2）　　D. $\Phi 12@150$（2）

题 10 某三角形钢筋混凝土屋架，如图 18-1-8 所示，荷载作用在屋架节点上，安全

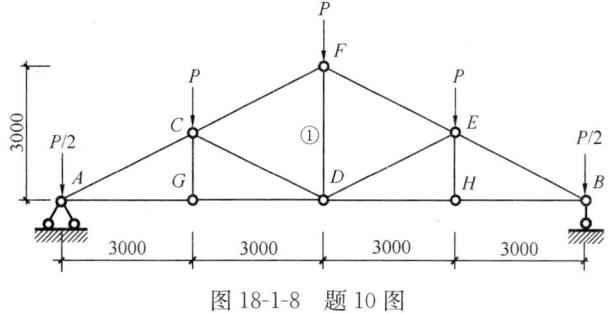

图 18-1-8 题 10 图

等级为二级，集中荷载设计值 $P=128$kN。①号杆为矩形截面 250mm×250mm，对称配筋，混凝土强度等级为 C30，HRB400 钢筋，不考虑自重。

试问，当按照铰接桁架分析，按正截面计算时，杆件①所需的最小全部纵向受力钢筋面积 A_s（mm²），与下列何项数值最为接近？

提示：无需验算最小配筋率。

A. 250　　　　　　　B. 360　　　　　　　C. 470　　　　　　　D. 600

题 11　某钢筋混凝土连续梁，如图 18-1-9 所示，安全等级为二级，1-1 截面在支座 B 边缘，混凝土等级为 C35，钢筋为 HRB400，均布荷载设计值 $q=48$kN/m（含自重），集中荷载设计值 $P=600$kN，$a_s=40$mm，非独立梁，无弯起钢筋。试问，1-1 截面所需的抗剪箍筋 A_{sv}/s 最小值（mm²/mm），与下列何项数值最为接近？

提示：不考虑活荷载不利布置。

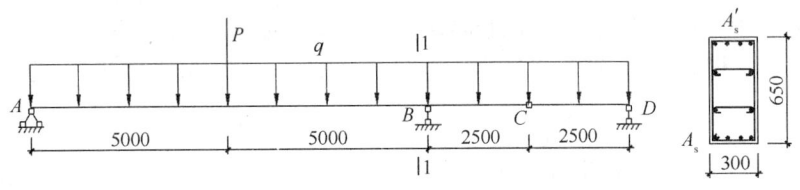

图 18-1-9　题 11 图

A. 1.2　　　　　　　B. 1.5　　　　　　　C. 1.7　　　　　　　D. 2.0

题 12　某框架结构局部如图 18-1-10 所示，所处地区抗震设防烈度为 7 度（0.10g），抗震等级为三级，环境类别为一类。混凝土强度等级为 C35，板厚 $h=160$mm。支座处负弯矩纵向受拉钢筋截断点满足规范要求，梁为弯剪构件。

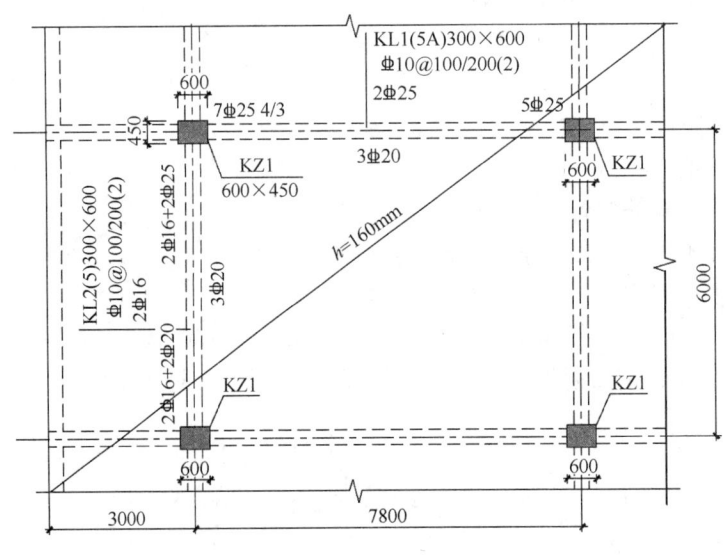

图 18-1-10　题 12 图

试问，两根框架梁有几处不满足《混凝土结构设计规范》GB 50010—2010（2015 年版）的规定，以及《建筑抗震设计规范》GB 50011—2010（2016 年版）的抗震构造措施？

提示：单排：$h_0 = 550\text{mm}$，双排：$h_0 = 520\text{mm}$；混凝土保护层厚度 $c=25\text{mm}$。

A. 1 处   B. 2 处   C. 3 处   D. ≥4 处

题 13 下列关于混凝土结构工程施工质量验收的观点，何项符合《混凝土结构工程施工质量验收规范》GB 50204—2015 的要求？

Ⅰ. 当设计无具体要求时，柱的纵向受力钢筋搭接长度范围内的箍筋直径不应小于搭接钢筋较大直径的 1/4

Ⅱ. 混凝土浇筑前后，施工质量不合格的检验批，均应返工返修

Ⅲ. 采用取芯法进行结构实体混凝土强度检验时，对同一强度等级的混凝土，当三个芯样的抗压强度算术平均值不小于设计要求的混凝土强度等级值的 88％时，结构实体混凝土强度等级认为合格

Ⅳ. 当采用中水作为混凝土的养护用水时，应对中水的成分进行检验

A. Ⅰ、Ⅱ   B. Ⅲ、Ⅳ   C. Ⅱ、Ⅲ   D. Ⅰ、Ⅳ

题 14 关于装配式混凝土结构的观点，按《混凝土结构设计规范》GB 50010—2010（2015 年版）和《混凝土结构工程施工质量验收规范》GB 50204—2015，下列何项是正确的？

A. 装配式、装配整体式混凝土结构中各类预制构件的连接构造，应便于构件安装；装配整体式，对计算时不考虑传递内力的连接，可不设置固定措施

B. 装配整体式结构的梁柱节点处，柱的纵向钢筋可不贯穿节点

C. 非承重预制构件，在框架内镶嵌时，可不考虑其对框架抗侧移刚度的影响

D. 预制构件的外观质量不应有一般缺陷，其检查数量为全数检查

题 15 某普通办公楼为钢筋混凝土框架结构，屋面为不上人屋面，其楼层平面及剖面如图 18-1-11 所示。楼盖为梁板承重体系，隔墙均为固定隔墙。假定，二次装修荷载作为永久荷载考虑。试问，当设计柱 KZ1 时，考虑活荷载折减，在第三层柱顶 1-1 截面处，由楼面活荷载产生的柱轴力标准值 N_k 的最小取值（kN），与下列何项数值最为接近？

提示：柱轴力仅按柱网尺寸对应的负荷面积计算。

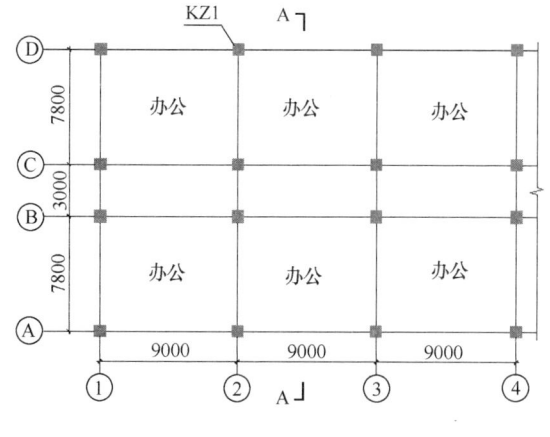 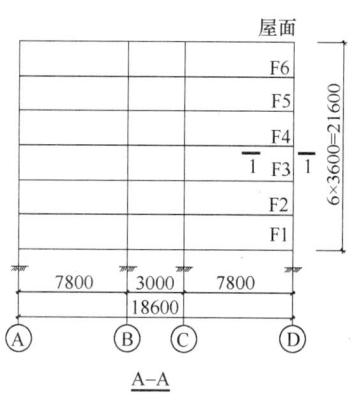

图 18-1-11 题 15 图

A. 237   B. 263   C. 180   D. 210

题 16 假定，某 7 度区有甲、乙、丙三栋现浇钢筋混凝土结构高层建筑，抗震设防类

别均为丙类，如图18-1-12所示。试问，甲乙之间、乙丙之间满足《建筑抗震设计规范》GB 50011—2010（2016年版）要求的最小防震缝宽度（mm），与下列何项数值最为接近？

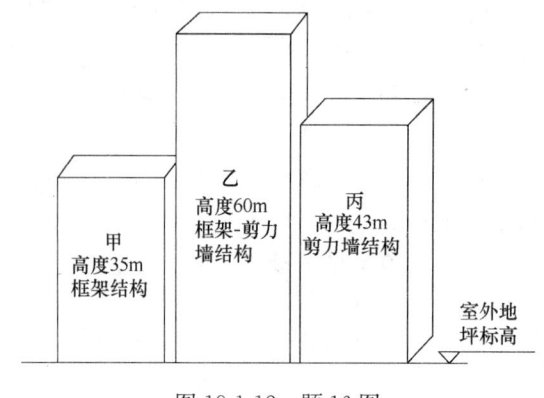

图18-1-12　题16图

A. 140、120 　　　　B. 200、170 　　　　C. 200、120 　　　　D. 240、240

题 17～21

只承受节点荷载的某钢桁架，跨度30m，两端各悬挑6m，桁架高度4.5m，钢材采用Q345。其杆件截面均采用H形，结构重要性系数取1.0。钢桁架计算简图及采用一阶弹性分析时的内力设计值如图18-1-13所示。其中，轴力正值为拉力，负值为压力。按《钢结构设计标准》GB 50017—2017考虑塑性应力重分布。

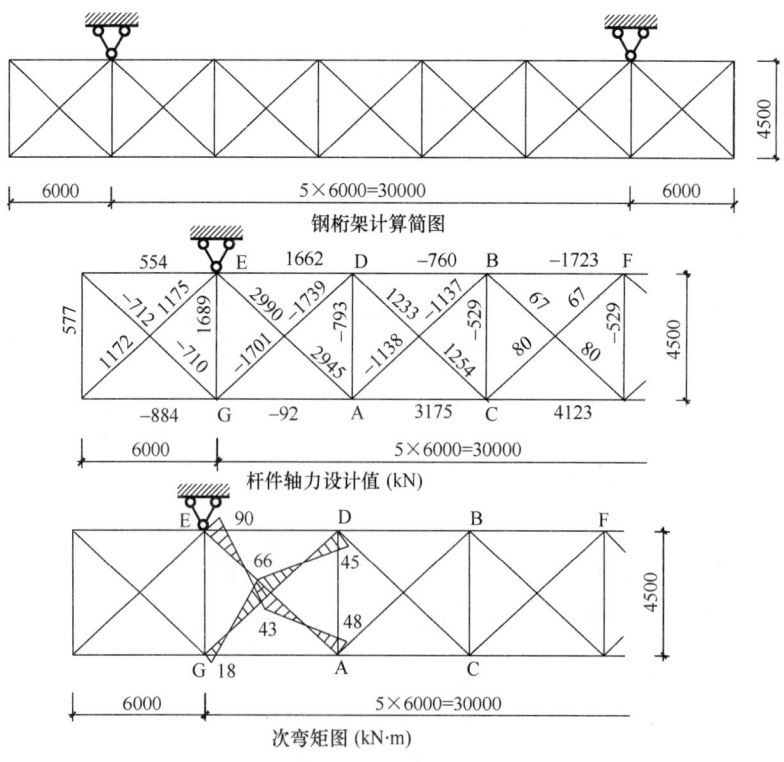

图18-1-13　题17～21图

17. 假定，杆件 AB 和 CD 截面相同且在相连交叉点处均不中断，不考虑节点刚性的影响。试问，杆件 AB 平面外计算长度（m），与下列何项数值最为接近？

A. 2.3 　　　　 B. 3.75 　　　　 C. 5.25 　　　　 D. 7.5

18. 假定，承受次弯矩的桁架杆件 DG 采用轧制 H 型钢 HW344×348×10×16，腹板位于桁架平面内。其截面特性：毛截面面积 $A=144\text{cm}^2$，回转半径 $i_x=15\text{cm}$，$i_y=8.8\text{cm}$，毛截面模量 $W_x=1892\text{cm}^3$。试问，以应力表达的平面内稳定性最大计算值（N/mm^2），与下列何项数值最为接近？

提示：（1）计算长度取 3.75m，$N'_{Ex}=4.26\times10^4\text{kN}$；

（2）构件截面板件宽厚比满足 S3 级要求。

A. 160 　　　　 B. 150 　　　　 C. 140 　　　　 D. 130

19. 假定，杆件 EA 设计条件同题 18。试问，根据《钢结构设计标准》GB 50017—2017 进行截面强度计算时，杆件 EA 的作用效应设计值与承载力设计值之比，与下列何项数值最为接近？

提示：杆件 EA 塑性截面模量 $W_{pr}=2070\text{cm}^3$。

A. 0.68 　　　　 B. 0.70 　　　　 C. 0.81 　　　　 D. 0.84

20. 假定，杆件 AB 和 CD 均采用热轧无缝钢管 $\phi350\times14$，$A=147.8\text{cm}^2$，采用无加劲直接焊接的平面节点，拉杆 CD 连续，压杆 AB 在交叉点处断开相贯焊于 CD 管，并忽略杆 AB 的次弯矩。试问，杆件 AB 在交叉节点处的承载力设计值（kN），与下列何项数值最为接近？

A. 1650 　　　　 B. 1780 　　　　 C. 3950 　　　　 D. 4300

21. 假定，设计条件同题 20。试问，杆件 AB 与 CD 连接的角焊缝计算长度（mm），与下列何项数值最为接近？

提示：按《钢结构设计标准》GB 50017—2017 作答。

A. 1100 　　　　 B. 1150 　　　　 C. 1200 　　　　 D. 1300

题 22～29

某二层钢结构平台布置及梁、柱截面特性如图 18-1-14 所示。抗震设防烈度为 7 度，抗震设防类别为丙类，所有构件的安全等级均为二级。Y 向梁柱刚接形成框架结构；X 向梁与柱铰接，设置柱间支撑保证侧向稳定且满足强支撑要求，柱脚均满足刚接假定。所有构件均采用 Q235 钢制作，梁、柱截面均为 HM294×200×8×12。

提示：按《钢结构设计标准》GB 50017—2017 作答。

22. 假定，平台设置水平支撑，平台板采用钢格栅板，GL1 与 GL2 连接节点如图 18-1-15 所示，均布荷载作用于 GL2 上翼缘。试问，对 GL2 进行整体稳定计算时，梁整体稳定系数与下列何项数值最为接近？

提示：不考虑格栅板对 GL2 受压翼缘的支承作用且水平支撑不与 GL2 相连。

A. 0.53 　　　　 B. 0.70 　　　　 C. 0.77 　　　　 D. 1.00

23. 假定，平台板采用钢格栅板，GL2 与 GL1 连接节点如图 18-1-15 所示。GL2 梁端剪力设计值为 100.8kN，采用高强度螺栓摩擦型连接，高强度螺栓为 10.9 级，摩擦面的抗滑移系数取 0.4，螺栓孔为标准孔，加劲肋厚度为 10mm。不考虑格栅板刚度，主梁 GL1 抗扭刚度为 0。试问，满足规范要求的最小直径高强度螺栓为下列何项规格？

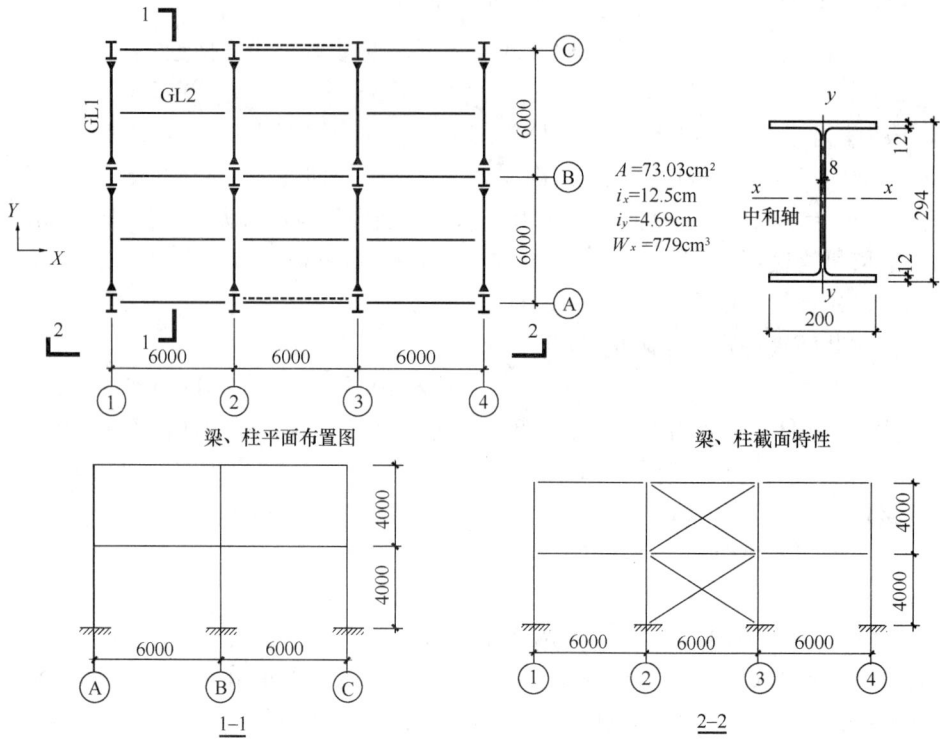

梁、柱平面布置图   梁、柱截面特性

图 18-1-14 题 22～29 图

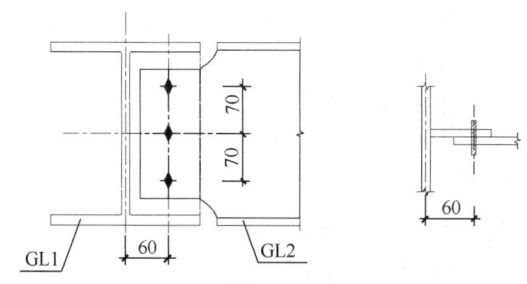

图 18-1-15 题 22 图

提示：除图 18-1-15 所示尺寸外，均满足构造要求。

A. M16   B. M20   C. M22   D. M24

24. 假定，GL2 采用 Q345 钢板焊接而成。试问，腹板的截面板件宽厚比限值与下列何项数值最为接近？

A. 62   B. 102   C. 206   D. 250

25. 假定，采用现浇混凝土平台板，采用一阶弹性设计分析内力，底层框架柱轴压力设计值（kN）如图 18-1-16 所示，其中仅 GZ1 为双向摇摆柱。试问，该工况底层框架柱 GZ2 在 Y 向平面内计算长度（mm），与下列何项数值最为接近？

提示：（1）不计混凝土板对梁的刚度贡献；

（2）不要求考虑各柱 N/I 的差异进行详细分析。

A. 3350　　　　B. 4000　　　　C. 5050　　　　D. 5650

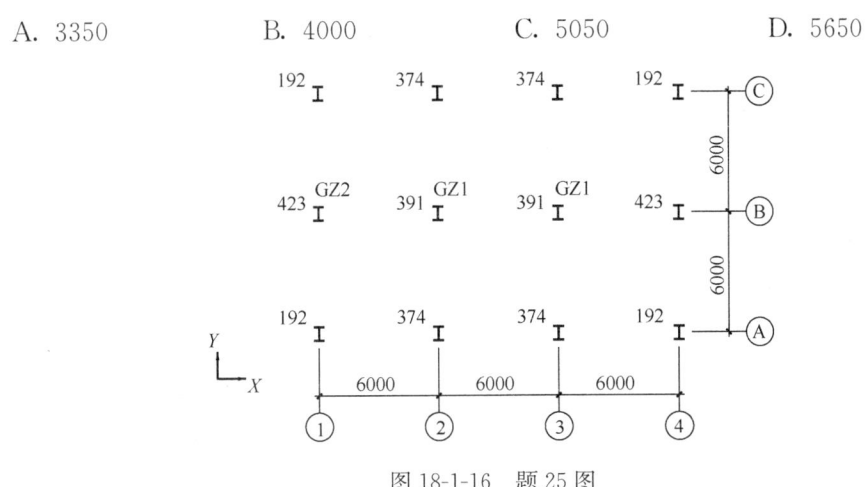

图 18-1-16　题 25 图

26. 假定，设计条件同上题，GZ1 采用 Q345 钢。试问，GZ1 受压承载力设计值 (kN) 与下列何项数值最为接近？

A. 1027　　　　B. 1192　　　　C. 1457　　　　D. 2228

27. 假定，Y 向框架的层间位移角为 1/571，一阶弹性分析得到的框架弯矩设计值如图 18-1-17 所示。试问，按调幅幅度最大的原则采用弯矩调幅设计时，节点 A 处梁端弯矩设计值和柱 AB 柱下端弯矩设计值 (kN·m)，分别与下列何项数值最为接近？

提示：轧制型钢腹板圆弧段半径按 0.5 倍翼缘厚度考虑。

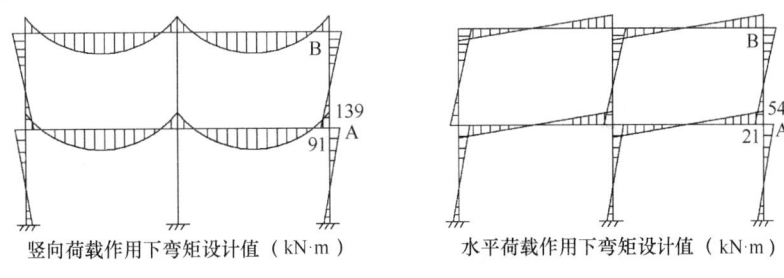

图 18-1-17　题 27 图

A. 154、90　　　B. 154、112　　　C. 165、94　　　D. 165、112

28. 假定，框架梁、柱截面板件宽厚比等级均为 S3 级，根据《钢结构设计标准》GB 50017—2017 进行抗震设计，对于横向 (Y 向) 框架结构部分有下列观点：

Ⅰ. 必须修改截面，使框架梁、柱截面板件宽厚比满足抗震等级四级的规定。

Ⅱ. 构件截面承载力设计时，地震内力及其组合按《建筑抗震设计规范》GB 50011—2010 (2016 年版) 规定采用。

Ⅲ. 节点域承载力应符合《钢结构设计标准》GB 50017—2017 式 (17.2.10-2) 的规定。

Ⅳ. 节点域计算必须满足《建筑抗震设计规范》GB 50011—2010 (2016 年版) 式 (8.2.5-3) 的规定。

针对上述观点的判断，下列何项结论正确？

A. Ⅰ、Ⅱ、Ⅲ正确

B. Ⅱ、Ⅲ正确

C. Ⅰ、Ⅱ、Ⅳ正确

D. Ⅲ正确

29. 假定，采用现浇混凝土平板，GL2 截面为焊接 H 型钢 H300×200×8×12，最大弯矩设计值为 238.6kN·m，按部分抗剪连接组合梁设计。混凝土采用 C30（$f_c =$ 14.3N/mm²，$E_c = 3.0×10^4$N/mm²），板厚为 120mm。如图 18-1-18 所示。

抗剪连接件采用满足国家标准的 M19 圆柱头焊钉，圆柱头焊钉连接件强度满足设计要求。试问，GL2 满足承载力和构造要求的最少栓钉数量，与下列何项数值最为接近？

提示：不需验算梁截面板件宽厚比。

A. 10

B. 20

C. 30

D. 40

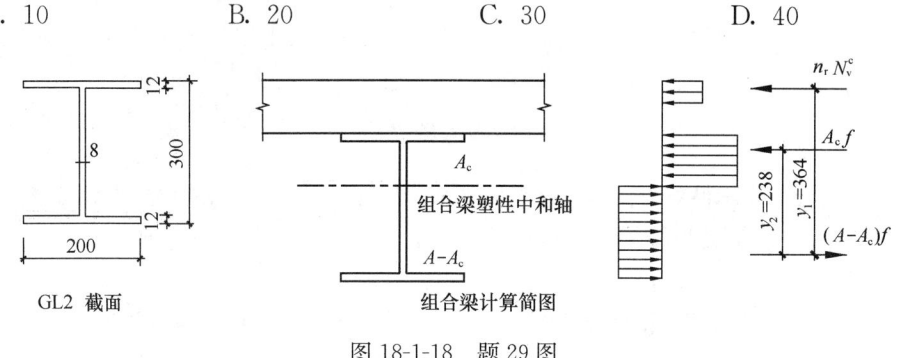

图 18-1-18 题 29 图

题 30～32

某幕墙结构如图 18-1-19 所示。假定，构件的安全等级均为二级，杆件间的连接可采用刚接假定，支座采用铰接假定。所有构件均采用 Q235 钢制作，梁、柱均采用焊接 H 形截面。结构最大二阶效应系数为 0.21。

提示：按《钢结构设计标准》GB 50017—2017 作答。

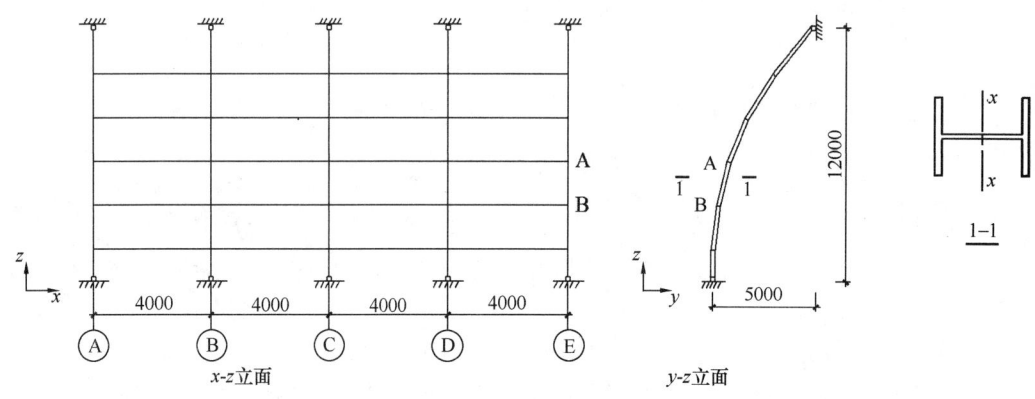

图 18-1-19 题 30～32 图

30. 关于本结构内力分析方法，下列何项观点相对合理？

A. 本结构内力分析宜采用二阶 P-Δ 弹性分析或直接分析

B. 本结构内力分析不可采用二阶 P-Δ 弹性分析

C. 本结构内力分析不可采用直接分析

D. 本结构内力分析宜采用一阶弹性分析

31. 假定，本结构内力分析采用直接分析，内力分析时不考虑材料弹塑性发展。试问，AB 构件在 yz 平面内的初始弯曲缺陷值 e_0/L，应采用下列何项数值？

A. 1/400 　　　　B. 1/350 　　　　C. 1/300 　　　　D. 1/250

32. 假定，本结构工作温度为 $-30\degree C$，采用外露式柱脚，柱脚锚栓 M16。试问，锚栓采用下列何项钢材可满足《钢结构设计标准》GB 50017—2017 的最低要求？

A. Q235A 　　　　B. Q235B 　　　　C. Q235C 　　　　D. Q235D

题 33～35

某三层教学楼局部平面、剖面如图 18-1-20 所示。各层平面布置图相同，各层层高均为 3.6m，楼屋盖均为现浇钢筋混凝土板，静力计算方案为刚性方案，纵、横墙厚度均为 200mm，采用 MU20 混凝土多孔砖，Mb7.5 专用砂浆砌筑，砌体施工质量控制等级为 B 级。

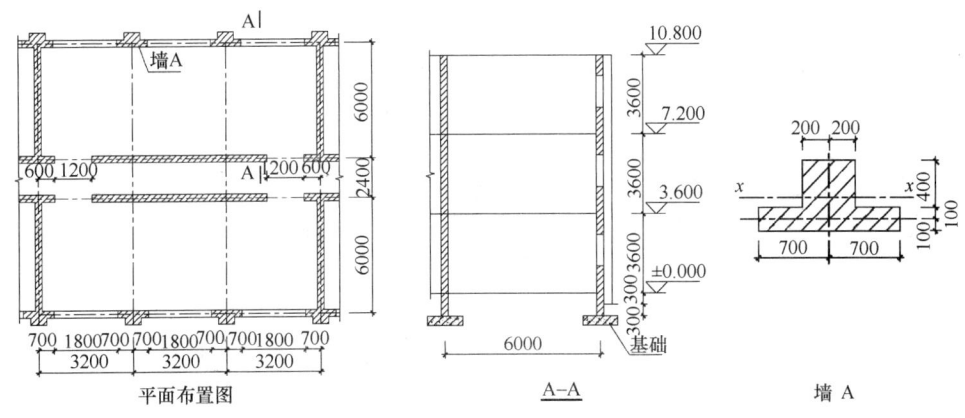

图 18-1-20 　题 33～35 图

33. 假设一层带壁柱墙 A 对形心 x 轴的惯性矩 $I_x = 1.2 \times 10^{10}\, \text{mm}^4$。试问，对带壁柱墙 A 进行构造高厚比验算时，$\beta$ 值与下列何项数值最为接近？

A. 6.2 　　　　B. 6.7 　　　　C. 7.3 　　　　D. 8.0

34. 假设二层带壁柱墙 A 对截面形心的惯性矩 $I_x = 1.2 \times 10^{10}\, \text{mm}^4$，按轴心受压构件计算时，试问，二层带壁柱墙 A 的最大承载力设计值（kN），与下列何项数值最为接近？

A. 940 　　　　B. 960 　　　　C. 980 　　　　D. 1000

35. 已知二层内纵墙门洞高度为 2100mm，试问，二层内纵墙段高厚比验算式中的左、右端项（$\frac{H_0}{h} \leqslant \mu_1 \mu_2 [\beta]$）的值，与下列何项数值最为接近？

提示：取 $\mu_1 = 1.0$。

A. 20<23 　　　　B. 18<23 　　　　C. 20<26 　　　　D. 18<26

题 36～38

某抗震设防烈度为 7 度的多层砌体结构住宅，底层某道承重横墙的尺寸和构造柱布置如图 18-1-21 所示。墙体采用 MU10 烧结普通砖，M7.5 混合砂浆砌筑。构造柱 GZ 截面为 240mm×240mm，GZ 采用 C20 混凝土，纵向钢筋为 4 根直径 12mm（$A_s = 452\text{mm}^2$）的 HRB335 级钢筋，箍筋为 HPB300 级 ϕ6@200，砌体施工质量控制等级为 B 级。在该墙半层高处作用的恒荷载标准值为 200kN/m，活荷载标准值为 70kN/m。

提示：（1）按《建筑抗震设计规范》GB 50011—2010（2016 年版）计算；

（2）砌体抗剪强度设计值 $f_v = 0.14$MPa；

（3）构造柱混凝土抗拉强度设计值 $f_t = 1.1$MPa。

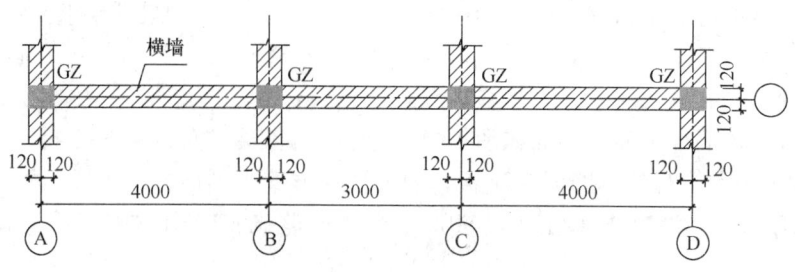

图 18-1-21   题 36～38 图

36. 该墙体沿阶梯形截面破坏的抗震抗剪强度设计值 f_{vE}（MPa），与下列何项数值最为接近？

A. 0.14   B. 0.16   C. 0.20   D. 0.23

37. 假设砌体抗震抗剪强度的正应力影响系数 $\zeta_N = 1.5$，考虑构造柱对受剪承载力的提高作用，该墙体的截面抗震受剪承载力（kN），与下列何项数值最为接近？

提示：$\eta_c = 1.0$。

A. 680   B. 650   C. 600   D. 550

38. 假设图 18-1-21 所示墙体中不设置构造柱，砌体抗震抗剪强度的正应力影响系数仍为 $\zeta_N = 1.5$，该墙体的截面抗震受剪承载力（kN），与下列何项数值最为接近？

A. 600   B. 560   C. 420   D. 360

题 39   试问，下述对于砌体结构的理解，其中何项错误？

A. 带有砂浆面层的组合砖砌体构件的允许高厚比可以适当提高

B. 对于安全等级为一级或设计使用年限大于 50 年的房屋，不应采用砌体结构

C. 在冻胀地区，地面以下的砌体不宜采用多孔砖

D. 砌体结构房屋的静力计算方案是根据房屋空间工作性能划分的

题 40   下述对于木结构的理解，其中何项错误？

A. 原木、方木、层板胶合木可作为承重木结构的用材

B. 标注原木直径时，应以小头为准；验算挠度时，可取构件的中央截面

C. 抗震设防地区，设计使用年限 50 年的木柱木梁房屋宜建单层，高度不超过 3m

D. 抗震设防地区，设计使用年限 50 年的木结构房屋可以采用木柱与砖墙混合承重

题 41～47

新建 5 层建筑位于边坡坡顶，边坡坡面与水平面夹角 $\beta = 45°$。该建筑为框架结构，采用柱下独立基础，基底中心线与柱中心重合。方案设计时，靠近边坡的边柱尺寸为 500mm×500mm，基底为正方形。边柱基础剖面及土层分布如图 18-1-22 所示，基础及其底面以上土的加权平均重度 20kN/m³，无地下水，不考虑地震。

41. 假定，①层粉质黏土 $c_k = 25$kPa，$\varphi = 20°$。试问，当坡顶无荷载，不计新建建筑影响时，边坡坡顶塌滑区外边缘至坡顶边缘的水平投影距离估算值 s（m），与下列何项数

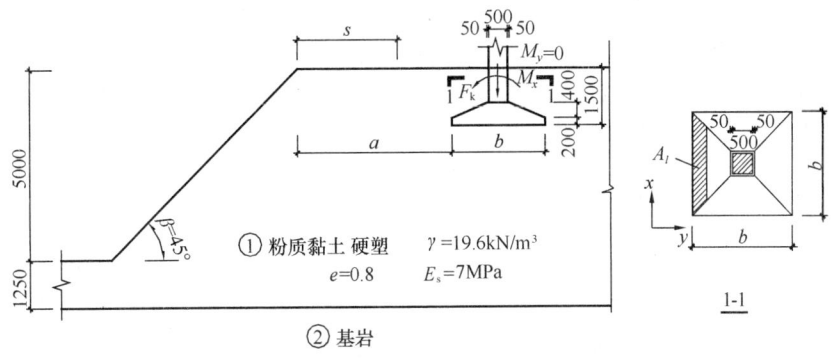

图 18-1-22　题 41~47 图

值最为接近？

提示：按《建筑边坡工程技术规范》GB 50330—2013 作答。

A. 2.20　　　　　B. 2.85　　　　　C. 3.55　　　　　D. 7.85

42. 土坡本身稳定，基础宽度为 $b < 3m$，相应于作用效应标准组合时，作用于基底中心的竖向力 $F_k + G_k = 1000kN$，力矩 $M_{xk} = 0kN \cdot m$，①层粉质黏土的承载力特征值 $f_{ak} = 150kPa$。

试问，根据《建筑地基基础设计规范》GB 50007—2011，基底外边缘线至坡顶的水平距离 a（m）与下列何项数值最为接近时，可不必按照圆弧滑动面法进行稳定性验算？

A. 2.5　　　　　B. 3.5　　　　　C. 4.5　　　　　D. 5.5

43. 假定，基础宽度 $b < 3m$，相应于作用效应的标准组合时，作用于基础顶面的竖向压力 $F_k = 1000kN$，$M_{xk} = 80kN \cdot m$，忽略水平剪力，该基础修正后的地基承载力 $f_a = 192kPa$。试问，正方形独立基础最小宽度 b（m）与下列何项数值最为接近？

A. 2.1　　　　　B. 2.3　　　　　C. 2.5　　　　　D. 2.8

44. 假定，基础的安全等级为二级，正方形独立基础宽度 $b = 2.5m$，基础冲切破坏锥体有效高度 $h_0 = 545mm$，基础混凝土强度等级为 C30，基本组合时作用于基础顶的 $F = 1500kN$，$M_x = 120kN \cdot m$。忽略水平剪力的影响。试问，柱下独立基础冲切验算时，基础最不利一侧的受冲切承载力计算值与对应的冲切力的比值，与下列何项数值最为接近？

提示：最不利一侧冲切力为相应于作用的基本组合时，作用在图 18-1-22 中 A_l 上的地基土净压力设计值，其中，地基土单位面积净反力取最大值。

A. 1.55　　　　　B. 2.15　　　　　C. 3.00　　　　　D. 4.50

45. 假定，基础的安全等级为二级，基础宽度 $b = 2.5m$，基础及其上部土自重分项系数 1.35，基本组合时，作用于基础顶的力 $F = 1600kN$，承受单向力矩 M_x，基底最小地基反力设计值 $p_{min} = 230kPa$。试问，独立基础底板在柱边处正截面的最大弯矩设计值 M（kN·m），与下列何项数值最为接近？

A. 210　　　　　B. 260　　　　　C. 285　　　　　D. 310

46. 假定，基础的安全等级为一级，基础宽度为 $b = 2.5m$，有效高度 $h_0 = 545mm$。基本组合下，独基底板柱边处弯矩组合效应值 $M = 180kN \cdot m$，混凝土级别为 C30，钢筋级别 HRB400。试问，依据《建筑地基基础设计规范》GB 50007—2011，基础受力钢筋采用下列何项才能满足要求？

A. φ 12@210   B. φ 12@170   C. φ 12@150   D. φ 14@200

47. 假定，正方形独基宽 $b=2.5$m，准永久组合下基底平均附加压力 $p_0=150$kPa，①粉质黏土的 $f_{ak}=150$kPa。试问，不考虑边坡及相邻基础的影响，考虑基岩对压力分布影响时，该基底中心点的地基最终计算变形 s（mm），与下列何项数值最为接近？

A. 42   B. 47   C. 52   D. 57

题 48～50

7 度区抗震设防区某建筑工程，上部结构采用框架结构，设一层地下室，采用预应力高强混凝土空心管桩基础，承台下普遍布桩 3～5 根。桩型为 AB 型，桩径 400mm，壁厚 95mm，无桩尖。桩基环境类别为三类，场地地下潜水水位标高为 -0.500m～-1.500m，③粉土中承压水水位标高为 -5.000m，局部基础剖面及场地土分层情况如图 18-1-23 所示。

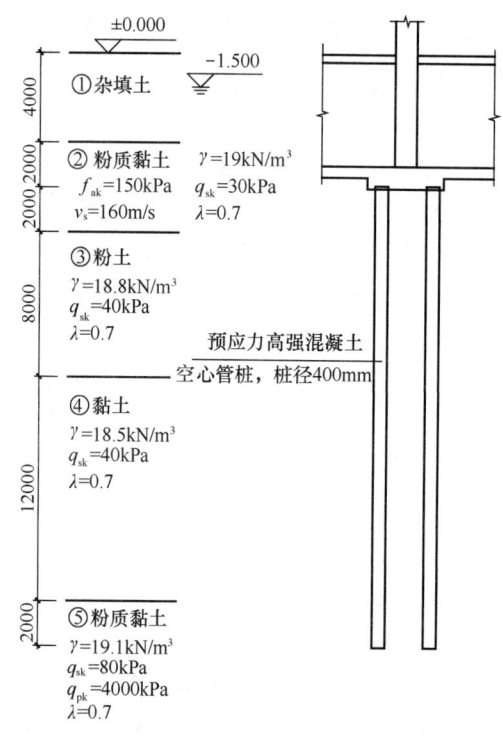

图 18-1-23 题 48～50 图

48. 基坑支护采用坡率法。试问，根据《建筑地基基础设计规范》GB 50007—2011，基坑挖至承台底标高（-6.000m）时，承台底抗承压水渗流稳定安全系数与下列何项数值最为接近？

A. 0.85   B. 1.05   C. 1.27   D. 1.41

49. 假定，②层为非液化土，非软黏土，③饱和粉土层为液化土层，标贯试验点竖向间距 1m。$\lambda_N = N/N_{cr}$ 均小于 0.6。试问，进行桩基抗震验算时，根据岩土的物理指标与承载力参数之间的经验关系估算的单桩竖向极限承载力标准值 Q_{uk}（kN），与下列何项数值最为接近？

提示：按《建筑桩基技术规范》JGJ 94—2008 作答。

A. 1250   B. 1450   C. 1750   D. 1850

50. 桩基设计等级为丙级，不考虑水平地震作用，扣除全部预应力损失的管桩混凝土有效预压应力 σ_{pc} =4.9MPa，桩每米自重 2.49kN。试问，抗浮验算时，相应于荷载作用效应标准组合的基桩允许拔力最大值（kN），与以下何项最为接近？

提示：（1）不考虑群桩破坏；

（2）按《建筑桩基技术规范》JGJ 94—2008 作答；

（3）桩与桩之间的连接桩与承台之间的连接以及各预应力主筋，不起控制作用。

A. 400   B. 440   C. 480   D. 520

题 51～53

某多层建筑采用条形基础，基础底宽度 b=2m，设计等级为乙级，地基处理采用水泥粉煤灰碎石桩（CFG 桩）复合地基，CFG 桩采用长螺旋钻中心压灌成桩，条基下单排等间距布置，桩径 400mm。桩顶褥垫层厚度 200mm。桩布置、地基土层分布、土层厚度及相关参数如图 18-1-24 所示。

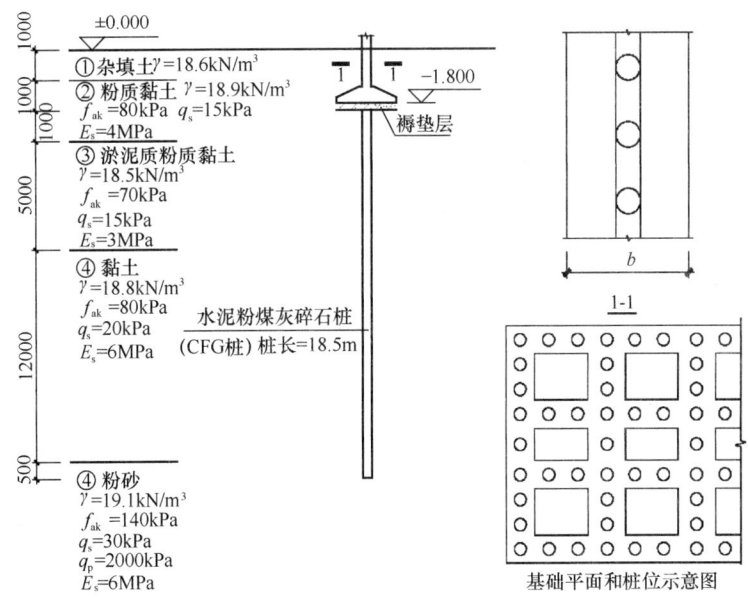

图 18-1-24 题 51～53 图

51. 工程验收时，按规范做了三个点 CFG 桩复合地基静载荷试验，各试验点的复合地基承载力特征值分别为 210kPa、220kPa 和 230kPa。试问，该单体工程 CFG 桩复合地基承载力特征值 f_{spk}（kPa），取下列何项数值最为合理？

A. 210   B. 220

C. 230   D. 增加复合地基静载荷试验点数量

52. 假定，地下水位标高−1.000m，CFG 单桩承载力特征值 R_a=680kN，单桩承载力发挥系数 λ=0.9，桩间土承载力发挥系数 β=1.0。设计要求基础底面经深度修正后的复合地基承载力特征值 f_{spa} 不小于 250kPa。试问，初步设计时，CFG 桩的最大间距 s（m）与下列何项数值最为接近？

A. 2.0   B. 1.8   C. 1.6   D. 1.4

53. 假定，地下水位标高是−3.000m，λ=0.9，其余条件同 52 题。试问，CFG 桩混凝土标准试块（边长 150mm）标准养护 28d 的立方体抗压强度平均值 f_{cu}（MPa）的最小值，与下列何项数值最为接近？

    A. 16   B. 18   C. 20   D. 22

题 54　关于桩基设计有下列观点：

Ⅰ. 用于抗拔、抗水平力桩，正、反循环钻孔灌注桩及旋挖成孔灌注桩的施工，灌注混凝土之前，孔底沉渣厚度不应大于 200mm。

Ⅱ. 压灌桩的充盈系数宜为 1.0～1.2，桩顶混凝土超灌高度宜为 0.1～0.2m。

Ⅲ. 单桩注浆量的设计应根据桩径、桩长、桩距、注浆顺序、桩端桩侧土性质、单桩承载力增幅及是否复式注浆等因素确定。

Ⅳ. 静压沉桩，最大压桩力不宜小于 Q_{uk}。

试问，依据《建筑桩基技术规范》JGJ 94—2008，下列何项结论是正确的？

    A. Ⅲ正确，Ⅰ、Ⅱ、Ⅳ错误   B. Ⅰ、Ⅲ、Ⅳ正确，Ⅱ错误

    C. Ⅰ、Ⅳ正确，Ⅱ、Ⅲ错误   D. Ⅰ、Ⅱ正确，Ⅲ、Ⅳ错误

题 55　关于地基处理设计有下列观点：

Ⅰ. 大面积压实填土、堆载预压及换填垫层处理后的地基，基础宽度的地基承载力修正系数应取 0，基础埋深的地基承载力修正系数应取 1.0。

Ⅱ. 采用振冲碎石桩处理后的堆载场地地基，应进行整体稳定性分析，可采用圆弧滑动法，稳定安全系数不应小于 1.3。

Ⅲ. 对于水泥搅拌桩，采用水泥作为加固料时，对含高岭石、蒙脱石及伊利石的软土加固效果较好。

Ⅳ. 采用碱液注浆加固湿陷性黄土地基，加固土层厚度大于灌注孔长度，但设计取用的加固土层底部深度不超过灌注孔底部深度。

试问，依据《建筑地基处理技术规范》JGJ 79—2012 的有关规定，针对上述观点的判断，下列何项结论是正确的？

    A. Ⅰ、Ⅱ正确   B. Ⅱ、Ⅳ正确   C. Ⅰ、Ⅲ正确   D. Ⅱ、Ⅲ正确

题 56　有以下观点：

Ⅰ. 建筑物地基均应进行施工验槽。

Ⅱ. 在 7 度区及 7 度以上的场地勘察时，必须测土层剪切波速。

Ⅲ. 砂土和平均粒径不超过 50mm 且最大粒径不超过 100mm 的碎石土密实度都可采用动力触试验评价。

Ⅳ. 对抗震设防烈度为 6 度的地区不需要进行土的液化评价。

试问，依据《建筑地基基础设计规范》GB 50007—2011 及《建筑抗震设计规范》GB 50011—2010（2016 年版）的有关规定，下列何项结论正确？

    A. Ⅰ、Ⅱ正确   B. Ⅰ、Ⅲ正确   C. Ⅱ、Ⅳ正确   D. Ⅱ、Ⅲ正确

题 57　某工程场地进行地基土浅层平板载荷试验，用方形承压板，面积为 0.5m²。试验数据如表 18-1-1 所示。加载至 375kPa 时，承压板周围土体明显侧向挤出。试问，地基承载力特征值（kPa）与下列何项数值最为接近？

    A. 175   B. 188   C. 200   D. 225

浅层平板载荷试验数据　　　　　表 18-1-1

p (kPa)	25	50	75	100	125	150	175	200	225	250	275	300	325	350	375
s (mm)	0.8	1.6	2.41	3.2	4	4.8	5.6	6.4	7.85	9.8	12.1	16.4	21.5	26.6	43.5

题 58　下列关于高层建筑混凝土结构计算分析的论述，根据《高层建筑混凝土结构技术规程》JGJ 3—2010，何项正确？

A. 剪力墙结构当非承重墙采用空心砖填充墙时，结构自振周期折减系数取 0.7～0.9

B. 现浇钢筋混凝土框架结构，可对框架梁组合弯矩进行调幅，梁端负弯矩调幅系数取 0.8～0.9，跨中弯矩按平衡条件相应增大

C. 现浇框架结构楼面活荷载 5kN/m²，整体计算中未考虑楼面活荷载不利布置时应适当增大楼面梁的计算弯矩

D. 对设计地震分组为第二组，场地类别为Ⅲ类的混凝土结构，计算罕遇地震作用时取特征周期为 0.65s，计算风振舒适度时取结构阻尼比为 0.02

题 59　某高度为 200m 的普通办公楼，抗震设防烈度为 6 度，拟采用钢筋混凝土框架-核心筒结构，关于该结构的下列论述及判断，根据《高层建筑混凝土结构技术规程》JGJ 3—2010，何项相对准确？

A. 当主体结构高宽比满足规范相关规定后，可不对核心筒高宽比进行限制

B. 当高层建筑剪重比、刚重比不符合规范最小限值时，可分别进行相应地震剪力的调整，补充验算罕遇地震下的弹塑性层间位移以避免引起结构的失稳倒塌

C. 当该结构的刚重比为 3.0 时，按弹性方法计算。在风或多遇地震标准值作用下，楼层层间最大水平位移与层高之比均宜小于规范限值 1/550

D. 当该结构刚重比为 2.0 时，弹性计算分析应考虑重力荷载产生的二阶效应的影响，除计入对结构的内力增量外，尚应考虑 P-Δ 效应后的水平位移，且仍应满足规程的相关规定

题 60～61

某 18 层办公楼为框架-剪力墙结构，首层层高 4.5m，其余层层高 3.6m，室内外高差 0.45m。房屋总高 H=66.15m，设防烈度为 8 度（0.20g），地震分组为第二组，Ⅱ类场地，设防类别为丙类，安全等级二级。

60. 该建筑平面、竖向规则，各层布置相同。楼面板厚度 120mm，各层面积 A = 2100m²。非承重墙采用轻钢龙骨墙。结构竖向荷载为恒荷载、活荷载，假定每层重力荷载代表值相等，重力荷载代表值取 0.9 倍重力荷载计算值。主要计算结果：第一振型平动周期 T_1=1.8s，按弹性方法计算，得到水平地震作用下层间位移角为 1/850。试问，方案估算时，多遇地震下，按规范规定的楼层最小剪力系数计算，对应于水平地震作用标准值的首层剪力（kN），与下列何项数值最为接近？

  A. 11000　　B. 15000　　C. 20000　　D. 25000

61. 假定该办公楼方案调整，顶部取消部分剪力墙形成大空间，如图 18-1-25 所示，顶层层高 3.6m 改为 5.4m，框架梁

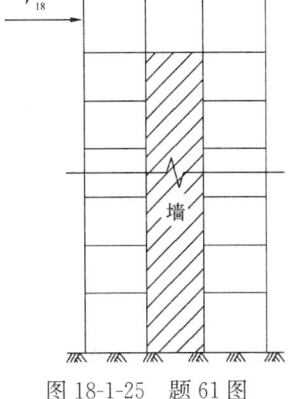

图 18-1-25　题 61 图

高 800mm。分析表明，多遇地震作用下，层间位移角满足要求。X 向经振型分解反应谱法及七组加速度时程补充弹性分析，获得数据包括：顶层楼层剪力 V_{18}，某边柱 AB 柱底相应弯矩标准值 M_{Ek}（kN·m，已考虑对竖向不规则结构的剪力放大），这些数值已列入表 18-1-2。

振型分解反应谱法及时程分析结果　　　　　　　　　　　表 18-1-2

分析方法	M_{Ek}（kN·m）	V_{18}（kN）
振型分解反应谱	500	2500
时程分析法平均值	700	3500
时程分析法最大值	800	3800

试问，多遇地震下，顶层边柱 AB 柱底截面内力组合时所采用的对应于地震作用标准值的弯矩（kN·m），与下列何项数值最为接近？

提示：根据《高层建筑混凝土结构技术规程》JGJ 3—2010 作答。

A. 500　　　　　　B. 600　　　　　　C. 700　　　　　　D. 800

题 62　某 16 层办公楼，总高度 $H = 58.5$m，设防类别为丙类，设防烈度为 8 度（0.20g），地震分组为第一组，Ⅲ类场地，安全等级二级。采用钢筋混凝土框架-剪力墙结构，质量、刚度分布均匀，周期折减系数 0.8。针对两个结构设计方案分别进行了多遇地震电算，现提取首层地震剪力系数 λ_v（$\lambda_v = V_{Ek1} / \sum_{i=1}^{n} G_i$），第一自振周期 T_1 如下（其他结果均满足规范要求）：

方案一：$\lambda_v = 0.055$，$T_1 = 1.5$s；方案二：$\lambda_v = 0.050$，$T_1 = 1.3$s。

假定，可用底部剪力法计算，不考虑其他因素，仅从上述数据间的基本关系，判断电算结果的合理性，试问，下列何项结论正确？

A. 方案一可信，方案二有误　　　　　　B. 方案一有误，方案二可信

C. 均可信　　　　　　　　　　　　　　D. 均不可信

题 63～66

某地上 22 层商住楼，地下 2 层（平面同首层，未示出），房屋总高度 75.25m，系部分框支剪力墙结构。如图 18-1-26 所示（仅表示左侧 1/2，另一半对称），1～3 层墙、柱布

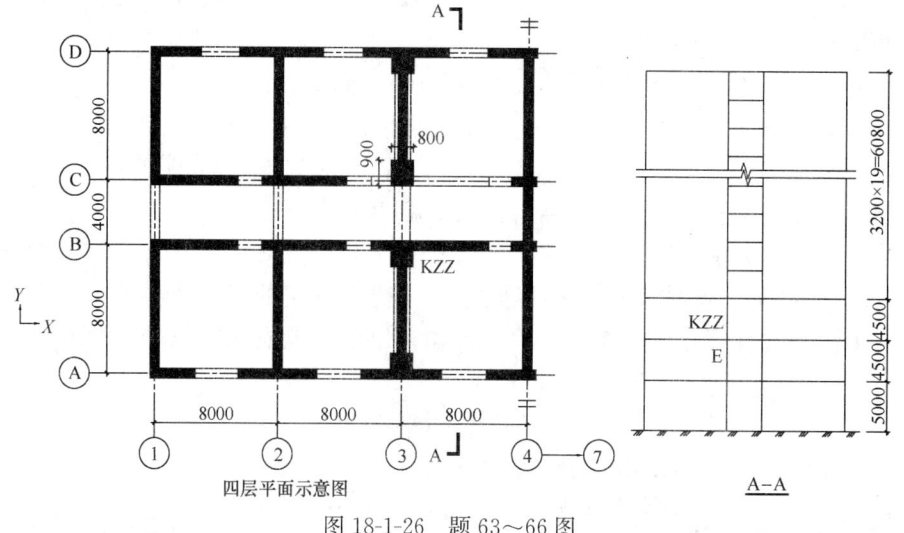

图 18-1-26　题 63～66 图

置相同，4～22 层剪力墙布置相同，③、⑤轴为框支剪力墙，其余均为落地剪力墙，水平转换构件设在 3 层顶。该建筑抗震设防烈度为 7 度，设计基本地震加速度为 $0.15g$，设计地震分组为第一组，标准设防类，安全等级二级，场地类别 Ⅳ 类，结构基本自振周期 2.1s。竖向构件混凝土强度等级：1～3 层及地下室为 C50，其他层为 C40。框支柱断面为 800mm×900mm，地下室顶板（±0.000 处）可作为上部结构的嵌固部位。

63. 针对②轴 Y 向剪力墙的抗震等级有 4 组观点，如表 18-1-3 所示。试问，以下何项观点符合《高层建筑混凝土结构技术规程》JGJ 3—2010 的规定？

A. 观点 1　　　　　B. 观点 2　　　　　C. 观点 3　　　　　D. 观点 4

剪力墙抗震等级的 4 个观点　　　　　　　　　　表 18-1-3

观点序号	部位	抗震措施	抗震构造措施
1	地下 2 层	三级	一级
	1～2 层	一级	特一级
	8 层	三级	二级
2	地下 2 层	—	一级
	1～2 层	一级	特一级
	8 层	三级	二级
3	地下 2 层	三级	一级
	1～2 层	特一级	特一级
	8 层	一级	一级
4	地下 2 层	—	二级
	1～2 层	二级	一级
	8 层	三级	二级

64. 假定，方案阶段，由振型分解反应谱法求得的 2～4 层的 Y 向水平地震剪力标准值（V_i）及相应层间位移值（Δ_i）见表 18-1-4。在 $P=10000$kN 水平力作用下，按图 18-1-27 模型计算的位移分别为：$\Delta_1=8.1$mm，$\Delta_2=5.8$mm。试问，关于转换层上部结构与下部结构刚度差异的判断方法和结果，下列何项相对准确？

提示：（1）转换层及下部与转换层上部混凝土剪切变形模量之比为 1.06；

（2）转换层在计算方向（Y 向）全部落地剪力墙抗剪截面有效面积为 28.73m²，第 4 层全部剪力墙在计算方向（Y 向）有效截面面积为 24.60m²。

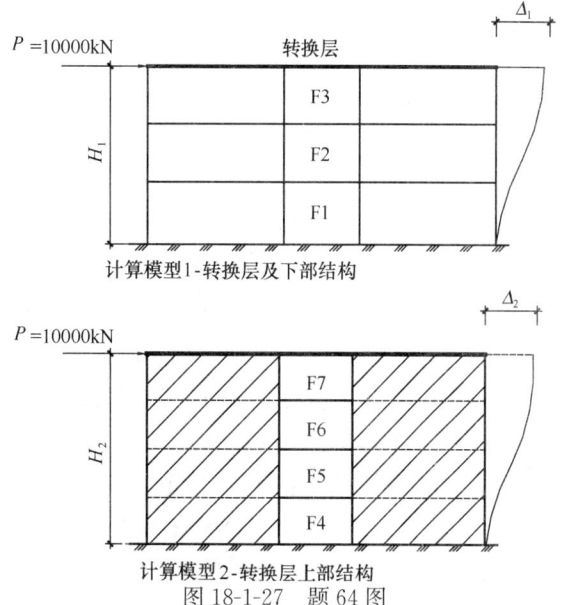

图 18-1-27　题 64 图

	振型分解反应谱法计算结果		表 18-1-4
项目	2 层	3 层	4 层
V_i (kN)	12500	12000	10500
Δ_i (mm)	3.5	4.2	2.5

A. 采用等效剪切刚度比验算方法判断，满足规范要求

B. 采用等效侧向刚度比验算方法判断，满足规范要求

C. 采用楼层侧向刚度比和等效侧向刚度比验算方法判断，满足规范要求

D. 采用楼层侧向刚度比和等效侧向刚度比验算方法判断，不满足规范要求

65. 抗震分析表明，第 3 层框支柱 KZZ，柱上端和柱下端考虑地震的弯矩组合值分别为 615kN·m、450kN·m，柱下端左右梁端相应的同向组合弯矩设计值之和为 $\sum M_b = 1050$kN·m。假定，节点 E 处按弹性分析上、下柱端弯矩相等。试问，在进行柱截面配筋设计时，KZZ 柱上端和下端考虑地震作用组合的弯矩设计值 M_c^t、M_c^b（kN·m），与下列何项数值最为接近？

A. 800，630　　　B. 930，680　　　C. 930，740　　　D. 800，780

66. 该建筑框支转换层楼板厚度 180mm，混凝土强度等级 C40，配筋采用双层双向 HRB400 级钢筋 ϕ10@150，落地剪力墙在 1～3 层厚度为 400mm，且落地剪力墙之间楼板无开洞，穿过④轴剪力墙的楼板的验算截面宽度按 16400mm，转换层楼板配筋满足楼板竖向承载力和水平面内抗弯要求。试问，由不落地剪力墙传到④轴落地剪力墙处，按刚性楼板计算且未经增大的框支转换层楼板组合剪力设计值（kN），最大不应超过下列何项数值？

A. 7200　　　B. 6600　　　C. 4800　　　D. 4400

题 67　假定，某底部加强部位剪力墙，抗震等级为特一级，安全等级二级，厚度 400mm，墙长 $h_w = 8200$mm，$h_{w0} = 7800$mm，$A_w/A = 0.7$，混凝土强度等级 C50，计算截面处剪跨比计算值 $\lambda = 2.5$。考虑地震组合的剪力计算值 $V_w = 4600$kN，对应的轴向压力设计值 $N = 21000$kN，该墙竖向分布钢筋为构造钢筋。试问，该底部加强部位剪力墙的竖向及水平分布钢筋至少应取下列何项配置？

提示：$0.2 f_c b_w h_w = 15154$kN。

A. 2 ϕ 10@150（竖向）；2 ϕ 10@150（水平）

B. 2 ϕ 12@150（竖向）；2 ϕ 12@150（水平）

C. 2 ϕ 14@150（竖向）；2 ϕ 14@150（水平）

D. 2 ϕ 14@150（竖向）；2 ϕ 16@150（水平）

题 68　某 A 级高度部分框支剪力墙结构，转换层设置在一层，共有 8 根框支柱。地震作用方向上首层与二层结构的等效剪切刚度比为 0.90，首层楼层抗剪承载力为 15000kN，二层楼层抗剪承载力为 20000kN。该建筑安全等级二级，抗震设防烈度为 7 度（0.15g），基本自振周期为 2s，总重力荷载代表值为 324100kN。假定，首层对应于地震作用标准值的剪力 $V_{Ek1} = 11500$kN。试问，根据规程中有关对各楼层水平地震剪力的调整要求，底层全部框支柱承受的地震剪力标准值之和（kN），最小与下列何项数值最为接近？

提示：按《高层建筑混凝土结构技术规程》JGJ 3—2010 作答。

A. 1970   B. 1840   C. 2100   D. 2300

题 69 假定，某转换柱抗震等级为一级，柱截面 800mm×900mm，混凝土强度等级 C50，考虑地震作用组合的轴压力设计值 $N=10810$kN，沿柱全高配井字复合箍，直径 ϕ 12，箍筋间距 100mm，肢距 200mm，柱剪跨比 $\lambda=1.95$。试问，该柱满足箍筋构造配置要求的最小配箍特征值 λ_v，与下列何项数值最为接近？

A. 0.16   B. 0.18   C. 0.20   D. 0.24

题 70～71

某高层钢框架结构，抗震等级为三级，安全等级二级，梁、柱钢材采用 Q345 钢，柱截面采用箱形，梁截面采用 H 形，梁与柱（骨式连接）采用翼缘等强焊接、腹板高强螺栓连接形式。柱的水平隔板厚度均为 20mm，梁腹板过焊孔高度为 35mm。

提示：（1）按《高层民用建筑钢结构技术规程》JGJ 99—2015 作答。

（2）不进行连接板及螺栓承载力验算。

70. 假定，底部边跨梁柱节点如图 18-1-28 所示，梁腹板连接的受弯承载力系数取 0.9。试问，抗震设计时，该结构梁端连接的极限受弯承载力（kN·m），与下列何项数值最为接近？

A. 1200   B. 1250

C. 1400   D. 1500

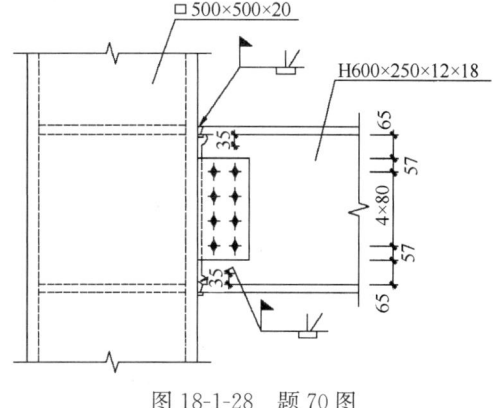

图 18-1-28 题 70 图

71. 假定，某上部楼层梁柱中间节点如图 18-1-29 所示，多遇地震作用下，节点左、右梁端组合弯矩设计值（同时针方向）相等，均为 M。试问，M（kN·m）最大不超过下列何项数值时，节点域抗剪承载力满足规程要求？

提示：不进行节点域屈服承载力及稳定性验算。

A. 900   B. 1100   C. 1500   D. 1800

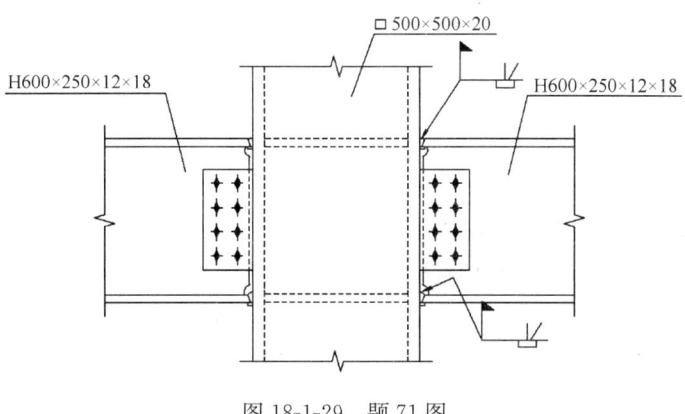

图 18-1-29 题 71 图

题 72 某 16 层普通民用高层建筑，采用钢筋混凝土框架-剪力墙结构，房屋高度

60.8m，抗震设防烈度为8度（0.30g），设计地震分组第一组，建筑场地类别Ⅱ类。混凝土强度等级：梁、板均为C30，框架柱和剪力墙均为C40。结构刚度、质量沿竖向分布均匀，框架柱数量各层相等。假定，对应于多遇水平地震作用标准值，结构基底总剪力 V_0 =25000kN，各层框架所承担的未经调整的地震总剪力中的最大值 $V_{f,max}$ =3200kN，第二层框架承担的未经调整的地震总剪力 V_f =3000kN，该楼层某根柱调整前的柱底内力标准值为：弯矩 M =±280kN·m，剪力 V =±70kN。试问，抗震设计时，为满足二道防线要求，该柱调整后的地震内力标准值，与下列何项最为接近？

提示：楼层剪力满足规程关于楼层最小地震剪力系数的要求。

A. M =±280kN·m；V =±70kN　　　　　　B. M =±420kN·m；V =±105kN

C. M =±450kN·m；V =±120kN　　　　　　D. M =±550kN·m；V =±150kN

题 73～74

某高层建筑（地上28层，地下3层）采用现浇钢筋混凝土框架-核心筒结构，房屋总高度128m，第3层顶设置托柱转换梁，抗震设防烈度为8度（0.2g），设计地震分组为第一组，标准设防类，场地类别Ⅱ类，地下室顶板作为上部结构的嵌固部位。鉴于房屋的重要性及结构特征，拟对该结构进行抗震性能化设计。

73. 假定，主体结构抗震性能目标为C级，抗震性能设计时，在设防地震作用下，某些结构构件的抗震性能要求有4个观点，如表18-1-5所示。试问，设防地震作用下构件抗震性能，采用哪一项最符合《高层建筑混凝土结构技术规程》JGJ 3—2010的要求？

注："构件弹性承载力设计值不低于弹性内力设计值"简称"弹性"；"屈服承载力不低于相应内力"简称"不屈服"。

A. 观点1　　　　　　B. 观点2　　　　　　C. 观点3　　　　　　D. 观点4

抗震性能要求的观点　　　　　　　　　　　　　　　　表 18-1-5

研究对象		观点1	观点2	观点3	观点4
核心筒外墙	抗弯	底部加强部位：弹性 一般楼层：不屈服	底部加强部位：不屈服 一般楼层：不屈服	底部加强部位：不屈服 一般楼层：不屈服	底部加强部位：不屈服 一般楼层：不屈服
	抗剪	底部加强部位：弹性 一般楼层：不屈服	底部加强部位：弹性 一般楼层：不屈服	底部加强部位：弹性 一般楼层：不屈服	底部加强部位：弹性 一般楼层：弹性
转换梁		抗弯弹性、抗剪弹性	抗弯弹性、抗剪弹性	抗弯不屈服、抗剪弹性	抗弯不屈服、抗剪弹性

74. 假定，该结构核心筒底部加强部位按性能水准2进行性能设计，其中某耗能连梁LL在设防烈度地震作用下，左右两端的弯矩标准值 $M^l_{bk} = M^r_{bk} = 1520$ kN·m（同时针方向）。连梁截面为500mm×1200mm，净跨 l_n =3.6m，混凝土强度等级C50，纵向钢筋采用HRB400，对称配筋，$a_s = a'_s = 40$ mm。试问，该连梁进行抗震性能设计时，下列何项纵向钢筋配置符合第2性能水准的要求且配筋最少？

提示：忽略重力荷载及竖向地震作用下的弯矩。

A. 6 Φ 25　　　　　　B. 6 Φ 28　　　　　　C. 7 Φ 25　　　　　　D. 7 Φ 28

题 75 公路桥涵结构应按承载能力极限状态和正常使用极限状态进行设计，试问，下列哪些计算内容属于承载能力极限状态设计？

① 整体式连续箱梁桥横桥向抗倾覆；

② 主梁挠度；

③ 构件强度破坏；

④ 作用频遇组合下的裂缝宽度；

⑤ 轮船撞击。

A. ①+②+③

B. ②+③+⑤

C. ①+②+③+⑤

D. ①+③+⑤

题 76 高速公路上某座 30m 简支箱梁桥，计算跨径 28.9m，汽车荷载按单向 3 车道设计，该梁距离支点 7.25m 处弯矩和剪力影响线见图 18-1-30。试问，该简支梁距离支点 7.25m 处汽车荷载引起的弯矩和剪力标准值，与下列何项最为接近？

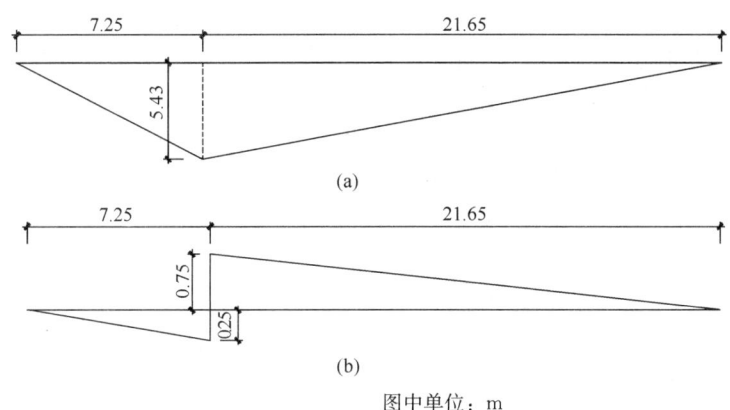

图中单位：m

图 18-1-30 题 76 图

（a）弯矩影响线；（b）剪力影响线

A. $M=7633$ kN·m；$V=1114$ kN

B. $M=2544$ kN·m；$V=371.4$ kN

C. $M=5966$ kN·m；$V=869$ kN

D. $M=6283$ kN·m；$V=996$ kN

题 77 某城市主干路上的一座桥梁，跨径布置为 3×30m，桥区地震环境和场地类别属Ⅲ类，分区为 2 区，地震基本烈度为 7 度，地震动峰值加速度为 0.15g，属抗震分析规则桥梁，结构水平向低阶自振周期为 1.1s，结构阻尼比为 0.05。试问，该桥在 E2 地震作用下，水平向设计加速度反应谱谱值 S，与下列何项最为接近？

A. 0.18g

B. 0.37g

C. 0.40g

D. 0.51g

题 78 某二级公路上的一座计算跨径为 15.5m 简支混凝土梁桥，结构跨中截面抗弯惯矩 $I_c=0.08$ m⁴，结构跨中处延米结构重 $G=80000$（N/m），结构材料弹性模量 $E=3×10^4$ MPa，重力加速度在本题中近似取 10m/s²。经计算该结构的跨中截面弯矩标准值为：梁自重弯矩 2500kN·m，汽车作用弯矩（不含冲击力）1300kN·m，人群作用弯矩 200kN·m。试问，该结构跨中截面作用效应基本组合的弯矩设计值（kN·m），与下列何项数值最为接近？

A. 6400

B. 6259

C. 5953

D. 5734

题 79 某高速公路桥梁采用预应力混凝土 T 梁，其截面形状和尺寸如图 18-1-31 所示。假定该桥铺装仅采用 90mm 厚沥青混凝土，且不考虑施工阶段沥青混凝土引起的温度影响。试问，计算该梁由于竖向温度梯度引起的效应时，截面 1-1（梁腹板与梁翼缘板加腋根部相交处）竖向日照正温差的温度值（℃），与下列何项数值最为接近？

A. 4.6   B. 5.7

C. 2.9   D. 3.5

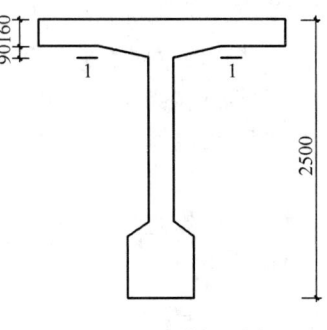

图 18-1-31 题 79 图

题 80 某一级公路上的一座预应力混凝土简支梁桥，混凝土强度等级采用 C50。经计算，其跨中截面处挠度值分别为：恒荷载引起的挠度值为 25.04mm，汽车荷载（不计汽车冲击力）引起的挠度值为 6.01mm，预应力钢筋扣除全部预应力损失，按全预应力混凝土和 A 类预应力混凝土构件规定计算，预应力引起的反拱数值为 −31.05mm。试问，在不考虑施工等其他因素影响的情况下，仅考虑恒荷载、汽车荷载和预应力共同作用，该桥梁跨中截面使用阶段的挠度数值（mm），与下列何项数值最为接近（反拱数值为负）？

A. 0.00   B. 10.6   C. −20.4   D. −17.8

18.2 2020 年试题解答

2020 年试题答案

题号	1	2	3	4	5	6	7	8	9	10
答案	D	B	B	C	A	B	B	A	C	B
题号	11	12	13	14	15	16	17	18	19	20
答案	C	C	D	D	A	B	B	C	B	B
题号	21	22	23	24	25	26	27	28	29	30
答案	C	B	B	D	D	B	D	D	B	A
题号	31	32	33	34	35	36	37	38	39	40
答案	B	C	C	C	B	D	A	B	B	D
题号	41	42	43	44	45	46	47	48	49	50
答案	B	C	C	B	C	B	C	C	B	B
题号	51	52	53	54	55	56	57	58	59	60
答案	A	A	D	C	B	B	A	C	D	B
题号	61	62	63	64	65	66	67	68	69	70
答案	C	A	B	D	C	D	D	D	B	C
题号	71	72	73	74	75	76	77	78	79	80
答案	C	C	D	C	D	C	B	C	C	C

1. 答案：D

解答过程：将体系分为两部分，如图 18-2-1 所示。

取 BCD 杆为研究对象，由于 D 支座处没有水平约束，故可得 B 点处水平力 $R_y = P = 150$kN，方向向左。再对 D 支座取矩，可得

$$2R_x - 3R_y + 1P = 0$$

于是解出 $R_x = 150$kN，方向向下。

取 AB 杆为研究对象，此处 $R_x = 150$kN，方向向上（AB 杆受拉）；$R_y = 150$kN，方向向右。R_y 在 1-1 截面产生的弯矩为 $M = 3R_y = 450$kN·m。故 AB 杆为偏心受拉构件。

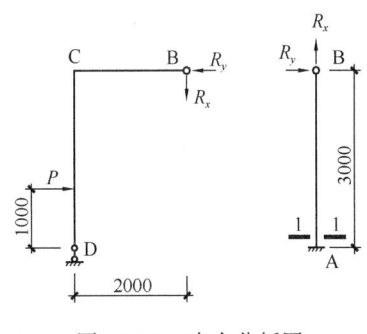

图 18-2-1 内力分析图

依据《混凝土结构设计规范》GB 50010—2010（2015 年版）的 6.2.23 条计算。

$$e_0 = \frac{M}{N} = \frac{450 \times 10^3}{150} = 3000\text{mm} > \frac{h}{2} - a_s = 330\text{mm}$$

为大偏心受拉。由于是对称配筋，依据式（6.2.23-2）计算。

$$e' = e_0 + \frac{h}{2} - a'_s = 3000 + \frac{800}{2} - 70 = 3330 \text{mm}$$

$$A_s = \frac{Ne'}{f_y(h'_0 - a_s)} = \frac{150 \times 10^3 \times 3330}{360 \times (800 - 70 - 70)} = 2102 \text{mm}^2$$

选择 D。

点评：本题的关键是静定结构受力分析，本质上属于结构力学的基础知识。求解内力分为 3 个步骤：(1) 取与外荷载 P 相关的 BCD 杆作为研究对象求得 B 点处内力；(2) 根据作用力与反作用力，可知 AB 杆在 B 处的内力值；(3) 取 AB 杆作为研究对象求得 1-1 截面的内力。必须清楚，作用力与反作用力大小相等方向相反；力的方向背离杆件，为拉力。

对于偏心受拉构件，若为对称配筋，则不论大小偏心均可按《混凝土结构设计规范》GB 50010—2010（2015 年版）的式（6.2.23-2）计算，式中，e' 为轴向力到 A'_s 合力点的距离，$e' = e_0 + h/2 - a'_s$。

2. 答案：B。

解答过程：依据《混凝土结构设计规范》GB 50010—2010（2015 年版）的 6.3.21 条计算。

$$h_0 = 1800 - 40 = 1760 \text{mm}, \lambda = \frac{M}{Vh_0} = \frac{1710 \times 10^6}{690 \times 10^3 \times 1760} = 1.41 < 1.5, 取 \lambda = 1.5$$

$$0.2 f_c bh = 0.2 \times 14.3 \times 200 \times 1800 = 1030 \text{kN} < 1800 \text{kN}, 取 N = 1030 \text{kN}$$

依据式（6.3.21），$V \leqslant \frac{1}{\lambda - 0.5}\left(0.5 f_t bh_0 + 0.13 N \frac{A_w}{A}\right) + f_{yv} \frac{A_{sh}}{s_v} h_0$，代入数据，得

$$690 \times 10^3 \leqslant \frac{1}{1.5 - 0.5}(0.5 \times 1.42 \times 200 \times 1760 + 0.13 \times 1030 \times 10^3 \times 1.0) +$$

$$360 \times \frac{A_{sh}}{s_v} \times 1760$$

解得 $\frac{A_{sh}}{s_v} \geqslant 0.48 \text{ mm}^2/\text{mm}$。

选择 B。

点评：(1) 对于钢筋混凝土构件的斜截面受剪承载力的计算要分清楚构件类型（板、梁、柱、剪力墙、连梁和深受弯构件）和构件受力状态（受弯、压弯和拉弯），计算公式各不相同。并且考虑地震的公式和不考虑地震的计算公式不仅仅是有无 γ_{RE} 的区别，公式中的各系数也不完全相同。例如，《混凝土结构设计规范》GB 50010—2010（2015 年版）的 6.3.21 条，非地震工况混凝土剪力墙在偏心受压时的斜截面受剪承载力计算公式为

$$V \leqslant \frac{1}{\lambda - 0.5}\left(0.5 f_t bh_0 + 0.13 N \frac{A_w}{A}\right) + f_{yv} \frac{A_{sh}}{s_v} h_0$$

《混凝土结构设计规范》GB 50010—2010（2015 年版）的 11.7.4 条，地震工况剪力墙在偏心受压时的斜截面受剪承载力计算公式为

$$V \leqslant \frac{1}{\gamma_{RE}}\left[\frac{1}{\lambda - 0.5}\left(0.4 f_t bh_0 + 0.1 N \frac{A_w}{A}\right) + 0.8 f_{yv} \frac{A_{sh}}{s_v} h_0\right]$$

对比可知，混凝土项 $f_t bh$ 前的系数非抗震时是 0.5，抗震时为 0.4；钢筋项 $f_{yv} \frac{A_{sh}}{s_v} h_0$

前的系数，非抗震时是 1.0，抗震时是 0.8。

（2）《混凝土结构设计规范》GB 50010—2010（2015 年版）的 6.3.21 条规定当计算截面与墙底的距离小于 $h_0/2$ 时，λ 可按距墙底 $h_0/2$ 处的弯矩值与剪力值计算。当墙体在层高范围内无外荷载时，可得

$$M = 1710 - 690 \times (1.8 - 0.04)/2 = 1102.8 \text{kN} \cdot \text{m}$$

$$\lambda = \frac{M}{Vh_0} = \frac{1102.8}{690 \times (1.8 - 0.04)} = 0.9 < 1.5 ，取 \lambda = 1.5$$

由于本题并未告知墙体受外荷载的条件，故无法考察此知识点。

3. 答案：B

解答过程：依据《混凝土结构设计规范》GB 50010—2010（2015 年版）附录 G.0.2 条和 G.0.3 条计算。

$l_0/h = 3300/1800 = 1.83 < 2$ ，由于是支座截面，故取 $a_s = 0.2h = 0.2 \times 1800 = 360 \text{mm}$ 。

$$h_w = h_0 = 1800 - 360 = 1440 \text{mm}$$

$h_w/b = 1440/200 = 7.2 > 6$ ，因此，应按式（G.0.3-2）计算。

由于 $l_0 = 3300 \text{mm} < 2h = 2 \times 1800 = 3600 \text{mm}$ ，应取 $l_0 = 2h$ 代入公式。

$$\frac{1}{60}(7 + l_0/h)\beta_c f_c bh = \frac{1}{60} \times (7 + 2) \times 1.0 \times 14.3 \times 200 \times 1440 = 617.76 \text{kN}$$

选择 B。

点评：深受弯构件的计算跨度 l_0 的取值在《混凝土结构设计规范》GB 50010—2002 中取支座中心线的距离和 $1.15 l_n$（ l_n 为梁的净跨）两者中较小值。

4. 答案：C

解答过程：依据《混凝土结构设计规范》GB 50010—2010（2015 年版）的 9.3.10 条、9.3.11 条计算。

$$h_0 = h - a_s = 600 - 40 = 560 \text{mm}$$

$$a = 400 + 450 - 600 + 20 = 270 \text{mm} > 0.3h_0 = 0.3 \times 560 = 168 \text{mm}$$

因此，取 $a = 270 \text{mm}$ 代入公式。

依据式（9.3.11）可得

$$A_s = \frac{F_v a}{0.85 f_y h_0} + 1.2 \frac{F_h}{f_y} = \frac{420 \times 10^3 \times 270}{0.85 \times 360 \times 560} + 1.2 \times \frac{115 \times 10^3}{360} = 662 + 383$$
$$= 1045 \text{ mm}^2$$

依据 9.3.12 条，承受竖向力所需的纵向受力钢筋应满足最小配筋率要求。

$$A_{smin} = \max(0.002, 0.45 f_t/f_y) \times bh = \max(0.002, 0.45 \times 1.43/360) \times 400 \times 600$$
$$= 480 \text{ mm}^2$$

该值小于 A_s 计算式的第一项 662mm^2 ，故满足要求。

选择 C。

点评：《混凝土结构设计规范》GB 50010—2010（2015 年版）9.3.12 条规定的最小配筋率只针对承受竖向力所需要的纵向受力钢筋，即式（9.3.11）的第一项。

5. 答案：A

解答过程：依据《混凝土结构设计规范》GB 50010—2010（2015 年版）的 8.5.1 条、

8.5.3 条，对次要混凝土受弯构件按下列公式计算纵向受拉钢筋的配筋率。

$$\rho_{min} = \max(0.002, 0.45 f_t / f_y) = \max(0.002, 0.45 \times 1.43/270) = 0.238\%$$

依据式（8.5.3-2）可得

$$h_{cr} = 1.05 \sqrt{\frac{M}{\rho_{min} f_y b}} = 1.05 \times \sqrt{\frac{0.2 \times 10^6}{0.00238 \times 270 \times 1000}}$$

$$= 18.5mm < h/2 = 200/2 = 100mm$$

取 $h_{cr} = h/2 = 100mm$。

依据式（8.5.3-1），$\rho_s \geqslant \dfrac{h_{cr}}{h} \rho_{min} = \dfrac{100}{200} \times 0.238\% = 0.119\%$。

选择 A。

点评：对于次要受弯构件，当构造所需的截面高度远大于承载力需求时，纵向受拉钢筋的配筋率可适当降低。据此思路可知，确定临界厚度 h_{cr} 的公式：

$$h_{cr} = 1.05 \sqrt{\frac{M}{\rho_{min} f_y b}}$$

式中的 M 应为"荷载效应"，而不是"抗力"，即，《混凝土结构设计规范》中对 M 的解释有误。

6. 答案：B

解答过程：依据《混凝土结构加固设计规范》GB 50367—2013 的 9.2.2 条，受弯构件加固后的相对界限受压区高度为

$$\xi_{b,sp} = 0.85 \xi_b = 0.85 \times 0.518 = 0.4403$$

混凝土受弯构件当受压区高度取为界限受压区高度时，正截面承载能力最大，即

$$x = \xi_{b,sp} h_0 = 0.4403 \times (600 - 60) = 237.8mm$$

依据 9.2.3 条式（9.2.3-1）可得

$$M = \alpha_1 f_c bx \left(h - \frac{x}{2} \right) - f_{y0} A_{s0} (h - h_0)$$

$$= 1.0 \times 16.7 \times 300 \times 237.8 \times \left(600 - \frac{237.8}{2} \right) - 360 \times 2454 \times (600 - 540)$$

$$= 520kN \cdot m$$

依据 9.2.11 条，加固后正截面受弯承载力提高幅度不应超过 40%。即

$$M = 520kN \cdot m < 399 \times 1.4 = 558.6kN \cdot m，满足要求$$

选择 B。

点评：《混凝土结构加固设计规范》GB 50367—2013 的 9.2.2 条条文说明，规定钢筋混凝土结构构件采用粘贴钢板加固时，其正截面承载力的提高幅度不应超过 40%。其目的是为了控制加固后构件的裂缝宽度和变形，也是为了强调"强剪弱弯"设计原则的重要性。

7. 答案：B

解答过程：依据《混凝土结构设计规范》GB 50010—2010（2015 年版）的 10.3.8 条第 2 款，局部受压承载力计算时，局部压力设计值对于有粘结预应力混凝土取 1.2 倍张拉控制力。

$$N = 1.2 \sigma_{con} A_p = 1.2 \times 0.7 \times 1860 \times 6 \times 140 \times 2 = 2624.8kN$$

选择 B。

点评：依据《预应力混凝土用钢绞线》GB/T 5224—2014，$\phi^s 15.2$ 钢绞线由 7 根钢丝

组成。其中六根边丝，一根中丝，如图 18-2-2 所示。边丝直径为 5.025mm，中丝直径为 5.15mm。因而截面面积为 139.82mm^2，约等于 140mm^2。

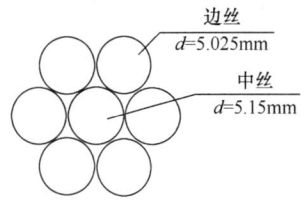

图 18-2-2　Φ^{s}15.2 钢绞线组成图

8. 答案：A

解答过程：依据《混凝土结构设计规范》GB 50010—2010（2015 年版）的 7.2.2 条，预应力混凝土梁的刚度为

$$B = \frac{M_k}{M_q(\theta - 1) + M_k} B_s$$

依据 7.2.3 条，预应力混凝土要求不出现裂缝时，$B_s = 0.85E_cI_0$。

依据 7.2.5 条，预应力混凝土受弯构件，$\theta = 2$。

$$\begin{aligned} B &= \frac{M_k}{M_q(\theta - 1) + M_k} \times 0.85E_cI_0 \\ &= \frac{860}{810 \times (2-1) + 860} \times 0.85 \times 3.25 \times 10^4 \times 4.115 \times 10^{10} \\ &= 5.86 \times 10^{14} \, \text{N/mm}^2 \end{aligned}$$

$$f = \frac{Ml_0^2}{4EI} = \frac{860 \times 10^6 \times 8000^2}{4 \times 5.86 \times 10^{14}} = 23.5 \text{mm}$$

选择 A。

点评：若题目中未给出梁的挠度计算公式，可以查本书附录 3 附表 3-1 得到，并以长期刚度 B 代替式中的抗弯刚度 EI 即可。

9. 答案：C

解答过程：依据《混凝土结构设计规范》GB 50010—2010（2015 年版）的 6.4.2 条，由于

$$\frac{V}{bh_0} + \frac{T}{W_t} = \frac{27 \times 10^3}{200 \times 360} + \frac{11 \times 10^6}{6.667 \times 10^6} = 2.02 \, \text{N/mm}^2 > 0.7f_t = 0.7 \times 1.43 = 1.0 \, \text{N/mm}^2$$

因此，需要进行承载力计算。

依据 6.4.12 条，有 $0.35f_tbh_0 = 0.35 \times 1.43 \times 200 \times 360 = 36\text{kN} > V = 27\text{kN}$

故可忽略剪力，按纯扭构件计算。

依据 6.4.4 条式（6.4.4-1）有

$$T = 0.35f_tW_t + 1.2\sqrt{\zeta}f_{yv}\frac{A_{st1}A_{cor}}{s}$$

代入数据得

$$11 \times 10^6 = 0.35 \times 1.43 \times 6.667 \times 10^6 + 1.2 \times \sqrt{1.2} \times 270 \times \frac{A_{st1}}{s} \times 47600$$

解得 $\frac{A_{st1}}{s} = 0.454 \, \text{mm}^2/\text{mm}$，根据选项，取 $s = 150\text{mm}$ 得到 $A_{st1} = 68.1 \, \text{mm}^2$，Φ10 可提供截面面积 78.5mm^2，满足要求。

选择 C。

点评：注意，A_{st1} 表示受扭箍筋的单肢截面面积，下标为数字"1"，表示"单肢"；A_{stl} 为沿周边均匀对称布置的受扭纵筋截面面积，下标为英文斜体"l"，表示"纵向"。

10. 答案：B

解答过程：如图 18-2-3（a）所示，根据对称性可知，支座仅有竖向反力，且

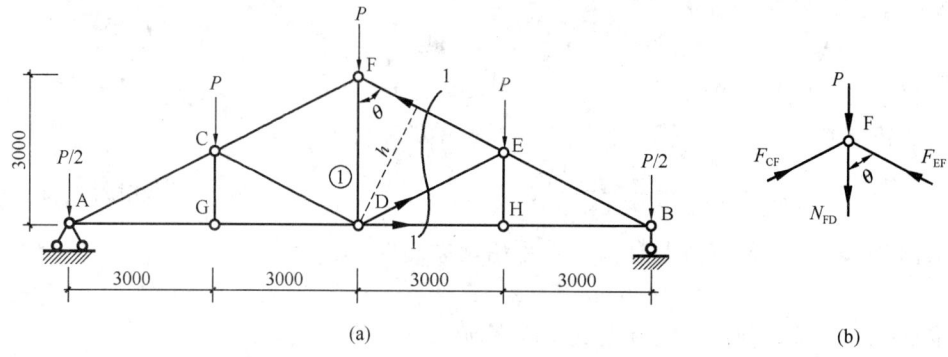

图 18-2-3 受力分析简图（方法 1）

$$R_A = R_B = (P + P + P + P/2 + P/2)/2 = 2P$$

将结构沿 1-1 剖开，取左侧部分为隔离体，将杆 EF 的内力记作 F_{EF} 并对 D 点取矩，可得

$$2P \times 6 = P/2 \times 6 + P \times 3 + F_{EF} \times 3\sin\theta$$

解出 $F_{EF} = \dfrac{2P}{\sin\theta}$，受压。

在节点 F 处，如图 18-2-3（b）所示，根据竖向力的平衡可得

$$N_{FD} = 2F_{EF}\cos\theta - P = \frac{4P\cos\theta}{\sin\theta} - P = 4P\cot\theta - P$$

注意到，$\cot\theta = \dfrac{l_{DF}}{l_{BD}} = \dfrac{3}{6}$，代入上式，得到 $N_{FD} = 4 \times 128 \times \dfrac{3}{6} - 128 = 128\text{kN}$，为拉力。

依据《混凝土结构设计规范》GB 50010—2010（2015 年版）的 6.2.22 条，$N \leqslant f_y A_s$，代入数据得：

$$A_s \geqslant \frac{128 \times 10^3}{360} = 355.5 \text{ mm}^2$$

选择 B。

点评：也可按照图 18-2-4 进行剖分后分析。取左侧为隔离体，对 D 点取矩，可得

$$2P \times 6 = P/2 \times 6 + P \times 3 + F_{CF} \times 3\sin\theta$$

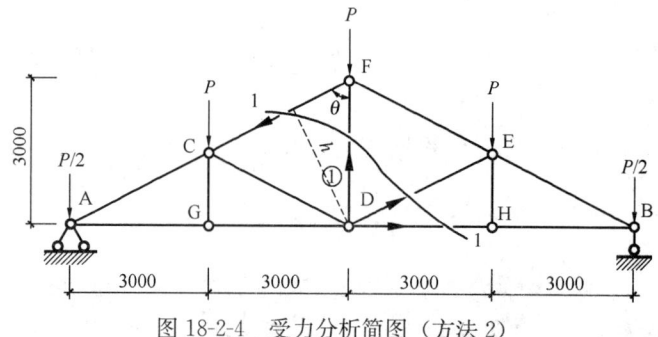

图 18-2-4 受力分析简图（方法 2）

解出 $F_{CF} = \dfrac{2P}{\sin\theta}$，受压。根据对称性，$F_{EF} = F_{CF}$。再取 F 点建立竖向力的平衡，从而求得①杆轴力。

11. 答案：C

解答过程：（1）计算均布荷载作用下 1-1 截面的剪力

取 C 点以右部分作为隔离体，如图 18-2-5（a）所示，可得 C 点处的反力为

$$R_C = \frac{48 \times 2.5}{2} = 60\text{kN}$$

C 点以左部分为研究对象，对 B 点取矩，得到

$$R_A \times 10 + 48 \times 2.5 \times 1.25 + R_C \times 2.5 = 48 \times 10 \times 5$$

$$R_A = \frac{48 \times 10 \times 5 - 60 \times 2.5 - 48 \times 2.5 \times 1.25}{10} = 210\text{kN}$$

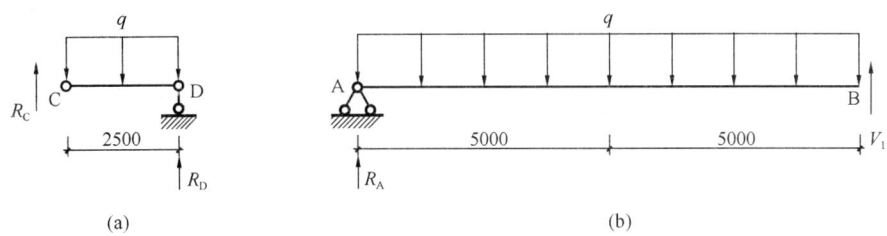

图 18-2-5 隔离体受力分析

取 1-1 截面以左为隔离体，如图 18-2-5（b）所示，由竖向力的平衡可得

$$V_1 = 48 \times 10 - R_A = 270\text{kN}$$

（2）计算集中荷载作用下 1-1 截面的剪力

此时，计算简图如图 18-2-6 所示。由于 C 点处为铰接，因此支座 D 处反力为零，于是可将 BD 段删去。对于剩下的 AB 段，由于对称性，可知在集中荷载 P 作用下 1-1 截面剪力设计值为 $V_2 = 600/2 = 300\text{kN}$。

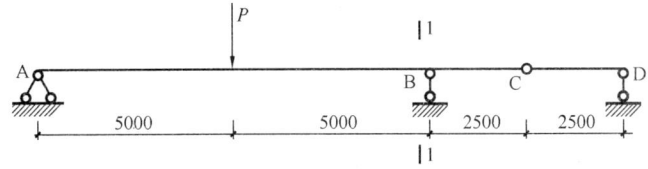

图 18-2-6 集中力作用内力分析

（3）1-1 截面的总剪力设计值为 $V = 270 + 300 = 570\text{kN}$。

（4）确定抗剪箍筋

依据《混凝土结构设计规范》GB 50010—2010（2015 年版）的 6.3.4 条，由于是非独立梁，故有

$$V = \alpha_{cv} f_t b h_0 + f_{yv} \frac{A_{sv}}{s} h_0$$

$$570 \times 10^3 = 0.7 \times 1.57 \times 300 \times 610 + 360 \times \frac{A_{sv}}{s} \times 610$$

求得 $\dfrac{A_{sv}}{s} = 1.68\,\text{mm}^2/\text{mm}$ 。

选择 C。

点评：（1）分别求算均布荷载和集中荷载在 1-1 截面引起的剪力，该方法比较简单。仅有集中荷载 P 作用时，由于 C 点为铰接，故 D 点没有支座反力，这一点可以用反证法得到：假如 C 点处反力，则根据竖向力平衡，D 点处反力应向下。但是，如此一来力矩就不平衡。故可知 C、D 点处反力均为零。

（2）如果掌握了用机动法做出影响线的技巧，则本题会十分容易。

在 1-1 截面处断开，按照左下右上产生相对竖向位移，得到 1-1 截面剪力影响线如图 18-2-7 所示。B 点处由于有支座无法发生位移，故 B 点左侧的竖标为 1。C 点处有铰，故产生一个折点。由图中的斜线平行可得 C 点处的竖标为 0.25。

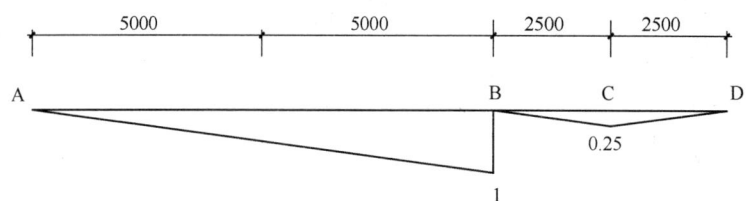

图 18-2-7   1-1 截面的剪力影响线

于是，1-1 截面的剪力设计值为：

$$V = 0.5 \times 600 + \left(\dfrac{1 \times 10}{2} + \dfrac{0.25 \times 5}{2}\right) \times 48 = 570\text{kN}$$

（3）在集中荷载和均布荷载作用下整个结构剪力如图 18-2-8 所示，1-1 截面在 B 点左侧，不能直接用 B 点支座反力作为 1-1 截面剪力。在剪力图中，集中荷载（包括支座反力）作用点左右两侧存在剪力突变，左右剪力差为集中荷载值。

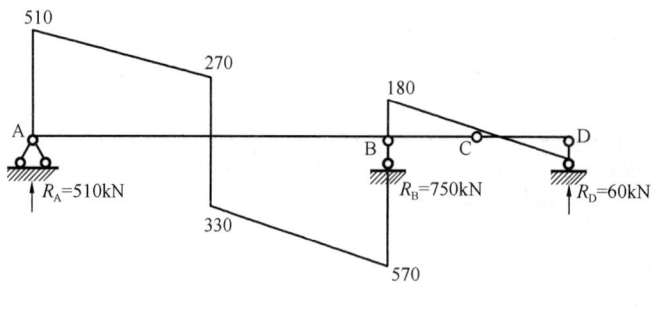

图 18-2-8   剪力图

12. 答案：C

解答过程：依据《混凝土结构设计规范》GB 50010—2010（2015 年版）的 9.2.1 条第 3 款，上部钢筋净距最小值为

$$s_{\min} = \max(30, 1.5d) = \max(30, 1.5 \times 25) = 37.5\text{mm}$$

今 KL1 右端上部钢筋净距为

$$s = (300 - c \times 2 - d_{\text{箍筋}} \times 2 - d_{\text{纵筋}} \times 5)/4$$
$$= (300 - 25 \times 2 - 10 \times 2 - 25 \times 5)/4$$

$$= 26.25\text{mm} < 37.5\text{mm}$$

不满足要求。

依据《建筑抗震设计规范》GB 50011—2010（2016 年版）的 6.3.3 条第 2 款，抗震等级为三级时，梁端底面和顶面纵筋配筋量的比值不应小于 0.3。今对于 KL1 左端，该比值为

$$\frac{3 \times 314.2}{7 \times 490.9} = 0.274 < 0.3$$

不满足要求。

依据 6.3.4 条第 2 款，KL2 右端最大钢筋直径 $25\text{mm} > \frac{450}{20} = 22.5\text{mm}$，不满足要求。

三处不符合要求。

选择 C。

点评：（1）依据《建筑抗震设计规范》GB 50011—2010（2016 年版）的 6.3.3 条第 1 款，抗震等级为三级时，应有 $x/h_0 \leqslant 0.35$。今对于 KL1 左端，有

$$\frac{x}{h_0} = \frac{f_y A_s - f'_y A'_s}{\alpha_1 b h_0 f_c} = \frac{(7 \times 490.9 - 3 \times 314.2) \times 360}{1 \times 300 \times 520 \times 16.7} = 0.344 < 0.35$$

满足要求。对于其他位置，由于 $(f_y A_s - f'_y A')$ 更小，x/h_0 均不会超过 0.344，故也满足要求。

（2）题目要求对框架梁配筋进行判断，故解答未对悬臂梁进行判断。

（3）KL2 支座钢筋采用 $\Phi 16$ 和 $\Phi 25$ 钢筋，级差过大，实际工程一般不会这样搭配，但规范未作规定。

13. 答案：D

解答过程：依据《混凝土结构工程施工质量验收规范》GB 50204—2015 的 5.4.8 条，当设计无具体要求时，箍筋直径不应小于搭接钢筋较大直径的 1/4。Ⅰ正确。

依据 7.2.5 条，采用中水、搅拌站清洗水、施工现场循环水等其他水源时，应对其成分进行检验。Ⅳ正确。

选择 D。

点评：对于其他选项的判别：

依据《混凝土结构工程施工质量验收规范》GB 50204—2015 的 3.0.6 条，混凝土浇筑前应返工、返修，混凝土浇筑后应按本规范规定进行处理，Ⅱ错误。

依据《混凝土结构工程施工质量验收规范》GB 50204—2015 的 D.0.7 条，混凝土强度判定为合格需同时满足 1、2 款规定，Ⅲ错误。

中水为经过处理的生活污水、工业废水、雨水等，水质介于清洁水和污水之间。混凝土用水对水的 pH 值、不溶物、可溶物、氯化物、硫酸盐、碱含量等有明确规定，中水此类物质含量可能超标，所以需要进行检验。

14. 答案：D。

解答过程：依据《混凝土结构工程施工质量验收规范》GB 50204—2015 的 9.2.6 条，预制构件应有标识，检查数量：全数检查，检验方法：观察。D 正确。

选择 D。

点评：对其他选项的判别：

依据《混凝土结构设计规范》GB 50010—2010（2015 年版）的 9.6.3 条，对计算时不考虑传递内力的连接，也应有可靠的固定措施，A 错误。

依据《混凝土结构设计规范》GB 50010—2010（2015 年版）的 9.6.4 条，装配整体式结构的梁柱节点处，柱的纵向钢筋应贯穿节点，B 错误。

依据《混凝土结构设计规范》GB 50010—2010（2015 年版）的 9.6.8 条，非承重预制构件，在框架内镶嵌时，应考虑其对框架抗侧移刚度的影响，C 错误。

在解答概念题时，可以直接说明某选项为什么正确（错误）进而作出选择，不必判断其余选项。也可以用排除法做题，只要能唯一确定答案即可。

15. 答案：A

解答过程：依据《工程结构通用规范》GB 55001—2021 的表 4.2.2，办公楼的楼面活荷载为 2.5kN/m²。

依据 4.2.5 条，办公楼属于表 4.2.2 中第 1（2）项，故设计柱时，应采用与楼面梁相同的折减系数。

依据 4.2.4 条，对于表 4.2.2 中第 1（2）项，当楼面梁的从属面积不超过 50m² 时，不应折减；超过 50m² 时，折减系数不应小于 0.9。

今从属于柱 KZ1 的面积为 9×3.9×3＝105.3m²，其中 3 表示截面 1-1 以上有 3 个楼面层，大于 50m²，故取折减系数为 0.9。

$$N_k = 0.9 \times 9 \times 3.9 \times 3 \times 2.5 = 236.9kN$$

选择 A。

16. 答案：B

解答过程：依据《建筑抗震设计规范》GB 50011—2010（2016 年版）的 6.1.4 条计算。

依据 6.1.4 条第 1 款第 3 项，防震缝两侧结构类型不同时，宜按需要较宽防震缝的结构类型和较低房屋高度确定缝宽。

甲乙之间：

甲为框架结构，乙为框架-剪力墙结构，甲变形大，按甲的结构类型；甲高度 35m＜乙高度 60m，按甲的高度控制。

依据 6.1.4 条第 1 款第 1 项，框架结构，高度 35m＞15m，7 度区，房屋高度在 15m 基础上，每增加 4m，缝加宽 20mm。（30－15）/4＝5，故甲乙之间防震缝的最小宽度为 100＋20×5＝200mm。

乙丙之间：

乙为框架-剪力墙结构，丙为剪力墙结构，乙变形大，按乙的结构类型；乙高度 60m＞丙高度 43m，按丙的高度控制。

依据 6.1.4 条第 1 款第 1 项和第 3 项，框架-剪力结构，高度 43m＞15m，7 度区，房屋高度在 15m 基础上，每增加 4m，缝加宽 20mm。（43－15）/4＝7，故乙丙之间防震缝的最小宽度为

$$\max[100, 0.7 \times (100 + 20 \times 7)] = 168mm$$

选择 B。

点评：防震缝的相关知识如下：

地震区设计房屋时，为防止地震使房屋破坏，应用防震缝将房屋分成若干形体简单、结构刚度均匀的独立部分。为减轻或防止相邻结构单元由地震作用引起的碰撞而预先设置的间隙，就是防震缝。伸缩缝和沉降缝都应符合防震缝的要求。

今将规范中关于防震缝的规定归纳如表 18-2-1 所示。

规范中的防震缝规定   表 18-2-1

《抗规》 3.4.5 条 （防震缝设置 原则）	3.4.5 体型复杂、平立面不规则的建筑，应根据不规则程度、地基基础条件和技术经济等因素的比较分析，确定是否设置防震缝，并分别符合下列要求： 1 当不设置防震缝时，应采用符合实际的计算模型，分析判明其应力集中、变形集中或地震扭转效应等导致的易损部位，采取相应的加强措施。 2 当在适当部位设置防震缝时，宜形成多个较规则的抗侧力结构单元。防震缝应根据抗震设防烈度、结构材料种类、结构类型、结构单元的高度和高差以及可能的地震扭转效应的情况，留有足够的宽度，其两侧的上部结构应完全分开。 3 当设置伸缩缝和沉降缝时，其宽度应符合防震缝的要求
《抗规》 6.1.4 条 （钢筋混凝土房屋）	6.1.4 钢筋混凝土房屋需要设置防震缝时，应符合下列规定： 1 防震缝宽度应分别符合下列要求： 1）框架结构（包括设置少量抗震墙的框架结构）房屋的防震缝宽度，当高度不超过 15m 时不应小于 100mm；高度超过 15m 时，6 度、7 度、8 度和 9 度分别每增加高度 5m、4m、3m 和 2m，宜加宽 20mm； 2）框架-抗震墙结构房屋的防震缝宽度不应小于本款 1）项规定数值的 70%，抗震墙结构房屋的防震缝宽度不应小于本款 1）项规定数值的 50%；且均不宜小于 100mm； 3）防震缝两侧结构类型不同时，宜按需要较宽防震缝的结构类型和较低房屋高度确定缝宽。 2 8、9 度框架结构房屋防震缝两侧结构层高相差较大时，防震缝两侧框架柱的箍筋应沿房屋全高加密，并可根据需要在缝两侧沿房屋全高各设置不少于两道垂直于防震缝的抗撞墙。抗撞墙的布置宜避免加大扭转效应，其长度可不大于 1/2 层高，抗震等级可同框架结构；框架构件的内力应按设置和不设置抗撞墙两种计算模型的不利情况取值
《抗规》 7.1.7 条 （砌体房屋）	7.1.7 多层砌体房屋的建筑布置和结构体系，应符合下列要求： 3 房屋有下列情况之一时宜设置防震缝，缝两侧均应设置墙体，缝宽应根据烈度和房屋高度确定，可采用 70mm～100mm： 1）房屋立面高差在 6m 以上； 2）房屋有错层，且楼板高差大于层高的 1/4； 3）各部分结构刚度、质量截然不同
《抗规》 8.1.4 条 （钢结构房屋）	8.1.4 钢结构房屋需要设置防震缝时，缝宽应不小于相应钢筋混凝土结构房屋的 1.5 倍

续表

《抗规》 10.2.4条 （屋盖防震缝）	10.2.4　当屋盖分区域采用不同的结构形式时，交界区域的杆件和节点应加强；也可设置防震缝，缝宽不宜小于150mm
《高规》 3.4.10条、 3.4.11条	3.4.10　设置防震缝时，应符合下列规定： 1　防震缝宽度应符合下列规定： 1）框架结构房屋，高度不超过15m时不应小于100mm；超过15m时，6度、7度、8度和9度分别每增加高度5m、4m、3m和2m，宜加宽20mm； 2）框架-剪力墙结构房屋不应小于本款1）项规定数值的70%，剪力墙结构房屋不应小于本款1）项规定数值的50%，且二者均不宜小于100mm。 2　防震缝两侧结构体系不同时，防震缝宽度应按不利的结构类型确定。 3　防震缝两侧的房屋高度不同时，防震缝宽度可按较低的房屋高度确定。 4　8、9度抗震设计的框架结构房屋，防震缝两侧结构层高相差较大时，防震缝两侧框架柱的箍筋应沿房屋全高加密，并可根据需要沿房屋全高在缝两侧各设置不少于两道垂直于防震缝的抗撞墙。 5　当相邻结构的基础存在较大沉降差时，宜增大防震缝的宽度。 6　防震缝宜沿房屋全高设置，地下室、基础可不设防震缝，但在与上部防震缝对应处应加强构造和连接。 7　结构单元之间或主楼与裙房之间不宜采用牛腿托梁的做法设置防震缝，否则应采取可靠措施。 3.4.11　抗震设计时，伸缩缝、沉降缝的宽度均应符合本规程第3.4.10条关于防震缝宽度的要求
《地规》 7.3.2条	7.3.2　当建筑物设置沉降缝时，应符合下列规定： 1　建筑物的下列部位，宜设置沉降缝： 1）建筑平面的转折部位； 2）高度差异或荷载差异处； 3）长高比过大的砌体承重结构或钢筋混凝土框架结构的适当部位； 4）地基土的压缩性有显著差异处； 5）建筑结构或基础类型不同处； 6）分期建造房屋的交界处。 2　沉降缝应有足够的宽度，沉降缝宽度可按表7.3.2选用

　　防震缝的宽度，应满足规范要求。《抗规》6.1.4条第1款第3）项的本质是，当两侧结构类型不同时，宜按需要较宽防震缝的结构类型和较低房屋高度确定。这里给出了两个原则：先选较柔的结构类型；再选较低房屋的高度。应注意，结构类型和房屋高度并不一定是取自同一结构，可以是取甲结构类型和乙结构高度计算。

　　越柔的结构在水平作用下变形越大，故需要的防震缝越宽，对于常见的结构类型，柔度的排列为：框架＞框架剪力墙＞剪力墙，框架较柔，剪力墙越多结构越刚。按上述两个原则选定用于计算防震缝的结构类型与高度后，按6.1.4条第1款第1）、2）项的要求计算所需防震缝的最小宽度。此外，应注意，防震缝的宽度均不小于100mm。

　　为加深认识，表18-2-2给出了不同结构类型相邻房屋的最小防震缝计算模型示例。

防震缝宽度计算模型示例　　　　　　　表 18-2-2

序号	A 栋		B 栋		防震缝计算模型	
	体系	高度	体系	高度	体系	高度
1	框架	30m	框架	45m	框架	30m
2	框架-剪力墙	85m	框架-剪力墙	70m	框架-剪力墙	70m
3	框架	45m	框架-剪力墙	70m	框架	45m
4	框架	45m	框架-剪力墙	40m	框架	40m
5	框架-剪力墙	90m	剪力墙	99m	框架-剪力墙	90m
6	框架-剪力墙	90m	剪力墙	85m	框架-剪力墙	85m

17. 答案：B

解答过程：依据《钢结构设计标准》GB 50017—2017 的 7.4.2 条，相交另一杆受拉，两杆均不中断，采用式（7.4.2-3）计算压杆的平面外计算长度。

$$l = \sqrt{6^2 + 4.5^2} = 7.5\text{m}$$

$$l_0 = l\sqrt{\frac{1}{2}\left(1 - \frac{3}{4} \cdot \frac{N_0}{N}\right)} = 7.5 \times \sqrt{\frac{1}{2} \times \left(1 - \frac{3}{4} \times \frac{1233}{1138}\right)}$$

$$= 2.30\text{m} < 0.5l = 0.5 \times 7.5 = 3.75\text{m}$$

故取 $l_0 = 3.75\text{m}$。

选择 B。

点评：N、N_0 为所计算杆的内力及相交另一杆的内力，均为绝对值。从最不利角度，应使计算长度 l_0 更大，故取 $N_0 = \min(1233, 1254) = 1233\text{kN}$，$N = \max(1137, 1138) = 1138\text{kN}$。

若将杆件的两段取平均值计算，结果稍有差异，可求得

$$l_0 = l\sqrt{\frac{1}{2}\left(1 - \frac{3}{4} \cdot \frac{N_0}{N}\right)} = 7.5 \times \sqrt{\frac{1}{2} \times \left(1 - \frac{3}{4} \times \frac{1243.5}{1137.5}\right)}$$

$$= 2.25\text{m} < 0.5l = 0.5 \times 7.5 = 3.75\text{m}$$

仍取 $l_0 = 3.75\text{m}$，选择 B。

18. 答案：C

解答过程：依据《钢结构设计标准》GB 50017—2017 的 8.5.1 条，此时杆件的稳定计算按压弯构件的规定进行。

由于腹板位于桁架平面内，故平面内的弯矩为绕 x 轴（强轴）。

设 DG 和 AE 相交点为点 O，应取 GO 和 DO 分别计算。

（1）对 GO 杆计算

依据《钢结构设计标准》GB 50017—2017 的表 7.2.1-1，轧制工形截面，$\frac{b}{h} = \frac{348}{344} = 1.01 > 0.8$，对 x 轴为 a* 类截面，由于材质为 Q345，截面分类为 a 类。

$$\lambda_x = \frac{l_{0x}}{i_x} = \frac{3750}{150} = 25 ; \lambda_x/\varepsilon_k = 25 \times \sqrt{\frac{345}{235}} = 30$$

依据表 D.0.1，$\varphi_x = 0.963$。

对于 GO 杆件，$M_1 = 66\text{kN} \cdot \text{m}$，$M_2 = -18\text{kN} \cdot \text{m}$，压力 $N = 1701\text{kN}$，依据 8.2.1 条

可得

$$\beta_{mx} = 0.6 + 0.4 \frac{M_2}{M_1} = 0.6 + 0.4 \times \frac{-18}{66} = 0.49$$

$$\frac{N}{\varphi_x A} + \frac{\beta_{mx} M_x}{\gamma_x W_{1x}(1 - 0.8 N/N'_{Ex})}$$

$$= \frac{1701 \times 10^3}{0.963 \times 144 \times 10^2} + \frac{0.49 \times 66 \times 10^6}{1.05 \times 1892 \times 10^3 \times \left(1 - \frac{0.8 \times 1701}{4.26 \times 10^4}\right)}$$

$$= 139.5 \text{N/mm}^2$$

（2）对 DO 杆计算

φ_x 仍为 0.963。

对于 DO 杆件，$M_1 = 66 \text{kN·m}$，$M_2 = -45 \text{kN·m}$，压力 $N = 1739 \text{kN}$，于是

$$\beta_{mx} = 0.6 + 0.4 \frac{M_2}{M_1} = 0.6 + 0.4 \times \frac{-45}{66} = 0.327$$

$$\frac{N}{\varphi_x A} + \frac{\beta_{mx} M_x}{\gamma_x W_{1x}(1 - 0.8 N/N'_{Ex})}$$

$$= \frac{1739 \times 10^3}{0.963 \times 144 \times 10^2} + \frac{0.327 \times 66 \times 10^6}{1.05 \times 1892 \times 10^3 \times \left(1 - \frac{0.8 \times 1739}{4.26 \times 10^4}\right)}$$

$$= 136.4 \text{N/mm}^2$$

取二者较大者，为 139.5N/mm²，故选择 C。

点评：DO 杆尽管压力和弯矩都较大，但由于 β_{mx} 取值小，导致求得的计算应力较小。

19. 答案：B

解答过程：依据《钢结构设计标准》GB 50017—2017 的 8.5.2 条，杆件 EA 为拉杆，可按本条计算强度。

$$\varepsilon = \frac{MA}{NW} = \frac{90 \times 10^6 \times 14400}{2990 \times 10^3 \times 1892000} = 0.23 > 0.2$$

H 形截面，腹板位于桁架平面内，$\alpha = 0.85$，$\beta = 1.15$。

Q345 钢，厚度不大于 16mm，$f = 305 \text{N/mm}^2$。

$$\left(\frac{N}{A} + \alpha \frac{M}{W_p}\right)/(\beta f) = \left(\frac{2990 \times 10^3}{144 \times 10^2} + 0.85 \times \frac{90 \times 10^6}{2070 \times 10^3}\right)/(1.15 \times 305) = 0.697$$

选择 B。

点评：《钢结构设计标准》的 8.5.2 条条文说明指出，杆件为 H 形、箱形截面的桁架，当杆件较为短粗时，需要考虑节点刚性引起的次弯矩。此处未给出定量标准。可参考《钢结构设计规范》GB 50017—2003 的 8.4.5 条，该条规定，当桁架平面内的杆件截面高度与长度（节点中心间的距离）之比大于 1/10（对弦杆）或大于 1/15（对腹杆）时，应考虑节点刚性所引起的次弯矩。

20. 答案：B

解答过程：依据题意，CD 管为主管，AB 管为受压支管，形成的为平面 X 形节点。

依据《钢结构设计标准》GB 50017—2017 的 13.3.2 条第 1 款计算。

如图 18-2-9 所示，由于 $\sin \frac{\theta}{2} = \frac{2.25}{\sqrt{6^2 + 4.5^2}/2} = 0.6$，于是可得 $\frac{\theta}{2} = 37°$，$\theta = 74°$

$\beta = D_i/D = 1$；由于节点两侧主管受拉，故 $\psi_n = 1$。受压支管 AB 的承载力设计值为

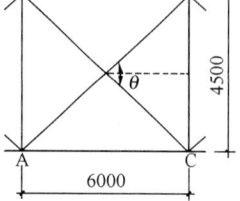

图 18-2-9　杆件夹
角示意图

$$N_{cX} = \frac{5.45}{(1-0.81\beta)\sin\theta} \psi_n t^2 f$$
$$= \frac{5.45}{(1-0.81\times1)\times\sin74°} \times 1 \times 14^2 \times 305$$
$$= 1786.2\text{kN}$$

选择 B。

21. 答案：C

解答过程：依据《钢结构设计标准》GB 50017—2017 的 13.3.9 条计算。

由于 $D_i/D = 1$，故

$$l_w = (3.81D_i - 0.389D)\left(\frac{0.534}{\sin\theta_i} + 0.446\right)$$
$$= (3.81\times350 - 0.389\times350)\left(\frac{0.534}{\sin74°} + 0.446\right)$$
$$= 1199\text{mm}$$

选择 C。

点评：按照《钢结构设计规范》GB 50017—2003，上述解答过程中采用的 0.446 应为 0.466。考试时若题目没有给出提示，以现行纸质版规范为准。若以 0.466 计算，最终结果为 1244mm，仍选 C，不影响答案。

22. 答案：B

解答过程：依据《钢结构设计标准》GB 50017—2017 的 6.2.5 条，梁仅腹板与主梁相连，稳定计算时侧向支承点距离取实际距离的 1.2 倍。

$$l_{0y} = 1.2l = 1.2\times6000 = 7200\text{mm}$$

依据 C.0.1 条计算 φ_b。

$$\lambda_y = l_{0y}/i_y = 7200/46.9 = 153.5$$

由于 $\xi = \frac{l_1 t_1}{b_1 h} = \frac{7200\times12}{200\times294} = 1.47 < 2$，故

$$\beta_b = 0.69 + 0.13\xi = 0.69 + 0.13\times1.47 = 0.881$$

$$\varphi_b = \beta_b \frac{4320}{\lambda_y^2} \cdot \frac{Ah}{W_x}\left[\sqrt{1 + \left(\frac{\lambda_y t_1}{4.4h}\right)^2} + \eta_b\right]\varepsilon_k^2$$
$$= 0.881 \times \frac{4320}{153.5^2} \times \frac{7303\times294}{779\times10^3} \times \left[\sqrt{1 + \left(\frac{153.5\times12}{4.4\times294}\right)^2} + 0\right] \times 1$$
$$= 0.775 > 0.6$$

$$\varphi'_b = 1.07 - \frac{0.282}{0.775} = 0.71 < 1$$

选择 B。

23. 答案：B

解答过程：由于题目中给出 GL1 的抗扭刚度为 0，因此，螺栓连接偏心引起的偏心弯矩由螺栓群自身承担。

由梁端剪力引起的一个螺栓剪力为

$$N_v^V = 100.8/3 = 33.6\text{kN}，方向竖直向下$$

由偏心弯矩引起的一个螺栓剪力为：

$$N_v^M = \frac{100.8 \times 60 \times 70}{2 \times 70^2} = 43.2\text{kN}，方向水平$$

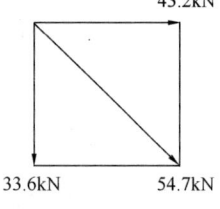

图 18-2-10　螺栓受力分析

如图 18-2-10 所示，一个螺栓受到的总剪力为

$$N_v = \sqrt{(N_v^V)^2 + (N_v^M)^2} = \sqrt{33.6^2 + 43.2^2} = 54.7\text{kN}$$

依据《钢结构设计标准》GB 50017—2017 的 11.4.2 条，令 $N_v^b = N_v$，可得

$$P = \frac{N_v^b}{0.9kn_f\mu} = \frac{54.7}{0.9 \times 1 \times 1 \times 0.4} = 151.9\text{kN}$$

M22 预拉力设计值 $P = 155\text{kN} > 151.9\text{kN}$，满足要求。

选择 B。

点评：螺栓计算时应注意 11.4.4 条、11.4.5 条和 11.5.4 条的调整（本题均未涉及）。螺栓在弯矩作用下剪力计算参照《钢结构高强度螺栓连接技术规程》JGJ 82—2011 的 5.1.4 条。

24. 答案：D

解答过程：GL2 为次梁，依据《钢结构设计标准》GB 50017—2017 的 6.3.2 条第 4 款，h_0/t_w 不宜超过 250。

选择 D。

点评：按照《钢结构设计标准》的思路，对于次梁，只要求腹板高厚比不大于 250，在此前提下，针对不同的截面等级采取相应的计算方法：当为 S3 级时，全截面有效且可考虑塑性发展系数；当为 S4 级时，全截面有效，但不能考虑塑性发展系数；当为 S5 级时，应采用有效截面，且不能考虑塑性发展系数。

25. 答案：D

解答过程：依据《钢结构设计标准》GB 50017—2017 的 8.3.1 条，由于 Y 方向为有侧移框架，且梁、柱截面相同，故梁柱线刚度比值为

$$K_1 = \frac{2 \times EI/l_b}{2 \times EI/l_c} = \frac{2/6}{2/4} = 0.67$$

柱脚刚接，$K_2 = 10$。

依据附录表 E.0.2，$\mu = 1.3 - \frac{1.30 - 1.17}{1 - 0.5} \times (0.67 - 0.5) = 1.25$。

依据 8.3.1 条，由于不考虑各柱 N/I 的差异，因此，设有摇摆柱时，框架柱计算长度的放大系数为

$$\eta = \sqrt{1 + \frac{\sum(N_l/h_l)}{\sum(N_f/h_f)}} = \sqrt{1 + \frac{391 \times 2/4}{(192 \times 4 + 374 \times 4 + 423 \times 2)/4}} = 1.12$$

从而，框架柱计算长度 $l_0 = 1.25 \times 1.12 \times 4000 = 5600\text{mm}$。

选择 D。

26. 答案：B

解答过程：依据《钢结构设计标准》GB 50017—2017 的 8.3.1 条，摇摆柱计算长度

系数取 1.0。长细比为

$$\lambda_x = \frac{4000}{125} = 32, \lambda_y = \frac{4000}{46.9} = 85.3$$

依据表 7.2.1-1，轧制工形截面，$b/h = 200/294 = 0.68 < 0.8$，截面分类对 x 轴为 a 类，对 y 轴为 b 类。由于 y 方向截面分类更差，且长细比更大，故承载力由 y 方向稳定控制。

$\lambda_y/\varepsilon_k = 85.3/\sqrt{\dfrac{235}{345}} = 103$，查表 D.0.2，$\varphi_y = 0.535$。

截面板宽厚比满足局部稳定要求，故采用全截面面积。

$$\varphi A f = 0.535 \times 7303 \times 305 \times 10^{-3} = 1191.6 \text{kN}$$

选择 B。

27. 答案：D

解答过程：依据《钢结构设计标准》GB 50017—2017 的 3.5.1 条确定截面等级。

翼缘：$b/t = \dfrac{(200 - 8 - 12)/2}{12} = 7.5 < 9\varepsilon_k = 9$，属于 S1 级。

腹板：$h_0/t_w = \dfrac{294 - 2 \times 12 - 6 \times 2}{8} = 32.25 < 65\varepsilon_k = 65$，属于 S1 级。

故整个截面的等级为 S1 级。

依据 10.2.2 条，S1 级，钢梁调幅限值为 20% 时，侧移增大系数为 1.05。增大后的侧移为

$$1.05 \times \frac{1}{571} = \frac{1}{544} < \frac{1}{250}$$

满足《建筑抗震设计规范》GB 50011—2010（2016 年版）表 5.5.1 规定的限值，故可按 20% 调幅。

依据《钢结构设计标准》GB 50017—2017 的 10.1.3 条，水平荷载产生的弯矩不调幅，故梁端弯矩调整为

$$M_b = 139 \times (1 - 20\%) + 54 = 165.2 \text{kN} \cdot \text{m}$$

柱端弯矩不调幅，故 $M_c = 91 + 21 = 112 \text{kN} \cdot \text{m}$。

选择 D。

28. 答案：D

解答过程：依据《钢结构设计标准》GB 50017—2017 的 17.1.4 条，可以通过调整承载力性能等级，降低对延性等级的要求，故按《钢结构设计标准》GB 50017—2017 进行抗震设计时选取性能等级及匹配的延性等级，可不满足《建筑抗震设计规范》GB 50011—2010（2016 年版）的要求，Ⅰ 错误。

依据 17.2 节，性能化设计按照本节进行构件承载力计算，17.2.3 条，内力组合按式（17.2.3-1），为中震设计，采用标准组合，不按《建筑抗震设计规范》，Ⅱ 错误。

依据 17.2.10 条，节点域应满足本条计算要求，Ⅲ 正确，Ⅳ 错误。

选择 D。

29. 答案：B

解答过程：依据《钢结构设计标准》GB 50017—2017 的 14.3.1 条确定抗剪连接件的承载力。

$$N_v^c = 0.43A_s\sqrt{E_c f_c} = 0.43 \times \frac{\pi}{4} \times 19^2 \times \sqrt{3 \times 10^4 \times 14.3} \times 10^{-3} = 79.7\text{kN}$$

$$0.7A_s f_u = 0.7 \times 283 \times 400 \times 10^{-3} = 79.2\text{kN}$$

取 $N_v^c = 79.2\text{kN}$。

（1）按受弯承载力确定焊钉数

由于是部分抗剪连接，依据 14.2.2 条，可得：

$$M_{u,r} = n_r N_v^c y_1 + 0.5(Af - n_r N_v^c)y_2$$

式中，截面面积 $A = 200 \times 12 \times 2 + 276 \times 8 = 7008\text{mm}^2$。

$$238.6 \times 10^6 = n_r \times 79.2 \times 10^3 \times 364 + 0.5 \times (7008 \times 215 - n_r \times 79.2 \times 10^3) \times 238$$

解得 $n_r = 3.1$，取 $n_r = 4$ 个。

依据 14.3.4 条，需在全跨布置焊钉至少 $4 \times 2 = 8$ 个。

（2）按受剪承载力确定焊钉数

确定混凝土翼板有效宽度 b_e：

$$b_1 = b_2 = l_e/6 = 6000/6 = 1000\text{mm} < S_0/2$$

$$b_e = b_0 + b_1 + b_2 = 200 + 1000 + 1000 = 2200\text{mm}$$

确定正弯矩最大点至支座区段所需焊钉数：

$$Af = 7008 \times 215 = 1506.72 \times 10^3\text{N}$$

$$b_e h_{c1} f_c = 2200 \times 120 \times 14.3 = 3775.2 \times 10^3\text{N}$$

$$V_s = \min(Af, b_e h_{c1} f_c) = 1506.72 \times 10^3\text{N}$$

$$n_f = 1506.72/79.2 = 19 \text{ 个}$$

故，全跨按照完全抗剪设计所需焊钉数为 $19 \times 2 = 38$ 个。按部分抗剪设计，实配焊钉数不少于 $50\% \times 38 = 19$ 个。

（3）按间距要求确定焊钉数

依据 14.7.4 条，连接件沿梁跨度方向的最大间距不应大于混凝土翼板厚度的 3 倍，且不大于 300mm。即，$s = \min(3 \times 120, 300) = 300\text{mm}$。

今按照梁全长布置 20 个焊钉，可以满足受力要求与构造要求。

选择 B。

点评：朱聘儒编写的《钢-混凝土组合梁设计原理》（第二版）给出了焊钉布置的一些细节。例如，次梁第一个焊钉距离主梁翼缘边缘取为 35mm，而主梁第一个焊钉距离柱边缘可取 175mm，如图 18-2-11 所示。

本题中主梁翼缘宽度为 200mm，据此计算所需焊钉个数为：

$$n = (6000 - 200 - 35 \times 2)/300 + 1 \approx 20 \text{ 个}$$

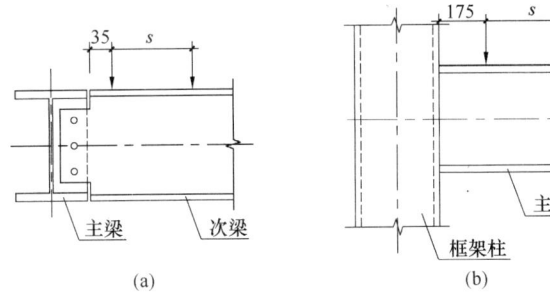

图 18-2-11   梁上焊钉的布置

(a) 次梁与主梁连接；(b) 主梁与柱连接

30. 答案：A

解答过程：依据《钢结构设计标准》GB 50017—2017 的 5.1.6 条，由于 $0.1 < \theta_{i,\max}^{\mathrm{II}} = 0.21 < 0.25$，宜采用二阶 $P\text{-}\Delta$ 弹性分析或采用直接分析。选择 A。

31. 答案：B

解答过程：依据《钢结构设计标准》GB 50017—2017 的 5.2.2 条，直接分析不考虑材料塑性发展时，按表 5.2.2 取构件的缺陷代表值。构件 AB 为焊接 H 形截面，依据表 7.2.1，无论翼缘是焰切边还是轧制或剪切边，对 x 轴的截面分类均为 b 类。b 类截面时取 $e_0 / L = 1/350$。选择 B。

32. 答案：C

解答过程：依据《钢结构设计标准》GB 50017—2017 的 4.3.9 条，工作温度不高于 $-20℃$ 时，锚栓应满足 4.3.4 条的要求。依据 4.3.4 条，直径 $d = 16\mathrm{mm} < 40\mathrm{mm}$，质量等级不低于 C 级。选择 C。

33. 答案：C

解答过程：依据《砌体结构设计规范》GB 50003—2011 的 5.1.3 条，构件高度 H 取至基础顶面，故 $H = 3600 + 300 + 300 = 4200\mathrm{mm}$。

刚性方案，$s = 3 \times 3.2 = 9.6\mathrm{m} > 2H = 8.4\mathrm{m}$，可得 $H_0 = H = 4200\mathrm{mm}$。

依据 6.1.1 条和 6.1.2 条第 1 款，可得

$$h_{\mathrm{T}} = 3.5i = 3.5\sqrt{\frac{I}{A}} = 3.5 \times \sqrt{\frac{1.2 \times 10^{10}}{200 \times 1400 + 400 \times 400}} = 578\mathrm{mm}$$

$$\beta = \frac{H_0}{h_{\mathrm{T}}} = \frac{4200}{578} = 7.3$$

选择 C。

34. 答案：C

解答过程：二层带壁柱墙 A，几何高度 $H = 3600\mathrm{mm}$。

依据《砌体结构设计规范》GB 50003—2011 的表 5.1.3，刚性方案，$s = 3 \times 3.2 = 9.6\mathrm{m} > 2H = 2 \times 3.6 = 7.2\mathrm{m}$，可得 $H_0 = H = 3600\mathrm{mm}$。

依据 5.1.2 条确定高厚比。

$$h_{\mathrm{T}} = 3.5i = 3.5\sqrt{\frac{I}{A}} = 3.5 \times \sqrt{\frac{1.2 \times 10^{10}}{200 \times 1400 + 400 \times 400}} = 578\mathrm{mm}$$

$$\gamma_\beta = 1.1, \beta = \gamma_\beta \frac{H_0}{h_T} = 1.1 \times \frac{3600}{578} = 6.85$$

依据附录 D.0.1 条计算 φ_0。

$$\varphi_0 = \frac{1}{1 + \alpha\beta^2} = \frac{1}{1 + 0.0015 \times 6.85^2} = 0.934$$

依据 3.2.1 条，$f = 2.39\text{MPa}$，无调整。

依据 5.1.2 条确定承载力。

$$\varphi_0 fA = 0.934 \times 2.39 \times 440000 \times 10^{-3} = 982\text{kN}$$

选择 C。

点评：φ_0 也可以查表 D.0.1-1 得到。今轴心受压，$e/h_T = 0$，$\beta = 6.86$，需要插值。

$$\varphi_0 = 0.95 - \frac{0.95 - 0.91}{8 - 6} \times (6.86 - 6) = 0.933$$

35. 答案：B

解答过程：依据《砌体结构设计规范》GB 50003—2011 的 5.1.3 条，二层内纵墙，$H = 3600\text{mm}$。刚性方案，$s = 3 \times 3.2 = 9.6\text{m} > 2H = 7.2\text{m}$，可得 $H_0 = H = 3600\text{mm}$。

依据 6.1.1 条和 6.1.4 条计算。

$$\beta = \frac{H_0}{h} = \frac{3600}{200} = 18$$

由于 $\frac{1}{5} < \frac{2100}{3600} = 0.58 < \frac{4}{5}$，故

$$\mu_2 = 1 - 0.4\frac{b_s}{s} = 1 - 0.4 \times \frac{1200 \times 2}{9600} = 0.9 > 0.7$$

$$\mu_1\mu_2 \ [\beta] = 1.0 \times 0.9 \times 26 = 23.4$$

选择 B。

36. 答案：D

解答过程：依据《砌体结构通用规范》GB 55007—2021 的 3.4.2 条计算。

$$\sigma_0 = \frac{200 \times 10^3 + 0.5 \times 70 \times 10^3}{240 \times 1000} = 0.98\text{MPa}$$

式中，0.5 为计算重力荷载代表值的组合值系数。

由于 $\frac{\sigma_0}{f_v} = \frac{0.98}{0.14} = 7$，查表 3.4.2，得 $\zeta_N = 1.65$。

$$f_{vE} = \zeta_N f_v = 1.65 \times 0.14 = 0.231\text{MPa}$$

选择 D。

37. 答案：A

解答过程：依据《建筑抗震设计规范》GB 50011—2010（2016 年版）的 7.2.7 条计算。

墙体面积 $A = 11240 \times 240 = 2697600\text{mm}^2$。

中部构造柱面积：$A_c = 240^2 \times 2 = 115200\text{mm}^2 < 0.15A = 404640\text{mm}^2$，取为 115200mm^2。

$$\rho = \frac{A_{sc}}{A_c} = \frac{4 \times 113.1 \times 2}{240 \times 240 \times 2} = 0.78\% > 0.6\%，且 \rho < 1.4\%，A_{sc} 按实际取值。$$

依据《建筑与市政工程抗震通用规范》GB 55002—2021 的表 4.3.1，两端均有构造柱的承重墙受剪，可得 $\gamma_{RE}=0.9$。

由于墙体未配置水平钢筋，故受剪承载力为

$$\frac{1}{\gamma_{RE}}\left[\eta_c f_{vE}(A-A_c)+\zeta_c f_t A_c+0.08 f_{yc}A_{sc}\right]$$
$$=\frac{1}{0.9}[1.0\times1.5\times0.14\times(2697600-115200)+0.4\times1.1\times115200+$$
$$0.08\times300\times4\times113.1\times2]$$
$$=683\text{kN}$$

选择 A。

38. 答案：B

解答过程：依据《建筑抗震设计规范》GB 50011—2010（2016 年版）的 7.2.7 条计算。

依据《建筑与市政工程抗震通用规范》GB 55002—2021 的表 4.3.1，按其他墙受剪，故 $\gamma_{RE}=1$。于是

$$\frac{1}{\gamma_{RE}}f_{vE}A=1.5\times0.14\times112400\times240\times10^{-3}=566\text{kN}$$

选择 B。

39. 答案：B

解答过程：依据《砌体结构设计规范》GB 50003—2011 的 4.1.5 条，安全等级为一级或使用年限大于 50 年的房屋重要性系数不小于 1.1，此时结构重要性系数 $\gamma_0\geqslant1.1$，可以采用砌体结构，B 错误。

选择 B。

点评：对于其余选项的判别：

依据《砌体结构设计规范》GB 50003—2011 的表 6.1.1 注 2，带有混凝土或砂浆面层的组合砖砌体构件的允许宽厚比，可按表中数值提高 20%，但不得大于 28，A 正确。

依据《砌体结构设计规范》GB 50003—2011 的表 4.3.5 注 1，在冻胀地区，地面以下或防潮层以下的砌体，不宜采用多孔砖，如采用时，其孔洞应用不低于 M10 的水泥砂浆预先灌实。C 正确。

依据《砌体结构设计规范》GB 50003—2011 的 4.2.1 条，砌体结构房屋的静力计算方案是根据房屋空间工作性能划分为刚性方案、刚弹性方案和弹性方案，D 正确。

在解答概念题时，可以用直接法，也可以用排除法，只要能唯一确定答案即可。例如，本题选择何项错误，可以直接说明 B 选项为什么错误，不用去判断其余选项；也可以说明 A、C 和 D 选项为什么正确，从而选择 B。

40. 答案：D

解答过程：依据《建筑抗震设计规范》GB 50011—2010（2016 年版）的 11.3.2 条，木结构房屋不应采用木柱与砖柱或砖墙等混合承重，D 错误。

选择 D。

点评：对于其余选项的判别：

依据《木结构设计标准》GB 50005—2017 的 3.1.1 条，承重结构可采用原木、方木、板材、规格材、层板胶合木、结构复合木材和木基结构板，A 正确。

依据《木结构设计标准》GB 50005—2017 的 4.3.18 条，标注原木直径时，应以小头为准。验算挠度和稳定时，可取构件中央截面；验算抗弯强度时，可取弯矩最大处截面，B 正确。

依据《建筑抗震设计规范》GB 50011—2010（2016 年版）的 11.3.3 条，木柱木梁房屋宜建单层，高度不宜超过 3m，C 正确。

41. 答案：B

解答过程：依据《建筑边坡工程技术规范》GB 50330—2013 的 3.2.3 条，边坡坡顶塌滑区外边缘至坡顶边缘的水平投影距离 L 按照下式估算：

$$L = \frac{H}{\tan\theta}$$

式中，对于斜面土质边坡，$\theta = (\beta+\varphi)/2 = (45° +20°)/2 = 32.5°$。于是

$$L = \frac{5}{\tan 32.5°} = 7.85\text{m}$$

坡顶滑坡区 s 和 L 的相对关系如图 18-2-12 所示，从而

$$s = 7.85 - 5 = 2.85\text{m}$$

选择 B。

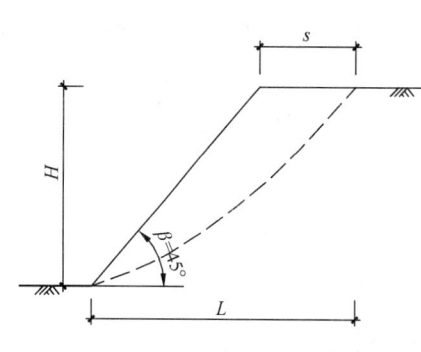

图 18-2-12　坡顶滑坡区计算示意

42. 答案：C

解答过程：依据《建筑地基基础设计规范》GB 50007—2011 的 5.4.2 条计算。对于矩形基础，当 $b \leqslant 3$m 时，基底外边缘线至坡顶的水平距离 a 应满足

$$a \geqslant 2.5b - \frac{d}{\tan\beta}$$

式中，$\beta = 45°$，$d = 1.5$m。下面按照基底承载力确定 b 的取值。

（1）依据 5.2.4 条确定 f_a

依据表 4.1.10 条，黏性土、硬塑，应有 $0 < I_L \leqslant 0.25$。

依据表 5.2.4，由于 $I_L < 0.85$ 且 $e = 0.8 < 0.85$，得到 $\eta_b = 0.3$，$\eta_d = 1.6$。从而

$$f_a = f_{ak} + \eta_b\gamma(b-3) + \eta_d\gamma_m(d-0.5) = 150 + 0 + 1.6 \times 19.6 \times (1.5-0.5) = 181.4\text{kPa}$$

（2）确定所需的基底宽度 b

依据 5.2.1 条、5.2.2 条，可得

$$p_k = \frac{F_k + G_k}{A} = \frac{1000}{b^2} \leqslant f_a = 181.4$$

解得 $b \geqslant 2.35$m，取 $b = 2.35$m。满足 $b \leqslant 3$m 的要求。

于是，可得

$$a \geqslant 2.5b - \frac{d}{\tan\beta} = 2.5 \times 2.35 - \frac{1.5}{\tan 45°} = 4.37\text{m}$$

该值满足不小于 2.5m 的要求。选择 C。

43. 答案：C

解答过程：依据《建筑地基基础设计规范》GB 50007—2011 的 5.2.1 条、5.2.2 条计算。

(1) 轴心荷载作用

$$p_k \leqslant f_a$$

$$p_k = \frac{F_k + G_k}{A} = \frac{1000}{b^2} + 20 \times 1.5 \leqslant f_a = 192$$

解得 $b \geqslant 2.48m$。

(2) 偏心荷载作用

假设为小偏心受压，则应满足

$$p_{kmax} \leqslant 1.2f_a$$

$$\frac{F_k + G_k}{A} + \frac{M_k}{W} = \frac{1000}{b^2} + 20 \times 1.5 + \frac{80}{b^3/6} \leqslant 1.2 \times 192$$

解得 $b \geqslant 2.44m$。

综上，应有 $b \geqslant 2.48m$。取 $b = 2.5m$，验算是否仍满足小偏心的条件。

$$e = \frac{M_k}{F_k + G_k} = \frac{80}{1000 + 20 \times 2.5 \times 2.5 \times 1.5} = 0.07m < \frac{2.5}{6} = 0.42m$$

表明假设成立，取 $b = 2.5m$ 合理。

选择 C。

44. 答案：B

解答过程：依据《建筑地基基础设计规范》GB 50007—2011 的 8.2.8 条计算。

$$e = \frac{M}{F + G} = \frac{120}{1500 + 1.35 \times 20 \times 2.5^2 \times 1.5} = 0.07m < \frac{2.5}{6} = 0.42m$$

为小偏心受压。

$$p_{jmax} = \frac{F}{A} + \frac{M}{W} = \frac{1500}{2.5^2} + \frac{120}{2.5^3/6} = 286.1kPa$$

阴影部分梯形面积 A_l 为

$$A_l = \left(\frac{b}{2} - \frac{b_t}{2} - h_0\right) \times l - \left(\frac{l}{2} - \frac{a_t}{2} - h_0\right)^2$$

$$= \left(\frac{2.5}{2} - \frac{0.5}{2} - 0.545\right) \times 2.5 - \left(\frac{2.5}{2} - \frac{0.5}{2} - 0.545\right)^2$$

$$= 0.93m^2$$

冲切力设计值 F_l 为

$$F_l = p_{jmax}A_l = 286.1 \times 0.93 = 266kN$$

受冲切承载力 $[F_l]$ 为

$$a_m = a_t + h_0 = 0.5 + 0.545 = 1.045m < b = 2.5m$$

$$[F_l] = 0.7\beta_{hp}f_t a_m h_0 = 0.7 \times 1 \times 1.43 \times 10^3 \times 1.045 \times 0.545 = 570kN$$

$$\frac{[F_l]}{F_l} = \frac{570}{266} = 2.14$$

选择 B。

点评：冲切验算时取用的部分基底面积计算简图见图 18-2-13。

当 $b \geqslant l$ 时：$A_l = \left(\frac{b}{2} - \frac{b_t}{2} - h_0\right) \times l - \left(\frac{l}{2} - \frac{a_t}{2} - h_0\right)^2$。

当 $b < l$ 时：$A_l = \left(\frac{b}{2} - \frac{b_t}{2} - h_0\right)(a_t + 2h_0) + \left(\frac{b}{2} - \frac{b_t}{2} - h_0\right)^2$。

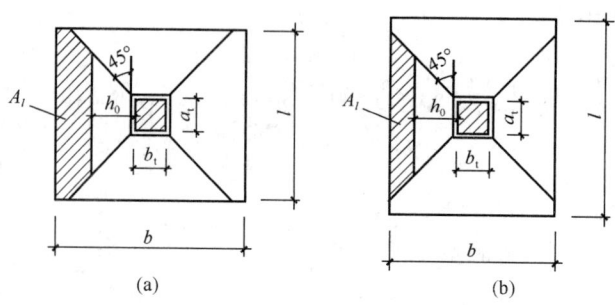

图 18-2-13   冲切验算面积 A_l

(a) $b \geqslant l$；(b) $b < l$

45. 答案：C

解答过程：依据《建筑地基基础设计规范》GB 50007—2011 的 8.2.11 条，基础台阶宽高比 $b/h = \dfrac{(2.5-0.5)/2}{0.6} = 1.66 < 2.5$，另外，基础底没有零应力区，满足 $e < b/6$，故可以按照式（8.2.11-1）计算板底弯矩。

（1）计算 $p_{\max}$、p

依据 5.2.2 条计算。

当按照轴心荷载计算时，可得基础底面平均压力值为

$$p = \frac{F+G}{A} = \frac{1600}{2.5^2} + 1.35 \times 20 \times 1.5 = 296.5 \text{kPa}$$

由于

$$p_{\max} = \frac{F+G}{A} + \frac{M}{W}, p_{\min} = \frac{F+G}{A} - \frac{M}{W}$$

故

$$p_{\max} + p_{\min} = 2 \times \frac{F+G}{A} = 2p$$

从而

$$p_{\max} = 2p - p_{\min} = 2 \times 296.5 - 230 = 363 \text{kPa}$$

柱边截面处基底反力 p 根据图 18-2-14 计算，利用相似三角形原理，可得

$$p = p_{\min} + \frac{b-a}{b}(p_{\max} - p_{\min})$$

$$= 230 + \frac{2.5-1}{2.5}(363-230)$$

$$= 309.8 \text{kPa}$$

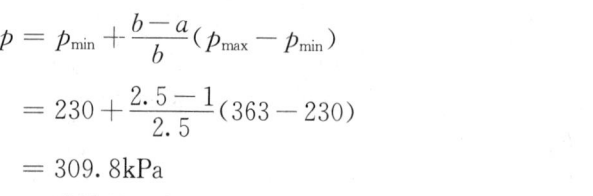

图 18-2-14   柱边截面基底反力 p 计算

（2）计算柱边截面弯矩

$$M_{\mathrm{I}} = \frac{1}{12}a_1^2\left[(2l+a')\left(p_{\max}+p-\frac{2G}{A}\right) + (p_{\max}-p)l\right]$$

$$= \frac{1}{12} \times 1.0^2 \times [(2 \times 2.5 + 0.5) \times (363 + 309.8 - 2 \times 1.35 \times 20 \times 1.5) +$$

$$(363 - 309.8) \times 2.5]$$

$$= 282.3 \text{kN} \cdot \text{m}$$

选择 C。

46. 答案：B

解答过程：依据《建筑结构可靠性设计统一标准》GB 50068—2018 的 8.2.7 条，安全等级一级，结构重要性系数 $\gamma_0 = 1.1$。

依据《建筑地基基础设计规范》GB 50007—2011 的 8.2.12 条计算所需的基础受力钢筋面积。

$$A_s = \frac{\gamma_0 M}{0.9 f_y h_0} = \frac{1.1 \times 180 \times 10^6}{0.9 \times 360 \times 545} = 1121.3 \text{mm}^2$$

依据 8.2.1，基础受力钢筋最小配筋率不应小于 0.15%。

依据 U.0.2 条确定受剪承载力计算时截面的计算宽度。

$$b_{y0} = \left[1 - 0.5 \frac{h_1}{h_0} \left(1 - \frac{b_{y2}}{b_{y1}} \right) \right] b_{y1} = \left[1 - 0.5 \times \frac{400}{545} \times \left(1 - \frac{600}{2500} \right) \right] \times 2500 = 1803 \text{mm}$$

于是，最小钢筋截面面积为 $A_{s,min} = 0.15\% \times 1803 \times 545 = 1474 \text{mm}^2$。

选项 A：$A_s = 113.1 \times \dfrac{2500}{210} = 1346.4 \text{mm}^2$，不满足。

选项 B：$A_s = 113.1 \times \dfrac{2500}{170} = 1663.2 \text{mm}^2$，满足，且符合 8.2.1 条间距和直径要求。

选择 B。

点评：在地基基础相关教材中，验算最小配筋率通常采用的公式为：

$$\rho = \frac{A_s}{b h_0} \geqslant \rho_{min}$$

规范 U.0.2 条的本质，是以 $b_{y0} h_0$ 得到图 18-2-15（a）中阴影部分的面积，再乘以最小配筋率得到最小钢筋截面面积。

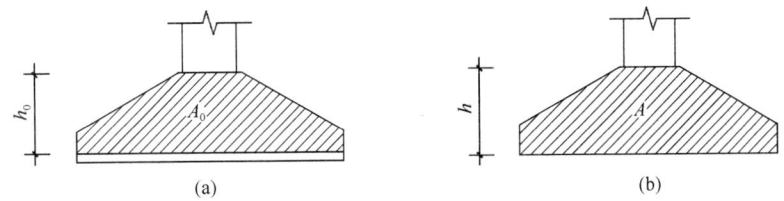

图 18-2-15　独立基础最小配筋计算

按照《混凝土结构设计规范》的规定，实际上应取图 18-2-15（b）中阴影部分的面积乘以最小配筋率得到最小钢筋截面面积。对于本题，阴影部分面积为

$$0.2 \times 2.5 + \frac{(0.6 + 2.5) \times 0.4}{2} = 1.12 \text{m}^2$$

最小钢筋截面面积为

$$0.15\% \times 1.12 \times 10^6 = 1680 \text{mm}^2$$

2016 年二级注册结构师专业考试下午 17 题，命题组针对最小配筋面积采用的公式为：

$$A_s \geqslant \rho_{min} b_{y0} h$$

该做法既不符合地基基础工程人员的习惯，也不符合《混凝土结构设计规范》。

47. 答案：C

解答过程：依据《建筑地基基础设计规范》GB 50007—2011 的 5.3.5 条计算基底土层压缩变形量。

被压缩土层总厚度 $z=5-1.5+1.25=4.75m$。

将基底分成四个矩形截面，于是，$l=b=2.5/2=1.25m$。

由 $l/b=1.25/1.25=1$，$z/b=4.75/1.25=3.8$，查表 K.0.1，得到 $\bar{\alpha}_1=0.1158$。

依据表 5.3.5，由于 $p_0=f_{ak}=150kPa$、$\bar{E}_s=7MPa$，得到 $\psi_s=1.0$。

$$s = \psi_s \sum_{i=1}^{n} \frac{p_0}{E_{si}}(z_i\bar{\alpha}_i - z_{i-1}\bar{\alpha}_{i-1})$$

$$= 4 \times 1.0 \times \frac{150}{7 \times 10^3} \times (4.75 \times 10^3 \times 0.1158 - 0)$$

$$= 47.1mm$$

依据 5.3.8 条、6.2.2 条，考虑刚性下卧层影响。

$$h/b = 4.75/2.5 = 1.9$$

$$\beta_{gz} = 1.12 - \frac{1.9 - 1.5}{2.0 - 1.5} \times (1.12 - 1.09) = 1.096$$

$$s_{gz} = \beta_{gz}s_z = 1.096 \times 47.1 = 51.6mm$$

选择 C。

点评：题目中给出考虑基岩对压力分布的影响，且给出计算所需已知条件，故应考虑 β_{gz}。双层地基竖向应力分布见图 18-2-16，刚性下卧层会使上层土附加应力分布出现应力集中，刚性下卧层越浅，应力集中现象越明显，会导致土层变形的增加。

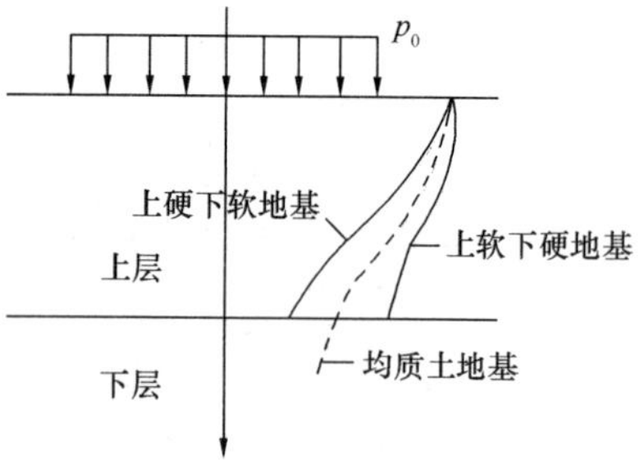

图 18-2-16　双层地基竖向附加应力分布图

48. 答案：C

解答过程：依据《建筑地基基础设计规范》GB 50007—2011 的 W.0.1 条计算。

粉土为透水层，粉质黏土为不透水层，③粉土承压水水位标高－5.000m，则承台底水头为 3m，如图 18-2-17 所示，故承台底抗承压水渗流稳定安全系数为

$$K_h = \frac{\gamma_m(t + \Delta t)}{p_w} = \frac{19 \times 2}{10 \times (4+2+2-5)} = 1.27$$

选择 C。

点评：本题要注意大题干中的条件，场地地下潜水水位标高为－0.500m～－1.500m，③粉土中承压水水位标高为－5.000m，计算渗流稳定安全系数时，需要用承压水水位。

49. 答案：B

解答过程：依据《建筑桩基技术规范》JGJ 94—2008 的 5.3.8 条确定桩的竖向极限承载力标准值。

查表 5.3.12，由 $\lambda_N < 0.6$，得到 $d_L \leq 10m$ 时 $\psi_1=0$；$10m < d_L \leq 20m$ 时 $\psi_1=1/3$。

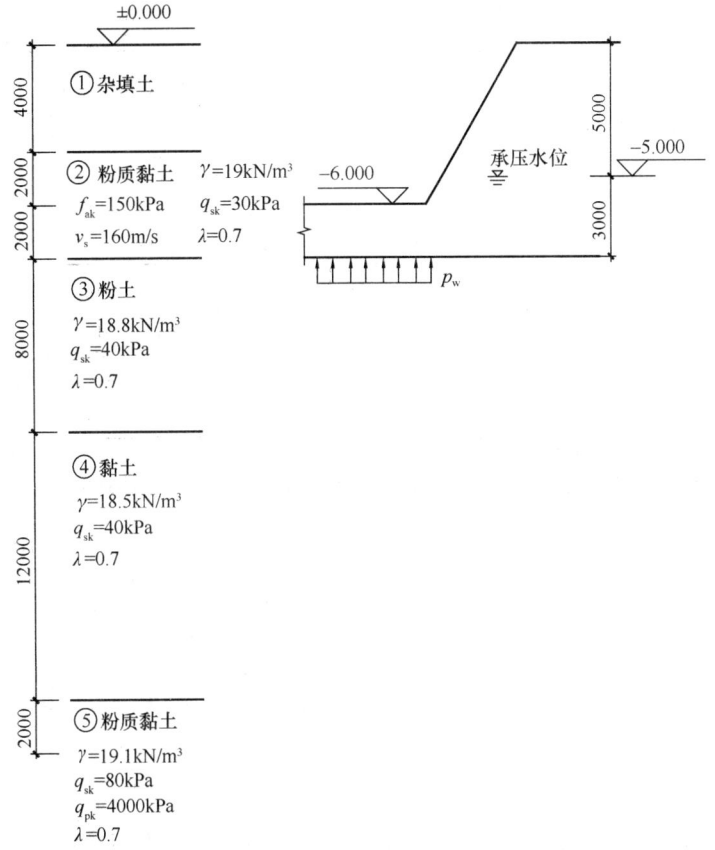

图 18-2-17　基础底抗渗流稳定验算示意

$$d_1 = 0.4 - 2 \times 0.095 = 0.21$$

$$h_b/d_1 = 2/0.21 = 9.52 > 5, 取 \lambda_p = 0.8$$

$$Q_{uk} = u \sum q_{sik}l_i + q_{pk}(A_j + \lambda_p A_{pl})$$

$$= \pi \times 0.4 \times \left(30 \times 2 + 0 \times 40 \times 2 + \frac{1}{3} \times 40 \times 6 + 40 \times 12 + 80 \times 2\right) +$$

$$4000 \times \frac{\pi}{4} \times (0.4^2 - 0.21^2 + 0.8 \times 0.21^2)$$

$$= 1454.4\text{kN}$$

选择 B。

点评：《建筑抗震设计规范》GB 50011—2010 的 4.4.2 条规定，单桩的竖向抗震承载力特征值，可比非抗震设计时提高 25%。《建筑桩基技术规范》JGJ 94—2008 的 5.2.1 条，地震作用是抗力取 1.25R，均是对单桩承载力特征值 R 的放大，故解答未对单桩竖向极限承载力标准值 Q_{uk} 放大 25%。题目中提到的进行桩基抗震验算，可理解为需要考虑土层液化影响。

50. 答案：B

解答过程：需要从抗浮和裂缝控制两个角度考查。

（1）抗浮

抗浮计算时，取最高水位－0.500m，依据《建筑桩基技术规范》JGJ 94—2008 的 5.4.5 条、5.4.6 条，可得

$$N_k \leqslant T_{uk}/2 + G_p$$

式中

$$T_{uk} = \sum \lambda_i q_{sik} u_i l_i = 0.7 \times \pi \times 0.4 \times (30 \times 2 + 40 \times 8 + 40 \times 12 + 80 \times 2) = 897.2 \text{kN}$$

$$G_p = 24 \times \left(2.49 - 10 \times \frac{1}{4} \times \pi \times 0.4^2 \right) = 29.6 \text{kN}$$

解出 $N_k \leqslant 897.2/2 + 29.6 = 478.2 \text{kN}$。

（2）裂缝控制

依据 5.8.8 条对抗拔桩的裂缝控制进行验算。

依据 3.5.3 条，环境类别为三类，预应力混凝土桩裂缝控制等级为一级。故要求满足

$$\sigma_{ck} - \sigma_{pc} \leqslant 0$$

即

$$\frac{N_k}{A} - \sigma_{pc} \leqslant 0$$

$$N_k \leqslant \sigma_{pc} A = 4.9 \times \frac{\pi}{4} \times (400^2 - 210^2) \times 10^{-3} = 445.8 \text{kN}$$

综上，拔力 N_k 最小值为 445.8kN。选择 B。

51. 答案：A

解答过程：依据《建筑地基处理技术规范》JGJ 79—2012 的附录 B.0.11 确定。

极差为 230－210＝20kPa。平均值为 （210＋220＋230）/3＝220kPa。

极差与平均值之比：20/220＝9%＜30%，表明检测数据有效。条形基础只有一排桩，少于 3 排，取最低值 210kPa。

选择 A。

52. 答案：A

解答过程：依据《建筑地基处理技术规范》JGJ 79—2012 的 3.0.4 条，地基承载力仅进行深度修正。

$$f_{spa} = f_{spk} + \eta_d \gamma_m (d - 0.5)$$

$$250 = f_{spk} + 1.0 \times \frac{18.6 \times 1 + (18.9 - 10) \times 0.8}{1.8} \times (1.8 - 0.5)$$

求得 f_{spk}＝231.4kPa。

依据 7.1.5 条，可得

$$f_{spk} = \lambda m \frac{R_a}{A_p} + \beta (1 - m) f_{sk}$$

$$231.4 = 0.9 \times m \times \frac{680}{\frac{1}{4} \times \pi \times 0.4^2} + 1.0 \times (1 - m) \times 80$$

求得 m＝0.0316。

取典型单元，如图18-2-18所示，基础宽度b，桩间距s，故应有

$$m = \frac{A_{单元体内桩面积}}{A_{单元体面积}} = \frac{\frac{1}{4} \times \pi \times 0.4^2}{2 \times s} = 0.0316$$

求得$s=1.99\text{m}$。

选择A。

点评：(1) 当题目中未告知土的饱和重度γ_{sat}时，可取土的天然重度当作饱和重度，即$\gamma_{sat}=\gamma$。

(2) 要掌握面积置换率的概念，学会用定义式求解m。

(3) 将褥垫层视为地基处理的一部分，地基承载力深度修正时d取至基础底（褥垫层顶），故本题$d=1.8\text{m}$。

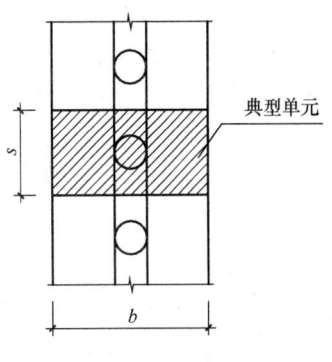

图 18-2-18　典型单元

53. 答案：D

解答过程：依据《建筑地基处理技术规范》JGJ 79—2012 的 7.1.6 条计算。

$$\gamma_m = \frac{18.6 \times 1 + 18.9 \times 0.8}{1.8} = 18.73\text{kN/m}^3$$

$$f_{cu} \geqslant 4 \frac{\lambda R_a}{A_p} \left[1 + \frac{\gamma_m(d-0.5)}{f_{spa}} \right] = 4 \times \frac{0.9 \times 680}{\frac{1}{4} \times \pi \times 0.4^2} \times \left[1 + \frac{18.73 \times (1.8 - 0.5)}{250} \right] \times 10^{-3}$$

$$= 21.4\text{MPa}$$

选择D。

点评：《建筑地基处理技术规范》JGJ 79—2012 式 (7.1.6-2) 与式 (7.1.6-1) 的区别是，当复合地基承载力进行深度修正时，应使用式 (7.1.6-2)，否则使用式 (7.1.6-1) 计算增强体桩身强度。对于本题，复合地基承载力特征值f_{spa}进行了深度修正，故使用式 (7.1.6-2)。

54. 答案：C

解答过程：依据《建筑桩基技术规范》JGJ 94—2008 的 6.3.9 条，对抗拔、抗水平力的桩，孔底沉渣厚度不应大于 200mm，正反循环钻孔灌注桩应满足本条要求。6.3.25 条，旋挖成孔灌注桩孔底沉渣也应满足 6.3.9 条的规定，故Ⅰ正确；

依据 6.4.11 条，压灌桩超灌高度不宜小于 0.3m～0.5m，Ⅱ错误；

依据 6.7.4 条 4 款，注浆量与注浆顺序无关，Ⅲ错误；

依据 7.5.7 条，Ⅳ正确。

选择C。

55. 答案：B

解答过程：依据《建筑地基处理技术规范》JGJ 79—2012 的 3.0.4 条，宽度修正系数取 0，深度修正系数根据不同情况可取到 1.5 或 2.0，Ⅰ错误；

依据 3.0.7 条，Ⅱ正确；

依据 7.3.1 条条文说明，对含伊利石的软土加固效果较差，Ⅲ错误；

依据 8.2.3 条，碱液加固土层厚度$h=l+r$，l为灌注孔长度，r为有效加固半径。条

文说明指出，碱液灌注过程中，溶液除向四周渗透外，还向灌注孔上下各外渗一部分，范围相当于有效加固半径 r。但灌注孔以上的渗出范围，由于溶液温度高，浓度也相对较大，故土体硬化快，强度高。而灌注孔以下部分，溶液温度和浓度已降低，故强度较低，加固厚度取值略去孔下部渗出范围，故加固土层底部深度不超过灌注孔底部深度，计算公式中 $h=l+r$ 中的 r 为灌注孔以上的渗出范围，Ⅳ 正确。

选择 B。

56. 答案：B

解答过程：依据《建筑地基基础设计规范》GB 50007—2011 的 10.2.1 条，基槽（坑）开挖到底后，应进行基槽（坑）检验，Ⅰ 正确。

依据《建筑地基基础设计规范》GB 50007—2011 的表 4.1.6 下注释，平均粒径不超过 50mm 且最大粒径不超过 100mm 的卵石、碎石、圆砾、角砾可采用动力触试验评价；依据《工程地质手册》（第五版）砂土可采用重型圆锥动力触探试验评价，Ⅲ 正确。

选择 B。

点评：对其他选项的判别：

依据《建筑抗震设计规范》GB 50011—2010 的 4.1.3 条，对丁类建筑及丙类建筑中层数不超过 10 层、高度不超过 24m 的多层建筑，当无实测剪切波速时，可根据岩土名称和性状，按表 4.1.3 划分土的类型，再利用当地经验在表 4.1.3 的剪切波速范围内估算各土层的剪切波速，Ⅱ 错误。

依据《建筑抗震设计规范》GB 50011—2010 的 4.3.1 条，饱和砂土和饱和粉土（不含黄土）的液化判别和地基处理，6 度时，一般情况下可不进行判别和处理，但对液化沉陷敏感的乙类建筑可按 7 度的要求进行判别和处理，7～9 度时，乙类建筑可按本地区抗震设防烈度的要求进行判别和处理，Ⅳ 错误。

57. 答案：A

解答过程：依据《建筑地基基础设计规范》GB 50007—2011 的附录 C 计算。

依据 C.0.5～C.0.6 条，375kPa 前一级荷载为极限荷载，即 $p_u=350$kPa。

依据 C.0.7 条确定比例界限荷载 p_{cr}。依据题目所给表中数据，作出 p-s 曲线如图 18-2-19 所示。

在 $p=25\sim200$kPa 范围，荷载 p 每增加 25kPa，沉降 s 增加约 0.8mm，即在此范围

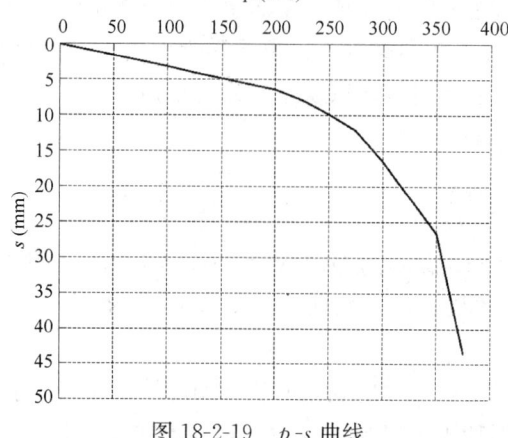

图 18-2-19 p-s 曲线

p-s 呈线性比例关系。当 p 由 200kPa 增加至 225kPa 时，s 增加了 1.45mm，远超过 0.8mm，显然 p-s 不再是线性关系，故取比例界限 $p_{cr}=200$kPa。

承载力特征值 $=\min(p_{cr}, p_u/2)=\min(200, 350/2)=175$kPa。

选择 A。

点评：结合 A、B、C、D 四个选项的值，$p_u/2=175$kPa 为最小的值，故必然取 $p_u/2$，而不是 p_{cr}。考试时，时间紧张，并不一定有时间画出 p-s 曲线，可直接观察表格中的数据或结合点评中写的技巧作答。

58. 答案：C

解答过程：依据《高层建筑混凝土结构技术规程》JGJ 3—2010 的 5.1.8 条，高层建筑结构内力计算中，当楼面活荷载大于 4kN/m² 时，应考虑楼面活荷载不利布置引起的结构内力的增大，故 C 正确。

选择 C。

点评：对于其他选项的判别：

依据《高层建筑混凝土结构技术规程》JGJ 3—2010 的 4.3.17 条，剪力墙结构周期折减系数取 0.8～1.0，A 错误。

依据《高层建筑混凝土结构技术规程》JGJ 3—2010 的 5.2.3 条，梁端弯矩调幅仅针对竖向荷载，B 错误。

依据《高层建筑混凝土结构技术规程》JGJ 3—2010 的 4.3.7 条，$T_g=0.55+0.05=0.60$s，D 错误。

在解答概念题时，可以用排除法做题，只要能唯一确定答案即可。例如，本题选择何项正确，可以直接说明 C 选项为什么正确，不用去判断其余选项。也可以说明 A、B 和 D 选项为什么错误，从而选择 C。

59. 答案：D

解答过程：依据《高层建筑混凝土结构技术规程》JGJ 3—2010 的 5.4.1 条，刚重比为 2 小于 2.7，需要考虑重力二阶效应。依据 5.4.3，考虑二阶效应的位移计算结果也应满足本规程 3.7.3 条的规定，D 正确。

选择 D。

点评：对于其他选项的判别：

依据《高层建筑混凝土结构技术规程》JGJ 3—2010 的 9.2.1 条，核心筒高宽比不宜大于 12，A 错误。

依据《高层建筑混凝土结构技术规程》JGJ 3—2010 的 5.4.4 条，刚重比必须满足规范最小限值要求，B 错误。

依据《高层建筑混凝土结构技术规程》JGJ 3—2010 的 3.7.3 条，高度 200m 钢筋混凝土框架-核心筒结构，层间位移角限值需要进行在高度 150m 和高度 250m 限值之间插值，于是得到

$$\frac{1}{800}+\frac{1/500-1/800}{250-150}\times(200-150)=\frac{1}{615}$$

可见，C 错误。

60. 答案：B

解答过程：依据《高层建筑混凝土结构技术规程》JGJ 3—2010 第 5.1.8 条条文说明，由恒载和活载引起的单位面积重力，对于框架-剪力墙结构，约为 $12kN/m^2 \sim 14kN/m^2$。

依据《建筑与市政工程抗震通用规范》GB 55002—2021 的 4.2.3 条，基本周期 1.8s、8 度（0.2g），得到最小地震剪力系数 $\lambda = 0.032$。非竖向不规则结构的薄弱层，故不必增大。

$$V_{Ek} = \lambda \sum G_i = 0.032 \times 0.9 \times (12 \sim 14) \times 18 \times 2100 = 13064kN \sim 15241kN$$

选择 B。

点评：本题未告知恒载和活载取值，无法按照重力荷载代表值 G_E＝恒载＋组合值系数×活载计算。根据题目已知条件，给出的各层面积 A，重力荷载代表值取 0.9 倍重力荷载计算值，采用以上解答计算。

这里之所以取系数是 0.9，是因为活荷载只占全部重力荷载计算值的 15%～20%，令 G_c＝恒＋活，则恒＝$0.8G_c$，活＝$0.2G_c$，于是

$$G_E = 1.0 \text{恒} + 0.5 \text{活} = 0.8G_c + 0.5 \times 0.2G_c = 0.9G_c = 0.9(\text{恒} + \text{活})$$

61. 答案：C

解答过程：依据《高层建筑混凝土结构技术规程》JGJ 3—2010 的 4.3.5 条，7 条地震波，地震作用效应取时程分析结果的平均值。因此，利用时程分析结果对反应谱法结果放大的倍数 $\eta = V_{\text{时程分析法}} / V_{\text{反应谱法}} = 3500/2500 = 1.4$。

对振型分解反应谱法得到的弯矩放大，得到

$$M_{Ek} = \eta \times M_{\text{反应谱法}} = 1.4 \times 500 = 700kN \cdot m$$

选择 C。

点评：结构构件进行构件设计（如配筋）时，应采用振型分解反应谱法。当结构需要进行时程分析补充验算时，结构地震作用效应需要根据时程法计算结果进行放大，放大比例为时程法层剪力（7 组地震波取平均值，3 组地震波取包络值）与振型分解反应谱法剪力的比值，用放大后的地震效应进行构件设计。

62. 答案：A

解答过程：依据《高层建筑混凝土结构技术规程》JGJ 3—2010 的 4.3.8 条确定地震影响系数。

$T_g = 0.45s$，$5T_g = 2.25s$，两个方案第一周期经折减后均位于 T_g 和 $5T_g$ 之间，故地震影响系数按下式计算：

$$\alpha = \left(\frac{T_g}{T}\right)^\gamma \eta_2 \alpha_{\max}$$

式中，$\gamma = 0.9$，$\eta_2 = 1.0$，$\alpha_{\max} = 0.16$。

方案一：

$$\alpha_1 = \left(\frac{0.45}{0.8 \times 1.5}\right)^{0.9} \times 0.16 = 0.066$$

按附录 C.0.1，根据底部剪力法估算，首层剪重比 $\lambda_v = 0.85 \times 0.066 = 0.056$，与计算结果 0.055 相近，可信。

方案二：

$$\alpha_1 = \left(\frac{0.45}{0.8 \times 1.3}\right)^{0.9} \times 0.16 = 0.075$$

首层剪重比 $\lambda_v = 0.85 \times 0.075 = 0.064$，与计算结果 0.050 相差较大，不可信。

选择 A。

点评：今对首层的剪重比与地震剪力系数 α_1 的关系式简单推导如下。

依据《高层建筑混凝土结构技术规程》JGJ 3—2010 的附录 C.0.1，结构总水平地震作用按下式计算：

$$F_{Ek} = \alpha_1 G_{eq} = 0.85 \alpha_1 G_E$$

对于首层，有 $V_{Ek1} = F_{Ek}$，$\sum_{j=1}^{n} G_j = G_E$，于是，首层的地震剪力系数为

$$\lambda_v = V_{Ek1} / \sum_{i=1}^{n} G_i = 0.85 \alpha_1$$

63. 答案：B

解答过程：依据《高层建筑混凝土结构技术规程》JGJ 3—2010 的 3.9.5 条及其条文说明，当地下室顶板作为上部结构的嵌固端时，地下一层相关范围的抗震等级应按上部结构采用，地下一层以下不要求计算地震作用，抗震构造措施的抗震等级可逐层降低一级。故本题地下二层无抗震措施等级，排除观点 1 和观点 3。

下面对 1～2 层的抗震措施等级判断后即可做出选择。

依据 10.2.2 条，转换层在 3 层，底部加强部位为 1～5 层。1～2 层属于底部加强部位。

由于转换层在 3 层，属于高位转换，依据 10.2.6 条，剪力墙底部加强部位的抗震等级在查表的基础上提高一级。

依据《建筑与市政工程抗震通用规范》GB 55002—2021 的 2.3.2 条，标准设防类，应按本地区抗震设防烈度采取抗震措施。本题为 7 度。

依据《高层建筑混凝土结构技术规程》JGJ 3—2010 的 3.9.2 条，7 度（0.15g），Ⅳ类场地，宜按提高至 8 度采取抗震构造措施。

查《建筑与市政工程抗震通用规范》GB 55002—2021 的表 5.2.1，框支剪力墙结构、7 度、高度 75.25m，得到剪力墙底部加强部位的抗震措施为二级。高位转换，提高一级后成为一级。

故观点 2 正确。选择 B

点评：按 8 度查表得到剪力墙底部加强部位的抗震措施为一级，提高一级成为特一级。这就是 1～2 层的抗震构造措施等级。

地下一层的抗震措施等级与上部结构相同，为特一级，地下二层降低一级，于是抗震构造措施为一级。

8 层不属于底部加强部位。查《建筑与市政工程抗震通用规范》GB 55002—2021 的表 5.2.1，框支剪力墙结构、7 度、高度 75.25m，得到剪力墙一般部位的抗震措施等级为三级。按 8 度查表则得到剪力墙一般部位的抗震构造措施等级为二级。

64. 答案：D

解答过程：依据《高层建筑混凝土结构技术规程》JGJ 3—2010 的附录 E.0.2、E.0.3 条，转换层在 3 层（第 2 层以上），应按楼层侧向刚度比和等效侧向刚度比计算。

$$\gamma_1 = \frac{V_i \Delta_{i+1}}{V_{i+1} \Delta_i} = \frac{V_3 \Delta_4}{V_4 \Delta_3} = \frac{12000 \times 2.5}{10500 \times 4.2} = 0.68 > 0.6, 满足要求$$

依据 E.0.3，将 $H_1=5+4.5+4.5=14\text{m}$，$H_2=3.2\times4=12.8\text{m}<14\text{m}$ 代入计算

$$\gamma_{e2}=\frac{\Delta_2 H_1}{\Delta_1 H_2}=\frac{14\times5.8}{12.8\times8.1}=0.78<0.8，不满足要求$$

选择 D。

点评：题目中给出的提示未用到，其原因是，该提示是为 E.0.1 条计算等效剪切刚度比 γ_{e1} 准备的，而本题转换层在 3 层，不适用该方法。只有转换层设置在 1、2 层时，可近似采用转换层与其相邻上层结构的等效剪切刚度比 γ_{e1} 表示转换层上、下层结构刚度的变化。

65. 答案：C

解答过程：查《建筑与市政工程抗震通用规范》GB 55002—2021 的表 5.2.1，框支剪力墙结构、7 度、高度 75.25m，得到框支层框架的抗震措施为二级。

依据《高层建筑混凝土结构技术规程》JGJ 3—2010 的 10.2.6 条，由于转换层位于第 3 层，框支柱的抗震等级提高一级采用，成为一级。

依据 10.2.11 条第 3 款，转换柱上端弯矩直接乘放大系数（无需满足强柱弱梁），一级时放大系数为 1.5，柱顶弯矩 $M_{\text{c}}^{\text{t}}=1.5\times615=922.6\text{kN}\cdot\text{m}$。

依据 6.2.1 条，柱下端为转换柱的中间节点，并非转换柱下端，应满足强柱弱梁的要求，柱底弯矩 $M_{\text{c}}^{\text{b}}=0.5\times1.4\times1050=735\text{kN}\cdot\text{m}>450\text{kN}\cdot\text{m}$。

选择 C。

66. 答案：D

解答过程：依据《高层建筑混凝土结构技术规程》JGJ 3—2010 的 10.2.24 条计算。

$$V_{\text{f}}\leqslant\frac{1}{\gamma_{\text{RE}}}(0.1\beta_{\text{c}}f_{\text{c}}b_{\text{f}}t_{\text{f}})=\frac{1}{0.85}\times0.1\times1\times19.1\times16400\times180\times10^{-3}=6633\text{kN}$$

$$V_{\text{f}}\leqslant\frac{1}{\gamma_{\text{RE}}}(f_{\text{y}}A_{\text{s}})=\frac{1}{0.85}\times360\times\frac{16400\times2\times78.5}{150}\times10^{-3}=7270\text{kN}$$

上式中，2×78.5 是因为楼板按照上、下两层配筋。

因此，剪力设计值应小于 6633kN。

注意到，7 度时剪力设计值应乘增大系数 1.5，而题目要求计算未经增大的框支转换层楼板组合剪力设计值，故应为 $6633/1.5=4422\text{kN}$。

选择 D。

67. 答案：D

解答过程：依据《高层建筑混凝土结构技术规程》JGJ 3—2010 的 7.2.10 条计算，公式为

$$V\leqslant\frac{1}{\gamma_{\text{RE}}}\left[\frac{1}{\lambda-0.5}\left(0.4f_{\text{t}}b_{\text{w}}h_{\text{w0}}+0.1N\frac{A_{\text{w}}}{A}\right)+0.8f_{\text{yh}}\frac{A_{\text{sh}}}{s}h_{\text{w0}}\right]$$

式中，由于剪力墙为特一级，依据 3.10.5 条，剪力设计值放大为 $V=1.9\times4600=8740\text{kN}$。

$$N=21000\text{kN}>0.2f_{\text{c}}b_{\text{w}}h_{\text{w}}=15154\text{kN},取\ N=15154\text{kN}$$

$$\lambda=2.5>2.2,取\ \lambda=2.2$$

$$8740\times10^3\leqslant\frac{1}{0.85}\times\left[\frac{1}{2.2-0.5}(0.4\times1.89\times400\times7800+\right.$$

$$0.1 \times 15154 \times 10^3 \times 0.7) + 0.8 \times 360 \frac{A_{sh}}{s} \times 7800 \Big]$$

解得 $\frac{A_{sh}}{s} = 2.41 \text{mm}^2/\text{mm}$。

依据 3.10.5 条，特级剪力墙，底部加强部位的水平和竖向分布钢筋的最小配筋率配筋率 $\rho_{min} = 0.4\%$，今 $\rho_{sh} = \frac{A_{sh}}{bs} = \frac{2.41}{400} = 0.6\% > 0.4\%$，故按照 $\frac{A_{sh}}{s} = 2.41 \text{mm}^2/\text{mm}$ 配置。

取 $s = 150 \text{mm}$，则所需截面面积 $A_{sh} = 150 \times 2.41 = 362 \text{mm}^2$。由于双层布置，因此需要单根钢筋面积 $A_{sh1} = 181 \text{mm}^2$，选择 $\Phi 16$，可提供单根截面面积 201.1mm^2。

对于竖向分布钢筋，应满足 $\rho_{sv} = \frac{A_{sv}}{bs} \geqslant 0.4\%$。今取 $s = 150 \text{mm}$，则

$$\rho_{sv} = \frac{2 \times A_{sv1}}{400 \times 150} \geqslant 0.4\%$$

求得 $A_{sv1} = 120 \text{mm}^2$，选择 $\Phi 14$，可提供单根截面面积 153.9mm^2。

选择 D。

68. 答案：D

解答过程：依据《高层建筑混凝土结构技术规程》JGJ 3—2010 的 3.5.3 条，首层与二层抗剪承载力之比 $15000/20000 = 0.75 < 0.8$，属于承载力突变，故一层为薄弱层。

依据《建筑与市政工程抗震通用规范》GB 55002—2021 的 4.2.3 条，基本自振周期 2s、7 度（0.15g），得到剪重比 $\lambda = 0.024$，由于是薄弱层，还需要乘以放大系数 1.15，$\lambda = 0.024 \times 1.15 = 0.0276$。

依据《高层建筑混凝土结构技术规程》的 3.5.8 条，薄弱层剪力需要乘 1.25 倍增大系数。首层剪力为

$$V_{Ek1} = 1.25 \times 11500 = 14375 \text{kN} > \lambda \sum_{i=1}^{n} G_i = 0.0276 \times 324100 = 8945 \text{kN}$$

剪重比满足要求。层剪力标准值取为 14375kN。

依据 10.2.17 条，框支柱数量少于 10 根，转换层位于一层，每根框支柱承受的地震剪力标准值不小于基底剪力的 2%。今共有 8 根框支柱，故全部框支柱承受地震剪力标准值为 $2\% \times 14375 \times 8 = 2300 \text{kN}$。

选择 D。

69. 答案：B

解答过程：该转换柱的轴压比为

$$\mu_N = \frac{N}{f_c A} = \frac{10810 \times 1000}{23.1 \times 800 \times 900} = 0.65$$

依据《高层建筑混凝土结构技术规程》JGJ 3—2010 的表 6.4.2，部分框支剪力墙结构、抗震等级一级，轴压比限值为 0.6。

再来考虑表下注释。

由于剪跨比 $1.95 < 2$，轴压比限值降低 0.05。

配井字复合箍，箍筋间距不大于 100mm，肢距不大于 200mm，直径不小于 12mm，轴压比限值可提高 0.1。

于是，轴压比限值成为 $[\mu_N] = 0.6 - 0.05 + 0.1 = 0.65 = \mu_N$，轴压比满足要求。

依据表 6.4.7，一级、普通箍、轴压比为 0.65，可得 $\lambda_v = 0.16$。依据 10.2.10 条，转换柱配箍率特征值再增加 0.02，于是得到 $\lambda_v = 0.16 + 0.02 = 0.18$。

选择 B。

70. 答案：C

解答过程：依据《高层民用建筑钢结构技术规程》JGJ 99—2015 的 8.2.4 条，梁端连接的极限受弯承载力为

$$M_u^j = M_{uf}^j + M_{uw}^j$$

依据 4.2.1 条，对于 Q345，$t_f = 18\text{mm}$ 时 $f_{ub} = 470\text{N/mm}^2$；$t_w = 12\text{mm}$ 时 $f_{yw} = 345\text{N/mm}^2$。

梁翼缘极限受弯承载力为

$$M_{uf}^j = A_f(h_b - t_{ub})f_{ub} = 250 \times 18 \times (600 - 18) \times 470 \times 10^{-6} = 1231\text{kN} \cdot \text{m}$$

梁腹板极限受弯承载力为

$$M_{uw}^j = mW_{wpe}f_{yw}$$

$$W_{wpe} = \frac{1}{4}(h_b - 2t_{fb} - 2S_r)^2 t_{wb} = \frac{1}{4}(600 - 2 \times 18 - 2 \times 65)^2 \times 12 = 565068\text{mm}^3$$

$$M_{uw}^j = 0.9 \times 565068 \times 345 \times 10^{-6} = 175.4\text{kN} \cdot \text{m}$$

$$M_u^j = M_{uf}^j + M_{uw}^j = 1231 + 175.4 = 1406.4\text{kN} \cdot \text{m}$$

选择 C。

点评：依据《高层民用建筑钢结构技术规程》JGJ 99—2015 图 8.2.4，对于焊接连接，S_r 取过焊孔高度。对于高强度螺栓连接时，S_r 为剪力板与梁翼缘间间隙的距离。

71. 答案：C

解答过程：依据《高层民用建筑钢结构技术规程》JGJ 99—2015 的 7.3.5 条，节点域抗剪承载力应满足

$$(M_{b1} + M_{b2})/V_p \leq (4/3)f_v/\gamma_{RE}$$

式中，依据 3.6.1 条，$\gamma_{RE} = 0.75$。依据 7.3.6 条，由于是箱形截面，V_p 计算如下：

$$V_p = (16/9)h_{b1}h_{c1}t_p = (16/9) \times (600 - 18) \times (500 - 20) \times 20 = 9.93 \times 10^6 \text{mm}^3$$

题目已给出 $M_{b1} = M_{b2} = M$，于是可得

$$M \leq \frac{V_p(4/3)f_v/\gamma_{RE}}{2} = \frac{9.93 \times 10^6 \times (4/3) \times 170/0.75}{2} \times 10^{-6} = 1500\text{kN} \cdot \text{m}$$

选择 C。

点评：提示中的节点域屈服承载力验算指《高层民用建筑钢结构技术规程》JGJ 99—2015 的 7.3.8 条，节点域稳定性验算指 7.3.7 条。

72. 答案：C

解答过程：依据《高层建筑混凝土结构技术规程》JGJ 3—2010 的 8.1.4 条计算。

由于 $V_f = 3000\text{kN} < 0.2V_0 = 0.2 \times 25000 = 5000\text{kN}$，因此需要进行二道防线调整。

$$\min(0.2V_0, 1.5V_{f,max}) = \min(5000, 1.5 \times 3200) = 4800\text{kN}$$

弯矩调整为

$$M = \frac{4800}{3000} \times 280 = 448\text{kN} \cdot \text{m}$$

剪力调整为

$$V = \frac{4800}{3000} \times 70 = 112 \text{kN}$$

选择 C。

73. 答案：D

解答过程：依据《高层建筑混凝土结构技术规程》JGJ 3—2010 的 3.11.1 条，性能目标为 C 级，则设防烈度地震下应为第 3 性能水准。

依据 3.11.2 条及条文说明，底部加强部位墙体及水平转换构件为关键构件，非底部加强部位墙体为普通构件。

依据 3.11.3 条第 3 款，第 3 性能水准，对于关键构件及普通竖向构件，正截面承载力应符合式（3.11.3-2），即"抗弯不屈服"，受剪承载力宜符合式（3.11.3-1），即"抗剪弹性"。

选择 D。

74. 答案：C

解答过程：依据《高层建筑混凝土结构技术规程》JGJ 3—2010 的 3.11.3 条，对于第 2 性能水准，在设防烈度地震作用下，耗能构件正截面应符合式（3.11.3-2），即"中震抗弯不屈服"，此时，荷载采用标准组合，材料强度用标准值，不考虑 γ_{RE}。

由于对称配筋，令 $x = 2a'_{\text{s}}$，受拉钢筋合力对受压钢筋合力点取矩应与外弯矩平衡。在设防烈度地震作用下，按照提示，忽略重力荷载及竖向地震作用下的弯矩，于是，验算式 $S_{\text{Ehk}} \leqslant R_{\text{k}}$ 成为

$$M_{\text{b}} \leqslant A_{\text{s}} f_{\text{yk}} (h_0 - a'_{\text{s}})$$

代入数据，得

$$A_{\text{s}} = \frac{M_{\text{b}}}{f_{\text{yk}}(h_0 - a'_{\text{s}})} = \frac{1520 \times 10^6}{400 \times (1200 - 40 - 40)} = 3393 \text{mm}^2$$

7 ⏀ 25，可提供钢筋截面面积 $A_{\text{s}} = 3436 \text{mm}^2$，满足要求，且配筋最少。

选择 C。

75. 答案：D

解答过程：依据《公路桥涵设计通用规范》JTG D60—2015 的 3.1.3 条条文说明，构件的变形（挠度）属于正常使用极限状态，故排除②，选择 D。

点评：或者，同样依据 3.1.3 条条文说明可知，构件和连接的强度破坏、结构或构件丧失稳定及结构倾覆、疲劳破坏等为承载力极限状态，故①③⑤符合，选择 D。

76. 答案：C

解答过程：依据《公路桥涵设计通用规范》JTG D60—2015 的 4.3.1 条，由于 5m < L_0 = 28.9m < 50m，可得

$$P_{\text{k}} = 2(L_0 + 130) = 2 \times (28.9 + 130) = 317.8 \text{kN}$$

计算剪力效应时，集中荷载要乘以 1.2 增大系数。车道均布荷载 $q_{\text{k}} = 10.5 \text{kN/m}$。均布荷载需考虑荷载不利布置。

依据表 4.3.1-5，3 车道时横向布载系数取 0.78。

根据影响线计算弯矩标准值。

$$M_k = 3 \times 0.78 \times \left(\frac{1}{2} \times 10.5 \times 5.43 \times 28.9 + 317.8 \times 5.43 \right) = 5966 \text{kN} \cdot \text{m}$$

根据影响线计算剪力标准值。

$$V_k = 3 \times 0.78 \times \left(\frac{1}{2} \times 10.5 \times 0.75 \times 21.65 + 1.2 \times 317.8 \times 0.75 \right) = 869 \text{kN}$$

选择 C。

77. 答案：B

解答过程：依据《城市桥梁抗震设计规范》CJJ 166—2011 的 3.1.1 条，城市主干路抗震设防分类为丙类。

依据表 3.2.2，丙类、7 度（0.15g），得到调整系数 $C_i = 2.05$。

依据表 5.2.1，Ⅲ类场地，分区为 2 区，可得 $T_g = 0.55$s。

依据 5.2.1 条，由于 $T_g < T < 5T_g$，因此

$$S = \eta_2 S_{max} \left(\frac{T_g}{T} \right)^\gamma = 1.0 \times 0.692g \times \left(\frac{0.55}{1.1} \right)^{0.9} = 0.37g$$

上式中，$S_{max} = 2.25A = 2.25 \times (2.05 \times 0.15g) = 0.692g$。

选择 B。

点评：作为对比，今给出设防类别为 C 类、特征周期为 0.40g，其他条件不变，按《公路桥梁抗震设计规范》JTG/T 2231—01—2020 确定水平向设计加速度反应谱谱值 S 的过程。

查表 3.10.3-2，E2 地震作用、C 类，$C_i = 1.0$。

查表 5.2.2-1，Ⅲ类场地、7 度（0.15g），$C_s = 1.15$。

依据 5.2.4 条，$C_d = 1.0$。

于是，依据 5.2.2 条可得 $S_{max} = 2.5 C_i C_s C_d A = 2.5 \times 1.0 \times 1.15 \times 1.0 \times 0.15g = 0.431g$。

依据表 5.2.3-1，由于Ⅲ类场地，特征周期调整为 0.55g。

依据 5.2.1 条，由于 $T = 1.1$s $> T_g = 0.55$s，因此

$$S = S_{max} \left(\frac{T_g}{T} \right) = 0.431g \times \left(\frac{0.55}{1.1} \right) = 0.216g$$

78. 答案：C

解答过程：依据《公路桥涵设计通用规范》JTG D60—2015 的 4.3.2 条条文说明计算结构基频。

$$f = \frac{\pi}{2l^2} \sqrt{\frac{EI_c}{m_c}} = \frac{\pi}{2 \times 15.5^2} \times \sqrt{\frac{3 \times 10^{10} \times 0.08}{80000/10}} = 3.58 \text{Hz}$$

依据 4.3.2 条，由于 $1.5 \text{Hz} \leqslant f \leqslant 15 \text{Hz}$，故

$$\mu = 0.1767 \ln f - 0.0157 = 0.21$$

依据表 4.1.5-1，二级公路、小桥，安全等级为一级，$\gamma_0 = 1.1$。

依据 4.1.5 条第 1 款，基本组合的弯矩设计值为

$$M = 1.1 \times (1.2 \times 2500 + 1.4 \times 1.21 \times 1300 + 0.75 \times 1.4 \times 200)$$
$$= 5953 \text{kN} \cdot \text{m}$$

选择 C。

79. 答案：C

解答过程：依据《公路桥涵设计通用规范》JTG D60—2015 的图 4.3.12 可知，本题要求计算的竖向日照正温差为图 18-2-20 的温度 T。图中的 300mm 依据规范图 4.3.12 下的注释得到，由于梁高大于等于 400mm，$A=300$mm。

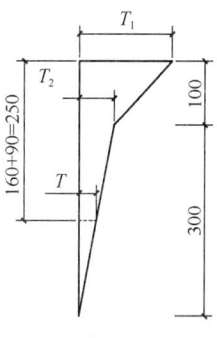

图 18-2-20　竖向温度梯度

依据表 4.3.12-3，90mm 厚沥青混凝土铺装，T_2 需要内插得到。

$$T_2 = 6.7 - \frac{6.7 - 5.5}{100 - 50} \times (90 - 50) = 5.74℃$$

截面 1-1 处的温差 T 利用比例关系得到。

$$T = \frac{300 - (90 + 160 - 100)}{300} \times 5.74 = 2.87℃$$

选择 C。

80. 答案：C

解答过程：依据《公路钢筋混凝土及预应力混凝土桥涵设计规范》JTG 3362—2018 的 6.5.3 条，受弯构件使用阶段挠度应考虑长期效应影响，增大系数为

$$\eta_\theta = 1.45 - \frac{1.45 - 1.35}{80 - 40} \times (50 - 40) = 1.425$$

依据《公路桥涵设计通用规范》JTG D60—2015 的 4.1.6 条，汽车荷载频遇值系数取 0.7。

依据 6.5.4 条，预应力混凝土梁由预应力引起的反拱值需乘以长期增长系数 2.0。

$$f = 1.425 \times (25.04 + 0.7 \times 6.01) - 31.05 \times 2 = -20.4mm$$

选择 C。

点评：尽管本题求出了梁跨中截面使用阶段的挠度数值，但一定注意，依据《公路钢筋混凝土及预应力混凝土桥涵设计规范》JTG 3362—2018 的 6.5.3 条，进行挠度验算时应采用"汽车荷载（不计冲击力）和人群荷载频遇值组合"产生的挠度与限值比较，相当于不计入重力的贡献。

19 2021 年试题与解答

19.1 2021 年试题

题1 某封闭式带女儿墙的双坡屋面建筑剖面如图 19-1-1 所示，场地地形平坦，地面粗糙度类别为 C 类，基本风压 $w_0 = 0.50 \text{kN/m}^2$。假定，女儿墙 BC 作为直接承受风荷载的围护构件进行计算。试问，垂直于女儿墙 BC 表面的风荷载标准值 w_k（kN/m^2），与下列何项数值最为接近？

提示：（1）不考虑风力相互干扰的群体效应；

（2）按《建筑结构荷载规范》GB 50009—2012 作答。

A. 0.9   B. 1.1

C. 1.3   D. 1.5

题2 某钢筋混凝土框架柱，处于室内正常环境，安全等级为二级，长期使用的环境温度不高于 60℃，属于重要构件。截面尺寸为 $b \times h = 600 \text{mm} \times 600 \text{mm}$，剪跨比 $\lambda = 3.0$，轴压比 $\mu_c = 0.60$，混凝土采用 C30，设计、施工、使用和维护均满足现行规范各项要求。现拟采用粘贴成环形箍的芳纶纤维复合单向织物

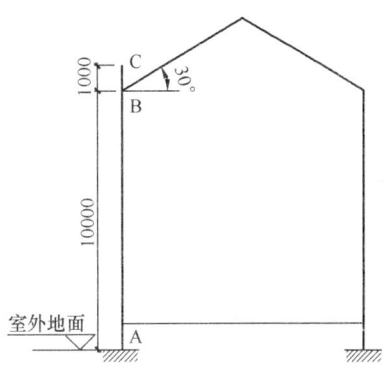

图 19-1-1 题 1 图

（布）（高强度 Ⅱ 级）对其进行受剪加固，纤维方向与柱的纵轴线垂直。假定，加固设计使用年限 30 年，不考虑地震设计状况，配置在同一截面处纤维复合环形箍的全截面面积 $A_f = 120 \text{mm}^2$，环形箍筋中心间距 $s_f = 150 \text{mm}$。试问，粘贴纤维复合材加固后，该柱斜截面承载力设计值的提高值 V_{cf}（kN），与下列何项数值最为接近？

提示：柱加固后的斜截面承载力满足规范规定的截面限制条件要求。

A. 260   B. 215   C. 170   D. 125

题3 混凝土异形柱框架结构，某中节点如图 19-1-2 所示，节点核心区采用普通混凝土，强度等级 C30，钢筋为 HRB400。柱轴压比 $\mu_c = 0.60$。试问，考虑地震作用组合时，

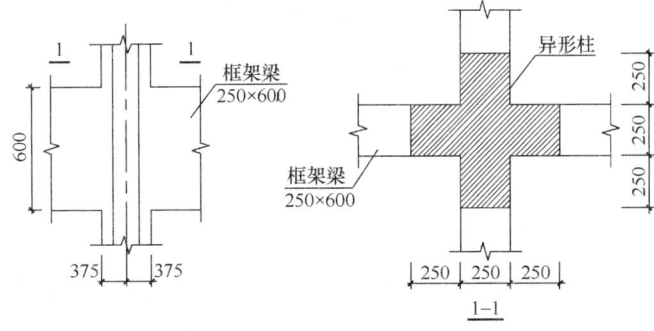

图 19-1-2 题 3 图

该节点核心区组合的剪力设计值 V_j(kN)，最大不超过下列何项数值方能满足《混凝土异形柱结构技术规程》JGJ 149—2017 对节点核心区水平截面受剪的限制要求？

    A. 970   B. 820   C. 780   D. 690

题 4 某双轴对称工字形钢筋混凝土轴心受压构件，计算长度 $l_0 = 18.7$m，截面尺寸及配筋如图 19-1-3 所示。假定，混凝土强度等级为 C30，钢筋为 HRB400，柱截面配筋及构造符合现行《混凝土结构设计规范》GB 50010—2010（2015 年版）中 9.3 节的规定。试问，不考虑地震设计时，该构件的正截面轴心受压承载力设计值（kN），与下列何项数值最为接近？

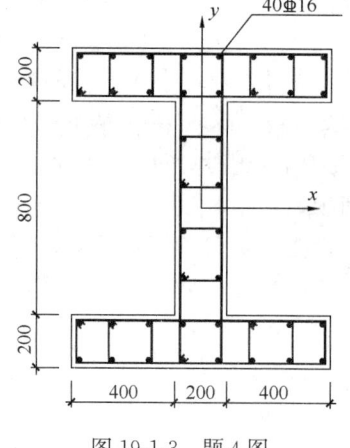

    A. 10850   B. 9850

    C. 7850   D. 6850

题 5～7

某普通钢筋混凝土构架，结构安全等级为二级，混凝土强度等级为 C30，钢筋强度等级为 HRB400，$a_s = 70$mm，$a_s' = 40$mm，AB 为等截面构件，其计算简图及构件的截面如图 19-1-4 所示，其中截面 2-2 为支座 C 边缘处的截面。假定，不考虑地震设计状况，作用于构件 AB 的水平线荷载设计值为 $q_1 = 60$kN/m，$q_2 = 300$kN/m，除图中所示荷载外，其他作用及其效应忽略不计。

图 19-1-3 题 4 图

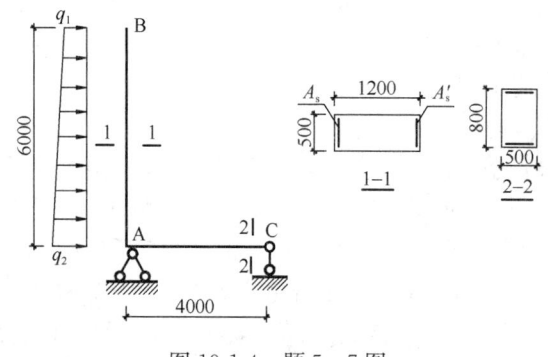

图 19-1-4 题 5～7 图

    5. 假定，构件 AB 纵向受压钢筋面积 $A_s' = 1964$mm²，不考虑截面腹部配筋的作用。试问，按正截面受弯承载力计算，构件 AB 在支座 A 边缘截面处所需的最小纵向受拉钢筋的截面面积 A_s(mm²)，与下列何项数值最为接近？

    提示：（1）充分考虑受压钢筋的作用；

    （2）不需裂缝控制验算。

    A. 6300   B. 6800   C. 7300   D. 8000

    6. 假定，构件 AC 的支座 C 边缘截面（截面 2-2），当仅配置箍筋抗剪时，根据斜截面受剪承载力计算的最小箍筋配置 $\dfrac{A_{sv}}{s}$（mm²/mm）与下列何项数值最为接近？

    提示：（1）不验算最小配箍率；

    （2）取 $\alpha_{cv} = 0.7$。

A. 0.5   B. 0.75   C. 1.05   D. 1.2

7. 构件 AB 全长实配受拉纵向钢筋面积 $A_s = 7856\text{mm}^2$，支座 A 边缘截面处，准永久组合计算得纵向钢筋应力 $\sigma_s = 220\text{N/mm}^2$。试问，在 B 点的水平位移计算时，构件 AB 裂缝间纵向受拉钢筋应变不均匀系数 ϕ，与下列何项数值最为接近？

提示：构件 AB 不是直接承受重复荷载的构件。

A. 0.65   B. 0.72   C. 0.80   D. 0.87

题 8～10

某建筑屋顶构架在风荷载作用下的计算简图，构件 AC 与构件 BD 连接的大样以及构件 AC 的截面如图 19-1-5 所示。构件安全等级均为二级。假定，该构架可能分别承受大小相等、方向相反的左风或右风作用。构件 AC 为等截面钢筋混凝土构件，混凝土强度等级为 C30，钢筋为 HRB400，$a_s = a_s' = 40\text{mm}$。构件 BD 为钢构件，在节点 B 通过预埋件和连接板与构件 AC 铰接，构件 BD 的形心通过锚板中心。构件 BD 满足强度和稳定性要求。作用于构件 AC 上的风荷载设计值为 q_w，除风荷载外，其他作用的效应忽略不计。

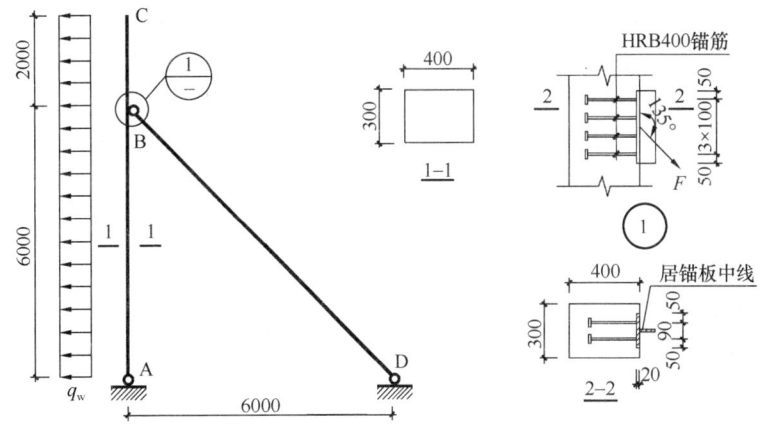

图 19-1-5 题 8～10 图

8. 假定 $q_w = 20\text{kN/m}$，沿构件 AC 全长满布。试问，在图 19-1-5 所示右风作用下，AC 构件弯矩设计值的绝对值最大截面至 A 点的距离 $x(\text{m})$，与下列何项数值最为接近？

A. 2.55   B. 2.70   C. 3.00   D. 6.00

9. 假定构件 AC 采用对称配筋，配筋控制截面的内力设计值为：弯矩 $M = 84\text{kN}\cdot\text{m}$，轴力 $N = 126\text{kN}$。试问，按正截面承载力计算，构件 AC 截面单侧所需的最小纵向钢筋截面面积 $A_s(\text{mm}^2)$，与下列何项数值最为接近？

提示：不需验算最小配筋率。

A. 360   B. 720   C. 910   D. 1080

10. 假定，节点 B 处的预埋件，锚筋直径 $d = 14\text{mm}$，共 2 列 4 层，锚板厚度 $t = 20\text{mm}$，已采取附加锚固措施保证锚筋的锚固长度，但未采取防止锚板弯曲变形的措施。试问，该预埋件可承受的构件 BD 的最大拉力设计值 $F(\text{kN})$，与下列何项数值最为接近？

A. 160   B. 200   C. 240   D. 280

题 11~13

某走廊两端简支，安全等级二级，其计算简图、部分构件截面尺寸及配筋如图 19-1-6 所示，其中节点 C 右侧边缘截面如剖面 1-1 所示。构件 EF 为有张紧装置的钢拉杆，其轴力可通过张紧装置进行调整，其余构件均为普通钢筋混凝土构件，混凝土强度等级为 C30，钢筋等级为 HRB400。假定，不考虑地震设计状况，构件 AB 的均布荷载设计值 $q = 80kN/m$（含自重），其他构件自重忽略不计。

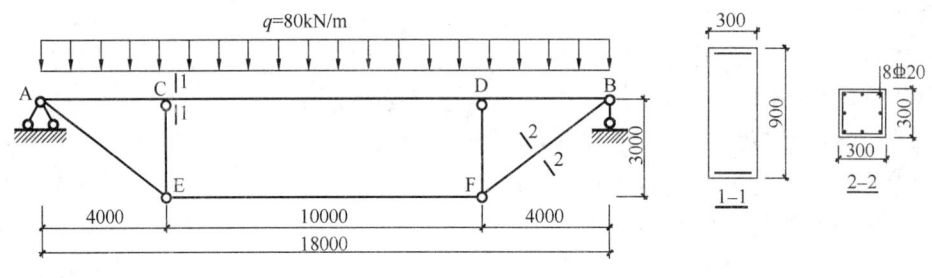

图 19-1-6   题 11~13 图

11. 假定，通过调整构件 EF 的拉力，可使构件 AB 中截面 C 处的弯矩设计值和 CD 跨中的最大弯矩设计值在绝对值上相等。试问，此状态下构件 EF 的拉力设计值（kN），与下列何项数值最为接近？

A. 910   B. 810   C. 710   D. 无法确定

12. 假定，按准永久组合计算，BF 杆的轴向拉力设计值 $N_q = 510kN$，最外层纵向受拉钢筋外边缘至截面边缘距离 $c_s = 35mm$。试问，构件 BF 考虑长期作用影响的最大裂缝宽度 w_{max}（mm），与下列何项数值最为接近？

提示：$\psi = 0.869$。

A. 0.35   B. 0.30   C. 0.25   D. 0.20

13. 假定，构件 EF 的轴向拉力设计值 $N = 560kN$，构件 AB 的有效截面高度 $h_0 = 800mm$。试问，构件 AB 内节点 C 右侧边缘处的截面，若仅配置箍筋抗剪时，按斜截面受剪承载力计算的最小箍筋配置 $\dfrac{A_{sv}}{s}$（mm^2/mm），与下列何项数值最为接近？

提示：（1）不验算最小配箍率；

（2）剪跨比 λ 取 1.5。

A. 0.36   B. 0.42   C. 0.48   D. 0.54

题 14   关于混凝土异形柱结构，下列何项论述正确？

A. 8 度（0.30g），Ⅲ类场地的异形柱框架-剪力墙结构房屋适用的最大高度为 21m

B. 一级抗震等级框架柱及其节点的混凝土强度等级最高可用 C60

C. 抗震设计时，各层框架贯穿十字形柱中间节点的梁上部纵向钢筋直径，对一、二级抗震等级，不宜大于该方向柱肢截面高度的 1/30

D. 框架节点核心区的混凝土应采用相交构件混凝土强度等级的最高值

提示：按《混凝土异形柱结构技术规程》JGJ 149—2017 作答。

题 15   下列关于混凝土结构加固的论述何项错误？

A. 采用置换混凝土加固法，置换用混凝土的强度等级应比原构件提高一级，且不应

低于 C25

B. 植筋时，其钢筋宜先焊后种植；当有困难而必须后焊时，其焊点距基材混凝土表面应大于 $15d$，且应采用冰水浸渍的湿毛巾多层包裹植筋外露部分的根部

C. 当采用外包型钢加固钢筋混凝土构件时，型钢表面（包括混凝土表面）必须抹厚度不小于 25mm 的高强度等级水泥砂浆（应加钢丝网防裂）作防护层

D. 锚栓钢材受剪承载力设计值应区分有无杠杆臂两种情况进行计算

提示：按《混凝土结构加固设计规范》GB 50367—2013 作答。

题 16 关于混凝土结构，下列何项论述正确？

A. 当构件中纵向受力钢筋配有不同牌号的钢筋时，在进行正截面承载力计算时，考虑变形协调，所有纵向钢筋的强度设计值应取所配钢筋中强度较低的钢筋强度设计值

B. 一类环境中，设计使用年限为 100 年的钢筋混凝土结构的最低混凝土强度等级为 C25

C. 受力预埋件中，为增加直锚筋与锚板间的焊接可靠性，可将直锚钢筋弯折 90° 与锚板进行搭接焊

D. 对于偏心方向截面最大尺寸为 900mm 的钢筋混凝土偏心受压构件，在进行正截面承载力计算时附加偏心距 e_a 应取 30mm

提示：按《混凝土结构设计规范》GB 50010—2010（2015 年版）作答。

题 17～19

某多跨单层有吊车的钢结构厂房边列柱如图 19-1-7 所示，纵向柱列设有柱间支撑和系杆保证侧向稳定，钢柱柱底与基础刚接，柱顶与实腹钢梁刚接，钢柱、钢梁均采用 Q345 钢焊接制作，不考虑抗震，按《钢结构设计标准》GB 50017—2017 作答。

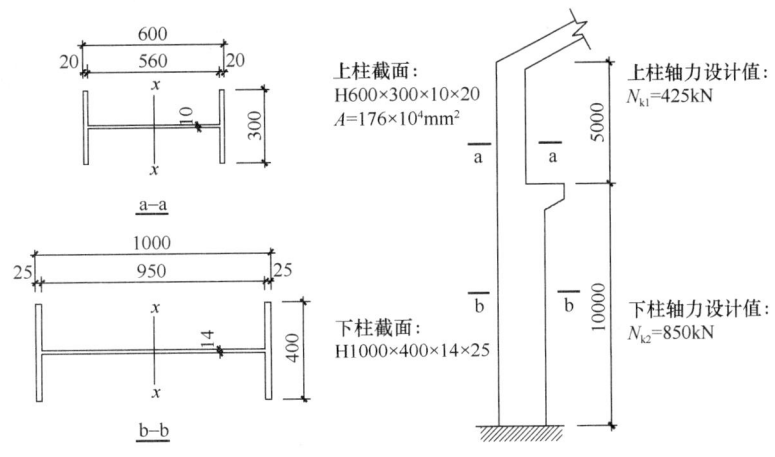

图 19-1-7 题 17～19 图

17. 钢柱柱脚采用埋入式柱脚，基础混凝土强度等级为 C30（$f_c = 14.3\text{N/mm}^2$）。假定，柱底平面内弯矩设计值 $M_x = 2500\text{kN·m}$，不考虑柱剪力的影响。试问，钢柱柱脚埋入钢筋混凝土的最小深度 d(mm)，与下列何项数值最为接近？

A. 1325 B. 1500 C. 1650 D. 1800

18. 假定，屋面设有纵向水平支撑，横向框架平面内，梁柱线刚度之比 $K_b = 0.21$，上下段柱的截面惯性矩之比 $I_{x1}/I_{x2} = 0.2$，上下段柱线刚度之比 $K_c = 0.4$。试问，上柱在横

向框架平面内的计算长度系数,与下列何项数值最为接近?

A. 3.00　　　　　　B. 2.70

C. 2.40　　　　　　D. 2.10

19. 假定,梁、柱刚性相接,梁无倾斜,如图 19-1-8
所示,梁端弯矩设计值 $M_b = 900 \text{kN} \cdot \text{m}$。试问,按节
点域的受剪承载力计算,腹板最小厚度 t_w(mm),与
下列何项数值最为接近?

提示:节点域的受剪正则化宽厚比 $\lambda_{n,s} = 0.52$。

A. 8　　　　　　　B. 10

C. 12　　　　　　D. 14

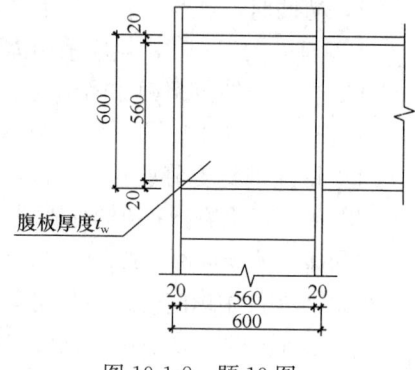

图 19-1-8　题 19 图

题 20~21

某单层单跨的钢结构厂房,上、下柱柱间支撑设
置在厂房纵向柱列的中部。其中上柱柱间支撑采用等边双角钢组成的交叉支撑,支撑采用
Q235 钢制作,手工焊,采用 E43 型焊条,不考虑抗震。

20. 支撑与厂房的连接如图 19-1-9 所示,假定支撑拉力设计值 $N = 280 \text{kN}$。试问,支
撑角钢与节点板连接的侧面角焊缝长度 l(mm) 的最小值,与下列何项数值最为接近?

提示:角钢肢背、肢尖焊缝受力比按 0.7:0.3。

A. 100　　　　　　B. 125

C. 175　　　　　　D. 200

21. 条件同题 20,节点板采用全熔透对接焊缝
与钢柱连接,焊缝质量等级为二级。试问,该连接
的焊缝长度 l_1(mm) 的最小值,与下列何项数值最
为接近?

提示:(1) 不考虑焊缝偏心;

(2) 焊缝长度 l_1 取焊缝计算长度加 2 倍节点板
厚度。

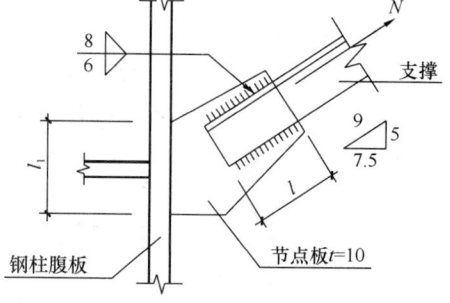

图 19-1-9　题 20 图

A. 135　　　　B. 175　　　　C. 210　　　　D. 240

题 22~25

某支架柱为双肢格构式缀条柱,如图 19-1-10 所示,钢材采用 Q235,柱肢采用

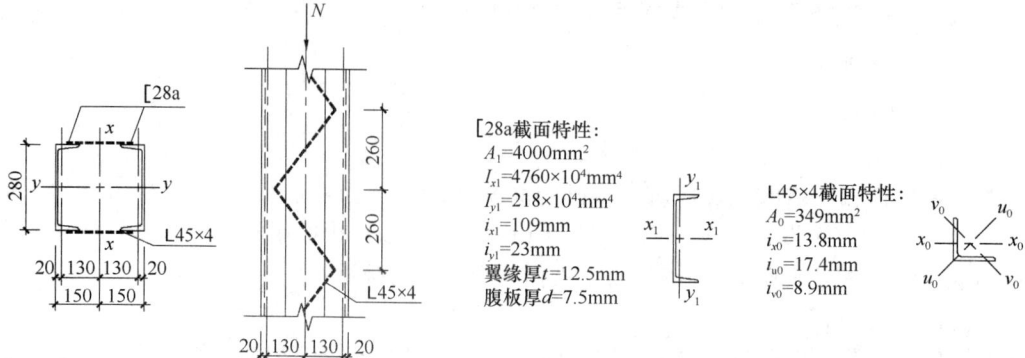

图 19-1-10　题 22~25 图

2-［28a，所有板厚小于 16mm，缀条采用 L45×4，格构柱的计算长度 $l_{0x}=l_{0y}=10$m，格构柱组合截面 $I_x=13955.8×10^4$mm^4，$I_y=9505×10^4$mm^4。

22. 假定，该支架柱为轴心受压杆件，对该支架进行稳定计算。试问，支架柱所能承受的最大轴力设计值 N（kN），与下列何项数值最为接近？

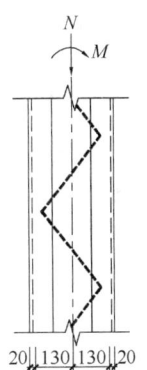

A. 1204　　　　　　　　　　B. 1049

C. 996　　　　　　　　　　 D. 868

23. 假定，截面无削弱，作为轴心受压杆件，对格构柱缀条进行强度计算。试问，单根缀条的轴力设计值（kN）、危险截面承载力设计值（kN），分别与下列何项数值最为接近？

A. 14.3、64　　　　　　　　B. 25.5、58

C. 35.3、64　　　　　　　　D. 45.5、78

24. 假定，格构柱承受轴力 N 和弯矩 M 共同作用，其中轴力设计值 $N=500$kN，如图 19-1-11 所示。试问，满足弯矩作用平面内整体稳定性要求的最大弯矩设计值 M_x（kN·m），与下列何项数值最为接近？

图 19-1-11　题 24 图

提示：（1）$\beta_{mr}=1.0$，$N'_{Er}=2459$kN；

（2）不考虑分肢稳定性；

（3）由换算长细比确定的轴心受压构件稳定系数 $\varphi_x=0.704$。

A. 93.5　　　　　　　　　　B. 130

C. 150　　　　　　　　　　 D. 187

25. 假定格构式柱采用缀板柱，缀板与柱肢焊接，如图 19-1-12 所示。试问，缀板间净距 l（mm）取下列何项数值最为合理？

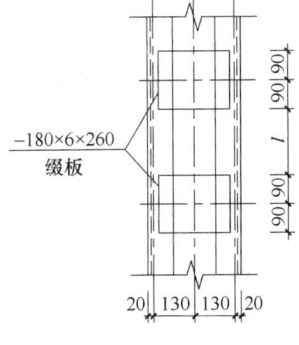

$-180×6×260$ 缀板

提示：格构式柱两方向长细比较大值 $\lambda_{max}=91.7$。

图 19-1-12　题 25 图

A. 400　　　　　　　　　　B. 900

C. 1000　　　　　　　　　　D. 1250

题 26～29

某钢结构螺栓连接节点，如图 19-1-13 所示，螺栓采用 M20，构件所有钢材为 Q235。

提示：剪切面不在螺纹处。

26. 假定，采用 4.6 级普通螺栓连接。试问，该节点及构件所能承受的拉力设计值 N（kN），与下列何项数值最为接近？

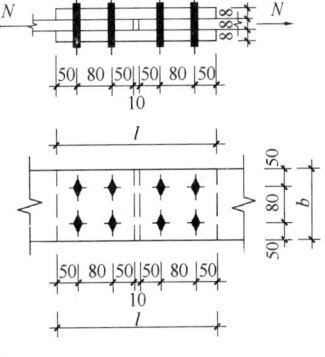

图 19-1-13　题 26～29 图

A. 195.2　　　　　　　　　　B. 283.9

C. 309.6　　　　　　　　　　D. 351.7

27. 假定，采用 8.8 级高强度螺栓承压型连接。试问，该节点及构件所能承受的拉力设计值 N（kN），与下列何项数值最为接近？

A. 351.7　　　　 B. 309.6　　　　 C. 273.5　　　　 D. 195.2

28. 假定，采用8.8级高强度螺栓摩擦型连接，连接处构件接触面的处理方式为喷砂。试问，该节点及构件所能承受的拉力设计值 N(kN)，与下列何项数值最为接近？

提示：孔型为标准孔。

A. 375.7　　　　B. 360.0　　　　C. 309.6　　　　D. 283.9

29. 假定，连接采用紧凑布置的形式。试问，拼接钢板的长度 l（mm）和宽度 b（mm）的最小尺寸，与下列何项数值最为接近？

提示：按高强度螺栓计算。

A. 320，140　　　B. 350，150　　　C. 360，160　　　D. 380，180

题 30~31

某抗震设防烈度为8度的单层钢结构厂房，支撑布置满足规范对有檩屋盖的要求。

30. 假定，一个纵向温度区段长度为150m，试问，厂房屋面至少设置几道上弦横向支撑？

A. 2　　　　　B. 3　　　　　C. 4　　　　　D. 5

31. 假定，厂房的屋盖上弦支撑采用交叉支撑，试问，支撑杆的最大容许长细比取下列何项数值？

A. 200　　　　B. 250　　　　C. 350　　　　D. 400

题 32　某焊接工字形等截面简支梁，分别承受作用于上翼缘的均布荷载设计值 q_1(kN/m) 和作用于下翼缘的均布荷载设计值 q_2(kN/m)。除此之外，其他设计条件均相同。试问，对均布荷载分别作用于简支梁上、下翼缘时的整体稳定性进行计算时，q_1 的容许值和 q_2 的容许值之比，为下列何项情况？

提示：$\varphi_b<1.0$。

A. >1.0　　　　B. <1.0　　　　C. =1.0　　　　D. 不能确定

题 33~37

某二层砌体结构房屋局部平面布置图、一层顶L梁端部构造如图19-1-14所示，每层结构布置相同，层高均为 3.6m。墙体采用 MU10 级烧结普通砖、M10 级混合砂浆砌筑，砌体施工质量控制等级B级。截面为 250mm×800mm 的现浇钢筋混凝土梁（L）支承在壁柱上，梁下设置刚性垫块，尺寸为 480mm×360mm×180mm。现浇钢筋混凝土楼板。梁端支承压力设计值为 N_l，由上层墙体传来的荷载轴向压力设计值为 N_u。

33. 假定，墙A的折算厚度 $h_T=0.4m$，作用在梁L上的荷载设计值（恒荷载加活荷载）为40kN/m。试问，一层顶梁L端部的约束弯矩设计值（kN·m），与下列何项数值最为接近？

提示：梁计算跨度11.85m。

A. 90　　　　　B. 120　　　　C. 240　　　　D. 480

34. 假定，一层顶梁L端部如图 19-1-14 所示，上部平均压应力设计值 $\sigma_0=0.756MPa$。试问，梁L端部有效支承长度 a_0(mm)，与下列何项数值最为接近？

A. 360　　　　B. 180　　　　C. 120　　　　D. 60

35. 假定，一层顶梁L端部如图 19-1-14 所示，上部平均压应力设计值 $\sigma_0=1.0MPa$，梁L端部有效支承长度 $a_0=140mm$，梁端支承压力设计值为 $N_l=240kN$。试问，验算梁L端部垫块下砌体局部受压时，垫块上 N_0 与 N_l 合力的影响系数 φ，与下列何项数值最为

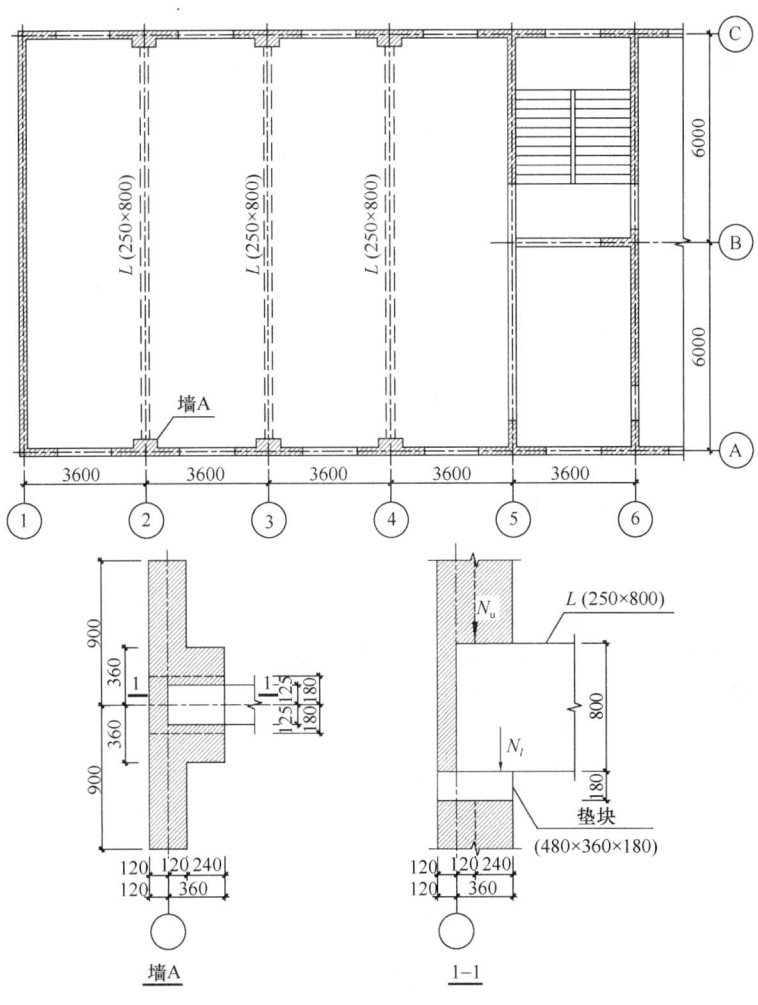

图 19-1-14　题 33～37 图

接近?

　　A. 0.5　　　　　　B. 0.6　　　　　　C. 0.7　　　　　　D. 0.8

　　36. 试问,一层顶梁 L 端部垫块外砌体面积的有利影响系数 γ_1,与下列何项数值最为接近?

　　A. 1.4　　　　　　B. 1.3　　　　　　C. 1.2　　　　　　D. 1.1

　　37. 假定,一层顶梁 L 端部垫块上 N_0 与 N_l 合力的偏心距 $e=96mm$,垫块下砌体局部抗压强度提高系数 $\gamma=1.5$。试问,梁 L 端部刚性垫块下的砌体局部受压承载力 $\varphi\gamma_1 fA_b$ (kN),与下列何项数值最为接近?

　　A. 220　　　　　　B. 260　　　　　　C. 320　　　　　　D. 380

题 38～39

　　抗震设防烈度为 7 度(0.10g),抗震设防类别为丙类的某七层砖房,每层层高均为 2.8m,室内±0.000 高于室外地面 0.6m,墙体厚度均为 240mm,采用现浇钢筋混凝土楼屋盖,纵横墙共同承重,平面布置如图 19-1-15 所示。

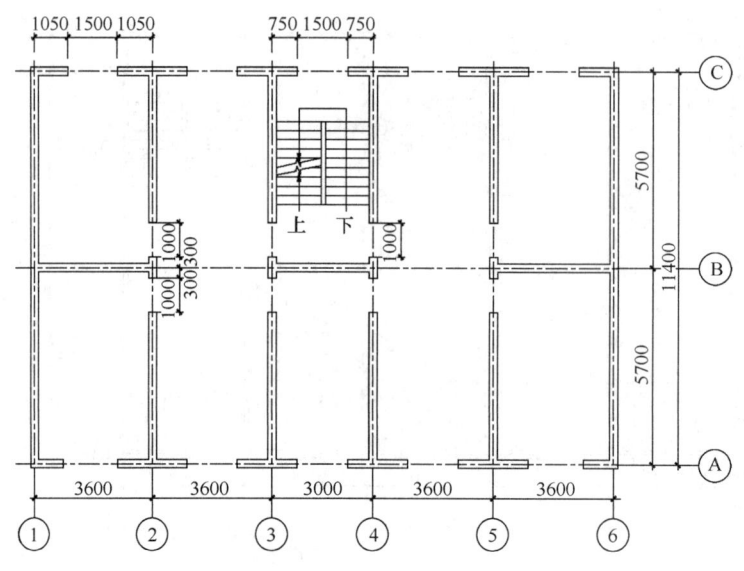

图 19-1-15　题 38～39 图

38. 第一层墙体内，满足《建筑抗震设计规范》GB 50011—2010（2016 年版）要求的构造柱数量的最小值，与下列何项数值最为接近？

　　A. 32　　　　　　　　B. 30　　　　　　　　C. 22　　　　　　　　D. 20

39. 第一层墙体内满足《建筑抗震设计规范》GB 50011—2010（2016 年版）要求的构造柱的最小截面及最小配筋，在仅限于表 19-1-1 的四种构造柱中应选取何项？

　　A. GZ1　　　　　　　B. GZ2　　　　　　　C. GZ3　　　　　　　D. GZ4

构造柱相关参数

表 19-1-1

构造柱编号	GZ1	GZ2	GZ3	GZ4
截面 $b×h$(mm)	240×180	240×180	240×240	240×240
纵向钢筋极限值	4Φ12	4Φ12	4Φ14	4Φ14
箍筋直径、间距	Φ6@300	Φ6@250	Φ6@250	Φ6@200

题 40　关于方木桁架的设计，下列观点何项不正确？

A. 桁架的下弦杆可采用型钢

B. 当桁架采用木檩条时，桁架的间距不宜大于 4m

C. 桁架制作应按其跨度 1/200 起拱

D. 桁架节点可以采用多种不同的连接形式，计算时应考虑几种连接的共同工作

题 41～44

某多层办公楼，钢筋混凝土框架结构扩展基础，如图 19-1-16 所示。安全等级为二级，基础及其上土的加权平均重度为 20kN/m³，现办公楼拟直接增层。

41. 假定，在荷载效应标准组合下，办公楼增层后作用于现有基础顶面的荷载效应为 $M_x = 300$kN·m，$F = 1620$kN，$V_x = 60$kN。按照《既有建筑地基基础加固技术规范》JGJ 123—2012 的规定，进行既有建筑基础地基承载力再加荷试验，根据试验结果可知，原基础平面尺寸刚好使增层后的地基承载力满足要求。试问，①层粉质黏土的既有建筑再

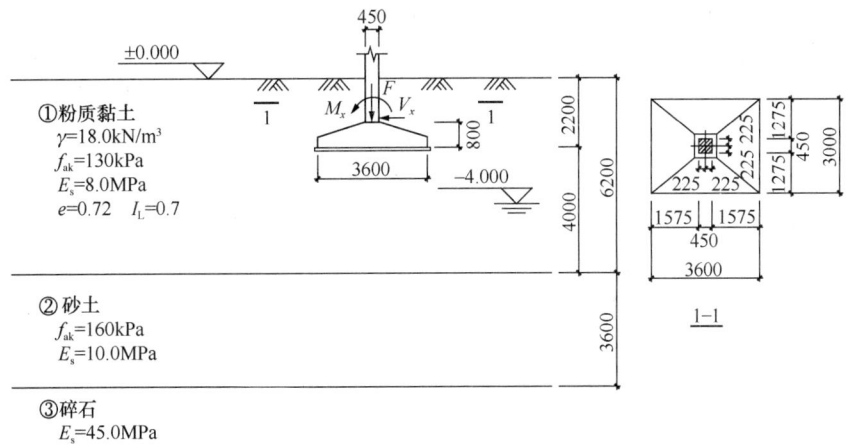

图 19-1-16　题 41～44 图

加荷的地基承载力 f_{ak}(kPa)，与下列何项数值最为接近？

　　A. 145　　　　　　　B. 160　　　　　　　C. 175　　　　　　　D. 200

　　42. 假定，基础加固采用扩大基础法，新旧基础形式如图 19-1-17 所示，加层后柱扩大基础承受单向偏心荷载，相应于作用的基本组合时沿长边方向基础底面边缘的最大和最小净反力设计值 $p_{jmax}=160$kPa，$p_{jmin}=120$kPa，基础的高度 $h=1200$mm。试问，相应于作用的基本组合时，新旧基础交接的 A-A 截面处的基础底板弯矩设计值 M(kN·m)，与下列何项数值最为接近？

　　提示：按《建筑地基基础设计规范》GB 50007—2011 作答。

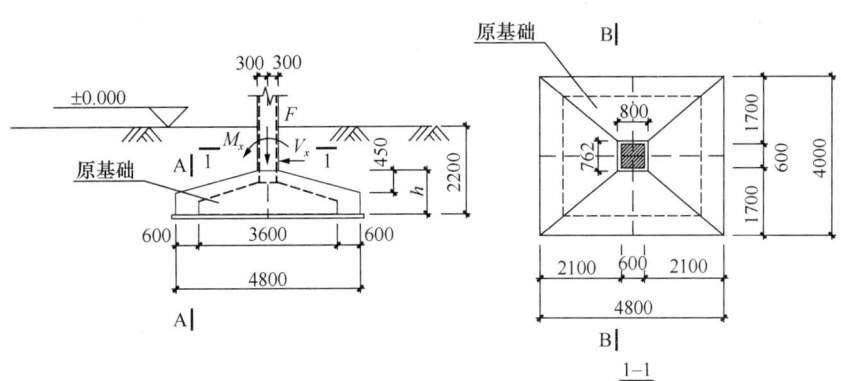

图 19-1-17　题 42 图

　　A. 100　　　　　　　B. 150　　　　　　　C. 200　　　　　　　D. 250

　　43. 假定，基础加固方案采用扩大基础法，如图 19-1-17 所示。经鉴定，原基础热轧带肋钢筋符合 HRB335 钢筋标准的规定，基础沿长边方向配筋Φ16@125，$a_s=55$mm，现已求得加层后基础长边方向在柱边剖面 B-B 处（见图 19-1-17）的最大弯矩值 $M_{max}=1820$kN·m。扩大基础配筋为Φ16@125 与原配筋可靠连接。试问，加层后的扩大基础需要的最小高度 h（mm），与下列何项数值最为接近？

　　A. 1000　　　　　　　B. 1100　　　　　　　C. 1200　　　　　　　D. 1300

44. 假定，基础加固方案采用扩大基础法，如图 19-1-17 所示，相应于作用的准永久组合时原办公楼柱作用于基础顶面的竖向荷载 $P_1 = 1080$kN。加层后，办公楼柱作用于基础顶面的竖向荷载 $P_2 = 2136$kN。试问，不考虑相邻基础的影响，依据《既有建筑地基基础加固技术规范》JGJ 123—2012 的规定，沉降经验系数 $\psi_s = 0.69$，基础中心处因为荷载增加所产生的沉降 s_1（mm），与下列何项数值最为接近？

提示：基础中心处地基变形计算深度 $z_n = 7.6$m，可忽略基础自重变化对沉降的影响。

A. 13　　　　　B. 18　　　　　C. 23　　　　　D. 28

题 45～47

某现浇钢筋混凝土地下通廊，安全等级为二级，设计使用年限为 50 年，结构及地层分布如图 19-1-18 所示。

提示：（1）基础施工完成后基坑用原状土回填，回填土物理力学指标与原状土相同。

（2）设计计算时忽略结构侧壁土的摩擦。

（3）土的饱和重度按天然重度取值。

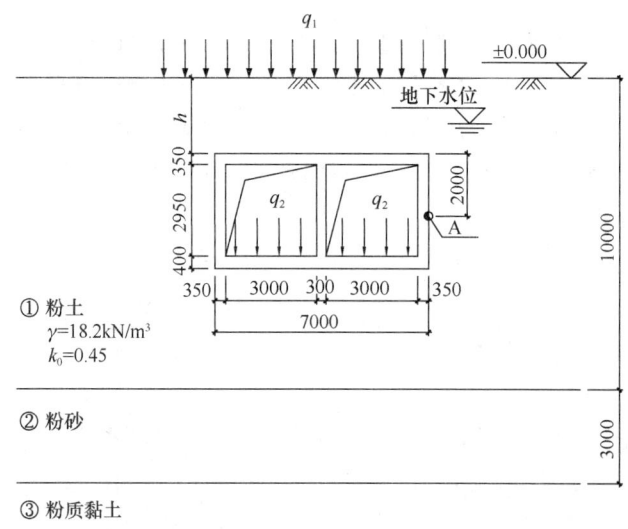

图 19-1-18　题 45～47 图

45. 假定，地面超载标准值 $q_1 = 15$kPa，结构施工完成且基坑回填三个月后开始安装通廊的设施，设施的等效均布荷载标准值 $q_2 = 10$kN/m²。抗浮设计水位取 ±0.000。抗浮验算时钢筋混凝土的重度取 23kN/m³。基坑回填后，不采取降水措施，为了保证结构施工和使用安全，要求抗浮安全等级不小于 1.1。试问，结构顶面与地面的最小距离 h（m），与下列何项数值最为接近？

提示：可不进行局部抗浮验算。

A. 1.2　　　　　B. 2.0　　　　　C. 2.4　　　　　D. 3.0

46. 假定，结构顶面与地面的距离 $h = 2.5$m，地面超载 $q_1 = 10$kPa，通廊内设施的等效均布荷载标准值 $q_2 = 14$kN/m²，钢筋混凝土重度取 25kN/m³，地下水标高 −1.5m，①层粉土的静止土压力系数 $k_0 = 0.45$，按水土分算考虑。试问，进行结构承载力验算时，结构外墙面 A 点所承受的侧向压力标准值 e_{Ak}（kPa）与结构底板标高处的平均压力标准值 p_k（kPa），与下列何项数值最为接近？

A. $e_{Ak}=50$，$p_k=80$ B. $e_{Ak}=60$，$p_k=80$

C. $e_{Ak}=50$，$p_k=100$ D. $e_{Ak}=60$，$p_k=100$

47. 假定通廊按地下建筑抗震设计，抗震设防烈度为 7 度，结构顶面距地面距离 $h=$ 2.5m，地下水标高 $-7m$，土层为第四纪全新世，①层粉土采用六偏磷酸钠作分散剂测定的黏粒含量百分率 $\rho_c=13\%$。

关于本工程液化土的判别和处理，有以下论述：

Ⅰ. ①层饱和粉土可判定为不液化。

Ⅱ. ②层粉砂层可不考虑液化影响。

当地下建筑处于液化土环境时，关于其抗震措施有以下两项论述：

Ⅲ. 液化地基中的地下建筑应验算液化时的抗浮稳定性。

Ⅳ. 地下建筑周围土体和地基存在液化土层时，可对液化土层采取注浆加固和换土等消除或减轻液化影响的措施。

试问，依据《建筑抗震设计规范》GB 50011—2010（2016 版）的规定，上述四项论述有几项正确？

A. 1   B. 2   C. 3   D. 4

题 48～51

某山区工程根据规划及建设的需要，设计地面标高 ±0.000 比现状地面高 7m，此地需要进行大面积填土，其典型地基土分布及剖面如图 19-1-19 所示。

48. 假定本工程采用振动碾压法分层对填土进行压实，填土采用当地的粉质黏土，该粉质黏土的相对密度 $d_s=2.71$，最优含水量 $w_{op}=20\%$，填土分层施工。在距离设计地面标高 ±0.000 以下 2m 的 A 点，经取样检测粉质黏土的干密度为 1.52t/m³。试问，A 点土的压实系数 λ_c，与下列何项数值最为接近？

A. 0.9   B. 0.94

C. 0.95   D. 0.96

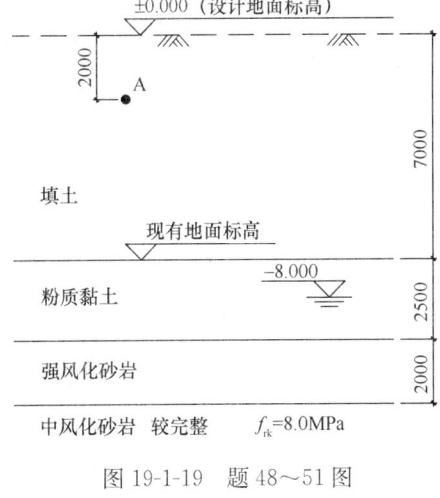

图 19-1-19　题 48～51 图

49. 假定，本工程根据现场条件，决定采取先完成填土，再大面积强夯处理的方案，要求强夯后场地标高尽量接近 ±0.000，并要求整个回填土深度范围得到有效加固。填料采用粉质黏土，从强夯施工单位获悉，基本相同的场地填料，用相同的粉质黏土，单机夯击能 $E=$ 4000kN·m 时，强夯有效加固深度可达 6.9m，平均夯沉量为 1.2m。试问，在进行强夯试夯设计中，选用夯机设备时，按《建筑地基处理技术规范》JGJ 79—2012 预估的设备应具备的最小夯击能 E（kN·m），与下列何项数值最为接近？

A. 4000   B. 5000   C. 6000   D. 8000

50. 假定，本工程以抛填开山碎石混合粉质黏土处理地基，填土层松散，填土上需要建设一单层仓库，仓库柱基采用一柱一桩的混凝土灌注桩基础，桩直径800mm，桩顶标高为－2.0m，以较完整的中风化砂岩为持力层，桩嵌入中风化砂岩1200mm，泥浆护壁成桩后桩底注浆。试问，根据岩石单轴饱和抗压强度估算单桩竖向极限承载力标准值时，单桩嵌岩段总极限阻力标准值 Q_{rk}（kN），与下列何项数值最为接近？

　A. 2800　　　　　　B. 4200　　　　　　C. 5000　　　　　　D. 5500

51. 假定，条件同上题，单层仓库采用填土地坪，桩基周围存在20kPa的大面积堆载，新近填土重度为18kN/m³，负摩阻力系数 $\xi_{nl}=0.35$，正摩阻力标准值 $q_{slk}=40$kPa。试问，估算单桩在填土中承受的负摩阻力产生的下拉荷载标准值 Q_g^n（kN），与下列何项数值最为接近？

　A. 300　　　　　　B. 350　　　　　　C. 450　　　　　　D. 500

题 52～55

某安全等级为二级的办公楼，框架柱截面尺寸为1250mm×1000mm，承台下共设置了8根预应力高强混凝土空心管桩（PHC管桩），空心桩外径600mm，壁厚110mm，桩端敞口，桩长30m，摩擦型桩基础及其以上土的加权平均重度为 $\gamma_G=20$kN/m³，地下水位标高－4.0m，不考虑地震作用。其基础平面及剖面如图19-1-20所示。

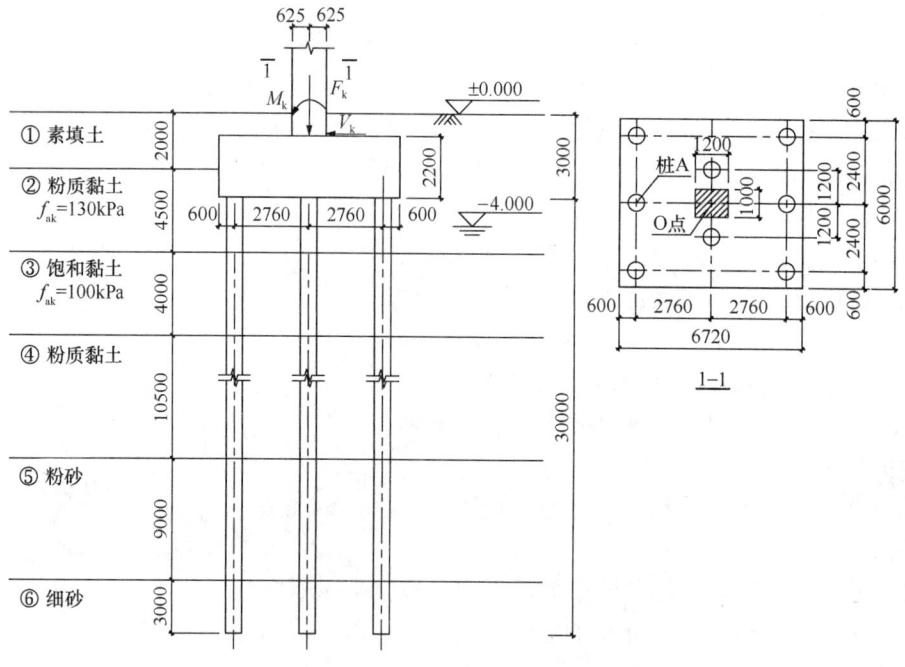

图 19-1-20　题 52～55 图

52. 假定，本工程前期进行了单桩竖向静载试验，相同条件下的三根试桩的单桩竖向承载力分别为3400kN、3700kN、3800kN，已知承台效应系数为0.13。试问，该桩基设计时，考虑承台效应的基桩竖向承载力特征值 R（kN），与下列何项数值最为接近？

　A. 1800　　　　　　B. 1900　　　　　　C. 2000　　　　　　D. 2100

53. 假定，采用等效作用分层总和法进行桩基沉降计算，已知 $C_0=0.041$，$C_1=1.66$，$C_2=10.14$。试问，桩基沉降计算时桩的等效距径比 s_a/d、桩基等效沉降系数 ψ_e，与下列何项数值最为接近?

A. $s_a/d=3.25$, $\psi_e = 0.20$　　　　　B. $s_a/d=3.75$, $\psi_e = 0.17$

C. $s_a/d=3.25$, $\psi_e = 0.17$　　　　　D. $s_a/d=3.75$, $\psi_e = 0.20$

54. 假定,本工程 PHC 桩采用锤击法施工(不引孔),施工完成后桩完整性检测发现图 19-1-20 中的桩 A 为Ⅳ类桩,按废桩处理,其余桩均为Ⅰ、Ⅱ类桩,桩位正常无偏差。荷载效应标准组合下,承台承受柱沿长边方向的单向力矩作用,柱传到承台顶面的竖向力 $F_k=10500kN$,力矩 $M_k=360kN \cdot m$,剪力 $V_k=60kN$。试问,按桩基础核算时,该基础桩承受的最大压力标准值 $N_{kmax}(kN)$,与下列何项数值最为接近?

A. 2000　　　　　B. 2300　　　　　C. 2500　　　　　D. 2800

55. 假定,条件同上题,柱及桩仅考虑承受竖向荷载,经核算桩的竖向力超出承载力设计值,最终确定补一根 30m 长度的桩。现场具有施工灌注桩和 PHC 桩的条件,用于 PHC 桩施工的柴油锤打机具,具有引孔功能,布桩时可按部分挤土桩考虑。试问,以下 4 个补桩方案,何项不满足要求?

提示:以下方案补桩施工,不考虑废桩影响。

A. 承台中心点 O 向桩 A 向 1750mm,补直径 700mm 的桩端后注浆钻孔灌注桩

B. 承台中心点 O 向桩 A 向 1750mm,补直径规格相同的 PHC 桩

C. 承台中心点 O 向桩 A 向 1300mm,补直径规格相同的 PHC 桩

D. 承台中心点 O 向桩 A 向 4000mm,补直径规格相同的 PHC 桩

题 56 关于场地、地基和基础抗震有下列主张:

Ⅰ. 场地内存在发震断裂时,如抗震设防烈度低于 8 度,可忽略发震断裂触动对地面建筑的影响。

Ⅱ. 对砌体房屋可不进行天然地基及基础的抗震承载力验算。

Ⅲ. 地基中存在震陷软土时,震陷软土范围内桩的纵向配筋应与桩顶部相同,箍筋应加密。

Ⅳ. 预应力混凝土管桩(PC 桩)的质量稳定性优于沉管灌注桩,适用于抗震设防区内适合施工 PC 桩的工程。

试问,上述主张中,哪些是正确的?

A. Ⅰ、Ⅲ　　　　　　　　　　B. Ⅰ、Ⅱ、Ⅲ

C. Ⅱ、Ⅲ、Ⅳ　　　　　　　　D. Ⅰ、Ⅲ、Ⅳ

题 57 关于建(构)筑物沉降变形,有下列主张:

Ⅰ. 180m 高的钢筋混凝土烟囱采用桩基,其基础的倾斜不应大于 0.003,基础的沉降量不应大于 350mm。

Ⅱ. 加大建筑物基础,可降低基底土附加压应力,减小建筑物的沉降。

Ⅲ. 受邻近深基坑开挖施工影响的建筑物,应进行沉降变形观测。

Ⅳ. 高 120m 的带裙房高层建筑下的整体筏形基础,主楼边柱与相邻的裙房柱的差异沉降不应大于其距离的 0.002 倍。

试问,上述主张中,哪些是正确的?

A. Ⅰ、Ⅱ　　　　　　　　　　B. Ⅱ、Ⅲ

C. Ⅰ、Ⅲ　　　　　　　　　　D. Ⅱ、Ⅲ、Ⅳ

题 58　关于高层建筑混凝土结构计算分析，有下列观点：

Ⅰ．平面不规则而竖向规则的建筑，应采用空间结构计算模型，平面不对称且凹凸不规则时，可根据实际情况分块计算扭转位移比。

Ⅱ．平面规则而立面复杂的高层建筑，考虑横风向风振时，应按顺风向、横风向分别控制侧向层间位移角满足规程要求，可不考虑风向角的影响。

Ⅲ．质量与刚度分布明显不对称的结构应计算双向水平地震作用下的扭转影响，双向水平地震作用计算结果可不与单向地震作用考虑偶然偏心的计算结果进行包络设计。

Ⅳ．在高层框架结构的整体计算中，宜考虑框架梁、框架柱节点区的刚域影响，考虑刚域后的结构整体计算刚度会增大。

试问，针对上述观点准确性的判断，下列何项正确？

A．Ⅰ、Ⅱ
B．Ⅱ、Ⅲ
C．Ⅰ、Ⅳ
D．Ⅲ、Ⅳ

题 59　关于高层民用建筑钢结构设计的下列观点：

Ⅰ．多遇地震时，高度 150m 的偏心支撑钢结构框架，阻尼比应取 0.030。

Ⅱ．高度超过 50m 的钢结构采用偏心支撑框架时，顶层可采用中心支撑。

Ⅲ．钢框架柱应至少延伸至计算嵌固端以下一层，并且宜采用钢骨混凝土柱。

Ⅳ．抗震设防烈度 6～9 度时，框架支撑结构体系的钢结构最大适用高度均不小于钢框架结构体系适用高度的 2 倍，但当框架承担的倾覆力矩大于总倾覆力矩的 50% 时，其最大适用高度应按框架结构采用。

试问，针对上述观点准确性的判断，下列何项正确？

A．Ⅰ、Ⅳ
B．Ⅱ、Ⅲ
C．Ⅰ、Ⅲ
D．Ⅲ、Ⅳ

题 60～62

某 6 层现浇钢筋混凝土办公楼，抗震设防类别为丙类，采用框架—剪力墙结构，规定水平力作用下底层框架承受的倾覆力矩占总倾覆力矩的 40%，首层、三层竖向构件平面图及结构剖面图如图 19-1-21 所示，各层层高 4.5m，抗震设防烈度为 7 度（0.15g），设计地震分组第一组，安全等级为二级。

提示：转换梁和转换柱按相同高度的部分框支剪力墙结构中的框支框架相关规定进行设计。

60. 假定，转换柱 KZZ1（方柱）混凝土强度等级为 C40，剪跨比为 2.2，柱底永久荷载作用下轴力标准值 $N_{1k}=7500kN$，按等效均布活荷载计算的楼面活荷载产生的轴力标准值 $N_{2k}=1500kN$（按办公楼考虑），屋面活荷载产生的轴力标准值 $N_{3k}=200kN$，多遇水平地震轴力标准值 $N_{Ehk}=50kN$，多遇竖向地震轴力标准值 $N_{Evk}=350kN$。试问，当未采用提高轴压比限值的构造措施时，KZZ1 满足轴压比要求的最小截面边长 h（mm），与下列何项数值最为接近？

提示：按《建筑与市政工程抗震通用规范》GB 55002—2021 进行荷载组合，忽略风荷载作用。

A．800
B．850
C．900
D．950

61. 假定，2 层某框支梁 KZL1 抗震等级为二级，采用混凝土强度等级为 C40，净跨

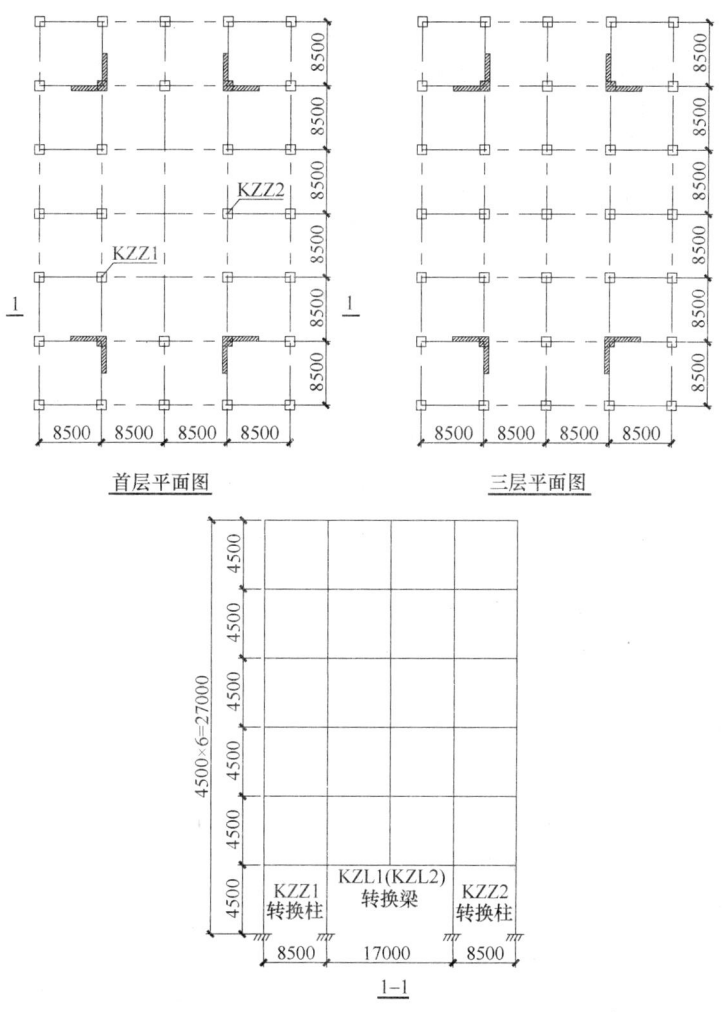

图 19-1-21　题 60～62 图

$l_n = 15.8$m，框支梁宽 750mm，$a_s = 100$mm。抗震设计时，重力荷载代表值作用下按简支梁分析的梁端截面剪力设计值 $V_{Gb} = 3200$kN，梁左右端考虑地震作用组合调整后的弯矩设计值 $M_b^l = 10500$kN·m（逆时针），$M_b^r = 3000$kN·m（顺时针）。试问，梁截面高度（mm）最小为下列何项数值时，该梁受剪截面才能满足规程的要求？

提示：（1）按《高层建筑混凝土结构技术规程》JGJ 3—2010 作答，且托柱转换梁要满足"强剪弱弯"。

（2）忽略竖向地震作用下的梁端剪力。

A. 1300　　　　　B. 1400　　　　　C. 1600　　　　　D. 1800

62. 假定，该工程在设计阶段，因功能改变调整为乙类建筑，某托柱转换梁 KZL2 截面为 850mm×1650mm，混凝土强度等级为 C40，钢筋采用 HRB400，支座上部纵筋为 16 Φ32，下列选项为梁上部贯通纵筋和梁箍筋的不同配置方案，试问，何项符合规程的要求且最为经济？

A. 8 Φ32，Φ12@100（6）　　　　　B. 10 Φ32，Φ12@100（6）

C. 10 Φ 32, Φ 12@100/200（6）   D. 11 Φ 32, Φ 14@100/200（6）

题 63　某 8 层现浇钢筋混凝土框架结构，层高均为 5m，抗震设防烈度 7 度（0.10g），抗震设防类别丙类，计算表明，多遇地震作用下，第 3 层竖向层间位移最大，按弹性分析计算（未考虑重力二阶效应）的竖向构件 X 向的最大层间位移为 8.5mm，第 3 层及上部楼层总重力荷载设计值为 2.0×10^5 kN。假定，考虑重力二阶效应后结构刚好满足规程层间位移限值。试问，结构第 3 层的 X 向弹性等效侧向刚度（kN/m），与下列何项数值最为接近？

提示：可采用《高层建筑混凝土结构技术规程》JGJ 3—2010 近似方法考虑重力二阶效应的不利影响。

A. 4.9×10^5 B. 6.2×10^5 C. 8.9×10^5 D. 1.2×10^6

题 64　某高层钢筋混凝土框架-剪力墙结构，房屋高度 80m，层高 5m，Y 向水平地震作用下，结构平面变形如图 19-1-22 所示。假定 Y 向多遇水平地震下楼层层间最大水平位移为 Δu，Y 向规定水平地震作用下第 3 层的楼层角点竖向构件中的最小水平层间位移为 δ_1，同一侧的楼层角点竖向构件中的最大水平层间位移为 δ_2，Δu、δ_1 的数值见表 19-1-2。试问，第 3 层的扭转效应控制时，为满足《高层建筑混凝土结构技术规程》JGJ 3—2010 对扭转位移比的要求，δ_2（mm）不应超过下列何项数值？

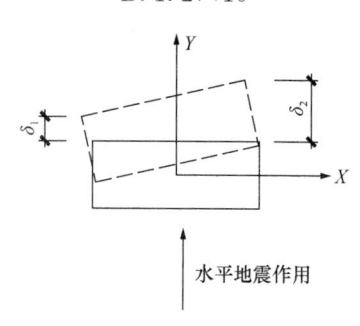

图 19-1-22　题 64 图

提示：仅需按上述条件作答。

工况	Δu（mm）	δ_1（mm）
不考虑偶然偏心	2.49	1.28
考虑偶然偏心	2.70	1.14

表 19-1-2 Δu 和 δ_1 的数值

A. 3   B. 3.8   C. 4.5   D. 5.1

题 65　某高层钢筋混凝土框架-剪力墙结构，基于抗震性能化进行设计，性能目标为 C 级，其中某层剪力墙连梁 LL（400mm×1000mm），混凝土强度等级 C40，风荷载作用下梁端剪力标准值 $V_{wk} = 300$ kN，抗震设计时，重力荷载代表值作用下的梁端剪力标准值 $V_{Gb} = 150$ kN，设防烈度地震下梁端剪力标准值 $V_{Ehk}^* = 1350$ kN，钢筋采用 HRB400，连梁截面有效高度 $h_{b0} = 940$ mm，跨高比为 2.0。试问，设防烈度下，连梁的箍筋配置，下列何项符合性能水平要求且最为经济？

提示：（1）连梁不设交叉斜筋、集中对角斜筋、对角暗撑和型钢。

（2）箍筋满足最小配筋率要求。

A. Φ 10@100（4）   B. Φ 12@100（4）

C. Φ 14@100（4）   D. Φ 16@100（4）

题 66　假定，某剪力墙结构住宅（其中无框支层），抗震设防烈度 8 度（0.20g），房屋高度 90m，抗震设防类别丙类，某墙肢底部加强部位的边缘构件配筋如图 19-1-23 所示，混凝土强度等级 C60，钢筋采用 HRB400，剪力墙轴压比 $\mu_N = 0.35$，下列该边缘构件阴影部分纵筋及箍筋配置的不同方案，试问，何项满足规程的要求且配筋最少？

提示：（1）最外层钢筋保护层厚度为 15mm。

（2）不考虑分布钢筋及箍筋重叠部分的加强作用。

A. 16 ⚲ 20，⚲14@100

B. 16 ⚲ 22，⚲14@100

C. 16 ⚲ 20，⚲ 12@100

D. 16 ⚲ 22，⚲ 12@100

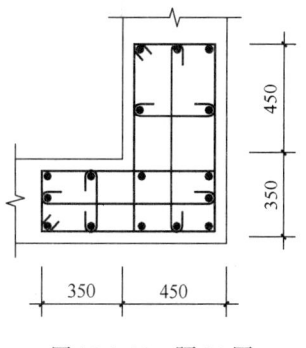

图 19-1-23 题 66 图

题 67～68

某 52 层剪力墙结构住宅（无框支层），周边地形平坦，抗震设防烈度 6 度，房屋高度 150m，各层平面均为双十字形平面，如图 19-1-24 所示，Y 向风荷载体型系数取 1.4，质量沿高度分布均匀，50 年一遇风压 $w_0 = 0.8\text{kN/m}^2$，10 年一遇风压 $w_0 = 0.5\text{kN/m}^2$，地面粗糙度类别为 B 类。

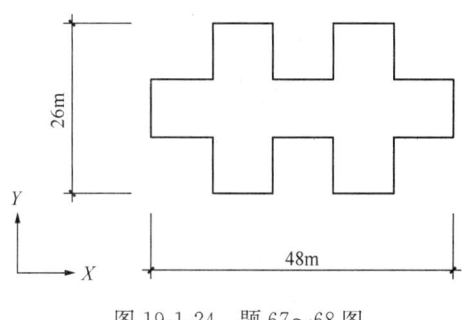

67. 假定，风荷载沿高度呈倒三角形分布（地面处为 0），屋面高度处 Y 向的风振系数 $\beta_z = 1.57$，整体结构 Y 向风荷载计算时，建筑物顶部凸出屋面的构架作用于屋面的 Y 向水平力及该水平力对应的力矩标准值分别为 $\Delta P_k = 500\text{kN}$，$\Delta M_k = 2000\text{kN} \cdot \text{m}$。试问，承载力设

图 19-1-24 题 67～68 图

计时，在地面位置由 Y 向风荷载产生的 Y 向倾覆力矩标准值（kN · m），与下列何项数值最为接近？

A. 1.35×10^6 B. 1.50×10^6 C. 1.65×10^6 D. 1.95×10^6

68. 假定，结构基本自振周期 $T_1 = 4.25\text{s}$（Y 向平动），结构单位高度质量 $m = 330\text{t/m}$，脉动风荷载背景分量因子 $B_z = 0.45$。试问，风振舒适度分析时，Y 向屋面处顺风向加速度计算值（m/s²），与下列何项数值最为接近？

提示：（1）按《建筑结构荷载规范》GB 50009—2012 作答。

（2）基本风压、结构阻尼比以《高层建筑混凝土结构技术规程》JGJ 3—2010 规定为准，计算时结构阻尼比取 0.02。

A. 0.07   B. 0.10   C. 0.13   D. 0.17

题 69 某剪力墙结构，剪力墙底部加强部位均为偏心受压极限承载力状态控制，其中某一墙肢 W1 截面尺寸为 $b_w \times h_w = 250\text{mm} \times 5000\text{mm}$，混凝土强度等级 C35，钢筋采用 HRB400，$a_s = a'_s = 200\text{mm}$，抗震等级二级，轴压比 $\mu_N = 0.45$。假定，W1 考虑地震组合的弯矩设计值 $M = 10500\text{kN} \cdot \text{m}$，$N = 2500\text{kN}$，采用对称配筋，纵向受力钢筋全部配置在约束边缘构件阴影区内，W1 为大偏心受压。试问，墙肢 W1 一端约束边缘构件阴影范围内纵向钢筋最小面积 $A_s (\text{mm}^2)$，与下列何项数值最为接近？

提示：（1）按《高层建筑混凝土结构技术规程》JGJ 3—2010 作答。

（2）已知 $M_c = 13200\text{kN} \cdot \text{m}$，$M_{sw} = 1570\text{kN} \cdot \text{m}$。

A. 1210   B. 1250   C. 1350   D. 1450

题 70   某 80m 高环形截面钢筋混凝土烟囱，抗震设防烈度 8 度（0.20g），设计地震分组第一组，场地类别 Ⅱ 类。假定，烟囱基本自振周期 1.5s，烟囱估算时划分为 4 节，每节高度均为 20m，如图 19-1-25 所示，自上而下各节重力荷载代表值分别为 5800kN，6600kN，7500kN，8800kN。试问，烟囱 20m 高度处水平截面与根部水平截面（基础顶面）竖向地震作用之比（F_{Evik}/F_{Ev0k}），与下列何项数值最为接近？

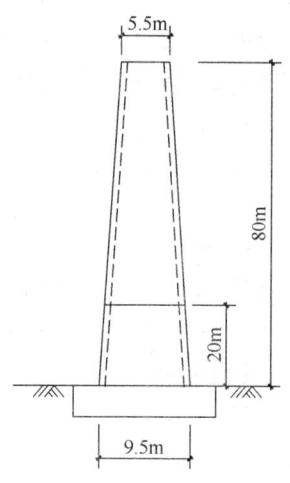

图 19-1-25   题 70 图

A. 2.4   B. 1.2
C. 0.7   D. 0.5

题 71   某民用建筑钢框架支撑结构，安全等级为二级，首层一榀偏心支撑框架立面如图 19-1-26 所示。消能梁段截面为 $H500 \times b_f \times t_w \times 16$（$W_{np}=2.2 \times 10^6 \ mm^3$），净长度 $a=700mm$，框架梁采用 Q235 钢，框架柱采用 Q345 钢。假定，消能梁段考虑多遇地震组合的剪力设计值 $V=905kN$。轴力设计值小于 $0.15Af$。试问，消能梁段腹板厚度 t_w（mm）最小取下列何项数值，方能满足规程对消能梁段抗震受剪承载力的要求？

提示：（1）按《高层民用建筑钢结构技术规程》JGJ 99—2015 作答。

（2）$f=215N/mm^2$，$f_y=235N/mm^2$。

（3）不必验算腹板构造和局部稳定是否满足构造要求。

A. 8   B. 10
C. 12   D. 14

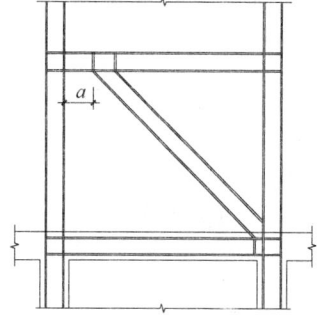

图 19-1-26   题 71 图

题 72   某高层民用钢框架结构，地下一层，层高 5.1m，钢内柱采用埋入式柱脚，钢柱反弯点在地下一层范围，截面 $H600 \times 400 \times 16 \times 20$，采用 Q345 钢，基础混凝土抗压强度标准值 $f_{ck}=20.1N/mm^2$。假定，钢柱考虑轴力影响时，强轴方向的全塑性受弯承载力 $M_{pc}=1186kN \cdot m$，与弯矩作用方向垂直的柱身等效宽度 b_c 取 400mm，钢柱脚计算时连接系数 α 取 1.2。试问，基础顶面可能出现塑性铰时，钢柱柱脚埋置深度 h_b（mm）最小取下列何项数值时，方能满足规程对钢柱脚埋置深度的计算要求？

提示：（1）按《高层民用建筑钢结构技术规程》JGJ 99—2015 作答。

（2）混凝土基础承载力满足要求，不考虑柱底局部承压计算。

A. 800   B. 1000
C. 1200   D. 1400

题 73   某高层民用建筑钢框架结构，采用 Q345 钢，梁柱按全熔透的等强连接设计（绕强轴），如图 19-1-27 所示。假定，持久状况下，

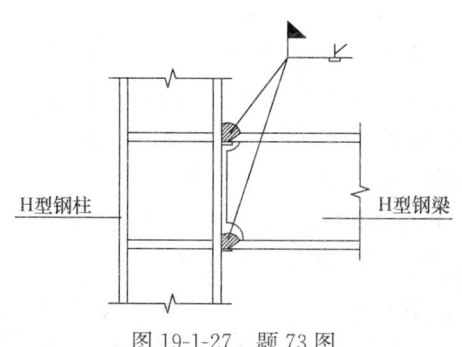

图 19-1-27   题 73 图

框架梁承受的弹性弯矩设计值为 770kN·m，备选的 4 个 H 型钢截面的有效截面惯性矩 I_e 如表 19-1-3 所示。试问，框架梁最小应取下列何项截面，才能满足梁与柱连接的受弯承载力要求？

型钢截面的有效截面惯性矩   表 19-1-3

型号	H600×200×10×20	H600×200×12×20	H600×200×14×20	H600×200×16×20
$I_e(\times 10^8 \text{mm}^4)$	7.5	7.7	7.9	8.0

提示：取 $f=295\text{N/mm}^2$ 计算。

A. H600×200×10×20
B. H600×200×12×20
C. H600×200×14×20
D. H600×200×16×20

题 74 某现浇大底盘双塔结构，除竖向体型收进外，其他均规则，4 层裙房均为商场，以上 12 层塔楼为住宅，房屋高度 56m，地下 2 层，如图 19-1-28 所示。抗震设防烈度 7 度（0.10g），设计地震分组第一组，场地类别Ⅱ类，安全等级二级，裙房及塔楼的结构布置分别符合典型的框架－剪力墙结构要求，裙房与塔楼均具有明显的二道防线，规定水平力作用下，框架承受的倾覆力矩占总倾覆力矩的 30％，地下室顶板（±0.000 处）可作为上部结构的嵌固部位。假定，裙房商场营业面积为 15000m²，各栋塔楼面积 14000m²。试问，关于构件的抗震等级，下列何项不正确？

A. 第 3 层的塔楼周边框架柱抗震等级为一级
B. 第 6 层的塔楼周边框架柱抗震等级为二级
C. 第 10 层的塔楼周边框架柱抗震等级为三级
D. 第 4 层裙房非塔楼相关范围的剪力墙抗震等级为二级

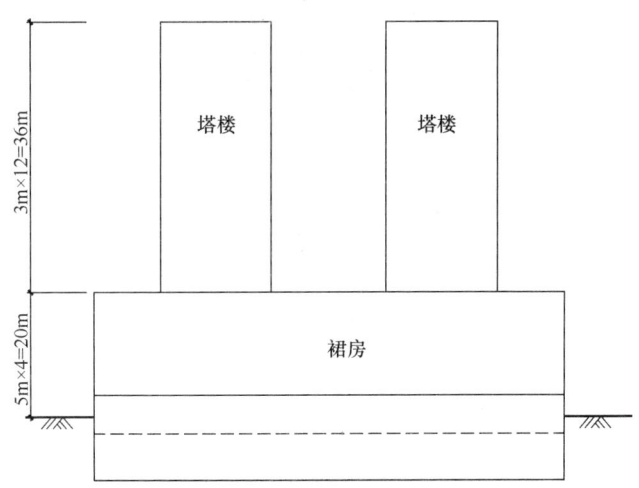

图 19-1-28 题 74 图

题 75～80

某高速公路上的立交匝道桥梁，位于平面直线段。上部结构采用 3 孔 30m 简支梁，主梁为预制预应力混凝土小箱梁，桥梁全宽 10m，行车道净宽 9m，为单向双车道。下部结构 0 号、3 号为埋置式肋板式桥台，1 号、2 号为 T 形盖梁中墩，下接承台和桩基础。两桥台处桥面设置伸缩缝，两中墩处设置桥面连续构造，形成 3×30m 一联桥。

每片主梁端部设置一块矩形板式橡胶支座，桥台处共 3 块，中墩盖梁顶面处为 6 块。每块支座规格相同，即 350mm×550mm×84mm（纵桥向×横桥向×总厚度），其橡胶层厚度总计 60mm。为简化计算，边中跨计算跨径均按 30m 计，中墩高度已包含盖梁高度。

已知，桥台顶面的抗推刚度取无穷大、1、2 号中墩盖梁顶面处的纵向抗推刚度分别为：$k_{柱1}=35000kN/m$，$k_{柱2}=21000kN/m$，一个支座的纵桥向抗推刚度 $k_{支}=3850kN/m$；上部结构温度变形零点距 1 号墩中线 14m，混凝土线膨胀系数取 0.00001。总体布置图和尺寸如图 19-1-29 所示（单位：mm）。

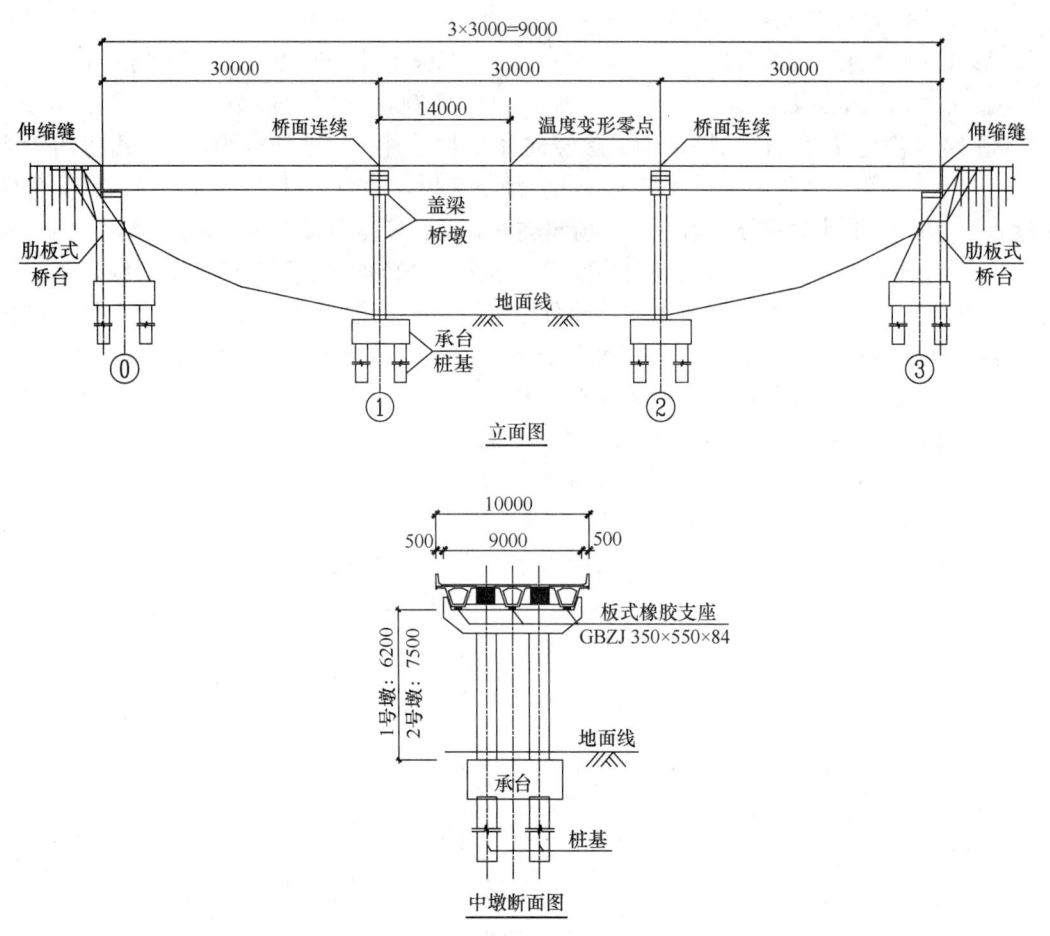

图 19-1-29　题 75～80 图

75. 试问，汽车荷载制动力作用在 1 号墩的标准值（kN），与下列何项数值最为接近？

A. 28.1　　　　　　　B. 95.6　　　　　　　C. 117.0　　　　　　　D. 125.9

76. 假设桥梁位于寒冷地区，预制梁安装及桥面连续完成时的气温范围为 15～25℃，桥区当地历年最低平均气温为 −10℃，不考虑混凝土的收缩徐变效应。试问，在降温状态下，1 号墩承受的温度作用标准值（kN），与下列何项数值最为接近？

A. 42.8　　　　　　　B. 49.0　　　　　　　C. 68.2　　　　　　　D. 172.6

77. 已知一片边梁梁端的恒荷载反力标准值为 949.1kN，计入冲击系数的活荷载反力标准值为 736.8kN，支座抗剪弹性模量 $G_e=1.2MPa$，支座与混凝土接触面的摩擦系数为

$\mu=0.3$。假定，支座顶、底面均设置垫石，不计纵横坡产生的支座剪切变形；上部结构混凝土收缩和徐变及体系整体降温作用效应，按总计降温 50℃ 作用于 3 号桥台；作用在此处边梁上一个支座的汽车荷载制动力标准值按 27kN 计，计算时不计支座与梁端的距离。试问，验算 3 号桥台处边梁支座抗滑移稳定性的结果，与下列哪种情况相符？

A. 不计汽车制动力时满足，计入汽车制动力时满足

B. 不计汽车制动力时满足，计入汽车制动力时不满足

C. 不计汽车制动力时不满足，计入汽车制动力时满足

D. 不计汽车制动力时不满足，计入汽车制动力时不满足

78. 在桥台处设置的桥面伸缩缝装置，拟采用模数式单缝，其伸缩范围介于 20～80mm，即总伸缩量为 60mm，最小工作宽度为 20mm。经计算，混凝土收缩、徐变引起的梁体缩短量 $\Delta l_s^- + \Delta l_c^- = 11.5$mm，汽车制动力引起的开口量和闭口量相等，即 $\Delta l_b^- = \Delta l_b^+ = 6.9$mm，伸缩装置的伸缩量增大系数为 $\beta=1.3$。

假定，伸缩装置安装时的温度为 25℃，在经历当地最高、最低有效气温时，温降引起的梁体缩短量最大值 $\Delta l_t^- = 16$mm，温升引起的梁体伸长量最大值 $\Delta l_t^+ = 4.6$mm，且不考虑地震等因素影响。试问，伸缩缝的安装宽度（或出厂宽度，mm），与下列何项数值最为接近？

A. 12   B. 25   C. 32   D. 35

79. 桥区基本地震动峰值加速度为 $0.15g$，在 E2 地震力作用下，2 号墩支座顶面的纵向水平地震力为 945kN，均匀温度作用最不利标准值为 61.3kN，一个支座的最小恒荷载反力为 838.9kN。假定，支座顶、底面设置钢板，永久作用产生的橡胶支座的水平位移及水平力为 0。试问，在进行板式橡胶支座抗震验算时，与下列哪种情况相符？

A. 支座厚度验算不满足，抗滑稳定性满足

B. 支座厚度验算不满足，抗滑稳定性不满足

C. 支座厚度验算满足，抗滑稳定性满足

D. 支座厚度验算满足，抗滑稳定性不满足

80. 本桥所有支承中线均与纵向桥梁中线正交，中墩处纵桥向梁端间隙为 6cm，假定桥台高度影响不计，且不参与高度计算，1 号墩高取 620cm，2 号墩高取 750cm。试问，1、2 号中墩盖梁沿纵桥向的最小尺寸（cm），与下列何项数值最为接近？

A. 159   B. 165   C. 170   D. 176

19.2　2021 年试题解答

2021 年试题答案

题号	1	2	3	4	5	6	7	8	9	10
答案	B	D	C	D	B	C	D	B	C	A
题号	11	12	13	14	15	16	17	18	19	20
答案	A	B	B	D	C	D	B	D	C	B
题号	21	22	23	24	25	26	27	28	29	30
答案	B	B	A	A	B	A	C	C	A	C
题号	31	32	33	34	35	36	37	38	39	40
答案	C	B	A	C	B	D	B	A	D	D
题号	41	42	43	44	45	46	47	48	49	50
答案	B	A	B	B	B	D	C	A	D	C
题号	51	52	53	54	55	56	57	58	.59	60
答案	C	B	B	B	C	A	B	C	B	B
题号	61	62	63	64	65	66	67	68	69	70
答案	C	C	B	C	B	D	C	D	C	A
题号	71	72	73	74	75	76	77	78	79	80
答案	C	B	C	A	B	C	A	D	C	B

1. 答案：B

解答过程：依据《工程结构通用规范》GB 55001—2021 的 4.6 节和《建筑结构荷载规范》GB 50009—2012 的 8.1.1 条计算围护结构风荷载标准值。

依据《建筑结构荷载规范》表 8.2.1，地面粗糙度 C 类、离地面高度 10m，$\mu_z = 0.65$。依据 8.6.1 条，$\beta_{gz} = 2.05$。

注意到，《工程结构通用规范》的 4.6.5 条第 2 款规定，考虑风荷载脉动的放大系数不应小于 $1 + \dfrac{0.7}{\sqrt{\mu_z}} = 1 + \dfrac{0.7}{\sqrt{0.65}} = 1.87$，今已经求得是 2.05，故取 $\beta_{gz} = 2.05$。

依据《建筑结构荷载规范》8.3.3 条，其他房屋和构筑物可按本规范第 8.3.1 条规定体型系数的 1.25 倍取值，依据表 8.3.1 第 15 项，$\mu_s = 1.3$，$\mu_{sl} = 1.25 \times 1.3 = 1.625$。

$$w_k = \beta_{gz}\mu_{sl}\mu_z w_0 = 2.05 \times 1.625 \times 0.65 \times 0.50 = 1.083 \text{kN/m}^2$$

选择 B。

点评：因为女儿墙离地面高度为 10～11m，均小于 C 类地面粗糙度的截断高度 15m，所以女儿墙底和女儿墙顶的风压高度变化系数 μ_z 和阵风系数 β_{gz} 均为定值，不随高度变化，女儿墙受到的风荷载为矩形分布，不是梯形分布。

1236

2. 答案：D

解答过程：依据《混凝土结构加固设计规范》GB 50367—2013 的 10.5.2 条计算。

依据表 10.5.2，$\lambda_c = 3.0$，$\mu_c = 0.60$，插值得 $\psi_{vc} = 0.72 - \dfrac{0.72 - 0.62}{0.5 - 0.7} \times (0.5 - 0.6) = 0.67$。

依据表 4.3.4-2，芳纶纤维复合单向织物（布）（高强度 Ⅱ 级），重要构件，$f_f = 800\text{MPa}$。依据 10.5.2 条，受剪加固采用的纤维复合材，抗拉强度设计值应乘以 0.5 的调整系数，$f_f = 800 \times 0.5 = 400\text{MPa}$。

$$V_{cf} = \psi_{vc} f_f A_f h / s_f = \frac{0.67 \times 400 \times 120 \times 600}{150} = 128.64\text{kN}$$

选择 D。

3. 答案：C

解答过程：依据《混凝土异形柱结构技术规程》JGJ 149—2017 的 5.3.2 条计算。

节点区为普通混凝土，$\alpha = 1$。

依据表 5.3.2-1，轴压比 $\mu_c = 0.6$，$\zeta_N = 0.9$。

依据表 5.3.4-1，$b_f - b_c = 250 \times 3 - 250 = 500\text{mm}$，十字形，得 $\zeta_v = 1.5$。

$b_j = b_c = 250\text{mm}$，$h_j = h_c = 750\text{mm}$，依据表 5.3.2-2，$\zeta_h = \dfrac{0.9 + 0.85}{2} = 0.875$。

$$\frac{0.21}{\gamma_{RE}} \alpha \zeta_N \zeta_v \zeta_h f_c b_j h_j = \frac{0.21}{0.85} \times 1 \times 0.9 \times 1.5 \times 0.875 \times 14.3 \times 250 \times 750 = 782.49\text{kN}$$

选择 C。

点评：节点核心区受剪的水平截面与验算方向有关，本题之所以未指明验算方向，是因为截面双轴对称，且两个方向的各计算参数均相同。

4. 答案：D

解答过程：依据《混凝土结构设计规范》GB 50010—2010（2015 年版）的 6.2.15 条计算。

柱截面面积 $A = 2 \times 200 \times 1000 + 800 \times 200 = 560000\text{mm}^2$。

工字形柱配筋率 $\rho = \dfrac{40 \times 201.1}{560000} = 1.44\% < 3\%$。

由于绕 x 轴和 y 轴的计算长度相等，因此，该工字形截面柱绕 y 轴（弱轴）承载力控制设计。

$$I_y = 2 \times \frac{1}{12} \times 200 \times 1000^3 + \frac{1}{12} \times 800 \times 200^3 = 3.387 \times 10^{10} \text{ mm}^4$$

$$i_y = \sqrt{\frac{I_y}{A}} = \sqrt{\frac{3.387 \times 10^{10}}{560000}} = 245.93\text{mm}$$

$$\lambda_y = l_0 / i_y = \frac{18.7 \times 10^3}{245.93} = 76.0$$

查表 6.2.15 得，$\varphi = 0.7$。

$N = 0.9\varphi(f_c A + f_y' A_s') = 0.9 \times 0.7 \times (14.3 \times 560000 + 360 \times 40 \times 201.1) = 6869.42\text{kN}$

选择 D。

点评：做题时，要考虑到可能发生的各种情况，不管是荷载取值、荷载方向还是失稳模式、破坏状态，都应全面考虑，最终对各情况取包络设计。对于本题，由于工字形截面

绕 y 轴的惯性矩小（称作弱轴），回转半径就小，在绕 x 轴和 y 轴计算长度相等的情况下，很显然为绕 y 轴控制设计。今对绕 x 轴情况计算如下以加深认识：

$$I_x = \frac{1}{12} \times 1000 \times 1200^3 - 2 \times \frac{1}{12} \times 400 \times 800^3 = 1.099 \times 10^{11} \text{ mm}^4$$

$$i_x = \sqrt{\frac{I_x}{A}} = \sqrt{\frac{1.099 \times 10^{11}}{560000}} = 443 \text{mm}$$

$$\lambda_x = l_0/i_x = \frac{18.7 \times 10^3}{443} = 42.2$$

若是钢柱，确定稳定系数 φ 时还需考虑截面分类的影响。

5. 答案：B

解答过程：依据《混凝土结构设计规范》GB 50010—2010（2015 年版）的 6.2.10 条计算。

梯形荷载作用下，构件 AB 在 A 点的弯矩可分解成一个矩形荷载和一个三角形荷载计算，如图 19-2-1(a) 所示。

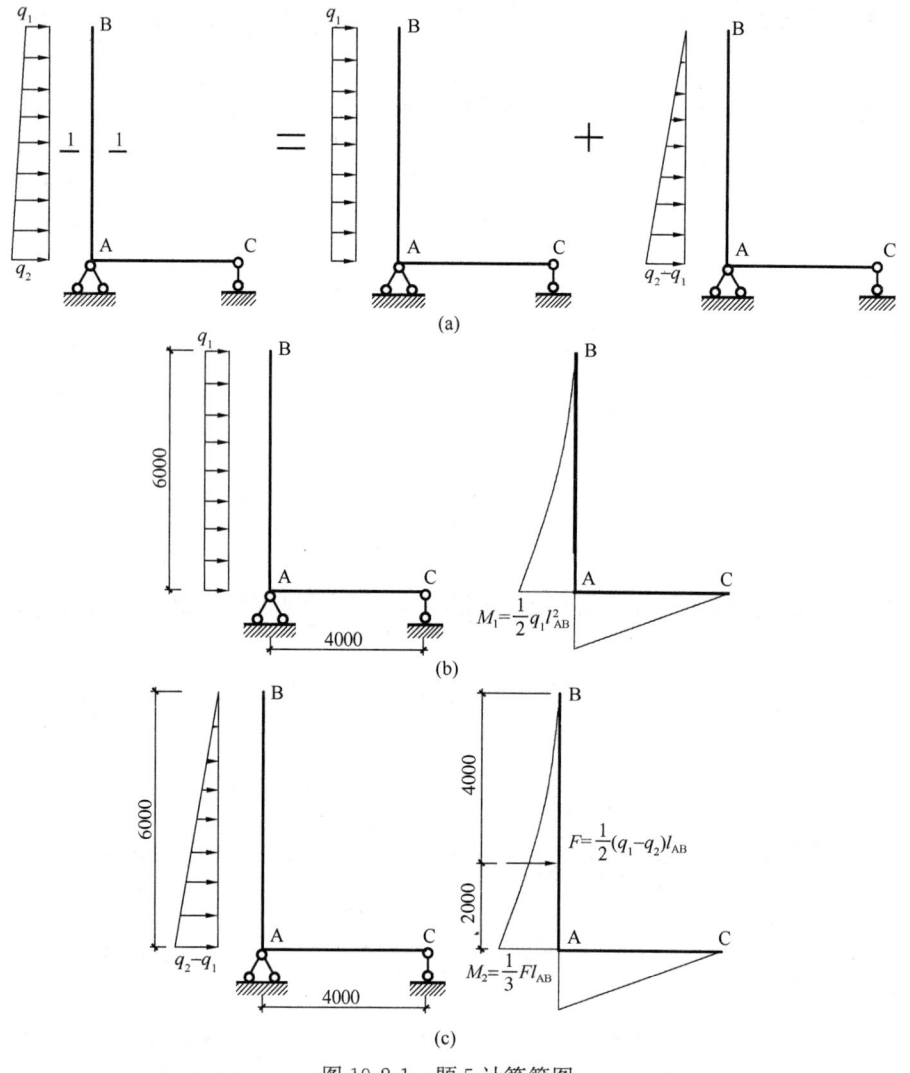

图 19-2-1 题 5 计算简图

矩形荷载作用下，如图 19-2-1（b）所示，杆件 AB 相当于悬臂梁受力，A 点处弯矩：

$$M_1 = \frac{1}{2} \times 60 \times 6^2 = 1080 \text{kN} \cdot \text{m}$$

三角形荷载作用下，如图 19-2-1（c）所示，可先求出三角形荷载的合力，然后对 A 点取矩得到 A 点处弯矩为

$$M_2 = \frac{1}{2} \times (300 - 60) \times 6 \times \frac{1}{3} \times 6 = 1440 \text{kN} \cdot \text{m}$$

A 点处总弯矩设计值 $M_A = M_1 + M_2 = 2520 \text{kN} \cdot \text{m}$。

按双筋梁且已知 A_s' 进行设计。

$$x = h_0 - \sqrt{h_0^2 - 2\left[\frac{M - f_y' A_s'(h_0 - a_s')}{\alpha_1 f_c b}\right]}$$

$$= 1130 - \sqrt{1130^2 - 2\left[\frac{2520 \times 10^6 - 360 \times 1964 \times (1130 - 40)}{1.0 \times 14.3 \times 500}\right]}$$

$$= 242.5 \text{mm}$$

满足 $x \geqslant 2a_s' = 80 \text{mm}$ 且 $x \leqslant \xi_b h_0 = 585.3 \text{mm}$。

$$A_s = \frac{\alpha_1 f_c bx + f_y' A_s'}{f_y} = \frac{1 \times 14.3 \times 500 \times 242.5 + 360 \times 1964}{360} = 6780 \text{mm}^2$$

最小配筋率为

$$\rho_{\min} = \max(0.002, 0.45 f_t / f_y) = \max(0.002, 0.45 \times 1.43/360) = 0.2\%$$

于是

$$A_{s\min} = \rho_{\min} bh = 0.2\% \times 500 \times 1200 = 1200 \text{ mm}^2 < 6780 \text{mm}^2$$

满足最小配筋率要求。选择 B。

点评：杆件 AB 的轴力为零，可以证明如下。

为求支座反力，取结构整体为隔离体，如图 19-2-2(a) 所示，分别对 A 点和 C 点取矩，可求出 R_{Cy} 和 R_{Ay}，按图中风向，二者大小相等。再取节点 A 为研究对象，如图 19-2-2(b) 所示，由于 AC 杆无中间荷载，故 $V_{AC} = R_{Cy}$，由于前已求得 $R_{Cy} = R_{Ay}$，故按照竖向力的平衡可知必有 $N_{AB} = 0$。

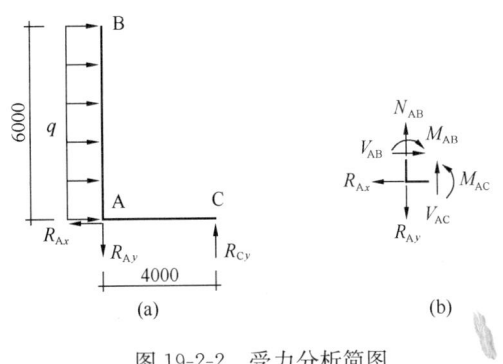

图 19-2-2 受力分析简图
(a) 整体分析；(b) 节点 A 处内力

由图 19-2-2(b) 还可知，由于 AC 杆无中间荷载，故轴力为零，与 R_{Ax} 平衡的是 AB 杆的剪力。

6. 答案：C

解答过程：依据《混凝土结构设计规范》GB 50010—2010（2015 年版）的 6.3.4 条计算。

上题已经求出 A 点处总弯矩设计值 $M_A = 2520$ kN·m。

梯形荷载还会在 AB 杆的 A 点处产生剪力，但此剪力对 AC 杆中 C 截面处剪力无影响。

取出 AC 杆件作为隔离体，如图 19-2-3(a) 所示。C 支座为竖向铰接链杆，故 C 支座无水平力。对 A 点取矩建立平衡，可得 C 点支座反力 $R_C = M_A/4 = 630$kN。

研究 C 支座和支座边缘截面，如图 19-2-3(b) 所示，可知 $V_C = R_C = 630$kN，且无轴力。

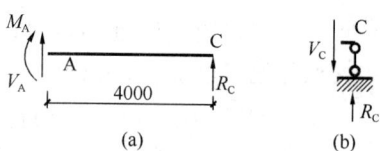

图 19-2-3   题 6 计算简图

依据 6.3.4 条，有

$$V = \alpha_{cv} f_t b h_0 + f_{yv} \frac{A_{sv}}{s} h_0$$

代入数据得

$$630 \times 10^3 = 0.7 \times 1.43 \times 500 \times (800 - 70) + 360 \times \frac{A_{sv}}{s} \times (800 - 70)$$

求得 $\dfrac{A_{sv}}{s} = 1.01$ mm²/mm。

选择 C。

点评：求构件斜截面受剪承载力时，一定要按规矩认真分析结构、构件、截面的受力状况，特别注意构件是否有轴向拉力或压力，千万不能想当然。

本题因为 A 支座为固定铰支座，C 支座为滑动铰支座，故 AC 杆件上无轴力（若有轴力，则取杆 AC 的右半部分会发现水平方向的力无法平衡）。若 A 支座为滑动铰支座，C 支座为固定铰支座，则 AC 杆件受压，为压弯构件（偏心受压构件）。

7. 答案：D

解答过程：依据《混凝土结构设计规范》GB 50010—2010（2015 年版）的 7.1.2 条计算。

$$\rho_{te} = \frac{A_s}{A_{te}} = \frac{7856}{0.5 \times 500 \times 1200} = 0.0262$$

$$\psi = 1.1 - 0.65 \frac{f_{tk}}{\rho_{te} \sigma_s} = 1.1 - 0.65 \times \frac{2.01}{0.0262 \times 220} = 0.873$$

选择 D。

8. 答案：B

解答过程：求 AC 杆件弯矩绝对值最大位置，根据弯矩图可定性判断，最大点可能出现在 B 点（右侧受拉）或者是 AB 杆件跨中附近的位置（左侧受拉）。

B 点弯矩：$M_b = \dfrac{1}{2} q_w l_{BC}^2 = \dfrac{1}{2} \times 20 \times 2^2 = 40$kN·m。

求 AB 弯矩最大的点，即求剪力为零的点。取出结构局部隔离体，如图 19-2-4 所示。

杆件 BD 轴力可分解成水平力 N_{BDx} 和竖向力 N_{BDy}，该部分对 A 点取矩，得到平衡方程 $\frac{1}{2}q_w l_{AC}^2 = N_{BDx}l_{AB}$，代入数据得：$\frac{1}{2}\times 20\times 8^2 = N_{BDx}\times 6$，求得 $N_{BDx}=\frac{320}{3}$ kN，方向向右。

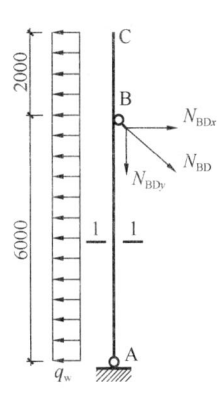

图 19-2-4　题8计算简图

设距离 A 点 x 处剪力为零，则 $N_{BDx}=(8-x)q_w$，求得 $x=8-\frac{N_{BDx}}{q_w}=8-\frac{320/3}{20}=2.67$ m。该点弯矩 $M=\frac{320}{3}\times(6-2.67)-\frac{1}{2}\times 20\times(8-2.67)^2=71.1$ kN·m，大于 B 点的弯矩。

选择 B。

点评：当求 AC 杆的绝对最大弯矩时，看似复杂的结构，本质上可与如图 19-2-5 所示的常见的伸臂梁比拟，所不同的只是均布荷载的正负号。

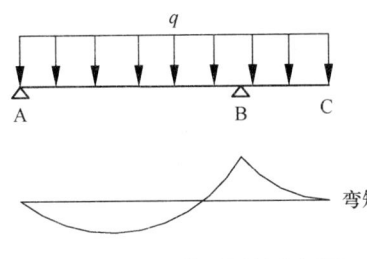

图 19-2-5　伸臂梁的弯矩图

本题也可以先求支座 A 的反力 R_{Ax}，再求距离 x。

方法一：得到 $N_{BDx}=\frac{320}{3}$ kN 后，可以利用 x 方向力的平衡得到

$$q_w l_{AC}=N_{BDx}+R_{Ax}$$

$$20\times 8=\frac{320}{3}+R_{Ax}$$

求得 $R_{Ax}=\frac{160}{3}$ kN，方向向右。

杆件 AB 剪力为零的点与 A 点距离为

$$x=\frac{R_{Ax}}{q_w}=\frac{160/3}{20}=2.67\text{m}$$

坐标为 x 的点处弯矩为

$$M=R_{Ax}x-\frac{1}{2}q_w x^2=\frac{160}{3}\times 2.67-\frac{1}{2}\times 20\times 2.67^2=71.1\text{kN·m}$$

方法二：也可以取整个结构的受力对 B 点取矩求 R_{Ax}。如图 19-2-6 所示，BD 杆的受力对 B 点取矩为零，仅 AB 段和 BC 段的受力有贡献。

$$\frac{1}{2}q_w l_{AB}^2 = R_{Ax}l_{AB}+\frac{1}{2}q_w l_{BC}^2$$

$$\frac{1}{2}\times 20\times 6^2 = R_{Ax}\times 6+\frac{1}{2}\times 20\times 2^2$$

求得 $R_{Ax}=\frac{160}{3}$ kN，正值表示与图中方向一致，即方向向右。

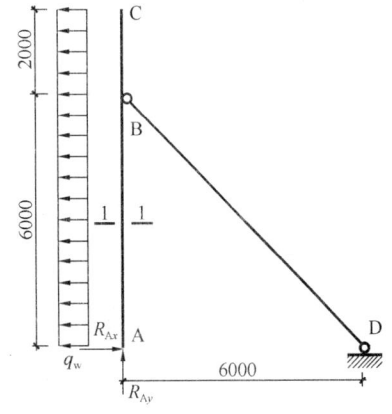

图 19-2-6　题8方法二计算简图

9. 答案：C

解答过程：因为题目已知条件明确该构架可能分别承受大小相等、方向相反的左风或右风作用，故应

分两种情况分别计算，取包络设计。

（1）当风向为右风时，AC 杆件的 AB 段受压，属于压弯构件。

依据《混凝土结构设计规范》GB 50010—2010（2015 年版）的 6.2.17 条计算。

假设为大偏心受压构件，由于是对称配筋，则

$$x = \frac{N}{\alpha_1 f_c b} = \frac{126 \times 10^3}{1 \times 14.3 \times 300} = 29.37 \text{mm}$$

由于 $x < \xi_b h_0 = 0.518 \times (400 - 40) = 186.48 \text{mm}$，为大偏心受压。

由于 $x < 2a_s' = 2 \times 40 = 80 \text{mm}$，因此应对 A_s' 合力点取矩求解 A_s。

$$e_0 = \frac{M}{N} = \frac{84 \times 10^6}{126 \times 10^3} = 666.67 \text{mm}$$

$$e_a = \max\left(20, \frac{400}{30}\right) = 20 \text{mm}$$

$$e_i = e_0 + e_a = 666.67 + 20 = 686.67 \text{mm}$$

$$e' = e_i - \frac{h}{2} + a_s' = 686.67 - \frac{400}{2} + 40 = 526.67 \text{mm}$$

$$A_s = A_s' = \frac{Ne'}{f_y'(h_0 - a_s')} = \frac{126 \times 10^3 \times 526.67}{360 \times (400 - 40 - 40)} = 576 \text{mm}^2$$

（2）当风向为左风时，AC 杆件的 AB 段受拉，属于拉弯构件。

由于是对称配筋，因此可以直接依据《混凝土结构设计规范》GB 50010—2010 的 6.2.23 条第 3 款计算。

$$e_0 = \frac{M}{N} = \frac{84 \times 10^6}{126 \times 10^3} = 666.67 \text{mm}$$

$$e' = e_0 + \frac{h}{2} - a_s' = 666.67 + \frac{400}{2} - 40 = 826.67 \text{mm}$$

$$A_s = A_s' = \frac{Ne'}{f_y(h_0' - a_s)} = \frac{126 \times 10^3 \times 826.67}{360 \times (400 - 40 - 40)} = 904 \text{mm}^2$$

取以上两种情况的较大值，即 $A_s = 904 \text{mm}^2$。

选择 C。

10. 答案：A

解答过程：预埋件所受拉力 $N = F\cos 45° = \frac{\sqrt{2}}{2}F$，预埋件所受剪力 $V = F\sin 45° = \frac{\sqrt{2}}{2}F$。

依据《混凝土结构设计规范》GB 50010—2010（2015 年版）的 9.7.2 条，按第 1 款受拉、受剪计算。由于弯矩为零，因此公式（9.7.2-1）控制设计。

$$\alpha_v = (4.0 - 0.08d)\sqrt{\frac{f_c}{f_y}} = (4.0 - 0.08 \times 14) \times \sqrt{\frac{14.3}{300}} = 0.629 < 0.7$$

$$\alpha_b = 0.6 + 0.25\frac{t}{d} = 0.6 + 0.25 \times \frac{20}{14} = 0.957$$

$$A_s \geqslant \frac{V}{\alpha_r \alpha_v f_y} + \frac{N}{0.8\alpha_b f_y} + \frac{M}{1.3\alpha_r \alpha_b f_y z}$$

$$8 \times 153.9 \geqslant \frac{\sqrt{2}F}{2 \times 0.85 \times 0.629 \times 300} + \frac{\sqrt{2}F}{2 \times 0.8 \times 0.957 \times 300} + 0$$

注意 f_y 不应大于 300N/mm^2。

解得 $F \leqslant 164.44 \text{kN}$。

选择 A。

点评：如果预埋件同时承受轴拉力、剪力和弯矩，则应同时满足公式（9.7.2-1）和公式（9.7.2-2）。对于本题，若未能提前判断仅需要满足公式（9.7.2-1），则增加了计算量，影响做题速度。

11. 答案：A

解答过程：根据整体受力，可以得到 A 支座竖向反力 $R_A = 80 \times 18/2 = 720 \text{kN}$，水平反力为零。

取图 19-2-7(a) 所示隔离体，对 C 点取矩可得

$$M_C + R_A l_{AC} = \frac{1}{2} q l_{AC}^2 + N_{EF} l_{CE}$$

$$M_C = \frac{1}{2} \times 80 \times 4^2 + 3N_{EF} - 720 \times 4$$

取图 19-2-7(b) 所示隔离体，G 点为 AB 跨中点，对 G 点取矩可得

$$\frac{1}{2} q l_{AG}^2 + M_G + l_{CE} N_{EF} = R_A l_{AG}$$

$$M_G = 720 \times 9 - \frac{1}{2} \times 80 \times 4^2 - 3N_{EF}$$

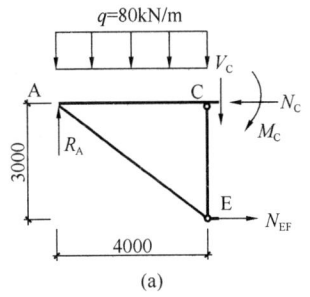 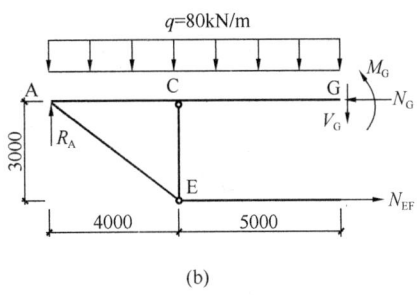

图 19-2-7　题 11 计算简图

注意到，C 点为负弯矩（上侧受拉），G 点为正弯矩（下侧受拉），已在图中表示。

因为要求截面 C 处的弯矩设计值和 CD 跨中的最大弯矩设计值在绝对值上相等，故

$$\frac{1}{2} \times 80 \times 9^2 + 3N_{EF} - 720 \times 4 = 720 \times 9 - \frac{1}{2} \times 80 \times 4^2 - 3N_{EF}$$

求得 $N_{EF} = 913.33 \text{kN}$。

选择 A。

点评：本题还可以用多种方法求解：

方法一：根据结构力学知识，对称结构作用对称荷载，对称轴上的反对称荷载为零，可以快速得出图 19-2-7 中 G 点剪力 $V_G = 0$。

若不根据对称性，也可以直接计算 G 点剪力，取左半边为隔离体，如图 19-2-6 （b）

所示。由竖向力的平衡可知，$R_A = l_{AG}q + V_G$，代入数据得 $720 = 9 \times 80 + V_G$，求得 $V_G = 0$。

研究 CG 杆件，取隔离体如图 19-2-8 所示，对 C 点取矩，C 点位置弯矩 $M_C = \frac{1}{2}ql_{CG}^2 - M_G$，由于 C 点和 G 点弯矩绝对值相等，故

$$\frac{1}{2}ql_{CG}^2 - M_G = M_G$$

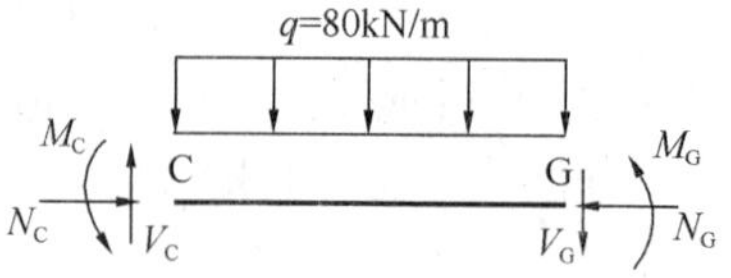

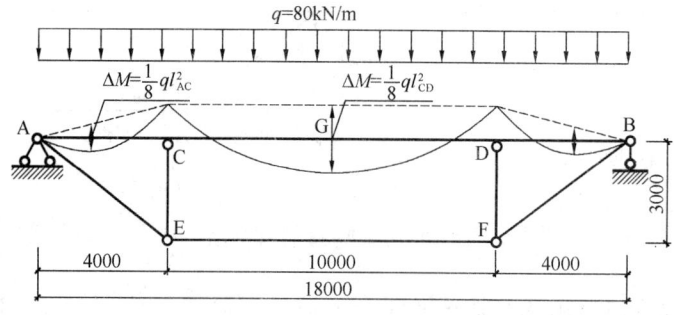

图 19-2-8　题 11 方法一计算简图

于是

$$M_C = M_G = \frac{1}{2} \times \frac{1}{2}ql_{CG}^2 = \frac{1}{2} \times \frac{1}{2} \times 80 \times 5^2 = 500 \text{kN} \cdot \text{m}$$

取图 19-2-7(b) 作为隔离体，对 A 点取矩建立平衡方程，有

$$\frac{1}{2}ql_{AG}^2 + V_G l_{AG} = M_G + l_{CE}N_{EF}$$

$$\frac{1}{2} \times 80 \times 9^2 + 0 \times 9 = 500 + 3 \times N_{EF}$$

求得 $N_{EF} = 913.33 \text{kN}$。

方法二：根据支座形式和受力情况，可以定性地画出 AB 杆件弯矩图，如图 19-2-9 所示。由结构力学知识，在均布荷载作用下，杆件两端弯矩连线与弯矩曲线最低点的差值为 $\Delta M = \frac{1}{8}ql^2$。定义下部受拉为正，上部受拉为负，则可快速得出 $M_G - M_C = \frac{1}{8}ql_{CD}^2$，由 C 点和 G 点弯矩绝对值相等可得

$$M_G = \frac{1}{16}ql_{CD}^2 = \frac{1}{12} \times 80 \times 10^2 = 500 \text{kN} \cdot \text{m}, \quad M_C = -M_G = -500 \text{kN} \cdot \text{m}$$

再按照图 19-2-7(b) 对 A 点取矩可求得 N_{EF}（即接下来的步骤同方法一）。

图 19-2-9　题 11 方法二计算简图

方法三：根据整体受力，可以得到 A、B 支座反力 $R_A = R_B = 80 \times 18 / 2 = 720 \text{kN}$。

取出点 E 作为隔离体，如图 19-2-10(a) 所示，利用力的平衡，$\frac{N_{EF}}{N_{CE}} = \tan\theta$，$\frac{N_{EF}}{N_{AE}} = \sin\theta$，由题目图可知，$\tan\theta = \frac{l_{AC}}{l_{CE}} = \frac{4}{3}$，$\sin\theta = \frac{l_{AC}}{l_{AE}} = \frac{4}{5}$，故 $N_{CE} = \frac{N_{EF}}{\tan\theta} = \frac{3}{4}N_{EF}$，$N_{AE} = \frac{N_{EF}}{\sin\theta} = \frac{5}{4}N_{EF}$。

取 AC 为研究对象，如图 19-2-10(b) 所示，对 C 点取矩，写出 M_C 的表达式：

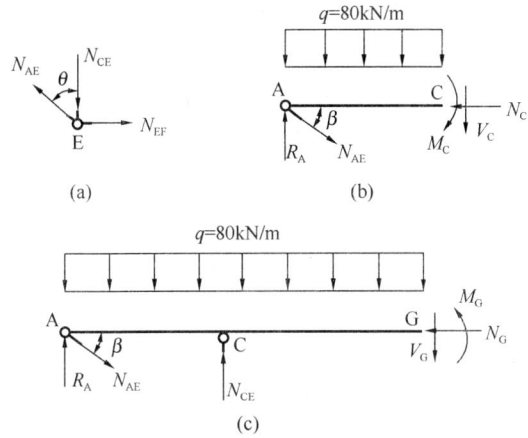

(a)   (b)

(c)

图 19-2-10 题 11 方法三计算简图

$$M_C = \frac{1}{2}ql_{AC}^2 + N_{AE}\sin\beta l_{AC} - R_A l_{AC}$$

$$= \frac{1}{2} \times 80 \times 4^2 + \frac{5}{4}N_{EF} \times \frac{3}{5} \times 4 - 720 \times 4$$

$$= 3N_{EF} - 2240$$

取 AG 为隔离体，如图 19-2-10(c) 所示，写出 M_G 的表达式：

$$M_G = R_A l_{AG} + N_{CE}l_{CG} - \frac{1}{2}ql_{AG}^2 - N_{AE}\sin\beta l_{AG}$$

$$= 720 \times 9 + \frac{3}{4}N_{EF} \times 5 - \frac{1}{2} \times 80 \times 9^2 - \frac{5}{4}N_{EF} \times \frac{3}{5} \times 9$$

$$= 3240 - 3N_{EF}$$

由 C 点和 G 点弯矩绝对值相等可得：$3N_{EF} - 2240 = 3240 - 3N_{EF}$，解得 $N_{EF} = 913.33\text{kN}$。

方法四：把前三种方法的思想结合起来，利用前述方法求得 A、B 支座反力 $R_A = R_B = 80 \times 18/2 = 720\text{kN}$，$M_G = 500\text{kN} \cdot \text{m}$，$M_C = -500\text{kN} \cdot \text{m}$，再取如图 19-2-11(a) 所示部分为研究对象，对 C 点取矩可得

$$M_C + R_A l_{AC} = \frac{1}{2}ql_{AC}^2 + N_{AE}\sin\beta l_{AC}$$

$$500 + 720 \times 4 = \frac{1}{2} \times 80 \times 4^2 + N_{AE} \times \frac{3}{5} \times 4$$

求得 $N_{AE} = \frac{3425}{3}\text{kN}$。

研究节点 E，如图 19-2-11(b) 所示，由 $\dfrac{N_{EF}}{N_{AE}} = \sin\theta$ 可得

$$N_{EF} = N_{AE}\sin\theta = \frac{3425}{3} \times \frac{4}{5} = 913.33\text{kN}$$

12. 答案：B

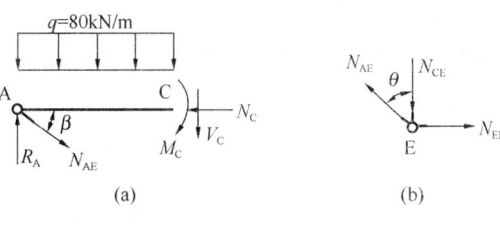

(a)   (b)

图 19-2-11 题 11 方法四计算简图

解答过程：依据《混凝土结构设计规范》GB 50010—2010（2015 年版）的 7.1.2 条计算。

依据式（7.1.4-1），可得

$$\sigma_{sq} = \frac{N_q}{A_s} = \frac{510 \times 10^3}{8 \times 314.2} = 202.9 \text{N/mm}^2$$

$$\alpha_{cr} = 2.7, \ \rho_{te} = \frac{A_s}{A_{te}} = \frac{8 \times 314.2}{300 \times 300} = 0.0279 > 0.01$$

题目已给出 $\psi = 0.869$，在 0.2～1.0 之间。

$$w_{max} = \alpha_{cr}\psi \frac{\sigma_s}{E_s}\left(1.9c_s + 0.08\frac{d_{eq}}{\rho_{te}}\right)$$

$$= 2.7 \times 0.869 \times \frac{202.9}{2 \times 10^5} \times \left(1.9 \times 35 + 0.08 \times \frac{20}{0.0279}\right)$$

$$= 0.295 \text{mm}$$

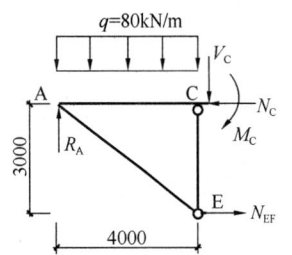

图 19-2-12　题 13 计算简图

选择 B。

13. 答案：B

解答过程：根据整体受力，可以得到 A 支座竖向反力 $R_A = 80 \times 18/2 = 720$kN，水平反力为零。

取如图 19-2-12 所示隔离体分析，根据竖向力的平衡可得

$$R_A = ql_{AC} + V_C$$

$$720 = 80 \times 4 + V_C$$

求得 $V_C = 400$kN，与图中假设方向相同。

根据水平力的平衡 $N_C = N_{EF} = 560$kN，与假设方向相同，杆件受压。

依据《混凝土结构设计规范》GB 50010—2010（2015 年版）的 6.3.12 条计算，注意 f_{yv} 有 360MPa 的限制。

$$N = 560 \text{kN} < 0.3f_c A = 0.3 \times 14.3 \times 300 \times 900 = 1158.3 \text{kN}$$

$$V \leqslant \frac{1.75}{\lambda + 1}f_t bh_0 + f_{yv}\frac{A_{sv}}{s}h_0 + 0.07N$$

$$400 \times 10^3 \leqslant \frac{1.75}{1.5+1} \times 1.43 \times 300 \times 800 + 360 \times \frac{A_{sv}}{s} \times 800 + 0.07 \times 560 \times 10^3$$

求得 $\frac{A_{sv}}{s} \geqslant 0.419$ mm²/mm。

选择 B。

14. 答案：D

解答过程：《混凝土异形柱结构技术规程》JGJ 149—2017 的 7.0.6 条，D 正确。

选择 D。

点评：依据 3.1.2 条，8 度（0.30g）的异形柱框架-剪力墙结构仅限用于 Ⅰ、Ⅱ 类场地，A 错误。

依据 6.1.2 条，混凝土的强度等级不应低于 C25，且不应高于 C50，B 错误。

依据 6.3.2 条，抗震设计时，贯穿顶层十字形柱中间节点的梁上部纵向钢筋直径，对一、二、三级抗震等级不宜大于该方向柱肢截面高度 h_c 的 1/30。注意以上适用于"顶

层"。对于中间层，依据 6.3.5 条，抗震设计时，对一、二、三级抗震等级，贯穿中柱的梁纵向钢筋直径不宜大于该方向柱肢截面高度 h_c 的 1/30，当混凝土的强度等级为 C40 及以上时可取 1/25，且纵向钢筋的直径不应大于 25mm。C 错误。

15. 答案：C

解答过程：依据《混凝土结构加固设计规范》GB 50367—2013 的 8.3.5 条，采用外包型钢加固钢筋混凝土构件时，型钢表面（包括混凝土表面）应抹厚度不小于 25mm 的高强度等级水泥砂浆（应加钢丝网防裂）作防护层，也可采用其他具有防腐蚀和防火性能的饰面材料加以保护，C 错误。

选择 C。

点评：依据 6.3.1 条，A 正确。

依据 15.3.6 条，B 正确。

依据 16.2.4 条，D 正确。

16. 答案：D

解答过程：依据《混凝土结构设计规范》GB 50010—2010（2015 年版）的 6.2.5 条，偏心受压构件的正截面承载力计算时，应计入轴向压力在偏心方向存在的附加偏心距 e_a，其值应取 20mm 和偏心方向截面最大尺寸的 1/30 两者中的较大值，今偏心方向最大尺寸为 900mm，$e_a = \max\left(20, \dfrac{900}{30}\right) = 30\text{mm}$，D 正确。

选择 D。

点评：依据 4.2.3 条，当构件中配有不同种类的钢筋时，每种钢筋应采用各自的强度设计值，A 错误。

依据 3.5.5 条，一类环境中，设计使用年限为 100 年的混凝土结构，钢筋混凝土结构的最低强度等级为 C30，B 错误。

依据 9.7.1 条，直锚筋与锚板应采用 T 形焊接。当锚筋直径不大于 20mm 时宜采用压力埋弧焊；当锚筋直径大于 20mm 时宜采用穿孔塞焊，C 错误。

17. 答案：B

解答过程：依据《钢结构设计标准》GB 50017—2017 的 12.7.9 条计算。

$$\frac{V}{b_f d} + \frac{2M}{b_f d^2} + \frac{1}{2}\sqrt{\left(\frac{2V}{b_f d} + \frac{4M}{b_f d^2}\right)^2 + \frac{4V^2}{b_f^2 d^2}} \leqslant f_c$$

题目已知条件中明确不考虑柱剪力的影响，即 $V = 0$，故有

$$\frac{4M}{b_f d^2} \leqslant f_c$$

$$\frac{4 \times 2500 \times 10^6}{400 \times d^2} \leqslant 14.3$$

解得 $d \geqslant 1322.2\text{mm}$。

12.7.9 条规定，埋入式柱脚埋入钢筋混凝土的深度 d 还应符合表 12.7.10 的规定。实腹柱应满足 $d \geqslant 1.5h_c = 1.5 \times 1000 = 1500\text{mm}$。

以上二者取大值，$d \geqslant 1500\text{mm}$。

选择 B。

18. 答案：D

解答过程：本题为单层厂房框架下端刚性固定的阶形柱，依据《钢结构设计标准》GB 50017—2017 的 8.3.3 条计算。

上下柱线刚度比 $K_c = \dfrac{I_1/H_1}{I_2/H_2} = 0.4$，系数 $\eta_1 = \dfrac{H_1}{H_2}\sqrt{\dfrac{N_1}{N_2} \cdot \dfrac{I_2}{I_1}} = \dfrac{5}{10} \times \sqrt{\dfrac{425}{850} \cdot \dfrac{1}{0.2}} = 0.79$。

$$\mu_2^1 = \frac{\eta_1^2}{2(\eta_1 + 1)} \cdot \sqrt[3]{\frac{\eta_1 - K_b}{K_b}} + (\eta_1 - 0.5)K_c + 2$$

$$= \frac{0.79^2}{2 \times (0.79 + 1)} \times \sqrt[3]{\frac{0.79 - 0.21}{0.21}} + (0.79 - 0.5) \times 0.4 + 2$$

$$= 2.36$$

当柱上端与桁架横梁铰接，$K_c = 0.4$，$\eta_1 = 0.79$，查表 E.0.3，插值得

$$\mu_2 = 2.52 + \frac{2.7 - 2.52}{0.8 - 0.7} \times (0.79 - 07) = 2.682$$

当柱上端与桁架横梁刚接，$K_c = 0.4$，$\eta_1 = 0.79$，查表 E.0.4，插值得

$$\mu_2 = 1.86 + \frac{1.9 - 1.86}{0.8 - 0.7} \times (0.79 - 07) = 1.896$$

$1.896 < \mu_2^1 = 2.36 < 2.682$，满足要求。

依据表 8.3.8，有纵向水平支撑，折减系数 0.7，下段柱的计算长度系数为

$$\mu_2 = 0.7\mu_2^1 = 0.7 \times 2.36 = 1.652$$

上段柱的计算长度系数为

$$\mu_1 = \frac{\mu_2}{\eta_1} = \frac{1.652}{0.79} = 2.09$$

选择 D。

19. 答案：C

解答过程：依据《钢结构设计标准》GB 50017—2017 的 12.3.3 条计算。

$$\lambda_{n,s} = 0.52 < 0.6, \quad f_{ps} = \frac{4}{3}f_v, \quad V_p = h_{b1}h_{c1}t_w = 580 \times 580 \times t_w$$

$$\frac{M_{b1} + M_{b2}}{V_p} \leqslant f_{ps}$$

$$\frac{900 \times 10^6}{580 \times 580 \times t_w} \leqslant \frac{4}{3} \times 175$$

解得 $t_w \geqslant 11.46\text{mm}$。满足要求的选项 C 厚度为 12mm，$f_v = 175\text{N/mm}^2$，与上述估计值一致。

选择 C。

20. 答案：B

解答过程：依据《钢结构设计标准》GB 50017—2017 的 11.2.2 条计算。

支撑为双角钢，肢背和肢尖各有两条焊缝。对于肢背，应满足

$$\frac{0.7 \times 280/2 \times 10^3}{0.7 \times 8 \times l_w} \leqslant 160$$

解得 $l_w \geqslant 109.4\text{mm}$。依据 11.2.6 条，由于 $l_w = 109.4\text{mm} < 60h_f = 60 \times 8 = 480\text{mm}$，承载力无需折减。

对于肢尖，由 $\dfrac{0.3 \times 280/2 \times 10^3}{0.7 \times 6 \times l_{\mathrm{w}}} \leqslant 160$ 得到 $l_{\mathrm{w}} \geqslant 62.5\mathrm{mm}$。

肢背焊缝长度起控制作用。

依据 11.3.5 条，焊缝计算长度最小为 $8h_{\mathrm{f}} = 8 \times 8 = 64\mathrm{mm}$，今满足构造要求。所需焊缝实际长度为

$$l = l_{\mathrm{w}} + 2h_{\mathrm{f}} = 109.4 + 2 \times 8 = 125.4\mathrm{mm}$$

选择 B。

21. 答案：B

解答过程：依据《钢结构设计标准》GB 50017—2017 的 11.2.1 条计算。

柱与节点板之间的焊缝属于对接 T 形焊缝，其承受竖向力与水平力，相当于斜焊缝受力，正应力与剪应力应分别验算。

在对接 T 形连接节点中，h_{e} 取腹板厚度，本题中节点板可视为腹板，$h_{\mathrm{e}} = 10\mathrm{mm}$。

垂直于焊缝方向的力 $N_1 = \dfrac{7.5}{9}N = \dfrac{7.5}{9} \times 280 = 233.3\mathrm{kN}$。

平行于焊缝方向的力 $N_2 = \dfrac{5}{9}N = \dfrac{5}{9} \times 280 = 155.6\mathrm{kN}$。

正应力 $\sigma = \dfrac{N_1}{l_{\mathrm{w}}h_{\mathrm{e}}} \leqslant f_{\mathrm{t}}^{\mathrm{w}}$，代入数据得：$\sigma = \dfrac{233.3 \times 10^3}{l_{\mathrm{w}} \times 10} \leqslant 215$，解得 $l_{\mathrm{w}} \geqslant 108.5\mathrm{mm}$。

剪应力 $\tau = \dfrac{N_2}{l_{\mathrm{w}}h_{\mathrm{e}}} \leqslant f_{\mathrm{v}}^{\mathrm{w}}$，代入数据得：$\tau = \dfrac{155.6 \times 10^3}{l_{\mathrm{w}} \times 10} \leqslant 125$，解得 $l_{\mathrm{w}} \geqslant 124.5\mathrm{mm}$。

$l_1 = l_{\mathrm{w}} + 2t = 124.5 + 2 \times 10 = 144.5\mathrm{mm}$，图中焊缝长度与节点板尺寸相同。

对于节点板，承受拉力和剪力，应验算折算应力。

$$\sqrt{\sigma^2 + 3\tau^2} = \sqrt{\left(\frac{N_1}{l_2 t}\right)^2 + 3\left(\frac{N_2}{l_2 t}\right)^2} \leqslant f$$

$$\sqrt{\left(\frac{233.3 \times 10^3}{l_2 \times 10}\right)^2 + 3\left(\frac{155.6 \times 10^3}{l_2 \times 10}\right)^2} \leqslant 215$$

解得 $l_2 \geqslant 165\mathrm{mm}$。

综上，焊缝长度最小值为 165mm。选择 B。

22. 答案：B

解答过程：依据《钢结构设计标准》GB 50017—2017 的 7.2.1 条计算。

依据 7.2.3 条，格构式轴心受压构件，对虚轴应取换算长细比，于是

$$i_x = \sqrt{\frac{I_x}{A}} = \sqrt{\frac{13955.8 \times 10^4}{2 \times 4000}} = 132.1\mathrm{mm}, \ \lambda_x = \frac{l_{0x}}{i_x} = \frac{10000}{132.1} = 75.7$$

$$\lambda_{0x} = \sqrt{\lambda_x^2 + 27\frac{A}{A_{1x}}} = \sqrt{75.7^2 + 27 \times \frac{2 \times 4000}{2 \times 349}} = 77.7$$

$$\lambda_y = \frac{l_{0y}}{i_y} = \frac{10000}{109} = 91.7$$

依据表 7.2.1，x 轴和 y 轴截面分类均为 b 类，故绕 y 轴起控制作用。按 Q235 钢，近似取 $\lambda = 92$，查表 D.0.2，可得 $\varphi = 0.607$。

$$\varphi A f = 0.607 \times 2 \times 4000 \times 215 = 1044 \text{kN}$$

选择 B。

23. 答案：A

解答过程：依据《钢结构设计标准》GB 50017—2017 的 7.2.7 条，可得构件的剪力为

$$V = \frac{Af}{85\varepsilon_k} = \frac{2 \times 4000 \times 215}{85 \times 1} = 20.24 \text{kN}$$

同一个截面有两个斜缀条，单个缀条承受的轴力设计值：

$$N = \frac{V}{2} / \cos 45° = \frac{20.24}{2} / \frac{\sqrt{2}}{2} = 14.3 \text{kN}$$

依据表 7.1.3，单边连接单角钢有效截面系数 $\eta = 0.85$，按强度确定的承载力为

$$\eta A f = 0.85 \times 349 \times 215 = 63.8 \text{kN}$$

选择 A。

点评：单角钢缀条可能受拉也可能受压，应按压杆设计，而压杆一般为稳定控制设计，故本题实际上仅仅考查"强度验算"这一概念。

24. 答案：A

解答过程：依据《钢结构设计标准》GB 50017—2017 的 8.2.2 条计算。

$$W_{1x} = I_x / y_0 = 13955.8 \times 10^4 / 150 = 9.303 \times 10^5 \text{ mm}^3$$

$$\frac{N}{\varphi_x A f} + \frac{\beta_{mx} M_x}{W_{1x} \left(1 - \frac{N}{N'_{Ex}}\right) f} \leqslant 1.0$$

$$\frac{500 \times 10^3}{0.704 \times 2 \times 4000 \times 215} + \frac{1.0 \times M_x}{9.303 \times 10^5 \times \left(1 - \frac{500}{2459}\right) \times 215} \leqslant 1.0$$

解得 $M_x \leqslant 93.55 \text{kN} \cdot \text{m}$。

选择 A。

点评：8.2.2 条中的 y_0 为虚轴到压力较大分肢的轴线距离或者到压力较大分肢腹板外边缘的距离，二者取较大者，如图 19-2-13 所示。

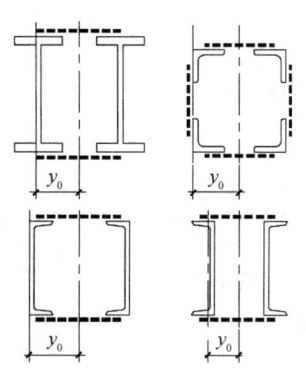

图 19-2-13　y_0 的取值

25. 答案：B

解答过程：依据《钢结构设计标准》GB 50017—2017 的 7.2.5 条，缀板柱的分肢长细比 λ_1 不应大于 $40\varepsilon_k$，并不应大于 λ_{max} 的 0.5 倍，当 $\lambda_{max} < 50$ 时，取 $\lambda_{max} = 50$。缀板柱中同一截面处缀板或型钢横杆的线刚度之和不得小于柱较大分肢线刚度的 6 倍。

依据 7.2.3 条，计算分肢长细比时，当为焊接时，计算长度取相邻两缀板的净距离。于是

$$\lambda_1 = \frac{l}{i_{y1}} = \frac{l}{23} \leqslant \min(0.5\lambda_{max}, 40\varepsilon_k) = \min(0.5 \times 91.7, 40 \times \sqrt{235/235}) = 40$$

解得 $l \leqslant 920 \text{mm}$。

计算分肢线刚度时，计算长度取缀板中心距，故柱较大分肢线刚度为 $\frac{I_{y1}}{l + 180}$。两块缀

板的线刚度为 $2 \times \frac{1}{12} t h^3/b$。缀板线刚度之和不小于柱较大分肢线刚度的 6 倍，可得

$$2 \times \frac{1}{12} t h^3/b \geqslant 6 \times \frac{I_{y1}}{l+180}$$

$$2 \times \frac{1}{12} \times 6 \times 180^3/260 \geqslant 6 \times \frac{218 \times 10^4}{l+180}$$

解得 $l \geqslant 403mm$。

综上，$403mm \leqslant l \leqslant 920mm$。A 选项 400mm 不满足要求。

选择 B。

26. 答案：A

解答过程：

（1）螺栓群的承载力

依据《钢结构设计标准》GB 50017—2017 的 11.4.1 条计算。

$$N_v^b = n_v \frac{\pi d^2}{4} f_v^b = 2 \times \frac{\pi \times 20^2}{4} \times 140 = 87.96kN$$

$$N_c^b = d \sum t f_c^b = 20 \times 8 \times 305 = 48.8kN$$

$$N_v = \min(N_v^b, N_c^b) = \min(87.96, 48.8) = 48.8kN$$

4 个螺栓总承载力为 $48.8 \times 4 = 195.2kN$。

（2）构件毛截面承载力

依据 7.1.1 条，毛截面屈服承载力为

$$Af = 8 \times 180 \times 215 = 309.6kN$$

（3）构件净截面承载力

依据 11.5.2，计算截面削弱时，孔洞直径为

$$d_1 = \max(d_0, d+4) = \max(22, 20+4) = 24mm$$

净截面断裂承载力为

$$0.7 f_u A_n = 0.7 \times 8 \times (180 - 2 \times 24) \times 370 = 273.5kN$$

综上，节点和构件所能承受的拉力设计值应取以上最小值，为 195.2kN。

选择 A。

27. 答案：C

解答过程：

（1）螺栓群的承载力

依据《钢结构设计标准》GB 50017—2017 的 11.4.3 条，承压型高强度螺栓受剪承载力计算与普通螺栓相同。

$$N_v^b = n_v \frac{\pi d^2}{4} f_v^b = 2 \times \frac{\pi \times 20^2}{4} \times 250 = 157.1kN$$

$$N_c^b = d \sum t f_c^b = 20 \times 8 \times 470 = 75.2kN$$

$$N_v = \min(N_v^b, N_c^b) = \min(157.1, 75.2) = 75.2kN$$

4 个螺栓总承载力为 $75.2 \times 4 = 300.8kN$。

(2) 构件毛截面承载力

$$N_1 = Af = 8 \times 180 \times 215 = 309.6 \text{kN}$$

(3) 构件净载面承载力

$$0.7f_u A_n = 0.7 \times 370 \times 8 \times (180 - 2 \times 24) = 273.5 \text{kN}$$

综上，节点和构件所能承受的拉力设计值应取以上最小值，为 273.5kN。

选择 C。

28. 答案：C

解答过程：

(1) 螺栓群的承载力

依据《钢结构设计标准》GB 50017—2017 的 11.4.2 条，标准孔，$k=1.0$，接触面喷砂，Q235 钢材，$\mu = 0.4$，性能等级 8.8 级，M20，$P=125 \text{kN}$，两个传力摩擦面，$n_f = 2$。

$$N_v^b = 0.9 k n_f \mu P = 0.9 \times 1.0 \times 2 \times 0.4 \times 125 = 90 \text{kN}$$

4 个螺栓总承载力为 $90 \times 4 = 360 \text{kN}$。

(2) 构件毛截面承载力

$$Af = 8 \times 180 \times 215 = 309.6 \text{kN}$$

(3) 构件净截面承载力

$$0.7f_u A_n / \left(1 - 0.5 \frac{n_1}{n}\right) = 0.7 \times 370 \times 8 \times (180 - 2 \times 24) / \left(1 - 0.5 \times \frac{2}{4}\right) = 364.7 \text{kN}$$

综上，节点和构件所能承受的拉力设计值应取以上最小值，为 309.6kN。

选择 C。

29. 答案：A

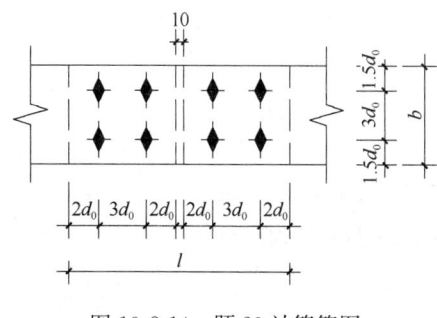

图 19-2-14　题 29 计算简图

解答过程：依据《钢结构设计标准》GB 50017—2017 的 11.5.2 条计算。

依据表 11.5.1，M20 高强度螺栓孔洞直径 $d_0 = 22 \text{mm}$，根据表 11.5.2 求出螺栓最小边距和最小中心距。

螺栓中心间距的最小容许距离为 $3d_0$。

中心至构件边缘距离，顺内力方向为 $2d_0$，垂直内力方向为 $1.5d_0$。

螺栓间距如图 19-2-14 所示。

连接板最小长度为

$$l = (2d_0 + 3d_0 + 2d_0) \times 2 + 10$$
$$= 14d_0 + 10 = 14 \times 22 + 10 = 318 \text{mm}$$

连接板最小宽度为

$$b = 1.5d_0 + 3d_0 + 1.5d_0$$
$$= 6d_0 = 6 \times 22 = 132 \text{mm}$$

选择 A。

30. 答案：C

解答过程：依据《建筑抗震设计规范》GB 50011—2010（2016 年版）表 9.2.12-2，

有檩屋盖上弦横向支撑应这样设置：设防烈度为 8 度时，在厂房单元端开间及上柱柱间支撑开间各设一道。

依据 9.2.15 条第 1 款，上柱柱间支撑应布置在厂房单元两端和具有下弦支撑的柱间。

依据 9.2.15 条第 1 款，8 度厂房单元大于 90m 时，应在厂房单元 1/3 区段内各布置一道下柱支撑。

综上所述，上弦横向支撑应设置在厂房单元两端以及 1/3 处，这样，共设置 4 道。支撑布置可参照图 19-2-15 理解。

选择 C。

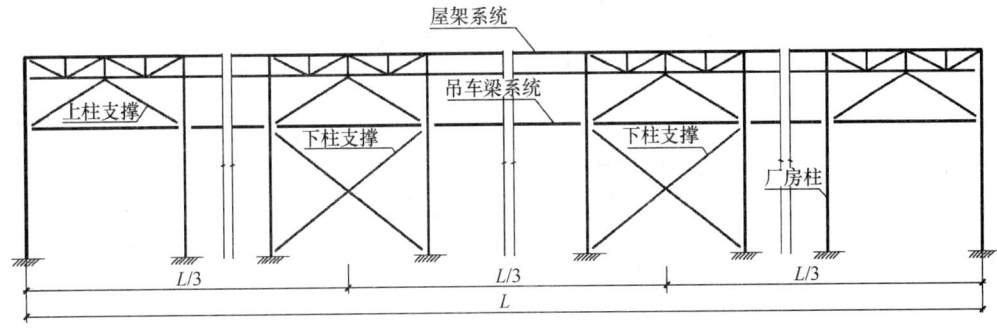

图 19-2-15　题 30 解答示意

31. 答案：C

解答过程：依据《建筑抗震设计规范》GB 50011—2010（2016 年版）的 9.2.12 条第 5 款，设置交叉支撑时，支撑杆的长细比限值可取 350。

选择 C。

32. 答案：B

解答过程：依据《钢结构设计标准》GB 50017—2017 的 6.2.1 条，受弯构件稳定承载力计算时，$M_x = \varphi_b W_x f$。

依据附录 C.0.1，对于简支梁，分三种情况：（1）跨中无侧向支承，（2）跨中有一个侧向支承点，（3）跨中有不少于两个等距离侧向支承点。以下分别计算。

（1）对于跨中无侧向支撑，分为两种情况考虑。

当 $\xi \leqslant 2$：

荷载作用在上翼缘时，$\beta_{b上} = 0.69 + 0.13\xi \leqslant 0.69 + 0.13 \times 2 = 0.95$。

荷载作用在下翼缘时，$\beta_{b下} = 1.73 - 0.20\xi \geqslant 1.73 - 0.20 \times 2 = 1.33$。

可见，$\beta_{b上} < \beta_{b下}$。

当 $\xi > 2$：$\beta_{b上} = 0.95$，$\beta_{b下} = 1.33$，可见，$\beta_{b上} < \beta_{b下}$。

（2）对于跨中一个侧向支承点，$\beta_{b上} = 1.15$，$\beta_{b下} = 1.40$，可见，$\beta_{b上} < \beta_{b下}$。

（3）跨中有不少于两个等距离侧向支承点，$\beta_{b上} = 1.20$，$\beta_{b下} = 1.40$，可见，$\beta_{b上} < \beta_{b下}$。

综上，无论何种情况，均有 $\beta_{b上} < \beta_{b下}$。依据公式（C.0.1-1），有

$$\varphi_b = \beta_b \frac{4320}{\lambda_y^2} \cdot \frac{Ah}{W_x}\left[\sqrt{1 + \left(\frac{\lambda_y t_1}{4.4h}\right)^2} + \eta_b\right]\varepsilon_k^2$$

可知，β_b 越大，φ_b 越大，受弯承载力也就越大。故应有 $q_1 < q_2$。

选择 B。

33. 答案：A

解答过程：依据《砌体结构设计规范》GB 50003—2011 的 4.2.5 条，修正系数 $\gamma = 0.2\sqrt{\dfrac{a}{h}} = 0.2 \times \sqrt{\dfrac{360}{400}} = 0.19$。

按两端固接梁确定的端部弯矩设计值为

$$M = \frac{1}{12}ql^2 = \frac{1}{12} \times 40 \times 11.85^2 = 468.1\text{kN} \cdot \text{m}$$

考虑修正系数后，梁端弯矩设计值为

$$\gamma M = 0.19 \times 468.1 = 88.9\text{kN} \cdot \text{m}$$

选择 A。

34. 答案：C

解答过程：依据《砌体结构设计规范》GB 50003—2011 的 5.2.5 条计算 a_0。

依据表 3.2.1-1，抗压强度设计值 $f = 1.89\text{MPa}$。$\sigma_0/f = 0.756/1.89 = 0.4$，查表 5.2.5 得 $\delta_1 = 6.0$。

$$a_0 = \delta_1\sqrt{\frac{h_c}{f}} = 6.0 \times \sqrt{\frac{800}{1.89}} = 123.4\text{mm} < a = 360\text{mm}$$

选择 C。

35. 答案：B

解答过程：依据《砌体结构设计规范》GB 50003—2011 的 5.2.5 条计算。

$$N_0 = \sigma_0 A_b = \sigma_0 a_b b_b = 1 \times 480 \times 360 = 172.8\text{kN}$$

依据 4.2.5 条，N_l 到墙内边的距离取有效支承长度 a_0 的 0.4 倍，故 N_l 的偏心距为

$$\frac{a_b}{2} - 0.4a_0 = \frac{480}{2} - 0.4 \times 140 = 184\text{mm}$$

N_0 与 N_l 的合力引起的偏心距为

$$e = \frac{M}{N} = \frac{N_l\left(\dfrac{a_b}{2} - 0.4a_0\right)}{N_l + N_0} = \frac{240 \times 184}{240 + 172.8} = 107\text{mm}$$

$\dfrac{e}{h} = \dfrac{e}{a_b} = \dfrac{107}{480} = 0.223$，$\beta \leqslant 3$，按式（D.0.1-1）计算 φ。

$$\varphi = \frac{1}{1 + 12\left(\dfrac{e}{h}\right)^2} = \frac{1}{1 + 12 \times 0.223^2} = 0.63$$

选择 B。

36. 答案：D

解答过程：依据《砌体结构设计规范》GB 50003—2011 的 5.2.5 条，垫块外砌体面积的有利影响系数，γ_1 取为 0.8γ，但不小于 1.0。

依据式（5.2.2）确定 γ。

$$\gamma = 1 + 0.35\sqrt{\frac{A_0}{A_b} - 1} = 1 + 0.35 \times \sqrt{\frac{720 \times 480}{480 \times 360} - 1} = 1.35 < 1.5$$

由于垫块下面积向两侧扩散，限值为 1.5。

$$\gamma_1 = 0.8\gamma = 0.8 \times 1.35 = 1.08 > 1$$

选择 D。

37. 答案：B

解答过程：依据《砌体结构设计规范》GB 50003—2011 的 5.2.5 条计算。

依据表 3.2.1-1，抗压强度设计值 $f = 1.89\text{MPa}$。

由于 $\dfrac{e}{h} = \dfrac{e}{a_b} = \dfrac{96}{480} = 0.2$，$\beta \leqslant 3$，按式（D.0.1-1）确定 φ。

$$\varphi = \frac{1}{1 + 12\left(\dfrac{e}{h}\right)^2} = \frac{1}{1 + 12 \times 0.2^2} = 0.676$$

$$\gamma_1 = 0.8\gamma = 0.8 \times 1.5 = 1.2 > 1.0$$

$$\varphi\gamma_1 f A_b = 0.68 \times 1.2 \times 1.89 \times 480 \times 360 = 266.5\text{kN}$$

选择 B。

38. 答案：A

解答过程：依据《建筑抗震设计规范》GB 50011—2010（2016 年版）表 7.3.1 以及 7.3.2 条设置构造柱。

共设置 32 根构造柱，构造柱布置如图 19-2-16 所示，解释如下：

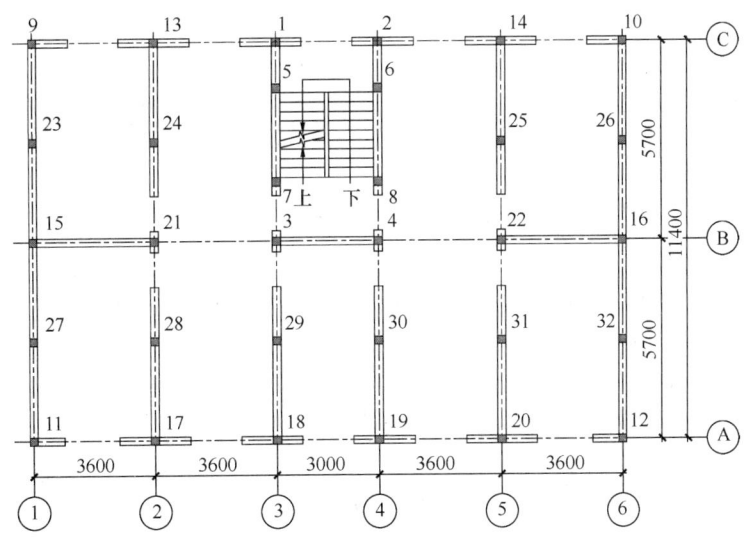

图 19-2-16　构造柱布置

抗震设防烈度为 7 度（0.10g），房屋层数为 7 层，依据表 7.3.1 设置构造柱：

楼梯间四角处，1～4 号柱；楼梯斜梯段上下端对应墙体处，5～8 号柱；外墙四角处，9～12 号柱；内墙（轴线）与外墙交接处以及内纵墙与横墙（轴线）交接处，13～20 号柱；内墙较大洞口两侧（洞口不小于 2.1m），21～22 号柱。内墙无局部较小墙垛。

依据 7.1.2 条，抗震设防烈度为 7 度（0.10g），丙类普通砖砌体的高度限值为 21m，层数限值为 7 层，本房屋高度 $H=2.8\times7+2.6=20.2\mathrm{m}$，房屋高度和层数接近限值。依据 7.3.2 条第 5 款，房屋高度和层数接近表 7.1.2 的限值，横墙内构造柱间距不宜大于层高的 2 倍，层高为 2.8m，横墙内构造柱间距不宜大于 $2.8\times2=5.6\mathrm{m}$，故在横墙中部增加构造柱，23～32 号柱。

选择 A。

39. 答案：D

解答过程：依据《建筑抗震设计规范》GB 50011—2010（2016 年版）的 7.3.2 条，构造柱最小尺寸为 $180\mathrm{mm}\times240\mathrm{mm}$，7 度超过六层，构造柱纵向钢筋宜采用 4 Φ 14，箍筋间距不应大于 200mm。

选择 D。

40. 答案：D

解答过程：依据《木结构设计规范》GB 50005—2017 的 7.1.6 条，在结构的同一节点或接头中有两种或多种不同的连接方式时，计算时应只考虑一种连接传递内力，不应考虑几种连接的共同工作。D 错误。

选择 D。

点评：依据 7.5.8 条，A 正确；依据 7.5.2 条，B 正确；依据 7.5.4 条，C 正确。

41. 答案：B

解答过程：依据《既有建筑地基基础加固技术规范》JGJ 123—2012 的 5.2.1 条及 5.2.2 条计算。

$$e=\frac{M_\mathrm{k}}{F_\mathrm{k}+G_\mathrm{k}}=\frac{300+60\times0.8}{1620+3.6\times3\times2.2\times20}=0.166\mathrm{m}<\frac{b}{6}=\frac{3.6}{6}=0.6\mathrm{m}，小偏心受压$$

（1）轴心荷载作用

$$p_\mathrm{k}=\frac{F_\mathrm{k}+G_\mathrm{k}}{A}=\frac{1620+3.6\times3\times2.2\times20}{3.6\times3}=194\mathrm{kPa}\leqslant f_\mathrm{a}$$

解得 $f_\mathrm{a}\geqslant194\mathrm{kPa}$。

（2）偏心荷载作用

$$p_\mathrm{kmax}=\frac{F_\mathrm{k}+G_\mathrm{k}}{A}+\frac{M_\mathrm{k}}{W}=\frac{1620+3.6\times3\times2.2\times20}{3.6\times3}+\frac{300+60\times0.8}{3\times3.6^2/6}$$
$$=247.7\mathrm{kPa}\leqslant1.2f_\mathrm{a}$$

解得 $f_\mathrm{a}\geqslant206.4\mathrm{kPa}$。

故，修正后的地基承载力特征值应满足 $f_\mathrm{a}\geqslant206.4\mathrm{kPa}$。

依据《建筑地基基础设计规范》GB 50007—2011 的 5.2.4 条，粉质黏土为黏性土，$e=0.72$，$I_\mathrm{L}=0.7$，均小于 0.85，查表 5.2.4，得到 $\eta_\mathrm{b}=0.3$，$\eta_\mathrm{d}=1.6$。

$$f_\mathrm{a}=f_\mathrm{ak}+\eta_\mathrm{b}\gamma(b-3)+\eta_\mathrm{d}\gamma_\mathrm{m}(d-0.5)=f_\mathrm{ak}+0+1.6\times18\times(2.2-0.5)\geqslant206.4\mathrm{kPa}$$

解得 $f_\mathrm{ak}\geqslant157.4\mathrm{kPa}$。

选择 B。

点评：对于本题，有以下几点需要说明：

（1）《既有建筑地基基础加固技术规范》JGJ 123—2012 的 5.2.1 条及 5.2.2 条与《建筑地基基础设计规范》GB 50007—2011 的 5.2.1 条及 5.2.2 条原理相同，在计算 p_kmax 时应根据 e 与 $b/6$ 的大小，判断小偏心和大偏心，选择对应的计算公式。

（2）对地基承载力特征值进行修正时，公式中的 b 应取短边尺寸，而在计算 p_{kmax} 时，b 取基础底面与弯矩作用平面平行的边长。

42. 答案：A

解答过程：依据《建筑地基基础设计规范》GB 50007—2011 的 8.2.11 条计算。

台阶高宽比为 $\dfrac{(4.8-0.8)/2}{1.2}=1.67<2.5$ 且 $p_{kmin}>0$，即偏心距 $e<b/6$，满足要求。

$a_1=0.6\mathrm{m}$，$l=4\mathrm{m}$。将基底按柱角点与基础四个顶点分别连线分成四个区域，把基础看成固定在柱子边的倒悬臂板，如图 19-2-17(a) 所示。在图中，三角形 oab 与三角形 ocd 相似，于是可得

$$\frac{2.1-0.6}{2.1}=\frac{l_{ab}}{1.7}$$

解得 $l_{ab}=1.214\mathrm{m}$。

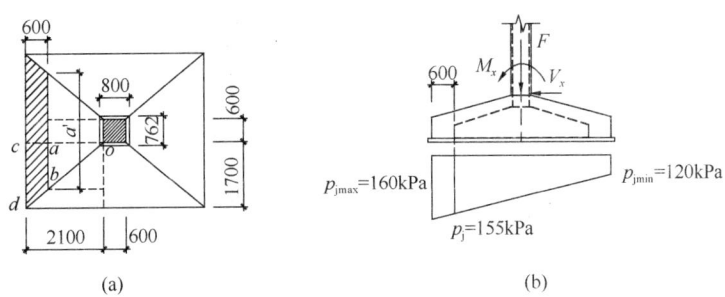

图 19-2-17　题 42 计算简图

故，$a'=$ 柱宽 $+2l_{ab}=0.6+2\times1.214=3.03\mathrm{m}$。

基底净反力如图 19-2-17(b) 所示，可确定在 A-A 截面的基底净反力为

$$p_j=120+\frac{160-120}{4.8}\times(4.8-0.6)=155\mathrm{kPa}$$

$$M=\frac{1}{12}a_1^2\left[(2l+a')\left(p_{max}+p-\frac{2G}{A}\right)+(p_{max}-p)l\right]$$

$$=\frac{1}{12}a_1^2\left[(2l+a')(p_{jmax}+p_j)+(p_{jmax}-p_j)l\right]$$

$$=\frac{1}{12}\times0.6^2\times\left[(2\times4+3.03)\times(160+155)+(160-155)\times4\right]$$

$$=104.8\mathrm{kN}\cdot\mathrm{m}$$

选择 A。

43. 答案：B

解答过程：依据《建筑地基基础设计规范》GB 50007—2011 的 8.2.12 条计算。

钢筋按 Φ 16@125 布置时，查表可知每米钢筋截面面积为 $1609\mathrm{mm}^2$，今在 4m 范围内，钢筋截面面积为 $4\times1609=6436\mathrm{mm}^2$。

$$A_s=\frac{M}{0.9f_yh_0}$$

$$6436=\frac{1820\times10^6}{0.9\times300\times h_0}$$

解得 $h_0 = 1047\text{mm}$。$h = 1047 + 55 = 1102\text{mm}$，可取 $h = 1100\text{mm}$。

依据 8.2.1 条，柱边处，独立基础平行于短边方向的截面面积 A 按图 19-2-18 计算全面积。

$$A = 1100 \times (1619 \times 2 + 762) - 1/2 \times 450 \times 1619 \times 2 = 3671450\text{mm}^2$$

$$A_{\text{smin}} = \rho_{\min} bh = 0.0015 \times 3671450 = 5507.2\text{mm}^2 < 6436\text{mm}^2$$

符合要求。

选择 B。

44. 答案：B

解答过程：依据《既有建筑地基基础加固技术规范》JGJ 123—2012 的 5.3.3 条及 5.3.4 条第 2 款，取荷载增加量确定。

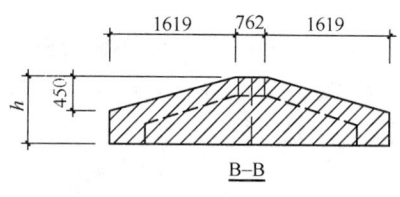

图 19-2-18　题 43 计算简图

$$\Delta p_0 = \frac{2136 - 1080}{4.8 \times 4} = 55\text{kPa}$$

依据《建筑地基基础设计规范》GB 50007—2011 的 5.3.5 条计算。

矩形独立基础，变形计算深度 $z_n = 7.6\text{m}$，将基底分成四个矩形截面，$l_1 = 4.8/2 = 2.4\text{m}$，$b_1 = 4/2 = 2\text{m}$。$z_1 = 4\text{m}$ 时，$z_1/b_1 = 4/2 = 2$，$l_1/b_1 = 2.4/2 = 1.2$，查表 K.0.1-2，$\overline{\alpha}_1 = 0.1822$；$z_2 = 7.6\text{m}$ 时，$z_2/b_1 = 7.6/2 = 3.8$，$l_1/b_1 = 2.4/2 = 1.2$，查表 K.0.1-2，$\overline{\alpha}_2 = 0.1234$。

$$
\begin{aligned}
s_1 &= \psi_s \sum_{i=1}^{n} \frac{\Delta p_0}{E_{si}} (\overline{\alpha}_i z_i - \overline{\alpha}_{i-1} z_{i-1}) \\
&= 4 \times 0.69 \times 55 \times \left(\frac{4 \times 0.1822 - 0}{8000} + \frac{7.6 \times 0.1234 - 4 \times 0.1822}{10000} \right) \\
&= 0.017\text{m} = 17\text{mm}
\end{aligned}
$$

选择 B。

点评：对于本题，应取扩大后的基础面积计算增加的附加应力和变形。

45. 答案：B

解答过程：依据《建筑地基基础设计规范》GB 50007—2011 的 5.4.3 条计算。

取单位长度 1m 进行计算。

管廊总高为

$$H = 0.35 + 2.95 + 0.4 = 3.7\text{m}$$

结构自重为

$$G_k = (7 \times 3.7 - 2.95 \times 3 \times 2) \times 23 = 188.6\text{kN}$$

结构上方土重为

$$G_{\pm} = 7 \times h \times 1 \times 18.2 = 127.4h$$

浮力为

$$N_{w,k} = 7 \times (3.7 + h) \times 1 \times 10 = 259 + 70h$$

$$\frac{G_k}{N_{w,k}} \geqslant K_w \Rightarrow \frac{188.6 + 127.4h}{259 + 70h} \geqslant 1.1$$

解得 $h \geqslant 1.911\text{m}$。

选择 B。

点评：因为题目已明确回填后不采取降水措施，故回填后，在还未安装管廊设施且不考虑地面超载时，采取抗浮水位±0.000 进行抗浮验算，此状态为最不利情况。

46. 答案：D

解答过程：依据《建筑边坡工程技术规范》GB 50330—2013 的 6.2.1 条计算。

按水土分算考虑，则土压力为

$$
\begin{aligned}
e_{0i} &= (\sum_{j=1}^{i} \gamma_j h_j + q) K_{0i} \\
&= (18.2 \times 1.5 + 8.2 \times 3 + 10) \times 0.45 \\
&= 27.855 \text{kPa}
\end{aligned}
$$

水压力为

$$
e_w = 10 \times 3 = 30 \text{kPa}
$$

$$
e_{Ak} = e_{0i} + e_w = 27.855 + 30 = 57.855 \text{kPa}
$$

依据《建筑地基基础设计规范》GB 50007—2011 的 5.2.2 条计算。取单位长度为 1m，则底板底面平均压力标准值 p_k 为

$$
\begin{aligned}
p_k &= \frac{F_k + G_k}{A} \\
&= 10 + \frac{1 \times (7 - 0.35 \times 2 - 0.3) \times 14}{1 \times 7} \\
&\quad + \frac{1 \times (7 \times 3.7 - 2.95 \times 3 \times 2) \times 25 - 1 \times 7 \times 3.7 \times 10}{1 \times 7} \\
&\quad + 18.2 \times 1.5 + 8.2 \times 1 \\
&= 49.79 \text{kPa}
\end{aligned}
$$

以上五项导致底板底面平均压力的来源分别为：（1）地面超载；（2）通廊内设施的等效均布荷载；（3）结构自重；（4）地下水标高以上土层；（5）地下水标高以下结构顶板以上土层。

以上得到的 $p_k = 49.79 \text{kPa}$，无合适选项。

当不考虑地下水时，基底压力更大，此时有

$$
\begin{aligned}
p_k &= \frac{F_k + G_k}{A} \\
&= 10 + \frac{1 \times (7 - 0.35 \times 2 - 0.3) \times 14}{1 \times 7} + \frac{1 \times (7 \times 3.7 - 2.95 \times 3 \times 2) \times 25}{1 \times 7} + \\
&\quad 18.2 \times 1.5 + 18.2 \times 1 \\
&= 96.79 \text{kPa}
\end{aligned}
$$

选择 D。

点评：对于本题，有以下几点需要说明：

（1）挡土墙后填土有地下水时，作用于挡土墙上的压力除了土压力之外还有水压力，此时，有"水土分算"和"水土合算"两种方法。地下水位以下为碎石或砂土时，一般采

用水土分算，此时，分别计算作用于墙背上的土压力与水压力，然后叠加，地下水位以下的土采用有效重度。地下水位以下为黏性土、粉土、淤泥及淤泥质土时，一般采用水土合算，此时，地下水位以下的土采用饱和重度。

（2）求解基础底面的压力时，其基本原理就是竖向力的平衡。

$$p_k = \frac{上部结构传至基础顶面竖向力\ F_k + 基础及土的重力\ G_k - 水浮力\ F_浮}{基底面积\ A}$$

在《建筑地基基础设计规范》中，基础一般都是实心的，根据力的平衡，作用于基础底面的压应力为

$$p_k = \frac{F_k + \gamma_G V_{基础体积} - \gamma_w V_{基础体积}}{A} = \frac{F_k + (\gamma_G - \gamma_w)V_{基础体积}}{A} = \frac{F_k + \gamma_{浮重度}V_{基础体积}}{A}$$

上式表明在《建筑地基基础设计规范》中一般直接取浮重度计算的原理。而在本题中，结构内部有空心，空心的受力情况为：向下的重力 $G=0$，向上的浮力 $F_浮 = \gamma_w V_{空心}$。因此，不能对整体直接取浮重度计算，而是需要根据基本的原理，即力的平衡来分块计算。

47. 答案：C

解答过程：依据《建筑抗震设计规范》GB 50011—2011（2016年版）的4.3.3条第2款，粉土，7度，黏粒含量 $\rho_c = 13\% \geqslant 10\%$，可判为不液化土，Ⅰ正确。

依据4.3.3条第3款，$d_u = 10\text{m}$，$d_w = 7\text{m}$，$d_b = 2.5 + 3.7 = 6.2\text{m}$。

7度，粉砂，查表4.3.3，$d_0 = 7\text{m}$。

$$d_u = 10\text{m} < d_0 + d_b - 2 = 7 + 6.2 - 2 = 11.2\text{m}$$

$$d_w = 7\text{m} < d_0 + d_b - 3 = 7 + 6.2 - 3 = 10.2\text{m}$$

$$d_u + d_w = 10 + 7 = 17\text{m} < 1.5d_0 + 2d_b - 4.5 = 1.5 \times 7 + 2 \times 6.2 - 4.5 = 18.4\text{m}$$

由上可知，②层粉砂需考虑液化影响，Ⅱ不正确。

依据14.2.4条第3款，Ⅲ正确。

依据14.3.3条第1款，Ⅳ正确。

3条论述正确。

选择C。

48. 答案：A

解答过程：依据《建筑地基处理技术规范》JGJ 79—2012的6.2.2条第5款计算。

$$\rho_{dmax} = \eta \frac{\rho_w d_s}{1 + 0.01 w_{op} d_s} = 0.96 \times \frac{1000 \times 2.71}{1 + 0.01 \times 20 \times 2.71} = 1687.2\ \text{kg/m}^3 = 1.6872\ \text{t/m}^3$$

$$\lambda_c = \frac{\rho_d}{\rho_{dmax}} = \frac{1.52}{1.6872} = 0.90$$

选择A。

点评：本题亦可依据《建筑地基基础设计规范》GB 50007—2011的6.3.7条、6.3.8条计算。

49. 答案：D

解答过程：依据《建筑地基处理技术规范》JGJ 79—2012的6.3.3条第1款，表

6.3.3-1 注，强夯法的有效加固深度应从最初起夯面算起。

依据题意，强夯后场地标高尽量接近±0.000，即强夯处理后新填土粉质黏土的厚度接近 7m。由此可知，强夯处理前新填土粉质黏土的厚度要大于 7m，即强夯有效加固深度 h 要大于 7m。

依据施工资料可知，基本相同的场地填料，采用相同的粉质黏土，强夯有效加固深度接近 6.9m 时，平均夯沉量为 1.2m。由此可知，强夯有效加固深度 h 大于 7m 时，其平均夯沉量至少为 1.2m，即强夯有效加固深度至少为 $h=7+1.2=8.2m$。

$h=8.2m$，粉质黏土，查表 6.3.3-1，单击夯击能 E 为 8000kN·m，此时的有效加固深度为 8.0~8.5m，可满足要求。

选择 D。

50. 答案：C

解答过程：依据《建筑桩基技术规范》JGJ 94—2008 的 5.3.9 条计算。

依据表 5.3.9 注 1，$f_{rk}=8MPa \leqslant 15MPa$，属于极软岩、软岩，$h_r/d=1.2/0.8=1.5$，查表 5.3.9，并利用插值可得

$$\zeta_r = (0.95+1.18)/2 = 1.065$$

由于采用泥浆护壁成桩后注浆，ζ_r 应放大 1.2 倍，即取 $\zeta_r=1.2 \times 1.065=1.278$。

$$Q_{rk} = \zeta_r f_{rk} A_p = 1.278 \times 8000 \times 3.14/4 \times 0.8^2 = 5136.5kN$$

选择 C。

51. 答案：C

解答过程：依据《建筑桩基技术规范》JGJ 94—2008 的 5.4.4 条计算。

持力层为砂岩，依据表 5.4.4-2 注 1，$l_0=7-2=5m$，查表 5.4.4-2，$l_n/l_0=1.0$，中性点深度 $l_n=5m$，即中性点位于填土底面。

$$q_{si}^n = \xi_{ni}\sigma'_i = 0.35 \times (20+18 \times 2+18 \times 5 \times 1/2) = 35.35kPa \leqslant 40kPa$$

单桩时 $\eta_n = 1.0$。

$$Q_g^n = \eta_n \mu \sum_{i=1}^{n} q_{si}^n l_i = 1 \times 3.14 \times 0.8 \times 35.35 \times 5 = 444kN$$

选择 C。

点评：对于本题，有以下几点需要说明：

(1) l_n 及 l_0 分别为自桩顶算起的中性点深度和桩周软弱土层下限深度。

(2) 桩侧负摩阻力 q_{si}^n 要小于等于正摩阻力标准值。

(3) 计算 $\sigma'_{\gamma i}$ 时，对于桩群外围桩自地面算起，对于桩群内部桩自承台底算起，对于一柱一桩自地面算起。

52. 答案：B

解答过程：依据《建筑地基基础设计规范》GB 50007—2011 的 Q.0.10 条第 6 款：

平均值=(3400+3700+3800)/3=3633kN，极差=3800-3400=400kN<0.3×3633=1090kN，满足要求。

依据 Q.0.11 条，$R_a = 3633/2 = 1816.5$kN。

依据《建筑桩基技术规范》JGJ 94—2008 的 5.2.5 条计算。

$$A_c = (A - nA_{ps})/n = (6.72 \times 6 - 8 \times 3.14/4 \times 0.6^2)/8 = 4.7574\text{m}^2$$

承台下 1/2 承台宽度为 6/2=3m<5m，且 3m<2+4.5-3=3.5m，则承台下 3m 范围内 $f_{ak}=130$kPa。

$$R = R_a + \eta_c f_{ak} A_c = 1816.5 + 0.13 \times 130 \times 4.7574 = 1897\text{kN}$$

选择 B。

点评：应特别注意 f_{ak} 的取值问题，它是承台下 1/2 承台宽度（取短边尺寸）且不超过 5m 深度范围内各层土的地基承载力特征值按厚度加权的平均值。

53. 答案：B

解答过程：依据《建筑桩基技术规范》JGJ 94—2008 的 5.5.9 条及 5.5.10 条计算。

依据 5.5.10 条，布桩不规则时，等效距径比为

$$\frac{s_a}{d} = \frac{\sqrt{A}}{\sqrt{n} \cdot d} = \frac{\sqrt{6.72 \times 6}}{\sqrt{8} \times 0.6} = 3.742$$

依据 5.5.9 条，桩基等效沉降系数 ψ_e 为

$$n_b = \sqrt{\frac{nB_c}{L_c}} = \sqrt{\frac{8 \times 6}{6.72}} = 2.67 > 1$$

$$\psi_e = C_0 + \frac{n_b - 1}{C_1(n_b - 1) + C_2}$$

$$= 0.041 + \frac{2.67 - 1}{1.66 \times (2.67 - 1) + 10.14}$$

$$= 0.17$$

选择 B。

54. 答案：B

解答过程：依据《建筑桩基技术规范》JGJ 94—2008 的 5.1.1 条计算。

桩 A 废桩后，剩余 7 根桩的桩群形心到最左侧一排桩中心的距离为

$$x = (2.76 \times 2 + 2.76 \times 2 \times 3)/7 = 3.154\text{m}$$

原桩群形心往右偏移，偏移距离为 3.154 - 2.76 = 0.394m，如图 19-2-19 所示。

由图 19-2-19 可知，作用在新桩群形心的弯矩为

$M_k = 360 + 60 \times 2.2 + (10500 + 6.72 \times 6 \times 3 \times 20) \times 0.394$

$= 5582.2$kN·m

依据式（5.1.1-2）计算基桩受力。

$$N_{ik} = \frac{F_k + G_k}{n} + \frac{M_{yk} x_i}{\sum x_i^2}$$

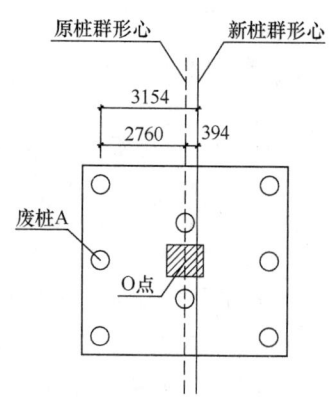

图 19-2-19　题 54 解答示意

$$=\frac{10500+6.72\times6\times3\times20}{7}+\frac{5582.2\times3.154}{2\times3.154^2+2\times0.394^2+3\times2.366^2}$$

$$=2321.4\text{kN}$$

选择 B。

点评：M_{xk}，M_{yk} 的定义为荷载效应标准组合下，作用于承台底面，绕通过桩群形心的 x、y 主轴的力矩。由此可知承台上的外力都应转化到承台底群桩形心处，并不一定是承台底形心，之后再进行基桩的竖向力求解。

55. 答案：C

解答过程：依据《建筑桩基技术规范》JGJ 94—2008 的 3.3.3 条第 1 款确定基桩的最小中心距。

对于 PHC 桩，查表 3.3.3 时，部分挤土桩、饱和黏土、其他情况，可得基桩最小中心距为 $3.5d=3.5\times0.6=2.1\text{m}$。

对于钻孔灌注桩，查表 3.3.3 时，非挤土灌注桩、其他情况，可得基桩最小中心距为 $3.0d=3.0\times0.7=2.1\text{m}$。

方案 A：布置如图 19-2-20（a）所示，$s_a=\sqrt{1.2^2+1.75^2}=2.122\text{m}>2.1\text{m}$，符合要求。

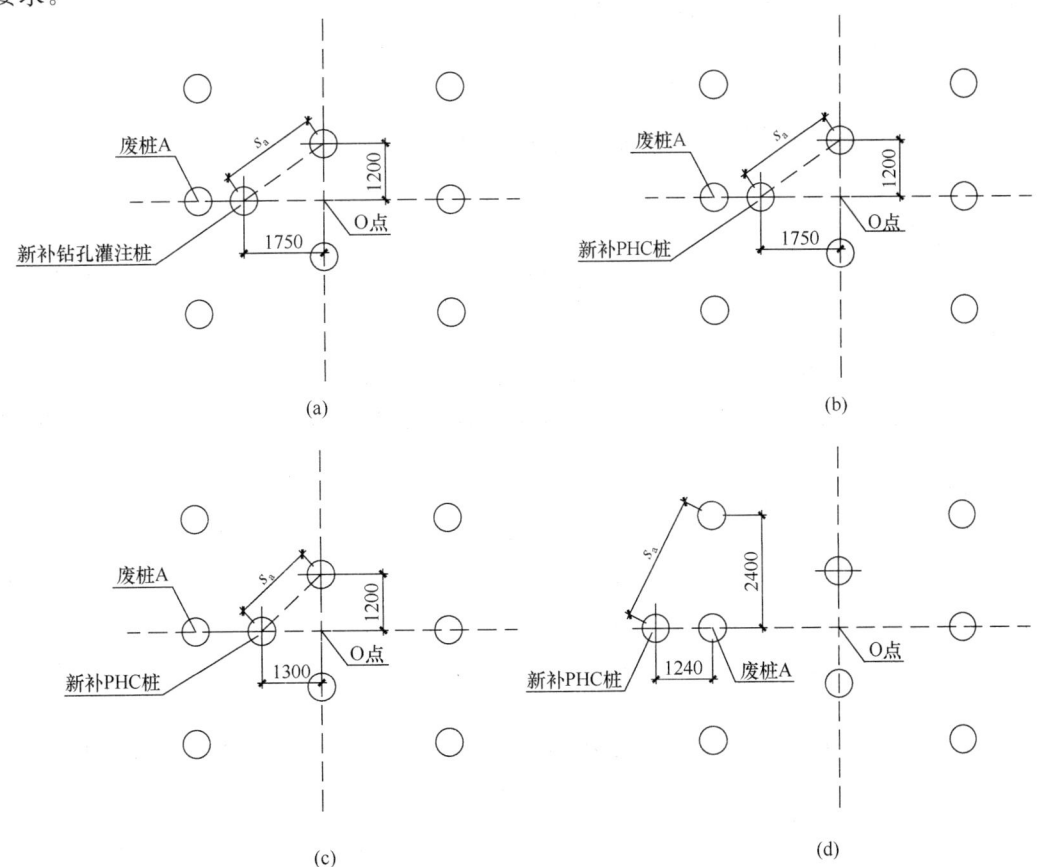

(a)

(b)

(c)

(d)

图 19-2-20　题 55 解答示意

方案 B：布置如图 19-2-20（b）所示，$s_a = \sqrt{1.2^2 + 1.75^2} = 2.122\text{m} > 2.1\text{m}$，符合要求。

方案 C：布置如图 19-2-20（c）所示，$s_a = \sqrt{1.2^2 + 1.3^2} = 1.769\text{m} < 2.1\text{m}$，不符合要求。

方案 D：布置如图 19-2-20（d）所示，$s_a = \sqrt{2.4^2 + 1.24^2} = 2.701\text{m} > 2.1\text{m}$，符合要求。

选择 C。

56. 答案：A

解答过程：依据《建筑抗震设计规范》GB 50011—2011（2016 年版）的 4.1.7 条第 1 款 1），Ⅰ正确。

依据 4.4.5 条，Ⅲ正确。

选择 A。

点评：

Ⅳ. 预应力混凝土管桩（PC 桩）的质量稳定性优于沉管灌注桩，适用于抗震设防区 n 内适合施工 PC 桩的工程。

依据《建筑抗震设计规范》GB 50011—2011（2016 年版）的 4.2.1 条第 2 款，地基主要受力层范围内不存在软弱黏性土层时，砌体房屋可不进行天然地基及基础的抗震承载力验算，Ⅱ不正确。

依据《建筑桩基技术规范》JGJ 94—2008 的 3.3.2 条第 3 款及条文说明，预应力混凝土管桩的质量稳定性优于沉管灌注桩，但在抗震设防烈度为 8 度及以上地区，不宜采用预应力混凝土管桩，Ⅳ不正确。

57. 答案：B

解答过程：依据《建筑地基基础设计规范》GB 50007—2011 的 5.3.5 条，附加应力为

$$p_0 = \frac{F_k + G_k}{A} - \gamma_m d = p_k - \gamma_m d$$

其中 F_k、G_k 均为准永久组合作用下的荷载值，p_k 为相应于作用的准永久组合时基础底面处的平均压应力。由此可知，增大建筑物基础底面积 A，附加应力 p_0 减小，进而减小建筑物的沉降。故Ⅱ正确。

依据 10.3.8 条第 5 款，Ⅲ正确。

选择 B。

点评：依据《建筑桩基技术规范》JGJ 94—2008 的表 5.5.4，对于钢筋混凝土烟囱，属于高耸结构，当 $150\text{m} < H_g = 180\text{m} < 200\text{m}$ 时，基础的倾斜不应大于 0.003，基础的沉降量不应大于 250mm，Ⅰ不正确。注意《建筑地基基础设计规范》与《建筑桩基技术规范》数值的不同。

依据《建筑地基基础设计规范》GB 50007—2011 的 8.4.22 条，主楼与相邻的裙房柱的差异沉降不应大于其跨度的 0.1%，Ⅳ不正确。

58. 答案：C

解答过程：依据《建筑抗震设计规范》GB 50011—2011（2016 年版）的 3.4.4 条第 1 款，Ⅰ正确。

依据《高层建筑混凝土结构技术规程》JGJ 3—2010 的 5.3.4 条及条文说明，刚域尺寸的合理确定，会在一定程度上影响结构的整体分析结果，考虑刚域后，结构整体计算刚度增大，Ⅳ正确。

选择 C。

点评：依据《高层建筑混凝土结构技术规程》JGJ 3—2010 的 4.2.6 条及 5.1.10 条，应按顺风向、横风向分别控制侧向层间位移角满足规程要求，体型复杂的高层建筑，应考虑风向角的不利影响，Ⅱ不正确。

依据 4.3.2 条、4.3.3 条及条文说明，双向水平地震作用计算结果应与单向地震作用考虑偶然偏心的计算结果进行包络设计，Ⅲ不正确。

59. 答案：B

解答过程：依据《高层民用建筑钢结构技术规程》JGJ 99—2015 的 7.6.1 条，Ⅱ正确。

依据 3.4.2 条，Ⅲ正确。

选择 B。

点评：依据《高层民用建筑钢结构技术规程》JGJ 99—2015 的 5.4.6 条第 1 款、第 2 款或《建筑抗震设计规范》GB 50011—2011（2016 年版）的 8.2.2 条第 1 款、第 2 款，多遇地震时，高度大于 50m 且小于 200m 时，阻尼比可取 0.03。当偏心支撑框架部分承担的地震倾覆力矩大于地震总倾覆力矩的 50%，多遇地震下的阻尼比可比本条 1 款相应增加 0.005，故此时，阻尼比为 0.035。Ⅰ不正确。

依据《高层民用建筑钢结构技术规程》JGJ 99—2015 的 3.2.2 条，规范中无"当框架承担的倾覆力矩大于总倾覆力矩的 50% 时，其最大适用高度应按框架结构采用"的规定，在其他条文中也无此规定，Ⅳ不正确。

60. 答案：D

解答过程：依据《建筑与市政工程抗震通用规范》GB 55002—2021 的 5.2.1 条，丙类、部分框支剪力墙结构、7 度、高度 27m，得到框支框架抗震等级为二级。

查《高层建筑混凝土结构技术规程》JGJ 3—2010 的表 6.4.2，部分框支剪力墙结构、二级，得到 $[\mu_c]=0.7$。

依据 4.3.15 条，由于是转换结构，竖向地震作用标准值有最小值要求。7 度（0.15g），查表 4.3.15，竖向地震作用系数为 0.08，据此得到竖向地震作用标准值最小值为

$$(7500+0.5\times1500)\times0.08=660\text{kN}$$

大于题目给出的 350kN，故取竖向地震轴力标准值 $N_{Evk}=660\text{kN}$。

依据《建筑与市政工程抗震通用规范》GB 55002—2021 的 4.3.2 条进行荷载效应组合，可得 KZZ1 的轴压力设计值为

$$N_1 = 1.3\times(7500+0.5\times1500)+1.4\times50=10795\text{kN}$$

$$N_2 = 1.3\times(7500+0.5\times1500)+1.4\times660=11649\text{kN}$$

$$N_3 = 1.3\times(7500+0.5\times1500)+1.4\times50+0.5\times660=11125\text{kN}$$

$$N_4 = 1.3\times(7500+0.5\times1500)+1.4\times660+0.5\times50=11674\text{kN}$$

$$N = \max(N_1，N_2，N_3，N_4)=11674\text{kN}$$

$$\mu_c = \frac{N}{f_c A} \leqslant [\mu_c]$$

$$\frac{11674 \times 10^3}{19.1 \times h^2} \leqslant 0.7$$

解得截面边长 $h \geqslant 934\text{mm}$。

选择 D。

61. 答案：C

解答过程：依据《高层建筑混凝土结构技术规程》JGJ 3—2010 的 10.2.8 条计算。

依据 6.2.5 条，抗震等级二级，$\eta_{vb} = 1.2$，故

$$V = \eta_{vb} \frac{M_b^l + M_b^r}{l_n} + V_{Gb} = 1.2 \times \frac{10500 - 3000}{15.8} + 3200 = 3770\text{kN}$$

依据 10.2.8 条的式（10.2.8-2）验算截面限制条件。

$$V \leqslant \frac{1}{\gamma_{RE}} (0.15\beta_c f_c b h_0)$$

$$3770 \times 10^3 \leqslant \frac{1}{0.85} \times (0.15 \times 1.0 \times 19.1 \times 750 h_0)$$

解得 $h_0 \geqslant 1491\text{mm}$。

则所需梁截面高度最小为 $h = h_0 + a_s = 1491 + 100 = 1591\text{mm}$。

选择 C。

点评：解答时应注意 M_b^l、M_b^r 的作用方向，本题 M_b^l、M_b^r 的作用方向相反，如图 19-2-21 所示。另外需注意，当抗震等级为一级且梁两端弯矩均为负弯矩时，绝对值较小一端的弯矩应取零，计算得到的剪力最大。

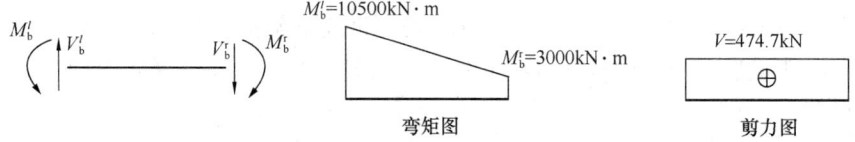

图 19-2-21   端弯矩均为负值时的剪力

62. 答案：C

解答过程：根据提示，转换梁和转换柱按相同高度的部分框支剪力墙结构中的框支框架相关规定进行设计。

依据《建筑与市政工程抗震通用规范》GB 55002—2021 的 2.3.2 条，重点设防类（乙类），应按本地区抗震设防烈度提高一度确定其抗震措施等级，故这里按 8 度考虑。依据 5.2.1 条，丙类、部分框支剪力墙结构、8 度、高度 27m，得到框支框架抗震等级为一级。

依据《混凝土结构通用规范》GB 55008—2021 的 4.4.10 条第 1 款，转换梁上、下部纵向钢筋的最小配筋率，一级时不应小于 0.50%，于是

$$A_{smin} = 850 \times 1650 \times 0.005 = 7012.5\text{mm}^2$$

8 Φ 32，$A_s = 8 \times 804.2 = 6433.6\text{mm}^2 < 7012.5\text{mm}^2$，不符合要求，选项 A 不正确。

10 $\oplus$ 32，$A_s = 10 \times 804.2 = 8042\text{mm}^2 > 7012.5\text{mm}^2$，符合要求。

支座上部纵筋为 16 $\oplus$ 32，10 $\oplus$ 32 满足 4.4.10 条第 3 款的支座上部纵向钢筋至少有 50% 沿梁全长贯通的要求。

依据本条第 2 款，转换梁，抗震等级一级时，加密区箍筋的最小面积配筋率为 $\rho_{svmin} = 1.2 f_t / f_{yv} = 1.2 \times 1.71/360 = 0.0057$。

对箍筋 $\oplus$ 12@100（6）验算最小配箍率。

$$\rho_{sv} = 113.1 \times 6/(850 \times 100) = 0.00798 > 0.0057$$

符合要求，排除选项 D。

依据《高层建筑混凝土结构技术规程》JGJ 3—2010 的 10.2.7 条第 2 款，转换梁仅局部箍筋加密，可排除选项 B。

选择 C。

63. 答案：B

解答过程：依据《高层建筑混凝土结构技术规程》JGJ 3—2010 的 5.4.3 条计算。

框架结构，查表 3.7.3，弹性层间位移角限值为 1/550，则 $[\Delta u] = 1/550 \times 5000 = 9.09\text{mm}$。

框架结构，结构位移增大系数按式（5.4.3-1）计算，要求满足

$$\Delta u \times F_{1i} \leqslant [\Delta u]$$

$$\Delta u \frac{1}{1 - \sum_{j=3}^{n} G_j / D_3 h_3} = 8.5 \times \frac{1}{1 - \dfrac{2 \times 10^5}{5D_3}} \leqslant 9.09\text{mm}$$

解得 $D_3 \geqslant 6.163 \times 10^5 \text{kN/m}$。

选择 B。

64. 答案：C

解答过程：依据《高层建筑混凝土结构技术规程》JGJ 3—2010 的 3.7.3 条注，楼层位移计算可不考虑偶然偏心的影响。框架-剪力墙结构，查表 3.7.3，弹性层间位移角限值为 1/800，故层间位移限值为 $[\Delta u] = 1/800 \times 5000 = 6.25\text{mm}$。

依据 3.4.5 条注，当楼层的最大层间位移角不大于本规程第 3.7.3 条规定的限值的 40% 时，该楼层竖向构件的最大水平位移和层间位移与该楼层平均值的比值可适当放松，但不应大于 1.6。

依据题目可知，不考虑偶然偏心时，$\Delta u = 2.49\text{mm}$，因为 $\Delta u = 2.49\text{mm} < 0.4[\Delta u] = 0.4 \times 6.25 = 2.5\text{mm}$，满足 3.4.5 条注释所说的前提条件，故扭转位移比限值可取为 1.6。

$$\text{扭转位移比} = \frac{\text{最大水平层间位移}}{\text{平均水平层间位移}}$$

$$= \frac{\text{最大水平层间位移}}{(\text{最大水平层间位移} + \text{最小水平层间位移})/2}$$

$$= \frac{\delta_2}{(\delta_2 + 1.14)/2} \leqslant 1.6$$

解得 $\delta_2 \leqslant 4.56\text{mm}$。

选择 C。

65. 答案：B

解答过程：依据《高层建筑混凝土结构技术规程》JGJ 3—2010 的 7.2.23 条的式（7.2.23-3）计算。

依据 3.11.1 条表 3.11.1，性能目标 C 级，设防烈度地震对应性能水准 3。

依据 3.11.3 条第 3 款，连梁为耗能构件，受剪承载力应符合式（3.11.3-2），$S_{GE} + S^*_{Ehk} + 0.4S^*_{Evk} \leqslant R_k$，代入已知条件，得到荷载效应 $S = 150 + 1350 = 1500$kN。

依据 7.2.23 条的式（7.2.23-3）计算。跨高比 2.0＜2.5，$s=100$mm，中震不屈服设计，不考虑承载力抗震调整系数 γ_{RE}，材料强度应取为标准值。

$$V \leqslant 0.38 f_{tk} b_b h_{b0} + 0.9 f_{ykv} \frac{A_{sv}}{s} h_{b0}$$

$$1500 \times 10^3 \leqslant 0.38 \times 2.39 \times 400 \times 940 + 0.9 \times 400 \times \frac{A_{sv}}{100} \times 940$$

解得 $A_{sv} \geqslant 342$mm²。

Φ12@100（4）为 4 肢 Φ12，可提供截面面积为 452mm²＞342mm²，符合要求。

选择 B。

66. 答案：D

依据《建筑与市政工程抗震通用规范》GB 55002—2021 的 5.2.1 条，丙类、剪力墙结构、8 度、高度 90m，得到剪力墙抗震等级为一级。

查《高层建筑混凝土结构技术规程》JGJ 3—2010 的表 7.2.14，8 度，抗震等级一级，$\mu_N = 0.35$，应设置约束边缘构件。

依据 7.2.15 条第 2 款，抗震等级一级，$A_{smin} = \rho_{min} \times h_c \times b_w = 0.012 \times (800 \times 350 + 450 \times 450) = 5790$mm²，且不应少于 $6\phi16$，即纵筋根数不少 6 根，直径不小于 16mm。

配置 16 Φ 20，$A_s = 16 \times 314.2 = 5027.2$mm²＜5790mm²，不符合要求，选项 A、C 不正确。

配置 16 Φ 22，$A_s = 16 \times 380.1 = 6081.6$mm²＞5790mm²，符合要求。

8 度，抗震等级一级，轴压比 $\mu_N = 0.35 ＞ 0.3$，查表 7.2.15，$\lambda_v = 0.2$。

依据 7.2.15 条，确定体积配箍率最小值。

$$\rho_{vmin} = \lambda_v \frac{f_c}{f_{yv}} = 0.2 \times \frac{27.5}{360} = 0.0153$$

取 Φ12@100 进行验算，详细尺寸如图 19-2-22 所示。

$$\rho_v = \frac{\left(800 - 15 - \frac{12}{2} \times 2\right) \times 113.1 \times 6 + \left(350 - 2 \times 15 - \frac{12}{2} \times 2\right) \times 113.1 \times 2 + \left(450 - 2 \times 15 - \frac{12}{2} \times 2\right) \times 113.1 \times 2}{[(800 - 15 - 2 \times 12) \times (350 - 2 \times 15 - 2 \times 12) + (450 - 12 + 15 + 12) \times (450 - 2 \times 15 - 2 \times 12)] \times 100}$$

$$= 0.01677 ＞ 0.0153$$

由上式可知，Φ12@100 符合要求。

选择 D。

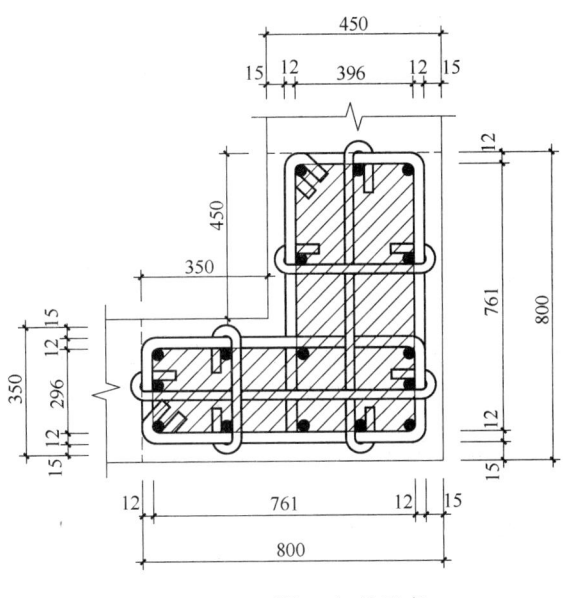

图 19-2-22   题 66 解答示意

67. 答案：C

解答过程：依据《建筑结构荷载规范》GB 50009—2012 的 8.2.1 条，地面粗糙度类别为 B 类，$H=150\text{m}$，查表 8.2.1，$\mu_z = 2.25$。

题目给出的 $\beta_z = 1.57$ 满足《工程结构通用规范》GB 55001—2021 的 4.6.5 条第 1 款规定的最小值要求。

依据《高层建筑混凝土结构技术规程》JGJ 3—2010 的 4.2.2 条及条文说明，$H=150\text{m}>60\text{m}$，属于对风荷载比较敏感的结构，承载力设计时应按基本风压的 1.1 倍采用。

依据 4.2.1 条计算。

$$w_k = \beta_z \mu_s \mu_z w_0 = 1.57 \times 1.4 \times 2.25 \times 0.8 \times 1.1 = 4.352 \text{ kN/m}^2$$

面荷载转化为线荷载：

$$q_k = w_k B = 4.352 \times 48 = 208.896 \text{kN/m}$$

风荷载沿着结构高度呈倒三角形分布，如图 19-2-23 所示。地面位置处倾覆力矩为

$$M_k = 2000 + 500 \times 150 + \frac{208.896 \times 150}{2} \times 150 \times \frac{2}{3}$$

$$= 1643720 \text{kN} \cdot \text{m}$$

选择 C。

68. 答案：D

解答过程：依据《高层建筑混凝土结构技术规程》JGJ 3—2010 的 3.7.6 条，采用 10 年一遇的风荷载标准值计算结构加速度。

依据《建筑结构荷载规范》GB 50009—2012 的 J.1.2 条以及 8.4.4 条计算。

$$x_1 = \frac{30 f_1}{\sqrt{k_w w_0}} = \frac{30 \times \dfrac{1}{4.25}}{\sqrt{1.0 \times 0.5}} = 9.98$$

图 19-2-23   题 67 解答示意

$x_1 = 9.98$，$\zeta_1 = 0.02$，查表 J.1.2，得到 $\eta_a = 2.38$。

$$a_{D,z} = \frac{2gI_{10}w_R\mu_s\mu_z B_z\eta_a B}{m} = \frac{2\times 2.5\times 0.14\times 0.5\times 1.4\times 2.25\times 0.45\times 2.38\times 48}{330}$$

$$= 0.172 \, \text{m/s}^2$$

选择 D。

69. 答案：C

解答过程：

（1）按照受力要求确定

依据《高层建筑混凝土结构技术规程》JGJ 3—2010 的 7.2.8 条计算。

依据 7.2.8 条第 2 款，$\gamma_{RE} = 0.85$。大偏心受压，$h_{w0} = h_w - a_s = 5000 - 200 = 4800\text{mm}$。

$$e_0 = \frac{M}{N} = \frac{10500\times 10^3}{2500} = 4200\text{mm}$$

$$N(e_0 + h_{w0} - h_w/2) \leqslant \frac{1}{\gamma_{RE}}\left[A_s' f_y'(h_{w0} - a_s') - M_{sw} + M_c\right]$$

$$2500\times 10^3\times(4200 + 4800 - 5000/2) \leqslant \frac{1}{0.85}\times \left[A_s'\times 360\times(4800 - 200)\right.$$
$$\left. - 1570\times 10^6 + 13200\times 10^6\right]$$

解得 $A_s' \geqslant 1318\text{mm}^2$。

（2）按照构造要求确定

墙肢 W1 的抗震等级二级，轴压比 $\mu_N = 0.45 > 0.4$，查表 7.2.15 及图 7.2.15（a），$l_c = 0.20h_w = 0.2\times 5000 = 1000\text{mm}$，阴影区 $h_c = \max[l_c/2, b_w, 400] = \max[1000/2 = 500, 250, 400] = 500\text{mm}$。

依据 7.2.15 条第 2 款，墙肢 W1 的抗震等级为二级，其一端约束边缘构件阴影范围内纵向钢筋配筋率最小为 1.0% 且不小于 6 根直径 16mm 钢筋。

$$A_{smin} = \rho_{min}\times h_c\times b_w = 0.01\times 500\times 250 = 1250\text{mm}^2$$

6 根直径 16mm 钢筋截面面积为 1206mm²。

综上，截面面积应不小于 1318 mm²，选择 C。

70. 答案：A

解答过程：依据《建筑与市政工程抗震通用规范》GB 55002—2021 的表 4.2.2-1，8 度（0.2g），多遇地震，可得 $\alpha_{max} = 0.16$。

依据《烟囱工程技术标准》GB/T 50051—2021 的 5.5.4 条第 1 款计算烟囱根部竖向地震作用。

$$F_{Ev0} = 0.75\alpha_{vmax}G_E = 0.75\times 0.65\times 0.16\times(8800 + 7500 + 6600 + 5800) = 2238.6\text{kN}$$

式中，G_E 为基础顶面以上的烟囱总重力荷载代表值。

依据 5.5.4 条第 2 款计算 20m 高度处竖向地震作用。

钢筋混凝土烟囱，$C = 0.7$。8 度（0.20g），$\kappa_v = 0.13$。

$$\eta = 4(1 + C)\kappa_v = 4\times(1 + 0.7)\times 0.13 = 0.884$$

$$F_{Evik} = \eta\left(G_{iE} - \frac{G_{iE}^2}{G_E}\right)$$

$$=0.884 \times \left[7500 + 6600 + 5800 - \frac{(7500 + 6600 + 5800)^2}{8800 + 7500 + 6600 + 5800} \right]$$

$$=5394\text{kN}$$

式中，G_{iE} 为计算截面以上的烟囱总重力荷载代表值。

$$\frac{F_{Evik}}{F_{Ev0}} = \frac{5394}{2238.6} = 2.41$$

选择 A。

71. 答案：C

解答过程：依据《高层民用建筑钢结构技术规程》JGJ 99—2015 的 7.6.2 条及 7.6.3 计算。

依据 3.6.1 条，$\gamma_{RE} = 0.75$。

由 $V \leqslant \frac{1}{\gamma_{RE}} \phi V_l$，$V_l = 0.58 A_w f_y$，$A_w = (h - 2t_f) t_w$ 可得：

$$V \leqslant \frac{1}{\gamma_{RE}} \phi \times 0.58 (h - 2t_f) t_w f_y$$

$$905 \times 10^3 \leqslant \frac{1}{0.75} \times 0.9 \times 0.58 \times (500 - 2 \times 16) \times t_w \times 235$$

解出 $t_w \geqslant 11.8\text{mm}$。

由 $V \leqslant \frac{1}{\gamma_{RE}} \phi V_l$，$V_l = 2M_{lp}/a$，$M_{lp} = f W_{np}$ 可得

$$\frac{1}{\gamma_{RE}} \phi V_l = \frac{1}{\gamma_{RE}} \phi \times \frac{2 \times f W_{np}}{a} = \frac{1}{0.75} \times 0.9 \times \frac{2 \times 215 \times 2.2 \times 10^6}{700} = 1621.7 \times 10^3 \text{N}$$

由于 $V = 905\text{kN} < 1621.7\text{kN}$，表明此时 $V \leqslant \frac{1}{\gamma_{RE}} \varphi V_l$ 恒成立，与 t_w 无关。

综上所述，消能梁段腹板厚度 t_w 最小取 12mm，可满足规程对消能梁段抗震受剪承载力的要求。

选择 C。

点评：消能梁段抗剪验算时，受剪承载力 V_l 取以下两者的较小者：$V_l = 0.58 A_w f_y$，$V_l = 2M_{lp}/a$。前者依据受剪屈服得到，后者依据受弯屈服得到。$M_{lp} = f W_{np}$，式中，W_{np} 为消能梁段塑性净截面模量，本身肯定与腹板厚度有关，但本题直接给出 W_{np} 的值却并不一定是瑕疵，这是因为，该值可以认为是依据抗弯要求得到的。

72. 答案：B

解答过程：依据《高层民用建筑钢结构技术规程》JGJ 99—2015 的 8.6.4 条计算。

$$l = 2/3 \times 5100 = 3400\text{mm}$$

$$M_u = f_{ck} b_c l \left[\sqrt{(2l + h_B)^2 + h_B^2} - (2l + h_B) \right] \geqslant \alpha M_{pc}$$

$$20.1 \times 400 \times 3400 \times \left[\sqrt{(2 \times 3400 + h_B)^2 + h_B^2} - (2 \times 3400 + h_B) \right] \geqslant 1.2 \times 1186 \times 10^6$$

解得 $h_B \geqslant 897\text{mm}$。

A 选项 800mm 不满足计算要求。

选择 B。

点评：对于本题，题目问的是满足规程对钢柱脚埋置深度的计算要求，因此不需要考虑构造要求。如果题目问满足规程对钢柱脚埋置深度的要求，则需要满足计算要求的同时，还要满足8.6.1条第3款的构造要求，即H形截面柱的埋置深度不应小于钢柱截面高度的2倍，$h_B \geqslant 2 \times 600 = 1200\text{mm}$。

73. 答案：C

解答过程：依据《高层民用建筑钢结构技术规程》JGJ 99—2015 的 8.2.2 条计算。

$$M_j = W_e^j \cdot f = \frac{2I_e}{h_b} \cdot f = \frac{2I_e}{600} \times 295 \geqslant 770 \times 10^6$$

解得 $I_e \geqslant 7.83 \times 10^8 \text{mm}^4$。

选择 C。

点评：《高层民用建筑钢结构技术规程》JGJ 99—2015 的 8.2.2 条为梁与柱连接的弹性设计方法，8.2.1 条和 8.2.4 条为梁与柱连接的弹塑性设计方法。

74. 答案：A

解答过程：依据《建筑工程抗震设防分类标准》GB 50223—2008 的 6.0.5 条及条文说明，裙房，营业面积为 $15000\text{m}^2 > 7000\text{m}^2$，应划分为重点设防类（乙类）。依据《建筑与市政工程抗震通用规范》GB 55002—2021 的 2.3.2 条，重点设防类，应按高于本地区抗震设防烈度一度的要求加强其抗震措施，即按 8 度。

依据《建筑工程抗震设防分类标准》GB 50223—2008 的 6.0.12 条及条文说明，塔楼为住宅，划分为标准设防类（丙类），根据规范和题目已知条件，无法根据塔楼面积确定结构单元内经常使用人数，故不必按重点设防类（乙类）。

依据《高层建筑混凝土结构技术规程》JGJ 3—2010 的 8.1.3 条，由于 $0.1 < M_f/M_0 = 0.3 < 0.5$，塔楼与裙楼均按框架-剪力墙结构进行设计。

对 A 选项判别如下：

依据《建筑抗震设计规范》GB 50011—2011（2016 版）的 6.1.3 条第 2 款，裙房与主楼相连，除应按裙房本身确定抗震等级外，相关范围不应低于主楼的抗震等级。

（1）按裙房本身确定抗震等级。依据《建筑与市政工程抗震通用规范》GB 55002—2021 的 5.2.1 条，框架-剪力墙结构、8 度、高度 20m，得到框架部分的抗震等级为三级。

（2）按塔楼相关范围确定抗震等级。依据《建筑与市政工程抗震通用规范》GB 55002—2021 的 5.2.1 条，框架-剪力墙结构、7 度、高度 56m，得到框架部分的抗震等级为三级。依据《高层建筑混凝土结构技术规程》JGJ 3—2010 的 10.6.5 条第 2 款，20/56 = 0.357 > 0.2，属于底盘高度超过房屋高度 20% 的多塔楼结构，体型收进部分上、下各 2 层塔楼周边竖向结构构件的抗震等级宜提高一级，3 层属于该范围。故，三级提高一级变为二级。

综上，第 3 层塔楼周边框架柱的抗震等级为二级，A 选项不正确。

选择 A。

点评：对其他各选项判别如下：

第 6 层属于"体型收进部分上、下各 2 层"，故第 6 层框架柱的抗震等级也为二级，B 选项正确。

第 10 层不属于"体型收进部分上、下各 2 层"范围，故抗震等级无需提高，仍为三级，C 选项正确。

第 4 层裙房非塔楼相关范围的剪力墙的抗震等级应按裙房本身确定。依据《建筑与市政工程抗震通用规范》GB 55002—2021 的 5.2.1 条，框架-剪力墙结构、8 度、高度 20m，得到抗震墙部分的抗震等级为二级，D 选项正确。

75. 答案：B

解答过程：依据《公路桥涵设计通用规范》JTG D60—2015 的 4.3.5 条第 3 款，设有板式橡胶支座的简支梁、连续桥面简支梁或连续梁排架式柔性墩台，应依据支座与墩台的抗推刚度的刚度集成情况分配和传递制动力。设有板式橡胶支座的简支梁刚性墩台，应按单跨两端的板式橡胶支座的抗推刚度分配制动力。

（1）确定制动力

依据 4.3.1 条，高速公路桥梁应采用公路-Ⅰ级车道荷载，于是

$$q_k = 10.5 \text{kN/m}, \quad P_k = 2 \times (30 + 130) = 320 \text{kN}$$

3 跨视为一联，总长度为 90m。依据 4.3.5 条，单车道制动力为

$$10\% \times (10.5 \times 90 + 320) = 126.5 \text{kN}$$

因为小于 165kN，故取为 165kN。于是，双车道时制动力为

$$165 \times 2 = 330 \text{kN}$$

（2）确定抗推刚度

桥台处抗推刚度由橡胶支座提供。今设置有 3 块支座，故抗推刚度为 $3 \times 3850 = 11550 \text{kN/m}$。

桥墩（含盖梁）与其顶部支座视为串联，二者视为一个整体，形成的抗推刚度为：

1 号墩　　$35000 \times (6 \times 3850) / [35000 + (6 \times 3850)] = 13916 \text{kN/m}$

2 号墩　　$21000 \times (6 \times 3850) / [21000 + (6 \times 3850)] = 11000 \text{kN/m}$

（3）分配制动力

制动力按照刚度分配，1 号墩分配得到的制动力为

$$\frac{13916}{13916 + 11000 + 2 \times 11550} \times 330 = 96 \text{kN}$$

选择 B。

76. 答案：C

解答过程：依据《公路桥涵设计通用规范》JTG D60—2015 的 4.3.12 条及其条文说明，降温状态，应按照 $25℃ - (-10℃) = 35℃$ 考虑其引起的温度应力。

1 号墩距离温度变形零点 14m，应按长度为 14m 确定温度变形量。

混凝土收缩产生的变形量为

$$1 \times 10^{-5} \times 35 \times 14 = 4.9 \times 10^{-3} \text{m}$$

1 号墩的总抗推刚度，上题已经求出为 13916kN/m，因此，1 号墩受到的温度作用标准值为

$$13916 \times 4.9 \times 10^{-3} = 68 \text{kN}$$

选择 C。

点评：尽管桥梁中的温度变化不会是均匀的，设计时通常假定为均匀温度变化。因为桥面板或桥梁材料的不同，应选用不同的温度作为基准，《公路桥涵设计通用规范》的

表 4.3.12-2 体现了这一点。需要指出的是，条文说明中"对于混凝土结构可取当地历年最高日平均温度或最高日平均温度"，多方查证，似乎有出入，证据如下：

《建筑结构荷载规范》GB 50009—2012 第 9.2.1 条条文说明指出，对于热传导速率较慢且体积较大的混凝土及砌体结构，温度接近当地月平均气温，可直接采用月平均最高气温和月最低气温作为基本气温。

《公路桥涵设计通用规范》JGJ 021—89 第 32 页：温度变化范围，应根据建桥地区的气温条件而定。钢结构可按当地最高和最低气温确定；砖、石、混凝土、钢筋混凝土及预应力混凝土结构，一般按当地月平均最高和最低气温确定。

《铁路桥涵设计规范》TB 10002—2017 第 4.4.4 条第 2 款规定，对于钢桥应考虑历年极端最高和最低气温；对于混凝土桥，……外界气温根据桥涵所在地区按附录 E 的"全国 1 月份平均气温（℃）图和全国 7 月份平均气温（℃）图"确定。

77. 答案：A

解答过程：依据《公路钢筋混凝土及预应力混凝土桥涵设计规范》JTG 3362—2018 的 8.7.4 条验算板式橡胶支座抗滑稳定。

（1）不计汽车制动力时

$$\mu R^{Gk} = 0.3 \times 949.1 = 284.73 \text{kN}$$

作用于 3 号桥台处的剪切变形为

$$\Delta_l = 1 \times 10^{-5} \times 50 \times 46 = 0.023 \text{m}$$

$$A_g = 0.35 \times 0.55 = 0.1925 \text{m}^2$$

$$1.4 G_e A_g \frac{\Delta_l}{t_e} = 1.4 \times 1.2 \times 0.1925 \times 10^6 \times \frac{23}{60} = 123970 \text{N}$$

今 $\mu R_{Gk} > 1.4 G_e A_g \dfrac{\Delta_l}{t_e}$，满足要求。

（2）计入汽车制动力时

$$\mu R_{ck} = 0.3 \times (949.1 + 0.5 \times 736.8) = 395.25 \text{kN}$$

$$1.4 G_e A_g \frac{\Delta_l}{t_e} + F_{bk} = 123.97 + 27 = 150.97 \text{kN}$$

今 $\mu R_{ck} > 1.4 G_e A_g \dfrac{\Delta_l}{t_e} + F_{bk}$，满足要求。

选择 A。

78. 答案：D

解答过程：依据《公路钢筋混凝土及预应力混凝土桥涵设计规范》JTG 3362—2018 的 8.8.2 条计算伸缩装置的伸缩量。

闭口量为

$$C^+ = \beta(\Delta l_t^+ + \Delta l_b^+) = 1.3 \times (4.6 + 6.9) = 14.95 \text{mm}$$

开口量为

$$C^- = \beta(\Delta l_t^- + \Delta l_s^- + \Delta l_c^- + \Delta l_b^-) = 1.3 \times (16 + 11.5 + 6.9) = 44.72 \text{mm}$$

伸缩量为

$$C \geqslant C^+ + C^- = 14.95 + 44.42 = 59.67\text{mm}$$

今题目中给出的伸缩量为 60mm，满足要求。

依据 8.8.3 条，伸缩缝的安装宽度，其值可在 $[B_{\min} + (C - C^-)]$ 与 $B_{\min} + C^+$ 两者中或两者之间取用。

$$B_{\min} + (C - C^-) = 20 + 60 - 44.72 = 35.28\text{mm}$$
$$B_{\min} + C^+ = 20 + 14.95 = 34.95\text{mm}$$

选择 D。

点评：规范 8.8.3 条规定，伸缩缝的安装宽度，其值可在 $[B_{\min} + (C - C^-)]$ 与 $B_{\min} + C^+$ 两者中或两者之间取用，注意到，由于 $C \geqslant C^+ + C^-$，因此，必然有

$$B_{\min} + (C - C^-) \geqslant B_{\min} + C^+$$

至于大多少，规范并无规定，那么给出的选项只能有一个比 $B_{\min} + C^+$ 稍大的值。于是，从应试的角度讲，可只计算 $B_{\min} + C^+$ 以节省时间。

79. 答案：C

解答过程：依据《公路桥梁抗震设计规范》JTG/T 2231-01—2020 的 7.5.1 条计算。

（1）验算支座厚度

水平地震设计力引起的支座水平位移为

$$X_D = \frac{945/6}{3850} \times 10^3 = 40.9\text{mm}$$

均匀温度作用引起的支座水平位移为

$$X_T = \frac{61.3/6}{3850} \times 10^3 = 2.7\text{mm}$$

$$X_B = X_D + X_H + 0.5X_T = 40.9 + 0 + 0.5 \times 2.7 = 42.3\text{mm}$$

已知橡胶层总厚度 $\Sigma t = 60\text{mm}$，$\Sigma t > X_B$，故支座厚度满足要求。

（2）验算支座抗滑稳定性

由于支座顶、底为钢板，故动摩阻系数 $\mu_d = 0.20$。

$$\mu_d R_b = 0.20 \times 838.9 = 167.8\text{kN}$$

$$E_{hzh} = E_{hze} + E_{hzd} + 0.5E_{hzT} = 945/6 + 0 + 0.5 \times 61.3/6 = 162.6\text{kN}$$

由于 $\mu_d R_b > E_{hzh}$，支座抗滑稳定性满足要求。

选择 C。

80. 答案：B

解答过程：依据《公路桥梁抗震设计规范》JTG/T 2231-01—2020 的 11.2.1 条计算。

$$H = (6.2 + 7.5)/2 = 6.85\text{m}$$

$$a \geqslant 50 + 0.1L + 0.8H + 0.5L_k$$
$$= 50 + 0.1 \times 90 + 0.8 \times 6.85 + 0.5 \times 30 = 79.48\text{cm} > 60\text{cm}$$

于是，盖梁的最小宽度为 $2 \times 79.48 + 6 = 164.96\text{cm}$。

选择 B。

20　2022 年试题与解答

20.1　2022 年试题

题 1　某普通钢筋混凝土简支梁，承受均布荷载，处于室内正常环境，安全等级为二级，梁截面尺寸 $b \times h = 250\text{mm} \times 550\text{mm}$，楼板厚 120mm，设计、施工、使用和维护均满足标准各项要求。经检测，混凝土强度等级 C30（$f_t = 1.43\text{N/mm}^2$），拟采用粘贴钢板锚 U 形箍加固法提高其受剪承载力。假定加固设计使用年限为 30 年，不考虑抗震设计状况。加固前梁端斜截面受剪承载力设计值 $V_{b0} = 220\text{kN}$，$a_s = 50\text{mm}$，用于粘钢加固的每个 U 形箍板宽度为 60mm，厚度为 3mm，钢板抗拉强度设计值 $f_{sp} = 215\text{N/mm}^2$。U 形箍板单肢与梁侧面混凝土粘贴的竖向高度 h_{sp} 按 430mm 计算，箍板端部可靠锚固。如图 20-1-1 所示，加固施工时，采取临时支撑和卸载措施，不考虑二次受力。试问，为使梁加固后获得的受剪承载力 V 达到 350kN，U 形箍板中到中的最大间距 s_{sp}（mm）与下列何项最为接近？

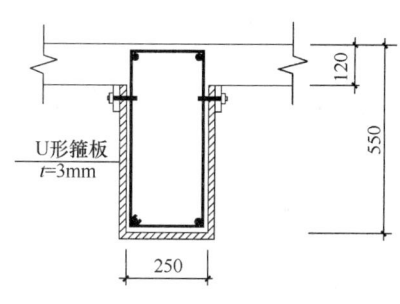

图 20-1-1　题 1 图

提示：（1）加固后承载力满足要求，不必验算截面限制条件。

（2）按《混凝土结构设计规范》GB 50010—2010（2015 年版）和《混凝土结构加固设计规范》GB 50367—2013 作答。

A. 150　　　　　　　B. 190　　　　　　　C. 230　　　　　　　D. 270

题 2　某普通钢筋混凝土等截面梁，设计使用年限为 50 年，安全等级为二级，不考虑地震作用。计算简图如图 20-1-2 所示，假设 AB 段和 BC 段的永久均布荷载标准值 $G_{1k} = 20\text{kN/m}$；$G_{2k} = 30\text{kN/m}$（已含自重），AB 段和 BC 段的活荷载标准值分别为 $Q_{1k} = 15\text{kN/m}$；$Q_{2k} = 5\text{kN/m}$；活荷载的折减系数取 1.0。试问，受弯承载力计算时，AB 跨内的最大正弯矩设计值（kN·m）与下列何项数值最为接近？

提示：（1）当永久荷载对结构不利时分项系数取 1.3，对结构有利时分项系数取 0.9。

（2）当活荷载对结构不利时分项系数取 1.5。

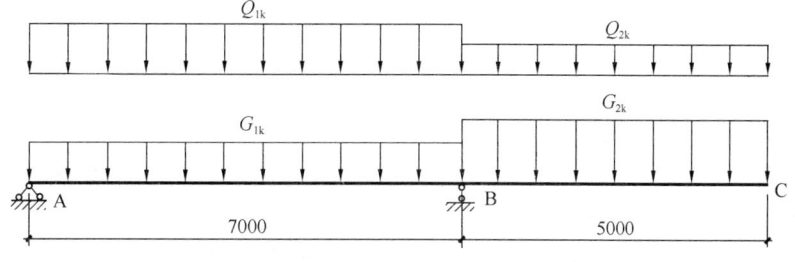

图 20-1-2　题 2 图

A. 155 　　　　　B. 105 　　　　　C. 80 　　　　　D. 45

题 3　混凝土矩形梁 $b \times h = 250mm \times 650mm$，箍筋保护层厚度 $c = 20mm$，跨中截面受弯矩、扭矩、剪力共同作用，弯矩作用时梁下部受拉，假定，计算时纵筋和箍筋抗拉强度设计值均为 $360N/mm^2$，受弯计算不考虑受压钢筋作用。受弯承载力计算所需 $A_s = 571mm^2$，受剪承载力计算箍筋配置 $A_{sv}/s = 0.644mm^2/mm$，受扭承载力所需箍筋配置 $A_{st1}/s = 0.261mm^2/mm$，纵筋面积 $A_{stl} = 670mm^2$，全部受扭钢筋沿周边均匀对称布置。试问，跨中截面配筋下列何项满足要求？

提示：（1）无需验算最小配筋率。

（2）全部纵筋的锚固和连接均满足充分受拉要求。

A. 图（a）　　　B. 图（b）　　　C. 图（c）　　　D. 图（d）

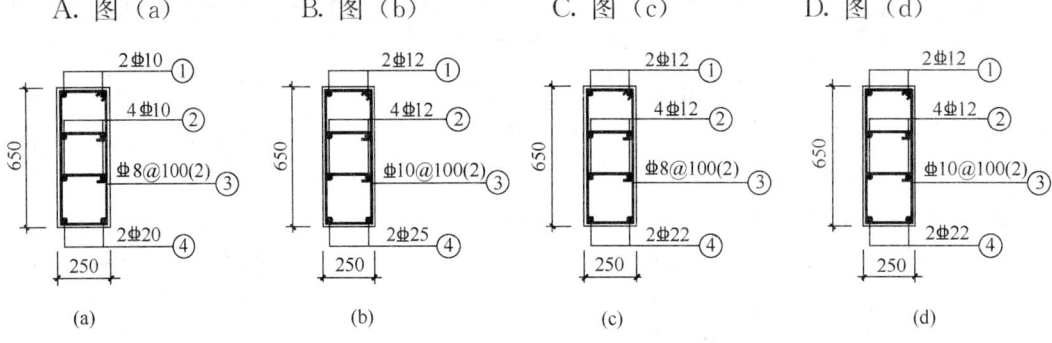

图 20-1-3　题 3 选项图

题 4　某钢筋混凝土平面刚架，梁柱节点均刚接，如图 20-1-4 所示。假定所有构件截面均相同，且处于弹性状态，试问结构均匀升温工况下，下列关于温度效应的表述何项正确？

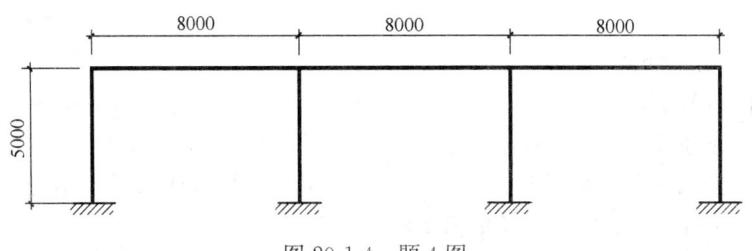

图 20-1-4　题 4 图

Ⅰ. 边柱由温度作用产生的柱底弯矩比中柱大

Ⅱ. 边柱由温度作用产生的柱底弯矩比中柱小

Ⅲ. 边跨梁由温度作用产生的轴向压力比中跨梁大

Ⅳ. 边跨梁由温度作用产生的轴向压力比中跨梁小

A. Ⅰ，Ⅳ　　　　　B. Ⅱ，Ⅲ

C. Ⅰ，Ⅲ　　　　　D. Ⅱ，Ⅳ

题 5～6

某长度为 24m 的后张法预应力混凝土轴心受拉构件，截面如图 20-1-5 所示，安全等级为二级，假定采用一端一次张拉工艺，孔道直径 55mm，预埋波纹管成孔。当混凝土达到设计强度

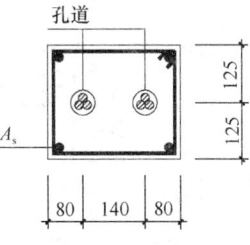

图 20-1-5　题 5～6 图

后张拉预应力筋，张拉控制应力 $\sigma_{con} = 0.7 f_{ptk}$，混凝土强度等级为C40。采用钢绞线（$f_{ptk} = 1720 \text{N/mm}^2$，$f_{py} = 1220 \text{N/mm}^2$），普通钢筋采用 4 Φ 12（HRB400），$A_s = 452 \text{mm}^2$，预应力筋的预加力合力作用点与净截面重心重合。

5. 假定该构件在荷载基本组合下的轴心拉力为 830kN，荷载标准组合下的轴心拉力为 650kN，准永久组合下的轴心拉力为 525kN。试问，按承载力极限状态设计时，该构件所需配置的最小钢绞线面积 A_p（mm^2）与下列何项数值最为接近？

A. 420   B. 480   C. 550   D. 620

6. 假定构件的两个孔道共配 6 根标准低松弛 ϕ^s 12.7 钢绞线（$A_p = 6 \times 98.7 = 592.2 \text{mm}^2$），某计算截面处总的预应力损失 $\sigma_l = 210 \text{N/mm}^2$，其中，第一批预应力损失为 80N/mm²，由于预应力筋应力松弛引起的预应力损失为 30N/mm²，由于混凝土收缩徐变引起的预应力损失为 100N/mm²，不考虑次内力的影响。试问，该计算截面预应力筋合力点处混凝土法向应力等于零时的 σ_{p0}（N/mm^2）与下列何项数值最为接近？

提示：（1）$\alpha_E = 6.15$，$A_n = 72580 \text{mm}^2$。

（2）按《混凝土结构设计规范》GB 50010—2010（2015 年版）作答。

A. 1070   B. 1040   C. 1010   D. 980

题 7～8

某钢筋混凝土构架，计算简图如图 20-1-6 所示，安全等级为二级，AB 杆为等截面构件且采用通长对称配筋，截面如图 20-1-6 所示。混凝土强度等级为 C40，钢筋强度等级为 HRB400，不考虑地震工况，$a_s = a'_s = 50 \text{mm}$，忽略自重，不考虑二阶效应，不考虑截面腹部钢筋作用。

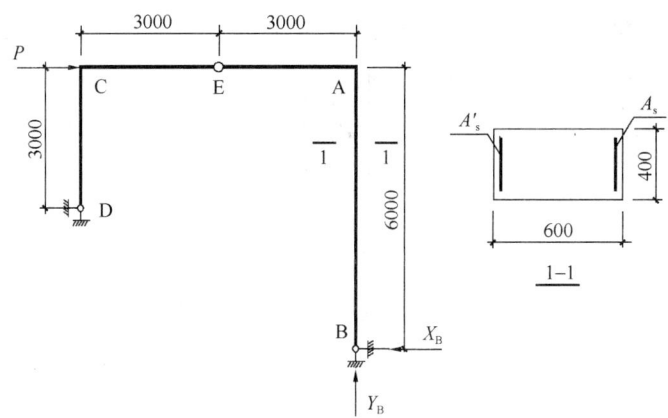

图 20-1-6 题 7～8 图

7. 假定，集中荷载设计值 $P = 170 \text{kN}$，试问，进行承载力计算时，构件 AB 在节点 A 边缘截面的弯矩设计值 M（kN·m）与下列何项数值最为接近？

提示：图中 B 节点处存在 $X_B : Y_B = 1 : 2$。

A. 255   B. 340   C. 425   D. 510

8. 假定进行承载力计算时，构件 AB 在 A 边缘设计值 M 和 N 分别是 480kN·m 和 160kN，试问，按正截面计算，构件 AB 单侧所需的最小 A_s（mm^2）与下列何值最为接近？

提示：（1）无需验算平面外承载力和最小配筋率。

(2) $\xi_b = 0.518$。

（3）计入纵向受压钢筋。

  A. 2500   B. 2100   C. 1900   D. 1450

题 9～11

  某管道支架的结构简图如图 20-1-7 所示，安全等级为二级，其中构件 AD 为钢筋混凝土等截面构件，混凝土强度等级为 C30（$f_c = 14.3\text{N/mm}^2$），纵向钢筋强度等级为 HRB500，箍筋强度等级为 HRB400，$a_s = a'_s = 50\text{mm}$。杆 BF 和杆 CE 为钢结构构件，在 F 点作用竖向集中荷载设计值 P，内力设计值见相关内力图。假定，不考虑地震设计工况，忽略构件自重，不考虑二阶效应，不考虑截面腹部钢筋的作用，钢构件的承载力及变形均满足设计要求。

  提示：不必验算平面外承载力和稳定。

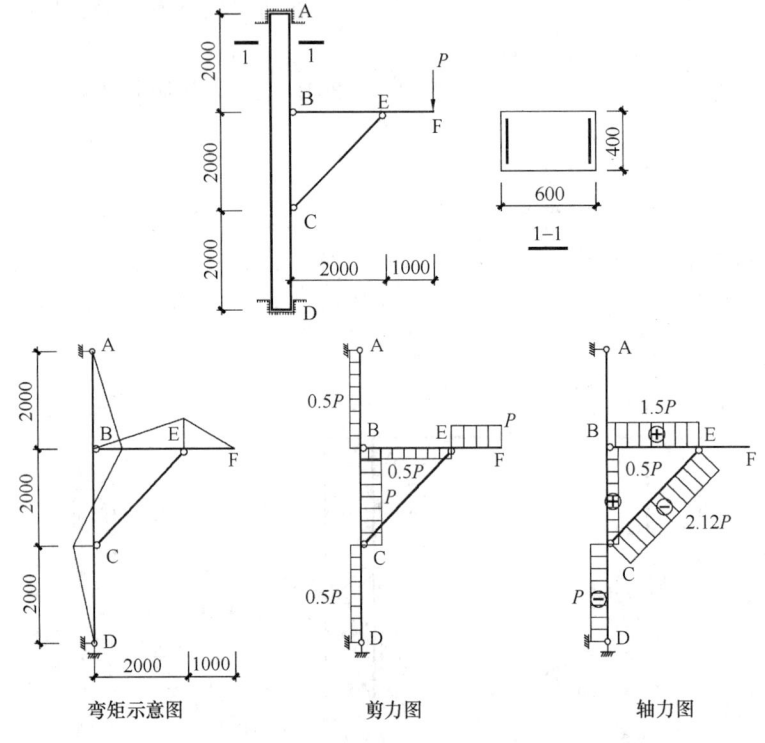

图 20-1-7 题 9～11 图

  9. 假定 $P = 600\text{kN}$，试问，满足斜截面受剪承载力要求时，构件 AD 在支座 D 边缘处的截面最小箍筋配置与下列何项最为接近？

  提示：（1）不必复核截面限制条件和构造要求。

  （2）假定剪跨比 $\lambda = 3$。

  A. ⏀6@200(4)   B. ⏀8@250(4)

  C. ⏀8@200(4)   D. ⏀10@200(4)

  10. 假定 $P = 350\text{kN}$，构件 AD 按受力最不利截面通长对称配筋，试问，按正截面承载力计算，构件 AD 单侧所需的最小纵向受力钢筋 A_s（mm^2）与下列何项数值最为接近？

提示：（1）不必验算配筋率。

（2）$\xi_b = 0.482$。

（3）计算中计入纵向受压钢筋。

A. 1260　　　　　B. 1650　　　　　C. 1850　　　　　D. 2100

11. 假定，施工时钢构件 CE 与混凝土构件 AD 通过预埋件连接，如图 20-1-8 所示，预埋件锚筋采用 6 $\oplus$ 25（3 层 2 列），锚筋与锚板穿孔塞焊，节点承载力由锚筋控制。试问，满足该节点承载力要求的最大集中荷载设计值 P（kN），与下列何项数值最为接近？

提示：（1）$\alpha_v = 0.437$，$\alpha_b = 0.85$，$\alpha_r = 0.9$。

（2）钢筋锚固满足充分发挥抗拉强度的要求。

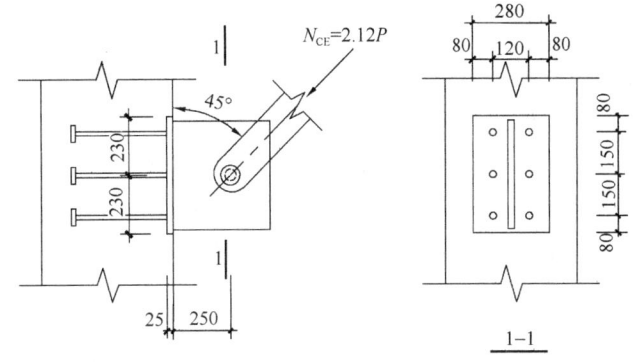

图 20-1-8　题 11 图

A. 560　　　　　B. 410　　　　　C. 260　　　　　D. 210

题 12　某多层厂房屋盖的预制槽形构件截面，剖面如图 20-1-9 所示，槽形构件两端简支在屋架上，为受弯构件。假定预制槽形构件采用 C30 混凝土，HRB400 钢筋，$a_s = 50$mm。试问，当计算槽形构件下侧受拉钢筋构造规定的最小配筋时，所采用的混凝土截面面积 A（mm²）与下列何项数值最为接近？

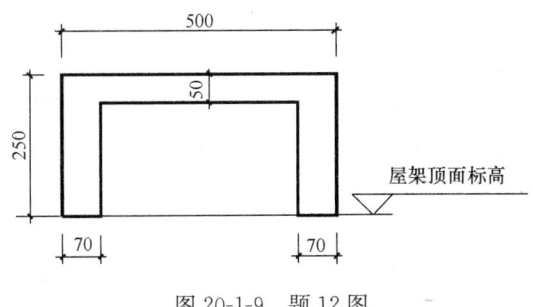

图 20-1-9　题 12 图

A. 25000　　　　　B. 28000　　　　　C. 35000　　　　　D. 53000

题 13～15

某三层建筑，使用功能为档案库，采用现浇钢筋混凝土框架结构（非大跨度框架），结构布置规则，抗震设防类别为重点设防类，抗震设防烈度 8 度（0.20g）。建筑场地类别为 I₁ 类，设计地震分组为第三组。各层层高分别为 6.5m、5.0m、5.0m，计算简图如图 20-1-10 所示。考虑非承重墙折减后的结构基本自振周期 $T_1 = 0.58$s。

提示：按《建筑抗震设计规范》GB 50011—2010（2016 年版）作答。

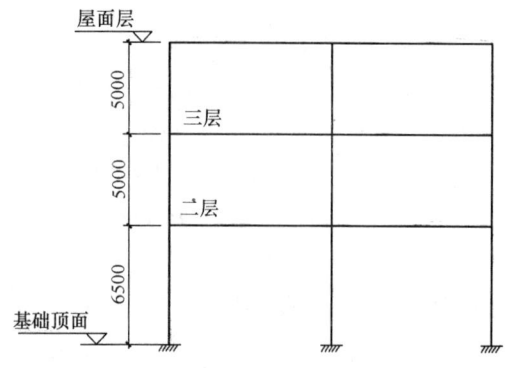

图 20-1-10 题 13～15 图

13. 假定，各层结构和构配件自重标准值均为 4500kN，二层和三层按等效均布荷载计算的楼面活荷载标准值为 2300kN，屋面层按等效均布荷载计算的屋面活荷载标准值为 850kN，不考虑屋面雪荷载和积灰荷载。试问，按底部剪力法确定的多遇地震作用下结构总水平地震作用标准值 F_{Ek}（kN）与下列何项数值最为接近？

A. 1360   B. 1490   C. 1610   D. 1750

14. 假定，多遇地震作用下按底部剪力法确定的结构总水平地震作用标准值 $F_{Ek} = 1700kN$，试问，顶部附加水平地震作用标准值 ΔF_n（kN）与下列何项数值最为接近？

A. 0   B. 100   C. 160   D. 200

15. 假定，室外地面到屋面的高度为 15m，试问，关于确定该建筑抗震构造措施和计算要求时所采用的抗震等级，下列何项表述满足规范规定且与规范的最低要求最为接近？

A. 构造措施：一级，计算要求：一级

B. 构造措施：二级，计算要求：一级

C. 构造措施：三级，计算要求：一级

D. 构造措施：三级，计算要求：二级

题 16 某抗震墙结构，抗震等级为二级，其底层某"一"字形抗震墙肢，$b \times h = 220mm \times 1800mm$，混凝土强度等级为 C40，钢筋强度等级为 HRB400。假定，在重力荷载代表值作用下，墙肢的轴压力设计值 $N = 1650kN$。试问，下列何项暗柱配筋构造最接近规范最低要求？

A. 图（a）   B. 图（b）   C. 图（c）   D. 图（d）

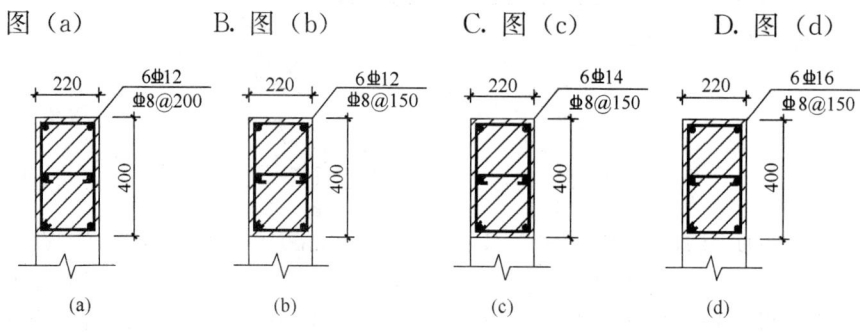

图 20-1-11 题 16 选项图

题 17～18

某钢结构通廊的端部刚架，结构安全等级为二级，采用一阶弹性分析方法计算内力，计算简图及截面特性如图 20-1-12 所示。AB 段刚架柱采用热轧 H 型钢，Q235 钢。AB 段刚架柱在荷载基本组合下的计算内力为：$N=896$kN，$M_x=224$kN·m。

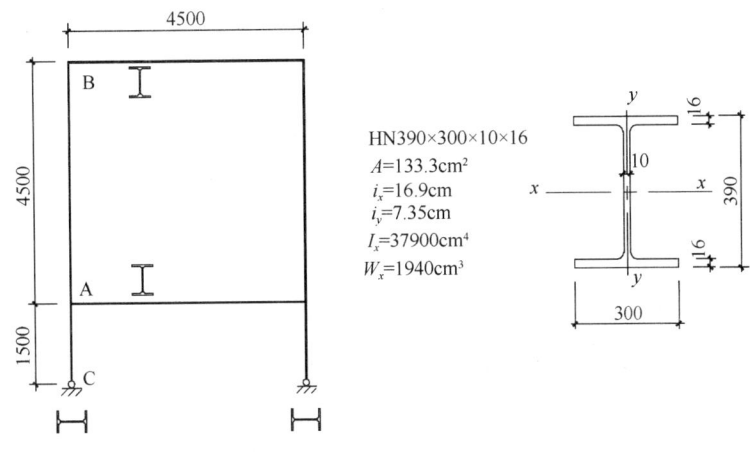

HN390×300×10×16
$A=133.3$cm^2
$i_x=16.9$cm
$i_y=7.35$cm
$I_x=37900$cm^4
$W_x=1940$cm^3

图 20-1-12　题 17～18 图

17. 假定，忽略刚架横梁所受轴心压力对横梁线刚度的折减，刚架梁、柱均采用与 AB 段刚架柱相同的热轧 H 型钢。试问，不考虑其他对该刚架稳定的影响因素，AC 段刚架柱在刚架平面内的计算长度（mm）与下列何项数值最为接近？

A. 1500　　　　　B. 3000　　　　　C. 4800　　　　　D. 6600

18. 假定，AB 段刚架柱在钢架平面外计算长度 $l_{0y}=4500$m。试问，对 AB 段刚架柱在刚架平面外进行稳定计算时，以应力比形式表达的稳定性计算最大值，与下列何项数值最为接近？

提示：取 $\beta_{tx}=1.0$。

A. 0.94　　　　　B. 0.81　　　　　C. 0.68　　　　　D. 0.55

题 19～20

某吊杆与上部钢梁连接如图 20-1-13 所示，基本组合下，吊杆最大轴拉力 $N=2130$kN，销轴直径 $d=150$mm，耳板销轴孔径 $d_0=151$mm，Q345 钢材，不考虑地震，安全等级为二级。

19. 试问，进行耳板在销轴处的净截面抗拉强度计算时，其最大正应力 σ（N/mm^2）与下列何项数值最为接近？

A. 130　　　　　B. 110　　　　　C. 90　　　　　D. 70

20. 试问，进行耳板在销轴处的抗剪强度计算时，其最大剪应力 τ（N/mm^2）与下列何项数值最为接近？

A. 32　　　　　B. 42　　　　　C. 52　　　　　D. 62

题 21～31

某钢结构厂房，横向剖面如图 20-1-14 所示，除特别说明外，假定结构安全等级为二级，不计入地震作用。

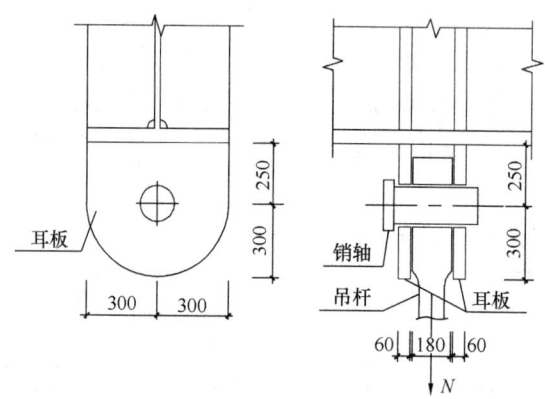

图 20-1-13   题 19～20 图

提示：（1）永久作用与可变作用分项系数分别取 1.3、1.5。

（2）钢材强度等级 Q345B，依据《钢结构设计标准》GB 50017—2017 作答。

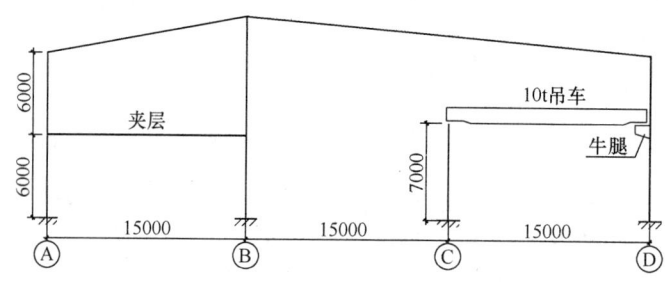

图 20-1-14   题 21～31 图

21. 假定该厂房柱采用外露式柱脚，柱脚形式如图 20-1-15 所示，厂房柱采用焊接截面 H560×280×10×14，荷载效应基本组合下柱底内力为：$N=756$kN，$M=384$kN·m，$V=97$kN，柱脚混凝土强度等级为 C40，柱底板与基础间竖向压应力过柱翼缘中心。试问，锚栓直径（mm）和强度等级采用下列何项最为合理？

提示：（1）不验算局部受压。

（2）M30，$d=30$mm，$d_e=26.73$mm；M36，$d=36$mm，$d_e=32.26$mm。

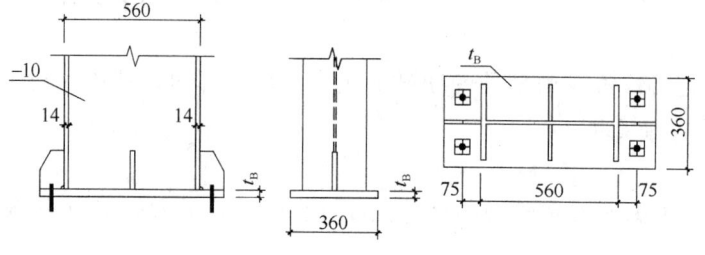

图 20-1-15   题 21 图

A. M30，Q345B   B. M36，Q345   C. M30，Q235B   D. M36，Q235B

22. 上题中，假定柱脚底板厚度由锚栓拉力控制，荷载基本组合下单个锚栓的拉力为 175kN，试问，满足要求的柱脚底板最小厚度 t（mm），与下列何项数值最为接近？

提示：按单向悬臂板估算，求得的板厚除 1.3，板固定端宽度按底板宽度考虑。

  A. 20   B. 25   C. 30   D. 40

23. 厂房 CD 跨局部有 10t 中级工作制桥式吊车，吊车轮距 2.5m，最大轮压标准值 $P_{kmax}=136kN$。如图 20-1-16 所示，ⓒ轴共 8 根柱用于支承该吊车，柱底固接，吊车梁及辅助构件总重标准值 $G_k=1.2kN/m$。试问，ⓒ轴中柱上端荷载基本组合下的最大轴力 N（kN）与下列何项数值最为接近？

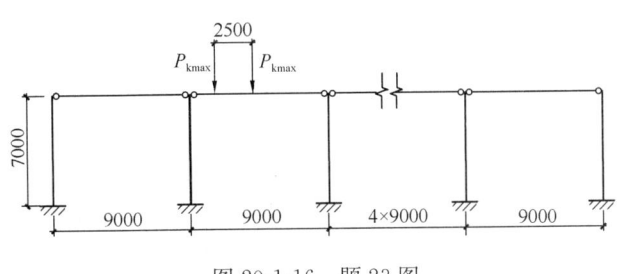

图 20-1-16 题 23 图

  A. 136   B. 272   C. 366   D. 423

24. 上题中ⓒ轴柱列，各柱截面相同，忽略柱自重，吊车梁轴向刚度按无穷大，无法设置柱间支撑，一阶分析时柱最大轴力设计值为 400kN，该工况下所有柱轴力设计值之和为 550kN。关于柱在厂房纵向的计算长度系数，下列何项是可以接受的？

  Ⅰ. 不考虑柱与柱互相支持，所有柱计算长度均取 2

  Ⅱ. 考虑柱与柱互相支持，轴力最大柱计算长度系数取 0.85，轴力最小柱计算长度系数取 2

  Ⅲ. 考虑柱与柱互相支持，轴力最大柱计算长度系数取 1，轴力最小柱计算长度系数取 2

  Ⅳ. 考虑柱与柱互相支持，轴力最大柱计算长度系数取 1，轴力最小柱计算长度系数大于 2

  A. Ⅰ、Ⅱ   B. Ⅲ   C. Ⅰ、Ⅲ   D. Ⅰ、Ⅳ

25. 假定，夹层的局部布置如图 20-1-17 所示，混凝土板厚 120mm，采用钢筋桁架楼承板作为模板，混凝土强度等级 C30，次梁按钢-混凝土组合梁设计，其中钢梁采用 H500×6×160×8/200×10（H 梁高×腹板厚度×上翼缘宽度×上翼缘厚度/下翼缘宽度×下翼缘

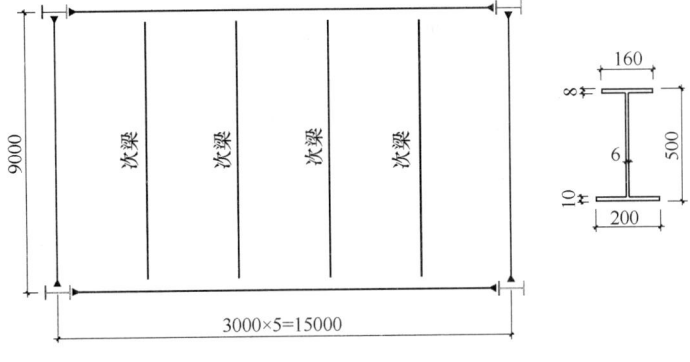

图 20-1-17 题 25 图

厚度），焊钉采用 ϕ19（$f_u = 400\text{N/mm}^2$）。试问，单根次梁按完全抗剪连接组合计算的全跨焊钉总个数，与下列何项数值最为接近？

A. 24　　　　　　　B. 36　　　　　　　C. 48　　　　　　　D. 96

26. 假定，如图20-1-18所示，柱间支撑采用角钢 ∟125×8，$A = 1975\text{mm}^2$，承载力极限状态下，纵向风荷载作用产生的水平力设计值：$F_{21} = 58\text{kN}$，$F_{11} = 16\text{kN}$，支撑力（为减小计算长度用）设计值：$F_{22} = 10\text{kN}$，$F_{12} = 20\text{kN}$。支撑与节点板采用单排 M20、10.9 级高强度螺栓承压型连接，螺栓孔采用22mm。试问，假设支撑不承受压力，承载力计算时，支撑最大应力比与下列何项数值最为接近？

A. 0.2　　　　　　B. 0.25　　　　　　C. 0.45　　　　　　D. 0.83

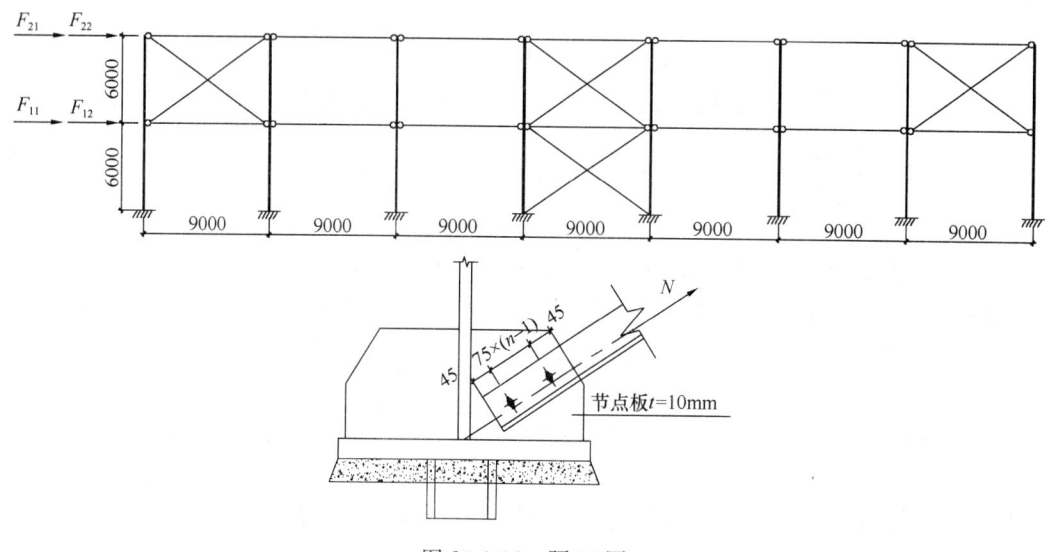

图 20-1-18　题 26 图

27. 假定，单个支撑杆件荷载基本组合下轴力为 185kN，荷载标准组合下轴力为 123kN，支撑与节点板接触面均为未处理的干净轧制面，螺栓受剪面不在螺纹处，其他条件同 26 题。试问，支撑杆端部连接需要配置的螺栓数量（个）应为下列何项数值？

A. 5　　　　　　　B. 4　　　　　　　C. 3　　　　　　　D. 2

28. 如图 20-1-19 所示轻级工作制钢吊车梁，钢轨采用 QU70，惯性矩 $I_R = 1.082 \times 10^7 \text{mm}^4$，钢轨高度为120mm，通过钢梁上翼缘和钢轨刚度计算腹板等效承压长度。试问，轮压在轨道和吊车梁上的等效扩散角，与下列何项最为接近？

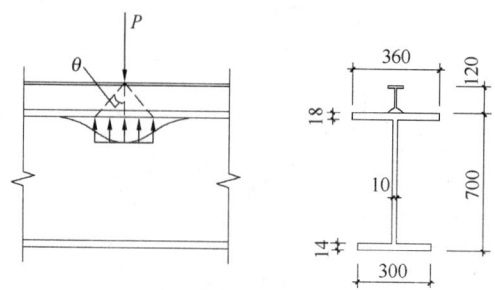

图 20-1-19　题 28 图

A. 35°　　　　　　B. 45°　　　　　　C. 50°　　　　　　D. 60°

29. 屋面梁采用工字钢，梁截面采用 H450×180×6×10，$W_x = 951215.6 \text{mm}^3$，节点如图 20-1-20 所示。螺栓采用 10.9 级摩擦型高强度螺栓，要求节点连接承载力设计值不小于梁受弯承载力设计值（端板轴忽略弯曲变形），试问，满足要求的螺栓最小规格为以下何项？

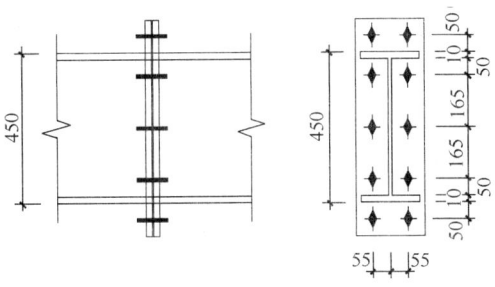

图 20-1-20　题 29 图

A. M20　　　　　　B. M22　　　　　　C. M24　　　　　　D. M27

30. 主梁跨度 $l = 15\text{m}$，梁柱节点如图 20-1-21 所示，梁上部设有楼板，已知次梁高度 $h = 400\text{mm}$（次梁距离柱中心为 3000mm）。KL 截面为 H750×300×14×25，KZ 截面为 H600×400×14×25。试问，计算 KL 下翼缘稳定性时的正则化长细比与下列何项数值最为接近？

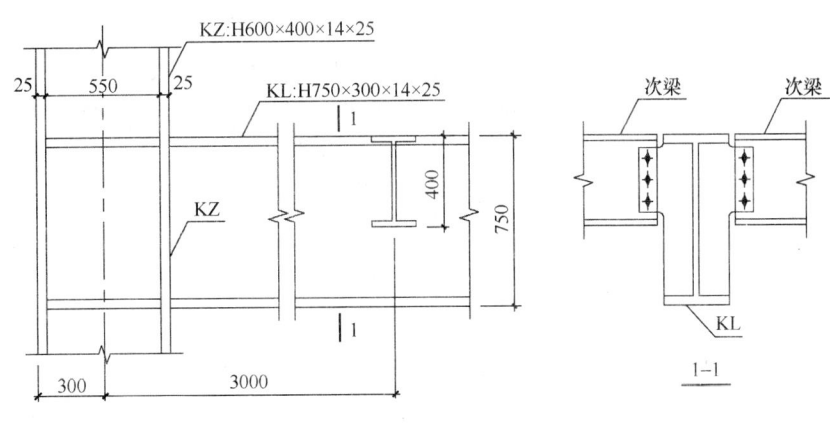

图 20-1-21　题 30 图

A. 0.21　　　　　　B. 0.31　　　　　　C. 0.36　　　　　　D. 0.48

31. 题目条件同上题。假定，按满足《钢结构设计标准》GB 50017—2017 第 17 章钢结构抗震性能化设计，框架梁端部塑性耗能区延性等级为 Ⅲ 级，下翼缘无支撑。试问，塑性耗能区受弯正则化长细比 $\lambda_{n,b}$ 上限值与下列何项数值最为接近？

A. 0.25　　　　　　B. 0.40　　　　　　C. 0.55　　　　　　D. 0.80

题 32　某梁柱节点如图 20-1-22 所示，梁柱均采用钢 Q345B，基本组合下梁端弯矩 $M = 150\text{kN·m}$。试问，节点域的剪应力与剪应力限值的比值与下列何项数值最为接近？

提示：（1）轴压比≤0.40。

（2）不计入地震作用。

（3）计入竖向加劲肋作用。

A. 0.52   B. 0.70

C. 0.85   D. 0.95

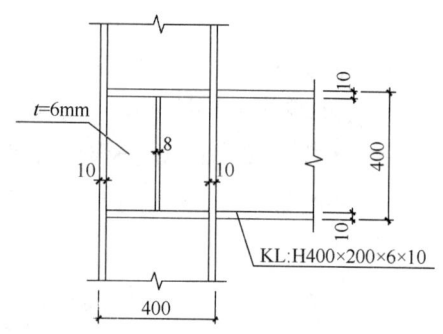

图 20-1-22　题 32 图

题 33 可判定为刚性方案的多层砌体房屋，对于静力计算方案有下述观点：

Ⅰ. 墙体在竖向荷载作用下，每层高度范围内可近似地视作上下两端铰支的竖向构件；在垂直于墙面的水平荷载作用下，可视作竖向连续梁

Ⅱ. 计算作用于本层墙体的竖向荷载时，无论是墙体支承的本层梁传来的荷载，还是上层楼面传来的荷载，均不考虑对墙体的偏心影响

Ⅲ. 计算墙体受力时，可不考虑梁端约束弯矩的影响

Ⅳ. 当层高和总高均较小时，可不考虑风荷载对墙的影响

试问，以上论述符合规定的为下列何项？

A. Ⅰ   B. Ⅱ、Ⅲ、Ⅳ   C. Ⅰ、Ⅱ、Ⅳ   D. Ⅰ、Ⅳ

题 34～37

某新建二层砌体结构房屋，如图 20-1-23 所示，采用装配整体式钢筋混凝土楼盖，每层结构布置相同，墙厚均为 240mm，层高均为 3.6m，墙体采用 MU15 烧结普通砖，采用 M7.5 级混合砂浆砌筑，施工质量控制等级为 B 级，不考虑风荷载作用。

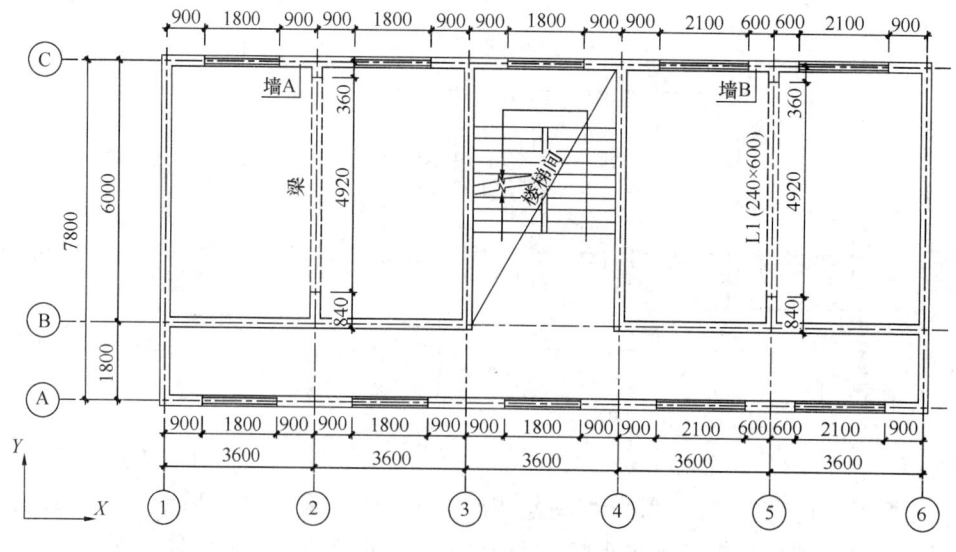

图 20-1-23　题 34～37 图

34. 墙 A 的截面如图 20-1-24 所示，试问，对应于非地震组合，用于计算墙 A 二层受压承载力的高厚比 β，与下列何项数值最为接近？

提示：不需要复核墙的稳定性。

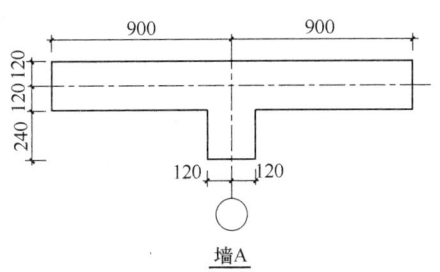

图 20-1-24　题 34 图

A. 7.5　　　　　　　B. 8　　　　　　　C. 10　　　　　　　D. 12

35. 二层梁 L1 下部设置带凹口的刚性垫块，尺寸如图 20-1-25 所示，假定墙 B 的 Y 方向截面折算高度 $h_T = 0.45m$，用于计算墙 B 二层受压承载力的高厚比 $\beta = 8$，忽略梁底面以上墙体自重，屋面荷载均通过梁 L1 向墙体 B 传递。试问，设置垫块后，当满足二层墙体承载力时，二层顶 L1 传至二层墙 B 的最大压力设计值 N_l（kN）与下列何项数值最为接近？

提示：只验算墙顶截面承载力，不进行局压验算。

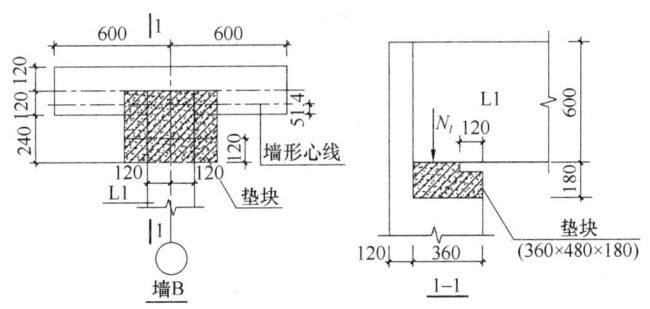

图 20-1-25　题 35 图

A. 200　　　　　　　B. 250　　　　　　　C. 300　　　　　　　D. 350

36. 假定地震作用下房屋底部 Y 向水平剪力设计值为 500kN。试问，地震作用下③轴墙底部每延米剪力设计值（kN/m）与下列何项数值最为接近？

提示：底部墙体计算高度为 3.6m。

A. 15　　　　　　　B. 18　　　　　　　C. 21　　　　　　　D. 24

37. 抗震验算时，假定某承重墙长度为 2.2m，两端设置构造柱，对应于重力荷载代表值的砌体截面平均压应力 $\sigma_0 = 0.7MPa$，试问，对应于地震组合，该墙每延米所能承受的剪力设计值（kN/m）与下列何项数值最为接近？

A. 49　　　　　　　B. 54　　　　　　　C. 59　　　　　　　D. 64

题 38～39

某既有砌体结构房屋，采用烧结普通砖墙砌筑，抗震设防烈度为 8 度（0.20g），房屋布置如图 20-i-26 所示，每层结构布置相同，层高均为 3.6m，墙厚均为 240mm。经过检测鉴定，底层砖强度评定为 MU7.5，砂浆评定为 M2.5，综合抗震能力不足，需进行抗震加固。

提示：按《建筑抗震加固技术规程》JGJ 116—2009 作答。

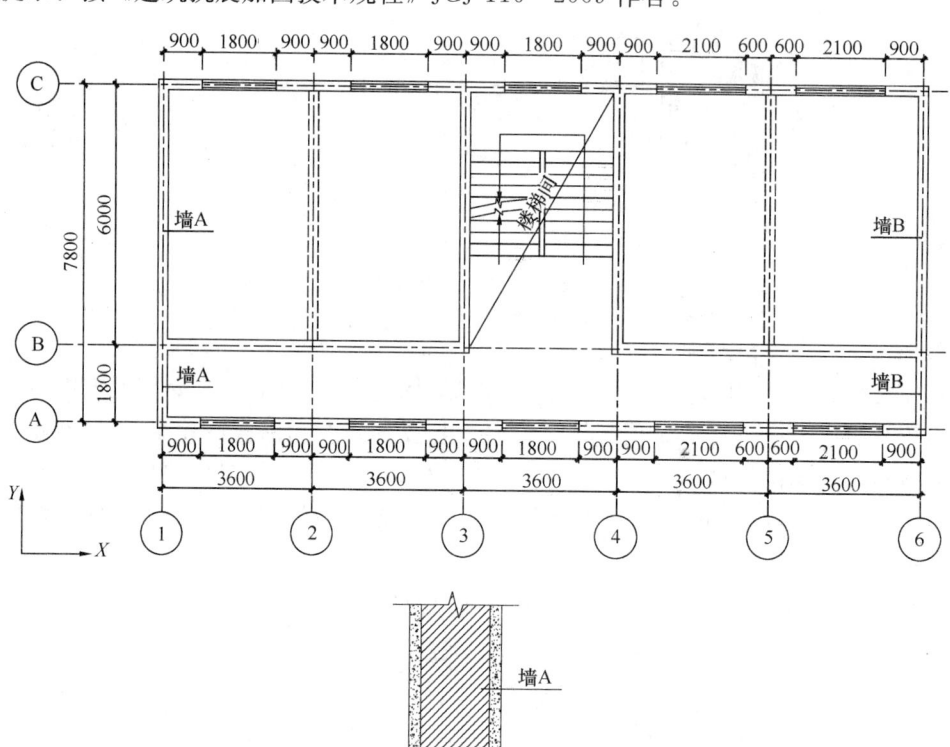

图 20-1-26　题 38～39 图

38. 首层墙 A 的原有抗震能力指标 β_0＝0.86，拟采用钢筋网砂浆面层加固，面层砂浆强度等级 M10，面层厚度 40mm，钢筋网规格Φ6@300×300，双面加固后，体系影响系数 ψ_1＝0.85，局部影响系数 ψ_2＝0.90。试问，抗震加固后，首层墙 A 的综合抗震能力指数，与下列何项数值最为接近？

A. 1.36   B. 1.15   C. 1.08   D. 1.00

39. 假定墙体采用现浇钢筋混凝土板墙双面加固，首层墙体在 Y 向仅加固墙 A 和墙 B，板墙混凝土强度等级为 C20，厚度为 40mm。钢筋网规格按竖向钢筋Φ10@200，水平钢筋采用Φ6@200。试问，加固后首层 Y 向的楼层抗震能力增强系数，与下列何项数值最为接近？

A. 1.05   B. 1.08   C. 1.27   D. 1.84

题 40　关于胶合木结构，以下何项说法正确？

A. 结合木结构的强度设计值和弹性模量在某些条件下是变化的，一般情况下，使用时间越长，弹性模量越高

B. 胶合木结构顺纹抗压强度一般大于抗拉强度

C. 胶合木设计时应考虑正交胶合木的横向层板的强度作用

D. 《木结构设计规范》GB 50005—2017 表 4.3.5 中的南方松和东北落叶松的产地均在中国

题41　关于注浆加固地基的下列观点，有几项符合《建筑地基处理技术规范》JGJ 79—2012 的规定？

Ⅰ. 对有地下水流动的软弱地基，采用单液水泥浆液注浆加固时，宜适当提高水泥掺量

Ⅱ. 对渗透系数为 0.1~2.0m/d 的地下水位以上的湿陷性黄土，可采用无压或压力单液硅化注浆

Ⅲ. 对自重湿陷性黄土，宜采用压力单液硅化注浆

Ⅳ. 对渗透系数为 0.1~2.0m/d 的地下水位以上的湿陷性黄土，可采用碱液注浆加固

A. 1　　　　　　　B. 2　　　　　　　C. 3　　　　　　　D. 4

题42　关于天然地基基础埋置深度的下列观点，有几项符合《建筑地基基础设计规范》GB 50007—2011 的规定？

Ⅰ. 对于深厚季节性冻土地区，当建筑基础底面土层为不冻胀、弱冻胀、冻胀土时，基础埋置深度可以小于场地冻结深度，基础底面下允许冻土层最大厚度应根据当地经验确定

Ⅱ. 岩石地基上多层建筑的基础埋置深度，在满足地基稳定和变形要求的前提下，可以小于 0.5m

Ⅲ. 软质岩地基上的重力式挡墙，其基础埋置深度不宜小于 0.3m

Ⅳ. 建筑基础埋置深度，应考虑相邻建筑的基础埋深影响

A. 1　　　　　　　B. 2　　　　　　　C. 3　　　　　　　D. 4

题43　关于山区地基的下列观点，有几项符合《建筑地基基础设计规范》GB 50007—2011 的规定？

Ⅰ. 四层砌体承重结构，地基中下卧基岩面为单向倾斜，岩面坡度为 12%，基底下的土层厚 2~4m，当地基土承载力不小于 150kPa 时，可不作地基变形验算

Ⅱ. 砌体承重结构，采用压实填土地基时，在地基主要受力层范围内，填土地基压实系数应 $\geqslant 0.97$；在地基主要受力层范围以下，填土地基压实系数应 $\geqslant 0.95$

Ⅲ. 对于完整、较完整的较硬岩地基，当溶洞顶板岩石厚度大于洞的跨度时，可不考虑岩溶对地基稳定性的影响

Ⅳ. 岩石锚杆挡土结构的荷载，宜采用主动土压力值

A. 1　　　　　　　B. 2　　　　　　　C. 3　　　　　　　D. 4

题44　某平坦区域的丙类普通建筑，设计工作年限为 50 年，基本自振周期 0.5s，阻尼比 0.05，距离全新世发震断裂约 3km，其所在地区设计基本地震加速度为 0.3g，设计地震分组为第一组。已知场地覆盖层厚度为 30m，20m 深度范围内土层的等效剪切波速为 215m/s。试问，按《建筑抗震设计规范》GB 50011—2010（2016 年版）进行抗震性能化设计时，设防地震作用下该结构基本自振周期所对应的水平地震影响系数与下列何项数值最为接近？

A. 0.15　　　　　　B. 0.37　　　　　　C. 0.50　　　　　　D. 0.75

题45　深厚季节冻土地区新建一幢多层普通建筑，位于稳定自然的斜坡坡顶，采用正方形独立基础，如图 20-1-27 所示。冻土地基的场地冻结深度 $z_d = 2m$，基础底面下的土层属弱冻胀性，基础底面下允许冻土层最大厚度 $h_{max} = 0.95m$，边坡高度 $H = 6m$，边坡坡角

$\beta=45°$，原坡体处于稳定状态，基础宽度 $b=2m$。试问，基础边线至坡顶的水平距离 a 以及基础埋深 d，取下列何项数值时，可符合最小埋置深度要求，且可不采用圆弧滑动面法等效精确方法进行地基稳定性验算，即认定满足《建筑地基基础设计规范》GB 50007—2011 的规定？

提示：边坡稳定不考虑切向冻胀影响；不考虑地震作用影响；忽略坡顶附加荷载影响。

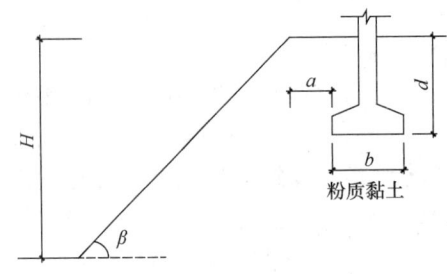

图 20-1-27   题 45 图

A. $a=4.1m$，$d=0.9m$

B. $a=3.5m$，$d=1.5m$

C. $a=2.5m$，$d=2.0m$

D. $a=2.0m$，$d=3.0m$

题 46～47

某软土地基货运堆场，长 120m，宽 80m，采用水泥土搅拌桩进行地基处理，后覆填土厚 1m（含褥垫层），地面均布满载 p_0，如图 20-1-28 所示。初步设计前，对复合地基进行浅层平板静载试验，试验得出复合地基的承载力特征值为 100kPa。单柱复合地基试验承压板为边长 1.5m 的正方形，试验加载至 100kPa 时，测得搅拌桩桩顶处轴力为 150kN。

提示：按《建筑地基处理技术规范》JGJ 79—2012 作答。

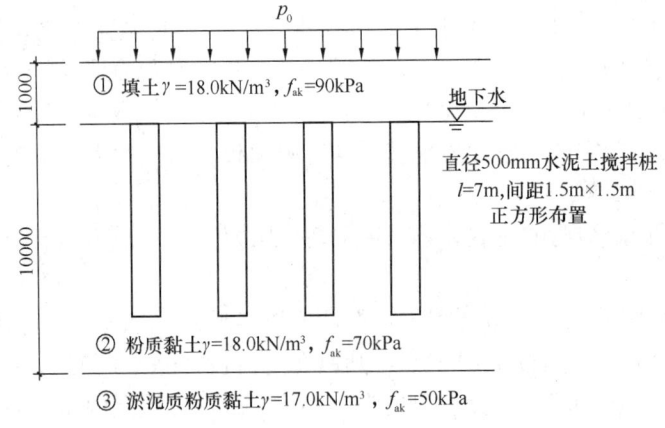

图 20-1-28   题 46～47 图

46. 试问，上述试验中，加载至 100kPa 时，复合地基桩间土承载力发挥系数，与下列何项数值最为接近？

提示：单桩承载力发挥系数 $\lambda=1.0$。

A. 0.3   B. 0.4   C. 0.5   D. 0.8

47. 假定，水泥土搅拌桩采用湿法施工，单桩承载力特征值为 140kN，试问，满足规范最低要求的边长 70.7mm 的桩体试块标准养护 90d 的立方体抗压强度平均值 f_{cu}（kPa），与下列何项数值最为接近？

A. 1000　　　　　B. 2000　　　　　C. 3000　　　　　D. 4000

题 48　平坦场地上的某建筑物无地下室，拟采用摩擦型钻孔灌注桩基础，承受竖向荷载和水平荷载，设计桩长 10m，桩径 800mm，$EI=4.0 \times 10^5 kN \cdot m^2$，$m=10MN/m^4$，计算桩身抗弯刚度时已计入纵筋的贡献。试问，根据《建筑桩基技术规范》JGJ 94—2008，不考虑地震作用及负摩阻力时，桩身配置钢筋的长度（m）最小值，与下列何项数值最为接近？

提示：无地震液化土层、软弱土层、欠固结土层。

A. 10　　　　　　B. 9　　　　　　C. 8　　　　　　D. 7

题 49～50

某框架结构既有建筑设计建造于 2013 年，采用钻孔灌注桩基础，如图 20-1-29 所示。安全等级为二级。荷载标准组合时，作用于某框架柱下承台顶面中心的竖向压力为 18000kN，力矩取零。桩身直径 800mm。地下水位在桩底端以下，承台及其上土的加权平均重度为 $20kN/m^3$。现拟进行增层改造，经检测桩基各项性能符合原设计及相关规范要求。假定增层后荷载基本组合下基桩顶轴向压力设计值为荷载标准组合下的 1.35 倍。

提示：（1）不考虑偏心、地震和承台效应。

（2）不考虑桩基承载力随时间的变化。

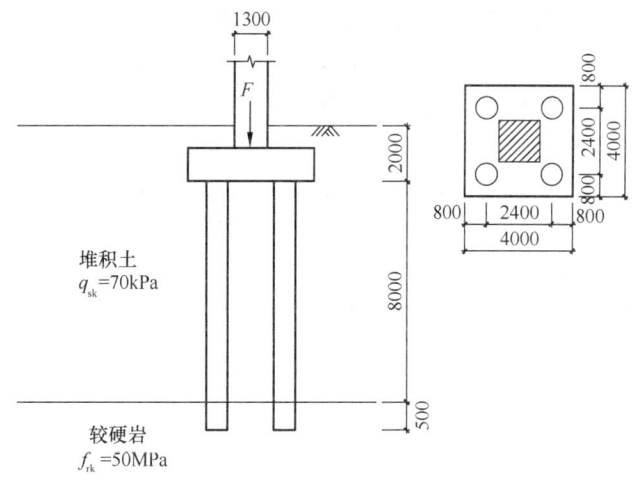

图 20-1-29　题 49～50 图

49. 假定桩身混凝土强度等级为 C40（$f_c=19.1N/mm^2$），通长配置纵筋 14 ⏀ 12，螺旋箍筋均匀配置，间距 150mm，成桩工艺系数 0.9，桩嵌岩段侧阻和端阻综合系数 0.7。试问，按《建筑桩基技术规范》JGJ 94—2008 估算，原基础对应于荷载标准组合作用于承台顶面中心竖向力 F_k 允许增加的最大值 ΔF_k（kN），与下列何项数值最为接近？

提示：不进行承台承载力验算。

A. 6900　　　　　B. 8140　　　　　C. 13900　　　　　D. 19000

50. 结构柱的截面为正方形，边长 1300mm，承台混凝土强度等级为 C40（$f_t=1.71N/mm^2$），承台高 $h=1.5m$（$h_0=1.38m$），假定基桩承载力满足加层要求。试问，对应于荷载基本相合，原承台不发生冲切破坏的柱竖向力 F（kN）的最大值，与下列何项数值最为接近？

提示：按《建筑桩基技术规范》JGJ 94—2008 作答。

A. 25000   B. 28000   C. 31000   D. 35000

题 51 某砌体结构房屋采用天然地基基础，以较完整的中风化凝灰岩为持力层，设计前进行了三个岩石地基载荷试验，结合试验数据及 p-s 曲线确定的部分数据见表 20-1-1。试问，根据《建筑地基基础设计规范》GB 50007—2011，该岩石地基的承载力特征值（kPa），与下列何项数值最为接近？

岩石地基载荷试验 p-s 曲线的部分数据   表 20-1-1

试验编号	比例界限（kPa）	极限载荷值（kPa）
1	950	3000
2	1040	3300
3	880	2580

A. 850   B. 950   C. 1040   D. 1100

题 52 某建筑物采用钻孔灌注桩基础承受水平向荷载，桩身直径 $d=800$mm，配 14 Φ 22 的主筋，桩顶嵌入承台 100mm。现按《建筑基桩检测技术规范》JGJ 106—2014 进行桩顶自由的单桩水平载荷试验，试验部分数据见表 20-1-2。建筑对水平位移敏感，水平荷载由永久荷载控制，假定实际桩顶约束条件下的单桩水平承载力为试验条件下的 1.5 倍。试问，根据现有数据估算，对应于非地震组合，考虑实际桩顶约束条件下的单桩水平承载力特征值（kN），与下列何项数值最为接近？

提示：按照《建筑桩基技术规范》JGJ 94—2008 作答。

桩顶自由的单桩水平载荷试验部分数据   表 20-1-2

水平力（kN）	50	75	100	125	150
水平力作用点的水平位移（mm）	3	6	10	15	25

A. 45   B. 50   C. 65   D. 75

题 53 某地下结构采用等厚度筏板基础，如图 20-1-30 所示，筏板平面尺寸 27.6m×37.2m，采用钻孔灌注桩作为抗拔桩，桩径 0.6m，桩长 15m，沿纵横向正方形布桩（中间桩中心距离 2.4m，边桩中心距筏板边 0.6m），总计布桩 12×16=192 根，粉砂层抗拔系数 0.7，细砂层抗拔系数 0.6，群桩所围空间桩土平均重度 18.8kN/m³。试问，初步设计阶段，计算由群桩整体破坏控制的抗拔承载力时，对应的荷载标准组合，基桩能承受的最大上拔力计算值（kN），与下列何项数值最为接近？

提示：按照《建筑桩基技术规范》JGJ 94—

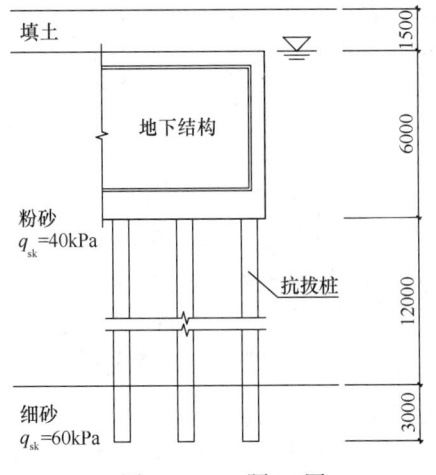

图 20-1-30 题 53 图

2008 作答。

A. 500　　　　　B. 800　　　　　C. 1200　　　　　D. 1600

题 54～57

某新建 3 层框架结构办公楼，紧邻既有 3 层砌体建筑，拟采用扩展基础（作为对比方案），如图 20-1-31 所示。抗震设防烈度 8 度（0.3g），设计地震分组为第一组，地下水位 −2.000m，基础及其上土的加权平均重度 20kN/m³。

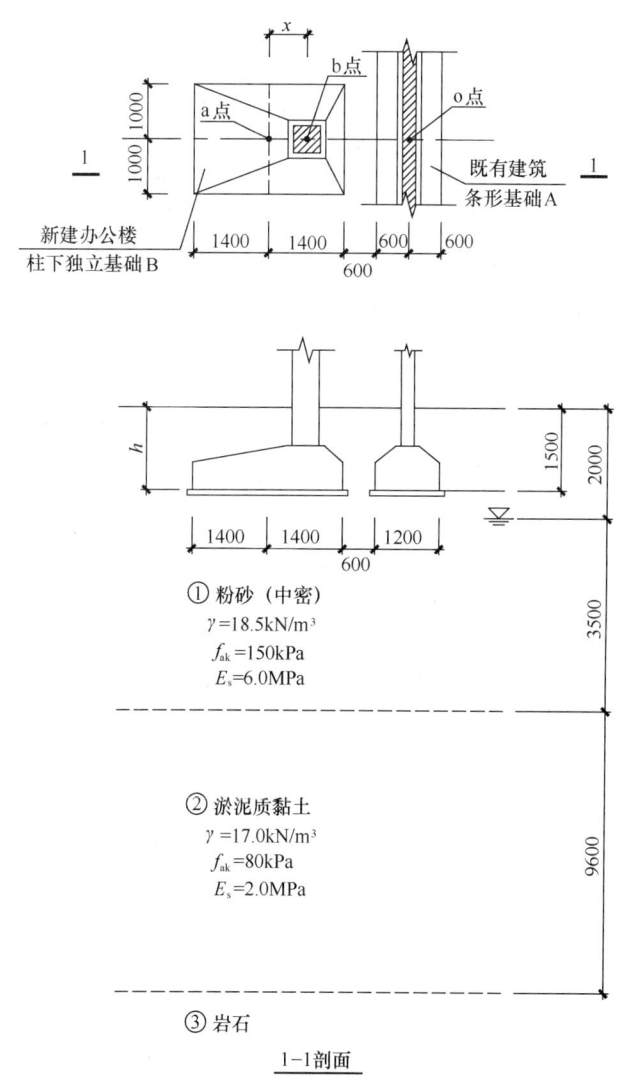

图 20-1-31　题 54～57 图

54. 假定，相应于作用准永久组合，新建建筑上部结构传至扩展基础的力可等效作用于基底形心 a 点的竖向压力为 800kN，基础埋深 $h=1.5$m，沉降计算经验系数取 1.0。试问，按《建筑地基基础设计规范》GB 50007—2011 计算，新建建筑独立基础 B 作用引起的既有建筑基础 A 底面 o 点的最终沉降量（mm），与下列何项数值最为接近？

A. 8　　　　　B. 14　　　　　C. 20　　　　　D. 28

55. 假定，地下水位大面积由-2.000m降至-4.000m，并长期稳定在-4.000m，沉降经验系数取0.7。试问，按《建筑地基基础设计规范》GB 50007—2011计算的地下水位下降引起的淤泥质黏土层最终竖向变形值（mm），与下列何项数值最为接近？

A. 40   B. 70   C. 100   D. 130

56. 假定，相应于作用标准组合，新建建筑上部结构对基础的作用可等效为作用于基础顶面 b 点的竖向力 $F_k=1000$kN，$x=0.15$m。试问，满足地基承载力要求的基础 B 最小埋深（m）与下列何项最为接近？

提示：（1）不考虑新老基础的相互影响。

（2）不验算地基变形，不进行下卧层承载力验算。

A. 1.3   B. 1.5   C. 2.0   D. 2.4

57. 假定，基础置于承载力足够的地基上，相应于多遇地震作用效应标准组合，新建建筑上部结构传至基础顶面的力可以等效为作用于 b 点（$x=0.7$m）的竖向压力 $F_k=1000$kN。试问，地基基础抗震设计时，基础 B 底面零应力区满足要求的基础埋深最小值（m），与下列何项数值最为接近？

提示：不进行地基承载力验算。

A. 1.5   B. 1.8   C. 2.1   D. 2.4

题 58 根据《高层建筑混凝土结构技术规程》JGJ 3—2010，多遇地震作用下，高层建筑钢筋混凝土结构按弹性阶段进行设计时，关于抗震变形验算，下列何项观点相对符合规程要求？

A. 结构楼层层间位移角、扭转位移比控制验算时，层间位移均采用 CQC 效应组合值，均应考虑偶然偏心的影响

B. 结构楼层层间位移角、扭转位移比控制验算时，层间位移均采用 CQC 效应组合值，均不考虑偶然偏心的影响

C. 结构楼层层间位移角控制验算时，层间位移采用 CQC 效应组合值，考虑偶然偏心的影响；扭转位移比控制验算时，层间位移采用规定水平力计算，不考虑偶然偏心的影响

D. 结构楼层层间位移角控制验算时，层间位移采用 CQC 效应组合值，不考虑偶然偏心的影响；扭转位移比控制验算时，层间位移采用规定水平力计算，并考虑偶然偏心的影响

题 59 关于高层建筑隔震和消能减震设计，根据《建筑抗震设计规范》GB 50011—2010（2016 年版），下列何项观点相对正确？

A. 隔震技术应用于高度较高的钢或钢筋混凝土高层结构中，应限制其基本自振周期小于 1.0s

B. 消能减震结构采用线性方法估算时，总刚度为结构刚度和消能部件有效刚度的总和

C. 隔震技术具有隔离水平地震的功能，竖向地震减震系数宜与水平地震减震系数一致

D. 消能部件沿结构两个主轴方向分别设置，且宜设置在建筑物底部

题 60～61

某钢筋混凝土部分框支剪力墙结构房屋，房屋高度 50.3m，地下 1 层，地上 16 层，纵横向均有不落地剪力墙，地下室顶板可作为上部结构的嵌固部位，抗震设防烈度为 8 度 $(0.2g)$，首层为转换层，层高 5m，墙、柱混凝土强度等级为 C40（$E_c = 3.25 \times 10^4 \, \text{N/mm}^2$）；其余各层层高均为 3m，墙、柱混凝土强度等级为 C30（$E_c = 3.00 \times 10^4 \, \text{N/mm}^2$）。

提示：按《高层建筑混凝土结构技术规程》JGJ 3—2010 作答。

60. 假定，首层有 8 根框支柱，截面尺寸均为 1000mm×1000mm，二层横向剪力墙有效面积 $A_{w2} = 18.2 \text{m}^2$。试问，该结构首层横向落地剪力墙有效面积 A_{w1}（m^2）最小取下列何值方满足规程关于转换层上、下层侧向刚度比值的规定？

A. 10　　　　　　B. 12　　　　　　C. 14　　　　　　D. 22

61. 假定，首层某框支框架跨度为 8.5m，框支柱 1 在水平多遇地震作用下柱底轴力标准值 $N_{Ehk} = 500 \text{kN}$，在竖向多遇地震作用下柱底轴力标准值 $N_{Evk} = 600 \text{kN}$，在重力代表值下柱底轴力标准值 $N_{GE} = 4000 \text{kN}$，框支柱抗震等级为一级，不考虑风荷载，重力荷载对柱承载力不利。进行抗震承载力验算时，γ_G 由 1.2 调整为 1.3，γ_{Eh} 和 γ_{Ev} 由 1.3 调整为 1.4，其他系数不变。试问，分项系数调整后，框支柱 1 柱底地震组合最大轴力设计值的增大值，与下列何项数值最为接近？

提示：已考虑不规则性和最小剪重比调整。

A. 250　　　　　　B. 390　　　　　　C. 430　　　　　　D. 490

题 62～64

某高层办公楼，地上 6 层，地下 2 层，采用现浇钢筋混凝土框架结构，如图 20-1-32 所示。设防烈度为 8 度（$0.2g$），设计地震分组为第一组，抗震设防类别为丙类，场地类别 II 类。分析表明地下室顶板可作为上部结构的嵌固部位，上部结构质量沿竖向分布均匀，柱混凝土强度等级：1～3 层为 C50，4～6 层为 C40；梁、板混凝土强度等级均为 C35；钢筋采用 HRB400。安全等级为二级。

提示：按《高层建筑混凝土结构技术规程》JGJ 3—2010 作答。

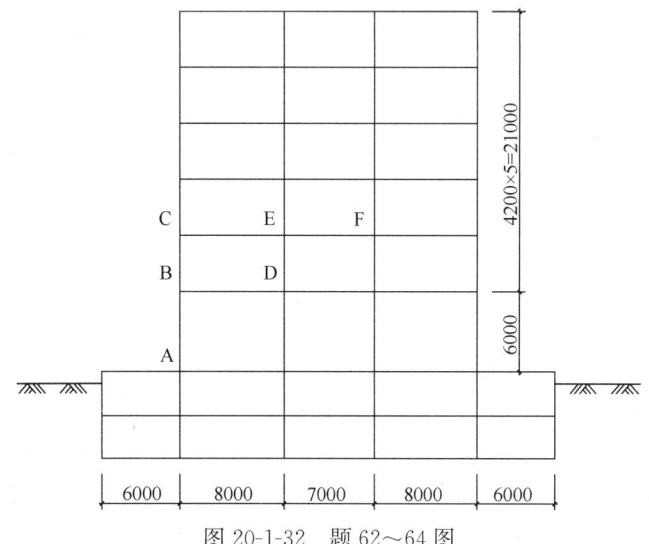

图 20-1-32　题 62～64 图

62. 假定，该结构竖向构件连续，楼层侧向刚度无突变，首层总抗侧刚度为 $1.25 \times 10^6 \, \text{kN/m}$。楼层屈服强度系数：首层为 0.45，2～6 层为 0.55。多遇地震作用下，底层框架柱的最大轴压比为 0.35。弹塑性位移采用简化方法估算，不考虑箍筋配置对位移限值的影响。试问，在预估罕遇地震作用下首层刚好满足层间弹塑性位移角限值的条件下，多遇地震作用下首层水平剪力标准值（kN）与下列何项数值最为接近？

提示：忽略重力二阶效应；地震层间位移计算时不考虑结构薄弱层增大效应；该结构满足最小剪重比要求。

A. 14100　　　　B. 15400　　　　C. 16900　　　　D. 18600

63. 假定，框架梁 EF 截面尺寸为 $250\text{mm} \times 600\text{mm}$，$h_0 = 540\text{mm}$。抗震设计时，梁端截面顶部配筋为 6 Φ 25（地震组合控制），其他配筋均满足抗震构造要求。试问，在地震组合负弯矩作用下，框架梁 EF 梁端截面混凝土最大受压区高度（mm）与下列何项数值最为接近？

提示：不考虑梁相关楼板配筋的影响。

A. 116　　　　B. 127　　　　C. 138　　　　D. 142

64. 假定，该框架结构抗震等级为一级，首层框架角柱 AB 截面尺寸为 $650\text{mm} \times 650\text{mm}$，框架梁 BD 截面尺寸为 $300\text{mm} \times 600\text{mm}$，$h_0 = 560\text{mm}$，$a_s' = 40\text{mm}$。多遇地震作用下，按弹性分析未经调整的地震组合内力设计值为：

柱：$M_{BC}^{t} = 380\text{kN} \cdot \text{m}$，$M_{AB}^{t} = 350\text{kN} \cdot \text{m}$（$M_{BC}^{t}$ 与 M_{AB}^{t} 同为顺时针方向）；$M_{AB}^{b} = 400\text{kN} \cdot \text{m}$，柱 AB 轴压比为 0.30。

梁：$M_{BD}^{b} = 460\text{kN} \cdot \text{m}$。

柱 AB 对称配筋，实配钢筋对应的 $M_{cua} = M_{cua}^{b} = 1450\text{kN} \cdot \text{m}$，梁 BD 计入相关楼板配筋的 B 端顶面实配钢筋面积 $A_s = 2908\text{mm}^2$。假定，柱 AB 配筋设计时取上下端地震组合内力设计值的较大者。试问，柱 AB 配筋设计采用的地震组合弯矩（kN·m）、剪力设计值（kN）与下列何项数值最为接近？

A. 450，410　　B. 680，650　　C. 750，650　　D. 750，710

题 65　某钢筋混凝土框架-剪力墙结构，房屋高度 57.6m，抗震设防烈度 7 度（0.15g），场地类别Ⅲ类，用于规则性判断的结构扭转周期比小于 0.9。假定，该结构无薄弱层，各层框架柱数量不变。X 方向规定水平力作用下底层框架所承受的地震倾覆力矩占结构总倾覆力矩的 32%，对应于 X 方向水平地震作用标准值的结构底部 X 方向总剪力 $V_0 = 8950\text{kN}$，未经调整的各层框架承担的 X 方向地震总剪力中的最大值 $V_{f,\max} = 1060\text{kN}$。试问，首层框架满足二道防线要求的 X 方向总水平地震剪力标准值（kN），与下列何项数值最为接近？

A. 1790　　　　B. 1590　　　　C. 1390　　　　D. 1060

题 66　某 24 层高层综合办公楼，主楼与裙楼连为整体，主楼采用现浇钢筋混凝土框架-核心筒结构，裙房采用钢筋混凝土框架-剪力墙结构，其水平向和竖向尺寸如图 20-1-33 所示。该建筑抗震设防烈度 7 度（0.15g），建筑抗震设防类别为丙类，场地类别为Ⅲ类，采用桩筏基础。地下室顶板可作为上部结构的嵌固部位。假定，该结构进行方案比选时，塔楼与裙房有 4 种结构布置方案，在 Y 向多遇地震作用下，第 5 层的层间位移 δ_5、相邻下部区段最大层间位移 δ_4 见表 20-1-3。根据以上条件判断，下列哪一个方案在满足规范相关要求条件下最为合理?

提示:X 向地震作用下层间位移均满足相应要求。

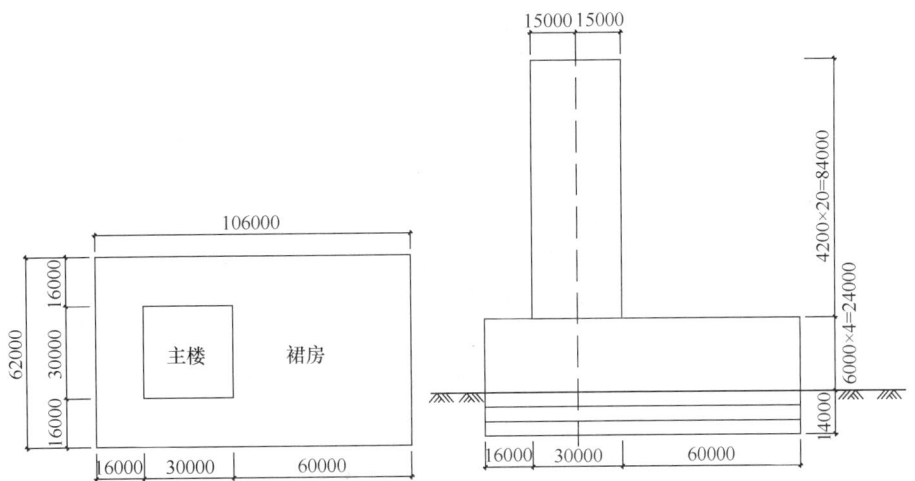

图 20-1-33 题 66 图

Y 向多遇地震作用下楼层 Y 向层间位移(mm)　　　　表 20-1-3

层间位移	方案一	方案二	方案三	方案四
δ_5	5.5	5.2	5.1	5.2
δ_4	7.4	6.1	6.6	7.8

A. 方案一　　　　B. 方案二　　　　C. 方案三　　　　D. 方案四

题 67　某城市高层框架-核心筒混合结构,由钢筋混凝土核心筒、钢梁及型钢混凝土框架柱组成,首层型钢混凝土框架柱 KZ-A 柱底截面如图 20-1-34 所示。混凝土强度等级为 C60,钢筋为 HRB400,箍筋保护层厚度为 20mm,型钢为 Q355B($f_a = 295\text{N/mm}^2$,$A_a = 46000\text{mm}^2$)。假定,该柱的抗震等级为一级,考虑地震作用组合的轴压力设计值 $N = 33000\text{kN}$,剪跨比 $\lambda = 2.4$。如不考虑其他因素,只进行框架柱轴压比、型钢含钢率、纵筋配筋率及箍筋体积配箍率 4 项的合规性判断。试问,框架柱 KZ-A 有几项不符合《高层建筑混凝土结构技术规程》JGJ 3—2010 中关于抗震构造的相关要求?

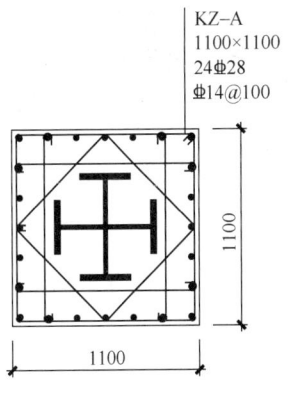

图 20-1-34 题 67 图

提示:箍筋配箍率计算时扣除箍筋重叠部分。

A. 1　　　　B. 2　　　　C. 3　　　　D. 4

题 68～70

某钢结构办公楼,地上 12 层,地下 2 层,采用钢框架-偏心支撑结构体系,抗震设防烈度 8 度(0.2g),丙类建筑,设计地震分组为第一组,Ⅱ类场地,安全等级为二级,典型结构剖面如图 20-1-35 所示,钢材 Q355B($f = 295\text{N/mm}^2$,$f_y = 345\text{N/mm}^2$)。

提示:按《高层民用建筑钢结构技术规程》JGJ 99—2015 作答。

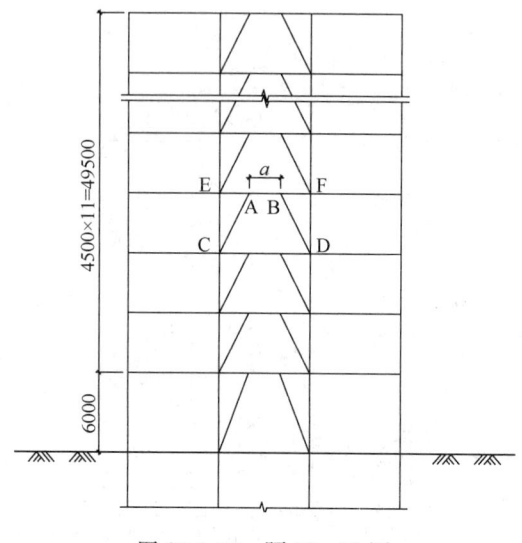

图 20-1-35 题 68～70 图

68. 假定，第 4 层支撑 AC、BD 的相连柱截面为 □800×800×40，轴线中分，梁 EF 截面为 H600×300×12×30，消能梁段所受的地震组合轴力设计值为 900kN，剪力设计值为 1000kN，两支撑杆对称布置。试问，消能梁段 AB 净长 a（m）不超过下列何项数值，方能满足规程对剪切屈服型消能梁段的抗震构造要求？

A. 3.1   B. 2.6   C. 2.1   D. 1.6

69. 假定，该结构顶层支撑框架如图 20-1-36 所示，抗震等级为一级，框架梁 AB 截面为 H650×300×14×30，$W_{np}=6.798×10^6\text{mm}^3$。消能梁段 CD 的地震组合剪力设计值 $V=1350\text{kN}$，消能梁段净长 $a=1800\text{mm}$，框架梁 AB 非消能梁段的地震组合弯矩计算值 $M_{b,com}=700\text{kN·m}$。

试问，按规范计算的框架梁 AB 非消能梁段的弯矩设计值 M_b（kN·m）与下列何项数值最为接近？

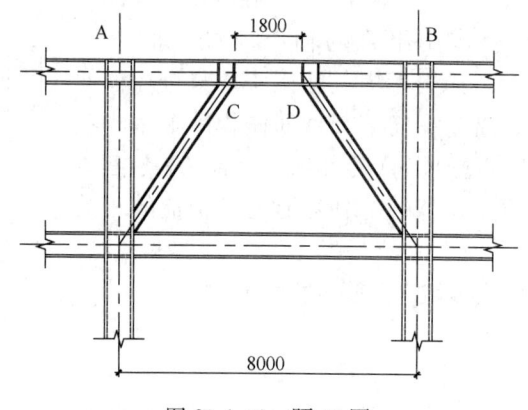

图 20-1-36 题 69 图

A. 700   B. 950   C. 1300   D. 1500

70. 假定，该结构抗震等级为一级，第 7 层框架梁、柱如图 20-1-37 所示，柱截面均

采用 $\square 600 \times 600 \times 24 \times 24$（$A_c = 55296mm^2$，$W_{pc} = 11.951 \times 10^6$ mm^3）。第7、8层柱截面相同，与该柱相连的框架梁均采用 H 形等截面梁。多遇地震作用下，KZA、KZB 的组合轴力设计值分别为 9500kN、9400kN，左右框架梁 KLA、KLB 的梁端地震组合弯矩设计值、剪力设计值分别为：$M_b = 1350kN \cdot m$，$V_b = 550kN$。试问，框架梁 KLA、KLB 截面尺寸取下列何项数值才能满足抗弯强度和"强柱弱梁"的抗震要求？

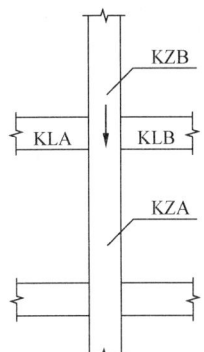

图 20-1-37 题 70 图

提示：（1）框架梁净截面模量与毛截面模量比值为 0.85。

（2）结构二阶效应系数小于 0.1。

A. $H600 \times 300 \times 10 \times 20$（$A_b = 17600mm^2$，$W_x = 3.853 \times 10^6$ mm^3，$W_{pb} = 4.264 \times 10^6 mm^3$）

B. $H600 \times 300 \times 12 \times 20$（$A_b = 18720mm^2$，$W_x = 3.951 \times 10^6 mm^3$，$W_{pb} = 4.423 \times 10^6$ mm^3）

C. $H600 \times 300 \times 12 \times 22$（$A_b = 19872mm^2$，$W_x = 4.25 \times 10^6 mm^3$，$W_{pb} = 4.742 \times 10^6$ mm^3）

D. $H600 \times 300 \times 10 \times 20$（$A_b = 22176mm^2$，$W_x = 4.835 \times 10^6 mm^3$，$W_{pb} = 5.378 \times 10^6$ mm^3）

题 71 假定某高层钢框架结构，抗震等级为一级，框架梁、柱均采用 Q355B 钢材（取 $f_y = 345N/mm^2$）。中部楼层某梁柱强轴方向节点构造如图 20-1-38 所示，其中节点两侧框架梁均采用 $HN400 \times 200 \times 10 \times 16$（$W_{pb} = 1.567 \times 10^6 mm^3$），梁、柱强度均满足要求。试问，不采取其他补强措施的情况下，节点域腹板厚度 t_w（mm）最小取下列何项数值，方能满足《高层民用建筑钢结构技术规程》JGJ 99—2015 中对于屈服承载力的要求？

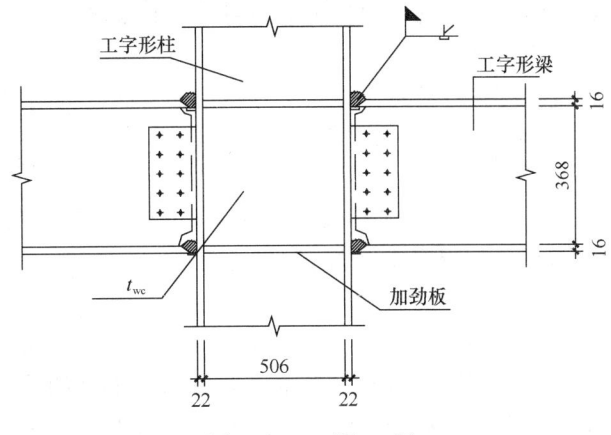

图 20-1-38 题 71 图

A. 12   B. 14   C. 16   D. 18

题 72~73

某 36 层普通办公楼采用现浇钢筋混凝土框架-核心筒结构，如图 20-1-39 所示，房屋高度为 165m，首层层高为 7.0m，2~3 层层高为 6.2m，4~36 层层高为 4.4m。抗震设防烈度为 7 度（0.1g），设计地震分组为第一组，场地类别为 Ⅱ 类，抗震设防类别为丙类，安全等级为二级。结构竖向抗侧力构件上下贯通，无薄弱层。

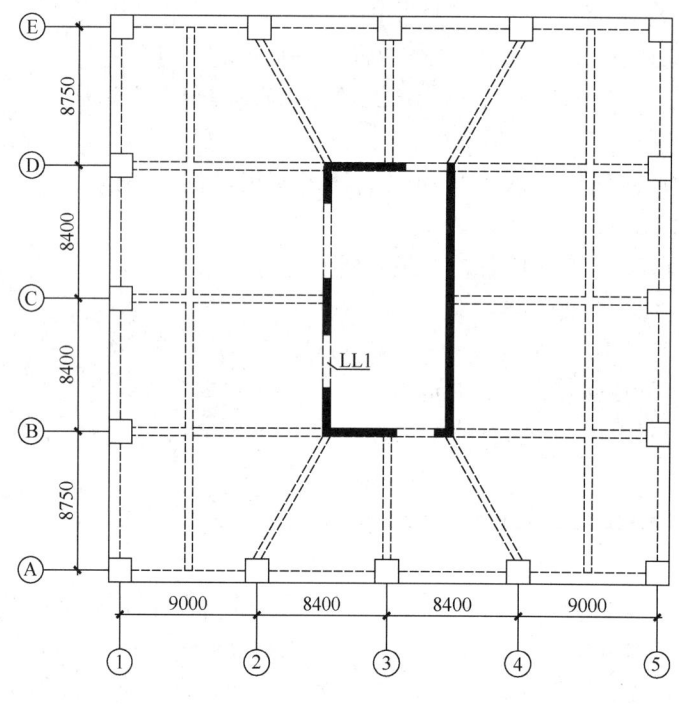

图 20-1-39　题 72～73 图

72. 假定，该结构基本自振周期 $T_1 = 4.2$s（X 向平动），考虑偶然偏心的各楼层最大扭转位移比为 1.25，该建筑结构总永久荷载标准值为 785000kN，总可变荷载组合值为 62500kN。试问，X 向多遇水平地震作用下，对应于水平地震作用标准值的结构底部剪力（kN）最小为下列何项数值时，方满足规程对结构剪重比的要求？

A. 10600　　　　　B. 11600　　　　　C. 12600　　　　　D. 13600

73. 假定，该结构进行方案比较时，经初步分析得知，该结构刚度、质量沿竖向分布均匀，刚重比 $1.4 \leqslant EJ_d / (H^2 \sum\limits_{i=1}^{n} G_i) \leqslant 2.7$，多遇地震作用下 Y 向按弹性方法计算未考虑重力二阶效应的层间最大水平位移在中部楼层，为 5.5mm。试问，在考虑重力二阶效应后结构刚好满足规范对楼层位移限值要求的条件下，结构 Y 向的刚重比与下列何项数值最为接近？

A. 2.7　　　　　B. 2.0　　　　　C. 1.7　　　　　D. 1.4

题 74　某建于平坦场地高度 100m 环形截面钢筋混凝土烟囱如图 20-1-40 所示。质量沿高度连续规律变化，考虑对风荷载敏感的调整后的基本风压为 $w_0 = 0.5$kN/m²，地面粗糙度为 B 类。假定，该烟囱前三个平动振型的自振周期分别为 $T_1 = 2.4$s，$T_2 = 0.6$s，$T_3 = 0.3$s，试问，该烟囱抗风设计时，关于横向风振，下列何项表述最为准确？

提示：（1）按《建筑结构荷载规范》GB 50009—2012 作答。

（2）圆形截面结构的斯脱罗哈数 St 取 0.2，空气密度取 1.25kg/m³。

A. 该烟囱发生超临界范围的风振，可忽略横向风振的作用效应

B. 该烟囱可发生亚临界微风共振，可不计算亚临界横风向风振作用效应，仅需在构

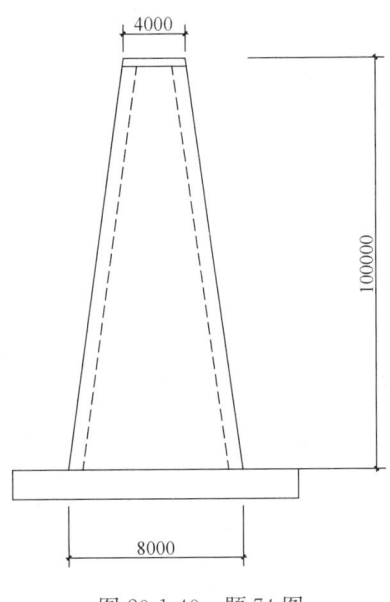

图 20-1-40　题 74 图

造上采取防振措施

C. 该烟囱第 1 振型可发生跨临界强风共振，第 2 振型不发生跨临界强风共振

D. 该烟囱发生跨临界强风共振，应考虑第 1、第 2 振型的横风向风振作用效应

题 75　某高速公路一座跨河桥梁，抗震设防烈度为Ⅵ度。假定，设计中已知以下作用效应因素：①桥梁结构重力（恒荷载）；②汽车荷载；③汽车制动力；④均匀温度作用；⑤漂浮物的撞击作用；⑥地震作用。

试问，在进行桥梁支座抗震验算时，除特殊规定外，作用效应组合系数取 1.0，以下何项组合符合现行标准的要求？

A. ①+⑥

B. ①+②+③+④+⑤+⑥

C. ①+50%④+⑥

D. ①+④+⑥

题 76　某城市主干路上一座简支箱梁桥，计算跨径 30m，汽车荷载按单向三车道设计。假定，该桥跨中恒荷载引起的弯矩标准值为 18000kN·m，跨中人群荷载引起的弯矩标准值为 1700kN·m，汽车荷载冲击系数为 0.25。试问，按承载能力极限状态设计时，该桥跨中弯矩基本组合效应设计值（kN·m），与下列何项数值最为接近？

A. 29650

B. 32620

C. 38050

D. 41860

题 77　某城市主某公路上一座中桥，上部结构采用 T 梁，下部结构采用钢筋混凝土盖梁＋矩形墩柱结构形式，如图 20-1-41 所示，上部边梁作用在盖梁悬臂端上。已知盖梁高 1200mm，墩柱宽 1200mm，边梁作用位置至墩柱外边缘水平距离为 800mm，距离盖梁顶 50mm 配置一排 HRB400，钢筋截面面积为 A_s。假定，边梁传至盖梁悬臂的竖向荷载设计值为 1800kN，试问，求得的 A_s 最小值（mm^2）与下列何项数值最为接近？

A. 6755

B. 7378

C. 7756

D. 8116

题 78　某公路桥上部结构采用 30m 后张预应力混凝土简支梁，混凝土强度等级为 C50，体内钢绞线采用抗拉强度标准值为 1860MPa，Ⅱ级松弛（低松弛）1×7 钢绞线。预应力钢束张拉采用双向超张拉工艺方式，张拉控制应力取 $0.75 f_{pk}$。在正常使用极限状态计算中，假定，跨中截面处某预应力钢束的预应力损失分别为 $\sigma_{l1} = 119.269\text{MPa}$，$\sigma_{l2} = 2.34\text{MPa}$，$\sigma_{l4} = 49.93\text{MPa}$，$\sigma_{l6} = 213.47\text{MPa}$，且不考虑分阶段计算应力松弛损失。试问，该预应力钢束在跨中截面处的永久应力值（MPa），与下列何项数值最为接近？

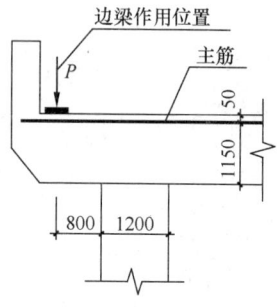

图 20-1-41　题 77 图

  A. 910   B. 983

  C. 1367   D. 1378

  题 79　某高速公路上的一联 3 跨预应力钢筋混凝土箱梁匝道桥，其支座布置形式如图 20-1-42 所示，0 号墩和 3 号墩布置双支座，支座横桥向间距均为 4m，1 号和 2 号墩布置单支座，均位于桥梁中心线上，恒、活荷载作用下支座竖向反力见表 20-1-4。试问，该匝道桥的横桥向抗倾覆稳定系数与下列何项数值最接近？

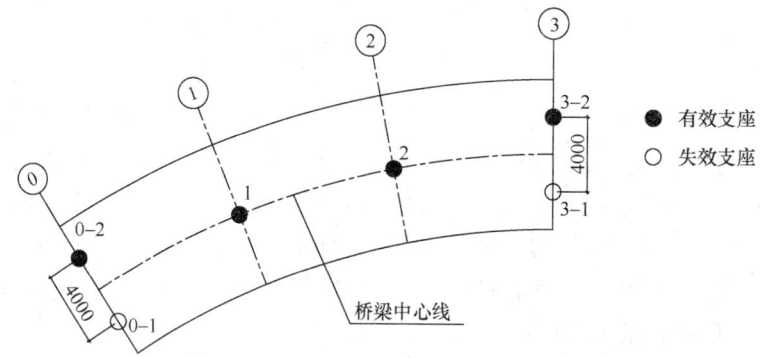

图 20-1-42　题 79 图

桥梁支座的反力　　　　　　　　　　　　　　　　　表 20-1-4

项目	0 号墩		1 号墩	2 号墩	3 号墩	
支座编号	0-1	0-2	1	2	3-1	3-2
l_i	4	0	0	0	4	0
永久荷载标准值下的反力标准值 R_{Gki}（kN）	657	699	1500	1600	685	855
最不利汽车荷载下的反力标准值 $R_{Qki,01}$（kN）	−355	456	850	700	−110	508
最不利汽车荷载下的反力标准值 $R_{Qki,31}$（kN）	−95	274	650	800	−350	600

  注：l_i 表示第 i 个桥墩处失效支座与有效支座的支座中心间距。

  A. 2.5   B. 3.0   C. 3.5   D. 4.0

  题 80　某一级公路上一座 30m＋40m＋30m 三跨预应力钢筋混凝土连续桥梁，桥区场地类别为Ⅲ类，抗震设防烈度为Ⅶ度，水平向基本地震峰值加速度为 0.15g。已知，结构的阻尼比 $\xi=0.05$，当计算桥梁 E2 地震作用时，试问，该桥梁抗震设计时，水平向设计加速度反应谱最大值 $S_{\max}$ 与下列何项数值最接近？

  A. 0.797g   B. 0.609g   C. 0.561g   D. 0.733g

20.2 2022 年试题解答

2022 年试题答案

题号	1	2	3	4	5	6	7	8	9	10
答案	B	A	D	A	C	B	B	A	B	C
题号	11	12	13	14	15	16	17	18	19	20
答案	C	C	B	D	B	C	C	A	D	A
题号	21	22	23	24	25	26	27	28	29	30
答案	B	C	C	D	C	B	C	C	D	B
题号	31	32	33	34	35	36	37	38	39	40
答案	B	B	A	C	C	B	B	C	D	B
题号	41	42	43	44	45	46	47	48	49	50
答案	B	D	C	D	B	C	C	C	A	A
题号	51	52	53	54	55	56	57	58	59	60
答案	A	C	B	D	B	C	A	D	B	C
题号	61	62	63	64	65	66	67	68	69	70
答案	D	B	B	D	B	C	B	C	D	C
题号	71	72	73	74	75	76	77	78	79	80
答案	D	D	C	D	C	D	D	B	B	D

1. 答案：B

解答过程：依据《混凝土结构加固设计规范》GB 50367—2013 的 9.3.3 条计算。

$$V_{\text{b.sp}} \geqslant V - V_{\text{b0}} = 350 - 220 = 130\text{kN}$$

$$V_{\text{b.sp}} = \phi_{\text{vb}} f_{\text{sp}} A_{\text{b,sp}} h_{\text{sp}} / s_{\text{sp}}$$

$$130 \times 10^3 = 0.92 \times 215 \times 2 \times 60 \times 3 \times (550 - 120)/s_{\text{sp}}$$

求得 $s_{\text{sp}} = 235.5\text{mm}$。

不考虑抗震，依据 9.6.6 条第 3 款，U 形箍的净间距 $s_{\text{sp,n}}$ 不应大于《混凝土结构设计规范》GB 50010—2010 规定的箍筋最大间距的 0.7 倍，且不应大于梁高的 0.25 倍。

依据《混凝土结构设计规范》GB 50010—2010（2015 年版）的 9.2.9 条，由于

$$V = 220\text{kN} > 0.7 f_{\text{t}} b h_0 = 0.7 \times 1.43 \times 250 \times (550 - 50) = 125.1\text{kN}$$

且梁高为 550mm 在 500~800mm 之间，故箍筋最大间距为 250mm。

$$s_{\text{sp,n}} \leqslant \min(0.7 \times 250, 0.25 \times 550) = 137.5\text{mm}$$

U 形箍的中心距 $s_{\text{sp}} \leqslant 137.5 + 60 = 197.5\text{mm}$。

综上，s_{sp} 由构造控制，$s_{\text{sp}} \leqslant 197.5\text{mm}$。

选择 B。

2. 答案：A

解答过程：根据受力分布，可画出连续梁弯矩简图，如图 20-2-1 所示。

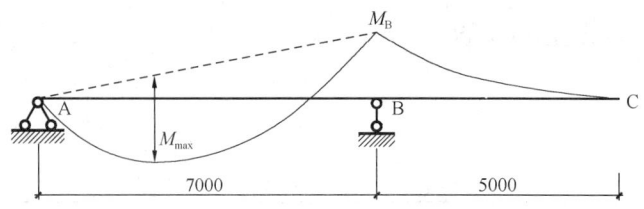

图 20-2-1　连续梁弯矩简图

AB 段荷载对 AB 段跨内正弯矩不利，故 AB 段永久荷载分项系数 $\gamma_{1G} = 1.3$，可变荷载分项系数 $\gamma_{1Q} = 1.5$。BC 段荷载对 AB 段跨内最大正弯矩有利，故 BC 段永久荷载分项系数 $\gamma_{2G} = 0.9$，可变荷载分项系数 $\gamma_{2Q} = 0$。

AB 段荷载设计值为

$$q_1 = \gamma_{G1} G_{1k} + \gamma_{Q1} Q_{1k} = 1.3 \times 20 + 1.5 \times 15 = 48.5 \text{kN/m}$$

BC 段荷载设计值为

$$q_2 = \gamma_{2G} G_{2k} + \gamma_{2Q} Q_{2k} = 0.9 \times 30 + 0 \times 15 = 27 \text{kN/m}$$

结构受力简图如图 20-2-2 所示，整体对 B 点取矩，可得

$$R_A l_{AB} + \frac{1}{2} q_2 l_{BC}^2 = \frac{1}{2} q_1 l_{AB}^2$$

可求得

$$R_A = \left(\frac{1}{2} q_1 l_{AB}^2 - \frac{1}{2} q_2 l_{BC}^2 \right) / l_{AB} = \left(\frac{1}{2} \times 48.5 \times 7^2 - \frac{1}{2} \times 27 \times 5^2 \right) / 7 = 121.5 \text{kN}$$

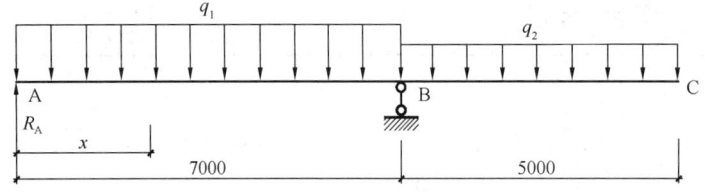
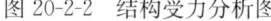

图 20-2-2　结构受力分析图

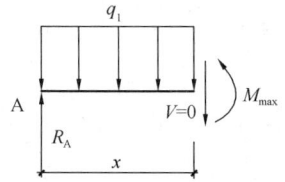

图 20-2-3　隔离体受力分析

由于梁跨中弯矩最大位置剪力为零，假设该位置距离 A 支座为 x，则

$$x = R_A / q_1 = 121.5 / 48.5 = 2.51 \text{m}$$

取隔离体如图 20-2-3 所示，AB 段最大正弯矩为

$$M_{\max} = R_A x - \frac{1}{2} q_1 x^2 = 121.5 \times 2.51 - \frac{1}{2} \times 48.5 \times 2.51^2 = 152.2 \text{kN} \cdot \text{m}$$

选择 A。

3. 答案：D

解答过程：依据《混凝土结构设计规范》GB 50010—2010（2015 年版）的 6.4.13 条，由于四个选项箍筋间距均为 100mm，肢数为两肢，故所需的单肢箍筋截面面积为

$$A_{sv,1} = A_{sv}/2 + A_{st1} = 0.644 \times 100/2 + 0.261 \times 100 = 58.3 \text{mm}^2$$

单肢Φ8 钢筋可提供截面面积 50.3mm²，不满足要求，排除 A、C 选项。

依据 9.2.5 条，对于抗扭纵筋，应按截面周边均匀对称布置。今近似认为按 $b_{cor} \times h_{cor}$ $=190mm \times 590mm$ 周边布置。布置成 4 排，故梁底部所需受扭纵筋截面面积为

$$A_s + A_{stl} \frac{b_{cor} + h_{cor}/3}{u_{cor}} = 571 + 670 \times \frac{190 + 590/3}{2 \times (190 + 590)} = 737mm^2$$

2 Φ 22 可提供截面面积为 $A_s = 760mm^2$，满足要求。

选择 D。

点评：对于本题，注意两点：

（1）排除 A、C 选项后，B、D 选项的差别仅在于梁底部纵筋的配置，故据此可唯一确定而不必计算其他。对于 D 选项，梁侧面和顶面的纵筋配置也是满足要求的。计算如下：

梁截面上部所需受扭纵筋截面面积为

$$A_{stl} \frac{b_{cor} + h_{cor}/3}{u_{cor}} = 670 \times \frac{190 + 590/3}{2 \times (190 + 590)} = 166mm^2$$

2 Φ 12 可提供截面面积为 $226mm^2$，满足要求。

梁截面一侧的抗扭纵筋截面面积为

$$A_{stl} \frac{2/3 \times h_{cor}}{u_{cor}} = 670 \times \frac{2/3 \times 590}{2 \times (190 + 590)} = 169mm^2$$

可见每侧配置 2 Φ 12 可以满足要求。

（2）本题与 2022 年二级真题第 9 题相同，与 2017 年二级真题第 6 题知识点一致。

4. 答案：A

解答过程：结构对称，在均匀温度作用下，对称点变形为零，称作温度中心。柱顶由于温度变化引起的水平位移为 $\alpha \Delta t x$，式中，α 为温度线膨胀系数；Δt 为温差；x 为所研究的点至温度中心的距离。

升温后结构的变形如图 20-2-4 所示。边柱的柱顶水平位移大，故边柱所受的剪力就大。近似认为各柱的反弯点在同一位置，由于柱底弯矩等于剪力乘以反弯点高度，故边柱的柱底弯矩更大。Ⅰ 正确。

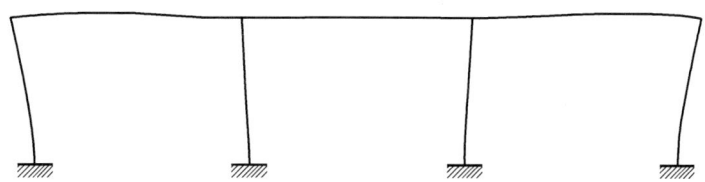

图 20-2-4 升温工况下的结构变形

取左侧中柱顶点处节点作为研究对象，仅画出其左右梁的轴力和立柱的剪力，如图 20-2-5 所示。可见，由水平力的平衡得到 $N_{DF} = N_{DB} + V_{DC}$，故中跨梁的轴压力更大。Ⅳ 正确。

综上，选择 A。

点评：本题与 2022 年二级真题第 10 题相同。

升温工况下，结构杆件的内力如图 20-2-6 所示。

降温工况下，杆件变形及内力如图 20-2-7 所示。

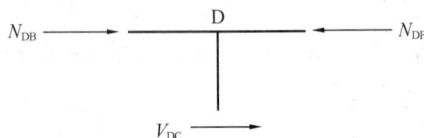

图 20-2-5　内力计算简图

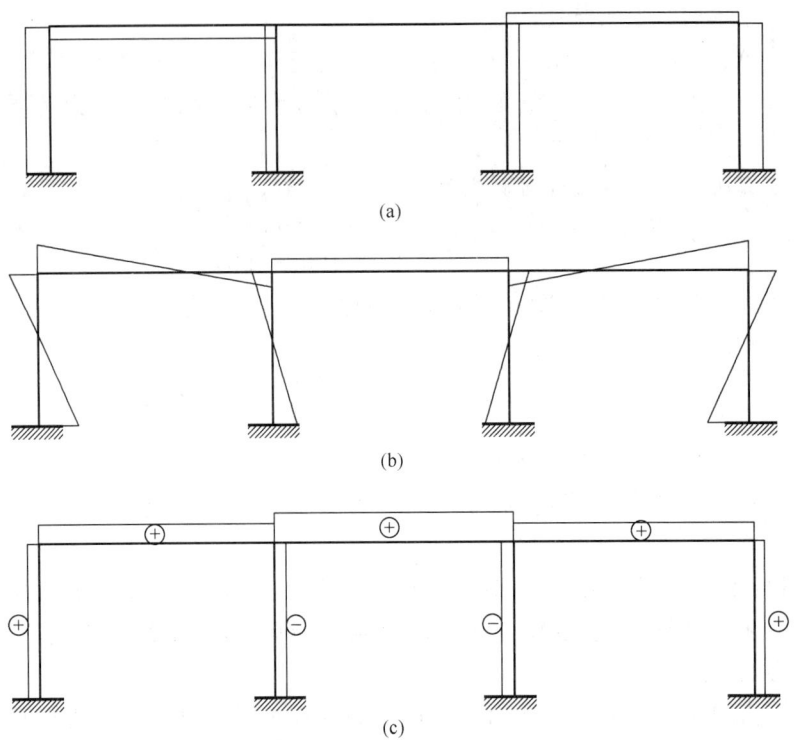

(a)

(b)

(c)

图 20-2-6　升温工况下的杆件内力

(a) 剪力；(b) 弯矩；(c) 轴力

5. 答案：C

解答过程：依据《混凝土结构设计规范》GB 50010—2010（2015 年版）的 6.2.22 条计算。

$$N \leqslant f_y A_s + f_{py} A_p$$

$$830 \times 10^3 \leqslant 360 \times 452 + 1220 \times A_p$$

求得 $A_p \geqslant 547.0 \text{mm}^2$。选择 C。

6. 答案：B

解答过程：依据《混凝土结构设计规范》GB 50010—2010（2015 年版）的 10.1.6 条计算。

$$\sigma_{pe} = \sigma_{con} - \sigma_l = 0.7 \times 1720 - 210 = 994 \text{N/mm}^2$$

预应力钢筋和非预应力钢筋的合力为

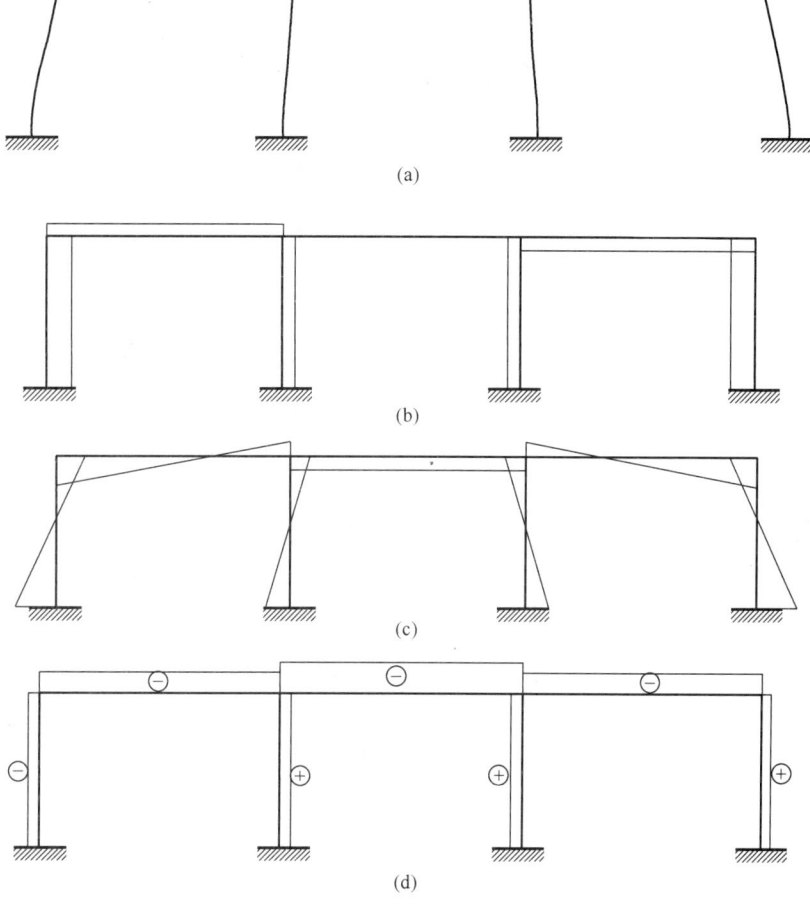

图 20-2-7 降温工况下的杆件变形与内力

(a) 变形；(b) 剪力；(c) 弯矩；(d) 轴力

$$N_{\mathrm{p}} = \sigma_{\mathrm{pe}}A_{\mathrm{p}} - \sigma_{l5}A_{\mathrm{s}} = 994 \times 592.2 - 100 \times 452 = 543.45\mathrm{kN}$$

$$\sigma_{\mathrm{pc}} = \frac{N_{\mathrm{p}}}{A_{\mathrm{n}}} = \frac{543.45 \times 10^3}{72580} = 7.49\mathrm{N/mm}^2$$

$$\sigma_{\mathrm{p0}} = \sigma_{\mathrm{con}} - \sigma_l + \alpha_{\mathrm{E}}\sigma_{\mathrm{pc}} = 0.7 \times 1720 - 210 + 6.15 \times 7.49 = 1040.1\mathrm{N/mm}^2$$

选择 B。

7. 答案：B

解答过程：整体结构对 D 点取矩，可得

$$Pl_{\mathrm{CD}} + X_{\mathrm{B}}(l_{\mathrm{AB}} - l_{\mathrm{CD}}) = Y_{\mathrm{B}}l_{\mathrm{AC}}$$

$$170 \times 3 + 3X_{\mathrm{B}} = 6Y_{\mathrm{B}}$$

由于 $X_{\mathrm{B}}:Y_{\mathrm{B}}=1:2$，上式可简化为 $170 \times 3 + 3X_{\mathrm{B}} = 6 \times 2X_{\mathrm{B}}$，求得 $X_{\mathrm{B}}=56.7\mathrm{kN}$。

则构件 AB 在 A 点处弯矩为

$$M_{\mathrm{AB}} = X_{\mathrm{B}}l_{\mathrm{AB}} = 56.7 \times 6 = 340\mathrm{kN} \cdot \mathrm{m}$$

选择 B。

点评：整个结构弯矩图如图 20-2-8 所示。

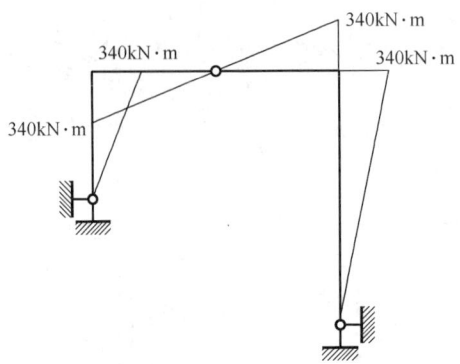

图 20-2-8 　结构弯矩图

8. 答案：A

解答过程：构件 AB 为压弯构件。

依据《混凝土结构设计规范》GB 50010—2010（2015 年版）的 6.2.17 条计算。

$$h_0 = 600 - 50 = 550 \text{mm}$$

$$x = \frac{N}{\alpha_1 f_c b} = \frac{160 \times 10^3}{1 \times 19.1 \times 400} = 20.9 \text{mm} < \xi_b h_0 = 0.518 \times 550 = 284.9 \text{mm}$$

为大偏心受压，但 $x < 2a'_s = 2 \times 50 = 100 \text{mm}$。

$$e_0 = \frac{M}{N} = \frac{480 \times 10^6}{160 \times 10^3} = 3000 \text{mm}, e_a = \max\left(20, \frac{600}{30}\right) = 20 \text{mm}$$

$$e_i = e_0 + e_a = 3000 + 20 = 3020 \text{mm}$$

$$e'_s = e_i - \frac{h}{2} + a'_s = 3020 - \frac{600}{2} + 50 = 2770 \text{mm}$$

$$A_s = \frac{Ne'_s}{f_y(h_0 - a'_s)} = \frac{160 \times 10^3 \times 2770}{360 \times (550 - 50)} = 2462.2 \text{mm}^2$$

选择 A。

9. 答案：B

解答过程：根据题中已知条件内力图，D 边缘处剪力 $V_D = 0.5P = 0.5 \times 600 = 300 \text{kN}$，轴力 $N_D = P = 600 \text{kN}$（压力）。

依据《混凝土结构设计规范》GB 50010—2010（2015 年版）的 6.3.12 条计算。

$N = 600 \text{kN} < 0.3 f_c A = 0.3 \times 14.3 \times 400 \times 60 = 1029.6 \text{kN}$，取 $N = 600 \text{kN}$。

$$V \leqslant \frac{1.75}{\lambda + 1} f_t b h_0 + f_{yv} \frac{A_{sv}}{s} h_0 + 0.07 N$$

$$300 \times 10^3 \leqslant \frac{1.75}{3 + 1} \times 1.43 \times 400 \times 550 + 360 \times \frac{A_{sv}}{s} \times 550 + 0.07 \times 600 \times 10^3$$

求得 $\frac{A_{sv}}{s} \geqslant 0.608 \text{mm}^2/\text{mm}$。

A、B、C、D 选项的 $\frac{A_{sv}}{s}$ 值分别为 0.566、0.805、1.01、1.57，单位为 mm^2/mm，B

选项满足要求且最接近。选择 B。

10. 答案：C

解答过程：AD 取 AB 段为隔离体，根据剪力求弯矩，如图 20-2-9 所示，对 A 点取矩，则 B 点弯矩 $M_B = V_B \times l_{AB} = 0.5 \times 350 \times 2 = 350 \text{kN} \cdot \text{m}$。同理，C 点弯矩 $M_C = 350 \text{kN} \cdot \text{m}$。

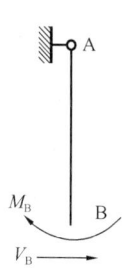

图 20-2-9 隔离体
受力分析图

构件 AD 三段受力不同，故需要分段设计。

（1）AB 段

AB 段轴力 $N=0$，故为纯受弯构件。

由于对称配筋，必然存在 $x < 2a'_s$，因此，应对 A'_s 合力点取矩。

$$A_s = \frac{M}{f_y(h_0 - a'_s)} = \frac{350 \times 10^6}{435 \times (600 - 50 - 50)} = 1609.2 \text{mm}^2$$

（2）BC 段

BC 段轴力 $N = 0.5P = 0.5 \times 350 = 175 \text{kN}$（拉力），故为拉弯构件。

由于对称配筋，依据《混凝土结构设计规范》GB 50010—2010（2015 年版）式（6.2.23-2）计算。

$$e_0 = \frac{M}{N} = \frac{350 \times 10^6}{175 \times 10^3} = 2000 \text{mm}$$

$$e' = e_0 + \frac{h}{2} - a'_s = 2000 + \frac{600}{2} - 50 = 2250 \text{mm}$$

$$A_s = \frac{Ne'}{f_y(h_0 - a'_s)} = \frac{175 \times 10^3 \times 2250}{435 \times (600 - 50 - 50)} = 1810.3 \text{mm}^2$$

（3）CD 段

CD 段轴力 $N = P = 350 = 350 \text{kN}$（压力），故为压弯构件。

$$x = \frac{N}{\alpha_1 f_c b} = \frac{350 \times 10^3}{1 \times 14.3 \times 400} = 61.19 \text{mm} < \xi_b h_0$$

$$= 0.482 \times (600 - 50) = 265.1 \text{mm}$$

为大偏心受压，但 $x < 2a'_s = 2 \times 50 = 100 \text{mm}$。

$$e_0 = \frac{M}{N} = \frac{350 \times 10^6}{350 \times 10^3} = 1000 \text{mm}, \quad e_a = \max\left(20, \frac{600}{30}\right) = 20 \text{mm}$$

$$e_i = e_0 + e_a = 1000 + 20 = 1020 \text{mm}$$

$$e'_s = e_i - \frac{h}{2} + a'_s = 1020 - \frac{600}{2} + 50 = 770 \text{mm}$$

$$A_s = \frac{Ne'_s}{f_y(h_0 - a'_s)} = \frac{350 \times 10^3 \times 770}{435 \times (600 - 50 - 50)} = 1239.1 \text{mm}^2$$

综上，应取最不利者 $A_s = 1810.3 \text{mm}^2$，选择 C。

点评：对称配筋的受弯构件、偏心受拉构件、大偏心受压构件，若弯矩相等且轴力大小相等，则偏心受拉构件最为不利。试演如下。

对于受弯构件，若对称配筋，必然存在 $x < 2a'_s$，因此，有

$$A_s = \frac{M}{f_y(h_0 - a'_s)} \tag{20-2-1}$$

对于偏心受拉构件，若对称配筋，同样是对 A'_s 合力点取矩求出一侧配筋。

$$A_s = \frac{Ne'}{f_y(h_0 - a_s')} = \frac{M + N(\frac{h}{2} - a_s')}{f_y(h_0 - a_s')} \qquad (20\text{-}2\text{-}2)$$

由于式(20-2-2) 中 $\frac{h}{2} - a_s' > 0$，因此，必然式(20-2-2)
求得的 A_s 更大。

偏心受压构件的 N_u-M_u 曲线如图 20-2-10 所示。可
见，同样的纵筋配置，大偏心受压可承受比纯受弯（N
$=0$）时更大的弯矩，换言之，若弯矩相等，大偏心受压
所用的纵筋更少。实际上，只要压力 N 小于纯弯时弯矩
对应的压力（即图中的 N_M），均可以实现偏心受压构件
的用钢量比纯弯时更少。

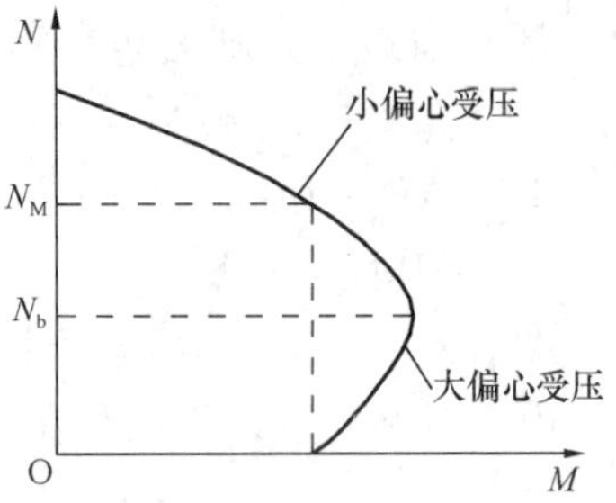

图 20-2-10 偏心受压构件的
N_u-M_u 曲线

掌握了以上原理，显然可以大大节省解题时间。

11. 答案：C

解答过程：由于构件 CE 与预埋件连接存在偏心，把力移动到预埋件表面形心处，预
埋件受到压力、剪力和弯矩的共同作用。

根据题中已知条件的内力图，可得

$$N = V = N_{CE}\sin45° = 1.5P$$
$$M = 0.25N_{CE}\sin45° = 0.375P$$

依据《混凝土结构设计规范》GB 50010—2010（2015 年版）式（9.7.2-3）计算。

$$A_s \geqslant \frac{V - 0.3N}{\alpha_r \alpha_v f_y} + \frac{M - 0.4Nz}{1.3\alpha_r \alpha_b f_y z}$$

$$6 \times 490.9 \geqslant \frac{1.5P \times 10^3 - 0.3 \times 1.5P \times 10^3}{0.9 \times 0.437 \times 300} + \frac{0.375P \times 10^6 - 0.4 \times 1.5P \times 10^3 \times 300}{1.3 \times 0.9 \times 0.85 \times 300 \times 300}$$

化简为

$$6 \times 490.9 \geqslant 8.899P + 2.179P$$

求得 $P \leqslant 265.9$kN。

依据《混凝土结构设计规范》式（9.7.2-4）计算。

$$A_s \geqslant \frac{M - 0.4Nz}{0.4\alpha_r \alpha_b f_y z}$$

$$6 \times 490.9 \geqslant \frac{0.375P \times 10^6 - 0.4 \times 1.5P \times 10^3 \times 300}{0.4 \times 0.9 \times 0.85 \times 300 \times 300}$$

求得 $P \leqslant 416$kN。

取较小值，选择 C。

12. 答案：C

解答过程：依据《混凝土结构设计规范》GB 50010—2010（2015 年版）的 8.5.1 条
注释 5，受弯构件一侧受拉钢筋的配筋率应按全截面面积扣除受压翼缘面积 $(b_f' - b)h_f'$ 后
的截面面积。混凝土截面面积为图 20-2-11 中阴影部分面积，$A = 70 \times 250 \times 2$
$= 35000$mm^2。

选择 C。

13. 答案：B

解答过程：依据《建筑与市政工程抗震通用规范》
GB 55002—2021 的表 4.2.2-1，多遇地震、烈度 8 度
$(0.20g)$，$\alpha_{max}=0.16$。依据表 4.2.2-2，多遇地震、I_1
类场地、第三组，$T_g=0.35s$。

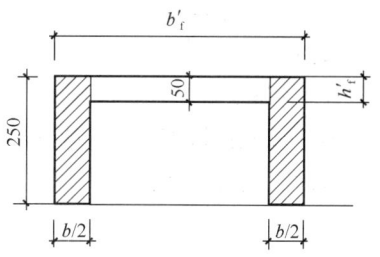

图 20-2-11 验算最小配筋率所用截面

依据《建筑抗震设计规范》GB 50011—2010 的
5.1.5 条，由于阻尼比为 0.05，故 $\gamma=0.9$，$\eta=1.0$。
又由于 $T_g<T_1=0.8s<5T_g$，故采用下式计算水平地
震影响系数：

$$\alpha_1=\left(\frac{T_g}{T}\right)^{\gamma}\eta_2\alpha_{max}=\left(\frac{0.35}{0.58}\right)^{0.9}\times1\times0.16=0.1016$$

依据《建筑抗震设计规范》的 5.2.1 条计算。

$$F_{Ek}=\alpha_1 G_{eq}=0.1016\times0.85\times(4500\times3+0.8\times2300\times2)=1483.7kN$$

选择 B。

14. 答案：D

解答过程：依据《建筑抗震设计规范》GB 50011—2010（2016 年版）的 5.2.1 条
计算。

$T_g=0.35s$，$T_1=0.58s>1.4\ T_g=1.4\times0.35=0.49s$，故顶部附加地震作用系数为

$$\delta_n=0.08T_1+0.07=0.08\times0.58+0.07=0.116$$
$$\Delta F_n=\delta_n F_{Ek}=0.116\times1700=197.2kN$$

选择 D。

15. 答案：B

解答过程：依据《建筑与市政工程抗震通用规范》GB 55002—2021 的 2.3.2 条第 2
款，重点设防类，应按高于本地区抗震设防烈度一度的要求加强其抗震措施，故按 9 度采
取抗震措施，用于内力调整。

依据第 5 款，重点设防类，当工程场地为 I 类时，允许按本地区抗震设防烈度的要求
采取抗震构造措施，即，按 8 度查表。

依据 5.2.1 条，框架结构、高度 6.5＋5＋5＝16.5m、非大跨、9 度，得到抗震等级为
一级。这是内力调整时采用的抗震措施等级。

依据 5.2.1 条，框架结构、高度 6.5＋5＋5＝16.5m、非大跨、8 度，得到抗震等级为
二级。这是抗震构造措施的等级。

选择 B。

16. 答案：C

解答过程：依据《建筑抗震设计规范》GB 50011—2010（2016 年版）的 6.4.5 条，
首层为底部加强区，由于底层墙肢轴压比 $\mu=\dfrac{N}{Af_c}=\dfrac{1650\times10^3}{220\times1800\times19.1}=0.22<0.3$，可
仅设置构造边缘构件。

依据表 6.4.5-2，抗震等级为二级，底部加强区纵筋最少为 6 Φ 14，面积 $A_s=$
$923.4mm^2$。配筋面积最小为 $0.008A_c=0.008\times400\times220=704mm^2$。故，应按 6 Φ 14 配
置。

箍筋不低于 $\phi 8@150$。

选择 C。

17. 答案：C

解答过程：依据《钢结构设计标准》GB 50017—2017 的 8.3.1 条计算，因为刚架平面内未设置支撑，故按无支撑框架（有侧移框架柱）确定计算长度。

$$K_1 = \frac{EI/4500}{EI/4500 + EI/1500} = 0.25$$

依据附录 E.0.1，底层柱底铰接，$K_2 = 0$。

查表 E.0.2 得 $\mu = \dfrac{3.42 + 3.01}{2} = 3.215$。

计算长度 $l_0 = \mu l = 3.215 \times 1500 = 4822.5\text{mm}$。

选择 C。

18. 答案：A

解答过程：依据《钢结构设计标准》GB 50017—2017 的 8.2.1 条计算。

平面外长细比 $\lambda_y = l_{0y}/i_y = 4500/73.5 = 61.2$。

依据表 7.2.1-1，$b/h = 300/390 = 0.77 < 0.8$，对 y 轴为 b 类截面。

查附录表 D.0.2，$\varphi_y = 0.802 - \dfrac{0.802 - 0.796}{10} \times 2 = 0.801$。

依据附录 C.0.5 可得

$$\varphi_b = 1.07 - \frac{\lambda_y^2}{44000\varepsilon_k^2} = 1.07 - \frac{61.22^2}{44000 \times 1} = 0.985$$

$$\frac{N}{\varphi_y A f} + \eta \frac{\beta_{tx} M_x}{\varphi_b W_{1x} f} = \frac{896 \times 10^3}{0.801 \times 133.3 \times 10^2 \times 215} + 1.0 \times \frac{1.0 \times 224 \times 10^6}{0.985 \times 1940 \times 10^3 \times 215}$$
$$= 0.936$$

选择 A。

19. 答案：D

解答过程：依据《钢结构设计标准》GB 50017—2017 的 11.6.3 条计算。

$$b_1 = \min\left(2t + 16, b - \frac{d_0}{3}\right)$$

$$= \min\left(2 \times 60 + 16, (600 - 151)/2 - \frac{151}{3}\right)$$

$$= 136\text{mm}$$

两块耳板承担轴力，单块耳板拉力设计值 $N_1 = N/2 = 2130/2 = 1065\text{kN}$。

$$\sigma = \frac{N_1}{2t b_1} = \frac{1065 \times 10^3}{2 \times 60 \times 136} = 65.3\text{N/mm}^2$$

选择 D。

20. 答案：A

解答过程：依据《钢结构设计标准》GB 50017—2017 的 11.6.3 条计算。

$$Z = \sqrt{(a + d_0/2)^2 - (d_0/2)^2} = \sqrt{300^2 - (151/2)^2} = 290.3\text{mm}$$

两块耳板承担轴力，单块耳板拉力设计值 $N_1 = N/2 = 2130/2 = 1065\text{kN}$。

$$\tau = \frac{N_1}{2tZ} = \frac{1650 \times 10^3}{2 \times 60 \times 290} = 30.6\text{N/mm}^2$$

选择 A。

点评：注意，《钢结构设计标准》的 11.6.3 条中，各公式中的 N 是针对单个耳板的拉力，而 11.6.4 条中的 N 则是针对销轴而言的拉力，即，若一个销轴由两个耳板相连，前者是后者的 1/2。

21. 答案：B

解答过程：根据已知条件，柱底板与基础间竖向压应力过柱翼缘中心，对柱脚受力分析如图 20-2-12 所示。

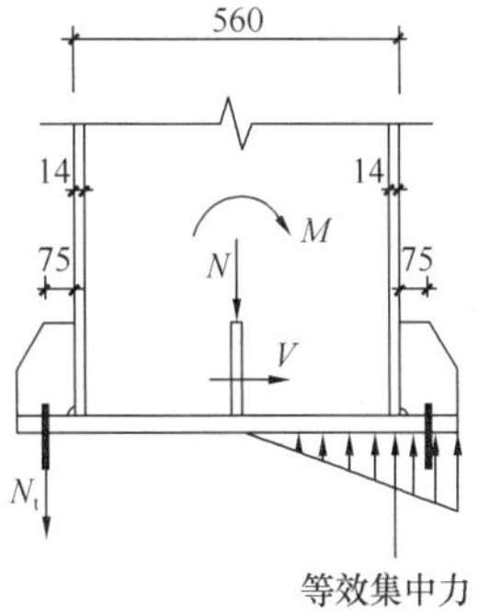

假定柱底板与基础间竖向压应力过右侧翼缘中心，则可以确定柱底弯矩的方向。左侧锚栓受拉，右侧底板与混凝土基础接触传递压力，故右侧锚栓不受力。

依据《钢结构设计标准》GB 50017—2017 的 12.7.4 条，剪力由底板和混凝土基础间的摩擦力承受，故锚栓不承担剪力。

图 20-2-12 柱脚受力分析图

对右侧翼缘中心取矩，得到

$$N_t(75 + 560 - 14/2) + N(560/2 - 14/2) = M$$

$$N_t = \frac{384 \times 10^6 - 756 \times 10^3 \times (560/2 - 14/2)}{(75 + 560 - 14/2)} = 282.8\text{kN}$$

于是，单个锚栓拉力为 282.8/2＝141.4 kN。

依据表 4.4.6，Q235 锚栓，$f_t^a = 140$MPa，Q345 锚栓，$f_t^a = 180$MPa。

依据式 (11.4.1-6)，锚栓受拉，按有效面积计算，$N_t^a = \frac{\pi d_e^2}{4} f_t^a$。

A 选项：$N_t^a = \frac{\pi d_e^2}{4} f_t^a = \frac{\pi \times 26.73^2}{4} \times 180 = 101\text{kN}$，不满足。

B 选项：$N_t^a = \frac{\pi d_e^2}{4} f_t^a = \frac{\pi \times 32.26^2}{4} \times 180 = 147.1\text{kN}$，满足。

C 选项：$N_t^a = \frac{\pi d_e^2}{4} f_t^a = \frac{\pi \times 26.73^2}{4} \times 140 = 78.6\text{kN}$，不满足。

D 选项：$N_t^a = \frac{\pi d_e^2}{4} f_t^a = \frac{\pi \times 32.26^2}{4} \times 140 = 114.4\text{kN}$，不满足。

选择 B。

22. 答案：C

解答过程：锚栓受拉，底板在翼缘左侧部分按单向悬臂板估算，悬臂板根部截面尺寸为 $360 \times t$。

依据《钢结构设计标准》GB 50017—2017 的表 4.4.1，结合选项给出底板厚，取 $f = 295\text{N/mm}^2$。

悬臂板根部所受弯矩为

$$M = 0.075 \times 2N_t = 0.075 \times 2 \times 175 = 26.25\text{kN} \cdot \text{m}$$

$$\frac{M}{W} \leqslant f$$

$$\frac{26.25 \times 10^6}{1/6 \times 360 \times t^2} \leqslant 295$$

解得 $t \geqslant 38.5\text{mm}$，根据提示，板厚取 $38.5/1.3 = 29.6\text{mm}$。

选择 C。

23. 答案：C

解答过程：吊车梁及辅助构件自重对柱顶产生的轴力标准值 $N_{Gk} = 1.2 \times 9 = 10.8\text{kN}$。

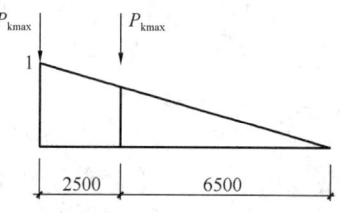

柱轴力影响线与吊车梁支座反力影响线相同，如图 20-2-13 所示，轮压如此布置，得到吊车荷载作用下柱轴力标准值 $N_{Qk} = 136 \times (1 + 6500/9000) = 234.2\text{kN}$。

图 20-2-13   柱轴力影响线示意图

依据给出的分项系数进行荷载效应组合，中柱最大轴力设计值为

$$N = \gamma_G N_{Gk} + \gamma_Q N_{Qk} = 1.3 \times 10.8 + 1.5 \times 234.2 = 365.3\text{kN}$$

选择 C。

24. 答案：D

解答过程：当不考虑柱与柱的相互支持时，相当于每个柱相互独立，柱为柱顶自由变形的悬臂柱，计算长度系数取 2。Ⅰ正确。

当考虑柱与柱相互支持时，依据《钢结构设计标准》GB 50017—2017 的式（8.3.1-3）计算。

单个悬臂柱在柱顶水平荷载 P 作用下变形为 $\frac{Pl^3}{3EI}$，即，抗侧移刚度为 $\frac{3EI}{l^3}$。今对于Ⓒ轴柱列，由于吊车梁轴向刚度无穷大，不考虑轴向变形，且无柱间支撑，故Ⓒ轴柱列的抗侧移刚度由 8 个柱提供，$K = 8 \times \frac{3EI}{h^3} = \frac{24EI}{h^3}$。

轴力最大柱计算长度系数为

$$\mu_i = \sqrt{\frac{N_{Ei}}{N_i} \cdot \frac{1.2}{K} \sum \frac{N_i}{h_i}} = \sqrt{\frac{\pi^2 EI/h^2}{400} \cdot \frac{1.2}{24EI/h^3} \times \frac{550}{h}} = 0.824 < 1.0$$

取 $\mu = 1.0$。

轴力最小柱计算长度系数为

$$\mu_i = \sqrt{\frac{N_{Ei}}{N_i} \cdot \frac{1.2}{K} \sum \frac{N_i}{h_i}} = \sqrt{\frac{\pi^2 EI/h^2}{N_i} \cdot \frac{1.2}{24EI/h^3} \times \frac{550}{h}} = \sqrt{\frac{271.4}{N_i}}$$

剩下 7 根柱的轴之和为 $550 - 400 = 150\text{kN}$，若 7 根柱轴力相等，则 $N_i = 150/7 = 21.43\text{kN}$，于是

$$\mu_i = \sqrt{\frac{271.4}{N_i}} = \sqrt{\frac{271.4}{21.43}} = 3.55 > 2$$

若 7 根柱轴力不相等，由于 N_i 是最小值，必然小于平均值 21.43kN，此时必然会有 $\mu_i > 3.55$，故轴力最小柱计算长度系数大于 2 总是正确的，Ⅳ正确。

选择 D。

点评：悬臂梁的抗侧移刚度为 $\frac{3EI}{l^3}$，两端固接柱的抗侧移刚度为 $\frac{12EI}{l^3}$。

25. 答案：C

解答过程：依据《钢结构设计标准》GB 50017—2017 的 14.1.2 条计算 b_e。

$$b_1 = b_2 = \min\left(\frac{l_e}{6}, \frac{S_0}{2}\right) = \min\left(\frac{9000}{6}, \frac{3000 - 160}{2}\right) = 1420\text{mm}$$

$$b_e = b_0 + b_1 + b_2 = 160 + 2 \times 1420 = 3000\text{mm}$$

依据 14.3.4 条计算 V_s。

$$V_s = \min(Af, b_e h_{c1} f_c) = \min\{(160 \times 8 + 200 \times 10 + 482 \times 6) \times 305, 3000 \times 120 \times 14.3\}$$

$$= \min(1882.45, 5148)$$

$$= 1882.45\text{kN}$$

依据 14.3.1 条确定焊钉受剪承载力。

$$N_v^c = 0.43 A_s \sqrt{E_c f_c} = 0.43 \times \frac{1}{4} \times \pi \times 19^2 \times \sqrt{30000 \times 14.3} = 79.85\text{kN}$$

$$0.7 A_s f_u = 0.7 \times \frac{1}{4} \times \pi \times 19^2 \times 400 = 79.39\text{kN}$$

取 $N_v^c = 79.39\text{kN}$。

依据式（14.3.4-2），正弯矩最大点到支座区段内所需焊钉个数为

$$n_f = V_s / N_v^c = 1882.45 / 79.39 = 23.7 \text{ 个，取 24 个}$$

全跨所需焊钉个数为 $24 \times 2 = 48$ 个。

选择 C。

26. 答案：B

解答过程：上层柱间支撑（三道）承受水平力 $F_{21} + F_{22}$，下层柱间支撑（一道）承受水平力 $F_{11} + F_{12} + F_{21} + F_{22}$，故下层柱间支撑受力更不利。

由于支撑不承受压力，故下层柱间支撑轴拉力设计值为

$$N = \frac{F_{11} + F_{12} + F_{21} + F_{22}}{\cos\alpha} = \frac{58 + 16 + 22 + 10}{9/\sqrt{9^2 + 6^2}} = 125\text{kN}$$

依据《钢结构设计标准》GB 50017—2017 的 7.1.6 条，支撑为单边连接的单角钢，受拉计算时强度设计值乘以 0.85 的折减系数。

依据 7.1.1 条，按毛截面屈服计算。

$$\frac{N}{0.85Af} = \frac{125 \times 10^3}{0.85 \times 1975 \times 305} = 0.24$$

依据 11.5.2 条，计算螺栓孔引起的截面削弱时可取孔径为 $\max(d+4, d_0) = \max(24, 22) = 24\text{mm}$。

依据 7.1.1 条，按净截面断裂计算。

$$\frac{N}{0.85 A_n \times 0.7 f_u} = \frac{125 \times 10^3}{0.85 \times (1975 - 24 \times 8) \times 0.7 \times 470} = 0.25$$

选择 B。

27. 答案：C

解答过程：依据《钢结构设计标准》GB 50017—2017 的 4.4.6 条、11.4.1 条和 11.4.3 条，单个高强度螺栓的受剪承载力（用于承压型连接，受剪面不在螺纹处）为

$$N_v^a = n_v \frac{\pi d^2}{4} f_v^b = 1 \times \frac{\pi \times 20^2}{4} \times 310 = 97.39\text{kN}$$

单个螺栓的承压承载力为

$$N_c^b = d \sum t f_c^b = 20 \times 8 \times 590 = 94.4\text{kN}$$

根据承载力计算需要螺栓数量为

$$n = \frac{N}{\min(N_v^b, N_c^b)} = \frac{185}{94.4} = 1.95 \text{ 个}$$

依据 11.4.4 条第 2 款，当采用搭接的单面连接传递轴心力，螺栓数量增加 10%，$n = 1.95 \times 1.1 = 2.09$ 个，取 3 个。选择 C。

28. 答案：C

解答过程：依据《钢结构设计标准》GB 50017—2017 的 6.1.4 条计算。

$$l_z = 3.25 \sqrt[3]{\frac{I_R + I_f}{t_w}} = 3.25 \times \sqrt[3]{\frac{1.082 \times 10^7 + 1/12 \times 360 \times 18^3}{10}} = 335.4\text{mm}$$

$$\tan\theta = \frac{l_z/2}{h + t_f} = \frac{335.4/2}{120 + 18} = 1.215$$

求得 $\theta = 50.5°$，选择 C。

29. 答案：D

解答过程：依据《钢结构设计标准》GB 50017—2017 的 6.1.1 条计算梁受弯承载力。

翼缘宽厚比 $\dfrac{b}{t} = \dfrac{(180-6)/2}{10} = 8.7 < 11\varepsilon_k = 9.1$，为 S2 级。

腹板高厚比 $\dfrac{h_0}{t_w} = \dfrac{450-20}{6} = 71.6 < 93\varepsilon_k = 76.8$，为 S3 级。

故整个截面属于 S3 级。依据 6.1.2 条，可得 $\gamma_x = 1.05$。于是，梁的受弯承载力为

$$M_x = \gamma_x f W_x = 1.05 \times 305 \times 951215.6 = 304.6\text{kN} \cdot \text{m}$$

外伸端板连接形成 T 形件，故宜依据《钢结构高强度螺栓连接技术规程》JGJ 82—2011 的 5.3.3 条的原理计算。梁翼缘上、下排一个螺栓受到的拉力为

$$N_{t\,\max} = \frac{304.6 \times 10^3}{4 \times (450-10)} = 173.1\text{kN}$$

一个高强度螺栓（用于摩擦型连接）的受拉承载力为 $N_t^b = 0.8P$，于是，所需预拉力为

$$P \geqslant \frac{N_{t\,\max}}{0.8} = \frac{173.1}{0.8} = 216.4\text{kN}$$

查表 11.4.2-2，10.9 级时 M29 可提供 $P = 290$kN。故选择 D。

点评：也可采用另一模型计算。

螺栓为摩擦型高强度螺栓，有预拉力，故螺栓拉力可按小偏心计算，即，绕螺栓群中心旋转。于是，单个螺栓受到的最大拉力为

$$N_{t\,\max} = \frac{M y_{\max}}{\sum y_i^2} = \frac{304.6 \times 10^6 \times 275}{4 \times (165^2 + 275^2)} = 203.6\text{kN}$$

由于 $N_t^b = 0.8P$，则所需预拉力为

$$P \geqslant \frac{N_{t\,\max}}{0.8} = \frac{203.6}{0.8} = 254.5\text{kN}$$

取 M27，可提供 $P = 290$kN。仍选择 D。

30. 答案：B

解答过程：依据《钢结构设计标准》GB 50017—2017 的 6.2.7 条计算。

$$\gamma = \frac{b_1}{t_w}\sqrt{\frac{b_1 t_1}{h_w t_w}} = \frac{300}{14} \times \sqrt{\frac{300 \times 25}{(750-50)\times 14}} = 18.75$$

次梁与主梁高度比 $400/750 = 0.533 > 0.5$，l 取次梁到框架柱的净距 $l = 3000 - 300 = 2700mm$。

$$\begin{aligned}\varphi_1 &= \frac{1}{2}\left(\frac{5.436\gamma h_w^2}{l^2} + \frac{l^2}{5.436\gamma h_w^2}\right) \\ &= \frac{1}{2} \times \left(\frac{5.436 \times 18.75 \times 700^2}{2700^2} + \frac{2700^2}{5.436 \times 18.75 \times 700^2}\right) = 3.5\end{aligned}$$

$$\begin{aligned}\sigma_{cr} &= \frac{3.46 b_1 t_1^3 + h_w t_w^3 (7.27\gamma + 3.3)\varphi_1}{h_w^2 (12 b_1 t_1 + 1.78 h_w t_w)}E \\ &= \frac{3.46 \times 300 \times 25^3 + 700 \times 14^3 \times (7.27 \times 18.75 + 3.3) \times 3.5}{700^2 \times (12 \times 300 \times 25 + 1.78 \times 700 \times 14)} \times 2.06 \times 10^5 \\ &= 3736.0 N/mm^2\end{aligned}$$

$$\lambda_{n,b} = \sqrt{\frac{f_y}{\sigma_{cr}}} = \sqrt{\frac{345}{3736.0}} = 0.304$$

选择 B。

点评：依据《钢结构设计标准》2.2.4 条，$\varepsilon_k = \sqrt{235/f_y}$ 且式中的 f_y 直接取为钢材牌号中的屈服点数值，这是出于一种偏于安全的简化（更适合手工计算）。例如，查表确定轴心受压构件的稳定系数 φ 时，取 $f_y = 235 N/mm^2$ 显然比取 $f_y = 205 N/mm^2$ 求得的 φ 值小；确定轴心受压构件的宽厚比限值时，取 $f_y = 235 N/mm^2$ 显然比取 $f_y = 205 N/mm^2$ 更为严格等。

正则化长细比 $\lambda_{n,b} = \sqrt{f_y/\sigma_{cr}}$ 中的 f_y 直接取为钢号所表示的屈服强度还是应考虑厚度的影响，可能会有不同的理解。鉴于该影响很小，一般可以忽略，简便且偏于安全。

31. 答案：B

解答过程：依据《钢结构设计标准》GB 50017—2017 的表 17.3.4-2，延性等级为 Ⅲ 级时，正则化长细比 $\lambda_{n,b}$ 限值为 0.40。

选择 B。

32. 答案：B

解答过程：依据《钢结构设计标准》GB 50017—2017 的 12.3.3 条计算。

计入竖向加劲肋的有利作用，则节点域腹板的宽度为

$$h_c = \frac{400 - 2 \times 10 - 8}{2} = 186mm$$

$$h_c/h_b = 186/380 = 0.49 < 1.0$$

$$\begin{aligned}\lambda_{n,s} &= \frac{h_b/t_w}{37\sqrt{4 + 5.34\,(h_b/h_c)^2}}\frac{1}{\varepsilon_k} = \frac{380/6}{37 \times \sqrt{4 + 5.34 \times (380/186)^2}} \times \frac{1}{\sqrt{235/345}} \\ &= 0.405 < 0.6\end{aligned}$$

$$f_{ps} = \frac{4}{3}f_v = \frac{4}{3} \times 175 = 233.33 N/mm^2$$

$$V_p = h_{b1}h_{c1}t_w = (400-10) \times (400-10) \times 6 = 912600 \text{mm}^3$$

$$\tau = \frac{150 \times 10^6}{912600} = 164.37 \text{N/mm}^2, \frac{\tau}{f_{ps}} = \frac{164.37}{233.33} = 0.704$$

选择 B。

点评：对节点域的验算，本质上就是对梁柱节点区域加劲肋围成的区格的验算。因此，若在两个横向加劲肋中间设置水平加劲肋，则会改变公式（12.3.3-2）中的 h_b。对于本题，假定改设水平加劲肋，使得 $h_c = 380$mm 且 $h_b = 186$mm，可以发现得到的 $\lambda_{n,s}$ 与上面解答相同，从而 f_{ps} 也相同。其原因在于，这里相当于对尺寸为 $h_b \times h_c$ 的薄板计算纯剪切时的临界应力，板件尺寸相同且边界条件相同（均按照四边简支），竖着放置和水平放置得到的临界应力必然相当。

注意，外弯矩引起的剪应力不随节点域内设置加劲肋而改变（即，V_p 不变）。

33. 答案：A

解答过程：依据《砌体结构设计规范》GB 50003—2011 的 4.2.5 条第 2 款，Ⅰ 正确。

依据 4.2.5 条第 3 款，对本层的竖向荷载，应考虑对墙、柱的实际偏心影响，Ⅱ 错误。

依据 4.2.5 条第 4 款，对于梁跨度大于 9m 的墙承重的多层房屋，应考虑梁端约束弯矩的影响，Ⅲ 错误。

依据 4.2.6 条第 2 款，不考虑风荷载还需要满足洞口水平截面面积、屋面自重和基本风压值的要求，Ⅳ 错误。

选择 A。

34. 答案：C

解答过程：依据《砌体结构设计规范》GB 50003—2011 的 5.1.2 条计算。

依据 4.2.1 条，装配整体式钢筋混凝土楼盖，最大横墙间距 $s = 3.6 \times 2 = 7.2$m < 32m，为刚性方案。

依据 5.1.3 条，$s = 2H = 7.2$m，$H_0 = 0.4s + 0.2H = 0.4 \times 7.2 + 0.2 \times 3.6 = 3.6$m。

如图 20-2-14 所示，T 形墙形心与上边缘的距离为

$$y_1 = \frac{1800 \times 240 \times 120 + 240 \times 2400 \times 360}{1800 \times 240 + 240 \times 240} = 148 \text{mm}$$

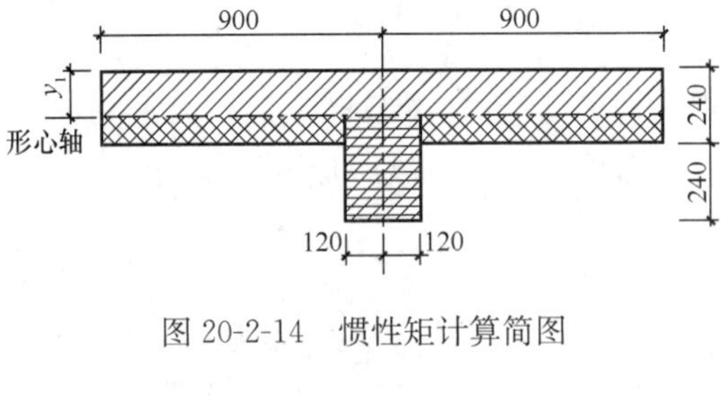

图 20-2-14 惯性矩计算简图

T 形墙的惯性矩可由图 20-2-14 中三个区的惯性矩求和得到。

$$I = \frac{1}{3} \times 1800 \times 148^3 + 2 \times \frac{1}{3} \times (900-120) \times 92^3 + \frac{1}{3} \times 240 \times (92+240)^3$$

$$= 5.278 \times 10^9 \text{mm}^4$$

$$i = \sqrt{\frac{I}{A}} = \sqrt{\frac{5.278 \times 10^9}{240^2 + 240 \times 1800}} = 103.8\text{mm}$$

$$\beta = \gamma_\beta \frac{H_0}{h_T} = 1.0 \times \frac{3600}{3.5 \times 103.8} = 9.9$$

选择 C。

35. 答案：C

解答过程：依据《砌体结构设计规范》GB 50003—2011 的 5.2.5 条计算垫块上 N_l 的作用点。

由于该位置为顶层，且不考虑梁底面以上的墙体自重，故 $\sigma_0 = 0$，查表 5.2.5 得到 $\delta_1 = 5.4$。

依据 3.2.1 条，MU15 烧结普通砖，M7.5 级混合砂浆，$f = 2.07\text{MPa}$，无 γ_a 调整。

$$a_0 = \delta_1 \sqrt{\frac{h_c}{f}} = 5.4 \times \sqrt{\frac{600}{2.07}} = 91.9\text{mm}$$

N_l 作用点至垫块右侧凹口的距离为 $0.4a_0 = 0.4 \times 91.9 = 36.8\text{mm}$。

对墙体形心轴的偏心距 $e = 51.4 + 240 - 120 - 36.8 = 134.6\text{mm}$。

$\beta = 8$，$\frac{e}{h_T} = \frac{134.6}{450} = 0.3$，查附录表 D.0.1-1，得到 $\varphi = 0.36$。

$$\varphi f A = 0.36 \times 2.07 \times (1200 \times 240 + 240 \times 480) = 300.5\text{kN}$$

选择 C。

36. 答案：B

解答过程：依据《建筑抗震设计规范》GB 50011—2010（2016 年版）的 7.2.3 条计算。

① 轴和⑥轴墙体高宽比为 $3600/(7800+240) = 0.45 < 1$，只计算剪切变形，按全截面计算剪切刚度。

② 轴和⑤轴墙体高宽比为 $3600/840 = 4.29 > 4$，等效侧向刚度取 0。

③ 轴和④轴墙体高宽比为 $3600/(6000+240) = 0.58 < 1$，只计算剪切变形，按全截面计算剪切刚度。

砌体墙的剪切刚度 $K = \frac{GA}{\xi h}$，由于各墙高度、厚度及材料强度均相同，故剪切刚度与墙体宽度成正比。

③轴墙体每延米承担剪力设计值为

$$V = \frac{6240}{2 \times 6240 + 2 \times 8040} \times 500/6.24 = 17.5\text{kN/m}$$

选择 B

37. 答案：B

解答过程：依据《建筑与市政工程抗震通用规范》GB 55002—2021 的表 4.3.1，得 $\gamma_{RE} = 0.9$。

依据《砌体结构设计规范》GB 50003—2011 的 3.2.2 条，得 $f_v = 0.14\text{MPa}$。

依据《砌体结构通用规范》GB 55007—2021 的 3.4.2 条计算 f_{vE}。

由于 $\sigma_0/f_v = 0.7/0.14 = 5$，查表 3.4.2 得 $\zeta_N = 1.47$。

$$f_{vE} = \zeta_N f_v = 1.47 \times 0.14 = 0.206\text{MPa}$$

依据《砌体结构设计规范》GB 50003—2011 的 10.2.2 条，可得

$$f_{vE}A/\gamma_{RE} = 0.206 \times 240 \times 1000/0.9 = 54.9\text{kN}$$

选择 B。

38. 答案：C

解答过程：依据《建筑抗震加固技术规程》JGJ 116—2009 的 5.1.4 条和 5.3.2 条计算。

依据表 5.3.2-1，双面加固、原砂浆评定为 M2.5、面层厚度 40mm，得基准增强系数 $\eta_0 = 1.65$。

面层加固后，1 层 A 墙段的增强系数为

$$\eta_{p1A} = \frac{240}{t_{w0}}\left[\eta_0 + 0.075\left(\frac{t_{w0}}{240} - 1\right)/f_{vE}\right] = \frac{240}{240}\left[1.65 + 0.075\left(\frac{240}{240} - 1\right)/f_{vE}\right] = 1.65$$

依据式 (5.1.4)，1 层 A 墙段的综合抗震能力指数为

$$\beta_s = \eta\psi_1\psi_2\beta_0 = 1.65 \times 0.85 \times 0.9 \times 0.86 = 1.08$$

选择 C。

39. 答案：D

解答过程：依据《建筑抗震加固技术规程》JGJ 116—2009 的 5.3.8 条，原有墙体砌筑砂浆等级为 M2.5，增强系数取 2.5。

Y 向共 4 道墙体，2 道加固，2 道未加固。

依据式 (5.3.2-1) 计算。

$$\eta_{p1} = 1 + \frac{\sum\limits_{j=1}^{4}(\eta_{p1j} - 1)A_{1j0}}{A_{10}} = 1 + \frac{2 \times (2.5 - 1) \times 8040 \times 240}{2 \times 8040 \times 240 + 2 \times 6240 \times 240} = 1.84$$

选择 D。

40. 答案：B

解答过程：依据《木结构设计标准》GB 50005—2017 的 4.3.6 条，表中顺纹抗压强度 f_c 一般大于抗拉强度 f_t，B 正确。

点评：依据表 4.3.9-2，使用时间越长，弹性模量调整系数越小，A 错误。

依据附录 G.0.2 条，计算时应只考虑顺纹方向的层板参与计算，C 错误。

依据表 3.4.5 注，南方松产地为美国，D 错误。

41. 答案：B

解答过程：依据《建筑地基处理技术规范》JGJ 79—2012 的 8.2.1 条第 1 款，对有地下水流动的软弱地基，不应采用单液水泥浆液，Ⅰ 不正确。

依据 8.2.2 条第 1 款，Ⅱ 正确。

依据 8.2.2 条第 1 款，自重湿陷性黄土宜采用无压单液硅化注浆，Ⅲ 不正确。

依据 8.2.3 条第 1 款，Ⅳ 正确。

选择 B。

42. 答案：D

解答过程：依据《建筑地基基础设计规范》GB 50007—2011 的 5.1.8 条第 1 款，Ⅰ

正确。

依据 5.1.2 条，Ⅱ正确。

依据 6.7.4 条第 4 款，Ⅲ正确。

依据 5.1.6 条，Ⅳ正确。

选择 D。

43. 答案：C

解答过程：依据《建筑地基基础设计规范》GB 50007—2011 的表 6.2.2-1，Ⅰ正确。

依据表 6.3.7，Ⅱ正确。

依据 6.6.5 条第 2 款，Ⅲ正确。

依据《建筑地基基础设计规范》GB 50007—2011 的 6.8.4 条第 1 款，岩石锚杆挡土结构的荷载，宜采用主动土压力乘以 $1.1 \sim 1.2$ 的增大系数，Ⅳ不正确。

选择 C。

44. 答案：D

解答过程：依据《建筑抗震设计规范》GB 50011—2010（2016 年版）的 3.10.3 条第 1 款，$0.3g$ 时，设防地震的 $\alpha_{max} = 0.68$。对处于发震断裂两侧 10km 以内的结构，地震动参数应计入近场影响，今 3km<5km，水平地震影响系数宜乘以增大系数 1.5，$\alpha_{max} = 1.5 \times 0.68 = 1.02$。

依据《建筑与市政工程抗震通用规范》GB 55002—2021 的表 3.1.3，150m/s<v_{se} = 215m/s<250m/s，覆盖层厚度为 30m，3m<30m<50m，场地类别为Ⅱ类。查表 4.2.2-2，第一组、Ⅱ类，$T_g = 0.35s$。

以下依据《建筑抗震设计规范》GB 50011—2010（2016 年版）计算。

由于阻尼比为 0.05，故 $\gamma = 0.9$，$\eta_2 = 1.0$。由于 $T_g = 0.35s < 0.5s < 5T_g = 5 \times 0.35 = 1.75s$，故

$$\alpha = \left(\frac{T_g}{T}\right)^{\gamma} \eta_2 \alpha_{max} = \left(\frac{0.35}{0.5}\right)^{0.9} \times 1 \times 1.02 = 0.74$$

选择 D。

45. 答案：B

解答过程：依据《建筑地基基础设计规范》GB 50007—2011 的 5.1.8 条及 5.4.2 条计算。

依据 5.1.8 条，$d \geq z_d - h_{max} = 2 - 0.95 = 1.05m$，排除 A 选项。

依据 5.4.2 条，a 应满足下式要求且 $a \geq 2.5m$：

$$a \geq 2.5b - \frac{d}{\tan\beta} = 2.5 \times 2 - \frac{d}{\tan 45°} = 5 - d$$

选项 B，$a = 3.5m = 5 - d = 5 - 1.5 = 3.5m$，满足规范要求。

选项 C，$a = 2.5m < 5 - d = 5 - 2 = 3m$，不满足规范要求，排除 C 选项。

选项 D，$a = 2.0m < 2.5m$，不满足规范要求，排除 D 选项。

选择 B。

46. 答案：C

解答过程：依据《建筑地基处理技术规范》JGJ 79—2012 的 7.1.5 条计算。

依据 7.3.3 条第 2 款，处理后的桩间土承载力特征值 f_{sk} 可取天然地基承载力特征值，即 $f_{sk}=f_{ak}=70$kPa。

$$面积置换率 m = \frac{典型单元内桩的面积}{典型单元的面积} = \frac{\frac{1}{4}\pi \times 0.5^2}{1.5^2} = 0.087$$

$$f_{spk} = \lambda m \frac{R_a}{A_p} + \beta(1-m)f_{sk}$$

$$100 = 1 \times 0.087 \times \frac{150}{\frac{\pi}{4} \times 0.5^2} + \beta \times (1-0.087) \times 70$$

解得 $\beta=0.52$。

选择 C。

点评：f_{sk} 为处理后桩间土承载力特征值，当题中未明确给出该值大小时，可取基础底面的第一个土层的天然地基承载力特征值 f_{ak} 作为 f_{sk} 代入公式计算。

47. 答案：C

解答过程：依据《建筑地基处理技术规范》JGJ 79—2012 的 7.3.3 条计算。

依据 7.3.3 条，水泥土搅拌桩采用湿法施工，$\eta=0.25$。

$$R_a = \eta f_{cu} A_p \Rightarrow f_{cu} = \frac{R_a}{\eta A_p} = \frac{140}{0.25 \times \frac{\pi}{4} \times 0.5^2} = 2851\text{kPa}$$

选择 C。

48. 答案：C

解答过程：依据《建筑桩基技术规范》JGJ 94—2008 的 4.1.1 条计算。

依据 5.7.5 条第 1 款，圆形桩，直径 0.8m＜1m。

$$b_0 = 0.9(1.5d+0.5) = 0.9 \times (1.5 \times 0.8 + 0.5) = 1.53\text{m}$$

依据式（5.7.5）计算。

$$\alpha = \sqrt[5]{\frac{mb_0}{EI}} = \sqrt[5]{\frac{10 \times 10^3 \times 1.53}{4 \times 10^5}} = 0.521\text{m}^{-1}$$

依据 4.1.1 条第 2 款 2），摩擦型灌注桩配筋长度不应小于 2/3 桩长，即 $10 \times 2/3 = 6.67$m。当受水平荷载时，配筋长度尚不宜小于 $4.0/\alpha$，即 $4.0/0.521=7.68$m。取 max（6.67，7.68）=7.68m。

选择 C。

49. 答案：A

解答过程：（1）依据《建筑桩基技术规范》JGJ 94—2008 的 5.1.1 条计算基桩的桩顶作用效应。

依据式（5.3.9-1）计算。

$$Q_{uk} = Q_{sk} + Q_{rk}$$
$$= u\sum q_{sik}l_i + \zeta_r f_{rk} A_p$$
$$= 3.14 \times 0.8 \times (70 \times 8) + 0.7 \times 50000 \times 3.14/4 \times 0.8^2$$
$$= 18991\text{kN}$$

依据式（5.2.2），可得

$$R_a = \frac{1}{K}Q_{uk} = \frac{1}{2} \times 18991 = 9495.5\text{kN}$$

依据式（5.1.1-1）计算。

$$N_k = \frac{F_k + G_k + \Delta F_k}{n} \leqslant R_a$$

$$\frac{18000 + 2 \times 4 \times 4 \times 20 + \Delta F_k}{4} \leqslant 9495.5$$

解得 $\Delta F_k \leqslant 19342\text{kN}$。

（2）依据《建筑桩基技术规范》JGJ 94—2008 的 5.8.2 条计算受压桩正截面受压承载力。

依据 5.8.2 条第 1 款，螺旋箍筋均匀配置，间距 150mm＞100mm，按第 2 款计算。

$$N = \frac{1.35 \times (F_k + G_k + \Delta F_k)}{n} \leqslant \psi_c f_c A_{ps}$$

$$\frac{1.35 \times (18000 + 2 \times 4 \times 4 \times 20 + \Delta F_k)}{4} \leqslant 0.9 \times 19100 \times \frac{3.14 \times 0.8^2}{4}$$

解得 $\Delta F_k \leqslant 6949\text{kN}$

综上，取较小值 $\Delta F_k \leqslant 6949\text{kN}$。

选择 A。

50. 答案：A

解答过程：依据《建筑桩基技术规范》JGJ 94—2008 的 5.9.7 条计算。

用内插法确定 β_{hp}，得到

$$\beta_{hp} = 1.0 - \frac{1.0 - 0.9}{2000 - 800} \times (1500 - 800) = 0.942$$

$$b_p = 0.8d = 0.8 \times 0.8 = 0.64\text{m}$$

$$a_0 = 2.4/2 - 0.64/2 - 1.3/2 = 0.23\text{m}$$

$$\lambda = a_0/h_0 = 0.23/1.38 = 0.167 < 0.25，取 \lambda = 0.25$$

$$\beta_0 = \frac{0.84}{\lambda + 0.2} = \frac{0.84}{0.25 + 0.2} = 1.867$$

$$\beta_{hp}\beta_0 u_m f_t h_0 = 0.942 \times 1.867 \times 4 \times (1.3 + 0.23) \times 1710 \times 1.38 = 25399\text{kN}$$

选择 A。

点评：本题已知条件要求，按照《建筑桩基技术规范》解答，若按照《建筑地基基础设计规范》的 8.5.19 条计算，则当 $a_0 < 0.25h_0$ 时，应反算 a_0，取 $a_0 = 0.25h_0$。

51. 答案：A

解答过程：依据《建筑地基基础设计规范》GB 50007—2011 的附录 H.0.10 条计算。

依据 H.0.10 条第 1 款，将极限荷载除以安全系数 3，所得值与对应于比例界限的荷载相比较，取小值。

$$f_{a1} = \min(950, 3000/3) = \min(950, 1000) = 950\text{kPa}$$

$$f_{a2} = \min(1040, 3300/3) = \min(1040, 1100) = 1040\text{kPa}$$

$$f_{a3} = \min(880, 2580/3) = \min(880, 860) = 860\text{kPa}$$

依据 H.0.10 条第 2 款，每个场地载荷试验的数量不应少于 3 个，取最小值作为岩石

地基承载力特征值。

$$f_a = \min(f_{a1}, f_{a2}, f_{a3}) = \min(950, 1040, 860) = 860\text{kPa}$$

选择 A。

52. 答案：C

解答过程：依据《建筑桩基技术规范》JGJ 94—2008 的 5.7.2 条第 2 款，桩身配筋率不小于 0.65% 的灌注桩，可根据静载试验结果，对于水平位移敏感的建筑物取水平位移 6mm 所对应的荷载的 75% 为单桩水平承载力特征值。今桩身配筋率为

$$14 \times 380.1/(3.14 \times 800^2/4) = 1.06\% > 0.65\%$$

则单桩水平承载力特征值为 $0.75 \times 75 = 56.25\text{kN}$。

依据 5.7.2 条第 7 款，验算永久荷载控制的桩基的水平承载力时，应将第 2~5 款方法确定的单桩水平承载力特征值乘以调整系数 0.8。另外由已知条件可知，实际桩顶约束条件下的单桩水平承载力为试验条件下的 1.5 倍，则 $R_{ha} = 56.25 \times 0.8 \times 1.5 = 67.5\text{kN}$。

选择 C。

53. 答案：B

解答过程：依据《建筑桩基技术规范》JGJ 94—2008 的 5.4.5 条及 5.4.6 条计算。

由式（5.4.6-2）可得

$$T_{gk} = \frac{1}{n} u_l \sum \lambda_i q_{sik} l_i$$

$$= \frac{1}{192} \times 2 \times (27.6 - 0.3 \times 2 + 37.2 - 0.3 \times 2) \times (0.7 \times 40 \times 12 + 0.6 \times 60 \times 3)$$

$$= 294.15\text{kN}$$

依据式（5.4.5-1）计算。

$$N_k \leqslant \frac{T_{gk}}{2} + G_{gp} = \frac{294.15}{2} + \frac{(27.6 - 0.3 \times 2) \times (37.2 - 0.3 \times 2) \times 15 \times (18.8 - 10)}{192}$$

$$= 826\text{kN}$$

选择 B。

54. 答案：D

解答过程：依据《建筑地基基础设计规范》GB 50007—2011 的 5.3.5 条计算。

采用角点法进行计算，如图 20-2-15 所示，则 o 点某一深度内的平均附加应力系数为

$$\overline{\alpha}_i = \overline{\alpha}_{i,aghc} - \overline{\alpha}_{i,bghd} + \overline{\alpha}_{i,chje} - \overline{\alpha}_{i,dhjf} = 2(\overline{\alpha}_{i,aghc} - \overline{\alpha}_{i,bghd})$$

变形计算深度 $z_n = 13.6\text{m}$，将基底分成四个矩形截面，$l_{ag} = 4\text{m}$，$b_{ac} = 1\text{m}$，$l_{bg} = 1.2\text{m}$，$b_{bd} = 1\text{m}$。由于长方形 aghc 与长方形 chje 相同，长方形 bghd 与长方形 dhjf 相同，可只计算其中一部分，然后乘以 2 倍。

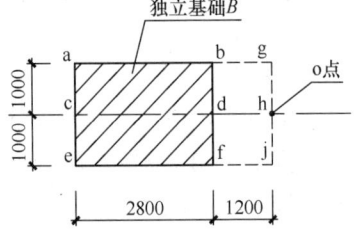

图 20-2-15 角点法求 o 点处的平均附加应力系数

$z_1 = 4\text{m}$ 时，$z_1/b_{ac} = 4/1 = 4$，$l_{ag}/b_{ac} = 4/1 = 4$，查表 K.0.1-2，$\overline{\alpha}_{11} = 0.1485$，

$z_1/b_{bd} = 4/1 = 4$，$l_{bg}/b_{bd} = 1.2/1 = 1.2$，查表 K.0.1-2，$\overline{\alpha}_{12} = 0.1189$，

$$\overline{\alpha}_1 = 2 \times (\overline{\alpha}_{11} - \overline{\alpha}_{12}) = 2 \times (0.1485 - 0.1189) = 0.0592$$

$z_2 = 13.6\text{m}$ 时，$z_2/b_{ac} = 13.6/1 = 13.6$，$l_{ag}/b_{ac} = 4/1 = 4$，查表 K.0.1-2，$\bar{\alpha}_{21} = 0.0621$，

$z_1/b_{bd} = 13.6/1 = 13.6$，$l_{bg}/b_{bd} = 1.2/1 = 1.2$，查表 K.0.1-2，$\bar{\alpha}_{22} = 0.042$，

$$\bar{\alpha}_2 = 2 \times (\bar{\alpha}_{21} - \bar{\alpha}_{22}) = 2 \times (0.0621 - 0.042) = 0.0402$$

作用于基础底面的附加压力为

$$p_0 = \frac{F_k + G_k}{A} - \gamma d = \frac{800 + 20 \times 2.8 \times 2 \times 1.5}{2.8 \times 2} - 18.5 \times 1.5 = 145.1\text{kPa}$$

$$s = \psi_s \sum_{i=1}^{n} \frac{p_0}{E_{si}} (\bar{\alpha}_i z_i - \bar{\alpha}_{i-1} z_{i-1})$$

$$= 1.0 \times 145.1 \times \left(\frac{0.0592 \times 4}{6000} + \frac{0.0402 \times 13.6 - 0.0592 \times 4}{2000} \right)$$

$$= 0.0282\text{m}$$

$$= 28.2\text{mm}$$

选择 D。

点评：利用角点应力表达式，可以求算平面上任意点下任意深度处的竖向应力，划分的每个矩形都必须以所求点作为角点，这种方法称为角点法。

55. 答案：B

解答过程：依据《建筑地基基础设计规范》GB 50007—2011 的 5.3.5 条计算。

地下水位下降，会致使土的自重应力增大，地下水位下降前后土体自重应力随深度的变化曲线如图 20-2-16 所示。

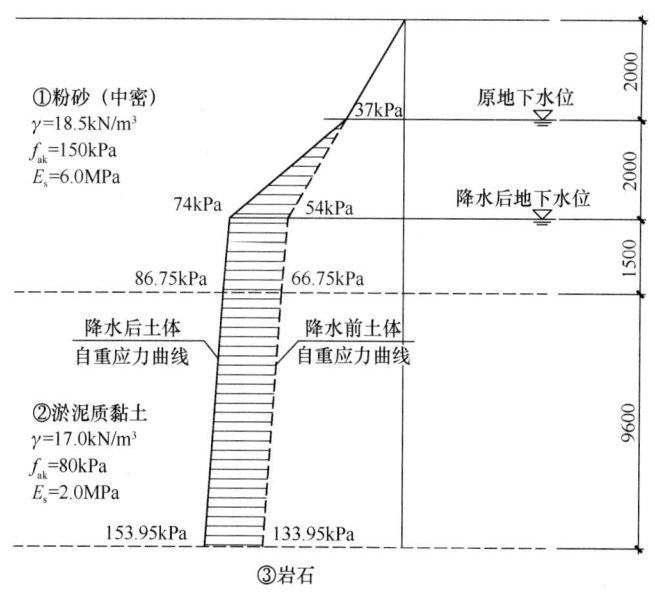

图 20-2-16 降水前后的自重应力

由图 20-2-16 可知，土体的附加应力为 $\Delta p = \sigma_{\text{降水后土体自重应力}} - \sigma_{\text{降水前土体自重应力}}$，其随深度的变化曲线如图 20-2-17 所示。

则地下水位下降引起的淤泥质黏土层最终竖向变形值为

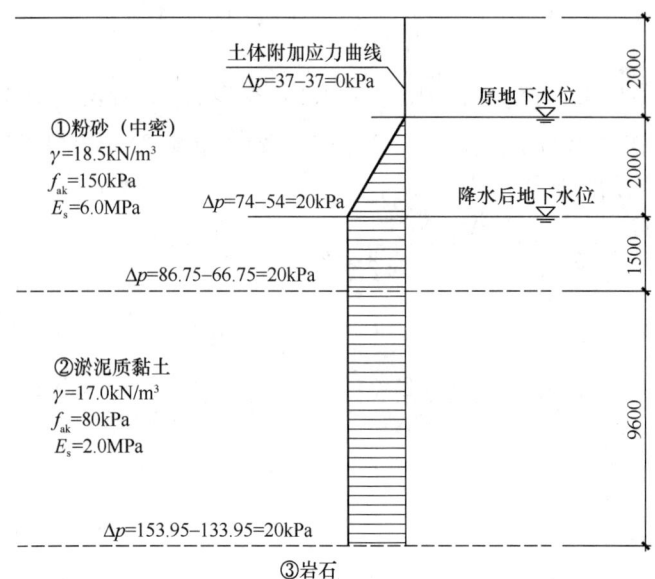

图 20-2-17   降水后的附加应力

$$\Delta s = \psi_s \sum_{i=1}^{n} \frac{\Delta p}{E_{si}} H_i = 0.7 \times \frac{20}{2000} \times 9.6 = 0.0672 \mathrm{m} = 67.2 \mathrm{mm}$$

选择 B。

56. 答案：C

解答过程：依据《建筑地基基础设计规范》GB 50007—2011 的 5.2.1 条及 5.2.2 条计算。

依据 5.2.4 条，粉砂（中密），查表 5.2.4，$\eta_b = 2.0$，$\eta_d = 3.0$。

$$
\begin{aligned}
f_a &= f_{ak} + \eta_b \gamma (b-3) + \eta_d \gamma_m (d-0.5) \\
&= 150 + 2 \times 18.5 \times (3-3) + 3 \times 18.5 \times (d-0.5) \\
&= 122.25 + 55.5d
\end{aligned}
$$

依据 5.2.2 条第 2 款，$e_j = \dfrac{M_k}{F_k} = \dfrac{1000 \times 0.15}{1000} = 0.15 \mathrm{m} < \dfrac{b}{6} = \dfrac{2.8}{6} = 0.467 \mathrm{m}$，为小偏心受压。

（1）轴心荷载作用

$$p_k \leqslant f_a$$

$$p_k = \frac{F_k + G_k}{A} = \frac{1000 + 20 \times 2 \times 2.8 \times d}{2 \times 2.8} = 178.6 + 20d \leqslant f_a = 122.25 + 55.5d$$

解得 $d \geqslant 1.59 \mathrm{m}$。

（2）偏心荷载作用

$$p_{kmax} = \frac{F_k + G_k}{A} + \frac{M_k}{W} \leqslant 1.2 f_a$$

$$\frac{1000 + 20 \times 2 \times 2.8 \times d}{2 \times 2.8} + \frac{1000 \times 0.15}{2 \times 2.8^2 / 6} \leqslant 1.2 \times (122.25 + 55.5d)$$

解得 $d \geqslant 1.92 \mathrm{m}$。

故，$d \geqslant 1.92\text{m}$ 时才能满足要求。

选择 C。

点评：对于本题，有以下几点需要说明：

(1)《既有建筑地基基础加固技术规范》JGJ 123—2012 的 5.2.1 条及 5.2.2 条与《建筑地基基础设计规范》GB 50007—2011 的 5.2.1 条及 5.2.2 条原理相同，在计算 p_{kmax} 时应根据 e 与 $b/6$ 的大小，判断小偏心和大偏心，选择对应的计算公式。

(2) 对地基承载力特征值进行修正时，公式中的 b 应取短边尺寸，而在计算 p_{kmax} 时，b 取基础底面与弯矩作用平面平行的边长。

57. 答案：A

解答过程：原理上，基础埋置深度越大，基础及其上土重越重，基础底面压力越大，零应力区越小。

今四个选项埋深 $d \leqslant 2.4\text{m}$，以最大值 $d = 2.4\text{m}$ 代入求偏心距，得到

$$e = \frac{M_k}{F_k + G_k} = \frac{1000 \times 0.7}{1000 + 20 \times 2 \times 2.8 \times 2.4} = 0.552\text{m}$$

存在 $e > b/6 = 2.8/6 = 0.467\text{m}$，表明四个选项均为大偏心受压。

依据《建筑地基基础设计规范》GB 50007—2011 的 5.2.2 条第 3 款，基础在偏心荷载下基底压力计算简图如图 20-2-18 所示。

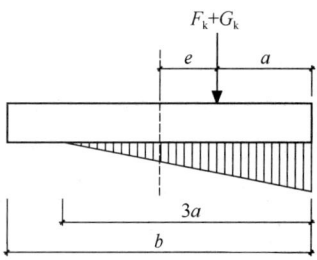

图 20-2-18　基底计算简图

依据《建筑抗震设计规范》GB 50011—2010（2016 年版）的 4.2.4 条，3 层框架结构办公楼，基础底面与地基土之间脱离区（零应力区）面积不应超过基础底面面积的 15%，即要求图中 $b - 3a \leqslant 0.15b$，或写成

$$3a \geqslant 0.85b = 0.85 \times 2.8 \tag{20-2-3}$$

由图 20-2-18 可知，$e + a = b/2$，即

$$a = \frac{b}{2} - e = \frac{b}{2} - \frac{M_k}{F_k + G_k}$$

$$a = \frac{2.8}{2} - \frac{1000 \times 0.7}{1000 + 20 \times 2 \times 2.8 \times d} = 1.4 - \frac{700}{1000 + 112d} \tag{20-2-4}$$

联立式（20-2-3）、式（20-2-4），解得 $d \geqslant 1.37\text{m}$。

选择 A。

58. 答案：D

解答过程：依据《高层建筑混凝土结构技术规程》JGJ 3—2010 的 3.4.5 条，扭转位移比控制验算时是采用考虑偶然偏心影响的规定水平地震力计算。依据 3.7.3 条注，抗震设计时，本条规定的楼层位移计算可不考虑偶然偏心的影响。

选择 D。

59. 答案：B

解答过程：依据《建筑抗震设计规范》GB 50011—2010（2016 年版）的 12.3.3 条第 1 款，消能减震结构的自振周期应根据消能减震结构的总刚度确定，总刚度应为结构刚度和消能部件有效刚度的总和。B 选项正确。

选择 B。

点评：依据《建筑抗震设计规范》GB 50011—2010（2016 年版）的 12.1.3 条第 1 款的条文说明，隔震技术对低层和多层建筑比较合适，不隔震时基本周期小于 1s 的建筑结构效果最佳。但是，不应仅限于基本自振周期在 1s 内的结构，因为超过 1s 的结构采用隔震技术有可能同样有效，国外大量隔震建筑也验证了此点，故取消了 2001 规范要求结构周期小于 1s 的限制。A 选项错误。

依据 12.2.1 条条文说明，目前的橡胶隔震支座只具有隔离水平地震的功能，对竖向地震没有隔震效果，隔震后结构的竖向地震力可能大于水平地震力，应予以重视并做相应的验算，采取适当的措施。依据 12.2.7 条条文说明，考虑到隔震层对竖向地震作用没有隔振效果，隔震层以上结构的抗震构造措施应保留与竖向抗力有关的要求。C 选项错误。

依据 12.3.2 条，消能部件可根据需要沿结构的两个主轴方向分别设置。消能部件宜设置在变形较大的位置，其数量和分布应通过综合分析合理确定，并有利于提高整个结构的消能减震能力，形成均匀合理的受力体系。D 选项错误。

另外注意，《建筑隔震设计标准》GB/T 51408—2021 已自 2021 年 9 月 1 日起实施，且该标准与《建筑抗震设计规范》第 12 章的总体思想有较大差异。

60. 答案：C

解答过程：依据《高层建筑混凝土结构技术规程》JGJ 3—2010 的附录 E.0.1 条，当转换层设置在 1、2 层时，可近似采用转换层与其相邻上层结构的等效剪切刚度比 γ_{e1} 表示转换层上、下层结构刚度的变化。抗震设计时 γ_{e1} 不应小于 0.5。

对于首层，可得

$$C_{i,j} = 2.5\left(\frac{h_{ci,j}}{h_i}\right)^2 = 2.5 \times \left(\frac{1000}{5000}\right)^2 = 0.1$$

$$A_i = A_{w,i} + \sum_j C_{i,j}A_{ci,j} = A_{w,i} + 8 \times 0.1 \times 1 = A_{w,i} + 0.8$$

依据《混凝土结构设计规范》GB 50010—2011 的 4.1.5 条，剪切变形模量可按弹性模量值的 40% 采用。

$$\gamma_{e1} = \frac{G_1 A_1}{G_2 A_2} \times \frac{h_2}{h_1} \geqslant 0.5$$

$$\frac{0.4 \times 3.25 \times 10^4 \times (A_{w,1} + 0.8)}{0.4 \times 3.0 \times 10^4 \times 18.2} \times \frac{3}{5} \geqslant 0.5$$

解得 $A_{w,1} \geqslant 13.2\text{m}^2$。

选择 C。

61. 答案：D

解答过程：依据《高层建筑混凝土结构技术规程》JGJ 3—2010 的 10.2.4 条及 4.3.2 条第 3 款条文说明，跨度大于 8m 的转换结构，抗震设计时应计入竖向地震作用。

依据 5.6.3 条及 5.6.4 条，分项系数调整前

$S_{d1} = \gamma_G S_{GE} + \gamma_{Eh} S_{Ehk} + \gamma_{Ev} S_{Evk} = 1.2 \times 4000 + 1.5 \times (1.3 \times 500 + 0.5 \times 600) = 6225\text{kN}$

$S_{d2} = \gamma_G S_{GE} + \gamma_{Eh} S_{Ehk} + \gamma_{Ev} S_{Evk} = 1.2 \times 4000 + 1.5 \times (1.3 \times 600 + 0.5 \times 500) = 6345\text{kN}$

上式中，1.5 为一级转换柱的轴力因为地震作用的增大系数，依据 10.2.11 条第 2 款得到。

$s_{d2} = 6345\text{kN} > s_{d1} = 6225\text{kN}$，由竖向地震作用控制。

分项系数调整后，也由竖向地震作用控制。

$$S_{d3} = \gamma_G S_{GE} + \gamma_{Eh} S_{Ehk} + \gamma_{Ev} S_{Evk} = 1.3 \times 4000 + 1.5 \times (1.4 \times 600 + 0.5 \times 500) = 6835\text{kN}$$

分项系数调整后的轴力设计值减去分项系数调整前的轴力设计值，可得轴力设计值的增大值。

$$S_{d3} - S_{d2} = 6835 - 6345 = 490\text{kN}$$

选择 D。

62. 答案：B

解答过程：依据《高层建筑混凝土结构技术规程》JGJ 3—2010 的 3.7.5 条，层间弹塑性位移角限值，对框架结构，当轴压比小于 0.4 时，可提高 10%。今符合条件，故 $[\theta_p] = 1/50 \times 1.1 = 0.022$。

依据 5.5.3 条第 2 款，屈服强度系数不小于相邻层该系数的 0.8 时，可按表 5.5.3 采用，今 $\xi_{y1}/\xi_{y2} = 0.45/0.55 = 0.82$，满足条件，按表 5.5.3 确定 η_p（内插法）。

$$\eta_p = 1.8 + \frac{2 - 1.8}{0.4 - 0.5} \times (0.45 - 0.5) = 1.9$$

依据式（3.7.5）及式（5.5.3-1）可得

$$\eta_p \Delta u_e \leqslant [\theta_p] h$$

而弹性层间位移 Δu_e 可由 $\Delta u_e = \dfrac{V_罕}{\sum D}$ 求出，故为满足要求，应有

$$V_罕 \leqslant \frac{[\theta_p] h \sum D}{\eta_p} = \frac{0.022 \times 6 \times 1.25 \times 10^6}{1.9} = 86842\text{kN}$$

同一结构按照弹性分析时，罕遇地震与多遇地震下的层剪力之比等于罕遇地震与多遇地震下的 α_1 之比。对照《建筑抗震设计规范》GB 50011—2010（2016 年版）的图 5.1.5，因此需要确定 α_{max}、T_1 和 T_g。

查《建筑与市政工程抗震通用规范》GB 55002—2021 表 4.2.2-1，8 度（0.20g）时，多遇与罕遇地震的水平地震影响系数最大值 α_{max} 分别为 0.16 和 0.90。

依据《建筑结构荷载规范》GB 50009—2012 的 F.2.2 条估算结构基本自振周期。

$$T_1 = 0.25 + 0.53 \times 10^{-3} \frac{H^2}{\sqrt[3]{B}} = 0.25 + 0.53 \times 10^{-3} \frac{(6+21)^2}{\sqrt[3]{8+7+8}} = 0.386\text{s}$$

依据《高层建筑混凝土结构技术规程》JGJ 3—2010 的 4.3.17 条，框架结构的周期折减系数取 0.6～0.7。

$$T_1 = (0.6 \sim 0.7) \times 0.386 = 0.2316 \sim 0.2702\text{s}$$

查《建筑与市政工程抗震通用规范》GB 55002—2021 表 4.2.2-2，第一组、Ⅱ 类场地，多遇地震时 $T_g = 0.35$。罕遇地震时 $T_g = 0.35 + 0.05 = 0.40\text{s}$。

可见，无论罕遇地震还是多遇地震，均存在 $T_1 < T_g$。依据《建筑抗震设计规范》GB 50011—2010（2016 年版）的图 5.1.5，均有 $\alpha_1 = \eta_2 \alpha_{max} = \alpha_{max}$。

因此，多遇地震作用下，底层水平剪力最大标准值为 $86842 \times 0.16/0.90 = 15458\text{kN}$。

选择 B。

点评：本题与 2009 年一级真题第 71 题、2011 年一级真题第 63 题相近。

63. 答案：B

解答过程：依据《建筑与市政工程抗震通用规范》GB 55002—2021 的 5.2.1 条，框架结构、8 度（0.2g）、高度 27m，抗震等级为一级。

依据《混凝土结构通用规范》GB 55008—2021 的 4.4.8 条第 1 款，抗震设计时，计入受压钢筋作用的梁端截面混凝土受压区高度与有效高度之比值，一级不应大于 0.25。即 $x \leqslant 0.25h_0 = 0.25 \times 540 = 135mm$。

依据第 3 款，抗震设计时，梁端截面的底面和顶面纵向钢筋截面面积的比值，除按计算确定外，一级不应小于 0.5。即

$$x = \frac{f_y A_s - f'_y A'_s}{\alpha_1 f_c b} \leqslant \frac{f_y A_s - 0.5 f'_y A_s}{\alpha_1 f_c b}$$

$$\frac{f_y A_s - 0.5 f'_y A_s}{\alpha_1 f_c b} = \frac{360 \times 6 \times 490.9 - 360 \times 3 \times 490.9}{1 \times 16.7 \times 250 \times 540} \times 540 = 127mm$$

最终，取 $x \leqslant 127mm$。选择 B。

64. 答案：D

解答过程：

（1）柱 AB 配筋所用的弯矩

柱 AB 配筋所用的弯矩应按上、下端的不利情况取值。

对于柱 AB 上端弯矩，需要考虑"强柱弱梁"调整。依据《高层建筑混凝土结构技术规程》JGJ 3—2010 的 6.2.1 条，一级框架结构，应符合 $\sum M_c = 1.2 \sum M_{bua}$。

$$M_{bua} = \frac{1}{\gamma_{RE}} f_{yk} A_{sb}^a (h_{b0} - a'_s) = \frac{1}{0.75} \times 400 \times 2908 \times (560 - 40) \times 10^{-6} = 806.5kN \cdot m$$

式中，$\gamma_{RE} = 0.75$ 是依据《建筑与市政工程抗震通用规范》GB 55002—2021 的表 4.3.1 确定。

柱 AB 上端的弯矩按节点刚度分配，即，可按构件弹性分析的内力分配。

$$M_{AB}^t = \frac{350}{350 + 380} \times 1.2 \times 806.5 = 464kN \cdot m$$

由于是框架角柱，依据 6.2.4 条，弯矩应乘以 1.1，$M_{AB}^t = 1.1 \times 464 = 510.4kN \cdot m$。

对于柱 AB 下端弯矩，依据 6.2.2 条，由于是抗震等级一级的框架结构，应乘以增大系数 1.7。由于是角柱，依据 6.2.4 条，还应乘以 1.1。于是 $M_{AB}^b = 1.7 \times 1.1 \times 400 = 748kN \cdot m$。

取上、下端的较大者，为 748kN·m。

（2）柱 AB 配筋所用的剪力

依据 6.2.3 条第 1 款，框架柱应满足"强剪弱弯"的要求，一级框架结构，故

$$V = \frac{1.2(M_{cua}^t + M_{cua}^b)}{H_n} = \frac{1.2 \times (1450 + 1450)}{6 - 0.6} = 644kN \cdot m$$

由于是角柱，依据 6.2.4 条，抗震等级一级时应乘以增大系数 1.1，于是，1.1 × 644 = 708.4kN。

选择 D。

65. 答案：B

解答过程：依据《高层建筑混凝土结构技术规程》JGJ 3—2010 的 8.1.3 条，规定水平力作用下底层框架所承受的地震倾覆力矩占结构总倾覆力矩的 32%，其大于 10% 且小

于 50%，按框架-剪力墙结构进行设计。

依据 8.1.4 条第 1 款，$V_f = \min(1.5V_{f,max}, 0.2V_0) = \min(1.5 \times 1060, 0.2 \times 8950) = 1590kN$。

选择 B。

点评：本题与 2022 年二级真题第 47 题相同。题干中关于房屋高度、设防烈度、场地类别及扭转规则性的条件在本题中用不到，在二级真题是作为大题干给出来的，对于其他题目有用。

66. 答案：C

解答过程：依据《高层建筑混凝土结构技术规程》JGJ 3—2010 的 3.7.3 条，框架-核心筒结构，$H = 108m < 150m$，层间位移角限值为 1/800。则第四层层间位移要小于 $6000 \times 1/800 = 7.5mm$，第五层层间位移要小于 $4200 \times 1/800 = 5.25mm$，排除 A、D 选项。

依据 3.5.5 条，$H_1/H = 24/(24+84) = 22.22\% > 20\%$，$B_1/B = 30/106 = 28.3\% < 75\%$，属于体型收进高层建筑结构。依据 10.6.5 条第 1 款，对于体型收进高层建筑结构，上部收进结构的底部楼层层间位移角不宜大于相邻下部区段最大层间位移角的 1.15 倍。

对于 B 选项，$(5.2/4200)/(6.1/6000) = 1.218 > 1.15$，不满足要求。

对于 C 选项，$(5.1/4200)/(6.6/6000) = 1.104 < 1.15$，满足要求。

选择 C。

67. 答案：B

解答过程：依据《高层建筑混凝土结构技术规程》JGJ 3—2010 的 11.4 条进行各项判断。

(1) 验算轴压比

依据 11.4.4 条，型钢混凝土柱的抗震等级为一级，C60，剪跨比 2.4 > 2，轴压比限值为 0.70。

实际轴压比为

$$\frac{N}{f_c A_c + f_a A_a} = \frac{33000 \times 10^3}{27.5 \times (1100^2 - 46000) + 295 \times 46000} = 0.724 > 0.7$$

轴压比不满足要求。

(2) 验算型钢合钢率

依据 11.4.5 条第 6 款，型钢含钢率不宜小于 4%。实际型钢含钢率为 $46000/1100^2 = 3.8\% < 4\%$，不满足要求。

(3) 验算纵筋最小配筋率

依据 11.4.5 条第 4 款，纵筋最小配筋率不宜小于 0.8%。实际配筋率为 $24 \times 3.14 \times 28^2/4/1100^2 = 1.22\% > 0.8\%$，满足要求。

(4) 验算筋体积配率

依据 11.4.6 条第 4 款及 6.4.7 条验算筋体积配率。

柱轴压比已经求得为 0.724，抗震等级一级、普通复合箍，查表 6.4.7，可得

$$\lambda_v = 0.17 + \frac{0.2 - 0.17}{0.8 - 0.7}(0.724 - 0.7) = 0.1772$$

$$\rho_v \geq 0.85\lambda_v f_c / f_{yv} = 0.85 \times 0.1772 \times 27.5/360 = 0.0115$$

实际的箍筋体积配箍率（未考虑斜向箍筋）为

$$\rho_v = \frac{153.9 \times \left[(1100 - 2 \times 20 - 14) \times 8 + (1100 - 2 \times 20 - 14)/2 \times \sqrt{2} \times 4 \right]}{(1100 - 2 \times 20 - 28)^2 \times 100}$$

$$= 0.0164 > 0.0115$$

箍筋体积配箍率满足要求。

综上，四项中有两项不满足要求，选择 B。

点评：本题与 2016 年一级真题第 69 题相近。以上各项判断是独立的，故在验算体积配箍率时以轴压比满足限值作为前提。

68. 答案：C

解答过程：消能梁段的净长应依据《高层民用建筑钢结构技术规程》JGJ 99—2015 的 8.8.3 条计算。

$0.16Af = 0.16 \times \left[2 \times 300 \times 30 + (600 - 2 \times 30) \times 12 \right] \times 295 \times 10^{-3} = 1155.5\text{kN}$

今 $N = 900\text{kN} < 0.16Af = 1155.5\text{kN}$，故应有 $a \leqslant 1.6M_{lp}/V_l$。

依据 7.6.3 条确定 M_{lp} 和 V_l。

$0.15Af = 0.15 \times (2 \times 300 \times 30 + (600 - 2 \times 30) \times 12) \times 295 \times 10^{-3} = 1083.2\text{kN}$

由于 $N = 900\text{kN} < 0.15Af = 1083.2\text{kN}$，故不考虑压力的影响。

$$W_{\text{np}} = 300 \times 30 \times (600 - 30) + 12/4 \times 540^2 = 6004800\text{mm}^2$$

$$M_{lp} = fW_{\text{np}} = 295 \times 6004800 \times 10^{-6} = 1771.4\text{kN} \cdot \text{m}$$

$$V_l = 0.58A_w f_y = 0.58 \times 6480 \times 345 \times 10^{-3} = 1296.6\text{kN}$$

于是

$$a \leqslant \frac{1.6M_{lp}}{V_l} = \frac{1.6 \times 1771.4 \times 10^6}{1296.6 \times 10^3} = 2186\text{mm}$$

选择 C。

点评：本题解答过程注意两点：

(1) 确定消能梁段的净长时所用的 V_l 只需要按照 $V_l = 0.58A_w f_y$ 计算即可，不需要和 $V_l = 2M_{lp}/a$ 比较取较小者，理由如下：

消能梁段的受剪承载力取决于其发生截面受弯屈服还是受剪屈服，当轴力较小时，由截面受弯屈服得到受剪承载力为 $V_l = 2M_{lp}/a$，由受剪屈服得到受剪承载力为 $V_l = 0.58A_w f_y$，何者控制与净长 a 有关，故应取二者较小者。这就是 7.6.3 条。

由于消能梁段发生剪切屈服具有更大的耗能能力，故设计时，尽可能地将消能梁段的净长取小值，以便破坏不由受弯屈服控制，这就是 8.8.3 条要求的 $a \leqslant \frac{1.6M_{lp}}{V_l}$。满足此条件，必然由受剪屈服控制。

(2) 无论是 8.8.3 条的 N 与 $0.16Af$ 比较还是 7.6.3 条的 N 与 $0.15Af$ 比较，其本质都是当压力 N 较小时忽略其对受弯承载力和受剪承载力的影响，因此 $0.16Af$ 和 $0.15Af$ 宜统一为同一个数值，美国钢结构抗震规范 AISC 341—2016 中为 0.15 倍屈服承载力设计值。另外，7.6.3 条的 $M_{lp} = fW_{\text{np}}$ 宜为 $M_{lp} = f_y W_{\text{np}}$。只不过，考试时要求按规范答题。

69. 答案：D

解答过程：依据《高层民用建筑钢结构技术规程》JGJ 99—2015 的 7.6.3 条和 7.6.5

条计算。

依据 7.6.5 条，V_l 为消能梁段不计入轴力影响的受剪承载力，取式（7.6.3-1）中的较大值。

依据 7.6.3 条第 1 款式（7.6.3-1）可得

$$A_w = (650-2\times30)\times14 = 8260\text{mm}^2$$

$$V_l = 0.58A_wf_y = 0.58\times8260\times345\times10^{-3} = 1652.8\text{kN}$$

$$M_{lp} = fW_{np} = 295\times6.798\times10^6 = 2005.41\text{kN}\cdot\text{m}$$

$$V_l = \frac{2M_{lp}}{a} = \frac{2\times2005.41}{1.8} = 2228.23\text{kN} > 1652.8\text{kN}$$

取 $V_l = 2228.3\text{kN}$。

依据 7.6.5 条第 2 款，抗震等级为一级，$\eta_b = 1.3$。

$$M_b = \eta_b\frac{V_l}{V}M_{br,com} = 1.3\times\frac{2228.3}{1350}\times700 = 1502\text{kN}\cdot\text{m}$$

选择 D。

70. 答案：C

解答过程：

（1）按抗弯强度要求

依据《高层民用建筑钢结构技术规程》JGJ 99—2015 的 7.1.1 条计算。

$$\frac{M_x}{\gamma_xW_{nx}} \leqslant \frac{f}{\gamma_{RE}}$$

$$\frac{1350\times10^6}{1.0\times0.85\times W_x} \leqslant \frac{295}{0.75}$$

解得 $W_x \geqslant 4038228.6\text{mm}^3$，排除 A、B 选项。

（2）按"强柱弱梁"要求

依据 7.3.3 条第 1 款，柱轴压比不超过 0.4，可不满足"强柱弱梁"的要求。今

$$\mu = 0.4 \leqslant N/(fA) = 9500\times10^3/(295\times55296) = 0.58$$

需要验算"强柱弱梁"。

依据 7.3.3 条第 2 款式（7.3.3-1），抗震等级一级，$\eta = 1.15$，可得

$$\sum W_{pc}(f_{yc}-N/A_c) \geqslant \sum(\eta f_{yb}W_{pb})$$

$11.951\times10^6\times[(345-9500\times10^3/55296)+(345-9400\times10^3/55296)] \geqslant 1.15\times2\times345\times W_{pb}$

求得 $W_{pb} \leqslant 5.244\times10^6\text{mm}^3$，排除 D 选项。

选择 C。

点评：公式中 f_{yc}、f_{yb} 分别为柱和梁钢材屈服强度，与钢板厚度有关，本题解答时根据大题干已知条件统一取为 345MPa。

71. 答案：D

解答过程：依据《高层民用建筑钢结构技术规程》JGJ 99—2015 的 7.3.8 条计算。

依据 7.3.6 条，工字形截面柱（绕强轴）：

$$V_p = h_{b1}h_{c1}t_w = (400-16)\times(550-22)\times t_w = 202752t_w$$

依据 7.3.8 条式（7.3.8），抗震等级一级，$\psi = 0.85$。

$$\psi(M_{pb1} + M_{pb2})/V_p \leqslant \frac{4}{3} f_{yv}$$

$$t_w \geqslant \frac{\psi(M_{pb1} + M_{pb2})}{\frac{4}{3} f_{yv} \times 202752} = \frac{0.85 \times 2 \times 1.567 \times 10^6 \times 345}{\frac{4}{3} \times 0.58 \times 345 \times 202752} = 17\text{mm}$$

选择 D。

72. 答案：D

解答过程：依据《建筑抗震设计规范》GB 50011—2010（2016 年版）的表 3.4.3-1，扭转位移比大于 1.2，属于扭转不规则，今符合该要求。

依据《建筑与市政工程抗震通用规范》GB 55002—2021 的 4.2.3 条，最小地震剪力系数应按表 4.2.3 取值。7 度（0.1g）时，为 0.016。

$$V_{Eki} \geqslant \lambda \sum_{j=i}^{n} G_j = 0.016 \times (785000 + 62500) = 13560\text{kN}$$

选择 D。

点评：解答时注意两点：

（1）本题中总可变荷载为组合值，已考虑组合值系数。

（2）依据《高层建筑混凝土结构技术规程》JGJ 3—2010 的 4.3.12 条条文说明，扭转位移比大于 1.2 属于"扭转效应明显"，此处可以与 3.4.5 条对照，即，A 级高度时不宜出现扭转效应明显。同时还可以与《建筑抗震设计规范》GB 50011—2010（2016 年版）的表 3.4.3-1 对照，可知"扭转效应明显"即为"扭转不规则"。

73. 答案：C

解答过程：依据《高层建筑混凝土结构技术规程》JGJ 3—2010 的 3.7.3 条，框架-核心筒，$H \leqslant 150\text{m}$ 时，$[\Delta u/h] = 1/800$；$H \geqslant 250\text{m}$ 时，$[\Delta u/h] = 1/500$。本结构 $H = 165\text{m}$，则

$$\left[\frac{\Delta u}{h}\right] = \frac{1}{800} + \frac{\frac{1}{500} - \frac{1}{800}}{250 - 150} \times (165 - 150) = \frac{1}{734}$$

依据 5.4.3 条，框架-核心筒，考虑结构位移的增大系数，层间位移角应满足

$$\frac{5.5}{4400} \times \left(\frac{1}{1 - 0.14 H^2 \sum_{i=1}^{n} G_i / (EJ_d)}\right) \leqslant \frac{1}{734}$$

可解出刚重比最小为

$$\frac{EJ_d}{H^2 \sum_{i=1}^{n} G_i} = 1.697$$

选择 C。

74. 答案：D

解答过程：依据《建筑结构荷载规范》GB 50009—2012 的 8.5.3 条第 4 款，烟囱的倾斜度为 $\frac{(8-4)/2}{100} = 0.02$，可近似取 2/3 结构高度处的直径，$D = 4 + 2 \times 0.02 \times \frac{1}{3} \times 100 = 5.33\text{m}$。

依据表 8.2.1，B 类粗糙度、高度 100m，得到 $\mu_H = 2$。

依据 8.5.3 条第 5 款计算。

$$v_{cr1} = \frac{D}{T_1 St} = \frac{5.33}{2.4 \times 0.2} = 11.1\text{m/s}$$

$$v_{cr2} = \frac{D}{T_2 St} = \frac{5.33}{0.6 \times 0.2} = 44.4\text{m/s}$$

$$v_H = \sqrt{\frac{2000\mu_H w_0}{\rho}} = \sqrt{\frac{2000 \times 2 \times 0.5}{1.25}} = 40\text{m/s}$$

(1) 第 1 振型的横风向风振作用效应验算

依据 8.5.3 条给出的公式，可得

$$Re = 69000vD = 69000v_{cr,1}D = 69000 \times 11.1 \times 5.33 = 4.08 \times 10^6$$

由于

$$Re = 4.08 \times 10^6 > 3.5 \times 10^6,\ 1.2v_H = 1.2 \times 40 = 48\text{m/s} > v_{cr1} = 11.1\text{m/s}$$

满足 8.5.3 条第 2 款的条件，故可发生跨临界的强风共振，此时应考虑第 1 振型的横风向风振的等效风荷载。

(2) 第 2 振型的横风向风振作用效应验算

$$Re = 69000vD = 69000v_{cr,2}D = 69000 \times 44.4 \times 5.33 = 1.63 \times 10^7$$

由于

$$Re = 1.63 \times 10^6 > 3.5 \times 10^6,\ 1.2v_H = 1.2 \times 40 = 48\text{m/s} > v_{cr2} = 44.4\text{m/s}。$$

满足 8.5.3 条第 2 款的条件，故可发生跨临界的强风共振，此时应考虑第 2 振型的横风向风振的等效风荷载。

故，该烟囱发生跨临界强风共振，应考虑第 1、第 2 振型的横风向风振作用效应。

选择 D。

点评：今依据《烟囱工程技术标准》GB/T 50051—2021 解答如下：

依据 5.2.2 条，当顶部 1/3 高度范围内的坡度不大于 2%，且符合 $v_H \geqslant v_{cr,j}/1.2$ 时，应验算涡激共振响应。今坡度满足此条件。

第 j 振型的涡激风速按下式计算：

$$v_{cr,j} = \frac{d}{St \cdot T_j}$$

式中，$d = 4 + 2 \times 0.02 \times 1/3 \times 100 = 5.33\text{m}$，$St = 0.2$，$T_1 = 2.4\text{s}$，$T_2 = 0.6\text{s}$，$T_3 = 0.3\text{s}$，故可求得 $v_{cr,1}$、$v_{cr,2}$、$v_{cr,3}$ 分别为 11.1、44.4、88.8，单位为 m/s。

$$v_H = 40\sqrt{\mu_H w_0} = 40\sqrt{2 \times 0.5} = 40\text{m/s}$$

对于第 1 振型和第 2 振型，均存在 $v_H \geqslant v_{cr,j}/1.2$，故应验算涡激共振响应。

75. 答案：C

解答过程：依据《公路桥梁抗震设计规范》JTG/T 2231—01—2020 的 3.6.1 条，公路桥梁抗震设计应考虑下列作用效应：(1) 永久作用，包括结构重力（恒荷载）、预应力、土压力、水压力；(2) 地震作用，包括地震动的作用和地震土压力、动水压力等；(3) 在进行支座等墩梁连接构件抗震验算时，还应计入 50% 的均匀温度作用效应。

选择 C。

76. 答案：D

解答过程：依据《城市桥梁设计规范》CJJ 11—2011（2019 年版）的 10.0.3 条，主干路，查表 10.0.3，设计汽车荷载等级为城-A 级。依据 10.0.2 条第 3 款，计算跨径 30m，采用的车道荷载为

$$P_k = 270 + \frac{360 - 270}{50 - 5} \times (30 - 5) = 320\text{kN}, \quad q_k = 10.5\text{kN/m}$$

依据《公路桥涵设计通用规范》JTG D60—2015 的 4.3.1 条，单向三车道，查表 4.3.1-5，横向车道布载系数为 0.78。

$$M_k = 3 \times 0.78 \times \left(\frac{1}{8} \times 10.5 \times 30^2 + \frac{1}{4} \times 320 \times 30\right) = 8380\text{kN} \cdot \text{m}$$

依据《城市桥梁设计规范》CJJ 11—2011（2019 年版）的 3.0.2 条，$L = 30$m，查表 3.0.2，为中桥。依据 3.0.14 条，中桥，安全等级为一级，$\gamma_0 = 1.1$。

依据《公路桥涵设计通用规范》JTG D60—2015 的 4.1.5 条计算。

$$\begin{aligned} M &= 1.1 \times (1.2 \times 18000 + 1.4 \times 1.25 \times 8380 + 0.75 \times 1.4 \times 1700) \\ &= 41855\text{kN} \cdot \text{m} \end{aligned}$$

选择 D。

77. 答案：D

解答过程：依据《城市桥梁设计规范》CJJ 11—2011（2019 年版）的 3.0.14 条，中桥，安全等级一级，$\gamma_0 = 1.1$。

依据《公路钢筋混凝土及预应力混凝土桥涵设计规范》JTG 3362—2018 的 8.4.6 条第 2 款，竖向力作用点至柱边缘的水平距离 800mm＜1200mm，可采用拉压杆模型计算悬臂上缘拉杆的受拉承载力。根据式 (8.4.6-2)，可得

$$T_{t,d} = \frac{x + b_c/2}{z} F_d = \frac{0.8 + 1.2/2}{0.9 \times 1.15} \times 1800 = 2435\text{kN}$$

根据式 (8.4.6-1)，可得

$$A_s \geqslant \frac{\gamma_0 T_{t,d} - f_{pd} A_p}{f_{sd}} = \frac{1.1 \times 2435000 - 0}{330} = 8117\text{mm}^2$$

上式中 f_{sd} 按表 3.2.3-1 取值。

选择 D。

78. 答案：B

解答过程：依据《公路钢筋混凝土及预应力混凝土桥涵设计规范》JTG 3362—2018 的 6.2.6 条，确定 σ_{l5} 所用的 σ_{pe} 按下式计算：

$$\sigma_{pe} = \sigma_{con} - \sigma_{l1} - \sigma_{l2} - \sigma_{l4} = 0.75 \times 1860 - 119.269 - 2.34 - 49.93 = 1223.461\text{MPa}$$

$$\sigma_{l5} = \psi \zeta \left(0.52 \frac{\sigma_{pe}}{f_{pk}} - 0.26\right) \sigma_{pe} = 0.9 \times 0.3 \times \left(0.52 \times \frac{1223.46}{1860} - 0.26\right) \times 1223.46$$

$$= 27.1\text{MPa}$$

则该预应力钢束在跨中截面处的永久应力值为

$$\begin{aligned} \sigma_{pe} &= \sigma_{con} - \sigma_{l1} - \sigma_{l2} - \sigma_{l4} - \sigma_{l5} - \sigma_{l6} \\ &= 0.75 \times 1860 - 119.269 - 2.34 - 49.93 - 27.1 - 213.47 \\ &= 983\text{MPa} \end{aligned}$$

选择 B。

79. 答案：B

解答过程：依据《公路钢筋混凝土及预应力混凝土桥涵设计规范》JTG 3362—2018 的 4.1.8 条及条文说明计算。

0-1 支座抗倾覆稳定系数为

$$k_{qf,01} \leqslant \frac{\sum S_{bk,i}}{\sum S_{sk,i}} = \frac{\sum R_{Gki} l_i}{\sum R_{Qki} l_i} = \frac{657 \times 4 + 685 \times 4}{355 \times 4 + 110 \times 4} = 2.89$$

3-1 支座抗倾覆稳定系数为

$$k_{qf,31} \leqslant \frac{\sum S_{bk,i}}{\sum S_{sk,i}} = \frac{\sum R_{Gki} l_i}{\sum R_{Qki} l_i} = \frac{657 \times 4 + 685 \times 4}{95 \times 4 + 350 \times 4} = 3.02$$

所有抗倾覆稳定系数均应满足 ≥2.5 的要求，故应取最小值，即 $k_{qf} = \min(2.89, 3.02) = 2.89$。

选择 B。

80. 答案：D

解答过程：依据《公路桥涵设计通用规范》JTG D60—2015 的 1.0.5 条，$L_k = 40m$，查表 1.0.5，属于大桥。

依据《公路桥梁抗震设计规范》JTG/T 2231—01—2020 的 3.1.1 条，一级公路上的大桥，查表 3.1.1，桥梁抗震设防类别为 B 类。

依据 3.1.3 条第 2 款表 3.1.3-2 注，一级公路上的 B 类大桥，其抗震重要性系数取 B 类括号内的值，故得到 E2 地震作用时桥梁抗震重要性系数 $C_i = 1.7$。

依据 5.2.2 条，桥区场地类别Ⅲ类，抗震设防烈度为Ⅶ度，水平向基本地震峰值加速度为 $0.15g$，查表 5.2.2-1，水平向场地系数 $C_s = 1.15$。

依据 5.2.4 条式（5.2.4）可得 $C_d = 1 + \frac{0.05 - \xi}{0.08 + 1.6\xi} = 1 > 0.55$。

依据 3.2.2 条，Ⅶ度（0.15g），查表 3.2.2，$A = 0.15g$。

代入式（5.2.2）计算，得到

$$S_{max} = 2.5 C_i C_s C_d A = 2.5 \times 1.7 \times 1.15 \times 1 \times 0.15g = 0.733g$$

选择 D。

21　专题聚焦

21.1 截面特性

21.1.1 毛截面、净截面、有效截面、换算截面

所谓毛截面，就是在计算截面特性时不扣除孔洞引起的削弱。而净截面（通常截面特性下角标记作"n"，例如 A_n、I_n）则是在计算截面特性时要扣除孔洞引起的削弱。在钢结构中，稳定计算用毛截面特性，强度计算通常用净截面特性（抗剪验算采用毛截面特性是一个例外）。

有效截面（通常截面特性下角标记作"e"）、有效净截面的概念明确出现在《冷弯薄壁型钢结构技术规范》GB 50018—2002、《门式刚架轻型房屋钢结构技术规程》GB 51022—2015 以及《钢结构设计标准》GB 50017—2017 中。之所以强调"有效截面"，是因为组成截面的板件宽厚比过大会导致局部屈曲先于整体屈曲发生，从而降低构件整体的承载力。

对于轴心受压构件，由于仅仅采用有效截面面积这一指标，因此不涉及有效宽度的分布。对于压弯构件，不但需要考虑有效宽度的分布，而且还应考虑由此导致的形心轴偏移。如图 21-1-1 所示为工字形截面压弯构件（承受绕强轴的弯矩 M_x）截面的有效宽度分布，阴影部分有效。

图 21-1-1　有效宽度的分布
（a）截面全部受压；（b）截面部分受压

换算截面概念在混凝土结构中采用。由于钢筋与混凝土为不同性质的材料，所以，在计算截面应力时需要换算成同一种材料，通常的做法是将钢筋换算成混凝土。换算截面又可以分成开裂截面换算截面和全截面换算截面，在预应力混凝土中，则是分成净截面和换算截面，注意，这里所谓的"净截面"实际上也是一种换算截面，只不过扣除了孔洞（后张法中为穿过预应力筋而预留）而已。

21.1.2 面积矩（静矩）与截面形心

面积矩也称作静矩。对于如图 21-1-2 所示任意形状的平面图形，微面积 dA 的坐标分别为 y、z，ydA、zdA 分别为微面积 dA 对 z 轴和 y 轴的面积矩（因为若将 dA 视为力，

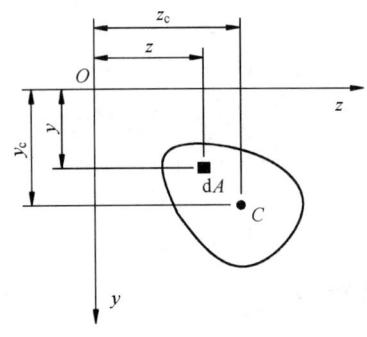

图 21-1-2 面积矩与形心计算简图

则 $y\mathrm{d}A$、$z\mathrm{d}A$ 就相当于力矩，故称作面积矩）。整个截面的面积矩按下列计算公式确定：

$$S_z = \int_A y\mathrm{d}A, \quad S_y = \int_A z\mathrm{d}A$$

面积矩的常用单位为 mm^3。

对于由规则图形组成的截面，可以采用将截面面积分块分别计算再求和的方法求得，即

$$S_x = \sum A_i \,\bar{y}_i$$

式中，$\bar{y}_i$ 为第 i 个面积 A_i 的形心至 x 轴的距离。

在材料力学中，梁的剪应力计算公式为：

$$\tau = \frac{VS}{Ib}$$

式中，S 为所求剪应力作用层以下（或以上）部分的横截面面积对中和轴的面积矩。这里，到底应该取"以下部分"还是"以上部分"视所求的位置确定：若求解的是中和轴以上某点处的剪应力，则取以上部分；否则，取以下部分。

截面形心的公式为：

$$y_c = \frac{\int_A y\mathrm{d}A}{\int_A \mathrm{d}A}, \quad z_c = \frac{\int_A z\mathrm{d}A}{\int_A \mathrm{d}A}$$

其含义为，取某一轴为基准轴，求得图形对该轴的面积矩之后，再除以该图形的面积，可得形心相对于基准轴的距离。显然，面积矩也可采用上述分块计算的方法得到。

当图形为匀质板时，截面形心即为截面的重心。

显然，若截面对于某一轴的面积矩等于零，则该轴必通过截面的形心；截面对通过其形心的坐标轴的面积矩恒等于零。

常用截面的形心位置见表 21-1-1。

常用平面图形的形心和惯性矩   表 21-1-1

截面简图	图示轴线至边缘距离	对于图示轴线的惯性矩
	$y = \dfrac{h}{2}$	$I_{x0} = \dfrac{bh^3}{12}$
	$y = h$	$I_x = \dfrac{bh^3}{3}$

截面简图	图示轴线至边缘距离	对于图示轴线的惯性矩
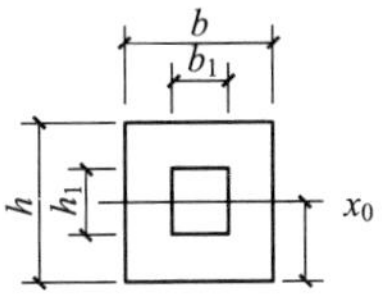	$y = \dfrac{h}{2}$	$I_{x0} = \dfrac{bh^3 - b_1 h_1^3}{12}$
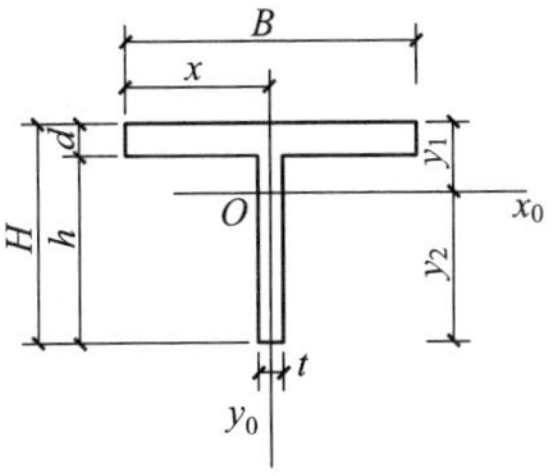	$y_1 = \dfrac{1}{2}\dfrac{tH^2 + d^2 (B-t)}{Bd + ht}$, $y_2 = H - y_1$	$I_{x0} = \dfrac{1}{3}[ty_2^3 + By_1^3 - (B-t)(y_1-d)^3]$
	$x = \dfrac{B}{2}$	$I_{y0} = \dfrac{1}{12}(dB^3 + ht^3)$
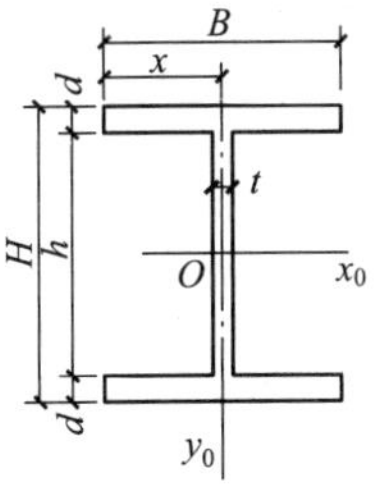	$y = \dfrac{h}{2}$	$I_{x0} = \dfrac{1}{12}[BH^3 - (B-t)h^3]$
	$x = \dfrac{B}{2}$	$I_{y0} = \dfrac{1}{12}(2dB^3 + ht^3)$
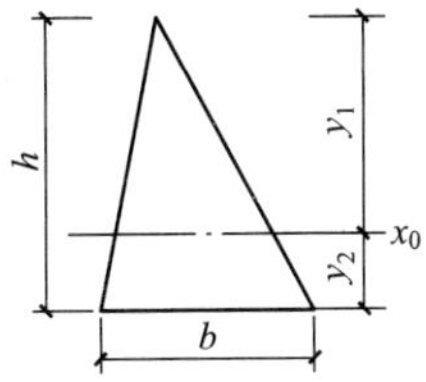	$y_1 = \dfrac{2h}{3}$, $y_2 = \dfrac{h}{3}$	$I_{x0} = \dfrac{bh^3}{36}$
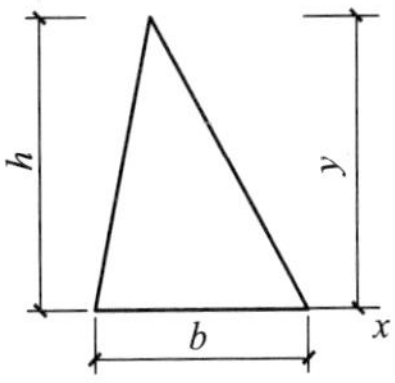	$y = h$	$I_x = \dfrac{bh^3}{12}$
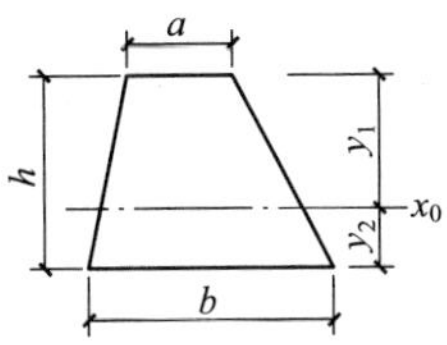	$y_1 = \dfrac{h}{3}\dfrac{(a+2b)}{(a+b)}$, $y_2 = \dfrac{h}{3}\dfrac{(b+2a)}{(b+a)}$	$I_{x0} = \dfrac{h^3}{36}\dfrac{(a^2 + 4ab + b^2)}{(a+b)}$

续表

截面简图	图示轴线至边缘距离	对于图示轴线的惯性矩
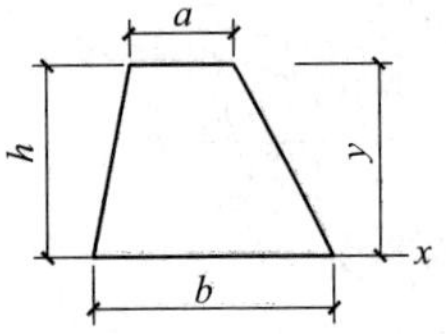	$y=h$	$I_x=\dfrac{h^3\ (3a+b)}{12}$
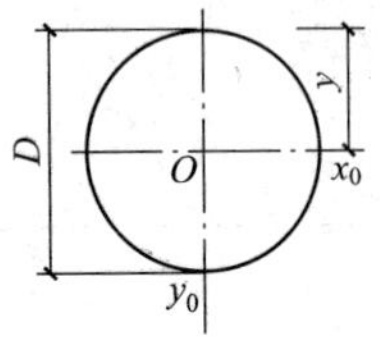	$y=\dfrac{D}{2}$	$I_{x0}=\dfrac{\pi D^4}{64}$
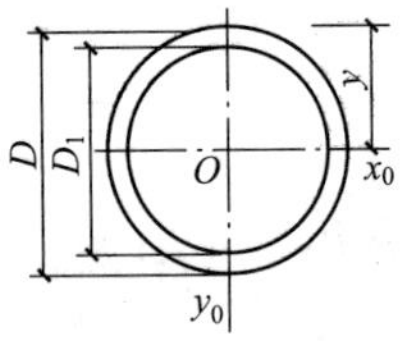	$y=\dfrac{D}{2}$	$I_{x0}=\dfrac{\pi\ (D^4-D_1^4)}{64}$
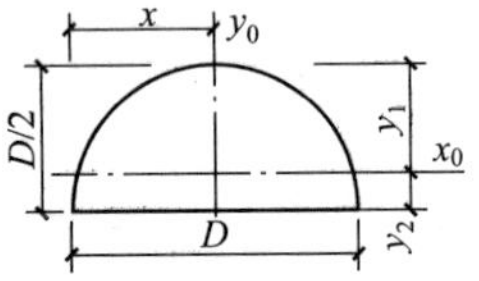	$y_1=\dfrac{D\ (3\pi-4)}{6\pi}$, $y_2=\dfrac{2D}{3\pi}$	$I_{x0}=\dfrac{D^4\ (9\pi^2-64)}{1152\pi}$
	$x=\dfrac{D}{2}$	$I_{y0}=0.0245D^4$
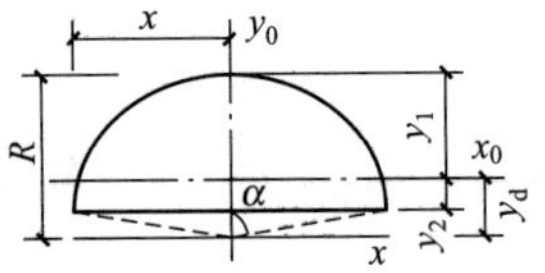	$y_d=\dfrac{4R}{3}\times\dfrac{\sin^3\alpha}{2\alpha-\sin2\alpha}$ $y_1=R-y_d$ $y_2=R\ (1-\cos\alpha)-y_1$	$I_{x0}=\dfrac{R^4}{72}\left[18\alpha-9\sin2\alpha\cos2\alpha-\dfrac{64\sin^6\alpha}{2\alpha-\sin2\alpha}\right]$ $I_x=\dfrac{R^4}{8}\ (2\alpha-\sin2\alpha\cos2\alpha)$
	$x=R\sin\alpha$	$I_{y0}=\dfrac{R^4}{24}\left[6\alpha-\sin2\alpha\ (3+2\sin^2\alpha)\right]$
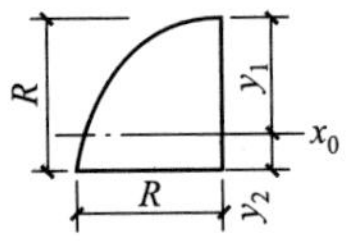	$y_1=\left(1-\dfrac{4}{3\pi}\right)R$, $y_2=\dfrac{4}{3\pi}R$	$I_{x0}=\dfrac{9\pi^2-64}{144\pi}R^4$

注：图中 O 点为图形的形心。

力学分析中，通常认为力作用于形心轴，这就形成了轴心受力构件。

可以利用求形心的方法实现以下目的：

（1）求纵向钢筋合力点位置

混凝土结构中，由于截面中钢筋可能多排布置，这时，需要求出钢筋的合力点位置（由于这些钢筋常为同一等级，故简化为求钢筋的重心位置）。该合力点至混凝土截面边缘的距离记作 a_s（或 a'_s）。

（2）求弹性分析时截面的中和轴

所谓中和轴就是截面中既不受拉也不受压的点所形成的轴。混凝土结构中的应力计算，是以弹性分析为前提的。由于，截面的中和轴以上以下的面积矩相等，因此，可以按照求形心的方法得到。

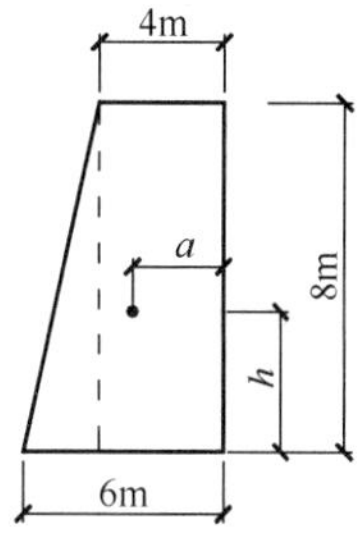

【例 21-1-1】求如图 21-1-3 所示的挡土墙的形心位置。

解：将图形分为一个三角形和一个矩形，如图 21-1-3 所示。三角形的形心和矩形的形心可由表 21-1-1 得到。于是

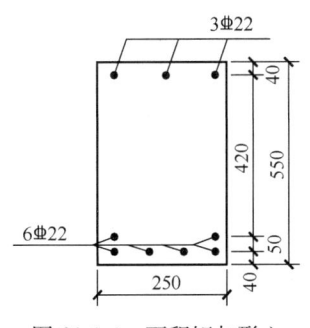

图 21-1-3　面积矩与
形心计算简图

$$a = \frac{4 \times 8 \times 2 + 2 \times 8/2 \times (4 + 2/3)}{4 \times 8 + 2 \times 8/2} = \frac{149.33}{40} = 2.533 \text{m}$$

$$h = \frac{4 \times 8 \times 4 + 2 \times 8/2 \times 8/3}{4 \times 8 + 2 \times 8/2} = \frac{101.33}{40} = 3.733 \text{m}$$

图 21-1-4　面积矩与形心
计算简图

【例 21-1-2】某矩形截面梁，其截面如图 21-1-4 所示。采用 C30 混凝土，HRB400 钢筋。求开裂截面换算截面的中和轴位置。

解：查《混凝土结构设计规范》，C30 混凝土、HRB400 钢筋的弹性模量分别为 $E_c = 3.00 \times 10^4$ MPa 和 $E_s = 2.00 \times 10^5$ MPa，于是，弹性模量比 $\alpha_E = E_s/E_c = 6.67$。

2 Φ 22、3 Φ 22、4 Φ 22 对应的截面面积分别是 760mm²、1140mm²、1520mm²。

假设开裂截面的弹性中和轴距离截面上缘为 x，则各部分对截面上缘的面积矩之和可表示成：

$$S = 250x \cdot \frac{x}{2} + (6.67 - 1) \times 1140 \times 40 + 6.67 \times [760 \times (40 + 420) + 1520 \times (550 - 40)]$$
$$= 125x^2 + 7760968$$

以上计算，不考虑受拉部分混凝土的贡献；之所以采用等效面积 $(\alpha_E - 1)A_s$，是因为钢筋截面面积 A_s 乘以 α_E 换算成混凝土后，还要考虑到在空间上钢筋占用的混凝土的面积为 A_s，要减去。

各组成部分的面积之和为

$$A = 250x + (6.67 - 1) \times 1140 + 6.67 \times (760 + 1520) = 250x + 21671.4$$

于是

$$x = \frac{S}{A} = \frac{125x^2 + 7760968}{250x + 21671.4}$$

解方程，得到 $x = 177 \text{mm}$。

21.1.3　惯性矩与抵抗矩

对于图 21-1-5，该平面图形绕 y 轴、z 轴的惯性矩分别为

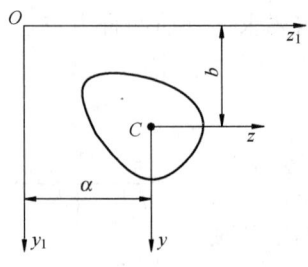

图 21-1-5　惯性矩与移轴
公式计算简图

$$I_y = \int_A z^2 \, \mathrm{d}A, \quad I_z = \int_A y^2 \, \mathrm{d}A$$

显然，该图形对不同坐标轴的惯性矩是不相同的。

为了计算方便，通常可采用先计算出图形绕形心轴的惯性矩，然后，再用"移轴公式"计算绕任一轴的惯性矩（图 21-1-5），公式如下：

$$I_{y1} = I_y + a^2 A$$

受弯构件计算最大正应力时，公式为：

$$\sigma_{\max} = \frac{M_x}{I_x} y_{\max} = \frac{M_x}{I_x / y_{\max}} = \frac{M_x}{W_x}$$

式中，x 轴为截面中和轴（也称中性轴，是受拉区与受压区的分界轴，依据受拉区与受压区面积矩相等确定，所以，实际上也是截面的形心轴）；$W_x = I_x / y_{\max}$，称作截面抵抗矩（截面模量）。

为使用方便，表 21-1-1 给出了常用平面图形的惯性矩。

在截面上，存在一对坐标轴，会使平面图形对它的惯性积为零，这一对坐标轴叫作平面图形的主惯性轴，简称主轴。平面图形对主轴的惯性矩称作主惯性矩。对于如图 21-1-6 所示的单角钢截面，平行于肢边的 x 轴、y 轴称作几何轴，而 u、v 轴则为主轴（$I_{uv} = \int_A uv\mathrm{d}A = 0$）。

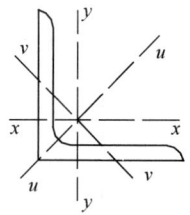

图 21-1-6　角钢的
几何轴与主轴

主惯性矩可根据以下公式求出：

$$I_u = \frac{I_x + I_y}{2} + \frac{1}{2}\sqrt{(I_x - I_y)^2 + 4I_{xy}^2}$$

$$I_v = \frac{I_x + I_y}{2} - \frac{1}{2}\sqrt{(I_x - I_y)^2 + 4I_{xy}^2}$$

值得注意的是，塑性截面抵抗矩（又称塑性截面模量，一般记作 W_p）与弹性截面抵抗矩不同，W_p 为截面面积平分轴以上、以下面积矩之和。其物理意义为：当截面出现塑性铰时的弯矩等于塑性截面抵抗矩乘以屈服强度，公式表达为：

$$M_p = W_p f_y$$

图 21-1-7(a)、(b) 分别给出了弹性截面抵抗矩 W 与塑性截面抵抗矩 W_p 计算时的应力状态。对于矩形截面情况（宽度为 b，高度为 h），根据内力与外力平衡，可得

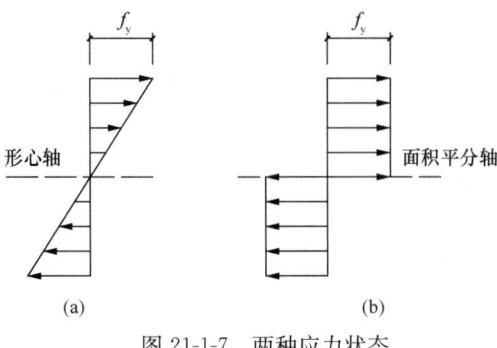

形心轴

面积平分轴

(a)　　　　　　　(b)

图 21-1-7　两种应力状态

$$M = 2 \times \left(\frac{h/2 \times f_y \times b}{2} \times \frac{2}{3} \times \frac{h}{2} \right)$$

$$= \frac{bh^2}{6} \times f_y = W f_y$$

$$M_p = 2 \times \left(\frac{h}{2} \times f_y \times b \times \frac{h}{4} \right)$$

$$= \frac{bh^2}{4} \times f_y = W_p f_y$$

21.1.4　回转半径

截面绕 x 轴、y 轴的回转半径按照下式计算:

$$i_x = \sqrt{I_x/A}, \; i_y = \sqrt{I_y/A}$$

受压构件的计算长度记作 $l_0 = \mu l$(μ 为计算长度系数,与杆件两端约束情况有关;l 为构件几何长度),长细比 $\lambda = l_0/i$,显然,长细比也区分绕 x 轴和 y 轴,分别记作 λ_x、λ_y。

对于单角钢截面轴心压杆,按绕最小回转半径轴所得 i_v 计算长细比(v 轴见图 4-1-4)。对于单角钢腹杆,由于 v 轴与桁架平面既不垂直也不平行,故按照"斜平面"确定计算长度。

在扭转计算时,还涉及一个"极回转半径",通常记作 i_0,按照下式确定:

$$i_0 = \sqrt{x_0^2 + y_0^2 + \frac{I_x + I_y}{A}}$$

式中,x、y 轴为形心轴;$x_0(y_0)$ 为剪心沿 x 轴(y 轴)与形心的距离。剪心的概念,见后述。

21.1.5　极惯性矩与自由扭转惯性矩

构件因端部约束条件不同,发生扭转时有自由扭转和约束扭转两种形式。

构件截面不受任何约束,能够自由翘曲的扭转称为自由扭转(也称纯扭转、圣维南扭转)。对构件的自由扭转进行时会用到极惯性矩(圆形截面)或自由扭转惯性矩(非圆形截面)。

圆形截面构件发生自由扭转,截面上存在剪应力大小与至旋转中心的距离成正比,如图 21-1-8 所示,由此可得外力矩 T 与截面应力的平衡关系式:

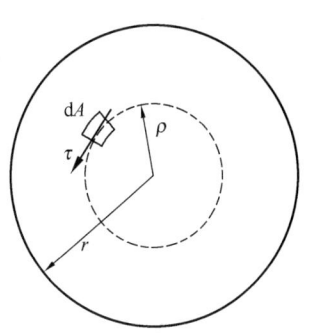

$$T = \frac{\tau_{\max}}{r} \int_A \rho^2 \mathrm{d}A = \frac{\tau_{\max}}{r} I_\mathrm{p}$$

式中,I_p 为极惯性矩,对于半径为 r 的圆形截面,$I_\mathrm{p} = \frac{1}{2}\pi r^4$,

对于圆环形截面(内径为 r_1 外径为 r_2),$I_\mathrm{p} = \frac{1}{2}\pi r_2^4 - \frac{1}{2}\pi r_1^4$。

图 21-1-8　圆形截面受扭时的应力

若将截面中正交的两个坐标轴记作 x 轴、y 轴,可以得到 $I_\mathrm{p} = I_x + I_y$。

非圆形截面构件发生自由扭转时会有"翘曲"现象(指截面上各点沿杆轴方向产生的位移),横截面在变形后不再保持平面,但各截面的翘曲相同,截面上无正应力。以矩形截面为例,最大剪应力可以近似按下式计算:

$$\tau_{\max} = \frac{T}{W_\mathrm{t}}$$

$$W_\mathrm{t} = \frac{I_\mathrm{t}}{b} = \frac{1}{3}hb^2$$

式中,W_t 称作扭转截面系数(也称作扭转弹性抵抗矩、扭转截面模量);I_t 称作截面的相当极惯性矩（也称作自由扭转惯性矩、扭转常数），$I_t \approx \frac{1}{3}hb^3$；$b$、$h$ 分别为截面的短边尺寸和长边尺寸。

对于由薄板组合而成的开口截面，I_t 可近似取为各板 I_{ti} 之和，即

$$I_t = \frac{1}{3}\sum b_i t_i^3$$

上式中符号采用了常见的形式，b_i 和 t_i 分别为狭长矩形板的宽度和厚度。

由薄板组合而成的闭口截面，I_t 的一般公式为：

$$I_t = \frac{4A^2}{\oint \frac{\mathrm{d}s}{t}}$$

式中，A 为截面面积；$\oint \frac{\mathrm{d}s}{t}$ 表示沿横截面轮廓线的全长积分；t 为壁厚。作为特例，圆形截面的 I_t 可以由此式求出（不过，此时一般记作 I_p）。箱形截面时 $A = bh$，b、h 分别为截面宽度与高度（尺寸算至板的中面）。

需要注意的是，《混凝土结构设计规范》中的"截面受扭塑性抵抗矩"W_t 与上述弹性情况时的计算方法不同，这时，矩形截面的 W_t 按照下式计算：

$$W_t = \frac{b^2}{6}(3h - b)$$

式中，b、h 分别为截面的短边与长边尺寸。

【例 21-1-3】一箱形截面，截面尺寸为：高 100mm，宽 150mm，均为板中面之间的距离；壁厚处处相等，均为 10mm。求自由扭转惯性矩 I_t。

解：外轮廓所围成的面积为 $A = 100 \times 150 = 1.5 \times 10^4 \text{mm}^2$。

$$\oint \frac{\mathrm{d}s}{t} = \frac{2 \times (100 + 150)}{10} = 50$$

$$I_t = \frac{4A^2}{\oint \frac{\mathrm{d}s}{t}} = \frac{4 \times (1.5 \times 10^4)^2}{50} = 1.8 \times 10^7 \text{mm}^4$$

21. 1. 6 剪切中心、扇性惯性矩

1. 预备知识：剪力流理论

按照材料力学公式计算梁承受剪力时截面上任意一点的剪应力，公式为：

$$\tau = \frac{VS}{Ib}$$

式中，S 为计算点以上（或以下）面积对中和轴的面积；b 为计算点处的截面宽度。

此公式对于矩形截面是合理的，但是，若应用于工字形截面，会得到剪应力分布如图 21-1-9（a）所示。在翼缘与腹板交界处剪应力有突变，这是不合理的。其原因，是假设剪应力沿翼缘宽度均匀分布。

研究表明，对于薄壁杆件，应按照"剪力流"理论分析，剪应力在薄板中沿宽度 t 均匀分布。此时，如图 21-1-9（b）所示，若计算"1"点处剪应力，公式为：

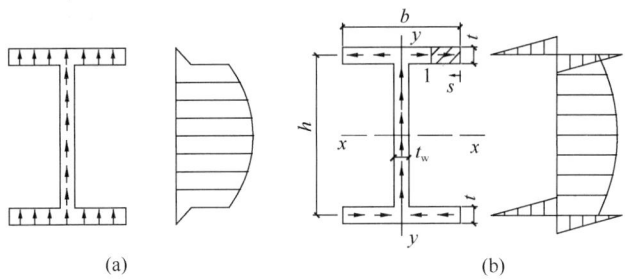

图 21-1-9　工字形截面的剪应力

$$\tau = \frac{VS}{I_x t}$$

式中，$S = \int_{A_1} y \mathrm{d}A$，表示所计算的"1"点以外的翼缘面积 A_1 对中和轴的面积矩（相当于，以翼缘的端部为起点，沿路径 s 的面积对 x 轴的面积矩）；t 为所计算点处的板件厚度。注意，对于薄壁杆件是取中面线进行计算的。

处于翼缘上的与翼缘自由端距离为 s 的位置处，剪应力为

$$\tau = \frac{VS}{I_x t} = \frac{Vsth/2}{I_x t}$$

可见，随 s 线性变化。于是，翼缘与腹板交界处的剪应力为

$$\tau = \frac{VS}{I_x t} = \frac{Vbh}{4I_x}$$

对于腹板中的某点，剪应力计算时将 s 分成两段考虑，翼缘中的一段为 $b/2$，其余自翼缘与腹板交界处算起，于是，剪应力公式成为：

$$\tau = \frac{VS}{I_x t} = \frac{V[bth/2 + st_w(h-s)/2]}{I_x t_w}$$

容易求得，翼缘与腹板交界处 $\tau = \dfrac{Vbth}{2I_x t_w}$，中和轴处 $\tau = \dfrac{Vh}{2I_x}\left(\dfrac{bt}{t_w} + \dfrac{h}{4}\right)$。

注意，所有剪应力都顺着薄壁截面的中轴线 s 方向，并为同一流向。可以证明，截面水平方向剪应力合力为零，全部剪应力的总合力等于竖向剪力 V。

【例 21-1-4】某矩形截面梁，截面尺寸为 $b \times h$，某截面处剪力为 V，要求按照材料力学的方法计算该截面上最大的剪应力。

解：截面中和轴处剪应力最大，该位置处 $S_{\max} = b \times \dfrac{h}{2} \times \dfrac{h}{4} = \dfrac{bh^2}{8}$，截面惯性矩 $I = \dfrac{bh^3}{12}$。于是

$$\tau_{\max} = \frac{VS_{\max}}{Ib} = \frac{V \times bh^2/8}{bh^3/12 \times b} = \frac{1.5V}{bh} = \frac{1.5V}{A}$$

可见，对于矩形截面梁，最大剪应力为平均剪应力的 1.5 倍。

【例 21-1-5】利用剪力流理论计算如图 21-1-10 所示工字形截面的剪应力。$V = 45\text{kN}$，沿 y 轴向上。

解：计算截面绕 x 轴的惯性矩：

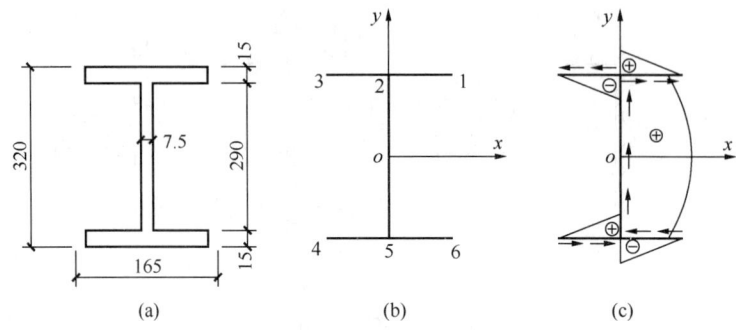

图 21-1-10 例 21-1-5 的图示

$$I_x = \frac{1}{12}(165 \times 320^3 - 165 \times 290^3 + 7.5 \times 290^3) = 130.45 \times 10^6 \, \text{mm}^4$$

按照中面线尺寸计算剪应力，如图 21-1-10（b）所示。

将 1 点作为起算点，于是，2 点处的应力大小为

$$\tau = \frac{VS}{I_x t} = \frac{Vbh}{4I_x} = \frac{45 \times 10^3 \times 165 \times 305}{4 \times 130.45 \times 10^6} = 4.34 \, \text{MPa}$$

o 点处的最大剪应力为

$$\tau_{\max} = \frac{Vh}{2I_x}\left(\frac{bt}{t_w} + \frac{h}{4}\right) = \frac{45 \times 10^3 \times 305}{2 \times 130.45 \times 10^6}\left(\frac{165 \times 15}{7.5} + \frac{305}{4}\right) = 21.37 \, \text{MPa}$$

按照通常的《材料力学》公式计算，最大剪应力为

$$\tau_{\max} = \frac{VS}{I_x t_w} = \frac{45 \times 10^3 \times \left(145 \times 7.5 \times \frac{145}{2} + 165 \times 15 \times \frac{305}{2}\right)}{130.45 \times 10^6 \times 7.5} = 20.99 \, \text{MPa}$$

对比可知，计算结果稍微有差别。如果将《材料力学》中的 $\tau_{\max}$ 公式变形，可得到

$$\tau_{\max} = \frac{VS}{I_x t_w} = \frac{V}{I_x t_w}\left[bt\frac{h}{2} + \left(\frac{h-t}{2}\right)t_w\left(\frac{h-t}{4}\right)\right] = \frac{Vh}{2I_x}\left[\frac{bt}{t_w} + \frac{(h-t)^2}{4h}\right]$$

可见，上式括号中的第 2 项，比 $h/4$ 稍小，从而整体上比按剪力流求得的 $\tau_{\max}$ 稍小。

关于 S_x 的正负号规定：在图 21-1-10（b）所示坐标系下，S 以绕剪切中心逆时针转动为正（右手螺旋定则，此时指向 z 轴的正方向），于是，形成的 S_x 的正负号如图 21-1-10（c）所示，最终形成的剪应力流，方向如图图 21-1-10（c）中箭头所示。

2. 与扇性坐标有关的概念

构件发生约束扭转时，截面会存在由于翘曲而产生的正应力。与此有关的截面特性是翘曲常数，国内通常称作扇性惯性矩。扇性惯性矩的计算较为复杂，必须先从扇性坐标说起。

如图 21-1-11 所示，扇性坐标被定义为：

$$\omega = \int_0^s r\,\mathrm{d}s$$

式中，r 为 B 点至 M 点的切线的垂距；$\mathrm{d}s$ 为沿截面中心线的微长度。

扇性坐标的物理意义为：M 点的扇性坐标为从坐标零点 M_0 开始，沿路径 M_0M 由 BM_0 旋转至 BM 所得阴影部

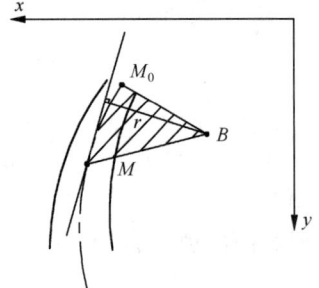

图 21-1-11 扇性坐标

分面积的 2 倍。扇性坐标有正、负之分，按右手螺旋，以沿 z 轴正向为正，图中 M 点的扇性坐标为正。

令

$$S_\omega = \int \omega \mathrm{d}A$$

$$I_{\omega x} = \int \omega y \, \mathrm{d}A, \quad I_{\omega y} = \int \omega x \, \mathrm{d}A$$

$$I_\omega = \int \omega^2 \, \mathrm{d}A$$

则称 S_ω 为扇性面积矩；$I_{\omega x}$、$I_{\omega y}$ 为扇性惯性积；I_ω 为扇性惯性矩。以上式中，$\mathrm{d}A = t \mathrm{d}s$，$t$ 为截面厚度。

如果适当选取极点 B 以及扇性零点 M_0 的位置，可以使以下三个条件同时成立：

$$S_\omega = 0, \quad I_{\omega x} = 0, \quad I_{\omega y} = 0$$

则此时的极点 B 称作主扇性极点，M_0 称作主扇性零点，ω 称作主扇性面积，I_ω 称为主扇性惯性矩。

主扇性极点也被称作扭转中心、剪切中心（简称"剪心"）、弯曲中心。

3. 剪心位置的确定

如果以 A 点作为主扇性极点（剪心），B 点作为辅助极点，则可求得 A 点相对于 B 点的坐标：

$$a_x = x_A - x_B = \frac{I_{y\omega_B}}{I_x}, \quad a_y = y_A - y_B = -\frac{I_{x\omega_B}}{I_y}$$

式中，$I_{x\omega_B}(I_{y\omega_B})$ 为参考扇性面积与坐标主轴的惯性积。$a_x(a_y)$ 的正负号表示剪心相对于 B 点的位置是沿 x 轴（y 轴）正向或负向。

截面剪心的位置具有以下规律：

（1）有对称轴的截面，剪心一定在对称轴上；

（2）双轴对称截面，剪心与形心重合；

（3）由矩形薄板相交于一点组成的截面，剪心必在交点上。

【例 21-1-6】 确定如图 21-1-12(a) 所示槽形截面的剪心位置。

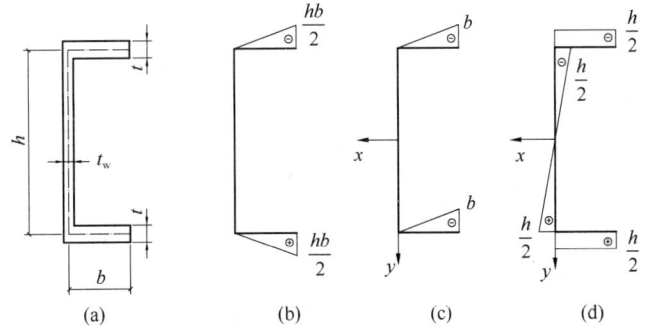

图 21-1-12 槽形截面剪心计算简图

(a) 形状尺寸；(b) ω_B 图；(c) x 图；(d) y 图

解：（1）作出 ω_B 图

以中面线作为基准，得到截面的轮廓线。取腹板的中点位置作为极点，以翼缘与腹板交接处点为扇性零点，按照扇性坐标的定义得到图 21-1-12（b）。

（2）作出 x 图

由于以腹板的中点位置点作为参考点，故腹板上各点的 x 坐标均为零，翼缘上的各点 x 坐标呈线性变化，极值为 $-b$，如图 21-1-12（c）所示。

（3）作出 y 图

在图示的坐标系下作出各点的 y 图，如图 21-1-12（d）所示。

（4）确定剪心坐标

对图（b）和图（c）应用图乘法，由于两个翼缘的 x 图相同而 ω_B 图正负号相反，因此，可得 $I_{y\omega_B}=0$。于是 $a_y=0$，即，剪心在对称轴上。

对图（b）和图（d）应用图乘法，可得

$$I_{x\omega_B}=2\times\frac{bh/2\times b}{2}\times\frac{h}{2}\times t=\frac{b^2h^2t}{4}$$

于是，剪心的 x 坐标为

$$a_x=\frac{I_{x\omega_B}}{I_x}=\frac{b^2h^2t/4}{t_wh^3/12+2\times bt\times(h/2)^2}=\frac{3b^2t}{t_wh+6bt}$$

4. 主扇性惯性矩 I_ω 的计算

计算主扇性惯性矩 I_ω 的步骤如下：

(1) 确定主扇性极点。截面的剪心就是主扇性极点。

(2) 以主扇性极点为参考点，任一 M_0 点作为扇性零点，计算各点的扇形坐标，记作 ω_{M0}。

(3) 利用下式计算得到主扇性坐标，以 ω_n 表示。

$$\omega_n=\omega_{M0}-\frac{1}{A}\int_A\omega_{M0}dA$$

(4) 利用下式求 I_ω，或者，采用图乘法。

$$I_\omega=\int_0^s\omega_n^2tds$$

几种常见截面的剪心位置与主扇性惯性矩 I_ω 如表 21-1-2 所示。

剪心位置与主扇性惯性矩 I_ω 表 21-1-2

截面形式					
剪切中心 S 的位置	$a=\dfrac{b_2^3t_2}{b_1^3t_1+b_2^3t_2}h$	$a=\dfrac{3b^2t}{6bt+ht_w}$	翼缘与腹板交点	角点	形心点
扇性惯性矩 I_ω	$\dfrac{h^2}{12}\left(\dfrac{b_1^3t_1b_2^3t_2}{b_1^3t_1+b_2^3t_2}\right)$	$\dfrac{b^3h^2t}{12}\left(\dfrac{3bt+2ht_w}{6bt+ht_w}\right)$	$\dfrac{1}{36}\left(\dfrac{b^3t^3}{4}+h^3t_w^3\right)\approx0$	$\dfrac{1}{36}(b_1^3t_1^3+b_2^3t_2^3)\approx0$	$\dfrac{b^3h^2t}{12}\left(\dfrac{bt+ht_w}{2bt+ht_w}\right)$

注：O 为形心。

下面以一个算例说明 I_ω 的计算过程。

【例 21-1-7】如图 21-1-13 所示工字形截面，求主扇性坐标以及主扇性惯性矩 I_ω。

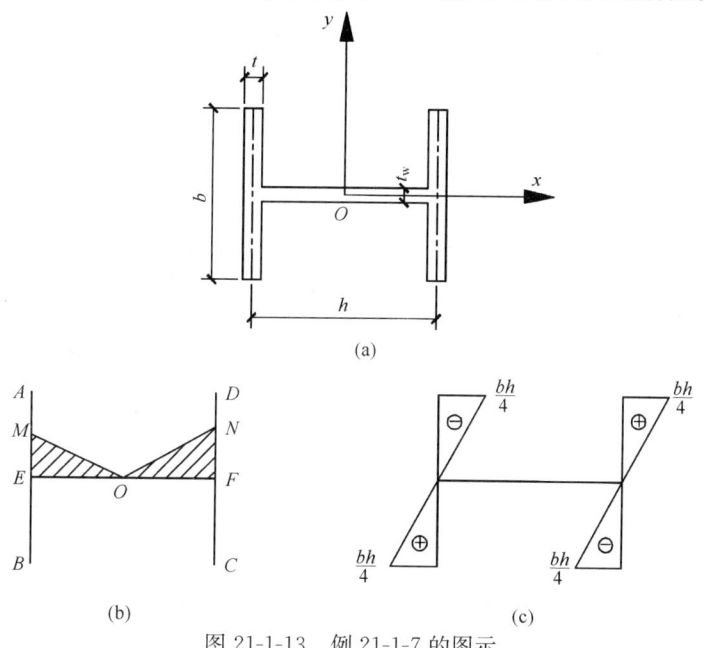

图 21-1-13　例 21-1-7 的图示

解：（1）求主扇性坐标

O 点为剪心。选腹板与翼缘的交点 E 作为扇性零点，则

① 腹板 EF 上各点，$\omega = 0$。

② 取翼缘 EA 上任一点，记作 M（图 21-1-13（b）），则 M 点的扇性坐标为

$$\omega = -2 \times A_{\triangle OEM} = -2 \times \left(\frac{1}{2} \times \frac{h}{2} \times y_M \right) = -\frac{h y_M}{2}$$

之所以有一个负号是因为从 E 到 M 转动按照右手螺旋是沿 z 轴的负方向，或者说是顺时针，而图中从 x 轴正向转动到 y 轴正向是逆时针。

显然，EB 段扇性坐标为正值。

③ 由于 E 点到 F 点之间的点扇性坐标均为零，故 F 点也可视为扇性零点。于是，翼缘 FD 上任一点 N 的扇性坐标为

$$\omega = 2 \times A_{\triangle OFN} = 2 \times \left(\frac{1}{2} \times \frac{h}{2} \times y_N \right) = \frac{h y_N}{2}$$

显然，FC 段扇性坐标为负值。

得到的扇性坐标如图 21-1-13（c）所示。

由于图中扇性坐标对称且只差一个正负号，翼缘厚度又不变，所以，必然有 $\frac{1}{A} \int_A \omega_{M0} \mathrm{d}A = 0$，故该扇性坐标即为主扇性坐标。

（2）求主扇性惯性矩 I_ω

对图 21-1-13（c）应用图乘法，则可以得到

$$\int_0^s \omega_n^2 \mathrm{d}s = 4 \times \left(\frac{1}{2} \times \frac{bh}{4} \times \frac{b}{2} \right) \times \left(\frac{2}{3} \times \frac{bh}{4} \right) = \frac{b^3 h^2}{24}$$

再考虑厚度均为 t，则

$$I_\omega = \int_0^s \omega_n^2 t \, \mathrm{d}s = \frac{b^3 h^2 t}{24}$$

【例 21-1-8】 某热轧单角钢截面轴心受压柱，柱高 1m，两端铰接，角钢截面为 L45×5，已知由 ANSYS 软件求得的截面特性如下：

$A = 429.17\text{mm}^2$，$I_x = I_y = 80359\text{mm}^4$，$I_{xy} = -47075\text{mm}^4$，$I_t = 3871\text{mm}^4$，$I_\omega = 507086\text{mm}^6$。剪心与形心的距离：$x_0 = y_0 = 10\text{mm}$。以上 x、y 轴均指角钢的形心轴（与肢边平行）。

要求计算：(1) 主惯性矩；(2) 扭转屈曲时的弹性临界力。

解：(1) 按照给出的公式计算主惯性矩

$$I_u = \frac{I_x + I_y}{2} + \frac{1}{2}\sqrt{(I_x - I_y)^2 + 4I_{xy}^2} = 80359 + 47075 = 127434\text{mm}^4$$

$$I_v = \frac{I_x + I_y}{2} - \frac{1}{2}\sqrt{(I_x - I_y)^2 + 4I_{xy}^2} = 80359 - 47075 = 33284\text{mm}^4$$

(2) 扭转屈曲时的弹性临界力

$$i_0^2 = x_0^2 + y_0^2 + \frac{I_x + I_y}{A} = 10^2 + 10^2 + \frac{2 \times 80359}{429.17} = 574.5\text{mm}^2$$

$$P_z = \frac{1}{i_0^2}\left(GI_t + \frac{\pi^2 E I_\omega}{l^2}\right)$$

$$= \frac{1}{574.5}\left(79 \times 10^3 \times 3871 + \frac{3.14^2 \times 206 \times 10^3 \times 507086}{1000^2}\right)$$

$$= 534.1 \times 10^3 \text{ N}$$

如果将 P_z 的公式变形，写成

$$P_z = \frac{GI_t}{i_0^2}\left(1 + \frac{\pi^2 E I_\omega}{GI_t l^2}\right)$$

则计算过程中会发现，括号内第 2 项为 0.0034，即，取 $I_\omega = 0$ 造成的误差仅为 0.34%。

21.2 影响线

21.2.1 影响线的概念

当一个指向不变的单位集中荷载（通常是竖直向下的）沿结构移动时，表示某一量值变化规律的图形，称为该量值的影响线。

例如，如图 21-2-1 所示的简支梁，当荷载 $F_p = 1$ 分别移动到 A、1、2、3、B 各等分点时，反力 F_{Ay} 的数值分别为 1、$\frac{3}{4}$、$\frac{1}{2}$、$\frac{1}{4}$、0。如果以横坐标表示荷载 $F_p = 1$ 的位置，以纵坐标表示 F_{Ay} 的数值，则可将以上数值在水平的基线上用竖标绘出，再把它们的顶点相连，这就形成了 F_{Ay} 的影响线。

应注意区分影响线与内力图：影响线表示的是单位力在结构上移动所导致的某一个截面的内力，而内力图表示的是在荷载的作用下结构上所有截面位置的内力。

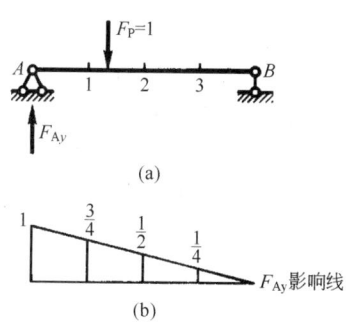

图 21-2-1 影响线概念图

21.2.2 静定梁的影响线绘制

可以有两种方法：静力法和机动法。

1. 静力法

用静力法绘制影响线，就是依据影响线的定义，将集中单位荷载 $F_p = 1$ 作用于任意位置，并选定一坐标系，以横坐标 x 表示荷载作用点位置，然后依据平衡条件求出所求量值与 x 的函数关系，这种关系式称作"影响线方程"，再根据方程作图。

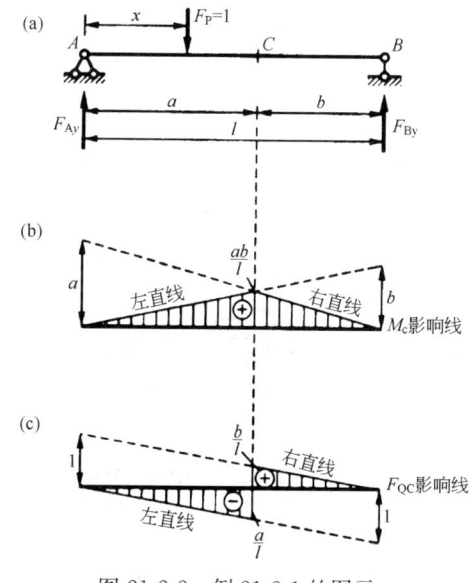

图 21-2-2 例 21-2-1 的图示

【**例 21-2-1**】 用静力法绘制简支梁截面 C 的弯矩影响线和剪力影响线。

解：如图 21-2-2 所示，令单位荷载 $F_p = 1$ 与 A 点的距离为 x，弯矩以截面下缘受拉为正，则截面 C 的弯矩可按下式求得：

$$M_C = F_{By}b = \frac{x}{l}b \qquad (0 \leqslant x \leqslant a)$$

$$M_C = F_{Ay}a = \frac{l-x}{l}a \qquad (a \leqslant x \leqslant l)$$

可见，M_C 的影响线在 C 点以左和以右均为直线形式，在 C 点处为 $\frac{ab}{l}$。

剪力以绕隔离体顺时针旋转为正，截面 C 的剪力可按下式求得：

$$F_{QC} = -F_{By}\frac{x}{l} \qquad (0 \leqslant x \leqslant a)$$

$$F_{QC} = F_{Ay}\frac{l-x}{l} \qquad (a \leqslant x \leqslant l)$$

于是，F_{QC} 的影响线在 C 点以左和以右均为直线形式，在 C 点处会发生突变：从左侧逼近 C 点时，为 $\frac{a}{l}$；从右侧逼近 C 点时，$\frac{l-a}{l} = \frac{b}{l}$。

2. 机动法

用机动法绘制影响线的依据是理论力学中的虚位移原理，即刚体体系在力系作用下处于平衡的充要条件是：在任何微小的虚位移中，力系所做的虚功总和为零。

如图 21-2-3 所示简支梁，欲求支反力 F_{Ay} 的影响线，首先去掉 A 支座处的链杆，代之以正向的反力 F_{Ay}，此时原结构变成具有一个自由度的几何可变体系。然后施以微小虚位移，F_{Ay} 和 F_P 作用点沿力作用方向的虚位移分别为 δ_A、δ_P，则虚功方程为：

$$F_{Ay}\delta_A - F_P\delta_P = 0$$

上式中第 2 项之所以用负号，是因为位移 δ_P 与力 F_P 方向相反。

因 $F_P = 1$，故
$$F_{Ay} = \frac{\delta_P}{\delta_A}$$

令 $\delta_A = 1$，则解出 $F_{Ay} = \delta_P$。由此可见，δ_P 图可代表 F_{Ay} 的影响线。

【例 21-2-2】用机动法绘制简支梁截面 C 的弯矩影响线和剪力影响线。

解：如图 21-2-4 所示，解除与 M_C 相应的联系，即将截面 C 改为铰接，并用一对力偶

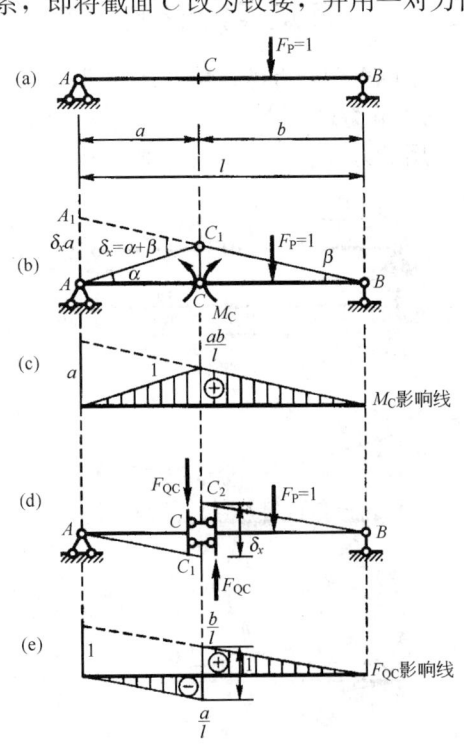

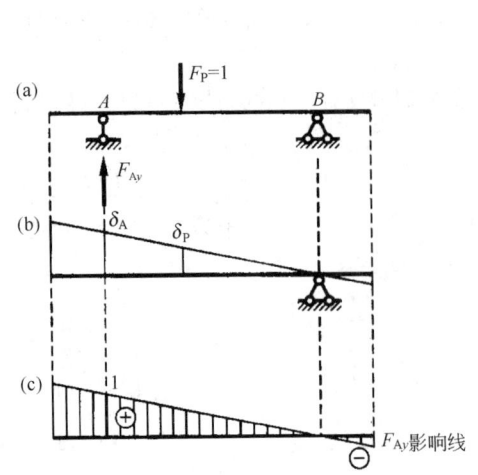

图 21-2-3　机动法绘制影响线原理

图 21-2-4　例 21-2-2 的图示

代替原有联系的作用，然后使 AC、BC 两个刚片沿 M_c 的正向发生虚位移，则可写出虚功方程：

$$M_c(\alpha+\beta)-F_p\delta_P=0$$

上式中，F_p 与该点处位移 δ_P 方向相反，故力所做的虚功为负。注意到 F_p 取为单位力，从而

$$M_c=\frac{\delta_P}{\alpha+\beta}$$

其中，$\alpha+\beta$ 是 AC 与 BC 两刚片的相对转角。若令 $\alpha+\beta=1$，则所得竖向虚位移图就表示 M_c 的影响线，如图 21-2-4（c）所示。

解除与 F_{QC} 相应的联系，即将截面 C 改为两根水平链杆联系，使其沿 F_{QC} 正向发生虚位移，写出虚功方程：

$$F_{QC}（CC_1+CC_2）+F_p\delta_P=0$$

于是

$$F_{QC}=-\frac{\delta_P}{CC_1+CC_2}$$

若令 $CC_1+CC_2=1$，则所得竖向虚位移图就表示 F_{QC} 的影响线，如图 21-2-4（e）所示。注意到，在 AC 段，δ_P 与 F_p 同向为正，F_{QC} 中出现 $-\delta_P$，因此 F_{QC} 为负；在 CB 段，实际的 δ_P 与 F_p 并非同方向，因此 F_{QC} 为正。

21.2.3　影响线的应用

1. 利用影响线求量值

若某量值的影响线已经绘出，当有若干个集中荷载作用时（如图 21-2-5 所示），根据叠加原理，所产生的 S 值为

$$S=P_1y_1+P_2y_2+\cdots+P_ny_n$$

式中，y_1、y_2、$\cdots$、y_n 分别对应于 P_1、P_2、$\cdots$、P_n 作用点处的影响线竖标。

对于如图 21-2-5 所示的简支梁，C 点处的剪力为

$$F_{QC}=F_{P1}y_1+F_{P2}y_2+F_{P3}y_3$$

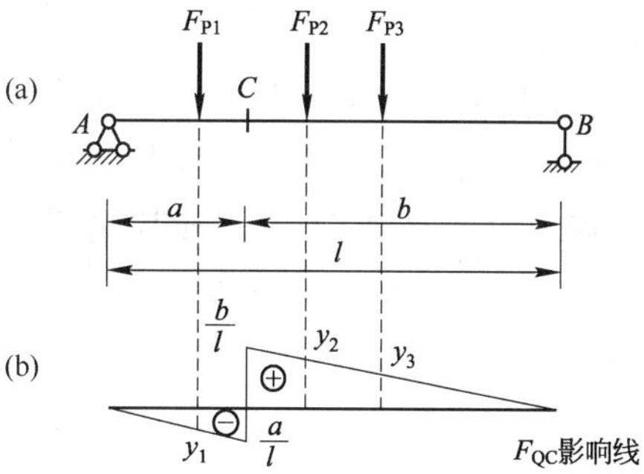

图 21-2-5　集中荷载利用影响线计算量值

当为分布荷载时，如图 21-2-6（a）所示，可将分布荷载沿长度分为无穷小的微段，则每一微段 dx 上的荷载 $q_x dx$ 可视为集中荷载，故在作用区段 ab 范围内的分布荷载所产生的量值 S 为

$$S=\int_a^b q_x y dx$$

若为均布荷载，如图 21-2-6（b）所示，则上式成为

$$S=q\int_a^b y dx=q\omega$$

式中，ω 为影响线在均布荷载范围内的面积。若该范围内影响线有正有负，则 ω 应为正负面积的代数和。

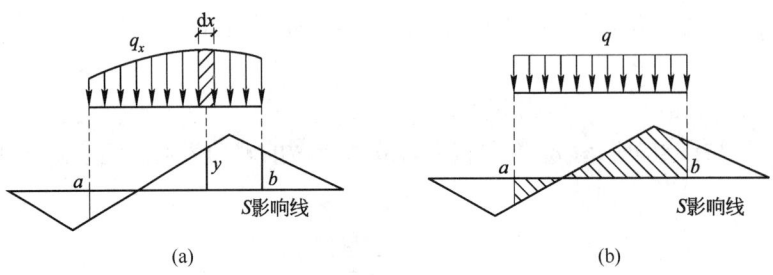

图 21-2-6　分布荷载利用影响线计算量值

2. 简支梁的绝对最大弯矩

在对钢结构中的吊车梁进行设计时，会遇到简支梁的绝对最大弯矩计算问题。

由于移动荷载的作用位置不同，对于每个截面而言，都存在一个最大弯矩。在所有截面的最大弯矩中最大的那个，就是"绝对最大弯矩"。

对于这个问题，可以使用计算机方法很容易求出，步骤是：

（1）根据精度要求将梁分成微段，例如每微段长度为 1cm，于是可得到节点 x_1、x_2、……、x_n。

（2）作出节点 x_1 位置处截面的弯矩影响线。

（3）以梁的左支座作为起点，将这组集中荷载从左向右移动，每移动 1 个微段长度，计算一次 $\sum P_i y_i$，直到这组集中荷载的最后一个到达梁的右支座位置。这样，得到 x_1 截面弯矩的一个序列，求出这个序列的最大值，就是 x_1 截面在该移动荷载作用下的弯矩最大值。

（4）用同样方法，得到其他节点位置的最大弯矩。

（5）对所有节点位置的最大弯矩取最大者，这就是梁的绝对最大弯矩。

如果用手工方式计算，则应是下面的步骤：

（1）确定使梁中点截面发生最大弯矩的临界荷载 F_k。对于一列间距不变的集中荷载 F_{R1}、F_{R2}、……、F_{Rn}，在如图 21-2-7 所示的位置产生的量值为 S_1，则

$$S_1 = F_{R1} y_1 + F_{R2} y_2 + \cdots + F_{Rn} y_n$$

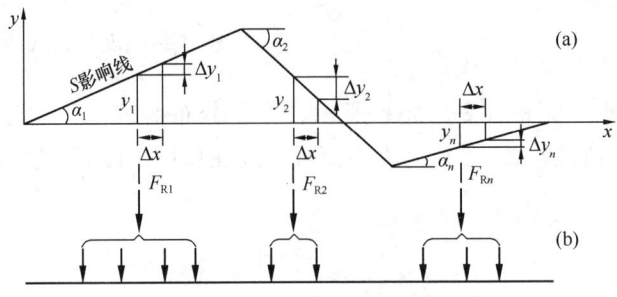

图 21-2-7　影响线量值的改变

整个荷载组向右移动一微小距离 Δx 时，相应的量值 S_2 为

$$S_2 = F_{R1}(y_1 + \Delta y_1) + F_{R2}(y_2 + \Delta y_2) \cdots + F_{Rn}(y_n + \Delta y_n)$$

S 的增量为

$$\Delta S = S_2 - S_1 = \Delta x \sum_{i=1}^{n} F_{\mathrm{R}i} \tan\alpha_i$$

使 S 成为极值的条件是，荷载自该位置无论向左还是向右移动微小距离，S 均减小，而 $\tan\alpha_i$ 不随荷载位置而改变，因此，只有当某一个集中荷载恰好作用于影响线的某个顶点才有可能。这个能使 $\sum F_{\mathrm{R}i} \tan\alpha_i$ 变号的集中荷载称作"临界荷载"。临界荷载通过试算确定。为求得 S 的最大值，应将和这组荷载中数值较大且较为密集的部分置于影响线最大竖标附近，同时注意位于"同号"影响线范围内的荷载应尽可能多。

（2）确定该简支梁上可以布置的集中荷载的合力 F_{R}。梁上布置的一组集中荷载，其合力记作 F_{R}，显然 $F_{\mathrm{R}} = \sum F_{\mathrm{R}i}$，$F_{\mathrm{R}}$ 的位置，可按照与纵向钢筋求合力点位置相同的方法得到。

（3）使 F_{k} 与 F_{R} 对称于梁的跨度中点，此时，F_{k} 作用点截面的弯矩，为梁绝对最大弯矩。如图 21-2-8 所示。

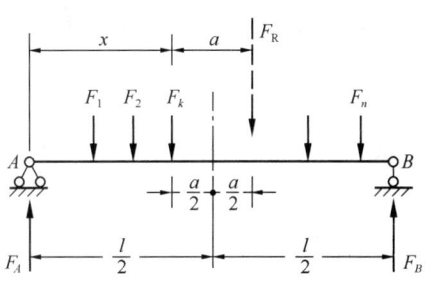

图 21-2-8　确定简支梁绝对最大弯矩

需要注意的是，以上只是正向行驶的情况。若考虑到荷载可能会反向行驶，则需要将这组集中荷载排列的先后顺序颠倒，用上述同样的步骤，得到荷载反向行驶时的绝对最大弯矩。最后，取正向时和反向时的较大者，作为最终的绝对最大弯矩。

《钢结构设计手册》中给出了吊车梁绝对最大弯矩的计算公式，思路即为上面所述的手工方式。

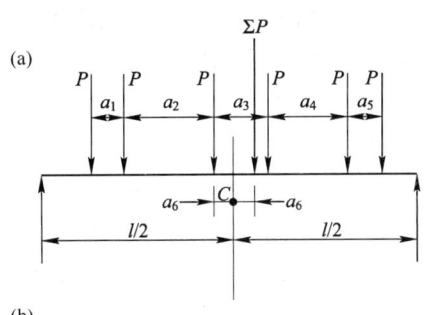

图 21-2-9　吊车梁计算简图（六轮）
（a）弯矩；（b）剪力

笔者研究发现，对于 6 个轮子作用于梁上的情况（如图 21-2-9 所示），《钢结构设计手册》中给出的公式值得商榷。

《钢结构设计手册》（中国建筑工业出版社，1989 年）以及《钢结构设计手册》（上册，第三版，中国建筑工业出版社，2004 年）给出的最大弯矩点（C 点）的位置为

$$a_6 = \frac{3a_3 + 2a_4 + a_5 - a_1 - 2a_2}{12}$$

最大弯矩为

$$M_{\max}^{\mathrm{C}} = \frac{\sum P \left(\dfrac{l}{2} - a_6 \right)^2}{l} - P \left(a_1 + 2a_2 \right)$$

最大弯矩处的相应剪力为

$$V^{\mathrm{C}} = \frac{\sum P \left(\dfrac{l}{2} - a_6 \right)}{l} - 2P$$

下面以一个算例说明。

【例 21-2-3】　已知吊车轮压如图 21-2-10 所示，$P_i = P = 611.6\mathrm{kN}$（$i = 1$，$2$，…，$6$），

$l=12\text{m}$，$a_1=840\text{mm}$，$a_2=3960\text{mm}$，$a_3=840\text{mm}$，$a_4=3560\text{mm}$，$a_5=840\text{mm}$，求吊车梁的绝对最大弯矩（该例题来自于 1989 年版《钢结构设计手册》）。

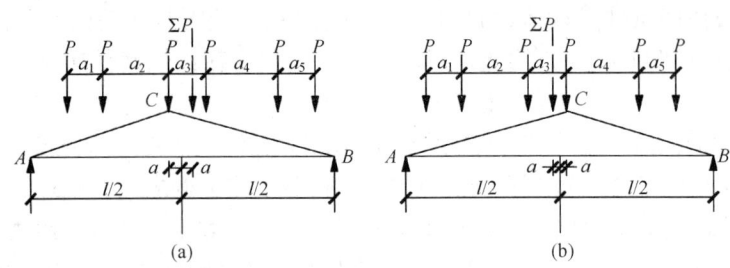

图 21-2-10　例 21-2-3 的图示

解：P_3 作用于影响线顶点时，C 点位置：

$$a=\frac{3a_3+2a_4+a_5-a_1-2a_2}{12}$$

$$=\frac{3\times840+2\times3560+840-840-2\times3960}{12}=143\text{mm}$$

$$M_{\max}^3=\frac{6\times611.6\times(6-0.143)^2}{12}-611.6\times(0.81+2\times3.96)=5133\text{kN}\cdot\text{m}$$

反向行驶，P_4 作用于影响线顶点时，C 点位置：

$$a=\frac{3\times840+2\times3960+840-840-2\times3560}{12}=27.7\text{mm}$$

$$M_{\max}^4=\frac{6\times611.6\times(6-0.277)^2}{12}-611.6\times(0.81+2\times3.56)=5147\text{kN}\cdot\text{m}$$

可见，依据《钢结构设计手册》中的公式，只能得到 5133kN·m，而实际最大弯矩为 5147kN·m。事实上，分析可知，只要 $a_4<a_2$，手册中给出的公式就会失效。

解决的办法是：把 a_1、a_2、……、a_5 改为 a_5、a_4、……、a_1，仍旧代入手册公式，再计算一遍（相当于反向行驶的情况），取二者所得弯矩的较大者。

吊车梁通常按照简支梁考虑，设计时，概念上应采用该梁的绝对最大弯矩，但由于该值高出跨中最大弯矩不多，有时为了计算简便起见，直接取梁的跨中最大弯矩作为设计的依据。

【例 21-2-4】 某简支吊车梁，跨度 12m，今在其上布置两台吊车。一台吊车的轮距尺寸如图 21-2-11（a）所示，最大轮压设计值为 616kN（已经考虑动力系数）。要求：计算由于吊车轮压引起的吊车梁绝对最大弯矩和跨中最大弯矩。

解：12m 的吊车梁只能布置 6 个轮压，如图 21-2-11（b）所示。由此形成的 $a_1\sim a_5$ 可以是 840、4280、840、3510、840，单位为 mm。因 $a_4<a_2$，将这 5 个数值逆序排列才能使用《钢结构设计手册》给出的公式。于是可得

$$a_6=\frac{3a_3+2a_4+a_5-a_1-2a_2}{12}$$

$$=\frac{3\times0.84+2\times4.28+0.84-0.84-2\times3.51}{12}$$

$$=0.34\text{m}$$

C 点处最大弯矩（绝对最大弯矩）为

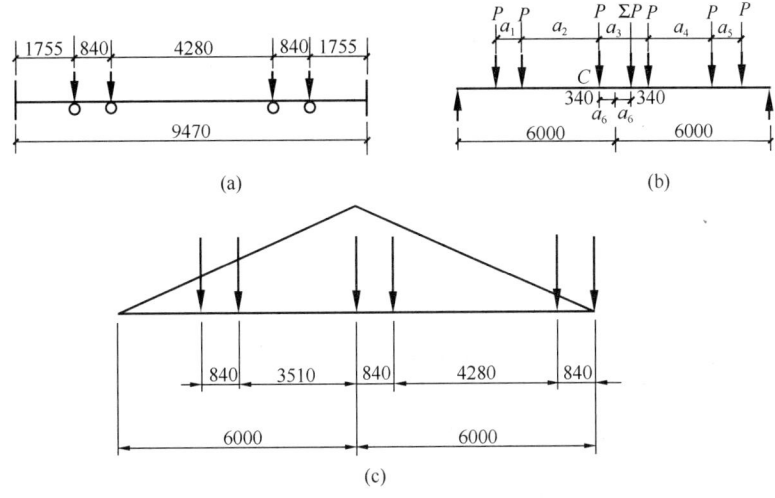

图 21-2-11　例 21-2-4 的图示

$$M_{max} = \frac{6 \times 616 \times (6 - 0.34)^2}{12} - 616 \times (0.84 + 2 \times 3.51) = 5025.2 \text{kN} \cdot \text{m}$$

计算跨度中点处的最大弯矩时，需作出跨中弯矩影响线，然后，将轮压尽可能多的布置在同号影响线范围，其中一个轮压布置在影响线竖标最大处，如图 21-2-11（c）所示。

依据三角形比例关系，从左至右依次求出各轮压位置的相对竖标，分别为 0.275、0.415、1、0.86、0.147、0.007。于是，跨度中点的最大弯矩为

$$M_{max} = 616 \times \frac{12}{4} \times (0.275 + 0.415 + 1 + 0.86$$

$$+ 0.147 + 0.007)$$

$$= 4997.0 \text{ kN} \cdot \text{m}$$

如此，绝对最大弯矩超出跨中最大弯矩的比例为 $\frac{5025.2 - 4997}{4997} = 0.56\%$，可见，二者数值十分接近。

顺便指出，在跨中弯矩影响线上布置轮压时，由于左半跨和右半跨影响线对称，所以，中间的那两个轮压无论哪个布置在跨中，均得到相同的计算结果。甚至，图 21-2-11（c）中的轮压位置向左移动不超过 840mm，结果均相同。

为使用方便，今依据《钢结构设计手册》给出简支吊车梁产生绝对最大弯矩时的轮压布置，如图 21-2-12 所示。图中，绝对最大弯矩在梁的 C 点位置。

绝对最大弯矩以及 C 点左侧剪力按照以下公式计算。

（1）两个轮子作用于梁上 [图 21-2-12（a）]

$$a_2 = \frac{a_1}{4}$$

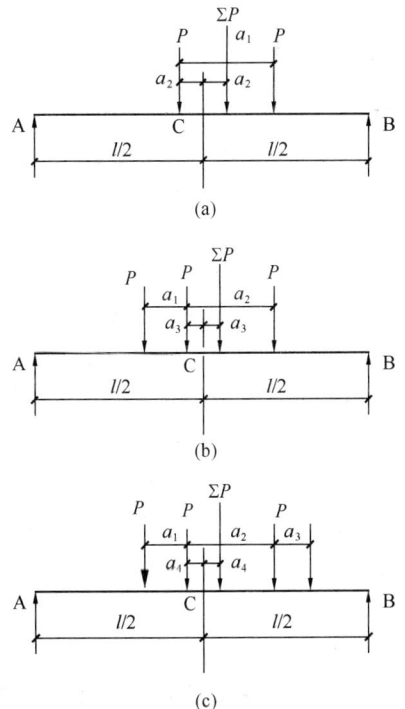

图 21-2-12　吊车梁绝对最大弯矩计算简图

$$M_{max}^C = \frac{\sum P \left(\frac{l}{2} - a_2 \right)^2}{l}$$

$$V^C = \frac{\sum P \left(\frac{l}{2} - a_2 \right)}{l}$$

（2）三个轮子作用于梁上〔图 21-2-12 (b)〕

$$a_3 = \frac{a_2 - a_1}{6}$$

$$M_{max}^C = \frac{\sum P \left(\frac{l}{2} - a_3 \right)^2}{l} - Pa_1$$

$$V^C = \frac{\sum P \left(\frac{l}{2} - a_3 \right)}{l} - P$$

（3）四个轮子作用于梁上〔图 21-2-12 (c)〕

$$a_4 = \frac{2a_2 + a_3 - a_1}{8}$$

$$M_{max}^C = \frac{\sum P \left(\frac{l}{2} - a_4 \right)^2}{l} - Pa_1$$

$$V^C = \frac{\sum P \left(\frac{l}{2} - a_4 \right)}{l} - P$$

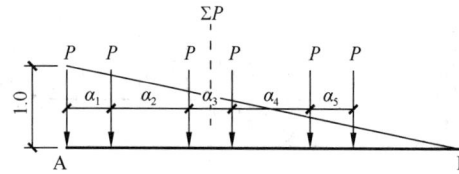

图 21-2-13　利用支座反力影响线求最大剪力

由于剪力在 C 点处有突变，因此，可求得 C 点右侧剪力为 $V^C - P$。

简支梁设计时所用的最大剪力，可根据支座处反力影响线求出。图 21-2-13 为 6 个轮压在 A 支座反力影响线上的布置。可以证明，6 个轮压处影响线竖标之和与合力点处的竖标乘以 6 相等。

3. 超静定梁的最不利荷载位置

超静定梁在均布荷载作用下的最不利荷载位置，可以由影响线确定：将均布活载布置在影响线正号面积部分，得到效应最大值；将均布活载布置在影响线负号面积部分，得到效应最小值。可见，这里的关键问题是如何确定影响线的形状，而不是影响线的竖标值。

利用米勒-布雷斯劳原理能够得到超静定梁的"定性影响线"，实现以上目的。方法是：撤除与所求内力或反力 S 相应的约束，使体系沿 S 的正向发生位移，得到的变形图即为影响线的形状。横坐标以上图形为正，横坐标以下图形为负。

【例 21-2-5】 作出图 21-2-14 (a) 所示等截面连续梁的 F_{RC}、M_C、M_K、F_{QC}^R 以及 F_{QK} 的影响线形状。

解：去掉支座 C 处的链杆，代之以向上的力（支座反力通常以向上为正），得到的曲线形状如图 21-2-14 (b) 所示，即为 F_{RC} 的影响线。

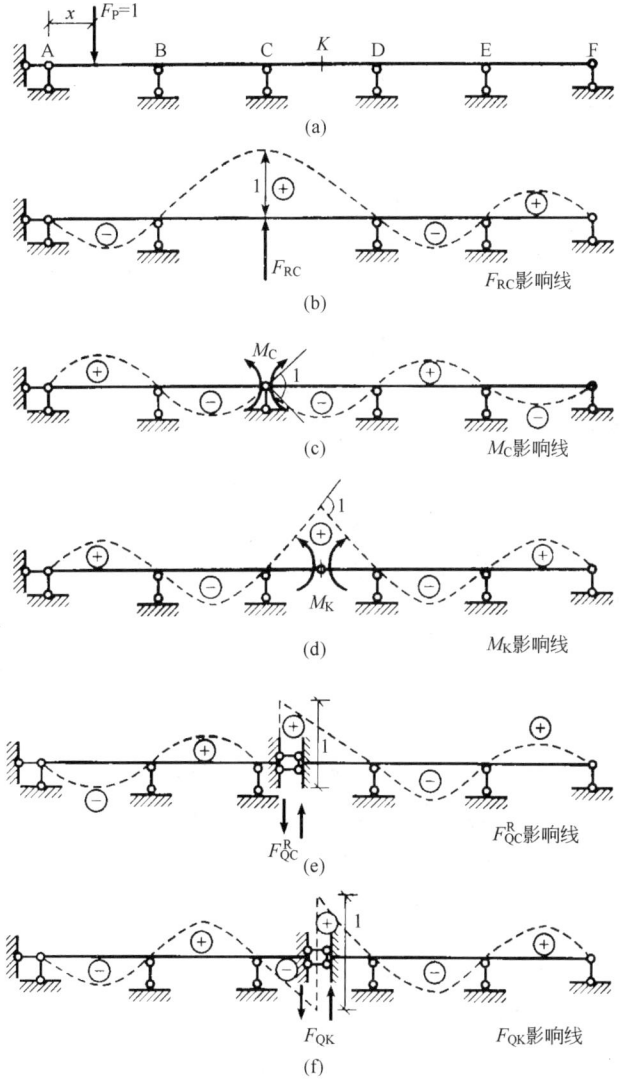

图 21-2-14 例 21-2-5 的图示

将节点 C 处改为铰，添加力偶（以下缘受拉为正方向），得到 M_C 的影响线如图 21-2-14（c）所示。

将节点 K 处改为铰，添加力偶（以下缘受拉为正方向），得到的曲线如图 21-2-14（d）所示，此即为 M_K 的影响线。由于 K 处没有支座，故曲线在 CD 跨不是很平滑。

将支座 C 右侧改为两个水平链杆，就去掉了剪力的约束。剪力的正负号规定是：取隔离体，以隔离体顺时针转动为正，简称"左上右下为正"。据此施加正的剪力，得到曲线如图 21-2-14（e）所示，此即为 F_{QC}^R 的影响线。

将 K 处改为两个水平链杆，施加正的剪力，得到 F_{QK} 的影响线形状如图 21-2-14（f）所示。

【例 21-2-6】·某办公楼现浇钢筋混凝土三跨连续梁如图 21-2-15 所示，安全等级为二级。梁上作用有永久荷载标准值（已经包含自重）$g_k = 25kN/m$，可变荷载标准值 $q_k =$

20kN/m。要求：计算该梁 B 支座的最大弯矩设计值。

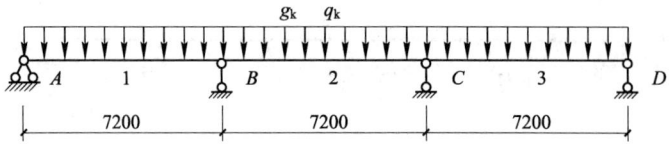

图 21-2-15　例 21-2-6 的图示

解：永久荷载只能三跨满布，查本书附表 3-3 可知 M_B 的系数为 -0.100，负号表示截面上缘受拉。

根据 M_B 影响线的形状可知，为使 B 支座处弯矩值最大，应在 B 支座的相邻两跨布置可变荷载，查本书附表 3-3 可知 M_B 的系数为 -0.117。

今按照《建筑结构可靠性设计统一标准》GB 50068—2018 取 $\gamma_G = 1.3$、$\gamma_Q = 1.5$，得到 B 支座的最大弯矩设计值为

$$M_B = 1.3 \times 0.100 \times g_k l^2 + 1.5 \times 0.117 \times q_k l^2$$
$$= 1.3 \times (-0.100) \times 25 \times 7.2^2 + 1.5 \times (-0.117) \times 20 \times 7.2^2$$
$$= -350.4 \text{kN} \cdot \text{m}$$

21.3 构件内力与变形计算

21.3.1 预备知识

1. 静定结构与超静定结构

结构可分为静定结构与超静定结构。若任意荷载作用下，结构的全部反力和内力可以由静力平衡条件确定，称作静定结构；若只靠静力平衡条件还不够，尚须考虑变形条件，这样的结构称作超静定结构（或静不定结构）。

2. 正负号的规定

当对构件组成的结构体系进行内力分析时，运用的是《结构力学》知识。这时，其目标是得到杆件的杆端力进而得到杆件任意截面的内力。接下来要做的，是运用《材料力学》知识，对一个具体的杆件进行强度或稳定验算（对于混凝土构件，则是进行配筋计算）。

在《结构力学》和《材料力学》中，对内力的正负号规定不尽相同，如表 21-3-1 所示。

内力正负号规定　　　　　　　　　　　　　　　　　　　　表 21-3-1

项目			内力正负号规定
结构力学	静定结构		轴力以拉力为正；剪力以绕隔离体顺时针方向转动为正；弯矩以使梁截面下缘纤维受拉为正（若为刚架，以内侧受拉为正，不便于区分内外侧时则可假定某一侧受拉为正作为参照）
	超静定结构	力法	同静定结构时的规定
		位移法	手工计算：弯矩以对杆端而言顺时针方向为正；剪力以使整个杆件顺时针转动为正；一般忽略轴力。矩阵位移法：三个力分量均以与局部坐标轴指向相同为正
材料力学			轴力以拉力为正；剪力以使整个构件顺时针转动为正；弯矩以使构件截面下缘纤维受拉为正

需要特别注意的是，对于适用于计算机编程的矩阵位移法，在建立单元刚度矩阵时，在不同的教科书中，会看到弯矩有的以逆时针方向为正，有的以顺时针方向为正。事实上，这是因为采用了不同的坐标系。如图 21-3-1 所示，图中力的分量方向均为正方向。无

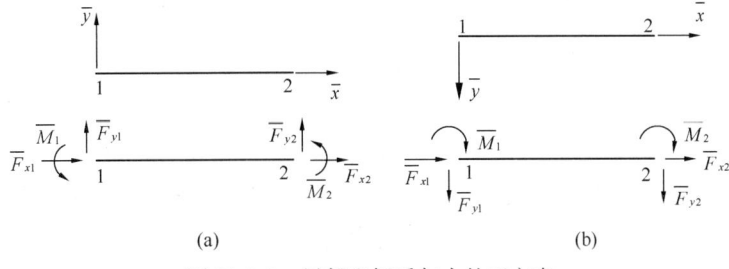

(a)　　　　　　　　　　　　　　(b)

图 21-3-1 局部坐标系与力的正方向

论哪一种规定，所采用的单元刚度矩阵是相同的。之所以按坐标轴方向规定正负号，是因为需要考虑节点处的平衡，只有将汇交于节点的力和位移统一按坐标轴规定正方向，才能进行矢量运算。

另外，在结构力学中，为区分交汇于一点的杆端弯矩，弯矩符号后面通常用两个脚标：第一个表示内力所属截面，第二个表示该截面所属杆件的另一端。例如，M_{AB} 表示 AB 杆 A 端截面的弯矩。

《材料力学》中，更为关注的是截面上应力的分布。对于梁，由于重力作用，截面下缘受拉更为普遍，故规定为正。

下面举例说明弯矩的正负号规定。

对于图 21-3-2（a）所示的两端固定梁，弯矩图如图 21-3-2（b）所示，杆端弯矩的转向如图 21-3-2（c）所示。按照位移法中弯矩正负号的规定，A 端弯矩相对于杆件而言为逆时针转向，故 $M_{AB} = -\dfrac{ql^2}{12}$，而 B 端弯矩由于是顺时针转向，$M_{BA} = \dfrac{ql^2}{12}$；按照材料力学中的正负号规定，由于 A、B 端部弯矩均为上缘受拉，故 $M_{AB} = M_{BA} = -\dfrac{ql^2}{12}$。

另外，《材料力学》中的"弯矩以下缘受拉为正"还与坐标轴有一定的联系。在如图 21-3-3所示的坐标系下，弯矩 M 与挠度 w'' 的正负号正好相反，于是才有梁挠曲线与弯矩的微分方程：

$$M(x) = -EIw''$$

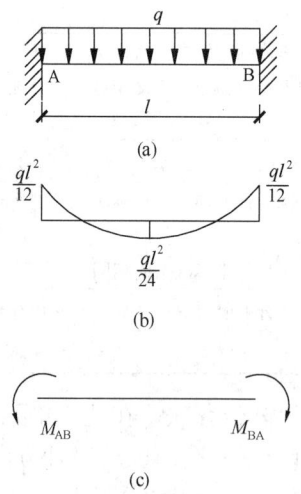

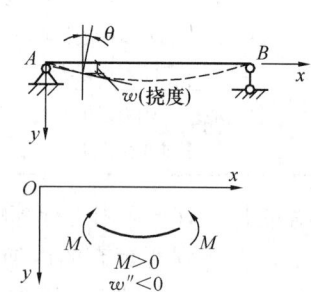

图 21-3-2　弯矩的正负号规定　　　　图 21-3-3　梁的挠度、弯矩与坐标轴

3. 杆端弯矩和剪力

利用位移法计算时，常常用到杆端弯矩和杆端剪力，为方便使用，今将等截面单跨超静定梁在各种不同情况下的杆端弯矩和剪力列于表 21-3-2。表中，位移以使杆件顺时针转动为正，转角以顺时针为正，弯矩以对杆端而言顺时针为正，剪力以使杆件顺时针转动为正。

等截面直杆的杆端弯矩和剪力 表 21-3-2

编号	梁的简图	弯 矩		剪 力	
		M_{AB}	M_{BA}	Q_{AB}	Q_{BA}
1		$4i$ $\left(i=\dfrac{EI}{l},\ 下同\right)$	$2i$	$-\dfrac{6i}{l}$	$-\dfrac{6i}{l}$
2		$-\dfrac{6i}{l}$	$-\dfrac{6i}{l}$	$\dfrac{12i}{l^2}$	$\dfrac{12i}{l^2}$
3		$-\dfrac{Pab^2}{l^2}$ 当 $a=b=l/2$ 时，$-\dfrac{Pl}{8}$	$\dfrac{Pa^2b}{l^2}$ $\dfrac{Pl}{8}$	$\dfrac{Pb^2\ (l+2a)}{l^3}$ $\dfrac{P}{2}$	$-\dfrac{Pa^2\ (l+2b)}{l^3}$ $-\dfrac{P}{2}$
4		$-\dfrac{ql^2}{12}$	$\dfrac{ql^2}{12}$	$\dfrac{ql}{2}$	$-\dfrac{ql}{2}$
5		$-\dfrac{qa^2}{12l^2}\ (6l^2-8la+3a^2)$	$\dfrac{qa^3}{12l^2}\ (4l-3a)$	$\dfrac{qa}{2l^4}\ (2l^3-2la^2+a^3)$	$-\dfrac{qa^3}{2l^3}\ (2l-a)$
6		$-\dfrac{ql^2}{20}$	$\dfrac{ql^2}{30}$	$\dfrac{7ql}{20}$	$-\dfrac{3ql}{20}$
7		$M\dfrac{b\ (3a-l)}{l^2}$	$M\dfrac{a\ (3b-l)}{l^2}$	$-M\dfrac{6ab}{l^3}$	$-M\dfrac{6ab}{l^3}$
8		$-\dfrac{EIa\Delta t}{h}$	$\dfrac{EIa\Delta t}{h}$	0	0
9		$3i$	0	$-\dfrac{3i}{l}$	$-\dfrac{3i}{l}$
10		$-\dfrac{3i}{l}$	0	$\dfrac{3i}{l^2}$	$\dfrac{3i}{l^2}$

续表

编号	梁的简图	弯 矩		剪 力	
		M_{AB}	M_{BA}	Q_{AB}	Q_{BA}
11		$-\dfrac{Pab(l+b)}{2l^2}$	0	$\dfrac{Pb(3l^2-b^2)}{2l^3}$	$-\dfrac{Pa^2(2l+b)}{2l^3}$
		当 $a=b=l/2$ 时，$-\dfrac{3Pl}{16}$	0	$\dfrac{11P}{16}$	$-\dfrac{5P}{16}$
12		$-\dfrac{ql^2}{8}$	0	$\dfrac{5ql}{8}$	$-\dfrac{3ql}{8}$
13		$-\dfrac{qa^2}{24}\left(4-\dfrac{3a}{l}+\dfrac{3a^2}{5l^2}\right)$	0	$\dfrac{qa}{8}\left(4-\dfrac{a^2}{l^2}+\dfrac{a^3}{5l^3}\right)$	$-\dfrac{qa^3}{8l^2}\left(1-\dfrac{a}{5l}\right)$
		当 $a=l$ 时，$-\dfrac{ql^2}{15}$	0	$\dfrac{4ql}{10}$	$-\dfrac{ql}{10}$
14		$-\dfrac{7ql^2}{120}$	0	$\dfrac{9ql}{40}$	$-\dfrac{11ql}{40}$
15		$M\dfrac{l^2-3b^2}{2l^2}$	0	$-M\dfrac{3(l^2-b^2)}{2l^3}$	$-M\dfrac{3(l^2-b^2)}{2l^3}$
		当 $a=l$ 时，$\dfrac{M}{2}$	$M_{B左A}=M$	$-M\dfrac{3}{2l}$	$-M\dfrac{3}{2l}$
16		$-\dfrac{3EI\alpha\Delta t}{2h}$	0	$\dfrac{3EI\alpha\Delta t}{2hl}$	$\dfrac{3EI\alpha\Delta t}{2hl}$
17		i	$-i$	0	0
18		$-\dfrac{Pa}{2l}(2l-a)$	$-\dfrac{Pa^2}{2l}$	P	0
		当 $a=\dfrac{l}{2}$ 时，$-\dfrac{3Pl}{8}$	$-\dfrac{Pl}{8}$	P	0
19		$-\dfrac{Pl}{2}$	$-\dfrac{Pl}{2}$	1	$Q_{B左A}=P$ $Q_{B右A}=0$
20		$-\dfrac{ql^2}{3}$	$-\dfrac{ql^2}{6}$	ql	0
21		$-\dfrac{EI\alpha\Delta t}{h}$	$\dfrac{EI\alpha\Delta t}{h}$	0	0

【例 21-3-1】 当以图 21-3-4（a）所示的位移为正方向，弯矩以顺时针为正，剪力以使杆件顺时针转动为正时，写出 V_A 的表达式。当以图 21-3-4（b）图中所示的广义位移为正，弯矩剪力以与相应的广义位移一致为正时，写出 V_A 的表达式。杆件的抗弯刚度为 EI。

解：当以图 21-3-4（a）所示的位移方向为正，且剪力以使杆件顺时针转动为正时，正负号规定与表 21-3-2 是完全一致的，因此，根据表格中的 1、2 项，可直接写出 V_A 的表达式如下：

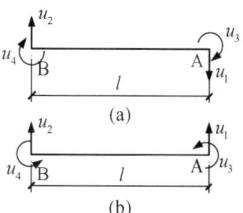

图 21-3-4　例 21-3-1 图示

$$V_A = \frac{12EI}{l^3}u_1 + \frac{12EI}{l^3}u_2 - \frac{6EI}{l^2}u_3 - \frac{6EI}{l^2}u_4$$

当以图 21-3-4（b）所示的位移方向为正，且弯矩剪力以与相应的广义位移一致为正时，注意到，两个图中 u_1 的正负号相反，而 A 点处剪力的正负号也相反，故公式中第一项不变；两个图中 u_2 的正负号相同，故第二项变号；两个图中转角的方向相反，故第三、四项不变。于是可得

$$V_A = \frac{12EI}{l^3}u_1 - \frac{12EI}{l^3}u_2 - \frac{6EI}{l^2}u_3 - \frac{6EI}{l^2}u_4$$

顺便指出，图 21-3-4（b）这种"位移和内力以与坐标轴正方向一致为正"的原则是计算机编程所采用的。在结构动力学中也是如此规定。

4. 劲度系数（转动刚度）、传递系数

当杆件 AB 的 A 端转动单位角度时，A 端（又称作近端）的弯矩 M_{AB} 称为该杆端的劲度系数，它标志着该杆抵抗转动能力的大小，故又称转动刚度。例如，对于表 21-3-2 中的项次 1 两端固定构件，$M_{AB}=4i_{AB}$；项次 9 近端固定远端铰支构件，$M_{AB}=3i_{AB}$；项次 17 近端固定远端滑动支座构件，$M_{AB}=i_{AB}$。

转动刚度值不仅与杆件的线刚度 $i=EI/l$ 有关，还与杆件另一端（又称远端）的支承情况有关。当 A 端转动时，B 端也产生一定的弯矩，就好比近端的弯矩按照一定的比例"传到"了远端，故将 B 端弯矩与 A 端弯矩之比称为 A 端向 B 端的传递系数，用 C_{AB} 表示，即 $C_{AB}=\dfrac{M_{BA}}{M_{AB}}$ 或 $M_{BA}=C_{AB}M_{AB}$。由表 21-3-2 可知，远端为固定端时，$C_{AB}=1/2$；远端为铰支座时，$C_{AB}=0$；远端为滑动支座时，$C_{AB}=-1$。

5. 分配系数

对于多个杆件交于一点的情况，如图 21-3-5 所示，当外力施加于节点 A 而使节点 A 产生转角，达到平衡时，由转动刚度定义可知

$$M_{AB}=S_{AB}\theta_A=4i_{AB}\theta_A$$
$$M_{AC}=S_{AC}\theta_A=i_{AC}\theta_A$$
$$M_{AD}=S_{AD}\theta_A=3i_{AD}\theta_A$$

而在节点 A 处弯矩是平衡的，故

$$M_{AB}+M_{AC}+M_{AD}=M$$

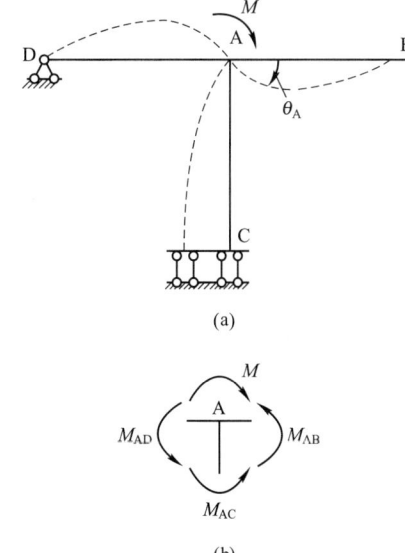

图 21-3-5　分配系数分析

从而

$$\theta_A = \frac{M}{S_{AB} + S_{AC} + S_{AD}}$$

于是

$$M_{AB} = \frac{S_{AB}}{S_{AB} + S_{AC} + S_{AD}} M$$

$$M_{AC} = \frac{S_{AC}}{S_{AB} + S_{AC} + S_{AD}} M$$

$$M_{AD} = \frac{S_{AD}}{S_{AB} + S_{AC} + S_{AD}} M$$

可见，各杆 A 端的弯矩与各杆 A 端的转动刚度成正比，即弯矩在 A 点按照各杆的转动刚度分配。令

$$\mu_{Aj} = \frac{S_{Aj}}{\sum S_{Aj}}$$

μ_{Aj} 称作分配系数。显然，同一节点上各杆分配系数之和等于 1.0。

21.3.2　桁架的内力计算

1. 桁架的基本假定与计算方法

桁架中的杆件主要承受轴力。对于桁架，通常采用以下假定：

（1）各结点为理想的无摩擦理想铰；

（2）各杆轴线为直线，并在同一平面内通过铰的中心；

（3）荷载只作用在结点上并在桁架的平面内。

桁架杆件的内力求解分为结点法和截面法。截取桁架的一部分为隔离体，由隔离体的平衡条件计算所求内力值。若隔离体只包含一个结点，称作结点法；若所取隔离体包含不止一个结点，便是截面法。

2. 钢结构中的桁架

钢结构中的屋架、天窗架均是简化为桁架进行受力分析。这其中，天窗架的计算模型尤具特色，下面加以介绍。

天窗架常用的形式为：三铰拱式、三支点式和多竖杆式。

（1）三铰拱式天窗架

三铰拱式天窗架如图 21-3-6 所示。图 21-3-6（a）为其在图上的一般表达形式，图 21-3-6（b）为计算简图，即，认为各杆件为铰接，天窗架与屋盖之间铰接。

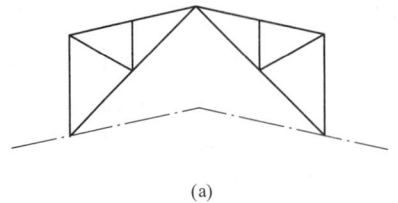

(a)

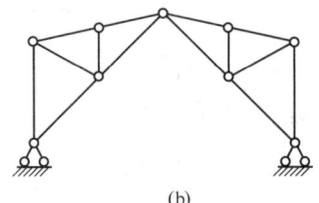

(b)

图 21-3-6　三铰拱式天窗架

（a）表达形式；（b）计算简图

天窗架按承受节点荷载考虑，竖向荷载如图 21-3-7（a）所示。理论上，$P_1 = 0.5P_2$，《钢结构设计手册》建议，考虑挑檐，将 P_1 适当增加，成为 $P_1 = 0.75P_2$。当采用大型屋面板使得上弦承受节间荷载时，尚应计算弯矩。

先求出支座反力，然后得到各杆件的内力。如图 21-3-7（b）所示，由于对称，上弦中部节点 B 的竖向剪力 $V_B = 0$。对 A 点取矩，可以求出水平力 H_B。由水平力的平衡可得 $H_A = H_B$。

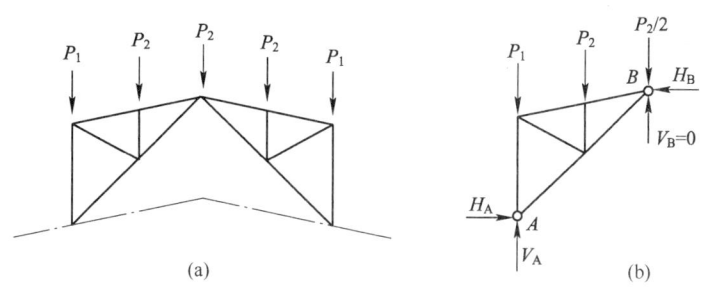

图 21-3-7 三铰拱式天窗架承受竖向荷载

当计算风荷载作用下的杆件内力时，如图 21-3-8（a）所示，虚线表示零力杆（包括因为受压而退出工作的杆）。将风荷载化为节点力，W_1、W_2 取为侧竖杆所受风力的一半。取整体为研究对象，如图 21-3-8（b）所示，利用对 A 点取矩建立平衡，可以求出支座 C 处竖向反力 V。再以图 21-3-8（c）作为研究对象，利用两个平衡方程求出两个未知数 H_1 和 H。

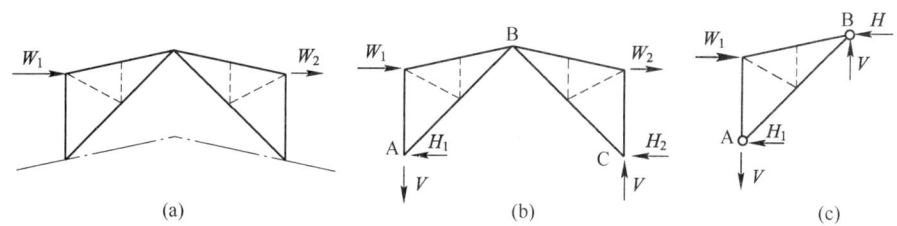

图 21-3-8 三铰拱式天窗架承受水平荷载

（2）多竖杆式天窗架

多竖杆式天窗架承受竖向荷载，如图 21-3-9（a）所示，虚线表示为零力杆。承受横向风力的计算简图如图 21-3-9（b）所示，其中的拉杆 AB，承受全部的横向荷载，可按照图 21-3-9（c）计算 N_{BA}。

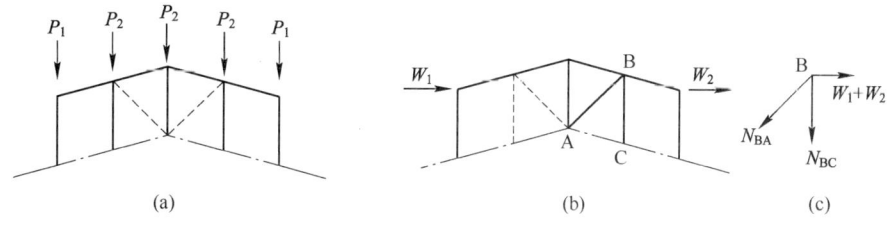

图 21-3-9 多竖杆式天窗架计算简图

（3）三支点式天窗架

三支点式天窗架承受竖向荷载，如图 21-3-10（a）所示，虚线表示为零力杆。承受横向风力的计算简图如图 21-3-10（b）所示。

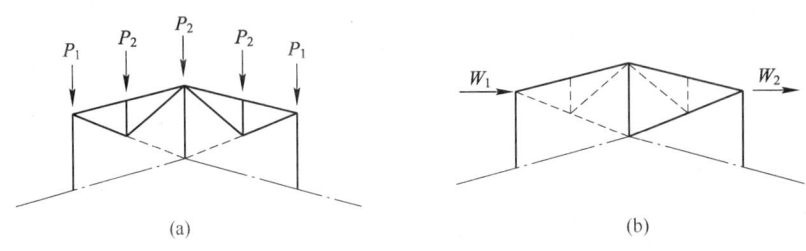

图 21-3-10　三支点式天窗架计算简图

21.3.3　用图乘法计算位移

平面杆系结构任一点 k 在荷载作用下的位移公式如下：

$$\Delta_{kp} = \sum \int \frac{\overline{M}M_p ds}{EI} + \sum \int \frac{\overline{N}N_p ds}{EA} + \sum \int \frac{k\overline{Q}Q_p ds}{GA}$$

上式中，$\overline{M}$、$\overline{N}$、$\overline{Q}$ 分别为在 k 点施加单位力所产生的杆件弯矩、轴力、剪力；M_p、N_p、Q_p 分别为荷载作用下所产生的杆件弯矩、轴力、剪力；k 为剪应力沿截面分布不均匀而引入的系数，其值与截面形状有关：矩形截面 $k = \frac{6}{5}$；圆形截面 $k = \frac{10}{9}$；薄壁圆环截面 $k = 2$。

对于梁和刚架，位移主要由于弯矩引起，因此公式可简化为

$$\Delta_{kp} = \sum \int \frac{\overline{M}M_p ds}{EI}$$

积分运算比较麻烦，当符合下列条件时可用图乘法代替积分运算：（1）杆轴为直线；（2）EI 为常数；（3）$\overline{M}$、M_p 两个弯矩图中至少有一个是直线图形。

对于图 21-3-11 的情况，可以证明，位移计算可采用下式：

$$\Delta_{kp} = \sum \int \frac{\overline{M}M_p ds}{EI} = \sum \frac{\omega y_c}{EI}$$

即，将 A、B 点间 M_p 图形的面积 ω 乘以形心 C 对应的 $\overline{M}$ 图中的竖标 y_c，再除以 EI。

图 21-3-12 给出了常用的几种简单图形的面积及形心位置。

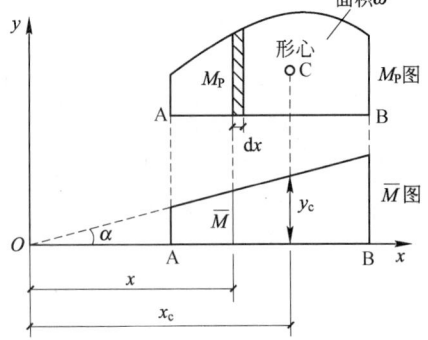

图 21-3-11　图乘法计算原理图

当弯矩图形较为复杂时，如图 21-3-13（a）所示，可将 M_p 图形视为两个三角形的叠加，这样，就转化成三角形的 M_p 图与梯形的 $\overline{M}$ 图图乘，然后叠加。对于图 21-3-13（b），可将 M_p 取为基线以上三角形与基线以下三角形的叠加。

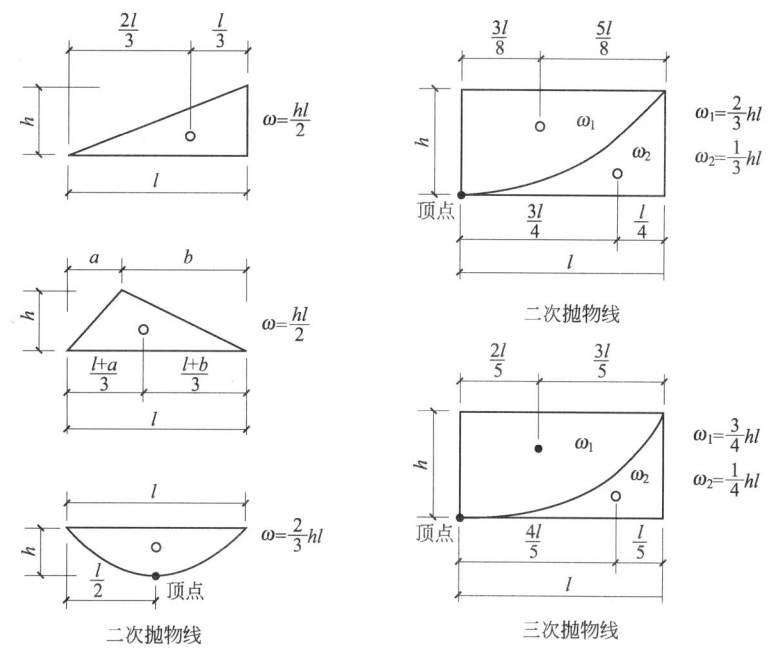

图 21-3-12 几种简单图形的面积及形心位置

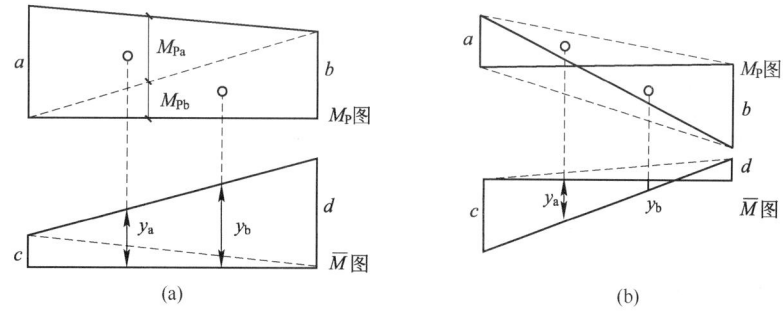

图 21-3-13 较复杂弯矩图形时的图乘

对于超静定结构，$\overline{M}$ 图可以按照任何一种基本结构求得（所谓基本结构，就是将超静定结构的多余约束去掉后形成的结构），因此，选择较简单的基本结构能进一步简化计算。

本书附表 3-1 给出了常用的梁内力与变形表格，供查用。

21.3.4 连续梁的内力

连续梁是桥梁及房屋建筑常见的结构形式之一，常被用作主梁、次梁、吊车梁等。

连续梁属于超静定结构，对其的计算可使用力法或者力矩分配法。工程中也常用查表的方法解决。

本书附表 3-3～附表 3-5 给出了三、四、五跨连续梁的计算系数表格。计算系数的使用方法是：均布荷载作用时，$M=$ 表中系数 $\times ql^2$，$V=$ 表中系数 $\times ql$；集中荷载作用时，$M=$ 表中系数 $\times Ql$，$V=$ 表中系数 $\times Q$。给出的表格中，弯矩以截面下部受拉为正；剪力以使杆件顺指针转动为正。

21.3.5　力矩分配法与无剪力分配法

力矩分配法与无剪力分配法均是位移法的变体，它们避免了建立和求算典型方程，以逼近的方法计算杆端弯矩。力矩分配法对连续梁和无节点位移的刚架计算特别方便；无剪力分配法适合计算符合特定条件的有侧移刚架。

1. 力矩分配法

力矩分配法用到了前述的劲度系数、传递系数、分配系数。

力矩分配法可采用以下步骤实现：

（1）固定节点：在节点处加附加约束，根据荷载求各杆端固端力矩和节点的不平衡力矩。

（2）放松节点：相当于在该节点处加一个与不平衡力矩反号的节点转动力矩，并使节点产生转动。

（3）分配：节点转动力矩按照分配系数进行分配，求出各杆近端力矩。

（4）传递：各杆按传递系数由近端向远端传递。

（5）叠加：各杆端的分配力矩、传递来的力矩以及固端力矩的叠加，构成杆端最后力矩。

2. 无剪力分配法

对于图 21-3-14（a）的情况，将其视为图 21-3-14(b)和图 21-3-14(c)的叠加，即荷载分为正对称和反对称。图 21-3-14(b)时节点只有转角没有侧移，故可用力矩分配法计算，而图 21-3-14(c)可用无剪力分配法计算。

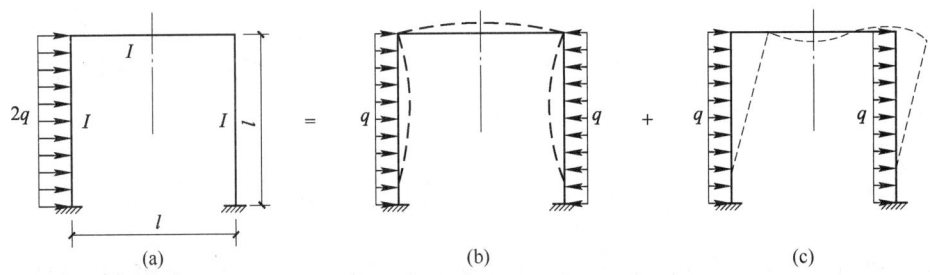

图 21-3-14　分解为正对称与反对称

取反对称荷载作用时的半刚架如图 21-3-15 所示，C 处为一竖向链杆支座。此半刚架

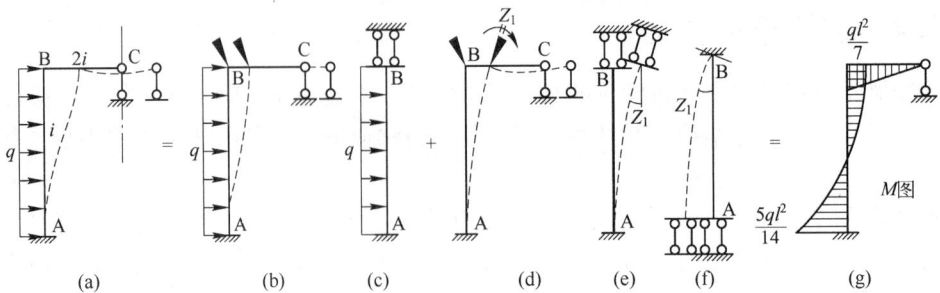

图 21-3-15　反对称时半片刚架弯矩计算过程

的变形和受力有如下特点：横梁 BC 虽有水平位移但两端并无相对线位移，这称为无侧移杆件；竖杆 AB 两端虽有相对侧移，但由于支座 C 处无水平反力，故 AB 柱的剪力是静定的，这称作剪力静定杆件。计算此半刚架的步骤如下：

① 固定节点。在节点 B 加一刚臂阻止转动，不阻止其线位移，如图 21-3-15(b) 所示，这样，柱 AB 相当于下端固定上端有滑动支座。查本书表 21-3-2，得到柱 AB 的固端弯矩为

$$M_{AB}^F = -\frac{ql^2}{3}, \quad M_{BA}^F = -\frac{ql^2}{6}$$

节点 B 的不平衡力暂时由刚臂承受。注意到 B 点的滑动支座不能承受水平剪力，故柱 AB 的两端剪力为

$$Q_{AB} = ql, \quad Q_{BA} = 0$$

即全部水平荷载由柱下端的剪力所平衡。

② 放松节点。放松节点后，节点 B 不仅有转动，同时也有水平位移，如图 21-3-15(d) 所示。由于柱 AB 为下端固定上端滑动，当上端转动时柱的剪力为零，因而处于纯弯曲受力状态，这实际上与上端固定下端滑动而上端转动同样角度时的受力和变形状态完全相同，故可推知其劲度系数为 1，而传递系数为 -1。于是节点 B 的分配系数为

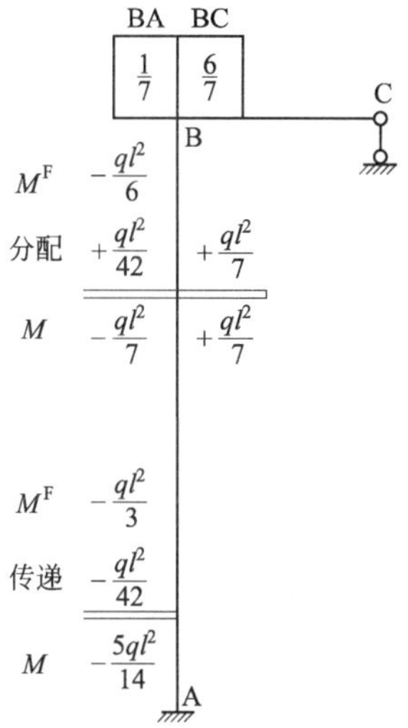

图 21-3-16　按照力矩分配法的计算过程

$$\mu_{BA} = \frac{i}{i + 3 \times 2i} = \frac{1}{7}, \quad \mu_{BC} = \frac{3 \times 2i}{i + 3 \times 2i} = \frac{6}{7}$$

其余计算见图 21-3-16，最终的弯矩图(M 图)见图 21-3-15(g)。

由于在力矩的分配和传递过程中，杆件的剪力为零，故称无剪力分配法。

无剪力分配法的条件是：刚架中除两端无相对线位移的杆件外，其余杆件均是剪力静定杆件。

21.3.6　多层框架结构的近似内力计算

分层法、反弯点法和 D 值法被用来对多层框架结构的内力进行近似计算。分层法处理的是竖向荷载作用的情况；反弯点法处理的是水平荷载作用的情况；D 值法是对反弯点法的改进。

1. 分层法

分层法采用两个假定

(1) 框架在竖向荷载下侧向位移很小，可以忽略其影响；

(2) 每层梁上的竖向作用对其他各层杆件内力影响不大。

因为 (1)，所以可使用力矩分配法；因为 (2)，可将框架分为多个单层框架分别计算。如图 21-3-17 所示的三层框架，可以分为三个单层框架分别计算，每一柱（底层柱除外）属于上下两层，柱最终的弯矩为上下层计算结果的叠加。

因为在分层计算时，假定上下柱的远端为固定端，例如图 21-3-17 (b) 中的 E、M

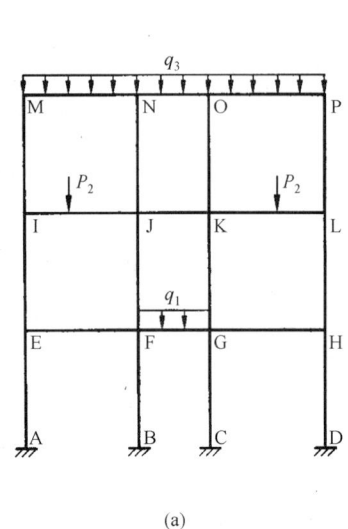
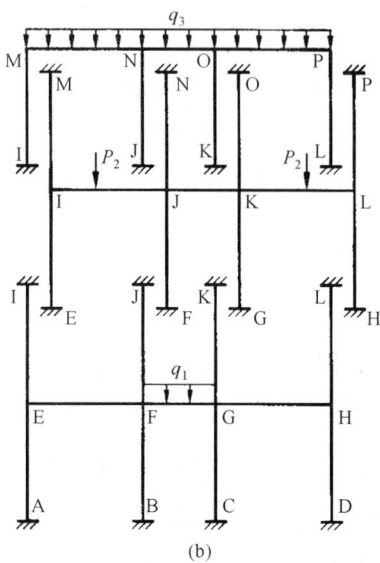

(a)　　　　　　　　　　　(b)

图 21-3-17　分层法分析时的计算简图

点，而实际上是弹性支承，为了反映这一差别，除底层外，其他层各柱的线刚度乘以 0.9 予以折减，传递系数也由 1/2 修正为 1/3。

分层法最后所得结果，在刚节点上可能会存在弯矩不平衡，但误差不会很大。如有需要，可对节点不平衡弯矩再分配一次，但不平衡弯矩不再向另一端传递。

【例 21-3-2】　如图 21-3-18 所示的两跨两层框架，各杆边括号内的数字表示相对线刚度。

要求：用分层法作框架的弯矩图。

解：计算过程见图 21-3-19，最终形成的弯矩图如图 21-3-20 所示（弯矩画在受拉一侧）。可以看到，在节点处力矩会

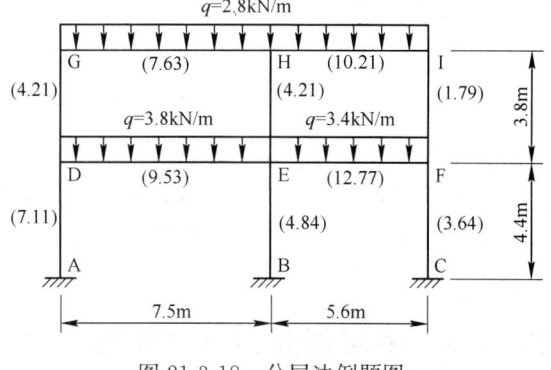

图 21-3-18　分层法例题图

有不平衡（例如，节点 G 处，$5.98-4.78=1.2$ kN·m）。

主要计算步骤如下：

（1）对上层各柱，应将柱的线刚度乘以 0.9，然后计算节点处各杆的分配系数。

例如，对于 GD 杆，$0.9\times4.21=3.79$，分配系数为 $\dfrac{3.79}{3.79+7.63}=0.332$，其他各杆分配系数写在图中的长方框内。

（2）梁端弯矩按照两端固定承受均布荷载计算，由于会涉及弯矩的叠加，故不能以截面下缘受拉为正，这里以使杆件顺时针转动为正。例如，$M_{GH}=-\dfrac{ql^2}{12}=-\dfrac{2.8\times7.5^2}{12}=$

-13.13 kN·m，M_{HG} 与 M_{GH} 大小相等方向相反，为 13.13 kN·m。

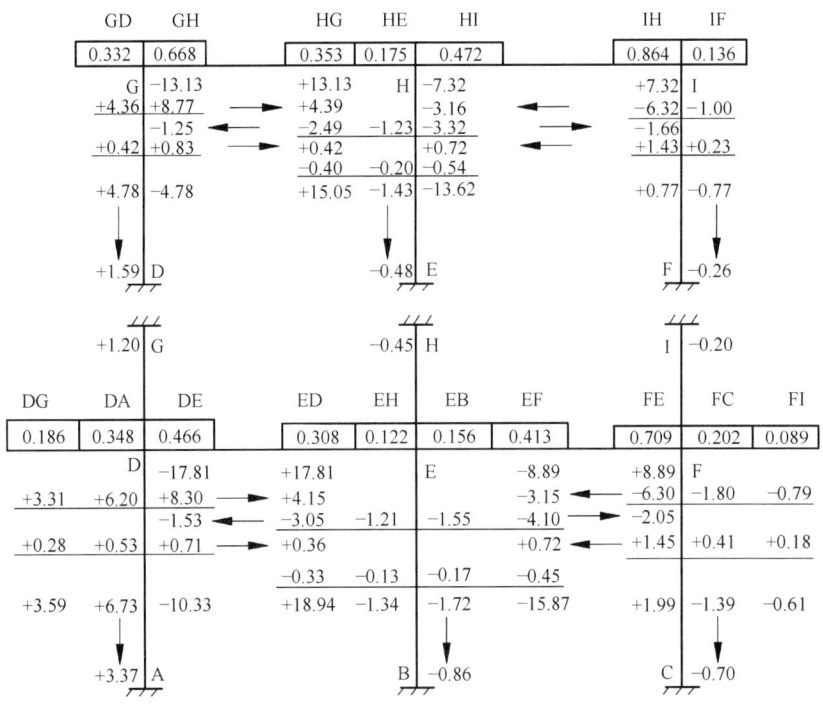

图 21-3-19　力矩分配与传递的过程

（3）在 G 点处，$-13.13 \times 0.668 = -8.77$，添加一个负号变成 $+8.77$ 作为 GH 杆的 G 端弯矩。$8.77 \times 1/2 = 4.39$，这就是"传递"，1/2 为传递系数。H 点得到传递来的 4.39、-3.16 之后，弯矩求和，$13.13 - 7.32 + 4.39 - 3.16 = 7.04$。将其按照分配系数分配，HG 杆的端部获得 $7.04 \times 0.353 = 2.49$，添加一个负号变成 -2.49，$-2.49 \times 1/2 = -1.25$,传递给 G 点。

（4）当 H 点获得传递来的 $0.42\text{kN} \cdot \text{m}$、$0.72\text{kN} \cdot \text{m}$ 后，认为这些值已经很小，故停止进一步的传递。

（5）计算该层竖向荷载形成的弯矩。GD 杆 G 点处：$4.36 + 0.42 = 4.78\text{kN} \cdot \text{m}$；GH 杆 G 点处：$-13.13 + 8.77 - 1.25 + 0.83 = -4.78\text{kN} \cdot \text{m}$。各柱上端要向下端传递，传递系数为 1/3，D 点处获得 $4.78 \times 1/3 = 1.59\text{kN} \cdot \text{m}$。余类推。

（6）对 1 层的竖向荷载，用同样的步骤可得各杆件的弯矩。注意柱的弯矩传递，例如，由 D 点向 A 点传递，传递系数为 1/2，即，$6.73 \times 1/2 = 3.37\text{kN} \cdot \text{m}$；由 D 点向 G 点传递，传递系数为 1/3，即，$3.59 \times 1/3 = 1.20\text{kN} \cdot \text{m}$。

（7）将 2 层竖向荷载引起的弯矩和 1 层竖向荷载引起的弯矩叠加，得到各杆端弯矩。这时，各梁跨中截面的弯矩可按照其两端点的弯矩以及其上的均布荷载求得。例如，对于 GH 跨，其梁端弯矩分别为 $4.78\text{kN} \cdot \text{m}$ 和 $15.05\text{kN} \cdot \text{m}$，均布荷载为 2.78kN/m，当将该框架梁视为简支梁时，跨中弯矩为 $\frac{1}{8}ql^2 = \frac{1}{8} \times 2.8 \times 7.5^2 = 19.69\text{kN} \cdot \text{m}$，这样，在图 21-3-20 中，其跨中弯矩应为 $19.69 - \frac{4.78 + 15.05}{2} = 9.78\text{kN} \cdot \text{m}$。

（8）除与地面相连的杆端外，其他节点处会存在不平衡力矩。将不平衡力矩按照线刚度分配，最后得到的弯矩图将是图 21-3-21。

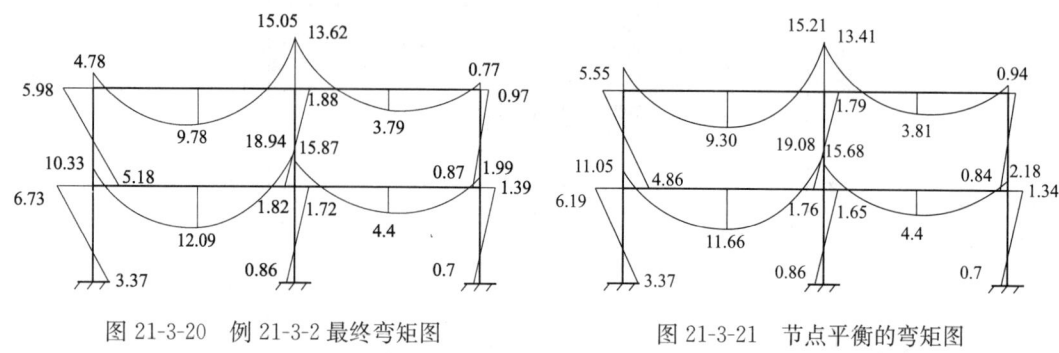

图 21-3-20　例 21-3-2 最终弯矩图　　　图 21-3-21　节点平衡的弯矩图

图 21-3-21 中，GD 杆的弯矩 M_{GD} 等于 GH 杆的弯矩，数值 5.55kN·m 是这样得到的：

$$5.98 - 4.78 = 1.2 \text{kN·m}$$

$$\frac{1.2}{4.21 + 7.63} \times 4.21 = 0.43 \text{kN·m}$$

$$\frac{1.2}{4.21 + 7.63} \times 7.63 = 0.77 \text{kN·m}$$

于是，$M_{GD} = 5.98 - 0.43 = 5.55 \text{kN·m}$，$M_{GH} = 4.78 + 0.77 = 5.55 \text{kN·m}$。

2. 反弯点法

框架所受的水平力主要是地震力和风力，它们都可以化为框架节点上的水平集中力。这时，如果框架层数不多，梁的线刚度比柱大许多（通常要求梁与柱的线刚度比 ≥ 3），而且比较规则，可以采用反弯点法进行内力计算。

反弯点法采用下述的基本假定：

（1）横梁刚度无穷大。这样，各层总剪力按照同层各柱的侧移刚度比例分配，分配时柱两端不发生角位移；

（2）各层柱的反弯点位置，除底层位于距离柱底 $2h/3$ 处，其他层位于距离柱底 $h/2$ 处。

所谓刚度，就是发生单位位移所需要的外力值。据此，框架结构中柱的侧移刚度就是梁端无转角但是水平位移为 1 时所需要的剪力，为 $d = \dfrac{12i_c}{h^2}$，式中，i_c 为柱的线刚度，h 为柱高。

所谓反弯点，是指杆件的弯矩图中竖标为零的点，在该点，弯矩被分为正弯矩和负弯矩两部分。

反弯点法的计算步骤如下：

（1）计算各柱侧移刚度，并把该层总剪力分配到各柱。

$$V_{ji} = \frac{d_i}{\sum d_i} V_j$$

式中　V_{ji}——第 j 层第 i 根柱子的剪力；

V_j——第 j 层的层剪力，即第 j 层以上所有水平荷载总和；

d_i——第 j 层第 i 根柱子的侧移刚度。

（2）根据各柱分配到的剪力及反弯点位置，计算柱端弯矩。

底层柱：

上端弯矩 $\qquad\qquad\qquad\qquad M_{i\perp}=V_i \cdot h/3$

下端弯矩 $\qquad\qquad\qquad\qquad M_{i\top}=V_i \cdot 2h/3$

其他柱：

上、下端弯矩相等 $\qquad M_{i\perp}=M_{i\top}=V_i \cdot h/2$

（3）根据节点平衡计算梁端弯矩，如图 21-3-22 所示。

对于边柱 ［图 21-3-22(a)］，有

$$M_i = M_{i\perp}+M_{i\top}$$

对于中柱 ［图 21-3-22（b）］，设梁的端弯矩与梁的线刚度成正比，则有

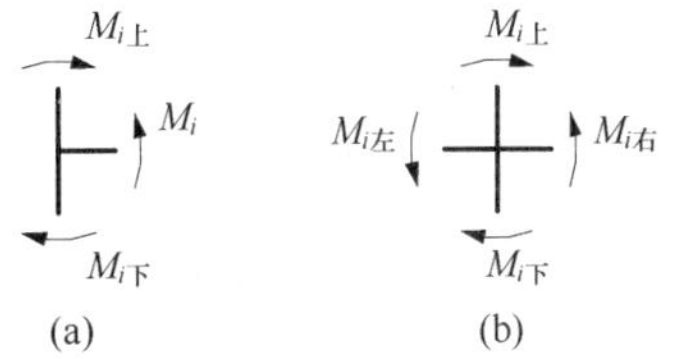

图 21-3-22 节点力矩平衡

$$M_{i左} = （M_{i\perp}+M_{i\top}） \frac{i_{b左}}{i_{b左}+i_{b右}}$$

$$M_{i右} = （M_{i\perp}+M_{i\top}） \frac{i_{b右}}{i_{b左}+i_{b右}}$$

（4）由梁端弯矩，根据平衡条件，可求得梁端剪力；再根据梁端剪力，由节点平衡求得柱的轴力。

3. D 值法

D 值法是对反弯点法的改进。对于层数较多的框架，由于柱轴力大，柱截面也随着增大，梁、柱线刚度比就较接近，不再符合反弯点法的假定（1）；另外，反弯点的位置与柱上下端的转角大小有关（转角大小取决于约束条件），将各柱的反弯点高度统一取为定值会造成误差。

（1）柱侧移刚度的修正

D 值法对柱的侧移刚度采用下式计算：

$$D = \alpha \frac{12i_c}{h^2}$$

修正系数 α 按照表 21-3-3 取值。

（2）反弯点高度

反弯点到柱下端的距离与柱高的比值，称作反弯点高度比，记作 y，y 可按照下式求得：

$$y = y_0 + y_1 + y_2 + y_3$$

式中，y_0 为标准反弯点高度比，是在各层等高、各跨相等、各层梁柱与线刚度不变的情况下的反弯点高度比；y_1 为考虑到柱上、下端相连的梁刚度不等时的反弯点高度比修正值，对于底层，不考虑 y_1。将上层层高与本层层高之比 $h_{\perp}/h = \alpha_2$，由 α_2 查表得到 y_2。同理，令下层层高与本层层高之比 $h_{\top}/h = \alpha_3$，由 α_3 查表得到 y_3。最上层不考虑 y_2 修正，最下层

不考虑 y_3 修正。

柱侧移刚度修正系数 α 　　　　　　　　　　　　　表 21-3-3

楼层	简图	K	α
一般层柱	① i_2 i_c i_4 h ② i_1 i_2 i_c i_3 i_4	$K=\dfrac{i_1+i_2+i_3+i_4}{2i_c}$	$\alpha=\dfrac{K}{2+K}$
底层柱	① i_2 i_c h ② i_1 i_2 i_c	$K=\dfrac{i_1+i_2}{i_c}$	$\alpha=\dfrac{0.5+K}{2+K}$

注：表中①为边柱，②为中柱，边柱情况下，式中 i_1，i_3 取为 0。

    文献中通常都给出了以上 y_0、y_1、y_2、y_3 的表格（例如，包世华、张铜生《高层建筑结构设计和计算》上册 94～100 页），为节省篇幅，这里从略。

    在确定了 D 值（侧移刚度）与反弯点高度之后，即可按照与反弯点法相同的步骤进行计算。

21.4 风荷载

21.4.1 风力、风级与风压

风的强度常称为风力，用风级表示。1805 年英国人蒲福（F. Beaufort）拟定了风级，称作蒲氏风级，系根据风对地面（或海面）物体的影响程度而定。以后逐渐采用风速大小划分，目前分为 18 级。其中 0～12 级是在气象预报中听到的风级。

结构设计中，通常将风速转化为风压来表示风力的大小。单位面积上的风压力 w 可用下式表示：

$$w = \frac{1}{2}\rho v^2 \tag{21-4-1}$$

式中，ρ 为空气的密度（kg/m³）；v 为风速（m/s）；求得的 w 单位为 N/m²。

标准条件下的风压称作基本风压。所谓标准条件，应满足下列 5 个条件：

（1）高度。取为离地面 10m 的高度。

（2）地貌。气象站风仪所在地为空旷平坦地区，取 B 类粗糙度作为标准地貌。

（3）时距。取 10min 的平均风速。

（4）样本时间。取为 1 年。

（5）重现期。取 50 年。

《荷载规范》8.1.2 条条文说明指出，基本风压可统一按照公式 $w_0 = v_0^2/1600(\text{kN/m}^2)$ 计算，式中，v_0 为按照标准条件确定的风速。

需要注意的是，《荷载规范》3.2.5 条第 2 款规定，对风荷载应取重现期为设计使用年限，按该规范 E.3.3 条的规定确定基本风压。该规定之所以提出，是由于《荷载规范》对不同设计使用年限的处理，采用了另外一种思路：对活荷载中的楼面与屋面活荷载考虑一个调整系数 γ_L，而像风、雪则不用调整系数而直接使用重现期。如此一来，具体设计中所谓的"基本风压"对应的重现期就可能不是 50 年。

21.4.2 非标准情况下风速或风压的换算

1. 非标准高度换算

平均风速沿高度变化规律可用指数函数描述，如下面公式：

$$\frac{\bar{v}}{\bar{v}_s} = \left(\frac{z}{z_s}\right)^\alpha \tag{21-4-2}$$

式中，z、$\bar{v}$ 为任意点高度和该点的平均风速；z_s、$\bar{v}_s$ 为标准高度（取为 10m）和该处的平均风速；α 为地面粗糙度系数。

由于风压与速度是二次方的关系，故高度为 z 处的基本风压可写成

$$w_0' = w_0\left(\frac{z}{10}\right)^{2\alpha} \tag{21-4-3}$$

2. 非标准地貌换算

由于地表摩擦，风速随离地面高度的减小而降低。只有达到一定高度，风才不受地表的影响在气压梯度的作用下自由流动，达到所谓梯度风速，该高度称作梯度风高度，以 H_T 表示。α 越小的地貌，越快达到梯度风速。

各种地貌的 α 及 H_T 值，见表 21-4-1，表中的 A、B、C、D 为《荷载规范》中的地面粗糙度分类。

我国规范四类地貌的参数

表 21-4-1

地面粗糙度类别	A	B	C	D
α	0.12	0.15	0.22	0.30
H_T (m)	300	350	450	550

同一大气环境中各类地貌梯度风速均相等，以此得到

$$v_0 \left(\frac{H_{T0}}{z_s} \right)^{a0} = v_{0\alpha} \left(\frac{H_{T\alpha}}{z_{s\alpha}} \right)^{\alpha} \tag{21-4-4}$$

式中，角标 α 表示不同地貌。若再表示成风压形式，就是

$$w_{0\alpha} = w_0 \left(\frac{H_{T0}}{z_s} \right)^{2\alpha0} \left(\frac{H_{T\alpha}}{z_{s\alpha}} \right)^{-2\alpha} \tag{21-4-5}$$

在陆地上，如无表 21-4-1 参数的实测或试验资料，地面粗糙度 A、B、C、D 分类可按下列原则近似确定：

① 以拟建房屋为中心，2km 为半径的迎风半圆影响范围内的房屋高度和密度来区分类别，风向原则上应以该地区最大风的风向为准，但也可取其主导风向。

② 以半圆影响范围内建筑平均高度 $\bar{h}$ 来划分类别，当 $\bar{h} \leqslant 9\mathrm{m}$ 为 B 类，$9\mathrm{m} < \bar{h} < 18\mathrm{m}$ 为 C 类，$\bar{h} \geqslant 18\mathrm{m}$ 为 D 类。

③ 影响范围内不同高度建筑物的影响区域按下列原则确定，即每座建筑物向外延伸距离为其高度，在此面域内均为该高度。当不同高度的面域相交时，交叠部分的高度取大者。

④ 平均高度 $\bar{h}$ 取各面域的面积为权数计算。

以上原则见于《荷载规范》的 8.2.1 条的条文说明。

据此可知，平均高度 $\bar{h}$ 可以用公式表达为：

$$\bar{h} = \frac{\sum h_i A_i}{\sum A_i} \tag{21-4-6}$$

式中，A_i 为高度为 h_i 房屋的从属范围面积，可视为 πh_i^2。若面积出现交叠，用交叠面积乘以较高房屋的高度。

3. 同时考虑地貌与高度的换算

若同时考虑地貌与高度，并将非标准情况下的这种风压除以标准风压，得到的系数记作 μ，则有

$$\mu = \left(\frac{H_{T0}}{z_s} \right)^{2\alpha0} \left(\frac{H_{T\alpha}}{z_{s\alpha}} \right)^{-2\alpha} \left(\frac{z}{z_s} \right)^{2\alpha} \tag{21-4-7}$$

将 $\alpha_0 = 0.15$，$H_{T0} = 350\text{m}$，$z_s = 10\text{m}$ 代入式（21-4-6），并考虑表 21-4-1 中的 α 及 H_T，将得到《荷载规范》8.2.1 条条文说明中的公式，即 A、B、C、D 类粗糙度的风压高度变化系数分别为

$$\mu_z^{\text{A}} = 1.284\left(\frac{z}{10}\right)^{0.24} \tag{21-4-8a}$$

$$\mu_z^{\text{B}} = 1.000\left(\frac{z}{10}\right)^{0.30} \tag{21-4-8b}$$

$$\mu_z^{\text{C}} = 0.544\left(\frac{z}{10}\right)^{0.44} \tag{21-4-8c}$$

$$\mu_z^{\text{D}} = 0.262\left(\frac{z}{10}\right)^{0.60} \tag{21-4-8d}$$

试对 C 类粗糙度的风压高度变化系数计算过程演示如下：

$$\mu_z^{\text{C}} = \left(\frac{350}{10}\right)^{0.30}\left(\frac{450}{10}\right)^{-0.44}\left(\frac{z}{10}\right)^{0.44} = 0.544\left(\frac{z}{10}\right)^{0.44}$$

《荷载规范》表 8.2.1 中的 μ_z 即是根据以上公式计算所得，只不过，对于 C 类粗糙度，$z \leqslant 15\text{m}$ 时取为 15m；对于 D 类粗糙度，$z \leqslant 30\text{m}$ 时取为 30m。

4. 不同重现期的换算

一年为一个自然周期，我国取一年中最大平均风速（时距 10min）作为统计样本。从概率角度，每隔一定时间，会出现大于某一风速的年最大平均风速，这个间隔就是重现期。《荷载规范》规定基本风速的重现期为 50 年。

重现期为 T 的基本风速，一年中超越该风速一次的概率为 $\dfrac{1}{T}$，因此，不超过该基本风速的概率（或保证率）为

$$p_0 = 1 - \frac{1}{T} \tag{21-4-9}$$

据此可知，重现期为 50 年时保证率为 98%。

张相庭《结构风工程 理论·规范·实践》（中国建筑工业出版社，2006）一书中给出了不同重现期风压的比值 μ_r，为

$$\mu_r = 0.363\log T_0 + 0.463 \tag{21-4-10}$$

《荷载规范》E.3.4 条指出，重现期为 10 年、50 年、100 年的风压可以直接查表 E.5 确定，其他重现期 R 时，按下式确定：

$$x_R = x_{10} + (x_{100} - x_{10})(\ln R / \ln 10 - 1) \tag{21-4-11}$$

【例 21-4-1】《荷载规范》中，基本风压取重现期为 50 年，问：（1）当按照重现期为 100 年设计时，基本风压的调整系数（增大系数）是多少？（2）当按照重现期为 10 年设计时，基本风压的调整系数是多少？

解：（1）利用公式（21-4-10），将 50 年对应的 μ_{r50} 取为基准 1.0，则 μ_{r100} 与 μ_{r50} 的比值就是所求的增大系数，即

$$\frac{\mu_{r100}}{\mu_{r50}} = \frac{0.363\log 100 + 0.463}{0.363\log 50 + 0.463} = 1.10$$

《高规》4.2.2条规定，对风荷载比较敏感的高层建筑，承载力设计时应按基本风压的1.1倍采用。旧《高规》的3.2.2条，对于这种情况规定"基本风压应按100年重现期的风压值采用"，可以认为是等价的，只不过，前者显然还适用于当高层建筑的设计使用年限为100年的情况。

（2）μ_{r10}与μ_{r50}的比值就是所求的调整系数，即

$$\frac{\mu_{r10}}{\mu_{r50}} = \frac{0.363\log10 + 0.463}{0.363\log50 + 0.463} = 0.77$$

这里需要说明的是，1998版《高钢规》的5.5.1条，将重现期为10年时的调整系数取为0.83而不是0.77，是因为当时的有效版本是《建筑结构荷载规范》GBJ 9—87，而在该版本中，基本风压采用的是30年重现期。而

$$\frac{\mu_{r10}}{\mu_{r30}} = \frac{0.363\log10 + 0.463}{0.363\log30 + 0.463} = 0.83$$

这就是0.83的来历。

鉴于2015版《高钢规》不再规定结构顶点的顺风向和横风向振动加速度计算方法，因此，关于舒适度的验算应依据《荷载规范》附录J，注意，此时风荷载重现期取为10年。

21.4.3 《荷载规范》中风荷载的计算方法

在水平风的作用下，结构可在各个方向产生振动，通常考虑两个主轴进行计算。主轴方向与风向一致的，称顺风向，与风向垂直的称作横风向。

1. 顺风向的风荷载标准值

风荷载对结构物的作用，按照垂直于结构物表面考虑，风荷载标准值记作w_k，以压为正拉为负。确定w_k时，需要区分是"主要受力结构"还是"围护结构"，然后按照《荷载规范》的8.1.1条规定分别处理，如下：

当计算主要受力结构时，风荷载标准值按照下式计算：

$$w_k = \beta_z \mu_s \mu_z w_0 \tag{21-4-12}$$

当计算围护结构时，风荷载标准值按照下式计算：

$$w_k = \beta_{gz} \mu_{sl} \mu_z w_0 \tag{21-4-13}$$

以上式中，w_0为基本风压，单位为kN/m^2；μ_z为风压高度变化系数；μ_s为风荷载体型系数；β_z为高度z处的风振系数；μ_{sl}为风荷载局部体型系数；β_{gz}为高度z处的阵风系数。

以下对公式（21-4-12）、公式（21-4-13）中的符号逐一解释。

（1）风压高度变化系数μ_z

风速大小与高度有关，一般近地面处风速小，随高度增大风速逐渐增大。风速的变化还与地貌以及周围环境有关，故地面粗糙度分为A、B、C、D四类。其原理前面已经阐述。

《荷载规范》的8.2节规定了风压高度变化系数μ_z的取值。

（2）风荷载体型系数μ_s

风荷载体型系数是指平均实际风压与基本风压的比值。

风流经建筑物对建筑物的作用，迎风面为压力，侧风面及背风面为吸力，通常以压为正拉为负。风在各面上产生的风压分布并不均匀，如图 21-4-1 所示。在计算风荷载对建筑物的整体作用时，应按各个表面的平均风压计算，这个表面的平均风压系数称为风荷载体型系数，记作 μ_s。

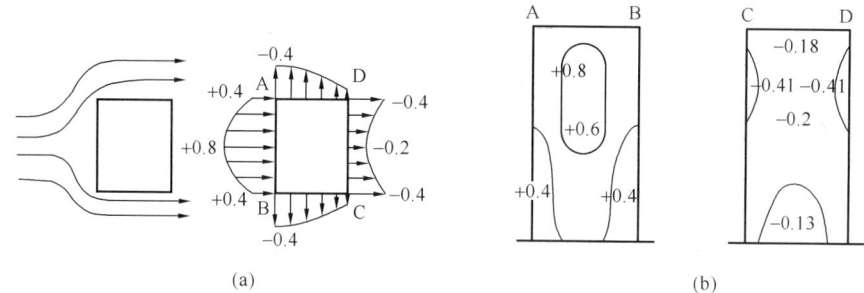

图 21-4-1　风压分布

(a) 风对建筑物的作用（平面）；(b) 风对建筑物的作用（立面）

《荷载规范》8.3.1 条规定了风荷载体型系数 μ_s 的取值。《高规》4.2.3 条、4.2.8 条对风荷载体型系数 μ_s 的规定，是一种简化后的近似值，附录 B 是对 μ_s 的详细规定。

(3) 高度 z 处的风振系数 β_z

实际风压总是在平均风压上下波动，因此可分解为平均风和脉动风。平均风使建筑物产生一定的侧移，而脉动风使建筑物在该侧移附近左右摇晃，即引起结构物的振动。当脉动风的周期（一般为 20s 左右）与结构的自振周期愈接近，风振的影响就愈显著。电视塔、烟囱、输电线塔等的自振周期在 20～1s 之间，风振影响最为显著；高层建筑结构的自振周期一般在 10～0.5s 之间，影响次之。对于一般建筑，风振的影响十分微小。因此，《荷载规范》8.4.1 条规定，对于高度大于 30m 且高宽比大于 1.5 的房屋，以及基本自振周期 T_1 大于 0.25s 的各种高耸结构，应考虑风压脉动对结构产生顺风向风振的影响。

设计时，用风振系数 β_z 加大风荷载，然后仍然按照静力作用计算风荷载效应。

《荷载规范》8.4.3 条规定，对于一般竖向悬臂型结构，例如，高层建筑和构架、塔架、烟囱等高耸结构，均可仅考虑结构第一振型的影响，结构的风荷载可按公式（21-4-12）通过风振系数来计算。结构在 z 高度处的风振系数 β_z 可按下式计算：

$$\beta_z = 1 + 2g I_{10} B_z \sqrt{1 + R^2} \tag{21-4-14}$$

式中，g 为峰值因子，可取 2.5；I_{10} 为 10m 高度名义湍流强度，对应 A、B、C、D 地面粗糙度，分别取 0.12、0.14、0.23、0.39；B_z 为脉动风荷载的背景分量因子；R 为脉动风荷载的共振分量因子。B_z 和 R 的计算比较复杂，详见《荷载规范》的 8.4.4～8.4.6 条，这里不再赘述。

(4) 基本风压 w_0

《荷载规范》8.1.2 条规定基本风压应采用规范规定方法确定的 50 年重现期的风压，但不得小于 0.3kN/m²。在表 E.5 中还给出了各地 10 年、50 年、100 年一遇雪压和风压取值。

《荷载规范》3.2.5 条第 2 款规定，对雪荷载和风荷载，应取重现期为设计使用年限，这与《高规》5.6.1 条荷载组合时对风荷载不考虑设计使用年限调整系数 γ_L 是一致的。

（5）高度 z 处的阵风系数 β_{gz}

阵风系数 β_{gz} 按照《荷载规范》的 8.6 节采用，不再区分幕墙和其他构件，统一按照表 8.6.1 取值。

（6）局部体型系数 μ_{s1}

前已述及，建筑物表面风压分布是不均匀的，采用 μ_s 是从总体考虑，若考虑局部风压超过全表面平均风压，就要采用局部体型系数 μ_{s1}。

局部体型系数应按照《荷载规范》8.3.3~8.3.5 条采用。8.3.3 条是对房屋外表面分区域给出 μ_{s1}；8.3.4 条是对非直接承受风荷载的围护结构，例如檩条、幕墙骨架等考虑从属面积予以折减（5.1.2 条规定楼面梁根据从属面积折减，二者道理类似）；8.3.5 条规定了内表面局部体型系数。

注意，折减系数计算时，新旧规范公式是有差别的，新规范给出的插值公式如下：

$$\mu_{s1}(A) = \mu_{s1}(1) + [\mu_{s1}(25) - \mu_{s1}(1)]\log A / 1.4 \qquad (21\text{-}4\text{-}15)$$

上式中，log 表示以 10 为底的对数。之所以出现 1.4，是因为 $\log 25 - \log 1 = 1.4$。

2. 顺风向的总风荷载

结构设计时，采用总风荷载（单位为 kN）计算风荷载作用下的结构内力及位移。

总风荷载为建筑物各个表面承受风力的合力，是沿建筑物高度变化的线荷载。总风荷载标准值 W_z 可按照下式计算：

$$W_z = \beta_z \mu_z w_0 \sum_{i=1}^{n} \mu_{si} B_i \cos\alpha_i \qquad (21\text{-}4\text{-}16)$$

式中，n 为建筑物外围表面积数（每一个平面作为一个表面积）；μ_{si} 为第 i 个表面的平均风荷载体型系数；B_i 为第 i 个表面的宽度；α_i 为第 i 个表面的法线与风作用方向的夹角。

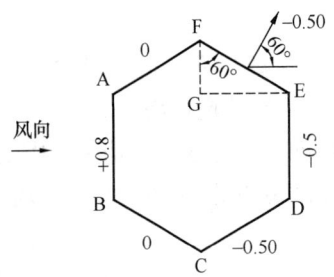

图 21-4-2 正六面体的体型系数

今以图 21-4-2 所示的正六面体截面为例，说明公式（21-4-16）的使用：

① EF 面的体型系数为 -0.5，表明为吸力，方向为垂直于 EF 且远离 EF 面。

② EF 面的法线与风向的夹角为 $60°$，边长 EF 与 $\cos 60°$ 的乘积为长度 FG，即 EF 在垂直于风向面的投影长度。

③ 由于 EF 面吸力的方向与风向一致，因此，作为 $\sum_{i=1}^{n} \mu_{si} B_i \cos\alpha_i$ 中的一项叠加时取正号。

【例 21-4-2】 某高层现浇钢筋混凝土剪力墙结构住宅楼，建筑高度 34m，各层结构平面布置如图 21-4-3 所示。已知该地 50 年一遇的基本风压为 $w_0 = 0.55 \text{kN/m}^2$，34.0m 高度处的风振系数 $\beta_z = 1.20$，风压高度变化系数 $\mu_z = 1.56$。要求：在图 21-4-3 所示风荷载作用下，确定 34m 高度处沿建筑物高度 1m 宽度的风荷载标准值。

解：依据《建筑结构荷载规范》GB 50009—2012 表 8.3.1 的项次 30，风荷载体型系数如图 21-4-4 所示。计算风力时，将建筑各个侧面的宽度向垂直于风的平面投影。

34m 高度处沿建筑物高度 1m 宽度的风荷载标准值为

$$W_z = \beta_z \mu_z w_0 \sum_{i=1}^{n} \mu_{si} B_i \cos\alpha_i$$

$$= 1.2 \times 1.56 \times 0.55 \times (1.0 \times 11.042 \times 2 - 0.7 \times 4.850 \times 2 + 0.5 \times 31.784)$$

$$= 32.11 \text{kN}$$

上式中，31.784 来源于 $2 \times (4.85 + 11.042) = 31.784$m。

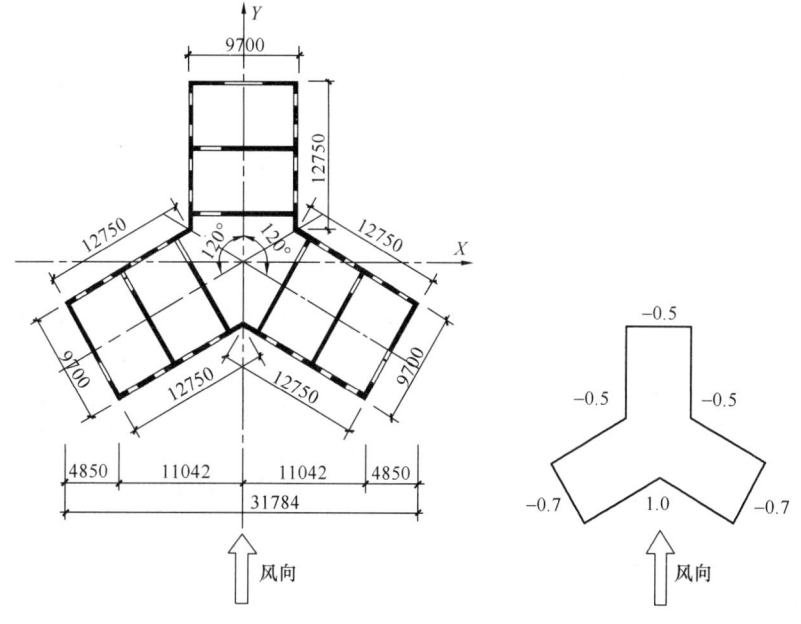

图 21-4-3　例 21-4-2 的图示　　　　图 21-4-4　Y 形体的体型系数

3. 横风向的计算

航空工程中，风有 6 个分量（沿 x、y、z 轴的三个力和绕 3 个轴的力矩），但在建筑结构中一般简化为顺风向和横风向。

如图 21-4-5 所示（图片来源于《Wind and earthquake resistant building》，Marcal Dekker，2005），初始的平行风流经过建筑两侧会产生漩涡，漩涡脱落会有强制力施加在横向。低风速时，漩涡脱落在建筑两侧同时刻发生，因而不会引起建筑物横向的摇摆而只有顺风向的震动。高风速时，两侧的漩涡脱落交替发生，这时不仅有一个顺风向的强制

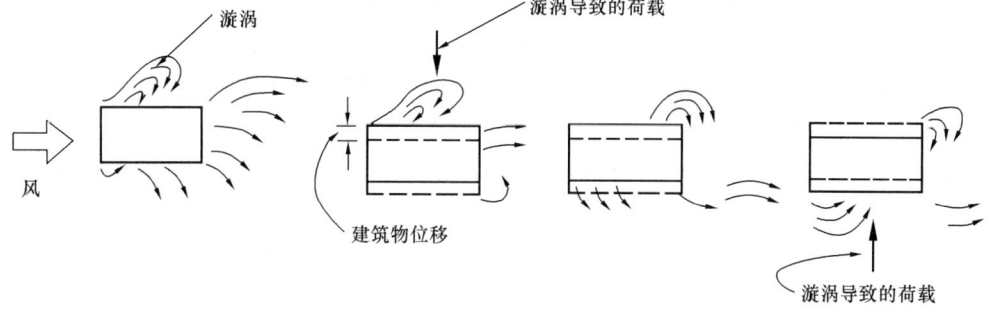

图 21-4-5　漩涡脱落现象

力，而且有横向的强制力。横向的强制力忽左忽右。横向强制力的频率为顺风向的一半。

(1) 雷诺数、斯托罗哈数和临界风速

空气流动中，对流体质点其主要作用的是两种力：惯性力和黏性力。惯性力与黏性力之比称作雷诺数，记作 Re。只要雷诺数相同，动力学特征就相似。雷诺数还是衡量从层流向湍流转变的尺度。

惯性力的量纲为 $\rho v^2 l^2$，黏性力的量纲为黏性应力 $\mu v / l$（式中，μ 称作黏性）乘以面积 l^2，故雷诺数为

$$Re = \frac{\rho v^2 l^2}{\frac{\mu v}{l} \times l^2} = \frac{\rho v l}{\mu} = \frac{v l}{\nu} \qquad (21\text{-}4\text{-}17)$$

式中，$\nu = \frac{\mu}{\rho}$ 称作动黏性，其值为 $0.145 \times 10^{-4} \, \text{m}^2/\text{s}$。将该值代入上式，并用垂直于流速方向的物体截面最大尺度 B 代替上式中的 l，则上式变成

$$Re = 69000 v B \qquad (21\text{-}4\text{-}18)$$

注意上式中的第 2 个符号 "v" 表示风速。另外，由于通常是对圆形截面考虑横风向风振，故《荷载规范》8.5.3 条用结构截面的直径 D 代替了上式中的 B。

从雷诺数的定义为惯性力与黏性力之比可以看出，如果雷诺数很小，例如小于 1/1000，则惯性力与黏性力相比可以忽略，即意味着高黏性的行为；相反，如果雷诺数相当大，例如大于 1000，则意味着黏性力影响很小，空气流动中的结构常常是这种情况，惯性力起主要作用。

斯托罗哈数，是一个无量纲数，其定义为

$$St = \frac{n_s B}{v} = \frac{B}{v T_s} \qquad (21\text{-}4\text{-}19)$$

式中，B 为垂直于流速方向的物体截面最大尺寸，n_s、T_s 分别为漩涡脱落频率与漩涡脱落周期，二者互为倒数；v 为风速。

斯托罗哈数 St 与截面形状及尺寸有关，可通过风洞试验测得。《荷载规范》规定，对圆截面取 $St = 0.2$（《烟囱规范》规定取 $0.2 \sim 0.3$）。

将公式 (21-4-19) 变形为

$$n_s = \frac{v St}{B} \qquad (21\text{-}4\text{-}20)$$

可见，随着风速越大，漩涡脱落频率就越大。当风速增大至漩涡脱落频率与结构频率一致时，将发生共振。结构开始共振后，风速增大一定的百分比将不能改变漩涡脱落的频率，因为这时脱落频率被结构的自振频率所控制。这就是 "锁住区域"。当风速显著增大超过锁住区域，脱落频率重新由风速控制。结构仅在锁住区域共振，风速低于或超过这个范围，都不会发生共振。

将发生共振时的风速称作临界风速，这可以通过公式 (21-4-19) 令 "漩涡脱落周期＝结构自振周期" 得到，即

$$v_{cr} = \frac{D}{T_i St} \qquad (21\text{-}4\text{-}21)$$

这就是《荷载规范》的式 (8.5.3-2)。

《荷载规范》8.5.3条规定针对不同的雷诺数（此雷诺数按临界风速求出）作出不同的处理：

当 $Re<3\times10^5$ 且结构顶部风速 $v_H>v_{cr}$ 时，可发生亚临界微风共振，此时，可在构造上采取防振措施，或控制临界风速 $v_{cr}\geqslant15\text{m/s}$。

当 $Re\geqslant3.5\times10^6$ 且 $1.2v_H>v_{cr}$ 时，可发生跨临界的强风共振，此时应考虑横风向风振的等效风荷载。

当 $3\times10^5\leqslant Re<3.5\times10^6$ 时，则发生超临界范围的风振，可不作处理。

（2）横风向风力图

结构物的横风向最多包含三个临界范围，而在跨临界范围内，又最多分为三个区域，如图21-4-6（a）所示。由于非共振区域与共振区域（即锁住区域）相比影响较小，因而可只考虑跨临界范围共振区域的风力，如图21-4-6（b）所示。一般而言，H_2 常超出建筑物高度，为简化，将其取为结构高度 H，并将凸形曲线共振荷载用常数共振荷载表示，且以临界风速为准，如图21-4-6（c）所示，必要时可取略大的等效值进行计算。

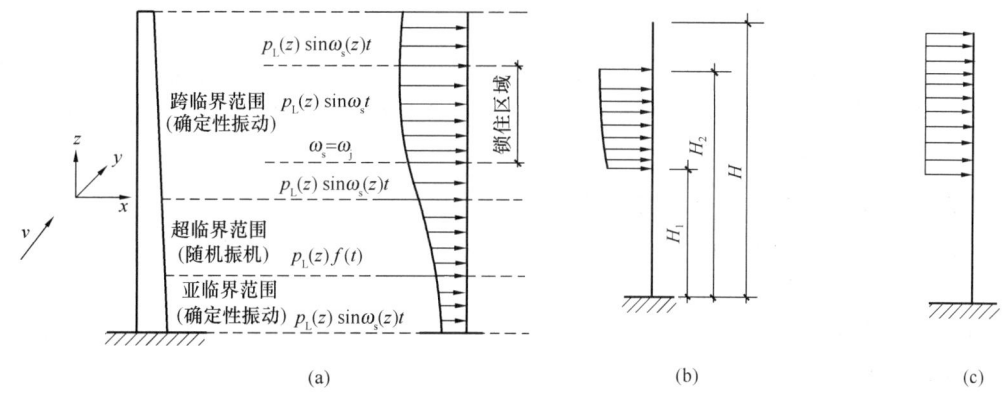

图 21-4-6 横向风力分区示意及横向计算风力

4. 对《荷载规范》一些公式的解释

结构顶部风速记作 v_H，可根据与风压的关系式 $w=\frac{1}{2}\rho v^2$ 得到（注意公式左侧要乘以风压高度变化系数 μ_H），若再将风压的单位以 kN/m^2 表达，则得到

$$\mu_H w_0=\frac{\frac{1}{2}\rho v_H^2}{1000}$$

变形之后得到

$$v_H=\sqrt{\frac{2000\mu_H w_0}{\rho}} \tag{21-4-22}$$

这就是《荷载规范》的公式（8.5.3-3）。

图 21-4-6 中的临界风速起始点高度 H_1 可以这样求得：

由式（21-4-2）可得临界风速 v_{cr} 与结构顶部风速 v_H 存在以下关系式：

$$\frac{v_{\mathrm{cr}}}{v_{\mathrm{H}}} = \left(\frac{H_1}{H}\right)^{\alpha}$$

稍加变形得到

$$H_1 = H \times \left(\frac{v_{\mathrm{cr}}}{v_{\mathrm{H}}}\right)^{1/\alpha} \tag{21-4-23}$$

考虑安全因素，顶部风速 v_{H} 放大 1.2 倍（相当于把 H_1 降低了），得到

$$H_1 = H \times \left(\frac{v_{\mathrm{cr}}}{1.2 v_{\mathrm{H}}}\right)^{1/\alpha} \tag{21-4-24}$$

这就是《荷载规范》公式（H.1.1-2）。

跨临界强风共振引起的等效风荷载标准值应考虑不同振型，简化之后为《荷载规范》的公式（H.1.1-1），即

$$w_{\mathrm{Lk},j} = \frac{|\lambda_j| v_{\mathrm{cr}}^2 \phi_j(z)}{12800 \zeta_j} \tag{21-4-25}$$

式中，λ_j 为计算系数，按规范表 H.1.1 取用；$\phi_j(z)$ 为第 j 振型系数，按规范附录 G 确定；ζ_j 为第 j 振型的阻尼比。由于规范中该公式没有写成上下形式，需要注意 ζ_j 应处于分母位置。

5. 对《烟囱工程技术标准》的解释

《烟囱工程技术标准》GB/T 50051—2021 已经代替《烟囱设计规范》GB 50051—2013，今对该标准中的一些规定解释如下。

（1）w_{k} 的取值

5.2.1 条规定，w_{k} 按照下式取值：

$$w_{\mathrm{k}} = C_{\mathrm{d}} C_{\mathrm{t}} \beta_z \mu_{\mathrm{s}} \mu_z w_0 \tag{21-4-26}$$

式中，C_{d} 为风向影响系数；C_{t} 为地形修正系数。其他符号含义与《荷载规范》相同。注意到，该表达式与《工程结构通用规范》GB 55001—2021 的 4.6.1 条所述的原则基本一致。

规定基本风压 w_0 按照 50 年重现期的风压采用且不小于 $0.35\mathrm{kN/m^2}$（《工程结构通用规范》的 4.6.2 条规定基本风压不得小于 $0.30\mathrm{kN/m^2}$），烟囱高度超过 200m 时，取为 1.1 倍基本风压进行计算。

（2）烟囱顶部 H 处的风速 v_{H}

将 $\rho = 1.25\mathrm{kg/m^3}$ 代入式（21-4-22），得到

$$v_{\mathrm{H}} = 40\sqrt{\mu_{\mathrm{H}} w_0} \tag{21-4-27}$$

这就是《烟囱工程技术标准》的公式（5.2.2-3）。

（3）涡激共振与等效风荷载

《烟囱工程技术标准》5.2.2 条条文说明指出，对于烟囱，涡激共振与雷诺数无关，故规定，当烟囱顶部 1/3 高度范围内的坡度不大于 2% 且顶部风速的 1.2 倍大于临界风速（$1.2v_{\mathrm{H}} > v_{\mathrm{crl}}$）时，应验算涡激共振响应。涡激共振响应可采用等效风荷载 $w_{\mathrm{cz},j}$ 进行简化计算。$w_{\mathrm{cz},j}$ 按下式确定：

$$w_{cz,j} = |\lambda_j| \frac{v_{cr,j}^2 \varphi_{zj}}{12800 \zeta_j} \qquad (21\text{-}4\text{-}28)$$

此处所说的"涡激共振"与《荷载规范》的"横风向风振"含义相同。对比可知,式(21-4-28) 与《荷载规范》H.1.1 条公式 (H.1.1-1) [即本书式 (21-4-25)] 本质相同,仅 λ_j 取值稍有差异:

《烟囱工程技术标准》:$\lambda_j = \lambda_j(H_1/H) - \lambda_j(H_2/H)$

《荷载规范》:$\lambda_j = \lambda_j(H_1/H)$

$\lambda_j(H_1/H)$ 的含义是"依据 H_1/H 得到的计算系数"(下角标 j 表示第 j 振型),H_1 为涡激共振荷载范围起点高度(即《荷载规范》中的"临界风速起点高度 H_1"),H 为烟囱全高。$\lambda_j(H_2/H)$ 的含义与 $\lambda_j(H_1/H)$ 类似,H_2 为涡激共振荷载范围终点高度。H_1、H_2 计算公式如下:

$$H_1 = H \times \left(\frac{v_{cr,j}}{1.2 v_H} \right)^{1/\alpha}$$

$$H_2 = H \times \left(\frac{1.3 v_{cr,j}}{v_H} \right)^{1/\alpha}$$

此处对相应的风速放大,相当于 H_1 尽量取低,H_2 尽量取高,增大锁住区域的范围以策安全。

另外,《烟囱工程技术标准》的 5.2.5 条特别指出,应考虑风速小于基本设计风压工况下可能发生的最不利共振响应。这是因为,基本设计风压是在设计基准期内可能发生的最大风压值,但实践表明,横风向最不利共振往往发生在低于基本设计风压工况下。

21.4.4 外部风力、内部风力和摩擦风力

从力(force,单位为 N)的角度理解,风力可以有 3 种表现形式:外部风力、内部风力和摩擦风力。外部风力和内部风力作用方向与板面垂直,摩擦风力作用方向与板面平行。

外部风力和内部风力若以单位面积表达,就是风压,以指向板面为正背离板面为负。图 21-4-7 展示了外部风压和内部风压。当洞口在迎风面时,内部风压为正;当洞口在背风面或侧面时,内部风压为负。设计时,对于某墙面(围护结构),可采用"包络"设计,即,当外部风压为正(指向墙面)时要取内部风压为负(背离墙面),这样,才能实现力的"同方向相加"。当以整个建筑物作为对象分析其所受风力时(主体结构受力),由于内

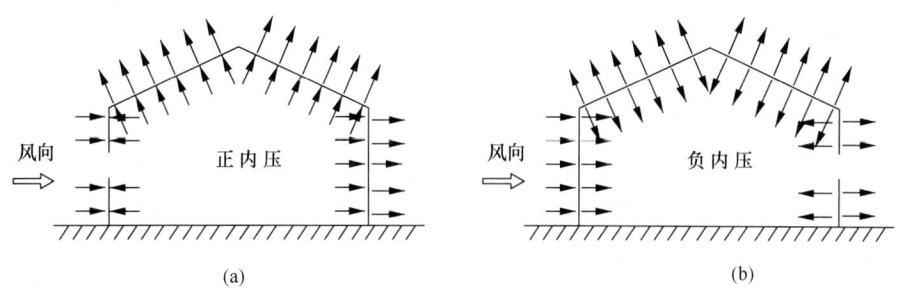

(a)   (b)

图 21-4-7 外部风压与内部风压

部风压视为处处相等，因此可以不考虑内部风压。

1. 外部风力

《荷载规范》表8.3.1规定的体型系数绝大多数是"外部压力"的体型系数。以表8.3.1项次2为例，风荷载的分布如图21-4-8所示（图中忽略了风压随高度而变化）。

当屋面坡度 $\alpha = 30°$ 时，$\mu_s = 0$ 只用于插值，即，$\alpha = 20°$ 时，内插法可得

$$\mu_s = -0.6 + \frac{0 - (-0.6)}{30 - 15} \times (20 - 15)$$
$$= -0.4$$

当设计中屋面坡度 $\alpha = 30°$ 时，μ_s 应分别以 $+0.1$ 或 -0.1 计算并取最不利者，即备注所说的"μ_s 绝对值不小于0.1"。

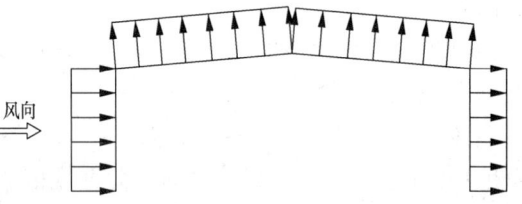

图21-4-8　封闭式房屋的外部风荷载分布

需要注意的是，表8.3.1中，有些情况的体型系数，不再是严格意义上的外部压力体型系数，可视为"净压力体型系数"，如下：

（1）截面的杆件，例如表8.3.1项次32。此时无法区分内外，体型系数取为1.3，如图21-4-9所示，受风面积按照下式求出：

x 方向：$A = l \cdot b$

y 方向：$A = l \cdot d$

式中，l 为所研究结构构件的长度。

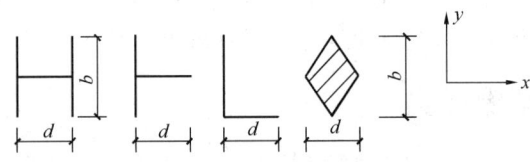

图21-4-9　横向风力分区示意及横向计算风力

（2）桁架，例如表8.3.1项次33。此时，由于有透风面积，故给出体型系数为 $\phi\mu_s$，ϕ 为实体面积与轮廓面积的比值（挡风系数），之后计算风力时可以直接用风压乘以体型系数再乘以轮廓面积。

（3）独立墙壁，例如表8.3.1项次34。此时，相当于综合考虑了两个迎风面和背风面的体型系数后综合取为1.3。

（4）塔架，表8.3.1项次35。对于角钢塔架，体型系数应考虑挡风系数 ϕ 以及塔架轮廓与风的相对关系；对于圆管塔架，先按角钢塔架求出体型系数，再根据 $\mu_z w_0 d^2$ 乘以折减系数，d 可取为圆管的外径。

（5）圆截面构筑物，表8.3.1项次37。此时，区分整体计算和局部计算。局部计算时，体型系数为 α 的函数，α 为自与风向一致的直径轴算起的角度。整体计算时，体型系数查表确定，必要时插值。

（6）架空管道，表8.3.1项次38。

（7）拉索，表8.3.1项次39。此时，将风荷载分为水平分量和垂直分量。

2. 内部风力

以"内部风压系数"乘以风压再乘以受风面积得到。"内部风压系数"在《荷载规范》8.3.5条有规定，但是不够细致。

内部风压系数与建筑物的开洞有关。美国《房屋和其他结构最小设计荷载与相关条文》（Minimum Design Loads and Associated Criteria for Buildings and Other Structures）

ASCE7-16 的表 26.13-1 规定了建筑物开洞的 4 个类型，并规定了相应的内压系数，如
表 21-4-2所示。

ASCE7-16 规定的开洞类型　　　　　　　　　　　　　　　　　表 21-4-2

开洞类型	定义	内压系数
封闭式	$A_0 < \min(0.01A_g, 0.37\text{m}^2)$ 且 $A_{0i}/A_{gi} \leqslant 0.2$	± 0.18
部分封闭式	$A_0 > 1.1A_{0i}$ 且 $A_0 > \min(0.01A_g, 0.37\text{m}^2)$ 且 $A_{0i}/A_{gi} \leqslant 0.2$	± 0.55
部分开敞式	不属于封闭式、部分封闭式和开敞式	± 0.18
开敞式	每面墙至少 80% 开洞	0.00

注：1. A_0 为受到正外压的那面墙总的开洞面积；A_g 为定义 A_0 的那面墙的毛面积；A_{0i} 为房屋外轮廓总开洞面积，不包括 A_0；A_{gi} 为房屋外轮廓毛面积，不包括 A_g。

2. 如果按照定义同时符合"开敞式"和"部分封闭式"，视为"开敞式"。

3. 考虑两个工况以确定最不利者：全部内面为正的内压；全部内面为负的内压。

4. 内压为正表示风力指向内表面；内压为负表示风力背向内表面。

3. 摩擦风力

《荷载规范》表 8.3.1 项次 27 的备注指出，纵向风荷载对屋面所引起的总水平力，当
$\alpha \geqslant 30°$ 时为 $0.05Aw_h$；当 $\alpha < 30°$ 时为 $0.10Aw_h$。其中，A 为屋面的水平投影面积，w_h 为屋面高度 h 处的风压。这就是摩擦风力，只不过，此处对摩擦系数没有详细划分。欧洲规范 EN1991-1-4：2005 表 7.10 根据表面粗糙度把摩擦系数取为 0.01（钢材表面或光滑的混凝土面）、0.02（粗糙的混凝土面）和 0.04（波纹或带肋的表面）三种。

附　录

附录 1 常 用 表 格

混凝土强度标准值、设计值与弹性模量   附表 1-1

混凝土强度等级	C20	C25	C30	C35	C40	C45	C50	C55	C60
f_{ck}(N/mm^2)	13.4	16.7	20.1	23.4	26.8	29.6	32.4	35.5	38.5
f_{tk}(N/mm^2)	1.54	1.78	2.01	2.20	2.39	2.51	2.64	2.74	2.85
f_c(N/mm^2)	9.6	11.9	14.3	16.7	19.1	21.1	23.1	25.3	27.5
f_t(N/mm^2)	1.10	1.27	1.43	1.57	1.71	1.80	1.89	1.96	2.04
E_c(×10^{4}N/mm^2)	2.55	2.80	3.00	3.15	3.25	3.35	3.45	3.55	3.60

钢筋强度设计值与弹性模量   附表 1-2

钢筋强度等级	HPB300	HRB335	HRB400、HRBF400、RRB400	HRB500、HRBF500
f_y(N/mm^2)	270	300	360	435
f'_y(N/mm^2)				435
E_s(×10^{5}N/mm^2)	2.1	2.0		

注：当轴心受压时，HRB500、HRBF500 的 f'_y＝400N/mm^2。

梁的最小配筋率   附表 1-3

	C20	C25	C30	C35	C40	C45	C50
HPB300	0.002	0.00212	0.00238	0.00262	0.00285	0.003	0.00315
HRB335	0.002	0.002	0.00215	0.00236	0.00257	0.0027	0.00284
HRB400、HRBF400、RRB400	0.002	0.002	0.002	0.002	0.00214	0.00225	0.00236
HRB500、HRBF500	0.002						

注：最小配筋率依据 $0.45f_t/f_y$ 和 0.2% 的较大者算出。

界限相对受压区高度   附表 1-4

	≤C50	C55	C60	C65	C70	C75	C80
HPB300	0.576	0.566	0.556	0.547	0.537	0.528	0.518
HRB335	0.550	0.541	0.531	0.522	0.512	0.503	0.493
HRB400、HRBF400、RRB400	0.518	0.508	0.499	0.490	0.481	0.472	0.463
HRB500、HRBF500	0.482	0.473	0.464	0.455	0.447	0.438	0.429

注：ξ_b 依据《混凝土结构设计规范》6.2.7 条的公式得到，即 $\xi_b=\dfrac{\beta_1}{1+\dfrac{f_y}{E_s\varepsilon_{cu}}}$，式中，当混凝土强度等级大于 C50 时，

β_1 的内插公式为 $\beta_1=0.8-\dfrac{0.8-0.74}{80-50}\times(f_{cu,k}-50)$。

普通钢筋截面面积、质量表

公称直径(mm)	在下列钢筋根数时的截面面积(mm²)									质量(kg/m)	带肋钢筋外径(mm)
	1	2	3	4	5	6	7	8	9		
6	28.3	57	85	113	141	170	198	226	254	0.222	7.0
8	50.3	101	151	201	251	302	352	402	452	0.395	9.3
10	78.5	157	236	314	393	471	550	628	707	0.617	11.6
12	113.1	226	339	452	565	679	792	905	1018	0.888	13.9
14	153.9	308	462	616	770	924	1078	1232	1385	1.21	16.2
16	201.1	402	603	804	1005	1206	1407	1608	1810	1.58	18.4
18	254.5	509	763	1018	1272	1527	1781	2036	2290	2.00	20.5
20	314.2	628	942	1256	1570	1884	2199	2513	2827	2.47	22.7
22	380.1	760	1140	1520	1900	2281	2661	3041	3421	2.98	25.1
25	490.9	982	1473	1964	2454	2945	3436	3927	4418	3.85	28.4
28	615.8	1232	1847	2463	3079	3695	4310	4926	5542	4.83	31.6
32	804.2	1608	2413	3217	4021	4826	5630	6434	7238	6.31	35.8

在钢筋间距一定时板每米宽度内钢筋截面面积(单位：mm²)

钢筋间距(mm)	钢筋直径(mm)								
	6	8	10	12	14	16	18	20	22
70	404	718	1122	1616	2199	2873	3636	4487	5430
75	377	670	1047	1508	2052	2681	3393	4188	5081
80	353	628	982	1414	1925	2514	3181	3926	4751
85	333	591	924	1331	1811	2366	2994	3695	4472
90	314	559	873	1257	1711	2234	2828	3490	4223
95	298	529	827	1190	1620	2117	2679	3306	4001
100	283	503	785	1131	1539	2011	2545	3141	3801
105	269	479	748	1077	1466	1915	2424	2991	3620
110	257	457	714	1028	1399	1828	2314	2855	3455
115	246	437	683	984	1339	1749	2213	2731	3305
120	236	419	654	942	1283	1676	2121	2617	3167
125	226	402	628	905	1232	1609	2036	2513	3041
130	217	387	604	870	1184	1547	1958	2416	2924
135	209	372	582	838	1140	1490	1885	2327	2816
140	202	359	561	808	1100	1436	1818	2244	2715
145	195	347	542	780	1062	1387	1755	2166	2621
150	189	335	524	754	1026	1341	1697	2084	2534
155	182	324	507	730	993	1297	1642	2027	2452
160	177	314	491	707	962	1257	1590	1964	2376
165	171	305	476	685	933	1219	1542	1904	2304
170	166	296	462	665	905	1183	1497	1848	2236
175	162	287	449	646	876	1149	1454	1795	2172

钢筋间距 (mm)	钢筋直径(mm)								
	6	8	10	12	14	16	18	20	22
180	157	279	436	628	855	1117	1414	1746	2112
185	153	272	425	611	832	1087	1376	1694	2035
190	149	265	413	595	810	1058	1339	1654	2001
195	145	258	403	580	789	1031	1305	1611	1949
200	141	251	393	565	769	1005	1272	1572	1901

螺栓(或柱脚锚栓)的有效截面面积　　　　　　　　　附表 1-7

螺栓公称直径(mm)	16	18	20	22	24	27	30	33	36
螺栓有效截面面积(mm^2)	156.7	192.5	244.8	303.4	352.5	459.4	560.6	693.6	816.7
螺栓公称直径(mm)	39	42	45	48	52	56	64	72	80
螺栓有效截面面积(mm^2)	975.8	1121	1306	1473	1758	2030	2676	3460	4344

轴心受压构件的截面分类(板厚 $t < 40mm$)　　　　　附表 1-8

截 面 形 式		对 x 轴	对 y 轴
轧制		a 类	a 类
轧制	$b/h \leqslant 0.8$	a 类	b 类
	$b/h > 0.8$	a* 类	b* 类
轧制等边角钢		a* 类	a* 类
焊接、翼缘为焰切边　　　　 焊接		b 类	b 类
轧制			

截 面 形 式		对 x 轴	对 y 轴
轧制、焊接（板件宽厚比 >20）	轧制或焊接	b 类	b 类
焊接	轧制截面和翼缘为焰切边的焊接截面		
格构式	焊接，板件边缘焰切		
焊接，翼缘为轧制或剪切边		b 类	c 类
焊接，板件边缘轧制或剪切	轧制、焊接（板件宽厚比≤20）	c 类	c 类

注：1. a* 类含义为 Q235 钢取 b 类，Q345、Q390、Q420 和 Q460 钢取 a 类；b* 类含义为 Q235 钢取 c 类，Q345、Q390、Q420 和 Q460 钢取 b 类；

　2. 无对称轴且剪心和形心不重合的截面，其截面分类可按有对称轴的类似截面确定，如不等边角钢采用等边角钢的类别；当无类似截面时，可取 c 类。

轴心受压构件的截面分类（板厚 $t \geqslant 40mm$）　　　　　　附表 1-9

截 面 形 式		对 x 轴	对 y 轴
轧制工字形或H形截面	$t < 80mm$	b 类	c 类
	$t \geqslant 80mm$	c 类	d 类
焊接工字形截面	翼缘为焰切边	b 类	b 类
	翼缘为轧制或剪切边	c 类	d 类
焊接箱形截面	板件宽厚比 >20	b 类	b 类
	板件宽厚比≤20	c 类	c 类

a 类截面轴心受压构件的稳定系数 φ　　　　　　　　　　附表 1-10

$\lambda\sqrt{\dfrac{f_y}{235}}$	0	1	2	3	4	5	6	7	8	9
0	1.000	1.000	1.000	1.000	0.999	0.999	0.998	0.998	0.997	0.996
10	0.995	0.994	0.993	0.992	0.991	0.989	0.988	0.986	0.985	0.983
20	0.981	0.979	0.977	0.976	0.974	0.972	0.970	0.968	0.966	0.964
30	0.963	0.961	0.959	0.957	0.955	0.952	0.950	0.948	0.946	0.944
40	0.941	0.939	0.937	0.934	0.932	0.929	0.927	0.924	0.921	0.919
50	0.916	0.913	0.910	0.907	0.904	0.900	0.897	0.894	0.890	0.886
60	0.883	0.879	0.875	0.871	0.867	0.863	0.858	0.854	0.849	0.844
70	0.839	0.834	0.829	0.824	0.818	0.813	0.807	0.801	0.795	0.789
80	0.783	0.776	0.770	0.763	0.757	0.750	0.743	0.736	0.728	0.721
90	0.714	0.706	0.699	0.691	0.684	0.676	0.668	0.661	0.653	0.645
100	0.638	0.630	0.622	0.615	0.607	0.600	0.592	0.585	0.577	0.570
110	0.563	0.555	0.548	0.541	0.534	0.527	0.520	0.514	0.507	0.500
120	0.494	0.488	0.481	0.475	0.469	0.463	0.457	0.451	0.445	0.440
130	0.434	0.429	0.423	0.418	0.412	0.407	0.402	0.397	0.392	0.387
140	0.383	0.378	0.373	0.369	0.364	0.360	0.356	0.351	0.347	0.343
150	0.339	0.335	0.331	0.327	0.323	0.320	0.316	0.312	0.309	0.305
160	0.302	0.298	0.295	0.292	0.289	0.285	0.282	0.279	0.276	0.273
170	0.270	0.267	0.264	0.262	0.259	0.256	0.253	0.251	0.248	0.246
180	0.243	0.241	0.238	0.236	0.233	0.231	0.229	0.226	0.224	0.222
190	0.220	0.218	0.215	0.213	0.211	0.209	0.207	0.205	0.203	0.201
200	0.199	0.198	0.196	0.194	0.192	0.190	0.189	0.187	0.185	0.183
210	0.182	0.180	0.179	0.177	0.175	0.174	0.172	0.171	0.169	0.168
220	0.166	0.165	0.164	0.162	0.161	0.159	0.158	0.157	0.155	0.154
230	0.153	0.152	0.150	0.149	0.148	0.147	0.146	0.144	0.143	0.142
240	0.141	0.140	0.139	0.138	0.136	0.135	0.134	0.133	0.132	0.131
250	0.130									

b 类截面轴心受压构件的稳定系数 φ　　　　　　　　　　附表 1-11

$\lambda\sqrt{\dfrac{f_y}{235}}$	0	1	2	3	4	5	6	7	8	9
0	1.000	1.000	1.000	0.999	0.999	0.998	0.997	0.996	0.995	0.994
10	0.992	0.991	0.989	0.987	0.985	0.983	0.981	0.978	0.976	0.973
20	0.970	0.967	0.963	0.960	0.957	0.953	0.950	0.946	0.943	0.939
30	0.936	0.932	0.929	0.925	0.922	0.918	0.914	0.910	0.906	0.903
40	0.899	0.895	0.891	0.887	0.882	0.878	0.874	0.870	0.865	0.861
50	0.856	0.852	0.847	0.842	0.838	0.833	0.828	0.823	0.818	0.813
60	0.807	0.802	0.797	0.791	0.786	0.780	0.774	0.769	0.763	0.757
70	0.751	0.745	0.739	0.732	0.726	0.720	0.714	0.707	0.701	0.694
80	0.688	0.681	0.675	0.668	0.661	0.655	0.648	0.641	0.635	0.628
90	0.621	0.614	0.608	0.601	0.594	0.588	0.581	0.575	0.568	0.561
100	0.555	0.549	0.542	0.536	0.529	0.523	0.517	0.511	0.505	0.499
110	0.493	0.487	0.481	0.475	0.470	0.464	0.458	0.453	0.447	0.442
120	0.437	0.432	0.426	0.421	0.416	0.411	0.406	0.402	0.397	0.392
130	0.387	0.383	0.378	0.374	0.370	0.365	0.361	0.357	0.353	0.349
140	0.345	0.341	0.337	0.333	0.329	0.326	0.322	0.318	0.315	0.311
150	0.308	0.304	0.301	0.298	0.295	0.291	0.288	0.285	0.282	0.279

$\lambda\sqrt{\frac{f_y}{235}}$	0	1	2	3	4	5	6	7	8	9
160	0.276	0.273	0.270	0.267	0.265	0.262	0.259	0.256	0.254	0.251
170	0.249	0.246	0.244	0.241	0.239	0.236	0.234	0.232	0.229	0.227
180	0.225	0.223	0.220	0.218	0.216	0.214	0.212	0.210	0.208	0.206
190	0.204	0.202	0.200	0.198	0.197	0.195	0.193	0.191	0.190	0.188
200	0.186	0.184	0.183	0.181	0.180	0.178	0.176	0.175	0.173	0.172
210	0.170	0.169	0.167	0.166	0.165	0.163	0.162	0.160	0.159	0.158
220	0.156	0.155	0.154	0.153	0.151	0.150	0.149	0.148	0.146	0.145
230	0.144	0.143	0.142	0.141	0.140	0.138	0.137	0.136	0.135	0.134
240	0.133	0.132	0.131	0.130	0.129	0.128	0.127	0.126	0.125	0.124
250	0.123									

c 类截面轴心受压构件的稳定系数 φ 附表 1-12

$\lambda\sqrt{\frac{f_y}{235}}$	0	1	2	3	4	5	6	7	8	9
0	1.000	1.000	1.000	0.999	0.999	0.998	0.997	0.996	0.995	0.993
10	0.992	0.990	0.988	0.986	0.983	0.981	0.978	0.976	0.973	0.970
20	0.966	0.959	0.953	0.947	0.940	0.934	0.928	0.921	0.915	0.909
30	0.902	0.896	0.890	0.884	0.877	0.871	0.865	0.858	0.852	0.846
40	0.839	0.833	0.826	0.820	0.814	0.807	0.801	0.794	0.788	0.781
50	0.775	0.768	0.762	0.755	0.748	0.742	0.735	0.729	0.722	0.715
60	0.709	0.702	0.695	0.689	0.682	0.676	0.669	0.662	0.656	0.649
70	0.643	0.636	0.629	0.623	0.616	0.610	0.604	0.597	0.591	0.584
80	0.578	0.572	0.566	0.559	0.553	0.547	0.541	0.535	0.529	0.523
90	0.517	0.511	0.505	0.500	0.494	0.488	0.483	0.477	0.472	0.467
100	0.463	0.458	0.454	0.449	0.445	0.441	0.436	0.432	0.428	0.423
110	0.419	0.415	0.411	0.407	0.403	0.399	0.395	0.391	0.387	0.383
120	0.379	0.375	0.371	0.367	0.364	0.360	0.356	0.353	0.349	0.346
130	0.342	0.339	0.335	0.332	0.328	0.325	0.322	0.319	0.315	0.312
140	0.309	0.306	0.303	0.300	0.297	0.294	0.291	0.288	0.285	0.282
150	0.280	0.277	0.274	0.271	0.269	0.266	0.264	0.261	0.258	0.256
160	0.254	0.251	0.249	0.246	0.244	0.242	0.239	0.237	0.235	0.233
170	0.230	0.228	0.226	0.224	0.222	0.220	0.218	0.216	0.214	0.212
180	0.210	0.208	0.206	0.205	0.203	0.201	0.199	0.197	0.196	0.194
190	0.192	0.190	0.189	0.187	0.186	0.184	0.182	0.181	0.179	0.178
200	0.176	0.175	0.173	0.172	0.170	0.169	0.168	0.166	0.165	0.163
210	0.162	0.161	0.159	0.158	0.157	0.156	0.154	0.153	0.152	0.151
220	0.150	0.148	0.147	0.146	0.145	0.144	0.143	0.142	0.140	0.139
230	0.138	0.137	0.136	0.135	0.134	0.133	0.132	0.131	0.130	0.129
240	0.128	0.127	0.126	0.125	0.124	0.124	0.123	0.122	0.121	0.120
250	0.119									

d 类截面轴心受压构件的稳定系数 φ

附表 1-13

$\lambda\sqrt{\dfrac{f_y}{235}}$	0	1	2	3	4	5	6	7	8	9
0	1.000	1.000	0.999	0.999	0.998	0.996	0.994	0.992	0.990	0.987
10	0.984	0.981	0.978	0.974	0.969	0.965	0.960	0.955	0.949	0.944
20	0.937	0.927	0.918	0.909	0.900	0.891	0.883	0.874	0.865	0.857
30	0.848	0.840	0.831	0.823	0.815	0.807	0.799	0.790	0.782	0.774
40	0.766	0.759	0.751	0.743	0.735	0.728	0.720	0.712	0.705	0.697
50	0.690	0.683	0.675	0.668	0.661	0.654	0.646	0.639	0.632	0.625
60	0.618	0.612	0.605	0.598	0.591	0.585	0.578	0.572	0.565	0.559
70	0.552	0.546	0.540	0.534	0.528	0.522	0.516	0.510	0.504	0.498
80	0.493	0.487	0.481	0.476	0.470	0.465	0.460	0.454	0.449	0.444
90	0.439	0.434	0.429	0.424	0.419	0.414	0.410	0.405	0.401	0.397
100	0.394	0.390	0.387	0.383	0.380	0.376	0.373	0.370	0.366	0.363
110	0.359	0.356	0.353	0.350	0.346	0.343	0.340	0.337	0.334	0.331
120	0.328	0.325	0.322	0.319	0.316	0.313	0.310	0.307	0.304	0.301
130	0.299	0.296	0.293	0.290	0.288	0.285	0.282	0.280	0.277	0.275
140	0.272	0.270	0.267	0.265	0.262	0.260	0.258	0.255	0.253	0.251
150	0.248	0.246	0.244	0.242	0.240	0.237	0.235	0.233	0.231	0.229
160	0.227	0.225	0.223	0.221	0.219	0.217	0.215	0.213	0.212	0.210
170	0.208	0.206	0.204	0.203	0.201	0.199	0.197	0.196	0.194	0.192
180	0.191	0.189	0.188	0.186	0.184	0.183	0.181	0.180	0.178	0.177
190	0.176	0.174	0.173	0.171	0.170	0.168	0.167	0.166	0.164	0.163
200	0.162									

无侧移框架柱的计算长度系数 μ

附表 1-14

K_2 \ K_1	0	0.05	0.1	0.2	0.3	0.4	0.5	1	2	3	4	5	≥10
0	1.000	0.990	0.981	0.964	0.949	0.935	0.922	0.875	0.820	0.791	0.773	0.760	0.732
0.05	0.990	0.981	0.971	0.955	0.940	0.926	0.914	0.867	0.814	0.784	0.766	0.754	0.726
0.1	0.981	0.971	0.962	0.946	0.931	0.918	0.906	0.860	0.807	0.778	0.760	0.748	0.721
0.2	0.964	0.955	0.946	0.930	0.916	0.903	0.891	0.846	0.795	0.767	0.749	0.737	0.711
0.3	0.949	0.940	0.931	0.916	0.902	0.889	0.878	0.834	0.784	0.756	0.739	0.728	0.701
0.4	0.935	0.926	0.918	0.903	0.889	0.877	0.866	0.823	0.774	0.747	0.730	0.719	0.693
0.5	0.922	0.914	0.906	0.891	0.878	0.866	0.855	0.813	0.765	0.738	0.721	0.710	0.685
1	0.875	0.867	0.860	0.846	0.834	0.823	0.813	0.774	0.729	0.704	0.688	0.677	0.654
2	0.820	0.814	0.807	0.795	0.784	0.774	0.765	0.729	0.686	0.663	0.648	0.638	0.615
3	0.791	0.784	0.778	0.767	0.756	0.747	0.738	0.704	0.663	0.640	0.625	0.616	0.593

K_1 / K_2	0	0.05	0.1	0.2	0.3	0.4	0.5	1	2	3	4	5	≥10
4	0.773	0.766	0.760	0.749	0.739	0.730	0.721	0.688	0.648	0.625	0.611	0.601	0.580
5	0.760	0.754	0.748	0.737	0.728	0.719	0.710	0.677	0.638	0.616	0.601	0.592	0.570
≥10	0.732	0.726	0.721	0.711	0.701	0.693	0.685	0.654	0.615	0.593	0.580	0.570	0.549

注：1. 表中的计算长度系数 μ 值系按下式算得：

$$\left[\left(\frac{\pi}{\mu}\right)^2 + 2(K_1+K_2) - 4K_1K_2\right]\frac{\pi}{\mu}\cdot\sin\frac{\pi}{\mu} - 2\left[(K_1+K_2)\left(\frac{\pi}{\mu}\right)^2 + 4K_1K_2\right]\cos\frac{\pi}{\mu} + 8K_1K_2 = 0$$

K_1、K_2——分别为相交于柱上端、柱下端的横梁线刚度之和与柱线刚度之和的比值。当梁远端为铰接时，应将横梁线刚度乘以 1.5；当横梁远端为嵌固时，则将横梁线刚度乘以 2.0。

2. 当横梁与柱铰接时，取横梁线刚度为零。

3. 对底层框架柱：当柱与基础铰接时，取 $K_2=0$（对平板支座可取 $K_2=0.1$）；当柱与基础刚接时，取 $K_2=10$。

4. 当与柱刚性连接的横梁所受轴心压力 N_b 较大时，横梁线刚度应乘以折减系数 α_N：

横梁远端与柱刚接和横梁远端铰支时　　$\alpha_N = 1 - N_b/N_{Eb}$

横梁远端嵌固时　　$\alpha_N = 1 - N_b/(2N_{Eb})$

式中，$N_{Eb} = \pi^2 EI_b/l^2$，I_b 为横梁截面惯性矩，l 为横梁长度。

有侧移框架柱的计算长度系数 μ

附表 1-15

K_1 / K_2	0	0.05	0.1	0.2	0.3	0.4	0.5	1	2	3	4	5	≥10
0	∞	6.02	4.46	3.42	3.01	2.78	2.64	2.33	2.17	2.11	2.08	2.07	2.03
0.05	6.02	4.16	3.47	2.86	2.58	2.42	2.31	2.07	1.94	1.90	1.87	1.86	1.83
0.1	4.46	3.47	3.01	2.56	2.33	2.20	2.11	1.90	1.79	1.75	1.73	1.72	1.70
0.2	3.42	2.86	2.56	2.23	2.05	1.94	1.87	1.70	1.60	1.57	1.55	1.54	1.52
0.3	3.01	2.58	2.33	2.05	1.90	1.80	1.74	1.58	1.49	1.46	1.45	1.44	1.42
0.4	2.78	2.42	2.20	1.94	1.80	1.71	1.65	1.50	1.42	1.39	1.37	1.37	1.35
0.5	2.64	2.31	2.11	1.87	1.74	1.65	1.59	1.45	1.37	1.34	1.32	1.32	1.30
1	2.33	2.07	1.90	1.70	1.58	1.50	1.45	1.32	1.24	1.21	1.20	1.19	1.17
2	2.17	1.94	1.79	1.60	1.49	1.42	1.37	1.24	1.16	1.14	1.12	1.12	1.10
3	2.11	1.90	1.75	1.57	1.46	1.39	1.34	1.21	1.14	1.11	1.10	1.09	1.07
4	2.08	1.87	1.73	1.55	1.45	1.37	1.32	1.20	1.12	1.10	1.08	1.08	1.06
5	2.07	1.86	1.72	1.54	1.44	1.37	1.32	1.19	1.12	1.09	1.08	1.07	1.05
≥10	2.03	1.83	1.70	1.52	1.42	1.35	1.30	1.17	1.10	1.07	1.06	1.05	1.03

注：1. 表中的计算长度系数 μ 值系按下式算得：

$$\left[36K_1K_2 - \left(\frac{\pi}{\mu}\right)^2\right]\sin\frac{\pi}{\mu} + 6(K_1+K_2)\frac{\pi}{\mu}\cdot\cos\frac{\pi}{\mu} = 0$$

K_1、K_2——分别为相交于柱上端、柱下端的横梁线刚度之和与柱线刚度之和的比值。当横梁远端为铰接时，应将横梁线刚度乘以 0.5；当横梁远端为嵌固时，则将横梁线刚度乘以 2/3；

2. 当横梁与柱铰接时，取横梁线刚度为零；

3. 对底层框架柱：当柱与基础铰接时，取 $K_2=0$（对平板支座可取 $K_2=0.1$）；当柱与基础刚接时，取 $K_2=10$；

4. 当与柱刚性连接的横梁所受轴心压力 N_b 较大时，横梁线刚度应乘以折减系数 α_N：

横梁远端与柱刚接时　　$\alpha_N = 1 - N_b/(4N_{Eb})$

横梁远端铰支时　　$\alpha_N = 1 - N_b/N_{Eb}$

横梁远端嵌固时　　$\alpha_N = 1 - N_b/(2N_{Eb})$

N_{Eb} 的计算式见附表 1-14 注 4。

无筋砌体矩形截面偏心受压构件承载力影响系数 φ（砂浆强度等级≥M5）　　附表 1-16

β	$\dfrac{e}{h}$ 或 $\dfrac{e}{h_{\mathrm{T}}}$												
	0	0.025	0.05	0.075	0.1	0.125	0.15	0.175	0.2	0.225	0.25	0.275	0.3
≤3	1	0.99	0.97	0.94	0.89	0.84	0.79	0.73	0.68	0.62	0.57	0.52	0.48
4	0.98	0.95	0.90	0.85	0.80	0.74	0.69	0.64	0.58	0.53	0.49	0.45	0.41
6	0.95	0.91	0.86	0.81	0.75	0.69	0.64	0.59	0.54	0.49	0.45	0.42	0.38
8	0.91	0.86	0.81	0.76	0.70	0.64	0.59	0.54	0.50	0.46	0.42	0.39	0.36
10	0.87	0.82	0.76	0.71	0.65	0.60	0.55	0.50	0.46	0.42	0.39	0.36	0.33
12	0.82	0.77	0.71	0.66	0.60	0.55	0.51	0.47	0.43	0.39	0.36	0.33	0.31
14	0.77	0.72	0.66	0.61	0.56	0.51	0.47	0.43	0.40	0.36	0.34	0.31	0.29
16	0.72	0.67	0.61	0.56	0.52	0.47	0.44	0.40	0.37	0.34	0.31	0.29	0.27
18	0.67	0.62	0.57	0.52	0.48	0.44	0.40	0.37	0.34	0.31	0.29	0.27	0.25
20	0.62	0.57	0.53	0.48	0.44	0.40	0.37	0.34	0.32	0.29	0.27	0.25	0.23
22	0.58	0.53	0.49	0.45	0.41	0.38	0.35	0.32	0.30	0.27	0.25	0.24	0.22
24	0.54	0.49	0.45	0.41	0.38	0.35	0.32	0.30	0.28	0.26	0.24	0.22	0.21
26	0.50	0.46	0.42	0.38	0.35	0.33	0.30	0.28	0.26	0.24	0.22	0.21	0.19
28	0.46	0.42	0.39	0.36	0.33	0.30	0.28	0.26	0.24	0.22	0.21	0.19	0.18
30	0.42	0.39	0.36	0.33	0.31	0.28	0.26	0.24	0.22	0.21	0.20	0.18	0.17

无筋砌体矩形截面偏心受压构件承载力影响系数 φ（砂浆强度等级 M2.5）　　附表 1-17

β	$\dfrac{e}{h}$ 或 $\dfrac{e}{h_{\mathrm{T}}}$												
	0	0.025	0.05	0.075	0.1	0.125	0.15	0.175	0.2	0.225	0.25	0.275	0.3
≤3	1	0.99	0.97	0.94	0.89	0.84	0.79	0.73	0.68	0.62	0.57	0.52	0.48
4	0.97	0.94	0.89	0.84	0.78	0.73	0.67	0.62	0.57	0.52	0.48	0.44	0.40
6	0.93	0.89	0.84	0.78	0.73	0.67	0.62	0.57	0.52	0.48	0.44	0.40	0.37
8	0.89	0.84	0.78	0.72	0.67	0.62	0.57	0.52	0.48	0.44	0.40	0.37	0.34
10	0.83	0.78	0.72	0.67	0.61	0.56	0.52	0.47	0.43	0.40	0.37	0.34	0.31
12	0.78	0.72	0.67	0.61	0.56	0.52	0.47	0.43	0.40	0.37	0.34	0.31	0.29
14	0.72	0.66	0.61	0.56	0.51	0.47	0.43	0.40	0.36	0.34	0.31	0.29	0.27
16	0.66	0.61	0.56	0.51	0.47	0.43	0.40	0.36	0.34	0.31	0.29	0.26	0.25
18	0.61	0.56	0.51	0.47	0.43	0.40	0.36	0.33	0.31	0.29	0.26	0.24	0.23
20	0.56	0.51	0.47	0.43	0.39	0.36	0.33	0.31	0.28	0.26	0.24	0.23	0.21
22	0.51	0.47	0.43	0.39	0.36	0.33	0.31	0.28	0.26	0.24	0.23	0.21	0.20
24	0.46	0.43	0.39	0.36	0.33	0.31	0.28	0.26	0.24	0.23	0.21	0.20	0.18
26	0.42	0.39	0.36	0.33	0.31	0.28	0.26	0.24	0.22	0.21	0.20	0.18	0.17
28	0.39	0.36	0.33	0.30	0.28	0.26	0.24	0.22	0.21	0.20	0.18	0.17	0.16
30	0.36	0.33	0.30	0.28	0.26	0.24	0.22	0.21	0.20	0.18	0.17	0.16	0.15

无筋砌体矩形截面偏心受压构件承载力影响系数 φ（砂浆强度 0）　　附表 1-18

β	$\dfrac{e}{h}$ 或 $\dfrac{e}{h_T}$												
	0	0.025	0.05	0.075	0.1	0.125	0.15	0.175	0.2	0.225	0.25	0.275	0.3
$\leqslant 3$	1	0.99	0.97	0.94	0.89	0.84	0.79	0.73	0.68	0.62	0.57	0.52	0.48
4	0.87	0.82	0.77	0.71	0.66	0.60	0.55	0.51	0.46	0.43	0.39	0.36	0.33
6	0.76	0.70	0.65	0.59	0.54	0.50	0.46	0.42	0.39	0.36	0.33	0.30	0.28
8	0.63	0.58	0.54	0.49	0.45	0.41	0.38	0.35	0.32	0.30	0.28	0.25	0.24
10	0.53	0.48	0.44	0.41	0.37	0.34	0.32	0.29	0.27	0.25	0.23	0.22	0.20
12	0.44	0.40	0.37	0.34	0.31	0.29	0.27	0.25	0.23	0.21	0.20	0.19	0.17
14	0.36	0.33	0.31	0.28	0.26	0.24	0.23	0.21	0.20	0.18	0.17	0.16	0.15
16	0.30	0.28	0.26	0.24	0.22	0.21	0.19	0.18	0.17	0.16	0.15	0.14	0.13
18	0.26	0.24	0.22	0.21	0.19	0.18	0.17	0.16	0.15	0.14	0.13	0.12	0.12
20	0.22	0.20	0.19	0.18	0.17	0.16	0.15	0.14	0.13	0.12	0.12	0.11	0.10
22	0.19	0.18	0.16	0.15	0.14	0.14	0.13	0.12	0.12	0.11	0.10	0.10	0.09
24	0.16	0.15	0.14	0.13	0.13	0.12	0.11	0.11	0.10	0.10	0.09	0.09	0.08
26	0.14	0.13	0.13	0.12	0.11	0.11	0.10	0.10	0.09	0.09	0.08	0.08	0.07
28	0.12	0.12	0.11	0.11	0.10	0.10	0.09	0.09	0.08	0.08	0.08	0.07	0.07
30	0.11	0.10	0.10	0.09	0.09	0.09	0.08	0.08	0.07	0.07	0.07	0.07	0.06

注：砂浆强度 0 是指施工阶段砂浆尚未硬化的新砌砌体，可按砂浆强度为 0 确定其砌体强度；还有冬期施工冻结法砌墙，在解冻期，也是砂浆强度为 0。

网状配筋砖砌体矩形截面偏心受压构件承载力影响系数 φ_n　　附表 1-19

ρ	β \ e/h	0	0.05	0.10	0.15	0.17
0.1	4	0.97	0.89	0.78	0.67	0.63
	6	0.93	0.84	0.73	0.62	0.58
	8	0.89	0.78	0.67	0.57	0.53
	10	0.84	0.72	0.62	0.52	0.48
	12	0.78	0.67	0.56	0.48	0.44
	14	0.72	0.61	0.52	0.44	0.41
	16	0.67	0.56	0.47	0.40	0.37
0.3	4	0.96	0.87	0.76	0.65	0.61
	6	0.91	0.80	0.69	0.59	0.55
	8	0.84	0.74	0.62	0.53	0.49
	10	0.78	0.67	0.56	0.47	0.44
	12	0.71	0.60	0.51	0.43	0.40
	14	0.64	0.54	0.46	0.38	0.36
	16	0.58	0.49	0.41	0.35	0.32

ρ	β \ e/h	0	0.05	0.10	0.15	0.17
0.5	4	0.94	0.85	0.74	0.63	0.59
	6	0.88	0.77	0.66	0.56	0.52
	8	0.81	0.69	0.59	0.50	0.46
	10	0.73	0.62	0.52	0.44	0.41
	12	0.65	0.55	0.46	0.39	0.36
	14	0.58	0.49	0.41	0.35	0.32
	16	0.51	0.43	0.36	0.31	0.29
0.7	4	0.93	0.83	0.72	0.61	0.57
	6	0.86	0.75	0.63	0.53	0.50
	8	0.77	0.66	0.56	0.47	0.43
	10	0.68	0.58	0.49	0.41	0.38
	12	0.60	0.50	0.42	0.36	0.33
	14	0.52	0.44	0.37	0.31	0.30
	16	0.46	0.38	0.33	0.28	0.26
0.9	4	0.92	0.82	0.71	0.60	0.56
	6	0.83	0.72	0.61	0.52	0.48
	8	0.73	0.63	0.53	0.45	0.42
	10	0.64	0.54	0.46	0.38	0.36
	12	0.55	0.47	0.39	0.33	0.31
	14	0.48	0.40	0.34	0.29	0.27
	16	0.41	0.35	0.30	0.25	0.24
1.0	4	0.91	0.81	0.70	0.59	0.55
	6	0.82	0.71	0.60	0.51	0.47
	8	0.72	0.61	0.52	0.43	0.41
	10	0.62	0.53	0.44	0.37	0.35
	12	0.54	0.45	0.38	0.32	0.30
	14	0.46	0.39	0.33	0.28	0.26
	16	0.39	0.34	0.28	0.24	0.23

附录 2　热轧型钢规格及截面特性

热轧普通工字钢的规格及截面特性（依据 GB/T 706—2016）

附表 2-1

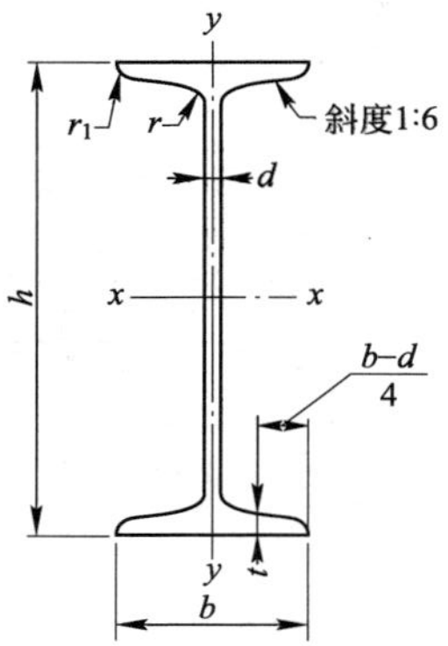

h—高度；
b—腿宽度；
d—腰厚度；
t—平均腿厚度；
r—内圆弧半径；
r_1—腿端圆弧半径。

型号	截面尺寸（mm）						截面面积（cm²）	理论重量（kg/m）	惯性矩（cm⁴）		惯性半径（cm）		截面模数（cm³）	
	h	b	d	t	r	r_1			I_x	I_y	i_x	i_y	W_x	W_y
10	100	68	4.5	7.6	6.5	3.3	14.345	11.261	245	33.0	4.14	1.52	49.0	9.72
12	120	74	5.0	8.4	7.0	3.5	17.818	13.987	436	46.9	4.95	1.62	72.7	12.7
12.6	126	74	5.0	8.4	7.0	3.5	18.118	14.223	488	46.9	5.20	1.61	77.5	12.7
14	140	80	5.5	9.1	7.5	3.8	21.516	16.890	712	64.4	5.76	1.73	102	16.1
16	160	88	6.0	9.9	8.0	4.0	26.131	20.513	1130	93.1	6.58	1.89	141	21.2
18	180	94	6.5	10.7	8.5	4.3	30.756	24.143	1660	122	7.36	2.00	185	26.0

续表

型号	截面尺寸(mm)						截面面积(cm²)	理论重量(kg/m)	惯性矩(cm⁴)		惯性半径(cm)		截面模数(cm³)	
	h	b	d	t	r	r_1			I_x	I_y	i_x	i_y	W_x	W_y
20a	200	100	7.0	11.4	9.0	4.5	35.578	27.929	2370	158	8.15	2.12	237	31.5
20b	200	102	9.0	11.4	9.0	4.5	39.578	31.069	2500	169	7.96	2.06	250	33.1
22a	220	110	7.5	12.3	9.5	4.8	42.128	33.070	3400	225	8.99	2.31	309	40.9
22b	220	112	9.5	12.3	9.5	4.8	46.528	36.524	3570	239	8.78	2.27	325	42.7
24a	240	116	8.0	13.0	10.0	5.0	47.741	37.477	4570	280	9.77	2.42	381	48.4
24b	240	118	10.0	13.0	10.0	5.0	52.541	41.245	4800	297	9.57	2.38	400	50.4
25a	250	116	8.0	13.0	10.0	5.0	48.541	38.105	5020	280	10.2	2.40	402	48.3
25b	250	118	10.0	13.0	10.0	5.0	53.541	42.030	5280	309	9.94	2.40	423	52.4
27a	270	122	8.5	13.7	10.5	5.3	54.554	42.825	6550	345	10.9	2.51	485	56.6
27b	270	124	10.5	13.7	10.5	5.3	59.954	47.064	6870	366	10.7	2.47	509	58.9
28a	280	122	8.5	13.7	10.5	5.3	55.404	43.492	7110	345	11.3	2.50	508	56.6
28b	280	124	10.5	13.7	10.5	5.3	61.004	47.888	7480	379	11.1	2.49	534	61.2
30a	300	126	9.0	14.4	11.0	5.5	61.254	48.084	8950	400	12.1	2.55	597	63.5
30b	300	128	11.0	14.4	11.0	5.5	67.254	52.794	9400	422	11.8	2.50	627	65.9
30c	300	130	13.0	14.4	11.0	5.5	73.254	57.504	9850	445	11.6	2.46	657	68.5
32a	320	130	9.5	15.0	11.5	5.8	67.156	52.717	11100	460	12.8	2.62	692	70.8
32b	320	132	11.5	15.0	11.5	5.8	73.556	57.741	11600	484*	12.6	2.61	726	76.0
32c	320	134	13.5	15.0	11.5	5.8	79.956	62.765	12200	510*	12.3	2.61	760	81.2
36a	360	136	10.0	15.8	12.0	6.0	76.480	60.037	15800	552	14.4	2.69	875	81.2
36b	360	138	12.0	15.8	12.0	6.0	83.680	65.689	16500	582	14.1	2.64	919	84.3
36c	360	140	14.0	15.8	12.0	6.0	90.880	71.341	17300	612	13.8	2.60	962	87.4

续表

型号	截面尺寸(mm)						截面面积(cm²)	理论重量(kg/m)	惯性矩(cm⁴)		惯性半径(cm)		截面模数(cm³)	
	h	b	d	t	r	r_1			I_x	I_y	i_x	i_y	W_x	W_y
40a	400	142	10.5	16.5	12.5	6.3	86.112	67.598	21700	660	15.9	2.77	1090	93.2
40b		144	12.5	16.5	12.5	6.3	94.112	73.878	22800	692	15.6	2.71	1140	96.2
40c		146	14.5	16.5	12.5	6.3	102.112	80.158	23900	727	15.2	2.65	1190	99.6
45a	450	150	11.5	18.0	13.5	6.8	102.446	80.420	32200	855	17.7	2.89	1430	114
45b		152	13.5	18.0	13.5	6.8	111.446	87.485	33800	894	17.4	2.84	1500	118
45c		154	15.5	18.0	13.5	6.8	120.446	94.550	35300	938	17.1	2.79	1570	122
50a	500	158	12.0	20.0	14.0	7.0	119.304	93.654	46500	1120	19.7	3.07	1860	142
50b		160	14.0	20.0	14.0	7.0	129.304	101.504	48600	1170	19.4	3.01	1940	146
50c		162	16.0	20.0	14.0	7.0	139.304	109.354	50600	1220	19.0	2.96	2080	151
55a	550	166	12.5	21.0	14.5	7.3	134.185	105.335	62900	1370	21.6	3.19	2290	164
55b		168	14.5	21.0	14.5	7.3	145.185	113.970	65600	1420	21.2	3.14	2390	170
55c		170	16.5	21.0	14.5	7.3	156.185	122.605	68400	1480	20.9	3.08	2490	175
56a	560	166	12.5	21.0	14.5	7.3	135.435	106.316	65600	1370	22.0	3.18	2340	165
56b		168	14.5	21.0	14.5	7.3	146.635	115.108	68500	1490	21.6	3.16	2450	174
56c		170	16.5	21.0	14.5	7.3	157.835	123.900	71400	1560	21.3	3.16	2550	183
63a	630	176	13.0	22.0	15.0	7.5	154.658	121.407	93900	1700	24.5	3.31	2980	193
63b		178	15.0	22.0	15.0	7.5	167.258	131.298	93100	1810	24.2	3.29	3160	204
63c		180	17.0	22.0	15.0	7.5	179.858	141.189	102000	1920	23.8	3.27	3300	214

注：1. 表中 r、r_1 的数据用于孔型设计，不做交货条件。
2. 标以"*"者在标准中分别为502、544，有误。

热轧普通槽钢的规格及截面特性（依据 GB/T 706—2016）

附表 2-2

h—高度；
b—腿宽度；
d—腰厚度；
t—平均腿厚度；
r—内圆弧半径；
r1—腿端圆弧半径；
Z_0—yy 轴与 y_1y_1 轴间距。

斜度 1:10

型号	截面尺寸（mm）						截面面积（cm²）	理论重量（kg/m）	惯性矩（cm⁴）			惯性半径（cm）		截面模数（cm³）		重心距离（cm）
	h	b	d	t	r	r_1			I_x	I_y	I_{y1}	i_x	i_y	W_x	W_y	Z_0
5	50	37	4.5	7.0	7.0	3.5	6.928	5.438	26.0	8.30	20.9	1.94	1.10	10.4	3.55	1.35
6.3	63	40	4.8	7.5	7.5	3.8	8.451	6.634	50.8	11.9	28.4	2.45	1.19	16.1	4.50	1.36
6.5	65	40	4.8*	7.5	7.5	3.8	8.547	6.709	55.2	12.0	28.3	2.54	1.19	17.0	4.59	1.38
8	80	43	5.0	8.0	8.0	4.0	10.248	8.045	101	16.6	37.4	3.15	1.27	25.3	5.79	1.43
10	100	48	5.3	8.5	8.5	4.2	12.748	10.007	198	25.6	54.9	3.95	1.41	39.7	7.80	1.52
12	120	53	5.5	9.0	9.0	4.5	15.362	12.059	346	37.4	77.7	4.75	1.56	57.7	10.2	1.62
12.6	126	53	5.5	9.0	9.0	4.5	15.692	12.318	391	38.0	77.1	4.95	1.57	62.1	10.2	1.59
14a	140	58	6.0	9.5	9.5	4.8	18.516	14.535	564	53.2	107	5.52	1.70	80.5	13.0	1.71
14b	140	60	8.0	9.5	9.5	4.8	21.316	16.733	609	61.1	121	5.35	1.69	87.1	14.1	1.67
16a	160	63	6.5	10.0	10.0	5.0	21.962	17.24	866	73.3	144	6.28	1.83	108	16.3	1.80
16b	160	65	8.5	10.0	10.0	5.0	25.162	19.752	935	83.4	161	6.10	1.82	117	17.6	1.75
18a	180	68	7.0	10.5	10.5	5.2	25.699	20.174	1270	98.6	190	7.04	1.96	141	20.0	1.88
18b	180	70	9.0	10.5	10.5	5.2	29.299	23.000	1370	111	210	6.84	1.95	152	21.5	1.84
20a	200	73	7.0	11.0	11.0	5.5	28.837	22.637	1780	128	244	7.86	2.11	178	24.2	2.01
20b	200	75	9.0	11.0	11.0	5.5	32.837	25.777	1910	144	268	7.64	2.09	191	25.9	1.95
22a	220	77	7.0	11.5	11.5	5.8	31.846	24.999	2390	158	298	8.67	2.23	218	28.2	2.10
22b	220	79	9.0	11.5	11.5	5.8	36.246	28.453	2570	176	326	8.42	2.21	234	30.1	2.03

续表

型号	截面尺寸(mm)						截面面积(cm²)	理论重量(kg/m)	惯性矩(cm⁴)			惯性半径(cm)		截面模数(cm³)		重心距离 Z_0(cm)
	h	b	d	t	r	r_1			I_x	I_y	I_{y1}	i_x	i_y	W_x	W_y	
24a	240	78	7.0	12.0	12.0	6.0	34.217	26.860	3050	174	325	9.45	2.25	254	30.5	2.10
24b		80	9.0				39.017	30.628	3280	194	355	9.17	2.23	274	32.5	2.03
24c		82	11.0				43.817	34.396	3510	213	388	8.96	2.21	293	34.4	2.00
25a	250	78	7.0				34.917	27.410	3370	176	322	9.82	2.24	270	30.6	2.07
25b		80	9.0				39.917	31.335	3620*	196	353	9.41	2.22	282	32.7	1.98
25c		82	11.0				44.917	35.260	3880*	216*	384	9.07	2.21	295	35.9	1.92
27a	270	82	7.5	12.5	12.5	6.2	39.284	30.838	4360	216	393	10.5	2.34	323	35.5	2.13
27b		84	9.5				44.684	35.077	4690	239	428	10.3	2.31	347	37.7	2.06
27c		86	11.5				50.084	39.316	5020	261	467	10.1	2.28	372	39.8	2.03
28a	280	82	7.5				40.034	31.427	4760	218	388	10.9	2.33	340	35.7	2.10
28b		84	9.5				45.634	35.823	5130	242	428	10.6	2.30	366	37.9	2.02
28c		86	11.5				51.234	40.219	5500	264*	463	10.4	2.29	393	40.3	1.95
30a	300	85	7.5	13.5	13.5	6.8	43.902	34.463	6050	260	467	11.7	2.43	403	41.1	2.17
30b		87	9.5				49.902	39.173	6500	289	515	11.4	2.41	433	44.0	2.13
30c		89	11.5				55.902	43.883	6950	316	560	11.2	2.38	463	46.4	2.09
32a	320	88	8.0	14.0	14.0	7.0	48.513	38.083	7600	305	552	12.5	2.50	475	46.5	2.24
32b		90	10.0				54.913	43.107	8140	336*	593	12.2	2.47	509	49.2	2.16
32c		92	12.0				61.313	48.131	8690	374	643	11.9	2.47	543	52.6	2.09
36a	360	96	9.0	16.0	16.0	8.0	60.910	47.814	11900	455	818	14.0	2.73	660	63.5	2.44
36b		98	11.0				68.110	53.466	12700	497	880	13.6	2.70	703	66.9	2.37
36c		100	13.0				75.310	59.118	13400	536	948	13.4	2.67	746	70.0	2.34
40a	400	100	10.5	18.0	18.0	9.0	75.068	58.928	17600	592	1070	15.3	2.81	879	78.8	2.49
40b		102	12.5				83.068	65.208	18600	640	1140	15.0	2.78	932	82.5	2.44
40c		104	14.5				91.068	71.488	19700	688	1220	14.7	2.75	986	86.2	2.42

注：1. 表中 r、r_1 的数据用于孔型设计，不做交货条件。

2. 标以 * 者，标准原文数据较真实值相差1%以上，已改正。

附表 2-3

热轧等边边角钢的规格及截面特性（依据 GB/T 706—2016）

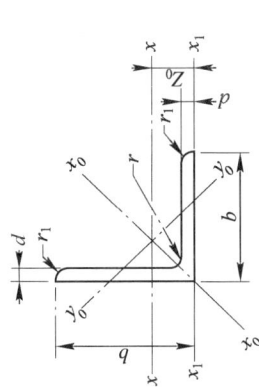

b—边宽度；
d—边厚度；
r—内圆弧半径；
r₁—边端圆弧半径；
Z₀—重心距离。

型号	截面尺寸 (mm)			截面面积 (cm²)	理论重量 (kg/m)	外表面积 (m²/m)	惯性矩 (cm⁴)				惯性半径 (cm)			截面模数 (cm³)			重心距离 (cm)
	b	d	r				I_x	I_{x1}	I_{x0}	I_{y0}	i_x	i_{x0}	i_{y0}	W_x	W_{x0}	W_{y0}	Z_0
2	20	3	3.5	1.132	0.889	0.078	0.40	0.81	0.63	0.17	0.59	0.75	0.39	0.29	0.45	0.20	0.60
		4		1.459	1.145	0.077	0.50	1.09	0.78	0.22	0.58	0.73	0.38	0.36	0.55	0.24	0.64
2.5	25	3		1.432	1.124	0.098	0.82	1.57	1.29	0.34	0.76	0.95	0.49	0.46	0.73	0.33	0.73
		4		1.859	1.459	0.097	1.03	2.11	1.62	0.43	0.74	0.93	0.48	0.59	0.92	0.40	0.76
3.0	30	3	4.5	1.749	1.373	0.117	1.46	2.71	2.31	0.61	0.91	1.15	0.59	0.68	1.09	0.51	0.85
		4		2.276	1.786	0.117	1.84	3.63	2.92	0.77	0.90	1.13	0.58	0.87	1.37	0.62	0.89
3.6	36	3		2.109	1.656	0.141	2.58	4.68	4.09	1.07	1.11	1.39	0.71	0.99	1.61	0.76	1.00
		4		2.756	2.163	0.141	3.29	6.25	5.22	1.37	1.09	1.38	0.70	1.28	2.05	0.93	1.04
		5		3.382	2.654	0.141	3.95	7.84	6.24	1.65	1.08	1.36	0.70	1.56	2.45	1.00	1.07
4	40	3	5	2.359	1.852	0.157	3.59	6.41	5.69	1.49	1.23	1.55	0.79	1.23	2.01	0.96	1.09
		4		3.086	2.422	0.157	4.60	8.56	7.29	1.91	1.22	1.54	0.79	1.60	2.58	1.19	1.13
		5		3.791	2.976	0.156	5.53	10.74	8.76	2.30	1.21	1.52	0.78	1.96	3.10	1.39	1.17
4.5	45	3		2.659	2.088	0.177	5.17	9.12	8.20	2.14	1.40	1.76	0.89	1.58	2.58	1.24	1.22
		4		3.486	2.736	0.177	6.65	12.18	10.56	2.75	1.38	1.74	0.89	2.05	3.32	1.54	1.26
		5		4.292	3.369	0.176	8.04	15.2	12.74	3.33	1.37	1.72	0.88	2.51	4.00	1.81	1.30
		6		5.076	3.985	0.176	9.33	18.36	14.76	3.89	1.36	1.70	0.88	2.95	4.64	2.06	1.33

续表

型号	截面尺寸(mm)			截面面积(cm²)	理论重量(kg/m)	外表面积(m²/m)	惯性矩(cm⁴)				惯性半径(cm)			截面模数(cm³)			重心距离(cm)
	b	d	r				I_x	I_{x1}	I_{x0}	I_{y0}	i_x	i_{x0}	i_{y0}	W_x	W_{x0}	W_{y0}	Z_0
5	50	3	5.5	2.971	2.332	0.197	7.18	12.5	11.37	2.98	1.55	1.96	1.00	1.96	3.22	1.57	1.34
		4		3.897	3.059	0.197	9.26	16.69	14.70	3.82	1.54	1.94	0.99	2.56	4.16	1.96	1.38
		5		4.803	3.770	0.196	11.21	20.90	17.79	4.64	1.53	1.92	0.98	3.13	5.03	2.31	1.42
		6		5.688	4.465	0.196	13.05	25.14	20.68	5.52	1.52	1.91	0.98	3.68	5.85	2.63	1.46
5.6	56	3	6	3.343	2.624	0.221	10.19	17.56	16.14	4.24	1.75	2.20	1.13	2.48	4.08	2.02	1.48
		4		4.390	3.446	0.220	13.18	23.53	20.92	5.46	1.73	2.18	1.11	3.24	5.28	2.52	1.53
		5		5.415	4.251	0.220	16.02	29.33	25.42	6.61	1.72	2.17	1.10	3.97	6.42	2.98	1.57
		6		6.420	5.040	0.220	18.69	35.26	29.66	7.73	1.71	2.15	1.10	4.68	7.49	3.40	1.61
		7		7.404	5.812	0.219	21.23	41.23	33.63	8.82	1.69	2.13	1.09	5.36	8.49	3.80	1.64
		8		8.367	6.568	0.219	23.63	47.24	37.37	9.89	1.68	2.11	1.09	6.03	9.44	4.16	1.68
6	60	5	6.5	5.829	4.576	0.236	19.89	36.05	31.57	8.21	1.85	2.33	1.19	4.59	7.44	3.48	1.67
		6		6.914	5.427	0.235	23.25	43.33	36.89	9.60	1.83	2.31	1.18	5.41	8.70	3.98	1.70
		7		7.977	6.262	0.235	26.44	50.65	41.92	10.96	1.82	2.29	1.17	6.21	9.88	4.45	1.74
		8		9.020	7.081	0.235	29.47	58.02	46.66	12.28	1.81	2.27	1.17	6.98	11.00	4.88	1.78
6.3	63	4	7	4.978	3.907	0.248	19.03	33.35	30.17	7.89	1.96	2.46	1.26	4.13	6.78	3.29	1.70
		5		6.143	4.822	0.248	23.17	41.73	36.77	9.57	1.94	2.45	1.25	5.08	8.25	3.90	1.74
		6		7.288	5.721	0.247	27.12	50.14	43.03	11.20	1.93	2.43	1.24	6.00	9.66	4.46	1.78
		7		8.412	6.603	0.247	30.87	58.60	48.96	12.79	1.92	2.41	1.23	6.88	10.99	4.98	1.82
		8		9.515	7.469	0.247	34.46	67.11	54.56	14.33	1.90	2.40	1.23	7.75	12.25	5.47	1.85
		10		11.657	9.151	0.246	41.09	84.31	64.85	17.33	1.88	2.36	1.22	9.39	14.56	6.36	1.93
7	70	4	8	5.570	4.372	0.275	26.39	45.74	41.80	10.99	2.18	2.74	1.40	5.14	8.44	4.17	1.86
		5		6.875	5.397	0.275	32.21	57.21	51.08	13.31	2.16	2.73	1.39	6.32	10.32	4.95	1.91
		6		8.160	6.406	0.275	37.77	68.73	59.93	15.61	2.15	2.71	1.38	7.48	12.11	5.67	1.95
		7		9.424	7.398	0.275	43.09	80.29	68.35	17.82	2.14	2.69	1.38	8.59	13.81	6.34	1.99
		8		10.667	8.373	0.274	48.17	91.92	76.37	19.98	2.12	2.68	1.37	9.68	15.43	6.98	2.03

续表

型号	截面尺寸(mm) b	d	r	截面面积(cm²)	理论重量(kg/m)	外表面积(m²/m)	惯性矩(cm⁴) I_x	I_{x1}	I_{x0}	I_{y0}	惯性半径(cm) i_x	i_{x0}	i_{y0}	截面模数(cm³) W_x	W_{x0}	W_{y0}	重心距离(cm) Z_0
7.5	75	5	9	7.412	5.818	0.295	39.97	70.56	63.30	16.63	2.33	2.92	1.50	7.32	11.94	5.77	2.04
		6		8.797	6.905	0.294	46.95	84.55	74.38	19.51	2.31	2.90	1.49	8.64	14.02	6.67	2.07
		7		10.160	7.976	0.294	53.57	98.71	84.96	22.18	2.30	2.89	1.48	9.93	16.02	7.44	2.11
		8		11.503	9.030	0.294	59.96	112.97	95.07	24.86	2.28	2.88	1.47	11.20	17.93	8.19	2.15
		9		12.825	10.068	0.294	66.10	127.30	104.71	27.48	2.27	2.86	1.46	12.43	19.75	8.89	2.18
		10		14.126	11.089	0.293	71.98	141.71	113.92	30.05	2.26	2.84	1.46	13.64	21.48	9.56	2.22
8	80	5	9	7.912	6.211	0.315	48.79	85.36	77.33	20.25	2.48	3.13	1.60	8.34	13.67	6.66	2.15
		6		9.397	7.376	0.314	57.35	102.50	90.98	23.72	2.47	3.11	1.59	9.87	16.08	7.65	2.19
		7		10.860	8.525	0.314	65.58	119.70	104.07	27.09	2.46	3.10	1.58	11.37	18.40	8.58	2.23
		8		12.303	9.658	0.314	73.49	136.97	116.60	30.39	2.44	3.08	1.57	12.83	20.61	9.46	2.27
		9		13.725	10.774	0.314	81.11	154.31	128.60	33.61	2.43	3.06	1.56	14.25	22.73	10.29	2.31
		10		15.126	11.874	0.313	88.43	171.74	140.09	36.77	2.42	3.04	1.56	15.64	24.76	11.08	2.35
9	90	6	10	10.637	8.350	0.354	82.77	145.87	131.26	34.28	2.79	3.51	1.80	12.61	20.63	9.95	2.44
		7		12.301	9.656	0.354	94.83	170.30	150.47	39.18	2.78	3.50	1.78	14.54	23.64	11.19	2.48
		8		13.944	10.946	0.353	106.47	194.80	168.97	43.97	2.76	3.48	1.78	16.42	26.55	12.35	2.52
		9		15.566	12.219	0.353	117.72	219.39	186.77	48.66	2.75	3.46	1.77	18.27	29.35	13.46	2.56
		10		17.167	13.476	0.353	128.58	244.07	203.90	53.26	2.74	3.45	1.76	20.07	32.04	14.52	2.59
		12		20.306	15.940	0.352	149.22	293.76	236.21	62.22	2.71	3.41	1.75	23.57	37.12	16.49	2.67
10	100	6	12	11.932	9.366	0.393	114.95	200.07	181.98	47.92	3.10	3.90	2.00	15.68	25.74	12.69	2.67
		7		13.796	10.830	0.393	131.86	233.54	208.97	54.74	3.09	3.89	1.99	18.10	29.55	14.26	2.71
		8		15.638	12.276	0.393	148.24	267.09	235.07	61.41	3.08	3.88	1.98	20.47	33.24	15.75	2.76
		9		17.462	13.708	0.392	164.12	300.73	260.30	67.95	3.07	3.86	1.97	22.79	36.81	17.18	2.80
		10		19.261	15.120	0.392	179.51	334.48	284.68	74.35	3.05	3.84	1.96	25.06	40.26	18.54	2.84
		12		22.800	17.898	0.391	208.90	402.34	330.95	86.84	3.03	3.81	1.95	29.48	46.80	21.08	2.91
		14		26.256	20.611	0.391	236.53	470.75	374.06	99.00	3.00	3.77	1.94	33.73	52.90	23.44	2.99
		16		29.627	23.257	0.390	262.53	539.80	414.16	110.89	2.98	3.74	1.94	37.82	58.57	25.63	3.06

续表

型号	截面尺寸(mm)			截面面积(cm²)	理论重量(kg/m)	外表面积(m²/m)	惯性矩(cm⁴)				惯性半径(cm)			截面模数(cm³)			重心距离(cm)
	b	d	r				I_x	I_{x1}	I_{x0}	I_{y0}	i_x	i_{x0}	i_{y0}	W_x	W_{x0}	W_{y0}	Z_0
11	110	7	12	15.196	11.928	0.433	177.16	310.64	280.94	73.38	3.41	4.30	2.20	22.05	36.12	17.51	2.96
		8		17.238	13.535	0.133	199.46	355.20	316.49	82.42	3.40	4.28	2.19	24.95	40.69	19.39	3.01
		10		21.261	16.690	0.432	242.19	444.65	384.39	99.98	3.38	4.25	2.17	30.60	49.42	22.91	3.09
		12		25.200	19.782	0.431	282.55	534.60	448.17	116.93	3.35	4.22	2.15	36.05	57.62	26.15	3.16
		14		29.056	22.809	0.431	320.71	625.16	508.01	133.40	3.32	4.18	2.14	41.31	65.31	29.14	3.24
12.5	125	8	14	19.750	15.504	0.492	297.03	521.01	470.89	123.16	3.88	4.88	2.50	32.52	53.28	25.86	3.37
		10		24.373	19.133	0.491	361.67	651.93	573.89	149.46	3.85	4.85	2.48	39.97	64.93	30.62	3.45
		12		28.912	22.696	0.491	423.16	783.42	671.44	174.88	3.83	4.82	2.46	41.17	75.96	35.03	3.53
		14		33.367	26.193	0.490	481.65	915.61	763.73	199.57	3.80	4.78	2.45	54.16	86.41	39.13	3.61
		16		37.739	29.625	0.489	537.31	1048.62	850.98	223.65	3.77	4.75	2.43	60.93	96.28	42.96	3.68
14	140	10	14	27.373	21.488	0.551	514.65	915.11	817.27	212.04	4.34	5.46	2.78	50.58	82.56	39.20	3.82
		12		32.512	25.522	0.551	603.68	1099.28	958.79	248.57	4.31	5.43	2.76	59.80	96.85	45.02	3.90
		14		37.567	29.490	0.550	688.81	1284.22	1093.56	284.06	4.28	*5.40	2.75	68.75	110.47	50.45	3.98
		16		42.539	33.393	0.549	770.24	1470.07	1221.81	318.67	4.26	5.36	2.74	77.46	123.42	55.55	4.06
15	150	8	14	23.750	18.644	0.592	521.37	899.55	827.49	215.25	4.69	5.90	3.01	47.36	78.02	38.14	3.99
		10		29.373	23.058	0.591	637.50	1125.09	1012.79	262.21	4.66	5.87	2.99	58.35	95.49	45.51	4.08
		12		34.912	27.406	0.591	748.85	1351.26	1189.97	307.73	4.63	5.84	2.97	69.04	112.19	52.38	4.15
		14		40.367	31.688	0.590	855.64	1578.25	1359.30	351.98	4.60	5.80	2.95	79.45	128.16	58.83	4.23
		15		43.063	33.804	0.590	907.39	1692.10	1441.09	373.69	4.59	5.78	2.95	84.56	135.87	61.90	4.27
		16		45.739	35.905	0.589	958.08	1806.21	1521.02	395.14	4.58	5.77	2.94	89.59	143.40	64.89	4.31
16	160	10	16	31.502	24.729	0.630	779.53	1365.33	1237.30	321.76	4.98	6.27	3.20	66.70	109.36	52.76	4.31
		12		37.441	29.391	0.630	916.58	1639.57	1455.68	377.49	4.95	6.24	3.18	78.98	128.67	60.74	4.39
		14		43.296	33.987	0.629	1048.36	1914.68	1665.02	431.70	4.92	6.20	3.16	90.95	147.17	68.24	4.47
		16		49.067	38.518	0.629	1175.08	2190.82	1865.57	484.59	4.89	6.17	3.14	102.63	164.89	75.31	4.55

续表

型号	截面尺寸(mm)			截面面积(cm²)	理论重量(kg/m)	外表面积(m²/m)	惯性矩(cm⁴)				惯性半径(cm)			截面模数(cm³)			重心距离(cm)
	b	d	r				I_x	I_{x1}	I_{x0}	I_{y0}	i_x	i_{x0}	i_{y0}	W_x	W_{x0}	W_{y0}	Z_0
18	180	12	16	42.241	33.159	0.710	1321.35	2332.80	2100.10	542.61	5.59	7.05	3.58	100.82	165.00	78.41	4.89
		14		48.896	38.383	0.709	1514.48	2723.48	2407.42	621.53	5.56	7.02	3.56	116.25	189.14	88.38	4.97
		16		55.467	43.542	0.709	1700.99	3115.29	2703.37	698.60	5.54	6.98	3.55	131.13	212.40	97.83	5.05
		18		61.055	48.634	0.708	1875.12	3502.43	2988.24	762.01	5.50	6.94	3.51	145.64	234.78	105.14	5.13
20	200	14	18	54.642	42.894	0.788	2103.55	3734.10	3343.26	863.83	6.20	7.82	3.98	144.70	236.40	111.82	5.46
		16		62.013	48.680	0.788	2366.15	4270.39	3760.89	971.41	6.18	7.79	3.96	163.65	265.93	123.96	5.54
		18		69.301	54.401	0.787	2620.64	4808.13	4164.54	1076.74	6.15	7.75	3.94	182.22	294.48	135.52	5.62
		20		76.505	60.056	0.787	2867.30	5347.51	4554.55	1180.04	6.12	7.72	3.93	200.42	322.06	146.55	5.69
		24		90.661	71.168	0.785	3338.25	6457.16	5294.97	1381.53	6.07	7.64	3.90	236.17	374.41	166.65	5.87
22	220	16	21	68.664	53.901	0.866	3187.36	5681.62	5063.73	1310.99	6.81	8.59	4.37	199.55	325.51	153.81	6.03
		18		76.752	60.250	0.866	3534.30	6395.93	5615.32	1453.27	6.79	8.55	4.35	222.37	360.97	168.29	6.11
		20		84.756	66.533	0.865	3871.49	7112.04	6150.08	1592.90	6.76	8.52	4.34	244.77	395.34	182.16	6.18
		22		92.676	72.751	0.865	4199.23	7830.19	6668.37	1730.10	6.73	8.48	4.32	266.78	428.66	195.45	6.26
		24		100.512	78.902	0.864	4517.83	8550.57	7170.55	1865.11	6.70	8.45	4.31	288.39	460.94	208.21	6.33
		26		108.264	84.987	0.864	4827.58	9273.39	7656.98	1998.17	6.68	8.41	4.30	309.62	492.21	220.49	6.41
25	250	18	24	87.842	68.956	0.985	5268.22	9379.11	8369.04	2167.41	7.74	9.76	4.97	290.12	473.42	224.03	6.84
		20		97.045	76.180	0.984	5779.34	10426.97	9181.94	2376.74	7.72	9.73	4.95	319.66	519.41	242.85	6.92
		24		115.201	90.433	0.983	6763.93	12529.74	10742.67	2785.19	7.66	9.66	4.92	377.34	607.70	278.38	7.07
		26		124.154	97.461	0.982	7238.08	13585.18	11491.33	2984.84	7.63	9.62	4.90	405.50	650.05	295.19	7.15
		28		133.022	104.422	0.982	7700.60	14643.62	12219.39	3181.81	7.61	9.58	4.89	433.22	691.23	311.42	7.22
		30		141.807	111.318	0.981	8151.80	15705.30	12927.26	3376.34	7.58	9.55	4.88	460.51	731.28	327.12	7.30
		32		150.508	118.149	0.981	8592.01	16770.41	13615.32	3568.71	7.56	9.51	4.87	487.39	770.20	342.33	7.37
		35		163.402	128.271	0.980	9232.44	18374.95	14611.16	3853.72	7.52	9.46	4.86	526.97	826.53	364.30	7.48

注：截面图中的 $r_1 = 1/3d$ 及表中 r 的数据用于孔型设计，不做交货条件。

热轧不等边角钢的规格及截面特性（依据 GB/T 706—2016）

附表 2-4

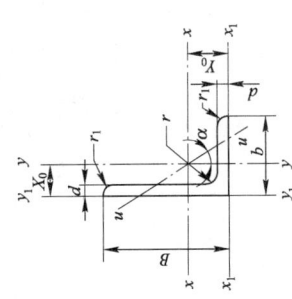

B—长边宽度；
b—短边宽度；
d—边厚度；
r—内圆弧半径；
r₁—边端圆弧半径；
X₀—重心距离；
Y₀—重心距离。

型号	截面尺寸(mm) B	b	d	r	截面面积(cm²)	理论重量(kg/m)	外表面积(m²/m)	惯性矩(cm⁴) I_x	I_{x1}	I_y	I_{y1}	I_u	惯性半径(cm) i_x	i_y	i_u	截面模数(cm³) W_x	W_y	W_u	$\tan\alpha$	重心距离(cm) X_0	Y_0
2.5/1.6	25	16	3	3.5	1.162	0.912	0.080	0.70	1.56	0.22	0.43	0.14	0.78	0.44	0.34	0.43	0.19	0.16	0.392	0.42	0.86
			4		1.499	1.176	0.079	0.88	2.09	0.27	0.59	0.17	0.77	0.43	0.34	0.55	0.24	0.20	0.381	0.46	1.86
3.2/2	32	20	3		1.492	1.171	0.102	1.53	3.27	0.46	0.82	0.28	1.01	0.55	0.43	0.72	0.30	0.25	0.382	0.49	0.90
			4		1.939	1.522	0.101	1.93	4.37	0.57	1.12	0.35	1.00	0.54	0.42	0.93	0.39	0.32	0.374	0.53	1.08
4/2.5	40	25	3	4	1.890	1.484	0.127	3.08	5.39	0.93	1.59	0.56	1.28	0.70	0.54	1.15	0.49	0.40	0.385	0.59	1.12
			4		2.467	1.936	0.127	3.93	8.53	1.18	2.14	0.71	1.36	0.69	0.54	1.49	0.63	0.52	0.381	0.63	1.32
4.5/2.8	45	28	3	5	2.149	1.687	0.143	445	9.10	1.34	2.23	0.80	1.44	0.79	0.61	1.47	0.62	0.51	0.383	0.64	1.37
			4		2.806	2.203	0.143	5.69	12.13	1.70	3.00	1.02	1.42	0.78	0.60	1.91	0.80	0.66	0.380	0.68	1.47
5/3.2	50	32	3	5.5	2.431	1.908	0.161	6.24	12.49	2.02	3.31	1.20	1.60	0.91	0.70	1.84	0.82	0.68	0.404	0.73	1.51
			4		3.177	2.494	0.160	8.02	16.65	2.58	4.45	1.53	1.59	0.90	0.69	2.39	1.06	0.87	0.402	0.77	1.60
5.6/3.6	56	36	3	6	2.743	2.153	0.181	8.88	17.54	2.92	4.70	1.73	1.80	1.03	0.79	2.32	1.05	0.87	0.408	0.80	1.65
			4		3.590	2.818	0.180	11.45	23.39	3.76	6.33	2.23	1.79	1.02	0.79	3.03	1.37	1.13	0.408	0.85	1.78
			5		4.415	3.466	0.180	13.86	29.25	4.49	7.94	2.67	1.77	1.01	0.78	3.71	1.65	1.36	0.404	0.88	1.82
6.3/4	63	40	4	7	4.058	3.185	0.202	16.49	33.30	5.23	8.63	3.12	2.02	1.14	0.88	3.87	1.70	1.40	0.398	0.92	1.87
			5		4.993	3.920	0.202	20.02	41.63	6.31	10.86	3.76	2.00	1.12	0.87	4.74	2.07	1.71	0.396	0.95	2.04
			6		5.908	4.638	0.201	23.36	49.98	7.29	13.12	4.34	1.96	1.11	0.86	5.59	2.43	1.99	0.393	0.99	2.08
			7		6.802	5.339	0.201	26.53	58.07	8.24	15.57	4.97	1.98	1.10	0.86	6.40	2.78	2.29	0.389	1.03	2.12

续表

型号	B	b	d	r	截面面积(cm²)	理论重量(kg/m)	外表面积(m²/m)	I_x	I_{x1}	I_y	I_{y1}	I_u	i_x	i_y	i_u	W_x	W_y	W_u	$\tan\alpha$	X_0	Y_0
7/4.5	70	45	4	7.5	4.547	3.570	0.226	23.17	45.92	7.55	12.26	4.40	2.26	1.29	0.98	4.86	2.17	1.77	0.410	1.02	2.15
			5		5.609	4.403	0.225	27.95	57.10	9.13	15.39	5.40	2.23	1.28	0.98	5.92	2.65	2.19	0.407	1.06	2.24
			6		6.647	5.218	0.225	32.54	68.35	10.62	18.58	6.35	2.21	1.26	0.98	6.95	3.12	2.59	0.404	1.09	2.28
			7		7.657	6.011	0.225	37.22	79.99	12.01	21.84	7.16	2.20	1.25	0.97	8.03	3.57	2.94	0.402	1.13	2.32
7.5/5	75	50	5	8	6.125	4.808	0.245	34.86	70.00	12.61	21.04	7.41	2.39	1.44	1.10	6.83	3.30	2.74	0.435	1.17	2.36
			6		7.260	5.699	0.245	41.12	84.30	14.70	25.37	8.54	2.38	1.42	1.08	8.12	3.88	3.19	0.435	1.21	2.40
			8		9.467	7.431	0.244	52.39	112.50	18.53	34.23	10.87	2.35	1.40	1.07	10.52	4.99	4.10	0.429	1.29	2.44
			10		11.590	9.098	0.244	62.71	140.80	21.96	43.43	13.10	2.33	1.38	1.06	12.79	6.04	4.99	0.423	1.36	2.52
8/5	80	50	5	8	6.375	5.005	0.255	41.96	85.21	12.82	21.06	7.66	2.56	1.42	1.10	7.78	3.32	2.74	0.388	1.14	2.60
			6		7.560	5.935	0.255	49.49	102.53	14.95	25.41	8.85	2.56	1.41	1.08	9.25	3.91	3.20	0.387	1.18	2.65
			7		8.724	6.848	0.255	56.16	119.33	16.96	29.82	10.18	2.54	1.39	1.08	10.58	4.48	3.70	0.384	1.21	2.69
			8		9.867	7.745	0.254	62.83	136.41	18.85	34.32	11.38	2.52	1.38	1.07	11.92	5.03	4.16	0.381	1.25	2.73
9/5.6	90	56	5	9	7.212	5.661	0.287	60.45	121.32	18.32	29.53	10.98	2.90	1.59	1.23	9.92	4.21	3.49	0.385	1.25	2.91
			6		8.557	6.717	0.286	71.03	145.59	21.42	35.58	12.90	2.88	1.58	1.23	11.74	4.96	4.13	0.384	1.29	2.95
			7		9.880	7.756	0.286	81.01	169.60	24.36	41.71	14.67	2.86	1.57	1.22	13.49	5.70	4.72	0.382	1.33	3.00
			8		11.183	8.779	0.286	91.03	194.17	27.15	47.93	16.34	2.85	1.56	1.21	15.27	6.41	5.29	0.380	1.36	3.04
10/6.3	100	63	6	10	9.617	7.550	0.320	99.06	199.71	30.94	50.50	18.42	3.21	1.79	1.38	14.64	6.35	5.25	0.394	1.43	3.24
			7		11.111	8.722	0.320	113.45	233.00	35.26	59.14	21.00	3.20	1.78	1.38	16.88	7.29	6.02	0.394	1.47	3.28
			8		12.534	9.878	0.319	127.37	266.32	39.39	67.88	23.50	3.18	1.77	1.37	19.08	8.21	6.78	0.391	1.50	3.32
			10		15.467	12.142	0.319	153.81	333.06	47.12	85.73	28.33	3.15	1.74	1.35	23.32	9.98	8.24	0.387	1.58	3.40
10/8	100	80	6	10	10.637	8.350	0.354	107.04	199.83	61.24	102.68	31.65	3.17	2.40	1.72	15.19	10.16	8.37	0.627	1.97	2.95
			7		12.301	9.656	0.354	122.73	233.20	70.08	119.98	36.17	3.16	2.39	1.72	17.52	11.71	9.60	0.626	2.01	3.0
			8		13.944	10.946	0.353	137.92	266.61	78.58	137.37	40.58	3.14	2.37	1.71	19.81	13.21	10.80	0.625	2.05	3.04
			10		17.167	13.476	0.353	166.87	333.63	94.65	172.48	49.10	3.12	2.35	1.69	24.24	16.12	13.12	0.622	2.13	3.12
11/7	110	70	6	10	10.637	8.350	0.354	133.37	265.78	42.92	69.08	25.36	3.54	2.01	1.54	17.85	7.90	6.53	0.403	1.57	3.53
			7		12.301	9.656	0.354	153.00	310.07	49.01	80.82	28.95	3.53	2.00	1.53	20.60	9.09	7.50	0.402	1.61	3.57
			8		13.944	10.946	0.353	172.04	354.39	54.87	92.70	32.45	3.51	1.98	1.53	23.30	10.25	8.45	0.401	1.65	3.62
			10		17.167	13.476	0.353	208.39	443.13	65.88	116.83	39.20	3.48	1.96	1.51	28.54	12.48	10.29	0.397	1.72	3.70

续表

型号	截面尺寸(mm)				截面面积(cm²)	理论重量(kg/m)	外表面积(m²/m)	惯性矩(cm⁴)					惯性半径(cm)			截面模数(cm³)			tanα	重心距离(cm)	
	B	b	d	r				I_x	I_{x1}	I_y	I_{y1}	I_u	i_x	i_y	i_u	W_x	W_y	W_u		X_0	Y_0
12.5/8	125	80	7	11	14.096	11.066	0.403	227.98	454.99	74.42	120.32	43.81	4.02	2.30	1.76	26.86	12.01	9.92	0.408	1.80	4.01
			8		15.989	12.551	0.403	256.77	519.99	83.49	137.85	49.15	4.01	2.28	1.75	30.41	13.56	11.18	0.407	1.84	4.06
			10		19.712	15.474	0.402	312.04	650.09	100.67	173.40	59.45	3.98	2.26	1.74	37.33	16.56	13.64	0.404	1.92	4.14
			12		23.351	18.330	0.402	364.41	780.39	116.67	209.67	69.35	3.95	2.24	1.72	44.01	19.43	16.01	0.400	2.00	4.22
14/9	140	90	8	12	18.038	14.160	0.453	365.64	730.53	120.69	195.79	70.83	4.50	2.59	1.98	38.48	17.34	14.31	0.411	2.04	4.50
			10		22.261	17.475	0.452	445.50	913.20	140.03	245.92	85.82	4.47	2.56	1.96	47.31	21.22	17.48	0.409	2.12	4.58
			12		26.400	20.724	0.451	521.59	1096.09	169.79	296.89	100.21	4.44	2.54	1.95	55.87	24.95	20.54	0.406	2.19	4.66
			14		30.456	23.908	0.451	594.10	1279.26	192.10	348.82	114.13	4.42	2.51	1.94	64.18	28.54	23.52	0.403	2.27	4.74
15/9	150	90	8	12	18.839	14.788	0.473	442.05	898.35	122.80	195.96	74.14	4.84	2.55	1.98	43.86	17.47	14.48	0.364	1.97	4.92
			10		23.261	18.260	0.472	539.24	1122.85	148.62	246.26	89.86	4.81	2.53	1.97	53.97	21.38	17.69	0.362	2.05	5.01
			12		27.600	21.666	0.471	632.08	1347.50	172.85	297.46	104.95	4.79	2.50	1.95	63.79	25.14	20.80	0.359	2.12	5.09
			14		31.856	25.007	0.471	720.77	1572.38	195.62	349.74	119.53	4.76	2.48	1.94	73.33	28.77	23.84	0.356	2.20	5.17
			15		33.952	26.652	0.471	763.62	1684.93	206.50	376.33	126.67	4.74	2.47	1.93	77.99	30.53	25.33	0.354	2.24	5.21
			16		36.027	28.281	0.470	805.51	1797.55	217.07	403.24	133.72	4.73	2.45	1.93	82.60	32.27	26.82	0.352	2.27	5.25
16/10	160	100	10	13	25.315	19.872	0.512	668.69	1362.89	205.03	336.59	121.74	5.14	2.85	2.19	62.13	26.56	21.92	0.390	2.28	5.24
			12		30.054	23.592	0.511	784.91	1635.56	239.06	405.94	142.33	5.11	2.82	2.17	73.49	31.28	25.79	0.388	2.36	5.32
			14		34.709	27.247	0.510	896.30	1908.50	271.20	476.42	162.23	5.08	2.80	2.16	84.56	35.83	29.56	0.385	2.43	5.40
			16		39.281	30.835	0.510	1003.04	2181.79	301.60	548.22	182.57	5.05	2.77	2.16	95.33	40.24	33.44	0.382	2.51	5.48
18/11	180	110	10	14	28.373	22.273	0.571	956.25	1940.40	278.11	447.22	166.50	5.80	3.13	2.42	78.96	32.49	26.88	0.376	2.44	5.89
			12		33.712	26.440	0.571	1124.72	2328.38	325.03	538.94	194.87	5.78	3.10	2.40	93.53	38.32	31.66	0.374	2.52	5.98
			14		38.967	30.589	0.570	1286.91	2716.60	369.55	631.95	222.30	5.75	3.08	2.39	107.76	43.97	36.32	0.372	2.59	6.06
			16		44.139	34.649	0.569	1443.06	3105.15	411.85	726.46	248.94	5.72	3.06	2.38	121.64	49.44	40.87	0.369	2.67	6.14
20/12.5	200	125	12	14	37.912	29.761	0.641	1570.90	3193.85	483.16	787.74	285.79	6.44	3.57	2.74	116.73	49.99	41.23	0.392	2.83	6.54
			14		43.687	34.436	0.640	1800.97	3726.17	550.83	922.47	326.58	6.41	3.54	2.73	134.65	57.44	47.34	0.390	2.91	6.62
			16		49.739	39.045	0.639	2023.35	4258.86	615.44	1058.86	366.21	6.38	3.52	2.71	152.18	64.89	53.32	0.388	2.99	6.70
			18		55.526	43.588	0.639	2238.30	4792.00	677.19	1197.13	404.83	6.35	3.49	2.70	169.33	71.74	59.18	0.385	3.06	6.78

注：截面图中的 $r_1 = 1/3d$ 及表中 r 的数据用于孔型设计，不做交货条件。

热轧 H 型钢规格及截面特性(依据 GB/T 11263—2017)　　附表 **2-5**

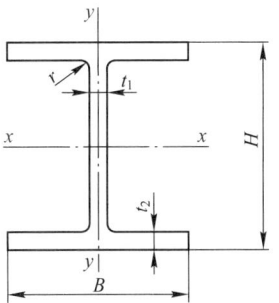

H—高度；B—宽度；t_1—腹板厚度；
t_2—翼缘厚度；r—圆角半径

类别	型号 (高度×宽度) (mm×mm)	截面尺寸(mm)					截面面积 (cm²)	理论重量 (kg/m)	惯性矩 (cm⁴)		惯性半径 (cm)		截面模数 (cm³)	
		H	B	t_1	t_2	r			I_x	I_y	i_x	i_y	W_x	W_y
HW	100×100	100	100	6	8	8	21.58	16.9	378	134	4.18	2.48	75.6	26.7
	125×125	125	125	6.5	9	8	30.00	23.6	839	293	5.28	3.12	134	46.9
	150×150	150	150	7	10	8	39.64	31.1	1620	563	6.39	3.76	216	75.1
	175×175	175	175	7.5	11	13	51.42	40.4	2900	984	7.50	4.37	331	112
	200×200	200	200	8	12	13	63.53	49.9	4720	1600	8.61	5.02	472	160
		* 200	204	12	12	13	71.53	56.2	4980	1700	8.34	4.87	498	167
	250×250	* 244	252	11	11	13	81.31	63.8	8700	2940	10.3	6.01	713	233
		250	250	9	14	13	91.43	71.8	10700	3650	10.8	6.31	860	292
		* 250	255	14	14	13	103.9	81.6	11400	3880	10.5	6.10	912	304
	300×300	* 294	302	12	12	13	106.3	83.5	16600	5510	12.5	7.20	1130	365
		300	300	10	15	13	118.5	93.0	20200	6750	13.1	7.55	1350	450
		* 300	305	15	15	13	133.5	105	21300	7100	12.6	7.29	1420	466
	350×350	* 338	351	13	13	13	133.3	105	27700	9380	14.4	8.38	1640	534
		* 344	348	10	16	13	144.0	113	32800	11200	15.1	8.83	1910	646
		* 344	354	16	1.6	13	164.1	129	34900	11800	14.6	8.48	2030	669
		350	350	12	19	13	171.9	135	39800	13600	15.2	8.88	2280	776
		* 350	357	19	19	13	196.4	154	42300	14400	14.7	8.57	2420	808
	400×400	* 388	402	15	15	22	178.5	140	49000	16300	16.6	9.54	2520	809
		* 394	398	11	18	22	186.8	147	56100	18900	17.3	10.1	2850	951
		* 394	405	18	18	22	214.4	168	59700	20000	16.7	9.64	3030	985
		400	400	13	21	22	218.7	172	66600	22400	17.5	10.1	3330	1120
		* 400	408	21	21	22	250.7	197	70900	23800	16.8	9.74	3540	1170
		* 414	405	18	28	22	295.4	232	92800	31000	17.7	10.2	4480	1530
		* 428	407	20	35	22	360.7	283	119000	39400	18.2	10.4	5570	1930
		* 458	417	30	50	22	528.6	415	187000	60500	18.8	10.7	8170	2900
		* 498	432	45	70	22	770.1	604	298000	94400	19.7	11.1	12000	4370

类别	型号 （高度×宽度） （mm×mm）	截面尺寸(mm)					截面面积 （cm²）	理论重量 （kg/m）	惯性矩 （cm⁴）		惯性半径 （cm）		截面模数 （cm³）	
		H	B	t_1	t_2	r			I_x	I_y	i_x	i_y	W_x	W_y
HW	* 500×500	* 492	465	15	20	22	258.0	202	117000	33500	21.3	11.14	4770	1440
		* 502	465	15	25	22	304.5	239	146000	41900	21.9	11.7	5810	1800
		* 502	470	20	25	22	329.6	259	151000	43300	21.4	11.5	6020	1840
HM	150×100	148	100	6	9	8	26.34	20.7	1000	150	6.15	2.38	135	30.1
	200×150	194	150	6	9	8	38.10	29.9	2630	507	8.30	3.64	271	67.6
	250×175	244	175	7	11	13	55.49	43.6	6040	984	10.4	4.21	495	112
	300×200	294	200	8	12	13	71.05	55.8	11100	1600	12.5	4.74	756	160
		* 298	201	9	14	13	82.03	64.4	13100	1900	12.6	4.80	878	189
	350×250	340	250	9	14	13	99.53	78.1	21200	3650	14.6	6.05	1250	292
	400×300	390	300	10	16	13	133.3	105	37900	7200	16.9	7.35	1940	480
	450×300	440	300	11	18	13	153.9	121	54700	8110	18.9	7.25	2490	540
	500×300	* 482	300	11	15	13	141.2	111	58300	6760	20.3	6.91	2420	450
		488	300	11	18	13	159.2	125	68900	8110	20.8	7.13	2820	540
	550×300	* 544	300	11	15	13	148.0	116	76400	6760	22.7	6.75	2810	450
		* 550	300	11	18	13	166.0	130	89800	8110	23.3	6.98	3270	540
	600×300	* 582	300	12	17	13	169.2	133	98900	7660	24.2	6.72	3400	511
		588	300	12	20	13	187.2	147	114000	9010	24.7	6.93	3890	601
		* 594	302	14	23	13	217.1	170	134000	10600	24.8	6.97	4500	700
HN	* 100×50	100	50	5	7	8	11.84	9.30	187	14.8	3.97	1.11	37.5	5.91
	* 125×60	125	60	6	8	8	16.68	13.1	409	29.1	4.95	1.32	65.4	9.71
	150×75	150	75	5	7	8	17.84	14.0	666	49.5	6.10	1.66	88.8	13.2
	175×90	175	90	5	8	8	22.89	18.0	1210	97.5	7.25	2.06	138	21.7
	200×100	* 198	99	4.5	7	8	22.68	17.8	1540	113	8.24	2.23	156	22.0
		200	100	5.5	8	8	26.66	20.9	1810	134	8.22	2.23	181	26.7
	250×125	* 248	124	5	8	8	31.98	25.1	3450	255	10.4	2.82	278	41.1
		250	125	6	9	8	36.96	29.0	3960	294	10.4	2.81	317	47.0
	300×150	* 298	149	5.5	8	13	40.80	32.0	6320	442	12.4	3.29	424	59.3
		300	150	6.5	9	13	46.78	36.7	7210	508	12.4	3.29	481	67.7
	350×175	* 346	174	6	9	13	52.45	41.2	11000	791	14.5	3.88	638	91.0
		350	175	7	11	13	62.91	49.4	13500	984	14.6	3.95	771	112
	400×150	400	150	8	13	13	70.37	55.2	18600	734	16.3	3.22	929	97.8
	400×200	* 396	199	7	11	13	71.41	56.1	19800	1450	16.6	4.50	999	145
		400	200	8	13	13	83.37	65.4	23500	1740	16.8	4.56	1170	174
	450×150	* 446	150	7	12	13	66.99	52.6	22000	677	18.1	3.17	985	90.3
		450	151	8	14	13	77.49	60.8	25700	806	18.2	3.22	1140	107
	450×200	* 446	199	8	12	13	82.97	65.1	28100	1580	18.4	4.36	1260	159
		450	200	9	14	13	95.43	74.9	32900	1870	18.6	4.42	1460	187
	475×150	* 470	150	7	13	13	71.53	56.2	26200	733	19.1	3.20	1110	97.8
		* 475	151.5	8.5	15.5	13	86.15	67.6	31700	901	19.2	3.23	1330	119

类别	型号 (高度×宽度) (mm×mm)	截面尺寸(mm)					截面面积 (cm²)	理论重量 (kg/m)	惯性矩 (cm⁴)		惯性半径 (cm)		截面模数 (cm³)	
		H	B	t_1	t_2	r			I_x	I_y	i_x	i_y	W_x	W_y
HN	475×150	482	153.5	10.5	19	13	106.4	83.5	39600	1150	19.3	3.28	1640	150
	500×150	* 492	150	7	12	13	70.21	55.1	27500	677	19.8	3.10	1120	90.3
		* 500	152	9	16	13	92.21	72.4	37000	940	20.0	3.19	1480	124
		504	153	10	18	13	103.3	81.1	41900	1080	20.1	3.23	1660	141
	500×200	* 496	199	9	14	13	99.29	77.9	40800	1840	20.3	4.30	1650	185
		500	200	10	16	13	112.3	88.1	46800	2140	20.4	4.36	1870	214
		* 506	201	11	19	13	129.3	102	55500	2580	20.7	4.46	2190	257
	550×200	* 546	199	9	14	13	103.8	81.5	50800	1840	22.1	4.21	1860	185
		550	200	10	16	13	117.3	92.0	58200	2140	22.3	4.27	2120	214
	600×200	* 596	199	10	15	13	117.8	92.4	66600	1980	23.8	4.09	2240	199
		600	200	11	17	13	131.7	103	75600	2270	24.0	4.15	2520	227
		* 606	201	12	20	13	149.8	118	88300	2720	24.3	4.25	2910	270
	625×200	* 625	198.5	13.5	17.5	13	150.6	118	88500	2300	24.2	3.90	2830	231
		630	200	15	20	13	170.0	133	101000	2690	24.4	3.97	3220	268
		* 638	202	17	24	13	198.7	156	122000	3320	24.8	4.09	3820	329
	650×300	* 646	299	10	15	13	152.8	120	110000	6690	26.9	6.61	3410	447
		* 650	300	11	17	13	171.2	134	125000	7660	27.0	6.68	3850	511
		* 656	301	12	20	13	195.8	154	147000	9100	27.4	6.81	4470	605
	700×300	* 692	300	13	20	18	207.5	163	168000	9020	28.5	6.59	4870	601
		700	300	13	24	18	231.5	182	197000	10800	29.2	6.83	5640	721
	750×300	* 734	299	12	16	18	182.7	143	161000	7140	29.7	6.25	4390	478
		* 742	300	13	20	18	214.0	168	197000	9020	30.4	6.49	5320	601
		* 750	300	13	24	18	238.0	187	231000	10800	31.1	6.74	6150	721
		* 758	303	16	28	18	284.8	224	276000	13000	31.1	6.75	7270	859
	800×300	* 792	300	14	22	18	239.5	188	248000	9920	32.2	6.43	6270	661
		800	300	14	26	18	263.5	207	286000	11700	33.0	6.66	7160	781
	850×300	* 834	298	14	19	18	227.5	179	251000	8400	33.2	6.07	6020	564
		* 842	299	15	23	18	259.7	204	298000	10300	33.9	6.28	7080	687
		* 850	300	16	27	18	292.1	229	346000	12200	34.4	6.45	8140	812
		* 858	301	17	31	18	324.7	255	395000	14100	34.9	6.59	9210	939
	900×300	* 890	299	15	23	18	266.9	210	339000	10300	35.6	6.20	7610	687
		900	300	16	28	18	305.8	240	404000	12600	36.4	6.42	8990	842
		* 912	302	18	34	18	360.1	283	491000	15700	36.9	6.59	10800	1040

类别	型号 （高度×宽度） （mm×mm）	截面尺寸(mm)					截面面积 （cm²）	理论重量 （kg/m）	惯性矩 （cm⁴）		惯性半径 （cm）		截面模数 （cm³）	
		H	B	t_1	t_2	r			I_x	I_y	i_x	i_y	W_x	W_y
HN	1000×300	*970	297	16	21	18	276.0	217	393000	9210	37.8	5.77	8110	620
		*980	298	17	26	18	315.5	248	472000	11500	38.7	6.04	9630	772
		*990	298	17	31	18	345.3	271	544000	13700	39.7	6.30	11000	921
		*1000	300	19	36	18	395.1	310	634000	16300	40.1	6.41	12700	1080
		*1008	302	21	40	18	439.3	345	712000	18400	40.3	6.47	14100	1220
HT	100×50	95	48	3.2	4.5	8	7.620	5.98	115	8.39	3.88	1.04	24.2	3.49
		97	49	4	5.5	8	9.370	7.36	143	10.9	3.91	1.07	29.6	4.45
	100×100	96	99	4.5	6	8	16.20	12.7	272	97.2	4.09	2.44	56.7	19.6
	125×60	118	58	3.2	4.5	8	9.250	7.26	218	14.7	4.85	1.26	37.0	5.08
		120	59	4	5.5	8	11.39	8.94	271	19.0	4.87	1.29	45.2	6.43
	125×125	119	123	4.5	6	8	20.12	15.8	532	186	5.14	3.04	89.5	30.3
	150×75	145	73	3.2	4.5	8	11.47	9.00	416	29.3	6.01	1.59	57.3	8.02
		147	74	4	5.5	8	14.12	11.1	516	37.3	6.04	1.62	70.2	10.1
	150×100	139	97	3.2	4.5	8	13.43	10.6	476	68.6	5.94	2.25	68.4	14.1
		142	99	4.5	6	8	18.27	14.3	654	97.2	5.98	2.30	92.1	19.6
	150×150	144	148	5	7	8	27.76	21.8	1090	378	6.25	3.69	151	51.1
		147	149	6	8.5	8	33.67	26.4	1350	469	6.32	3.73	183	63.0
	175×90	168	88	3.2	4.5	8	13.55	10.6	670	51.2	7.02	1.94	79.7	11.6
		171	89	4	6	8	17.58	13.8	894	70.7	7.13	2.00	105	15.9
	175×175	167	173	5	7	13	33.32	26.2	1780	605	7.30	4.26	213	69.9
		172	175	6.5	9.5	13	44.64	35.0	2470	850	7.43	4.36	287	97.1
	200×100	193	98	3.2	4.5	8	15.25	12.0	994	70.7	8.07	2.15	103	14.4
		196	99	4	6	8	19.78	15.5	1320	97.2	8.18	2.21	135	19.6
	200×150	188	149	4.5	6	8	26.34	20.7	1730	331	8.09	3.54	184	44.4
	200×200	192	198	6	8	13	43.69	34.3	3060	1040	8.37	4.86	319	105
	250×125	244	124	4.5	6	8	25.86	20.3	2650	191	10.1	2.71	217	30.8
	250×175	238	173	4.5	8	13	39.12	30.7	4240	691	10.4	4.20	356	79.9
	300×150	294	148	4.5	6	13	31.90	25.0	4800	325	12.3	3.19	327	43.9
	300×200	286	198	6	8	13	49.33	38.7	7360	1040	12.2	4.58	515	105
	350×175	340	173	4.5	6	13	36.97	29.0	7490	518	14.2	3.74	441	59.9
	400×150	390	148	6	8	13	47.57	37.3	11700	434	15.7	3.01	602	58.6
	400×200	390	198	6	8	13	55.57	43.6	14700	1040	16.2	4.31	752	105

注：1. 表中同一型号的产品，其内侧尺寸高度一致。

2. 表中截面面积计算公式为："$t_1(H-2t_2)+2Bt_2+0.858r^2$"。

3. 表中"＊"表示的规格为市场非常用规格。

T型钢规格及截面特性（依据 GB/T 11263—2017）　　　　附表 2-6

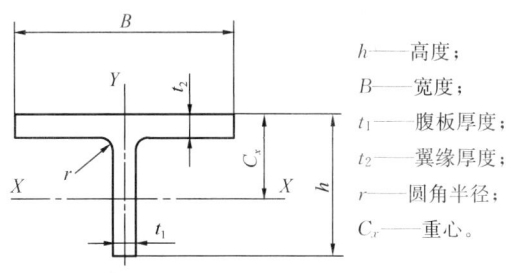

h——高度；

B——宽度；

t_1——腹板厚度；

t_2——翼缘厚度；

r——圆角半径；

C_x——重心。

类别	型号（高度×宽度）(mm×mm)	截面尺寸（mm）					截面面积(cm^2)	理论重量(kg/m)	惯性矩(cm^4)		惯性半径(cm)		截面模数(cm^3)		重心C_x(cm)	对应 H 型钢系列型号
		h	B	t_1	t_2	r			I_x	I_y	i_x	i_y	W_z	W_y		
TW	50×100	50	100	6	8	8	10.79	8.47	16.1	66.8	1.22	2.48	4.02	13.4	1.00	100×100
	62.5×125	62.5	125	6.5	9	8	15.00	11.8	35.0	147	1.52	3.12	6.91	23.5	1.19	125×125
	75×150	75	150	7	10	8	19.82	15.6	66.4	282	1.82	3.76	10.8	37.5	1.37	150×150
	87.5×175	87.5	175	7.5	11	13	25.71	20.2	115	492	2.11	4.37	15.9	56.2	1.55	175×175
	100×200	100	200	8	12	13	31.76	24.9	184	801	2.40	5.02	22.3	80.1	1.73	200×200
		100	204	12	12	13	35.76	28.1	256	851	2.67	4.87	32.4	83.4	2.09	
	125×250	125	250	9	14	13	45.71	35.9	412	1820	3.00	6.31	39.5	146	2.08	250×250
		125	255	14	14	13	51.96	40.8	589	1940	3.36	6.10	59.4	152	2.58	
	150×300	147	302	12	12	13	53.16	41.7	857	2760	4.01	7.20	72.3	183	2.85	300×300
		150	300	10	15	13	59.22	46.5	798	3380	3.67	7.55	63.7	225	2.47	
		150	305	15	15	13	66.72	52.4	1110	3550	4.07	7.29	92.5	233	3.04	
	175×350	172	348	10	16	13	72.00	56.5	1230	5620	4.13	8.83	84.7	323	2.67	350×350
		1.75	350	12	19	13	85.94	67.5	1520	6790	4.20	8.88	104	388	2.87	
	200×400	194	402	15	15	22	89.22	70.0	2480	8130	5.27	9.54	158	404	3.70	400×400
		197	398	11	18	22	93.40	73.3	2050	9460	4.67	10.1	123	475	3.01	
		200	400	13	21	22	109.3	85.8	2480	11200	4.75	10.1	147	560	3.21	
		200	408	21	21	22	125.3	98.4	3650	11900	5.39	9.74	229	584	4.07	
		207	405	18	28	22	147.7	116	3620	15500	4.95	10.2	213	766	3.68	
		214	407	20	35	22	180.3	142	4380	19700	4.92	10.4	250	967	3.90	
TM	75×100	74	100	6	9	8	13.17	10.3	51.7	75.2	1.98	2.38	8.84	15.0	1.56	150×100
	100×150	97	150	6	9	8	19.05	15.0	124	253	2.55	3.64	15.8	33.8	1.80	200×150
	125×175	122	175	7	11	13	27.74	21.8	288	492	322	4.21	29.1	56.2	2.28	250×175
	150×200	147	200	8	12	13	35.52	27.9	571	801	4.00	4.74	48.2	80.1	2.85	300×200
		149	201	9	14	13	41.01	32.2	661	949	4.01	4.80	55.2	94.4	2.92	
	175×250	170	250	9	14	13	49.76	39.1	1020	1820	4.51	6.05	73.2	146	3.11	350×250
	200×300	195	300	10	16	13	66.62	52.3	1730	3600	5.09	7.35	108	240	3.43	400×300
	225×300	220	300	11	18	13	76.94	60.4	2680	4050	5.89	7.25	150	270	4.09	450×300

类别	型号 (高度×宽度) (mm×mm)	截面尺寸（mm）					截面面积 (cm²)	理论重量 (kg/m)	惯性矩 (cm⁴)		惯性半径 (cm)		截面模数 (cm³)		重心 C_x (cm)	对应 H 型钢系列型号
		h	B	t_1	t_2	r			I_x	I_y	i_x	i_y	W_z	W_y		
TM	250×300	241	300	11	15	13	70.58	55.4	3400	3380	6.93	6.91	178	225	5.00	500×300
		244	300	11	18	13	79.58	62.5	3610	4050	6.73	7.13	184	270	4.72	
	275×300	272	300	11	15	13	73.99	58.1	4790	3380	8.04	6.75	225	225	5.96	550×300
		275	300	11	18	13	82.99	65.2	5090	4050	7.82	6.98	232	270	5.59	
	300×300	291	300	12	17	13	84.60	66.4	6320	3830	8.64	6.72	280	255	6.51	600×300
		294	300	12	20	13	93.60	73.5	6680	4500	8.44	6.93	288	300	6.17	
		297	302	14	23	13	108.5	85.2	7890	5290	8.52	6.97	339	350	6.41	
TN	50×50	50	50	5	7	8	5.920	4.65	11.8	7.39	1.41	1.11	3.18	2.95	1.28	100×50
	62.5×60	62.5	60	6	8	8	8.340	6.55	27.5	14.6	1.81	1.32	5.96	4.85	1.64	125×60
	75×75	75	75	5	7	8	8.920	7.00	42.6	24.7	2.18	1.66	7.46	6.59	1.79	150×75
	87.5×90	85.5	89	4	6	8	8.790	6.90	53.7	35.3	2.47	2.00	8.02	7.94	1.86	175×90
		87.5	90	5	8	8	11.44	8.98	70.6	48.7	2.48	2.06	10.4	10.8	1.93	
	100×100	99	99	4.5	7	8	11.34	8.90	93.5	56.7	2.87	2.23	12.1	11.5	2.17	200×100
		100	100	5.5	8	8	13.33	10.5	114	66.9	2.92	2.23	14.8	13.4	2.31	
	125×125	124	124	5	8	8	15.99	12.6	207	127	3.59	2.82	21.3	20.5	2.66	250×125
		125	125	6	9	8	18.48	14.5	248	147	3.66	2.81	25.6	23.5	2.81	
	150×150	149	149	5.5	8	13	20.40	16.0	393	221	4.39	3.29	33.8	29.7	3.26	300×150
		150	150	6.5	9	13	23.39	18.4	464	254	4.45	3.29	40.0	33.8	3.41	
	175×175	173	174	6	9	13	26.22	20.6	679	396	5.08	3.88	50.0	45.5	3.72	350×175
		175	175	7	11	13	31.45	24.7	814	492	5.08	3.95	59.3	56.2	3.76	
	200×200	198	199	7	11	13	35.70	28.0	1190	723	5.77	4.50	76.4	72.7	4.20	400×200
		200	200	8	13	13	41.68	32.7	1390	868	5.78	4.56	88.6	86.8	4.26	
	225×150	223	150	7	12	13	33.49	26.3	1570	338	6.84	3.17	93.7	45.1	5.54	450×150
		225	151	8	14	13	38.74	30.4	1830	403	6.87	3.22	108	53.4	5.62	
	225×200	223	199	8	12	13	41.48	32.6	1870	789	6.71	4.36	109	79.3	5.15	450×200
		225	200	9	14	13	47.71	37.5	2150	935	6.71	4.42	124	93.5	5.19	
	237.5×150	235	150	7	13	13	35.76	28.1	1850	367	7.18	3.20	104	48.9	7.50	475×150
		237.5	151.5	8.5	15.5	13	43.07	33.8	2270	451	7.25	3.23	128	59.5	7.57	
		241	153.5	10.5	19	13	53.20	41.8	2860	575	7.33	3.28	160	75.0	7.67	
	250×150	246	150	7	12	13	35.10	27.6	2060	339	7.66	3.10	113	45.1	6.36	500×150
		250	152	9	16	13	46.10	36.2	2750	470	7.71	3.19	149	61.9	6.53	
		252	153	10	18	13	51.66	40.6	3100	540	7.74	3.23	167	70.5	6.62	
	250×200	248	199	9	14	13	49.64	39.0	2820	921	7.54	4.30	150	92.6	5.97	500×200
		250	200	10	16	13	56.12	44.1	3200	1070	7.54	4.36	169	107	6.03	
		253	201	11	19	13	64.65	50.8	3660	1290	7.52	4.46	189	128	6.00	

续表

类别	型号 (高度×宽度) (mm×mm)	截面尺寸（mm）					截面面积 (cm²)	理论重量 (kg/m)	惯性矩 (cm⁴)		惯性半径 (cm)		截面模数 (cm³)		重心 C_x (cm)	对应 H 型 钢系列 型号
		h	B	t_1	t_2	r			I_x	I_y	i_x	i_y	W_z	W_y		
TN	275×200	273	199	9	14	13	51.89	40.7	3690	921	8.43	4.21	180	92.6	6.85	550×200
		275	200	10	16	13	58.62	46.0	4180	1070	8.44	4.27	203	107	6.89	
TM	300×200	298	199	10	15	13	58.87	46.2	5150	988	9.35	4.09	235	99.3	7.92	600×200
		300	200	11	17	13	65.85	51.7	5770	1140	9.35	4.14	262	114	7.95	
		303	201	12	20	13	74.88	58.8	6530	1360	9.33	4.25	291	135	7.88	
	312.5×200	312.5	198.5	13.5	17.5	13	75.28	59.1	7460	1150	9.95	3.90	338	116	9.15	625×200
		315	200	15	20	13	84.97	66.7	8470	1340	9.98	3.97	380	134	9.21	
		319	202	17	24	13	99.35	78.0	9960	1160	10.0	4.08	440	165	9.26	
	325×300	323	299	10	15	12	76.26	59.9	7220	3340	9.73	6.62	289	224	7.28	650×300
		325	300	11	17	13	85.60	67.2	8090	3830	9.71	6.68	321	255	7.29	
		328	301	12	20	13	97.88	76.8	9120	4550	9.65	6.81	356	302	7.20	
	350×300	346	300	13	20	13	103.1	80.9	1120	4510	10.4	6.61	424	300	8.12	700×300
		350	300	13	24	13	115.1	90.4	1200	5410	10.2	6.85	438	360	7.65	
	400×300	396	300	14	22	18	119.8	94.0	1760	4960	12.1	6.43	592	331	9.77	800×300
		400	300	14	26	18	131.8	103	1870	5860	11.9	6.66	610	391	9.27	
	450×300	445	299	15	23	18	133.5	105	2590	5140	13.9	6.20	789	344	11.7	900×300
		450	300	16	28	18	152.9	120	2910	6320	13.8	6.42	865	421	11.4	
		456	302	18	34	18	180.0	141	3410	7830	13.8	6.59	997	518	11.3	

附录3　梁的内力与变形

说明：

（1）附录3给出了单跨梁的内力与变形表，以及两跨梁、三跨梁、四跨梁和五跨梁的内力系数表。

（2）附表3-1中，R 为支座反力，以向上为正；f 表示挠度，以向下为正。所谓最大挠度 f_{max}、最小挠度 f_{min} 系按照带正负号的数值比较所得（例如，$6 > -10$）。

（3）附表3-2～附表3-5中均为等跨梁。Q 为每个集中荷载的数值，且在跨内等间距布置。

弯矩以使截面下部受拉为正，剪力以使杆件顺时针转动为正。

均布荷载作用时，弯矩 M ＝表中系数$\times ql^2$，剪力 V ＝表中系数$\times ql$；集中荷载作用时，弯矩 M ＝表中系数$\times Ql$，剪力 V ＝表中系数$\times Q$。

单跨梁的内力与变形　　　　　　　　　　　　　　　　附表 3-1

悬臂梁	$\alpha=a/l$，$\beta=b/l$

$M_B = -Pl$

$f_A = \dfrac{Pl^3}{3EI}$

$M_B = -Pb$

$f_A = \dfrac{Pb^2 l}{6EI}(3-\beta)$

$M_B = \dfrac{-ql^2}{2}$

$f_A = \dfrac{ql^4}{8EI}$

$M_B = \dfrac{-qal}{2}(2-\alpha)$

$f_A = \dfrac{ql^4}{24EI}(3-4\beta^3+\beta^4)$

$M_B = \dfrac{-qb^2}{2}$

$f_A = \dfrac{qb^3 l}{24EI}(4-\beta)$

$M_B = -M$

$f_A = \dfrac{Ml^2}{2EI}$

悬臂梁	$\alpha = a/l$，$\beta = b/l$

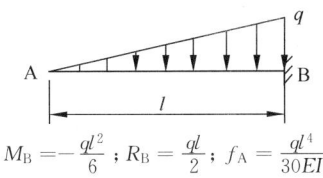

$M_{\mathrm{B}} = -\dfrac{ql^2}{6}$；$R_{\mathrm{B}} = \dfrac{ql}{2}$；$f_{\mathrm{A}} = \dfrac{ql^4}{30EI}$

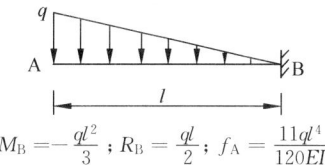

$M_{\mathrm{B}} = -\dfrac{ql^2}{3}$；$R_{\mathrm{B}} = \dfrac{ql}{2}$；$f_{\mathrm{A}} = \dfrac{11ql^4}{120EI}$

简支梁

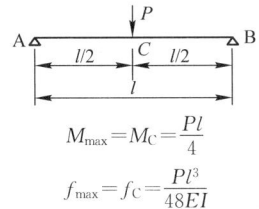

$M_{\max} = M_{\mathrm{C}} = \dfrac{Pl}{4}$

$f_{\max} = f_{\mathrm{C}} = \dfrac{Pl^3}{48EI}$

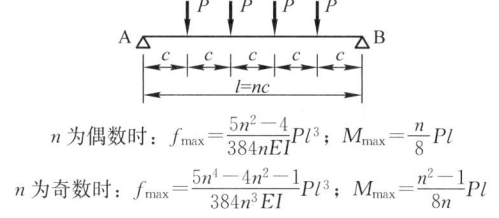

n 为偶数时：$f_{\max} = \dfrac{5n^2 - 4}{384nEI}Pl^3$；$M_{\max} = \dfrac{n}{8}Pl$

n 为奇数时：$f_{\max} = \dfrac{5n^4 - 4n^2 - 1}{384n^3EI}Pl^3$；$M_{\max} = \dfrac{n^2 - 1}{8n}Pl$

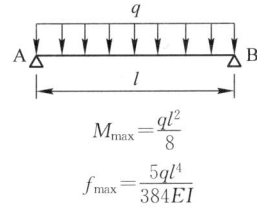

$M_{\max} = \dfrac{ql^2}{8}$

$f_{\max} = \dfrac{5ql^4}{384EI}$

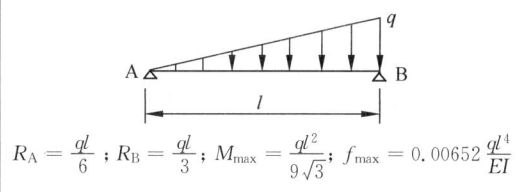

$R_{\mathrm{A}} = \dfrac{ql}{6}$；$R_{\mathrm{B}} = \dfrac{ql}{3}$；$M_{\max} = \dfrac{ql^2}{9\sqrt{3}}$；$f_{\max} = 0.00652\dfrac{ql^4}{EI}$

一端简支、一端固定梁

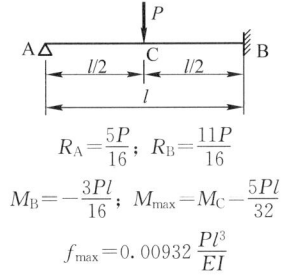

$R_{\mathrm{A}} = \dfrac{5P}{16}$；$R_{\mathrm{B}} = \dfrac{11P}{16}$

$M_{\mathrm{B}} = -\dfrac{3Pl}{16}$；$M_{\max} = M_{\mathrm{C}} - \dfrac{5Pl}{32}$

$f_{\max} = 0.00932\dfrac{Pl^3}{EI}$

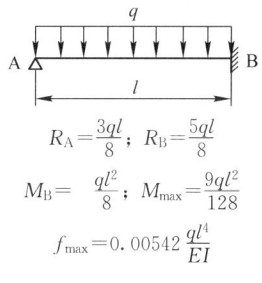

$R_{\mathrm{A}} = \dfrac{3ql}{8}$；$R_{\mathrm{B}} = \dfrac{5ql}{8}$

$M_{\mathrm{B}} = \dfrac{ql^2}{8}$；$M_{\max} = \dfrac{9ql^2}{128}$

$f_{\max} = 0.00542\dfrac{ql^4}{EI}$

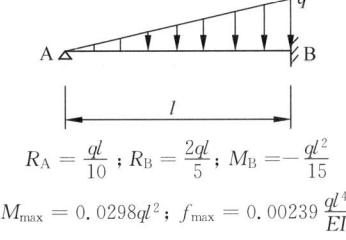

$R_{\mathrm{A}} = \dfrac{ql}{10}$；$R_{\mathrm{B}} = \dfrac{2ql}{5}$；$M_{\mathrm{B}} = -\dfrac{ql^2}{15}$

$M_{\max} = 0.0298ql^2$；$f_{\max} = 0.00239\dfrac{ql^4}{EI}$

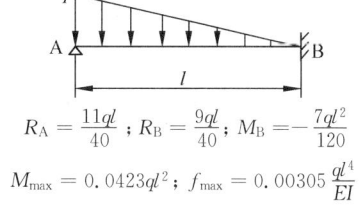

$R_{\mathrm{A}} = \dfrac{11ql}{40}$；$R_{\mathrm{B}} = \dfrac{9ql}{40}$；$M_{\mathrm{B}} = -\dfrac{7ql^2}{120}$

$M_{\max} = 0.0423ql^2$；$f_{\max} = 0.00305\dfrac{ql^4}{EI}$

两端固定梁

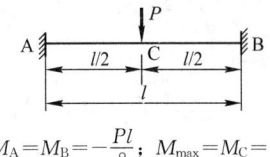

$$M_A = M_B = -\frac{Pl}{8}; \quad M_{\max} = M_C = \frac{Pl}{8}$$

$$f_{\max} = \frac{Pl^3}{192EI}$$

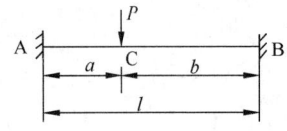

$$R_A = \frac{Pb^2}{l^2}(1+2\alpha); R_B = \frac{Pa^2}{l^2}(1+2\beta)$$

$$M_A = -\frac{Pab^2}{l^2}; M_B = -\frac{Pa^2 b}{l^2}$$

$$M_{\max} = \frac{2Pa^2 b^2}{l^3}$$

（右上）

$$M_A = M_B = -Pa(1-\alpha)$$

$$M_{\max} = \frac{Pa^2}{l}$$

$$f_{\max} = \frac{Pa^2 l}{24EI}(3-4\alpha)$$

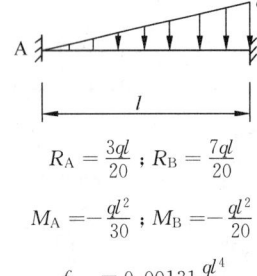

$$R_A = \frac{3ql}{20}; \quad R_B = \frac{7ql}{20}$$

$$M_A = -\frac{ql^2}{30}; \quad M_B = -\frac{ql^2}{20}$$

$$f_{\max} = 0.00131\frac{ql^4}{EI}$$

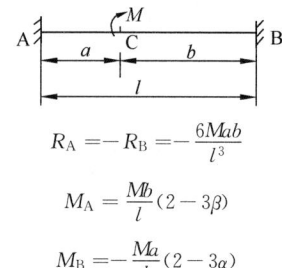

$$R_A = -R_B = -\frac{6Mab}{l^3}$$

$$M_A = \frac{Mb}{l}(2-3\beta)$$

$$M_B = -\frac{Ma}{l}(2-3\alpha)$$

带悬臂的梁　　　　　　　$\lambda = m/l$

（左）

$$M_A = -Pm$$

$$f_C = \frac{Pm^2 l}{3EI}(1+\lambda); \quad f_{\min} = -0.0642\frac{Pml^2}{EI}$$

（右）

$$M_A = M_B = -Pm$$

$$f_C = f_D = \frac{Pm^2 l}{6EI}(3+2\lambda); \quad f_{\min} = -\frac{Pml^2}{8EI}$$

（左下）

$$M_A = -\frac{qm^2}{2}; \quad M_{\max} = \frac{ql^2}{8}(1-\lambda^2)^2$$

$$f_C = \frac{qml^3}{24EI}(-1+4\lambda^2+3\lambda^3)$$

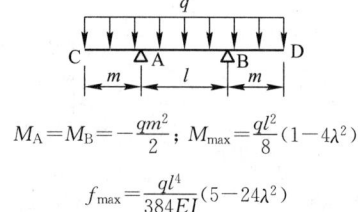

$$M_A = M_B = -\frac{qm^2}{2}; \quad M_{\max} = \frac{ql^2}{8}(1-4\lambda^2)$$

$$f_{\max} = \frac{ql^4}{384EI}(5-24\lambda^2)$$

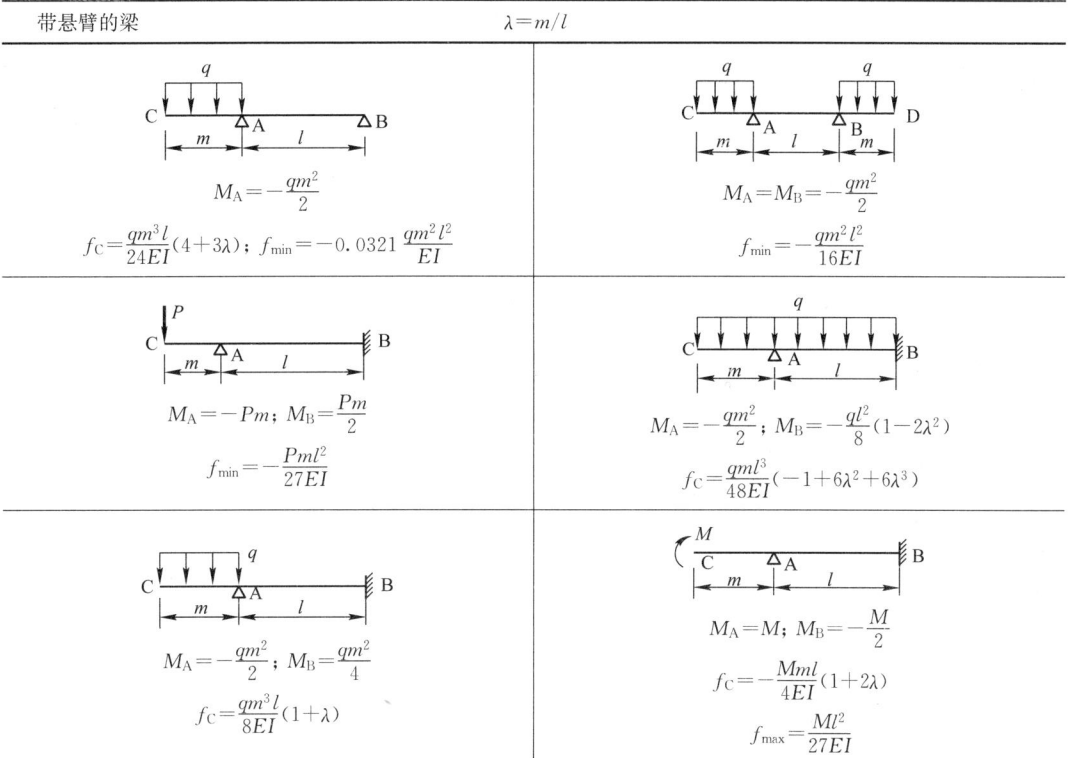

带悬臂的梁 $\qquad\qquad\qquad\qquad\qquad\qquad\lambda=m/l$

$$M_A=-\frac{qm^2}{2}$$

$$f_C=\frac{qm^3l}{24EI}(4+3\lambda)\text{；}\quad f_{\min}=-0.0321\frac{qm^2l^2}{EI}$$

$$M_A=M_B=-\frac{qm^2}{2}$$

$$f_{\min}=-\frac{qm^2l^2}{16EI}$$

$$M_A=-Pm\text{；}\quad M_B=\frac{Pm}{2}$$

$$f_{\min}=-\frac{Pml^2}{27EI}$$

$$M_A=-\frac{qm^2}{2}\text{；}\quad M_B=-\frac{ql^2}{8}(1-2\lambda^2)$$

$$f_C=\frac{qml^3}{48EI}(-1+6\lambda^2+6\lambda^3)$$

$$M_A=-\frac{qm^2}{2}\text{；}\quad M_B=\frac{qm^2}{4}$$

$$f_C=\frac{qm^3l}{8EI}(1+\lambda)$$

$$M_A=M\text{；}\quad M_B=-\frac{M}{2}$$

$$f_C=-\frac{Mml}{4EI}(1+2\lambda)$$

$$f_{\max}=\frac{Ml^2}{27EI}$$

两跨梁的内力系数表 附表 3-2

荷载图	跨内最大弯矩		支座弯矩	剪力		
	M_1	M_2	M_B	V_A	$V_{B左}$，$V_{B右}$	V_C
	0.070	0.070	−0.125	0.375	−0.625 0.625	−0.375
	0.096	—	−0.063	0.437	−0.563 0.063	0.063
	0.156	0.156	−0.188	0.312	−0.688 0.688	−0.312
	0.203	—	−0.094	0.406	−0.594 0.094	0.094
	0.222	0.222	−0.333	0.667	−1.333 1.333	−0.667
	0.278	—	−0.167	0.833	−1.167 0.167	0.167

三跨梁的内力系数表

荷载图	跨内最大弯矩		支座弯矩		剪力			
	M_1	M_2	M_B	M_C	V_A	$V_{B左}$，$V_{B右}$	$V_{C左}$，$V_{C右}$	V_D
	0.080	0.025	−0.100	−0.100	0.400	−0.600 0.500	−0.500 0.600	−0.400
	0.101	—	−0.050	−0.050	0.450	−0.550 0	0 0.550	−0.450
	—	0.075	−0.050	−0.050	−0.050	−0.050 0.500	−0.500 0.050	0.050
	0.073	0.054	−0.117	−0.033	0.383	−0.617 0.583	−0.417 0.033	0.033
	0.094	—	−0.067	0.017	0.433	−0.567 0.083	0.083 −0.017	−0.017
	0.175	0.100	−0.150	−0.150	0.350	−0.650 0.500	−0.500 0.650	−0.350
	0.213	—	−0.075	−0.075	0.425	−0.575 0	0 0.575	−0.425
	—	0.175	−0.075	−0.075	−0.075	−0.075 0.500	−0.500 0.075	0.075
	0.162	0.137	−0.175	−0.050	0.325	−0.675 0.625	−0.375 0.050	0.050
	0.200	—	−0.100	0.025	0.400	−0.600 0.125	0.125 −0.125	−0.025
	0.244	0.067	−0.267	−0.267	0.733	−1.267 1.000	−1.000 1.267	−0.733
	0.289	—	−0.133	−0.133	0.866	−1.134 0	0 1.134	−0.866
	—	0.200	−0.133	−0.133	−0.133	−0.133 1.000	−1.000 0.133	0.133
	0.229	0.170	−0.311	−0.089	0.689	−1.311 1.222	−0.778 0.089	0.089
	0.274	—	−0.178	0.044	0.822	−1.178 0.222	0.222 −0.044	−0.044

附表 3-4

四跨梁的内力系数表

荷载图	跨内最大弯矩				支座弯矩			剪力				
	M_1	M_2	M_3	M_4	M_B	M_C	M_D	V_A	$V_{B左}$ · $V_{B右}$	$V_{C左}$ · $V_{C右}$	$V_{D左}$ · $V_{D右}$	V_E
	0.077	0.036	0.036	0.077	-0.107	-0.071	-0.107	0.393	-0.607 / 0.536	-0.464 / 0.464	-0.536 / 0.607	-0.393
	0.100	—	0.081	—	-0.054	-0.036	-0.054	0.446	-0.554 / 0.018	0.018 / 0.482	-0.518 / 0.054	0.054
	0.072	0.061	—	0.098	-0.121	-0.018	-0.058	0.380	-0.620 / 0.603	-0.397 / -0.040	-0.040 / 0.558	-0.442
	—	0.056	0.056	—	-0.036	-0.107	-0.036	-0.036	-0.036 / 0.429	-0.571 / 0.571	-0.429 / 0.036	0.036
	0.094	—	—	—	-0.067	0.018	-0.004	0.433	-0.567 / 0.085	0.085 / -0.022	-0.022 / 0.004	0.004
	—	0.074	—	—	-0.049	-0.054	0.013	-0.049	-0.049 / 0.496	-0.504 / 0.067	0.067 / -0.013	-0.013
	0.169	0.116	0.116	0.169	-0.161	-0.107	-0.161	0.339	-0.661 / 0.554	-0.446 / 0.446	-0.554 / 0.661	-0.339
	0.210	—	0.183	—	-0.080	-0.054	-0.080	0.420	-0.580 / 0.027	0.027 / 0.473	-0.527 / 0.080	0.080
	0.159	0.146	—	0.206	-0.181	-0.027	-0.087	0.319	-0.681 / 0.654	-0.346 / -0.060	-0.060 / 0.587	-0.413

续表

荷载图	跨内最大弯矩				支座弯矩			剪力				
	M_1	M_2	M_3	M_4	M_B	M_C	M_D	V_A	$V_{B左}$ · $V_{B右}$	$V_{C左}$ · $V_{C右}$	$V_{D左}$ · $V_{D右}$	V_E
（荷载图）	—	0.142	0.142	—	−0.054	−0.161	−0.054	−0.054	−0.054 0.393	−0.607 0.607	−0.393 0.054	0.054
（荷载图）	0.200	—	—	—	−0.100	0.027	−0.007	0.400	−0.600 0.127	0.127 −0.033	−0.033 0.007	0.007
（荷载图）	—	0.173	—	—	−0.074	−0.080	0.020	−0.074	−0.074 0.493	−0.507 0.100	0.100 −0.020	−0.020
（荷载图）	0.238	0.111	0.111	0.238	−0.286	−0.191	−0.286	0.714	−1.286 1.095	−0.905 0.905	−1.095 1.286	−0.714
（荷载图）	0.286	—	0.222	—	−0.143	−0.095	−0.143	0.857	−1.143 0.048	0.048 0.952	−1.048 0.143	0.143
（荷载图）	0.226	0.194	—	0.282	−0.321	−0.048	−0.155	0.679	−1.321 1.274	−0.726 −0.107	−0.107 1.155	−0.845
（荷载图）	—	0.175	0.175	—	−0.095	−0.286	−0.095	−0.095	−0.095 0.810	−1.190 1.190	−0.810 0.095	0.095
（荷载图）	0.274	—	—	—	−0.178	0.048	−0.012	0.822	−1.178 0.226	0.226 −0.060	−0.060 0.012	0.012
（荷载图）	—	0.198	—	—	−0.131	−0.143	0.036	−0.131	−0.131 0.988	−1.012 0.178	0.178 −0.036	−0.036

五跨梁的内力系数表

附表 3-5

荷载图	跨内最大弯矩			支座弯矩				剪力					
	M_1	M_2	M_3	M_B	M_C	M_D	M_E	V_A	$V_{B左}\cdot V_{B右}$	$V_{C左}\cdot V_{C右}$	$V_{D左}\cdot V_{D右}$	$V_{E左}\cdot V_{E右}$	V_F
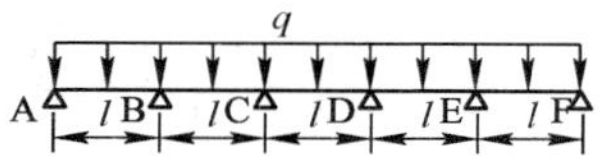 荷载图1	0.078	0.033	0.046	−0.105	−0.079	−0.079	−0.105	0.394	−0.606 / 0.526	−0.474 / 0.500	−0.500 / 0.474	−0.526 / 0.606	−0.394
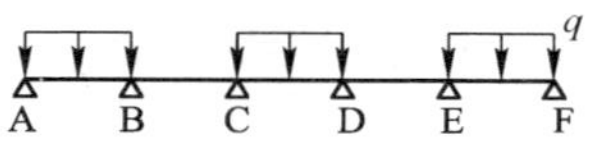 荷载图2	0.100	—	0.085	−0.053	−0.040	−0.040	−0.053	0.447	−0.553 / 0.013	0.013 / 0.500	−0.500 / −0.013	−0.013 / 0.553	−0.447
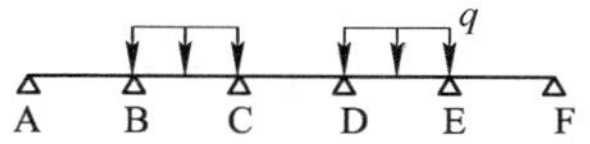 荷载图3	—	0.079	—	−0.053	−0.040	−0.040	−0.053	−0.053	−0.053 / 0.513	−0.487 / 0	0 / 0.487	−0.513 / 0.053	0.053
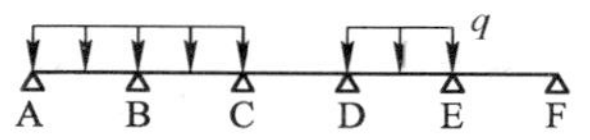 荷载图4	0.073	②0.059 / 0.078	—	−0.119	−0.022	−0.044	−0.051	0.380	−0.620 / 0.598	−0.402 / −0.023	−0.023 / 0.493	−0.507 / 0.052	0.052
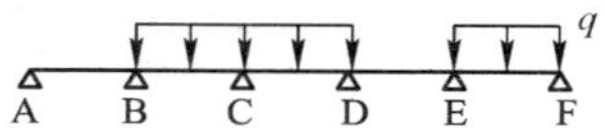 荷载图5	① — / 0.098	0.055	0.064	−0.035	−0.111	−0.020	−0.057	−0.035	−0.035 / 0.424	−0.576 / 0.591	−0.409 / −0.037	−0.037 / 0.557	−0.443
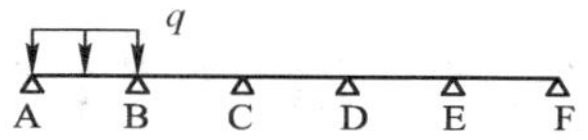 荷载图6	0.094	0.074	—	−0.067	0.018	−0.005	0.001	0.433	−0.567 / 0.085	0.085 / −0.023	−0.023 / 0.006	0.006 / −0.001	−0.001
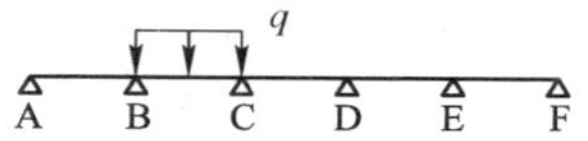 荷载图7	—	0.074	—	−0.049	−0.054	0.014	−0.004	−0.049	−0.049 / 0.495	−0.505 / 0.068	0.068 / −0.018	−0.018 / 0.004	0.004
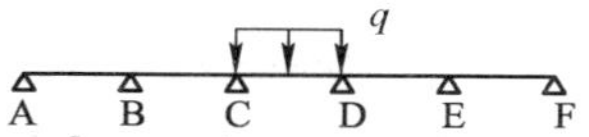 荷载图8	—	—	0.072	0.013	−0.053	−0.053	0.013	0.013	0.013 / −0.066	−0.066 / 0.500	−0.500 / 0.066	0.066 / −0.013	−0.013

续表

荷载图	跨内最大弯矩			支座弯矩				剪力					
	M_1	M_2	M_3	M_B	M_C	M_D	M_E	V_A	$V_{B左}$、$V_{B右}$	$V_{C左}$、$V_{C右}$	$V_{D左}$、$V_{D右}$	$V_{E左}$、$V_{E右}$	V_F
	0.171	0.112	0.132	−0.158	−0.118	−0.118	−0.158	0.342	−0.658 / 0.540	−0.460 / 0.500	−0.500 / 0.460	−0.540 / 0.658	−0.342
	0.211	—	0.191	−0.079	−0.059	−0.059	−0.079	0.421	−0.579 / 0.020	0.020 / 0.500	−0.500 / −0.020	−0.020 / 0.579	−0.421
	—	0.181	—	−0.079	−0.059	−0.059	−0.079	−0.079	−0.079 / 0.520	−0.480 / 0	0 / 0.480	−0.520 / 0.079	0.079
	0.160	②0.144 / 0.178	0.151	−0.179	−0.032	−0.066	−0.077	0.321	−0.679 / 0.647	−0.353 / −0.034	−0.034 / 0.489	−0.511 / 0.077	0.077
	① / 0.207	0.140	—	−0.052	−0.167	−0.031	−0.086	−0.052	−0.052 / 0.385	−0.615 / 0.637	−0.363 / −0.056	−0.056 / 0.586	−0.414
	0.200	—	—	−0.100	0.027	−0.007	0.002	0.400	−0.600 / 0.127	0.127 / −0.034	−0.034 / 0.009	0.009 / −0.002	−0.002
	—	0.173	—	−0.073	−0.081	0.022	−0.005	−0.073	−0.073 / 0.493	−0.507 / 0.102	0.102 / −0.027	−0.027 / 0.005	0.005
	—	—	0.171	0.020	−0.079	−0.079	0.020	0.020	0.020 / −0.099	−0.099 / 0.500	−0.500 / 0.099	0.099 / −0.020	−0.020

荷载图	跨内最大弯矩			支座弯矩				剪力					
	M_1	M_2	M_3	M_B	M_C	M_D	M_E	V_A	$V_{B左}\cdot V_{B右}$	$V_{C左}\cdot V_{C右}$	$V_{D左}\cdot V_{D右}$	$V_{E左}\cdot V_{E右}$	V_F
A B C D E F (满布)	0.240	0.100	0.122	−0.281	−0.211	−0.211	−0.281	0.719	−1.281 / 1.070	−0.930 / 1.000	−1.000 / 0.930	−1.070 / 1.281	−0.719
荷载图	0.287	—	0.228	−0.140	−0.105	−0.105	−0.140	0.860	−1.140 / 0.035	0.035 / 1.000	−1.000 / −0.035	−0.035 / 1.140	−0.860
荷载图	—	0.216	—	−0.140	−0.105	−0.105	−0.140	−0.140	−0.140 / 1.035	−0.965 / 0	0.000 / 0.965	−1.035 / 0.140	0.140
荷载图	0.227	② 0.189/0.209	0.198	−0.319	−0.057	−0.118	−0.137	0.681	−1.319 / 1.262	−0.738 / −0.061	−0.061 / 0.981	−1.019 / 0.137	0.137
荷载图	① 0.282	0.172	0.198	−0.093	−0.297	−0.054	−0.153	−0.093	−0.093 / 0.796	−1.204 / 1.243	−0.757 / −0.099	−0.099 / 1.153	−0.847
荷载图	0.274	—	—	−0.131	0.048	−0.013	0.003	0.821	−1.179 / 0.227	0.227 / −0.061	−0.061 / 0.016	0.016 / −0.003	−0.003
荷载图	—	0.198	—	−0.131	−0.144	0.038	−0.010	−0.131	−0.131 / 0.987	−1.013 / 0.182	0.182 / −0.048	−0.048 / 0.010	0.010
荷载图	—	—	0.193	0.035	−0.140	−0.140	0.035	0.035	0.035 / −0.175	−0.175 / 1.000	−1.000 / 0.175	0.175 / −0.035	−0.035

注：①分子及分母分别为 M_1 及 M_5 的弯矩系数；
　　②分子及分母分别为 M_2 及 M_4 的弯矩系数。

附录4　计算能力训练

4.1　计算器操作

必须指出，不同型号的计算器操作有差异，因此，考生在考试前必须对所持有的计算器十分熟悉。

4.1.1　以 Casio *fx*-350MS 为例

以下以 Casio *fx*-350MS 为例说明，适用于市面上的绝大多数计算器。

为与该计算器说明书中所用符号表达一致，以下涉及的按键操作，除数字和一般的加、减、乘、除、等于外，其他按键均加"【】"。同时还应注意，一个按键可能会因前置的按键而有其他含义（这在计算器中以相同颜色表示）。例如，【sin】本表示 sin，但【SHIFT】【sin】表示 $\sin^{-1}$（我们可以看到"$\sin^{-1}$"标注在"sin"键的上方，与"SHIFT"同为黄色）；【ALPHA】【（－）】表示取出变量 A 的值（这里，"A"与"AL-PHA"同为紫色）。像【ALPHA】【（－）】这样的操作在说明书中一般记作【ALPHA】【A】，以突出按键的真正含义，本文同样遵守此约定，以免混乱。

1. 按键顺序

目前市面上出售的计算器大多采用按键顺序与书写顺序一致的输入规则，比较方便。早期的计算器按键顺序与书写顺序不同，一定注意。

2. 三角函数中的"度"与"弧度"

三角函数中所使用的数值，一定要注意区分是"度"还是"弧度"。

按【MODE】两次，出现

Deg	Rad	Gra
1	2	3

按 1 进入"度分秒"模式，屏幕上方出现"D"；按 2 进入"弧度"模式，屏幕上方出现"R"。

例如，$\sin\left(\dfrac{\pi}{3}\right) = 0.866025403$，按键为

$$【MODE】【MODE】2【sin】【(】【SHIFT】【\pi】÷3【)】=$$

对于用"度分秒"模式表达的 $\sin(63°52'41'') = 0.897859012$，按键为

$$【MODE】【MODE】1【sin】63【° ′ ″】52【° ′ ″】41【° ′ ″】=$$

由于规范中通常都是对"度"进行三角函数计算，所以，应确保屏幕上方出现"D"。

3. 变量的存储

可以认为有 Answer 存储器、独立存储器和变量存储器。

一个算式按下"＝"键之后得到计算结果，数值存储在 Answer 存储器，按下【Ans】会取出结果。例如，按键

$$6+3=2\times【\text{Ans}】=$$

会得到 18，相当于 $6+3=9$，$2\times9=18$。

使用独立存储器和变量存储器前，建议一定要按键【SHIFT】【CLR】3 以初始化，清除原来的设定以及存储，否则，可能得不到正确结果。

独立存储器主要用于累加（或减）。例如，有三个数，分别为：$a=23+9$，$b=53-6$，$c=45\times2$，求：$a+b-c$。按键为

$$23+9【\text{SHIFT}】【\text{STO}】【\text{M}+】53-6【\text{M}+】45\times2【\text{SHIFT}】【\text{M}-】$$

变量可以有 9 个（A 至 F，X、Y、M），可以分别存储。例如，在计算 $192.3\div23=8.4$ 之后还需要计算 $192.3\div28=6.9$，就可以把 192.3 存入变量 A 中，按键为

$$192.3【\text{SHIFT}】【\text{STO}】【A】\div23=【\text{ALPHA}】【A】\div28=$$

4. 科学计数法

经常遇到的"$\times10^{n}$"，可以使用【EXP】键实现而不必连续按 n 个零。例如，以下算式

$$A_{\text{s}}=A'_{\text{s}}=\frac{Ne'}{f_{\text{y}}(h_0-a'_{\text{s}})}=\frac{425\times10^3\times420}{360\times(355-45)}=1599\ \text{mm}^2$$

的按键顺序是：

$$425【\text{EXP}】3\times420\div360\div(355-45)=$$

4.1.2 以 Casio fx-991CN 为例

"工欲善其事必先利其器"，注册结构工程师专业考试推荐使用 Casio fx-991CN 计算器。以下仅介绍考试中会用到的且与普通计算器的不同之处。注意到，该计算器说明书中以按键上白色符号标示，其后括号内符号表示其真实含义，故以下表达与该说明书一致。

1. "度"与"弧度"的选择

默认为"度"。欲采用"弧度"，则执行以下按键：

【SHIFT】【设置】22

之后，按键

$$【\sin】【\text{SHIFT}】【\times10^x】\div3【)】=$$

得到 0.866025403。这里，【SHIFT】【$\times10^x$】实际得到 π，注意，系统会在按下 sin 键后自动产生左括号，无需再手动输入。

2. 指数的输入

例如，计算 $\sqrt{21+50\mathrm{e}^{-21/50}-50}$，可执行以下操作：

$$【\sqrt{x}】21+50【\text{SHIFT}】【\ln】【(-)】21\div50【\rightarrow】-50=$$

得到结果为 1.962738136。这里注意，指数项全部输入后，要按"向右键"才能退出指数，另外，此处由于根号内不太复杂，先按根号键则按键次数最少。

3. 变量的存储

例如，在计算 $192.3\div23=8.4$ 之后还需要计算 $192.3\div28=6.9$，就可以把 192.3 存入变量 A 中，按键为

$$192.3【\text{STO}】【(-)】\div23=【\text{ALPHA}】【(-)】\div28=$$

4. 科学计数法

得到结果之后按【ENG】，则以"$\times10^3$"或"$\times10^6$"等形式，这对于计算弯矩后初

始单位为 N・mm 却欲以 kN・m 形式显示，较为有利。

5. 牛顿法解方程

牛顿法解方程的关键步骤包括：

(1) 列出方程式。其中用到的 x，需要由按键【ALPHA】【)】得到；方程中的"＝"，通过按键【ALPHA】【CALC】得到。

(2)【SHIFT】【CALC】准备求解。

(3) 设置初始值。直接按键数值后按"＝"求解，若无动静时再按一次"＝"。

对于一次方程

$$1300 \times 10^3 \times 0.85 = 0.9 \times 1.0 \times 1.43 \times 600 \times 600 + 300 \times A_{svj} \frac{800 - 40 - 40}{100}$$

求解时按键如下：

1300【×10^x】3×0.85【ALPHA】【CALC】0.9×1.53×600【x^2】+300【ALPHA】【)】×【(】800−80【)】÷100

检查无误后按键

【SHIFT】【CALC】0＝

相当于取初始值为 0，最终得到的结果取整为 $A_{svj} = 297$。

求解 2 次方程 $x^2 - 2352x + 199275 = 0$，首先按键如下：

【ALPHA】【)】【x^2】−2352【ALPHA】【)】+199275【ALPHA】【CALC】0

接着，按键【SHIFT】【CALC】1＝，得到最终结果 $x = 88.01976121$，由于是精确解，故同时显示"L−R＝0"（代入结果后方程左右两侧的差值为 0）。

求解 3 次方程 $-2760x^3 + 248400x^2 + 62832000x + 7.1736 \times 10^{10} = 0$，按键如下：

【（−）】2760【ALPHA】【)】【$x^■$】3【→】+248400【ALPHA】【)】【x^2】+62832【×10^x】3【ALPHA】【)】+7.1736【×10^x】10【ALPHA】【CALC】0【SHIFT】【CALC】100＝

得到最终结果 $x = 357.303106$，同时显示"L−R＝0"。

4.2　训练题

1. 内插法

已知：地面粗糙度为 B 类，高度 $H = 22$m，求：风压高度变化系数 μ_z。

提示：按照《建筑结构荷载规范》GB 50009—2012 的表 8.2.1 计算。

2. 计算裂缝宽度

(1) 已知：矩形截面 $b \times h = 300$mm×500mm，C35 混凝土（$f_{tk} = 2.20$N/mm^2），8Φ20 钢筋（$E_s = 2.0 \times 10^5$N/mm^2，$A_s = 2513$mm^2，$\alpha_{cr} = 1.9$），$c_s = 30$mm，$a_s = 65$mm，跨中弯矩 $M_q = 300$kN・m。求：w_{max}。

提示：利用《混凝土结构设计规范》GB 50010—2010 中的以下公式：

$$w_{max} = \alpha_{cr} \psi \frac{\sigma_{sq}}{E_s} \left(1.9c_s + 0.08 \frac{d_{eq}}{\rho_{te}}\right)$$

$$\psi = 1.1 - 0.65 \frac{f_{tk}}{\rho_{te}\sigma_{sq}}, \quad d_{eq} = \frac{\sum n_i d_i^2}{\sum n_i \nu_i d_i}$$

$$\rho_{\text{te}} = \frac{A_p + A_s}{A_{\text{te}}}, \quad \sigma_{\text{sq}} = \frac{M_q}{0.87 h_0 A_s}$$

（2）将混凝土强度等级改为 C40（$f_{\text{tk}} = 2.39\text{N}/\text{mm}^2$），其他条件同题（1），重新计算 $w_{\max}$。

（3）假设钢筋直径改为 25mm，其他条件同题（1），重新计算 $w_{\max}$。

3. 计算水平地震影响系数

（1）砖烟囱，高度 $H = 30\text{m}$, $d = 1.5\text{m}$。处于 8 度（0.2g）设防地区，设计地震分组为第一组，场地为 Ⅱ 类。求：多遇地震时的水平地震影响系数 α_1。

提示：烟囱自振周期依据《建筑结构荷载规范》GB 50009—2012 的公式（F.1.2-1）计算。

（2）若将上题中的场地类型改为 Ⅳ 类，其他条件不变，重新计算 α_1。

4. 计算风振系数

（1）已知：高层混凝土建筑，高度 $H = 100\text{m}$，迎风面宽度 $B = 25\text{m}$，自振周期 1.8s。地面粗糙度为 B 类；基本风压 $w_0 = 0.55\text{kN}/\text{m}^2$。求：离地面高度 80m 处风振系数 β_z。

提示：依据《建筑结构荷载规范》GB 50009—2012 计算，公式如下：

$$\rho_z = \frac{10\sqrt{H + 60e^{-H/60} - 60}}{H}$$

$$\rho_x = \frac{10\sqrt{B + 50e^{-B/50} - 50}}{B}$$

$$B_z = kH^{a_1} \rho_x \rho_z \frac{\phi_1(z)}{\mu_z}$$

$$x_1 = \frac{30 f_1}{\sqrt{k_w w_0}}, \quad R = \sqrt{\frac{\pi}{6\zeta_1} \frac{x_1^2}{(1 + x_1^2)^{4/3}}}$$

$$\beta_z = 1 + 2g I_{10} B_z \sqrt{1 + R^2}$$

（2）若建筑高度取为 80m，其他条件同题（1），重新计算离地面高度 80m 处风振系数 β_z。

（3）若地面粗糙度由 B 类改为 C 类，其他条件同题（1），重新计算离地面高度 80m 处风振系数 β_z。

5. 计算主动土压力合力

已知：$\theta = 75°$, $\alpha = 60°$, $\beta = 0°$, $\delta = \delta_r = 10°$，挡土墙高度为 5.2m，墙后填土重度为 $\gamma = 19\text{kN}/\text{m}^3$。求：挡土墙的主动土压力合力 E_a

提示：依据《建筑地基基础设计规范》GB 50007—2011 计算，公式如下：

$$k_a = \frac{\sin(\alpha + \theta)\sin(\alpha + \beta)\sin(\theta - \delta_r)}{\sin^2\alpha \sin(\theta - \beta)\sin(\alpha - \delta + \theta - \delta_r)}$$

$$E_a = \psi_c \frac{1}{2}\gamma h^2 k_a$$

4.3　训练题答案

1. 解：

B 类地面粗糙度，$H_1 = 20\,\text{m}$ 时，$\mu_{z1} = 1.23$；$H_2 = 30\,\text{m}$ 时，$\mu_{z2} = 1.39$。

内插法公式为

$$\mu_z = \mu_{z1} + \frac{\mu_{z2} - \mu_{z1}}{H_2 - H_1}(H - H_1)$$

计算结果为：$H = 22\,\text{m}$ 时，$\mu_z = 1.262$。

按键顺序为：2÷10×【(】1.39−1.23【)】+1.23＝

说明：此题耗时应该控制在 15 秒以内。

2. 解：

(1) $w_{\max} = 0.30\text{mm}$；(2) $w_{\max} = 0.30\text{mm}$；(3) $w_{\max} = 0.34\text{mm}$。

对于 (1)，按键顺序为：

计算 ρ_{te} 并存入 A：2513÷【(】300×500÷2【)】＝【SHIFT】【STO】【A】

计算 σ_{sq} 并存入 B：300【EXP】6÷0.87÷435÷2513＝【SHIFT】【STO】【B】

计算 ψ 并存入 C：1.1−0.65×2.2÷【ALPHA】【A】÷【ALPHA】【B】＝【SHIFT】【STO】【C】

计算 $w_{\max}$：1.9×30+0.08×20÷【ALPHA】【A】＝×1.9×【ALPHA】【C】×【AL-PHA】【B】÷2【EXP】5＝

说明：以上每个小题，耗时 100 秒较为合适。若超时，将会对解题的速度产生影响。

计算结果分析：从以上计算结果可以看出，尽管提高混凝土强度等级可以提高 f_{tk} 进而减小 ψ，最终会减小 $w_{\max}$，但作用不大。同样情况下，采用细直径钢筋可以减小 $w_{\max}$。

3. 解：

(1) 基本自振周期 $T_1 = 1.55$，水平地震影响系数最大值 $\alpha_{\max} = 0.16$，特征周期 $T_g = 0.35\text{s}$，阻尼比 $\zeta = 0.05$，衰减指数 $\gamma = 0.9$，阻尼调整系数 $\eta_2 = 1.0$。由于 $T_g < T_1 < 5T_g$，故

$$\alpha_1 = \left(\frac{T_g}{T_1}\right)^\gamma \eta_2 \alpha_{\max} = 0.042$$

(2) 此时，特征周期 $T_g = 0.65\text{s}$，其他参数和公式不变，最后得到 $\alpha_1 = 0.073$。

说明：以上每个小题，包括查找规范公式和参数，1 分钟计算出结果较为合理。

4. 解：

(1) 中间结果为：$\rho_x = 0.923$，$\rho_z = 0.716$，$B_z = 0.415$，$x_1 = 22.475$，$R = 1.145$，最终得到 $\beta_z = 1.44$。

(2) 中间结果为：$\rho_x = 0.923$，$\rho_z = 0.748$，$B_z = 0.561$，$x_1 = 22.475$，$R = 1.145$，最终得到 $\beta_z = 1.60$。

(3) 中间结果为：$\rho_x = 0.923$，$\rho_z = 0.16$，$B_z = 0.257$，$x_1 = 30.585$，$R = 1.034$，最终得到 $\beta_z = 1.42$。

说明：以上每个小题，3 分钟计算出结果较为合理。

计算结果分析：将题 (1) 与题 (2) 比较，两者 β_z 的取值，差别在于 H、$\phi_1(z)$ 和 ρ_z。这

里，$H^{a1} \rho_z$ 的影响抵消掉了（H^{a1} 为增函数，但 ρ_z 会随 H 增大而变小，见附图 1 的 $H\text{-}\rho_z$ 曲线），这样，题（1）中由于 z/H 小导致 $\phi_1(z)$ 小，表现为 B_z 较小。最终，题（1）得到的 β_z 就小。当然，以上假定自振频率 f_1 没有区别（实际上，由《建筑结构荷载规范》GB 50009—2012 的 F.2 节可知，随结构高度增大，自振周期会变大）。

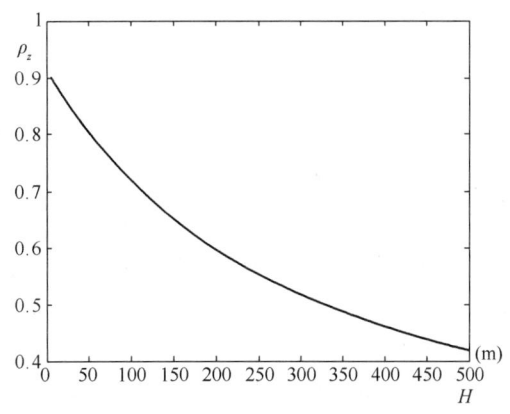

附图 1　$H\text{-}\rho_z$ 曲线

题（3）中地面粗糙度改为 C 类，风的影响会变小，故与题（1）比较，β_z 变小了。

5. 解：

$k_a = 0.8453$，最后结果为 $E_a = 239\text{kPa}$。

说明：本题耗时 1 分钟以内较为合理。

附录5　全国一级注册结构工程师专业考试
所使用的规范、标准、规程

1. 《建筑结构可靠性设计统一标准》GB 50068—2018
2. 《建筑结构荷载规范》GB 50009—2012
3. 《建筑工程抗震设防分类标准》GB 50223—2008
4. 《建筑抗震设计规范》GB 50011—2010（2016 年版）
5. 《建筑工程施工质量验收统一标准》GB 50300—2013
6. 《建筑地基基础设计规范》GB 50007—2011
7. 《建筑桩基技术规范》JGJ 94—2008
8. 《建筑桩基检测技术规范》JGJ 106—2014
9. 《建筑边坡工程技术规范》GB 50330—2013
10. 《建筑地基处理技术规范》JGJ 79—2012
11. 《建筑地基基础工程施工规范》GB 51004—2015
12. 《建筑地基基础工程施工质量验收标准》GB 50202—2018
13. 《既有建筑地基基础加固技术规范》JGJ 123—2012
14. 《混凝土结构设计规范》GB 50010—2010（2015 年版）
15. 《混凝土结构工程施工规范》GB 50666—2011
16. 《混凝土结构工程施工质量验收规范》GB 50204—2015
17. 《混凝土异形柱结构技术规程》JGJ 149—2017
18. 《混凝土结构加固设计规范》GB 50367—2013
19. 《组合结构设计规范》JGJ 138—2016
20. 《钢结构设计标准》GB 50017—2017
21. 《门式刚架轻型房屋钢结构技术规范》GB 51022—2015
22. 《冷弯薄壁型钢结构技术规范》GB 50018—2002
23. 《高层民用建筑钢结构技术规程》JGJ 99—2015
24. 《空间网格结构技术规程》JGJ 7—2010
25. 《钢结构焊接规范》GB 50661—2011
26. 《钢结构高强度螺栓连接技术规程》JGJ 82—2011
27. 《钢结构工程施工规范》GB 50755—2012
28. 《钢结构工程施工质量验收规范》GB 50205—2020
29. 《砌体结构设计规范》GB 50003—2011
30. 《砌体结构工程施工规范》GB 50924—2014
31. 《砌体结构工程施工质量验收规范》GB 50203—2011
32. 《木结构设计标准》GB 50005—2017
33. 《木结构施工规范》GB/T 50772—2012

34.《木结构施工质量验收规范》GB 50206—2012

35.《高耸结构设计标准》GB 50135—2019

36.《高层建筑混凝土结构技术规程》JGJ 3—2010

37.《建筑设计防火规范》GB 50016—2014（2018 年版）

38.《公路桥涵设计通用规范》JTG D60—2015

39.《城市桥梁设计规范》CJJ 11—2011（2019 年版）

40.《城市桥梁抗震设计规范》CJJ 166—2011

41.《公路钢筋混凝土及预应力混凝土桥涵设计规范》JTG 3362—2018

42.《公路桥梁抗震设计规范》JTG/T 2231—01—2020

43.《城市人行天桥与人行地道技术规范》CJJ 69—95（2003 年局部修订版）

44.《建筑抗震加固技术规程》JGJ 116—2009

另外注意，以下 8 本通用规范预计会列入 2023 年考试范畴：

1.《工程结构通用规范》GB 55001—2021

2.《建筑与市政工程抗震通用规范》GB 55002—2021

3.《建筑与市政地基基础通用规范》GB 55003—2021

4.《组合结构通用规范》GB 55004—2021

5.《木结构通用规范》GB 55005—2021

6.《钢结构通用规范》GB 55006—2021

7.《砌体结构通用规范》GB 55007—2021

8.《混凝土结构通用规范》GB 55008—2021

参 考 文 献

[1] 建筑结构荷载规范：GB 50009—2012. 北京：中国建筑工业出版社，2012.

[2] 混凝土结构设计规范：GB 50010—2010(2015 年版). 北京：中国建筑工业出版社，2016.

[3] 建筑抗震设计规范：GB 50011—2010(2016 年版). 北京：中国建筑工业出版社，2016.

[4] 钢结构设计标准：GB 50017—2017. 北京：中国建筑工业出版社，2018.

[5] 钢结构高强度螺栓连接技术规程：JGJ 82—2011. 北京：中国建筑工业出版社，2011.

[6] 砌体结构设计规范：GB 50003—2011. 北京：中国建筑工业出版社，2012.

[7] 木结构设计标准：GB 50005—2017. 北京：中国建筑工业出版社，2018.

[8] 建筑地基基础设计规范：GB 50007—2011. 北京：中国建筑工业出版社，2012.

[9] 建筑桩基技术规范：JGJ 94—2008. 北京：中国建筑工业出版社，2008.

[10] 建筑地基处理技术规范：JGJ 79—2012. 北京：中国建筑工业出版社，2012.

[11] 高层建筑混凝土结构技术规程：JGJ 3—2010. 北京：中国建筑工业出版社，2010.

[12] 高层民用建筑钢结构技术规程：JGJ 99—2015. 北京：中国建筑工业出版社，2016.

[13] 公路桥涵设计通用规范：JTG D60—2015. 北京：人民交通出版社，2015.

[14] 公路钢筋混凝土及预应力混凝土桥涵设计规范：JTG 3362—2018. 北京：人民交通出版社，2018.

[15] 城市桥梁抗震设计规范：CJJ 166—2011. 北京：中国建筑工业出版社，2011.

[16] 沙志国，沙安，陈基发. 建筑结构荷载设计手册. 3 版. 北京：中国建筑工业出版社，2017.

[17] 朱炳寅，陈富生. 建筑结构设计新规范综合应用手册. 2 版. 北京：中国建筑工业出版社，2005.

[18] 曹振熙，曹普. 建筑工程结构荷载学. 北京：中国水利水电出版社，2006.

[19] 东南大学，天津大学，同济大学. 混凝土结构：上册. 7 版. 北京：中国建筑工业出版社，2020.

[20] 东南大学，同济大学，天津大学. 混凝土结构与砌体结构设计：中册. 7 版. 北京：中国建筑工业出版社，2020.

[21] 梁兴文，史庆轩. 混凝土结构设计原理. 2 版. 北京：中国建筑工业出版社，2011.

[22] 易方民，高小旺，苏经宇. 建筑抗震设计规范理解与应用. 2 版. 北京：中国建筑工业出版，2011.

[23] 朱炳寅. 建筑抗震设计规范应用与分析 GB 50011—2010. 2 版. 北京：中国建筑工业出版，2017.

[24] 郭继武. 建筑抗震设计. 5 版. 北京：中国建筑工业出版社，2022.

[25] 朱炳寅. 高层建筑混凝土结构技术规程应用与分析 JGJ 3—2010. 北京：中国建筑工业出版社，2013.

[26] 国家标准建筑抗震设计规范管理组. 建筑抗震设计规范(GB 50011—2010)统一培训教材. 北京：地震出版社，2010.

[27] 王亚勇，戴国莹. 建筑抗震设计规范疑问解答. 北京：中国建筑工业出版社，2006.

[28] 包世华，张铜生. 高层建筑结构设计和计算：上册. 北京：清华大学出版社，2005.

[29] 钱稼茹，赵作周，叶列平. 高层建筑结构设计. 2 版. 北京：中国建筑工业出版社，2012.

[30] 包头钢铁设计研究总院. 钢结构设计与计算. 北京：机械工业出版社，2006.

[31] 新钢结构设计手册编委会. 新钢结构设计手册. 北京：中国计划出版社，2018.

[32] 但泽义，柴昶，李国强，等. 钢结构设计手册：上册. 4 版. 北京：中国建筑工业出版社，2019.

[33] 但泽义，柴昶，李国强，等. 钢结构设计手册：下册. 4 版. 北京：中国建筑工业出版社，2019.

[34] 陈骥. 钢结构稳定理论与设计. 6 版. 北京：科学出版社，2014.

[35] 姚谏，夏志斌. 钢结构原理. 北京：中国建筑工业出版社，2020.

[36] 施楚贤. 砌体结构. 4 版. 北京：中国建筑工业出版社，2017.

[37] 施楚贤. 砌体结构理论与设计. 3 版. 北京：中国建筑工业出版社，2012.

[38] 唐岱新，龚绍熙，周炳章. 砌体结构设计规范理解与应用. 2 版. 北京：中国建筑工业出版社，2012.

[39] 唐岱新. 砌体结构. 3 版. 北京：高等教育出版社，2013.

[40] 苑振芳. 砌体结构设计手册. 4 版. 北京：中国建筑工业出版社，2013.

[41] 高大钊. 土力学与岩土工程师——岩土工程疑难问题答疑笔记整理之一. 北京：人民交通出版社，2008.

[42] 高大钊. 土力学与基础工程. 北京：中国建筑工业出版社，2008.

[43] 顾晓鲁，郑刚，刘畅，等. 地基与基础. 4 版. 北京：中国建筑工业出版社，2019.

[44] 周景星，李广信，张建红，等. 基础工程. 3 版. 北京：清华大学出版社，2015.

[45] 陈希哲. 地基与基础. 5 版. 北京：清华大学出版社，2013.

[46] 刘金砺，高文生，邱明兵. 建筑桩基技术规范应用手册. 北京：中国建筑工业出版社，2010.

[47] 刘金波. 建筑桩基技术规范理解与应用. 北京：中国建筑工业出版社，2008.

[48] 潘景龙，祝恩淳. 木结构设计原理. 北京：中国建筑工业出版社，2009.

[49] 中国中元兴华工程公司. 多层及高层钢筋混凝土结构设计技术措施. 北京：中国建筑工业出版社，2006.

[50] 中交公路规划设计院有限公司标准规范研究室. 公路桥梁设计规范答疑汇编. 北京：人民交通出版社，2009.

[51] 袁伦一，鲍卫刚. 公路钢筋混凝土及预应力混凝土桥涵设计规范条文应用算例. 北京：人民交通出版社，2005.

[52] 叶见曙. 结构设计原理. 5 版. 北京：人民交通出版社，2021.

[53] 姚玲森. 桥梁工程. 3 版. 北京：人民交通出版社，2022.

[54] 范立础. 桥梁工程. 3 版. 北京：人民交通出版社，2017.

[55] 邵旭东. 桥梁工程. 5 版. 北京：人民交通出版社，2019.

[56] 浙江大学. 建筑结构静力计算实用手册. 北京：中国建筑工业出版社，2009.

[57] 朱炳寅. 建筑结构设计问答及分析. 3 版. 北京：中国建筑工业出版社，2017.

[58] 朱炳寅，娄宇，杨琦. 建筑地基基础设计方法及实例分析. 2 版. 北京：中国建筑工业出版社，2013.

[59] 本书编委会. 全国一级注册结构工程师专业考试试题解答及分析. 北京：中国建筑工业出版社，2019.

[60] 刘其祥，陈幼璠，陈青来. 多高层钢结构梁柱刚性连接耐震型节点形式及计算方法. 建筑结构，2010：40(6)：7-12.

[61] 刘其祥，陈青来，陈幼璠.《建筑抗震设计规范》在多高层钢结构房屋抗侧力构件连接计算规定中隐存的安全问题. 建筑结构，2012(1)：75-80.

[62] 刘其祥，陈青来，陈幼璠.《建筑抗震设计规范》在多高层钢结构房屋抗侧力构件连接构造规定中隐存的安全问题. 建筑结构，2012(2)：112-117.

[63] 混凝土结构施工图平面整体表示方法制图规则和构造详图（现浇混凝土框架、剪力墙、梁、板）：22G101-1. 北京：中国计划出版社，2022.

[64] 混凝土结构常用施工详图（现浇混凝土框架柱、梁、剪力墙配筋构造）：14SG903-2. 北京：中国计划出版社，2014.

[65] ASCE. Minimum design loads and associated criteria for buildings and other structures: ASCE/SEI7-16. Reston, Virginia: American Society of Civil Engineers, 2017.

[66] ACI. Building code requirements for structural concrete: ACI318-19. Farmington Hills: American Concrete Institute, 2019.

[67] James KW. Reinforced concrete mechanics and design. 7th ed. New York: Pearson Eduction Inc, 2016.

[68] AISC. Specification for structural steel buildings: ANSI/AISC360-16. Chicago: American Institute of Steel Construction, 2016.

[69] European Committee for Standardization. Eurocode 3: Design of Steel Structure - Part 1-1: General rules and rules for buildings: EN1993-1-1. Brussels: European Committee for Standardization, 2005.

[70] European Committee for Standardization. Eurocode 3: Design of Steel Structure - Part 1-5: Plated structural elements: EN1993-1-5. Brussels: European Committee for Standardization, 2006.

[71] European Committee for Standardization. Eurocode 3: Design of Steel Structure - Part 1-8: Design of joints: EN1993-1-8. Brussels: European Committee for Standardization, 2005.